DISEÑO DE ELEMENTOS DE MÁQUINAS

Cuarta edición

Robert L. Mott, P. E.
University of Dayton

TRADUCCIÓN
Virgilio González y Pozo

REVISIÓN TÉCNICA
Sergio Saldaña Sánchez
ESIME Culhuacán
Instituto Politécnico Nacional

Ángel Hernández Fernández
ESIME Culhuacán
Instituto Politécnico Nacional

Jaime Villanueva Sánchez
Instituto Tecnológico de Chihuahua

México • Argentina • Brasil • Colombia • Costa Rica • Chile • Ecuador
España • Guatemala • Panamá • Perú • Puerto Rico • Uruguay • Venezuela

Datos de catalogación bibliográfica

MOTT, ROBERT L.

Diseño de elementos de máquinas

PEARSON EDUCACIÓN, México, 2006

ISBN: 970-26-0812-0
Área: Ingeniería

Formato: 20 × 25.5 cm   Páginas: 944

Authorized translation from the English language edition, entitled *Machine elements* by Robert L. Mott published by Pearson Education, Inc., publishing as PRENTICE HALL, INC., Copyright © 2004. All rights reserved.
ISBN 0130618853

Traducción autorizada de la edición en idioma inglés, *Machine elements* por Robert L. Mott, publicada por Pearson Education, Inc., publicada como PRENTICE-HALL INC., Copyright © 2004. Todos los derechos reservados.

Esta edición en español es la única autorizada.

Edición en español
Editor: Pablo Miguel Guerrero Rosas
e-mail: pablo.guerrero@pearsoned.com
Editor de desarrollo: Bernardino M. Gutiérrez Hernández
Supervisor de producción: José D. Hernández Garduño

Edición en inglés
Editor in Chief: Stephen Helba
Executive Editor: Debbie Yarnell
Editorial Assistant: Jonathan Tenthoff
Production Editor: Louise N. Sette
Production Supervision: Carlisle Publishers Services
Design Coordinator: Diane Ernsberger
Cover Designer: Jason Moore
Production Manager: Brian Fox
Marketing Manager: Jimmy Stephens

CUARTA EDICIÓN, 2006

Cámara Nacional de la Industria Editorial Mexicana. Reg. Núm. 1031

ISBN 970-26-0812-0

Impreso en México. *Printed in Mexico.*

1 2 3 4 5 6 7 8 9 0 - 09 08 07 06

Prefacio

El objetivo de este libro es presentar los conceptos, procedimientos, datos y técnicas de análisis de decisiones necesarios para diseñar los elementos de máquinas que se encuentran con frecuencia en los dispositivos y sistemas mecánicos. Los alumnos que terminen un curso y usen este libro deben poder realizar diseños originales de elementos de máquinas e integrarlos en un sistema más complejo.

Para este proceso se requiere tener en cuenta los requisitos de funcionamiento de un componente individual, y las relaciones entre los diversos componentes, cuando trabajan juntos formando un sistema. Por ejemplo, se debe diseñar un engrane para transmitir determinada potencia a determinada velocidad. El diseño debe especificar la cantidad de dientes, su paso, su forma, el ancho de su cara, su diámetro de paso, el material y el método de tratamiento térmico. Pero también ese diseño de engrane afecta y se ve afectado por el engrane vecino, el eje que sostiene al engrane y el entorno en que debe funcionar. Además, el eje debe estar soportado por cojinetes, los cuales, a su vez, deben estar encerrados en una caja. Por tanto, el diseñador debe tener en mente todo el sistema al diseñar cada uno de los elementos; enfoque con el que se abordan los los problemas de diseño en este texto.

El libro está dirigido a quienes se interesen en el diseño mecánico práctico. Se subraya el uso de materiales y procesos fácilmente asequibles, y métodos de diseño adecuados para obtener un diseño seguro y eficiente. Asumimos que la persona que leerá este libro será el diseñador; esto es, el responsable de determinar la configuración de una máquina, o parte de ella. Siempre que sea práctico se especificarán todas las ecuaciones, datos y procedimientos necesarios para elaborar el diseño.

Esperamos que los alumnos que consulten este libro tengan conocimientos básicos sobre estática, resistencia de materiales, álgebra y trigonometría de nivel bachillerato. Sería útil, aunque no es un requisito, tener conocimientos de cinemática, mecanismos industriales, dinámica, ciencia de materiales y procesos de manufactura.

Entre las cualidades que sobresalen en este libro están las siguientes:

1. Está pensado para que pueda consultarse en un primer curso de diseño de máquinas, a nivel licenciatura.
2. La amplia lista de temas permite que el instructor encuentre opciones para diseñar su curso; el formato es adecuado para una secuencia de dos cursos, y como referencia para cursos de proyectos de diseño mecánico.
3. Que los alumnos aumenten sus capacidades al desarrollar temas que no se cubren en las aulas, con la ventaja de que las explicaciones de los principios son directas, y se incluyen muchos problemas modelo.
4. La presentación práctica del material conduce a decisiones de diseño viables y que pueden utilizarse en la práctica.
5. El libro propicia el manejo de hojas de cálculo (y lo demuestra con su empleo) en casos donde se presentan problemas cuya solución es larga y laboriosa. Con el uso de las hojas de cálculo, el diseñador puede tomar decisiones y modificar datos en varios puntos del problema, mientras la computadora realiza todos los cálculos. Vea el capítulo 6, acerca de las columnas; el 9, sobre engranes rectos; el 12, referente a los ejes; el 13, sobre ajustes encogidos, y el 19, referente al diseño de resortes. También se pueden emplear otros programas de cálculo por computadora.

6. Referencias a otros libros, normas y artículos técnicos, los cuales ayudan (al profesor) a presentar métodos opcionales, o en la profundidad del tratamiento de los temas.
7. Listas de sitios en Internet, relacionados con los temas de este libro, al final de la mayor parte de los capítulos. Muy útiles para conseguir información o datos adicionales acerca de los productos comerciales.
8. Además del énfasis en el diseño original de elementos de máquinas, gran parte de la descripción se refiere a elementos de máquinas que se consiguen comercialmente, ya que en muchos proyectos de diseño se requiere una combinación óptima de partes nuevas, de diseño exclusivo, o de componentes comprados.
9. En algunos temas, se enfoca la atención en la ayuda al diseñador para que seleccione componentes disponibles en el comercio, como los rodamientos, acoplamientos flexibles, tornillos de bolas, motores eléctricos, transmisiones por bandas, dispositivos de cadena, embragues y frenos.
10. En los cálculos, y para resolver los problemas planteados, se manejan tanto el Sistema Internacional de Unidades (SI) como el sistema inglés (pulgada-libra-segundo), casi en la misma proporción. La referencia básica para manejar unidades del SI se encuentra en la norma IEEE/ASTM-SI-10 *Standard for Use of the International System of Units (SI): The Modern Metric System*, que sustituyó las normas ASTM E380 y ANSI/ IEEE 268-1992.
11. Extensos apéndices y tablas detalladas en muchos capítulos, para ayudar al lector a que tome decisiones reales de diseño, consultando sólo este libro.

MDESIGN-PROGRAMA DE DISEÑO MECÁNICO QUE SE INCLUYE EN ESTE LIBRO

El diseño de elementos de máquinas implica, en forma inherente, procesos extensos, cálculos complejos y muchas decisiones de diseño, y deben encontrarse datos en numerosas tablas y gráficas. Además, en el caso típico, el diseño es iterativo y requiere que el diseñador pruebe con varias opciones para determinado elemento, y repita los cálculos con datos nuevos o decisiones nuevas de diseño. Esto es especialmente válido para los dispositivos mecánicos completos, los cuales poseen varios componentes cuando se tienen en cuenta las relaciones entre ellos. Con frecuencia, los cambios a un componente requieren modificaciones a los elementos que entran en contacto con él. El uso de programas de cómputo para diseño mecánico facilita el proceso de diseño ya que ejecuta muchas de las tareas y deja las principales decisiones a la creatividad y el juicio del diseñador o del ingeniero.

Subrayamos que los usuarios de programas de cómputo deben comprender bien los principios del diseño, haciendo hincapié en el análisis para asegurar que las decisiones se basen en cimientos fiables. Recomendamos que sólo se empleen los programas después de dominar determinada metodología del diseño, y de haber estudiado y aplicado con cuidado las técnicas manuales.

El libro incluye un CD con el programa de diseño mecánico MDESIGN, creado por TEDATA Company. Está tomado del programa MDESIGN mec, producido para el mercado europeo; la versión para Estados Unidos emplea normas y métodos de diseño que se usan de manera general en América del Norte. Muchas de las ayudas textuales y procedimientos de diseño se originaron en este libro.

Los temas para los que se puede emplear el programa MDESIGN como suplemento de este libro, comprenden:

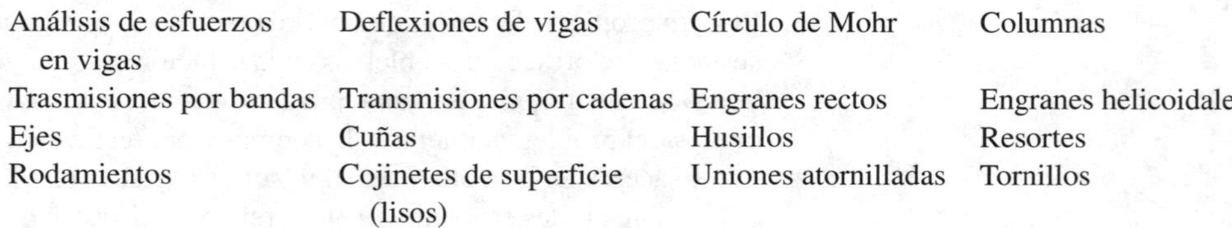

Análisis de esfuerzos en vigas	Deflexiones de vigas	Círculo de Mohr	Columnas
Trasmisiones por bandas	Transmisiones por cadenas	Engranes rectos	Engranes helicoidales
Ejes	Cuñas	Husillos	Resortes
Rodamientos	Cojinetes de superficie (lisos)	Uniones atornilladas	Tornillos
Embragues	Frenos		

Iconos especiales, como el de MDESIGN de la página anterior, aparecen al margen, en lugares de este libro donde se considera adecuado emplear el programa. (El Manual de soluciones, en inglés y sólo disponible para los profesores que usen este libro en clases programadas, contiene una guía para usar el programa.)

Para tener acceso a los apoyos didácticos de esta obra, contacte a su representante local de Pearson Educación.

CARACTERÍSTICAS DE LA CUARTA EDICIÓN

En esta edición se conserva y perfecciona el método práctico para diseñar elementos de máquinas en el contexto de los diseños mecánicos completos. Se ha actualizado el texto con la inclusión de nuevas fotografías de componentes de máquinas disponibles en el comercio, nuevos datos de diseño para algunos elementos, normas recientes o corregidas, nuevas referencias al final de cada capítulo, listas de sitios de Internet y algunos elementos totalmente inéditos. La siguiente lista resume las principales características y actualizaciones.

1. Se ha conservado la estructura del libro, en tres partes, introducida en la tercera edición.
   - Parte I (capítulos 1-6): se orienta a repasar y actualizar la comprensión de las filosofías del diseño, por parte del lector, así como los principios de la resistencia de materiales, las propiedades de los materiales en el diseño, los esfuerzos combinados, el diseño para diversos tipos de carga y el análisis y diseño de columnas.
   - Parte II (capítulos 7-15): está organizado en torno al concepto del diseño de un sistema completo de transmisión de potencia, y cubre algunos de los elementos principales de máquinas, como transmisiones por bandas, transmisiones por cadenas, ejes, cuñas, acoplamientos, sellos y rodamientos. Esos temas se vinculan entre sí para subrayar tanto sus interrelaciones como sus características únicas. El capítulo 15, **Terminación del diseño de una transmisión de potencia**, es una guía para la toma de decisiones en un diseño detallado, como la distribución general, los dibujos de detalle, las tolerancias y los ajustes.
   - Parte III (capítulos 16-22): presenta métodos de análisis y diseño de varios elementos de máquina importantes que no se vieron en el diseño de una transmisión de potencia. Estos capítulos se pueden cubrir en cualquier orden, o bien se pueden utilizar como material de referencia para proyectos generales de diseño. Aquí se describen engranes rectos, elementos de movimiento lineal, tornillos o sujetadores, resortes, armazones de máquinas, uniones atornilladas, uniones soldadas, motores eléctricos, controles, embragues y frenos.
2. Las secciones **Panorama, Usted es el diseñador** y **Objetivos,** introducidas en las ediciones anteriores, se conservan y perfeccionan. Fue muy favorable la opinión entusiasta de los lectores, tanto alumnos como profesores, acerca de estas características. Ayudan al lector a establecer relaciones con base en su propia experiencia, y a apreciar los conocimientos que adquirirán al estudiar cada capítulo. Este método está respaldado por las teorías constructivistas del aprendizaje.
3. Algunos de los temas actualizados, en los capítulos individuales, se resumen como sigue:
   - En el capítulo 1, se perfeccionó la descripción del proceso de diseño mecánico y se agregaron fotografías recientes. Se incluyen sitios de Internet para diseño mecánico, útiles en capítulos posteriores. Algunos se refieren a organizaciones normativas, programas de análisis de esfuerzos y bases de datos de consulta sobre una amplia variedad de productos y servicios técnicos.
   - El capítulo 2, **Materiales en el diseño mecánico**, fue mejorado en forma notable; se le agregó información sobre fluencia (deformación gradual), hierro dúctil austemplado (templado desde bainita, ADI, de *austempered ductile iron*), tenacidad, energía de impacto y algunas consideraciones especiales para seleccionar plásticos. Además, se incorporó una sección totalmente nueva sobre la selección de materiales. La extensa lista de sitios de Internet permite a los lectores el acceso a datos

industriales sobre, virtualmente, todo tipo de material descrito en el capítulo, donde algunos aspectos se vinculan a nuevos problemas prácticos.

- El capítulo 3, **Análisis de esfuerzos y deformaciones,** tiene un agregado donde se repasa el análisis de fuerzas, y se depuran los conceptos de los elementos del esfuerzo, los esfuerzos normales combinados y las vigas con momentos de flexión concentrados.
- El capítulo 5, **Diseño para distintos tipos de carga,** se actualizó y mejoró en forma sustancial en los temas de resistencia a la fatiga, filosofía de diseño, factores de diseño, predicciones de fallas, perspectiva de los enfoques estadísticos en el diseño, duración finita y acumulación de daño. Se cambió el método recomendado de diseño para fatiga: del *Criterio de Soderberg* al *Método de Goodman*. Se agregó el *Método de Mohr modificado* para miembros fabricados con materiales frágiles.
- En el capítulo 7 se agregaron las transmisiones por bandas síncronas, y se incluyeron nuevos datos de potencias nominales por cadenas.
- El capítulo 9, **Diseño de engranes rectos**, se mejoró con la incorporación de nuevas fotografías de maquinaria para tallado de engranes, recientes normas de la AGMA para calidad de engranes, detalladas descripciones de la medición funcional de la calidad del engrane, minuciosa descripción del factor *I* para resistencia a la picadura, más información sobre lubricación de engranes y una sección aumentada sobre engranes de plásticos.
- El capítulo 11, muestra información actualizada sobre cubos sin cuñas, en las uniones de los tipos Ringfeder® y poligonal para eje, así como sobre la junta universal Cornay™. La extensa lista de sitios de Internet proporciona acceso a datos para cuñas, acoplamientos, juntas universales y sellos.
- Al capítulo 12, **Diseño de ejes**, se le añadió información sobre las velocidades críticas, otras consideraciones dinámicas y ejes flexibles.
- Al capítulo 16, **Cojinetes de superficie plana**, se le agregó una sección totalmente nueva "Tribología: Fricción, lubricación y desgaste". Se proporcionan más datos sobre *factores pV* para cojinetes lubricados en contorno.
- Se ha conservado el capítulo 17, **Elementos con movimiento lineal**, el cual comprende aspectos sobre los husillos (tornillos motrices), tornillos de bolas y actuadores lineales.
- Entre las mejoras al capítulo 18, **Sujetadores**, están la resistencia de las roscas al cortante, los componentes del par torsional aplicado a un tornillo y los métodos de apriete de tornillos.

Reconocimientos

Extiendo mi aprecio a quienes me hicieron útiles sugerencias para mejorar este libro. Agradezco al personal editorial de Prentice Hall Publishing Company, a quienes proporcionaron las ilustraciones y a los muchos lectores del libro, tanto profesores como alumnos, con quienes he tenido intercambio de ideas. Mi aprecio especial a mis pares de la Universidad de Dayton, profesores David Myszka, James Penrod, Joseph Untener, Philip Doepker y Robert Wolff. También agradezco a quienes hicieron las exhaustivas revisiones de la edición anterior: Marian Barasch, del Hudson Valley Community College; Ismail Fidan, de la Tennessee Tech University; Paul Unangst, de la Milwaukee School of Engineering; Richard Alexander, de la Texas A & M University y a Gary Qi, de The University of Memphis. Agradezco en especial a mis alumnos, anteriores y actuales, por su entusiasmo y retroalimentación positiva sobre este libro.

Robert L. Mott

Contenido

11 Cuñas, acoplamientos y sellos 491

12 Diseño de ejes 530

13 Tolerancias y ajustes 575

14 Cojinetes con contacto de rodadura 597

15 Terminación del diseño de una transmisión de potencia 630

PARTE III Detalles de diseño y otros elementos de máquinas 659

16 Cojinetes de superficie plana 660

17 Elementos con movimiento lineal 694

18 Sujetadores 711

19 Resortes 729

PARTE I

Principios de diseño y análisis de esfuerzos

OBJETIVOS Y CONTENIDO DE LA PARTE I

Cuando termine de estudiar los seis primeros capítulos de este libro comprenderá las filosofías de diseño y aplicará los principios de resistencia de materiales, ciencia de materiales y procesos de manufactura, que ya había aprendido antes. La destreza adquirida en esos capítulos le será útil en todo el libro, y en proyectos de diseño general de máquinas o de productos.

Capítulo 1: La naturaleza del diseño mecánico le ayuda a comprender el gran panorama del proceso de diseño mecánico. Se presentan varios ejemplos de distintos sectores de la industria: productos al consumidor, sistemas de manufactura, equipo de construcción, equipo agrícola, equipo de transporte, barcos y sistemas espaciales. Se describen las responsabilidades de los diseñadores, junto con un ejemplo de la naturaleza iterativa del proceso de diseño. El capítulo se completa con unidades y conversiones.

Capítulo 2: Materiales en el diseño mecánico subrayan las propiedades de diseño de los materiales. Es probable que gran parte de este capítulo sea un repaso para usted, pero se presenta para subrayar la importancia de seleccionar los materiales en el proceso de diseño, y para explicar los datos de materiales presentados en los apéndices.

Capítulo 3: Análisis de esfuerzos y deformaciones involucra un repaso de los principios básicos del análisis de esfuerzos y deformaciones. Es esencial que usted comprenda los conceptos básicos que aquí se resumen antes de continuar con el siguiente material. Se repasan los esfuerzos de tensión y compresión directos, y los esfuerzos cortantes, esfuerzos de flexión y esfuerzos de cortante por torsión.

Capítulo 4: Esfuerzos combinados y el círculo de Mohr, es importante porque muchos problemas generales de diseño y el diseño de elementos de máquinas, que se explicarán en capítulos posteriores, implican esfuerzos combinados. Puede ser que el lector haya aprendido esos temas en un curso de resistencia de materiales.

Capítulo 5: Diseño para distintos tipos de carga: es una descripción profunda de los factores de diseño, la fatiga y muchos de los detalles del análisis de esfuerzos, tal como se manejan en este libro.

Capítulo 6: Columnas describe los miembros largos, esbeltos, con carga axial, que tienden más a fallar por pandeo que por rebasar los esfuerzos de fluencia, último o cortante del material. Aquí se repasan métodos especiales de diseño y análisis.

1

La naturaleza del diseño mecánico

Panorama

Usted es el diseñador

1-1 Objetivos de este capítulo

1-2 El proceso del diseño mecánico

1-3 Conocimientos necesarios en el diseño mecánico

1-4 Funciones, requisitos de diseño y criterios de evaluación

1-5 Ejemplo de la integración de los elementos de máquina en un diseño mecánico

1-6 Ayudas de cómputo en este libro

1-7 Cálculos de diseño

1-8 Tamaños básicos preferidos, roscas de tornillos y perfiles estándar

1-9 Sistemas de unidades

1-10 Diferencia entre peso, fuerza y masa

Panorama

La naturaleza del diseño mecánico

Mapa de discusión

- Para diseñar componentes y aparatos mecánicos, el lector debe ser competente en el diseño de los elementos individuales que forman el sistema.
- Pero también debe poder integrar varios componentes y equipos en un sistema coordinado y robusto que satisfaga las necesidades de su cliente.

Descubra

Ahora piense en los múltiples campos donde puede aplicar el diseño mecánico:

¿Cuáles son algunos de los productos de esos campos?

¿Qué clase de materiales se usan en los productos?

¿Cuáles son algunas de las propiedades únicas de los productos?

¿Cómo se fabricaron los componentes?

¿Cómo se ensamblaron las piezas de los productos?

Imagine que se trata de productos al consumidor, equipo de construcción, maquinaria agrícola, sistemas de manufactura y sistema de transportes en tierra, aire, en el espacio y bajo el agua.

En este libro, encontrará los métodos de aprendizaje básico de ***Diseño de elementos de máquinas***.

El diseño de elementos de máquinas es parte integral del más extenso y general campo del diseño mecánico. Los diseñadores y los ingenieros de diseño crean aparatos o sistemas que satisfagan necesidades específicas. En el caso típico, los aparatos mecánicos comprenden piezas móviles que transmiten potencia y ejecutan pautas específicas de movimiento. Los sistemas mecánicos están formados por varios aparatos mecánicos.

Por lo anterior, para diseñar componentes y aparatos mecánicos, el lector debe ser competente en el diseño de los elementos individuales que componen el sistema. Pero también debe poder integrar varios componentes y equipos en un sistema coordinado y que satisfaga las necesidades de su cliente. De esta lógica viene el nombre de este libro, ***Diseño de elementos de máquinas***.

Imagine los numerosos campos en los que se puede usar el diseño mecánico. Platique sobre ellos con su profesor y con sus compañeros de estudios. Intercambie opiniones con personas que trabajen con diseños mecánicos en las industrias cercanas. Si es posible, intente visitar sus empresas o reúnase con diseñadores e ingenieros de diseño en eventos de sociedades profesionales. Considere los siguientes campos donde se diseñan y fabrican los productos mecánicos.

- ***Productos al consumidor:*** Electrodomésticos (abrelatas, procesadores de alimentos, licuadoras, tostadores, aspiradoras, lavadoras de ropa), podadoras de pasto, sierras de cadena, herramientas motorizadas, abrepuertas de cochera, sistemas de acondicionamiento de aire y muchos otros más. Vea las figuras 1-1 y 1-2 con algunos ejemplos de los productos que se consiguen en el comercio.
- ***Sistemas de manufactura:*** Aparatos de manejo de materiales, transportadoras, grúas, aparatos de transferencia, robots industriales, máquinas-herramientas, sistemas automáticos de ensamblado, sistemas de procesamiento especiales, carros estibadores y equipo de empaque. Vea las figuras 1-3, 1-4 y 1-5.
- ***Equipo para la construcción:*** Tractores con cargador frontal o con escariador, grúas móviles, volteadoras de tierra, terraplenadoras, camiones de volteo, asfaltadoras, mezcladoras de concreto, martillos motorizados, compresoras y muchos más. Vea las figuras 1-5 y 1-6.

FIGURA 1-1 Sierra de banda accionada con un taladro [Cortesía de Black & Decker (U.S.) Inc.]

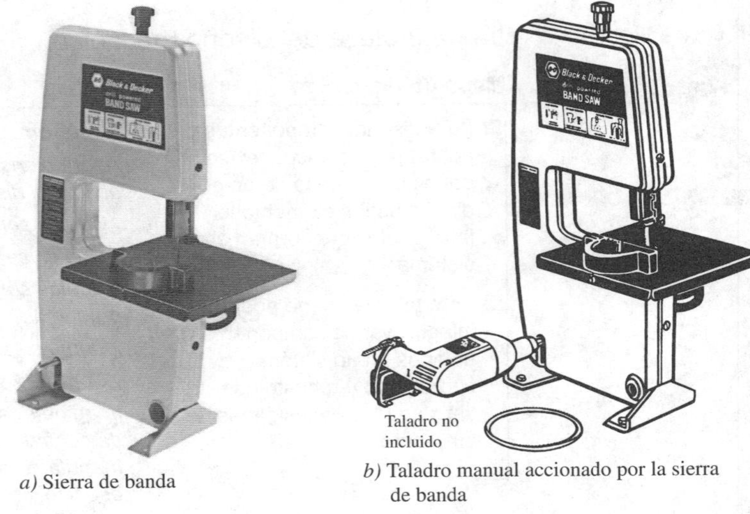

a) Sierra de banda

b) Taladro manual accionado por la sierra de banda

Rodamientos de agujas
Campo del motor
Portaescobillas
Caja
Broquero
Rodamientos de agujas
Terminales de las escobillas y el campo de los rodamientos de agujas
Rodamiento de agujas
Tren de engranes de doble reducción
Eje de la armadura
Gatillo, botón de seguro y palanca de reversa

c) Piezas de un taladro manual

FIGURA 1-2 Sierra de cadena (Copyright McCulloch Corporation, Los Ángeles, CA)

a) Instalación del transportador de cadena donde se muestra el sistema de accionamiento que engancha la cadena

b) Sistema de cadena y rodillos soportados sobre una viga I

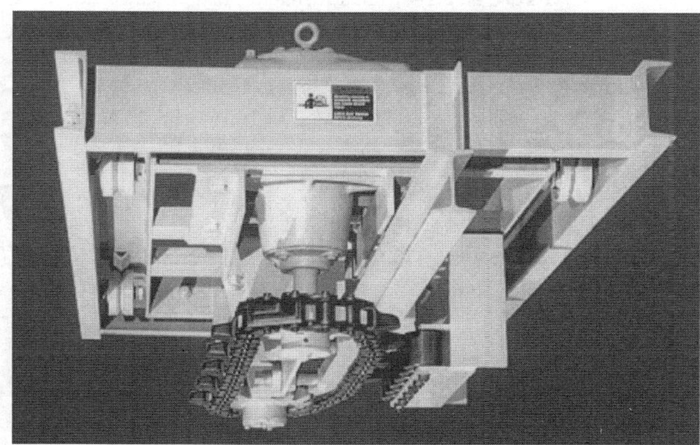

c) Detalle del sistema de accionamiento y su estructura

FIGURA 1-3 Sistema de transportador de cadena (Richards-Wilcox, Inc., Aurora, IL)

a) Máquina de ensamble automático con tabla divisora

b) Mecanismo de accionamiento del divisor

FIGURA 1-4 Maquinaria para ensamblado automático de componentes automotrices (Industrial Motion Control, LLC, Wheeling, IL)

FIGURA 1-5 Grúa industrial (Air Technical Industries, Mentor, OH)

FIGURA 1-6 Tractor con cargador frontal (Case IH, Racine, WI)

FIGURA 1-7 Tractor arrastrando un implemento (Case IH, Racine, WI)

FIGURA 1-8 Corte de un tractor (Case IH, Racine, WI)

- ***Equipo agrícola:*** Tractores, cosechadoras (de maíz, trigo, tomates, algodón, frutas y muchos otros cultivos), rastrillos, empacadoras, arados, arados de disco, cultivadoras y transportadores. Vea las figuras 1-6, 1-7 y 1-8.
- ***Equipo de transporte:*** *a*) Automóviles, camiones y autobuses, ensamblados con cientos de aparatos mecánicos, como componentes de suspensión (resortes, amortiguadores y postes); cerraduras de puertas y ventanas, limpiadores de parabrisas, sistemas de dirección, seguros y bisagras de cofre y cajuela; sistemas de embrague y de frenos; transmisiones; ejes de impulsión; ajustadores de asiento y muchos otros componentes de los sistemas de motor. *b*) Aviones, que tienen tren de aterrizaje retráctil, accionamientos de alerones y timón, dispositivos de manejo de carga, mecanismos de reclinación de asientos, docenas de broches, componentes estructurales y cerraduras de puertas. Vea las figuras 1-9 y 1-10.
- ***Barcos:*** Montacargas para izar el ancla, grúas para carga, antenas giratorias de radar, tren del timón de dirección, engranes y ejes del tren de impulsión, y los numerosos sensores y controles para operar los sistemas a bordo.
- ***Sistemas espaciales:*** Sistemas satelitales, el transbordador espacial, la estación espacial y sistemas de lanzamiento; todos ellos contienen numerosos sistemas mecánicos, como aparatos para desplegar antenas, trabas, sistemas de atraque, brazos robóticos, dispositivos de control de vibración, dispositivos para asegurar la carga, posicionadores para instrumentos, actuadores para los impulsores y sistemas de propulsión.

¿Cuántos ejemplos de aparatos y sistemas mecánicos se pueden agregar a esta lista?

¿Cuáles son algunas de las operaciones exclusivas de los productos en estos campos?

¿Qué clase de mecanismos comprenden?

¿Qué clase de materiales se usan en los productos?

¿Cómo se fabricaron los componentes?

¿Cómo se armaron las piezas para formar los productos terminados?

En este libro encontrará los medios para aprender los principios de *Diseño de elementos de máquinas*. En la introducción de cada capítulo se presenta un breve escenario llamado *Usted es el diseñador*. El propósito de esos escenarios es estimular su razonamiento acerca del material que se presente en el capítulo, y mostrar ejemplos de casos reales donde lo puede aplicar.

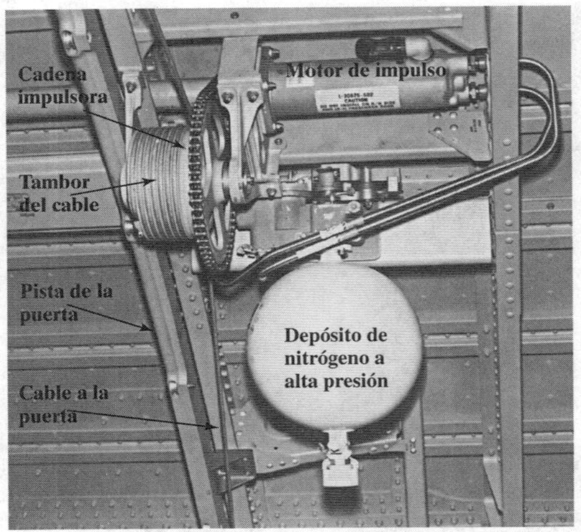

a) Fotografía del mecanismo instalado

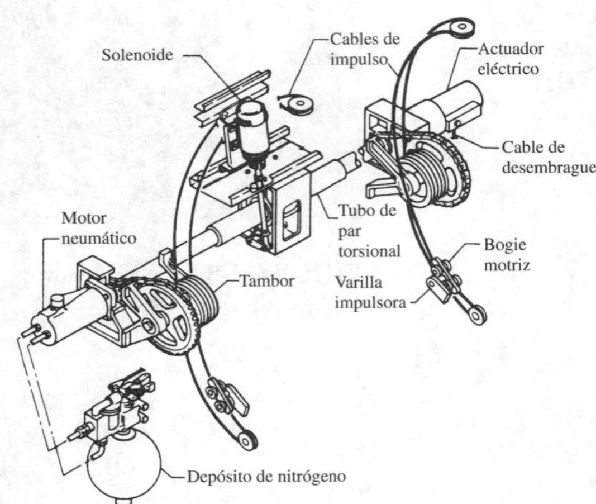

b) Mecanismo impulsor de la puerta de la cabina

FIGURA 1-9 Mecanismo impulsor de cerradura de un avión (The Boeing Company, Seattle, WA)

FIGURA 1-10
Conjunto del tren de aterrizaje de un avión (The Boeing Company, Seattle, WA)

Usted es el diseñador

Ahora considere que usted es el diseñador responsable de un producto nuevo a la venta, como la sierra de cinta para un taller en el hogar, tal como se muestra en la figura 1-1. ¿Qué tipo de preparación técnica necesitaría para completar el diseño? ¿Qué pasos seguiría? ¿Qué información necesitaría? ¿Cómo demostraría, con cálculos, que el diseño es seguro y que el producto ejecutará la función que se espera?

Las respuestas generales a estas preguntas se presentarán en este capítulo. Cuando termine de estudiar este libro, aprenderá muchas técnicas de diseño que le ayudarán a diseñar una gran variedad de elementos de máquina, y al incorporarlos en un sistema mecánico, para considerar las relaciones entre los elementos.

1-1 OBJETIVOS DE ESTE CAPÍTULO

Al terminar este capítulo, el lector podrá:

1. Reconocer ejemplos de sistemas mecánicos, donde se describe la necesidad de aplicar los principios descritos en este libro para terminar el diseño.
2. Enlistar los conocimientos de diseño que se requieren para efectuar un diseño mecánico competente.
3. Describir la importancia de integrar los elementos de máquinas individuales en un sistema mecánico más complejo.
4. Describir los elementos principales del *proceso de realización del producto*.
5. Escribir los enunciados de las *funciones* y los *requisitos de diseño* para dispositivos mecánicos.
6. Establecer un conjunto de criterios para evaluar los diseños propuestos.
7. Trabajar con las unidades adecuadas en cálculos de diseño mecánico, ya sea en el sistema inglés o en el sistema métrico SI.
8. Distinguir entre *fuerza* y *masa*, y expresarlas en forma correcta en ambos sistemas de unidades.
9. Presentar los cálculos de diseño en forma profesional, pulcra y ordenada, para que puedan ser comprendidos y evaluados por otras personas que conozcan el campo del diseño de máquinas.

1-2 EL PROCESO DEL DISEÑO MECÁNICO

El objetivo final de un diseño mecánico es obtener un producto útil que satisfaga las necesidades de un cliente, y además sea seguro, eficiente, confiable, económico y de manufactura práctica. Piense al contestar: ¿Quién es el cliente del producto o sistema que diseñaré? Considere los siguientes escenarios:

- ***El lector diseña un abrelatas para el mercado doméstico.*** El cliente final es la persona que comprará el abrelatas y lo usará en la cocina de su hogar. Entre los demás clientes podrán estar el diseñador del empaque del abridor, el equipo de fabricación que debe producirlo en forma económica y el personal de servicio que reparará la unidad.
- ***El lector diseña una pieza de maquinaria de producción, para una planta manufacturera.*** Entre los clientes están el ingeniero de manufactura, responsable de la operación de producción; el operador de la máquina, el personal que la va a instalar y el personal de mantenimiento que debe darle servicio para mantenerla en buenas condiciones.
- ***El lector diseña un sistema mecanizado para abrir una puerta grande en un avión de pasajeros.*** Entre los clientes están la persona que debe operar la puerta en servicio normal o en emergencias, las personas que deben pasar por la puerta cuando se use, el

personal que fabricará la cerradura, los instaladores, los diseñadores que deben incluir las cargas que produce la cerradura durante el vuelo y durante su funcionamiento, los técnicos de servicio que darán mantenimiento al sistema y los diseñadores de interiores, que deben proteger la chapa cuando se use y al mismo tiempo permitir el acceso para su instalación y mantenimiento.

Es esencial que el lector conozca los deseos y expectativas de todos los clientes, antes de comenzar el diseño del producto. Los profesionales de ventas se ocupan, con frecuencia, en conocer la definición de las expectativas del cliente; pero es probable que los diseñadores trabajen junto con ellos como parte de un equipo de desarrollo del producto.

Para determinar qué desea un cliente, existen muchos métodos. Con frecuencia se aplica uno conocido como *despliegue de la función calidad* (*QFD*, por *quality function deployment*) y busca 1) identificar todas las propiedades y los factores de funcionamiento que desean los clientes, y 2) evaluar la importancia relativa de esos factores. El resultado del proceso QFD es un conjunto detallado de funciones y requisitos de diseño para el producto (vea la referencia 8).

También es importante considerar cómo se ajusta el proceso de diseño a todas las funciones que deben cumplirse para que se entregue un producto satisfactorio para el cliente, y para dar servicio al producto durante su ciclo de vida. De hecho, es importante considerar cómo se desechará el producto después de haber llegado a su vida útil. El total de esas funciones que afectan al producto se llama *proceso de realización del producto* o *PRP* (vea las referencias 3, 10). Algunos de los factores comprendidos en el PRP son:

- Funciones de mercadotecnia para evaluar los requerimientos del cliente
- Investigación para determinar la tecnología disponible que puede usarse en forma razonable en el producto
- Disponibilidad de materiales y componentes que pueden incorporarse al producto
- Diseño y desarrollo del producto
- Prueba de funcionamiento
- Documentación del diseño
- Relaciones de vendedores y funciones de compradores
- Consideración de suministro global de materiales y de ventas globales
- Conocimientos de la fuerza de trabajo
- Planta e instalaciones físicas disponibles
- Capacidad de los sistemas de manufactura
- Sistemas de planeación de la producción y control de la producción
- Sistemas de apoyo a la producción y personal
- Requisitos de los sistemas de calidad
- Operación y mantenimiento de la planta física
- Sistemas de distribución para que los productos lleguen al cliente
- Operaciones y programas de ventas
- Objetivos de costo y demás asuntos de competencia
- Requisitos del servicio al cliente
- Problemas ambientales durante la fabricación, funcionamiento y disposición del producto
- Requisitos legales
- Disponibilidad de capital financiero

¿Puede el lector agregar algo más a esta lista?

Debe el lector visualizar que el diseño de un producto sólo es una parte de un proceso detallado. En este libro se enfocará con más cuidado al mismo proceso de diseño, pero siempre debe el lector considerar la facilidad de producción de sus diseños. Esta consideración simultánea del diseño del producto y el proceso de manufactura se llama *ingeniería actual.* Observe que este proceso es un subconjunto de la larga lista anterior del proceso de realización del producto. Otros libros principales donde se describen los métodos generales del diseño mecánico se citan como referencias 6, 7 y 12 a 16.

1-3 CONOCIMIENTOS NECESARIOS EN EL DISEÑO MECÁNICO

Los ingenieros de producto y los diseñadores mecánicos usan una amplia variedad de capacidades y conocimientos en sus tareas diarias, inclusive las siguientes:

1. Trazado, dibujo técnico y diseño asistido por computadora
2. Propiedades de los materiales, procesamiento de materiales y procesos de manufactura
3. Aplicaciones de la química, como protección contra la corrosión, galvanoplastia y pintura
4. Estática, dinámica, resistencia de materiales, cinemática y mecanismos
5. Comunicación oral, atención, redacción técnica y trabajo en equipo
6. Mecánica de fluidos, termodinámica y transferencia de calor
7. Máquinas hidráulicas, los fundamentos de los fenómenos eléctricos y controles industriales
8. Diseño de experimentos y pruebas de funcionamiento de materiales y sistemas mecánicos
9. Creatividad, solución de problemas y gerencia de proyectos
10. Análisis de esfuerzos
11. Conocimientos especializados del comportamiento de elementos de máquinas, como engranes, transmisiones de bandas, transmisiones de cadenas, ejes, cojinetes, cuñas, acanaladuras, acoplamientos, sellos, resortes, uniones (atornilladas, remachadas, soldadas, adhesivas), motores eléctricos, dispositivos de movimiento lineal, embragues y frenos.

Se espera que el lector haya adquirido un alto nivel de competencia en los puntos 1 a 5 de esta lista, antes de comenzar a estudiar este libro. Las competencias en los puntos 6 a 8 suelen adquirirse en otros cursos, ya sea antes, al mismo tiempo o después de estudiar el diseño de elementos de máquinas. El punto 9 representa destrezas que se desarrollan en forma continua durante los estudios académicos y a través de la experiencia. El estudio de este libro le ayudará a adquirir conocimientos y destrezas importantes para los temas de los puntos 10 y 11.

1-4 FUNCIONES, REQUISITOS DE DISEÑO Y CRITERIOS DE EVALUACIÓN

En la sección 1-2 se subrayó la importancia de identificar con cuidado las necesidades y las expectativas del cliente, antes de comenzar a diseñar un aparato mecánico. Puede el lector formularlas al producir definiciones claras y completas de las *funciones,* los *requisitos de diseño* y los *criterios de evaluación:*

- Las ***funciones*** indican lo que debe hacer el dispositivo, mediante afirmaciones generales no cuantitativas, donde se usen frases de acción tales como *soportar una carga, subir una caja, transmitir potencia* o *mantener unidos dos miembros estructurales.*
- Los ***parámetros de diseño*** son declaraciones detalladas, en general cuantitativas, de los *valores esperados de funcionamiento, condiciones ambientales en las que debe trabajar el dispositivo,* las *limitaciones de espacio o peso* o *materiales y componentes disponibles que pueden usarse.*
- Los ***criterios de evaluación*** son declaraciones de *características cualitativas deseables* en un diseño, que ayudan a que el diseñador decida qué opción de diseño es la óptima; esto es, el diseño que maximice las ventajas y minimice las desventajas.

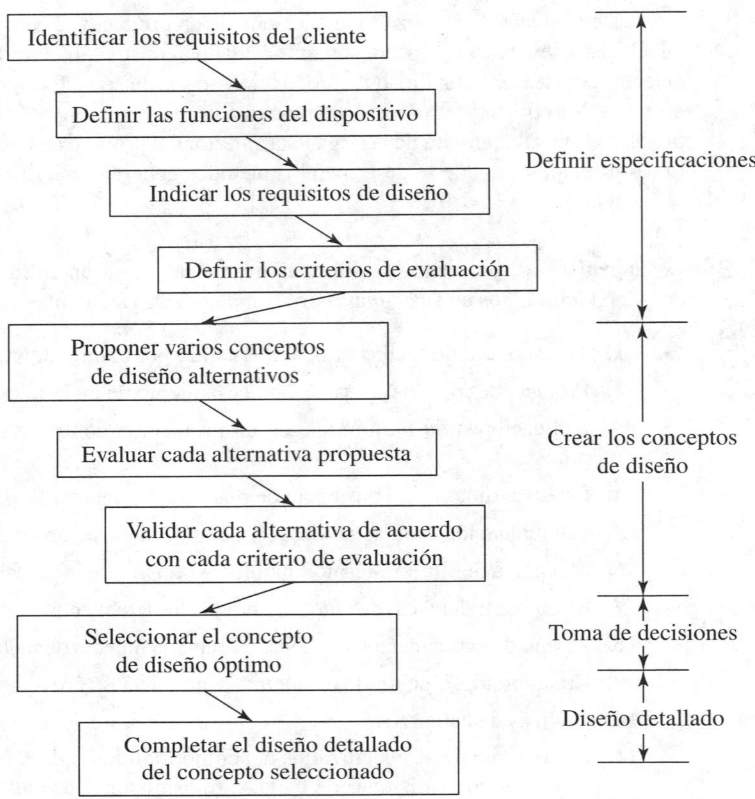

FIGURA 1-11 Pasos en el proceso de diseño

Juntos, estos elementos pueden llamarse *especificaciones* para el diseño.

La mayor parte de los diseños pasan por un ciclo de actividades, tal como se muestra en la figura 1-11. En el caso típico, el lector debe proponer más de un concepto de diseño posible como alternativa. Es ahí donde se plantea la creatividad para producir diseños verdaderamente novedosos. Cada concepto debe satisfacer las funciones y los requisitos del diseño. Debe hacerse una evaluación crítica completa de las propiedades deseables, las ventajas y las desventajas de cada concepto de diseño, para decidir qué concepto de diseño es el óptimo y, en consecuencia, viable para producir.

El cuadro final del diagrama de flujo del diseño es el diseño detallado, y el enfoque principal de este libro se dirige hacia esa parte del proceso general de diseño. Es importante reconocer que hay una cantidad considerable de actividades que precede al diseño detallado.

Ejemplo de funciones, requisitos de diseño y criterios de evaluación

Imagine que el lector es el diseñador de un reductor de velocidad, el cual es parte de la transmisión de un tractor pequeño. El motor del tractor funciona a una velocidad bastante alta, mientras que el accionamiento de las ruedas debe girar con más lentitud y transmitir un par de torsión mayor que el que está disponible a la salida del motor.

Para iniciar el proceso de diseño, se enlistan las *funciones* del reductor de velocidad. ¿Qué se supone que haga? Algunas respuestas a esta pregunta son las siguientes:

Funciones

1. Recibir potencia del motor del tractor a través de un eje giratorio.
2. Transmitir la potencia mediante los elementos de máquina que reducen la velocidad de giro hasta un valor adecuado.
3. Entregar la potencia, con velocidad menor, a un eje que la reciba y que en último termino accione las ruedas del tractor.

Ahora se deben establecer los *requisitos del diseño*. La siguiente lista es hipotética, pero si se estuviera en el equipo de diseño del tractor, podría identificar esos requisitos por experiencia propia, con ingenio y consultando a diseñadores, personal de ventas, ingenieros de manufactura, personal de servicio, proveedores y a los clientes.

El proceso de realización del producto necesita la colaboración del personal con todas esas funciones desde las primeras etapas del diseño.

Requisitos de diseño

1. El reductor debe transmitir 15.0 hp.
2. La entrada es de un motor de gasolina de dos cilindros, con una velocidad de giro de 2000 rpm.
3. La salida entrega la potencia a una velocidad de giro en el intervalo de 290 a 295 rpm.
4. Es conveniente tener una eficiencia mecánica mayor de 95%.
5. En el reductor, la capacidad mínima de par de torsión a la salida debe ser 3050 libras-pulgada (lb · pulg).
6. La salida del reductor se conecta al eje de impulsión de las ruedas de un tractor agrícola. Habrá choques moderados.
7. Los ejes de entrada y salida deben estar alineados.
8. El reductor debe asegurarse al armazón rígido, de acero, en el tractor.
9. Es preferible que el tamaño sea pequeño. El reductor debe entrar en un espacio no mayor a 2 × 20 pulg, con una altura máxima de 24 pulg.
10. Se espera que el tractor funcione 8 horas (h) diarias, 5 días por semana, con una vida útil de 10 años.
11. Debe protegerse al reductor contra la intemperie, y éste debe ser capaz de funcionar en cualquier lugar de Estados Unidos, a temperaturas que van de 0 a 130 °F.
12. En los ejes de entrada y salida se usarán acoplamientos flexibles, para evitar que se transmitan cargas axiales y de flexión al reductor.
13. El volumen de producción será de 10 000 unidades por año.
14. Es muy importante que el costo sea moderado, para tener ventas buenas.
15. Deben observarse todas las normas de seguridad gubernamentales y de la industria.

Una preparación cuidadosa de descripciones de función y de requisitos de diseño asegurará que las actividades del diseño se enfoquen hacia los resultados deseados. Puede desperdiciarse mucho tiempo y dinero en diseños que, aunque sean técnicamente sanos, no reflejan los requisitos de diseño. Entre los requisitos de diseño debe incluirse todo lo que se necesite, pero al mismo tiempo deben ofrecer amplias oportunidades para la innovación.

Los *criterios de evaluación* deben ser preparados por todos los miembros de un equipo de desarrollo de producto, para asegurar que se incluyan los intereses de todas las partes implicadas. Con frecuencia se asignan factores de ponderación a los criterios, para reflejar su importancia relativa.

El criterio principal debe ser siempre la seguridad. Los distintos conceptos de diseño pueden tener varios grados de seguridad inherentes, además de cumplir con los requisitos de seguridad que aparecen en la lista de requisitos de diseño. Diseñadores e ingenieros son responsables, legalmente, si una persona se lesiona a causa de un error de diseño. El lector debe considerar cualquier uso previsible del dispositivo, y garantizar la seguridad de quienes lo operen o puedan acercarse a él.

Además, es prioridad alcanzar un alto desempeño general. Ciertos conceptos de diseño pueden tener propiedades deseables que otros no tengan.

Los demás criterios deben reflejar las necesidades especiales de un determinado proyecto. La siguiente lista describe ejemplos de criterios posibles para la evaluación del pequeño tractor.

Criterios de evaluación

1. Seguridad (la seguridad relativa inherente antes que todo requisito mencionado)
2. Desempeño (el grado donde el concepto de diseño supera los requisitos)
3. Facilidad de manufactura
4. Facilidad de servicio o de reemplazo de componentes
5. Facilidad de operación
6. Bajo costo inicial
7. Bajos costos de operación y mantenimiento
8. Pequeño tamaño y peso ligero.
9. Silencioso y con poca vibración; funcionamiento suave
10. Usar materiales y componentes de fácil compra
11. Uso prudente de partes de diseño único y de componentes disponibles en el mercado
12. Apariencia atractiva y adecuada a la aplicación

1-5 EJEMPLO DE LA INTEGRACIÓN DE LOS ELEMENTOS DE MÁQUINA EN UN DISEÑO MECÁNICO

El diseño mecánico es el proceso de diseño o selección de componentes mecánicos para conjuntarlos y lograr una función deseada. Naturalmente, los elementos de máquinas deben ser compatibles, acoplarse bien entre sí y funcionar en forma segura y eficiente. El diseñador no sólo debe considerar el desempeño del elemento diseñado, sino también los elementos con que debe interactuar.

Para ilustrar cómo debe integrarse el diseño de los elementos de máquina con un diseño mecánico mayor, observe el diseño de un reductor de velocidad para el pequeño tractor descrito en la sección 1-4. Suponga que, para lograr la reducción de velocidad, decide diseñar un tren de doble reducción con engranes rectos. Entonces se especifican cuatro engranes, tres ejes, seis cojinetes y una caja, para contener los elementos individuales en relación mutua adecuada, como se ve en la figura 1-12.

Los elementos principales del reductor de velocidad en la figura 1-12 son:

1. El eje de entrada (eje 1) debe conectarse con la fuente de potencia, que es un motor de gasolina cuyo eje de salida gira a 2000 rpm. Debe usarse un acoplamiento flexible para minimizar las dificultades de alineación.
2. El primer par de engranes, A y B, provoca una reducción de la velocidad en el eje intermedio (eje 2), proporcional a la relación del número de dientes en los engranes. Se monta los engranes B y C sobre el eje 2 y giran a la misma velocidad.
3. Para conectar el cubo de cada engrane y el eje sobre el cual está montado, se usa una cuña para transmitir el par de torsión entre engrane y eje.

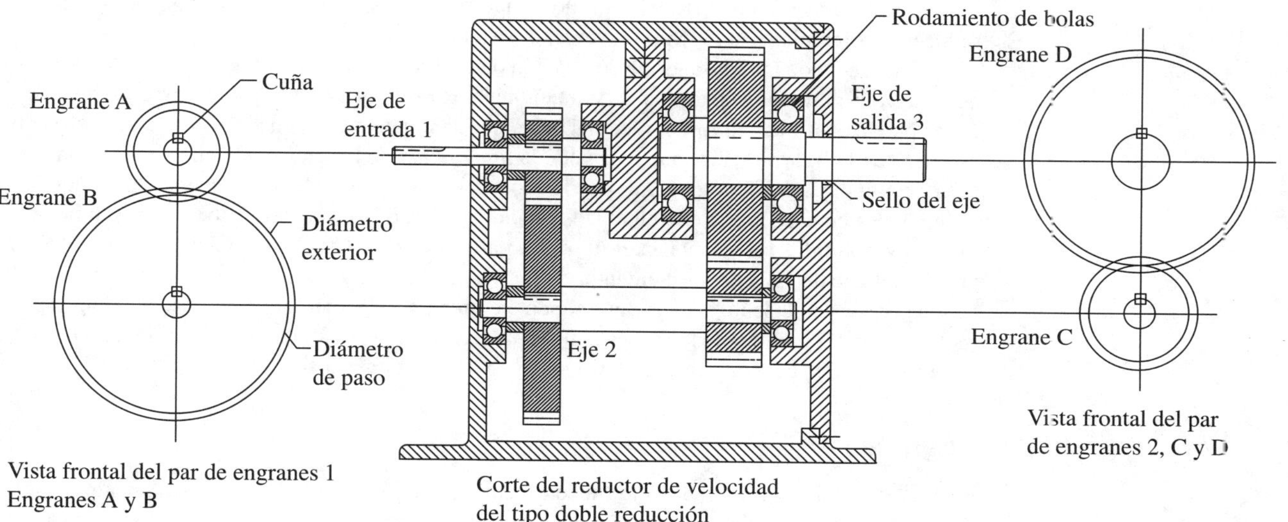

FIGURA 1-12 Diseño conceptual de un reductor de velocidad

4. El segundo par de engranes, C y D, reduce más la velocidad del engrane D y del eje de salida (eje 3), a un intervalo de 290 a 295 rpm.
5. El eje de salida debe tener una catarina (que no se muestra). La transmisión de cadena se conecta, en último término, a las ruedas de impulso del tractor.
6. Dos rodamientos de bolas soportan a cada uno de los tres ejes, para que sean estáticamente determinados, y con ello permitir el análisis de fuerzas y esfuerzos mediante los principios normales de la mecánica.
7. Los rodamientos se contienen en una caja fijada al armazón del tractor. Observe la manera de sujetar cada rodamiento, de tal manera que el anillo interno gire con el eje, mientras que el anillo externo se mantiene estacionario.
8. Se muestran sellos sobre los ejes de entrada y salida, para evitar que los contaminantes penetren a la caja.
9. Otras piezas de la caja se muestran en forma esquemática. En esta etapa del proceso de diseño, sólo se sugieren los detalles de cómo se van a instalar, lubricar y alinear los elementos activos, para demostrar la factibilidad. Un proceso viable de armado sería el siguiente:
   - Se inicia al colocar los engranes, cuñas, separadores y rodamientos en sus ejes respectivos.
   - A continuación se introduce el eje 1 en el asiento de rodamiento, en el lado izquierdo de la caja.
   - Se inserta el extremo izquierdo del eje 2 en su asiento de rodamiento, mientras se engranan al mismo tiempo los dientes de los engranes A y B.
   - Se instala el soporte central del rodamiento, para apoyar al rodamiento del lado derecho del eje 1.
   - Se instala el eje 3, colocando su rodamiento izquierdo en el asiento del soporte central de rodamiento, mientras se engranan los engranes C y D.
   - Se instala la tapa del lado derecho de la caja, mientras se colocan los dos rodamientos finales en sus asientos.
   - Se asegura con cuidado el alineamiento de los ejes.
   - Se pone lubricante para engranes en la parte inferior de la caja

Las figuras 9-34 a 9-36 del capítulo 9 muestran tres ejemplos de transmisiones de doble reducción comerciales, donde podrá ver estos detalles.

El arreglo de los engranes, la colocación de los rodamientos en ambos lados de los engranes y la configuración general de la caja también son decisiones de diseño. El proceso de diseño no puede continuar en forma racional hasta que se tomen esas decisiones. Observe que en el esquema de la figura 1-12 se comienza con la *integración* de los elementos en un todo. Cuando se conceptualiza el diseño general, puede proceder ya el diseño de los elementos de máquina individuales en el reductor de velocidad. Cuando se describa cada elemento, se repasan brevemente los capítulos relevantes en el libro. La parte II de este libro, que incluye los capítulos 7 al 15, contiene detalles de los elementos del reductor. Debe reconocer que ya se han tomado varias decisiones de diseño, al trazar un esquema como éstos. Primero, el lector escogió *engranes rectos* y no helicoidales, de gusano y sinfín o cónicos. De hecho, hay otras clases de reductores —de bandas, de cadenas o muchos otros— que pueden ser adecuados.

Engranes

Para los pares de engranes, el lector debe especificar el número de dientes en cada engrane, el paso (tamaño) de los dientes, los diámetros de paso, el ancho del diente y el material y su tratamiento térmico. Estas especificaciones dependen de consideraciones de resistencia y desgaste de los dientes del engrane y de los requisitos del movimiento (cinemática). También se debe considerar que los engranes deben montarse sobre ejes en forma correcta, ya que la capacidad de transmisión de par de torsión de los engranes a ejes (por ejemplo, a través de cuñas) sea adecuada y que el diseño del eje sea seguro.

Ejes

Una vez diseñados los pares de engranes, pasará a considerar el diseño del eje (capítulo 12). El eje está cargado a flexión y a torsión, por las fuerzas que actúan en los dientes de los engranes. Por consiguiente, en el diseño se deben considerar la resistencia y rigidez, y debe permitir el montaje de los engranes y los rodamientos. Pueden usarse ejes de varios diámetros, para poder formar escalones contra los cuales asentar los engranes y los rodamientos. El eje podrá tener cuñeros (capítulo 11) cortados en él. Los ejes de entrada y salida se prolongarán más allá de la caja, para permitir acoplarlos con el motor y el eje de impulso. Debe considerarse el tipo de acoplamiento, porque podría tener un efecto dramático sobre el análisis de esfuerzos en el eje (capítulo 11). Los sellos en los ejes de entrada y de salida protegen a los componentes internos (capítulo 11).

Cojinetes

Sigue el diseño de los cojinetes (capítulo 14). Si se van a usar de contacto por rodillo, es probable que el lector seleccione rodamientos disponibles en el comercio, con el catálogo de un fabricante, en vez de diseñar uno solo. Primero se debe determinar la magnitud de las cargas sobre cada rodamiento, con el análisis del eje y los diseños de engranes. También se deben considerar la velocidad de giro y una duración razonable de los rodamientos, así como su compatibilidad con el eje donde se van a montar. Por ejemplo, con base en el análisis del eje, el lector podría especificar el diámetro mínimo admisible en cada asiento de montaje del rodamiento, para garantizar valores seguros de esfuerzos. El rodamiento seleccionado para sostener determinada parte del eje debe, entonces, tener un diámetro interior no menor que el diámetro seguro del eje. Naturalmente, ese rodamiento no debe ser mucho más grande que lo necesario. Cuando se selecciona un rodamiento específico, deben especificarse el diámetro del eje en su apoyo y las tolerancias admisibles, de acuerdo con las recomendaciones del fabricante, para obtener un funcionamiento y una expectativa de duración adecuados.

Cuñas

Ahora pueden diseñarse las cuñas y los cuñeros (capítulo 11). El diámetro del eje en la cuña determina el tamaño básico de la misma (ancho y alto). El par de torsión que debe transferirse se usa en los cálculos de resistencia, para especificar la longitud y el material de la cuña. Una vez diseñados los componentes activos, se puede comenzar con el diseño de la caja.

Caja

El proceso de diseño de la caja debe ser creativo y práctico. ¿Qué se debe prever para montar con exactitud los rodamientos y transmitir con seguridad las cargas de los rodamientos por la caja, y a la estructura donde se instala el reductor de velocidad? ¿Cómo se armarán los diversos elementos en la caja? ¿Cómo se lubricarán los engranes y los rodamientos? ¿Qué material debe usarse en la caja? ¿Debe la caja ser colada, de construcción soldada o un conjunto de piezas maquinadas?

El proceso de diseño descrito aquí implica que el diseño se puede elaborar en forma secuencial: de los engranes a los ejes, a los rodamientos, a las cuñas, a los acoplamientos y, por último, a la caja. Sin embargo, sería inusual recorrer este camino lógico sólo una vez en determinado diseño. Lo usual es que el diseñador tenga que regresar muchas veces para ajustar el diseño de ciertos componentes, afectados por cambios en otros componentes. Este proceso, llamado *iteración*, continúa hasta llegar a un diseño general aceptable. Con frecuencia se construyen y prueban prototipos durante la iteración.

El capítulo 15 muestra la forma en que todos los elementos de la máquina se integran en una unidad.

1-6 AYUDAS DE CÓMPUTO EN ESTE LIBRO

A causa de la necesidad normal de efectuar varias iteraciones, y ya que muchos de los procedimientos de diseño requieren cálculos largos y complejos, con frecuencia es útil contar con hojas de cálculo, programas de análisis matemático, programas de cómputo o calculadoras programables, para desarrollar el análisis del diseño. Las hojas de cálculo o programas interactivos le permiten al lector tomar decisiones durante el proceso de diseño. De esta forma, pueden efectuarse muchas pruebas en corto tiempo, y pueden investigarse los efectos del cambio de diversos parámetros. En este libro se usarán con frecuencia hojas de cálculo de Microsoft Excel, como ejemplos de diseño y cálculos de análisis asistidos por computadora.

1-7 CÁLCULOS DE DISEÑO

Al estudiar este libro, y al progresar en su carrera de diseñador, deberá hacer varios cálculos de diseño. Es importante anotar los cálculos en forma pulcra, completa y ordenada. Deberá explicar a otros cómo atacó el diseño, qué datos usó y qué hipótesis y juicios planteó. Algunas veces alguien más revisará su trabajo cuando ya no esté usted para comentarlo o contestar preguntas. También, con frecuencia es útil tener un registro exacto de sus cálculos de diseño, si es probable que ese diseño tenga cambios. En todos estos casos se le va a pedir que comunique su diseño a otros, por escrito y con figuras.

Para preparar un registro de diseño cuidadoso, en general deberá tomar en cuenta lo siguiente:

1. Identificar el elemento de máquina que será diseñado y la naturaleza del cálculo de diseño.
2. Trazar un esquema del elemento, que muestre todas las propiedades que afecten el funcionamiento o el análisis de esfuerzos.
3. Mostrar en un esquema las fuerzas que actúan sobre el elemento (el diagrama de cuerpo libre) y trazar otros dibujos para aclarar el caso físico real.

4. Identificar el tipo de análisis a efectuar, tal como el esfuerzo por flexión, deflexión de una viga, pandeo de una columna, entre otros.
5. Enlistar todos los datos y las hipótesis.
6. Escribir las fórmulas a usar en forma de símbolos, e indicar con claridad los valores y las unidades de las variables que intervienen. Si una fórmula potencial no se conoce bien, en su trabajo, cite la fuente. La persona podrá consultarla para evaluar lo adecuado de la fórmula.
7. Resolver cada fórmula para la variable deseada.
8. Insertar datos, comprobar unidades y desarrollar los cálculos.
9. Juzgar lo adecuado del resultado.
10. Si el resultado no es razonable, cambiar las decisiones del diseño y repetir el cálculo. Quizá sea más adecuada una geometría o un material distintos.
11. Cuando se ha llegado a un resultado razonable y satisfactorio, especifique los valores definitivos de todos los parámetros importantes en el diseño, usando tamaños normalizados, dimensiones cómodas, materiales que se consigan con facilidad, entre otros.

La figura 1-13 muestra un ejemplo de un cálculo de diseño. Debe diseñarse una viga para salvar un pozo de 60 pulg y soportar un engrane grande de 2,050 libras (lb). En el diseño se supone que va a usarse una viga con sección transversal rectangular. Pueden utilizarse otras formas prácticas. El objetivo es calcular las dimensiones necesarias para la sección transversal, considerando tanto esfuerzos como deflexiones. También se ha seleccionado un material para la viga. Consulte el capítulo 3, que contiene un repaso de los esfuerzos debidos a la flexión.

1-8 TAMAÑOS BÁSICOS PREFERIDOS, ROSCAS DE TORNILLOS Y PERFILES ESTÁNDAR

Una de las responsabilidades de un diseñador es especificar las dimensiones finales de los elementos que soportan cargas. Después de completar los análisis de esfuerzo y deformación, el diseñador conocerá los valores mínimos aceptables de las dimensiones, los cuales asegurarán que el elemento cumpla con los requisitos del funcionamiento. Entonces, de forma usual el diseñador especifica que las dimensiones finales sean uniformadas, o tengan valores adecuados que faciliten la compra de materiales y la manufactura de las piezas. En esta sección se presentan algunas guías para ayudar en esas decisiones y especificaciones.

Tamaños básicos preferidos

La tabla A2-1 presenta los tamaños básicos preferidos en fracciones de pulgada, decimales de pulgada y métricos.[1] En la parte final de su diseño, el lector elige uno de esos tamaños preferidos. En la figura 1-13 se ve un ejemplo, al final del cálculo. Naturalmente, el lector podrá especificar otro tamaño si hay alguna razón funcional viable.

Roscas de tornillos estadounidenses normalizadas

Los tornillos y los elementos de máquina con uniones roscadas se fabrican mediante dimensiones normalizadas para asegurar que las piezas sean intercambiables, y para permitir una fabricación cómoda, con máquinas y herramental normalizados. La tabla A2-2 muestra las dimensiones de las Roscas Unificadas Estadounidenses Estándar. A los tamaños menores que 1/4 de pulga-

[1] En este libro, algunas referencias a tablas y figuras tienen la letra *A* junto con sus números; esas tablas y figuras están en los apéndices, en la parte posterior del libro. Por ejemplo, la tabla A2-1 es la primer tabla del apéndice 2; la figura A15-4 es la cuarta figura del apéndice 15. Esas tablas y figuras se identifican con claridad en las leyendas de los apéndices.

R. L. MOTT

DISEÑO DE UNA BARRA PARA SOPORTAR UN ENGRANE EN UN POZO DE REMOJO

LA BARRA DEBE TENER 60 PULG DE LONGITUD ENTRE APOYOS
PESO DEL ENGRANE 2050 LB
LOS COLGADORES DEBEN ESTAR SEPARADOS 24 PULGADAS

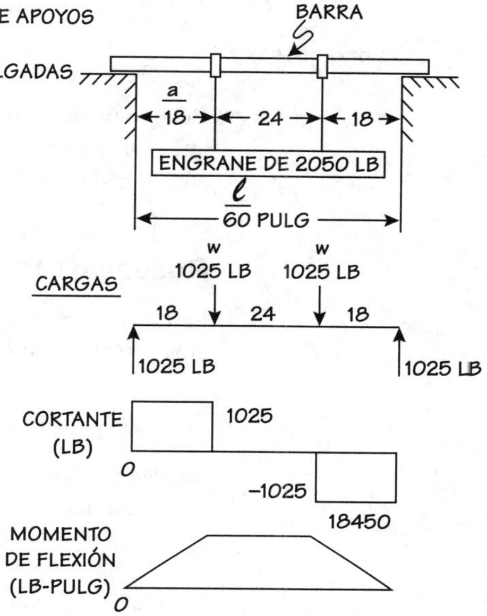

LA BARRA ES UNA VIGA A FLEXIÓN

(1) $\sigma = M/S$

SUPONGA UNA FORMA RECTANGULAR

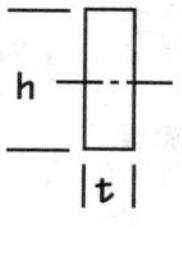

S = MÓDULO DE SECCIÓN
$S = th^2/6$
SEA $h \approx 3t$
ENTONCES $S = t\,(3t)^2/6 = 9t^3/6$
$S = 1.5\,t^3$
(2) REQUERIDO $t = \sqrt[3]{S/1.5}$

PRUEBE CON UNA BARRA DE ACERO AISI 1040 HR
$Sy = 42000$ PSI (RESISTENCIA DE CEDENCIA)
SEA $\sigma = \sigma_d = Sy/N$ = ESFUERZO DE DISEÑO
N = FACTOR DE DISEÑO
SEA N = 2 (CARGA MUERTA)
$\sigma_d = 42000/2 = 21000$ PSI

ENTONCES, DE (1) : $S = M/\sigma_d$ = MÓDULO DE SECCIÓN REQUERIDO

$$S = \frac{18450 \text{ LB·PULG}}{21000 \text{ LB/PULG}^2} = 0.879 \text{ PULG}^3$$

DE ACUERDO CON (2)

$$t = \sqrt[3]{S/1.5} = \sqrt[3]{0.879 \text{ PULG}^3/1.5} = 0.837 \text{ PULG}$$

ENTONCES $h = 3t = 3(0.837) = 2.51$ PULG

EL PROVEEDOR TIENE EN EXISTENCIA $3/4 \times 2\,3/4$ $[h/t = 2.75/0.75 = 3.67$ correcto]

COMPROBACIÓN $S = th^2/6 = (0.75 \text{ PULG})\,(2.75 \text{ PULG})^2/6 = 0.945 \text{ PULG}^3 > 0.837 \text{ PULG}^3$ correcto

$\sigma = M/S = 18450$ LB· PULG/0.945 PULG^3 = 19500 PSI

$N = Sy/\sigma = 42000$ PSI/19500 PSI = 2.15 correcto

COMPROBAR DEFLEXIÓN EN EL CENTRO: $y = \dfrac{Wa}{24\,EI}\,(3\ell^2 - 4a^2)$ (REF MANUAL DE MAQUINARIA 26ª EDICIÓN, PÁG. 238, CASO 4)

$$y = \frac{(1025)\,(18)\,[3(60)^2 - 4(18)^2]}{24\,(30 \times 10^6)\,(1.30)} = 0.187 \text{ PULG}$$

ACEPTABLE

$$I = th^3/12 = \frac{(0.75)\,(2.75)^3}{12} = 1.30 \text{ PULG}^4$$

ESPECIFIQUE: BARRA RECTANGULAR DE ACERO DE 3/4 X 2 3/4 PULG, AISI 1040 HR.

FIGURA 1-13 Ejemplo de cálculos de diseño

da se les asignan números de 0 a 12, mientras que los tamaños en fracciones de pulgada se especifican para los tamaños de 1/4 y mayores. Aparecen dos series: UNC (*Unified National Coarse*) para las roscas gruesas, y UNF (*Unified National Fine*) para las roscas finas. Las identificaciones estandarizadas son:

6-32 UNC (número de tamaño 6, 32 hilos por pulgada, rosca gruesa)
12-18 UNF (número de tamaño 12, 28 hilos por pulgada, rosca fina)
$\frac{1}{2}$-13 UNC (tamaño fraccionario, 1/2 pulg, 13 hilos por pulgada, rosca gruesa)
$1\frac{1}{2}$-12 UNF (tamaño fraccionario, $1\frac{1}{2}$ pulg, 12 hilos por pulgada, rosca fina)

En las tablas aparecen el diámetro básico mayor (D), el número de hilos o roscas por pulgada (n) y el área del esfuerzo de tensión (A_t), calculada con

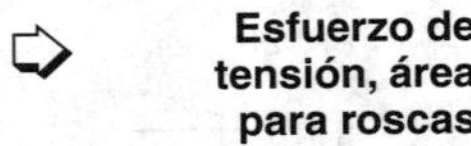
Esfuerzo de tensión, área para roscas

$$A_t = 0.7854\left(D - \frac{0.9743}{n}\right)^2 \quad \textbf{(1-1)}$$

Cuando un elemento roscado está sujeto a tensión directa, el área del esfuerzo de tensión es la que se usa para calcular el esfuerzo promedio a la tensión. Se basa en un área circular calculada con el promedio del diámetro de paso y el diámetro menor del elemento roscado.

Roscas de tornillos métricas

La tabla A2-3 muestra dimensiones similares para las roscas de tornillos métricas. La designación estandarizada de las roscas métricas tiene la forma

$$\text{M10} \times 1.5$$

donde M representa métrica

El número que sigue es el diámetro mayor básico D, en mm

El último número es el paso P, entre roscas adyacentes, en mm

El área de esfuerzo de tensión para las roscas métricas se calcula con la siguiente ecuación, y se basa en un diámetro poco diferente (vea la referencia 11).

$$A_t = 0.7854\,(D - 0.9382P)^2 \quad \textbf{(1-2)}$$

Así, la especificación anterior indicaría una rosca métrica con un diámetro básico mayor $D = 10.0$ mm y un paso de $P = 1.5$ mm. Observe que paso $= 1/n$. El área del esfuerzo de tensión de esta rosca es 58.0 mm^2.

Perfiles estructurales de acero

Los fabricantes de acero suministran un gran conjunto de perfiles estructurales estandarizados, eficientes en el uso del material y fáciles de especificar e instalar en estructuras de construcción o de armazones de maquinaria. Comprenden, como se muestra en la tabla 1-1, los ángulos estándar (perfiles L), canales (perfiles C), vigas de patín ancho (perfiles W), vigas estándar estadounidenses (perfiles S), tubo estructural y tubería. Observe que los perfiles W y S se nombran con frecuencia en las conversaciones generales como "vigas I", porque la forma del corte transversal se parece a la I mayúscula.

El apéndice 16 presenta las propiedades geométricas de algunos perfiles estructurales de acero, que abarcan una gran variedad de tamaños. Note que hay muchos tamaños disponibles, como los de la referencia 2. Las tablas del apéndice 16 proporcionan datos del área de la sección transversal (A), el peso por pie de longitud, la ubicación del centroide de la sección transversal, su momento de inercia (I), su módulo de sección (S) y su radio de giro (r). Los valores de I y de S son importantes para analizar y diseñar vigas. Para el análisis de las columnas se necesitan I y r.

Los materiales utilizados en los perfiles estructurales se conocen como *aceros estructurales*, y sus características y propiedades se describen con más detalle en el capítulo 2. Consulte los datos típicos de resistencia en el apéndice 7. Los perfiles W laminados se consiguen con mayor facilidad en aceros ASTM A992, A572 Grado 50 o A36. Los perfiles S y C se hacen en

TABLA 1-1 Designaciones de los perfiles de acero y de aluminio

Nombre del perfil	Perfil	Símbolo	Ejemplo de designación y tabla del apéndice
Ángulo		L	L4 × 3 × $\frac{1}{2}$ Tabla A16-1
Canal	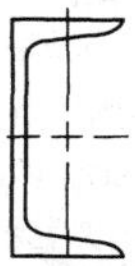	C	C15 × 50 Tabla A16-2
Viga de patín ancho	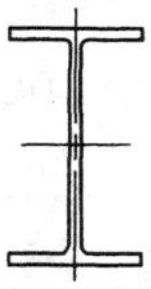	W	W14 × 43 Tabla A16-3
Viga estándar estadounidense	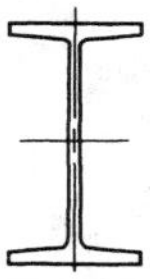	S	S10 × 35 Tabla A16-4
Tubo estructural – rectangular	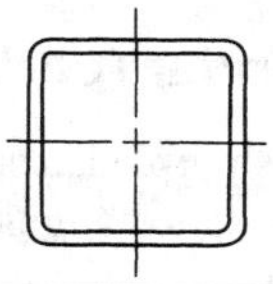		4 × 4 × $\frac{1}{4}$ Tabla A16-5
Tubo estructural – cuadrado	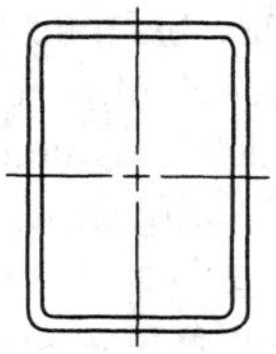		6 × 4 × $\frac{1}{4}$ Tabla A16-5
Tubo	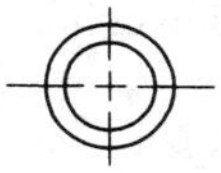		4 pulg peso estándar 4 pulg cédula 40 Tabla A16-6
Canal asociación del aluminio	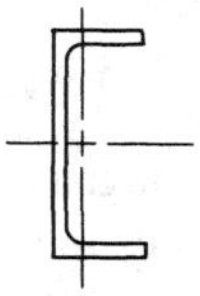	C	C4 × 1.738 Tabla A17-1
Viga I asociación del aluminio	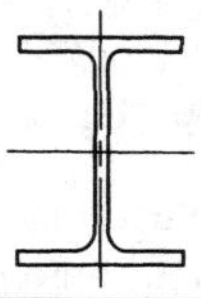	I	I8 × 6.181 Tabla A17-2

forma típica con ASTM A572 Grado 50 o A36. Se debe especificar ASTM A36 para ángulos y placa de acero. Los perfiles estructurales huecos (HSS) se consiguen con mayor facilidad en ASTM A500.

Ángulos de acero (perfiles L)

La tabla A16-1 muestra esquemas de los perfiles típicas de ángulos de acero con lados iguales o desiguales. Se llaman *perfiles L* por la apariencia de la sección transversal; con frecuencia los ángulos se usan como elementos a la tensión en armaduras y torres, miembros de contorno para estructuras de máquinas, dinteles sobre ventanas y puertas en construcción, refuerzos para placas grandes en cajas y vigas, ménsulas y soportes de tipo cornisa para equipo. Algunas referencias llaman a estos perfiles "hierro ángulo". La especificación normalizada tiene la siguiente forma, para un tamaño de ejemplo:

$$L4 \times 3 \times \tfrac{1}{2}$$

donde L indica el perfil angular L

4 es la longitud del lado mayor

3 es la longitud del lado menor

$\frac{1}{2}$ es el espesor de los lados

Estas dimensiones están en pulgadas.

Canales estadounidenses estándar (perfiles C)

En la tabla A16-2 se ven la apariencia y las propiedades geométricas de los canales. Esos canales se usan en aplicaciones parecidas a las de los ángulos. El alma plana y los dos patines forman un perfil generalmente más rígido que el de los ángulos.

El esquema que aparece arriba de la tabla muestra que los canales tienen patines inclinados y almas con espesor constante. La pendiente del patín es aproximadamente dos pulgadas en 12 pulgadas, y eso dificulta la fijación de otros miembros a los patines. Existen roldanas inclinadas especiales disponibles para facilitar la fijación. Observe la designación de los ejes x y y en el esquema, que se definen con el alma del canal vertical, con lo que se obtiene el perfil característico C. Esa nomenclatura es muy importante cuando los canales se utilizan como vigas o columnas. El eje x se localiza en el eje horizontal de simetría, mientras que la dimensión x, que aparece en la tabla, ubica al eje y en relación con la espalda del alma. El centroide está en la intersección de los ejes x y y.

La designación estándar para los canales es

$$C15 \times 50$$

donde C indica que es un perfil estándar C

15 es el peralte nominal (y real), en pulgadas, con el alma vertical

50 es el peso por unidad de longitud, en lb/pie

Perfiles de patín ancho (perfiles W)

Vea la tabla A16-3, que ilustra el perfil de uso más común en las vigas. Los perfiles W tienen almas relativamente delgadas y patines planos algo más gruesos, con espesor constante. La mayor parte del área de la sección transversal está en los patines, lo más alejada del eje centroidal horizontal (eje x), con lo cual el momento de inercia es muy grande para determinada cantidad de material. Observe que las propiedades del momento de inercia y de módulo de sección son mucho mayores con respecto al eje x que con respecto al eje y. Por consiguiente, los perfiles W se usan principalmente en la orientación que muestra el esquema de la tabla A16-3. También, esos perfiles son mejores cuando se usan en flexión pura, sin torcimiento, porque son bastante flexibles a la torsión.

La designación estándar para los perfiles W suministra mucha información. Veamos el siguiente ejemplo:

$$W14 \times 43$$

donde W indica que es un perfil W
14 es el peralte nominal, en pulgadas
43 es el peso por unidad de longitud, en lb/pie.

El término peralte es la designación estándar y se usa para indicar la altura vertical del corte transversal, cuando se coloca en la orientación mostrada en la tabla A16-3. Note que, de acuerdo con los datos en la tabla, con frecuencia el peralte real es distinto del peralte nominal. Fara la W14 × 43, el peralte real es 13.66 pulg.

Vigas estadounidenses estándar (perfiles S)

La tabla A16-4 presenta las propiedades de los perfiles S. Gran parte de la descripción de los perfiles W se aplica también a los perfiles S. Observe que, de nuevo, se incluye el peso por pie de longitud en la designación, por ejemplo S10 × 35, el cual pesa 35 lb/pie. En la mayor parte, aunque no en todos los perfiles S, el peralte real es igual al peralte nominal. Los patines de los perfiles S son inclinados, con una pendiente aproximada de 2 pulgadas en 12 pulgadas, parecida a los de los perfiles C. Los ejes x y y se definen como se indica, con el alma vertical.

Con frecuencia se prefiere los perfiles de patín ancho (perfiles W) a los perfiles S, porque sus patines son relativamente anchos, porque tienen espesor constante en sus patines y porque las propiedades de las secciones son, en general, mejores para determinado peso y peralte.

Perfiles estructurales huecos (HSS, cuadrados y rectangulares)

Vea la tabla A-16-5, con el aspecto y las propiedades de los perfiles estructurales huecos (HSS, de *hollow structural shape*). Esos perfiles suelen conformarse a partir de lámina plana y soldada longitudinalmente. Las propiedades de las secciones consideran los radios de las esquinas. Observe los esquemas que muestran los ejes x y y. La designación estandarizada es

$$6 \times 4 \times \tfrac{1}{4}$$

donde 6 es el peralte del lado mayor, en pulgadas
4 es el ancho del lado menor, en pulgadas
$\frac{1}{4}$ es el espesor de pared, en pulgadas.

Los tubos laminado, cuadrado y rectangular, son muy útiles en las estructuras de maquinaria porque tienen buenas propiedades transversales para elementos cargados a la flexión como vigas, y para la carga de torsión, porque la sección transversal es cerrada. Los lados planos facilitan con frecuencia la unión de los miembros entre sí, o la fijación del equipo a ellos. Algunos marcos se sueldan y forman una unidad que funciona como marco espacial rígido. El tubo cuadrado proporciona una sección eficiente para las columnas.

Tubo

Los perfiles circulares huecos (*tubos*) son muy eficientes cuando se usan como vigas, elementos a torsión y columnas. La distribución uniforme del material, alejado del centro, aumenta el momento de inercia para determinada cantidad de material, y proporciona propiedades uniformes al tubo, con respecto a todos los ejes que pasan por el centro de la sección transversal. Su sección transversal cerrada proporciona alta resistencia y rigidez a la torsión y a la flexión.

La tabla A16-6 contiene las propiedades del tubo de acero soldado y sin costura, de acero fraguado cédula 40, Estándar Estadounidense Nacional. Esta clase de tubo se usa con frecuencia para conducir agua y otros fluidos, pero también funciona bien en aplicaciones estructurales. Observe que los diámetros exterior e interior reales son algo distintos al tamaño nominal, excepto en los tamaños muy grandes. Al tubo para construcción se le llama con frecuencia *tubo pesado estándar,* y tiene las mismas dimensiones que el tubo de cédula 40 para tamaños de 1/2 a 10 pulgadas. Hay otras "cédulas y pesos" de tubo disponibles con espesores de pared mayores y menores.

Existen además otras secciones circulares que se consiguen con frecuencia, conocidas también como *tubería*. Estas secciones se consiguen en acero al carbón, acero aleado, acero inoxidable, aluminio, cobre, latón, titanio y otros materiales. Vea las referencias 1, 2, 5 y 9, para una variedad de tipos y tamaños de tubos y tuberías.

Canales y vigas I estándar de la Asociación de Aluminio

Las tablas A17-1 y A17-2 muestran las dimensiones y las propiedades de las secciones de canales y vigas I, desarrolladas por la Asociación del Aluminio (véase la referencia 1). Son perfiles extruidos con espesores uniformes de almas y patines, con generosos radios en sus rincones. Las proporciones de esos perfiles son algo diferentes de las de acero laminado descrita antes. La forma extruida es conveniente para tener un uso eficiente del material y en la unión de los elementos. En este libro se manejarán las siguientes formas para designar los perfiles de aluminio:

$$C4 \times 1.738 \quad \text{o} \quad I8 \times 6.181$$

donde C o I indica la forma básica del perfil
4 u 8 indican el peralte del perfil, cuando su orientación es la que se muestra
1.738 o 6.181 indican el peso por unidad de longitud, en lb/pie

1-9 SISTEMAS DE UNIDADES

En este libro se efectuarán los cálculos mediante el sistema inglés (pulgada-libra-segundo) o en el Sistema Internacional (SI). En la tabla 1-2 se muestran las unidades típicas a usar en el estudio del diseño de máquinas. *SI*, abreviatura de "Sistema Internacional de Unidades", es la norma para las unidades métricas en todo el mundo (vea la referencia 4). Por conveniencia, se usará el término *unidades SI* en lugar de *unidades métricas*.

Los prefijos se aplican a las unidades básicas para indicar el orden de magnitud. Sólo deben manejarse en cálculos técnicos los prefijos de la tabla 1-3, que difieren entre sí por un factor de 1 000. El resultado final de una cantidad debe presentarse como un número entre 0.1 y 10 000, multiplicado por algún múltiplo de 1000. A continuación, se debe especificar el nombre de la unidad con el prefijo adecuado. La tabla 1-4 contiene ejemplos de notación correcta en SI.

Algunas veces el lector debe convertir una unidad de un sistema a otro. El apéndice 18 proporciona tablas de factores conversión de unidades. También, el lector debe familiarizarse con el típico orden de magnitud de la cantidad encontrada en el diseño de máquinas, tal que pueda comprender la razón de los cálculos del diseño (véase la tabla 1-5).

TABLA 1-2 Unidades típicas que se usan en el diseño de máquinas

Cantidad	Unidades inglesas	Unidades SI
Longitud o distancia	pulgada (pulg) pie (pie)	metro (m) milímetro (mm)
Área	pulgada cuadrada ($pulg^2$)	metro cuadrado (m^2, o milímetro cuadrado (mm^2)
Fuerza	libra (lb) kip (K) (1 000 lb)	newton (N) ($1\ N = 1\ kg \cdot m/s^2$)
Masa	slug ($lb \cdot s^2/pie$)	kilogramo (kg)
Tiempo	segundo (s)	segundo (s)
Ángulo	grado (°)	radián (rad) o grado (°)
Temperatura	grados Fahrenheit (°F)	grados Celsius (°C)
Par de torsión o momento	libra-pulg (lb·pulg) o lb-pie (lb·pie)	newton-metro (N·m)
Energía o trabajo	libra-pulgada (lb·pulg)	joule (J) (1 J = 1 N·m)
Potencia	caballo (hp) (1 hp = 550 lb·pie/s)	watt (W) o kilowatt (kW) (1 W = 1 J/s = 1 N·m/s)
Esfuerzo, presión o módulo de elasticidad	libras por pulgada cuadrada ($lb/pulg^2$ o psi) kips por pulgada cuadrada ($K/pulg^2$ o ksi)	pascal (Pa) ($1\ Pa = 1\ N/m^2$) kilopascal (kPa) ($1\ kPa = 10^3\ Pa$) megapascal (MPA) ($1\ MPa = 10^6\ Pa$) gigapascal (GPA) ($1\ GPa = 10^9\ Pa$)
Módulo de sección	pulgadas al cubo ($pulg^3$)	metros al cubo (m^3) o milímetros al cubo (mm^3)
Momento de inercia	pulgadas a la cuarta potencia ($pulg^4$)	metros a la cuarta potencia (m^4) o milímetros a la cuarta potencia (mm^4)
Velocidad de giro	revoluciones por minuto (rpm)	radianes por segundo (rad/s)

TABLA 1-3 Prefijos que se usan con unidades SI

Prefijo	Símbolo SI	Factor
micro-	μ	$10^{-6} = 0.000\ 001$
mili-	m	$10^{-3} = 0.001$
kilo-	k	$10^3 = 1000$
mega-	M	$10^6 = 1\ 000\ 000$
giga-	G	$10^9 = 1\ 000\ 000\ 000$

TABLA 1-4 Cantidades expresadas en unidades SI

Resultado calculado	Resultado informado
0.001 65 m	1.65×10^{-3} m, o 1.65 mm
32 540 N	32.54×10^3 N, o 32.54 kN
1.583×10^5 W	158.3×10^3 W, o 158.3 kW; o $0.158\ 3 \times 10^6$ W; o 0.158 3 MW
2.07×10^{11} Pa	207×10^9 Pa, o 207 GPa

TABLA 1-5 Órdenes de magnitud típicos para las cantidades que se encuentran con frecuencia

Cantidad	Sistema inglés	Unidad SI
Dimensiones normalizadas para madera 2 × 4	1.50 pulg × 3.50 pulg	38 mm × 89 mm
Momento de inercia de un 2 × 4 (lado vertical de 3.50 pulg)	5.36 $pulg^4$	$2.23 \times 10^6\ mm^4$, o $2.23 \times 10^{-6}\ m^4$
Módulo de sección de un 2 × 4 (lado vertical de 3.50 pulg)	3.06 $pulg^3$	$5.02 \times 10^4\ mm^3$, o $5.02 \times 10^{-5}\ m^3$
Fuerza requerida para levantar 1.0 gal de gasolina	6.01 lb	26.7 N
Densidad del agua	1.94 $slugs/pies^3$	1000 kg/m^3, o 1.0 Mg/m^3
Compresión del aire comprimido en una fábrica	100 psi	690 kPa
Punto de fluencia de acero AISI 1040 laminado en caliente	42 000 psi, o 42 ksi	290 MPa
Módulo de elasticidad del acero	30 000 000 psi, o 30×10^6 psi	207 GPa

Problema de ejemplo 1-1 Exprese el diámetro de un eje en milímetros, si al medirlo se obtuvo 2.755 pulg.

Solución La tabla A18 muestra que el factor de conversión para longitudes es 1.00 pulg = 25.4 mm. Entonces

$$\text{Diametro} = 2.755 \text{ pulg} \frac{25.4 \text{ mm}}{1.00 \text{ pulg}} = 69.98 \text{ mm}$$

Problema de ejemplo 1-2 Un motor eléctrico gira a 1750 revoluciones por minuto (rpm). Exprese esa velocidad en radianes por segundo (rad/s).

Solución Se requiere una serie de conversiones.

$$\text{Velocidad de giro} = \frac{1750 \text{ rev}}{\text{min}} \frac{2\pi \text{ rad}}{\text{rev}} \frac{1 \text{ min}}{60 \text{ s}} = 183.3 \text{ rad/s}$$

1-10 DIFERENCIA ENTRE PESO, FUERZA Y MASA

Se debe establecer la diferencia entre los términos *fuerza*, *masa* y *peso*. *Masa* es la cantidad de materia que contiene un cuerpo. Una *fuerza* es un empuje o un esfuerzo aplicado a un cuerpo, que causa un cambio en el movimiento del mismo o alguna deformación en él. Es claro que son dos distintos fenómenos físicos, pero no siempre se comprende la diferencia. Las unidades de fuerza y masa que se manejan en este libro aparecen en la tabla 1-2.

El término *peso*, tal como se usa en este libro, se refiere a la magnitud de la *fuerza* necesaria para sostener un cuerpo contra la influencia de la gravedad. Así, para responder: "¿Cuál es el peso de 75 kg de acero?" se podría usar la relación entre fuerza y masa, de la física:

Relación peso/masa

$$F = ma \quad \text{o} \quad w = mg$$

cuando F = fuerza
m = masa
a = aceleración
w = peso
g = aceleración de la gravedad

Aquí se usará

$$g = 32.2 \text{ pies/s}^2 \quad \text{o} \quad g = 9.81 \text{ m/s}^2$$

Entonces, para calcular el peso,

$$w = mg = 75 \text{ kg}(9.81 \text{ m/s}^2)$$
$$w = 736 \text{ kg}\cdot\text{m/s}^2 = 736 \text{ N}$$

Recuerde que, como se ve en la tabla 1-2, el newton (N) equivale a 1.0 kg·m/s^2. De hecho, el newton se definió como la fuerza necesaria para proporcionar una aceleración de 1.0 m/s^2 a una masa de 1.0 kg. Entonces, en nuestro ejemplo, se diría que la masa de 75 kg de acero tiene un peso de 736 N.

REFERENCIAS

1. Aluminum Association. *Aluminum Standards and Data.* Washington, DC: Aluminum Association, 1997.
2. American Institute of Steel Construction. *Manual of Steel Construction, Load and Resistance Factor Design.* 3rd ed. Chicago: American Institute of Steel Construction, 2001.
3. American Society of Mechanical Engineers. *Integrating the Product Realization Process (PRP) into the Undergraduate Curriculum.* New York: American Society of Mechanical Engineers, 1995.
4. American Society for Testing and Materials. *IEEE/ASTM SI-10 Standard for Use of the International System of Units (SI): The Modern Metric System.* West Conshohocken, PA: American Society for Testing and Materials, 2000.
5. Avallone, Eugene A. y Theodore Baumeister III, eds. *Marks' Standard Handbook for Mechanical Engineers.* 10th ed. New York: McGraw-Hill, 1996.
6. Dym, Clive L. y Patrick Little. *Engineering Design: A Project-Based Introduction.* Nueva York: John Wiley & Sons, 2000.
7. Ertas, Atila y Jesse C. Jones. *The Engineering Design Process.* Nueva York: John Wiley & Sons, 1993. Descripción del proceso de diseño, desde la definición de los objetivos del diseño hasta la certificación y manufactura del producto.
8. Hauser, J. y D. Clausing. "*The House of Quality.*" Harvard Business Review (Mayo-Junio 1988): 63-73. Describe el Despliegue de la Función Calidad.
9. Mott, Robert L. *Applied Fluid Mechanics.* 5th ed. Upper Saddle River, NJ: Prentice Hall, 2000.
10. National Research Council. *Improving Engineering Design: Designing for Competitive Advantage.* Washington, DC: National Academy Press, 1991. Describe el Proceso de Realización del Producto (PRP).
11. Oberg, Erik, F. D. Jones, H. L. Horton y H. H. Ryffell. *Machinery's Handbook.* 26th ed. Nueva York: Industrial Press, 2000, p. 1483.
12. Pahl, G. y W. Beitz. *Engineering Design: A Systematic Approach.* 2nd ed. Londres: Springer-Verlag, 1996.
13. Pugh, Stuart. *Total Design: Integrated Methods for Successful Product Engineering.* Reading, MA: Addison-Wesley, 1991.
14. Suh, Nam Pyo. *Axiomatic Design: Advances and Applications.* Nueva York: Oxford University Press, 2001.
15. Suh, Nam Pyo. *The Principles of Design.* Nueva York: Oxford University Press, 1990.
16. Ullman, David G. *The Mechanical Design Process.* 2d ed. Nueva York: McGraw-Hill, 1997.

SITIOS DE INTERNET PARA DISEÑO MECÁNICO EN GENERAL

Aquí se incluyen los sitios de Internet que pueden consultarse en muchos de los capítulos de este libro y en la práctica general del diseño, para identificar a los proveedores comerciales de elementos de máquinas, y las normas para diseñar o para efectuar análisis de esfuerzos. En los capítulos posteriores se incluyen sitios específicos para los temas que ahí se tratan.

1. **American National Standards Institute (ANSI)** *www.ansi.org* Es una organización privada, no lucrativa, que administra y coordina la estandarización voluntaria y el sistema de evaluación de conformidad en Estados Unidos.
2. **Documentos globales de ingeniería** *http://global.ihs.com* Aquí se puede consultar una base de datos de normas y publicaciones originadas en muchas organizaciones de desarrollo de normas, tales como ASME, ASTM e ISO.
3. **GlobalSpec** *www.globalspec.com* Aquí se puede consultar una base de datos acerca de una gran variedad de productos y servicios técnicos; permite la búsqueda de especificaciones técnicas, el acceso a información de proveedores y comparación de proveedores de un determinado producto. En la categoría de componentes mecánicos se incluyen muchos de los temas descritos en este libro.
4. **MDSOLIDS** *www.mdsolids.com* Programa educativo con temas de resistencia de materiales, incluyendo vigas, flexión, miembros en torsión, columnas, estructuras axiales, estructuras estáticamente indeterminadas, armaduras, propiedades de perfiles y análisis con círculo de Mohr. Este programa puede servir como medio de repaso para los conocimientos necesarios como prerrequisito para este libro.
5. **StressAlyzer** *www.me.cmu.edu* Un paquete de solución de problemas, muy interactivo, sobre resistencia de materiales, que incluye cargas axiales, cargas de torsión, diagramas de fuerza cortante y momento de flexión, deflexiones de vigas, círculo de Mohr (transformaciones de esfuerzos) y cálculos de carga y esfuerzo en tres dimensiones.
6. **Orand Systems-Beam 2D** *www.orandsystems.com* Paquete de programas de análisis de esfuerzos y deflexiones, que indica soluciones para vigas bajo carga estática. Se pueden capturar numerosas secciones transversales de vigas, patrones de carga y cálculos de apoyos. Entre los resultados están los esfuerzos de flexión, de corte, la deflexión y la pendiente de la viga.
7. **Página de Power Transmission** *www.powertransmission.com* Agencia en Internet para compradores, usuarios y vendedores de productos y servicios de transmisión de potencia. Se incluyen engranes, impulsores de engranes, transmisiones de banda y de cadena, cojinetes, embragues, frenos y muchos otros elementos de máquina explicados en este libro.

PROBLEMAS

Funciones y requisitos de diseño

Para los dispositivos descritos en los problemas 1 a 14, escriba un conjunto de funciones y requisitos de diseño, en forma parecida a los de la sección 1-4. El lector o su profesor pueden agregar información específica a las descripciones específicas que aparecen.

1. La cerradura de la capota de un automóvil
2. Un gato hidráulico para reparación de automóviles
3. Una grúa portátil para usarse en pequeños talleres y hogares
4. Una máquina para aplastar latas de refresco o de cerveza
5. Un dispositivo de transferencia automática para una línea de producción
6. Un aparato para subir tambores de 55 galones con materiales a granel y descargar el contenido en una tolva
7. Un aparato para alimentar papel a una copiadora
8. Un transportador para subir y cargar grava a un camión
9. Una grúa para subir materiales de construcción desde el piso hasta la punta de un edificio durante la construcción
10. Una máquina para introducir tubos de pasta dental en cajas
11. Una máquina para insertar 24 cajas de pasta dental en una caja para transporte
12. Un sujetador para que un robot tome un ensamble de neumático de refacción y lo inserte en el portaequipaje de un automóvil, en una línea de ensamble
13. Una mesa para colocar una estructura que va a soldarse, en relación con un soldador robótico
14. Un abrepuertas de cochera

Unidades y conversiones

En los problemas 15 a 28, efectúe la conversión de unidades indicada (vea los factores de conversión en el apéndice 18). Exprese los resultados con el prefijo adecuado, tal como se ilustra en las tablas 1-3 y 1-4.

15. Convierta el diámetro de un eje de 1.75 pulg a mm.
16. Convierta la longitud de un transportador de 46 pies a metros.
17. Convierta el par de torsión desarrollado por un motor de 12 550 lb·pulg a N·m.
18. Un perfil de patín ancho para viga de acero, W12 × 14, tiene 4.12 pulg^2 de área de la sección transversal. Convierta el área a mm^2.
19. El perfil W12 × 14 de viga tiene módulo de sección de 14.8 pulg^3. Conviértalo a mm^3.
20. El perfil W12 × 14 de viga tiene momento de inercia de 88.0 pulg^4. Conviértalo a mm^4.
21. ¿Qué ángulo estándar de acero de lados iguales tendría un área de la sección transversal más cercana (pero mayor que) 750 mm^2? Vea la tabla A16-1.
22. Un motor eléctrico tiene una potencia nominal de 7.5 hp. ¿Cuál es su capacidad en watts (W)?
23. Un proveedor indica que la resistencia última a la tensión de un acero es 127 000 psi. Calcule la resistencia en MPa.
24. Calcule el peso de un eje de acero de 35.0 mm de diámetro y 675 mm de longitud. (Vea la densidad del acero en el apéndice 3).
25. Un resorte torsional requiere un par de torsión de 180 lb·pulg para girarlo 35°. Convierta ese par a N·m y la rotación a radianes. Si se define la *escala del resorte* como el par de torsión aplicado por unidad de rotación angular, calcule la escala del resorte en los dos sistemas de unidades.
26. Para calcular la energía que usa un motor, se multiplica su potencia por el tiempo de funcionamiento. Considere un motor que toma 12.5 hp durante 16 h/día, cinco días por semana. Calcule la energía que usa el motor durante un año. Exprese el resultado en pies·lb y en W·h.
27. Una unidad empleada para viscosidad de fluidos, en el capítulo 16 de este libro, es el *reyn*, que se define como 1.0 lb·s/pulg^2. Si la viscosidad de un aceite lubricante es 3.75 reyn, convierta esa viscosidad a las unidades normales en el sistema inglés (lb·s/pie^2) y en el SI (N·s/m^2).
28. La vida útil de un cojinete que soporta un eje giratorio se expresa en número de revoluciones. Calcule la vida útil de un cojinete que gira 1750 rpm en forma continua 24 h/día durante cinco años.

2

Materiales en el diseño mecánico

Panorama

Materiales en el diseño mecánico

Mapa de discusión

- El lector debe comprender el comportamiento de los materiales para tomar buenas decisiones en el diseño, y para comunicarse con proveedores y personal de manufactura.

Descubra

Examine productos al consumidor, maquinaria industrial, automóviles y maquinaria de construcción.

¿Qué materiales se usan en sus distintas partes?

¿Por qué cree usted que se especificaron esos materiales?

¿Cómo se procesaron?

¿Qué propiedades de materiales fueron importantes para tomar la decisión de usarlos?

Examine las tablas de los apéndices y consúltelas después, cuando lea acerca de materiales específicos.

Este capítulo resume las propiedades de diseño de diversos materiales. En los apéndices se encuentran datos para muchos ejemplos de esos materiales, bajo distintas condiciones.

Es responsabilidad del diseñador especificar materiales adecuados para cada parte de un dispositivo mecánico. Lo primero que debe hacer es especificar el material básico que usará para determinado componente de un diseño mecánico. Mantenga abierta su mente hasta haber especificado las funciones del componente, los tipos y magnitudes de las cargas que soportará y el ambiente en el que funcionará. Su selección de un material debe considerar sus propiedades físicas y mecánicas, y adaptarlas a las expectativas deseadas. Primero tenga en cuenta los siguientes materiales:

Metales y sus aleaciones	Plásticos	Materiales compuestos
Elastómeros	Maderas	Cerámicas y vidrios

Cada una de estas clases contiene una gran cantidad de materiales específicos que cubren un amplio margen de propiedades reales. Sin embargo, es probable que, de acuerdo a su experiencia, tenga una idea del comportamiento general de cada tipo y sus eventuales aplicaciones. La mayor parte de las aplicaciones consideradas al estudiar el diseño de elementos de máquinas en este libro requieren aleaciones metálicas, plásticos y materiales compuestos.

El funcionamiento satisfactorio de los componentes y sistemas de las máquinas depende grandemente de los materiales que especifique el diseñador. Como diseñador, el lector debe comprender el comportamiento de los materiales, qué propiedades del material afectan el desempeño de las piezas y la forma en que debe interpretar la gran cantidad de datos disponibles sobre las propiedades del material. Su capacidad para comunicar bien las especificaciones de material con los proveedores, agentes de compras, metalurgistas, personal de proceso y manufactura, personal de tratamiento térmico, moldeadores de plásticos, operadores de máquina y especialistas de aseguramiento de la calidad tiene, con frecuencia, gran influencia sobre el éxito de un diseño.

Explore qué tipos de materiales se usan en la fabricación de productos al consumidor, maquinaria industrial, automóviles, maquinaria de construcción y otros aparatos y sistemas con los que se tenga relación cotidiana. Haga sus juicios acerca de por qué se especificó cada material en determinada aplicación. ¿Dónde ve usted que se usa el acero? Compare ese uso con la forma en que utilizan el aluminio u otros materiales no ferrosos. ¿Cómo se fabrican esos productos? ¿Puede usted señalar distintas piezas maquinadas, coladas, forjadas, laminadas y soldadas? ¿Por qué cree que se especificaron esos procesos en esas piezas en particular?

Documente varias aplicaciones de los plásticos y describa las diversas formas en que se consiguen, y que se hayan fabricado con distintos procesos de manufactura. ¿Cuáles se fabricaron con procesos de moldeo, de conformación al vacío, moldeo por soplado y demás? ¿Puede identificar piezas fabricadas con materiales compuestos que tengan una cantidad importante de fibras de alta resistencia embutidas en una matriz de plástico? Revise los artículos deportivos y piezas de automóviles, camiones y aviones.

De los productos que examinó en la exploración, identifique las propiedades básicas de los materiales escogidos por los diseñadores: resistencia, rigidez, peso (densidad), resistencia a la corrosión, apariencia, facilidad de maquinado, facilidad de soldado, facilidad de moldeado, costo y otras más.

Este capítulo se enfoca hacia la selección de materiales y el uso de datos sobre propiedades de materiales en las decisiones de diseño, y no hacia la metalurgia o la química de los materiales. Puede consultar el glosario de términos que aparece como información en este capítulo. Los términos más importantes aparecen en *cursivas*. También existen numerosas referencias de los apéndices 3 al 13, donde se presentan tablas de datos de propiedades de materiales. Ahora observe qué tipos de datos contienen. Puede estudiarlas con más detalle conforme lea el texto. Observe que le serán de gran ayuda cuando resuelva muchos de los problemas de este libro, y en los proyectos de diseño que elabore.

Ahora aplique algo de lo que ha visto en la exploración del **Panorama** en una situación específica, descrita en la sección **Usted es el diseñador**.

Usted es el diseñador

Usted es parte de un equipo responsable para diseñar una podadora eléctrica para el mercado de artículos domésticos. Una de sus tareas es especificar los materiales adecuados para los diversos componentes. Considere su propia experiencia con esas podadoras y piense qué materiales se usarían para los siguientes componentes clave: *ruedas, ejes, caja* y *cuchilla.* ¿Cuáles son sus funciones? ¿Con qué condiciones de servicio se encontrarán? ¿Qué material viable tendrá cada componente y qué propiedades generales debe tener? ¿Cómo se podrían fabricar? A continuación veamos algunas respuestas posibles a estas preguntas.

Ruedas

Función: Soportar el peso de la podadora. Permitir un fácil movimiento de rodadura. Permitir el montaje de un eje. Asegurar una operación segura en superficies planas o en pendiente de césped.

Condiciones de servicio: Debe funcionar sobre pasto, superficies duras y tierra suelta. Expuesta al agua, a fertilizantes para jardín y condiciones generales de intemperie. Soportará cargas moderadas. Debe tener una apariencia atractiva.

Un material razonable: Una pieza plástica para la rueda se incorpora al neumático, rin y cubo. Debe tener buena resistencia, rigidez, tenacidad y resistencia al desgaste.

Método de manufactura: Moldeo por inyección de plástico.

Ejes

Función: Transferir el peso de la podadora de la caja a las ruedas. Deben permitir el giro de las ruedas y mantener la ubicación de las ruedas en relación con la caja.

Condiciones de servicio: Exposición a condiciones generales de intemperie. Cargas moderadas.

Un material posible: Varilla de acero con aditamentos para montar ruedas y fijarse a la caja. Requieren moderadas resistencia, rigidez y resistencia a la corrosión.

Método de manufactura: Varilla cilíndrica comercial. Posible maquinado.

Caja

Función: Soportar los componentes de operación, encerrarlos con seguridad y protegerlos; entre los componentes están la cuchilla y el motor. Adaptarse a la fijación de dos ejes y un mango. Permitir que el pasto cortado salga de la zona de corte.

Condiciones de servicio: Cargas y vibración moderadas por la acción del motor. Posibles cargas de choque por las ruedas. Varios puntos de fijación a ejes, mango y motor. Expuesta a pasto mojado y a condiciones generales de intemperie. Debe tener un aspecto atractivo.

Un material posible: Plástico de uso rudo con buena resistencia, rigidez, resistencia al impacto, tenacidad y resistencia a la intemperie.

Método de manufactura: Moldeo por inyección de plástico. Puede requerir maquinado de los orificios y los puntos de montaje al motor.

Cuchilla

Función: Cortar pasto y hierbas al girar a alta velocidad. Facilitar la conexión al eje del motor. Funcionar con seguridad cuando encuentre objetos extraños como piedras, palos o piezas metálicas.

Condiciones de servicio: Cargas normalmente moderadas. Choques y cargas de impacto ocasionales. Debe ser capaz de afilarse en la parte cortante, para asegurar un limpio corte del pasto. Mantener el filo durante un tiempo razonable con el uso.

Un material posible: Acero de alta resistencia, rigidez, resistencia al impacto, tenacidad y resistencia a la corrosión.

Método de manufactura: Estampado de cinta plana de acero. Maquinado y/o afilado para el filo.

Este simplificado ejemplo del proceso de selección de materiales le debería ayudar a comprender la importancia de la información que aparece en este capítulo, acerca del comportamiento de los materiales de uso común en el diseño de elementos de máquinas. Al final del capítulo se presenta una descripción más detallada de la selección del material.

2-1 OBJETIVOS DE ESTE CAPÍTULO

Al terminar este capítulo, el lector será capaz de:

1. Establecer los tipos de propiedad de los materiales más importantes en el diseño de aparatos y sistemas mecánicos.
2. Definir los siguientes términos: *resistencia a la tensión, resistencia a la fluencia, límite de proporcionalidad, límite elástico, módulo de elasticidad a la tensión, ductilidad y elongación porcentual, resistencia al esfuerzo cortante, relación de Poisson, módulo de elasticidad en cortante, dureza, facilidad de maquinado, resistencia al impacto, densidad, coeficiente de expansión térmica, conductividad térmica* y *resistividad eléctrica.*
3. Describir la naturaleza de los aceros *al carbón y aleados*, el sistema de identificación de aceros por número y el efecto que tienen algunos elementos de aleación en las propiedades de los aceros.
4. Describir la forma en que indica las condiciones y el tratamiento térmico de los aceros, incluyendo *laminado en caliente, estirado en frío, recocido, normalizado, templado y revenido, revenido* y *cementación por templado superficial, temple por inducción* y *carburización.*
5. Describir los *aceros inoxidables* y reconocer los diferentes tipos disponibles en el comercio.
6. Describir los *aceros estructurales* y reconocer sus aplicaciones y usos.
7. Describir los *hierros colados* y varias clases de *hierro gris, hierro dúctil* y *hierro maleable*.
8. Describir los *metales pulverizados*, sus propiedades y usos.
9. Describir varios tipos de *aceros de herramientas* y de *carburos*, así como sus usos típicos.
10. Describir las *aleaciones de aluminio* y condiciones como su *endurecimiento por deformación* y *tratamiento térmico*.
11. Describir la naturaleza y las propiedades características del *zinc, titanio* y *bronce*.
12. Describir varios tipos de *plásticos*, tanto *termofijos* como *termoplásticos*, sus propiedades y usos típicos.
13. Describir varios tipos de *materiales compuestos*, sus propiedades y usos típicos.
14. Implementar un proceso racional de selección de material.

2-2 PROPIEDADES DE LOS MATERIALES

Los elementos de máquinas se fabrican, a menudo, con uno de los metales o aleaciones metálicas como el acero, aluminio, hierro colado, zinc, titanio o bronce. Esta sección describe las importantes propiedades de los materiales, que afectan al diseño mecánico.

Por lo regular, las propiedades de resistencia, elasticidad y ductilidad de los metales, plásticos y otros materiales se suelen determinar con una *prueba de tensión*, en donde una muestra del material, casi siempre con la forma de una barra redonda o plana, se sujeta entre mordazas y se tensa lentamente, hasta que se rompe por la tensión. Durante la prueba, se monitorea y registra la magnitud de la fuerza ejercida sobre la barra y el cambio correspondiente de longitud (deformación). Como el esfuerzo en la barra es igual a la fuerza aplicada dividida entre el área, ese esfuerzo es proporcional a la fuerza aplicada. Se muestran los datos de esas pruebas de tensión en los *diagramas esfuerzo-deformación unitario*, tales como los de las figuras 2-1 y 2-2. En los siguientes párrafos se definen algunas propiedades de resistencia, elasticidad y ductilidad.

Resistencia a la tensión, s_u

Se considera que el punto máximo de la curva esfuerzo-deformación unitaria es la *resistencia última a la tensión* (s_u), a veces se le llama *resistencia última* o simplemente *resistencia a la tensión*. En ese punto de la prueba se mide el máximo *esfuerzo aparente* en una barra de prueba del material. Como se muestra en las figuras 2-1 y 2-2, la curva parece descender después del punto máximo. Sin embargo, observe que la instrumentación utilizada para trazar los diagramas, en realidad, obtiene la gráfica de *carga contra deflexión* en lugar del *esfuerzo real contra deformación unitaria*. El esfuerzo aparente se calcula al dividir la carga entre el área de la sección

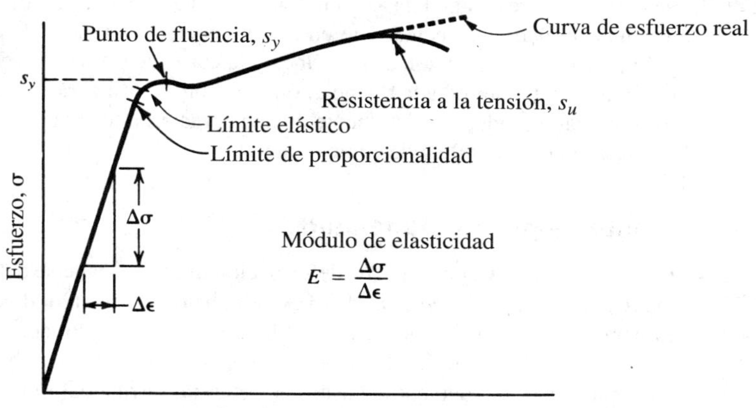

FIGURA 2-1 Diagrama típico de esfuerzo-deformación unitaria para el acero

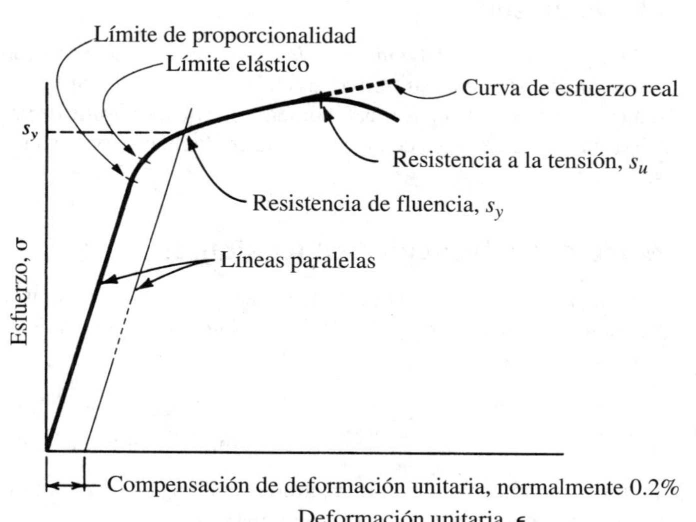

FIGURA 2-2 Diagrama típico de esfuerzo-deformación unitaria para aluminio y otros metales que no tienen punto de fluencia

transversal original de la barra de prueba. Después de que se alcanza el máximo de la curva hay un decremento notable del diámetro de la barra, llámale cual recibe el nombre de *formación de cuello*. Así, la carga actúa sobre un área menor, y el *esfuerzo real* continúa aumentando hasta la ruptura. Es muy difícil seguir la reducción en el diámetro durante el proceso de formación de cuello, por lo que se acostumbra usar el punto máximo de la curva como resistencia a la tensión, aunque es un valor conservador.

Resistencia de fluencia, s_y

La parte del diagrama esfuerzo-deformación unitaria donde hay un gran incremento de la deformación con poco o ningún aumento del esfuerzo se llama *resistencia de fluencia* o *resistencia de cedencia* (s_y). Esta propiedad indica que, en realidad, el material ha cedido o se ha alargado en gran medida y en forma plástica y permanente. Si el punto de fluencia es muy notable, como en la figura 2-1, a la propiedad se le llama *punto de fluencia* (o *punto de cedencia*) y no resistencia de fluencia. Es típico de un acero al carbono simple, laminado en caliente.

La figura 2-2 muestra la forma del diagrama esfuerzo-deformación unitaria, típica de un metal no ferroso, como el aluminio o titanio, o de ciertos aceros de alta resistencia. Observe que no hay un punto de fluencia marcado, pero el material ha cedido, en realidad, en o cerca del valor del esfuerzo indicado como s_y. Ese punto se determina por el *método de compensación*, donde se traza una recta paralela a la porción rectilínea de la curva, y es compensada hacia la derecha en una cantidad establecida, que en el caso normal es 0.20% de deformación unitaria (0.002 pulg/pulg). La intersección de esta línea y la curva de esfuerzo-deformación unitaria definen la resistencia del material a la fluencia. En este libro se utilizará el término *resistencia de fluencia* para indicar s_y, independientemente de que el material tenga un punto de fluencia real o de que se use el método paralelo de compensación.

Límite de proporcionalidad

El punto de la curva de esfuerzo-deformación unitaria donde se desvía de una línea recta se llama *límite de proporcionalidad*. Esto es, por abajo de este valor de esfuerzo, u otros mayores, el esfuerzo ya no es proporcional a la deformación unitaria. Por abajo del límite de proporcionalidad, se aplica la ley de Hooke: el esfuerzo es proporcional a la deformación unitaria. En el diseño mecánico, es poco común usar los materiales arriba del límite de proporcionalidad.

Límite elástico

En algún punto, llamado *límite elástico*, el material tiene cierta cantidad de deformación plástica, por lo que no regresa a su forma original después de liberar la carga. Por debajo de este nivel, el material se comporta en forma totalmente elástica. El límite de proporcionalidad y el límite elástico están bastante cerca de la resistencia de fluencia. Como son difíciles de determinar, rara vez se les cita.

Módulo de elasticidad en tensión, E

Para la parte rectilínea del diagrama esfuerzo-deformación unitaria, el esfuerzo es proporcional a la deformación unitaria y el valor de E, el *módulo de elasticidad*, es la constante de proporcionalidad. Esto es,

Módulo de elasticidad en tensión

$$E = \frac{\text{esfuerzo}}{\text{deformación unitaria}} = \frac{\sigma}{\epsilon} \tag{2-1}$$

Esta es la pendiente de la parte rectilínea del diagrama. El módulo de elasticidad indica la rigidez o resistencia a la deformación del material.

FIGURA 2-3
Medición del porcentaje de elongación

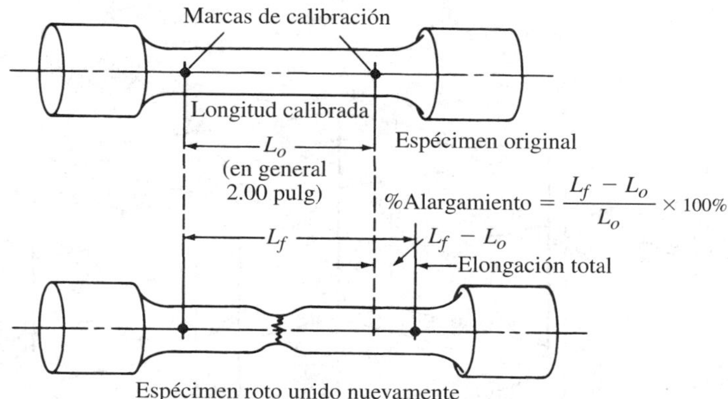

Ductilidad y porcentaje de elongación

La *ductilidad* es el grado en el cual un material se deformará antes de su fractura final. Lo contrario de ductilidad es *fragilidad*. Cuando se usan materiales dúctiles en elementos de máquinas, se detecta con facilidad la inminente falla, y es rara una falla repentina. También, los materiales dúctiles resisten, bajo condiciones normales, las cargas repetidas sobre los elementos de máquina mejor que los materiales frágiles.

La medida usual de la ductilidad es el *porcentaje de elongación* o *de alargamiento* del material cuando se fractura en una prueba normalizada de tensión. Antes de la prueba, se trazan marcas de calibración en la barra, por lo general a 2.00 pulgadas entre sí. Después, cuando está rota la barra, se acomodan las dos partes y se mide la longitud final entre las marcas de calibración. El porcentaje de elongación es la diferencia entre la longitud final y la longitud original, dividida entre la longitud original y convertida a porcentaje. Esto es,

Porcentaje de elongación

$$\text{porcentaje de elongación} = \frac{L_f - L_o}{L_o} \times 100\ \% \tag{2-2}$$

Se supone que el porcentaje de elongación se basa en una longitud calibrada de 2.00 pulg, a menos que otra longitud se indique en forma específica. En los aceros estructurales se usa con frecuencia una longitud calibrada de 8.00 pulgadas.

Desde el punto de vista teórico, se considera que un material es dúctil si su porcentaje de alargamiento es mayor que 5% (los valores menores indican fragilidad). Por razones prácticas, se aconseja usar un material con 12% o mayores de elongación, para miembros de máquinas sujetas a cargas repetitivas de choque o impacto.

El *porcentaje de reducción del área* es otro signo de la ductilidad. Para calcularlo, se compara el área de la sección transversal original con el área final en la ruptura para el espécimen de prueba de tensión.

Resistencia al corte, s_{ys} y s_{us}

Tanto la resistencia de fluencia como la resistencia última al corte (s_{ys} y s_{us}, respectivamente) son importantes propiedades de los materiales. Desafortunadamente rara vez se mencionan estos valores. Se usarán las siguientes estimaciones:

Estimados para s_{ys} y s_{us}

$$s_{ys} = s_y/2 = 0.50\ s_y = \text{resistencia de fluencia al corte} \tag{2-3}$$

$$s_{us} = 0.75 s_u = \text{resistencia última al corte} \tag{2-4}$$

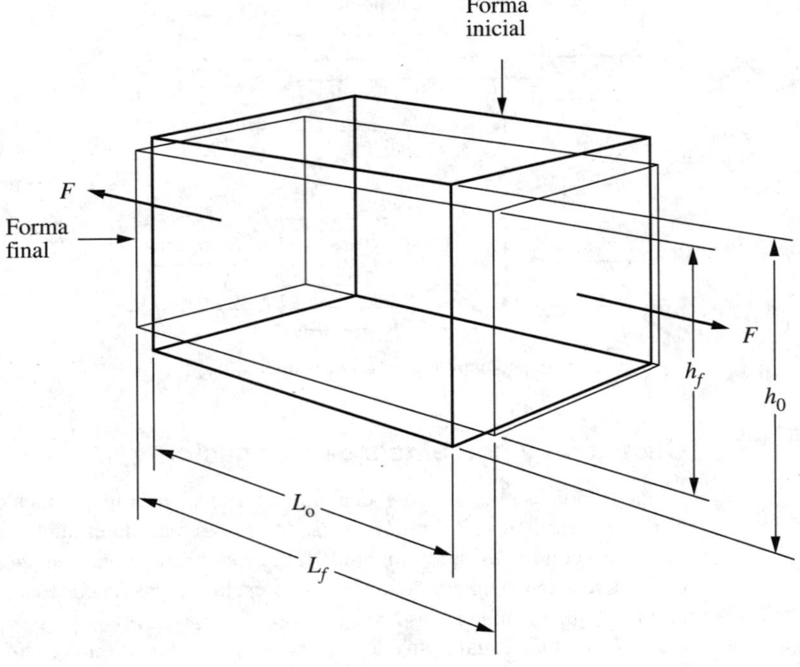

FIGURA 2-4
Ilustración de la relación de Poisson para un elemento en tensión

$$\text{Deformación unitaria axial} = \frac{L_f - L_o}{L_o} = \epsilon_a$$

$$\text{Deformación unitaria lateral} = \frac{h_f - h_o}{h_o} = \epsilon_L$$

$$\text{Relación de Poisson} = \frac{-\epsilon_L}{\epsilon_a} = \nu$$

Relación de Poisson, v

Cuando un material se sujeta a una deformación en tensión, existe una contracción simultánea de las dimensiones de la sección transversal a la dirección de la deformación unitaria de tensión. A la relación de la deformación unitaria de contracción entre la deformación unitaria de tensión se le llama *relación de Poisson*, y se le representa con v, la letra griega nu. (A veces se usa la letra griega mu, μ, con este objeto.) En la figura 2-4 se ilustra el concepto de la relación de Poisson. Los típicos intervalos de sus valores son de 0.25 a 0.27 para el hierro colado, de 0.27 a 0.30 para el acero y de 0.30 a 0.33 para el aluminio y el titanio.

Módulo de elasticidad en cortante, *G*

El *módulo de elasticidad en cortante* (G), es la relación del esfuerzo cortante entre la deformación unitaria por cortante. Esta propiedad indica la rigidez de un material bajo cargas de esfuerzo de corte, es decir, es la resistencia a la deformación por cortante. Existe una sencilla relación entre E, G y la relación de Poisson:

Módulo de elasticidad en cortante

$$G = \frac{E}{2(1 + \nu)} \tag{2-5}$$

Esta ecuación es válida dentro del intervalo elástico del material.

Módulo de flexión

Con frecuencia se menciona otra medida de la rigidez, en especial con los plásticos; se le llama *módulo de flexión* o *módulo de elasticidad en flexión*. Como indica el nombre, se carga un espécimen del material como una viga a flexión, y se toman y grafican datos de carga en función de deflexión. A partir de estos datos, y conociendo la geometría de la muestra, se pueden calcular el esfuerzo y la deformación unitaria. La relación de esfuerzo entre deformación unitaria es igual al módulo de flexión. La norma D 790[1] de ASTM define el método completo. Observe que los valores son muy distintos a los del módulo de tensión, porque el patrón de esfuerzos en el espécimen es una combinación de tensión y de compresión. Los datos sirven para comparar la rigidez de distintos materiales cuando una pieza que soporta cargas se somete a flexión en el servicio.

Dureza

La resistencia de un material a ser penetrado por un dispositivo es indicativa de su *dureza*. La dureza se mide con varios aparatos, procedimientos y penetradores; el probador de dureza Brinell y el de Rockwell son los que se utilizan con más frecuencia para elementos de máquina. Para aceros, en el medidor de dureza (o *durómetro*) Brinell se usa una bola de acero endurecido de 10 mm de diámetro como penetrador, bajo una carga de 3 000 kg fuerza. La carga causa una *indentación* permanente en el material de prueba, y el diámetro de la indentación se relaciona con el número de dureza Brinell BHN (*Brinell hardness number*) o HB (*hardness Brinell*). La cantidad real que se mide es la carga dividida entre el área de contacto de la indentación. Para los aceros, el valor de HB va desde 100 para un acero recocido de bajo carbono, hasta más de 700 para aceros de alta resistencia y de alta aleación, en la condición de recién templado. En los números altos, mayores que HB 500, el penetrador se fabrica a veces con carburo de tungsteno o de acero. Para los metales más suaves, se emplea una carga de 500 kg.

El durómetro Rockwell utiliza una bola de acero endurecido de 1/16 pulg de diámetro bajo una carga de 100 kg fuerza para metales blandos, y el resultado obtenido se indica como Rockwell B, R_B o HRB. Para metales más duros, tales como las aleaciones de acero con tratamiento térmico, se utiliza la escala Rockwell C. Se ejerce una carga de 150 kg fuerza sobre un penetrador de diamante (penetrador de *cono*) de forma cónica-esférica. A veces la dureza Rockwell C se indica como R_C o HRC. Se utilizan muchas otras escalas Rockwell más.

Los métodos Brinell y Rockwell se basan en distintos parámetros, y se obtienen números muy diversos. Sin embargo, como ambos miden dureza hay una correlación entre ellos, como se indica en el apéndice 19. También es importante notar que, en especial con los aceros de aleación muy endurecibles, existe una relación casi lineal entre el número Brinell y la resistencia del acero a la tensión, definida por la ecuación

Relación aproximada entre dureza y resistencia del acero

$$0.50\ (\text{HB}) = \text{resistencia aproximada a la tensión (ksi)} \qquad \textbf{(2-6)}$$

Esta relación se muestra en la figura 2-5.

Para comparar las escalas de dureza con la resistencia a la tensión, considere la tabla 2-1. Se observa que existe algún traslape entre las escalas HRB y HRC. Con frecuencia, se usa HRB para los materiales más suaves, y va de aproximadamente 60 a 100, mientras que HRC se utiliza para metales más duros, y va de 20 a 65. No se recomienda usar números HRB mayores que 100, o HRC menores que 20. Los que se muestran en la tabla 2-1 son sólo para fines de comparación.

En un acero, la dureza indica la resistencia al desgaste, así como a los esfuerzos. La resistencia al desgaste se comentará en capítulos posteriores, en especial con respecto a los dientes de engranes.

[1] ASTM International. *Standard Test Method for Flexural Properties of Unreinforced and Reinforced Plastics and Electrical Insulating Materials. Standard D790* (Método normalizado de prueba para propiedades de plásticos no reforzados y reforzados, y de materiales aislantes eléctricos, a la flexión. Norma D790). West Conshohocken, PA: ASTM International, 2003.

FIGURA 2-5
Conversiones de dureza

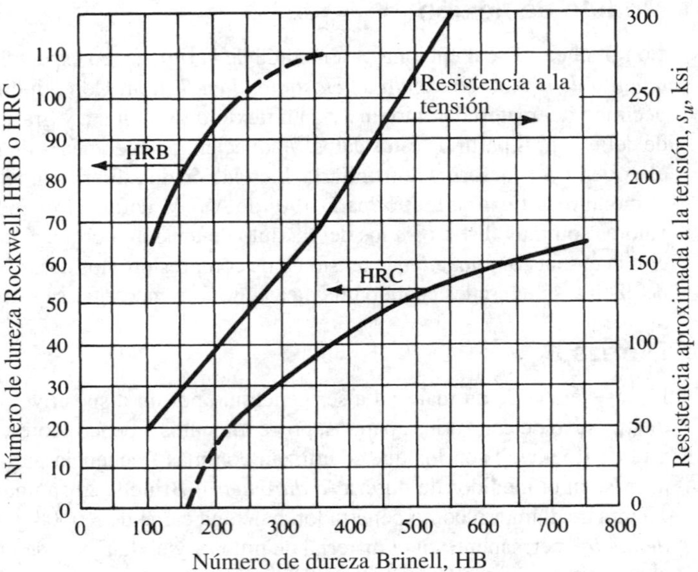

TABLA 2-1 Comparación de escalas de dureza con la resistencia a la tensión

Material y condición	Dureza			Resistencia a la tensión	
	HB	HRB	HRC	ksi	MPa
1020 recocido	121	70		60	414
1040 laminado en caliente	144	79		72	496
4140 recocido	197	93	13	95	655
4140 OQT 1000	341	109	37	168	1160
4140 OQT 700	461		49	231	1590

Maquinabilidad

La *maquinabilidad* se relaciona con la facilidad con que se puede maquinar un material para obtener un buen acabado superficial con una duración razonable de la herramienta. Las tasas de producción se ven directamente afectadas por la facilidad de maquinado. Es difícil definir propiedades mensurables que se relacionen con maquinabilidad, por lo que esta propiedad se suele mencionar en términos comparativos, que relacionan el desempeño de determinado material en relación con un patrón.

Tenacidad, energía de impacto

La *tenacidad* es la capacidad de un material para absorber la energía que se le aplica sin fractura. Las piezas sometidas a cargas aplicadas repentinamente, a choques o a impacto, necesitan tener un alto nivel de tenacidad. Para medir la cantidad de energía necesaria para romper determinado espécimen hecho con el material que interesa, se emplean varios métodos. Al valor de absorción de energía en esas pruebas se le llama con frecuencia *energía de impacto*, o *resistencia al impacto*. Sin embargo, es importante observar que el valor real depende mucho de la naturaleza de la muestra, en particular de su geometría. No es posible usar los resultados de la prueba en forma cuantitativa cuando se hacen cálculos de diseño. Más bien, la energía de impacto para va-

FIGURA 2-6 Prueba de impacto mediante los métodos de Charpy e Izod

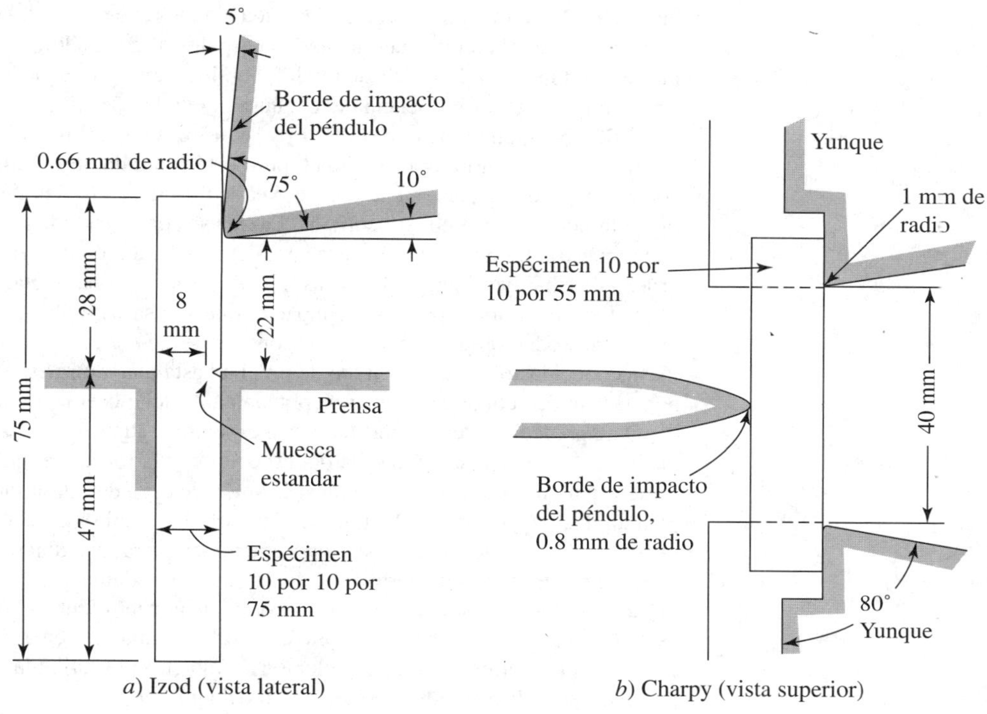

a) Izod (vista lateral) *b*) Charpy (vista superior)

rios candidatos materiales a emplearse en determinada aplicación se puede comparar entre sí como signo cualitativo de su tenacidad. El diseño final debe probarse bajo condiciones reales de servicio, para comprobar su capacidad de seguridad de sobrevivencia durante el uso esperado.

Son populares dos métodos de determinación de energía de impacto para los metales y los plásticos: el *Izod* y el *Charpy*, y los proveedores del material suelen informar en sus publicaciones los valores obtenidos con esos métodos. La figura 2-6 muestra esquemas de las dimensiones de las muestras estándar y de la manera de cargarlas. En cada método, desde una altura conocida se deja caer un péndulo con una gran masa que lleva un golpeador de diseño especial. El golpeador toca al espécimen a gran velocidad en la parte inferior del arco del péndulo; por consiguiente, el péndulo posee una conocida cantidad de energía cinética. Por lo común, la muestra se rompe durante la prueba y toma algo de la energía del péndulo, pero le permite atravesar el área de prueba. La máquina de pruebas se configura de tal modo que mide la altura final hasta donde llega el péndulo, para indicar la cantidad de energía consumida. Ese valor se menciona en unidades de energía, J (Joules o N·m) o pies-libra. Algunos metales muy dúctiles, y muchos plásticos, no se rompen durante la prueba y se dice que el resultado es la expresión *No se rompe*.

La prueba estándar *Izod* emplea un espécimen cuadrado con una muesca en forma de V maquinada con cuidado, de 2.0 mm (0.079 pulg) de profundidad, de acuerdo con las especificaciones de la norma D 256 de ASTM.[2] El espécimen se sujeta en una morsa especial con la muesca alineada con la orilla superior de la morsa. El golpeador toca la muestra a 22 mm de altura sobre la muesca y la carga como un voladizo en flexión. Cuando se usa en plásticos, la dimensión del ancho puede ser distinta de la que se ve en la figura 2-6. Es obvio que así se cambia la cantidad total de energía que absorbrerá el espécimen durante la fractura. En consecuencia, los datos de la energía de impacto se dividen entre el ancho real del espécimen, y los resultados se

[2] ASTM International. *Standard Test Methods for Determining the Izod Pendulum Impact Resistance of Plastics. Standard D256* (Métodos normales de prueba para determinar la resistencia de los plásticos al impacto del péndulo Izod. Norma D256). West Conshohocken, PA: ASTM International, 2003.

indican en N · m/m o pies · lb/pulg. También algunos proveedores y clientes pueden convenir en probar el material con la muesca dando la espalda al golpeador, en lugar de quedar hacia él como se ve en la figura 2-6. De este modo se obtiene una medida de la energía de impacto del material con una menor influencia de la muesca.

También, en el método de *Charpy* se utiliza un espécimen cuadrado con una muesca de 2.0 mm (0.079 pulg) de profundidad, pero está centrada en la longitud. La muestra se coloca contra un yunque rígido, sin sujetarse. Vea la norma A 370 de ASTM,[3] con las dimensiones y procedimientos de prueba específicos. La muesca da la espalda al lugar donde el golpeador toca la muestra. Se puede describir la carga como flexión de una viga simplemente apoyada. La prueba de Charpy se emplea con más frecuencia para probar metales.

Otro método de prueba de impacto, que se usa para algunos plásticos, materiales compuestos y productos terminados, es el probador de *caída de peso*. Aquí se sube verticalmente una masa conocida sobre el espécimen de prueba hasta una altura específica. En consecuencia, tiene una cantidad conocida de energía potencial. Al dejar caer la masa libremente, se le aplica una cantidad predecible de energía cinética al espécimen sujeto a una base rígida. La energía inicial, la forma de soporte, la geometría del espécimen y la forma del golpeador (llamado *mazo*) son críticos para los resultados obtenidos. Un método estándar, descrito en D 3764 de ASTM,[4] emplea un mazo esférico de 12.7 mm de diámetro (0.50 pulg). En el caso normal, el mazo perfora el espécimen. El aparato tiene sensores que miden y grafican dinámicamente la carga en función de las características de deflexión, y dan al diseñador demasiada información sobre la forma en que se comporta el material durante un evento de impacto. Entre el resumen de datos informados está la energía disipada hasta el punto de carga máxima. Esa energía se calcula determinando el área bajo el diagrama de carga-deflexión. También se describe la apariencia del espécimen de prueba, y se indica si hubo fractura dúctil o frágil.

Resistencia a la fatiga o bajo cargas repetidas

Las piezas sometidas a aplicaciones repetidas de cargas, o a condiciones de esfuerzo que varían en función del tiempo durante varios miles o millones de ciclos, fallan debido al fenómeno de *fatiga*. Los materiales se prueban bajo condiciones controladas de carga cíclica, para determinar su capacidad de resistir esas cargas repetidas. Los datos obtenidos se mencionan como *resistencia a la fatiga* del material, también llamada resistencia bajo cargas repetidas (vea el capítulo 5).

Arrastramiento

Cuando los materiales se someten a grandes cargas en forma continua, pueden experimentar elongación progresiva con el paso del tiempo. A este fenómeno se le llama *arrastramiento* (o cedencia gradual) debe considerarse para metales que operan a altas temperaturas. El lector debe observar el arrastramiento cuando la temperatura de funcionamiento de un elemento metálico bajo carga es mayor que 0.3 (T_m), aproximadamente, donde T_m es la temperatura de fusión expresada como temperatura absoluta (vea la referencia 22). El arrastramiento puede ser importante en los miembros complicados de los motores de combustión interna, hornos, turbinas de vapor, turbinas de gas, reactores nucleares o motores de cohete. El esfuerzo puede ser tensión, compresión, flexión o cortante (vea la referencia 8).

La figura 2-7 muestra el comportamiento típico de los metales en el arrastramiento. El eje vertical corresponde a la deformación de arrastramiento en unidades como pulg/pulg o mm/mm,

[3] ASTM International. *Standard Test Methods and Definitions for Mechanical Testing of Steel Products. Standard A370* (Métodos normales de prueba y definiciones para pruebas mecánicas de productos de acero. Norma A370). West Conshohocken, PA: ASTM International, 2003

[4] ASTM International. *Standard Test Methods for High Speed Puncture of Plastics Using Load and Displacement Sensors. Standard D3763* (Métodos normales de prueba para picadura de plásticos a alta velocidad, mediante sensores de carga y desplazamiento. Norma D3763). West Conshohocken, PA: ASTM International, 2003.

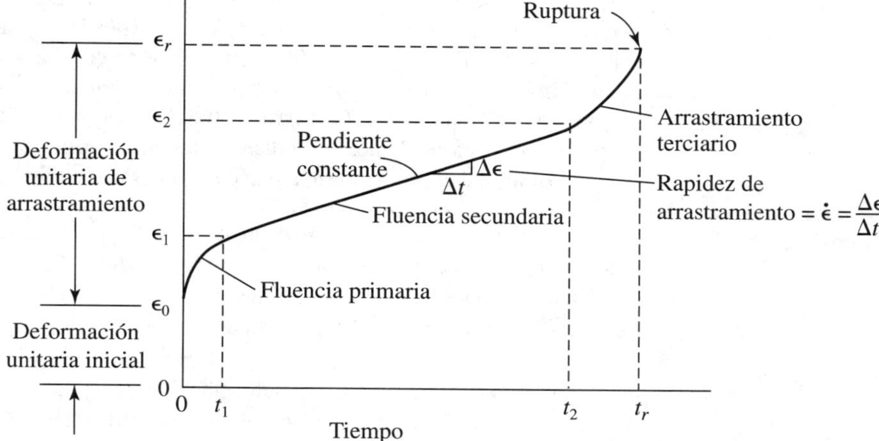

FIGURA 2-7 Comportamiento de arrastramiento típico

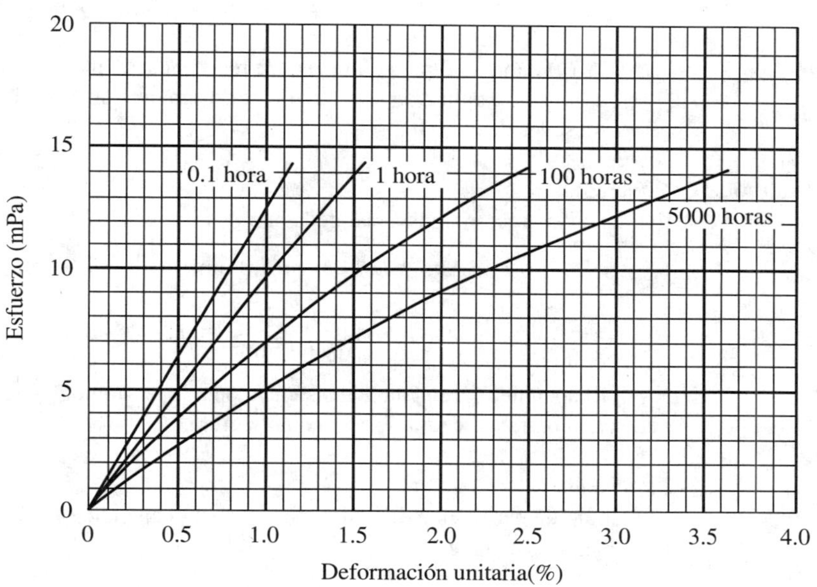

FIGURA 2-8 Ejemplo de esfuerzo en función de la deformación unitaria, y en función del tiempo para el plástico nylon 66, a 23°C (73°F) (DuPont Polymers, Wilmington, DE)

además de la que hay inicialmente cuando se aplica la carga. El eje horizontal corresponde al tiempo, y suele medirse en horas, porque el arrastramiento se desarrolla lentamente, a largo plazo. Durante la parte primaria de la curva de deformación de arrastramiento contra la curva del tiempo, la tasa de aumento en deformación aumenta al principio, con una pendiente bastante pronunciada y después disminuye. La pendiente es constante (línea recta) durante la parte secundaria de la curva. A continuación, la pendiente aumenta en la parte terciaria, que antecede a la fractura final del material.

El arrastramiento se mide al someter un espécimen a una carga continua conocida, quizá por aplicación de un peso muerto, mientras que el espécimen se calienta y mantiene a una temperatura uniforme. Los datos de deformación contra tiempo se toman cuando menos en la etapa secundaria del arrastramiento y quizá durante todo el trayecto hasta la fractura, para determinar la deformación de ruptura por arrastramiento. Al efectuar pruebas dentro de un intervalo de temperaturas se obtiene una familia de curvas que son útiles en el diseño.

El arrastramiento se da en muchos plásticos, aun a temperatura ambiente o cerca de ella. La figura 2-8 muestra una forma de presentar los datos de arrastramiento para materiales plásticos (vea la referencia 8). Es una gráfica de esfuerzo aplicado contra deformación en el elemento, con los datos para determinada temperatura del espécimen. Las curvas muestran la cantidad de deformación que se produciría en los tiempos especificados, a valores crecientes de esfuerzo. Por ejemplo, si este material se sometiera a un esfuerzo constante de 5.0 MPa durante 5000 horas, la deformación total sería 1.0 %. Esto es, el espécimen se elongaría una distancia de 0.01 por la longitud original. Si el esfuerzo fuera 10.0 MPa durante 5000 horas, la deformación total sería de 2.25%, aproximadamente. El diseñador debe tomar esta deformación de arrastramiento, para asegurar que el producto funcione en forma satisfactoria a través del tiempo.

Problema de ejemplo 2-1

Una barra circular sólida tiene 5.0 mm de diámetro y 250 mm de longitud. Está fabricada de nylon 66, y se somete a una carga constante de tensión de 240 N. Calcule la longación de la barra inmediatamente después de aplicar la carga y después de 5000 h (aproximadamente siete meses). Vea el apéndice 13 y la figura 2-8 para las propiedades del nylon.

Solución

Primero se calcularán el esfuerzo y la deformación inmediatamente después de aplicar la carga, mediante las ecuaciones fundamentales de resistencia de materiales:

$$\sigma = F/A \text{ y } \delta = FL/EA$$

Vea el capítulo 3 para un repaso de resistencia de materiales.

Entonces se aplicarán los datos de arrastramiento de la figura 2-8, para determinar la elongación después de 5000 h.

Resultados

Esfuerzo:

El área de la sección transversal de la barra es

$$A = \pi D^2/4 = \pi(5.0 \text{ mm})^2/4 = 19.63 \text{ mm}^2$$

$$\sigma = \frac{F}{A} = \frac{240 \text{ N}}{19.63 \text{ mm}^2} = 12.2 \text{ N/mm}^2 = 12.2 \text{ MPa}$$

El apéndice 13 enlista la resistencia 66 a la tensión del nylon, que es 83 MPa. Por consiguiente, la barra es segura respecto a la fractura.

Elongación:

El módulo de elasticidad del nylon 66 se ve en el apéndice 13, y es $E = 2900$ MPa. Entonces, la elongación inicial es

$$\delta = \frac{FL}{EA} = \frac{(240 \text{ N})(250 \text{ mm})}{(2900 \text{ N/mm}^2)(19.63 \text{ mm}^2)} = 1.054 \text{ mm}$$

Arrastramiento:

De acuerdo con la figura 2-8, se ve que cuando se aplica un esfuerzo de tensión de 12.2 MPa al nylon 66 durante 5000 horas, se produce una deformación total de 2.95% aproximadamente. Esto se puede expresar como deformación unitaria:

$$\epsilon = 2.95\% = 0.0295 \text{ mm/mm} = \delta/L$$

Entonces

$$\delta = \epsilon L = (0.0295 \text{ mm/mm})(250\text{mm}) = 7.375 \text{ mm}$$

Comentario

Es una deformación aproximadamente siete veces mayor que la que se produjo al principio, cuando se aplicó la carga. Por consiguiente, no es adecuado diseñar con el valor del módulo de elasticidad, cuando se aplican esfuerzos en forma continua durante largo tiempo. Ahora ya se puede calcular un aparente módulo de elasticidad, E_{app}, para este material a las 5000 horas de vida en servicio:

$$E_{app} = \sigma/\epsilon = (12.2 \text{ MPa})/(0.0295 \text{ mm/mm}) = 414 \text{ MPa}$$

Relajación

Un fenómeno relacionado con el arrastramiento se presenta cuando un elemento bajo esfuerzo está limitado bajo carga, que le proporciona cierta longitud fija y una deformación unitaria fija. Con el paso del tiempo, el esfuerzo en el elemento disminuiría, lo que muestra un comportamiento llamado *relajación*. Es importante en aplicaciones como uniones prensadas, piezas con ajuste a la prensa y resortes instalados con una deflexión fija. La figura 2-9 muestra la comparación entre arrastramiento y relajación. Para esfuerzos menores que aproximadamente 1/3 de la resistencia última a la tensión del material y a cualquier temperatura, el aparente módulo en arrastramiento o relajación, en cualquier momento de la carga, se puede considerar similar para fines de ingeniería. Además, los valores del módulo aparente son iguales para tensión, compresión o flexión (vea la referencia 8). El análisis de la relajación se complica, porque a medida que disminuye el esfuerzo también disminuye la rapidez de arrastramiento. Se necesitarían más datos de material, más allá de los que suelen informar, para calcular con exactitud la cantidad de relajación en cualquier momento dado. Se recomienda hacer pruebas bajo condiciones reales.

Propiedades físicas

Aquí se analizará la densidad, el coeficiente de expansión térmica, la conductividad térmica y la resistividad eléctrica.

Densidad. Se define a la *densidad* como la masa de un material por unidad de volumen. Sus unidades usuales son kg/m³ en el SI y lb/pie³ en el sistema inglés, donde se toma a la libra-masa como unidad de libras en el numerador. Se le asigna a la densidad el símbolo ρ, la letra griega rho.

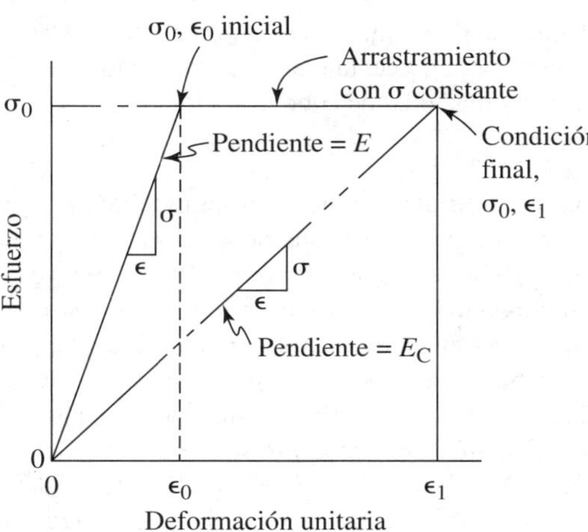

a) Comportamiento de arrastramiento

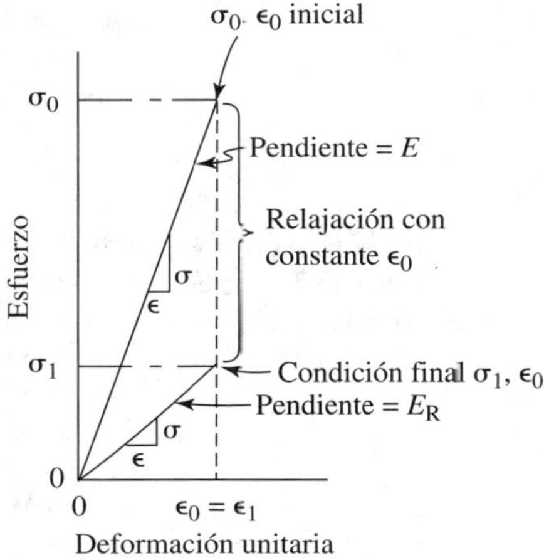

b) Comportamiento de relajación

FIGURA 2-9 Comparación de arrastramiento y relajación (DuPont Polymers, Wilmington, DE)

En algunas aplicaciones, se emplea el término *peso específico*, o *densidad de peso* para indicar el peso por unidad de volumen de un material. Las unidades típicas son N/m^3 en el SI, y lb/pulg^3 en el sistema inglés, donde se supone que la libra es libra-fuerza. La letra griega gamma (γ) es el símbolo del peso específico.

Coeficiente de expansión térmica. El *coeficiente de expansión térmica* es una medida del cambio de longitud de un material sujeto a un cambio de temperatura. Se define por la relación

Coeficiente de expansión térmica

$$\alpha = \frac{\text{cambio de longitud}}{L_o\,(\Delta T)} = \frac{\text{deformación unitaria}}{(\Delta T)} = \frac{\epsilon}{(\Delta T)} \tag{2-7}$$

donde L_o = longitud original
ΔT = cambio de temperatura

Casi todos los metales y los plásticos se dilatan al aumentar su temperatura, pero distintos materiales se dilatan en distintas cantidades. Para máquinas y estructuras que contengan piezas de más de un material, las distintas tasas de expansión pueden tener un efecto importante sobre el funcionamiento del conjunto y sobre los esfuerzos desarrollados.

Conductividad térmica. La *conductividad térmica* es la propiedad de un material que expresa su capacidad de transferir calor. Cuando los elementos de máquinas funcionan en ambientes calientes, o donde se genera un calor interno de importancia, la capacidad de las piezas o de la caja de la máquina para retirar el calor puede afectar el funcionamiento de ésta. Por ejemplo, en forma típica, los reductores de velocidad con engrane sinfín generan calor por fricción, por el contacto con frotamiento entre el gusano y los dientes del piñón. Si no se retira en forma adecuada, el calor hace que el lubricante pierda su eficacia y el desgaste de los dientes del engrane es rápido.

Resistividad eléctrica. Para elementos de máquina que conducen la electricidad y al mismo tiempo soportan cargas, su resistividad es tan importante como su resistencia. La *resistividad eléctrica* es una medida de la resistencia que presenta determinado espesor del material. Se mide en ohm-centímetros ($\Omega \cdot$cm). A veces se usa la *conductividad eléctrica*, una medida de la capacidad de un material para conducir la corriente eléctrica, en lugar de la resistividad. Con frecuencia se menciona como porcentaje de la conductividad de un material de referencia, por lo general el estándar internacional de cobre recocido.

2-3 CLASIFICACIÓN DE METALES Y ALEACIONES

Varias asociaciones industriales asumen la responsabilidad del establecimiento de normas para clasificar metales y aleaciones. Cada una tiene su propio sistema de numeración, adecuado para determinado metal a que se refiera la norma. Pero esto a veces causa confusión, cuando hay una traslape entre dos o más normas y cuando se usan distintos esquemas para identificar los metales. Se ha ordenado, en cierta medida en la clasificación de los metales, usar los Sistemas Unificados de Numeración (UNS, de *Unified Numbering Systems*), definidos en la Norma E 527-83 (reaprobada en 1997), Práctica normalizada de numeración de metales y aleaciones *(UNS, de Standard Practice for Numbering Metals and Alloys*), por la American Society for Testing and Materials o ASTM (vea las referencias 12 y 13). Además de la lista de los materiales bajo control de la misma ASTM, el UNS coordina las designaciones de los siguientes grupos:

La Asociación del Aluminio (AA, *Aluminum Association*)

El Instituto Estadounidense del Hierro y Acero (AISI, *American Iron and Steel Institute*)

La Asociación para el Desarrollo del Cobre (CDA, *Copper Development Association)*

La Sociedad de Ingenieros Automotrices (SAE, *Society of Automotive Engineers*).

TABLA 2-2 Sistema unificado de numeración (UNS)

Serie de números	Tipos de metales y aleaciones	Organización responsable
Metales y aleaciones no ferrosas		
A00001-A99999	Aluminio y aleaciones de aluminio	AA
C00001-C99999	Cobre y aleaciones de cobre	CDA
E00001-E99999	Metales de tierra rara y sus aleaciones	ASTM
L00001-L99999	Metales de bajo punto de fusión y sus aleaciones	ASTM
M00001-M99999	Diversos metales no ferrosos y sus aleaciones	ASTM
N00001-N99999	Níquel y aleaciones de níquel	SAE
P00001-P99999	Metales preciosos y sus aleaciones	ASTM
R00001-R99999	Metales y aleaciones reactivos y refractarios	SAE
Z00001-Z99999	Zinc y aleaciones de zinc	ASTM
Metales y aleaciones ferrosas		
D00001-D99999	Aceros; especificación de propiedades mecánicas	SAE
F00001-F99999	Hierros colados y aceros colados	ASTM
G00001-G99999	Aceros al carbón y aleados (incluye los aceros al carbón y aleados SAE anteriores)	AISI
H00001-H99999	Aceros H: templabilidad especificada	AISI
J00001-J99999	Aceros colados (excepto aceros de herramientas)	ASTM
K00001-K99999	Diversos aceros y aleaciones ferrosas	ASTM
S00001-S99999	Aceros resistentes al calor y a la corrosión (inoxidables)	ASTM
T00001-T99999	Aceros de herramientas	AISI

La serie principal de números en el UNS se ve en la tabla 2-2, junto con la organización que tiene la responsabilidad de asignar números dentro de cada serie.

Dentro del UNS, muchas aleaciones conservan los números ya conocidos de los sistemas que usaron las asociaciones durante muchos años, como una *parte* del número UNS. En la sección 2-5 se ven algunos ejemplos para acero al carbón y aleado. También las designaciones anteriores siguen siendo muy usadas. Por esas razones este libro usará el sistema de designación con cuatro dígitos de la AISI, como se describirá en la sección 2-5, para la mayor parte de los aceros para maquinaria. Muchas de las designaciones de la SAE usan los mismos cuatro números. También se usarán los sistemas de designación de la ASTM cuando se refiera a aceros estructurales y a hierros colados.

2-4 VARIABILIDAD DE LOS DATOS SOBRE PROPIEDADES DE LOS MATERIALES

Las tablas de datos, como las que se ven en los apéndices 3 al 13, indican en forma normal valores únicos de resistencia, módulo de elasticidad (rigidez) o el porcentaje de elongación (ductilidad) de cada material a cierta condición obtenida por tratamiento térmico, o por el proceso con el que se fabricó. Es importante que el lector comprenda las limitaciones de esos datos en la toma de decisiones de diseño. El lector debería buscar la información sobre las bases de los datos mencionados.

Algunas tablas presentan *valores mínimos garantizados* de resistencia a la tensión, resistencia de fluencia y otros valores. Ese podría ser el caso cuando maneje datos obtenidos con determinado proveedor. Con esos datos, el lector debe confiar en que el material con que está fabricado el producto tiene cuando menos la resistencia indicada. El proveedor debe proporcionar los datos reales de prueba, y los análisis estadísticos que se emplearon para determinar las resistencias mínimas mencionadas. O bien, el lector podría hacer que los materiales que emplearán en un proyecto se probaran para determinar sus valores mínimos de resistencia. Esas pruebas son costosas, pero se pueden justificar en diseños complicados.

En otras tablas aparecen *valores típicos* de las propiedades de los materiales. Así, la mayor parte de los lotes de producción del material (más del 50%) que se entregue tendrá los valores

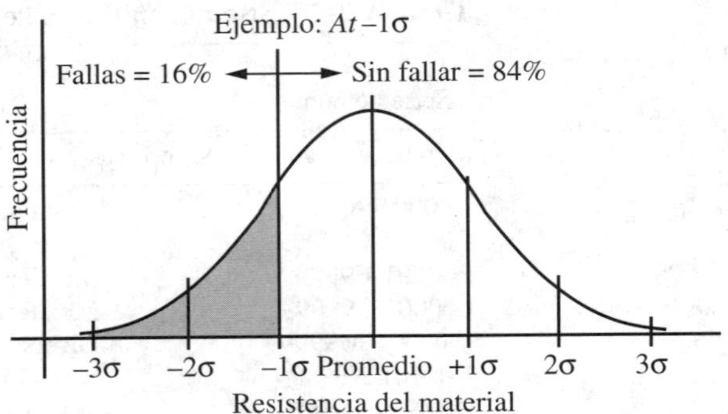

FIGURA 2-10 Distribución estadística normal de la resistencia de un material

Suponga que la distribución de resistencias es normal:

Nivel del esfuerzo	% sin fallar
Promedio	50%
-1σ	84%
-2σ	97%
-3σ	99.8%
-4σ	99.99%

mencionados, o mayores. Sin embargo, cerca del 50% tendrán valores menores, lo que afectará la confianza que pueda tener al especificar determinado material y tratamiento térmico, si la resistencia es crítica. En esos casos, se le aconseja usar factores de diseño mayores que los medios en sus cálculos de resistencia admisible (de diseño). (Vea el capítulo 5).

El método más seguro sería usar los valores de resistencia mínimos garantizados, en las decisiones de diseño. Sin embargo, tal criterio es demasiado conservador, porque la mayor parte del material que se entrega en realidad tiene resistencia bastante mayor que los valores indicados.

Una forma de hacer que el diseño sea más favorable es adquirir datos de los valores de distribución estadística de resistencia, para muchas muestras. Entonces se pueden usar las aplicaciones de las teorías de probabilidad para especificar las condiciones adecuadas para el material, con un grado razonable de confianza en que las partes funcionarán de acuerdo con las especificaciones. En la figura 2-10 se muestran algunos de los conceptos básicos de la distribución estadística. Con frecuencia, se supone que la variación de resistencia en toda la población de muestras es normal respecto de algún valor medio o promedio. Si usted usara un valor de resistencia que está a una desviación estándar (1σ) abajo del promedio, 84% de los productos no fallaría. Con dos desviaciones estándar no fallaría más del 97%; a tres desviaciones estándar sería más del 99.8%, y a cuatro desviaciones estándar, 99.99%.

Como diseñador, debe juzgar con cuidado la fiabilidad de los datos que maneje. En último término debería evaluar la fiabilidad del producto final, y considerar las variaciones reales en las propiedades de los materiales, las consideraciones de manufactura que puedan afectar el funcionamiento y las interacciones de diversos componentes. En el capítulo 5 se regresará al tema.

2-5 ACERO AL CARBÓN Y ALEADO

Es posible que el acero sea el material más usado en los elementos de máquinas por sus propiedades de gran resistencia, gran rigidez, durabilidad y facilidad relativa de fabricación. Hay diversos tipos de acero disponibles. En esta sección se describirán los métodos para designar los aceros y los tipos más frecuentes de éstos.

El término *acero* indica una aleación de hierro, carbono, manganeso y uno o más elementos importantes. El carbón tiene un gran efecto sobre la resistencia, dureza y ductilidad de cualquier aleación de acero. Los demás elementos afectan la capacidad de *templabilidad*, tenacidad, resistencia a la corrosión, maquinabilidad y conservación de la resistencia a altas temperaturas. Los elementos de aleación principales contenidos en los diversos aceros son el azufre, fósforo, silicio, níquel, cromo, molibdeno y vanadio.

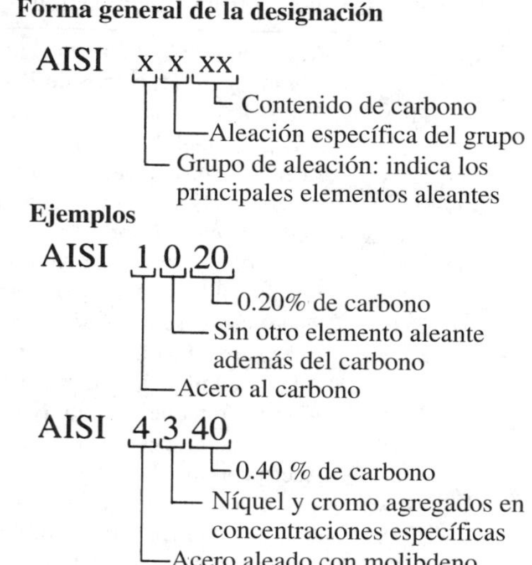

FIGURA 2-11
Sistema de designación de los aceros

Sistemas de designación

El AISI usa un sistema de designación con cuatro dígitos para el acero al carbón y aleado, como se ve en la figura 2-11. Los dos primeros dígitos señalan el grupo específico de aleaciones que identifica a los principales elementos aleantes, aparte del carbono en el acero (vea tabla 2-3). Los últimos dos dígitos indican la cantidad de carbono en el acero, como se describirá a continuación.

Importancia del carbono

Aunque la mayor parte de las aleaciones de acero contienen menos de 1.0% de carbono, éste se incluye en la designación debido a sus efectos sobre las propiedades del acero. Como se ve en la figura 2-11, los últimos dos dígitos indican el contenido de carbono, en centésimos de porcentaje. Por ejemplo, cuando los últimos dos dígitos son 20, la aleación contiene aproximadamente 0.20% de carbono. Se admite algo de variación. El contenido de carbono en un acero con *20 puntos de carbón* varía de 0.18% a 0.23%.

A medida que aumenta el contenido de carbono, también aumentan la resistencia y la dureza, con las mismas condiciones de procesamiento y tratamiento térmico. Ya que la ductilidad disminuye al aumentar el contenido de carbono, la selección de un acero adecuado implica cierto compromiso entre resistencia y ductilidad.

Como un esquema burdo de clasificación, un *acero al bajo carbón* es aquel que tiene menos de 30 puntos de carbono (0.30%). Estos aceros tienen relativamente baja resistencia, pero buena capacidad para darles forma. En aplicaciones a elementos de máquinas, cuando no se requiera alta resistencia, se especifican con frecuencia aceros al bajo carbono. Si el desgaste es un problema potencial, se pueden carburizar los aceros al bajo carbón (como se describirá en la sección 2-6), para aumentar su contenido de carbono en la superficie externa de la parte y mejorar la combinación de las propiedades.

Los *aceros al medio carbón*, o *aceros medios*, contienen de 30 a 50 puntos de carbono (0.30% a 0.50%). La mayoría de los elementos de máquina que tienen necesidad de una resistencia de moderada a alta, con requisitos de ductilidad bastante buena y dureza moderada, provienen de este grupo.

Los *aceros al alto carbón* tienen de 50 a 95 puntos de carbono (0.50% a 0.95%). El alto contenido de carbono proporciona mejores propiedades de desgaste adecuadas para aplicaciones donde se requiera filos cortantes duraderos, y para aplicaciones donde las superficies estén sometidas a una abrasión constante. Las herramientas, cuchillos, cinceles y muchos componentes de implementos agrícolas requieren la aplicación de estos aceros.

TABLA 2-3 Grupos de aleaciones en el sistema de numeración AISI

10xx	Acero puro al carbón: sin elementos importantes de aleación, excepto de carbono y manganeso; menos de 1.0% de manganeso. También se les llama *no resulfurizados*.
11xx	Acero de *corte libre*: Resulfurado. Su contenido de azufre (por lo regular 0.10%) mejora la maquinabilidad.
12xx	Acero de *corte libre*: Resulfurado y refosforizado. La presencia de mayor cantidad de azufre y fósforo mejora la maquinabilidad y el acabado superficial.
12Lxx	Acero de *corte libre*: El plomo agregado al acero 12xx mejora la maquinabilidad.
13xx	Acero con manganeso: No resulfurizado. Presencia de aproximadamente 1.75% de manganeso aumenta la templabilidad.
15xx	Acero con carbón: No resulfurizado, con más de 1.0% de manganeso.
23xx	Acero con níquel: Nominalmente 3.5% de níquel.
25xx	Acero con níquel: Nominalmente 5.0% de níquel
31xx	Acero con níquel-cromo: Nominalmente 1.25% Ni, 0.65% Cr.
33xx	Acero con níquel-cromo: Nominalmente 3.5% Ni, 1.5% Cr.
40xx	Acero con molibdeno: 0.25% de Mo.
41xx	Acero con cromo-molibdeno: 0.95% Cr, 0.2% Mo.
43xx	Acero con níquel-cromo-molibdeno: 1.8% Ni, 0.5% o 0.8% Cr, 0.25% Mo.
44xx	Acero con molibdeno: 0.5% Mo.
46xx	Acero con níquel-molibdeno: 1.8% Ni, 0.25% Mo.
48xx	Acero con níquel-molibdeno: 3.5% Ni, 0.25% Mo.
5xxx	Acero con cromo: 0.4% Cr.
51xx	Acero con cromo: Nominalmente 0.8% de Cr.
51100	Acero con cromo: Nominalmente 1.0% Cr, acero para rodamientos 1.0% C.
52100	Acero con cromo: Nominalmente 1.45% Cr, acero para rodamientos 1.0% C.
61xx	Acero con cromo-vanadio: 0.50%-1.10% Cr, 0.15% V.
86xx	Acero con níquel-cromo-molibdeno: 0.55% Ni, 0.5% Cr, 0.20% Mo.
87xx	Acero con níquel-cromo-molibdeno: 0.55% Ni, 0.5% Cr, 0.25% Mo.
92xx	Acero con silicio: 2.0% de silicio.
93xx	Acero con níquel-cromo-molibdeno: 3.25% Ni, 1.2% Cr, 0.12% Mo

Un *acero para rodamientos* contiene 1.0% nominal de carbono. Los grados comunes son 50100, 51100 y 52100; la designación normal con cuatro dígitos se sustituye con cinco dígitos para indicar 100 puntos de carbono.

Grupos de aleaciones

Como se indica en la tabla 2-3, el azufre, fósforo y plomo mejoran la maquinabilidad de los aceros, y se agregan en cantidades importantes a los grados 11xx, 12xx y 12Lxx. Estos grados se usan para piezas de máquinas atornilladas que requieran grandes volúmenes de producción, cuando las piezas obtenidas no estén sometidas a grandes esfuerzos ni a condiciones de desgaste. Estos elementos se controlan en una concentración muy baja en las demás aleaciones por sus efectos adversos, como mayor fragilidad.

El níquel mejora la tenacidad, templabilidad y resistencia a la corrosión del acero, y se incluye en la mayor parte de los aceros de aleación. El cromo mejora la templabilidad, la resistencia al desgaste y a la abrasión, y la resistencia a temperaturas elevadas. En grandes concentraciones, el cromo provee una importante resistencia a la corrosión, como se describirá en la sección de aceros inoxidables. El molibdeno también mejora la templabilidad y la resistencia a altas temperaturas.

El acero seleccionado para determinada aplicación debe ser económico y debe tener óptimas propiedades de resistencia, ductilidad, maquinabilidad y maleabilidad. Con frecuencia, se debe consultar a los metalurgistas, a los ingenieros de manufactura y a los especialistas en tratamientos térmicos (vea también las referencias 4, 14, 16 y 24).

La tabla 2-4 contiene una lista de algunos aceros comunes que se usan en piezas de máquinas y en las aplicaciones típicas de las aleaciones. El lector debe aprovechar las decisiones de diseñadores experimentados, al especificar los materiales.

TABLA 2-4 Usos de algunos aceros

Número UNS	Número AISI	Aplicaciones
G10150	1015	Piezas moldeadas en lámina; partes maquinadas (se pueden cementar)
G10300	1030	Piezas de uso general, en forma de barra, palancas, eslabones, cuñas
G10400	1040	Ejes, engranes
G10800	1080	Resortes; piezas para equipo agrícola sometidas a abrasión (dientes de rastrillo, discos, rejas de arado, dientes de cortacéspedes)
G11120	1112	Piezas de máquinas con tornillo
G12144	12L14	Piezas que requieran buena capacidad de maquinado
G41400	4140	Engranes, ejes, piezas forjadas
G43400	4340	Engranes, ejes, piezas que requieran buen endurecimiento en interior
G46400	4640	Engranes, ejes, levas
G51500	5150	Ejes para trabajo pesado, resortes, engranes
G51601	51B60	Ejes, resortes, engranes con mejor templabilidad
G52986	E52100	Pistas de rodamientos, bolas, rodillos (acero para rodamientos)
G61500	6150	Engranes, piezas forjadas, ejes, resortes
G86500	8650	Engranes, ejes
G92600	9260	Resortes

Ejemplos de la relación entre los sistemas de numeración de AISI y UNS

La tabla 2-4 presenta las designaciones AISI y UNS para los aceros mencionados. Observe que para la mayor parte de los aceros al carbón y aleados, el número AISI de cuatro dígitos se transforma en los primeros cuatro dígitos del número UNS. El dígito final en el número UNS es casi siempre cero.

Sin embargo, hay algunas excepciones. Para los aceros para rodamiento al alto carbono, fabricados en horno eléctrico, como el AISI E52100, la designación UNS es G52986. Los aceros con plomo contienen plomo adicional para mejorar la maquinabilidad, y tienen la letra L agregada entre el segundo y el tercer dígitos del número AISI, tal como AISI 12L14, el cual se transforma en UNS G12144. A algunas aleaciones especiales se agrega boro extra para mejorar la templabilidad. Por ejemplo, la aleación AISI 5160 es un acero al cromo cuya designación UNS es G51600. Pero una aleación similar con boro agregado es la AISI 51B60, y su designación UNS es G51601

2-6 CONDICIONES PARA ACEROS Y TRATAMIENTO TÉRMICO

Las propiedades finales de los aceros se alteran en forma dramática por la forma de producirlos. Algunos procesos implican trabajo mecánico, tal como el laminado para obtener determinado perfil, o el templado por medio de dados. En el diseño de máquinas, muchas piezas se producen en forma de barra, ejes, alambre y miembros estructurales. Pero la mayoría de las piezas de máquina, en especial las que soportan grandes cargas, se tratan térmicamente para producir alta resistencia con una tenacidad y ductilidad aceptables.

Las formas de barras y laminadas del acero al carbón se entregan en el estado *tal como se laminó*; esto es, se laminan a una temperatura elevada para facilitar el proceso. Este laminado también se puede hacer en frío para mejorar la resistencia y el acabado superficial. La varilla y el alambre laminados (o estirados) en frío tienen la máxima resistencia entre las formas trabajadas, y también un acabado superficial muy bueno. Sin embargo, cuando un material se indica *tal como se laminó* se debe suponer que fue laminado en caliente.

Tratamiento térmico

El *tratamiento térmico* es el proceso donde el acero se somete a temperaturas elevadas para modificar sus propiedades. De los diversos procesos disponibles, los que más se usan para los aceros de máquina son el recocido, normalizado, endurecimiento total (enfriado por inmersión y temple) y cementación (vea las referencias 3 y 15).

FIGURA 2-12
Tratamientos térmicos para el acero

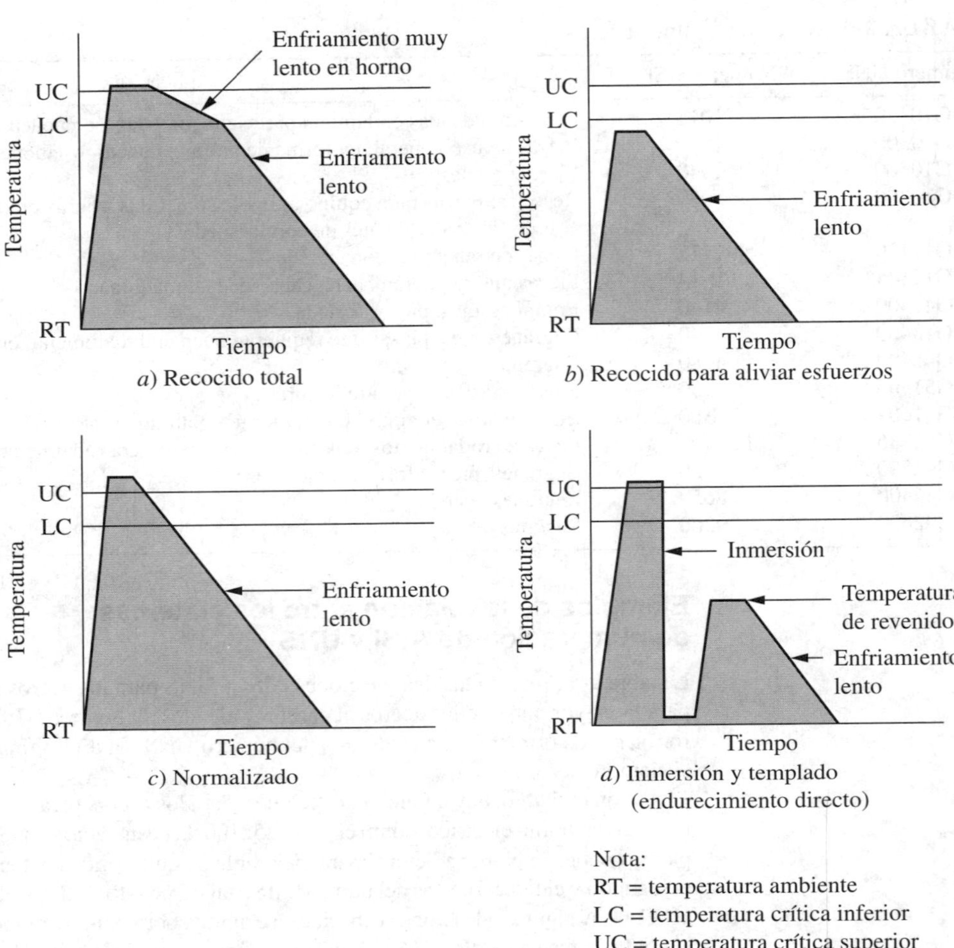

La figura 2-12 muestra los ciclos de temperatura-tiempo para estos procesos de tratamiento térmico. El símbolo RT representa temperatura ambiente normal, y LC indica la temperatura inferior crítica donde comienza la transformación de ferrita a austenita durante el calentamiento del acero. En la temperatura crítica superior (UC) la transformación es completa. Esas temperaturas varían con la composición del acero. Para la mayor parte de los aceros al carbono medio (0.30%-0.50% C), UC es aproximadamente 1500°F (822°C). Se deben consultar las referencias donde se indican los datos detallados del proceso de tratamiento térmico.

Recocido. El *recocido total* [figura 2-12*a*)] se aplica al calentar el acero por arriba de la temperatura crítica superior, para mantenerla así hasta que la composición sea uniforme. Después, se enfría con mucha lentitud en el horno, a menos de la temperatura crítica inferior. El enfriamiento lento hasta la temperatura ambiente, fuera del horno, completa el proceso. Este tratamiento produce un material suave y de baja resistencia, sin esfuerzos internos apreciables. Con frecuencia, las piezas se conforman o se maquinan en frío, en el estado recocido.

El *recocido para relevar esfuerzos* [figura 2-12*b*)] se usa con frecuencia después de soldar, maquinar o conformar en frío, para eliminar esfuerzos residuales, y con ello minimizar la consiguiente distorsión. El acero se calienta hasta unos 1000°F (540°C-650°C) y se mantiene hasta lograr la uniformidad; después se enfría con lentitud al aire libre hasta la temperatura ambiente.

Normalizado. El *normalizado* [figura 2-12*c*)] se produce en forma parecida al recocido, pero a mayor temperatura, pasando del intervalo de transformación donde se forma la austenita, a unos 1600°F (870°C). El resultado es una estructura interna uniforme en el acero, y una resistencia algo mayor que la que produce el recocido. En general, mejoran la maquinabilidad y la tenacidad respecto al estado recocido.

Endurecimiento directo y enfriamiento por inmersión y temple. El *endurecimiento directo* [figura 2-12*d*)] se produce al calentar el acero por arriba del intervalo de transformación donde se forma la austenita, y entonces se enfría rápidamente en un medio de *temple*. El enfriamiento rápido provoca la formación de la martensita, la forma dura y resistente del acero. El grado al cual se forma la martensita depende de la composición de la aleación. Una aleación que contenga un mínimo de 80% de estructura en forma de martensita, en todo el interior de la sección transversal, tiene *alta templabilidad*. Es una propiedad importante que se debe buscar al seleccionar un acero que requiera alta resistencia y gran dureza. Los medios comunes de temple son agua, salmuera y aceites minerales especiales. La selección de un medio de inmersión depende de la rapidez con la que se debe hacer el temple. La mayor parte de los aceros para máquina requieren temple en aceite o en agua.

El *templado* se suele producir inmediatamente después de la inmersión, y consiste en volver a calentar al acero a una temperatura de entre 400°F y 1300°F (200°C-700°C), para después enfriarlo lentamente al aire, hasta la temperatura ambiente. Este proceso modifica las propiedades del acero. Disminuyen la resistencia a la tensión y la resistencia de fluencia al aumentar la temperatura de templado, mientras que mejora la ductilidad, ya que aumenta la elongación porcentual. Así, el diseñador puede adaptar las propiedades del acero para cumplir con requisitos específicos. Además, el acero en el estado recién templado tiene grandes esfuerzos internos, y suele ser bastante frágil. Por lo común, las piezas de máquina se deben templar a 700°F (370°C) o más, después de la inmersión.

Para ilustrar los efectos del templado sobre las propiedades de los aceros, en el apéndice 4 se presentan varias gráficas de resistencia en función de la temperatura de temple. Se incluyen en ellas la resistencia a la tensión, el punto de fluencia, el porcentaje de elongación, el porcentaje de reducción de área y la dureza HB, todas indicadas en relación con la temperatura de templado. Observe la diferencia en la forma de las curvas y los valores absolutos de la resistencia y la dureza, si se compara el acero simple al carbono AISI 1040 con el acero aleado AISI 4340. Aunque ambos tienen el mismo contenido nominal de carbono, el de aleación alcanza una resistencia y una dureza mucho mayores. Observe también la dureza recién inmersa en la parte superior derecha del encabezado de las gráficas; indica el grado hasta el que se puede endurecer una aleación determinada. Cuando se usan los procesos de cementación (que se describirán a continuación), la dureza recién inmersa se vuelve muy importante.

En el apéndice 3 se muestra el intervalo de propiedades que cabe esperar para varios grados de aceros al carbono y de aleación. Las aleaciones se mencionan con sus números y condiciones AISI. Para las condiciones de tratamiento térmico, la designación indica, por ejemplo, AISI 4340 OQT 1000, que indica que la aleación se sometió a inmersión en aceite y se templa a 1000°F. Al expresar las propiedades a las temperaturas de templado de 400°F y 1300°F, se conocen los puntos extremos del posible intervalo de propiedades que cabe esperar para esa aleación. Para especificar una resistencia entre esos límites, el lector podría consultar gráficas como las del apéndice 4, o bien, podría determinar el proceso de tratamiento térmico necesario junto con un especialista. Para fines de especificación de materiales en este libro, será satisfactoria una interpolación general entre los valores que aparecen. Como se dijo antes, debe buscar más datos específicos cuando los diseños sean complicados.

Endurecimiento superficial. En muchos casos, la pieza en bruto sólo requiere tener resistencia moderada, pero la superficie debe tener una gran dureza. Por ejemplo, en los dientes de los engranes es necesaria una gran dureza para resistir el desgaste, porque los dientes que engranan están en contacto varios millones de veces durante la vida útil de los engranes. En cada con-

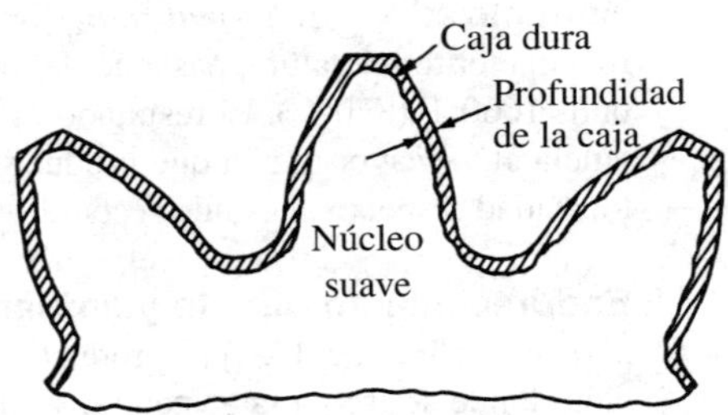

FIGURA 2-13 Corte típico de los dientes de engrane cementados

tacto, se desarrolla un gran esfuerzo en la superficie de los dientes. Para aplicaciones como ésta se usa la *cementación* o *endurecimiento superficial*; a la superficie (la *caja*) de la pieza se le da una gran dureza hasta una profundidad quizá de 0.010 a 0.040 pulgadas (0.25 a 1.00 mm), aunque el interior de la pieza (el *núcleo*) sólo se afecta un poco, si es que se afecta. La ventaja del endurecimiento superficial consiste en que cuando la superficie adquiere la dureza necesaria para resistir el desgaste, el núcleo permanece en una forma más dúctil y resistente al impacto y a la fatiga. Los procesos frecuentes para la cementación son el endurecimiento por flama, por inducción, la carburización, la nitruración, la cianuración y la carbonitruración (vea la referencia 17).

La figura 2-13 muestra un corte típico de un engrane cementado donde se ve con claridad la caja dura que rodea al núcleo más suave y más dúctil. La cementación se usa en aplicaciones donde se requiere una gran resistencia al desgaste y la abrasión en el servicio normal (dientes de engrane, ruedas de grúas, poleas para cable metálico y ejes de trabajo pesado).

Los procesos más utilizados para cementar se describen a continuación.

1. ***Endurecimiento por flama y endurecimiento por inducción:*** Los procesos de endurecimiento por flama y por inducción consisten en el calentamiento rápido de la superficie de la pieza durante un tiempo limitado, de tal manera que una profundidad pequeña y controlada del material llegue al intervalo de transformación. Al someterla a inmersión de inmediato, sólo la pieza que pasó del intervalo de transformación produce alta concentración de martensita necesaria para una alta dureza.

   En el *endurecimiento por flama* se maneja una flama concentrada que choca sobre una zona localizada durante un tiempo controlado, seguida de una inmersión en un baño o con un chorro de agua o aceite. El *endurecimiento por inducción* es un proceso donde se rodea la parte de una bobina, por la que pasa corriente eléctrica de alta frecuencia. Debido a la conductividad eléctrica del acero, se *induce* corriente principalmente cerca de la superficie de la pieza. El control de la potencia eléctrica y la frecuencia del sistema de inducción, así como el tiempo de exposición, determina la profundidad hasta la que el material llega a la temperatura de transformación. El temple rápido después del calentamiento endurece la superficie (vea la referencia 26).

   Note que, para ser eficaces, en el endurecimiento por flama o por inducción, el material debe tener una buena capacidad de endurecimiento. En general, el objetivo de la cementación es producir una dureza Rockwell C superficial en el intervalo de HRC 55 a 60 (dureza Brinell aproximada HB 550 a 650). En consecuencia, el material debe endurecerse hasta el valor deseado. Los aceros al carbono y aleados con menos de 30 puntos de carbono no pueden cumplir con este requisito, en el caso normal. En consecuencia, los tipos normales de acero a los que se les da tratamientos de cementación son los que tienen 40 puntos.

2. ***Carburización, nitruración, cianuración y carbonitruración:*** Los demás procesos de cementación son por carburización, nitruración, cianuración y carbonitruración, y en realidad alteran la composición de la superficie del material, porque se expone a gases, líquidos o sólidos que contienen carbono, y lo difunden a través de la superficie

de la pieza. La concentración y la profundidad de penetración del carbono dependen de la naturaleza de la sustancia que lo contiene y del tiempo de exposición. En el caso típico, la nitruración y la cianuración producen cajas muy duras y delgadas, buenas para la resistencia al desgaste en general. Cuando se requiere gran capacidad de carga, además de la resistencia al desgaste, como en el caso de los dientes de engranes, se prefiere la carburización porque la caja es más gruesa.

Son varios los aceros que se producen para carburizar. Entre ellos están el 1015, 1020, 1022, 1117, 1118, 4118, 4320, 4620, 4820 y 8620. El apéndice 5 contiene las propiedades esperadas para estos aceros carburizados. Observe, al evaluar el material para una aplicación, que las propiedades del núcleo determinan su capacidad para resistir los esfuerzos constantes, y que la dureza superficial indica su resistencia al desgaste. Cuando se efectúa la carburización, casi siempre produce una dureza superficial de HRC 55 a 64 (Rockwell C) o de HB 550 a 700 (Brinell).

La carburización tiene algunas variantes que permiten al diseñador adaptar las propiedades para cumplir requisitos específicos. La exposición a la atmósfera con carbono se hace a una temperatura aproximada de 1700°F (920°C) y suele requerir 8 h. Al templar de inmediato, se alcanza la máxima resistencia, aunque la superficie queda algo frágil. En el caso normal, se deja enfriar una pieza lentamente después de carburizarla. A continuación, se recalienta a unos 1500°F (815°C) y se templa. Sigue un templado a la temperatura relativamente baja de 300°F o 450°F (150°C o 230°C) para aliviar los esfuerzos causados en la inmersión. Como se ve en el apéndice 5, la mayor temperatura de templado disminuye un poco la resistencia del núcleo y la dureza de la superficie, pero en general mejora la tenacidad de la parte. El proceso que se acaba de describir es *la inmersión y el templado sencillo.*

Cuando una pieza se templa en aceite y se reviene a 450 °F, por ejemplo, se dice que tiene *cementación por carburización SOQT 450.* Si se recalienta después del primer temple y se templa de nuevo, se refinan más las propiedades de la caja y del núcleo; a este proceso se le llama *cementación por carburización DOQT 450.* Estas condiciones se mencionan en el apéndice 5.

2-7 ACEROS INOXIDABLES

El término *acero inoxidable* caracteriza la alta resistencia a la corrosión que presentan las aleaciones de este grupo. Para clasificarla como acero inoxidable, la aleación debe tener un contenido mínimo de cromo de 10%. La mayor parte tienen de 12 a 18% de cromo (vea la referencia 5).

El AISI designa la mayor parte de los aceros inoxidables como series 200, 300 y 400. Como se dijo antes (sección 2-3), otro sistema de designación es el de numeración unificada (UNS) establecido por SAE y ASTM. En el apéndice 6, aparecen las propiedades de varios grados donde se ven las dos designaciones.

Los tres grupos principales de aceros inoxidables son los austeníticos, los ferríticos y los martensíticos. Los aceros inoxidables *austeníticos* pertenecen a las series 200 y 300 AISI. Son grados para uso general, con resistencia moderada. La mayor parte de ellos no se pueden tratar térmicamente, y sus propiedades finales quedan determinadas por la cantidad de trabajado; al temple que resulta se le llama 1/4 duro, 1/2 duro, 3/4 duro y duro total. Esas aleaciones no son magnéticas y se emplean en equipos típicos de procesamiento de alimentos.

Los aceros inoxidables *ferríticos* pertenecen a la serie AISI 400, y se les designa como 405, 409, 430, 446, entre otros. Son magnéticos y trabajan bien a temperaturas elevadas de 1300°F a 1900°F (700°C a 1040°C), dependiendo de la aleación. No pueden tener tratamiento térmico, pero se pueden trabajar en frío para mejorar sus propiedades. Se aplican en la fabricación de tubos de intercambio de calor, equipo de refinación de petróleo, molduras automotrices, piezas de hornos y equipos químicos.

Los aceros inoxidables *martensíticos* también pertenecen a la serie AISI 400, incluidos los tipos 403, 410, 414, 416, 420, 431 y 440. Son magnéticos, se pueden tratar térmicamente y tienen mayor resistencia que los de las series 200 y 300, pero conservan buena tenacidad. Entre sus aplicaciones típicas están las piezas de motores de turbinas, cuchillería, tijeras, piezas de bombas, piezas de válvulas, instrumentos quirúrgicos, herrajes para aviones y herrajes marinos.

Existen muchos grados de acero inoxidable que se patentan por diversos fabricantes. Un grupo usado en aplicaciones de alta resistencia, en los campos aeroespacial, marino y vehicular, es el del tipo de endurecimiento por precipitación o endurecimiento estructural. Desarrollan resistencias muy altas con tratamientos térmicos a temperaturas relativamente bajas, de 900°F a 1150°F (480°C a 620°C). Esta característica ayuda a minimizar la distorsión durante el tratamiento. Algunos ejemplos son los aceros inoxidables 17-4PH, 15-5PH, 17-7PH, PH15-7Mo y AMS362.

2-8 ACERO ESTRUCTURAL

La mayor parte de los aceros estructurales reciben la designación de los números ASTM. Un grado frecuente es el ASTM A36, que tiene un punto de fluencia mínimo de 36 000 psi (248 MPa) y es muy dúctil. En resumen, es un acero con bajo carbón y laminado en caliente, disponible en láminas, placas, barras y perfiles estructurales; por ejemplo, algunas vigas I, vigas estándar estadounidenses, canales y ángulos. En el apéndice 16 aparecen las propiedades geométricas de algunas de esos perfiles.

La mayor parte de las vigas de patín ancho (perfiles W) se fabrican en la actualidad con acero estructural ASTM A992, cuyo punto de fluencia es de 50 a 65 ksi (345 a 448 MPa), con resistencia mínima a la tensión de 65 ksi (448 MPa). Una especificación adicional es que la relación máxima de punto de fluencia a resistencia a la tensión sea 0.85. Es un acero muy dúctil, que tiene un alargamiento mínimo de 21% en 2.00 pulgadas de longitud calibrada. Al usar este acero en lugar del ASTM A36, de menor resistencia, se pueden emplear miembros estructurales más ligeros, a un costo adicional mínimo o sin costo alguno.

Los perfiles estructurales huecos (HSS, de *hollow structural sections*) se fabrican con acero ASTM A500, que se forma en frío y se suelda, o está sin costura. Están comprendidos los tubos redondos y cuadrados, así como los perfiles rectangulares. Observe que en el apéndice 7 hay distintos valores de resistencia para tubos redondos, en comparación con las formas moldeadas. También se pueden especificar varios grados de resistencia. Algunos de los productos HSS se fabrican con acero ASTM A501 moldeado en caliente, cuyas propiedades son parecidas a las de los perfiles de acero ASTM A36 laminado en caliente.

Muchos de los grados de acero estructural con mayor resistencia se emplean para la construcción, para vehículos y para máquinas. Tienen puntos de fluencia en el intervalo de 42000 a 100 000 psi (290 a 700 MPa). Algunos de esos grados, que se llaman *aceros de alta resistencia y baja aleación*, son ASTM A242, A440, A514 y A588.

El apéndice 7 contiene las propiedades de varios aceros estructurales.

2-9 ACEROS PARA HERRAMIENTAS

El término *acero para herramienta* se refiere a un grupo de aceros que se usan para fabricar herramientas de corte, punzones, matrices, hojas cortantes, cinceles y otros usos parecidos. Se clasifica a las numerosas variedades de aceros para herramientas en siete tipos generales, que se ven en la tabla 2-5. Mientras que la mayor parte de los usos de los aceros para herramientas se relacionan con el campo de la ingeniería de manufactura, también pertenecen al diseño de máquinas, donde se requiere la capacidad de mantener un borde agudo bajo condiciones abrasivas (tipos H y F). También, algunos aceros para herramientas tienen una resistencia bastante alta al choque, lo que puede ser ventajoso en componentes de máquina tales como las piezas para embragues mecánicos, trinquetes, cuchillas, guías para partes en movimiento y pinzas (tipos S, L, F y W). (Vea una descripción más extensa de los aceros para herramienta en la referencia 6).

2-10 HIERRO COLADO

Los engranes grandes, estructuras de máquina, soportes, piezas de eslabonamiento y demás piezas importantes de máquinas se fabrican con hierro colado. Los diversos tipos disponibles abarcan amplios márgenes de resistencia, ductilidad, facilidad de maquinado, resistencia al desgaste y costo. Estas propiedades son atractivas para muchas aplicaciones. Los tres tipos de hierro

TABLA 2-5 Ejemplos de los tipos de aceros para herramientas

Tipo general	Símbolo del tipo	Tipos específicos: Principales elementos de aleación	Ejemplos: Núm. AISI	Ejemplos: Núm. UNS	Usos típicos (y otras aleaciones comunes)
Alta velocidad	M	Molibdeno	M2 M10 M42	T11302 T11310 T11342	Aceros para herramienta con uso general en herramientas de corte y matrices para forja, extrusión, doblez, estirado y penetrado (M1, M3, M4-M7, M30, M34, M36, M41-M47)
	T	Tungsteno	T1 T15	T12001 T12015	Semejantes a los usos de tipos M (T2, T4, T5, T6, T8)
Trabajados en caliente	H	Cromo	H10	T20810	Matrices de recalcado en frío, cuchillas cortantes, partes de aviones, matrices para extrusión a baja temperatura y colado a presión (H1-H19)
		Tungsteno	H21	T20821	Matrices para mayor temperatura, cuchillas para corte en caliente (H20-H39)
		Molibdeno	H42	T20842	Aplicaciones que tienden a producir gran desgaste (H40-H59)
Trabajados en frío	D	Alto carbono, alto cromo	D2	T30402	Matrices de estampado, punzones, calibradores (D3-D5, D7)
	A	Medio carbono, temple al aire	A2	T30102	Punzones, dados de terraja, matrices para colado a presión (A3-A10)
	O	Temple al aceite	O1	T31501	Machuelos, rimas, brochas, calibradores, portapiezas y sujetadores, bujes, espigas de máquina herramienta, zancos de herramienta (O2, O6, O7)
Resistentes al choque	S		S1	T41901	Cinceles, herramientas neumáticas, punzones de trabajo pesado, piezas de máquinas sometidas a choques (S2, S4-S7)
Aceros moldeados	P		P2	T51602	Matrices para moldeo de plásticos, matrices para colar zinc a presión (P3-P6, P20, P21)
Uso especial	L	Tipos con baja aleación	L2	T61202	Herramental y piezas de máquina que requieran gran tenacidad (L3, L6)
	F	Tipos al carbono-tungsteno	F1	T60601	Semejantes a los tipos L, pero con mayor resistencia a la abrasión (F2)
Temple al agua	W		W1	T72301	Usos generales en herramientas y matrices, morsas y mordazas de portaherramienta, herramientas de mano, portapiezas y sujetadores, punzones (W2, W5)

colado que más se usan son el hierro gris, hierro dúctil y hierro maleable. El apéndice 8 muestra las propiedades de varios hierros colados (vea también la referencia 9).

El *hierro gris* se consigue en grados cuya resistencia a la tensión va de 20 000 a 60 000 psi (138 a 414 MPa). Su resistencia última a la compresión es mucho mayor, tres a cinco veces mayor que la de tensión. Una desventaja del hierro gris es que es frágil y, en consecuencia, no se debe usar en aplicaciones donde probablemente haya cargas de impacto. Pero tiene una excelente resistencia al desgaste, es relativamente fácil de maquinar, tiene buena capacidad para amortiguar la vibración y se puede endurecer superficialmente. Entre sus aplicaciones están los bloques de motores, engranes, piezas de frenos y bases de máquinas. Los hierros grises se evalúan con la especificación A48-94 de ASTM, en clases 20, 25, 30, 40, 50 y 60, donde el número indica la resistencia mínima a la tensión en kips/pulg^2 (ksi). Por ejemplo, el hierro gris clase 40 tiene una resistencia mínima a la tensión de 40 ksi o 40 000 psi (276 MPa). Como es frágil, el hierro gris no tiene la propiedad de resistencia de fluencia.

El *hierro maleable* es un grupo de hierros colados térmicamente tratables, con resistencia de moderada a alta, alto módulo de elasticidad (rigidez), buena maquinabilidad y buena resistencia al desgaste. La designación de cinco dígitos indica aproximadamente la resistencia de fluencia y la elongación porcentual esperada del material. Por ejemplo, el grado 40010 tiene una resistencia de fluencia de 40 ksi (276 MPa) y una elongación del 10%. Las propiedades de resistencia mostradas en el apéndice 8 son para el estado sin tratamiento térmico. Con el tratamiento térmico, se obtienen mayores resistencias. Vea las especificaciones A 47-99 y A 220-99 de ASTM.

Los *hierros dúctiles* tienen mayores resistencias que los grises y, como indica el nombre, son más dúctiles. Sin embargo, su ductilidad es todavía mucho menor que la de los aceros típicos. En las especificaciones ASTM A536-84 se maneja una designación del grado mediante tres partes. El primer número indica la resistencia de tensión en ksi, el segundo es la resistencia de fluencia en ksi y el tercero es la elongación porcentual aproximada. Por ejemplo, el grado 80-55-06 tiene una resistencia de tensión de 80 ksi (552 MPa), una resistencia de fluencia de 55 ksi (379 MPa) y una elongación de 6% en 2.00 pulg. Las partes coladas con mayor resistencia, como los cigüeñales y engranes, se fabrican con hierro dúctil.

El *hierro dúctil austemplado* o *hierro dúctil con temple austenítico* (ADI, de *austempered ductile iron*) es un hierro dúctil aleado y tratado térmicamente (vea la referencia 9). Tiene atractivas propiedades que permiten su empleo en equipos de transporte, maquinaria industrial y otras aplicaciones donde el bajo costo, buena maquinabilidad, gran amortiguamiento de vibración, buena resistencia al desgaste y colado a la forma neta aproximada, son apreciables ventajas. Como ejemplo están los engranes de tren de impulsión, piezas de juntas de velocidad constante y los componentes de la suspensión. La norma 897-90 de ASTM menciona cinco grados de ADI, cuya resistencia a la tensión va de 125 ksi (850 MPa) a 230 ksi (1600 MPa). Las resistencias de fluencia van de 80 ksi (550 MPa) a 185 ksi (1300 MPa). La ductilidad disminuye al aumentar la resistencia y la dureza, y los valores del porcentaje de elongación disminuyen en el intervalo aproximado de 10 a 1%. El ADI comienza como un hierro dúctil convencional con un control cuidadoso de la composición y del proceso de colado, y se obtiene una buena fundición íntegra y libre de huecos. Se agregan pequeñas cantidades de cobre, níquel y molibdeno para mejorar la respuesta del metal al ciclo especial de tratamiento térmico que muestra la figura 2-14. Se calienta a la temperatura de austenitización (1550 a 1750 °F u 843 a 954 °C), dependiendo de la composición. Se conserva a esta temperatura de una a tres horas, para que el material se vuelva totalmente austenítico. Sigue un temple rápido en un medio de 460 a 750 °F (238 a 400 °C), y la fundición se conserva a esta temperatura de media a cuatro horas. Es la parte del *austemplado* del ciclo donde todo el material se convierte en una mezcla, en su mayor parte de austenita y ferrita o *ausferrita*. Es importante que durante este ciclo no se formen ni perlita ni bainita. Después se deja enfriar la pieza hasta la temperatura ambiente.

2-11 METALES PULVERIZADOS

Al fabricar piezas de formas intrincadas mediante metalurgia de polvos se puede, a veces, eliminar la necesidad de un extenso maquinado. Los polvos metálicos se consiguen en muchas formulaciones, cuyas propiedades se acercan a las de la forma forjada del metal. El procesamiento consiste en preparar una forma previa, compactando el polvo en una matriz, con alta presión. El siguiente paso es sinterizar a una temperatura alta, para fundir el polvo y formar una masa uniforme. A veces se hace un segundo prensado, para mejorar las propiedades o la exactitud dimensional de la pieza. Las piezas que se fabrican típicamente con el proceso de metalurgia de polvos son los engranes, segmentos de engranes, levas, excéntricas y diversas partes de máquina con orificios o proyecciones de forma especial. Son típicas las tolerancias dimensionales de 0.001 a 0.005 pulgadas (0.025 a 0.125 mm).

Una desventaja de las piezas pulverizadas es que suelen ser frágiles, y no deben usarse en aplicaciones donde se esperen grandes cargas de impacto. Otra aplicación importante es en cojinetes pulverizados que se fabrican, en consecuencia, con una densidad relativamente baja y con una porosidad alta. El cojinete se impregna con un lubricante que puede ser suficiente para toda la duración de la parte. Esta clase de materiales se describe en el capítulo 16.

Los fabricantes de polvos metálicos tienen muchas formulaciones y grados patentados. Sin embargo, la Federación de Industrias de Polvo Metálico (MPIF, por *Metal Powder Industries Federation*) promueve la normalización de estos materiales. En la figura 2-15, se ven fotografías de algunas partes fabricadas con polvos metálicos (vea la referencia 3).

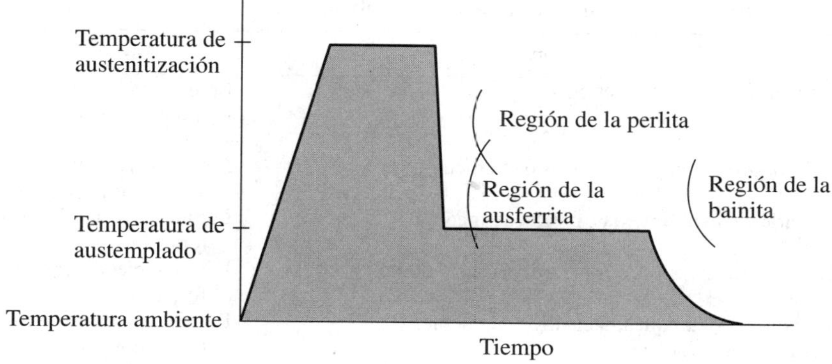

FIGURA 2-14 Ciclo de tratamiento térmico para el hierro dúctil austemplado (ADI)

FIGURA 2-15 Ejemplo de componentes de metal pulverizado (GKN Sinter Metals Auburn Hills, MI)

2-12 ALUMINIO

El aluminio se emplea con frecuencia en aplicaciones estructurales y mecánicas. Sus propiedades atractivas son el bajo peso, buena resistencia a la corrosión, facilidad relativa de formado y maquinado y apariencia agradables. Su densidad es, aproximadamente, la tercera parte de la del acero. Sin embargo, su resistencia también es menor (vea las referencias 1, 8 y 12). En la tabla 2-6 se muestran los grupos de aleación que se emplean con frecuencia.

Las designaciones estandarizadas por la Asociación del Aluminio manejan un sistema de cuatro dígitos. El primero indica el tipo de aleación, según el principal elemento aleante. El segundo dígito, si es distinto de cero, indica modificaciones de otra aleación o límites de las impurezas en la aleación. La presencia de impurezas tiene importancia especial en los conductores eléctricos. Dentro de cada grupo hay varias aleaciones específicas, que se indican con los últimos dos dígitos de la designación.

La tabla 2-7 es una lista de varias aleaciones comunes, junto con las formas en las que se producen típicamente, y algunas de sus principales aplicaciones. También se ven en la tabla algunas de las 50 o más aleaciones disponibles, que abarcan la variedad de aplicaciones típicas. Esta tabla le ayudará a seleccionar una aleación adecuada para determinada aplicación.

Las propiedades mecánicas de las aleaciones de aluminio dependen mucho de su estado. Por esta razón, es incompleta la especificación de una aleación si no menciona su *temple*. La lis-

TABLA 2-6 Grupos de aleaciones de aluminio

Designaciones de la aleación (por el principal elemento de aleación)	
1xxx	Contenido de aluminio de 99.00% o más
2xxx	Cobre
3xxx	Manganeso
4xxx	Silicio
5xxx	Magnesio
6xxx	Magnesio y silicio
7xxx	Zinc

TABLA 2-7 Aleaciones de aluminio comunes y sus aplicaciones

Aleación	Aplicaciones	Formas
1060	Equipos químicos y tanques	Lámina, placa, tubo
1350	Conductores eléctricos	Lámina, placa, tubo, varilla, barra, alambre, tubo, perfiles
2014	Estructuras de avión y armazones de vehículo	Lámina, placa, tubo, varilla, barra, alambre, perfiles, piezas forjadas
2024	Estructuras de avión, ruedas, piezas de máquinas	Lámina, placa, tubo, varilla, barra, alambre, perfiles, remaches
2219	Piezas sometidas a altas temperaturas (hasta 600°F)	Lámina, placa, tubo, varilla, barra, perfiles, piezas forjadas
3003	Equipo químico, tanques, utensilios de cocina, piezas arquitectónicas	Lámina, placa, tubo, varilla, barra, alambre, perfiles, tubo, remaches, piezas forjadas
5052	Tubos hidráulicos, electrodomésticos, fabricaciones con lámina	Lámina, placa, tubo, varilla, barra, alambre, remaches
6061	Estructuras, armazones y piezas de vehículos, usos marinos	Todas las formas
6063	Muebles, herrajes arquitectónicos	Tubo, perfiles extruidos
7001	Estructuras de alta resistencia	Tubo, perfiles extruidos
7075	Estructuras de aviones y para trabajo pesado	Todas las formas, excepto tubos

ta de abajo describe los temples que se dan con frecuencia a las aleaciones de aluminio. Observe que algunas aleaciones responden al tratamiento térmico y otras al endurecimiento por deformación. El *endurecimiento por deformación* (o *endurecimiento por deformación en frío* o *endurecimiento por trabajo*) es el trabajo en frío, controlado, de la aleación, donde con mayor trabajo aumenta la dureza y resistencia, mientras disminuye la ductilidad. Los temples disponibles comunes son los siguientes.

***F (como se fabricó)*:** No hay control especial de las propiedades. Se desconocen los límites reales. Este temple sólo se debe aceptar cuando la parte se pueda probar minuciosamente antes de entrar en funcionamiento.

O (recocido): Un tratamiento térmico que produce el estado más suave y de menor resistencia. A veces se especifica para obtener la forma de la aleación que se pueda trabajar mejor. La parte obtenida puede tratarse térmicamente para mejorar sus propiedades, si se fabrican con aleaciones de las series 2xxx, 4xxx, 6xxx o 7xxx. También, el trabajo en sí puede mejorar las propiedades, en forma parecida a las obtenidas por el endurecimiento por deformación, con las aleaciones de las series 1xxx, 3xxx y 5xxx.

H (endurecido por deformación): Un proceso de trabajo en frío bajo condiciones controladas, que produce mejores y predecibles propiedades para las aleaciones de los grupos 1xxx, 3xxx y 5xxx. Mientras mayor sea la cantidad de trabajo en frío, la resistencia y la dureza son mayores, aunque disminuye la ductilidad. A la designación *H* siguen dos o más dígitos (normalmente 12, 14, 16 o 18) que indican resistencias cada vez mayores. Sin embargo se manejan varias otras designaciones.

T (con tratamiento térmico); Una serie de procesos controlados de calentamiento y enfriamiento, que se aplican a los grupos 2xxx, 4xxx, 6xxx y 7xxx. A la letra *T* sigue uno o más números que indican los procesos específicos. Las designaciones más comunes de los productos mecánicos y estructurales son T4 y T6.

Los datos de las propiedades de aleaciones de aluminio están en el apéndice 9. Como esos datos son valores típicos y no valores garantizados, se debe consultar al fabricante para conocer los datos en el momento de la compra.

Para aplicaciones en el diseño mecánico, la aleación 6061 es uno de los tipos más versátiles. Observe que está disponible casi en todas las formas, tiene buena resistencia y resistencia a la corrosión, y se puede tratar térmicamente para obtener una gran variedad de propiedades. También tiene buena facilidad de soldadura. En sus formas más suaves se moldea y se trabaja con facilidad. Después, si se requiere mayor resistencia, se puede tratar térmicamente después de moldearla. Sin embargo, su maquinabilidad es baja.

2-13 ALEACIONES DE ZINC

El zinc es el cuarto metal más usado en el mundo. Gran parte de él está en forma de zinc galvanizado, como inhibidor de corrosión del acero; pero se usan cantidades muy grandes de zinc en piezas coladas y en materiales de cojinetes. La figura 2-16 muestra ejemplos de piezas coladas en zinc (vea la referencia 19).

Se obtiene producción en grandes volúmenes mediante colado a presión de zinc, con lo que resultan superficies muy lisas, con una excelente exactitud dimensional. Se pueden usar diversos procesos de recubrimiento para producir una apariencia agradable en el acabado y para inhibir la corrosión. Aunque las piezas tal como salen del colado tienen en sí buena resistencia a la corrosión, se puede mejorar el funcionamiento en algunos ambientes con tratamientos en cromato o fosfato o con anodizado. También se usan pintura y cromado para producir una gran variedad de acabados superficiales atractivos.

Además del colado a presión, los productos de zinc se fabrican con frecuencia por colado en molde permanente, colado en molde permanente de grafito, colado en arena y colado con molde de cáscara. Entre otros procesos que se usan con menos frecuencia están el colado al modelo perdido, colado en molde permanente a baja presión, colado centrífugo, colado continuo y colado en molde de hule. Para los prototipos se usa con frecuencia el colado en molde de yeso. También se usa el colado continuo para producir perfiles normalizados (varilla, barra, tubo y placas). Los prototipos o los productos terminados se pueden maquinar entonces a partir de esas formas.

En el caso típico, las aleaciones de zinc contienen aluminio y una pequeña cantidad de magnesio. Algunas aleaciones contienen cobre o níquel. El funcionamiento de los productos finales puede ser muy sensible a pequeñas cantidades de otros elementos, y se establecen límites máximos al contenido de hierro, plomo, cadmio y estaño, en algunas aleaciones.

La aleación de zinc que se usa con más frecuencia se llama *aleación núm. 3*, y a veces *Zamak 3*. Tiene 4% de aluminio y 0.035% de magnesio. Existe otra que se llama *Zamak 5*, y tam-

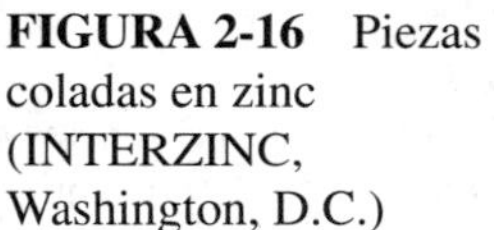
FIGURA 2-16 Piezas coladas en zinc (INTERZINC, Washington, D.C.)

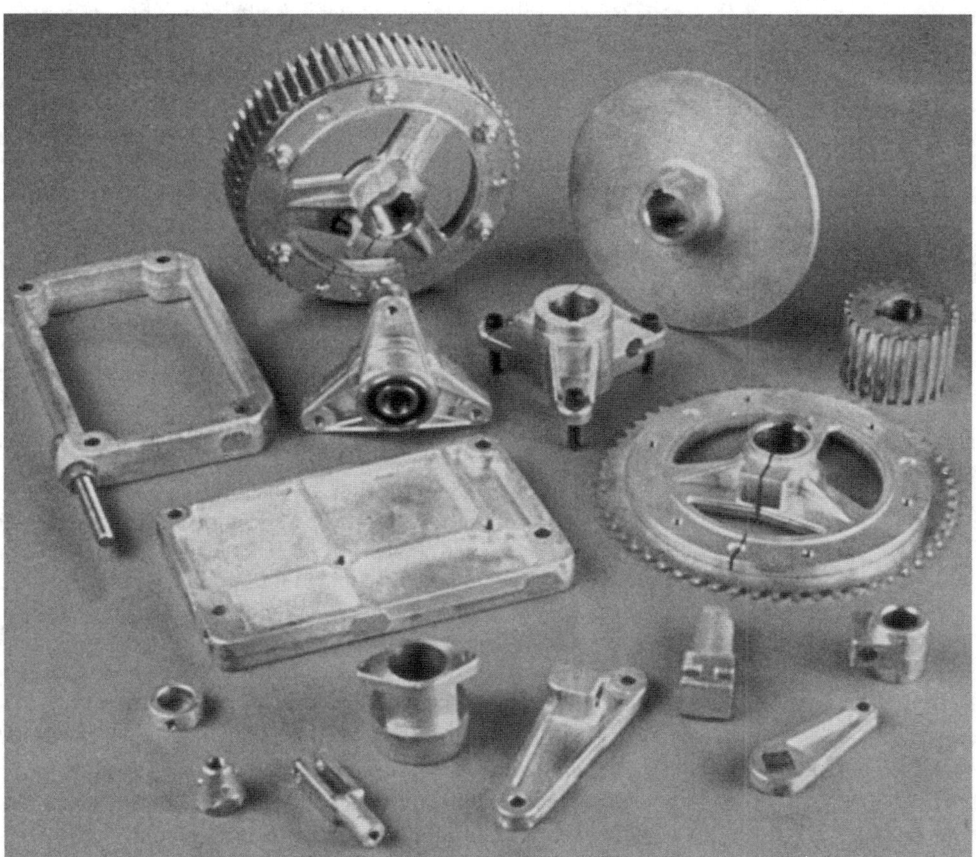

bién contiene 4% de aluminio, con 0.055% de magnesio y 1% de cobre. Un grupo de aleaciones con mayor contenido de aluminio son las ZA. Las más populares de éstas son las ZA-8, ZA-12 y ZA-27. El apéndice 10 tiene un resumen de la composición y las propiedades típicas de estas aleaciones. Como el caso de la mayor parte de los materiales colados, se deben esperar ciertas variaciones de propiedades en función del tamaño de las piezas, el tratamiento térmico de la pieza colada, la temperatura de funcionamiento del producto y el aseguramiento de la calidad, durante el proceso de colado.

2-14 TITANIO

El titanio se emplea en estructuras y componentes aeroespaciales, tanques para procesos químicos y equipo de proceso en general, aparatos de manejo de fluidos y herrajes marinos. El titanio tiene una resistencia muy buena a la corrosión y una alta relación de resistencia a peso. Su rigidez y densidad son intermedias entre las del acero y el aluminio; su módulo de elasticidad aproximado es 16×10^6 psi (110 GPa) y su densidad es 0.160 lb/pulg^3 (4.429 kg/m^3). Los esfuerzos de fluencia típicos van de 25 a 175 ksi (172-1210 MPa). Entre sus desventajas están su costo relativamente alto y la dificultad de maquinarlo.

Se pueden clasificar las aleaciones de titanio en cuatro tipos generales: titanio alfa comercialmente puro, aleaciones alfa, aleaciones alfa-beta y aleaciones beta. El apéndice 11 muestra las propiedades de algunos de esos grados. El término *alfa* indica la estructura metalúrgica hexagonal compacta que se forma a bajas temperaturas, y *beta* indica la estructura cúbica centrada en el cuerpo a altas temperaturas.

Los grados de titanio comercialmente puro indican la resistencia aproximada esperada del material. Por ejemplo, el Ti-50A tiene una esperada resistencia de fluencia de 50 000 psi (345 MPa). Como una clase, estas aleaciones sólo tienen resistencia moderada, pero buena ductilidad.

Un grado popular de la aleación alfa es el titanio aleado con 0.20% de paladio (Pd), y se llama *Ti-0.2Pd*. Sus propiedades se muestran en el apéndice 11, para una de sus condiciones de tratamiento térmico. Algunas aleaciones alfa tienen mejor resistencia y facilidad de soldado a alta temperatura.

De manera general, las aleaciones alfa-beta y las aleaciones beta son formas más fuertes de titanio. Se tratan térmicamente para un control cerrado de sus propiedades. Desde que muchas aleaciones son permisibles, un diseñador puede utilizar las propiedades para satisfacer las necesidades especiales de formabilidad, maquinabilidad, forjado, resistencia a la corrosión, resistencia a altas temperaturas, soldadura y resistencia por arrastramiento, así como resistencia básica a la temperatura ambiente y ductilidad. La aleación Ti-6Al-4V contiene 6% de aluminio y 4% de vanadio y se usa mucho en aplicaciones espaciales.

2-15 COBRE, LATÓN Y BRONCE

El *cobre* se usa mucho en su forma casi pura en aplicaciones eléctricas y de plomería, por su alta conductividad eléctrica y buena resistencia a la corrosión. Rara vez se usa en piezas de máquinas, por su resistencia relativamente baja, en comparación con la de sus aleaciones, *latón* y *bronce* (vea la referencia 3).

El *latón* es una familia de aleaciones de cobre y zinc, donde el contenido de zinc va de 5% a 40%. Con frecuencia se usa en aplicaciones marinas, por su resistencia a la corrosión en agua salada. Muchas aleaciones de latón también tienen una excelente facilidad de maquinado y se usan en conectores, herrajes y otras partes fabricadas en máquinas roscadoras. El *latón amarillo* contiene 30% o más de zinc, y con frecuencia contiene una cantidad apreciable de plomo, para mejorar su facilidad de maquinado. El *latón rojo* contiene de 5% a 15% de zinc. Algunas aleaciones también contienen estaño, plomo, níquel o aluminio.

El *bronce* es una clase de aleaciones de cobre con varios elementos diferentes, uno de los cuales suele ser el estaño. Se usan en engranes, cojinetes y otras aplicaciones donde se desea tener buena resistencia mecánica y alta resistencia al desgaste.

Las aleaciones de bronce fraguado se consiguen en cuatro tipos:

Bronce fosforado: Aleación de cobre, estaño y fósforo
Bronce fosforado con plomo: Aleación de cobre, estaño, plomo y fósforo
Bronce al aluminio: Aleación de cobre y aluminio
Bronce al silicio: Aleación de cobre y silicio

Las aleaciones coladas de bronce tienen cuatro tipos principales:

Bronce al estaño: Aleación de cobre y estaño

Bronce al estaño con plomo: Aleación de cobre, estaño y plomo

Bronce al níquel y estaño: Aleación de cobre, estaño y níquel

Bronce al aluminio: Aleación de cobre y aluminio

La aleación colada llamada *bronce al manganeso* es, en realidad, una forma de latón de alta resistencia, porque contiene zinc, el elemento aleante característico de la familia del latón. El bronce al manganeso contiene cobre, zinc, estaño y manganeso.

En el sistema UNS, las aleaciones de cobre se identifican con la letra C, seguida por un número de cinco dígitos. Los números de 10000 a 79900 indican aleaciones forjadas, de 80000 a 99900 se refieren a aleaciones para colar. Vea las propiedades típicas en el apéndice 12.

2-16 ALEACIONES A BASE DE NÍQUEL

Con frecuencia, las aleaciones de níquel se usan en lugar del acero, cuando se requiere que funcionen a alta temperatura y en ciertos ambientes corrosivos. Como ejemplo están los componentes de motores de turbina, piezas de hornos, sistemas de procesamiento químico y en componentes complicados de sistemas marinos (vea la referencia 7). A algunas aleaciones de níquel se les llama *superaleaciones*, y muchas de las que se usan con frecuencia están patentadas. La siguiente lista muestra algunas que se consiguen en el comercio:

Inconel (International Nickel Co.): Aleaciones de níquel y cromo

Monel (International Nickel Co): Aleaciones de níquel y cobre

Ni-Resist (International Nickel Co.): Aleaciones de níquel y hierro

Hastelloy (Haynes International): Aleaciones de níquel y molibdeno, a veces con cromo, hierro o cobre

2-17 PLÁSTICOS

Los plásticos comprenden una gran variedad de materiales formados por grandes moléculas, llamadas *polímeros*. Los miles de distintos plásticos se fabrican al combinar distintas sustancias para formar largas cadenas moleculares.

Un método para clasificar los plásticos incluye los términos *termoplástico* y *termofijo* En general, los materiales *termoplásticos* se pueden moldear repetidamente, al calentarlos o colarlos, porque su estructura química básica no cambia respecto de su forma lineal inicial. Los plásticos *termofijos* sí sufren cambios durante el moldeado, y producen una estructura en la cual las moléculas tienen enlaces cruzados y forman una red de moléculas interconectadas. Algunos diseñadores recomiendan los términos *lineales* y con *enlaces cruzados* en lugar de *termoplástico* y *termofijo,* que son más familiares.

A continuación se presenta una lista de varios termoplásticos y termofijos que se usan en piezas portátiles, que soportan carga y, por lo mismo, son de interés para el diseñador de elementos de máquinas. Esas listas presentan las ventajas y usos principales de una muestra de los abundantes plásticos disponibles. El apéndice 13 contiene las propiedades típicas.

Termoplásticos

- *Nylon*: Buena resistencia mecánica, resistencia al desgaste y tenacidad, amplia gama de propiedades posibles, que dependen de las cargas y las formulaciones. Se usa en partes estructurales, aparatos mecánicos como engranes y cojinetes, y en piezas que deben tener resistencia al desgaste.
- *Acrilonitrilo-butadieno-estireno (ABS):* Buena resistencia al impacto, rigidez, resistencia moderada. Se usa en cajas, cascos, estuches, piezas de electrodomésticos, tubos y sus conexiones.

- *Policarbonato*: Excelente tenacidad, resistencia al impacto y estabilidad dimensional. Se usa en levas, engranes, cajas, conectores eléctricos, productos para procesamiento de alimentos, cascos y partes de bombas y medidores.
- *Acrílico:* Buena resistencia a la intemperie y al impacto. Se puede fabricar con excelente transparencia, o traslúcidos u opacos con colores. Se usa para vidro, en lentes, letreros y cajas.
- *Cloruro de polivinilo (PVC, o policloruro de vinilo):* Buena resistencia mecánica, resistencia a la intemperie y rigidez. Se usa en tubos, conductos eléctricos, cajas pequeñas, ductos y piezas moldeadas.
- *Poliimida:* Buena resistencia mecánica y al desgaste; muy buena retención de propiedades a temperaturas elevadas, hasta 500°F (260°C). Para cojinetes, sellos, aspas giratorias y piezas eléctricas.
- *Acetal*: Alta resistencia, rigidez, dureza y resistencia al desgaste; baja fricción; buena resistencia a la intemperie y resistencia química. Para engranes, bujes, catarinas, piezas de transportador y productos para plomería.
- *Poliuretano elastómero:* Un material elástico con tenacidad y resistencia a la abrasión excepcionales; buena resistencia al calor y a los aceites. Se usa en ruedas, rodillos engranes, catarinas, partes de transportador y tubos.
- *Resina poliéster termoplástico (PET, o resina de tereftalato de polietileno, o resina de politereftalato de etileno):* Con fibras de vidrio o minerales. Resistencia y rigidez muy altas, excelente resistencia a las sustancias químicas y al calor, excelente estabilidad dimensional y buenas propiedades eléctricas. Se usa en piezas de bombas, cajas, piezas eléctricas, piezas de motores, piezas automotrices, manijas de hornos, engranes, catarinas y artículos deportivos.
- *Elastómero de poliéter-éster:* Plástico flexible con excelente tenacidad y resiliencia, alta resistencia al arrastramiento, al impacto y a la fatiga bajo flexión; buena resistencia química. Se conserva flexible a bajas temperaturas y conserva buenas propiedades a temperaturas moderadamente elevadas. Se usa en sellos, bandas, diafragmas de bombas, botas de seguridad, tubo, resortes y dispositivos de absorción de impacto. Los grados con alto módulo se pueden usar en engranes y catarinas.

Termofijos

- *Fenólicos:* Gran rigidez, buena moldeabilidad y estabilidad dimensional, muy buenas propiedades eléctricas. Se usa en piezas portátiles de equipo eléctrico, dispositivo de distribución, tiras de terminales, cajas pequeñas, manijas de electrodomésticos y utensilios de cocina y en piezas mecánicas estructurales. Los termofijos alquídicos, alílicos y amino tienen propiedades y usos parecidos a los de los fenólicos.
- *Poliéster:* Se conoce como *fibra de vidrio* cuando está reforzado con fibras de vidrio; alta resistencia y rigidez, buena resistencia a la intemperie. Se usa en cajas, perfiles estructurales y tableros.

Consideraciones especiales para seleccionar plásticos

Con frecuencia se selecciona determinado plástico por la combinación de sus propiedades, como bajo peso, flexibilidad, color, resistencia, rigidez, resistencia química, características de baja fricción o transparencia. La tabla 2-8 muestra los principales materiales plásticos que se usan en seis tipos distintos de aplicaciones. Las referencias 11 y 23 contienen un extenso estudio comparativo de las propiedades de diseño de los plásticos.

Si bien la mayor parte de las mismas definiciones de propiedades de diseño que se describieron en la sección 2-2 de este capítulo, se pueden aplicar a los plásticos igual que a los metales, en el caso típico se necesita una apreciable cantidad de información adicional para especificar

TABLA 2-8 Aplicaciones de los materiales plásticos

Aplicaciones	Propiedades deseadas	Plásticos adecuados
Cajas, recipientes, ductos	Alta resistencia al impacto, rigidez, bajo costo, moldeabilidad, resistencia a la intemperie, estabilidad dimensional	ABS, poliestireno, polipropileno, PET, polietileno, acetato de celulosa, acrílicos
Poca fricción-cojinetes, correderas	Bajo coeficiente de fricción; resistencia a la abrasión, al calor y a la corrosión	Fluorocarbonos TFE, nylon, acetales
Componentes con alta resistencia, engranes, levas, rodillos	Alta resistencia a la tensión y al impacto, estabilidad a altas temperaturas, maquinables	Nylon, fenólicas, acetales con carga de TFE, PET, policarbonato
Equipo químico y térmico	Resistencia química y térmica, buena resistencia, poca absorción de humedad	Fluorocarbonos, polipropileno, polietileno, epóxicos, poliésteres, fenólicos
Componentes estructurales eléctricas	Resistencia eléctrica, resistencia al calor, alta resistencia al impacto, estabilidad dimensional, rigidez	Alílicas, alquídicas, amínicas, epóxicas, fenólicas, poliésteres, siliconas, PET
Componentes transmisores de luz	Buena transmisión de luz en colores transparentes y translúcidos, moldeabilidad y resistencia a fragmentos	Acrílicas, poliestireno, acetato de celulosa, vinílicas

un material plástico adecuado. A continuación se mencionarán algunas de las características especiales de los plásticos. Las gráficas de las figuras 2-17 a 2-20 son sólo ejemplos, y no pretenden indicar la naturaleza general del funcionamiento del material dado. Existe una amplia variedad de propiedades, entre las muchas formulaciones de plásticos, aun dentro de una misma clase. Consulte la extensa cantidad de guías para diseño que se consiguen con los proveedores de materiales plásticos.

1. La mayor parte de las propiedades de los plásticos son muy sensibles a la temperatura. En general, la resistencia a la tensión y a la compresión, el módulo de elasticidad y la energía de falla al impacto disminuyen de forma importante cuando aumenta la temperatura. La figura 2-17 muestra la resistencia del nylon 66 a la tensión, a cuatro temperaturas. También observe las formas tan distintas de las curvas esfuerzo-deformación unitario. La pendiente de la curva en cualquier punto indica el módulo de elasticidad, y usted podrá ver una gran variedad dentro de cada curva.
2. Muchos plásticos absorben una cantidad considerable de humedad del ambiente, y como resultado muestran cambios dimensionales y degradación de las propiedades de resistencia y de rigidez. Vea la figura 2-18, que muestra el módulo de flexión en función de la temperatura para un nylon en aire seco, con 50% de humedad relativa (RH, de *relative humidity*) y a 100% RH. Un producto de consumo puede muy bien funcionar en la mayor parte de este intervalo. A una temperatura de 20°C (68°F), casi temperatura ambiente, el módulo de flexión disminuye en forma dramática desde unos 2900 MPa hasta unos 500 MPa, cuando cambia la humedad de aire seco a 100% RH. También el producto puede funcionar en un intervalo de temperatura de 0°C (32°F, punto de congelación del agua) hasta 40°C (104°F). Dentro de este intervalo, el módulo de flexión del nylon, a 50% de HR, bajaría desde unos 2300 MPa hasta 800 MPa.
3. Los componentes que soportan cargas continuas deben diseñarse para adaptarse al arrastramiento o a la relajación. Vea las figuras 2-17 a 2-19 y el problema del ejemplo 2-1.
4. Los datos de resistencia de un plástico a la fatiga deben conocerse para la formulación específica que se use, y a una temperatura representativa. El capítulo 5 muestra más información acerca de la fatiga. La figura 2-19 muestra el esfuerzo de fatiga en función de la cantidad de ciclos a la falla, para un plástico de resina de acetal. La curva 1 está a

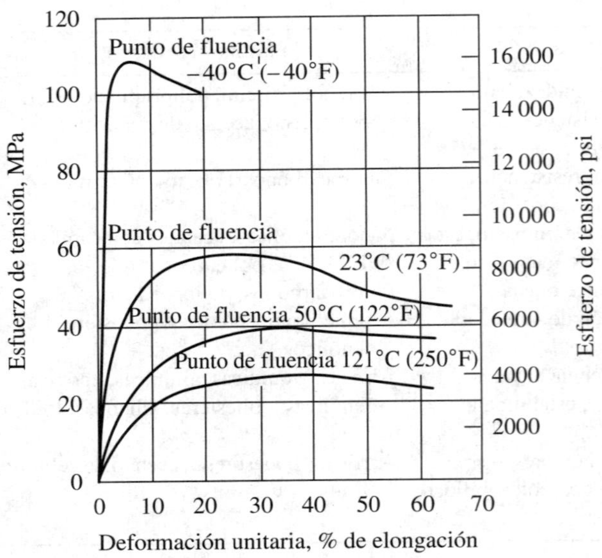

FIGURA 2-17 Curvas de esfuerzo-deformación unitaria para nylon 66 a cuatro temperaturas (DuPont Polymers, Wilmington, DE)

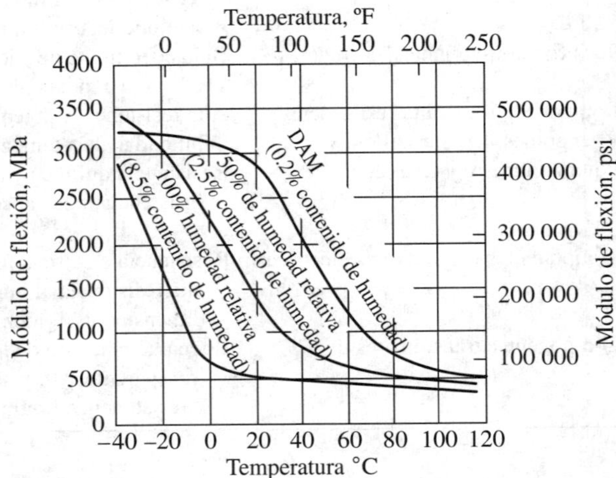

FIGURA 2-18 Pie de figura: Efecto de la temperatura y la humedad sobre el módulo de flexión del nylon 66 (DuPont Polymers, Wilmington, DE)

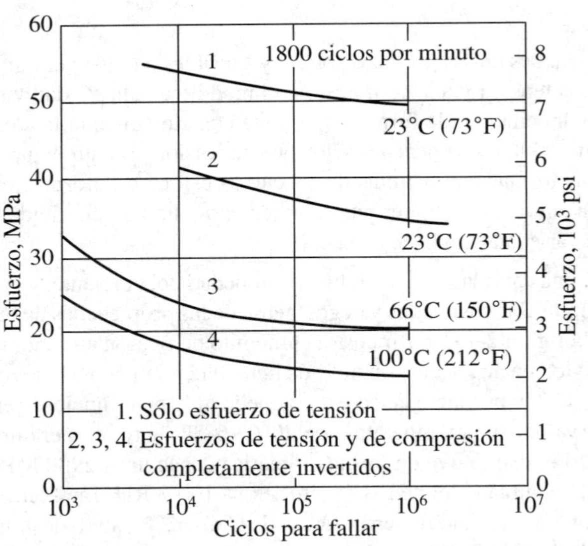

FIGURA 2-19 Esfuerzo de fatiga en función de cantidad de ciclos a la falla, para un plástico acetal de resina (DuPont Polymers, Wilmington, DE)

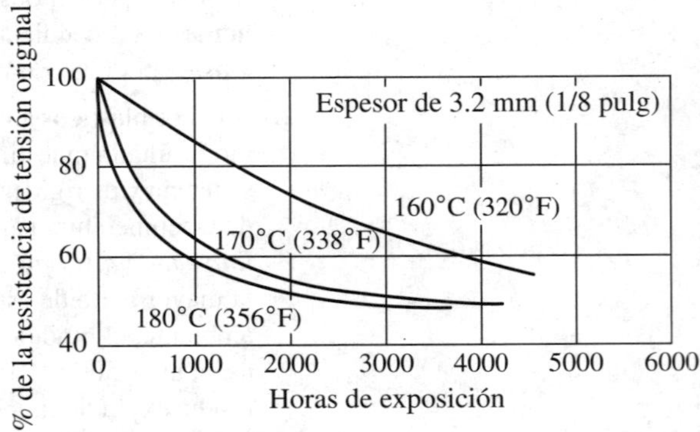

FIGURA 2-20 Efecto de la exposición a temperaturas elevadas de un poliéster termoplástico (PET) (DuPont Polymers, Wilmington, DE)

23°C (73°F, cercana a la temperatura ambiente) con carga cíclica sólo a la tensión, como cuando se aplica y se quita muchas veces una carga de tensión. La curva 2 está a la misma temperatura, pero la carga se invierte por completo de tensión a compresión, como sería en una viga giratoria o eje, cargada a la flexión. La curva 3 es la carga invertida de flexión a 66°C (150°F) y la curva 4 es la misma carga a 100°C (212°F), para mostrar el efecto que tiene la temperatura sobre los datos de fatiga.

5. Los métodos de procesamiento pueden tener grandes efectos sobre las dimensiones y propiedades finales de piezas fabricadas con plásticos. Los plásticos moldeados se contraen en forma apreciable al solidificar y curar. Las líneas de partición, que se producen donde se encuentran las mitades de moldes, pueden afectar la resistencia. La rapidez de solidificación puede variar mucho en determinada pieza, dependiendo de los espesores de la sección, la complejidad de la forma y la ubicación de los bebederos que llevan el plástico fundido al molde. El mismo material puede producir distintas propiedades, según si se procesa con moldeo por inyección, por extrusión, por soplado o maquinándolo en un bloque o una barra sólidos.
6. Se debe comprobar la resistencia a las sustancias químicas, a la intemperie y demás condiciones ambientales.
7. Los plásticos pueden tener un cambio de sus propiedades a medida que envejecen, en especial cuando se someten a temperaturas elevadas. La figura 2-20 muestra la reducción de resistencia a la tensión de un poliéster termoplástico cuando se somete a temperaturas de 160°C (320°F) a 180°C (356°F) durante determinada cantidad de horas. La reducción puede ser hasta 50%, en un tiempo tan corto como 200 horas (12 semanas).
8. Se debe considerar la inflamabilidad y las características eléctricas. Algunos plásticos se formulan en especial para tener buenas características contra la inflamabilidad, necesarias según Underwriters Laboratory (laboratorio de reaseguradoras) y otras agencias.
9. Los plásticos que se usen para almacenar o procesar alimentos deben cumplir con las normas de la U.S. Food and Drug Administration (Administración de Alimentos y Medicinas de Estados Unidos).

2-18 MATERIALES COMPUESTOS

Los materiales compuestos están formados por dos o más materiales distintos, que funcionan en conjunto para producir propiedades diferentes, y en general mejores que las de los componentes individuales. Los materiales compuestos típicos tienen una matriz polimérica de resina, con un material fibroso de refuerzo disperso dentro de ella. Algunos materiales avanzados tienen matriz metálica (vea las referencias 10 y 20).

Los diseñadores pueden adaptar las propiedades de los materiales compuestos, para cumplir con las necesidades específicas de determinada aplicación, al seleccionar cada una de las muchas variables que determinan el funcionamiento del producto final. Entre los factores bajo control del diseñador están los siguientes:

1. Resina o metal de la matriz
2. Tipo de fibras de refuerzo
3. Cantidad de fibra contenida en el material compuesto
4. Orientación de las fibras
5. Cantidad de capas que se usen
6. Espesor total del material
7. Orientación de las capas entre sí
8. Combinación de dos o más tipos de materiales compuestos u otros materiales en una estructura compuesta.

En forma típica, la carga es un material fuerte y rígido, mientras que la matriz tiene una densidad relativamente baja. Cuando se unen entre sí los dos materiales, gran parte de la capacidad de carga del material compuesto se debe al material de la carga. La matriz sirve para mantener la carga en una orientación favorable para la manera de carga, y para distribuir las cargas al material fibroso. El resultado es un material compuesto algo optimizado, que tiene alta resistencia y rigidez, con poco peso. La tabla 2-9 muestra algunos de los materiales compuestos obtenidos con combinaciones de resinas y fibras, y sus características y usos generales.

Se puede obtener una variedad virtualmente ilimitada de materiales compuestos, al combinar distintos materiales de matriz con distintas cargas, en diversas formas y diferentes orientaciones. A continuación se presenta una lista de algunos materiales típicos.

Materiales de matriz

Entre los materiales usados con más frecuencia están los siguientes:

- Polímeros termoplásticos: Polietileno, nylon polipropileno, poliestireno, poliamidas
- Polímeros termofijos: Poliéster, epóxicos, fenólicos y polimida
- Cerámicas y vidrio
- Carbón y grafito
- Metales: Aluminio, magnesio, titanio

Formas de materiales de carga

Se usan muchas formas de materiales de carga:

- Hebra continua de fibras, formada por muchos filamentos individuales unidos entre sí
- Hebras cortadas en longitudes pequeñas (de 0.75 a 50 mm o 0.03 a 2.00 pulg)
- Hebras cortadas al azar, dispersas en forma de estera
- Madeja: un grupo de hebras paralelas
- Tela tejida con madejas o hebras
- Filamentos o alambres de metal
- Microesferas macizas o huecas
- Hojuelas de metal, vidrio o mica
- Hilos de monocristal, de materiales como grafito, carburo de silicio y cobre

TABLA 2-9 Ejemplos de materiales compuestos y sus aplicaciones

Tipo de compuesto	Aplicaciones típicas
Vidrio/epóxico	Piezas para automóviles y aviones, tanques, artículos deportivos, tarjetas de circuitos impresos
Boro/epóxico	Estructuras y estabilizadores de aviones, artículos deportivos
Grafito/epóxico	Estructuras de aviones y aeroespaciales, artículos deportivos, equipos agrícolas, aparatos de manejo de materiales, aparatos médicos
Aramida/epóxico	Recipientes a presión de filamento devanado, estructuras y equipos aeroespaciales, ropa de protección, componentes de automóvil
Vidrio/poliéster	Compuesto de lámina moldeada (SMC), carrocerías para camiones y automóviles, cajas grandes

Tipos de materiales de carga

Las cargas, que también se llaman *fibras*, se consiguen en muchos tipos fabricados con materiales orgánicos e inorgánicos. Las siguientes son algunas de las cargas más comunes:

- Fibras de vidrio en cinco tipos diferentes:
  Vidrio A: Buena resistencia química porque contiene álcalis como óxido de sodio
  Vidrio C: Formulaciones especiales para tener una resistencia química todavía mayor que la del vidrio A
  Vidrio E: Muy usado, con buena capacidad de aislamiento eléctrico y buena resistencia
  Vidrio S: Vidrio de alta resistencia, para alta temperatura
  Vidrio D: Mejores propiedades eléctricas que el vidrio E
- Fibras de cuarzo y alta sílice: Buenas propiedades a altas temperaturas, hasta 2000°F (1095°C)
- Fibras de carbón, hechas con carbono y base PAN (PAN es poliacrilonitrilo): 95% de carbono, con un módulo de elasticidad muy grande
- Fibras de grafito: Más de 99% de carbono, y un módulo de elasticidad todavía mayor que el del carbono simple; son las fibras más rígidas de uso frecuente en los materiales compuestos
- Fibras de tungsteno recubiertas de boro: Buena resistencia y un módulo de elasticidad mayor que el del vidrio
- Fibras de tungsteno recubiertas de carburo de silicio: Resistencia y rigidez parecidas a las del boro/tungsteno, pero con mayor resistencia a la temperatura
- Fibras de aramida: Un miembro de la familia de poliamidas; mayor resistencia y rigidez, con menor densidad cuando se compara con el vidrio; muy flexibles. (Las fibras de aramida que produce DuPont Company tienen el nombre *Kevlar*™).

Procesamiento de materiales compuestos

Un método de uso frecuente para producir artículos de materiales compuestos consiste en colocar primero capas de telas en forma de láminas sobre un molde que tiene la forma adecuada, para entonces impregnar la tela con resina líquida. Se puede ajustar la orientación de cada capa de tela, para producir propiedades especiales en el artículo terminado. Después de terminar el tendido y la impregnación con resina, todo el sistema se somete al calor y a la presión, mientras un agente de curado (*catalizador*) reacciona con la resina base, para producir enlaces cruzados que pegan todos los elementos formando una estructura tridimensional unificada. El polímero se pega a las fibras y las mantiene en su posición y orientación preferente durante el uso.

Un método alterno para fabricar productos con materiales compuestos comienza con un proceso de impregnación previa de las fibras con la resina, para producir hebras, cintas, trenzados o láminas. La forma que resulta, llamada *prepreg*, se puede apilar entre capas o entretejer sobre un molde, y producir la forma y el espesor necesarios. El paso final es el ciclo de curado, como el que se describió en los procesos con líquidos.

Los materiales compuestos a base de poliéster se producen con frecuencia como *compuestos de moldeo de láminas* (*SMC, de sheet-molding compounds*), donde se colocan láminas de tela preimpregnadas en un molde y se moldean y curan al mismo tiempo, bajo la acción de calor y presión. De esta manera pueden fabricarse grandes partes de carrocerías para automóviles.

La *extrusión* es un proceso en el que el refuerzo de fibra se recubre con resina al momento de ser estirado para pasar por una hilera calentada, para producir una forma continua del contorno necesario. Este proceso se usa para producir varilla, tubos, perfiles estructurales (viga I, canales, ángulos, entre otros), tes y piezas de remate, que se usan como rigidizadores en estructuras de avión.

El *devanado de filamento* se emplea para fabricar tubos, recipientes a presión, cajas de motores cohete, cajas de instrumentos y recipientes con formas complicadas. El filamento continuo se puede tender en una diversidad de maneras, como helicoidal, axial y circunferencial, para obtener las características necesarias de resistencia.

Ventajas de los materiales compuestos

En el caso típico, los diseñadores tratan de producir artículos que sean seguros, resistentes, rígidos, livianos y muy tolerantes al ambiente donde funcionarán. Con frecuencia, los materiales compuestos rebasan el cumplimiento de esos objetivos, en comparación con materiales alternos como metales, madera y plásticos sin carga. Para comparar los materiales, se manejan dos parámetros: *resistencia específica* y *módulo específico*, que se definen como sigue:

> **Resistencia específica** ***es la relación de resistencia a la tensión de un material entre su peso específico.***
>
> **Módulo específico** ***es la relación del módulo de elasticidad de un material entre su peso específico.***

Como el módulo de elasticidad es una medida de la rigidez de un material, a veces se le llama *rigidez específica.*

Aunque es obvio que no son longitudes, estas dos cantidades tienen la *unidad* de longitud, debido a la relación de las unidades de resistencia o del módulo de elasticidad, y las del peso específico. En el Sistema Estadounidense Tradicional, las unidades de la resistencia a la tensión y del módulo de elasticidad son lb/pulg^2, mientras que las del peso específico (peso por unidad de volumen) son lb/pulg^3. Así, la unidad de resistencia específico o de módulo específico es la pulgada. En el SI, la resistencia y el módulo se expresan en N/m^2 (pascales), mientras que el peso específico está en N/m^3. Entonces, la unidad de resistencia específica o de módulo específico es el metro.

La tabla 2-10 muestra comparaciones de la resistencia específica y la rigidez específica de algunos materiales compuestos, con ciertas aleaciones de acero, aluminio y titanio. La figura 2-21 muestra una comparación de esos materiales por medio de gráficas de barras. La figura 2-22 es una gráfica de esos datos, con la resistencia específica en el eje vertical y el módulo específico en el horizontal. Cuando el peso es crítico, el material ideal estaría en la parte superior derecha de esta gráfica. Tenga en cuenta que en estas tablas y figuras, los datos son para materiales compuestos que tienen su carga alineada en la dirección más favorable para resistir las cargas aplicadas.

Las ventajas de los materiales compuestos se pueden resumir así:

1. Las resistencias específicas de los materiales compuestos pueden ser hasta cinco veces mayores que las de las aleaciones de acero de alta resistencia. Vea la tabla 2-10 y las figuras 2-21 y 2-22.
2. Los valores de módulo específico, para los materiales compuestos, pueden ser hasta ocho veces mayores que los del acero, aluminio o aleaciones de titanio. Vea la tabla 2-10 y las figuras 2-21 y 2-22.
3. En forma típica, los materiales compuestos funcionan mejor que el acero o el aluminio en aplicaciones en las que las cargas cíclicas pueden causar el potencial de falla por fatiga.
4. Cuando se esperan cargas de impacto y vibraciones, los materiales compuestos se pueden formular en forma especial, con materiales que produzcan alta tenacidad y un alto nivel de amortiguamiento.
5. Algunos materiales compuestos tienen una resistencia al desgaste mucho mayor que la de los metales.
6. Con una selección cuidadosa de los materiales de matriz y carga se puede obtener una resistencia a la corrosión superior.
7. Los cambios dimensionales debido a cambios de temperatura son, en el caso típico, mucho menores en los materiales compuestos que en los metales.

TABLA 2-10 Comparación de resistencia específica y módulo específico para algunos materiales

Material	Resistencia a la tensión, s_u (ksi)	Peso específico, γ (lb/pulg^3)	Resistencia específica (pulg)	Módulo específico (pulg)
Metales				
Acero ($E = 30 \times 10^6$ psi)				
AISI 1020 HR	55	0.283	0.194×10^6	1.06×10^8
AISI 5160 OQT 700	263	0.283	0.929×10^6	1.06×10^8
Aluminio ($E = 10.0 \times 10^6$ psi)				
6061-T6	45	0.098	0.459×10^6	1.02×10^8
7075-T6	83	0.101	0.822×10^6	0.99×10^8
Titanio ($E = 16.5 \times 10^6$ psi)				
Ti-6Al-4V, templado y estabilizado a 1000°F	160	0.160	1.00×10^6	1.03×10^8
Materiales compuestos				
Vidrio/epóxico ($E = 4.0 \times 10^6$ psi)				
Contenido: 34% de fibras	114	0.061	1.87×10^6	0.66×10^8
Aramida/epóxico ($E = 11.0 \times 10^6$ psi)				
Contenido: 60% de fibras	200	0.050	4.0×10^6	2.20×10^8
Boro/epóxico ($E = 30.0 \times 10^6$ psi)				
Contenido: 60% de fibra	270	0.075	3.60×10^6	4.00×10^8
Grafito/epóxico ($E = 19.7 \times 10^6$ psi)				
Contenido: 62% de fibra	278	0.057	4.86×10^6	3.45×10^8
Grafito/epóxico ($E = 48 \times 10^6$ psi)				
Módulo ultraalto	160	0.058	2.76×10^6	8.28×10^8

8. Ya que los materiales compuestos tienen propiedades muy direccionales, los diseñadores pueden adaptar el tendido de las fibras de refuerzo en las direcciones que produzcan la resistencia y rigidez necesarias, bajo las condiciones específicas de carga que se vayan a encontrar.
9. Las estructuras de materiales compuestos se pueden fabricar con frecuencia en formas complicadas, de una pieza, para entonces reducir la cantidad de piezas en un producto y la cantidad de operaciones de atornillado necesarias. En el caso típico, la eliminación de juntas mejora también la fiabilidad de esas estructuras.
10. Las estructuras de material compuesto se fabrican en forma directa con su forma final, o en una forma casi neta, con lo que se reduce la cantidad de operaciones secundarias necesarias.

Limitaciones de los materiales compuestos

Los diseñadores deben balancear muchas de las propiedades de los materiales en sus diseños y al mismo tiempo considerar las operaciones de manufactura, costos, seguridad, duración y servicio del producto. A continuación se enlistan algunas de las principales desventajas de usar materiales compuestos.

1. Los costos de materiales compuestos suelen ser mayores que los de muchos materiales alternos.
2. Las técnicas de fabricación son muy distintas a las que se usan para conformar los metales. Se podrá necesitar equipo nuevo de fabricación, junto con más capacitación a los operadores de producción.

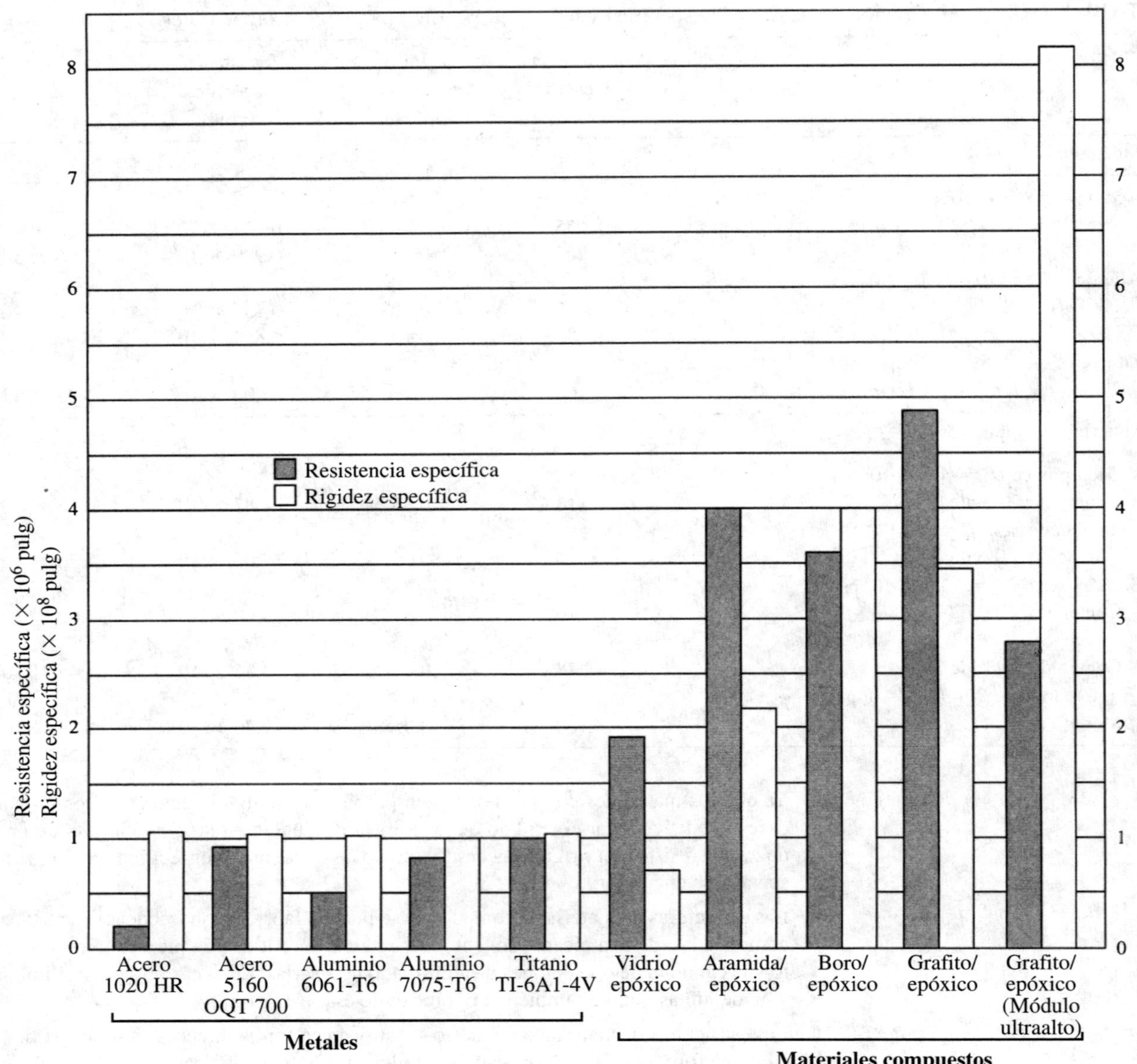

FIGURA 2-21 Comparación de resistencia específica y rigidez específica de algunos metales y materiales compuestos

3. El desempeño de los productos fabricados con algunas técnicas de producción de materiales compuestos está sujeto a un intervalo de variabilidad mayor que el de los productos fabricados con la mayor parte de las técnicas de fabricación de metales.
4. Los límites de temperatura de funcionamiento para los materiales compuestos que tienen matriz de polímero suelen ser de 500°F (260°C). (Pero los materiales compuestos con matriz de cerámica o de metal pueden manejarse a mayores temperaturas, como las que se encuentran en los motores de combustión.)
5. Las propiedades de los materiales compuestos no son isotrópicas: las propiedades varían mucho con la dirección de las cargas aplicadas. Los diseñadores deben considerar esas variaciones, para asegurar la seguridad y el funcionamiento satisfactorio bajo toda clase de cargas esperadas.

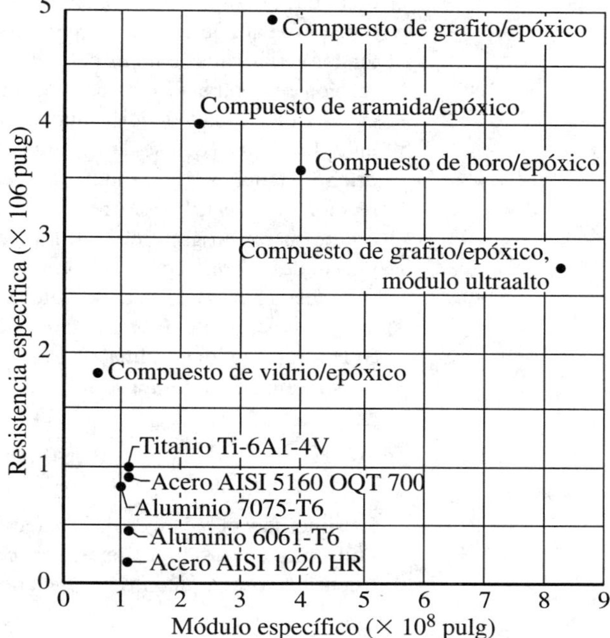

FIGURA 2-22 Resistencia específica en función del módulo específico, para algunos metales y materiales compuestos

6. En este momento, muchos diseñadores no comprenden el comportamiento de los materiales compuestos y los detalles de la predicción de los modos de falla. Mientras que se han hecho grandes progresos en ciertas industrias, como la aeroespacial o la de equipos recreativos, existe la necesidad de comprender mejor en general el diseño con materiales compuestos.
7. El análisis de las estructuras compuestas requiere un conocimiento detallado de más propiedades de los materiales que las que son necesarias en los metales.
8. La inspección y la prueba de estructuras compuestas suelen ser más complicadas y menos precisas que en las estructuras metálicas. Se necesitarán técnicas no destructivas especiales para asegurar que no haya grandes huecos en el producto final, que puedan debilitar gravemente su estructura. Además, se necesitarán pruebas de la estructura completa, más que probar sólo una muestra del material, por la interacción de las diversas partes entre sí y por la direccionalidad de las propiedades del material.
9. Preocupan mucho la reparación y el mantenimiento de las estructuras compuestas. Algunas de las técnicas iniciales de producción requieren ambientes especiales de temperatura y presión que pueden ser difíciles de reproducir en el campo, cuando se requiere reparar un daño. También se puede dificultar la adhesión de una zona reparada a la estructura primitiva.

Construcción con materiales compuestos laminados

Muchas de las estructuras que se fabrican con materiales compuestos se obtienen con varias capas del material básico, que contiene la matriz y las fibras de refuerzo a la vez. La forma en que se orientan las capas entre sí afecta las propiedades finales de la estructura terminada.

Como ejemplo, considere que cada capa se fabrica con un conjunto de hebras paralelas del material de refuerzo, como las fibras de vidrio E, embutidas en la matriz de resina, que podría ser poliéster. Como se dijo antes, en esta forma al material se le llama a veces *prepreg*, para indicar que se ha preimpregnado la carga con la matriz, antes de formar la estructura y curar el conjunto. Para obtener la resistencia y la rigidez máximas en determinada dirección, se podrían tender varias capas o *lonas* del prepreg, una sobre otra, y con todas las fibras alineadas en la dirección de la carga de tensión esperada. A esto se le llama *laminado unidireccional*. Después del curado, el laminado tendría una resistencia y rigidez muy grandes al cargarlo en la dirección de las hebras, en lo que se llama dirección *longitudinal*. Sin embargo, el producto que resulta tendría resistencia y rigidez muy bajas en la dirección perpendicular a la de las fibras, que es la dirección *transversal*. Si se presentaran cargas en dirección distinta a la del eje, la pieza puede fallar o deformarse en gran medida. La tabla 2-11 muestra datos de ejemplo para un material compuesto de carbono/epóxico, con laminado unidireccional.

Para superar la falta de rigidez y resistencia fuera del eje, las estructuras laminadas deben aplicarse variando las orientaciones de las capas. Un arreglo frecuente se ve en la figura 2-23. Si la dirección longitudinal se establece como la dirección de la capa superficial, la *lona de 0°*, la estructura de la figura sería

$$0°, 90°, +45°, -45°, -45°, +45°, 90°, 0°$$

La simetría y el balanceo de esta técnica de estratificación dan como resultado propiedades más uniformes en dos direcciones. A veces se usa el término *cuasi-isotrópico* para describir esa estructura. Observe que las propiedades perpendiculares a las caras de la estructura estratificada

TABLA 2-11 Ejemplos del efecto de la construcción de un laminado sobre su resistencia y rigidez

	Resistencia a la tensión				Módulo de elasticidad			
	Longitudinal		Transversal		Longitudinal		Transversal	
Tipo de laminado	ksi	MPa	ksi	MPa	10^6 psi	GPa	10^6 psi	GPa
Unidireccional	200	1380	5	34	21	145	1.6	11
Cuasi-isotrópico	80	552	80	552	8	55	8	55

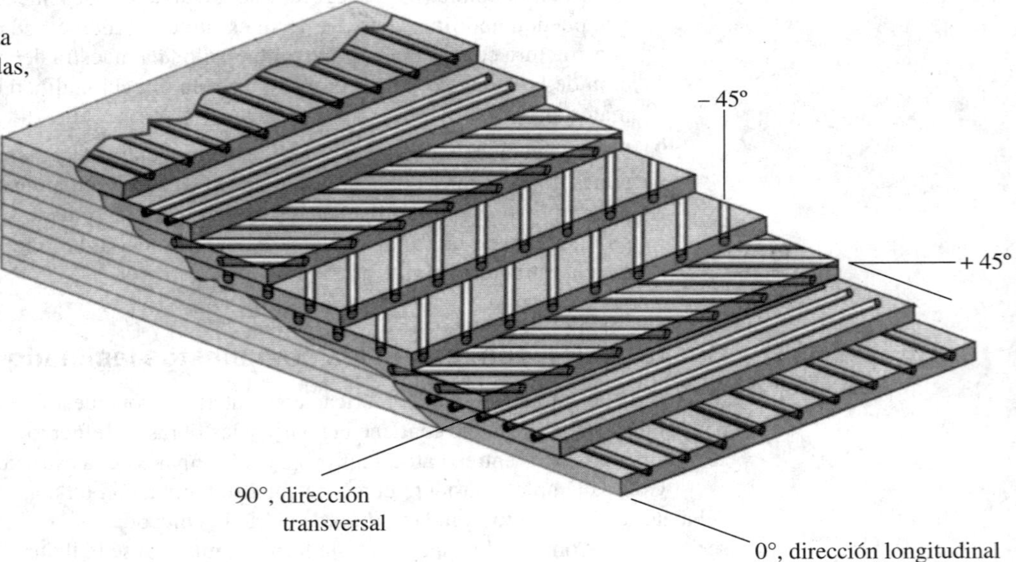

FIGURA 2-23 Construcción compuesta de varias capas laminadas, diseñada para producir propiedades cuasi-isotrópicas

(perpendiculares al espesor) son todavía bastante bajas, porque las fibras no pasan en esa dirección. También, la resistencia y la rigidez en las direcciones principales son algo menores si las lonas estuvieran alineadas en la misma dirección. La tabla 2-11 muestra datos de ejemplo de un laminado casi isotrópico, en comparación con uno que tiene fibras unidireccionales en la misma matriz.

Predicción de las propiedades del material compuesto

La descripción que sigue resume algunas de las variables importantes necesarias para definir las propiedades de un material compuesto. El subíndice c indica el material compuesto, m indica la matriz y f se refiere a las fibras. La resistencia y la rigidez de un material compuesto dependen de las propiedades elásticas de los componentes de fibra y matriz. Pero hay otro parámetro relevante, que es el volumen relativo del material compuesto, formado por el de las fibras V_f, y el del material de la matriz V_m. Esto es,

V_f = fracción de volumen de fibras en el material compuesto

V_m = fracción de volumen de matriz en el material compuesto

Observe que, para una unidad de volumen $V_f + V_m = 1$, y entonces $V_m = 1 - V_f$.

Se usará un caso ideal para ilustrar la forma en que se pueden calcular la resistencia y la rigidez de un material compuesto. Imagine un material con fibras unidireccionales continuas, alineadas en la dirección de la carga aplicada. En el caso típico, las fibras son mucho más resistentes y rígidas que el material de la matriz. Además, la matriz podrá sufrir una deformación mayor que las fibras, antes de fracturarse. La figura 2-24 muestra esos fenómenos en una gráfica de esfuerzo, en función de la deformación de las fibras y la matriz. Se manejará la siguiente notación de los parámetros clave de la figura 2-24:

s_{uf} = resistencia última de la fibra

ϵ_{uf} = deformación unitaria de la fibra, correspondiente a su resistencia última

σ'_m = esfuerzo en la matriz a la misma deformación unitaria ϵ_{uf}

FIGURA 2-24 Esfuerzo contra deformación unitaria para materiales con fibra y matriz

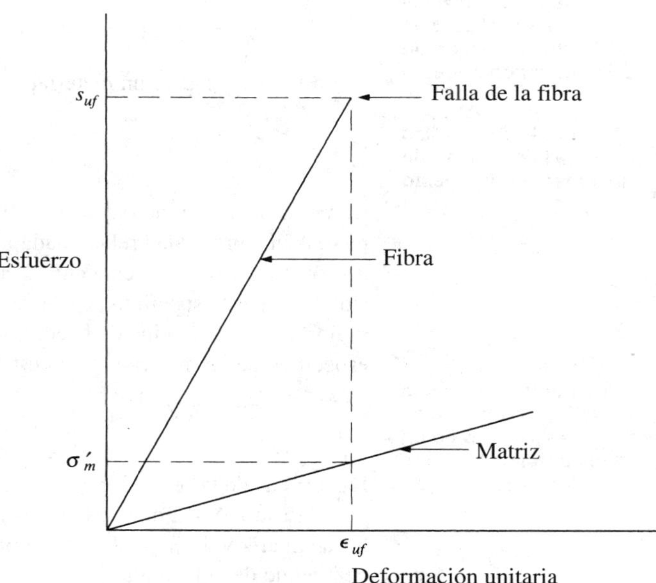

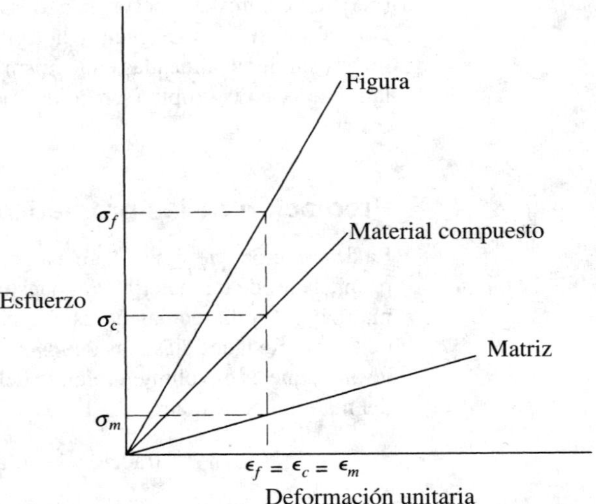

FIGURA 2-25
Relación entre esfuerzos y deformaciones unitarias en un material compuesto, y en las fibras y la matriz que lo componen

La resistencia última del material compuesto s_{uc}, tiene algún valor intermedio entre s_{uf} y σ'_m, dependiendo de la fracción de volumen de fibras y matriz en el material compuesto. Esto es,

Regla de mezclas para resistencia última

$$s_{uc} = s_{uf} V_f + \sigma'_m V_m \tag{2-8}$$

Para cualquier valor menor de esfuerzo, la relación entre el esfuerzo total en el material compuesto, el esfuerzo en las fibras y el esfuerzo en la matriz sigue un comportamiento similar:

Regla de mezclas para esfuerzo en un material compuesto

$$\sigma_c = \sigma_f V_f + \sigma_m V_m \tag{2-9}$$

La figura 2-25 ilustra esta relación en un diagrama esfuerzo-deformación unitaria.

Ambos miembros de la ecuación (2-9) se pueden dividir entre la deformación unitaria a la que se presentan esos esfuerzos. Ya que para cada material, $\sigma/\epsilon = E$, se puede demostrar que el módulo de elasticidad del material compuesto es,

Regla de mezclas para módulo de elasticidad de un material compuesto

$$E_c = E_f V_f + E_m V_m \tag{2-10}$$

La densidad de un material compuesto se calcula en forma parecida:

Regla de mezclas para la densidad de un material compuesto

$$\rho_c = \rho_f V_f + \rho_m V_m \tag{2-11}$$

Como ya se mencionó (sección 2-2), a la densidad se le define como masa por unidad de volumen. A una propiedad relacionada, llamada *peso específico*, se le define como peso por unidad de volumen y se representa con el símbolo γ (la letra griega gamma). La relación entre la densidad y el peso específico no es más que $\gamma = \rho g$, donde g es la aceleración de la gravedad. Si se multiplica cada término de la ecuación (2-11) por g, se obtiene la fórmula para calcular el peso específico de un material compuesto:

Regla de mezclas para el peso específico de un material compuesto

$$\gamma_c = \gamma_f V_f + \gamma_m V_m \tag{2-12}$$

Las formas de las ecuaciones (2-8) a (2-12) son ejemplo de *las reglas de mezclas*.

La tabla 2-12 muestra una lista de valores de ejemplo de propiedades de algunos materiales de matriz y de carga. Recuerde que puede haber una gran variación en esas propiedades, dependiendo de la formulación exacta y de las condiciones de los materiales.

TABLA 2-12 Ejemplos de propiedades de materiales de matriz y de carga

	Resistencia a la tensión		Módulo de tensión		Peso específico	
	ksi	MPa	10^6 psi	GPa	lb/pulg^3	kN/m^3
Materiales de matriz:						
Poliéster	10	69	0.40	2.76	0.047	12.7
Epóxico	18	124	0.56	3.86	0.047	12.7
Aluminio	45	310	10.0	69	0.100	27.1
Titanio	170	1170	16.5	114	0.160	43.4
Materiales de carga:						
Vidrio S	600	4140	12.5	86.2	0.09	24.4
Carbono-PAN	470	3240	33.5	231	0.064	17.4
Carbono-PAN (alta resistencia)	820	5650	40	276	0.065	17.7
Carbono (alto módulo)	325	2200	100	690	0.078	21.2
Aramida	500	3450	19.0	131	0.052	14.1

Problema de ejemplo 2-2 Calcule las propiedades esperadas de resistencia última a la tensión, módulo de elasticidad y peso específico de un material compuesto de hebras unidireccionales de carbono-PAN, en una matriz de epóxico. La fracción volumétrica de las fibras es 30%. Usar datos de la tabla 2-12.

Solución Objetivo Calcule los valores esperados de s_{uc}, E_c y γ_c para el material compuesto.

Datos Matriz-epóxico: $s_{um} = 18$ ksi; $E_m = 0.56 \times 10^6$ psi; $\gamma_m = 0.047$ lb/pulg.^{3}

Fibra-carbono-PAN: $s_{uf} = 470$ ksi; $E_f = 33.5 \times 10^6$ psi; $\gamma_f = 0.064$ lb/pulg.^{3}

Fracción volumétrica de la fibra: $V_f = 0.30$ y $V_m = 1.0 - 0.30 = 0.70$.

Análisis y resultados La resistencia última a la tensión s_{uc}, se calcula con la ecuación (2-8):

$$s_{uc} = s_{uf}V_f + \sigma'_m V_m$$

Para calcular σ'_m, primero se calculará la deformación a la que fallarían las fibras en s_{uf}. Se supone que las fibras son linealmente elásticas hasta la falla. Entonces,

$$\epsilon_f = s_{uf}/E_f = (470 \times 10^3 \text{ psi})/(33.5 \times 10^6 \text{ psi}) = 0.014$$

Con esta misma deformación unitaria, el esfuerzo en la matriz es

$$\sigma'_m = E_m\epsilon = (0.56 \times 10^6 \text{ psi})(0.014) = 7840 \text{ psi}$$

Entonces, en la ecuación (2-8),

$$s_{uc} = (470\,000 \text{ psi})(0.30) + (7840 \text{ psi})(0.70) = 146\,500 \text{ psi}$$

El módulo de elasticidad calculado con la ecuación (2-10) es:

$$E_c = E_f V_f + E_m V_m = (33.5 \times 10^6)(0.30) + (0.56 \times 10^6)(0.70)$$
$$E_c = 10.4 \times 10^6 \text{ psi}$$

El peso específico se calcula con la ecuación (2-12):

$$\gamma_c = \gamma_f V_f + \gamma_m V_m = (0.064)(0.30) + (0.047)(0.70) = 0.052 \text{ lb/pulg}^3$$

Resumen de los resultados

$$s_{uc} = 146\,500 \text{ psi}$$
$$E_c = 10.4 \times 10^6 \text{ psi}$$
$$\gamma_c = 0.052 \text{ lb/pulg}^3$$

Comentario Observe que las propiedades que resultan para el material compuesto son intermedias entre las propiedades de las fibras y las de la matriz.

Lineamientos de diseño para elementos fabricados con materiales compuestos

La diferencia más importante entre diseñar con metales y diseñar con materiales compuestos es que en el caso típico se supone que los metales son homogéneos, con propiedades isotrópicas de resistencia y rigidez, mientras que los materiales compuestos, decididamente, *no* son homogéneos ni isotrópicos.

Los modos de falla de los materiales compuestos son complejos. Cuando la carga está alineada con las fibras continuas, la fractura a la tensión se presenta cuando se rompen las fibras individuales. Si el material compuesto está fabricado con fibras más cortas o cortadas, la fractura aparece cuando las fibras son liberadas de la matriz. La fractura por tensión, cuando la carga es perpendicular a las fibras continuas, se presenta cuando la matriz falla. Si las fibras son tejidas, o si se utiliza una colchoneta con fibras más cortas y de orientación aleatoria, se presentan otros modos de falla, como ruptura o liberación de las fibras. Esos materiales compuestos tendrían propiedades más uniformes en cualquier dirección o bien, como se ve en la figura 2-23, se puede usar una construcción en varias capas con laminados.

Así, un lineamiento de diseño importante para producir una resistencia óptima es:

Alinee las fibras con la dirección de la carga.

Otro modo importante de falla es el *cortante interlaminar*, donde las capas de un material compuesto por varios estratos se separan bajo la acción de fuerzas cortantes. Otro lineamiento de diseño es:

Evite cargas cortantes, de ser posible.

Las conexiones con materiales compuestos son, a veces, difíciles de hacer, y producen lugares donde podría iniciarse una falla por fractura o por fatiga. La forma en que se moldean los materiales compuestos permite con frecuencia la integración de varios componentes en una parte. Las ménsulas, las costillas, las bridas y otros objetos similares se pueden moldear junto con la forma básica de la parte. Entonces, el lineamiento de diseño es:

Combinar varios componentes dentro de una estructura integral.

Cuando se desea tener una gran rigidez en tableros para resistir la flexión, como en las vigas, o en tableros anchos, como en los pisos, el diseñador puede aprovecharse de que la mayor parte del material efectivo está cerca de las superficies externas del tablero, o del perfil de la viga. Si se colocan fibras de alta resistencia en esas capas exteriores y se llena el núcleo del perfil con un material ligero, aunque rígido, se produce un diseño eficiente, en términos de peso, para determinada resistencia y rigidez. La figura 2-26 ilustra algunos ejemplos de esos diseños. En consecuencia, el lineamiento siguiente es:

Use material ligero en el núcleo, cubierto con capas de material compuesto resistente.

Como la mayor parte de los materiales compuestos usan un material polimérico como matriz, las temperaturas que pueden resistir están limitadas. Tanto la resistencia como la rigidez dis-

FIGURA 2-26
Tableros laminados con núcleos ligeros

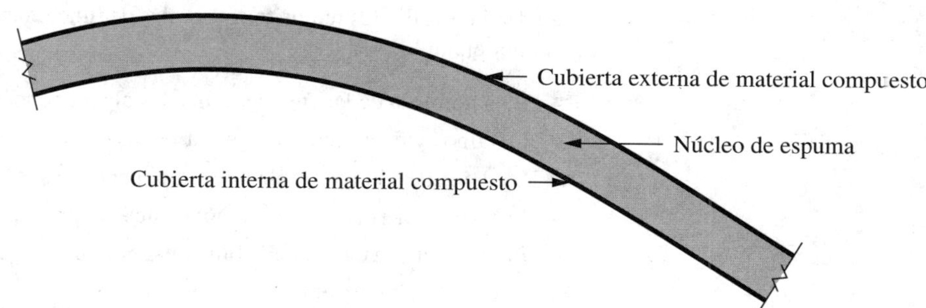

a) Tablero curvo con núcleo de espuma y cubiertas de material compuesto

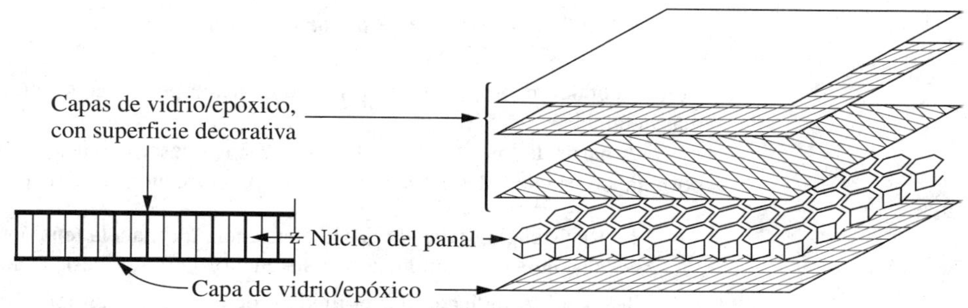

b) Tablero plano con núcleo de panal y cubiertas de material compuesto

minuyen a medida que aumenta la temperatura. Las polimidas tienen mejores propiedades a alta temperatura [hasta a 600°F (318°C)] que la mayor parte de los demás materiales de matriz. En forma típica, los epóxicos se limitan a entre 250°F y 350°F (122°C a 178°C). Cualquier aplicación por arriba de la temperatura ambiente se debe verificar con los proveedores del material. Un lineamiento de diseño es:

Evite temperaturas altas.

Como se describió antes en esta sección, con los materiales compuestos se usan muchas técnicas distintas de fabricación. La forma puede dictar la técnica de manufactura de una parte. Es una buena razón para implementar los principios de la ingeniería concurrente y adoptar otro lineamiento de diseño:

Involucre inmediatamente consideraciones de manufactura en el diseño.

2-19 SELECCIÓN DE MATERIALES

Una de las tareas más importantes de un diseñador es especificar el material con el cual se fabricará un componente individual de un producto. En la decisión se debe considerar una cantidad gigantesca de factores, muchos de los cuales se han descrito en este capítulo.

El proceso de seleccionar un material debe comenzar con el claro entendimiento de las funciones y los requisitos del diseño del producto y del componente individual. Vea la sección 1-4 del capítulo 1, con una descripción de estos conceptos. Entonces, el diseñador debe considerar interrelaciones como las siguientes:

- Las funciones del componente
- La forma del componente
- El material con el cual se debe fabricar el componente
- El proceso de manufactura usado para producir el componente

Se deben detallar los requisitos generales de funcionamiento del componente. En ellos se incluyen, por ejemplo:

- La naturaleza de las fuerzas aplicadas al componente
- Los tipos y magnitudes de los esfuerzos creados por las fuerzas aplicadas
- La deformación admisible del componente en sus puntos críticos
- Las conexiones con otros componentes del producto
- El ambiente en el que debe funcionar el componente
- El tamaño físico y el peso del componente
- Factores estéticos que se esperan del componente y del producto en general
- Las metas de costos del producto en su totalidad, y del componente en particular
- Anticipar los procesos de manufactura disponibles

Con un conocimiento mayor de las condiciones específicas, se puede elaborar una lista mucho más detallada.

A partir de los resultados de los ejercicios descritos, usted debe desarrollar una lista importante de propiedades clave del material. Con frecuencia se incluye los siguientes ejemplos:

1. Resistencia, indicada por la resistencia última a la tensión, resistencia de fluencia, resistencia a la compresión, resistencia a la fatiga, resistencia al cortante y otras
2. Rigidez, indicada por el módulo de elasticidad en tensión, módulo de elasticidad en cortante o módulo de flexión
3. Peso y masa, indicados por el peso específico o la densidad
4. Ductilidad, indicada por el porcentaje de elongación
5. Tenacidad, indicada por la energía de impacto (Izod, Charpy, etc.)
6. Datos del comportamiento de arrastramiento o deformación progresiva
7. Resistencia a la corrosión y compatibilidad con el ambiente
8. Costo del material
9. Costo de procesar el material

A continuación se debe formar una lista de materiales probables, mediante los conocimientos sobre el comportamiento de diversos tipos de materiales, aplicaciones similares con éxito y tecnologías de materiales emergentes. Se debe aplicar un análisis racional de decisiones, para determinar los materiales más adecuados entre la lista de candidatos. Eso podría tener la forma de una matriz, en la que se ingresan y categorizan los datos de las propiedades de cada material probable, que se acaban de mencionar. Un análisis del conjunto completo de datos ayudará a tomar la decisión final.

En las referencias 2, 21, 22 y 25 se describen procesos más detallados de selección de materiales.

REFERENCIAS

1. Aluminum Association. *Aluminum Standards and Data* (Normas y datos del aluminio). Washington,D.C: The Aluminum Association, 2000.
2. Ashby, M.F. *Materials Selection in Mechanical Design.* (Selección de materiales en el diseño mecánico). Oxford, Inglaterra: Butterworth-Heinemann, 1999.
3. ASM International.*ASM Handbook.* Vol. 1, *Properties and Selection: Iron, Steels and High-Performance Alloys* (1990). Vol. 2, *Properties and Selection: Nonferrous Alloys and Special-Purpose Materials* (1991). Vol. 3, *Alloy Phase Diagrams* (1992). Vol. 4, *Heat Treating* (1991). Vol. 7, *Powder Metallurgy* (1998). Vol. 20, *Materials Selection and Design*

(1997). Vol. 21, *Composites* (2001). Materials Park, OH: ASM International.

4. ASM International. *ASM Specialty Handbook: Carbon and Alloy Steels.* (Aceros al carbono y aleados). Editado por J.R. Davis. Materials Park, OH: ASM International, 1996.
5. ASM International. *ASM Specialty Handbook: Stainless Steels.* (Aceros inoxidables). Editado por J.R. Davis. Materials Park, OH: ASM International, 1994.
6. ASM International. *ASM Specialty Handbook: Tool Materials.* (Materiales para herramientas). Editado por J.R. Davis. Materials Park, OH: ASM International, 1995.
7. ASM International. *ASM Specialty Handbook: Heat-Resistant Materials.* (Materiales resistentes al calor). Editado por J.R. Davis. Materials Park, OH: ASM International, 1997.
8. ASM International. *ASM Specialty Handbook: Aluminum and Aluminum Alloys.* (Aluminio y sus aleaciones). Editado por J.R. Davis. Materials Park, OH: ASM International, 1993.
9. ASM International. *ASM Specialty Handbook: Cast Irons.* (Hierros colados). Editado por J.R. Davis. Materials Park, OH: ASM International, 1996.
10. ASM International. *ASM Engineered Materials Handbook: Composites.* (Manual ASM de materiales diseñados: materiales compuestos). Materials Park, OH: ASM International, 1987.
11. ASM International. *ASM Engineered Materials Handbook: Engineering Plastics.* (Manual ASM de materiales diseñados: plásticos industriales). Materials Park, OH: ASM International, 1988.
12. ASTM International. *Metals and Alloys in the Unified Numbering System.* (Metales y aleaciones en el sistema unificado de numeración). 9ª edición. West Conshohocken, PA: ASTM International. 2001. Desarrollo conjunto por ASTM y Society of Automotive Engieers (SAE).
13. ASTM International. *Standard Practice for Numbering Metals and Alloys (UNS).* (Práctica normalizada para numerar metales y aleaciones (UNS)). West Conshohocken, PA: ASTM Norma Internacional E527-83 (1997), 2001.
14. Bethlehem Steel Corporation. *Modern Steels and Their Properties.* (Aceros modernos y sus propiedades). Bethlehem, PA: Bethlehem Steel Corporation, 1980.
15. Brooks, Charlie R. *Principles of the Heat Treatment of Plain Carbon and Low Alloy Steels.* (Principios de tratamiento térmico de aceros simples al carbón y de baja aleación). Materials Park, OH: ASM International, 1996.
16. Budinski, Kenneth G. *Engineering Materials: Properties and Selection.* (Materiales para ingeniería: propiedades y selección). 6ª edición. Upper Saddle River, NJ: Prentice Hall, 2001.
17. Budinski, Kenneth G. *Surface Engineering for Wear Resistance.* (Ingeniería de superficies y resistencia al desgaste). Upper Saddle River, NJ: Prentice Hall, 1988.
18. DuPont Engineering Polymers. *Design Handbook for DuPont Engineering Polymers: General Design Principles.* (Polímeros DuPont en ingeniería: principios generales de diseño). Wilmington, DE: The DuPont Company, 1992.
19. INTERZINC. *Zinc Casting: A Systems Approach.* (Colado del zinc: un método de sistemas). Algonac, MI: INTERZINC.
20. Jang, Bor Z. *Advanced Polymer Composites. Principles and Applications.* (Materiales compuestos poliméricos avanzados. Principios y aplicaciones). Materials Park, OH: ASM International, 1994.
21. Lesko, J. *Industrial Design Materials and Manufacturing.* (Materiales y manufactura para diseño industrial). New York: John Wiley, 1999.
22. Mangonon, P.L. *The Principles of Materials Selection for Engineering Design.* (Los principios de la selección de materiales para diseño de ingeniería). Upper Saddle River, NJ: Prentice Hall, 1999.
23. Muccio, E.A. *Plastic Part Technology.* (Tecnología de partes de plástico). Materials Park, OH: ASM International, 1991.
24. Penton Publishing. *Machine Design Magazine,* (Revista de diseño de máquinas), Vol. 69. Cleveland, OH: Penton Publishing, 1997.
25. Shackelford, J.F., W. Alexander y Jun S. Park. *CRC Practical Handbook of Materials Selection.* Boca Raton, FL: CRC Press, 1995.
26. Zinn, S., y S.L. Semiatin. *Elements of Induction Heating: Design, Control and Applications.* (Elementos de calentamiento por inducción: Diseño, control y aplicaciones). Materials Park, OH: ASM International, 1988.

SITIOS DE INTERNET RELACIONADOS CON PROPIEDADES DE LOS MATERIALES PARA DISEÑO

1. **AZoM.com (Los materiales de la A a la Z)** *www.azom.com* Fuente de información sobre materiales para la comunidad de diseño. Sin costo, bases de datos de metales consultables, cerámicas, polímeros y materiales compuestos. También se puede buscar por palabra clave, aplicación o tipo de industria.
2. **Matweb** *www.matweb.com* Base de datos sobre propiedades de material, para muchos metales, plásticos, cerámicas y otros materiales técnicos.
3. **ASM International** *www.asm-intl.org* La sociedad de ingenieros y científicos de materiales, una red mundial dedicada al progreso de la industria, la tecnología y las aplicaciones de los metales y otros materiales.
4. **TECHstreet** *www.techstreet.com* Un lugar para comprar normas de la industria metálica.
5. **SAE International** *www.sae.org* La Sociedad de Ingenieros Automotrices, sociedad para el progreso de la movilidad en tierra o mar, en el aire o en el espacio. Una fuente de información técnica usada para diseñar vehículos autopropulsados. Ofrece normas sobre metales, plásticos y demás materiales, junto con componentes y subsistemas de vehículos.
6. **ASTM International** *www.astm.org* Formalmente conocida como la American Society for Testing and Materials. Desarrolla y vende normas de propiedades de materiales, procedimientos de prueba y numerosas otras normas técnicas.

7. **American Iron and Steel Institute** *www.steel.org* La AISI desarrolla normas industriales para acero y productos fabricados con él. Se consiguen manuales y normas industriales sobre productos de acero en la Iron & Steel Society (ISS), en lista por separado.
8. **Iron & Steel Society** *www.iss.org* Proporciona normas industriales y otras publicaciones para el progreso del intercambio de conocimientos en la industria global del hierro y el acero.
9. **Aluminum Association** *www.aluminum.org* La asociación de la industria del aluminio. Proporciona numerosas publicaciones a la venta.
10. **Alcoa, Inc** *www.alcoa.com* Un productor de aluminio y productos fabricados con aluminio. Sitio Web donde pueden buscarse propiedades de aleaciones específicas.
11. **Copper Development Association** *www.copper.org* Proporciona una base de datos grande, donde se pueden buscar las propiedades del cobre forjado y colado, aleaciones de cobre, latones y bronces. Permite buscar las aleaciones adecuadas, con usos industriales típicos basados en varias características de funcionamiento.
12. **Metal Powder Industries Federation** *www.mpif.org* La asociación de comercio internacional que representa a los productores de metales pulverizados. Normas y publicaciones relacionadas con el diseño y la fabricación de productos donde se usan metales en polvo.
13. **INTERZINC** *www.interzinc.com* Un grupo de desarrollo de mercado y transferencia de tecnología dedicado a aumentar la percepción de las aleaciones coladas de zinc. Proporciona asistencia en el diseño, guía de selección de aleaciones, propiedades de aleaciones y descripciones de aleaciones para colar.
14. **RAPRA Technology Limited** *www.rapra.net* Fuente de información detallada para las industrias de plásticos y hules. Formalmente conocida como la Rubber and Plastics Research Association. Este sitio también contiene al Cambridge Engineering Selector, sistema computarizado que usa la metodología de selección de materiales de M.F. Ashby. (Vea la referencia 2).
15. **DuPont Plastics** *www.plastics.dupont.com* Información y datos sobre los plásticos DuPont y sus propiedades. Base de datos consultable, por tipo de plástico o por aplicación.
16. **PolymerPlace.com** *www.polymerplace.com* Fuente de información para la industria de polímeros.
17. **Plastics Technology Online** *www.plasticstechnology.com* Fuente en línea de la revista Plastics Technology.
18. **Base de datos PLASPEC para selección de materiales** *www.plaspec.com* Afiliada a Plastics Technology Online. Proporciona artículos e información actuales acerca del moldeo de plásticos por inyección, extrusión, soplado, materiales, herramientas y equipos auxiliares.
19. **Society of Plastics Engineers** *www.4spe.org* SPE promueve el conocimiento científico y técnico, y la educación acerca de plásticos y polímeros a nivel mundial.

PROBLEMAS

1. Defina *resistencia última a la tensión*.
2. Defina *punto de fluencia*.
3. Defina *resistencia de fluencia* e indique cómo se mide.
4. ¿Qué tipos de materiales tendrían un punto de fluencia?
5. ¿Cuál es la diferencia entre límite de proporcionalidad y límite elástico?
6. Defina la *ley de Hooke*.
7. ¿Qué propiedad de un material es una medida de su rigidez?
8. ¿Qué propiedad de un material es una medida de su ductilidad?
9. Si se dice que un material tiene una elongación porcentual de 2% en una longitud calibrada de 2.00 pulg ¿es dúctil?
10. Defina la *relación de Poisson*.
11. Si un material tiene un módulo de elasticidad en tensión de 114 GPa y una relación de Poisson de 0.33, ¿cuál es su módulo de elasticidad en cortante?
12. Se dice que un material tiene dureza Brinell de 525. ¿Cuál es su dureza aproximada, en la escala Rockwell C?
13. Se dice que un acero tiene una dureza Brinell de 450. ¿Cuál es su resistencia aproximada a la tensión?

En los problemas 14 a 17 describa el error en cada afirmación.

14. "Después del recocido, la ménsula de acero tenía una dureza Brinell de 750."
15. "La dureza de ese eje de acero es HRB 120."
16. "La dureza de esa pieza colada de bronce es HRC 12."
17. "Con base en que esta placa de aluminio tiene dureza 150 HB, su resistencia aproximada a la tensión es 75 ksi."
18. Describa dos pruebas para medir la energía de impacto.
19. ¿Cuáles son los principales componentes de los aceros?
20. ¿Cuáles son los principales elementos de aleación en el acero AISI 4340?
21. ¿Cuánto carbono contiene el acero AISI 4340?
22. ¿Cuál es el contenido típico de carbono de un acero al bajo carbón? ¿De un acero al medio carbón? ¿De un acero al alto carbón?
23. ¿Cuánto carbono contiene típicamente un acero para rodamientos?
24. ¿Cuál es la diferencia principal entre el acero AISI 1213 y AISI 12L13?

25. Indique cuatro materiales usados con frecuencia en los ejes.
26. Indique cuatro materiales usados típicamente en engranes.
27. Describa las propiedades que deben tener las cuchillas de una excavadora para orificios de postes, y sugiera un material adecuado.
28. En el apéndice 3 se describe el acero AISI 5160 OQT 1000. Describa la composición básica de este material, cómo se procesa y sus propiedades, en relación con los otros aceros que aparecen en esa tabla.
29. Si la hoja de una pala se fabrica con acero AISI 1040 ¿recomendaría usted endurecerla por flama para que su filo tenga una dureza superficial de HRC 40? Explique por qué.
30. Describa las diferencias entre endurecimiento total y cementación.
31. Describa el proceso de endurecimiento por inducción.
32. Mencione 10 aceros usados para cementación. ¿Cuál es su contenido aproximado de carbono antes de cementarlos?
33. ¿Qué clases de acero inoxidable son no magnéticos?
34. ¿Cuál es el elemento aleante principal que proporciona su resistencia a la corrosión al acero inoxidable?
35. ¿De qué material se fabrica una viga típica de patín ancho?
36. Respecto a los aceros estructurales ¿qué significa el término *HSLA*? ¿Qué resistencias existe en el acero HSLA?
37. Mencione tres tipos de hierro colado.
38. Describa los siguientes hierros colados, de acuerdo con el tipo, la resistencia a la tensión, la resistencia de fluencia, la ductilidad y la rigidez:

    ASTM A48-83, Grado 30

    ASTM A536-84, Grado 100-70-03

    ASTM A47-84, Grado 35018

    ASTM A220-88, Grado 70003
39. Describa el proceso de fabricación de piezas a partir de metales pulverizados.
40. ¿Qué propiedades son típicas de las piezas fabricadas con la aleación de zinc Zamak 3 para colar?
41. ¿Cuáles son los usos típicos de los aceros para herramienta grupo D?
42. ¿Qué representa el sufijo *O* en el aluminio 6061-O?
43. ¿Qué representa el sufijo *H* en el aluminio 3003-H14?
44. ¿Qué representa el sufijo *T* en el aluminio 6061-T6?
45. Mencione el nombre de la aleación de aluminio, y la condición que tiene la mayor resistencia entre aquellas del apéndice 9.
46. ¿Cuál es la aleación de aluminio más versátil que existe para uso mecánico y estructural?
47. Describa tres usos típicos de las aleaciones de titanio.
48. ¿Cuál es el principal componente del bronce?
49. Describa el bronce que tiene la designación C86200 del UNS.
50. Describa dos usos típicos del bronce en el diseño de máquinas.
51. Describa la diferencia entre los plásticos termofijos y los termoplásticos.
52. Sugiera un material plástico adecuado para cada uno de los usos siguientes:
    a) Engranes
    b) Cascos para fútbol
    c) Protección transparente
    d) Cajas estructurales
    e) Tubos
    f) Ruedas
    g) Tableros de distribución eléctrica, parte estructural
53. Mencione ocho factores sobre los que tenga control el diseñador al especificar un material compuesto.
54. Defina el término *material compuesto*.
55. Mencione cuatro resinas base que se usen con frecuencia en los materiales compuestos.
56. Mencione cuatro tipos de fibras de refuerzo que se usen para materiales compuestos.
57. Mencione tres tipos de materiales compuestos que se usen para equipos deportivos, como raquetas de tenis, palos de golf y esquíes.
58. Mencione tres clases de materiales compuestos que se usen para fabricar estructuras de aviones y aeroespaciales.
59. ¿Qué resina base y qué refuerzo se usan comúnmente para fabricar el compuesto de láminas para moldeo?
60. ¿En qué aplicaciones se usan los compuestos para láminas de moldeo?
61. Describa seis formas de producir las fibras de refuerzo.
62. Describa el *procesamiento húmedo* de los materiales compuestos.
63. Describa los *materiales preimpregnados*.
64. Describa el proceso de producción de los compuestos de moldeo de láminas.
65. Describa la *extrusión* y mencione cuatro perfiles que se producen con este proceso.
66. Describa el *devanado de filamento* y cuatro clases de productos que se fabriquen con este proceso.
67. Defina el término *resistencia específica* aplicado a los materiales estructurales.
68. Defina el término *rigidez específica* aplicado a los materiales estructurales.
69. Describa las ventajas de los materiales compuestos respecto a los metales, desde el punto de vista de la resistencia específica y la rigidez específica.
70. Compare la resistencia específica del acero AISI 1020 laminado en caliente, con la del acero AISI 5160 OQT-700, las dos aleaciones de aluminio 6061-T6 y 7075-T6 y el titanio Ti-6Al-4V.
71. Compare la rigidez específica del acero AISI 1020 laminado en caliente, con la del acero AISI 5160 OQT 700, las dos

aleaciones de aluminio 6061-T6 y 7075-T6 y del titanio Ti-6Al-4V.

72. Compare las resistencias específicas de cada uno de los cinco materiales compuestos de la figura 2-21, con la del acero AISI 1020 laminado en caliente.

73. Compare la rigidez específica de cada uno de los cinco materiales compuestos de la figura 2-21, con la del acero AISI 1020 laminado en caliente.

74. Describa la construcción general de un material compuesto identificado como [0/+30/−30/90].

75. Mencione y describa seis lineamientos de diseño para aplicar materiales compuestos.

76. ¿Por qué es conveniente tender un material compuesto en capas o lonas, con el hilo de las lonas en distintas orientaciones?

77. ¿Por qué es conveniente formar un elemento estructural de material compuesto, con cáscaras relativamente delgadas del material compuesto más resistente, cubriendo un núcleo de espuma ligera?

78. Describa por qué es importante la intervención temprana de la ingeniería concurrente y la manufactura cuando usted diseña partes hechas de materiales compuestos.

Tareas para Internet

79. Consulte el sitio Matweb para determinar al menos tres materiales adecuados para diseñar un eje. Se prefiere un acero aleado con una resistencia mínima de fluencia de 150 ksi (1035 MPa) y buena ductilidad, representada por una elongación de 10% o mayor.

80. Consulte el sitio Matweb para determinar por lo menos tres plásticos adecuados para fabricar una leva. El material debe tener buenas propiedades de resistencia y una gran tenacidad.

81. Consulte el sitio de DuPont Plastics para determinar por lo menos tres materiales plásticos adecuados para fabricar una leva. El material debe tener buenas propiedades de resistencia y una gran tenacidad.

82. Consulte el sitio de DuPont Plastics para determinar por lo menos tres materiales plásticos adecuados para fabricar una caja donde se resguarde un producto industrial. Se requieren una resistencia moderada, gran rigidez y gran tenacidad.

83. Consulte el sitio de Alcoa para determinar por lo menos tres aleaciones de aluminio adecuadas para fabricar un componente mecánico de resistencia moderada, buena facilidad de maquinado y buena resistencia a la corrosión.

84. Consulte el sitio de INTERZINC para determinar por lo menos tres aleaciones para fundir zinc y fabricar un componente estructural de buena resistencia, y que se recomiende para colado a presión.

85. Consulte el sitio de Copper Development Association para recomendar por lo menos tres aleaciones de cobre en la fabricación de un engrane sinfín. Se requieren buena resistencia y ductilidad, junto con buenas propiedades de desgaste.

86. Consulte el sitio de la Copper Development Association para recomendar cuando menos tres aleaciones de cobre en la fabricación de un cojinete. Se requieren resistencia moderada y buenas propiedades de fricción y desgaste.

87. Localice la descripción del acero estructural con la norma ASTM A992, usado normalmente para fabricar perfiles laminados de vigas de acero. Determine cómo adquirir una copia de la norma.

3

Análisis de esfuerzos y deformaciones

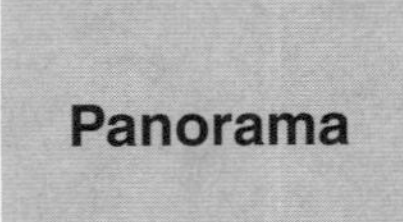

Panorama

Análisis de esfuerzos y deformaciones

Mapa de aprendizaje

- Como diseñador, el lector es responsable de la seguridad de los componentes y los sistemas que diseñe.
- Debe aplicar sus conocimientos anteriores a los principios de resistencia de materiales.

Descubrimientos

¿Cómo podrían fallar los productos del consumidor y la maquinaria?

Describa algunas fallas de productos que haya visto.

Este capítulo presenta un breve repaso de las bases del análisis de esfuerzos. Le ayudará a diseñar productos que no fallen, y le preparará para otros temas que presentamos en este libro más adelante.

Un diseñador es responsable de la seguridad de los componentes y sistemas que diseñe. Existen muchos factores que afectan la seguridad, pero uno de los aspectos más complicados del diseño seguro consiste en que el nivel de esfuerzo al que está sometido el componente de una máquina debe ser seguro, bajo condiciones previsiblemente razonables. Este principio implica, por supuesto, que en realidad nada se rompa. También se puede comprometer la seguridad si se permite que los componentes se deformen demasiado, aun cuando nada se rompa.

El lector ya estudió los principios de la resistencia de materiales, para aprender los fundamentos del análisis de esfuerzos. Así, en este punto, debe ser competente en el análisis de instrumentos portátiles, para determinar el esfuerzo y la deformación provocados por cargas directas de tensión y de compresión, cortante directo, cortante por torsión y flexión.

Imagine ahora los productos de consumo y las máquinas con los que esté familiarizado, y trate de explicar cómo *podrían fallar*. Naturalmente, no se espera que fallen, porque la mayor parte de esos productos están bien diseñados. Pero la realidad muestra que algunos sí fallan. ¿Puede el lector recordar alguno? ¿Cómo fallaron? ¿Cuáles fueron las condiciones de operación cuando fallaron? ¿Qué material de los componentes falló? ¿Puede visualizar y describir las cargas que actuaron sobre los componentes que fallaron? ¿Estuvieron sujetos a más de un esfuerzo actuando al mismo tiempo? ¿Existen pruebas de sobrecargas accidentales? ¿El diseñador debió haber previsto esas cargas? ¿Se debió la falla a la fabricación del producto, más que a su diseño?

Platique con sus compañeros y con su profesor acerca de las fallas del producto y de las máquinas. Examine piezas de su automóvil, electrodomésticos, equipo de jardinería o los equipos con los que haya trabajado. Si es posible, lleve los componentes que fallaron a las reuniones con sus compañeros, y describa los componentes y su falla.

La mayor parte de este libro subraya el desarrollo de métodos especiales para analizar y diseñar elementos de máquinas. Esos métodos se basan en los principios de análisis de esfuerzos, y se supone que el lector ya terminó un curso de resistencia de materiales. Este capítulo presenta un amplio repaso de esos principios. (Vea las referencias 1, 3, 4 y 6.)

Usted es el diseñador

Usted es el diseñador de una grúa de servicio que podría usarse en un taller automotriz, en una planta de manufactura o en una unidad móvil, como la plataforma de un camión. Su función es subir cargas pesadas. En la figura 3-1 se ve un esquema de una de las posibles configuraciones de esa grúa. Está formada por cuatro miembros principales portadores de carga, señalados como 1, 2, 3 y 4. Esos miembros se conectan entre sí con articulaciones en A, B, C, D, E y F. La carga se aplica en el extremo de la pluma horizontal, el miembro 4. Los puntos de anclaje de la grúa están en las uniones A y B, que pasan las cargas de la grúa a una estructura rígida. Observe que es una vista simplificada de la grúa, donde sólo se ven los principales componentes estructurales y las fuerzas en el plano de la carga aplicada. También, la grúa necesitaría miembros de estabilización en el plano perpendicular al dibujo.

Se necesitará analizar los tipos de fuerzas que se ejercen sobre cada uno de los elementos portátiles de carga, antes de poder diseñarlos. Esto supone el uso de los principios de la estática, en los que ya debe ser competente. La siguiente descripción proporciona un repaso de algunos de los principios clave que necesitará en este curso.

Su labor como diseñador contemplará:

1. Analizar las fuerzas que se ejercen sobre cada miembro portátil de carga mediante los principios de la estática.
2. Identificar los tipos de esfuerzos a las que está sometido cada miembro debido a las fuerzas aplicadas.
3. Proponer la forma general de cada elemento portátil, y el material del que está fabricado.
4. Completar el análisis de esfuerzos para cada elemento, para determinar sus dimensiones definitivas.

Se avanza por los pasos 1 y 2 ahora como repaso de la estática. Mejorará su capacidad de atacar los pasos 3 y 4 a medida que resuelva algunos problemas de práctica en este capítulo y en los capítulos 4 y 5, al repasar la resistencia de materiales y aumentar la competencia basada en estos fundamentos.

Análisis de fuerzas

Se observa aquí un método para efectuar el análisis de fuerzas.

1. Considere toda la estructura de la grúa como un cuerpo libre, con la carga aplicada que actúa en el punto G, y las reacciones en los puntos de soporte A y B. Vea la figura 3-2, que muestra esas fuerzas y las dimensiones importantes de la estructura de la grua.

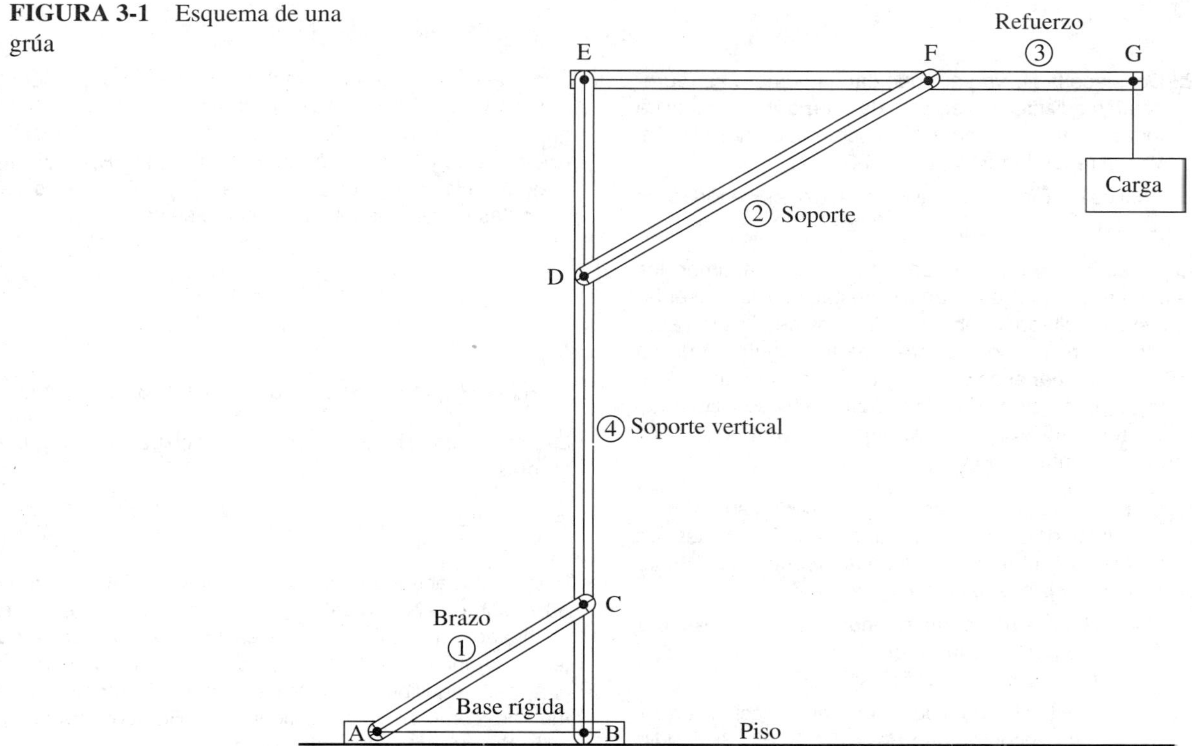

FIGURA 3-1 Esquema de una grúa

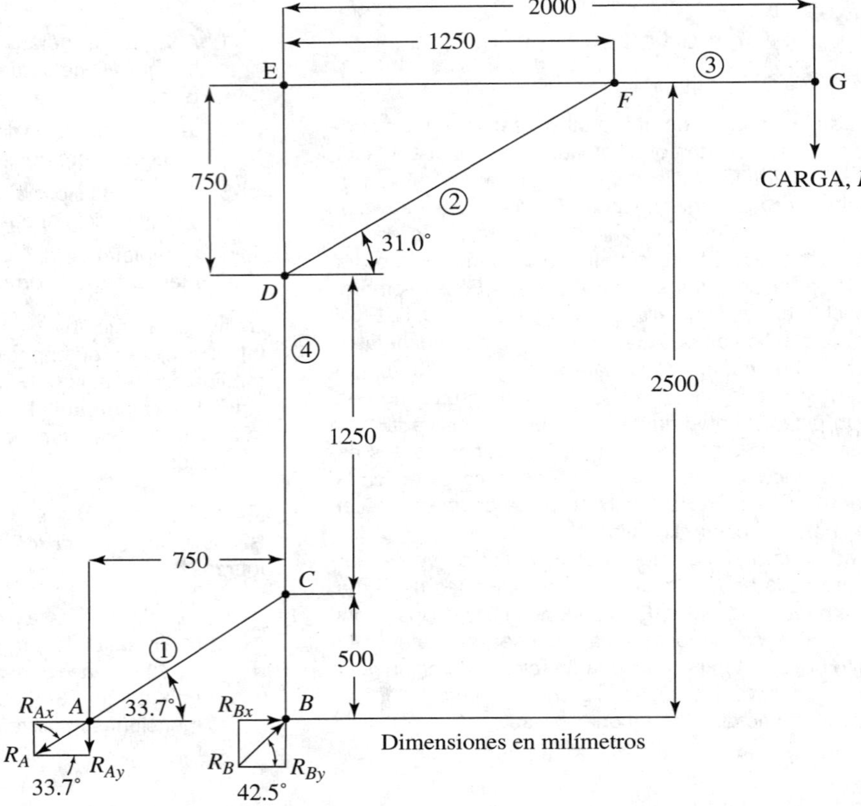

FIGURA 3-2 Diagrama de cuerpo libre de la estructura completa de la grúa

2. Despiece la figura para que cada miembro se represente mediante un diagrama de cuerpo libre, y muestre todas las fuerzas que actúan sobre cada articulación. Vea el resultado en la figura 3-3.
3. Analice las magnitudes y las direcciones de todas las fuerzas.

A continuación se aportan comentarios que resumen los métodos que se usan en el análisis estático, y la presentación de sus resultados. Debe examinar los detalles del análisis, solo o con sus compañeros, para asegurarse de su destreza al efectuar esos cálculos. Todas las fuerzas son directamente proporcionales a la fuerza *F* aplicada. Se mostrarán los resultados con un valor supuesto de F = 10.0 kN (aproximadamente 2 250 lb).

Paso 1: Las articulaciones en *A* y *B* se pueden soportar en cualquier dirección. En la figura 3-2 se muestran los componentes *x* y *y* de las reacciones. Entonces, se procede como sigue:

1. Realice una suma de momentos con respecto a B para encontrar que $R_{Ay} = 2.667\ F = 2.667$ kN
2. Efectúe la suma de fuerzas en dirección vertical para encontrar que $R_{By} = 3.667\ F = 36.67$ kN.

En este punto se debe reconocer que el puntal *AC* está articulado en cada uno de sus extremos, y sólo soporta cargas en sus extremos. Por consiguiente, es un *miembro de dos fuerzas*, y la dirección de la fuerza total R_A actúa a lo largo del mismo elemento. Entonces R_{Ay} y R_{Ax} son los componentes rectangulares de R_A, como se ve en la parte inferior izquierda de la figura 3-2. Entonces se puede decir que

$$\tan(33.7°) = R_{Ay}/R_{Ax}$$

y así,

$$R_{Ax} = R_{Ay}/\tan(33.7°) = 26.67\text{ kN}/\tan(33.7°) = 40.0\text{ kN}$$

La fuerza total, R_A, se puede calcular con el teorema de Pitágoras,

$$R_A = \sqrt{R_{Ax}^2 + R_{Ay}^2} = \sqrt{(40.0)^2 + (26.67)^2} = 48.07\text{ kN}$$

Esta fuerza actúa a lo largo del puntal *AC*, a un ángulo de 33.7° sobre la horizontal, y es la fuerza que tiende a cortar el pasador en la articulación *A*. La fuerza en *C* sobre el puntal *AC* también es 48.07 kN, y actúa hacia arriba a la derecha, para equilibrar a R_A en el elemento sometido a dos fuerzas, como se ve en la figura 3-3. En consecuencia, el miembro *AC* está en tensión pura.

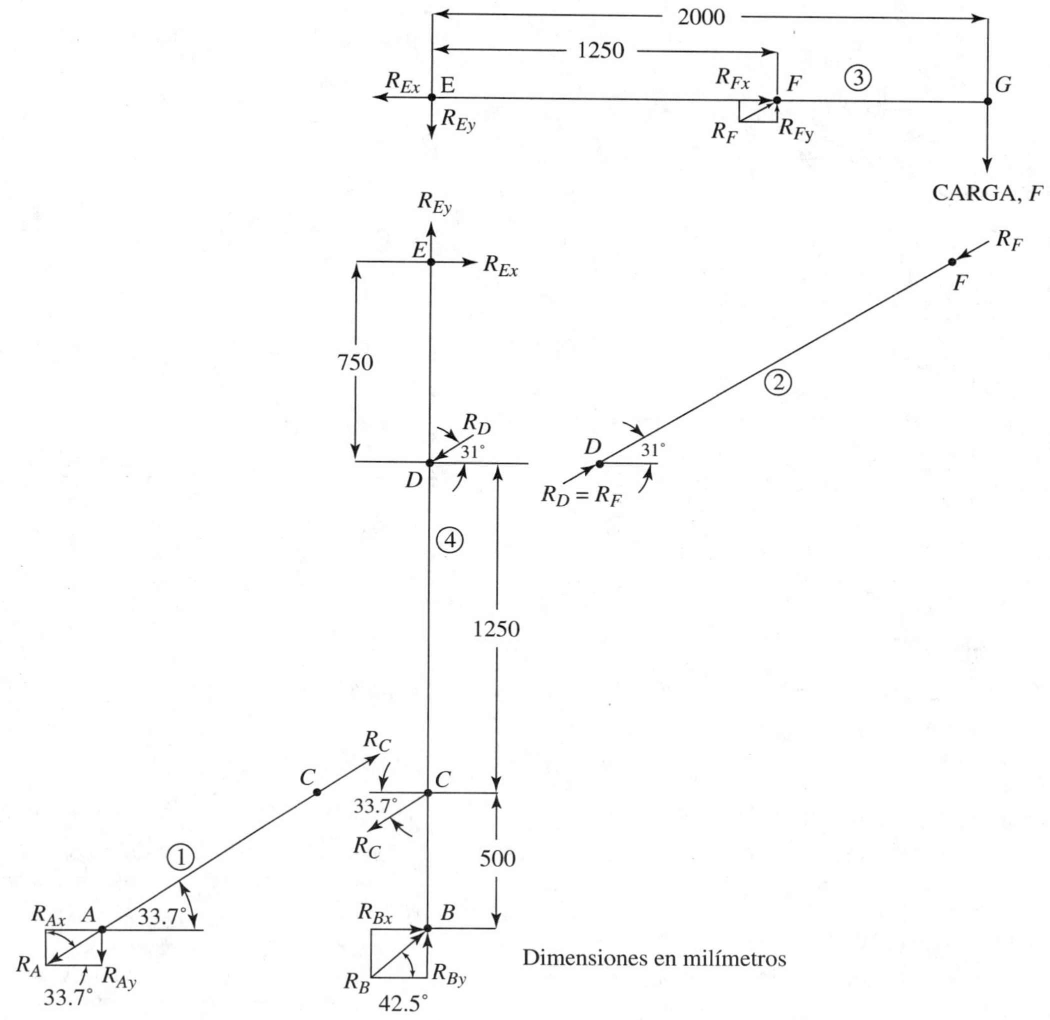

FIGURA 3-3 Diagramas de cuerpo libre de cada componente de la grúa

Ahora se puede usar la suma de fuerzas en dirección horizontal sobre toda la estructura, para demostrar que $R_{Ax} = R_{Bx} = 40.0$ kN. La resultante de R_{Bx} y R_{By} es 54.3 kN, y actúa a un ángulo de 42.5° sobre la horizontal, y es la fuerza cortante total sobre el pasador en la articulación *B*. Vea el diagrama en la parte inferior derecha de la figura 3-2.

Paso 2: El conjunto de diagramas de cuerpo libre se muestra en la figura 3.3.

Paso 3: Ahora observe los diagramas de cuerpo libre de todos los miembros en la figura 3-3. Ya se ha descrito el miembro 1, y se señala que es un elemento de dos fuerzas a la tensión, las fuerzas R_A y R_C iguales a 48.07 kN. La reacción a R_C actúa sobre el elemento vertical 4.

Ahora vea que también el miembro 2 es un elemento de dos fuerzas, pero está a más compresión que a tensión. En consecuencia, se sabe que las fuerzas sobre los puntos *D* y *F* son iguales y que actúan alineadas con el elemento 2, a 31.0° con respecto a la horizontal. Las reacciones a esas fuerzas, entonces, actúan en el punto *D* sobre el soporte vertical, elemento 4, y en el punto *F* de la pluma horizontal, miembro 3. Se puede calcular el valor de R_F mediante el diagrama de cuerpo libre del elemento 3. Se deben comprobar los siguientes resultados, mediante los métodos que ya se demostraron.

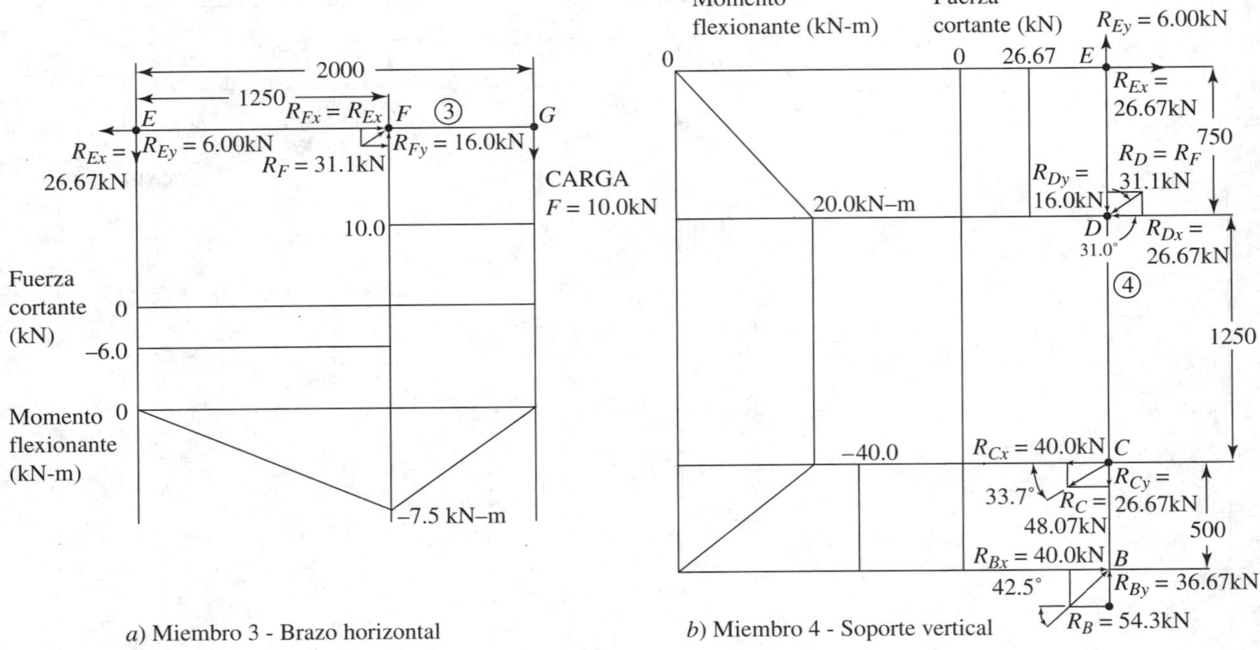

FIGURA 3-4 Diagramas de fuerza cortante y momento flexionante para los miembros 3 y 4

$R_{Fy} = 1.600\ F = (1.600)(10.0\text{ kN}) = 16.00\text{ kN}$

$R_{Fx} = 2.667\ F = (2.667)(10.0\text{ kN}) = 26.67\text{ kN}$

$R_F = 3.110\ F = (3.110)(10.0\text{ kN}) = 31.10\text{ kN}$

$R_{Ey} = 0.600\ F = (0.600)(10.0\text{ kN}) = 6.00\text{ kN}$

$R_{Ex} = 2.667\ F = (2.667)(10.0\text{ kN}) = 26.67\text{ kN}$

$R_E = 2.733\ F = (2.733)(10.0\text{ kN}) = 27.33\text{ kN}$

Ahora ya se conocen las fuerzas sobre el elemento vertical 4, con los análisis anteriores y con el manejo del principio de acción-reacción en cada articulación.

Tipos de esfuerzos sobre cada miembro

Examine de nuevo los diagramas de cuerpo libre de la figura 3-3, para visualizar los tipos de esfuerzos que se crean en cada miembro. Esto conducirá al uso de determinados tipos de análisis de esfuerzo, para finalizar con el proceso de diseño. Las partes 3 y 4 soportan fuerzas perpendiculares a sus ejes longitudinales y, en consecuencia, funcionan como vigas en flexión. La figura 3-4 muestra esos miembros, con los diagramas de fuerza cortante y momento de *momento flexionante.* El lector debió aprender a preparar esos diagramas, como prerrequisito para el estudio de resistencia de materiales. Lo que sigue es un resumen de los tipos de esfuerzos en cada elemento.

Miembro 1: El puntal está a tensión pura.

Miembro 2: El refuerzo está a compresión pura. Debe verificarse el pandeo de esta columna.

Miembro 3: La pluma actúa como una viga en flexión. El extremo derecho entre *F* y *G* se somete a esfuerzo de flexión y a esfuerzo cortante vertical. Entre *E* y *F* existen flexión y cortante combinados con un esfuerzo de tensión axial.

Miembro 4: El soporte vertical tiene un conjunto complejo de esfuerzos que dependen del segmento que se examine, como se describe a continuación.

Entre *E* y *D*: Esfuerzos combinados de flexión, esfuerzo cortante vertical y tensión axial.

Entre *D* y *C*: Esfuerzos combinados de flexión y de compresión axial.

Entre *C* y *B*: Esfuerzos combinados de flexión, esfuerzo cortante vertical y compresión axial.

Uniones articuladas: Se deben diseñar las conexiones entre los miembros en cada articulación, para resistir la fuerza de reacción total que actúa sobre cada una, calculada en el análisis anterior. En general, es probable que cada articulación tenga un pasador cilíndrico que conecte dos partes. El pasador estará sometido al cortante directo, en el caso típico.

3-1 OBJETIVOS DE ESTE CAPÍTULO

Después de terminar este capítulo, el lector habrá:

1. Repasado los principios del análisis de esfuerzos y deformaciones con varios tipos de esfuerzos, inclusive los siguientes:
   Tensión y compresión directas
   Cortante directo
   Cortante torsional, para secciones circulares y no circulares
   Esfuerzos cortantes verticales en vigas
   Flexión
2. Interpretado la naturaleza del esfuerzo en un punto, al trazar el *elemento de esfuerzo* en cualquier punto de un elemento sometido a cargas, para una variedad de tipos de cargas.
3. Repasado la importancia que tiene el *centro de flexión* de la sección transversal de una viga, con respecto a la alineación de las cargas sobre las vigas.
4. Repasado las fórmulas de deflexión de vigas.
5. Analizado patrones de carga en vigas que producen cambios bruscos de magnitud del momento de flexión en la viga.
6. Manejado el principio de superposición para analizar elementos de máquina sometidos a patrones de carga que produzcan esfuerzos combinados.
7. Aplicado los factores de concentración de esfuerzo en los análisis de esfuerzos.

3-2 FILOSOFÍA DE UN DISEÑO SEGURO

En este libro, todos los métodos de diseño asegurarán que el valor del esfuerzo sea menor que la fluencia en materiales dúctiles, al garantizar, en forma automática que la pieza no se fracturará bajo una carga estática. Para materiales frágiles se asegurará que los valores de esfuerzo estén muy por abajo de la resistencia última a la tensión. También se analizará la deflexión cuando sea crítica para la seguridad o para el desempeño de una pieza.

Existen dos modos más de falla que se aplican a los elementos de máquina; éstos son la fatiga y el desgaste. La *fatiga* es la respuesta de una parte sometida a cargas repetidas (vea el capítulo 5). El *desgaste* se describe en los capítulos dedicados a los principales elementos de máquinas como los engranes, cojinetes y cadenas.

3-3 REPRESENTACIÓN DE ESFUERZOS EN UN ELEMENTO DE ESFUERZOS

Una de las metas principales del análisis de esfuerzos es determinar *el punto*, dentro de un elemento sometido a cargas, que soporta el máximo nivel de esfuerzo. El lector debe desarrollar la capacidad de visualizar un *elemento de esfuerzos*, simple, infinitesimalmente un pequeño cubo del elemento en una zona de mucho esfuerzo, e indicar los vectores que representan los tipos de esfuerzos que existen sobre ese elemento. Es crítica la orientación del elemento de esfuerzos, y debe alinearse con ejes especificados sobre el miembro, a los que se suelen llamarse x, y y z.

La figura 3-5 muestra tres ejemplos de elementos de esfuerzos con tres tipos fundamentales de esfuerzos: tensión, compresión y cortante. Se muestran el cubo tridimensional completo y el cuadrado bidimensional simplificado, formas de los elementos de esfuerzos. El cuadrado es una cara del cubo en un plano seleccionado. Los lados del cuadrado representan las proyecciones de las caras del cubo perpendiculares al plano seleccionado. Se recomienda que visualice primero la forma cúbica, para después representar un elemento de esfuerzos cuadrado, donde se vean los esfuerzos en determinado plano de interés en un problema dado. En algunos problemas con estados más generales de esfuerzo, se podrán necesitar dos o tres elementos cuadrados de él para describir la condición completa de esfuerzos.

A los esfuerzos de tensión y de compresión se les conoce como *esfuerzos normales*, y se muestran actuando perpendicularmente sobre caras opuestas del elemento de esfuerzos. Los esfuerzos de tensión tienden a jalar el elemento, mientras los esfuerzos de compresión tienden a aplastarlo.

FIGURA 3-5
Elementos de esfuerzos para tres tipos de esfuerzos

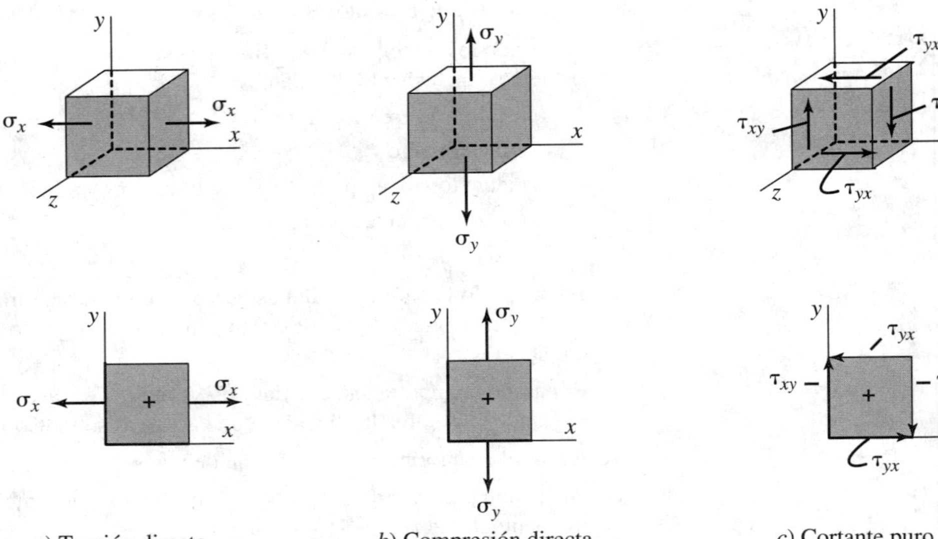

a) Tensión directa *b*) Compresión directa *c*) Cortante puro

Los *esfuerzos cortantes* se deben al cortante directo, al cortante vertical en las vigas o a la torsión. En cada caso, la acción de un elemento sujeto al corte es una tendencia a *cortar* al elemento, al ejercer un esfuerzo hacia abajo sobre una cara, y al mismo tiempo se ejerce un esfuerzo hacia arriba sobre la cara paralela opuesta. Esta acción no es otra que la de un simple par de navajas o tijeras. Pero observe que si sólo actúa un par de esfuerzos cortantes sobre un elemento de esfuerzos, no estará en equilibrio. Más bien, tenderá a girar bajo la acción del par de fuerzas cortantes. Para tener equilibrio, debe existir un segundo par de esfuerzos cortantes sobre las otras dos caras del elemento, que actúen en una dirección opuesta a la del primer par.

En resumen, los esfuerzos cortantes sobre un elemento siempre se indicarán como dos pares de esfuerzos iguales que actúan sobre (paralelas a) los cuatro lados del elemento. La figura 3-5(*c*) muestra un ejemplo.

Convención de signos para los esfuerzos cortantes

En este libro se adoptará la siguiente convención:

> ***Los esfuerzos cortantes positivos tienden a hacer girar al elemento en dirección de las manecillas del reloj.***
>
> ***Los esfuerzos cortantes negativos tienden a hacer girar al elemento en contrasentido a las manecillas del reloj.***

Para indicar esfuerzos cortantes en un plano se usará una notación de doble subíndice. Por ejemplo, en la figura 3-5(*c*), trazada para el plano *x*-*y*, el par de esfuerzos cortantes t_{xy} representa un esfuerzo cortante que actúa sobre la cara que es perpendicular al eje *x*, y paralela al eje *y*. Entonces, t_{yx} actúa sobre la cara que es perpendicular al eje *y*, y paralela al eje *x*. En este ejemplo, t_{xy} es positivo y t_{yx} es negativo.

3-4 ESFUERZOS DIRECTOS: TENSIÓN Y COMPRESIÓN

Se puede definir el *esfuerzo* como la resistencia interna que ofrece una unidad de área de un material contra una carga externa aplicada. Los *esfuerzos normales* (σ) son de *tensión* (positivos) o de *compresión* (negativos).

Para un elemento portátil en el que la carga externa está uniformemente distribuida a través de su área de sección transversal, se calcula la magnitud del esfuerzo con la fórmula del esfuerzo directo:

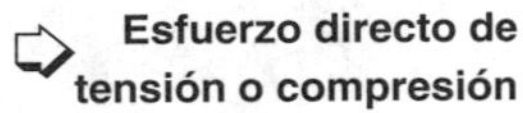
Esfuerzo directo de tensión o compresión

$$\sigma = \text{fuerza}/\text{área} = F/A \tag{3-1}$$

Las unidades del esfuerzo son siempre de *fuerza por unidad de área*, como se ve en la ecuación 3-1. Las unidades comunes en el Sistema Estadounidense Tradicional y en el sistema métrico SI son las siguientes:

Sistema Estadounidense Tradicional	*Unidades SI métricas*
$lb/pulg^2 = psi$	$N/m^2 = pascal = Pa$
$kips/pulg^2 = ksi$	$N/mm^2 = megapascal = 10^6\ Pa = MPa$
Nota: 1.0 kip = 1000 lb	
1.0 ksi = 1000 psi	

Problema ejemplo 3-1 A una barra redonda de 12 mm de diámetro se le aplica una fuerza de tensión de 9500 N, como se ve en la figura 3-6. Calcule el esfuerzo de tensión directa en la barra.

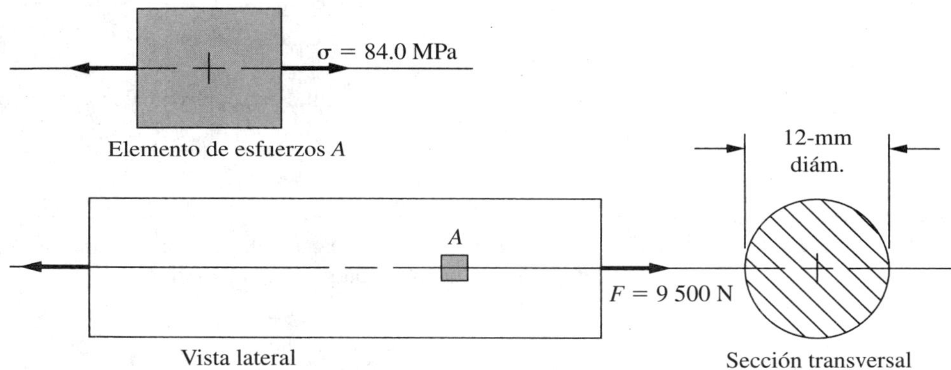

FIGURA 3-6 Esfuerzo de tensión en una barra redonda

Solución

Objetivo: Calcular el esfuerzo de tensión en la barra redonda.

Datos: Fuerza = $F = 9500$ N; diámetro = $D = 12$ mm.

Análisis: Use una fórmula de esfuerzo directo de tensión, la ecuación (3-1): $\sigma = F/A$. Calcule el área de la sección transversal con $A = \pi D^2/4$

Resultado:

$$A = \pi D^2/4 = \pi(12\ \text{mm})^2/4 = 113\ \text{mm}^2$$

$$\sigma = F/A = (9500\ \text{N})/(113\ \text{mm}^2) = 84.0\ \text{N/mm}^2 = 84.0\ \text{MPa}$$

Comentario: Los resultados se indican en el elemento de esfuerzos A, de la figura 3-6, los cuales se puede suponer iguales en toda la barra porque, en el caso ideal, el esfuerzo es uniforme en cualquier sección transversal. La forma cúbica del elemento se ve en la figura 3-5(*a*).

Las condiciones para usar la ecuación (3-1) son las siguientes:

1. El elemento portátil debe ser recto.
2. La línea de acción de la carga debe pasar por el centroide de la sección transversal del elemento.

3. El elemento debe tener sección transversal uniforme cerca de donde se vaya a calcular el esfuerzo.
4. El material debe ser homogéneo e isotrópico.
5. En el caso de los miembros en compresión, éste debe ser corto para evitar pandeo. En el capítulo 6 se describen las condiciones con las que se espera haya pandeo.

3-5 DEFORMACIÓN BAJO UNA CARGA AXIAL DIRECTA

Con la siguiente fórmula se calcula el estiramiento debido a una carga axial directa, o el acortamiento debido a una carga axial directa de compresión:

Deformación debido a una carga axial directa

$$\delta = FL/EA \tag{3-2}$$

donde δ = deformación total del miembro que soporta la carga axial
F = carga axial directa
L = longitud original total del miembro
E = módulo de elasticidad del material
A = área de la sección transversal del elemento

Observe que con $\sigma = F/A$, también se puede calcular la deformación

$$\delta = \sigma L/E \tag{3-3}$$

Problema ejemplo 3-2 Para la barra redonda sometida a la carga de tensión de la figura 3-6, calcule la deformación total si la longitud original de la barra es de 3600 mm. La barra está fabricada de un acero cuyo módulo de elasticidad es de 207 GPa.

Solución Objetivos Calcular la deformación de la barra.

Fuerza Fuerza $= F = 9500$ N; diámetro $= D = 12$ mm.

Longitud $= L = 3600$ mm; $E = 207$ GPa

Análisis En el Problema modelo 3-1, se observó que $\sigma = 84.0$ MPa. Se usará la ecuación (3-3).

Resultados

$$\delta = \frac{\sigma L}{E} = \frac{(84.0 \times 10^6 \text{N/m}^2)(3600 \text{ mm})}{(207 \times 10^9 \text{ N/m}^2)} = 1.46 \text{ mm}$$

3-6 ESFUERZO CORTANTE DIRECTO

El *esfuerzo cortante directo* se produce cuando la fuerza aplicada tiende a cortar el elemento como si fuera unas tijeras o una navaja, o como cuando se usa un troquel para perforar una lámina. Otro ejemplo importante de cortante directo en el diseño de máquinas es la tendencia de una cuña a ser cortada entre el eje y el cubo de un elemento de máquina cuando trasmite par de torsión. La figura 3-7 muestra esto.

El método para calcular el esfuerzo cortante directo es parecido al cálculo del esfuerzo directo de tensión, porque se supone que la fuerza aplicada está uniformemente distribuida a través de la sección transversal de la pieza que resiste la fuerza. Pero este esfuerzo es *esfuerzo cortante*, y no *esfuerzo normal*. El símbolo con que se representa el esfuerzo cortante es la legra griega tau (τ). La fórmula del esfuerzo cortante directo se puede entonces escribir como sigue:

Esfuerzo cortante directo

$$\tau = \text{fuerza de corte/área al corte} = F/A_s \tag{3-4}$$

FIGURA 3-7 Corte directo en una cuña

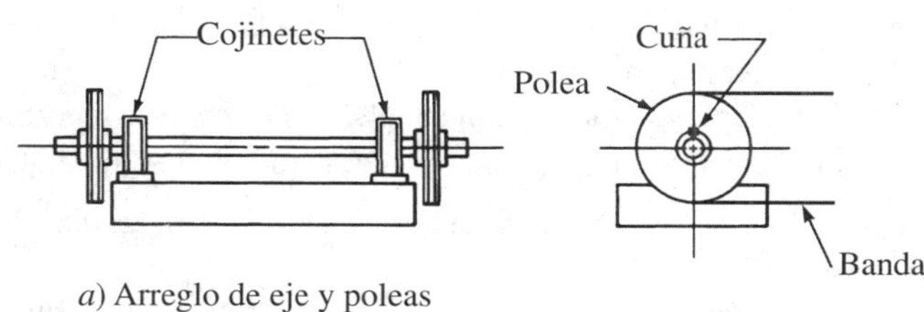

a) Arreglo de eje y poleas

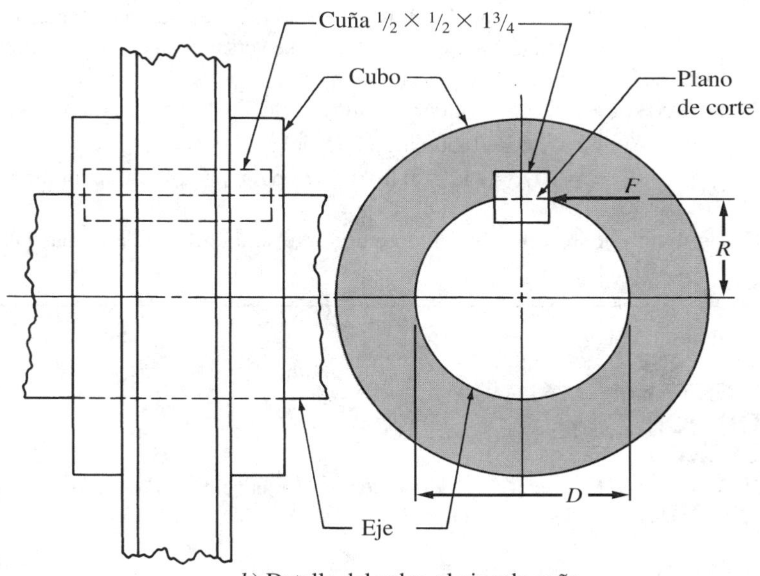

b) Detalle del cubo, el eje y la cuña

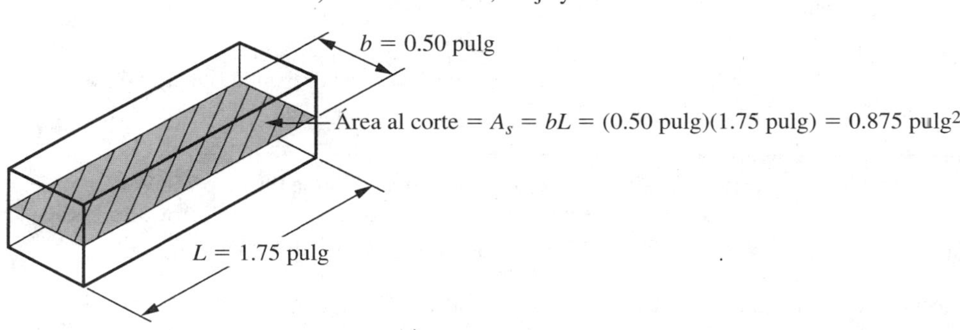

c)

Un nombre más correcto para este esfuerzo es el de *esfuerzo cortante promedio*, pero se plantea la hipótesis simplificada de que el esfuerzo se distribuye uniformemente en toda el área al corte.

Problema ejemplo 3-3 La figura 3-7 muestra un eje que soporta dos poleas sujetas a él con cuñas. La parte (*b*) muestra que se trasmite una fuerza *F* del eje al cubo de la polea, a través de una cuña cuadrada. El eje tiene 2.25 pulgadas de diámetro y transmite un par de 14 063 lb-pulg. Esa cuña tiene una sección transversal cuadrada de 0.50 pulg por lado y 1.75 pulg de longitud. Calcule la fuerza sobre la cuña y el esfuerzo cortante que causa esta fuerza.

Solución Objetivo Calcular la fuerza sobre la cuña y el esfuerzo cortante.

Datos La relación del eje, cuña y cubo se muestran en la figura 3-7.

Par de torsión $= T = 14\,063$ lb·pulg; dimensiones de la cuña $= 0.5 \times 0.5 \times 1.75$ pulg.

Diámetro del eje $= D = 2.25$ pulg; radio $= R = D/2 = 1.125$ pulg.

Análisis Par torsional $T =$ fuerza $F \times$ radio R. Entonces, $F = T/R$.

Usar la ecuación (3-4) para calcular el esfuerzo cortante: $\tau = F/A_s$.

El área al corte es la sección transversal de la cuña en la interfase entre el eje y el cubo: $A_s = bL$.

Resultados $F = T/R = 14\,063$ lb·pulg)/(1.125 pulg) $= 12\,500$ lb

$A_s = bL = (0.50 \text{ pulg})(1.75 \text{ pulg}) = 0.875 \text{ pulg}^2$

$\tau = F/A = (12\,500 \text{ lb})/(0.875 \text{ pulg}^2) = 14\,300 \text{ lb/pulg}^2$

Comentario Este valor de esfuerzo cortante será uniforme en todas las partes de la sección transversal de la cuña.

3-7 RELACIÓN ENTRE PAR DE TORSIÓN, POTENCIA Y VELOCIDAD DE GIRO

La relación entre la potencia (P), la velocidad de giro (n) y el par de torsión (T) en un eje se describe con la ecuación

Relación entre potencia, par de torsión y velocidad de giro

$$T = P/n \tag{3-5}$$

En unidades SI, la potencia se expresa en *watts* (W), o *newton metros por segundo* (N·m/s), que son equivalentes, y la velocidad de giro se expresa en *radianes por segundo* (rad/s).

Problema ejemplo 3-4 Calcule el par de torsión en un eje que trasmite 750 W de potencia cuando gira a 183 rad/s. (*Nota:* Eso equivale a lo que produce un motor eléctrico de 1.0 hp, 4 polos, que trabaja a su velocidad nominal de 1750 rpm. Vea el capítulo 21).

Solución Objetivos Calcular el par de torsión T en el eje.

Datos Potencia $= P = 750$ W $= 750$ N·m/s.

Velocidad de giro $= n = 183$ rad/s.

Análisis Usar la ecuación (3-5).

Resultados $T = P/n = (750 \text{ N}\cdot\text{m/s})/(183 \text{ rad/s})$

$T = 4.10 \text{ N}\cdot\text{m/rad} = 4.10 \text{ N}\cdot\text{m}$

Comentarios En estos cálculos, la unidad N·m/rad es dimensionalmente correcta, y hay quienes aconsejan usarla. Sin embargo, la mayoría considera que el radián es adimensional, por lo que el par se expresa en N·m o en otras unidades familiares de fuerza por distancia.

En el Sistema Estadounidense Tradicional, la potencia se expresa en *caballos de potencia*, que equivalen a 550 pie·lb/s. La unidad típica de velocidad de giro es rpm, o revoluciones por minuto. Pero la unidad más cómoda para el par de torsión es la libra-pulgada (lb·pulg). Si se consideran todas estas cantidades y se efectúan las conversiones de unidades necesarias, se usará la siguiente fórmula para calcular el par de torsión (en lb·pulg) en un eje que transmite cierta potencia P (en hp) al girar a una velocidad de n rpm.

Relación *P-T-n* en el Sistema Estadounidense Tradicional

$$T = 63\,000\,P/n \qquad \textbf{(3-6)}$$

El par de torsión que resulta estará en libra-pulgadas. Se debe comprobar el valor de la constante, 63 000.

Problema ejemplo 3-5 Calcule el par de torsión sobre un eje que transmite 1.0 hp al girar a 1750 rpm. Observe que estas condiciones son aproximadamente iguales a las del problema 3-4, donde se calculó el par de torsión en unidades SI.

Solución

Objetivo: Calcular el par de torsión en el eje.

Datos: $P = 1.0$ hp; $n = 1750$ rpm.

Análisis: Use la ecuación (3-6).

Resultados: $T = 63\,000\,P/n = [63\,000(1.0)]/1750 = 36.0$ lb·pulg

3-8 ESFUERZO CORTANTE TORSIONAL

Cuando un *par de torsión*, o *momento de torsión,* se aplica a un elemento, tiende a deformarlo por torcimiento, lo cual causa una rotación de una parte del elemento en relación con otra. Ese torcimiento provoca un esfuerzo cortante en el miembro. Para un elemento pequeño del miembro, la naturaleza del esfuerzo es igual que la que se experimenta bajo el esfuerzo cortante directo. Sin embargo, en el *cortante torsional*, la distribución de esfuerzo no es uniforme en la sección transversal.

El caso más frecuente de cortante por torsión, en el diseño de máquinas, es el de un eje redondo que transmite potencia. En el capítulo 12 se describe el diseño de los ejes.

Fórmula del esfuerzo cortante torsional

Cuando un eje redondo macizo se somete a un par de torsión, la superficie externa sufre la máxima deformación cortante unitaria y, por consiguiente, el esfuerzo cortante torsional máximo. Vea la figura 3-8. El valor del esfuerzo cortante torsional máximo se calcula con

Esfuerzo cortante torsional máximo en un eje circular

$$\tau_{máx} = Tc/J \qquad \textbf{(3-7)}$$

donde c = radio de la superficie externa del eje
J = momento polar de inercia

Vea las fórmulas para calcular J en el apéndice 1.

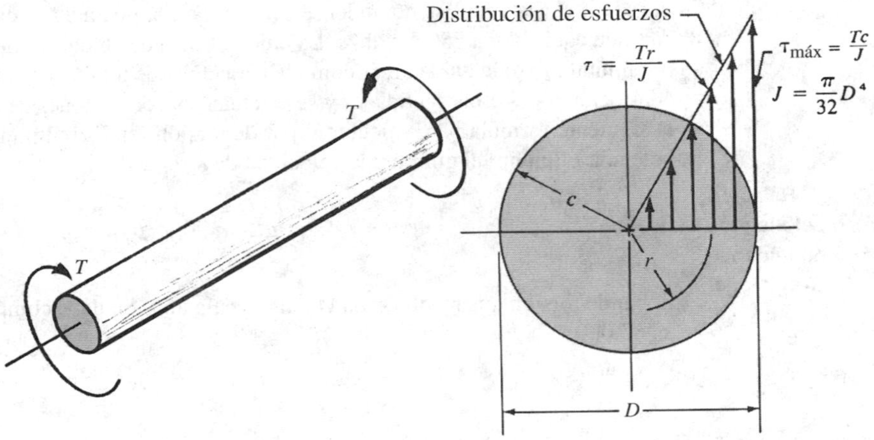

FIGURA 3-8 Distribución de esfuerzos en un eje macizo

Problema ejemplo 3-6 Calcule el esfuerzo cortante torsional máximo en un eje de 10 mm de diámetro, cuando soporta un par de torsión de 4.10 N·m.

Solución Objetivo Calcular el esfuerzo cortante torsional en el eje.

Datos Par de torsión $= T = 4.10$ N·m; diámetro del eje $= D = 10$ mm.
c = radio del eje $= D/2 = 5.0$ mm.

Análisis Use la ecuación (3-7) para calcular el esfuerzo cortante torsional: $\tau_{máx} = Tc/J$.
J es el momento polar de inercia del eje: $J = \pi D^4/32$ (vea el apéndice 1).

Resultados $J = \pi D^4/32 = [(\pi)(10 \text{ mm})^4]/32 = 982 \text{ mm}^4$

$$\tau_{máx} = \frac{(4.10 \text{ N}\cdot\text{m})(5.0 \text{ mm})}{982 \text{ mm}^4}\frac{10^3 \text{ mm}}{\text{m}} = 20.9 \text{ N/mm}^2 = 20.9 \text{ MPa}$$

Comentario El esfuerzo cortante torsional máximo se presenta en la superficie externa del eje alrededor de toda su circunferencia.

Si se desea calcular el esfuerzo cortante torsional en algún punto dentro del eje, se emplea la fórmula más general:

 **Fórmula general del esfuerzo cortante torsional**

$$\tau = Tr/J \tag{3-8}$$

donde r = distancia radial desde el centro del eje hasta el punto de interés.

La figura 3-8 muestra en forma gráfica que esta ecuación se basa en la variación lineal del esfuerzo cortante torsional desde cero, al centro del eje, hasta el valor máximo en la superficie externa.

Las ecuaciones (3-7) y (3-8) también se aplican a ejes huecos (la figura 3-9 muestra la distribución del esfuerzo cortante). Observe de nuevo que el esfuerzo cortante está en la superficie externa. También observe que toda el área de la sección transversal soporta un valor relativamente alto de esfuerzo. El resultado es que el eje hueco es más eficiente. Observe que el material cercano al centro del eje macizo no tiene grandes esfuerzos.

FIGURA 3-9
Distribución de esfuerzos en un eje hueco

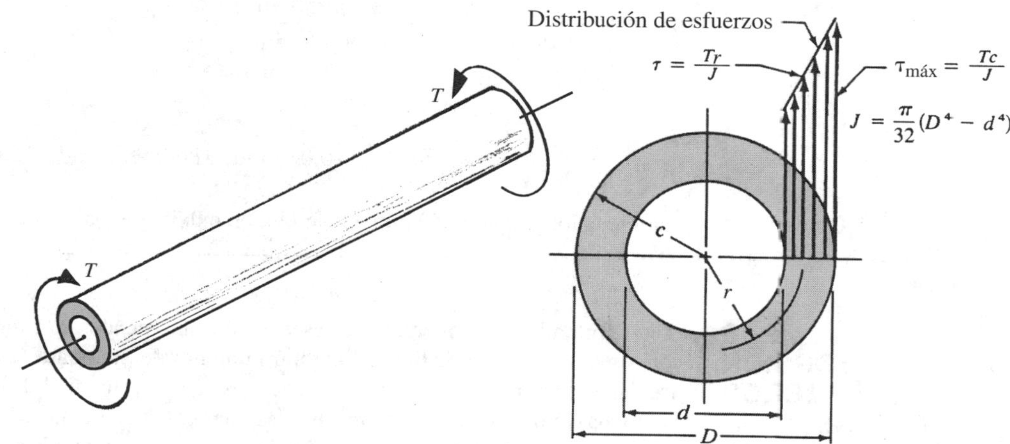

Para diseño, conviene definir el *módulo de sección polar, Z_p*:

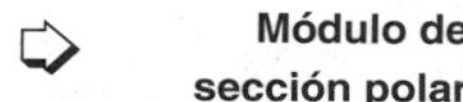

Módulo de sección polar

$$Z_p = J/c \tag{3-9}$$

Entonces, la ecuación del esfuerzo cortante máximo por torsión es

$$\tau_{máx} = T/Z_p \tag{3-10}$$

También en el apéndice 1 se muestran fórmulas del módulo de sección polar. Esta forma de la ecuación del esfuerzo cortante torsional es útil en problemas de diseño, porque el módulo de sección polar es el único término relacionado con la geometría del área transversal.

3-9 DEFORMACIÓN POR TORSIÓN

Cuando un eje se somete a un par de torsión, sufre un torcimiento en el que una sección transversal gira con respecto a otras secciones transversales en el eje. El ángulo de torsión se calcula mediante

Deformación por torsión

$$\theta = TL/GJ \tag{3-11}$$

donde θ = ángulo de torsión (radianes)
L = longitud del eje donde se calcula el ángulo de torsión
G = módulo de elasticidad del material del eje en *cortante*.

Problema ejemplo 3-7 Calcule el ángulo de torsión de un eje de 10 mm de diámetro que soporta 4.10 N·m de par de torsión, si tiene 250 mm de longitud y es de acero con G = 80 GPa. Exprese el resultado en radianes y en grados.

Solución Objetivo: Calcular el ángulo de torsión en el eje.

Datos: Par = T = 4.10 N·m; longitud = L = 250 mm.
Diámetro del eje = D = 10 mm; G = 80 GPa.

Análisis: Use la ecuación (3-11). Para tener consistencia, sean $T = 4.10 \times 10^3$ N·mm, y $G = 80 \times 10^3$ N/mm^2. De acuerdo con el problema ejemplo 3-6, J = 982 mm.^{4}

Resultados

$$\theta = \frac{TL}{GJ} = \frac{(4.10 \times 10^3 \text{ N}\cdot\text{mm})(250 \text{ mm})}{(80 \times 10^3 \text{ N/mm}^2)(982 \text{ mm}^4)} = 0.013 \text{ rad}$$

Como π rad = 180°,

$$\theta = (0.013 \text{ rad})(180 \text{ deg}/\pi \text{ rad}) = 0.75 \text{ deg}$$

Comentario Durante la longitud de 250 mm, el eje se tuerce 0.75 grados.

3-10 TORSIÓN EN MIEMBROS CON SECCIÓN TRANSVERSAL NO CIRCULAR

El comportamiento de miembros con secciones transversales no circulares, al someterse a la torsión, es radicalmente distinto al comportamiento de elementos con secciones transversales circulares. Sin embargo, los factores que más se manejan en el diseño de máquinas son el esfuerzo máximo y el ángulo total de torsión, para esos elementos. Las fórmulas de estos factores se pueden expresar en formas parecidas a las que se emplean para miembros de sección transversal circular (ejes redondos, macizos o huecos).

Se pueden manejar las siguientes dos fórmulas:

Esfuerzo cortante torsional

$$\tau_{máx} = T/Q \tag{3-12}$$

Deflexión de secciones no circulares

$$\theta = TL/GK \tag{3-13}$$

Observe que las ecuaciones (3-12) y (3-13) se parecen a las ecuaciones (3-10) y (3-11), con la sustitución de Q por Z_p y K por J. Vea la figura 3-10, con los métodos para determinar los valores de K y Q para varios tipos de secciones transversales que se manejan en el diseño de máquinas. Esos valores sólo son adecuados si los extremos de los miembros son libres para deformarse. Si alguno de los extremos se fija, por ejemplo, soldándolo a una estructura firme, el esfuerzo resultante y el torcimiento angular son muy diferentes (vea las referencias 2, 4 y 6).

Problema ejemplo 3-8

Un eje de 2.00 pulg de diámetro que soporta una catarina tiene fresado un extremo en forma de un cuadrado, para permitir el uso de una manivela. El cuadrado tiene 1.75 pulg por lado. Calcule el esfuerzo cortante máximo en la parte cuadrada del eje, cuando se aplica un par de torsión de 15 000 lb·pulg.

También, si la longitud de la parte cuadrada es 8.00 pulg, calcule el ángulo de torsión a lo largo de esta parte. El material del eje es acero, con $G = 11.5 \times 10^6$ psi.

Solución

Objetivo Calcular el esfuerzo cortante máximo y el ángulo de torsión en el eje.

Datos Par = T = 15 000 lb·pulg; longitud = L = 8.00 pulg.
El eje es cuadrado; entonces, $a = 1.75$ pulg.
$G = 11.5 \times 10^6$ psi.

Análisis La figura 3-10 muestra los métodos para calcular los valores de Q y K que se emplean en las ecuaciones (3-12) y (3-13).

Resultados

$$Q = 0.208a^3 = (0.208)(1.75 \text{ pulg})^3 = 1.115 \text{ pulg}^3$$
$$K = 0.141a^4 = (0.141)(1.75 \text{ pulg})^4 = 1.322 \text{ pulg}^4$$

Ahora se podrá calcular el esfuerzo y la deflexión.

FIGURA 3-10
Métodos para determinar valores de K y Q para varios tipos de secciones transversales

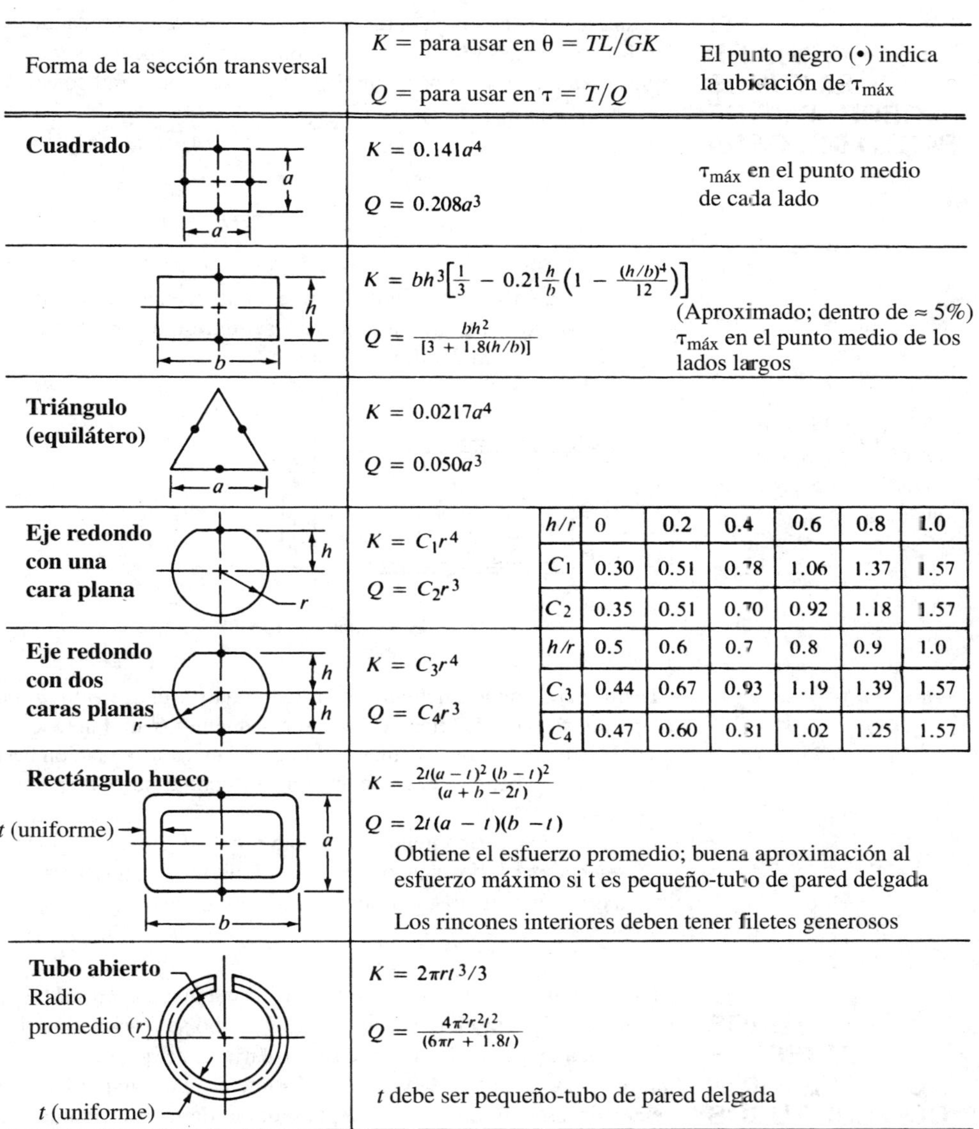

Forma de la sección transversal	K = para usar en $\theta = TL/GK$; Q = para usar en $\tau = T/Q$	El punto negro (•) indica la ubicación de $\tau_{máx}$
Cuadrado	$K = 0.141a^4$; $Q = 0.208a^3$	$\tau_{máx}$ en el punto medio de cada lado
(Rectángulo)	$K = bh^3\left[\frac{1}{3} - 0.21\frac{h}{b}\left(1 - \frac{(h/b)^4}{12}\right)\right]$; $Q = \frac{bh^2}{[3 + 1.8(h/b)]}$	(Aproximado; dentro de ≈ 5%) $\tau_{máx}$ en el punto medio de los lados largos
Triángulo (equilátero)	$K = 0.0217a^4$; $Q = 0.050a^3$	
Eje redondo con una cara plana	$K = C_1r^4$; $Q = C_2r^3$	(ver tabla)
Eje redondo con dos caras planas	$K = C_3r^4$; $Q = C_4r^3$	(ver tabla)
Rectángulo hueco t (uniforme)	$K = \frac{2t(a-t)^2(b-t)^2}{(a+b-2t)}$; $Q = 2t(a-t)(b-t)$	Obtiene el esfuerzo promedio; buena aproximación al esfuerzo máximo si t es pequeño-tubo de pared delgada. Los rincones interiores deben tener filetes generosos
Tubo abierto Radio promedio (r), t (uniforme)	$K = 2\pi rt^3/3$; $Q = \frac{4\pi^2r^2t^2}{(6\pi r + 1.8t)}$	t debe ser pequeño-tubo de pared delgada

h/r	0	0.2	0.4	0.6	0.8	1.0
C_1	0.30	0.51	0.78	1.06	1.37	1.57
C_2	0.35	0.51	0.70	0.92	1.18	1.57

h/r	0.5	0.6	0.7	0.8	0.9	1.0
C_3	0.44	0.67	0.93	1.19	1.39	1.57
C_4	0.47	0.60	0.81	1.02	1.25	1.57

$$\tau_{máx} = \frac{T}{Q} = \frac{15\,000 \text{ lb}\cdot\text{pulg}}{(1.115 \text{ pulg}^3)} = 13\,460 \text{ psi}$$

$$\theta = \frac{TL}{GK} = \frac{(15\,000 \text{ lb}\cdot\text{pulg})(8.00 \text{ pulg})}{(11.5 \times 10^6 \text{ lb/pulg}^2)(1.322 \text{ pulg}^4)} = 0.0079 \text{ rad}$$

Conversión del ángulo de torsión a grados:

$$\theta = (0.0079 \text{ rad})(180 \text{ grados}/\pi \text{ rad}) = 0.452 \text{ grados}$$

Comentario En la longitud de 8.00 pulgadas, la parte cuadrada del eje gira 0.452 grados. El esfuerzo cortante máximo es 13 460 psi, y está en el punto medio de cada lado, como se ve en la figura 3-10.

3-11 TORSIÓN EN TUBOS CERRADOS DE PARED DELGADA

En un método general para tubos cerrados de pared delgada, de casi cualquier forma, se manejan las ecuaciones (3-12) y (3-13), con métodos especiales para evaluar K y Q. La figura 3-11 muestra uno de esos tubos, que tiene un espesor de pared constante. Los valores de K y Q son

$$K = 4A^2t/U \tag{3-14}$$

$$Q = 2tA \tag{3-15}$$

donde A = área encerrada por el límite medio (señalado con línea punteada en la figura 3-11).
t = espesor de pared (que debe ser uniforme y delgada)
U = longitud del límite medio

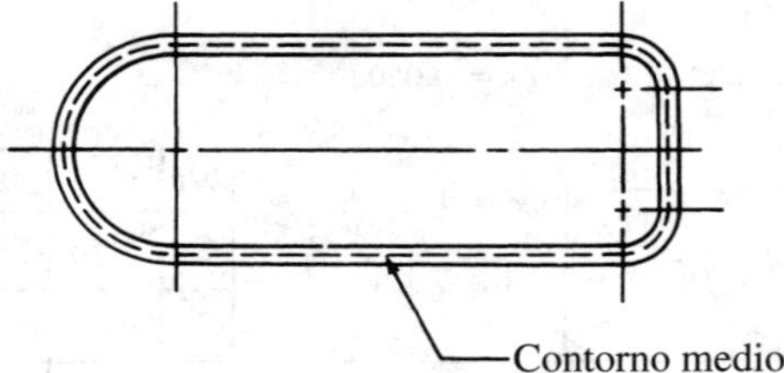

FIGURA 3-11 Tubo cerrado de pared delgada con espesor de pared constante

El esfuerzo cortante calculado con este método es el *esfuerzo promedio* en la pared del tubo. Sin embargo, si esa pared tiene un espesor pequeño t (pared delgada), el esfuerzo es casi uniforme en toda la pared, y con este método se tendrá una aproximación bastante cercana al esfuerzo máximo. Para el análisis de secciones tubulares con espesor de pared no uniforme, vea las referencias 2, 4 y 7.

Para diseñar un miembro que sólo resista torsión, o torsión y flexión combinadas, se aconseja seleccionar tubos huecos, ya sea redondos, rectangulares o de otra forma cerrada. Tienen buena eficiencia, tanto en la flexión como en la torsión.

3-12 TUBOS ABIERTOS Y COMPARACIÓN CON LOS TUBOS CERRADOS

El término *tubo abierto* se refiere a una forma que parece ser tubular, pero que no es completamente cerrada. Por ejemplo, una parte del tubo se fabrica a partir de una cinta delgada y plana de acero, a la que se da la forma para rolarla hasta que se obtiene la forma que se desea (circular, rectangular, cuadrada y demás). Es interesante calcular las propiedades de la sección transversal de ese tubo, antes y después de soldarlo. El siguiente problema ejemplo ilustra la comparación, para un determinado tamaño de círculo.

Problema ejemplo 3-9 La figura 3-12 muestra un tubo antes [parte (b)] y después [parte (a)] de soldar la unión. Compare la rigidez y la resistencia de cada forma.

Solución Objetivo: Comparar la rigidez y la resistencia a la torsión del tubo cerrado de la figura 3-12(a) y las del tubo abierto de la figura 3-12(b).

Datos: Las formas de los tubos se ven en la figura 3-12. Las dos tienen la misma longitud, diámetro y espesor de pared, y ambas están fabricdas del mismo material.

Análisis: La ecuación (3-13) calcula el ángulo de torsión de un miembro no circular, e indica que el ángulo es inversamente proporcional al valor de K. De igual modo, la ecuación (3-11) indica que

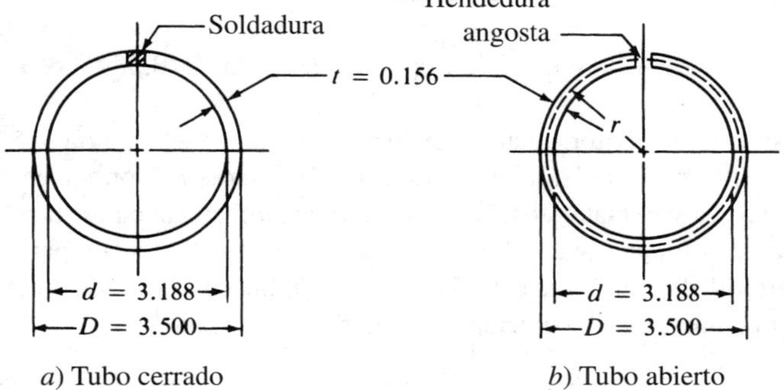

FIGURA 3-12 Comparación de tubos cerrados y abiertos

el ángulo de torsión de un tubo circular es inversamente proporcional al momento polar de inercia J. Todos los demás términos de las dos ecuaciones son iguales para cada diseño. Por consiguiente, la relación de θ_{abierto} entre θ_{cerrado} es igual a la relación J/K. En el apéndice 1 se ve que

$$J = \pi(D^4 - d^4)/32$$

Y en la figura 3-10 se observa que

$$K = 2\pi r t^3/3$$

Mediante un razonamiento similar con las ecuaciones (3-12) y (3-8), se demuestra que el esfuerzo cortante torsional máximo es inversamente proporcional a Q y a Z_p para los tubos abiertos y cerrados, respectivamente. Entonces, se puede comparar las resistencias de los dos perfiles si se calcula la relación Z_p/Q. Con la ecuación (3-9) se observa que

$$Z_p = J/c = J/(D/2)$$

La ecuación de Q para el tubo abierto se muestra en la figura 3-10.

Resultados Se compara la rigidez torsional al calcular la relación J/K. Para el tubo hueco cerrado,

$$J = \pi(D^4 - d^4)/32$$
$$J = \pi(3.500^4 - 3.188^4)/32 = 4.592 \text{ pulg}^4$$

Para el tubo abierto antes de soldar la ranura, y de acuerdo con la figura 3-10,

$$K = 2\pi r t^3/3$$
$$K = [(2)(\pi)(1.672)(0.156)^3]/3 = 0.0133 \text{ pulg}^4$$
$$\text{Relación} = J/K = 4.592/0.0133 = 345$$

A continuación se efectúa la comparación de las resistencias de los dos perfiles, al calcular la relación Z_p/Q.

Ya se había calculado el valor de J, y fue 4.592 pulg^4. Entonces

$$Z_p = J/c = J/(D/2) = (4.592 \text{ pulg}^4)/[(3.500 \text{ pulg})/2] = 2.624 \text{ pulg}^3$$

Para el tubo abierto,

$$Q = \frac{4\pi^2 r^2 t^2}{(6\pi r + 1.8t)} = \frac{4\pi^2(1.672 \text{ pulg})^2(0.156 \text{ pulg})^2}{[6\pi(1.672 \text{ pulg}) + 1.8(0.156 \text{ pulg})]} = 0.0845 \text{ pulg}^3$$

Entonces la comparación de resistencias es

$$\text{Radio} = Z_p/Q = 2.624/0.0845 = 31.1$$

Comentarios Así, para un par torsional aplicado, el tubo abierto se torcería 345 veces más que el tubo cerrado. El esfuerzo en el tubo abierto sería 31.1 veces mayor que en el tubo cerrado. También observe que si el material del tubo es delgado, probablemente se pandeará a un valor relativamente bajo de esfuerzo, y el tubo se aplastará súbitamente. La comparación demuestra la notable superioridad de la forma cerrada, de un perfil hueco, respecto de la forma abierta. Se podrían hacer comparaciones parecidas para perfiles no circulares.

3-13 ESFUERZO CORTANTE VERTICAL

Una viga que soporta cargas transversales a su eje desarrollará fuerzas de corte, las cuales se representarán con V. En el análisis de vigas se acostumbra calcular la variación de la fuerza cortante a todo lo largo de la viga y trazar el *diagrama de fuerza cortante.* Entonces, el esfuerzo cortante vertical que resulta se puede calcular con

Esfuerzo de flexión vertical en vigas

$$\tau = VQ/It \tag{3-16}$$

donde I = momento de inercia rectangular de la sección transversal de la viga
t = espesor del perfil en el lugar donde se va a calcular el esfuerzo cortante
Q = *primer momento* con respecto al eje centroidal *del área* de la sección transversal de esa parte, que está en el lado opuesto del eje, al lado donde se va a calcular el esfuerzo cortante.

Para calcular el valor de Q, se definirá con la siguiente ecuación,

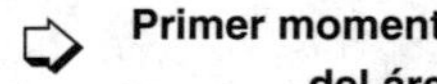

Primer momento del área

$$Q = A_p\bar{y} \tag{3-17}$$

donde A_p = la parte del área de la sección arriba del lugar donde se va a calcular el esfuerzo
$\bar{y}$ = distancia del eje neutro de la sección al centroide del área A_p.

En algunos libros de referencia, y en ediciones anteriores de este libro, a Q se le llama *momento estático*. Aquí se usará el término *primer momento del área*.

Para la mayor parte de los perfiles, el esfuerzo cortante vertical máximo está en el eje centroidal. En forma específica, si el espesor no es menor en un lugar alejado del eje centroidal, entonces se asegura que el esfuerzo cortante vertical máximo esté en el eje centroidal.

La figura 3-13 muestra tres ejemplos de cómo se calcula Q en secciones transversales típicas de vigas. En cada caso, el esfuerzo cortante vertical máximo está en el eje neutro.

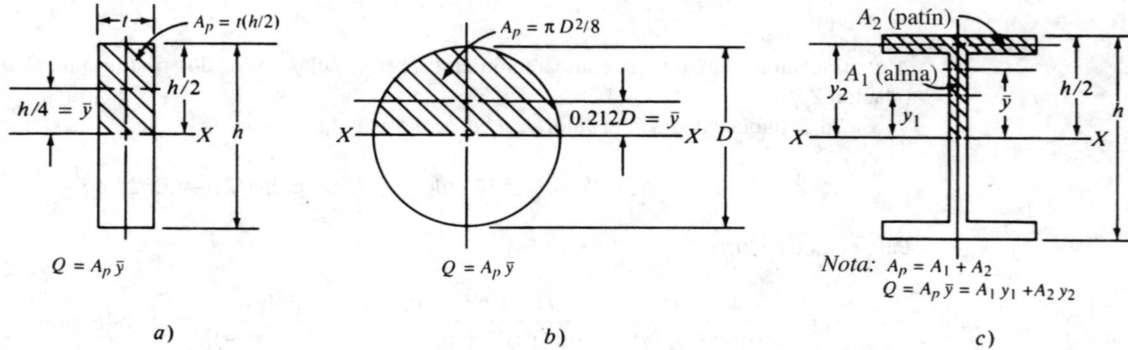

FIGURA 3-13 Ilustraciones de A_p y $\bar{y}$, empleados para calcular Q de tres perfiles

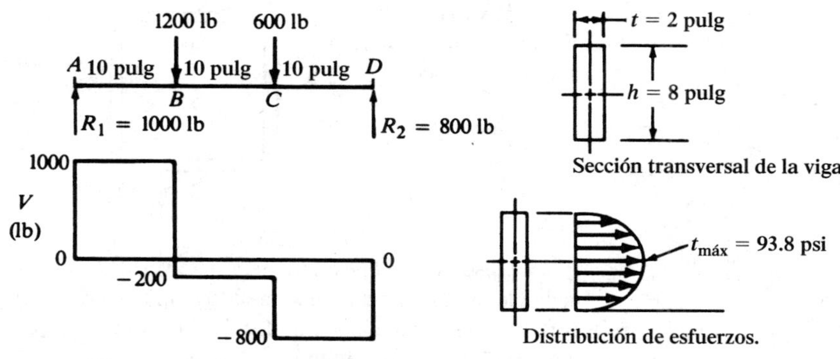

FIGURA 3-14 Diagrama de fuerza cortante y esfuerzo cortante vertical para la viga

Problema ejemplo 3-10 La figura 3-14 muestra una viga simplemente apoyada, la cual sostiene dos cargas concentradas. Se muestra el diagrama de fuerza cortante, junto con la forma y el tamaño de la sección transversal rectangular de la viga. La distribución de esfuerzos es parabólica, con el esfuerzo máximo presente en el eje neutro. Con la ecuación (3-16), calcule el esfuerzo cortante máximo en la viga.

Solución

Objetivo — Calcular el esfuerzo cortante máximo τ en la viga de la figura 3-14.

Datos — La forma de la viga es un rectángulo: $h = 8.00$ pulg; $t = 2.00$ pulg.
Esfuerzo cortante máximo $= V = 1000$ lb en todos los puntos entre A y B.

Análisis — Use la ecuación (3-16) para calcular τ. V y t son datos. De acuerdo con el apéndice 1,

$$I = th^3/12$$

El valor del primer momento de área Q se puede calcular con la ecuación (3-17). Para la sección transversal rectangular de la figura 3-13(a), $A_p = t(h/2)$ y $\bar{y} = h/4$. Entonces,

$$Q = A_p\bar{y} = (th/2)(h/4) = th^2/8$$

Resultados

$$I = th^3/12 = (2.0 \text{ pulg})(8.0 \text{ pulg})^3/12 = 85.3 \text{ pulg}^4$$

$$Q = A_p\bar{y} = th^2/8 = (2.0 \text{ pulg})(8.0 \text{ pulg})^2/8 = 16.0 \text{ pulg}^3$$

Entonces, el esfuerzo cortante máximo es

$$\tau = \frac{VQ}{It} = \frac{(1000 \text{ lb})(16.0 \text{ pulg}^3)}{(85.3 \text{ pulg}^4)(2.0 \text{ pulg})} = 93.8 \text{ lb/pulg}^2 = 93.8 \text{ psi}$$

Comentarios — El esfuerzo cortante máximo de 93.8 psi se presenta en el eje neutro de la sección rectangular, como se ve en la figura 3-14. La distribución de esfuerzos dentro de la sección transversal es parabólica, en general, y termina con esfuerzo cortante cero en las superficies superior e inferior. Es la naturaleza del esfuerzo cortante en todos los puntos, entre el apoyo izquierdo en A y el punto de aplicación de la carga de 1200 lb en B. El esfuerzo cortante máximo en cualquier otro punto de la viga es proporcional a la magnitud de la fuerza cortante vertical en el punto de interés.

FIGURA 3-15
Esfuerzos cortantes sobre un elemento

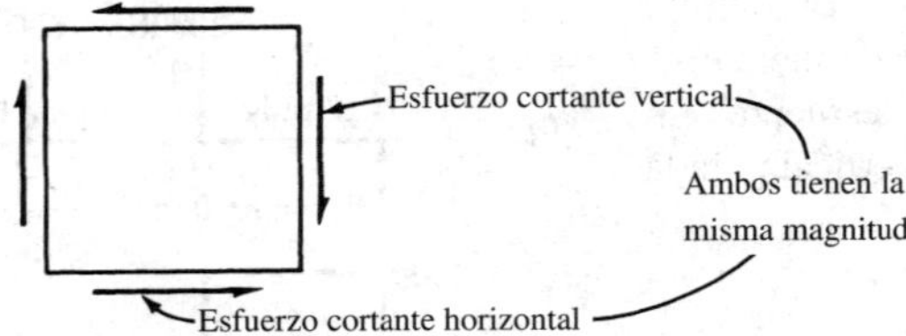

Observe que el esfuerzo cortante vertical es igual al *esfuerzo cortante horizontal*, porque cada elemento de material sometido a un esfuerzo cortante en una cara debe tener un esfuerzo cortante de la misma magnitud en la cara adyacente del elemento, para estar en equilibrio. La figura 3-15 muestra este fenómeno.

En la mayor parte de las vigas, la magnitud del esfuerzo cortante vertical es bastante pequeña, en comparación con el esfuerzo de flexión (vea la siguiente sección). Por esta razón, con frecuencia ni siquiera se calcula. Los casos donde tiene importancia incluyen los siguientes:

1. Cuando el material de la viga tiene una resistencia relativamente baja al cortante (como la madera).
2. Cuando el momento de flexión es cero (y por consecuencia, el esfuerzo de flexión es pequeño); por ejemplo, en los extremos de vigas simplemente apoyadas y en vigas cortas.
3. Cuando el espesor de la sección que soporta el esfuerzo cortante es pequeño, como en los perfiles hechos con lámina, algunas formas extendidas y el alma de perfiles estructurales laminados, como las vigas de patín ancho.

3-14 FÓRMULAS ESPECIALES DE ESFUERZO CORTANTE

La ecuación (3-16) puede ser tediosa, por la necesidad de evaluar el primer momento del área Q. Varios perfiles de sección transversal de uso frecuente tienen fórmulas especiales, fáciles de usar, para calcular el esfuerzo cortante vertical máximo:

$\tau_{máx}$ para el rectángulo

$$\tau_{máx} = 3V/2A \text{ (exacta)} \qquad \textbf{(3-18)}$$

Donde A = superficie transversal total de la viga

$\tau_{máx}$ para el círculo

$$\tau_{máx} = 4V/3A \text{ (exacta)} \qquad \textbf{(3-19)}$$

$\tau_{máx}$ para viga I

$$\tau_{máx} \simeq V/th \text{ (aproximada: un 15\% baja)} \qquad \textbf{(3-20)}$$

donde t = espesor del alma
h = altura del alma (por ejemplo, una viga de patín ancho)

$\tau_{máx}$ para tubo de pared delgada

$$\tau_{máx} \simeq 2V/A \text{ (aproximada: un poco alta)} \qquad \textbf{(3-21)}$$

En todos estos casos, el esfuerzo cortante se presenta en el eje neutro.

Problema ejemplo 3-11 Calcule el esfuerzo cortante máximo en la viga descrito en el problema 3-10, mediante la fórmula especial de esfuerzo cortante para una viga rectangular.

Solución Objetivo Calcular el esfuerzo cortante máximo τ en la viga de la figura 3-14.

Datos Los datos son los mismos del problema 3-10, y se ven en la figura 3-14.

Análisis Use la ecuación (3-18) para calcular $\tau = 3V/2A$. Para el rectángulo, $A = th$.

Resultados

$$\tau_{\text{máx}} = \frac{3V}{2A} = \frac{3(1000 \text{ lb})}{2[(2.0 \text{ pulg})(8.0 \text{ pulg})]} = 93.8 \text{ psi}$$

Comentario Este resultado es el mismo que el que se obtuvo en el problema modelo 3-10, como era de esperarse.

3-15 ESFUERZO DEBIDO A FLEXIÓN

Una *viga* es un elemento que soporta cargas transversales a su eje. Esas cargas producen momentos de flexión en la viga, las cuales a su vez causan el desarrollo de esfuerzos de flexión. Los esfuerzos de flexión son *esfuerzos normales*, esto es, son de tensión o de compresión. El esfuerzo cortante máximo en una sección transversal de una viga está en la parte más alejada del eje neutro de la sección. En ese punto, la *fórmula de la flexión* muestra como resultado el esfuerzo:

Fórmula de la flexión para el esfuerzo cortante máximo

$$\sigma = Mc/I \qquad \textbf{(3-22)}$$

donde M = magnitud del momento de flexión en esa sección
I = momento de inercia del área transversal con respecto a su eje neutro
c = distancia del eje neutro a la fibra más alejada, en la sección transversal de la viga.

La magnitud del esfuerzo de flexión varía linealmente dentro del área transversal, desde el valor cero en el eje neutro, hasta el esfuerzo de tensión máximo en un lado del eje neutro, y hasta el esfuerzo de compresión máximo en el lado contrario. La figura 3-16 muestra una distribución típica de esfuerzos en el corte transversal de una viga. Observe que la distribución de esfuerzos es independiente de la forma de la sección transversal.

También observe que existe *flexión positiva* cuando la forma flexionada de la viga es cóncava hacia arriba, lo que causa una compresión en la parte superior de la sección transversal, y tensión en la parte inferior. Por el contrario, la *flexión negativa* provoca que la viga sea cóncava hacia abajo.

La fórmula de la flexión se dedujo sujeta a las siguientes condiciones:

1. La viga debe estar en flexión pura. El esfuerzo cortante debe ser cero o despreciable. No se presentan cargas axiales.
2. La viga no debe torcerse ni estar sujeta a una carga de torsión.
3. El material de la viga debe obedecer la ley de Hooke.
4. El módulo de elasticidad del material debe ser igual tanto a tensión como a compresión.
5. La viga es recta inicialmente, y tiene una sección transversal constante.
6. Cualquier sección transversal plano de la viga permanece plano durante la flexión.
7. Ninguna parte de la forma de la viga falla por pandeo o arrugamiento local.

Si no se cumple estrictamente la condición 1, se puede continuar con el análisis mediante el método de los esfuerzos combinados que se presentará en el capítulo 4. En la mayor parte de las vigas, las cuales son más largas en relación con su altura, los esfuerzos cortantes son suficientemente pequeños como para considerarlos despreciables. Además, el esfuerzo de flexión máximo se presenta en las fibras más externas de la sección de la viga, donde en realidad el esfuerzo cortante es cero. Una viga con sección transversal variable, que quizá no satisfaga la con-

FIGURA 3-16
Distribución típica del esfuerzo de flexión en la sección transversal de una viga

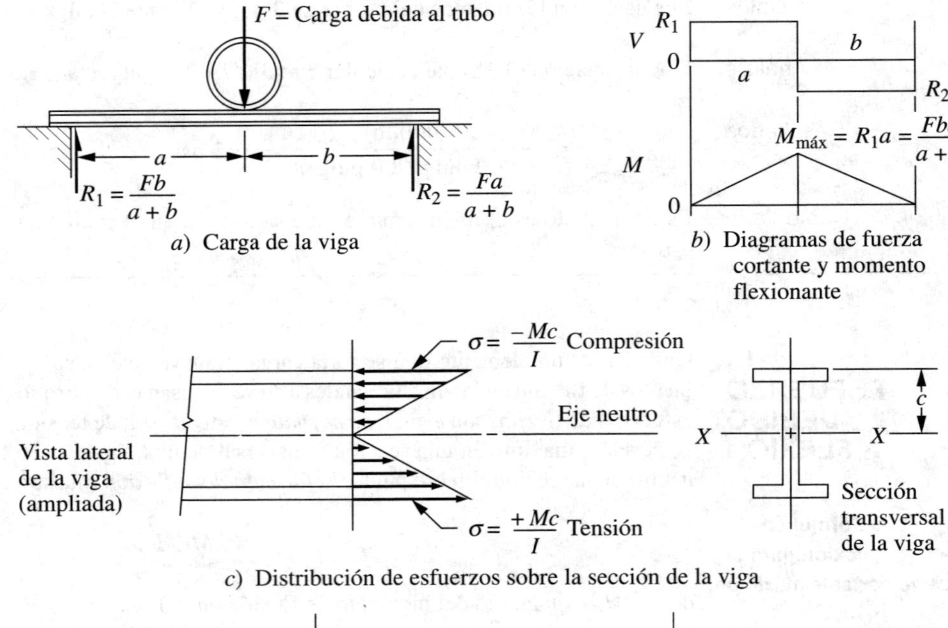

a) Carga de la viga

b) Diagramas de fuerza cortante y momento flexionante

c) Distribución de esfuerzos sobre la sección de la viga

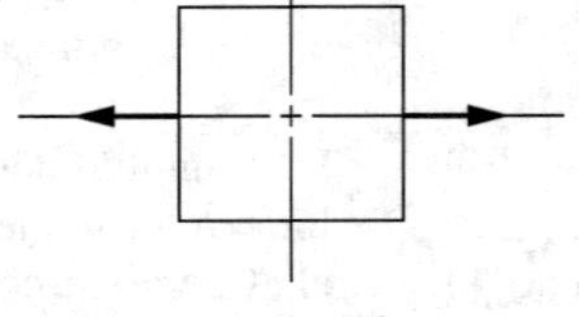

d) Elemento de esfuerzos en compresión, en la parte superior de la viga

e) Elemento de esfuerzos en tensión, en la parte inferior de la viga

dición 5, se puede analizar mediante factores de concentración de esfuerzo, descritos más adelante en este capítulo.

Para el diseño, conviene definir el término *módulo de sección S*, como

$$S = I/c \tag{3-23}$$

Entonces, la fórmula de la flexión se transforma en

Fórmula de la flexión

$$\sigma = M/S \tag{3-24}$$

Ya que I y c son propiedades geométricas del área transversal de la viga, S también lo es. Entonces, en el diseño, se acostumbra a definir un esfuerzo de diseño σ_d, y si se conoce el momento de flexión, se despeja S:

 **Módulo de sección requerido**

$$S = M/\sigma_d \tag{3-25}$$

Esto muestra como resultado el valor requerido del módulo de sección. A partir de él, se pueden determinar las dimensiones necesarias de la viga.

Problema ejemplo 3-12 Para la viga de la figura 3-16, la carga F debida al tubo es 12 000 lb. Las distancias son $a = 4$ pies y $b = 6$ pies. Calcule el módulo de sección necesario en la viga, para limitar a 30 000 psi, el esfuerzo debido a la flexión; ese valor es el esfuerzo de diseño recomendado para un acero estructural típico en flexión estática.

Solución Objetivo Calcular el módulo de sección necesario S para la viga de la figura 3-16.

Datos La distribución y la forma de carga se muestran en la figura 3-16.

Longitudes: longitud total $= L = 10$ pies; $a = 4$ pies; $b = 6$ pies.

Carga $= F = 12\,000$ lb.

Esfuerzo de diseño $= \sigma_d = 30\,000$ psi

Análisis Se usará la ecuación (3-25) para calcular el módulo de sección S necesario. Se calculará el momento de flexión máximo que se presenta en el punto de aplicación de la carga, con la fórmula del inciso (b) de la figura 3-16.

Resultados

$$M_{\text{máx}} = R_1\, a = \frac{Fba}{a+b} = \frac{(12\,000\text{ lb})(6\text{ pies})(4\text{ pies})}{(6\text{ pies} + 4\text{ pies})} = 28\,800\text{ lb}\cdot\text{pies}$$

$$S = \frac{M}{\sigma_d} = \frac{28\,800\text{ lb}\cdot\text{pies}}{30\,000\text{ lb/pulg}^2}\,\frac{12\text{ pulg}}{\text{pies}} = 11.5\text{ pulg}^3$$

Comentarios Ahora se puede seleccionar un perfil de viga en las tablas A16-3 y A16-4, que tenga cuando menos este valor de módulo de sección. La sección más ligera, que es lo que se prefiere en el caso típico, es la viga de patín ancho W8 × 15, con $S = 11.8$ pulg^3.

3-16 CENTRO DE FLEXIÓN PARA VIGAS

La sección de una viga debe cargarse en una forma que asegure que las fuerzas sean simétricas, esto es, no debe haber la tendencia de que la sección gire bajo la carga. La figura 3-17 muestra varias formas que se emplean en el caso típico de las vigas, que tienen un eje vertical de sime-

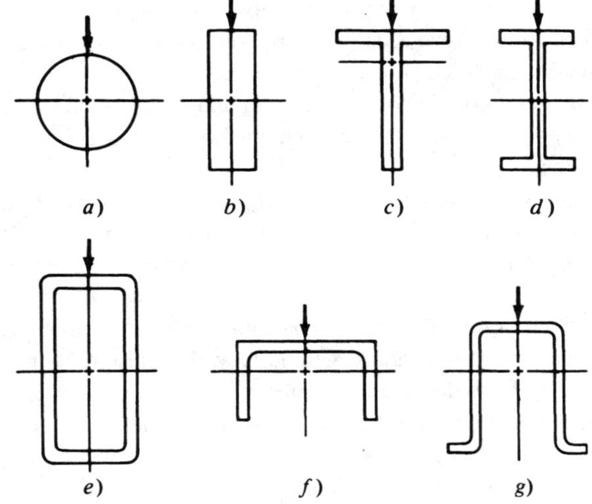

FIGURA 3-17 Secciones simétricas. Una carga aplicada a lo largo del eje de simetría causa flexión pura en la viga.

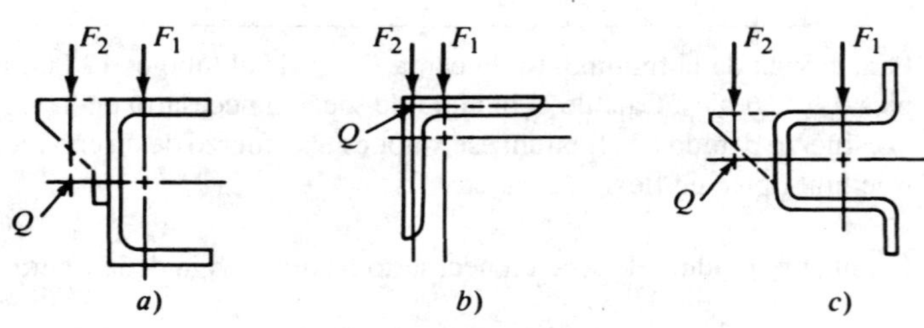

FIGURA 3-18 Secciones no simétricas. Una carga aplicada como se indica para F_1, causaría torcimiento; las cargas aplicadas como la F_2, que pasan por el centro de flexión Q, causarían flexión pura.

tría. Si la línea de acción de las cargas en esas secciones pasa por el eje de simetría, no habrá tendencia para que el perfil se tuerza, y es válido aplicar la fórmula de la flexión.

Cuando no hay eje de simetría vertical, como en las secciones de la figura 3-18, se debe tener cuidado al colocar las cargas. Si la línea de acción de ellas fuera como la de F_1 en la figura, la viga se torcería y se doblaría, y entonces la fórmula de la flexión no da resultados exactos del esfuerzo en la sección. Para esos perfiles, debe colocarse la carga alineada con el *centro de flexión*, llamado a veces *centro de corte*. La figura 3-18 muestra el lugar aproximado del centro de flexión para estas formas (indicado con el símbolo Q). Al aplicar la carga en línea con Q, como sucede con las fuerzas F_2, el resultado sería flexión pura. Se pueden conseguir fórmulas para la ubicación del centro de flexión (vea la referencia 7).

3-17 DEFLEXIONES EN VIGAS

Las cargas de flexión aplicadas a una viga causan que se flexione en una dirección perpendicular a su eje. Una viga recta en su origen se deformará y su forma será ligeramente curva. En la mayor parte de los casos, el factor crítico es la deflexión máxima de la viga, o su deflexión en determinados lugares.

Considere el reductor de velocidad, con doble reducción, de la figura 3-19. Los cuatro engranes (*A, B, C* y *D*) se montan en tres ejes, cada uno de los cuales está soportado por dos cojinetes. La acción de los engranes al transmitir la potencia crea un conjunto de fuerzas, que a su vez actúan sobre los ejes y causan flexión en ellos. Un componente de la fuerza total sobre los dientes del engrane actúa en una dirección que tiende a separar los dos engranes. Así, la rueda *A* es impulsada hacia arriba, mientras la rueda *B* es impulsada hacia abajo. Para que los engranes funcionen bien, la deflexión neta de uno en relación con el otro no debe ser mayor que 0.0015 pulg (0.13 mm), si el engrane es industrial, de tamaño mediano.

Para evaluar el diseño, existen muchos métodos para calcular las deflexiones de los ejes. Se repasará en forma breve esos métodos, con la ayuda de las fórmulas de flexión, superposición y un método analítico general.

Es útil contar con un conjunto de fórmulas para calcular la deflexión de vigas, en cualquier punto o en puntos determinados, en muchos problemas prácticos. El apéndice 14 presenta varios ejemplos.

Para muchos casos adicionales, la superposición es útil si la carga real se divide en partes que se puedan calcular con las fórmulas ya disponibles. La deflexión para cada carga se calcula por separado y a continuación se suman las deflexiones individuales en los puntos de interés.

Muchos programas comerciales para computadora permiten modelar las vigas que tengan pautas de carga muy complicadas y geometría variable. Entre los resultados, están las fuerzas de reacción, los diagramas de fuerza cortante y momento flexionante, y las deflexiones en cualquier punto. Es importante que comprenda las bases de la deflexión de las vigas, que se estudian en resistencia de materiales y aquí se repasan, para poder aplicar esos programas en forma exacta e interpretar los resultados con cuidado.

FIGURA 3-19
Análisis de deflexión de una viga, para un reductor de velocidad con dos reducciones

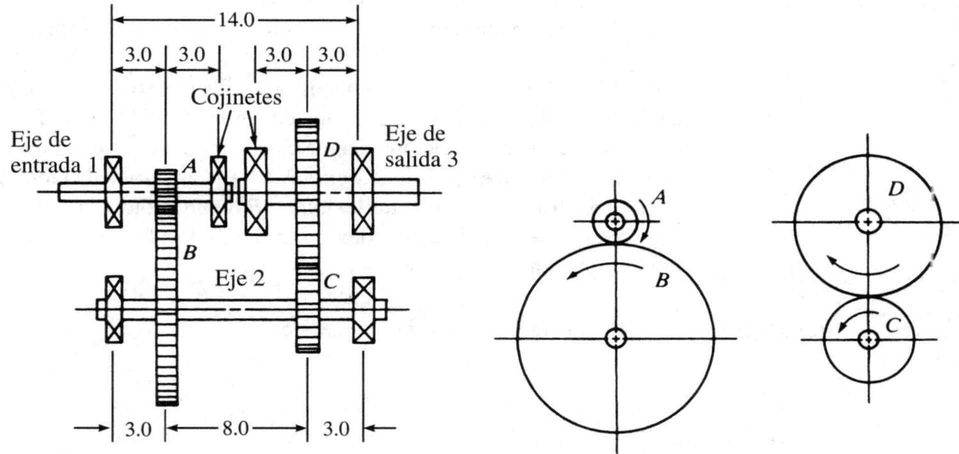

a) Arreglo de engranes y ejes (vista lateral)

d) Vista del extremo de los engranes y los ejes

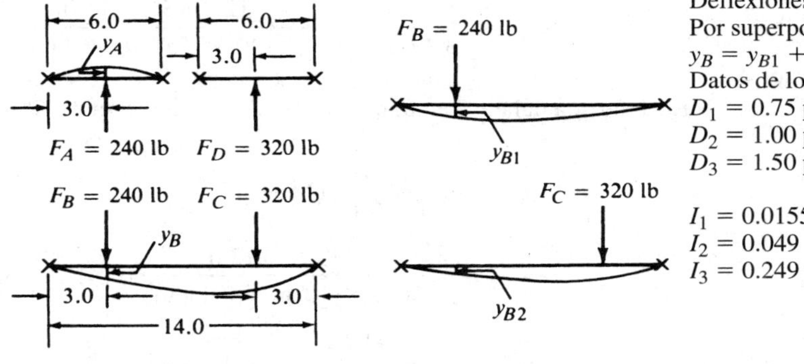

c) Cargas verticales que ejercen los engranes sobre los ejes

d) Superposición aplicada al eje 2

Problema ejemplo 3-13 Para los dos engranes *A* y *B* de la figura 3-19, calcule la deflexión relativa entre ellos, en el plano del papel, debido a las fuerzas que se muestran en la parte (*c*). Esas *fuerzas de separación* o *fuerzas normales* se describen en los capítulos 9 y 10. Se acostumbra considerar que las cargas en los engranes, y las reacciones en los cojinetes, están concentradas. Los ejes de los engranes son de acero y sus diámetros son uniformes, con los valores que se listan en la figura.

Solución Objetivo Calcular la deflexión relativa entre los engranes *A* y *B* en la figura 3-19.

Datos La distribución y la forma de carga se muestran en la figura 3-19. La fuerza de separación entre los engranes *A* y *B* es de 240 lb. El engrane *A* empuja hacia abajo al engrane *B*, y la fuerza de reacción del engrane *B* empuja hacia arriba sobre la rueda *A*. El eje 1 tiene 0.75 pulg de diámetro, y su momento de inercia es 0.0155 pulg^4. El eje 2 tiene 1.00 pulg de diámetro, y su momento de inercia es 0.0491 pulg^4. Ambos ejes son de acero. Use $E = 30 \times 10^6$ psi.

Análisis Use las fórmulas de deflexión del apéndice 14 para calcular la deflexión del eje 1 en el engrane *A*, hacia arriba, y la deflexión del eje 2 en el engrane *B*, hacia abajo. La suma de esas dos deflexiones es la deflexión total del engrane *A* respecto al engrane *B*.

El caso (*a*) de la tabla A14-1 se aplica al eje 1, porque hay una sola fuerza concentrada que actúa en el punto medio del eje, entre los cojinetes de soporte. Esa deflexión se denominará y_A.

El eje 2 es una viga simplemente apoyada que soporta dos cargas asimétricas. Ninguna de las fórmulas del apéndice 14 coincide con ese patrón de carga. Pero se puede usar la superposición para calcular la deflexión del eje en el engrane *B*, se examina por separado las dos fuerzas, como se ve en la parte (*d*) de la figura 3-19. El caso (*b*) de la tabla A14-1 se usa con cada carga.

Primero se calcula la deflexión en *B* debido sólo a la fuerza de 240 lb, y se denominará y_{B1}. Después se calculará la deflexión en *B* debido a la fuerza de 320 lb, y se llamará y_{B2}. La deflexión total en *B* es $y_B = y_{B1} + y_{B2}$.

Resultados La deflexión del eje 1 en el engrane *A* es

$$y_a = \frac{F_A L_1^3}{48\,EI} = \frac{(240)(6.0)^3}{48(30 \times 10^6)(0.0155)} = 0.0023 \text{ pulg}$$

La deflexión del eje 2 en *B* que sólo se debe a la fuerza de 240 lb es

$$y_{B1} = -\frac{F_B\, a^2\, b^2}{3\, EI_2\, L_2} = -\frac{(240)(3.0)^2(11.0)^2}{3(30 \times 10^6)(0.0491)(14)} = -0.0042 \text{ pulg}$$

La deflexión del eje 2 en *B*, que sólo se debe a la fuerza de 320 lb en *C* es

$$y_{B2} = -\frac{F_c\, bx}{6\, EI_2\, L_2}(L_2^2 - b^2 - x^2)$$

$$y_{B2} = -\frac{(320)(3.0)(3.0)}{6(30 \times 10^6)(0.0491)(14)}[(14)^2 - (3.0)^2 - (3.0)^2]$$

$$y_{B2} = -0.0041 \text{ pulg}$$

Entonces, la deflexión total en el engrane *B* es

$$y_B = y_{B1} + y_{B2} = -0.0042 - 0.0041 = -0.0083 \text{ pulg}$$

Como el eje 1 se flexiona hacia arriba y el eje 2 hacia abajo, la deflexión total relativa es la suma de y_A y y_B:

$$y_{\text{total}} = y_A + y_B = 0.0023 + 0.0083 = 0.0106 \text{ pulg}$$

Comentario Esta deflexión es muy grande para esta aplicación. ¿Cómo se podría reducir?

3-18 ECUACIONES PARA LA FORMA DE LA VIGA FLEXIONADA

Los principios generales que relacionan la deflexión de una viga con la forma en que está cargada y la forma en que está apoyada se presentarán a continuación. El resultado será un conjunto de relaciones entre la carga, la fuerza cortante vertical, el momento de flexión, la pendiente de la viga flexionada y la curva de la deflexión real de la viga. La figura 3-20 muestra diagramas de esos cinco factores, donde θ es la pendiente y y la deflexión de la viga, respecto a su posición recta original. El producto del módulo de elasticidad por el momento de inercia *EI*, para la viga, es una medida de su rigidez o resistencia a la flexión. Conviene combinar *EI* con los va-

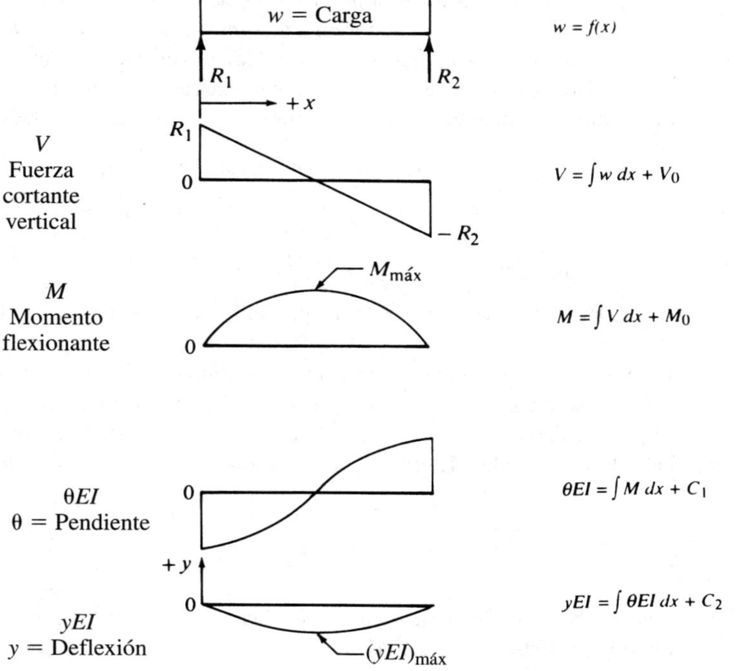

FIGURA 3-20 Relaciones entre carga, fuerza cortante vertical, momento flexionante, pendiente de la forma flexionada y la curva de deflexión real de una viga.

lores de pendiente y de deflexión para mantener una relación adecuada, como se describirá a continuación.

Un concepto fundamental para las vigas en flexión es

$$\frac{M}{EI} = \frac{d^2y}{dx^2}$$

donde M = momento de flexión
x = posición en la viga, medida a lo largo de su longitud
y = deflexión

Así, si se desea crear una ecuación de la forma $y = f(x)$ (esto es, y en función de x), se relacionaría con los demás factores como sigue:

$$y = f(x)$$

$$\theta = \frac{dy}{dx}$$

$$\frac{M}{EI} = \frac{d^2y}{dx^2}$$

$$\frac{V}{EI} = \frac{d^3y}{dx^3}$$

$$\frac{w}{EI} = \frac{d^4y}{dx^4}$$

donde w = término general para representar la distribución de la carga sobre la viga.

Las últimas dos ecuaciones son consecuencia de la observación de que existe una relación de derivada (pendiente) entre el cortante y el momento flexionante, y entre la carga y el corte.

En la práctica, las ecuaciones fundamentales que se acaban de citar se usan en forma inversa. Esto es, se conoce la distribución de carga en función de x, y las ecuaciones para los demás factores se deducen por integraciones sucesivas. Los resultados son

$$w = f(x)$$

$$V = \int w\,dx + V_0$$

$$M = \int V\,dx + M_0$$

donde V_0 y M_0 = constantes de integración, evaluadas a partir de las condiciones de frontera.

En muchos casos, se pueden trazar los diagramas de carga, fuerza cortante y momento de flexión, en la forma convencional, y las ecuaciones de la fuerza cortante o del momento de flexión se pueden deducir en forma directa con los principios de la geometría analítica. Con M en función de x, se pueden determinar las relaciones de pendiente y deflexión:

$$\theta EI = \int M\,dx + C_1$$

$$yEI = \int \theta EI\,dx + C_2$$

Las constantes de integración deben evaluarse a partir de las condiciones de frontera. En los textos sobre resistencia de materiales se encuentran los detalles (vea la referencia 3).

3-19 VIGAS CON MOMENTOS DE FLEXIÓN CONCENTRADOS

MDESIGN

Las figuras 3-16 y 3-20 muestran las vigas cargadas sólo con fuerzas concentradas o con cargas distribuidas. Para esas cargas, en cualquier combinación, el diagrama de momentos es continuo. Esto es, no existen puntos de cambio abrupto de valor del momento de flexión. Muchos elementos de máquinas, como manivelas, palancas, engranes helicoidales y ménsulas soportan cargas cuya línea de acción se desplaza respecto al eje centroidal de la viga, de tal manera que sobre ella se ejerce un momento concentrado.

Las figuras 3-21, 3-22 y 3-23 muestran tres ejemplos distintos donde se crean momentos concentrados en elementos de máquina. La manivela de palanca de la figura 3-21 pivotea alrededor del punto O y se usa para transferir una fuerza aplicada a una línea de acción distinta. Cada brazo se comporta en forma parecida a una viga en voladizo, que se flexiona con respecto a un eje que pasa por el pivote. Para su análisis, se puede aislar un brazo mediante un corte imaginario que pase por el pivote, para mostrar la fuerza de reacción en el pasador del pivote y en el momento interno del brazo. Los diagramas de fuerza cortante y momento flexionante, incluidos en la figura 3-21, muestran los resultados, y en el problema modelo 3-14 se muestran los detalles del análisis. Observe la semejanza a una viga en voladizo con el momento interno concentrado en el pivote, que reacciona a la fuerza F_2, que a su vez actúa en el extremo del brazo.

La figura 3-22 muestra una cabeza de impresión de una impresora de impacto, donde la fuerza aplicada F se desplaza respecto al eje neutro de la misma cabeza. Entonces, la fuerza crea un momento de flexión concentrado en el extremo derecho, donde el brazo de palanca vertical se fija a la parte horizontal. El diagrama de cuerpo libre muestra el brazo vertical desprendido, una fuerza axial interna y el momento, que reemplazan el efecto de la parte faltante del brazo. El momento concentrado causa el cambio abrupto de valor en el momento de flexión en el extremo derecho del brazo, como se ve en el diagrama de momento flexionante. El problema ejemplo 3-15 muestra los detalles del análisis.

La figura 3-23 muestra una perspectiva isométrica de un cigüeñal accionado por la fuerza vertical en el extremo del brazo. Como primera consecuencia, existe un par de torsión aplicado que tiende a hacer girar el eje ABC en el sentido de las manecillas del reloj, en torno a su eje x. El par de torsión de reacción se actúa en el extremo delantero del eje. Como segunda con-

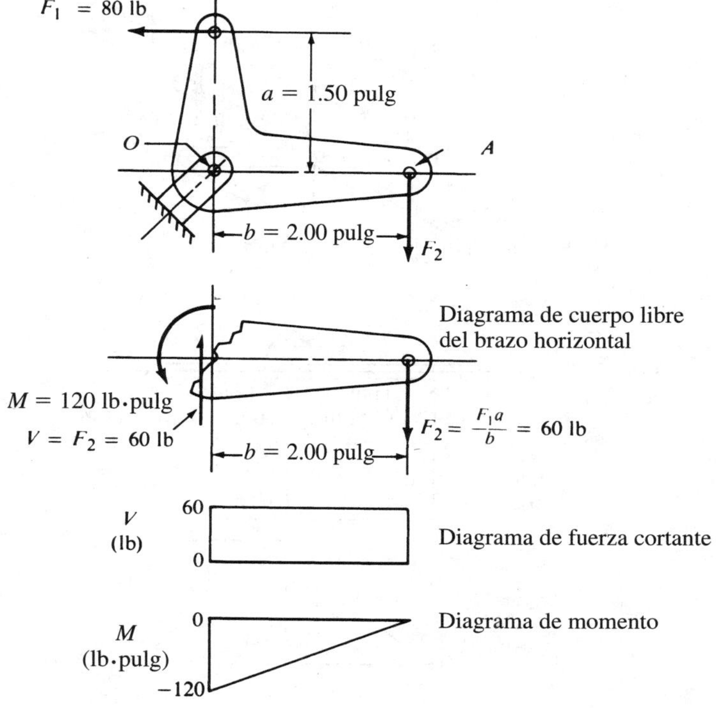

FIGURA 3-21
Momento flexionante en una palanca articulada

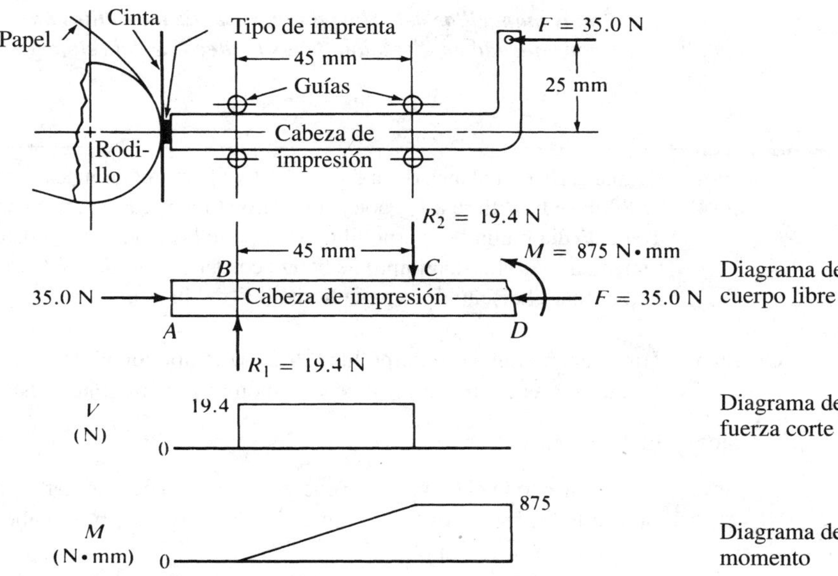

FIGURA 3-22
Momento flexionante en una cabeza de impresión

secuencia, la fuerza vertical que actúa en el extremo del brazo causa un momento de torsión de la varilla fija en *B*, por lo que tiende a flexionar el eje *ABC* en el plano *x-z*. El momento de torsión se maneja como momento concentrado que actúa en *B*, con el cambio abrupto resultante en el momento de flexión en ese lugar, como se puede ver en el diagrama de momento flexionante. El problema ejemplo 3-16 detalla el análisis.

Cuando se trace el diagrama de momento flexionante para un elemento al que se le aplique un momento concentrado, se manejará la siguiente convención de signos:

FIGURA 3-23
Momento flexionante en un eje con un cigüeñal

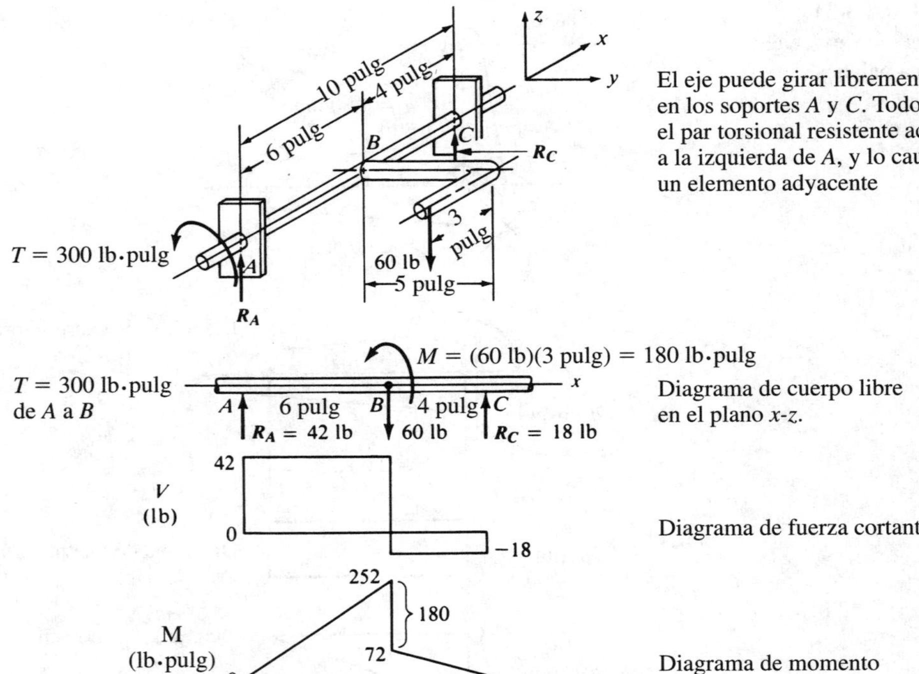

Cuando un momento de flexión concentrado actúa sobre una viga en contrasentido a las manecillas del reloj, el diagrama de momentos baja; cuando actúe un momento concentrado en dirección de las manecillas del reloj, el diagrama de momentos sube.

Problema ejemplo 3-14

La manivela de palanca de la figura 3-21 es parte de un mecanismo, donde la fuerza horizontal de 80 lb se transfiere a F_2, que actúa verticalmente. El brazo puede pivotar en el pasador en O. Trace un diagrama de cuerpo libre de la parte horizontal de la palanca, desde O hasta A. A continuación, trace los diagramas de fuerza cortante y momento flexionante que sean necesarios para terminar el diseño de la parte horizontal del brazo.

Solución Objetivo: Trazar el diagrama de cuerpo libre de la parte horizontal de la palanca en la figura 3-21. Trazar los diagramas de fuerza cortante y de momento de flexión de esa parte.

Datos: El diagrama de la figura 3-21.

Análisis: Primero use todo el brazo como cuerpo libre, para determinar la fuerza F_2 hacia abajo que reacciona a la fuerza aplicada horizontal F_1, de 80 lb, Además, realice una suma de momentos con respecto al pasador en O.

A continuación, trace el diagrama de cuerpo libre para la parte horizontal, mediante la separación del brazo en el punto de pivoteo y al sustituir la parte eliminada con la fuerza y el momento internos que actúan en la rotura.

Resultados: Primero se puede calcular el valor de F_2, al realizar una suma de momentos con respecto al pasador en O, y mediante todo el brazo:

$$F_1 \cdot a = F_2 \cdot b$$

$$F_2 = F_1(a/b) = 80 \text{ lb}(1.50/2.00) = 60 \text{ lb}$$

Abajo del dibujo de la palanca completa, se ha trazado un esquema de la parte horizontal, y se aisla de la parte vertical. Se indican la fuerza interna y el momento interno en la sección cortada. La fuerza externa F_2 hacia abajo muestra la reacción hacia arriba en el pasador. También, como F_2 causa un momento con respecto al corte por el pasador, existe un momento interno de reacción:

$$M = F_2 \cdot b = (60 \text{ lb})(2.00 \text{ pulg}) = 120 \text{ lb} \cdot \text{pulg}$$

Entonces, se pueden indicar los diagramas de fuerza cortante y momentos en la forma convencional. El resultado se parece mucho a una viga en voladizo unida a un soporte rígido. Aquí, la diferencia consiste en que el momento de reacción en el corte por el pasador, se desarrolla en el tramo vertical del brazo.

Comentarios Observe que la forma del diagrama de momentos para la parte horizontal indica que el momento máximo está en el corte por el pasador, y que el momento disminuye linealmente al separarse hacia el punto A. Como resultado, se optimiza la forma del brazo con su sección transversal (y módulo de sección) máxima en la parte de momento de flexión máximo. Puede terminar el diseño del brazo con las técnicas que se repasaron en la sección 3-15.

Problema ejemplo 3-15 La figura 3-22 representa una cabeza de impresión para una impresora de computadora. La fuerza F la mueve hacia la izquierda contra la cinta, e imprime el tipo en el papel, que está respaldado por el rodillo. Trace el diagrama de cuerpo libre para la parte horizontal de la cabeza de impresión, junto con los diagramas de fuerza cortante y momento flexionante.

Solución Objetivo Trazar el diagrama de cuerpo libre de la parte horizontal de la cabeza de impresión en la figura 3-22. Trazar los diagramas de fuerza cortante y momento flexionante para esa parte.

Datos El esquema de la figura 3-22.

Análisis La fuerza horizontal de 35 N que actúa hacia la izquierda se contrarresta mediante una fuerza igual de 35 N que produce el rodillo, al empujar la cabeza de impresión hacia la derecha. Las guías proporcionan apoyos simples en dirección vertical. La fuerza aplicada también produce un momento en la base del brazo vertical, donde se une a la parte horizontal de la cabeza de impresión.

Se trazarán el diagrama de cuerpo libre de la parte horizontal, al romperla en su extremo derecho y al sustituir la parte eliminada con la fuerza y el momento internos que actúan en la rotura. Entonces, ya se pueden trazar los diagramas de fuerza cortante y el momento de flexión.

Resultados El diagrama de cuerpo libre para la parte horizontal se muestra abajo del esquema completo. Observe que en el extremo derecho (sección D) de la cabeza de impresión, se quitó el brazo vertical, y se sustituyó con la fuerza interna horizontal de 35.0 N y un momento de 875 N·mm, causado por la fuerza de 35.0 N que actúa 25 mm arriba del corte. También observe que el brazo de momento de 25 mm, para la fuerza, se toma desde la línea de acción de la fuerza *hasta el eje neutro de la parte horizontal.* La reacción de 35.0 N del rodillo contra la cabeza de impresión tiende a colocar la cabeza en compresión, en toda su longitud. La tendencia del momento a la rotación se contrarresta mediante el par formado por R_1 y R_2, que actúan separadas 45 mm, en B y C.

Abajo del diagrama de cuerpo libre está el diagrama de fuerza cortante vertical, en el que hay un corte vertical constante de 19.4 N sólo entre los dos soportes.

El diagrama de momento flexionante se puede trazar si se inicia en el extremo izquierdo o en el derecho. Si se opta por comenzar en el extremo izquierdo A, no existe fuerza cortante entre A y B, y en consecuencia no cambia el momento flexionante. De B a C, la fuerza cortante positiva causa un aumento en el momento de flexión, desde cero hasta 875 N·mm. Como no existe fuerza cortante desde C hasta D, no se muestra cambio en el momento flexionante y el valor permanece en 875 N·mm. El momento concentrado, en contrasentido a las manecillas del reloj, en D, causa que el diagrama de momentos baje en forma abrupta, y el diagrama se cierra.

Problema ejemplo 3-16

La figura 3-23 muestra un cigüeñal, donde es necesario visualizar el arreglo tridimensional. La fuerza de 60 lb hacia abajo tiende a hacer girar el eje ABC sobre el eje x. La reacción del par torsional sólo actúa en el extremo del eje, fuera del cojinete de apoyo en A. Los cojinetes A y C proveen apoyo simple. Trace el diagrama de cuerpo libre completo para el eje ABC, y sus diagramas de fuerza cortante y momento flexionante.

Solución

Objetivo: Trazar el diagrama de cuerpo libre del eje ABC en la figura 3-23. Trazar los diagramas de fuerza cortante y momento flexionante para esa parte.

Datos: El esquema de la figura 3-23.

Análisis: El análisis tendrá los siguientes pasos:

1. Se determina la magnitud del par torsional en el eje, entre el extremo izquierdo y el punto B, donde está unido el brazo del cigüeñal.
2. Se analiza la conexión del cigüeñal en el punto B, para determinar la fuerza y el momento que transfiere el brazo al eje ABC.
3. Se calculan las reacciones verticales en los apoyos A y C.
4. Se trazan los diagramas de fuerza cortante y momento flexionante, y se considera el momento concentrado que se aplicó en el punto B, y las relaciones familiares entre fuerza cortante y momento flexionante.

Resultados: El diagrama de cuerpo libre se muestra tal como se muestra en el plano x-z. Observe que el cuerpo libre debe estar en equilibrio en todas las direcciones de fuerza y momento. Si primero se considera el par torsional respecto al eje x, se notará que la fuerza en el brazo, de 60 lb, actúa a 5.0 pulgadas del eje. Entonces, el par torsional es

$$T = (60 \text{ pulg})(5.0 \text{ pulg}) = 300 \text{ lb} \cdot \text{pulg}$$

Este valor de par de torsión actúa desde el extremo izquierdo del eje hasta la sección B, donde está fijo el brazo al eje.

Ahora se debe describir la carga en B. Una forma de realizarlo es visualizar que el brazo esté separado del eje, y sustituido por una fuerza y un momento causados por el brazo. Primero, la fuerza de 60 lb dirigida hacia abajo, jala hacia abajo en B. También, como la fuerza aplicada de 60 lb actúa a 3.0 pulgadas a la izquierda de B, causa un momento concentrado en el *plano x-z*, de 180 lb·pulg, que se debe aplicar en B.

Tanto la fuerza hacia abajo como el momento en B afectan la magnitud y la dirección de las fuerzas de reacción en A y en C. Primero, al efectuar una suma de momentos con respecto a A,

$$(60 \text{ lb})(6.0 \text{ pulg}) - 180 \text{ lb} \cdot \text{pulg} - R_C(10.0 \text{ pulg}) = 0$$

$$R_C = [(360 - 180)\text{lb} \cdot \text{pulg}]/(10.0 \text{ pulg}) = 18.0 \text{ hacia arriba}$$

Después, al efectuar una suma de momentos con respecto a C,

$$(60\text{ lb})(4.0\text{ pulg}) + 180\text{ lb}\cdot\text{pulg} - R_A(10.0\text{ pulg}) = 0$$
$$R_A = [(240 + 180)\text{ lb}\cdot\text{pulg}]/(10.0\text{ pulg}) = 42.0\text{ hacia arriba}$$

Ahora ya se pueden trazar los diagramas de fuerza cortante y momento flexionante. El momento comienza con cero en el apoyo simple en A, sube a 252 lb·pulg en B por influencia de la fuerza cortante de 42 lb, y entonces baja 180 lb·pulg debido al momento concentrado, en contrasentido a las manecillas del reloj, en B; por último regresa a cero en el apoyo simple en C.

Comentarios En resumen, el eje ABC soporta un par torsional de 300 lb·pulg del punto B hasta su extremo izquierdo. El momento flexionante máximo, de 252 lb·pulg, está en el punto B, donde se une el brazo. Entonces el momento flexionante baja de manera repentina hasta 72 lb·pulg, por la influencia del momento concentrado de 180 lb·pulg aplicado por el brazo.

3-20 ESFUERZOS NORMALES COMBINADOS: PRINCIPIO DE SUPERPOSICIÓN

Cuando se somete la misma sección transversal de un elemento portátil a esfuerzo de tensión o compresión directa, y un momento debido a la flexión, el esfuerzo normal que resulta se puede calcular con el método de superposición. La fórmula es

$$\sigma = \pm Mc/I \pm F/A \tag{3-26}$$

donde los esfuerzos de tensión son positivos y los de compresión son negativos.

En la figura 3-24 se presenta un ejemplo de un miembro portátil sometido a una combinación de flexión y tensión axial. Se muestra una viga sometida a una carga aplicada hacia abajo y hacia la derecha, a través de un soporte abajo de la viga. Si se descompone la carga en componentes horizontal y vertical, se observa que su efecto puede dividirse en tres partes:

1. La compresión vertical tiende a poner la viga en flexión con tensión en la parte superior y compresión en la parte inferior.
2. Como el componente horizontal actúa alejado del eje neutro de la viga, causa flexión, con tensión en la cara inferior y compresión en la cara superior.
3. El componente horizontal causa esfuerzo directo de tensión en toda la sección transversal.

Se puede proceder con el análisis de esfuerzos, al aplicar las técnicas explicadas en la sección anterior, para preparar los diagramas de fuerza cortante y momento flexionante, para entonces usar la ecuación (3-26) y combinar los efectos del esfuerzo de flexión y del esfuerzo de tensión directa, en cualquier punto. Los detalles se ilustran en el problema ejemplo 3-17.

Problema ejemplo 3-17 La viga en voladizo de la figura 3-24 es de acero estándar estadounidense S6 × 12.5. La fuerza F es de 10 000 lb y actúa formando un ángulo de 30° por debajo de la horizontal, como se indica. Use a = 24 pulg y e = 6.0 pulg. Trace los diagramas de cuerpo libre, fuerza cortante y momento flexionante para la viga. A continuación, calcule los esfuerzos máximos de tensión y de compresión, e indique dónde ocurren.

Solución Objetivo Determinar los esfuerzos de tensión y compresión máximos en la viga.

Datos El esquema de la figura 3-24(a). Fuerza = F = 10 000 lb; ángulo θ = 30°.
Perfil de la viga: S6 × 12.5; longitud = a = 24 pulg.

FIGURA 3-24 Viga sometida a esfuerzos combinados

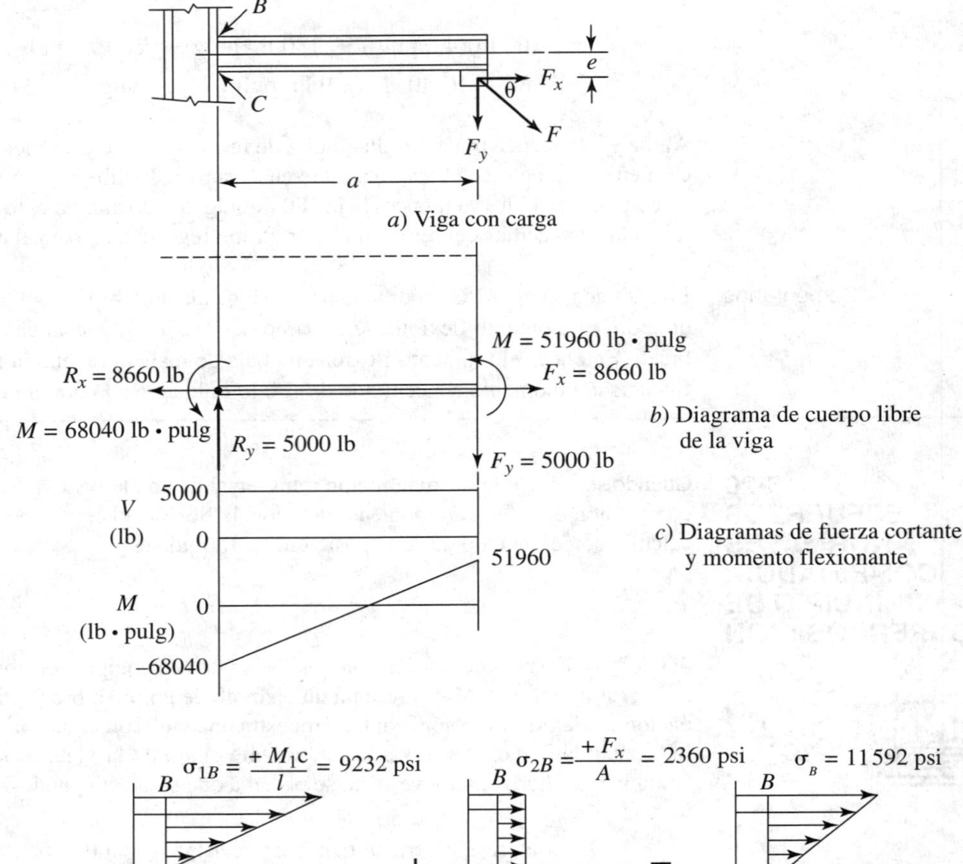

Módulo de sección = $S = 7.37$ pulg^3; área = $A = 3.67$ pulg^2 (tabla A16-4).
Excentricidad de la carga = $e = 6.0$ pulg desde el eje neutro de la viga a la línea de acción del componente horizontal de la carga aplicada.

Análisis El análisis se efectúa mediante los siguientes pasos:

1. Se descompone la fuerza aplicada en componentes vertical y horizontal.
2. Se transfiere el componente horizontal a una carga equivalente en el eje neutro, con una fuerza de tensión directa y un momento debido a la colocación excéntrica de la fuerza.
3. Se prepara el diagrama de cuerpo libre con los métodos de la sección 3-19.

4. Se trazan los diagramas de fuerza cortante y momento flexionante, y se determina dónde está el momento flexionante máximo.
5. Finalmente, se realiza el análisis de esfuerzos en esa sección, al calcular los esfuerzos máximos tanto de tensión como de compresión.

Resultados Los componentes de la fuerza aplicada son:

$$F_x = F\cos(30°) = (10\,000 \text{ lb})[\cos(30°)] = 8660 \text{ lb hacia la derecha}$$
$$F_y = F\text{sen}(30°) = (10\,000 \text{ lb})[\text{sen}(30°)] = 5000 \text{ lb hacia abajo}$$

La fuerza horizontal produce un momento concentrado en contrasentido a las manecillas del reloj, en el extremo derecho de la viga, cuya magnitud es:

$$M_1 = F_x(6.0 \text{ pulg}) = (8660 \text{ lb})(6.0 \text{ pulg}) = 51\,960 \text{ lb·pulg}$$

El diagrama de cuerpo libre de la viga se muestra en la figura 3-24(*b*).

La figura 3-24(*c*) muestra los diagramas de fuerza cortante y momento flexionante.

El momento flexionante máximo, 68 040 lb·pulg, se localiza en el extremo izquierdo de la viga, donde está sujeto firmemente a una columna.

El momento flexionante, considerado aparte, produce una fuerza de tensión (+) en la cara superior, en el punto *B*, y un esfuerzo de compresión en la superficie inferior, en *C*. Las magnitudes de esos esfuerzos son:

$$\sigma_1 = \pm M/S = \pm (68\,040 \text{ lb·pulg})/(7.37 \text{ pulg}^3) = \pm 9232 \text{ psi}$$

La figura 3-24(*d*) muestra la distribución de esfuerzos debido sólo al esfuerzo de flexión.

Ahora se calculará el esfuerzo de tensión causado por la fuerza axial de 8660 lb.

$$\sigma_2 = F_x/A = (8660 \text{ lb})/(3.67 \text{ pulg}^2) = 2360 \text{ psi}$$

La figura 3-24(*e*) muestra esta distribución de esfuerzos, que es uniforme en toda la sección.

A continuación se calculará el esfuerzo combinado en *B*, en la parte superior de la viga.

$$\sigma_B = +\sigma_1 + \sigma_2 = 9232 \text{ psi} + 2360 \text{ psi} = 11\,592 \text{ psi Tensión}$$

En *C*, en la parte inferior de la viga, el esfuerzo es:

$$\sigma_C = -\sigma_1 + \sigma_2 = -9232 \text{ psi} + 2360 \text{ psi} = -6872 \text{ psi Compresión}$$

La figura 3-24(*f*) muestra el estado de esfuerzos combinados que existe en el corte transversal de la viga en su extremo izquierdo, en el soporte. Es una superposición de los esfuerzos componentes, que se ven en las figuras 3-24(*d*) y (*e*).

3-21 CONCENTRACIONES DE ESFUERZOS

Las fórmulas repasadas anteriormente se utilizan para calcular esfuerzos simples debido a fuerzas de tensión y compresión directa, a momentos flexionantes y a momentos de torsión, y se aplican bajo ciertas condiciones. Una de ellas consiste en que la geometría del elemento sea uniforme en toda la sección de interés.

En muchos casos típicos del diseño de máquinas, es necesario que haya discontinuidades geométricas inherentes, para que las piezas cumplan las funciones asignadas. Por ejemplo, como se ve en la figura 12-2 del capítulo 12, los ejes que soportan engranes, catarinas o poleas para bandas, tienen varios diámetros, que originan una serie de hombros donde asientan los miembros transmisores de potencia y los cojinetes de soporte. Las ranuras en el eje permiten instalar anillos de retención. Los cuñeros, fresados en el eje, permiten que las cuñas impulsen a los elementos. De igual modo, los miembros en tensión en los eslabonamientos pueden diseñarse con ranuras para anillos de retención, orificios radiales para pernos, roscas de tornillos o con secciones reducidas.

Cualquiera de esas discontinuidades geométricas hará que el esfuerzo real máximo en la parte sea mayor que el que se calcula con fórmulas simples. Al definir los *factores de concentración de esfuerzos* como aquellos por los cuales el esfuerzo real máximo es mayor que el esfuerzo nominal, σ_{nom} o τ_{nom}, calculados con las ecuaciones sencillas, el diseñador puede analizar esos casos. El símbolo de esos factores es K_t. En general, los factores K_t se manejan así:

$$\sigma_{máx} = K_t\sigma_{nom} \quad \text{o} \quad \tau_{máx} = K_t\tau_{nom} \tag{3-27}$$

dependiendo de la clase de esfuerzo producido por la carga en particular. El valor de K_t depende de la forma de la discontinuidad, de la geometría específica y del tipo de esfuerzo. En el apéndice 15, se incluyen varias gráficas de factores de concentración de esfuerzos (vea la referencia 5). Observe que las gráficas indican el método para calcular el esfuerzo nominal. En general, se calcula el esfuerzo nominal mediante la sección neta en la cercanía de la discontinuidad. Por ejemplo, para una placa plana con un orificio en ella, sometida a una fuerza de tensión, el esfuerzo nominal se calcula como la fuerza dividida entre el área de la sección transversal mínima que atraviesa el lugar del orificio.

Pero existen otros casos en los que se usa el área bruta para calcular el esfuerzo nominal. Por ejemplo, se analizarán los cuñeros mediante la aplicación del factor de concentración de esfuerzos al esfuerzo calculado en la parte del eje que tiene el diámetro completo.

La figura 3-25 muestra un aparato para demostrar el fenómeno de concentración de esfuerzos. Se fabrica un modelo de una viga que tiene diversas alturas transversales, con un plástico especial que reacciona a la presencia de esfuerzos variables en distintos puntos. Cuando el modelo se contempla a través de un filtro de polarización, aparecen varias *franjas* negras. Donde existen muchas franjas cercanas, el esfuerzo cambia con rapidez. Se puede calcular la magnitud real del esfuerzo si se conocen las características ópticas del plástico.

La viga de la figura 3-25 está simplemente apoyada cerca de cada extremo, y se carga verticalmente en su punto medio. El esfuerzo máximo se presenta a la izquierda del punto medio, donde se reduce la altura de la sección transversal. Observe que las franjas están muy cercanas entre sí cerca del filete que une la sección menor con la parte mayor, donde se aplica la carga.

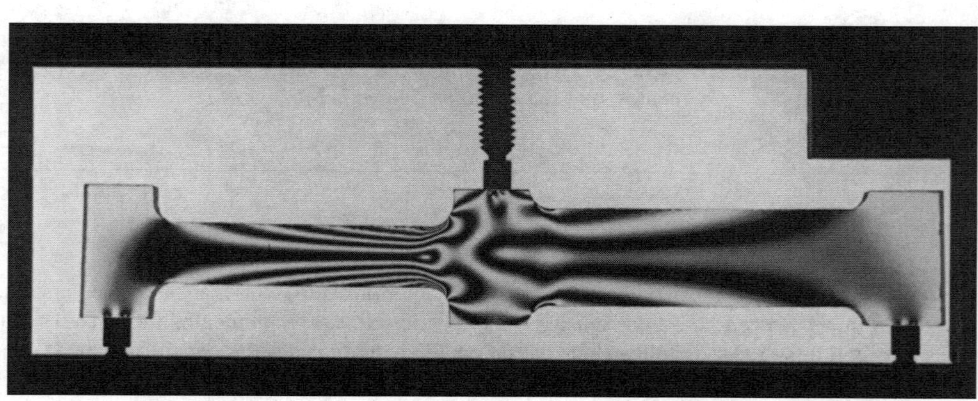

FIGURA 3-25 Ilustración de las concentraciones de esfuerzos (Fuente: Measurements Group, Inc., Raleigh, North Carolina, USA)

Eso indica que la máxima concentración de esfuerzos está en el filete. La figura A15-2 contiene datos de los valores del factor de concentración de esfuerzos K_t. El esfuerzo nominal, σ_{nom}, se calcula con la clásica fórmula de la flexión, y el módulo de sección se basa en la sección transversal menor, cerca del filete. Esas fórmulas aparecen cerca de la gráfica de concentración de esfuerzos.

Se puede hacer una observación interesante en la figura A15-3, que muestra los factores de concentración de esfuerzos para una placa plana con un orificio central. Las curvas *A* y *B* se refieren a la carga de tensión, mientras que la curva *C* es para la flexión. El esfuerzo nominal en cada caso se calcula con base en la sección neta, tomando en cuenta el material que desapareció por el agujero. La curva *C* indica que el factor de concentración de esfuerzos es 1.0 para orificios pequeños, cuando la relación del diámetro del orificio entre el ancho de la placa es menor que 0.50.

La figura A15-4 cubre el caso de un eje redondo que tiene un agujero circular que lo atraviesa por completo. Las tres curvas son para cargas de tensión, flexión y torsión, y cada una se basa en el esfuerzo en la sección bruta; esto es, la geometría del eje sin el orificio. Por consiguiente, el valor de K_t incluye los efectos tanto del material eliminado como de la discontinuidad formada por la presencia del orificio. Los valores de K_t son relativamente altos, aun para orificios más pequeños, lo cual indica que se debe tener cuidado al usar ejes con orificio, para asegurar que los esfuerzos locales sean pequeños.

A continuación, se presentan algunos lineamientos para usar los factores de concentración de esfuerzos:

1. El peor de los casos ocurre para esas áreas en tensión.
2. Use siempre factores de concentración de esfuerzos al analizar elementos bajo carga de fatiga, porque las grietas de fatiga suelen iniciarse cerca de los puntos de gran esfuerzo local de tensión.
3. Se pueden ignorar las concentraciones de esfuerzos en cargas estáticas de materiales dúctiles, porque si el esfuerzo local máximo excede la resistencia de fluencia del material, la carga se redistribuye. El miembro que resulta es más fuerte, en realidad, después de haberse desarrollado la fluencia local.
4. Los factores de concentración de esfuerzos en el apéndice 15 son valores empíricos que sólo se basan en la geometría del miembro, y en la manera de cargarlo.
5. Use factores de concentración de esfuerzos al analizar materiales frágiles bajo cargas estáticas o de fatiga. Como el material no cede, no puede haber redistribución de esfuerzos como la que se mencionó en el punto 3.
6. Aun las rayaduras, muescas, corrosión, aspereza excesiva en la superficie y galvanoplastia pueden causar concentraciones de esfuerzos. El capítulo 5 describe los cuidados esenciales para fabricar, manejar y armar componentes sometidos a carga de fatiga.

Problema ejemplo 3-18 Calcule el esfuerzo máximo en una barra redonda sometida a una fuerza de tensión axial de 9800 N. La geometría se muestra en la figura 3-26.

Solución Objetivo: Calcular el esfuerzo máximo en la barra escalonada de la figura 3-26.

Datos: El esquema de la figura 3-26. Fuerza $= F = 9800$ N.
El eje tiene dos diámetros unidos por una transición, cuyo filete tiene un radio de 1.5 mm.
Diámetro mayor $= D = 12$ mm; diámetro menor $= d = 10$ mm.

Análisis: La presencia del cambio de diámetro en el escalón causa la presencia de una concentración de esfuerzos. El caso general es una barra redonda sometida a una carga axial de tensión. Se usará

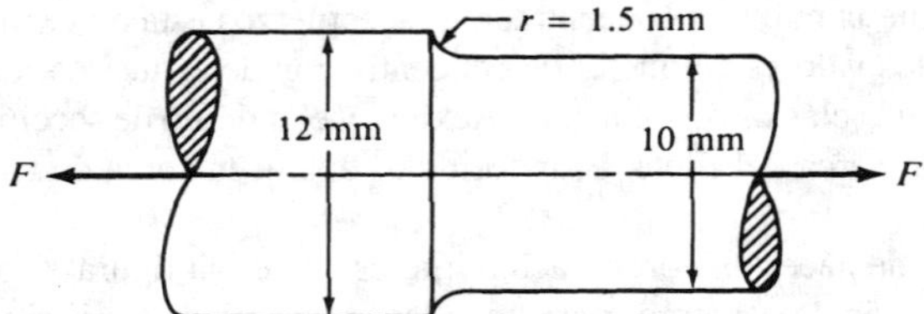

FIGURA 3-26 Barra redonda escalonada sometida a una fuerza de tensión axial

el esquema superior de la figura A15-1 para determinar el factor de concentración de esfuerzos. Ese valor se emplea en la ecuación (3-27) para determinar el esfuerzo máximo.

Resultados La figura A15-1 indica que el esfuerzo nominal se calcula para el menor de los dos diámetros de la barra. El factor de concentración de esfuerzos depende de la relación de los dos diámetros y del radio del filete entre el diámetro menor.

$$D/d = 12 \text{ mm}/10 \text{ mm} = 1.20$$
$$r/d = 1.5 \text{ mm}/10 \text{ mm} = 0.15$$

Con estos valores, se puede encontrar que $K_t = 1.60$. El esfuerzo es

$$\sigma_{nom} = F/A = (9800 \text{ N})/[\pi(10 \text{ mm})^2/4] = 124.8 \text{ MPa}$$
$$\sigma_{máx} = K_t\sigma_{nom} = (1.60)(124.8 \text{ MPa}) = 199.6 \text{ MPa}$$

Comentarios El esfuerzo máximo de tensión de 199.6 MPa está en la transición, cerca del diámetro menor. Este valor es 1.60 veces mayor que el esfuerzo nominal que ocurre en el eje de 10 mm de diámetro. A la izquierda del hombro, el esfuerzo se reduce en forma dramática, a medida que el efecto de la concentración de esfuerzos disminuye, y también porque el área es mayor.

3-22 SENSIBILIDAD A LA MUESCA Y FACTOR DE REDUCCIÓN DE RESISTENCIA

La cantidad por la que se debilita un elemento portátil, por la presencia de una concentración de esfuerzos (muesca), al considerar tanto el material como agudeza de la muesca, se define como

$$K_f = \text{factor de reducción de resistencia a la fatiga}$$

$$K_f \frac{\text{Límite de resistencia a la fatiga de un espécimen sin muesca}}{\text{Límite de resistencia a la fatiga de un espécimen con muesca}}$$

Este factor se podría determinar en una prueba real. Sin embargo, en el caso típico, se determina al combinar el factor de concentración de esfuerzos K_f, definido en la sección anterior, y un factor del material, llamado *sensibilidad a la muesca*, q. Se define

$$q = (K_f - 1)/(K_t - 1) \qquad \textbf{(3-28)}$$

Cuando se conoce q, se puede calcular K_f mediante

$$K_f = 1 + q\,(K_t - 1) \qquad \textbf{(3-29)}$$

Los valores de q van de 0 a 1.0, y en consecuencia K_f varía de 1.0 a K_t. Con cargas repetidas de flexión, los aceros muy dúctiles tienen valores típicos de 0.5 a 0.7. Los aceros de alta resistencia, con dureza aproximada HB 400 ($s_u \cong$200 ksi o 1400 MPa) tienen valores q de 0.90 a 0.95 (vea más descripciones de los valores de q en la referencia 2).

Como es difícil obtener valores fiables de q, los problemas en este libro supondrán que $q = 1.0$, y que $K_f = K_p$ es el valor más seguro y conservador.

REFERENCIAS

1. Blake, Alexander. *Practical Stress Analysis in Engineering Design*. Nueva York: Marcel Dekker, 2ª edición. 1990.
2. Boresi, A.P., O.M. Sidebottom y R. J. Schmidt. *Advanced Mechanics of Materials* (Mecánica de materiales avanzada). 5ª edición, Nueva York: John Wiley, 1992.
3. Mott, R.L. *Applied Strength of Materials*, 4ª edición. Upper Saddle River, NJ: Prentice Hall, 2002.
4. Muvdi, B.B. y J.W. McNabb. *Engineering Mechanics of Materials*, 2ª edición. Nueva York: Macmillan, 1984.
5. Pilkey, Walter D. *Peterson's Stress Concentration Factors*, 2ª edición. Nueva York: John Wiley, 1997.
6. Popov, E.P. *Engineering Mechanics of Solids*. 2ª edición. Upper Saddle River, NJ: Prentice Hall, 1998.
7. Young, W.C. y R.G. Budynas: *Roark's Formulas for Stress and strain*, 7ª edición. Nueva York: McGraw-Hill, 2002.

SITIOS DE INTERNET RELACIONADOS CON EL ANÁLISIS DE ESFUERZOS Y DEFORMACIONES

1. **BEAM 2d-Stress Analysis 3.1** *www.orandsystems.com* Programa para diseñadores mecánicos, estructurales, civiles y arquitectónicos que hace un análisis detallado de vigas estáticamente determinadas e indeterminadas.
2. **MDSolids** *www.mdsolids.com* Programa educativo dedicado a la introducción a la mecánica de materiales Incluye módulos de esfuerzo y deformación básicos; problemas axiales de vigas y riostras; armaduras; estructuras axiales estáticamente indeterminadas; torsión; vigas determinadas; propiedades de las secciones; análisis general de miembros axiales, de torsión y vigas; pandeo de columnas; recipientes a presión y transformaciones de círculo de Mohr,
3. **StressAlyzer** *http://hpme16.me.cmu.edu/stressalyzer* Material educativo interactivo para mecánica de materiales, que comprende módulos sobre carga axial, carga de torsión, diagramas de fuerza cortante y momento de flexión, cálculos de cargas y esfuerzos en 3D, deflexiones de vigas y transformaciones de esfuerzos.

PROBLEMAS

Tensión y compresión directa

1. Un elemento en tensión, en la estructura de una máquina, está sujeto a una carga continua de 4.50 kN. Su longitud es de 750 mm, y está fabricado de un tubo de acero con diámetro exterior de 18 mm y diámetro interior de 12 mm. Calcule el esfuerzo de tensión en el tubo, y su deformación axial.
2. Calcule el esfuerzo en una barra redonda de 10.0 mm de diámetro, sometida a una fuerza de tensión directa de 3500 N.
3. Calcule el esfuerzo en una barra rectangular cuyas dimensiones transversales son 10.0 mm por 30.0 mm, cuando se le aplica una fuerza de tensión directa de 20.0 kN.
4. En el mecanismo de una máquina de empaque hay una varilla de sección cuadrada con 0.40 pulg por lado. Está sometida a una fuerza de tensión de 860 lb. Calcule el esfuerzo en la varilla.
5. Dos varillas redondas soportan el peso de 3800 lb de un calentador de recinto en una bodega. Cada varilla tiene 0.375 pulg de diámetro y lleva la mitad de la carga total. Calcule el esfuerzo en las varillas.
6. Una carga de tensión de 5.00 kN se aplica a una barra cuadrada de 12 mm por lado, cuya longitud es 1.65 m. Calcule el esfuerzo y la deformación axial de la varilla, si es de *a*) acero AISI 1020, laminado en caliente, *b*) acero AISI 8650 OQT 1000, *c*) hierro dúctil A536-88 (60-40-18), *d*) aluminio 6061-T6, *e*) titanio Ti-6Al-4V, f) PVC rígido y g) plástico fenólico.
7. Una varilla de aluminio tiene la forma de un tubo cuadrado de 2.25 pulg exteriores y 0.120 pulg de espesor de pared. Su longitud es de 16.0 pulg. ¿Qué fuerza axial de compresión causará que se acorte 0.004 pulg? Calcule el esfuerzo de compresión que resulta en el aluminio.

8. Calcule el esfuerzo en la parte media de la varilla AC de la figura P3-8, si la fuerza vertical en el brazo es de 2500 lb. La varilla tiene sección rectangular de 1.50 pulgadas por 3-50 pulgadas.

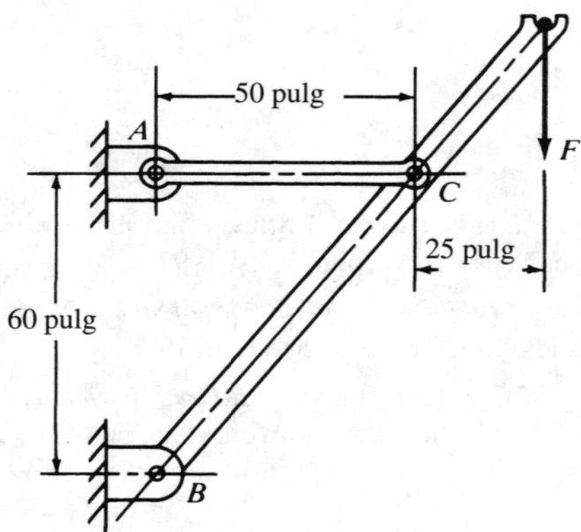

FIGURA P3-8 (Problemas 8, 16 y 56)

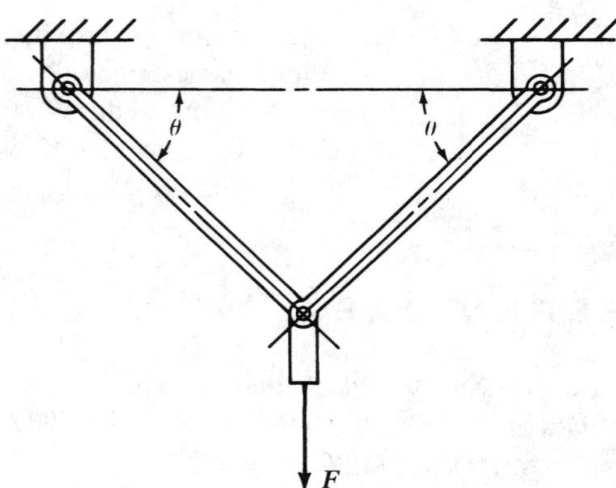

FIGURA P3-9 (Problemas 9, 10, 11, 17 y 18)

9. Calcule las fuerzas en las dos varillas en ángulo de la figura P3-9, para una fuerza aplicada $F = 1500$ lb, si el ángulo θ es de 45°.

10. Si las varillas del problema 9 son circulares, calcule el diámetro necesario, si la carga es estática y el esfuerzo admisible es 18 000 psi.

11. Repita los problemas 9 y 10 si el ángulo θ es de 15°.

12. La figura P3-12 muestra una armadura pequeña que se apoya en soportes firmes, de donde cuelga una carga de 10.5 kN. Se muestran los cortes transversales de los tres principales elementos de ella. Calcule los esfuerzos en todos los miembros de la armadura, cerca de sus puntos medios y alejados de las conexiones. Considere que todas las uniones están articuladas.

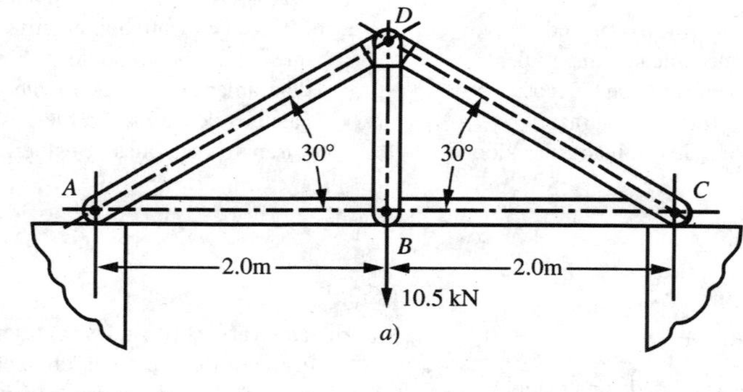

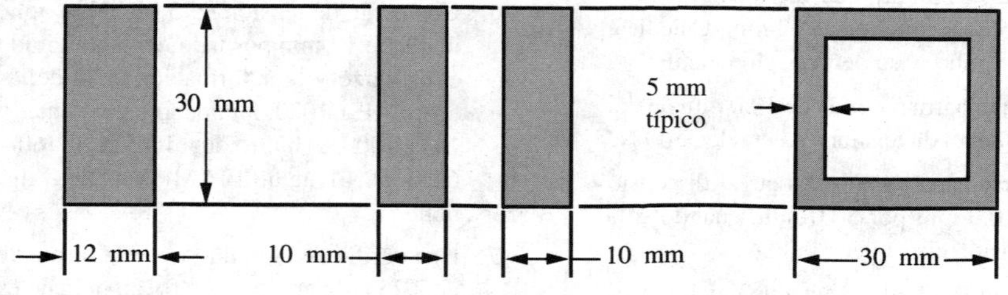

b) Sección transversal de los miembros *AB, BC*

c) Sección transversal de los miembros *BD*

d) Sección transversal de los miembros *AD, CD*

FIGURA P3-12 (Problema 12)

13. La armadura de la figura P3-13 palma un espacio total de 18.0 pies, y sostiene dos cargas concentradas en su cuerda superior. Sus elementos son de ángulos y canales de acero estándar, como se ve en la figura. Considere que todas las uniones están articuladas. Calcule el esfuerzo en todos sus miembros, cerca de su punto medio y alejado de sus conexiones.

14. La figura P3-14 muestra una pata corta de una máquina que soporta una carga directa de compresión. Calcule el esfuerzo

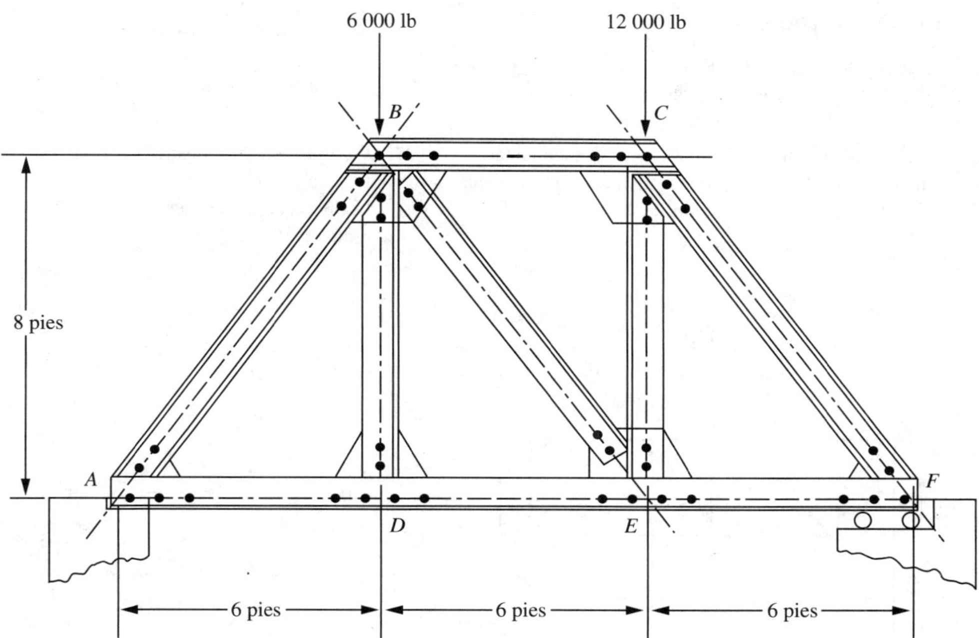

Especificaciones de los miembros

AD, DE, EF L2 × 2 × 1/8 – doble
BD, CE, BE L2 × 2 × 1/8 – sencillo
AB, BC, CF C3 × 4.1 – doble

FIGURA P3-13 (Problema 13)

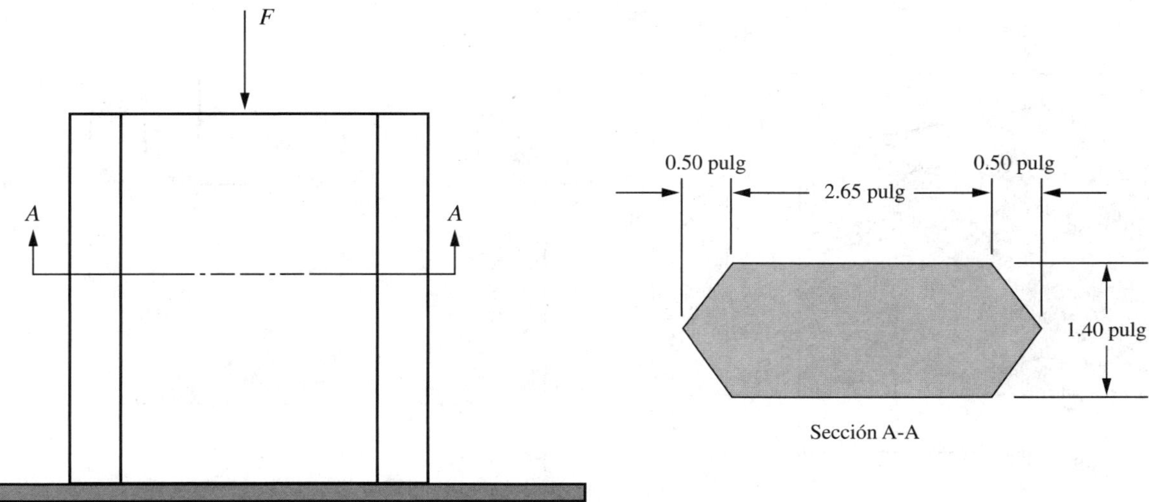

FIGURA P3-14 (Problema 14)

de compresión, si la sección transversal tiene la forma que se indica, y la fuerza aplicada es $F = 52\,000$ lb.

15. Considere el elemento corto a compresión que muestra la figura P3-15 y calcule el esfuerzo de compresión, si la sección transversal tiene la forma indicada, y la carga aplicada es de 640 kN.

Esfuerzo cortante directo

16. Refiera la figura P3-8. Cada uno de los pasadores *A*, *B* y *C* tiene un diámetro de 0.50 pulg, y está cargado en cortante doble. Calcule el esfuerzo cortante en cada pasador.

17. Calcule el esfuerzo cortante en los pasadores que conectan las varillas de la figura P3-9, cuando se aplica una carga $F = 1500$ lb. El diámetro de los pasadores es de 0.75 pulg y el ángulo $\theta = 40°$.

18. Repita el problema 17, pero cambie el ángulo a $\theta = 15°$.

19. Vea la figura 3-7. Calcule el esfuerzo cortante en la cuña, si el eje transmite un par de 1600 N·m. El diámetro del eje es de 60 mm. La cuña es cuadrada, con $b = 12$ mm, y su longitud es de 45 mm.

20. Un troquel trata de cortar una lámina de aluminio para obtener la forma que muestra la figura 3-20; el espesor de la lámina de aluminio es de 0.060 pulg. Calcule el esfuerzo cortante en el aluminio, cuando se aplica al troquel una fuerza de 52 000 lb.

21. La figura P3-21 muestra la forma de un lingote que debe perforarse en una lámina de acero de 2.0 mm de espesor. Si el troquel ejerce una fuerza de 225 kN, calcule el esfuerzo cortante en el acero.

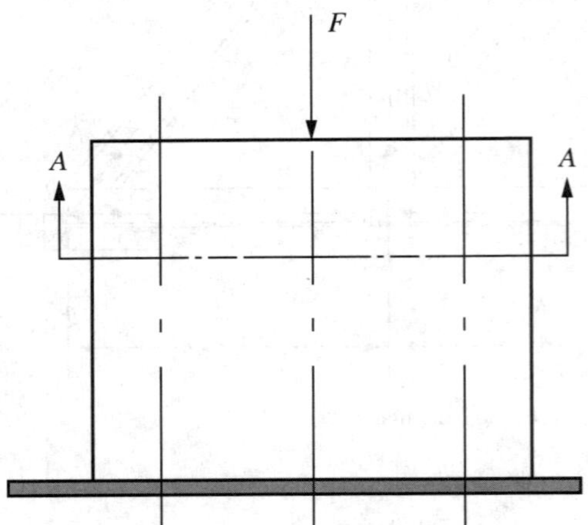

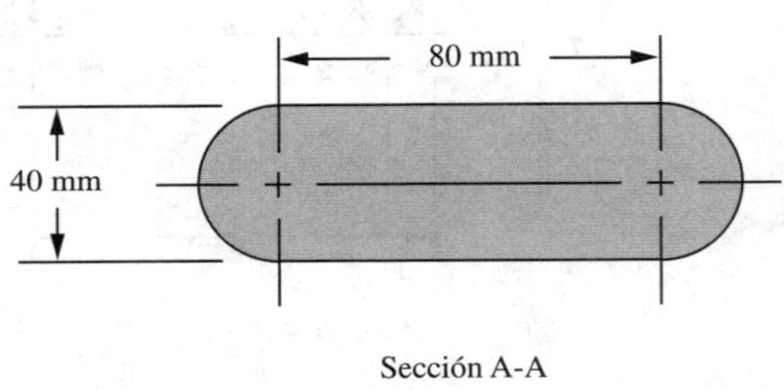

FIGURA P3-15 (Problema 15)

FIGURA P3-20 (Problema 20)

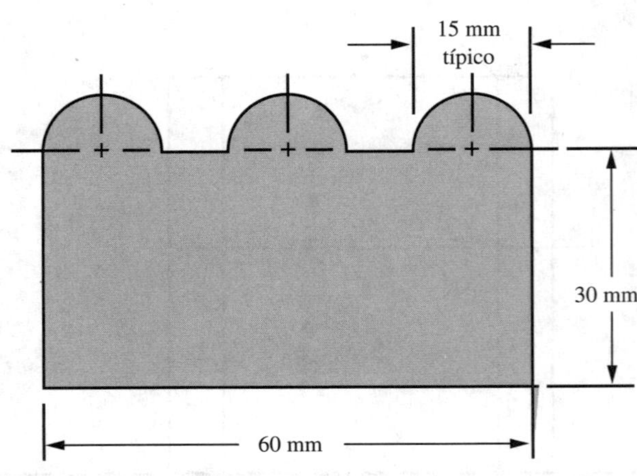

FIGURA P3-21 (Problema 21)

Torsión

22. Calcule el esfuerzo cortante por torsión en un eje circular con 50 mm de diámetro, sometido a un par de torsión de 800 N · m.

23. Si el eje del problema 22 tiene 850 mm de longitud y es de acero, calcule el ángulo de torcimiento de un extremo en relación con el otro.

24. Calcule el esfuerzo cortante por torsión debido a un par de 88.0 lb · pulg, en un eje redondo de 0.40 pulg de diámetro.

25. Calcule el esfuerzo cortante por torsión en un eje redondo macizo con 1.25 pulgadas de diámetro, que transmite 110 hp a 560 rpm.

26. Calcule el esfuerzo cortante por torsión en un eje hueco redondo, con diámetro externo de 40 mm y diámetro interno de 30 mm, cuando transmite 28 kilowatts (kW) de potencia a una velocidad de 45 rad/s.

27. Calcule el ángulo de torsión del eje hueco del problema 26, en una longitud de 400 mm. El eje es de acero.

Miembros no circulares en torsión

28. Una barra cuadrada de acero, de 25 mm por lado y 650 mm de longitud, está bajo la acción de un par torsional de 230 N · m. Calcule el esfuerzo cortante y el ángulo de torsión de la barra.

29. Una barra de acero de 3.00 pulg de diámetro tiene una cara plana, fresada en un lado, como se ve en la figura P3-29. Si el eje tiene 44.0 pulgadas de longitud y soporta un par de 10 600 lb·pulg, calcule el esfuerzo y el ángulo de torcimiento.

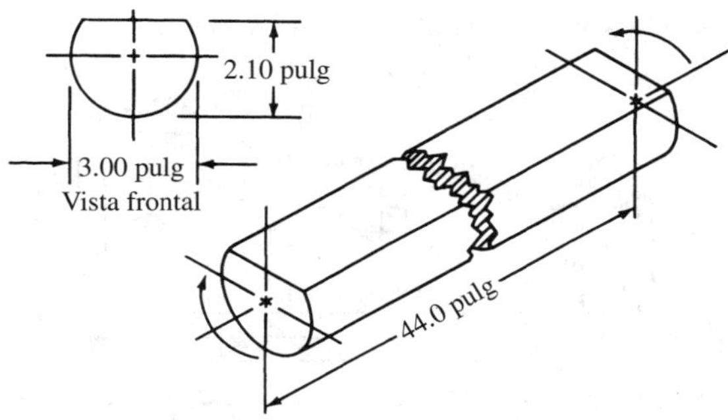

FIGURA P3-29 (Problema 29)

30. Un proveedor comercial de acero tiene en existencia tubo rectangular de acero con dimensiones exteriores de 4.00 por 2.00 pulgadas, y el espesor de pared es de 0.109 pulg. Calcule el par torsional máximo que puede aplicarse a ese tubo, si el esfuerzo cortante debe limitarse a 6000 psi. Para este par de torsión, calcule el ángulo de torsión del tubo en una longitud de 6.5 pies.

Vigas

31. Una viga está simplemente apoyada, y soporta la carga que muestra la figura P3-31. Especifique las dimensiones adecuadas para ella, con los perfiles que se indican abajo, si es de acero, y el esfuerzo se debe limitar a 18 000 psi.

a) Cuadrada

b) Rectángulo con altura de tres veces el ancho

c) Rectángulo con altura de la tercera parte del ancho

d) Sección circular maciza

e) Viga, perfil estándar estadounidense

f) Canal, perfil estándar americano con los patines hacia abajo

g) Tubo de acero pared sencilla

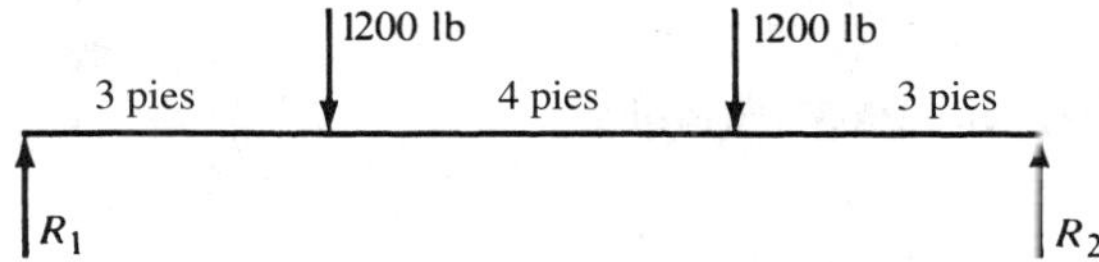

FIGURA P3-31 (Problemas 31, 32 y 33)

32. Para cada viga del problema 31, calcule su peso, si el acero pesa 0.283 lb/pulg^3.

33. Para cada viga del problema 31, calcule la deflexión máxima y la deflexión en las cargas.

34. Para la viga cargada de la figura P3-34, trace los diagramas completos de fuerza cortante y momento flexionante, y determine los momentos flexionantes en los puntos *A*, *B* y *C*.

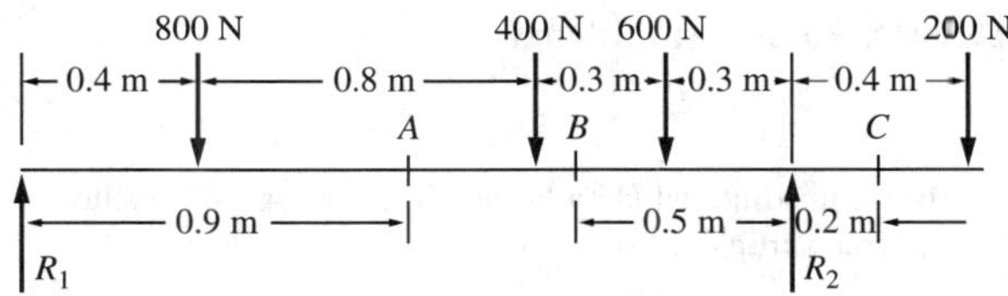

FIGURA P3-34 (Problemas 34 y 35)

35. Para la viga cargada de la figura P3-34, diséñela eligiendo un perfil que sea razonablemente eficiente y limite el esfuerzo a 100 MPa.

36. La figura P3-36 muestra una viga fabricada con tubo de acero de 4 pulg. Calcule la deflexión en los puntos *A* y *B* para dos casos: *a*) el voladizo simple y *b*) el voladizo apoyado.

37. Seleccione un perfil de viga I de aluminio para soportar la carga de la figura P3-37, con un esfuerzo máximo de 12 000 psi. A continuación, calcule la deflexión en el punto de aplicación de cada carga.

38. La figura P3-38 representa una viga de madera para una plataforma; soporta una carga distribuida de 120 lb/pie y dos cargas concentradas debido a una maquinaria. Calcule el es-

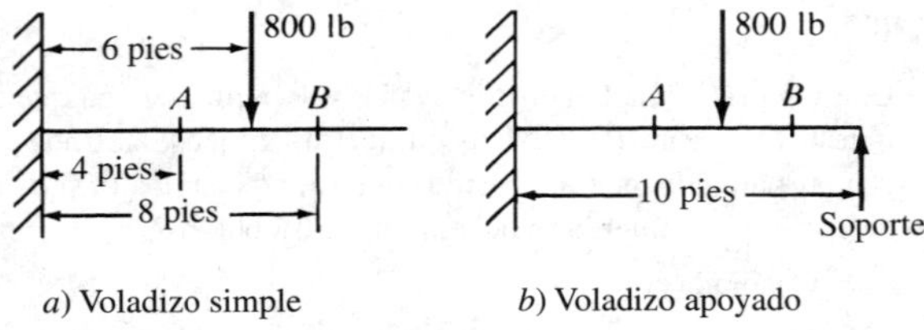

FIGURA P3-36 (Problema 36)

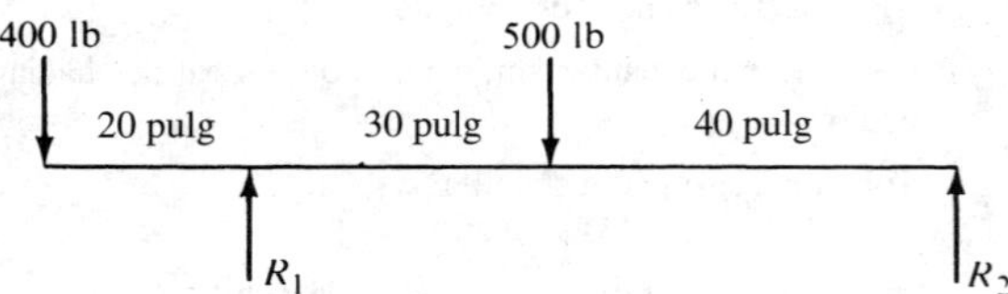

FIGURA P3-37 (Problema 37)

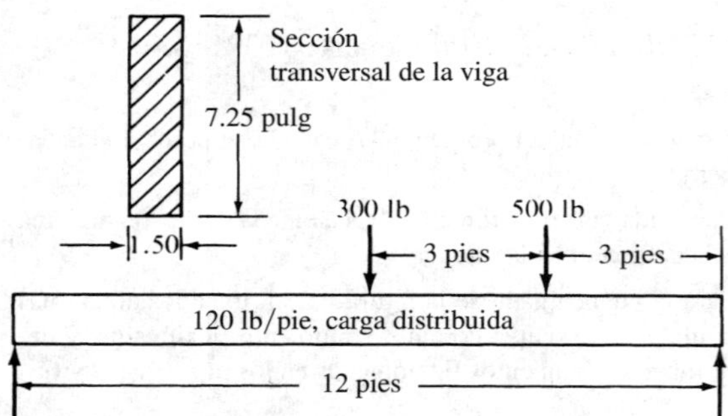

FIGURA P3-38 (Problema 38)

fuerzo máximo debido a la flexión en la viga y el esfuerzo cortante vertical máximo.

Vigas con momentos de flexión concentrados

Para los problemas 39 a 50, sólo trace el diagrama de cuerpo libre de la parte de viga horizontal de las figuras. A continuación trace los diagramas completos de fuerza cortante y momento flexionante. Cuando se usa, el símbolo *X* indica un apoyo simple, capaz de ejercer una fuerza de reacción en cualquier dirección, pero que no tiene resistencia al momento flexionante. Para vigas con cargas axiales desbalanceadas, podrá especificar qué soporte tiene la reacción.

39. Consulte la figura P3-39.

40. Consulte la figura P3-40.

41. Consulte la figura P3-41.

42. Consulte la figura P3-42.

43. Consulte la figura P3-43.

44. Consulte la figura P3-44.

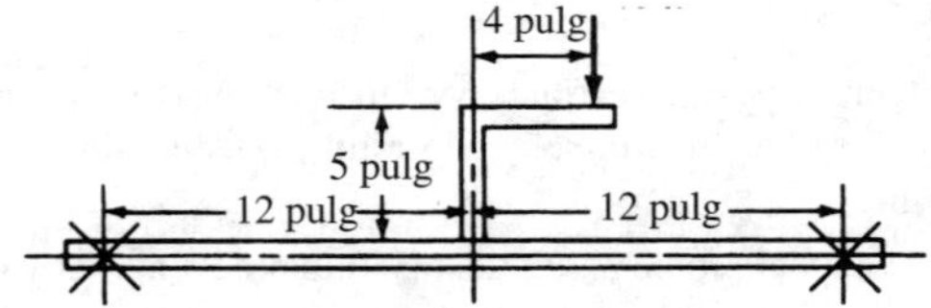

FIGURA P3-39 (Problemas 39 y 57)

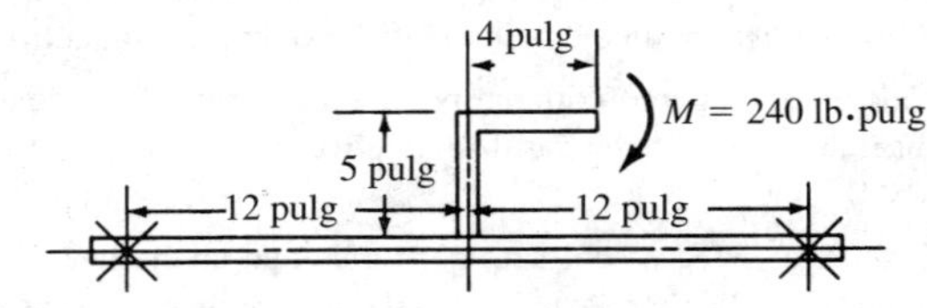

FIGURA P3-40 (Problema 40)

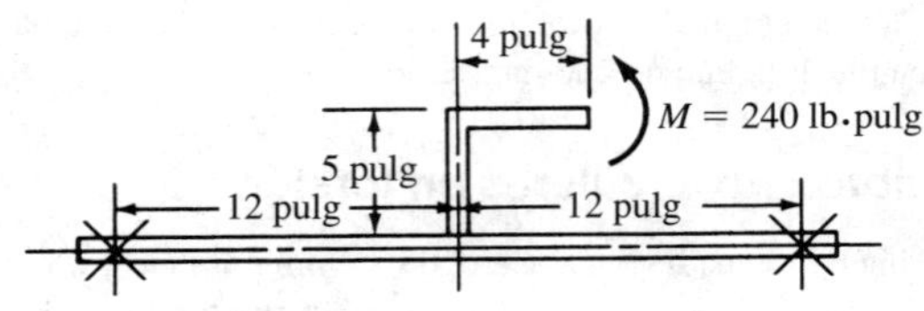

FIGURA P3-41 (Problema 41)

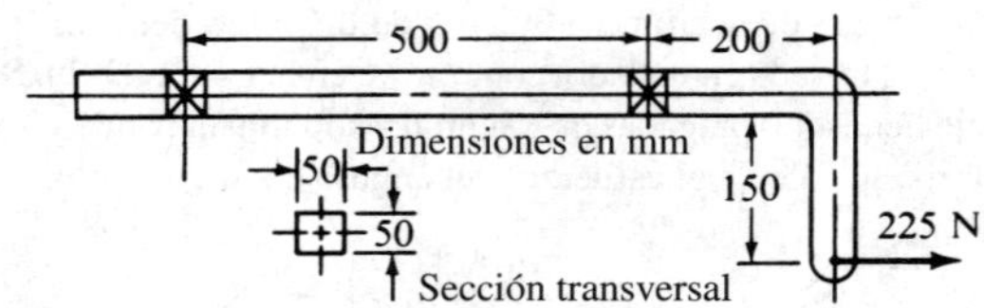

FIGURA P3-42 (Problemas 42 y 58)

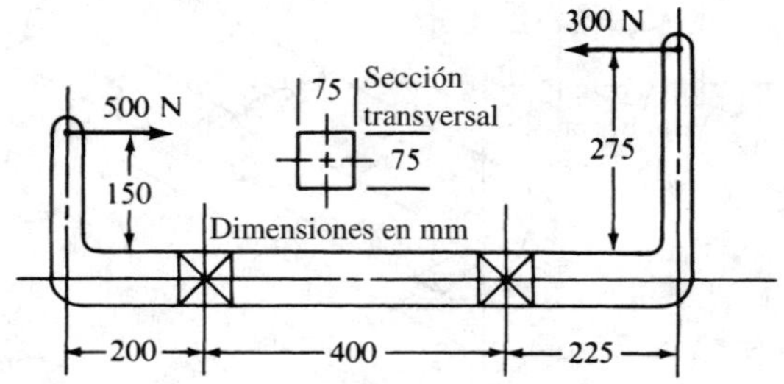

FIGURA P3-43 (Problemas 43 y 59)

45. Consulte la figura P3-45.

46. Consulte la figura P3-46.

47. Consulte la figura P3-47.

48. Consulte la figura P3-48.

49. Consulte la figura P3-49.

50. Consulte la figura P3-50.

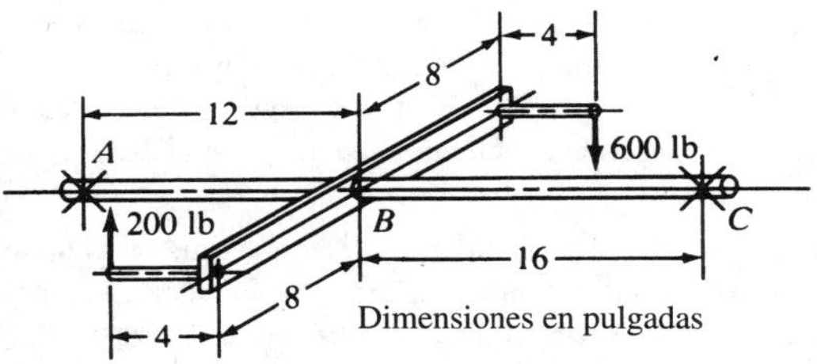

FIGURA P3-44 (Problema 44)

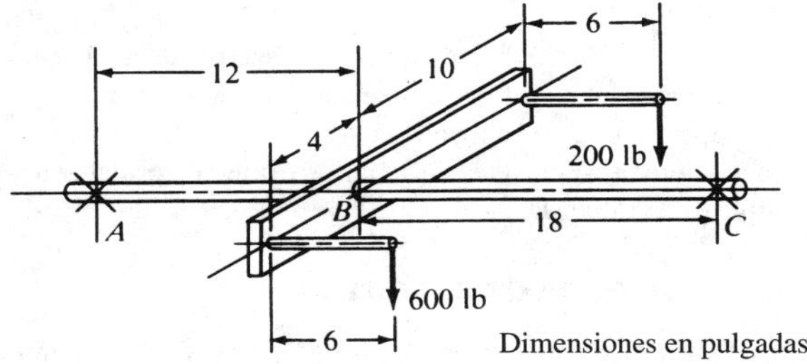

FIGURA P3-45 (Problema 45)

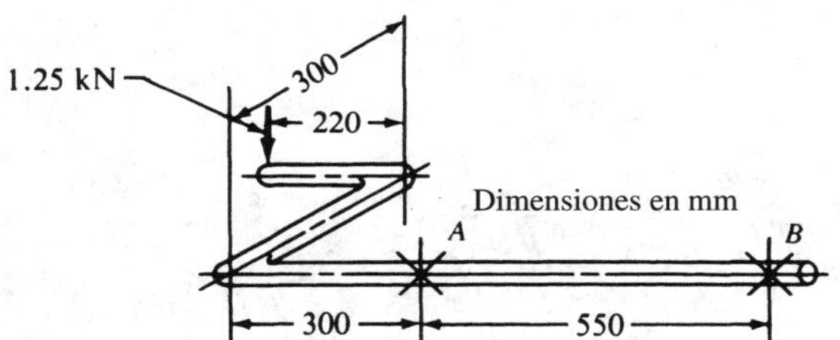

FIGURA P3-46 (Problema 46)

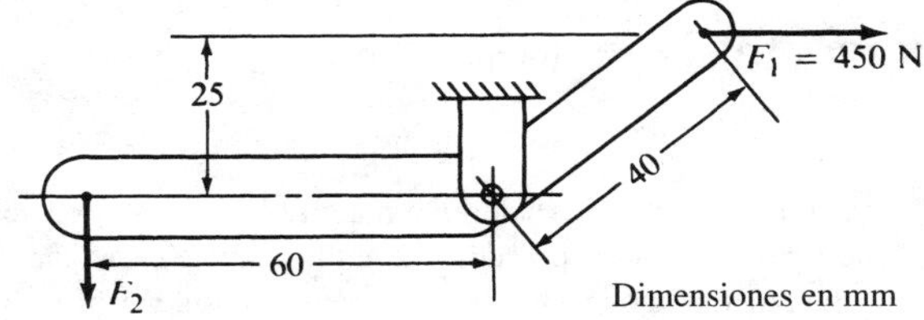

FIGURA P3-47 (Problema 47)

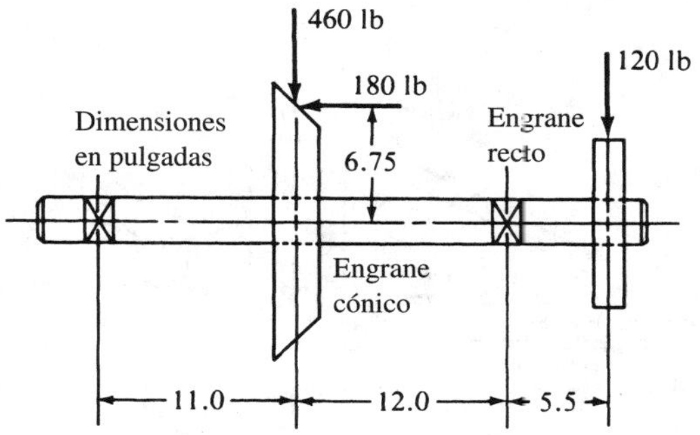

FIGURA P3-48 (Problema 48)

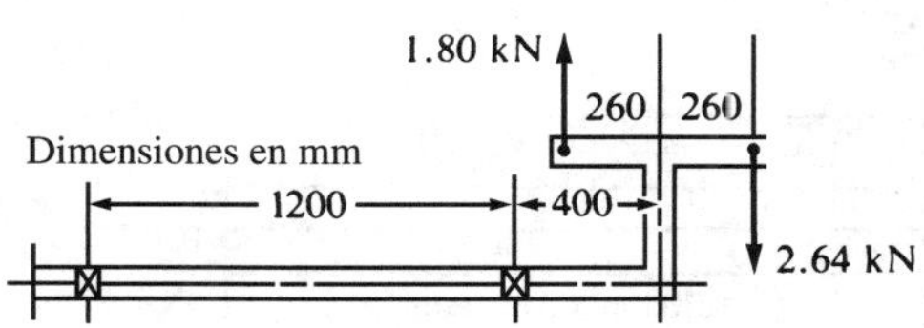

FIGURA P3-49 (Problema 49)

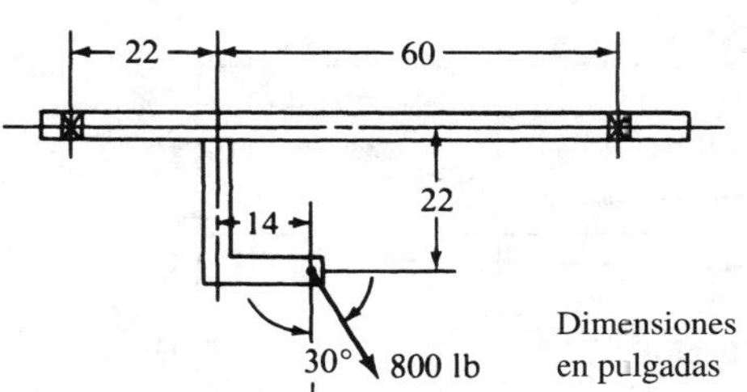

FIGURA P3-50 (Problemas 50 y 60)

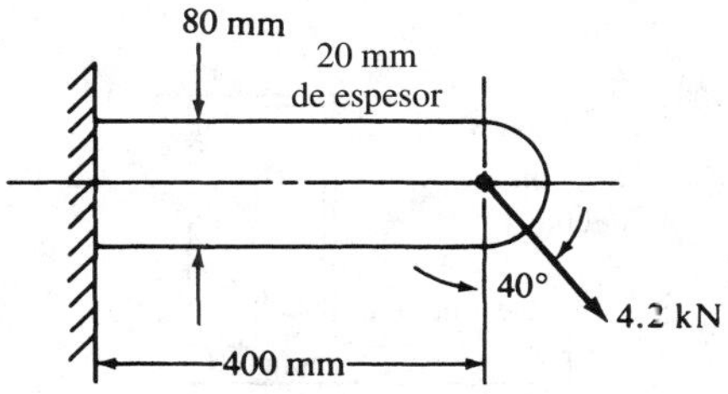

FIGURA P3-51 (Problema 51)

Esfuerzos normales combinados

51. Calcule el esfuerzo de tensión máximo en el soporte de la figura P3-51.

52. Calcule los esfuerzos de tensión y compresión máximos de la viga horizontal que muestra la figura P3-52.

53. Para la palanca de la figura P3-53 *a*) calcule el esfuerzo en el corte *A* cerca del extremo fijo. A continuación, rediseñe la palanca a la forma triangular de la parte *b*) en esa figura, al ajustar sólo la altura de la sección transversal en las secciones *B* y *C*, para que no tengan mayor esfuerzo que la sección *A*.

54. Calcule el esfuerzo máximo de tensión en las secciones *A* y *B* del brazo de la grúa, que se ve en la figura P3-54.

55. Refiérase la figura 3-22. Calcule el esfuerzo máximo de tensión en la cabeza de impresión, justo a la derecha de la guía derecha. La cabeza tiene un corte transversal rectangular de 5.0 mm de alto en el plano del papel, y 2.4 mm de espesor.

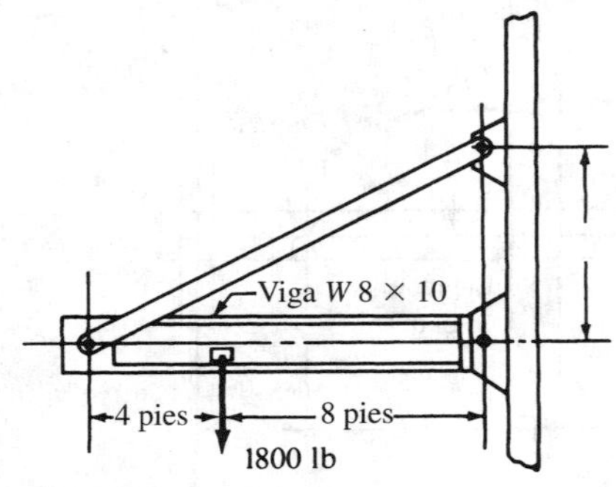

FIGURA P3-52 (Problema 52)

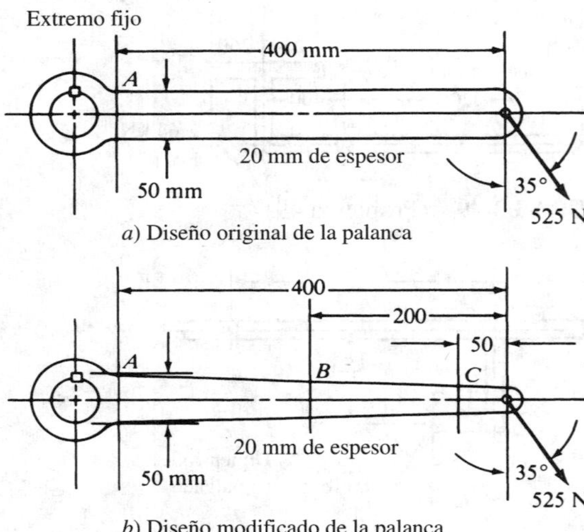

FIGURA P3-53 (Problema 53)

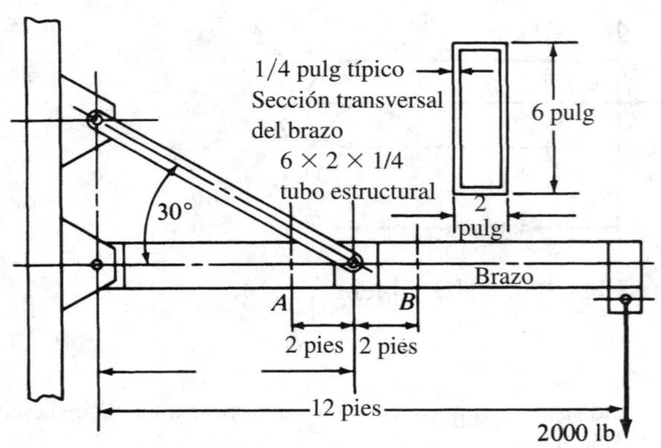

FIGURA P3-54 (Problema 54)

58. Vea la figura P3-8. Calcule los esfuerzos de tensión y compresión máximos en el miembro B-C, si la carga F es de 1800 lb. La sección transversal de B-C es un tubo rectangular de 6 × 4 × 1/4.

57. Vea la figura P3-39. El miembro vertical debe ser de acero, con esfuerzo máximo permisible de 12 000 psi. Especifique el tamaño necesario de una sección transversal cuadrada estándar, si se consiguen tamaños en incrementos de 1/16 pulg.

58. Vea la figura P3-42. Calcule el esfuerzo máximo en la parte horizontal de la barra e indique dónde se encuentra, en la sección transversal. El apoyo izquierdo resiste la fuerza axial.

59. Vea la figura P3-43. Calcule el esfuerzo máximo en la parte horizontal de la barra e indique dónde se encuentra, en el corte transversal. El apoyo derecho soporta la fuerza axial no balanceada.

60. Vea la figura P3-50. Especifique un diámetro adecuado para una barra redonda maciza empleada en el elemento horizontal superior, que está apoyado en los cojinetes. El cojinete de la izquierda sostiene la carga axial. El esfuerzo normal admisible es 25 000 psi.

Concentraciones de esfuerzos

61. La figura P3-61 muestra el vástago de una válvula en un motor, sometido a una carga axial de tensión debida al resorte. Para una fuerza de 1.25 kN, calcule el esfuerzo máximo en la transición junto al hombro.

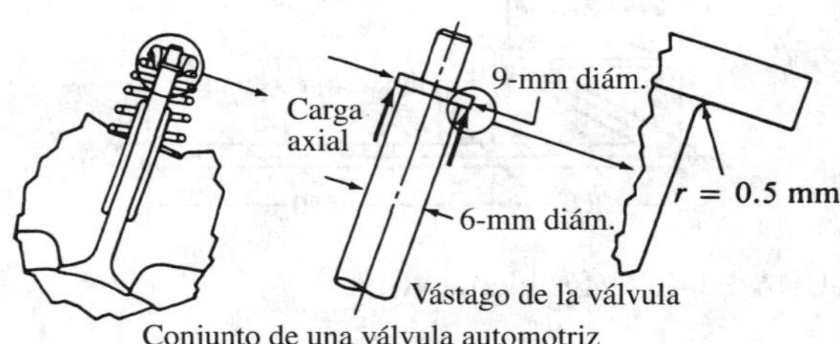

FIGURA P3-61 (Problema 61)

62. El soporte de transportador que muestra la figura P3-62 soporta tres conjuntos pesados (1200 lb cada uno). Calcule el esfuerzo máximo en el apoyo, si considera las concentraciones de esfuerzos en los filetes, y también suponga que la carga actúa en dirección axial.

63. Para la placa plana en tensión de la figura P3-63, calcule el esfuerzo en cada orificio, si supone que esos orificios están suficientemente alejados para que sus efectos no interactúen.

Para los problemas 64 a 68, calcule el esfuerzo máximo en el elemento, y considere las concentraciones de esfuerzos.

64. Consulte la figura P3-64.

65. Consulte la figura P3-65.

66. Consulte la figura P3-66.

67. Consulte la figura P3-67.

68. Consulte la figura P3-68.

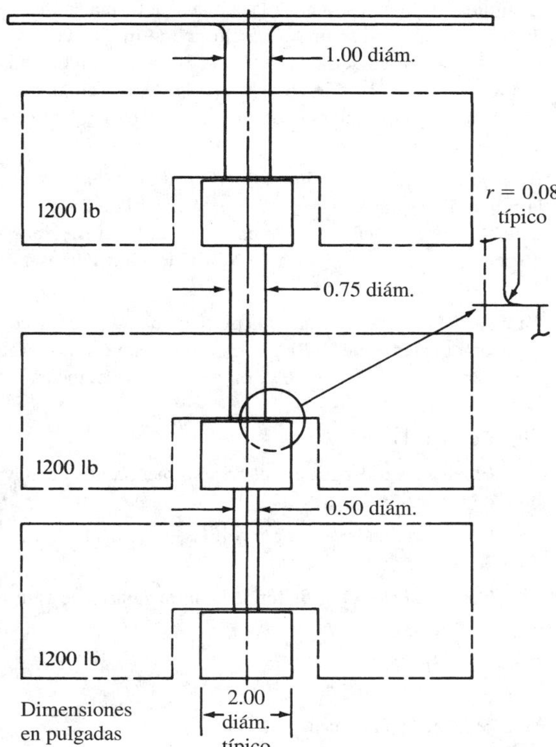

FIGURA P3-62 (Problema 62)

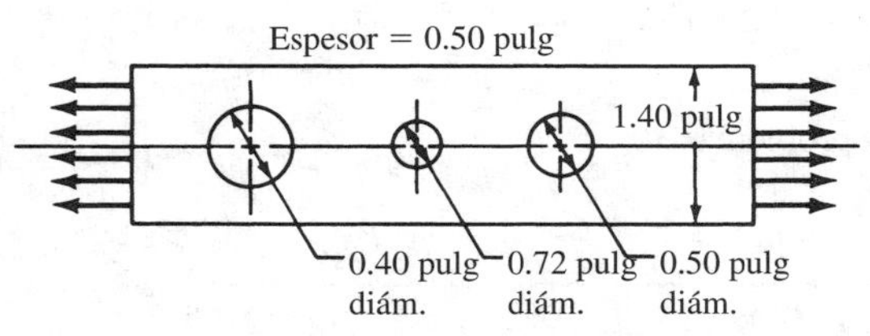

FIGURA P3-63 (Problema 63)

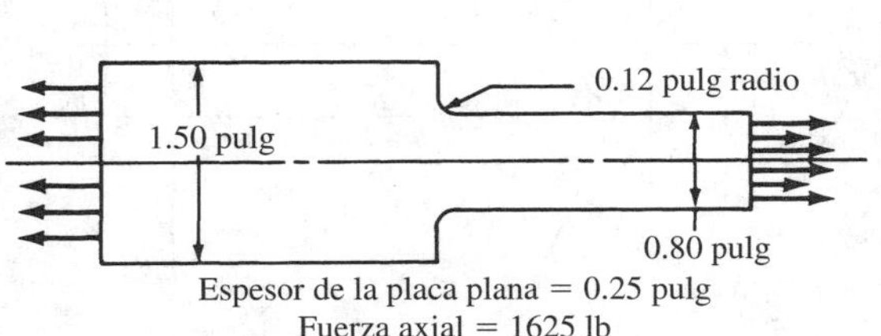

FIGURA P3-64 (Problema 64)

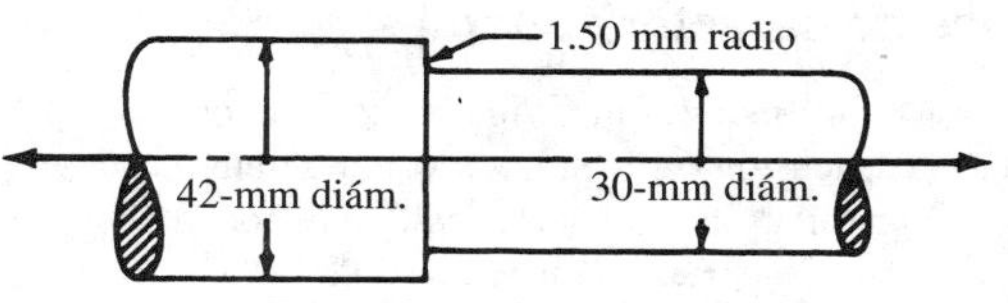

FIGURA P3-65 (Problema 65)

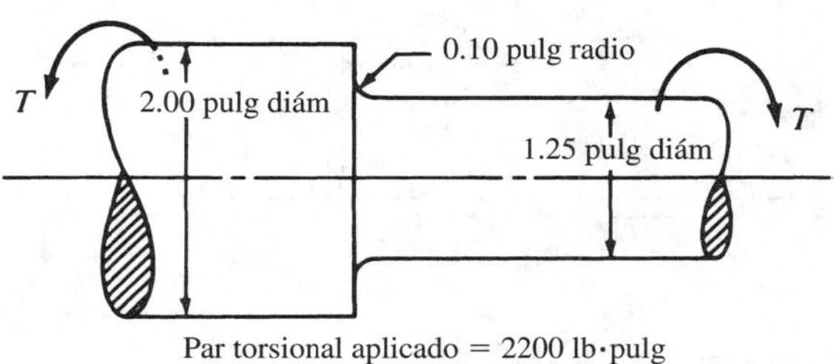

FIGURA P3-66 (Problema 66)

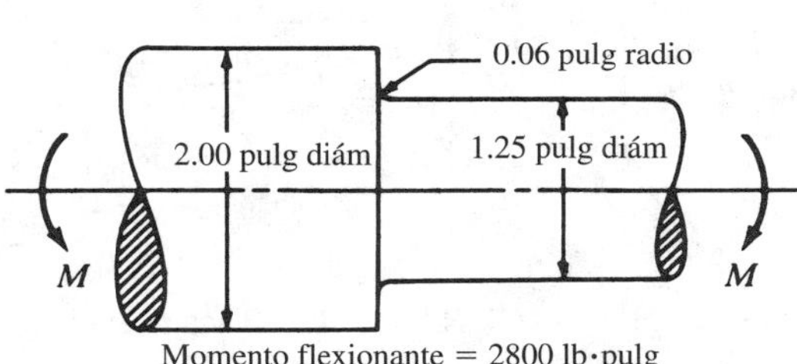

FIGURA P3-67 (Problema 67)

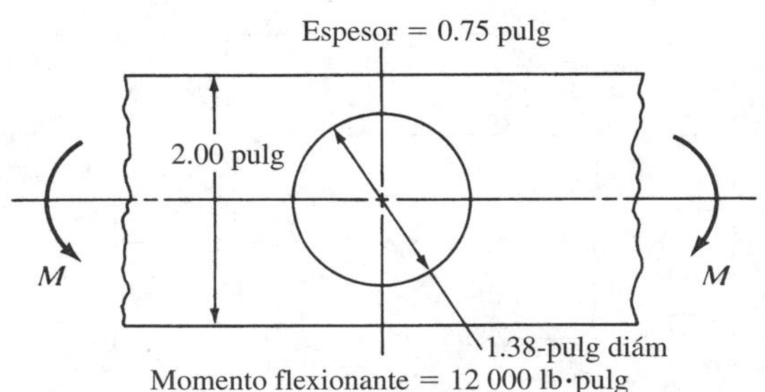

FIGURA P3-68 (Problema 68)

Problemas de carácter general

69. La figura P3-69 muestra una viga horizontal sostenida por una varilla de tensión vertical. Las secciones transversales de la viga y la varilla son cuadradas, de 20 mm. Todas las conexiones tienen pasadores cilíndricos de 8.00 mm de diámetro en cortante doble. Calcule el esfuerzo de tensión en el miembro *A-B*, el esfuerzo debido a la flexión en *C-D* y el esfuerzo cortante en los pasadores *A* y *C*.

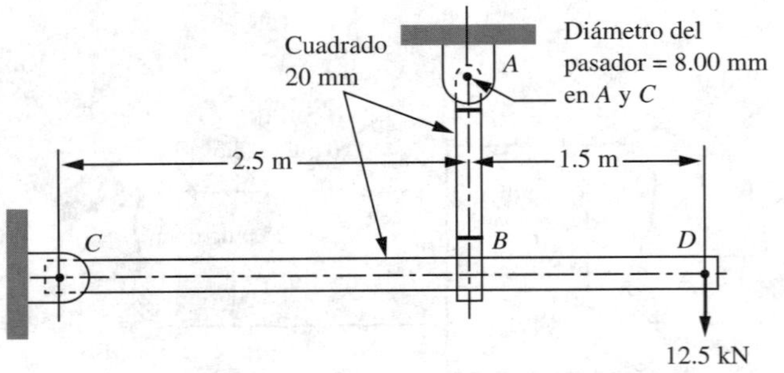

FIGURA P3-69 (Problema 69)

70. La figura P3-70 muestra una placa plana en forma cónica de 20 mm de espesor uniforme. La altura está inclinada desde $h_1 = 40$ mm cerca de la carga, hasta $h_2 = 20$ mm en cada soporte. Calcule el esfuerzo debido a la flexión en la barra en los puntos a 40 mm del soporte desde la carga. Sea $P = 5.0$ kN.

71. Para la placa plana de la figura P3-70, calcule el esfuerzo en la mitad de la placa, si se perfora un orificio de 25 mm de diámetro directamente bajo la carga, en la línea horizontal de centro. La carga es $P = 5.0$ kN. Vea los datos en el problema 70.

72. La viga de la figura P3-72 es una placa plana escalonada con espesor constante de 1.20 pulg. Soporta una sola carga concentrada de 1500 lb en *C*. Compare los esfuerzos en los siguientes lugares:

a) Cerca de la carga

b) En el corte que pasa por el orificio menor, a la derecha de la sección *C*

c) En el corte que pasa por el orificio mayor, a la derecha de la sección *C*

d) Cerca de la sección *B*, donde la barra cambia de altura.

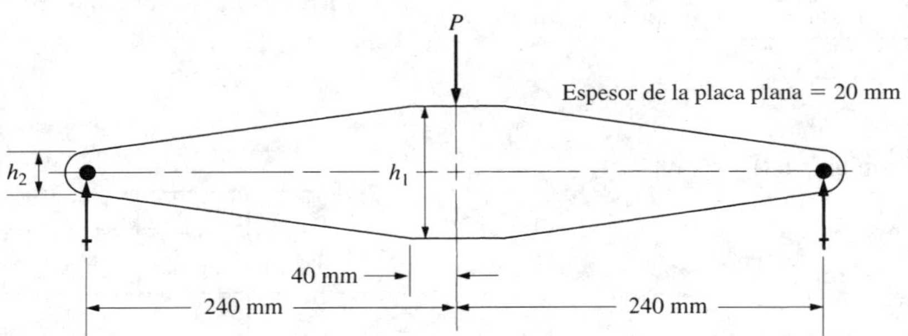

FIGURA P3-70 Placa plana inclinada para los problemas 70 y 71

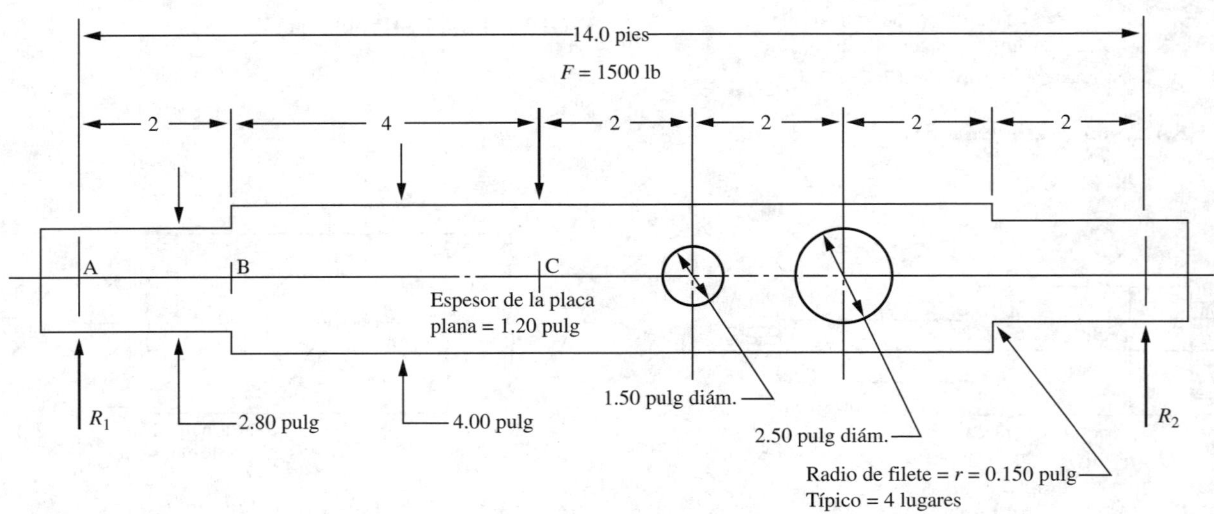

FIGURA P3-72 (Problema 72)

73. La figura P3-73 muestra una placa plana escalonada que tiene un espesor constante de 8.0 mm. Soporta tres cargas concentradas, que se indican. Sean $P = 200$ N, $L_1 = 180$ mm, $L_2 = 80$ mm y $L_3 = 40$ mm. Calcule el esfuerzo máximo debido a la flexión e indique dónde se encuentra. La barra está reforzada contra flexión lateral y torcimiento. Observe que las dimensiones de la figura no están a escala.

74. La figura P3-74 muestra un soporte que sostiene fuerzas opuestas de $F = 2500$ N. Calcule el esfuerzo en la parte horizontal superior, en el corte B a través de uno de los orificios. Como diámetro de orificios, use $d = 15.0$ mm.

75. Repita el problema 74, pero con diámetro de orificios $d = 12.0$ mm.

76. La figura P3-76 muestra una palanca fabricada con barra rectangular de acero. Calcule el esfuerzo de flexión en el *fulcro* (el punto de apoyo, a 20 pulgadas del pivote), y en la sección que pasa por el orificio inferior. El diámetro de cada orificio es de 1.25 pulg.

77. Para la palanca P3-76, calcule el esfuerzo máximo, si el punto de fijación se mueve a cada uno de los otros dos orificios.

78. La figura P3-78 muestra un eje cargado sólo en flexión. Los cojinetes colocados en los puntos B y D permiten que gire el eje. Unas poleas en B, C y E llevan cables que soportan cargas desde abajo, y permiten que gire el eje. Calcule el esfuerzo máximo de flexión en el eje, al considerar las concentraciones de esfuerzos.

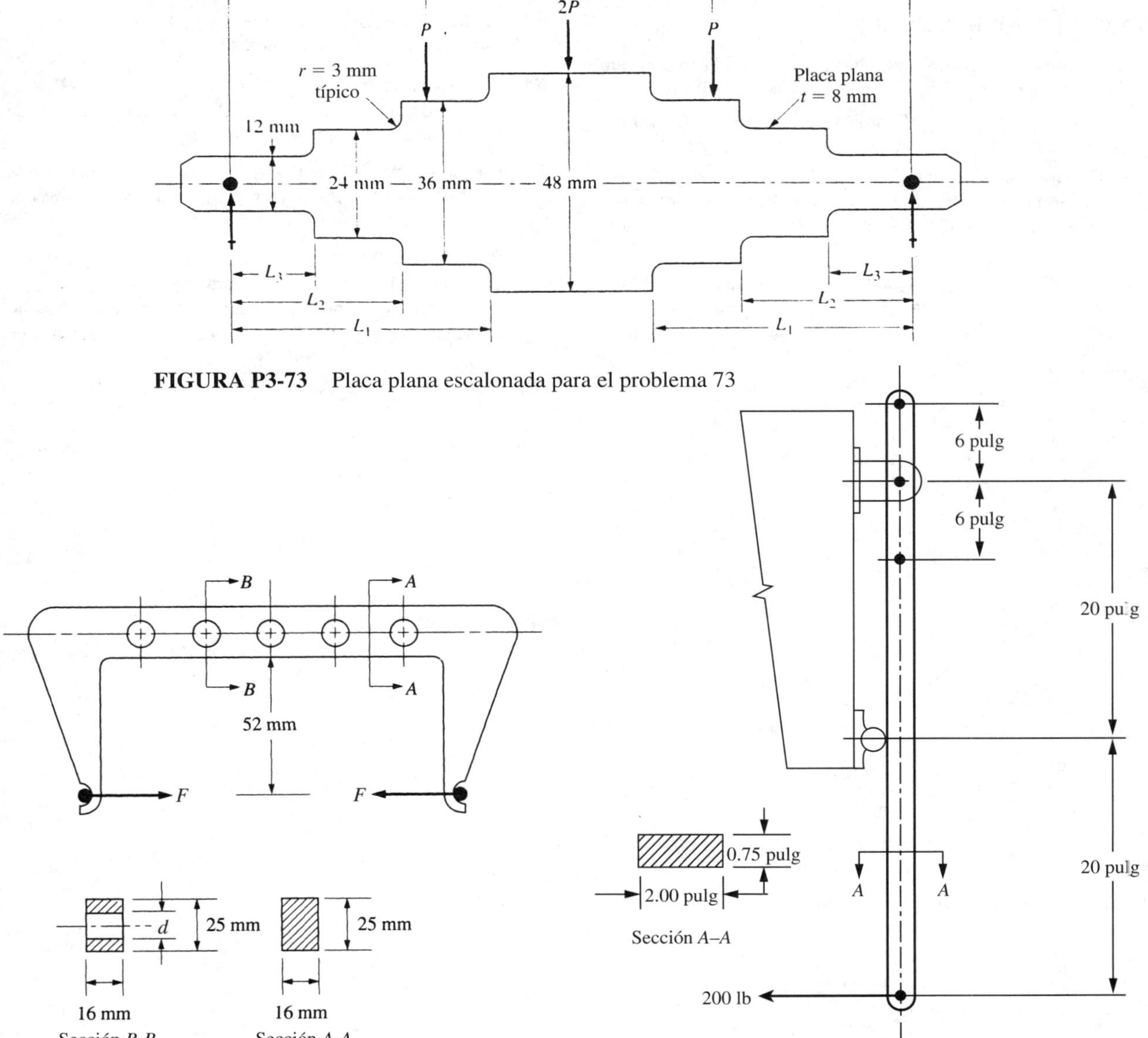

FIGURA P3-73 Placa plana escalonada para el problema 73

FIGURA P3-74 Soporte para los problemas 74 y 75

FIGURA P3-76 Palanca para los problemas 76 y 77

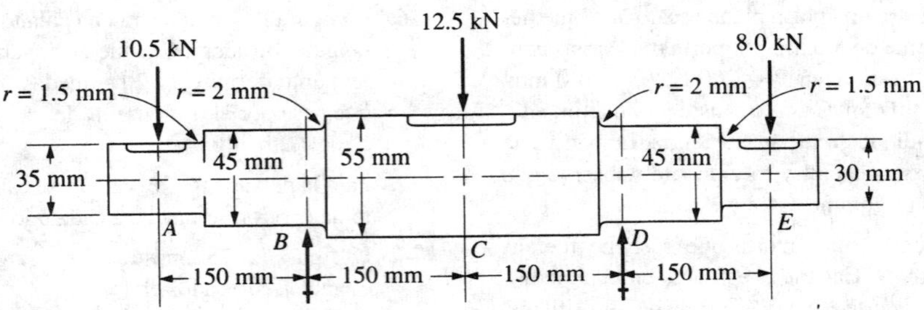

FIGURA P3-78 Datos para el problema 78

Tareas para Internet

79. Consulte el programa MDSolids para analizar las fuerzas en todos los miembros de la armadura de la figura P3-12.

80. Consulte el programa MDSolids para analizar las fuerzas en todos los miembros de la armadura de la figura P3-13.

81. Con los resultados del problema 79, consulte el programa MDSolids para analizar los esfuerzos de tensión o compresión axial en todos los miembros de la armadura de la figura P3-12.

82. Con los resultados del problema 80, consulte el programa MDSolids para analizar los esfuerzos de tensión o compresión axial en todos los miembros de la armadura de la figura P3-13.

83. Consulte los programas BEAM 2D, MDSolids o StressAlyzer para resolver el problema 3-34.

84. Para la viga de la figura P3-37, consulte el programa BEAM 2D, MDSolids o StressAlyzer para trazar los diagramas de fuerza cortante y momento flexionante.

85. Para la viga de la figura P3-38, consulte el programa BEAM 2D, MDSolids o StressAlyzer, para trazar los diagramas de fuerza cortante y momento flexionante.

86. Para el eje de la figura P3-78, consulte el programa BEAM 2D, MDSolids o StressAlyzer, para trazar los diagramas de fuerza cortante y momento flexionante. Calcule el momento flexionante en el punto *C* y en cada escalón de diámetros en el eje.

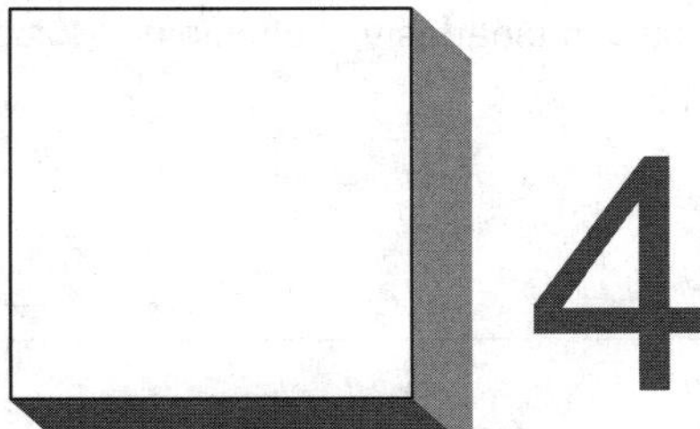

4

Esfuerzos combinados y el círculo de Mohr

Panorama

Esfuerzos combinados y el círculo de Mohr

Mapa de aprendizaje

- El lector debe acrecentar su capacidad para analizar piezas y patrones de carga más complejas.

Descubrimiento

Vea cuáles productos que lo rodean tienen geometrías o patrones de carga complejos.

Platique acerca de esos productos con sus colegas.

Este capítulo le ayudará a analizar objetos complicados para determinar esfuerzos máximos. Se empleará el *círculo de Mohr*, un método gráfico para análisis de esfuerzos, como ayuda para comprender cómo varían los esfuerzos dentro de un elemento sometido a cargas.

En el capítulo 3 se revisaron los principios básicos del análisis de esfuerzo y deformación; se practicó la aplicación de esos principios en problemas de diseño de máquinas y se resolvieron algunos problemas por superposición, cuando dos o más clases de cargas causaban esfuerzos normales, de tensión o de compresión.

Pero ¿qué sucede cuando la forma de aplicar las cargas es más compleja?

Existen muchos componentes de máquina prácticos que experimentan combinaciones de esfuerzos normales y cortantes. A veces el patrón de carga o la geometría del componente hacen que sea muy difícil resolver el análisis al emplear los métodos básicos del análisis de esfuerzos.

Vea a su alrededor e identifique algunos productos, partes de estructuras o componentes de máquina que tengan una forma más compleja de carga o geometría. Quizá algunos de los que se identifican en el **Panorama** del capítulo 3 tengan esta característica.

Describa cómo están cargados los elementos que seleccionó, dónde es probable que se encuentren los esfuerzos máximos y la forma en que se relacionan las cargas y la geometría. ¿Adaptó el diseñador la forma del objeto para poder soportar las cargas aplicadas en forma eficiente? ¿Cómo se relacionan la forma y el tamaño de las partes complicadas del elemento con los esfuerzos esperados?

Al continuar con el **capítulo 5: Diseño para diferentes tipos de carga**, se necesitarán métodos para determinar la magnitud y la dirección de los esfuerzos cortantes máximos, o los esfuerzos principales (normales) máximos.

Al terminar este capítulo, contará con una ayuda para desarrollar una clara comprensión de la distribución de esfuerzos en un miembro portátil, y le ayudará a determinar los esfuerzos máximos, sean normales o cortantes, para poder terminar un diseño o un análisis fiables.

En algunas de las técnicas para combinar esfuerzos se requiere la aplicación de ecuaciones bastante complicadas. Se puede usar un método gráfico, llamado *círculo de Mohr*, para completar el análisis. Si se aplica de forma correcta, el método es preciso, y debe ayudarle a comprender la forma en que los esfuerzos varían dentro de un miembro resistente complicado. También le ayudará a aplicar en forma correcta los programas comerciales de análisis de esfuerzos.

Usted es el diseñador

Su empresa está diseñando una máquina especial para probar una tela de alta resistencia a una exposición prolongada y a una carga estática, para determinar si se continúa deformando más con el tiempo. Las pruebas se efectuarán a diversas temperaturas, lo que requiere un ambiente controlado alrededor del espécimen de prueba. La figura 4-1 muestra la construcción general de uno de los diseños propuestos. Se dispone de dos soportes rígidos en la parte trasera de la máquina, a una distancia de 24 pulgadas. La línea de acción de la carga sobre la tela fabricada está centrada en este boquete, y está a 15 pulgadas de distancia del centro de los soportes. Se le pide a usted que diseñe un soporte para sujetar el extremo superior del marco de carga.

Suponga que uno de sus conceptos de diseño emplea el arreglo de la figura 4-2. Dos barras circulares están dobladas 90°. Un extremo de cada barra está firmemente soldado a la superficie de soporte vertical. A través del extremo externo de cada barra, se fija una barra plana, para que la carga esté compartida por igual por las dos barras.

Uno de los problemas de su diseño es determinar el esfuerzo máximo que existe en las barras dobladas, para asegurar que sean seguras. ¿Qué tipos de esfuerzos se desarrollan en las barras? ¿Dónde es probable que los esfuerzos sean máximos? ¿Cómo podría calcularse la magnitud de los esfuerzos? Observe que la parte de la barra, cerca de su punto de fijación al soporte, está sometida a una combinación de esfuerzos.

Considere el elemento sobre la superficie superior de la barra, indicado como elemento A en la figura 4-2. El momento causado por la fuerza, al actuar a una distancia de 6.0 pulgadas del soporte, pone al elemento A en tensión debido a la flexión. El par torsional causado por la fuerza, que actúa a 15.0 pulgadas del eje de las barras, en su punto

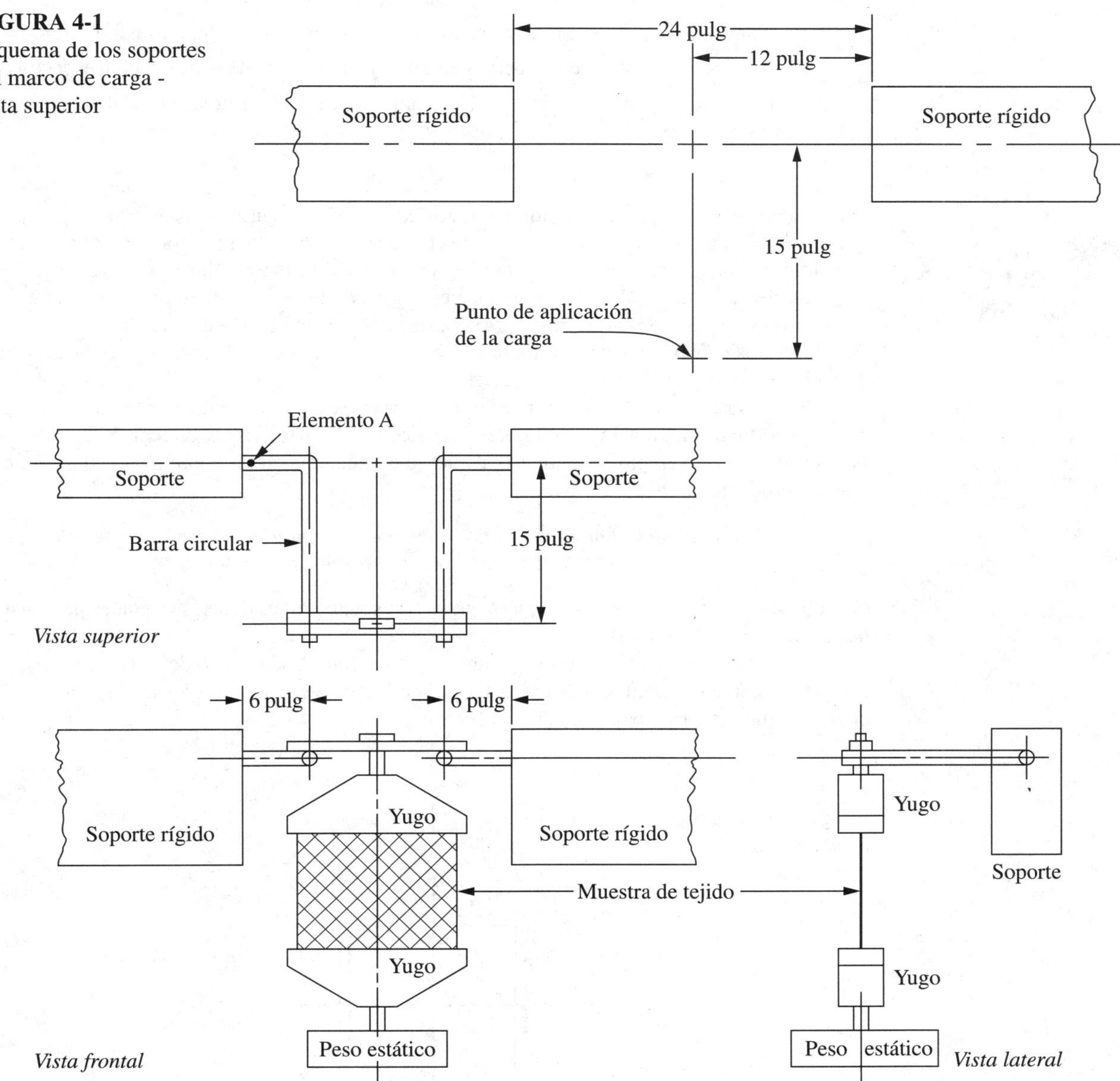

FIGURA 4-1 Esquema de los soportes del marco de carga - vista superior

FIGURA 4-2 Diseño propuesto de los soportes

de apoyo crea un esfuerzo cortante por torsión en el elemento A. Los dos esfuerzos actúan en el plano *x-y*, y someten al elemento A a un esfuerzo cortante y normal combinados. ¿Cómo analizar esa condición de esfuerzos? ¿Cómo actúan juntos los esfuerzos de tensión y cortante? ¿Cuáles son el esfuerzo normal y cortante máximos en el elemento A, y dónde se presentan?

Necesitaría respuestas a lo anterior para terminar el diseño de las barras. El material de este capítulo le permitirá completar los análisis necesarios.

4-1 OBJETIVOS DE ESTE CAPÍTULO

Al terminar este capítulo, el lector podrá:

1. Ilustrar una variedad de esfuerzos combinados en elementos sometidos a esfuerzos.
2. Analizar un miembro portátil sujeto a esfuerzos combinados, y determinar el esfuerzo normal y cortante máximos sobre cualquier elemento dado.
3. Determinar las direcciones en las que están alineados los esfuerzos máximos.
4. Determinar el estado de esfuerzos en un elemento, en cualquier dirección especificada.
5. Trazar el círculo de Mohr completo como ayuda para terminar los análisis de esfuerzos máximos.

4-2 CASO GENERAL DE ESFUERZOS COMBINADOS

Para visualizar el caso general de los esfuerzos combinados, es útil considerar un elemento pequeño del miembro sometido a cargas, sobre el que actúan los esfuerzos normal y cortante. Para esta descripción, se considerará un estado de esfuerzos bidimensional, como se ve en la figura 4-3. Los ejes x y y están alineados con los ejes correspondientes del miembro que se analiza.

Los esfuerzos normales, σ_x y σ_y, se podrían deber a una fuerza de tensión directa o a una flexión. Si los esfuerzos normales fueran de compresión (negativos), los vectores apuntarían a direcciones contrarias, hacia el interior del elemento de esfuerzos.

El esfuerzo cortante se podría deber a un cortante directo, cortante por torsión o esfuerzo cortante vertical. La notación con doble subíndice ayuda a orientar la dirección de los esfuerzos cortantes. Por ejemplo, τ_{xy} indica el esfuerzo cortante que actúa sobre la cara del elemento que es perpendicular al eje x y paralela al eje y.

Un esfuerzo cortante positivo es aquel que tiende a girar el elemento de esfuerzo en el sentido de las manecillas del reloj.

En la figura 4-3, τ_{xy} es positivo y τ_{yx} es negativo. Sus magnitudes deben ser iguales para mantener el elemento en equilibrio.

Es necesario determinar las magnitudes y los signos de cada uno de esos esfuerzos, para ilustrarlos bien en el elemento de esfuerzos. El problema ejemplo 4-1, que se apega a la definición de esfuerzos principales, ilustra el proceso.

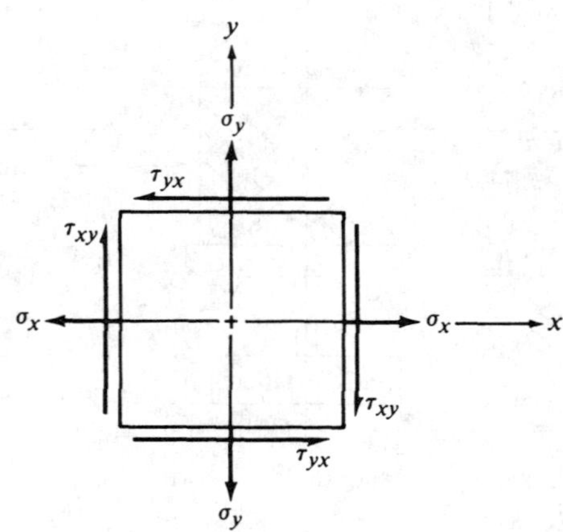

FIGURA 4-3
Elemento general de esfuerzos en dos dimensiones

Una vez definido el elemento de esfuerzos, los objetivos restantes del análisis consisten en determinar el esfuerzo normal máximo, el esfuerzo cortante máximo y los planos donde se presentan esos esfuerzos (vea las deducciones en la referencia 1).

Esfuerzos normales máximos: Esfuerzos principales

La combinación de esfuerzos normales y cortantes aplicados que produce el esfuerzo normal máximo se llama *esfuerzo principal máximo,* σ_1. Su magnitud se calcula con

Esfuerzo principal máximo

$$\sigma_1 = \frac{\sigma_x + \sigma_y}{2} - \sqrt{\left(\frac{\sigma_x - \sigma_y}{2}\right)^2 + \tau_{xy}^2} \qquad \textbf{(4-1)}$$

La combinación de esfuerzos principales aplicados que produce el esfuerzo normal mínimo se llama *esfuerzo principal mínimo*, σ_2. Su magnitud se calcula con

Esfuerzo principal mínimo

$$\sigma_2 = \frac{\sigma_x + \sigma_y}{2} - \sqrt{\left(\frac{\sigma_x - \sigma_y}{2}\right)^2 + \tau_{xy}^2} \qquad \textbf{(4-2)}$$

Especialmente en el análisis experimental de esfuerzos, es importante conocer la orientación de los esfuerzos principales. El ángulo de inclinación de los planos, llamados *planos principales*, sobre los que actúan los esfuerzos principales se calcula con

Ángulo del elemento principal de esfuerzo

$$\phi_\sigma = \frac{1}{2}\arctan\left[2\tau_{xy}/(\sigma_x - \sigma_y)\right] \qquad \textbf{(4-3)}$$

El ángulo ϕ_σ se mide desde el eje x positivo del elemento original de esfuerzos, hacia el esfuerzo principal máximo σ_1. Entonces, el esfuerzo principal mínimo σ_2, está en el plano y a 90° de σ_1.

Cuando el elemento de esfuerzos se orienta como se ha descrito, para que los esfuerzos principales actúen sobre él, el esfuerzo cortante es cero. El elemento de esfuerzos resultante se muestra en la figura 4-4.

Esfuerzo cortante máximo

En una orientación distinta del elemento de esfuerzos, se presentará el esfuerzo cortante máximo. Su magnitud se calcula con

Esfuerzo cortante máximo

$$\tau_{\text{máx}} = \sqrt{a\frac{\sigma_x - \sigma_y}{2}b^{2} + \tau_{xy}^2} \qquad \textbf{(4-4)}$$

FIGURA 4-4
Elemento de esfuerzo principal

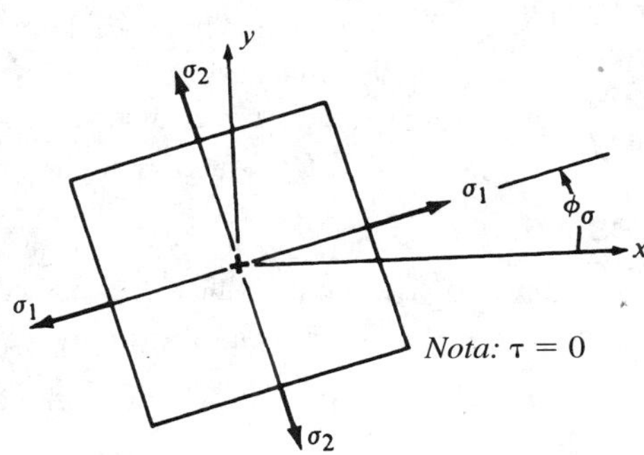

FIGURA 4-5
Elemento con esfuerzo cortante máximo

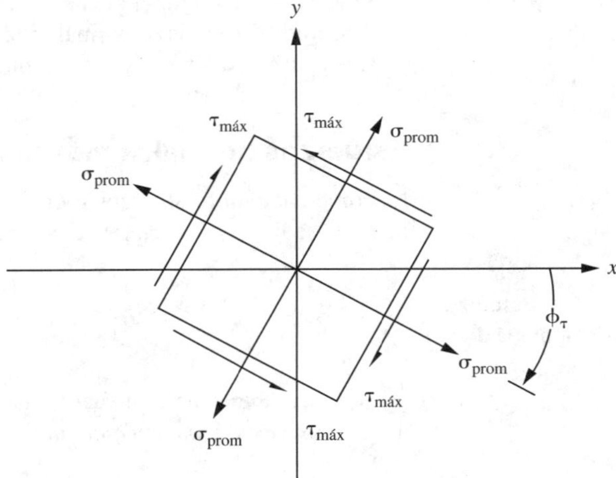

El ángulo de inclinación del elemento donde se presenta el esfuerzo cortante máximo se calcula como sigue:

Ángulo del elemento con esfuerzo cortante máximo

$$\phi_\tau = \tfrac{1}{2}\arctan\,[-(\sigma_x - \sigma_y)/2\tau_{xy}] \tag{4-5}$$

El ángulo entre el elemento con esfuerzos principales y el elemento con esfuerzo cortante máximo siempre es de 45°.

En el elemento con esfuerzo cortante máximo habrá esfuerzos normales de igual magnitud, que actúan perpendiculares a los planos sobre los que actúan los esfuerzos cortantes máximos. Esos esfuerzos normales tienen el valor

$$\sigma_{prom} = (\sigma_x + \sigma_y)/2 \tag{4-6}$$

Esfuerzo normal promedio

Observe que es el *promedio* de los dos esfuerzos normales aplicados. El elemento con esfuerzo cortante máximo resultante se muestra en la figura 4-5. Note, como se dijo arriba, que el ángulo entre el elemento con esfuerzos principales y el elemento con esfuerzo cortante máximo siempre es de 45°.

Resumen y procedimiento general para analizar esfuerzos combinados

La lista siguiente es un resumen de las técnicas que se presentan en esta sección; también describe el procedimiento general de aplicación de las técnicas a determinado problema de análisis de esfuerzos.

Procedimiento general para calcular esfuerzos principales y esfuerzos cortantes máximos

1. Indique en qué punto desea calcular los esfuerzos.
2. Especifique con claridad el sistema de coordenadas, el diagrama de cuerpo libre y la magnitud y dirección de las fuerzas para el objeto.
3. Calcule los esfuerzos que actúan sobre el punto seleccionado debido a las fuerzas aplicadas, e indique los esfuerzos que actúan sobre un elemento de esfuerzos en el punto de interés; preste especial atención a las direcciones. La figura 4-3 es un modelo para saber cómo indicar esos esfuerzos.
4. Calcule los esfuerzos principales sobre el punto y las direcciones en las que actúan. Maneje las ecuaciones (4-1), (4-2) y (4-3).

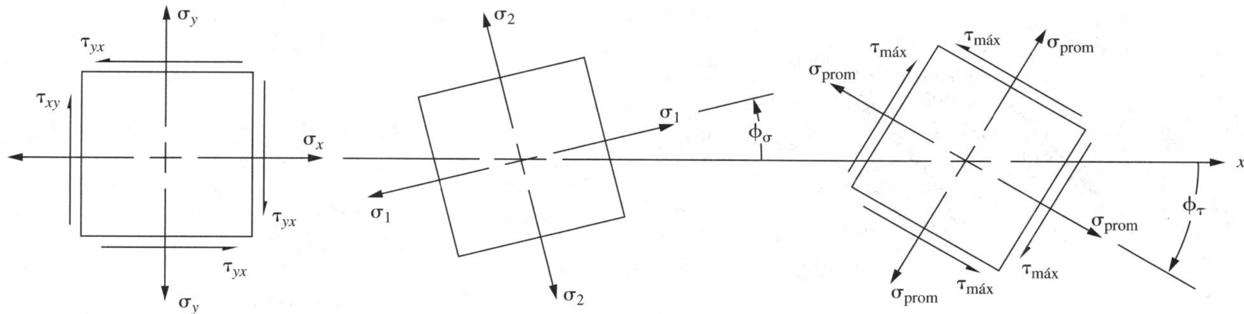

a) Elemento original de esfuerzo *b*) Elemento con esfuerzo principal *c*) Elemento con esfuerzo cortante máximo

FIGURA 4-6 Relaciones entre el elemento de esfuerzos original, el elemento con esfuerzos principales y el elemento con esfuerzo cortante máximo, para determinada carga.

5. Trace el elemento de esfuerzos sobre el cual actúan los esfuerzos principales e indique su orientación relativa al eje x original. Se recomienda trazar el elemento con esfuerzos principales junto al elemento de esfuerzos original, para ilustrar la relación entre ellos.
6. Calcule el esfuerzo cortante máximo sobre el elemento y la orientación del plano sobre el cual actúa. También, calcule el esfuerzo normal que actúa sobre el elemento con esfuerzo cortante máximo. Maneje las ecuaciones (4-4), (4-5) y (4-6).
7. Trace el elemento de esfuerzos sobre el cual actúa el esfuerzo cortante máximo e indique su orientación respecto al eje x original. Se recomienda trazar el elemento con esfuerzo cortante máximo junto al elemento de esfuerzos principales, para ilustrar la relación entre ellos.
8. El conjunto de tres elementos de esfuerzos que resulta, será como el de la figura 4-6.

El siguiente problema ejemplo ilustra el uso de este procedimiento.

Problema ejemplo 4-1 El eje de la figura 4-7 está soportado por dos cojinetes y tiene dos poleas para bandas V. Las tensiones en las poleas causan fuerzas horizontales sobre el eje, que tienden a flexionarlo en el plano x-z. La polea B ejerce un par de torsión en el sentido de las manecillas del reloj, cuando se le ve hacia el origen del sistema coordenado a lo largo del eje x. La polea C ejerce un par torsional igual y opuesto sobre el eje. Para la condición de carga que se ilustra, determine los esfuerzos principales y el esfuerzo cortante máximo sobre el elemento K de la superficie delantera del eje (en el lado positivo z), justo a la derecha de la polea B. Para analizar los esfuerzos combinados, siga el procedimiento general que se explicó en esta sección.

Solución Objetivo Calcular los esfuerzos principales y los esfuerzos cortantes máximos sobre el elemento K.

Datos Eje y patrón de carga, de acuerdo con la figura 4-7.

Análisis Emplee el procedimiento general para el análisis de esfuerzos combinados.

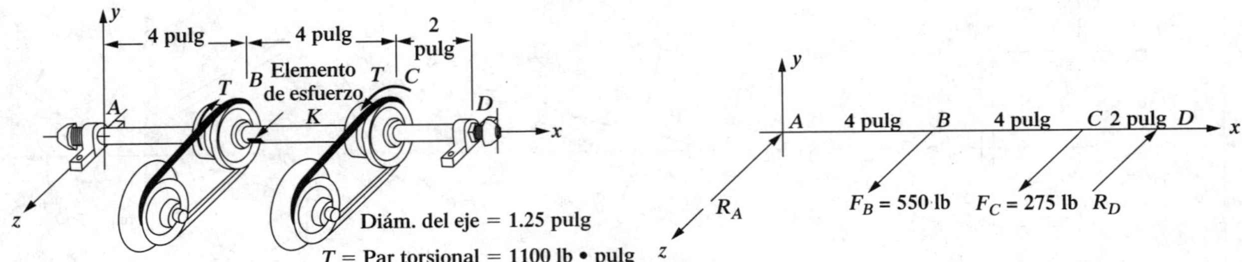

a) Vista panorámica del eje

b) Fuerzas que actúan sobre el eje en *B* y *C*, causados por las bandas

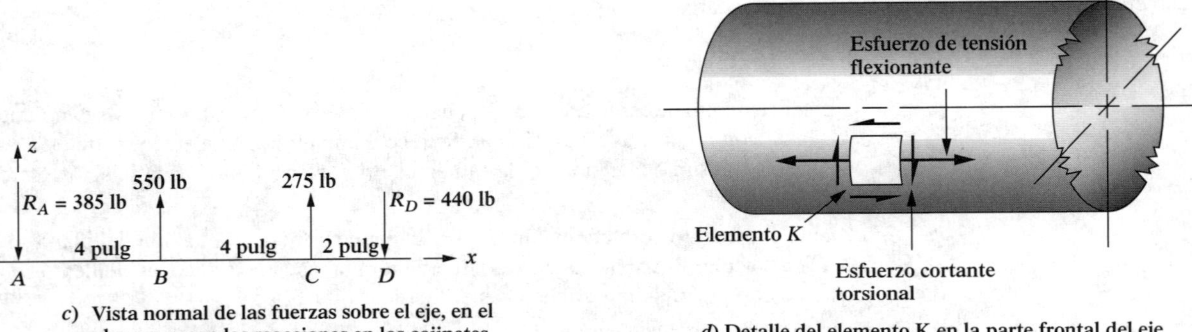

c) Vista normal de las fuerzas sobre el eje, en el plano *x*-*z*, con las reacciones en los cojinetes

d) Detalle del elemento K en la parte frontal del eje

FIGURA 4-7 Eje soportado por dos cojinetes, y cargando dos poleas para bandas *V*.

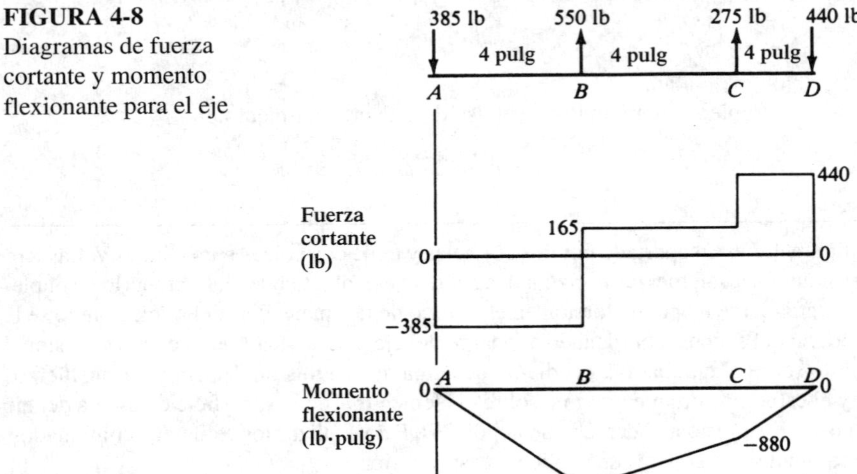

FIGURA 4-8 Diagramas de fuerza cortante y momento flexionante para el eje

Resultados El elemento *K* se somete a la flexión que produce un esfuerzo de tensión que actúa en sentido *x*. También, existe un esfuerzo cortante torsional que actúa en *K*. La figura 4-8 muestra los diagramas de fuerza cortante y momento flexionante para el eje e indica que el momento flexionante en *K* es 1540 lb·pulg. Por consiguiente, el esfuerzo flexionante es

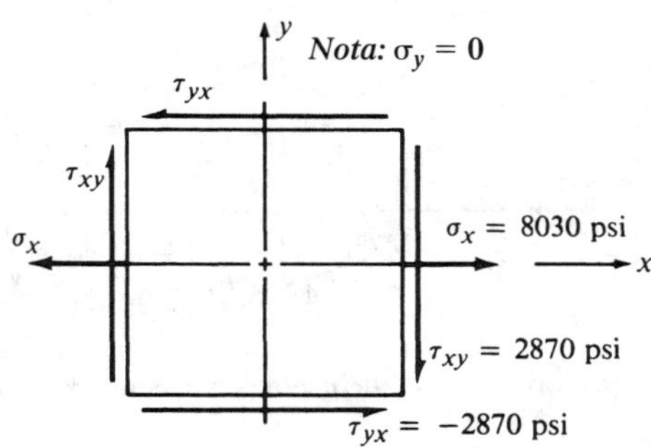

FIGURA 4-9
Esfuerzos sobre el elemento *K*

$$\sigma_x = M/S$$
$$S = \pi D^3/32 = [\pi(1.25 \text{ pulg})^3]/32 = 0.192 \text{ pulg}^3$$
$$\sigma_x = (1540 \text{ lb}\cdot\text{pulg})/(0.192 \text{ pulg}^3) = 8030 \text{ psi}$$

El esfuerzo cortante torsional actúa sobre el elemento *K* en una forma que causa un esfuerzo cortante hacia abajo sobre el lado derecho del elemento, y otro hacia arriba sobre el lado izquierdo. Esta acción resulta en una tendencia para girar el elemento en el *sentido de las manecillas del reloj*, la cual es la dirección positiva de los esfuerzos cortantes de acuerdo con la convención estándar. También, la notación de esfuerzos cortantes usa doble subíndice. Por ejemplo, τ_{xy} indica el esfuerzo cortante que actúa sobre la cara de un elemento, que es perpendicular al eje x y paralelo al eje y. Así, para el elemento *K*,

$$\tau_{xy} = T/Z_p$$
$$Z_p = \pi D^3/16 = \pi(1.25 \text{ pulg})^3/16 = 0.383 \text{ pulg}^3$$
$$\tau_{xy} = (1100 \text{ lb}\cdot\text{pulg})/(0.383 \text{ pulg}^3) = 2870 \text{ psi}$$

Los valores del esfuerzo normal σ_x y el esfuerzo cortante τ_{xy}, se muestran en el elemento de esfuerzos *K* de la figura 4-9. Observe que el esfuerzo en la dirección y es cero para esta forma de carga. También, el valor del esfuerzo cortante τ_{yx} debe ser igual a τ_{xy} y debe actuar como se muestra, con el fin de que el elemento esté en equilibrio.

Ahora se pueden calcular los esfuerzos principales sobre el elemento, mediante las ecuaciones (4-1) a (4-3). El esfuerzo principal máximo es

$$\sigma_1 = \frac{\sigma_x + \sigma_y}{2} + \sqrt{a\frac{\sigma_x - \sigma_y}{2}b^2 + \tau_{xy}^2} \tag{4-1}$$

$$\sigma_1 = (8030/2) + \sqrt{(8030/2)^2 + (2870)^2}$$
$$\sigma_1 = 4015 + 4935 = 8950 \text{ psi}$$

El esfuerzo principal mínimo es

$$\sigma_2 = \frac{\sigma_x + \sigma_y}{2} - \sqrt{a\frac{\sigma_x - \sigma_y}{2}b^2 + \tau_{xy}^2} \tag{4-2}$$
$$\sigma_2 = (8030/2) - \sqrt{(8030/2)^2 + (2870)^2}$$
$$\sigma_2 = 4015 - 4935 = -920 \text{ psi (compresión)}$$

La dirección en que actúa el esfuerzo principal máximo es

$$\phi_\sigma = \tfrac{1}{2}\arctan\,[2\tau_{xy}/(\sigma_x - \sigma_y)] \tag{4-3}$$
$$\phi_\sigma = \tfrac{1}{2}\arctan\,[(2)(2870)/(8030)] = 17.8^\circ$$

El signo positivo indica una rotación del elemento en el *sentido de las manecillas del reloj*

FIGURA 4-10
Elemento de esfuerzo principal

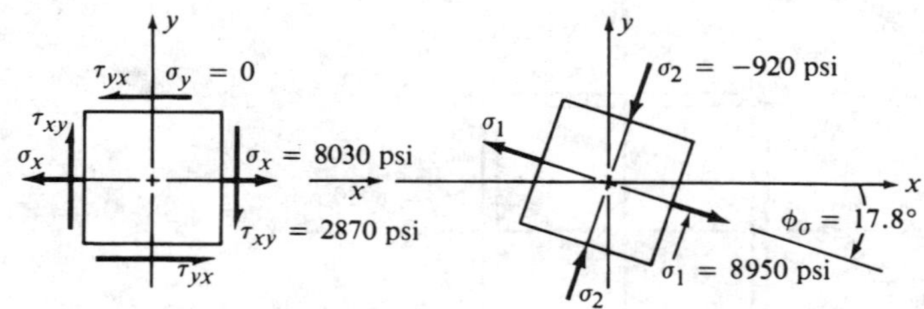

a) **Elemento original de esfuerzo** *b*) **Elemento de esfuerzo principal**

Los esfuerzos principales se pueden indicar en un elemento de esfuerzos, como se ilustra en la figura 4-10. Observe que el elemento se muestra en relación con el elemento original, para resaltar la dirección de los esfuerzos principales respecto del eje x original. El signo positivo de ϕ_σ indica que el elemento de esfuerzo principal está girado en el *sentido de las manecillas del reloj* desde su posición original.

Ahora se puede definir el elemento de esfuerzo cortante máximo, mediante las ecuaciones (4-4) a (4-6):

$$\tau_{\text{máx}} = \sqrt{\left(\frac{\sigma_x - \sigma_y}{2}\right)^2 + \tau_{xy}^2} \qquad \textbf{(4-4)}$$

$$\tau_{\text{máx}} = \sqrt{(8030/2)^2 + (2870)^2}$$

$$\tau_{\text{máx}} = \pm\ 4935 \text{ psi}$$

Los dos pares de esfuerzos cortantes, $+\tau_{\text{máx}}$ y $-\tau_{\text{máx}}$, son de igual magnitud, pero de dirección opuesta.

La orientación del elemento sobre el cual actúa el esfuerzo cortante máximo se calcula con la ecuación (4-5):

$$\phi_\tau = \tfrac{1}{2}\arctan\,[-(\sigma_x - \sigma_y)/2\tau_{xy}] \qquad \textbf{(4-5)}$$

$$\phi_\tau = \tfrac{1}{2}\arctan\,(-8030/[(2)(2870)]) = -27.2^\circ$$

El signo negativo indica una rotación *contraria a las manecillas del reloj* del elemento.

Existen esfuerzos normales que actúan sobre las caras de este elemento de esfuerzos, cuyo valor es

$$\sigma_{\text{prom}} = (\sigma_x + \sigma_y)/2 \qquad \textbf{(4-6)}$$

$$\sigma_{\text{prom}} = 8030/2 = 4015 \text{ psi}$$

Comentarios La figura 4-11 muestra el elemento de esfuerzos sobre el cual actúa el esfuerzo cortante máximo en relación con el elemento original de esfuerzos. Observe que el ángulo entre este elemento y el elemento de esfuerzos principales es de 45°.

Examine los resultados del problema ejemplo 4-1. El esfuerzo principal máximo $\sigma_1 =$ 8950 psi, es 11% mayor que el valor de $\sigma_x = 8030$ psi, calculado con el esfuerzo flexionante en el eje, en la dirección x. El esfuerzo cortante máximo $\tau_{\text{máx}} = 4935$ psi, es 72% mayor que el esfuerzo torsional calculado de $\tau_{xy} = 2870$ psi. Verá en el capítulo 5 que, con frecuencia, se requiere el esfuerzo normal máximo o el esfuerzo cortante máximo para tener una predicción exacta de la falla, y para tomar decisiones seguras en el diseño. Los ángulos de los elementos finales de es-

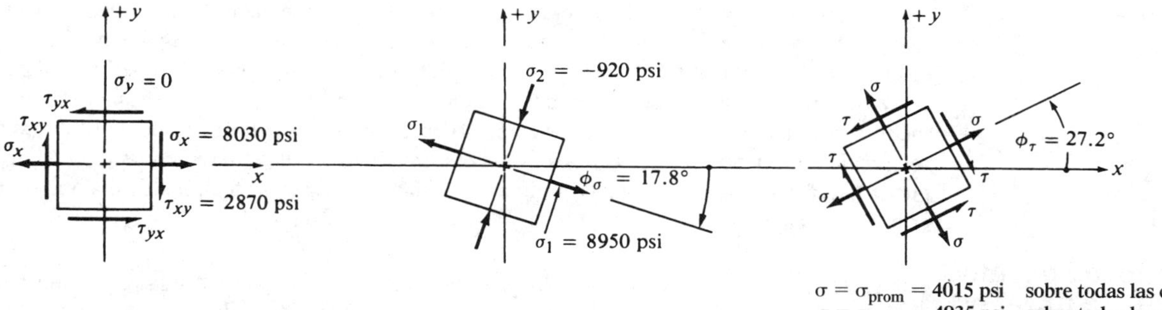

a) **Elemento de esfuerzo original, *K*** *b*) **Elemento de esfuerzo principal** *c*) **Elemento de esfuerzo cortante máximo**

FIGURA 4-11 Relación del elemento con esfuerzo cortante máximo, el elemento original de esfuerzos y el elemento de esfuerzo principal máximo

fuerzo también indican el alineamiento de los esfuerzos más perjudiciales, lo que puede ayudar en un análisis experimental de esfuerzos y en el análisis de componentes reales que fallaron.

Otro concepto, llamado *esfuerzo de von Mises*, se emplea en la teoría de falla por energía de distorsión, que se describirá en el capítulo 5. El esfuerzo de von Mises es una combinación única del esfuerzo principal máximo σ_1 y el esfuerzo principal mínimo σ_2, que se puede comparar en forma directa con el esfuerzo de fluencia del material, para predecir la falla por fluencia.

El proceso de cálculo de los esfuerzos principales y el esfuerzo cortante máximo que se vio en el problema ejemplo 4-1 podrá parecer algo abstracto. Estos mismos resultados se pueden obtener mediante un método llamado *círculo de Mohr*, que se describirá a continuación. En este método se emplea una combinación de una ayuda gráfica y cálculos sencillos. Con la práctica, el uso del círculo de Mohr debe permitir al lector tener una sensación intuitiva de las variaciones de esfuerzo que existen en un punto, en relación con el ángulo de orientación del elemento de esfuerzos. Además, es un método sistemático para determinar el estado de esfuerzos en cualquier plano de interés.

4-3 EL CÍRCULO DE MOHR

Debido a los muchos términos y signos que se manejan, y a los abundantes cálculos que se requieren para determinar los esfuerzos principales y el esfuerzo cortante máximo, hay una gran probabilidad de cometer errores. El uso del círculo de Mohr, un método gráfico, ayuda a minimizar los errores y permite tener un mejor *sentido* de la condición de esfuerzos en el punto de interés.

Después de trazar el círculo de Mohr, éste se puede emplear para:

1. Determinar los esfuerzos principales máximo y mínimo, y las direcciones en que actúan.
2. Calcular los esfuerzos cortantes máximos y la orientación de los planos donde actúan.
3. Calcular el valor de los esfuerzos normales que actúan sobre los planos donde actúan los esfuerzos cortantes máximos.
4. Calcular los valores de los esfuerzos normales y cortantes que actúan en un elemento con cualquier orientación.

Los datos necesarios para construir el círculo de Mohr son, por supuesto, los mismos que los que se necesitan para calcular los valores anteriores, porque el método gráfico es una analogía exacta de los cálculos.

Si se conocen los esfuerzos normal y cortante que actúan sobre dos planos de un elemento mutuamente perpendiculares, se puede construir el círculo, y se puede calcular cualquiera de los puntos 1 a 4.

En realidad, el círculo de Mohr es una gráfica de las combinaciones de los esfuerzos normal y cortante que existen en un elemento de esfuerzos, para todos los ángulos posibles de la orientación del elemento. Este método tiene validez especial en el análisis experimental de esfuerzos, porque los resultados obtenidos con muchos tipos de técnicas de instrumentación para medir deformaciones unitarias proporcionan lo necesario para crear el círculo de Mohr (vea la referencia 1). Cuando se conocen los esfuerzos principales y el esfuerzo cortante máximo, se puede hacer el diseño y el análisis completo, mediante las diversas teorías de falla que se describen en el capítulo 5.

Procedimiento para trazar el círculo de Mohr

1. Efectuar el análisis de esfuerzos para determinar las magnitudes y las direcciones de los esfuerzos normal y cortante que actúan en el punto de interés.
2. Trazar el elemento de esfuerzos en el punto de interés, como se muestra en la figura 4-12(*a*). Los esfuerzos normales sobre dos planos mutuamente perpendiculares se trazan con los esfuerzos de tensión positivos —proyectadas hacia afuera del elemento. Los esfuerzos de compresión son negativos— se dirigen hacia el interior de la cara. Observe que se grafican las *resultantes* de todos los esfuerzos normales que actúan en las direcciones elegidas. Se considera que los esfuerzos cortantes son positivos si tienden a girar el elemento *en sentido de las manecillas del reloj* (↻) y negativos en caso contrario (↺).

   Observe que en el elemento de esfuerzos ilustrado, σ_x es positivo, σ_y es negativo, τ_{xy} es positivo y τ_{yx} es negativo. Esta asignación es arbitraria para fines de ilustración. En general, podría darse cualquier combinación de valores positivos y negativos.
3. Vea la figura 4-12(*b*). Establecer un sistema coordenado donde el eje horizontal positivo represente esfuerzos normales positivos (de tensión), y el eje vertical positivo represente esfuerzos cortantes positivos (↻). Así, el plano formado se llamará *plano* σ-τ.
4. Graficar puntos en el plano σ-τ correspondientes a los esfuerzos que actúan sobre las caras del elemento de esfuerzos. Si el elemento se traza en el plano *x-y*, los dos puntos a graficar serán σ_x, τ_{xy} y σ_x, τ_{yx}.
5. Trazar la línea que une los dos puntos.
6. La línea que resulta cruza al eje σ en el centro del círculo de Mohr, en el promedio de los dos esfuerzos normales aplicados, donde

   $$\sigma_{prom} = (\sigma_x + \sigma_y)/2$$

   El centro del círculo de Mohr se indica con O en la figura 4-12.
7. Observe, en la figura 4-12, que se ha formado un triángulo rectángulo, cuyos lados son a, b y R, donde

   $$R = \sqrt{a^2 + b^2}$$

   por inspección se ve que

   $$a = (\sigma_x - \sigma_y)/2$$
   $$b = \tau_{xy}$$

   El punto indicado con O está a una distancia de $\sigma_x - a$ del origen del sistema coordenado. Ahora se puede proceder a trazar el círculo.
8. Trazar el círculo completo con centro en O y radio R, como se muestra en la figura 4-13.
9. El punto donde el círculo cruza el eje σ en la derecha indica el valor del esfuerzo principal máximo, σ_1. Observe que $\sigma_1 = \sigma_{prom} + R$.
10. El punto donde el círculo cruza el eje σ en la izquierda indica el esfuerzo principal mínimo, σ_2. Observe que $\sigma_2 = \sigma_{prom} - R$.

FIGURA 4-12 Círculo de Mohr parcialmente terminado, pasos 1 a 7

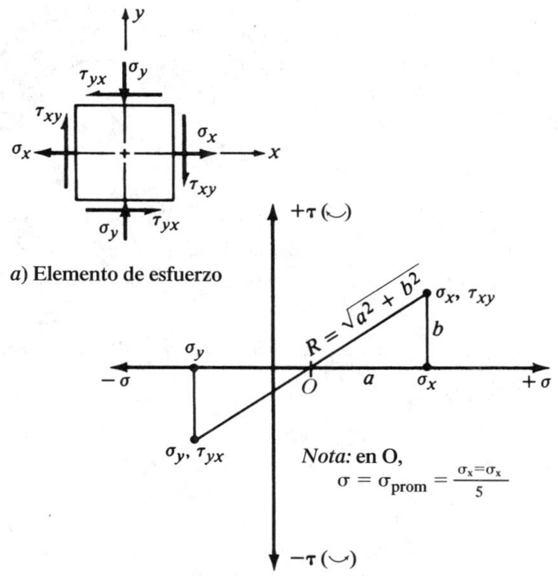

FIGURA 4-13 Círculo de Mohr terminado, pasos 8 a 14

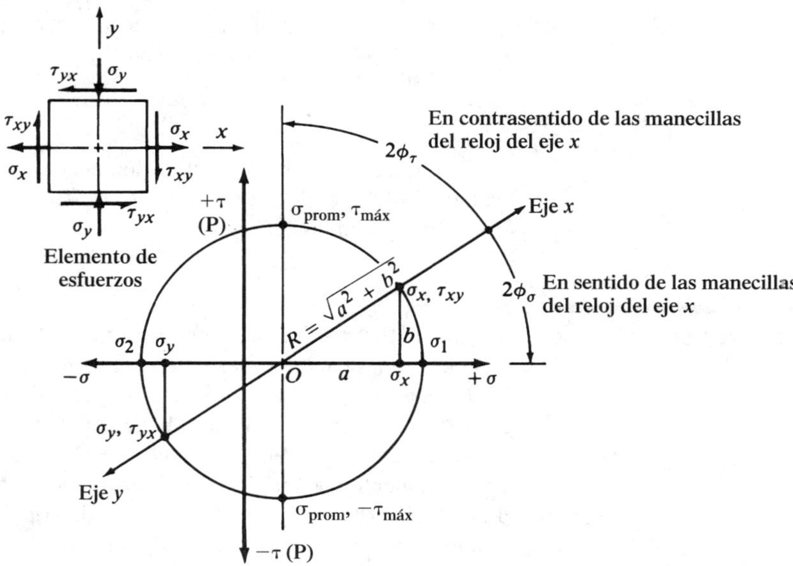

11. Las coordenadas de la parte superior del círculo expresan el esfuerzo cortante máximo y el esfuerzo normal promedio que actúan sobre el elemento, cuando tiene el esfuerzo cortante máximo. Observe que $\tau_{máx} = R$.

Nota: Los siguientes pasos sirven para determinar los ángulos de inclinación del elemento de esfuerzos principales y el elemento con esfuerzo cortante máximo, en relación con el eje x original. Vea la figura 4-13; la recta de O que pasa por el primer punto graficado σ_x, τ_{xy}, representa el eje x original, como se indica en la figura. La recta de O que pasa por el punto σ_y, τ_{yx} representa el eje y original. Naturalmente, en el elemento original, esos ejes están a 90° entre sí, no a 180°, lo cual ilustra la propiedad de ángulo doble del círculo de Mohr. Después de esta observación, se puede continuar con el desarrollo del proceso.

12. El ángulo $2\phi_\sigma$ se mide a partir del eje x en el círculo, hacia el eje σ. Observe que

$$2\phi_\sigma = \arctan\,(b/a)$$

También es importante observar la dirección *desde el eje* x *hacia el eje* σ (en sentido de las manecillas del reloj, o en contrasentido a las manecillas del reloj). Esto es necesario para representar en forma correcta la relación del elemento de esfuerzo principal con el elemento original de esfuerzos.

13. El ángulo desde el eje x del círculo hacia la recta vertical que pasa por $\tau_{máx}$ define a $2\phi_\tau$. Por la geometría del círculo, en el ejemplo ilustrado, se puede ver que

$$2\phi_\tau = 90^\circ - 2\phi_\sigma$$

Otras combinaciones de los esfuerzos iniciales causarán distintas relaciones entre $2\phi_\sigma$ y $2\ \phi_\tau$. Se debe usar la geometría específica del círculo que se tenga cada vez. Vea los problemas ejemplo 4-3 a 4-8 más adelante.

De nuevo es importante observar la dirección *desde el eje x hacia el eje* $\tau_{máx}$ para orientar el elemento con esfuerzo cortante máximo. También se debe notar que el eje σ y el eje $\tau_{máx}$ siempre están a 90° entre sí en el círculo, y en consecuencia a 45° entre sí en el elemento real.

14. El paso final en el uso del círculo de Mohr es trazar los elementos de esfuerzo que resultan, en su orientación correcta respecto al elemento original, como se ve en la figura 4-14.

Ahora se ilustrará la construcción del círculo de Mohr, con los mismos datos del problema modelo 4-1, donde se calcularon los esfuerzos principales y el esfuerzo cortante máximo en forma directa con las ecuaciones.

Problema ejemplo 4-2

El eje de la figura 4-7 está soportado por dos cojinetes, y soporta dos poleas para bandas V. Las tensiones en las bandas causan fuerzas horizontales en el eje, que tratan de doblarlo en el plano x-z. La polea B ejerce un par torsional en el sentido de las manecillas del reloj, visto hacia el origen del sistema coordenado, a lo largo del eje x. La polea C ejerce un par torsional igual, pero opuesto, sobre el eje. Para las condiciones de carga indicadas, determine los esfuerzos principales y el esfuerzo cortante máximo sobre el elemento K, sobre la superficie delantera del eje (en el lado de z positivo), justo a la derecha de la polea B. Emplee el procedimiento de trazo del círculo de Mohr, descrito en esta sección.

FIGURA 4-14
Presentación de los resultados del círculo de Mohr

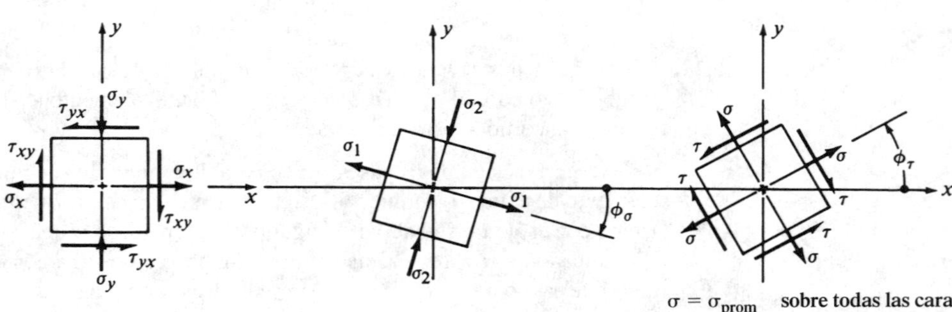

a) Elemento original de esfuerzo *b*) Elemento de esfuerzo principal *c*) Elemento con esfuerzo cortante máximo

Solución Objetivo Determinar los esfuerzos principales y los esfuerzos cortantes máximos sobre el elemento *K*.

Datos El eje y sus cargas, en la figura 4-7.

Análisis Emplee el *Procedimiento para trazar el círculo de Mohr*. Se aprovecharán algunos resultados intermedios de la solución para el problema modelo 4-1, y las figuras 4-7, 4-8 y 4-9.

Resultado ***Pasos 1 y 2.*** El análisis de esfuerzos para las cargas indicadas se efectuó en el problema ejemplo 4-1. La figura 4-15 es idéntica a la figura 4-9, y representa los resultados del paso 2 en el procedimiento del círculo de Mohr.

Pasos 3 al 6. La figura 4-16 muestra los resultados. El primer punto que se graficó fue

$$\sigma_x = 8030 \text{ psi}, \tau_{xy} = 2870 \text{ psi}$$

El segundo punto se graficó en

$$\sigma_y = 0 \text{ psi}, \tau_{yx} = -2870 \text{ psi}$$

A continuación, se trazó una recta entre ellos, que cruzó el eje σ en *O*. El valor del esfuerzo en *O* es

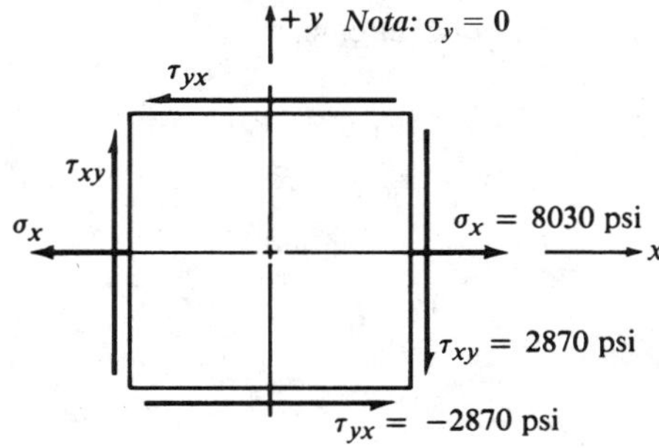

FIGURA 4-15 Esfuerzos sobre el elemento *K*

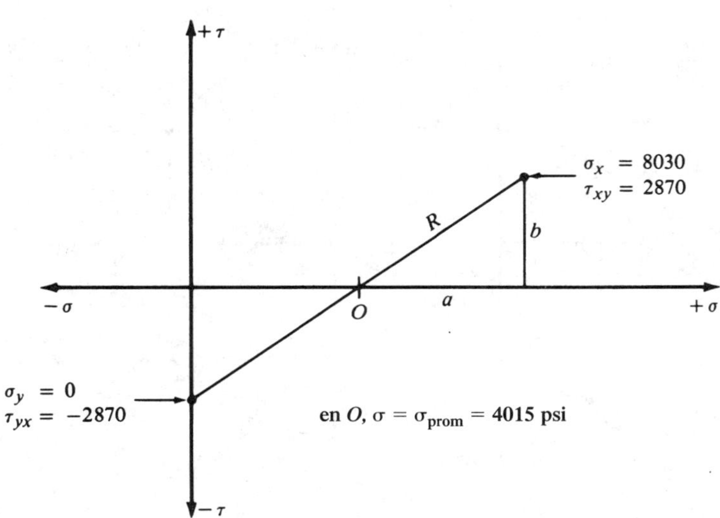

FIGURA 4-16 Círculo de Mohr parcialmente terminado

$$\sigma_{prom} = (\sigma_x + \sigma_y)/2 = (8030 + 0)/2 = 4015 \text{ psi}$$

Paso 7. Se calculan los valores de *a*, *b* y *R*, como sigue:

$$a = (\sigma_x - \sigma_y)/2 = (8030 - 0)/2 = 4015 \text{ psi}$$
$$b = \tau_{xy} = 2870 \text{ psi}$$
$$R = \sqrt{a^2 + b^2} = \sqrt{(4015)^2 + (2870)^2} = 4935 \text{ psi}$$

Paso 8. La figura 4-17 muestra el círculo de Mohr terminado. Tiene su centro en *O* y su radio es *R*. Observe que pasa por los dos puntos que se graficaron al principio. Debe ser así porque el círculo representa todos los estados de esfuerzo posibles sobre el elemento *K*.

Paso 9. El esfuerzo principal máximo está en el lado derecho del círculo.

$$\sigma_1 = \sigma_{prom} + R$$
$$\sigma_1 = 4015 + 4935 = 8950 \text{ psi}$$

Paso 10. El esfuerzo principal mínimo está en el lado izquierdo del círculo.

$$\sigma_2 = \sigma_{prom} - R$$
$$\sigma_2 = 4015 - 4935 = -920 \text{ psi}$$

Paso 11. En la parte superior del círculo,

$$\sigma = \sigma_{prom} = 4015 \text{ psi}$$
$$\tau = \tau_{máx} = R = 4935 \text{ psi}$$

FIGURA 4-17 Círculo de Mohr terminado

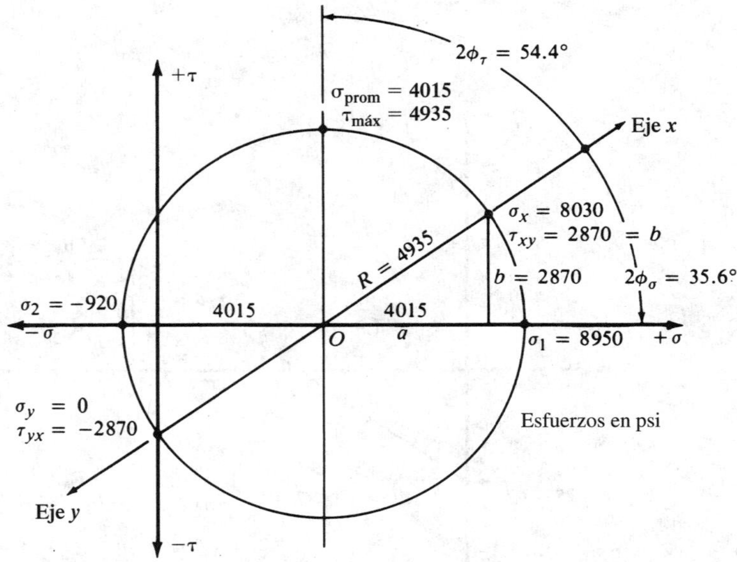

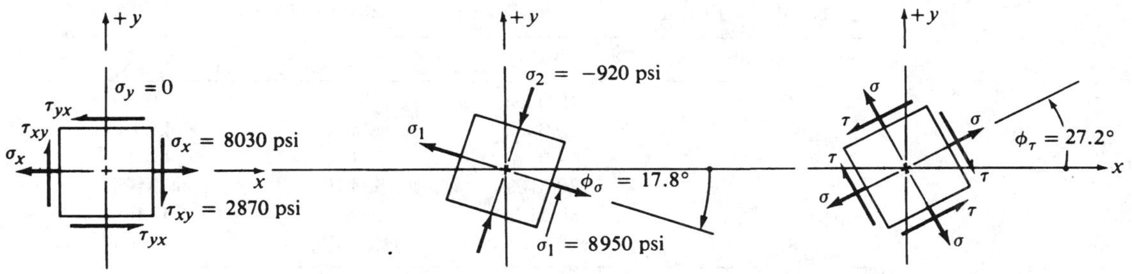

a) Elemento de esfuerzo original, *K* de la figura 4-7.

b) Elemento de esfuerzo principal

c) Elemento de esfuerzo cortante máximo

FIGURA 4-18 Resultados del análisis con el círculo de Mohr

El valor del esfuerzo normal sobre el elemento que soporta el esfuerzo cortante máximo es igual que la coordenada de *O*, el centro del círculo.

Paso 12. Calcule el ángulo $2\phi_\sigma$ y después ϕ_σ. Use el círculo como guía.

$$2\phi_\sigma = \arctan(b/a) = \arctan(2870/4015) = 35.6°$$
$$\phi_\sigma = 35.6°/2 = 17.8°$$

Observe que ϕ_σ se debe medir en el *sentido de las manecillas del reloj*, desde el eje *x* original hacia la dirección de la línea de acción de σ_1, para este conjunto de datos. El elemento de esfuerzo principal habrá girado en la misma dirección, como parte del paso 14.

Paso 13. Calcular el ángulo $2\phi_\tau$ y después ϕ_τ. En el círculo se ve que

$$2\phi_\tau = 90° - 2\phi_\sigma = 90° - 35.6° = 54.4°$$
$$\phi_\tau = 54.4°/2 = 27.2°$$

Observe que el elemento de esfuerzos sobre el que actúa el esfuerzo cortante máximo debe haber girado *en contrasentido a las manecillas del reloj,* a partir de la orientación original del elemento, para este conjunto de datos.

Paso 14. La figura 4-18 muestra los elementos de esfuerzo solicitados. Son idénticos a los de la figura 4-11.

4-4 PROBLEMAS PRÁCTICOS PARA EL CÍRCULO DE MOHR

Para una persona que ve por primera vez el círculo de Mohr, le parecerá un método largo y complicado. Pero con la práctica, y bajo una diversidad de combinaciones de esfuerzos normales y cortantes, podrá ejecutar los 14 pasos en forma rápida y precisa.

En la tabla 4-1 se muestran seis conjuntos de datos (problemas ejemplo 4-3 a 4-8) de esfuerzos normales y cortantes del plano *x-y*. Se le aconseja trazar el círculo de Mohr para cada uno antes de ver las soluciones en las figuras 4-19 a 4-24. Determine, con el círculo, los dos esfuerzos principales, el esfuerzo cortante máximo y los planos en los que actúan esos esfuerzos. A continuación, trace el elemento de esfuerzo dado, el elemento de esfuerzo principal y el elemento de esfuerzo cortante máximo, todos en su orientación correcta con respecto a las direcciones *x* y *y*.

TABLA 4-1 Problemas prácticos para el círculo de Mohr

Problema ejemplo	σ_x	σ_y	τ_{xy}	Fig. núm.
4-3	+10.0 ksi	−4.0 ksi	+5.0 ksi	4-19
4-4	+10.0 ksi	−2.0 ksi	−4.0 ksi	4-20
4-5	+4.0 ksi	−10.0 ksi	+4.0 ksi	4-21
4-6	+120 MPa	−30 MPa	+60 MPa	4-22
4-7	−80 MPa	+20 MPa	−50 MPa	4-23
4-8	−80 MPa	+20 MPa	+50 Mpa	4-24

Problema ejemplo 4-3

FIGURA 4-19 Solución del problema ejemplo 4-3

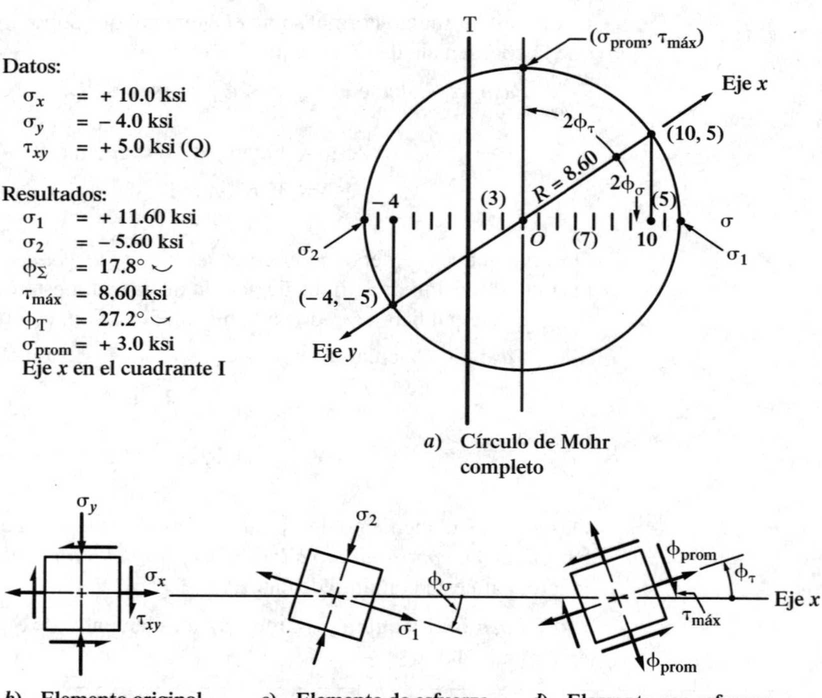

a) **Círculo de Mohr completo**

b) **Elemento original de esfuerzo** *c)* **Elemento de esfuerzo principal** *d)* **Elemento con esfuerzo cortante máximo**

Problema ejemplo 4-4

FIGURA 4-20
Solución del problema ejemplo 4-4

Datos:

σ_x = + 10.0 ksi
σ_y = – 2.0 ksi
τ_{xy} = – 4.0 ksi (↶)

Resultados

σ_1 = + 11.21 ksi
σ_2 = – 3.21 ksi
ϕ_Σ = 16.8° ↶
$\tau_{máx}$ = 7.21 ksi
ϕ_T = 28.2° ↶ a $-T_{máx}$
σ_{avg} = + 4.0 ksi
Eje x en el cuadrante IV

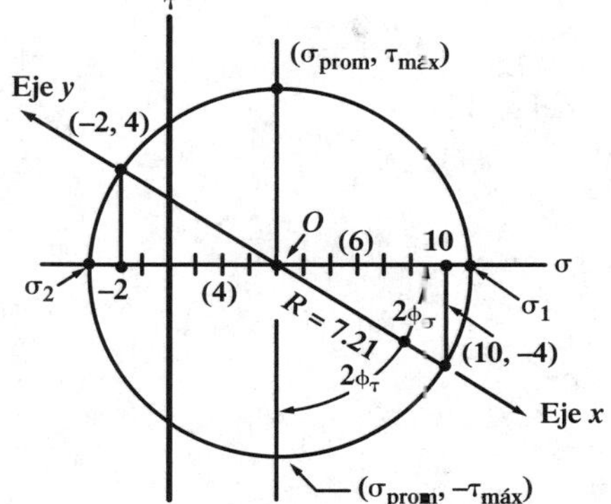

a) Círculo de Mohr terminado

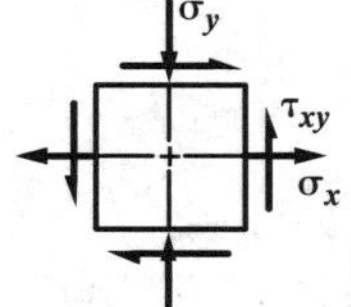

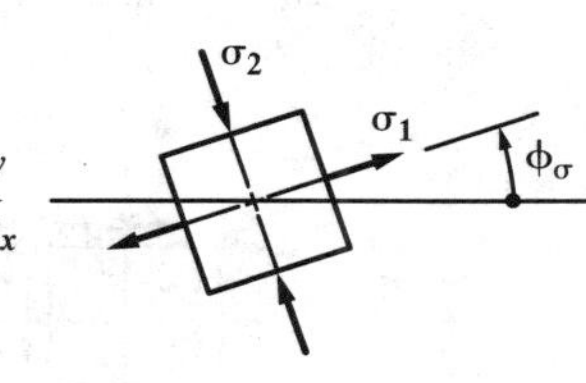

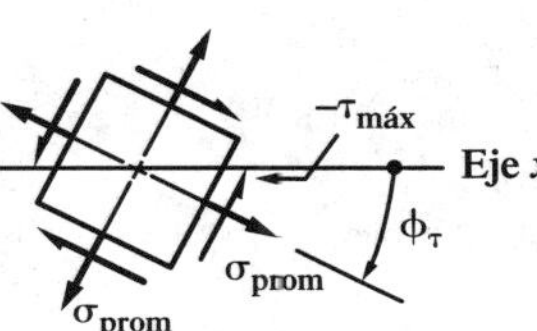

b) Elemento original de esfuerzo *c*) Elemento de esfuerzo principal *d*) Elemento con esfuerzo cortante máximo

Problema ejemplo 4-5

FIGURA 4-21
Solución del problema ejemplo 4-5

Datos:

σ_x = + 4.0 ksi
σ_y = – 10.0 ksi
τ_{xy} = + 4.0 ksi

Resultados:

σ_1 = + 5.06 ksi
σ_2 = – 11.06 ksi
ϕ_σ = 14.9° ↶
$\tau_{máx}$ = 8.06 ksi
ϕ_τ = 30.1° ↶
σ_{prom} = – 3.0 ksi
Eje x en cuadrante I

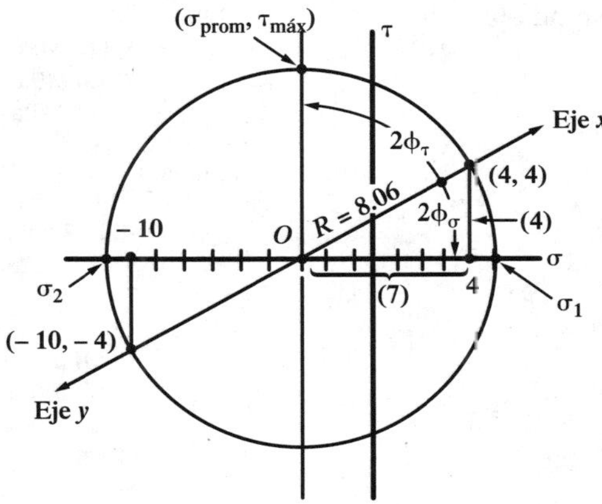

a) Círculo de Mohr terminado

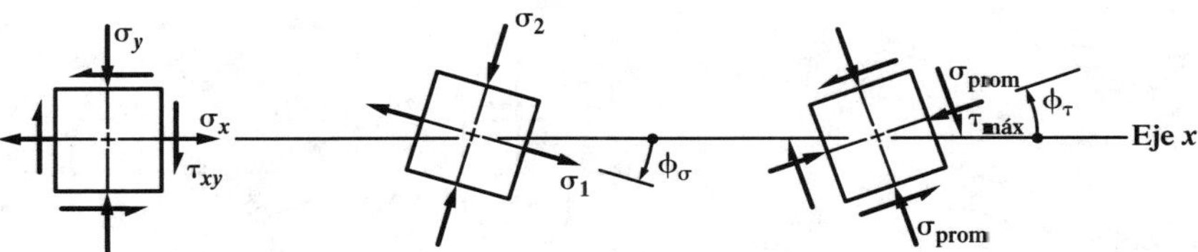

b) Elemento original de esfuerzo *c*) Elemento de esfuerzo principal *d*) Elemento con esfuerzo cortante máximo

Problema ejemplo 4-6

FIGURA 4-22
Solución del problema ejemplo 4-6

Datos:
σ_x = + 120 MPa
σ_y = − 30.0 MPa
τ_{xy} = + 60.0 MPa

Resultados:
σ_1 = +141 MPa
σ_2 = −51 MPa
ϕ_σ = 19.3° ↻
$\tau_{máx}$ = 96 MPa
ϕ_τ = 25.7° ↺
σ_{prom} = +45 MPa
Eje *x* en cuadrante I

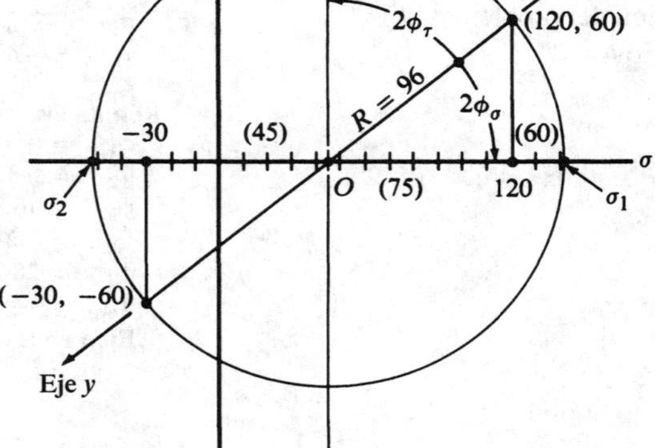

a) **Círculo de Mohr terminado**

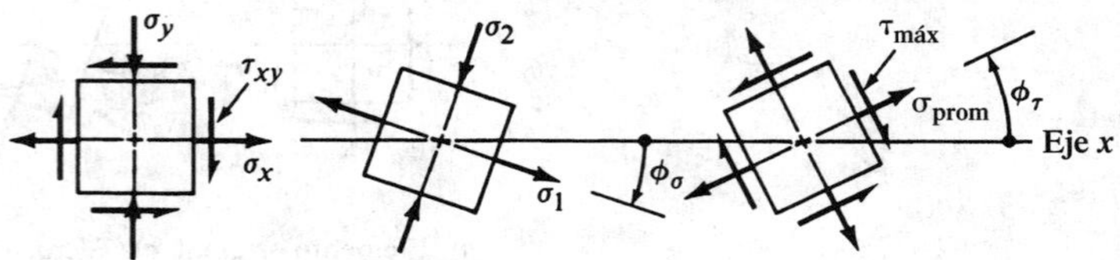

b) **Elemento original de esfuerzo** *c)* **Elemento de esfuerzo principal** *d)* **Elemento con esfuerzo cortante máximo**

Problema ejemplo 4-7

FIGURA 4-23
Solución del problema ejemplo 4-7

Datos:
σ_x = −80.0 MPa
σ_y = +20.0 MPa
τ_{xy} = −50.0 MPa

Resultados:
σ_1 = +40.7 MPa
σ_2 = −100.7 MPa
ϕ_σ = 67.5° ↻
$\tau_{máx}$ = 70.7 MPa
ϕ_τ = 25.5° ↻ a $-\tau_{máx}$
σ_{prom} = 30 MPa
Eje *x* en cuadrante III

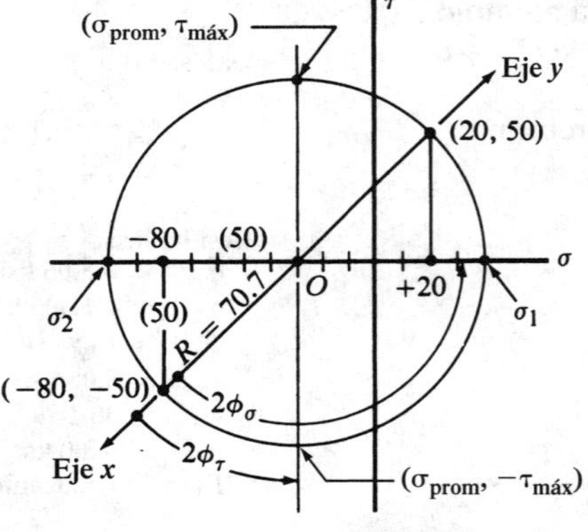

a) **Círculo de Mohr terminado**

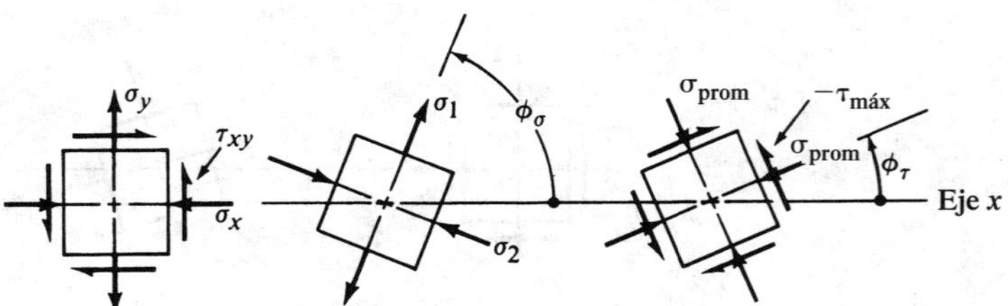

b) **Elemento original de esfuerzo** *c)* **Elemento de esfuerzo principal** *d)* **Elemento con esfuerzo cortante máximo**

Problema ejemplo 4-8

FIGURA 4-24
Solución del problema ejemplo 4-8

Datos:

σ_x = −80.0 MPa
σ_y = +20.0 MPa
τ_{xy} = +50.0 MPa

Resultados:

σ_1 = +40.7 MPa
σ_2 = −100.7 MPa
ϕ_σ = 67.5° ↻
$\tau_{máx}$ = 70.7 MPa
ϕ_τ = 22.5° ↺
σ_{prom} = −30 MPa
Eje x en cuadrante II

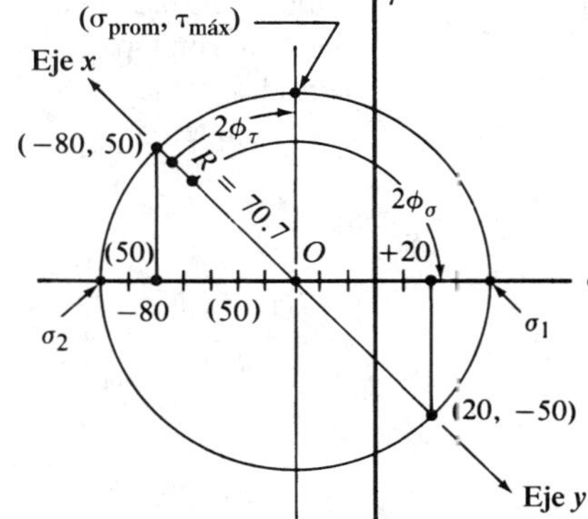

a) **Círculo de Mohr terminado**

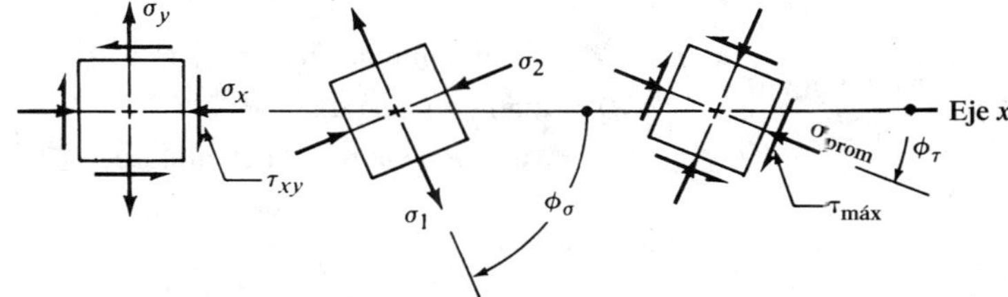

b) **Elemento original de esfuerzo** *c*) **Elemento de esfuerzo principal** *d*) **Elemento con esfuerzo cortante máximo**

4-5 UN CASO: CUANDO AMBOS ESFUERZOS PRINCIPALES TIENEN EL MISMO SIGNO

Recuerde que todos los problemas que se han presentado hasta ahora han sido de esfuerzo en el plano, que también se llaman problemas de *esfuerzo biaxial*, porque los esfuerzos sólo actúan en dos direcciones dentro de un plano. Es obvio que los miembros portátiles de carga son objetos tridimensionales. En este caso, la hipótesis es que si no se indica esfuerzo para la tercera dimensión, le asignamos cero. En la mayoría de los casos, las soluciones tal como se dan producirán el esfuerzo cortante máximo real, junto con los dos esfuerzos principales para el plano dado. Esto siempre será cierto si los dos esfuerzos principales tienen signos contrarios, esto es, si uno es de tensión y el otro es de compresión.

Pero el esfuerzo cortante real máximo sobre el elemento no se determinará si los dos esfuerzos principales tienen el mismo signo. En esas circunstancias, el lector debe examinar el caso tridimensional.

Entre los ejemplos frecuentes de productos reales donde dos esfuerzos principales tienen el mismo signo están las diversas formas de recipientes a presión. Un cilindro hidráulico con extremos cerrados contiene fluidos bajo alta presión, que tienden a reventar las paredes. En resistencia de materiales, aprendió que las superficies exteriores de las paredes en esos cilindros están sujetas a esfuerzos de tensión en dos direcciones: 1) tangente a su circunferencia y 2) dirección axial, paralela al eje del cilindro. El esfuerzo perpendicular a la pared en la superficie exterior es cero.

La figura 4-25 muestra el estado de esfuerzos de un elemento sobre la superficie de un cilindro. El esfuerzo tangencial, conocido como *esfuerzo transversal*, se alinea con la dirección x y se representa por σ_x. El esfuerzo con dirección axial, llamado también *esfuerzo longitudinal*, está alineado con la dirección y, y se representa con σ_y.

En resistencia de materiales, aprendió que si la pared del cilindro es relativamente delgada, el esfuerzo transversal máximo es

$$\sigma_x = pD/2t$$

FIGURA 4-25
Cilindro de pared delgada, con tapas cerradas, sometido a presión interna

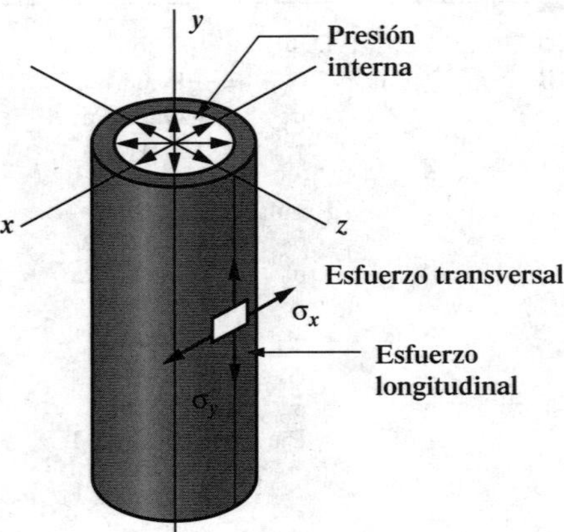

donde p = presión interna en el cilindro
D = diámetro del cilindro
t = espesor de la pared del cilindro

También, el esfuerzo longitudinal es

$$\sigma_y = pD/4t$$

Ambos esfuerzos son de tensión, y el esfuerzo transversal es el doble del esfuerzo longitudinal.

Este análisis sería semejante en cualquier tipo de recipiente cilíndrico de pared delgada con una presión interna. Como ejemplos están los tanques de almacenamiento de gases comprimidos, los tubos que conducen fluidos a presión y las conocidas latas de bebidas, que descargan su presión interna cuando se abre su tapa.

Se empleará el cilindro hidráulico como ejemplo para ilustrar el uso especial del círculo de Mohr cuando ambos esfuerzos principales tienen el mismo signo. Considere que la figura 4-25 muestra un cilindro con tapas cerradas soportando una presión interna de 500 psi. El espesor de pared es $t = 0.080$ pulgadas, y el diámetro del cilindro es $D = 4.00$ pulgadas. La relación $D/t = 50$ indica que se puede considerar que el cilindro tiene pared delgada. Cualquier relación mayor que 20 se considera de pared delgada.

El cálculo de los esfuerzos transversal y longitudinal en la pared son:

Esfuerzo circunferencial

$$\sigma_x = \frac{pD}{2t} = \frac{(500 \text{ psi})(4.0 \text{ pulg})}{(2)(0.080 \text{ pulg})} = 12\,500 \text{ psi (tensión)}$$

Esfuerzo longitudinal

$$\sigma_y = \frac{pD}{4t} = \frac{(500 \text{ psi})(4.0 \text{ pulg})}{(4)(0.080 \text{ pulg})} = 6250 \text{ psi (tensión)}$$

No existen esfuerzos cortantes aplicados en las direcciones x y y.

La figura 4-26(a) muestra el elemento de esfuerzo para el plano x-y, y la parte (b) muestra el círculo de Mohr correspondiente. Como no existem esfuerzos cortantes aplicados, σ_x y σ_y son los esfuerzos principales para el plano. El círculo indicaría que el esfuerzo cortante máximo sería igual al radio del círculo, 3125 psi.

Pero observe la parte (c) de la figura. Se podría haber elegido el plano x-z para el análisis, en lugar del plano x-y. El esfuerzo en dirección z es cero, por ser perpendicular a la cara libre

FIGURA 4-26
Análisis de esfuerzos para un cilindro de pared delgada

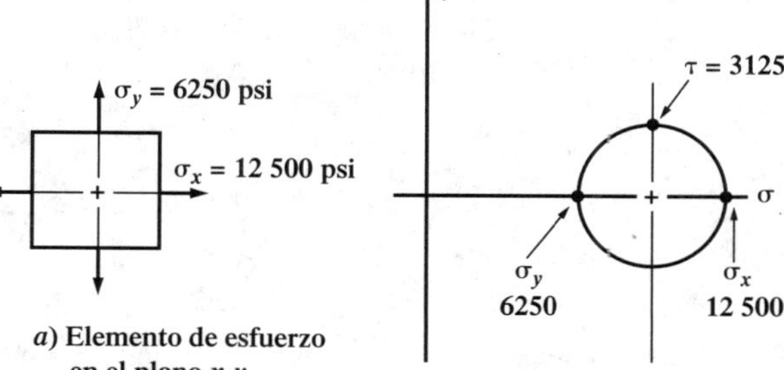

a) Elemento de esfuerzo en el plano *x-y*

b) Círculo de Mohr para el plano *x-y*

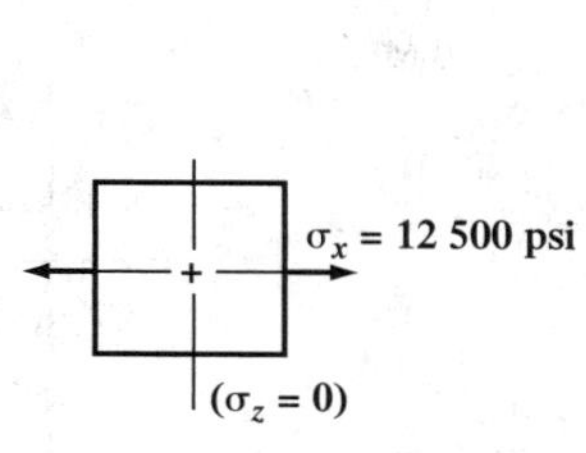

c) Elemento de esfuerzo en el plano *x-z*

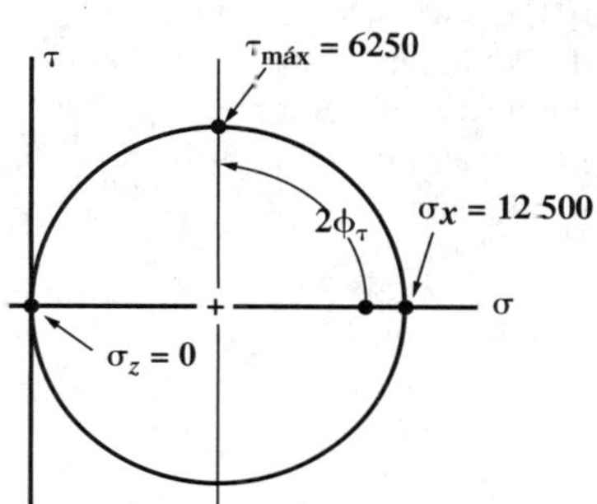

d) Círculo de Mohr para el plano *x-z*

del elemento. De igual forma, no existen esfuerzos cortantes sobre esta cara. El círculo de Mohr para este plano se ve en la parte (*d*) de la figura. El esfuerzo cortante máximo es igual al radio del círculo, 6250 psi, es decir el *doble* del que se obtendría para el plano *x-y*. Este método se debería usar siempre que los dos esfuerzos principales en un problema de esfuerzo biaxial tengan el mismo signo.

En resumen, en un elemento tridimensional general habrá una orientación donde no actúan esfuerzos cortantes. Los esfuerzos normales sobre las tres caras perpendiculares son entonces iguales a los tres esfuerzos principales. Si se denominan σ_1, σ_2 y σ_3 a esos esfuerzos, con la precaución de ordenarlos para que $\sigma_1 > \sigma_2 > \sigma_3$, el esfuerzo cortante máximo en el elemento siempre será

$$\tau_{máx} = \frac{\sigma_1 - \sigma_3}{2}$$

La figura 4-27 muestra el elemento tridimensional.

Para el cilindro de la figura 4-25 se puede concluir que

$$\begin{aligned}
\sigma_1 &= \sigma_x = 12\,500 \text{ psi}\\
\sigma_2 &= \sigma_y = 6250 \text{ psi}\\
\sigma_3 &= \sigma_z = 0\\
\tau_{máx} &= (\sigma_1 - \sigma_3)/2 = (12\,500 - 0)/2 = 6250 \text{ psi}
\end{aligned}$$

La figura 4-28 muestra otros dos ejemplos donde ambos esfuerzos principales en el plano dado tienen el mismo signo. Entonces, el esfuerzo cero en la tercera dirección se agrega al diagrama, y el nuevo círculo de Mohr se sobrepone al original. Esto sirve para ilustrar que el esfuerzo cortante máximo estará en el círculo de Mohr que tenga el radio mayor.

FIGURA 4-27 Elemento tridimensional de esfuerzo

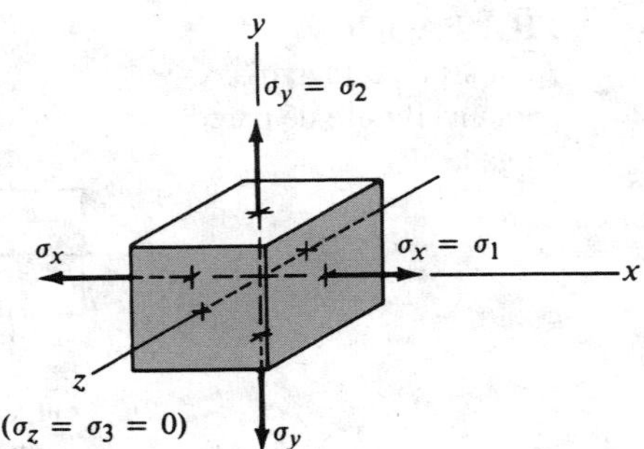

FIGURA 4-28 Círculo de Mohr para casos donde dos esfuerzos principales tienen el mismo signo

Datos:

σ_x = +150.0 MPa
σ_y = +30.0 MPa
σ_z = 0
τ_{xy} = +20 MPa

Resultados:

σ_1 = 153.2 MPa
σ_2 = 26.8 MPa
σ_3 = 0
$\tau_{máx}$ = 76.6 MPa

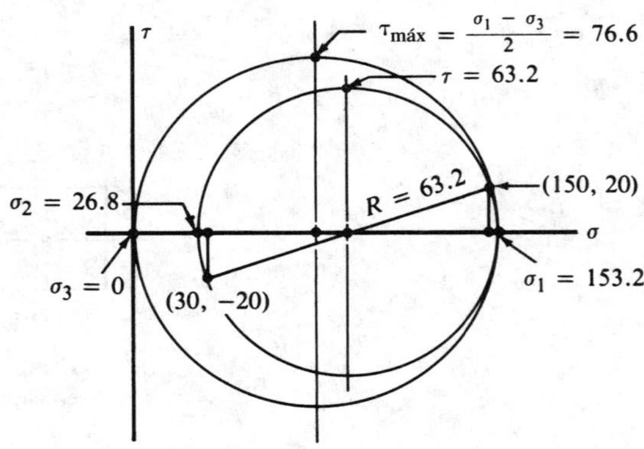

a) σ_x y σ_y ambos positivos

Datos:

σ_x = −50.0 MPa
σ_y = −130.0 MPa
σ_z = 0
τ_{xy} = 40 MPa

Resultados:

σ_1 = 0 MPa
σ_2 = −33.4 MPa
σ_3 = −146.6 MPa
$\tau_{máx}$ = 73.3 MPa

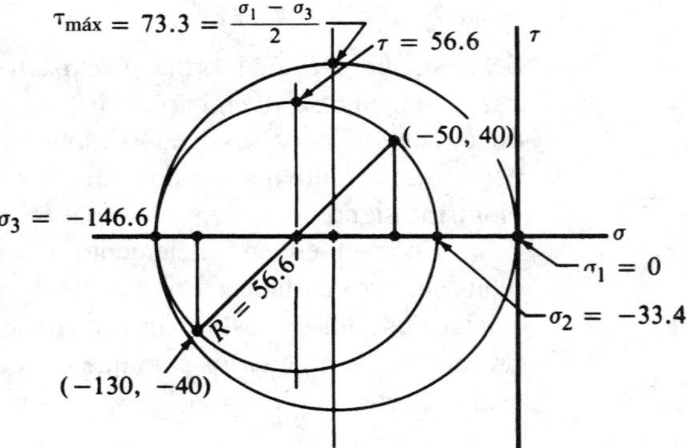

b) σ_x y σ_y ambos negativos

4-6 EL CÍRCULO DE MOHR PARA CONDICIONES ESPECIALES DE ESFUERZOS

MDESIGN

A continuación se empleará el círculo de Mohr para demostrar la relación entre los esfuerzos aplicados, los esfuerzos principales y el esfuerzo cortante máximo, en los siguientes casos especiales:

Tensión uniaxial pura
Compresión uniaxial pura
Cortante torsional puro
Tensión uniaxial combinada con cortante torsional

Son condiciones importantes de esfuerzos, que se encuentran con frecuencia, y se emplearán en capítulos posteriores para ilustrar las teorías de falla y los métodos de diseño. Esas teorías de falla se basan en los valores de los esfuerzos principales y el esfuerzo cortante máximo.

FIGURA 4-29 Círculo de Mohr para tensión uniaxial pura

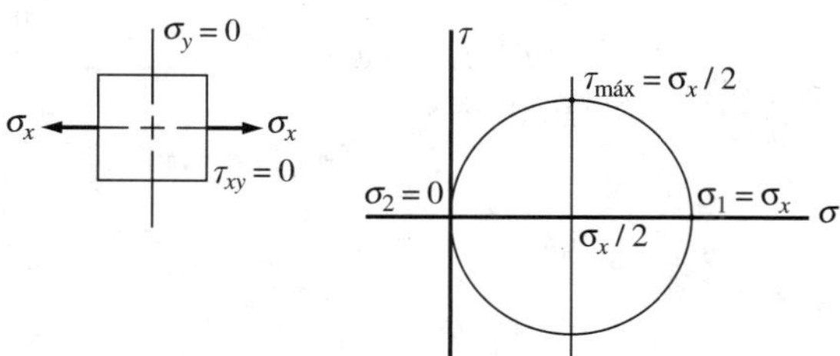

FIGURA 4-30 Círculo de Mohr para compresión uniaxial pura

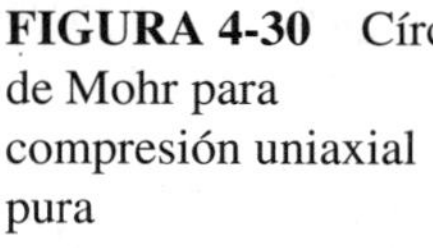

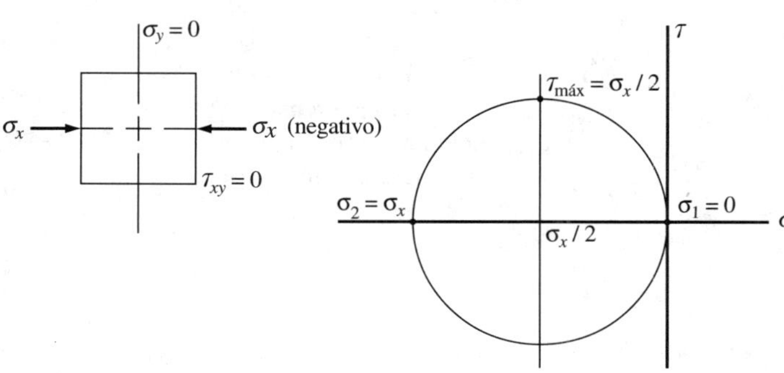

Tensión uniaxial pura

El estado de esfuerzos producidos en todas las partes de un espécimen normalizado de prueba de tensión es tensión uniaxial pura. La figura 4-29 muestra el elemento de esfuerzo y el círculo de Mohr correspondiente. Observe que el esfuerzo principal máximo σ_1, es igual al esfuerzo aplicado σ_x; el esfuerzo principal mínimo σ_2, es cero y el esfuerzo cortante máximo $\tau_{máx}$, es igual a $\sigma_x/2$.

Compresión uniaxial pura

La figura 4-30 muestra la compresión uniaxial pura que se tendría en una prueba normalizada de compresión. El círculo de Mohr muestra que $\sigma_1 = 0$, $\sigma_2 = \sigma_x$ (valor negativo) y que la magnitud del esfuerzo cortante máximo es $\tau_{máx} = \sigma_x/2$.

Torsión pura

La figura 4-31 muestra que, para este caso especial, el círculo de Mohr tiene su centro en el origen de los ejes σ-τ, y que el radio del círculo tiene valor igual al del esfuerzo cortante aplicado, τ_{xy}. Por consiguiente, $\tau_{máx} = \tau_{xy}$, $\sigma_1 = \tau_{xy}$ y $\sigma_2 = -\tau_{xy}$.

Tensión uniaxial combinada con cortante torsional

Este caso especial es importante, porque describe el estado de esfuerzos en un eje giratorio que soporta cargas de flexión y al mismo tiempo trasmite par de torsión. Es el estado de esfuerzos en el que se basa el procedimiento para diseñar ejes, que se presentará en el capítulo 12. Si se denominan σ_x y τ_{xy} a los esfuerzos aplicados, con el círculo de Mohr de la figura 4-32 se muestra que

$$\tau_{máx} = R = \text{radio del círculo} = \sqrt{(\sigma_x/2)^2 + \tau_{xy}^2} \tag{4-7}$$

$$\sigma_1 = \sigma_x/2 + R = \sigma_x/2 + \sqrt{(\sigma_x/2)^2 + \tau_{xy}^2} \tag{4-8}$$

$$\sigma_2 = \sigma_x/2 - R = \sigma_x/2 - \sqrt{(\sigma_x/2)^2 + \tau_{xy}^2} \tag{4-9}$$

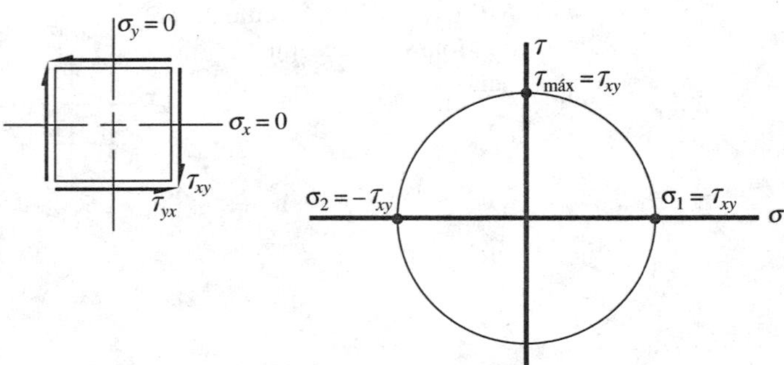

FIGURA 4-31 Círculo de Mohr para cortante puro torsional

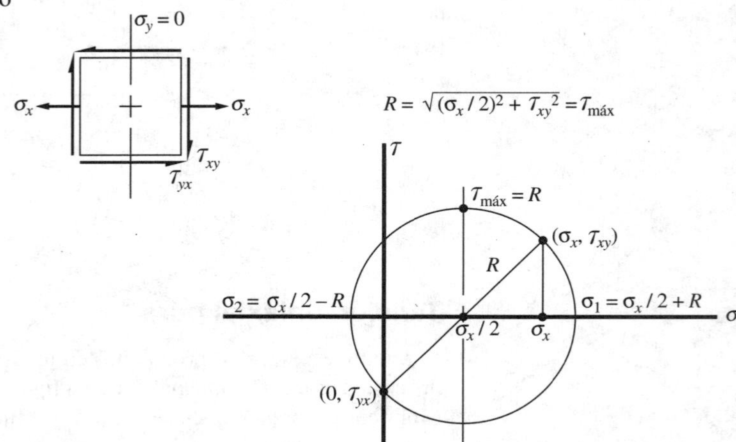

FIGURA 4-32 Círculo de Mohr para tensión uniaxial combinada con cortante torsional

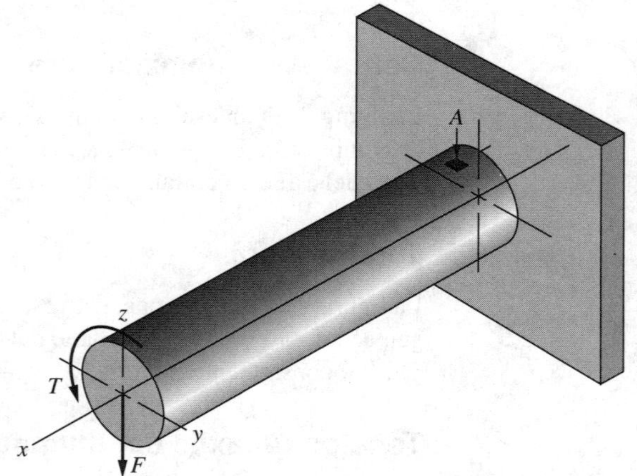

FIGURA 4-33 Barra circular en flexión y torsión

Un concepto útil y cómodo se conoce como *par torsional equivalente*, y se obtiene de la ecuación (4-7), para el caso especial de un cuerpo sometido sólo a flexión y torsión.

En la figura 4-33 se muestra un ejemplo donde una barra redonda está cargada en un extremo por una fuerza hacia abajo, y un momento torsional. La fuerza causa la flexión en la barra, con el momento máximo en el punto donde la barra se fija al soporte. El momento causa un esfuerzo de tensión en la parte superior de la barra, en dirección x en el punto A, y la magnitud de ese esfuerzo es

$$\sigma_x = M/S \qquad \textbf{(4-10)}$$

donde S = módulo de sección de la barra redonda.

Ahora bien, el momento torsional causa esfuerzo cortante torsional en el plano x-y en A, cuya magnitud es

$$\tau_{xy} = T/Z_p \tag{4-11}$$

donde Z_p es el módulo de sección polar de la barra.

Entonces, el punto A está sometido a un esfuerzo de tensión, combinado con cortante: este caso especial se muestra en el círculo de Mohr de la figura 4-32. El esfuerzo cortante máximo se puede calcular con la ecuación (4-7). Si se sustituyen las ecuaciones (4-10) y (4-11) en la (4-7), se obtendrá

$$\tau_{\text{máx}} = \sqrt{(M/2S)^2 + (T/Z_p)^2} \tag{4-12}$$

Observe, en el apéndice 1, que $Z_p = 2S$. Entonces, la ecuación (4-12) se puede escribir como

$$\tau_{\text{máx}} = \frac{\sqrt{M^2 + T^2}}{Z_p} \tag{4-13}$$

Conviene definir la cantidad en el numerador de esta ecuación como *par torsional equivalente* T_e. Entonces, la ecuación se transforma en

$$\tau_{\text{máx}} = T_e/Z_p \tag{4-14}$$

4-7 ANÁLISIS DE CONDICIONES COMPLEJAS DE CARGA

Los ejemplos presentados en este capítulo involucraron geometrías de parte y condiciones de carga relativamente sencillas, para las que puede efectuarse el análisis necesario de esfuerzos, mediante el empleo de los métodos conocidos por la estática y la resistencia de materiales. Si se involucran geometrías o condiciones de carga más complejas, podrá ser que el lector no pueda completar el análisis necesario para crear el elemento original de esfuerzos, a partir del cual se deriva el círculo de Mohr.

Por ejemplo, considere una rueda colada para un automóvil de carreras de alto rendimiento. Es probable que en la geometría haya retículos o rayos de diseño exclusivo, para unir el cubo con la orilla y tener una rueda ligera. La carga sería una combinación compleja de torsión, flexión y compresión, generadas por la acción de la rueda al tomar las curvas.

Un método para estudiar ese miembro portátil sería el análisis experimental de esfuerzos, mediante calibradores de deformación o técnicas fotoelásticas. Los resultados identificarían los valores de esfuerzo en puntos seleccionados y en ciertas direcciones especificadas, que se podrían emplear como datos para trazar el círculo de Mohr en los puntos críticos de la estructura.

Otro método de análisis implicaría el modelado de la geometría de la rueda como *modelo de elementos finitos*. El modelo tridimensional se dividiría en varios cientos de elementos de volumen pequeño. Los puntos de apoyo y de restricción se definirían en el modelo, y a continuación se aplicarían cargas externas en los puntos apropiados. El conjunto completo de datos alimentaría una clase especial de programa de análisis en computadora, llamado *análisis de elemento finito*. El resultado del programa es una lista de los esfuerzos y la deformación para cada uno de los elementos. Esos datos se pueden graficar en el modelo de computadora, para que el diseñador visualice la distribución de esfuerzos dentro del modelo. En la mayor parte de esos programas, se hace una lista de los esfuerzos principales y el esfuerzo cortante máximo para cada elemento, y se anula la necesidad de trazar realmente el círculo de Mohr. Un esfuerzo especial, llamado *esfuerzo de von Mises,* se calcula con frecuencia al combinar los esfuerzos principales.

(Vea una descripción más completa del esfuerzo de von Mises y sus aplicaciones en la sección 5-8.) Se pueden conseguir varios programas de análisis de elemento finito, para ejecutar en computadoras personales, en estaciones de ingeniería o en computadoras principales.

REFERENCIAS

Mott, Robert L. *Applied Strength of Materials*. 4ª edición. Upper Saddle River, NJ: Prentice Hall, 2002.

SITIO DE INTERNET RELACIONADO CON EL ANÁLISIS DEL CÍRCULO DE MOHR

1. **MDSolids** *www.mdsolids.com* Programa educativo dedicado a la mecánica de materiales elemental. Incluye módulos sobre esfuerzo y deformación básicos, problemas axiales de vigas y puntales, estructuras axiales estáticamente indeterminadas, torsión, vigas determinadas, propiedades de perfiles, análisis general de miembros axiales, en torsión y vigas, pandeo de columna, recipientes a presión y transformaciones de círculo de Mohr.

PROBLEMAS

Para los conjuntos de esfuerzos dados para un elemento de la tabla 4-2, trace un círculo completo de Mohr, calcule los esfuerzos principales y el esfuerzo cortante máximo, y trace el elemento de esfuerzo principal y el elemento de esfuerzo cortante máximo. Todo componente de esfuerzos que no aparezca se supone igual a cero.

TABLA 4-2 Esfuerzos para los problemas 1 a 30

Problema	σ_x	σ_y	τ_{xy}
1.	20 ksi	0	10 ksi
2.	85 ksi	−40 ksi	30 ksi
3.	40 ksi	−40 ksi	−30 ksi
4.	−80 ksi	−40 ksi	−30 ksi
5.	120 ksi	40 ksi	20 ksi
6.	20 ksi	140 ksi	20 ksi
7.	20 ksi	−40 ksi	0
8.	120 ksi	−40 ksi	100 ksi
9.	100 MPa	0	80 MPa
10.	250 MPa	−80 MPa	110 MPa
11.	50 MPa	−80 MPa	40 MPa
12.	−150 MPa	−80 MPa	−40 MPa
13.	150 MPa	80 MPa	−40 MPa
14.	50 MPa	180 MPa	40 MPa
15.	250 MPa	−80 MPa	0
16.	50 MPa	−80 MPa	−30 MPa
17.	400 MPa	−300 MPa	200 MPa
18.	−120 MPa	180 MPa	−80 MPa
19.	−30 MPa	20 MPa	40 MPa
20.	220 MPa	−120 MPa	0 MPa
21.	40 ksi	0 ksi	0 ksi
22.	0 ksi	0 ksi	40 ksi
23.	38 ksi	−25 ksi	−18 ksi
24.	55 ksi	15 ksi	−40 ksi
25.	22 ksi	0 ksi	6.8 ksi
26.	−4250 psi	3250 psi	2800 psi
27.	300 MPa	100 MPa	80 MPa
28.	250 MPa	150 MPa	40 MPa
29.	−840 kPa	−335 kPa	−120 kPa
30.	−325 kPa	−50 kPa	−60 kPa

31. Vea la figura 3-23 del capítulo 3. Para el eje alineado con el eje x, defina un elemento de esfuerzos en la parte inferior del eje, justo a la izquierda de la parte B. A continuación, trace el círculo de Mohr para ese elemento. $D = 0.50$ pulg.

32. Vea la figura P3-44 del capítulo 3. Para el eje ABC, defina un elemento de esfuerzos en la parte inferior del eje, justo a la derecha del punto B. El par torsional aplicado al eje en B sólo se resiste en el apoyo C. Trace el círculo de Mohr para el elemento de esfuerzo. $D = 1.50$ pulg.

33. Repita el problema 32 para el eje de la figura P3-45. $D = 0.50$ pulg.

34. Vea la figura P3-46 en el capítulo 3. Para el eje AB, defina un elemento de esfuerzos en la parte inferior del eje, justo a la derecha del punto A. El par torsional aplicado al eje mediante la manivela es resistido sólo en el soporte B. Trace el círculo de Mohr para el elemento de esfuerzos. $D = 50$ mm.

35. Una barra cilíndrica corta de 4.00 pulgadas de diámetro está sometida a una fuerza de compresión axial de 75 000 lb, y un momento torsional de 20 000 lb·pulg. Trace un elemento de esfuerzos en la superficie de la barra. A continuación, trace el círculo de Mohr para el elemento.

36. Una barra de torsión se usa como elemento de suspensión para un vehículo. La barra tiene 20 mm de diámetro. Está sometida a un momento torsional de 450 N·m, y a una fuerza axial de tensión de 36.0 kN. Trace un elemento de esfuerzos sobre la superficie de la barra y a continuación trace el círculo de Mohr para el elemento.

37. Emplee el módulo del círculo de Mohr, del programa MDSolids, para resolver los problemas del 1 al 30 de este capítulo.

5

Diseño para diferentes tipos de carga

Panorama

Diseño para diferentes tipos de carga

Mapa de aprendizaje

- Este capítulo describe herramientas adicionales que puede usar para el diseño de componentes bajo carga, seguros y con eficiencia razonable en su empleo como materiales.
- Debe usted aprender cómo clasificar el tipo de carga al componente, si está sometido a cargas *estáticas, repetidas e invertidas, fluctuantes, de choque e impacto*.
- Aprenderá cómo identificar las técnicas apropiadas de análisis, con base en los tipos de carga y los tipos de material.

Descubrimiento

Identifique componentes de partes reales de estructuras sometidas a cargas estáticas.

Identifique partes sujetas a cargas iguales, repetidas, que inviertan su dirección.

Identifique componentes con cargas fluctuantes que varíen en función del tiempo.

Identifique componentes bajo choques o impactos; por ejemplo, golpeados con un martillo o que caigan sobre una superficie dura.

Al aplicar las técnicas aprendidas en este capítulo, se ayudará a terminar una gran variedad de tareas de diseño.

Para los conceptos que se examinan en este capítulo, el **Panorama** abarca un conjunto gigantesco de ejemplos donde aprovechará los principios de la resistencia de materiales que repasó en los capítulos 3 y 4, y los ampliará del modo de análisis al modo de diseño. Se involucran varios pasos, y el lector debe aprender a hacer juicios racionales sobre el método adecuado para terminar el diseño.

En este capítulo aprenderá cómo:

1. Reconocer la forma de aplicar la carga en una parte: ¿Es estática, repetitiva e invertida, fluctuante, de choque o de impacto?
2. Seleccionar el método adecuado para analizar los esfuerzos producidos.
3. Determinar la propiedad de resistencia del material adecuada para el tipo de carga, y para la clase de material: ¿es el material un metal o un no metal? ¿Es frágil o dúctil? ¿Se debe basar el diseño en la resistencia de fluencia, la resistencia última de tensión, resistencia a la compresión, resistencia a la fatiga u otra propiedad del material?
4. Especificar un *factor de diseño* adecuado, que con frecuencia se conoce como *factor de seguridad.*
5. Diseñar una gran variedad de miembros portátiles, para que sean seguros en los patrones de carga que se esperan para ellos.

Los siguientes párrafos muestran con ejemplos algunos de los casos que se estudiarán en ese capítulo.

Una *carga estática* ideal es aquella que se aplica lentamente y nunca se quita. Algunas cargas que se aplican y se quitan con lentitud, y que rara vez se cambian, se pueden considerar también estáticas. ¿Qué ejemplos de productos o sus componentes puede imaginar, que estén sometidos a cargas estáticas? Considere miembros de estructuras cargados, partes de mobiliario y ménsulas o varillas de soporte para sujetar equipos en su hogar, o en una empresa o factoría. Trate de identificar ejemplos específicos y descríbalos a sus colegas. Describa cómo se aplica la carga y qué partes del miembro portátil están sometidos a los valores de esfuerzo máximos. Algunos de los ejemplos que descubrió en la sección **Panorama** del capítulo 3 podrían caber aquí.

Las *cargas fluctuantes* son aquellas que varían durante el servicio normal del producto. En forma típica, se aplican durante un tiempo bastante largo, por lo que la pieza tiene muchos miles o millones de ciclos de esfuerzo durante su vida esperada. Existen muchos ejemplos de productos al consumidor, en su hogar, su automóvil, en edificios comerciales y en instalaciones manufactureras. Considere virtualmente todo aquel producto que tenga piezas móviles. Otra vez, trate de identificar ejemplos específicos y descríbalos a sus colegas. ¿Cómo fluctúa la carga? ¿Se aplica y después se quita por completo en cada ciclo? O bien ¿siempre existe un valor de carga media o promedio y además una carga alternante superpuesta a ella? La carga ¿varía desde un valor positivo máximo a uno negativo mínimo, de igual magnitud, durante cada ciclo de carga? Considere piezas que tengan ejes giratorios, como motores de combustión, maquinaria agrícola, de producción y de construcción.

Recuerde productos que hayan fallado. Identificó algunos en la sección **Panorama** del capítulo 3. ¿Fallaron cuando se usaron por primera vez? O bien ¿fallaron después de haber servido bastante tiempo? ¿Por qué cree que pudieron funcionar durante algún tiempo antes de fallar?

¿Puede encontrar componentes que fallaron de repente porque el material era frágil, como el hierro colado, algunas cerámicas o algunos plásticos? ¿Puede encontrar otros que fallaron después de haberse deformado en forma considerable? Esas fallas se llaman *fracturas dúctiles*.

¿Cuáles fueron las consecuencias de las fallas, según usted? ¿Alguien se lesionó? ¿Se dañó otra parte o artículo valioso, o fue la falla un pequeño inconveniente? ¿Qué costo implicó la falla? La respuesta a algunas de estas preguntas le ayudará a tomar decisiones racionales sobre los factores de diseño que vaya a emplear en su trabajo.

Es responsabilidad del diseñador asegurar que una parte de la máquina sea segura para trabajar bajo condiciones razonablemente previsibles. Para esto se requiere hacer un análisis de esfuerzos, donde los valores calculados de esfuerzos en la pieza se comparen con el *esfuerzo de diseño*, o con el valor de esfuerzo permitido bajo las condiciones de operación.

El análisis de esfuerzos se puede hacer en forma analítica o experimental, dependiendo del grado de complejidad de la pieza, el conocimiento de las condiciones de carga y las propiedades del material. El diseñador debe comprobar que el esfuerzo al que está sujeta una pieza sea seguro.

La forma de calcular el esfuerzo de diseño depende de la manera de aplicar la carga y de la clase de material. Entre los tipos de carga están las siguientes:

Estática

Repetida e invertida

Fluctuante

Choque o impacto

Aleatoria

Los tipos de material son muchos y variados. Los materiales metálicos se clasifican principalmente en *dúctiles* y *frágiles*. Entre otras consideraciones están la manera de moldear el material (colado, forjado, laminado, maquinado, entre otros), el tipo de tratamiento térmico, el acabado superficial, el tamaño físico, el ambiente en que va a trabajar y la geometría de la pieza. Deben considerarse otros factores cuando se trata de plásticos, materiales compuestos, cerámicas, madera y otros materiales más.

En este capítulo, se describen métodos para analizar piezas de máquinas y para comprobar que sean seguras. Se describen varios casos donde el conocimiento de las combinaciones de tipos de materiales y patrones de carga llevan a la determinación del método adecuado de análisis. Después, su tarea será aplicar esas herramientas en forma correcta y con juicio, al avanzar en su carrera.

Usted es el diseñador

Recuerde la tarea presentada al iniciar el capítulo 4, donde usted fue el diseñador de un soporte para sujetar una muestra de tela durante una prueba, para determinar sus características de estiramiento a largo plazo. La figura 4-2 muestra el diseño propuesto.

Ahora se le pide continuar este ejercicio de diseño al seleccionar un material para fabricar las dos barras redondas dobladas que se sueldan al soporte rígido. También, debe especificar un diámetro adecuado de las varillas, cuando se aplique cierta carga al material de prueba.

5-1 OBJETIVOS DE ESTE CAPÍTULO

Al terminar este capítulo podrá:

1. Identificar diversas tipos de cargas que se encuentran con frecuencia en las piezas de máquinas, incluyendo *estática, repetida e invertida, fluctuante, choque o impacto* y *aleatoria*.
2. Definir el término *relación de esfuerzos* y calcular su valor para los diversos tipos de carga.
3. Definir el concepto de *fatiga*.
4. Definir la propiedad de *esfuerzo a la fatiga* del material, y estimar su magnitud para distintos materiales.
5. Reconocer los factores que afectan la magnitud del esfuerzo a la fatiga.
6. Definir el término *factor de diseño*.
7. Especificar un valor adecuado del factor de diseño.
8. Definir la *teoría de falla del esfuerzo normal máximo* y el *método de Mohr modificado* para diseñar con materiales frágiles.
9. Definir la *teoría de falla del esfuerzo cortante máximo*.
10. Definir la *teoría de energía de distorsión*, llamada también *teoría de von Mises*, o *teoría de Mises-Hencky*.
11. Describir el *método de Goodman* y aplicarlo al diseño de piezas sometidas a esfuerzos fluctuantes.
12. Considere los *métodos estadísticos*, la *vida finita* y los *métodos de acumulación de daños* para el diseño.

5-2 TIPOS DE CARGA Y RELACIÓN DE ESFUERZOS

Los factores principales a considerar, cuando se especifica el tipo de carga para la cual una pieza de máquina se somete, son la variación de la carga y la variación resultante del esfuerzo en función del tiempo. Algunas variaciones de esfuerzos se caracterizan con cuatro valores clave:

1. Esfuerzo máximo $\sigma_{máx}$
2. Esfuerzo mínimo $\sigma_{mín}$
3. Esfuerzo medio (promedio) σ_m
4. Esfuerzo alternativo σ_a (*amplitud de esfuerzo*)

Los esfuerzos máximo y mínimo se suelen calcular desde la información conocida, con métodos de análisis de esfuerzos o de elemento finito, o bien se miden con técnicas de análisis experimental de esfuerzos. A continuación, se pueden calcular los esfuerzos medios y alternativos con

$$\sigma_m = (\sigma_{máx} + \sigma_{mín})/2 \qquad \textbf{(5-1)}$$

$$\sigma_a = (\sigma_{máx} - \sigma_{mín})/2 \qquad \textbf{(5-2)}$$

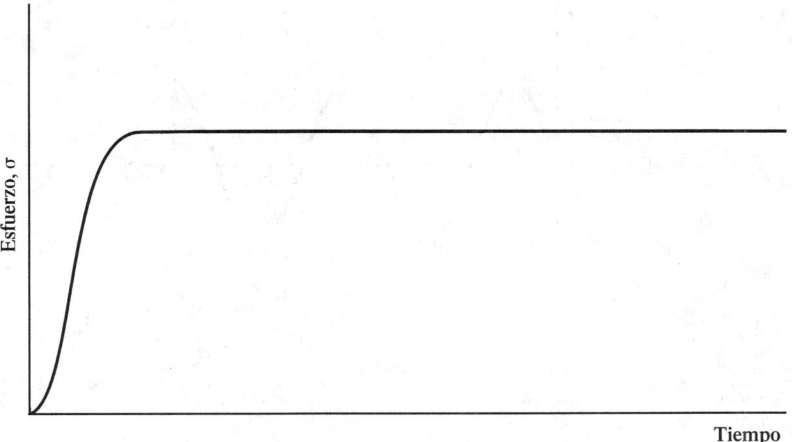

FIGURA 5-1 Esfuerzo estático

El comportamiento de un material bajo esfuerzos variables depende de la manera de la variación. Un método para caracterizar la variación se llama *relación de esfuerzo*. Dos tipos de relaciones de esfuerzo son los comunes, y se definen como

$$\text{Relación de esfuerzo } R = \frac{\text{esfuerzo mínimo}}{\text{esfuerzo máximo}} = \frac{\sigma_{\text{mín}}}{\sigma_{\text{máx}}}$$
$$\text{Relación de esfuerzo } A = \frac{\text{esfuerzo alternativo}}{\text{esfuerzo medio}} = \frac{\sigma_a}{\sigma_m} \tag{5-3}$$

Esfuerzo estático

Cuando una pieza se somete a una carga aplicada lentamente, sin choque, y se mantiene a un valor constante, el esfuerzo que resulta en la pieza se llama *esfuerzo estático*. Un ejemplo es el de la carga sobre una estructura, debido al peso muerto (el peso propio) de los materiales de construcción. La figura 5-1 muestra un diagrama de esfuerzo en función del tiempo para la carga estática. Como $\sigma_{\text{máx}} = \sigma_{\text{mín}}$, la relación de esfuerzos para el esfuerzo estático es $R = 1.0$.

También se puede suponer que la carga es estática cuando se aplica y se quita lentamente, si la cantidad de aplicaciones de la carga es pequeña, esto es, unos pocos miles de ciclos de carga.

Esfuerzo repetido e invertido

Ocurre una inversión de esfuerzo cuando determinado elemento de un miembro portátil se somete a cierto valor de esfuerzo de tensión, seguido por el *mismo valor* de esfuerzo de compresión. Si este ciclo de esfuerzos se repite muchos miles de veces, al esfuerzo se le llama *repetido e invertido*. La figura 5-2 muestra el diagrama de esfuerzo en función del tiempo, cuando el esfuerzo es repetido e invertido. Como $\sigma_{\text{mín}} = -\sigma_{\text{máx}}$, la relación de esfuerzos es $R = -1.0$, y el esfuerzo promedio es cero.

Un ejemplo importante en el diseño de máquinas es el de un eje redondo giratorio cargado en flexión, como el de la figura 5-3. En la posición que se muestra, un elemento en la parte inferior del eje tiene esfuerzo de tensión, mientras que uno en la parte superior tiene un esfuerzo de compresión, de igual magnitud. Cuando el eje gira 180° respecto de la posición que tiene en la figura, esos dos elementos tienen una inversión completa de esfuerzos. Ahora, si el eje continúa girando, todas las partes en flexión ven esfuerzos invertidos repetitivos. Ésta es una descripción del caso clásico de carga, de *flexión invertida*.

FIGURA 5-2 Esfuerzo repetido e invertido

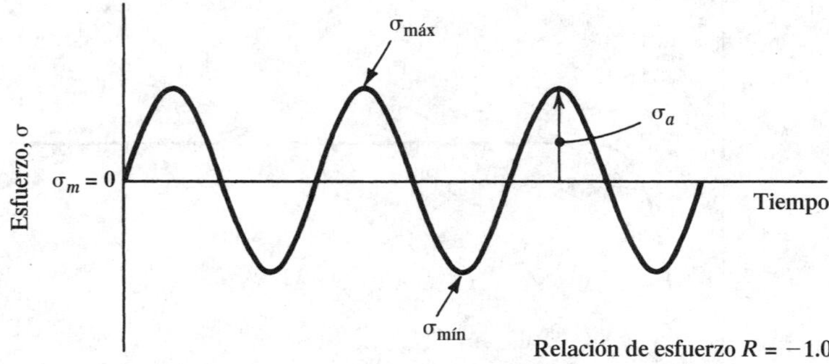

FIGURA 5-3 Pruebas de fatiga de R. R. Moore

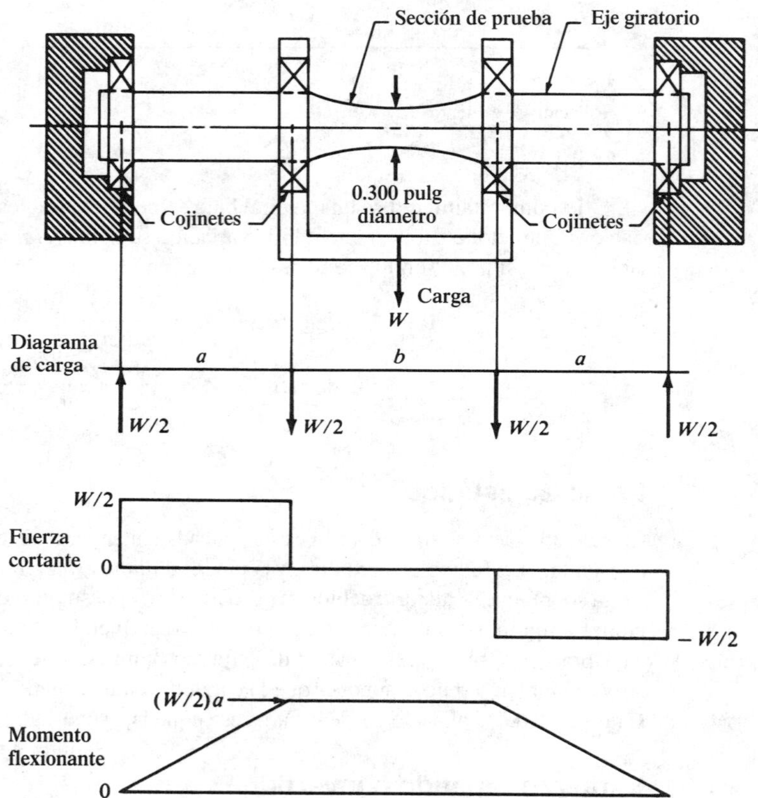

Con frecuencia, a este tipo carga se le llama *carga de fatiga*, y a una máquina del tipo que se muestra en la figura 5-3 se le llama *aparato para pruebas de fatiga de R. R. Moore*. Esas máquinas se usan para probar la capacidad de un material para resistir cargas repetidas. De esta forma, se mide la propiedad del material llamada *resistencia de fatiga*. Se dirá más en este capítulo acerca de la resistencia a la fatiga. En realidad, la flexión invertida sólo es un caso especial de carga de fatiga, ya que todo esfuerzo que varía en el tiempo puede causar la falla de una parte por fatiga.

Esfuerzo fluctuante

Cuando un miembro portátil está sometido a un esfuerzo alternativo con promedio distinto de cero, la carga produce un *esfuerzo fluctuante*. La figura 5-4 muestra cuatro diagramas de esfuerzo en función del tiempo. La diferencia en los cuatro diagramas estriba en si los diversos valores de esfuerzo son positivos (de tensión) o negativos (de compresión). *Todo esfuerzo variable con*

FIGURA 5-4
Esfuerzos fluctuantes

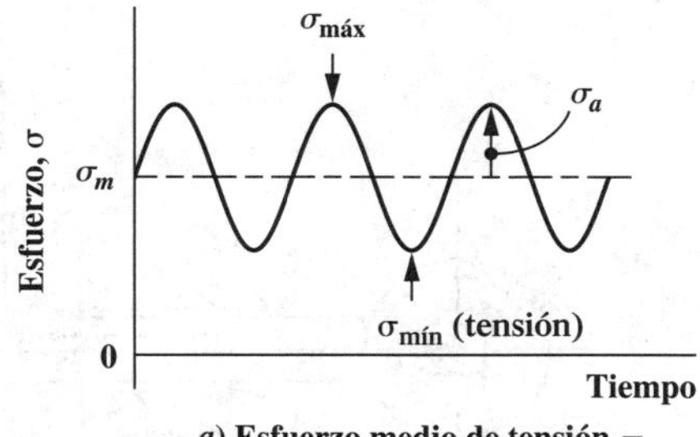

a) **Esfuerzo medio de tensión – todos los esfuerzos son de tensión $0 < R < 1.0$**

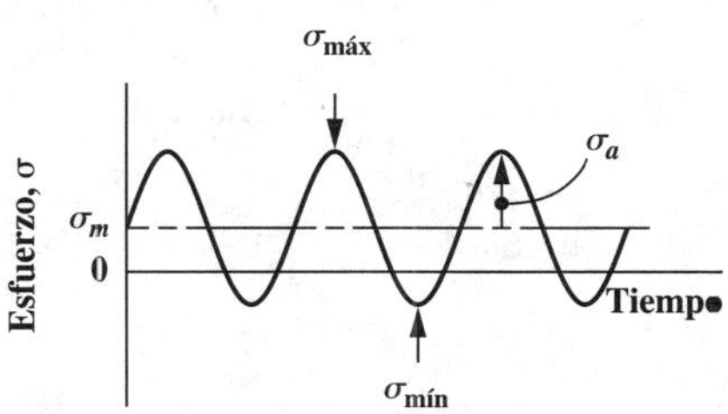

b) **Esfuerzo de tensión medio – $\sigma_{máx}$ tensión, $\sigma_{mín}$ compresión, $-1.0 < R < 0$**

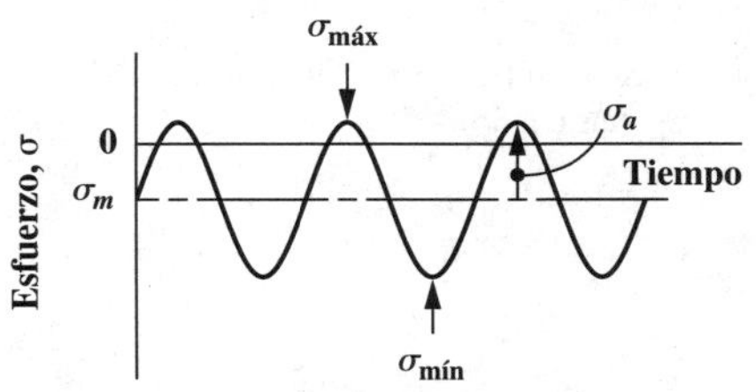

c) **Esfuerzo medio de compresión – $\sigma_{máx}$ tensión, $\sigma_{mín}$ compresión, $-\infty < R < 1.0$**

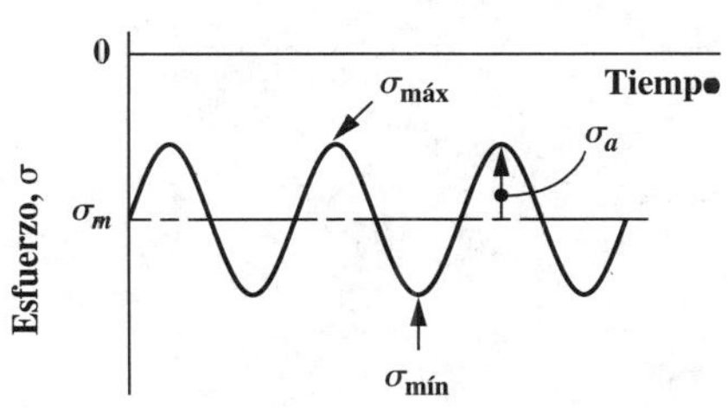

d) **Esfuerzo medio de compresión – todos los esfuerzos de compresión, $1.0 < R < \infty$**

FIGURA 5-5
Esfuerzo repetido en una dirección; un caso especial del esfuerzo fluctuante

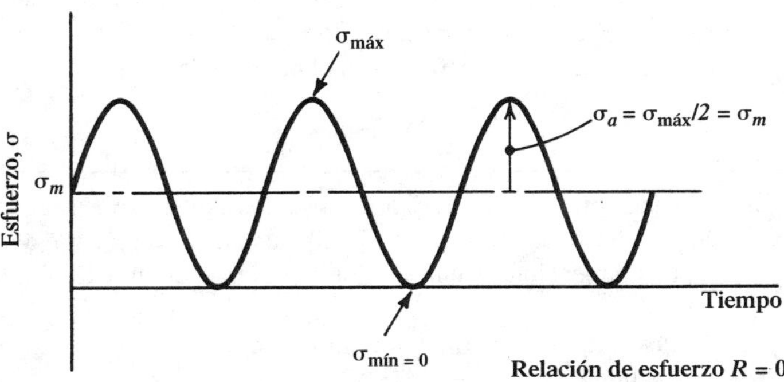

promedio distinto de cero se considera esfuerzo fluctuante. La figura 5-4 muestra también los intervalos de valores posibles de la relación de esfuerzo R para los patrones de carga indicadas.

Un caso especial del esfuerzo fluctuante, que se encuentra con frecuencia, es el *esfuerzo repetido en una dirección*, cuando la carga se aplica y se remueve varias veces. Como se ve en la figura 5-5, el esfuerzo varía desde cero hasta un máximo en cada ciclo. Entonces, por observación,

$$\sigma_{mín} = 0$$
$$\sigma_m = \sigma_a = \sigma_{máx}/2$$
$$R = \sigma_{mín}/\sigma_{máx} = 0$$

Un ejemplo de una pieza de máquina sometida a un esfuerzo fluctuante como el de la figura 5-4(*a*), se muestra en la figura 5-6, donde un seguidor de leva *reciprocante* deja pasar es-

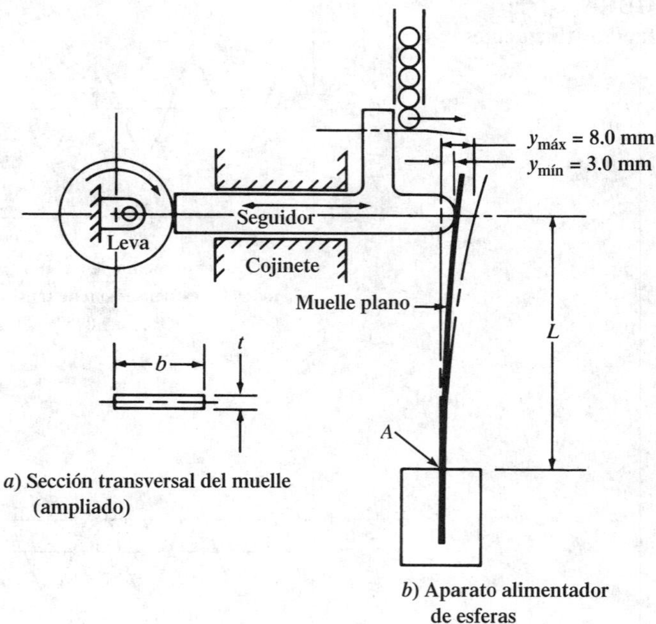

FIGURA 5-6 Ejemplo de carga cíclica, cuando el muelle plano se somete a esfuerzo fluctuante

feras, una tras otra, desde un canalón. El seguidor se mantiene oprimido contra la leva excéntrica mediante un muelle plano, cargado como voladizo. Cuando el seguidor se encuentra más alejado hacia la izquierda, el muelle está desviado $y_{mín} = 3.0$ mm respecto de su posición libre (recta). Cuando el seguidor se encuentra más alejado hacia la derecha, el muelle está flexionado $y_{máx} = 8.0$ mm. Entonces, cuando la leva continúa girando, el muelle siente la carga cíclica entre los valores mínimo y máximo. El punto *A*, en la base del muelle, en su cara convexa, siente los esfuerzos de tensión variables como los de la figura 5-4(*a*). En el problema ejemplo 5-1 se completa el análisis de esfuerzo en el punto *A* del muelle.

Problema ejemplo 5-1

Para el muelle plano de la figura 5-6, calcule el esfuerzo máximo, el esfuerzo mínimo, el esfuerzo medio y el esfuerzo alternativo. También calcule la relación de esfuerzo *R*. La longitud *L* es 65 mm. Las dimensiones de la sección transversal del muelle son $t = 0.80$ mm y $b = 6.0$ mm

Solución

Objetivo: Calcular los esfuerzos máximo, mínimo, medio y alternativo en el muelle plano. Calcular la relación de esfuerzo *R*.

Datos:

El esquema de la figura 5-6. El muelle es de acero, con $L = 65$ mm.

Dimensiones de la sección transversal del muelle: $t = 0.80$ mm y $b = 6.0$ mm

Deflexión máxima del muelle en el seguidor = 8.0 mm.

Deflexión mínima del muelle en el seguidor = 3.0 mm.

Análisis: El punto *A* en la base del resorte experimenta el esfuerzo de tensión máximo. Determine la fuerza que ejerce el seguidor de leva sobre el muelle, para cada valor de la deflexión mediante las fórmulas de la tabla A14-2, Caso (*a*). Calcule el momento flexionante en la base del muelle para cada deflexión. A continuación, calcule los esfuerzos en el punto *A* mediante la fórmula de esfuerzo flexionante $\sigma = Mc/I$. Use las ecuaciones (5-1), (5-2) y (5-3) para calcular los esfuerzos medio y alternativo, y *R*.

Resultados El Caso (a) de la tabla A14-2 indica la siguiente fórmula para calcular la cantidad de deflexión de un voladizo ante determinada fuerza aplicada:

$$y = PL^3/3EI$$

Se despeja la fuerza en función de la deflexión:

$$P = 3EIy/L^3$$

En el apéndice 3 aparece el módulo de elasticidad del acero, que es $E = 207$ Gpa. El momento de inercia I, para la sección transversal del muelle, se calcula como sigue:

$$I = bt^3/12 = (6.00\text{mm})(0.80\text{mm})^3/12 = 0.256\text{ mm}^4$$

Entonces, la fuerza sobre el muelle, cuando la deflexión y es 3.0 mm, es

$$P = \frac{3(207 \times 10^9\text{ N/m}^2)(0.256\text{ mm}^4)(3.0\text{ mm})}{(65\text{ mm})^3}\,\frac{(1.0\text{ m}^2)}{(10^6\text{ mm}^2)} = 1.74\text{ N}$$

El momento flexionante en el apoyo es

$$M = P \cdot L = (1.74\text{ N})(65\text{ mm}) = 113\text{ N}\cdot\text{mm}$$

El esfuerzo flexionante en el punto A causado por este momento es

$$\sigma = \frac{Mc}{I} = \frac{(113\text{ N}\cdot\text{mm})(0.40\text{ mm})}{0.256\text{ mm}^4} = 176\text{ N/mm}^2 = 176\text{ MPa}$$

Ese es el esfuerzo mínimo que ve el muelle durante su servicio, y en consecuencia $\sigma_{mín} = 176$ MPa.

Como la fuerza sobre el muelle es proporcional a la deflexión, la fuerza ejercida cuando la deflexión es de 8.0 mm es

$$P = (1.74\text{ N})(8.0\text{ mm})/(3.0\text{ mm}) = 4.63\text{ N}$$

El momento flexionante es

$$M = P \cdot L = (4.63\text{ N})(65\text{ mm}) = 301\text{ N}\cdot\text{mm}$$

El esfuerzo de flexión en el punto A es

$$\sigma = \frac{Mc}{I} = \frac{(301\text{ N}\cdot\text{mm})(0.40\text{ mm})}{0.256\text{ mm}^4} = 470\text{ N/mm}^2 = 470\text{ MPa}$$

Ese es el esfuerzo máximo que ve el muelle, y en consecuencia $\sigma_{máx} = 470$ MPa.

Ahora se puede calcular el esfuerzo medio:

$$\sigma_m = (\sigma_{\text{máx}} + \sigma_{\text{mín}})/2 = (470 + 176)/2 = 323 \text{ MPa}$$

Por último, el esfuerzo alternativo es

$$\sigma_a = (\sigma_{\text{máx}} - \sigma_{\text{mín}})/2 = (470 - 176)/2 = 147 \text{ MPa}$$

La relación de esfuerzos se calcula con la ecuación (5-3):

$$\text{Relación de esfuerzo } R = \frac{\text{esfuerzo mínimo}}{\text{esfuerzo máximo}} = \frac{\sigma_{\text{mín}}}{\sigma_{\text{máx}}} = \frac{176 \text{ MPa}}{470 \text{ MPa}} = 0.37$$

Comentarios El diagrama de esfuerzo en función del tiempo, de la figura 5-4(*a*), ilustra la forma del esfuerzo fluctuante sobre el muelle. En la sección 5-9 verá usted cómo diseñar piezas sujetas a este tipo de esfuerzos.

Carga de choque o impacto

Las cargas aplicadas en forma repentina y rápida causan choque o impacto. Entre los ejemplos están un golpe de martillo, un peso que cae sobre una estructura y la acción en el interior de una quebradora de rocas. El diseño de los miembros de máquina, para resistir choques o impactos, implica un análisis de su capacidad de absorción de energía, que es un tema que no cubre este libro. (Vea las referencias 8 a 13.)

Carga aleatoria

Cuando se aplican cargas variables que no son regulares en su amplitud, la carga se llama *aleatoria*. Se emplea el análisis estadístico para caracterizar las cargas aleatorias, con fines de diseño y análisis. Este tema no se explica en este libro. (Vea la referencia 14.)

5-3 RESISTENCIA A LA FATIGA

La *resistencia a la fatiga* de un material es su capacidad de resistir cargas de fatiga. En general, es el valor del esfuerzo que puede resistir un material durante una cantidad dada de ciclos de carga. Si la cantidad de ciclos es infinita, el valor del esfuerzo se llama *límite de fatiga*.

Las resistencias a la fatiga se suelen graficar como en la figura 5-7, donde se muestra un *diagrama S-N* (o *diagrama esfuerzo-ciclos*). Las curvas *A*, *B* y *D* representan un material que sí tiene un límite de fatiga, como puede ser el acero al carbono simple. La curva *C* es característica de la mayor parte de los metales no ferrosos, como el aluminio, que no tienen un límite de fatiga. Para esos materiales, el número de ciclos a la falla se debe informar para la resistencia a la fatiga de que se trate.

Siempre que estén disponibles, se deben utilizar datos de la resistencia del material específico a la fatiga, obtenidos en resultados de pruebas o como datos fiables publicados. Sin embargo, no siempre se encuentran con facilidad esos datos. En la referencia 13 se sugieren las siguientes aproximaciones básicas para la resistencia a la fatiga del acero forjado:

$$\text{Resistencia a la fatiga} = 0.50 \text{ (resistencia última a la tensión)} = 0.50(s_u).$$

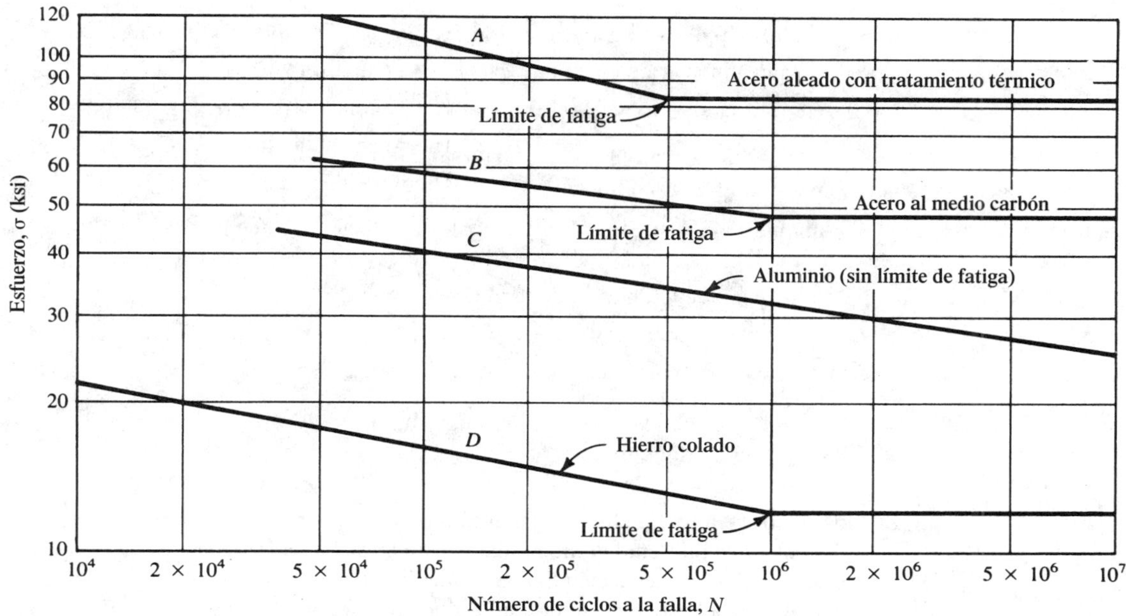

FIGURA 5-7 Resistencias a la fatiga representativas

Esta aproximación, junto con los datos publicados, se refiere al caso especial de esfuerzo repetido e invertido flexionante, en un espécimen de acero pulido con 0.300 pulg (7.62 mm) de diámetro, tal como se usa en el aparato para pruebas de fatiga de R.R. Moore de la figura 5-3. La siguiente sección describe los ajustes que se requieren cuando existen otras condiciones más reales.

5-4 RESISTENCIA A LA FATIGA REAL ESTIMADA, s_n'

Si las características del material, o las condiciones de operación reales para una pieza de máquina, son distintas de aquellas para las que se determinó la resistencia a la fatiga, ésta se debe reducir, respecto del valor consultado. En esta sección se describen algunos de los factores que disminuyen la resistencia a la fatiga. La descripción sólo se relaciona con la resistencia a la fatiga de materiales sometidos a esfuerzos de tensión normal, como flexión y tensión axial directa. Los casos donde interviene la resistencia a la fatiga en cortante se describen por separado, en la sección 5-9.

Se comienza presentando un procedimiento para estimar la *resistencia real a la fatiga* s_n' del material para la pieza que se diseña. Implica aplicar varios factores a la resistencia a la fatiga básica para el material. A continuación se explican los factores.

Procedimiento para estimar la resistencia real a la fatiga s_n'

1. Se especifica el material para la pieza y determina su resistencia última de tensión s_u, mediante la consideración de su condición, tal como se usará en servicio.
2. Especifique el proceso de manufactura usado para producir la parte, con especial atención al estado de la superficie en la zona donde los esfuerzos sean mayores.

3. Emplee la figura 5-8 para estimar la resistencia a la fatiga modificada s_n.
4. Aplique un factor de material C_m de la siguiente lista.

Acero forjado:	$C_m = 1.00$	Hierro colado maleable:	$C_m = 0.80$
Acero colado:	$C_m = 0.80$	Hierro colado gris:	$C_m = 0.70$
Acero pulverizado:	$C_m = 0.76$	Hierro colado dúctil:	$C_m = 0.66$

5. Aplique un factor de tipo de esfuerzo: $C_{st} = 1.0$ para el esfuerzo flexionante, $C_{st} = 0.80$ para la tensión axial.
6. Aplique un factor de confiabilidad C_R de la tabla 5-1.
7. Aplique un factor de tamaño C_s, mediante la figura 5-9 y la tabla 5-2, como guías.
8. Calcule la resistencia a la fatiga estimada real s'_n, con

$$s'_n = s_n\,(C_m)(C_{st})(C_R)(C_s) \tag{5-4}$$

Son los únicos factores que se manejarán en forma consistente en este libro. Si con investigaciones adicionales se pueden determinar datos para otros factores, deben multiplicarse como términos adicionales en la ecuación 5-4. En la mayor parte de los casos se sugiere tener en cuenta otros factores para los que no se puedan encontrar datos razonables, mediante el valor del factor de diseño, como se describirá en la sección 5-8.

Las concentraciones de esfuerzos causados por cambios repentinos de geometría son, realmente, lugares probables para que se produzcan fallas por fatiga. Se debe tener cuidado en el diseño y la fabricación de piezas con cargas cíclicas, para mantener bajos los factores por concentración de esfuerzos. Se aplicarán factores por concentración de esfuerzos al esfuerzo calculado, y no a la resistencia por fatiga. (Vea la sección 5-9.)

Si bien en la siguiente sección se describirán 12 factores que afectan la resistencia a la fatiga, observe que el procedimiento se acaba de explicar sólo incluye los primeros cinco: *acabado de la superficie, factor de material, factor de tipo de esfuerzo, factor de confiabilidad* y *factor de tamaño*. Los demás se mencionan para advertirle la diversidad de condiciones que debe investigar para que complete un diseño. Sin embargo, es difícil adquirir datos generalizados para todos los factores. Deben hacerse pruebas especiales o investigaciones bibliográficas adicionales cuando existan condiciones para las que en este libro no haya datos. Las referencias al final del capítulo contienen una gran cantidad de esta información.

Acabado superficial

Toda desviación de la superficie pulida reduce la resistencia a la fatiga, porque la superficie más áspera contiene sitios donde los esfuerzos mayores o las irregularidades en la estructura del material, favorecen el inicio de grietas microscópicas que pueden avanzar y causar fallas por fatiga. Los procesos de manufactura, la corrosión y el manejo descuidado producen asperezas perjudiciales en la superficie.

La figura 5-8, adaptada con datos de la referencia 11, muestra estimaciones de la resistencia a la fatiga s_n, comparada con la resistencia última de tensión de aceros, para diversas condiciones prácticas en la superficie. Los datos estiman primero la resistencia a la fatiga con el espécimen pulido, que es 0.50 veces la resistencia última, y a continuación aplican un factor de acuerdo con el estado de la superficie. Se emplean unidades del Sistema Estadounidense Tradicional en los ejes izquierdo e inferior, y unidades SI en los ejes superior y derecho. Se proyecta verticalmente desde el eje s_u hasta la curva adecuada, y después horizontalmente hasta el eje de la resistencia a la fatiga.

Los datos de la figura 5-8 no se deben extrapolar para s_u > 220 ksi (1520 MPa) sin hacer pruebas específicas, porque los datos empíricos que menciona la referencia 6 no son consistentes a mayores valores de esfuerzo.

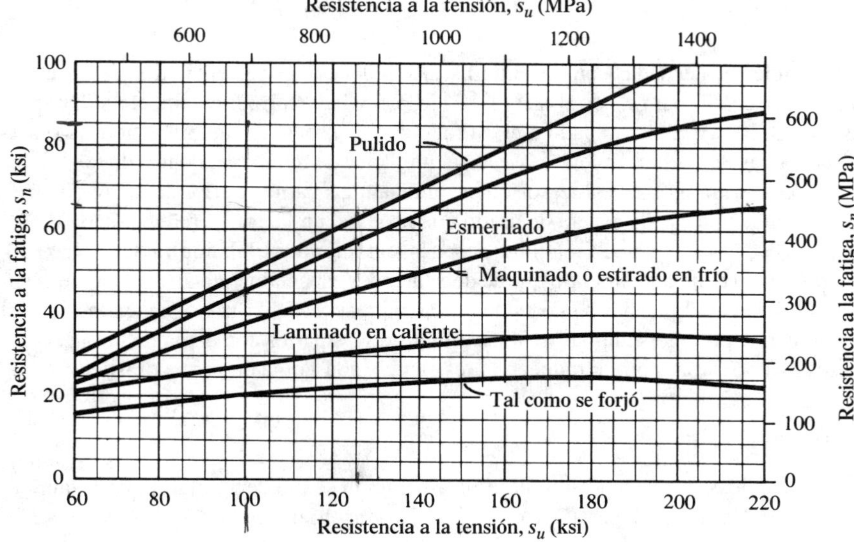

FIGURA 5-8 Resistencia a la fatiga s_n en función de la resistencia a la tensión, para acero forjado con varias condiciones de superficie

TABLA 5-1
Factores de confiabilidad aproximados C_R

Confiabilidad deseada	C_R
0.50	1.0
0.90	0.90
0.99	0.81
0.999	0.75

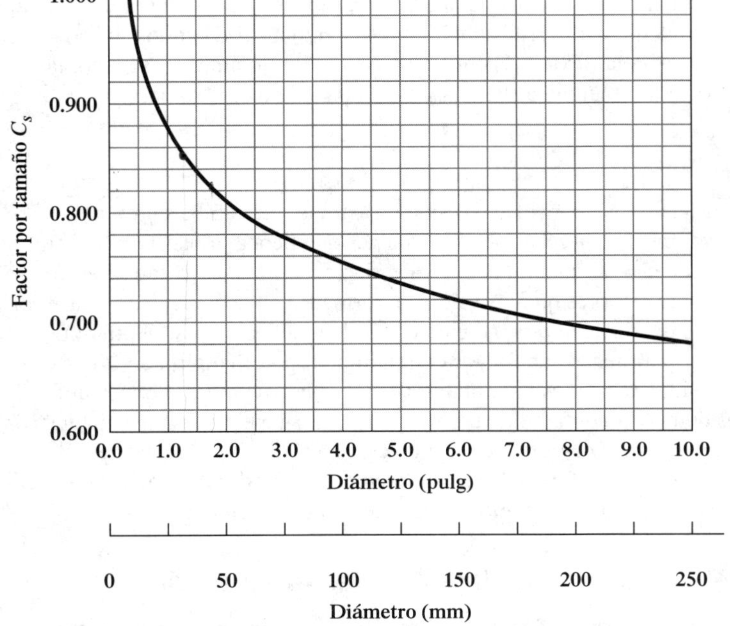

FIGURA 5-9 Factor por tamaño

TABLA 5-2 Factores de tamaño

Unidades del Sistema Estadounidense Tradicional	
Rango de tamaño	Para D en pulgadas
$D \leq 0.30$	$C_S = 1.0$
$0.30 < D \leq 2.0$	$C_S = (D/0.3)^{-0.11}$
$2.0 < D < 10.0$	$C_S = 0.859\text{-}0.02125D$
Unidades SI	
Rango de tamaño	Para D en mm
$D \leq 7.62$	$C_S = 1.0$
$7.62 < D \leq 50$	$C_S = (D/7.62)^{-0.11}$
$50 < D < 250$	$C_S = 0.859\text{-}0.000837D$

Las superficies esmeriladas son bastante lisas, y reducen la resistencia a la fatiga en un factor aproximado de 0.90 para $s_u < 160$ ksi (1 100 MPa), y baja aproximadamente a 0.80 para $s_u = 220$ ksi (1 520 MPa). El maquinado o el estirado en frío producen una superficie algo más áspera, por las marcas de las herramientas, y resulta un factor de reducción dentro de los límites de 0.80 a 0.60, para los rangos de esfuerzos que se indican. La parte exterior de un acero laminado en caliente tiene una escala áspera de óxido que produce un factor de reducción de 0.72 a 0.30. Si una parte está forjada y no se maquina después, el factor de reducción va de 0.57 a 0.20.

Con estos datos, debe quedar claro que se debe atender especialmente al acabado de la superficie de partes críticas expuestas a cargas de fatiga, para aprovechar la resistencia básica del acero. También deben protegerse las superficies críticas de las partes con carga de fatiga contra golpes, muescas y corrosión, porque reducen la resistencia a la fatiga en forma drástica.

Factores de material

Las aleaciones metálicas con composición química parecida se pueden forjar, colar o fabricar con metalurgia de polvos, para llegar a la forma final. Los materiales forjados se suelen laminar o estirar, y en el caso típico tienen mayor resistencia a la fatiga que los materiales colados. La estructura granular de muchos materiales colados, o metales pulverizados, así como la probabilidad de que haya grietas o inclusiones internas tiende a reducir su resistencia a la fatiga. La referencia 13 contiene datos de donde se tomaron los *factores por material* mencionados en el paso 4 del procedimiento descrito previamente.

Factor de tipo de esfuerzo

La mayor parte de los datos de resistencia a la fatiga se obtienen con pruebas donde se usa una barra cilíndrica giratoria sujeta a flexión repetida e invertida, donde la parte externa experimenta el esfuerzo máximo. Los valores de esfuerzo disminuyen linealmente hasta cero en el centro de la barra. Ya que las grietas por fatiga se suelen iniciar en regiones con alto esfuerzo de tensión, una parte relativamente pequeña del material está sometida a esos esfuerzos. Compare lo anterior con el caso de una barra sometida a un esfuerzo de tensión axial cuando *todo* el material está al esfuerzo máximo. Existe una mayor probabilidad estadística de que haya imperfecciones locales en cualquier lugar de la barra, que puedan iniciar grietas por fatiga. El resultado es que la resistencia a la fatiga de un material sometido a esfuerzo axial repetido e invertido es 80% de la resistencia que tiene a la flexión repetida e invertida. Por lo anterior, se recomienda aplicar un factor $C_{st} = 1.0$ para esfuerzo de flexión, y $C_{st} = 0.80$ para carga axial.

Factor de confiabilidad

Los datos de la resistencia a la fatiga, para el acero, que muestra la figura 5-8, representan valores promedio obtenidos con muchas pruebas de especímenes que tienen la resistencia última y condición de superficie adecuadas. Es natural que haya variación entre los datos; esto es, que la mitad sean mayores y la mitad menores que los valores informados en la curva dada. Entonces, la curva tiene una fiabilidad del 50%, lo que indica que la mitad de las piezas fallarían. Es obvio que se aconseja diseñar para tener una mayor confiabilidad; por ejemplo de 90%, 99% o 99.9%. Se puede emplear un factor para estimar una resistencia a la fatiga menor que la utilizada para producir los valores de mayor confiabilidad. En el caso ideal, debe conseguirse un análisis estadístico de los datos reales para el material que se empleará en el diseño. Mediante el planteamiento de ciertas hipótesis acerca de la forma de la distribución de datos de resistencia, la referencia 11 contiene los valores de la tabla 5-1, como factores de confiabilidad aproximados C_R.

Factor de tamaño-Secciones circulares en flexión giratoria

Recuerde que la resistencia a la fatiga básica se obtuvo con un espécimen de sección transversal circular, cuyo diámetro es de 0.30 pulg (7.6 mm), que estuvo sometido a una flexión repetida e invertida cuando giraba. Por consiguiente, cada parte de la superficie está sujeta al esfuerzo flexionante máximo de tensión, en cada revolución. Además, el lugar más probable para que se inicie una falla por fatiga es la zona con esfuerzo máximo de tensión, a una pequeña distancia de la superficie exterior.

Los datos en las referencias 2, 11 y 13 demuestran que cuando aumenta el diámetro de un espécimen redondo en flexión giratoria, disminuye la resistencia a la fatiga porque el gradiente de esfuerzo (cambio de esfuerzo en función del radio) asigna mayor proporción del material en la región con más esfuerzos. La figura 5-9 y la tabla 5-2 muestran el factor de tamaño que se va a usar en este libro, adaptado de la referencia 13. Esos datos se pueden emplear para secciones circulares, sean macizas o huecas.

Factor de tamaño-Otras condiciones

Se necesitan distintos métodos para determinar el factor por tamaño, cuando una parte con sección circular se somete a flexión repetida e invertida, pero que *no gira*, o si la parte tiene una sección transversal no circular. Se mostrará aquí un procedimiento, adaptado de la referencia 13, que se enfoca al volumen de la parte que experimenta 95% o más del esfuerzo máximo. En este volumen es más probable que se inicie la falla por fatiga. Además, para relacionar el tamaño físico de esas secciones con los datos del factor de tamaño de la figura 5-9, se definirá un diámetro equivalente D_e.

Cuando las piezas en cuestión tienen una geometría uniforme en la longitud que interesa, el volumen es el producto de la longitud por el área de la sección transversal. Se pueden comparar diferentes formas si considera una unidad de longitud de cada una y se atiende sólo las áreas. Como base, se comienza determinando una ecuación para la parte de una sección circular sometida al 95% o más del esfuerzo flexionante, llamando A_{95} a esta área. Como el esfuerzo es directamente proporcional al radio, se necesita el área de un anillo delgado entre la superficie exterior con el diámetro completo D, y un círculo cuyo diámetro sea $0.95D$, como se ve en la figura 5-10(*a*). Entonces,

$$A_{95} = (\pi/4)[D^2 - (0.95D)^2] = 0.0766D^2 \tag{5-5}$$

Debe demostrar que esta misma ecuación se aplica a una sección circular hueca, como la de la figura 5-10(*b*). Esto comprueba que los datos para el factor de tamaño, que muestran la figura 5-9 y la tabla 5-2, se aplican en forma directa a secciones circulares macizas o huecas, cuando están en flexión rotatoria.

Sección circular no giratoria sometida a flexión repetida e invertida. Ahora considere una sección circular maciza que no gira, pero que se flexiona hacia uno y otro lados, en flexión repetida e invertida. Sólo los segmentos superior e inferior, más allá de un radio de $0.475D$, están sometidas al 95% o más del esfuerzo flexionante máximo, como se ve en la figura 5-10(*c*). Se puede demostrar, mediante las propiedades del segmento de un círculo, que

$$A_{95} = 0.0105D^2 \tag{5-6}$$

Ahora ya se puede determinar el *diámetro equivalente,* D_e, para esta área, al igualar las ecuaciones (5-5) y (5-6) y designar como D_e al diámetro de la ecuación (5-5), para despejar D_e.

$$0.0766D_e^2 = 0.0105D^2$$

$$D_e = 0.370D \tag{5-7}$$

FIGURA 5-10
Geometría de cortes transversales para calcular el área A_{95}

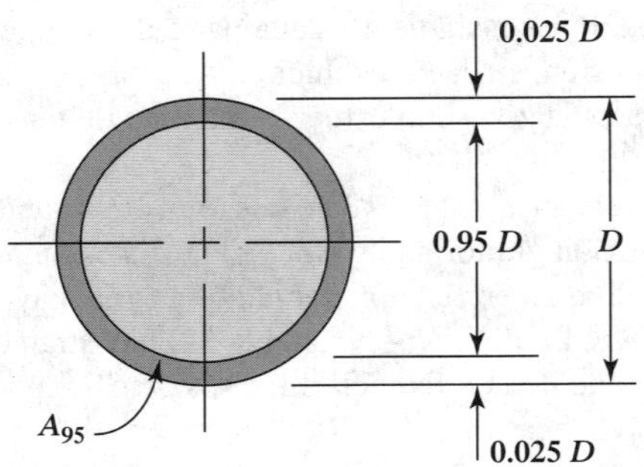

a) Sección circular sólida-giratoria

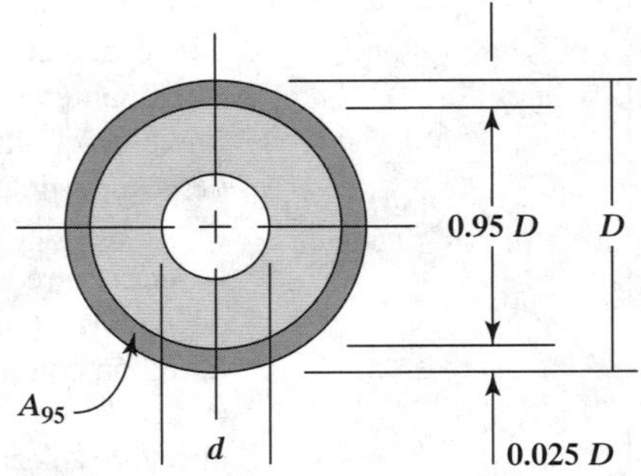

b) Sección circular hueca-giratoria

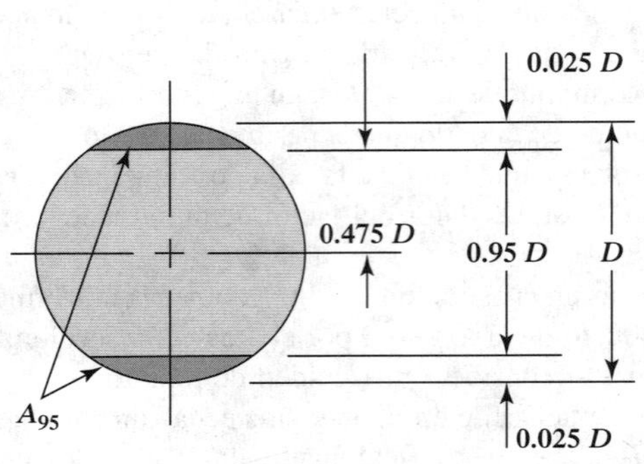

c) Sección circular sólida no giratoria

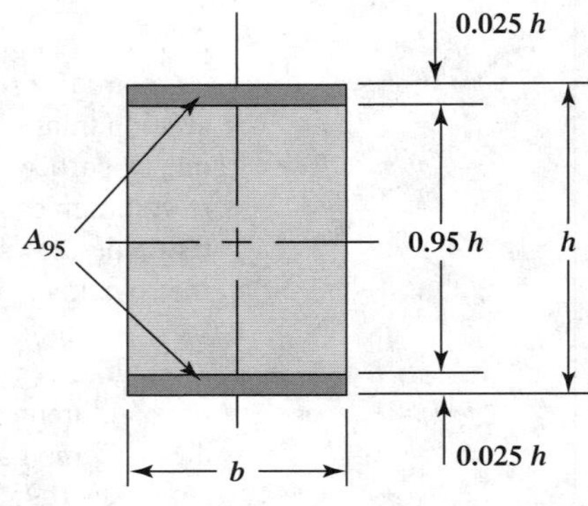

d) Sección rectangular

Esta misma ecuación se aplica a una sección circular hueca. Se puede manejar el diámetro, D_e, de la figura 5-9 o de la tabla 5-2, para determinar el factor de tamaño.

Sección rectangular en flexión repetida e invertida. El área A_{95} se muestra en la figura 5-10(*d*), y la constituyen dos bandas de espesor 0.025 *h*, en las partes superior e inferior de la sección. En consecuencia,

$$A_{95} = 0.05\ hb$$

Al igualar esto con A_{95} de una sección circular se obtiene

$$\begin{aligned} 0.0766 D_e^2 &= 0.05\ hb \\ D_e &= 0.808\sqrt{hb} \end{aligned} \quad \textbf{(5-8)}$$

Este diámetro se puede utilizar en la figura 5-9 o en la tabla 5-2 para determinar el factor de tamaño.

Otras formas se pueden analizar en forma parecida.

Otros factores

Los siguientes factores no se incluyen en forma cualitativa, al resolver problemas en este libro, por la dificultad de encontrar datos generalizados. Sin embargo, debe considerar cada uno al emprender diseños en lo futuro y buscar datos adecuados adicionales.

Grietas. Las grietas internas del material, que muy probable se encuentren en las partes coladas, son lugares donde se inician las grietas por fatiga. Las partes críticas se pueden inspeccionar con rayos X, para ver si tienen imperfecciones internas. Si no se inspeccionan, se debe especificar un factor de diseño mayor que el promedio para las partes coladas, y se debe utilizar una menor resistencia a la fatiga.

Temperatura. La mayor parte de los materiales tienen menor resistencia a la fatiga que a altas temperaturas. Los valores mencionados son típicos para temperatura ambiente. La operación a más de 500°F (260°C), reducirá la resistencia a la fatiga de muchos metales (vea la referencia 13).

Propiedades no uniformes del material. Muchos materiales tienen diferentes propiedades de resistencia en distintas direcciones, por la forma en que se procesaron. Los productos laminados son más resistentes en la dirección del laminado que en la dirección transversal. Es probable que se hayan hecho pruebas de fatiga a barras de prueba orientadas en la dirección más resistente. Al someter esos materiales a un esfuerzo en dirección transversal, puede obtenerse una menor resistencia a la fatiga.

Las propiedades no uniformes también existen, probablemente, en la cercanía de las soldaduras, por penetración incompleta de la soldadura, inclusiones de escoria y variaciones en la geometría de la parte en la soldadura. También, al soldar materiales con tratamiento térmico, se puede alterar su resistencia por recocido local cerca de la soldadura. Algunos procesos de soldadura pueden causar esfuerzos de tensión residuales, que disminuyen la resistencia efectiva a la fatiga de ese material. Con frecuencia se aplica un recocido o normalizado después de soldar, para *relevar* (hacer desaparecer, aliviar) esos esfuerzos, pero debe considerar el efecto que tienen esos tratamientos en la resistencia del material base.

Esfuerzos residuales. Las fallas por fatiga suelen aparecer en lugares de esfuerzo de tensión relativamente grande. Todo proceso de manufactura que tienda a producir un esfuerzo de tensión residual disminuirá la resistencia a la fatiga del componente. Ya se mencionó a la soldadura como un proceso que puede provocar esfuerzos de tensión residuales. El pulido y el maquinado, en especial con altas tasas de remoción de material, causan también esfuerzos de tensiones residuales indeseables. Las áreas críticas de componentes cargados en forma cíclica deben maquinarse o pulirse en forma moderada.

Los procesos que producen esfuerzos residuales de *compresión* pueden ser benéficos. La limpieza con chorro de perdigones y el martillado son ejemplo de esos métodos. La limpieza con chorro de perdigones se hace al dirigir un chorro de balines endurecidas de acero a alta velocidad hacia la superficie a tratar. El *martillado* usa una serie de golpes de martillo sobre la superficie. Los cigüeñales, resortes y otras piezas de máquina con cargas cíclicas pueden aprovechar esos métodos.

Corrosión y factores ambientales. Los datos de resistencia a la fatiga se miden, típicamente, al estar el espécimen en aire. Las condiciones de operación pueden exponer un componente al agua, a soluciones salinas u otros ambientes corrosivos que pueden reducir en forma apreciable la resistencia a la fatiga efectiva. La corrosión puede causar aspereza superficial local, dañina, y también puede alterar la estructura granular interna y las propiedades químicas del material. Los aceros expuestos a hidrógeno son afectados en especial en forma adversa.

Nitruración. La nitruración es el proceso de endurecimiento superficial para aceros de aleación donde se calienta al material a 950°F (514°C) en una atmósfera de nitrógeno, casi siempre en amoniaco gaseoso, seguido por un enfriamiento lento. Con la nitruración se puede aumentar la resistencia a la fatiga en 50% o más.

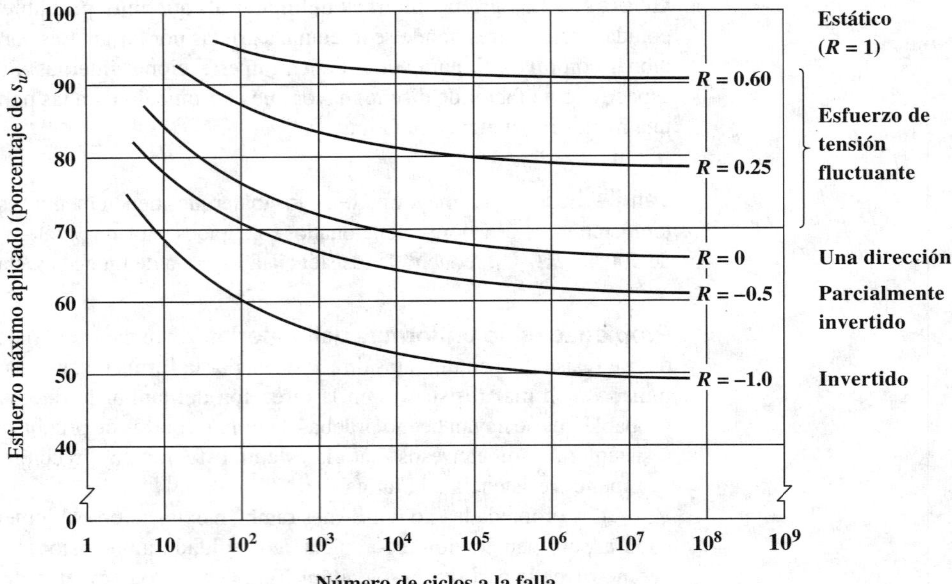

FIGURA 5-11 Efecto de la relación de esfuerzo *R* sobre la resistencia a la fatiga de un material

Efecto de la relación de esfuerzos sobre la resistencia a la fatiga. La figura 5-11 muestra los datos generales de variación de la resistencia a la fatiga para determinado material, cuando la relación de esfuerzos R varía de -1.0 a $+1.0$, para el intervalo que comprende los siguientes casos:

- Esfuerzo repetido e invertido (figura 5-3); $R = -1.0$
- Esfuerzo fluctuante parcialmente invertido, con un esfuerzo de tensión medio [figura 5-4(*b*)]; $-1.0 < R < 0$
- Esfuerzo de tensión repetido, en una dirección (figura 5-6); $R = 0$
- Esfuerzo de tensión fluctuante [figura 5-4(*a*)]; $0 < R < 1.0$
- Esfuerzo estático (figura 5-1); $R = 1$

Observe que la figura 5-11 sólo es un ejemplo, y no se debe usar para determinar datos reales. Si se desea tener esos datos para determinado material, se deben encontrar ya sea en forma experimental o con el material publicado.

El tipo de esfuerzo más dañina, entre los mencionados, es el esfuerzo repetido e invertido con $R = -1$ (vea la referencia 6). Recuerde que el eje giratorio a la flexión, como se ve en la figura 5-3, es un ejemplo de un miembro portátil sujeto a una relación de esfuerzos $R = -1$.

Los esfuerzos de compresión fluctuantes, como los que muestran las partes (*c*) y (*d*) de la figura 5-4, no afectan en forma importante la resistencia a la fatiga del material, porque las fallas por fatiga tienden a originarse en regiones con esfuerzo de tensión.

Observe que las curvas de la figura 5-11 muestran estimaciones de la resistencia a la fatiga s_n en función de la resistencia de tensión última del acero. Estos datos se aplican a especímenes pulidos, y no incluyen los demás factores que se describieron en esta sección. Por ejemplo, la curva para $R = -1.0$ (flexión invertida) muestra que la resistencia del acero a la fatiga es, aproximadamente, 0.5 veces la resistencia última ($0.50 \times s_n$), para grandes números de ciclos de carga (unos 10^5 o más). Es una estimación buena para los aceros. También, la gráfica muestra que los tipos de cargas que producen R mayor que -1.0, pero menor que 1.0, tienen menor efecto sobre la resistencia a la fatiga. Eso ilustra que el empleo de datos de flexión invertida es lo más conservador.

En los problemas de este libro no se usará en forma directa la figura 5-11, porque el procedimiento para estimar la resistencia a la fatiga real comienza con el uso de la figura 5-8, que presenta datos para pruebas de flexión invertida. Por consiguiente, el efecto sobre la relación de esfuerzos ya está incluido. La sección 5-9 contiene métodos de análisis para casos de carga donde el esfuerzo fluctuante produce una relación de esfuerzos distinta a $R = -1.0$.

5-5 PROBLEMAS EJEMPLO PARA ESTIMAR LA RESISTENCIA A LA FATIGA REAL

Esta sección muestra dos ejemplos que demuestran la aplicación del *Procedimiento para estimar la resistencia a la fatiga real* s_n', que se presentó en la sección anterior.

Problema ejemplo 5-2 Estime la resistencia a la fatiga real del acero AISI 1050 estirado en frío, cuando se usa en un eje redondo sometido sólo a flexión rotatoria. El eje se maquina a un diámetro aproximado de 1.75 pulg.

Solución Objetivo Calcular la resistencia a la fatiga real estimada para el material del eje.

Datos

Acero AISI 1050 estirado en frío, maquinado.

Tamaño de la sección: $D = 1.75$ pulg.

Tipo de esfuerzo: Flexión repetida e invertida.

Análisis Use el procedimiento para estimar la resistencia a la fatiga real estimada s_n'

Paso 1: La resistencia última a la tensión $s_u = 100$ ksi, del apéndice 3.

Paso 2: El diámetro es maquinado.

Paso 3: De la figura 5-8, $s_n = 38$ ksi.

Paso 4: Factor por material, para acero forjado: $C_m = 1.0$.

Paso 5: Factor de tipo para flexión invertida: $C_{st} = 1.0$.

Paso 6: Especifique una confiabilidad deseada de 0.99. Entonces $C_R = 0.81$ (decisión de diseño).

Paso 7: Factor por tamaño para una sección circular con $D = 1.75$ pulg. De la figura 5-9, $C_s = 0.83$.

Paso 8: Emplee la ecuación 5-4 para calcular la resistencia real estimada a la fatiga.

$$s_n' = s_n(C_m)(C_{st})(C_R)(C_s) = 38 \text{ ksi}(1.0)(1.0)(0.81)(0.83) = 25.5 \text{ ksi}$$

Comentarios Este es el valor del esfuerzo que se podría esperar para producir falla por fatiga en un eje giratorio, debido a la acción de la flexión invertida. Tiene en cuenta la resistencia básica a la fatiga del material AISI 1050 forjado y estirado en frío, el efecto de la superficie maquinada, el tamaño de la sección y la confiabilidad deseada.

Problema ejemplo 5-3 Estime la resistencia real a la fatiga de un acero colado cuya resistencia última es 120 ksi, cuando se usa en una varilla de accionamiento sujeta a una carga axial de tensión invertida y repetida. La varilla se maquinará para que tenga una sección transversal rectangular de 1.50 pulg de ancho por 2.00 pulgadas de alto.

Solución Objetivo Calcular la resistencia a la fatiga real estimada del material de la varilla

Datos Acero colado, maquinado: $s_u = 120$ ksi.
Tamaño de la sección: $b = 1.50$ pulg, $h = 2.00$ pulg, rectangular
Tipo de esfuerzo: Esfuerzo axial repetido e invertido.

Análisis Emplee el procedimiento para estimar la resistencia real a la fatiga s_n'.

Paso 1: La resistencia última a la tensión está dada, y es $s_u = 120$ ksi.

Paso 2: Las superficies están maquinadas.

Paso 3: De la figura 5-8, $s_n = 44$ ksi.

Paso 4: Factor de material para el acero colado: $C_m = 0.80$.

Paso 5: Factor de tipo de esfuerzo para tensión axial: $C_{st} = 0.80$.

Paso 6: Se especifica una confiabilidad deseada de 0.99. Entonces $C_R = 0.81$ (decisión de diseño).

Paso 7: Factor de tamaño para sección rectangular: Primero emplee la ecuación 5-8 para determinar el diámetro equivalente,

$$D_e = 0.808\sqrt{hb} = 0.808\sqrt{(2.00\text{ pulg})(1.50\text{ pulg})} = 1.40\text{ pulg}$$

Entonces, de la figura 5-9, $C_s = 0.85$.

Paso 8: Emplee la ecuación 5-4 para calcular la resistencia real estimada a la fatiga.

$$s_n' = s_n(C_m)(C_{st})(C_R)(C_s) = 44\text{ ksi}(0.80)(0.80)(0.81)(0.85) = 19.4\text{ ksi}$$

5-6 FILOSOFÍA DE DISEÑO

Es responsabilidad del diseñador garantizar que la pieza de una máquina sea segura para funcionar bajo condiciones razonablemente previsibles. Debe el lector evaluar con cuidado la aplicación donde se vaya a usar el componente, el ambiente donde operará, la naturaleza de las cargas, los tipos de esfuerzos a los que estará sometido el componente, el tipo de material que se va a usar y el grado de confianza que tiene en sus conocimientos sobre la aplicación. Algunas consideraciones generales son:

1. ***Aplicación.*** ¿Se va a producir el componente en cantidades grandes o pequeñas? ¿Qué técnicas de manufactura se usarán para fabricarlo? ¿Cuáles son las consecuencias de la falla, en términos de riesgo para las personas y de costo económico? ¿Qué tan sensible al costo es el diseño? ¿Son importantes el tamaño pequeño o el poco peso? ¿Con qué otras piezas o aparatos estará interconectado el componente? ¿Para qué duración se diseña el componente? ¿Será inspeccionado y mantenido el componente en forma periódica? ¿Cuánto tiempo y costos se justifican para el diseño?
2. ***Ambiente.*** ¿A qué intervalo de temperatura estará expuesto el componente? ¿Estará expuesto a voltaje o corriente eléctrica? ¿Cuál es el potencial para que haya corrosión? ¿El componente estará dentro de una caja? ¿Habrá defensas que protejan la entrada al componente? ¿Es importante la ausencia de ruido? ¿Cuál es el ambiente de vibración?
3. ***Cargas.*** Identifique la naturaleza de las cargas aplicadas al componente que se diseña con tanto detalle como sea práctico. Considere todos los modos de operación, incluyendo arranques, paros, operación normal y sobrecargas previsibles. Las cargas deben caracterizarse como *estáticas, repetidas e invertidas, fluctuantes, de choque o impacto*, como se describió en la sección 5-2. Las magnitudes clave de las cargas son la *máxima, mínima* y *media*. Las variaciones de las cargas se deben documentar con el transcurso

del tiempo tanto como sea práctico. ¿Se aplicarán grandes cargas promedio durante largos periodos, en especial a altas temperaturas, donde se deba considerar el arrastramiento? Esta información influirá sobre los detalles del proceso de diseño.

4. ***Tipos de esfuerzos.*** Al considerar la naturaleza de las cargas y la forma de soportar al componente ¿qué tipos de esfuerzos se crearán: tensión directa, compresión directa, cortante directo, flexión o cortante torsional? ¿Se aplicarán al mismo tiempo dos o más tipos de esfuerzos? ¿Se desarrollan los esfuerzos en una dirección (*uniaxiales*), en dos direcciones (*biaxiales*) o en tres direcciones (*triaxiales*)? ¿Es probable que haya pandeo?

5. ***Material.*** Examine las propiedades del material requeridas: resistencia de fluencia, resistencia última de tensión, resistencia última de compresión, resistencia a la fatiga, rigidez, ductilidad, tenacidad, resistencia al arrastramiento, resistencia a la corrosión y otras más en relación a la aplicación de cargas, esfuerzos y el ambiente. ¿Se fabricará el componente con un metal ferroso, como el acero al carbón simple, aleado, inoxidable, estructural o con hierro colado? O bien ¿se usará un metal no ferroso, como aluminio, latón, bronce, titanio, magnesio o zinc? ¿El material es frágil (porcentaje de elongación $< 5\%$) o dúctil (porcentaje de elongación $> 5\%$)? Los materiales dúctiles son muy estimados para componentes sometidos a cargas de fatiga, choque o impacto. ¿Se usarán plásticos? ¿La aplicación es adecuada para un material compuesto? ¿Deben considerarse otros no metales, como las cerámicas o la madera? ¿Son importantes las propiedades térmicas o eléctricas del material?

6. ***Confianza.*** ¿Qué tan fiables son los datos de las cargas, las propiedades del material y los cálculos de los esfuerzos? ¿Son adecuados los controles de los procesos de manufactura, para asegurar que el componente se producirá como se diseñó respecto de la exactitud dimensional, acabado superficial y propiedades finales del material salido de la manufactura? El manejo, uso o exposición al ambiente, posteriores ¿dañarán en forma que afecte la seguridad o la duración del componente? Esas consideraciones afectarán su decisión para el factor de diseño N, que se describirá en la siguiente sección.

Todos los métodos de diseño deben definir la relación entre el esfuerzo aplicado sobre un componente y la resistencia del material con el que se va a fabricar, al considerar las condiciones de servicio. La base de resistencia para el diseño puede ser la resistencia de fluencia en tensión, compresión o cortante; la resistencia última en tensión, compresión o cortante; la resistencia a la fatiga, o alguna combinación de ellas. El objetivo del proceso de diseño es obtener un factor de diseño N adecuado (a veces llamado *factor de seguridad*) que garantice que el componente sea seguro. Esto es, la resistencia del material debe ser mayor que los esfuerzos aplicados. Los factores de diseño se explicarán en la siguiente sección.

La secuencia del análisis de diseño será distinta, dependiendo de lo que se haya especificado y de lo que queda por determinar. Por ejemplo:

1. ***Se conoce la geometría del componente y sus cargas.*** Se aplica el factor de diseño N adecuado al esfuerzo real que se espera, para determinar la resistencia requerida del material. Entonces se podrá especificar un material apropiado.

2. ***Se conoce las cargas y se ha especificado el material del componente:*** Se calcula el *esfuerzo de diseño* mediante la aplicación del factor de diseño N deseado, a la resistencia correspondiente del material. Esta es la resistencia admisible máxima donde se puede exponer cualquier parte del componente. Entonces se podrá completar el análisis de esfuerzos, para determinar qué forma y tamaño del componente garantizarán que los esfuerzos sean seguros.

3. ***Se conoce las cargas, y se ha especificado el material y la geometría completa del componente:*** Se calculan tanto el esfuerzo aplicado máximo como el esfuerzo de diseño. Al comparar estos esfuerzos, se podrá determinar el factor de diseño N para el

diseño propuesto, y juzgar su aceptación. Podrá necesitarse un rediseño, si el factor de diseño es demasiado bajo (inseguro) o demasiado alto (sobrediseñado).

Consideraciones prácticas. Si bien debe garantizar que un componente sea seguro, se espera que el diseñador también elabore su diseño para que sea fácil de producir, de acuerdo con varios factores.

- Cada decisión de diseño debe probarse calculando el costo de hacerlo.
- Se debe comprobar la disponibilidad del material.
- Las consideraciones de manufactura pueden afectar las especificaciones finales de la geometría en general, las dimensiones, tolerancias o acabado superficial.
- En general, los componentes deben ser tan pequeños como sea práctico, a menos que las condiciones de funcionamiento necesiten un tamaño o un peso mayor.
- Después de calcular la dimensión mínima aceptable de alguna parte de un componente, se debe especificar los tamaños normalizados o preferidos, recurriendo a la práctica normal en la fábrica o a tablas de tamaños preferidos, como los del apéndice 2.
- Antes de que un diseño pase a producción, se debe especificar las tolerancias de todas las dimensiones y los acabados superficiales aceptables, para que el ingeniero de manufactura y el técnico de producción puedan especificar procesos de manufactura adecuados.
- Los acabados superficiales sólo deben ser tan lisos como requiera la función de determinada zona de un componente, considerando la apariencia, los efectos sobre la resistencia a la fatiga y si el área se adapta a la de otro componente. La producción de componentes más lisos aumenta los costos en forma dramática. Vea el capítulo 13.
- Las tolerancias deben ser tan grandes como sea posible, manteniendo un funcionamiento aceptable del componente. El costo de producir menores tolerancias también sube en forma dramática. Vea el capítulo 13.
- Las dimensiones y tolerancias finales para algunos detalles pueden estar afectadas por la necesidad de acoplarse con otros componentes. Se debe definir las holguras y los ajustes adecuados, como se describirá en el capítulo 13. Otro ejemplo es el montaje de un rodamiento disponible en el comercio, para un eje donde el fabricante especifique el tamaño y las tolerancias normales del asiento del rodamiento en el eje. El capítulo 16 contiene lineamientos de holguras entre las partes móviles y estacionarias, donde se usen lubricación de límite o hidrodinámica.
- ¿Algún detalle del componente se pintará o metalizará después, lo que afectará las dimensiones finales?

Deformaciones. También pueden fallar los elementos de máquinas por deformación o vibración excesivas. Con sus estudios de resistencia de materiales, debe poder calcular las deformaciones debido a cargas axiales de tensión o de compresión, de flexión, torsión o por cambios de temperatura. Algunos de los conceptos básicos se repasaron en el capítulo 3. Para las formas o las pautas de carga de las partes se cuenta con técnicas de análisis con computadora, como el análisis de elemento finito (FEA) o programas para el análisis de vigas.

Los criterios de falla debido a deformación dependen, con frecuencia del uso de la máquina. ¿La deformación excesiva provocará que se toquen dos o más miembros cuando no debieran? ¿Se comprometerá la precisión que se desea en la máquina? ¿La parte se verá o se sentirá demasiado flexible (endeble)? ¿Qué partes vibrarán o resonarán excesivamente a las frecuencias que hay durante la operación? ¿Los ejes giratorios tendrán una velocidad crítica durante su funcionamiento, que cause frenéticas oscilaciones de las partes que soporta el eje?

Este capítulo no contiene el análisis cuantitativo de la deformación. Lo deja a su responsabilidad, para cuando progrese el diseño de una máquina. En capítulos posteriores sí se examinarán algunos casos críticos, como el ajuste de interferencia entre dos piezas acopladas (capítulo 13), la posición de los dientes de un engrane en relación con su engrane correspondiente (capítulo 9), la holgura radial entre un cojinete liso y el eje que gira en su interior (capítulo 16), así como la deformación de resortes (capítulo 19). También, la sección 5-10 sugiere, como parte del procedimiento general de diseño, algunos lineamientos para las deflexiones límite.

5-7 FACTORES DE DISEÑO

El término *factor de diseño, N,* es una medida de la seguridad relativa de un componente bajo la acción de una carga. En la mayor parte de los casos, la resistencia del material con que se fabricará el componente se divide entre el factor de diseño para determinar un *esfuerzo de diseño,* σ_d, que a veces se llama *esfuerzo admisible* o *esfuerzo permisible*. Entonces, el esfuerzo real que se desarrolla en el componente debe ser menor que el esfuerzo de diseño. Para algunos tipos de carga, es más cómodo establecer una relación con la que se pueda calcular el factor de diseño, N, a partir de los esfuerzos reales aplicados y de la resistencia del material. En otros casos más, en especial para el caso de pandeo de columnas, que se describirá en el capítulo 6, el factor de diseño se aplica a la *carga* sobre la columna y no a la resistencia del material.

La sección 5-9 presenta métodos para calcular el esfuerzo de diseño o el factor de diseño para distintos tipos de cargas y materiales.

El diseñador debe determinar cuál será un valor razonable del factor de diseño en determinado caso. Con frecuencia, el valor del factor de diseño o del esfuerzo de diseño está definido por códigos establecidos por organizaciones de normalización, como la Sociedad Estadounidense de Ingenieros Mecánicos (American Society of Mechanical Engineers), la Asociación Estadounidense de Manufactura de Engranes (American Gear Manufacturers Association), el Departamento de la Defensa de Estados Unidos (U. S. Department of Defense), la Asociación de Aluminio (Aluminum Association) o el Instituto Estadounidense de Construcción de Acero (American Institute of Steel Construction). Para estructuras, con frecuencia son los reglamentos de construcción local o estatal los que indican los factores de diseño o los esfuerzos de diseño. Algunas empresas han adoptado sus propias políticas para especificar factores de diseño basados en su experiencia con condiciones parecidas.

Cuando no se cuenta con códigos o normas, el diseñador debe aplicar su juicio para especificar el factor de diseño adecuado. Parte de la filosofía de diseño, descrita en la sección 5-6, se refiere a asuntos como la naturaleza de la aplicación, el ambiente, la naturaleza de las cargas sobre el componente que se va a diseñar, el análisis de esfuerzos, las propiedades del material y el grado de confianza en los datos que se emplean en el proceso de diseño. Todas estas consideraciones afectan la decisión acerca de qué valor del factor de diseño es el adecuado. En este libro se emplearán los siguientes lineamientos.

Materiales dúctiles

1. **N = 1.25 a 2.0**. El diseño de estructuras bajo cargas estáticas, para las que haya un alto grado de confianza en todos los datos del diseño.
2. **N = 2.0 a 2.5.** Diseño de elementos de máquina bajo cargas dinámicas con una confianza promedio en todos los datos de diseño. Es la que se suele emplear en la solución de los problemas de este libro.
3. **N = 2.5 a 4.0**. Diseño de estructuras estáticas o elementos de máquina bajo cargas dinámicas con incertidumbre acerca de las cargas, propiedades de los materiales, análisis de esfuerzos o el ambiente.
4. **N = 4.0 o más.** Diseño de estructuras estáticas o elementos de máquinas bajo cargas dinámicas, con incertidumbre en cuanto a alguna combinación de cargas, propiedades del material, análisis de esfuerzos o el ambiente. El deseo de dar una seguridad adicional a componentes críticos puede justificar también el empleo de estos valores.

Materiales frágiles

5. **N = 3.0 a 4.0.** Diseño de estructuras bajo cargas estáticas donde haya un alto grado de confianza en todos los datos de diseño.
6. **N = 4.0 a 8.0.** Diseño de estructuras estáticas o elementos de máquinas bajo cargas dinámicas, con incertidumbre acerca de cargas, propiedades de materiales, análisis de esfuerzos o el ambiente.

Las secciones 5.8 y 5.9 son una guía para el empleo del factor de diseño en el proceso de diseño, con atención especial a la selección de la base de resistencia para diseñar y calcular el esfuerzo de diseño. En general, el diseño para carga estática implica aplicar el factor de diseño a la resistencia de fluencia, o a la resistencia última del material. En las cargas dinámicas se requiere la aplicación del factor de diseño a la resistencia a la fatiga, con los métodos descritos en la sección 5-5, para estimar la resistencia real a la fatiga, bajo las condiciones en que funcione el componente.

5-8 PREDICCIONES DE FALLA

Los diseñadores deben comprender las diversas y eventuales fallas de los componentes bajo cargas, para terminar un diseño que garantice que esa falla *no va a suceder*. Existen varios métodos distintos para predecir la falla, y es responsabilidad del diseñador seleccionar el más adecuado para las condiciones del proyecto. En esta sección, se describirán los métodos más encontrados en este campo, y se describirán los casos en los que cada uno es aplicable. Los factores que intervienen son la naturaleza de la carga (estática, repetida e invertida o fluctuante), el tipo de material (dúctil o frágil) y la cantidad de actividad de diseño y análisis que se puede justificar con la naturaleza del componente o producto que se diseñe.

Los métodos de análisis para diseño que se describirán a continuación en la sección 5-9 definen la relación más relevante entre los esfuerzos aplicados a un componente y la resistencia del material con que se va a fabricar, dadas las condiciones de servicio. La resistencia base para diseño puede ser la de fluencia, la última, la de fatiga o alguna combinación de ellas. El objetivo del proceso de diseño es llegar a un factor N de diseño adecuado que garantice la seguridad del componente. Esto es, la resistencia del material debe ser mayor que los esfuerzos aplicados.

En esta sección se describen los siguientes tipos de predicción de falla. La referencia 12 contiene un excelente repaso histórico de la predicción de fallas, y deducciones completas de las bases de los métodos que se describirán aquí.

Método de predicción de falla	*Empleos*
1. Esfuerzo normal máximo	Esfuerzo estático uniaxial en materiales frágiles
2. Mohr modificado	Esfuerzo estático biaxial en materiales frágiles
3. Resistencia de fluencia	Esfuerzo estático uniaxial en materiales dúctiles
4. Esfuerzo cortante máximo	Esfuerzo estático biaxial en materiales dúctiles [moderadamente conservador]
5. Energía de distorsión	Esfuerzo biaxial o triaxial en materiales dúctiles [buen método]
6. Goodman	Esfuerzo fluctuante en materiales dúctiles [un poco conservador]
7. Gerber	Esfuerzo fluctuante en materiales dúctiles [buen método]
8. Soderberg	Esfuerzo fluctuante en materiales dúctiles [moderadamente conservador]

Método del esfuerzo normal máximo para esfuerzo estático uniaxial en materiales frágiles

La teoría del esfuerzo normal máximo indica que un material se rompe cuando el esfuerzo normal máximo (sea de tensión o de compresión) es mayor que la resistencia última del material, obtenida en una prueba normalizada de tensión o de compresión. Su uso es limitado, sólo para materiales frágiles bajo compresión o tensión estática pura y uniaxial. Al aplicar esta teoría, se debe aplicar cualquier factor por concentración de esfuerzos en la región de interés, al esfuerzo que ya se haya calculado, porque los materiales frágiles no ceden y en consecuencia no pueden redistribuir el esfuerzo aumentado.

Las siguientes ecuaciones se aplican en el diseño con la teoría del esfuerzo normal máximo.

Para esfuerzo de tensión: $$K_t\sigma < \sigma_d = s_{ut}/N \qquad \textbf{(5-9)}$$

Para esfuerzo de compresión: $$K_t\sigma < \sigma_d = s_{uc}/N \qquad \textbf{(5-10)}$$

Observe que muchos materiales frágiles, como el hierro colado gris, tienen una resistencia a la compresión bastante mayor que la resistencia a la tensión.

Método de Mohr modificado para esfuerzo estático biaxial en materiales frágiles

Cuando se aplican esfuerzos en más de una dirección, o cuando se aplican al mismo tiempo esfuerzo normal y esfuerzo cortante, es necesario calcular los esfuerzos principales σ_1 y σ_2, mediante el círculo de Mohr o las ecuaciones del capítulo 4. *Se deben incluir las concentraciones de esfuerzos a los esfuerzos aplicados antes de preparar el círculo de Mohr para materiales frágiles.*

Por seguridad, la *combinación* de los dos esfuerzos principales debe estar dentro del área que muestra la figura 5-12, que es una representación gráfica de la *teoría de Mohr modificada*. La gráfica representa el esfuerzo máximo principal σ_1, en el eje horizontal (abscisas) y el esfuerzo mínimo principal σ_2, en el eje vertical (ordenadas).

Note que los criterios de falla dependen del cuadrante donde están los esfuerzos principales. En el primer cuadrante, ambos esfuerzos principales son de tensión, y hay posibilidad de falla cuando alguno rebasa el esfuerzo último de tensión s_{ut} del material. De igual forma, en el tercer cuadrante ambos esfuerzos principales son de compresión, y se predice la falla cuando alguno rebasa el esfuerzo último de compresión s_{uc} del material. Las líneas de falla para el segundo y el cuarto cuadrantes son más complejas, y se han deducido en forma semi-empírica, para corre-

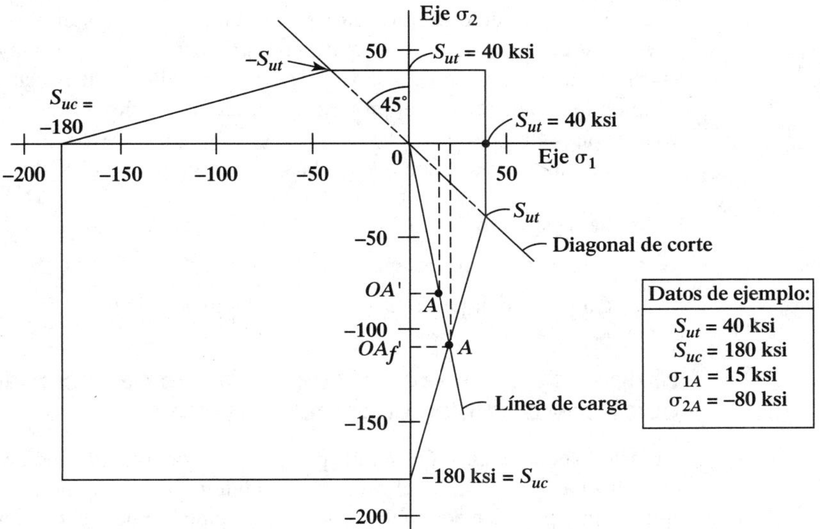

FIGURA 5-12
Diagrama de Mohr modificado con datos de ejemplo y una línea de carga graficados

lacionarlas con datos de pruebas. Las líneas de resistencia última a la tensión se prolongan del primer cuadrante al segundo y al cuarto, hasta el punto en donde cada uno cruza la *diagonal de corte*, trazada a 45 grados por el origen. Entonces, la línea sigue formando un ángulo hasta la resistencia última a la compresión.

Para el diseño, debido a las muchas y distintas formas y dimensiones de las zonas seguras de esfuerzo en la figura 5-12, se sugiere trazar una gráfica aproximada de los datos pertinentes del diagrama de Mohr modificado, con datos reales de la resistencia del material. Entonces se puede graficar los valores reales de σ_1 y σ_2 para asegurar que estén dentro de la zona segura del diagrama.

Una *línea de carga* ayuda a determinar N, el factor de diseño, con el diagrama de Mohr modificado. Se establece la hipótesis de que los esfuerzos aumentan proporcionalmente al aumento de las cargas. Se aplicarán los siguientes pasos para un estado de esfuerzos A, de ejemplo, para el cual $\sigma_{1A} = 15$ ksi y $\sigma_{2A} = -80$ ksi. El material es hierro colado gris grado 40, con $s_{ut} = 40$ ksi y $s_{uc} = 180$ ksi.

1. Trace el diagrama de Mohr modificado, como se ve en la figura 5-12.
2. Grafique el punto A en $(15, -80)$.
3. Trace la línea de carga desde el origen hasta el punto A, y prolónguela hasta que corte la línea de falla en el diagrama, en el punto indicado con A_f.
4. Determine las distancias $OA = 81.4$ ksi y $OA_f = 112$ ksi, con la escala del diagrama.
5. Calcule el factor de diseño con $N = OA_f/OA = 112/81.4 = 1.38$.
6. También, las proyecciones de los puntos A y A_f sobre los ejes σ_1 y σ_2 se pueden emplear, porque el valor de N es una relación y se forman triángulos semejantes, como se muestra en la figura 5-12.
7. En este ejemplo las proyecciones sobre el eje σ_2 son $OA' = -80$ ksi, $OA'_f = -110$ ksi. Entonces

$$N = OA'_f/OA' = -110/-80.0 = 1.38.$$

Método del esfuerzo de fluencia para esfuerzos estáticos uniaxiales normales en materiales dúctiles

Es una aplicación sencilla del principio de la fluencia, cuando un componente soporta una carga de tensión o de compresión directa en forma parecida a las condiciones de la prueba normalizada de tensión o compresión para el material. Es posible la falla cuando el esfuerzo real aplicado es mayor que la resistencia de fluencia. En el caso normal, se pueden despreciar las concentraciones de esfuerzos para cargas estáticas en materiales dúctiles, porque los esfuerzos mayores cerca de las concentraciones de esfuerzos están muy localizados. Cuando el esfuerzo local en una pequeña parte del componente llega a la resistencia de fluencia del material, cede en realidad, pero en el proceso el esfuerzo se redistribuye a otras zonas, y el componente es todavía seguro.

Las siguientes ecuaciones aplican el principio de la resistencia de fluencia al diseño.

Para esfuerzo de tensión: $\sigma < \sigma_d = s_{yt}/N$ **(5-11)**

Para esfuerzo de compresión: $\sigma < \sigma_d = s_{yc}/N$ **(5-12)**

Para la mayor parte de los metales dúctiles forjados, $s_{yt} = s_{yc}$.

Método de esfuerzo cortante máximo para esfuerzos estáticos biaxiales en materiales dúctiles

El método de la predicción de falla por esfuerzo cortante máximo establece que un material dúctil comienza a ceder cuando el esfuerzo cortante máximo en un componente bajo carga es mayor que en un espécimen de prueba de tensión cuando se inicia la fluencia. Un análisis con círculo de Mohr para la prueba de tensión uniaxial, descrito en la sección 4-6, indica que el esfuerzo cortante máximo es la mitad del esfuerzo de tensión aplicado. Entonces, en la fluencia, $s_{sy} = s_y/2$. Se empleará este método en este libro, para estimar s_{sy}. Entonces, para diseñar use

$$\tau_{\text{máx}} < \tau_d = s_{sy}/N = 0.5\ s_y/N \tag{5-13}$$

Con experimentos se ha demostrado que el método del esfuerzo cortante máximo para predecir fallas, es algo conservador para los materiales dúctiles sometidos a una combinación de esfuerzos normales y cortantes. Es relativamente fácil de usar, y con frecuencia lo escogen los diseñadores. Para hacer análisis más precisos, se prefiere el método de la energía de distorsión.

Método de la energía de distorsión para esfuerzos estáticos biaxiales o triaxiales en materiales dúctiles

Se ha demostrado que el método de la energía de distorsión es el mejor estimador de la falla para materiales dúctiles bajo cargas estáticas o para esfuerzos normales, cortantes o combinados totalmente reversibles. Requiere la definición del nuevo término *esfuerzo de von Mises*, representado por el símbolo σ', que se puede calcular para esfuerzos biaxiales, con los esfuerzos principales máximo y mínimo σ_1 y σ_2:

$$\sigma' = \sqrt{\sigma_1^2 + \sigma_2^2 - \sigma_1\sigma_2} \tag{5-14}$$

Se predice que existe falla cuando $\sigma' > s_y$. En el método para el esfuerzo biaxial se requiere que el esfuerzo aplicado en la tercera dirección ortogonal σ_z sea cero.

Se acredita a R. von Mises el desarrollo de la ecuación 5-14 en 1913. Por las contribuciones adicionales de H. Hencky en 1925, a veces al método se le llama *método de von Mises-Hencky*. Tenga en cuenta que los resultados de muchos programas de análisis por elementos finitos incluyen el esfuerzo de von Mises. Otro término que se le aplica es el *esfuerzo cortante octaédrico*.

Es útil visualizar el método de energía de distorsión para predicción de fallas al graficar una línea de falla con σ_1 en el eje horizontal y σ_2 en el eje vertical, como se muestra en la figura 5-13. La línea de falla es una elipse centrada en el origen y que pasa por la resistencia de fluencia en cada eje, en las regiones de tensión y compresión. Es necesario que el material tenga iguales valores de resistencia de fluencia a la tensión y a la compresión, para poder emplear este método en forma directa. Las escalas numéricas de la gráfica están normalizadas por la resistencia de fluencia, por lo que la elipse pasa por $s_y/\sigma_1 = 1.0$ en el eje σ_1, y de forma parecida en los otros ejes. *Se predice que las combinaciones de esfuerzos principales que están dentro de la elipse de energía de distorsión son seguras, mientras que las que están afuera podrían causar fallas.*

Para diseñar se puede aplicar el factor de diseño N a la resistencia de fluencia, y entonces emplear

$$\sigma' < \sigma_d = s_y/N \tag{5-15}$$

Para comparar, en la figura 5-13 también se muestran las líneas de predicción de falla para el método del esfuerzo cortante máximo. Con datos que indican que el método de energía de distorsión es el mejor estimador, se puede ver que en general el método del esfuerzo cortante máximo es conservador y que coincide con la elipse de energía de distorsión en seis puntos. En otras regiones es hasta 16% menor. Observe la diagonal a 45°, que pasa por el segundo y cuarto cuadrantes, es llamada *diagonal de corte*. Es el lugar geométrico de los puntos en los que $\sigma_1 = \sigma_2$, y su intersección con la elipse de falla está en el punto $(-0.577, 0.577)$ en el segundo cuadrante. Eso indica que habrá falla cuando el esfuerzo cortante es de 0.577 s_y. El método del esfuerzo cortante máximo predice la falla en 0.50 s_y, lo que cuantifica el carácter conservador del método del esfuerzo cortante máximo.

También en la figura 5-13 se muestran las líneas de predicción de falla para el método del esfuerzo cortante máximo. Coincide con las líneas de esfuerzo cortante máximo en el primero y cuarto cuadrantes, para los cuales los dos esfuerzos principales tienen el mismo signo, ambos

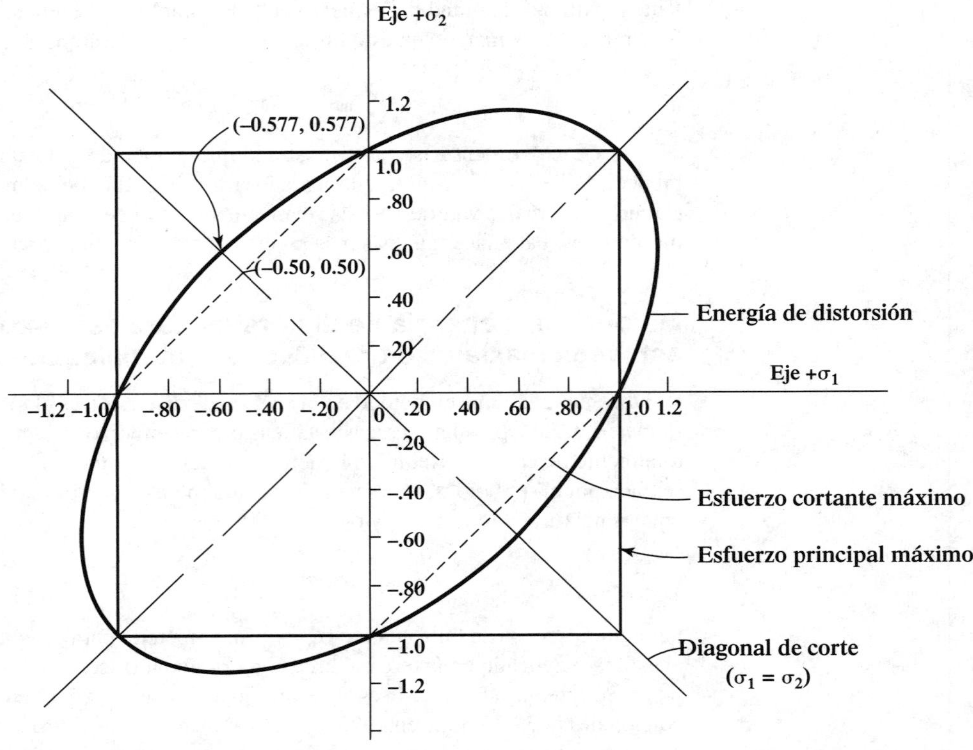

FIGURA 5-13 Comparación del método de energía de distorsión con los métodos del esfuerzo cortante máximo y del esfuerzo principal máximo

de tensión (+) o de compresión (−). Por consiguiente, también es conservador en estas regiones. Pero observe que es peligrosamente no conservador en el segundo y el cuarto cuadrantes.

Forma alterna del esfuerzo de von Mises. En la ecuación (5-14) se requiere determinar los dos esfuerzos principales con el círculo de Mohr, con las ecuaciones (4-1) y (4-2) o con un análisis de elemento finito. Con frecuencia, el lector determinará primero los esfuerzos en ciertas direcciones ortogonales convenientes x y y, que serían σ_x, $\sigma_y = \tau_{xy}$. Entonces, el esfuerzo de von Mises se puede calcular en forma directa con

$$\sigma' = \sqrt{\sigma_x^2 + \sigma_y^2 - \sigma_x\sigma_y + 3\tau_{xy}^2} \tag{5-16}$$

Para esfuerzo uniaxial con cortante $\sigma_y = 0$, la ecuación (5-16) se reduce a

$$\sigma' = \sqrt{\sigma_x^2 + 3\tau_{xy}^2} \tag{5-17}$$

Método de la energía de distorsión triaxial. Se requiere una ecuación más general del esfuerzo de von Mises (energía de distorsión) cuando existen esfuerzos principales en las tres direcciones σ_1, σ_2 y σ_3. En el caso normal, se ordenan esos esfuerzos de tal modo que $\sigma_1 > \sigma_2 > \sigma_3$. Entonces

$$\sigma' = \left(\sqrt{2}/2\right)\left[\sqrt{(\sigma_2 - \sigma_1)^2 + (\sigma_3 - \sigma_1)^2 + (\sigma_3 - \sigma_2)^2}\,\right] \tag{5-18}$$

Método de Goodman para fatiga bajo esfuerzo fluctuante en materiales dúctiles

Recuerde, de la sección 5-2, que el término *esfuerzo fluctuante* indica la condición donde un componente se somete a un esfuerzo promedio distinto de cero, con un esfuerzo alterno sobre-

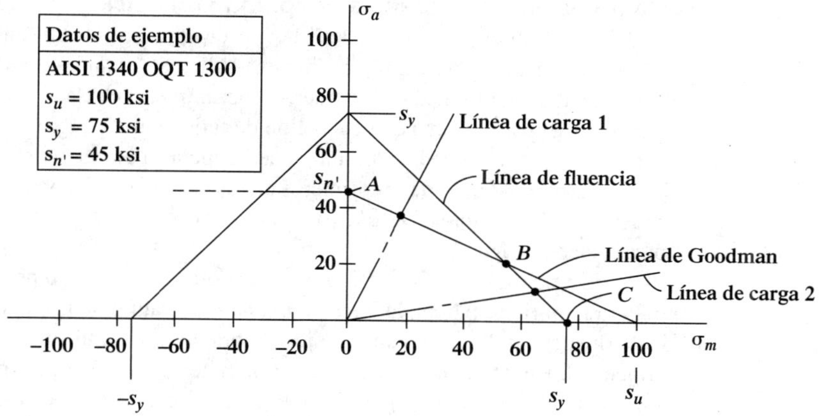

FIGURA 5-14
Diagrama de Goodman modificado para fatiga de materiales dúctiles

puesto al esfuerzo medio (vea la figura 5-4). El método de Goodman para predicción de falla, que se muestra en la figura 5-14, ha demostrado establecer una buena correlación con los datos experimentales, y que está apenas abajo de la dispersión de los puntos de datos.

En el diagrama de Goodman se grafican los esfuerzos medios en el eje horizontal y los esfuerzos alternativos en el eje vertical. Observe primero la parte derecha del diagrama, que representa esfuerzos fluctuantes con un esfuerzo medio de tensión (+). Se traza una recta desde la resistencia real estimada del material s_n', en el eje horizontal. Las combinaciones de esfuerzo medio σ_m y de esfuerzo alternativo σ_a, que estén arriba de la línea indican posible falla, mientras que las que están abajo predicen que no habrá falla por fatiga. La ecuación de la línea de Goodman es

$$\frac{\sigma_a}{s_n'} + \frac{\sigma_m}{s_u} = 1 \qquad \textbf{(5-19)}$$

Ecuación de diseño. Se puede modificar la ecuación (5-19) al introducir un factor de diseño en los valores de resistencia última y a la fatiga, como se ve en la figura 5-15, para representar una línea de "esfuerzo seguro". Además, todo factor por concentración de esfuerzos en la región de interés debe aplicarse al componente alterno, pero no al de esfuerzo medio, porque las pruebas experimentales indican que la presencia de una concentración de esfuerzos no afecta la contribución del esfuerzo medio a la falla por fatiga. Con estos ajustes a la ecuación de Goodman se obtiene

$$\frac{K_t\sigma_a}{s_n'} + \frac{\sigma_m}{s_u} = \frac{1}{N} \qquad \textbf{(5-20)}$$

Esta es la ecuación de diseño que se empleará en este libro para esfuerzos fluctuantes.

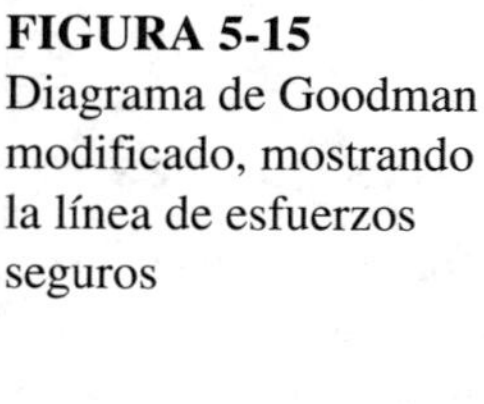

FIGURA 5-15
Diagrama de Goodman modificado, mostrando la línea de esfuerzos seguros

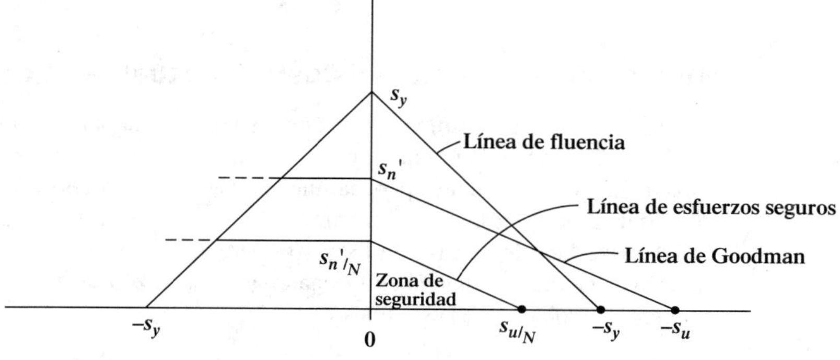

Comprobación por fluencia temprana en el ciclo. La línea de Goodman representa una dificultad cerca del extremo derecho, porque parece permitir un esfuerzo medio puro mayor que la resistencia del material a la fluencia. Además, cuando se suma algún valor del esfuerzo alternante al esfuerzo medio, el esfuerzo máximo real rebasa al esfuerzo medio y puede causar la fluencia. Si parte de una consideración de fatiga pura, esta condición se puede aceptar, siempre que la aplicación pueda tolerar algo de fluencia en zonas de esfuerzo máximo. Toda la fluencia se presentaría dentro de los primeros ciclos de carga, quizá ya desde el primero, y con certeza en menos de 1 000 ciclos. Después de ceder, los esfuerzos se redistribuyen y el componente continuaría siendo seguro.

Sin embargo, la mayoría de los diseñadores optan por *no* permitir fluencia en punto alguno. Para lograrlo se agrega la *línea de fluencia* al diagrama de Goodman, trazada en la resistencia de fluencia graficada en ambos ejes. Ahora, los segmentos de recta entre los puntos *A, B* y *C* definen la línea de falla. Considere dos líneas de carga del origen, prolongadas por las intersecciones con todas las líneas de falla en el diagrama. La línea de carga 1 corta primero a la línea de Goodman, lo que indica que gobierna la falla por fatiga. La línea de carga 2 corta la línea de fluencia primero, y la falla se iniciaría por fluencia.

Se recomienda que se termine primero el diseño basado en fatiga, con la ecuación (5-20), y que después se compruebe, en forma separada, por fluencia. La ecuación de diseño para la línea de fluencia es

$$\frac{K_t\sigma_a}{s_y} + \frac{K_t\sigma_m}{s_y} = \frac{1}{N} \qquad \textbf{(5-21)}$$

Aquí sí se aplica el factor por concentración de esfuerzos al esfuerzo medio, para asegurar que no haya fluencia. En muchos casos, la línea de esfuerzo seguro por fatiga cae en realidad totalmente abajo de la línea de resistencia de fluencia, lo que indica que no se espera que haya fluencia. Vea la figura 5-15. Sin embargo, puede haber un factor efectivo de diseño menor para fluencia que para falla por fatiga, y necesitará juzgar si lo acepta o no. N se puede despejar de la ecuación (5-21), y queda para la fluencia

$$N = \frac{s_y}{K_t\,(\sigma_a + \sigma_m)} \qquad \textbf{(5-22)}$$

Esfuerzos fluctuantes con esfuerzo medio de compresión. La parte izquierda del diagrama de Goodman representa esfuerzos fluctuantes con esfuerzos de compresión (−). Los datos experimentales indican que la presencia de esfuerzo medio de compresión no degrada en forma apreciable la duración por fatiga respecto a la que se estima sólo para esfuerzo alternativo. Entonces, la línea de falla se prolonga horizontalmente hacia la izquierda del punto s_n', en el eje de esfuerzo alternativo. Su límite es la línea de fluencia para compresión.

Método de Gerber para esfuerzo fluctuante en materiales dúctiles

A quienes interesa un estimador más preciso de la falla por fatiga se les propone el método de Gerber, mostrado en la figura 5-16. Para comparar, se muestra la línea de Goodman. Los extremos de ambos son iguales, pero la línea de Gerber es parabólica y se adapta en general a los puntos de falla determinados experimentalmente, mientras que la línea de Goodman está abajo de ellos (vea las referencias 11 a 13). Eso quiere decir que algunos puntos de falla estarán abajo de la línea de Gerber, lo cual no es adecuado. Por esta razón, se empleará la línea de Goodman para resolver problemas en este libro.

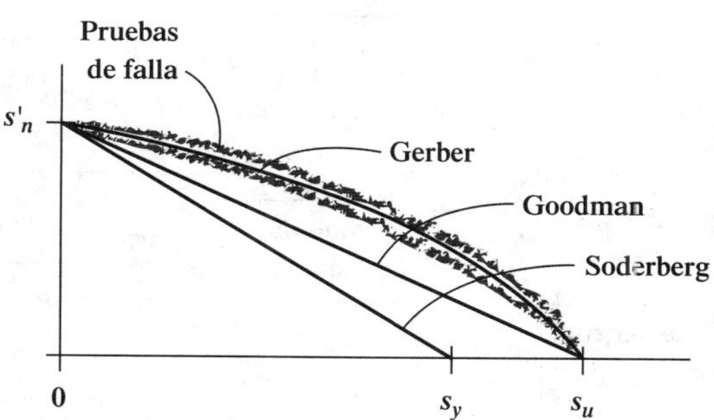

FIGURA 5-16 Comparación de los métodos de Gerber, Goodman y Soderberg para esfuerzos fluctuantes en materiales dúctiles

La ecuación de la línea de Gerber es

$$\frac{\sigma_a}{s_n'} + \left[\frac{\sigma_m}{s_u}\right]^2 = 1 \tag{5-23}$$

Método de Soderberg para esfuerzo fluctuante en materiales dúctiles

Otro método que ha encontrado importantes aplicaciones (y que fue reseñado en ediciones anteriores de este libro) es el *método de Soderberg*. La figura 5-16 muestra la línea de falla de Soderberg, comparada con las líneas de Goodman y Gerber. La ecuación de la línea de Soderberg es

$$\frac{K_t\sigma_a}{s_n'} + \frac{\sigma_m}{s_y} = 1 \tag{5-24}$$

Se traza entre la resistencia de fatiga y la resistencia de fluencia; la línea de Soderberg es la más conservadora de las tres. Una ventaja de esta línea es que protege en forma directa contra la fluencia temprana en el ciclo, mientras que en los métodos de Goodman y Gerber se requiere la segunda consideración de la línea de fluencia descrita arriba. Sin embargo, se considera que el grado de conservadurismo es muy alto para que el diseño sea eficiente y competitivo.

En resumen, en este libro se empleará el método de Goodman para resolver problemas con esfuerzos fluctuantes sobre materiales dúctiles. Sólo es un poco conservador y su línea de predicción de falla queda totalmente abajo del conjunto de los puntos de falla, según datos experimentales.

5-9 MÉTODOS DE ANÁLISIS DE DISEÑOS

A continuación, se resumiran los métodos recomendados para el análisis de diseño, basados en el tipo de material (frágil o dúctil), la naturaleza de la carga (estática o cíclica) y el tipo de esfuerzo (uniaxial o biaxial). El hecho de que se describieran 16 casos distintos es un indicio de la gran variedad de métodos que se aplican. Al leer cada caso, vea la figura 5-17, se siguen las relaciones entre los factores por considerar.

Para los casos C, E, F e I, donde intervienen materiales dúctiles bajo cuatro clases distintas de cargas, se incluyen los métodos del esfuerzo cortante máximo y de la energía de distorsión. Recuerde, en las descripciones de la sección anterior, que el método del esfuerzo cortante máximo es el de aplicación más simple, pero es algo conservador. El método de la energía de distorsión es el estimador más exacto de la línea de falla, pero requiere el paso adicional de calcular el esfuerzo de von Mises. Ambos métodos se presentarán en los problemas modelo de este libro; se recomienda el de la energía de distorsión.

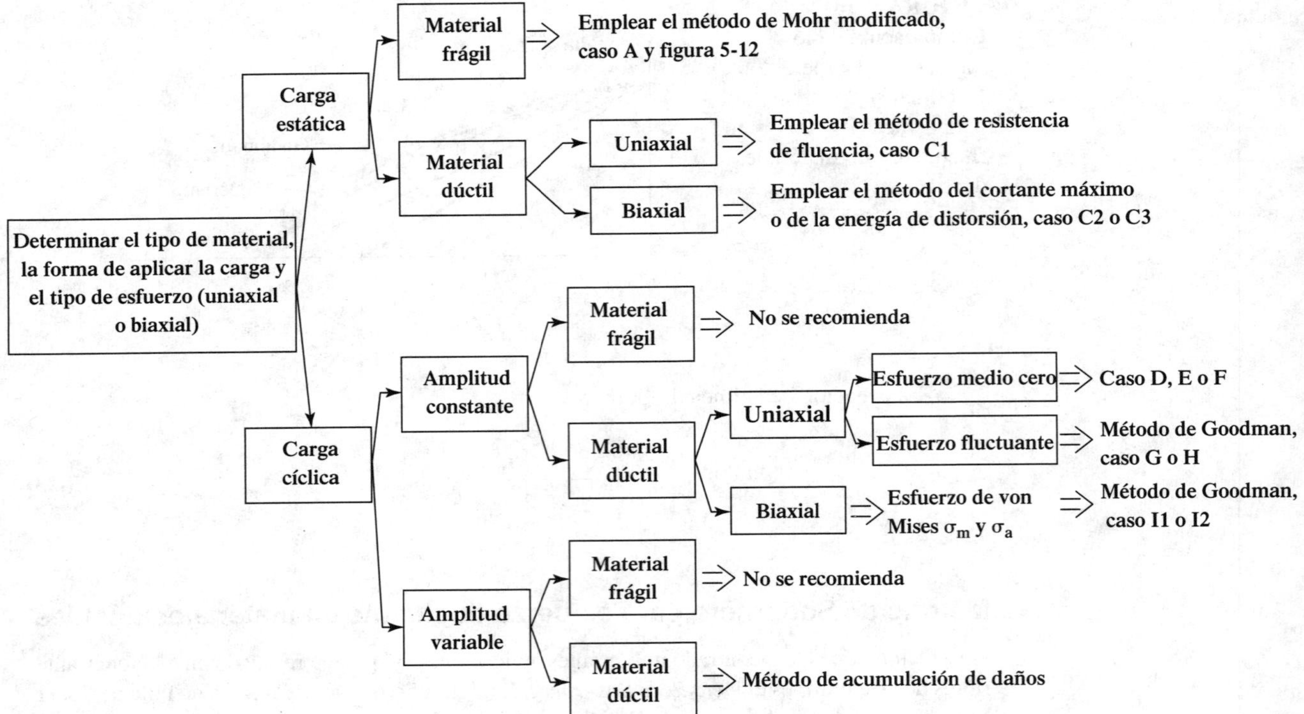

FIGURA 5-17 Diagrama lógico para visualizar los métodos de análisis de diseño

En la figura 5-17 se incluye el *método de acumulación de daños* para cuando los materiales dúctiles estén sometidos a carga cíclica de amplitud variable. Este tema se describe en la sección 5-13.

En los diversos casos se manejarán los símbolos siguientes.

s_u o s_{ut} = resistencia última de tensión

s_{uc} = resistencia última de compresión

s_y = resistencia de fluencia o punto de fluencia

s_{sy} = resistencia de fluencia en cortante

s'_n = resistencia de fatiga del material bajo las condiciones reales

s'_{sn} = resistencia de fatiga en cortante bajo las condiciones reales

σ = esfuerzo normal aplicado, sin K_t

Caso A: Materiales frágiles bajo cargas estáticas

Cuando el esfuerzo aplicado real σ sea tensión o compresión simple sólo en una dirección, aplique la teoría de falla por esfuerzo normal máximo. Como los materiales frágiles no tienen cedencia, debe aplicar siempre factores por concentración de esfuerzos al calcular el esfuerzo aplicado.

Caso A1: Esfuerzo de tensión uniaxial

$$K_t\sigma < \sigma_d = s_{ut}/N \tag{5-9}$$

Caso A2: Esfuerzo de compresión uniaxial

$$K_t\sigma < \sigma_d = s_{uc}/N \tag{5-10}$$

Caso A3: Esfuerzo biaxial. Emplee el círculo de Mohr para determinar los esfuerzos principales, σ_1 y σ_2. Si los dos esfuerzos principales tienen el mismo signo, de tensión o de compresión, aplique el caso A1 o A2. Si tienen distintos signos, emplee el método de Mohr modificado, descrito en la sección anterior e ilustrado en la figura 5-12. Se deben aplicar todos los factores por concentración de esfuerzos a los esfuerzos nominales calculados.

Caso B: Materiales frágiles bajo cargas de fatiga

No se dará recomendación especial para materiales frágiles bajo cargas de fatiga, porque en general en esos casos se prefiere no usar un material frágil. Cuando sea necesario hacerlo, se deben hacer pruebas para asegurar la seguridad bajo las condiciones reales de servicio.

Caso C: Materiales dúctiles bajo cargas estáticas

Se mencionan tres métodos de falla. El método de resistencia de fluencia es sólo para esfuerzos normales uniaxiales. Para cargas cortantes o biaxiales, es más sencillo el método del esfuerzo cortante máximo, pero es algo conservador. El método de energía de distorsión es el mejor estimador de la falla.

C1: Método de resistencia de fluencia para esfuerzos uniaxiales normales estáticos

Para esfuerzo de tensión: $$\sigma < \sigma_d = s_{yt}/N \tag{5-11}$$

Para esfuerzo de compresión: $$\sigma < \sigma_d = s_{yc}/N \tag{5-12}$$

C2: Método del esfuerzo cortante máximo. Se emplea para esfuerzos cortantes y para esfuerzos combinados. Se determina el esfuerzo cortante máximo con el círculo de Mohr. Entonces, la ecuación de diseño es

$$\tau_{máx} < \tau_d = s_{sy}/N = 0.50\, s_y/N \tag{5-13}$$

C3: Método de la energía de distorsión. Se emplea para esfuerzos cortantes y esfuerzos combinados. Se determina el esfuerzo cortante máximo con el círculo de Mohr. Después se calcula el esfuerzo de von Mises, con

$$\sigma' = \sqrt{\sigma_1^2 + \sigma_2^2 - \sigma_1\sigma_2} \tag{5-14}$$

También se pueden manejar las ecuaciones alternativas (5-16), (5-17) o (5-18) de la sección anterior. Para el diseño, aplique

$$\sigma' < \sigma_d = s_y/N \tag{5-15}$$

No se necesita considerar las concentraciones de esfuerzo para la carga estática, si se puede tolerar la fluencia local.

Caso D: Esfuerzo normal invertido y repetido

La figura 5-2 muestra la forma general del esfuerzo normal invertido y repetido. Observe que el esfuerzo medio σ_m es cero, y que el esfuerzo alterno σ_a es igual al esfuerzo máximo $\sigma_{máx}$. Este caso es consecuencia directa de la definición de la resistencia real estimada a la fatiga, porque se emplea el método de prueba de la viga rotatoria para recabar datos de resistencia. También es un caso especial de esfuerzo fluctuante, explicado en la sección 5-20 de la sección anterior. Con un esfuerzo medio igual a cero, la ecuación de diseño se transforma en

$$K_t\sigma_{\text{máx}} < \sigma_{\text{d}} = s_n'/N \tag{5-25}$$

Caso E: Esfuerzo cortante invertido y repetido

De nuevo se puede emplear la teoría del esfuerzo cortante máximo, o de la energía de distorsión. Primero se calcula el esfuerzo cortante máximo repetido $\tau_{\text{máx}}$, incluyendo todos los factores por concentración de esfuerzos. La descripción del caso D también se aplica al esfuerzo cortante.

Caso E1: Teoría del esfuerzo cortante máximo

$$s_{sn}' = 0.5\ s_n' \text{ (estimado de la resistencia de fatiga en cortante)}$$
$$K_t\tau_{\text{máx}} < \tau_d = s_{sn}'/N = 0.5\ s_n'/N \tag{5-26}$$

Caso E2: Teoría de la energía de distorsión

$$s_{sn}' = 0.577\ s_n' \text{ (estimado de la resistencia de fatiga en cortante)}$$
$$K_t\tau_{\text{máx}} < \tau_{\text{d}} = s_{sn}'/N = 0.577\ s_n/N \tag{5-27}$$

Caso F: Esfuerzo combinado invertido

Emplee el círculo de Mohr para determinar el esfuerzo cortante máximo y los dos esfuerzos principales, y maneje los valores máximos de los esfuerzos aplicados.

Caso F1: Teoría del esfuerzo cortante máximo. Emplee la ecuación 5-26.

Caso F2: Teoría de la energía de distorsión. Emplee la ecuación 5-27.

Caso G: Esfuerzos normales fluctuantes: método de Goodman

Utilice el método de Goodman descrito en la sección 5-8 e ilustrado en la figura 5-15. Se obtiene un diseño satisfactorio si la combinación del esfuerzo medio y el esfuerzo alterno produce un punto en la *zona segura* de la figura 5-15. En ese caso se puede emplear la ecuación (5-20) para evaluar el factor de diseño para cargas fluctuantes:

$$\frac{K_t\sigma_{\text{a}}}{s_n'} + \frac{\sigma_{\text{m}}}{s_u} = \frac{1}{N} \tag{5-20}$$

Caso H: Esfuerzos cortantes fluctuantes

El desarrollo anterior del método de Goodman también se puede aplicar para esfuerzos cortantes fluctuantes, en lugar de esfuerzos normales. La ecuación del factor de diseño sería entonces

$$\frac{K_t\tau_{\text{a}}}{s_{sn}'} + \frac{\tau_{\text{m}}}{s_{su}} = \frac{1}{N} \tag{5-28}$$

Si no se cuenta con datos de resistencia al cortante, maneje los datos estimados $s_{sn}' = 0.577\ s_n'$ y $s_{su} = 0.75\ s_u$.

Caso I: Esfuerzos fluctuantes combinados

El método que se presentó aquí es parecido al método de Goodman descrito antes, pero primero se determina el efecto de los esfuerzos combinados, mediante el círculo de Mohr.

Caso I1. Para la teoría del esfuerzo cortante máximo, trace dos círculos de Mohr: uno para los esfuerzos medios y otro para los esfuerzos alternantes. En el primero, determine el esfuerzo cortante máximo medio $(\tau_m)_{\text{máx}}$. En el segundo, determine el esfuerzo cortante máximo alternativo $(\tau_a)_{\text{máx}}$. A continuación aplique esos valores en la ecuación de diseño

$$\frac{K_t\,(\tau_{\mathrm{a}})_{\text{máx}}}{s'_{sn}} + \frac{(\tau_{\mathrm{m}})_{\text{máx}}}{s_{su}} = \frac{1}{N} \tag{5-29}$$

Si se carece de datos de resistencia al cortante, maneje los datos estimados $s'_{sn} = 0.577\ s'_n$ y $s_{su} = 0.75\ s_u$.

Caso I2. Para la teoría de la energía de distorsión, trace dos círculos de Mohr: uno para los esfuerzos medios y otro para los esfuerzos alternantes. Con esos círculos, determine los esfuerzos principales máximo y mínimo. A continuación, calcule los esfuerzos de von Mises para los componentes medio y alternante, con

$$\sigma'_m = \sqrt{\sigma^2_{1m} + \sigma^2_{2m} - \sigma_{1m}\sigma_{2m}}$$

$$\sigma'_a = \sqrt{\sigma^2_{1a} + \sigma^2_{2a} - \sigma_{1a}\sigma_{2a}}$$

Entonces, la ecuación de Goodman se transforma en

$$\frac{K_t\sigma'_{\mathrm{a}}}{s'_n} + \frac{\sigma'_{\mathrm{m}}}{s_u} = \frac{1}{N} \tag{5-30}$$

5-10 PROCEDIMIENTO GENERAL DE DISEÑO

Los tópicos anteriores de este capítulo sirven como guía respecto de los muchos factores que intervienen en el diseño de elementos de máquinas que sean seguros cuando soporten las cargas aplicadas. Esta sección reúne esos factores para que usted pueda terminar el diseño. El procedimiento general de diseño que se descubre aquí pretende comunicarle un sentido del proceso. No es práctico delinear un procedimiento totalmente general. Tendrá usted que adaptarse a los casos específicos con los que se encuentre.

El procedimiento se presenta si supone que se conocen o se pueden especificar los siguientes factores:

- Requisitos generales del diseño: objetivos y limitaciones de tamaño, forma, peso y precisión deseada, entre otros.
- Naturaleza de las cargas que se van aplicar.
- Tipos de esfuerzos producidos por las cargas.
- Tipo de material con que se va a fabricar el elemento.
- Descripción general del proceso de manufactura a usar, en especial si considera el acabado superficial que se vaya a producir.
- Confiabilidad deseada.

Procedimiento general de diseño

1. Especifique los objetivos y limitaciones, si los hay, del diseño, incluyendo la duración deseada, forma, tamaño y apariencia.
2. Determine el ambiente donde estará el elemento, considerando factores como potencial de corrosión y temperatura.
3. Determine la naturaleza y las características de las cargas que va a soportar el elemento:

   Cargas estáticas, muertas y aplicadas lentamente.

   Cargas dinámicas, durables, variables, repetidas, que tengan el potencial para causar falla por fatiga.

   Cargas de choque o impacto.
4. Determine las magnitudes de las cargas y las condiciones de operación:

   Carga máxima esperada.

   Carga mínima esperada.

   Valores medio y alternativos de cargas fluctuantes.

   Frecuencia de aplicaciones de carga y repetición.

   Número de ciclos de carga esperado.
5. Analice cómo se van aplicar las cargas para determinar el tipo de esfuerzos producido, tal como:

   Esfuerzo normal directo, esfuerzo flexionante, esfuerzo cortante directo, esfuerzo cortante torsional o alguna combinación de esfuerzos.
6. Proponga la geometría básica del elemento, prestando atención especial en:

   Su capacidad de soportar con seguridad las cargas aplicadas.

   Su capacidad de trasmitir las cargas a los puntos de apoyo adecuados. Tenga en cuenta las *trayectorias de carga*.

   El uso de formas eficientes de acuerdo con la naturaleza de las cargas y los tipos de esfuerzos encontrados. Esto se aplica a la forma general del elemento y a cada una de sus secciones transversales. Para alcanzar la eficiencia, se necesita optimizar la cantidad y el tipo de material en cuestión. En el capítulo 20, sección 20-2, se dan algunas sugerencias para diseños eficientes de marcos y miembros en flexión y en torsión.

   Proporcione fijaciones adecuadas a los soportes y a otros elementos de la máquina o de la estructura.

   Proporcione la ubicación positiva de otros componentes que puedan instalarse en el elemento que se está diseñando. Para esto, se podrán necesitar escalones, ranuras, orificios, anillos de retención, cuñas y cuñeros, pasadores u otras formas de fijar o sujetar las partes.
7. Proponer el método de fabricación del elemento, prestando atención especial a la precisión necesaria para diversos detalles, y al acabado superficial que se desea. ¿Será colado, maquinado, esmerilado, pulido o producido con algún otro proceso? Estas decisiones de diseño tienen impactos importantes sobre el funcionamiento del elemento, su capacidad de resistir cargas de fatiga y sobre el costo de producirlo.
8. Especificar el material con el que se va a fabricar el elemento, con sus condiciones. Si es metal, se debe especificar la aleación específica, y las condiciones pueden ser factores de procesamiento como laminado en caliente, estirado en frío y un tratamiento térmico específico. Para los no metales, con frecuencia es necesario consultar con sus proveedores para especificar la composición y las propiedades mecánicas y físicas del material que se desea. Vea el capítulo 2 y la sección 20-2 del capítulo 20, que presentan más lineamientos.

9. Determine las propiedades esperadas del material seleccionado, por ejemplo:

   Resistencia última de tensión s_u.

   Resistencia última de compresión s_{uc}, si es el caso.

   Resistencia de fluencia s_y.

   Ductilidad, representada por el porcentaje de elongación.

   Rigidez, representada por el módulo de elasticidad, E o G.

10. Especifique un factor de diseño adecuado N, para el análisis de esfuerzos, con los lineamientos descritos en la sección 5-7.

11. Determine qué método de análisis de esfuerzo, de los descritos en la sección 5-9, se aplicará al diseño que se va elaborar.

12. Calcule el esfuerzo de diseño adecuado para aplicar en el análisis de esfuerzos. Si interviene la carga de fatiga, se debe calcular la resistencia real esperada del material a la fatiga, como se describió en la sección 5-4. Para esto, se requiere considerar el tamaño esperado de la sección, el tipo de material a utilizar, la naturaleza del esfuerzo y la confiabilidad deseada. Como el tamaño de la sección se desconoce, en el caso típico, al iniciar el proceso de diseño, se debe hacer una estimación que permita la inclusión de un factor razonable por tamaño C_s. Debe comprobar la estimación al final del proceso de diseño, para cerciorarse de que se hayan supuesto valores razonables.

13. Determine la naturaleza de todas las concentraciones de esfuerzos que puedan existir en el diseño, en los lugares donde haya cambios de geometría. El análisis de esfuerzos se debe hacer en todos esos lugares, por la probabilidad de que haya grandes esfuerzos localizados de tensión que puedan producir falla por fatiga. Si se conoce la geometría del elemento en esas áreas, determine el factor por concentración de esfuerzos adecuado K_t. Si todavía no se conoce la geometría, se aconseja estimar la magnitud esperada de K_t. Al final del proceso de diseño, se debe comprobar la estimación.

14. Complete los análisis de esfuerzos requeridos, en todos los puntos donde el esfuerzo pueda ser grande y en los cambios de sección transversal, para determinar las dimensiones mínimas aceptables para las zonas críticas.

15. Especifique dimensiones adecuadas y cómodas de todos los detalles del elemento. Se requieren muchas decisiones de diseño, como:

    El uso de tamaños básicos preferidos se indica en la tabla A2-1.

    El tamaño de cualquier parte que se vaya instalar o fijar al elemento que se está analizando. En el capítulo 12, se presentan ejemplos de esto, acerca del diseño de ejes donde se vayan a instalar engranes, catarinas para cadenas, cojinetes y otras partes para adaptar los elementos correspondientes.

    Los elementos no deben estar muy sobredimensionados sin que haya una buena razón, para lograr así un diseño general eficiente.

    A veces, el proceso de manufactura que se empleará tiene un efecto sobre las dimensiones. Por ejemplo, puede ser que una empresa tenga un conjunto preferido de herramientas de corte que quiera usar para producir los elementos. Los procesos de colado, laminado o moldeado tienen limitaciones frecuentes en las dimensiones de ciertas propiedades como el espesor de costillas, los radios producidos por maquinado o doblado, variación en sección transversal en diversas partes del elemento y el manejo cómodo del mismo durante su fabricación.

Se deben considerar los tamaños y formas disponibles en el comercio del material deseado. Esto podría permitir reducciones apreciables en los costos, tanto de material como de procesamiento.

De ser posible, los tamaños deben ser compatibles con las prácticas cotidianas de la empresa.

16. Después de terminar todos los análisis necesarios de esfuerzos y proponer los tamaños básicos para todos los detalles, compruebe todas las hipótesis planteadas en el diseño, para garantizar que el elemento siga siendo seguro y razonablemente eficiente. (Vea los pasos 7, 12 y 13).

17. Especifique tolerancias adecuadas para todas las dimensiones y considere el funcionamiento del elemento, su ajuste con los elementos correspondientes, la capacidad del proceso de manufactura y el costo. Consulte el capítulo 13. Es aconsejable aplicar técnicas computadas de análisis de tolerancia.

18. Verifique si alguna parte del componente se puede flexionar en exceso. Si eso importa, hacer un análisis de la deflexión del elemento que haya diseñado hasta entonces. A veces se conocen límites de deflexión, de acuerdo con el funcionamiento de la máquina, de la cual el elemento que se diseña es una parte. Si no hay esos límites, se pueden aplicar los siguientes lineamientos, con base en la precisión que se desee:

Deflexión de una viga por flexión

Parte de maquinaria general:	0.00 5 a 0.003 pulg/pulg de longitud de la viga
Precisión moderada:	0.000 01 a 0.000 5 pulg/pulg
Alta precisión:	0.000 001 a 0.000 01 pulg/pulg

Deflexión de una viga debido a torsión

Parte de maquinaria general:	0.001° a 0.01°/pulg de longitud
Precisión moderada:	0.000 02° a 0.000 4°/pulg
Alta precisión:	0.000 001° a 0.000 02°/pulg

Vea también la sección 20-2 del capítulo 20, con sugerencias adicionales para un diseño eficiente. Los resultados del análisis de deflexión podrán hacer que se rediseñe el componente. En forma típica, cuando se requieren gran rigidez y precisión, la deflexión, y no la resistencia, es la que gobernará el diseño.

19. Documente el diseño final con dibujos y especificaciones.

20. Mantenga un registro cuidadoso de los análisis de diseño como referencia para el futuro. Considere que otras personas podrían consultar esos documentos, con o sin su participación en el proyecto.

5-11 EJEMPLOS DE DISEÑO

Se preentarán ahora problemas de ejemplo de diseño, para darle una idea de la aplicación del proceso descrito en la sección 5-10. No es práctico ilustrar todos los casos posibles, por lo que debe desarrollar la capacidad de adaptar el procedimiento de diseño a las características específicas de cada problema. También observe que puede haber varias soluciones para determinado problema de diseño. La selección de una solución final será su responsabilidad.

En la mayor parte de las situaciones de diseño se dispondrá de una gran cantidad de información, más que la que mencionan los enunciados de los problemas en este libro. Pero con frecuencia deberá buscar esa información. Se plantearán ciertas hipótesis en los ejemplos, que permitirán continuar con el diseño. Cuando trabaje, debe asegurarse de que esas hipótesis sean adecuadas. Los ejemplos de diseño sólo se enfocan hacia unos cuantos de los componentes de los sistemas mencionados. En los casos reales deberá asegurar que cada decisión de diseño sea compatible con la totalidad del diseño.

Ejemplo de diseño 5-1 Se va a colgar un gran transformador eléctrico de una armadura del techo de una construcción. El peso total del transformador es 32 000 lb. Diseñe los medios de soporte.

Solución Objetivo Diseñar los medios para soportar el transformador.

Datos La carga total es de 32 000 lb. Se colgará el transformador bajo la armadura de un techo, dentro de una construcción. Se puede considerar que la carga es estática. Se supone que estará protegido de la intemperie, y se espera que la temperatura no sea muy fría o muy caliente cerca del transformador.

Decisiones básicas del diseño Se usarán dos varillas rectas y cilíndricas para soportar el transformador, que unan la parte superior de su caja con la cuerda inferior de la armadura. Los extremos de la varilla serán roscados, para permitir asegurarlos con tuercas o atornillarlos en orificios roscados. Este ejemplo de diseño sólo se ocupará de las varillas. Se supone que hay puntos de fijación adecuados para permitir que las dos varillas compartan por igual la carga durante el servicio. Sin embargo, es posible que sólo una varilla soporte toda la carga en algún momento de la instalación. Por consiguiente, cada varilla se diseñará para soportar las 32 000 lb.

Se usará acero en las varillas, y como ni su peso ni su tamaño físico son críticos en esta aplicación, se escogió un acero simple al medio carbón. Se especifica acero estirado en frío AISI 1040. En el apéndice 3, se observa que tiene una resistencia de fluencia de 71 ksi y que su ductilidad es moderadamente alta, representada por su elongación de 12%. Las varillas deben protegerse contra la corrosión mediante pinturas adecuadas.

El objetivo del análisis de diseño siguiente es determinar el tamaño de la varilla.

Análisis Las varillas se van a someter a esfuerzo normal de tensión directa. Si se supone que las roscas en los extremos de las varillas se tallen o se laminen al diámetro nominal de las varillas, el lugar crítico para el análisis de esfuerzos está en la parte roscada.

Se empleará la fórmula del esfuerzo de tensión directo, ecuación (3-1): $\sigma = F/A$. Primero se calculará el esfuerzo de diseño y después el área de la sección transversal necesaria para mantener el esfuerzo en servicio por abajo de este valor. Por último, se especificará una rosca normalizada con los datos del capítulo 18, acerca de los tornillos.

El caso C1 de la sección 5-9 se aplica al cálculo del esfuerzo de diseño, porque la varilla es de acero dúctil y soporta una carga estática. El esfuerzo de diseño es

$$\sigma_d = s_y/N$$

Se especificará un factor de diseño de $N = 3$, típico del diseño general de maquinaria, y porque hay cierta indefinición sobre los procedimientos reales de instalación que se emplearán (vea la sección 5-7). Entonces

$$\sigma_d = s_y/N = (71\,000 \text{ psi})/3 = 23\,667 \text{ psi}$$

Resultados En la ecuación básica del esfuerzo de tensión $\sigma = F/A$, se conoce F y se iguala con $\sigma = \sigma_d$. Entonces, el área de la sección transversal necesaria es

$$A = F/\sigma_d = (32\,000 \text{ lb})/(23\,667 \text{ lb/pulg}^2) = 1.35 \text{ pulg}^2$$

Ahora se especificará una rosca de tamaño normalizado, con los datos de tornillos del capítulo 18. El elctor debe estar familiarizado con esos datos, vistos en sus cursos anteriores. La tabla A2-2(*b*) contiene una lista del área al esfuerzo de tensión para las roscas estándar estadounidense. Una rosca de $1\frac{1}{2}-6$ UNC (varilla de $1\frac{1}{2}-$pulg con 6 roscas por pulgada) tiene un área de esfuerzo de tensión de 1.405 pulg^2, que debe ser satisfactoria para esta aplicación.

Comentario El diseño definitivo especifica una varilla de $1\frac{1}{2}$ pulgadas de diámetro, fabricada con acero estirado en frío AISI 1040, con roscas $1\frac{1}{2}-6$ UNC maquinadas en cada extremo para permitir fijarlas al transformador y a la armadura.

Ejemplo de diseño 5-2 En la figura 5-18 se muestra una parte de un transportador para una operación de producción. Diseñe el *perno* que conecta la barra horizontal con el cargador. El cargador vacío pesa 85 lb. De él se cuelga un bloque de motor, de hierro colado que pesa 225 lb, para llevarlo de un proceso a otro, donde se descarga. Se espera que el sistema tenga muchos miles de ciclos de carga y descarga de bloques de motor.

Solución Objetivo Diseñar el perno para fijar el cargador al sistema del transportador.

Datos El arreglo general se muestra en la figura 5-18. El cargador impone una carga cortante, que es alternativamente de 85 lb y de 310 lb (85 + 225), al pasador muchos miles de veces durante la vida esperada del sistema.

Decisiones básicas del diseño Se propone fabricar un pasador con acero estirado en frío AISI 1020. En el apéndice 3 se ve que $s_y = 51$ ksi y $s_u = 61$ ksi. El acero es dúctil, con 15% de elongación. Este material es poco costoso y no es necesario que el pasador tenga un tamaño especialmente pequeño.

La conexión del cargador a la barra se establece básicamente con una junta de *grillete* con dos orejetas en la parte superior del soporte, una a cada lado de la barra. Habrá un ajuste estrecho entre los laterales y la barra, para reducir al mínimo la flexión en el pasador. También, el pasador tendrá un ajuste bastante estrecho con los orificios para que todavía permita la rotación del cargador en relación con la barra.

Análisis El caso H de la sección 5-9 se aplica para completar el análisis de diseño, porque el pasador tiene esfuerzos cortantes fluctuantes. Por consiguiente, se tendrá que determinar las relaciones entre los esfuerzos medio y alternativo (τ_m y τ_a) en función de las cargas aplicadas y el área de la sección transversal de la barra. Observe que el pasador está en cortante doble, por lo que son dos secciones transversales los que resisten la fuerza cortante aplicada. En general, $\tau = F/2A$.

Ahora se emplearán las formas básicas de las ecuaciones (5-1) y (5-2), para calcular los valores de las fuerzas media y alternativa sobre el pasador.

$$F_m = (F_{\text{máx}} + F_{\text{mín}})/2 = (310 + 85)/2 = 198 \text{ lb}$$
$$F_a = (F_{\text{máx}} - F_{\text{mín}})/2 = (310 - 85)/2 = 113 \text{ lb}$$

Los esfuerzos se calcularán con $\tau_m = F_m/2A$ y $\tau_a = F_a/2A$.

Los valores de resistencia de material necesarios en la ecuación (5-28), para el caso H, son

$$s_{su} = 0.75\, s_u = 0.75(51 \text{ ksi}) = 38.3 \text{ ksi} = 38\,300 \text{ psi}$$
$$s'_{sn} = 0.577\, s'_n$$

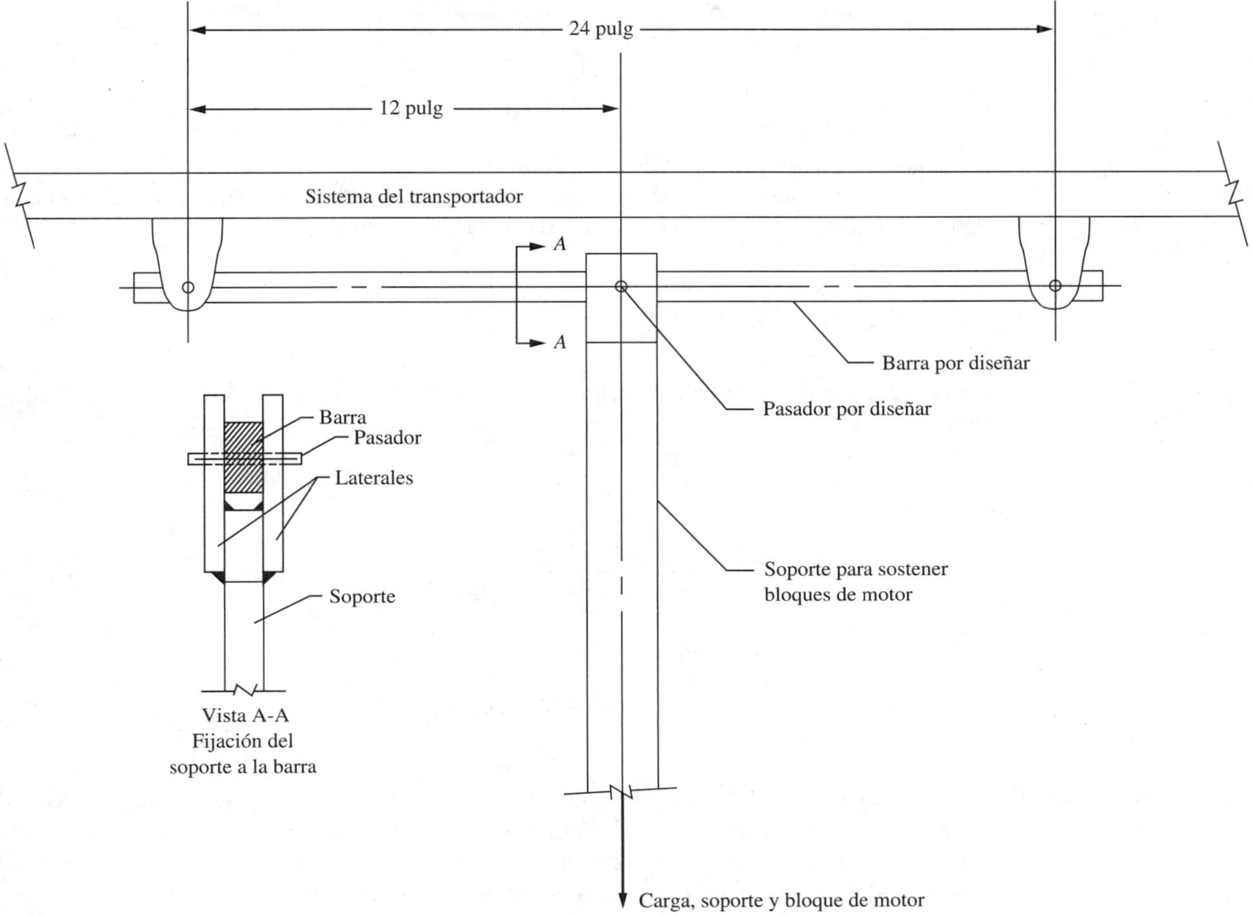

FIGURA 5-18 Sistema de transportador

Se debe calcular el valor de s_n mediante el método de la sección 5-4. En la figura 5-8 se observa que $s_n = 21$ ksi para el pasador maquinado, tiene un valor de $s_u = 61$ ksi. Se espera que el pasador sea bastante pequeño, por lo que se empleará $C_s = 1.0$. El material es varilla de acero forjado, por lo que $C_m = 1.0$. Para ser conservadores, se empleará $C_{st} = 1.0$, porque hay poca información sobre estos factores para el esfuerzo cortante directo. En esta aplicación se desea tener una gran confiabilidad, así que se usará $C_R = 0.75$ para obtener una cnfiabilidad de 0.999 (vea la tabla 5-1). Entonces

$$s_n' = C_R\,(s_n) = (0.75)(21\text{ ksi}) = 15.75\text{ ksi} = 15\,750\text{ psi}$$

Por último,

$$s_{sn}' = 0.577\,s_n' = 0.577\,(15\,750\text{ psi}) = 9088\text{ psi}$$

Ya se puede aplicar la ecuación (5-28), del caso H:

$$\frac{1}{N} = \frac{\tau_m}{s_{su}} + \frac{K_t\tau_a}{s_{sn}'}$$

Como el pasador tendrá diámetro uniforme, $K_t = 1.0$.

Al sustituir $\tau_m = F_m/2A$ y $\tau_a = F_a/2A$, calculados antes, se obtiene

$$\frac{1}{N} = \frac{F_m}{2As_{su}} + \frac{F_a}{2As'_{sn}}$$

Ya que se esperan choques moderados, utilice $N = 4$.

Observe que ahora se conocen todos los factores en esta ecuación, excepto el área de la sección transversal del pasador, A. Se despeja el área requerida:

$$A = \frac{N}{2}\left[\frac{F_m}{s_{su}} + \frac{F_a}{s'_{sn}}\right]$$

Por último, se puede calcular el diámetro mínimo admisible D del pasador, con $A = \pi D^2/4$ y $D = \sqrt{4A/\pi}$.

Resultados El área necesaria es

$$A = \frac{4}{2}\left[\frac{198 \text{ lb}}{38\,300 \text{ lb/pulg}^2} + \frac{113 \text{ lb}}{9\,088 \text{ lb/pulg}^2}\right] = 0.0352 \text{ pulg}^2$$

Ahora, el diámetro requerido es

$$D = \sqrt{4A/\pi} = \sqrt{4(0.0352 \text{ pulg}^2/\pi} = 0.212 \text{ pulg}$$

Decisiones finales de diseño y comentarios El valor calculado del diámetro mínimo necesario para el pasador es 0.212 pulg, bastante pequeño. Existen otras consideraciones, como el esfuerzo de empuje y el desgaste en las superficies en contacto con las orejetas del soporte, que hacen preferir un diámetro mayor. Se especificará $D = 0.50$ pulg para el pasador bajo estas condiciones. Debe prolongarse más allá de las orejetas, y se podría asegurar con chavetas o *anillos de retención*.

Con esto se termina el diseño del pasador. Pero el siguiente ejemplo de diseño será el de la barra horizontal de este mismo sistema. Existen pasadores en los colgantes del transportador, que soportan la barra. También deben diseñarse. Sin embargo, observe que cada uno de esos pasadores sólo sostiene la mitad de la carga sobre el pasador que se diseñó arriba. Esos pasadores tendrían también menos movimiento relativo, así que el desgaste no debería ser tan intenso. Por lo anterior, se usarán pasadores con $D = 3/8$ pulg $= 0.375$ pulg en los extremos de la barra horizontal.

Ejemplo de diseño 5-3 En la figura 5-18 se muestra una parte de un sistema transportador en una operación de producción. El sistema completo tendrá varios cientos de colgadores como éste. Diseñe una barra horizontal de soporte que pase entre dos colgadores adyacentes de transportador y que sostenga el cargador en su punto medio. El cargador vacío pesa 85 lb. Del cargador se cuelga un bloque de motor, de hierro colado de 225 lb de peso, para que sea transportado de uno a otro proceso donde se carga y descarga. Se espera que la barra tenga varios miles de ciclos de carga y descarga de bloques de motor. En el ejemplo 5-2 se consideró este mismo sistema, con objeto de especificar el diámetro del pasador. El pasador de la mitad de la barra horizontal, donde se cuelga el cargador, se especificó con un diámetro de 0.50 pulg. Los de cada extremo de la barra horizontal, que la fijan a los colgadores del transportador, tienen 0.375 pulg de diámetro.

Solución Objetivo Diseñar la barra horizontal del sistema de transportador.

Datos El arreglo general se muestra en la figura 5-18. La barra está simplemente apoyada en puntos a 24 pulgadas de distancia. La carga vertical que se aplica alternativamente en el centro de la barra, a través del pasador que conecta el soporte con la barra, es de 85 y 310 lb (85 + 225). Esta carga variará entre esos dos valores muchos miles de veces durante la vida esperada de la barra. El pasador del centro de la barra tiene 0.50 pulg de diámetro, mientras que los de cada extremo tienen 0.375 pulg.

Decisiones básicas de diseño Se propone que la barra sea de acero, rectangular, con la dimensión larga de su corte transversal en dirección vertical. En el eje neutro de la barra, se maquinarán orificios cilíndricos en los puntos de apoyo y en su centro, para recibir los pasadores cilíndricos que fijen la barra a los colgantes del transportador y al cargador del motor. La figura 5-19 muestra el diseño básico de la barra.

El espesor de la barra t debe ser bastante grande para proporcionar una buena superficie de carga para los pasadores, y para asegurar que la barra tenga estabilidad lateral cuando se someta al esfuerzo flexionante. Una barra relativamente delgada tendería a pandearse en su lecho alto, donde el esfuerzo es de compresión. Como decisión de diseño, se usará un espesor $t = 0.50$ pulg. El análisis del diseño determinará la altura h necesaria de la barra, mediante la suposición de que el modo primario de falla es por esfuerzo flexionante. Los demás modos posibles de falla se describen en los comentarios, al final de este ejemplo.

Se quiere que el acero sea poco costoso porque se fabricarán varios cientos de barras Especificaremos acero AISI 1020 laminado en caliente, con una resistencia de fluencia $s_y = 30$ ksi y resistencia última $s_u = 55$ ksi (apéndice 3).

Análisis El caso G de la sección 5-9 se aplica al análisis de diseño, porque la barra está sometida a esfuerzo normal fluctuante debido a la flexión. Se usará la ecuación (5-20):

$$\frac{1}{N} = \frac{\sigma_m}{s_u} + \frac{K_t\sigma_a}{s'_n}$$

En general, el esfuerzo flexionante en la barra será calculado con la fórmula de flexión:

$$\sigma = M/S$$

donde M = momento flexionante
S = módulo de sección de la sección transversal de la barra.

El método será determinar primero los valores de los momentos flexionantes medio y alternativo que se presentan en la mitad de la barra. A continuación se determinarán los valores de resistencia de fluencia y a la fatiga, para el acero. Además, como se ve en la figura A15-3, para este caso se tomará el factor de concentración de esfuerzos como $K_t = 1.0$, si la relación del diámetro del orificio d al peralte de la barra h es menor de 0.50. Se supondrá eso, y se comprobará después. Por último, en la ecuación (5-20) aparece el factor de diseño N. Con base en las condiciones de aplicación, se manejará $N = 4$ como se aconseja en el punto 4 de la sección 5-7, porque el patrón de uso real para este sistema de transportador en el ambiente de una fábrica es algo incierto, y es probable que haya cargas de choque.

Momentos flexionantes. La figura 5-19 muestra los diagramas de fuerza cortante y momento flexionante para la barra cuando sólo sostiene el cargador, y después cuando sostiene el cargador

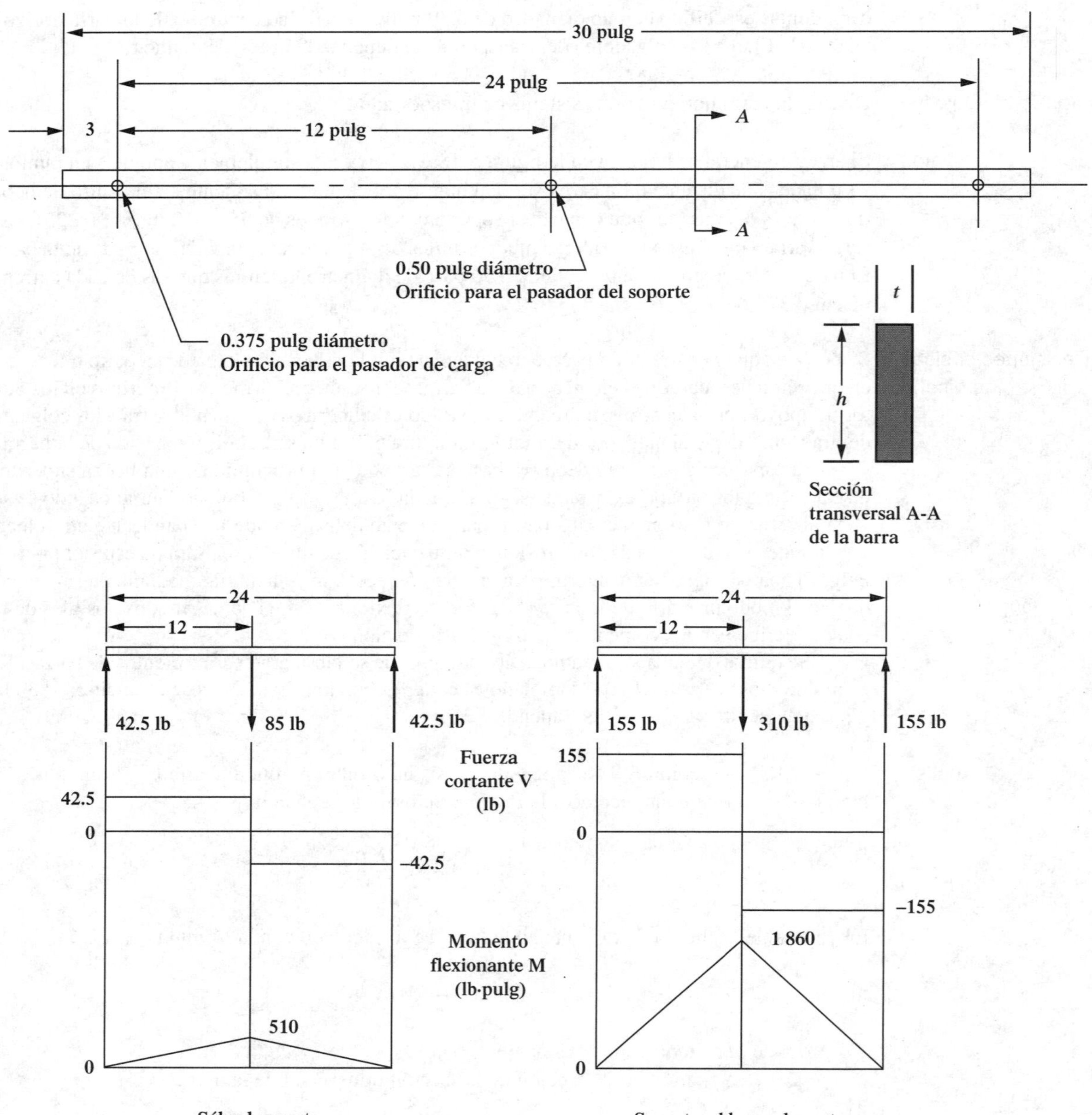

FIGURA 5-19 Diseño básico de la barra horizontal, con los diagramas de carga, fuerza cortante y momento de flexión.

y el bloque de motor. El momento flexionante máximo está a la mitad de la barra, donde se aplica la carga. Los valores son $M_{máx} = 1860$ lb·pulg, con el bloque del motor en el soporte, y $M_{mín} = 510$ lb·pulg, sólo con el soporte. A continuación se calculan los valores de los momentos flexionante medio y alternativo, con formas modificadas de las ecuaciones (5-1) y (5-2):

$$M_m = (M_{máx} + M_{mín})/2 = (1860 + 510)/2 = 1185 \text{ lb}\cdot\text{pulg}$$
$$M_a = (M_{máx} - M_{mín})/2 = (1860 - 510)/2 = 675 \text{ lb}\cdot\text{pulg}$$

Los esfuerzos se calcularán con $\sigma_m = M_m/S$ y $\sigma_a = M_a/S$.

Valores de resistencia del material. Las propiedades de resistencia del material que se requieren son la resistencia última s_u y la resistencia real estimada a la fatiga s_n'. Se sabe que la resistencia última $s_u = 55$ ksi. Ahora se determinará s_n', con el método descrito en la sección 5-4.

Factor de tamaño C_s: En la sección 5-4, la ecuación 5-8 define, como sigue, un diámetro equivalente D_e, para la sección rectangular:

$$D_e = 0.808\sqrt{ht}$$

Se ha especificado que el espesor de la barra sea $t = 0.50$ pulg. La altura se desconoce por lo pronto. Como estimación, se supondrá que $h \approx 2.0$ pulg. Entonces

$$D_e = 0.808\sqrt{ht} = 0.808\sqrt{(2.0)(0.50)} = 0.808 \text{ pulg}$$

Ya se puede usar la figura 5-9, o las ecuaciones de la tabla 5-2, para encontrar que $C_s = 0.90$. Este valor deberá verificarse después, cuando se haya propuesto una altura específica.

Factor de material C_m: Emplee C_m para el acero forjado y laminado en caliente.

Factor de tipo de esfuerzo C_{st}: Emplee $C_{st} = 1.0$, para esfuerzo de flexión repetido.

Factor de confiabilidad C_R: Se desea una confiabilidad grande. Se empleará $C_R = 0.75$, para obtener una confiabilidad de 0.999, como se ve en la tabla 5-1.

El valor de $s_n = 20$ ksi se determina en la figura 5-8, para el acero laminado en caliente con resistencia última de 55 ksi.

Ahora, al aplicar la ecuación (5-4) de la sección 5-5, el resultado es

$$s_n' = (C_m)(C_{st})(C_R)(C_s)\, s_n = (1.0)(1.0)(0.75)(0.90)(20 \text{ ksi}) = 13.5 \text{ ksi}$$

Solución para el módulo de sección requerido. En este punto ya se han especificado todos los factores de la ecuación (5-20), excepto el módulo de sección de la sección transversal de la barra, que aparece en cada expresión del esfuerzo que se vio arriba. Ahora se despejará de la ecuación el valor requerido de S.

Recuerde que antes se había demostrado que $\sigma_m = M_m/S$ y $\sigma_a = M_a/S$. Entonces

$$\frac{1}{N} = \frac{\sigma_m}{s_u} + \frac{K_t\sigma_a}{s_n'} = \frac{M_m}{Ss_u} + \frac{K_t M_a}{Ss_n'} = \frac{1}{S}\left[\frac{M_m}{s_u} + \frac{K_t M_a}{s_n'}\right]$$

$$S = N\left[\frac{M_m}{s_u} + \frac{K_t M_a}{s_n'}\right] = 4\left[\frac{1185 \text{ lb}\cdot\text{pulg}}{55\,000 \text{ lb/pulg}^2} + \frac{1.0\,(675 \text{ lb}\cdot\text{pulg})}{13\,500 \text{ lb/pulg}^2}\right]$$

$$S = 0.286 \text{ pulg}^3$$

Resultados

El módulo de sección requerido resultó $S = 0.286$ pulg^3. Antes se había observado que $S = th^2/6$, para una sección transversal rectangular sólida, y se decidió emplear esta forma rectangular para llegar a una estimación inicial de la altura necesaria de la sección, h. Se había especificado que $t = 0.50$ pulg. Entonces, el valor mínimo aceptable estimado de la altura h es

$$h = \sqrt{6S/t} = \sqrt{6(0.286 \text{ pulg}^3)/(0.50 \text{ pulg})} = 1.85 \text{ pulg}$$

La tabla de tamaños básicos preferidos en el sistema de décimas de pulgada (tabla A2-1) recomienda que $h = 2.00$ pulg. Primero se debe comprobar la hipótesis anterior, que plantea que la relación $d/h < 0.50$ en la mitad de la barra. La relación real es

$$d/h = (0.50 \text{ pulg})/(2.00 \text{ pulg}) = 0.25 \text{ (aceptale)}$$

Eso indica que nuestra hipótesis anterior, que plantea que $K_t = 1.0$ fue correcta. También, el valor que se supuso de $C_s = 0.90$ es correcto, porque la altura real $h = 2.0$ pulg, es idéntica al valor supuesto.

Ahora se calculará el valor real del módulo de la sección transversal con el orificio en ella.

$$S = \frac{t(h^3 - d^3)}{6h} = \frac{(0.50 \text{ pulg})[(2.00 \text{ pulg})^3 - (0.50 \text{ pulg})^3]}{6(2.00 \text{ pulg})} = 0.328 \text{ pulg}^3$$

Este valor es mayor que el mínimo requerido, de 0.286 pulg^3. Por consiguiente, el tamaño de la sección transversal es satisfactorio, desde el punto de vista de esfuerzos flexionante.

Decisiones de diseño y comentarios finales

En resumen, las siguientes son las decisiones para la barra horizontal del colgante del transportador de la figura 5-19.

1. ***Material***: Acero laminado en caliente AISI 1020.
2. ***Tamaño***: Sección transversal rectangular. Espesor $t = 0.50$ pulg; altura $h = 2.00$ pulg.
3. ***Diseño general:*** La figura 5-19 muestra las características básicas de la barra.
4. ***Otras consideraciones***: Quedan por especificar las tolerancias de las dimensiones para la barra y el acabado de sus superficies. Debe tenerse en cuenta el potencial de corrosión, que puede indicar el uso de pintura u otra protección contra la corrosión. Es probable que el tamaño de la sección transversal se use con las tolerancias tal como se reciben, de espesor y altura, aunque esto depende algo del diseño del cargador que soporta el bloque del motor y de los colgantes del transportador. Entonces, las tolerancias definitivas quedarán abiertas y dependerán de las decisiones posteriores de diseño. Los orificios en la barra para los pasadores deben diseñarse para producir un ajuste deslizante estrecho con los pasadores, y los detalles de especificación de tolerancias de diámetros de orificio, para esé ajuste, se describirán en el capítulo 13.
5. ***Otros modos posibles de falla***: El análisis que se hizo en este problema supuso que habría falla debido a esfuerzos cortantes en la barra rectangular. Se especificaron las dimensiones para evitar que eso suceda. A continuación, se describirán otras fallas posibles:
   a. *Deflexión de la barra como índice de rigidez*: No es probable que el tipo de sistema de transportador descrito en este problema tenga una rigidez extrema, porque la deflexión moderada de sus miembros no debe perjudicar su funcionamiento. Sin embargo, si la barra horizontal se desvía tanto que parezca ser flexible, se consideraría inadecuada. Este es un juicio subjetivo. Se podrá utilizar el caso (*a*) de la tabla A14-2 para calcular la deflexión.

$$y = FL^3/48EI$$

En este diseño,

$F = 310 \text{ lb} =$ carga máxima en la barra

$L = 24.0 \text{ pulg} =$ distancia entre soportes

$E = 30 \times 10^6 \text{ psi} =$ módulo de elasticidad del acero

$I = th^3/12 =$ momento de inercia de la sección transversal

$I = (0.50 \text{ pulg})(2.00 \text{ pulg})^3/12 = 0.333 \text{ pulg}^4$

Entonces

$$y = \frac{(310 \text{ lb})(24.0 \text{ pulg})^3}{48(30 \times 10^6 \text{ lb/pulg}^2)(0.333 \text{ pulg}^4)} = 0.0089 \text{ pulg}$$

Parece que este valor es satisfactorio. En la sección 5-10 se presentaron algunos lineamientos para la deflexión de elementos de máquinas. En una se dijo que las deflexiones por flexión, en partes generales de maquinaria, se deben limitar al intervalo entre 0.000 5 a 0.003 pulg/pulg de longitud de viga. Para la barra de este diseño, se verá si la relación *y/L* cae dentro de ese intervalo:

$$y/L = (0.0089 \text{ pulg})/(24.0 \text{ pulg}) = 0.0004 \text{ pulg/pulg de longitud de viga}$$

En consecuencia, esta deflexión queda bien dentro del intervalo recomendado.

b. *Pandeo de la barra:* Cuando una viga con sección transversal alta y delgada se somete a flexión, podría ser que la forma se distorsionara por pandeo, antes de que los esfuerzos flexionantes causen la falla del material. A esto se le llama *inestabilidad elástica,* y su descripción completa sale del alcance de este libro. Sin embargo, la referencia 16 muestra un método para calcular la carga de pandeo crítica para este tipo de carga. La propiedad geométrica pertinente es la relación del espesor t de la barra entre su altura h. Se puede demostrar que la barra, tal como se diseñó, no se pandeará.

c. *Esfuerzos de aplastamiento en las paredes interiores de los orificios de la viga:* Los pasadores transfieren las cargas entre la barra y los elementos correspondientes del sistema del transportador. Es posible que el esfuerzo de *aplastamiento* en la interfase de pasador-orificio sea grande, y cause una deformación o desgaste excesivos. La referencia 3 del capítulo 3 indica que el esfuerzo de aplastamiento permisible para un perno de acero en un orificio en acero es $0.90\, s_y$.

$$\sigma_{\text{bd}} = 0.90s_y = 0.90(30\,000 \text{ psi}) = 27\,000 \text{ psi}$$

El esfuerzo de carga real en el centro del orificio se calcula con el área proyectada D_pt.

$$\sigma_{\text{b}} = F/D_pt = (310 \text{ lb})/(0.50 \text{ pulg})(0.50 \text{ pulg}) = 1240 \text{ psi}$$

Por consiguiente, el pasador y el orificio son muy seguros contra el aplastamiento.

Ejemplo de diseño 5-4 Se fabrica un soporte mediante soldadura de una barra rectangular a una circular, como se ve en la figura 5-20. Diseñe las dos barras para soportar una carga estática de 250 lb.

Solución Objetivo El proceso de diseño se dividirá en dos partes:

1. Diseñar la barra rectangular del soporte.
2. Diseñar la barra redonda para el soporte.

Barra rectangular

Datos El diseño del soporte se muestra en la figura 5-20. La barra rectangular soporta en su extremo una carga de 250 lb vertical hacia abajo. Está apoyada mediante la soldadura en su extremo izquierdo, donde las cargas se transfieren a la barra redonda. La barra rectangular actúa como viga en voladizo, de 12 pulgadas de longitud. La tarea del diseño es especificar el material de la barra y las dimensiones de su sección transversal.

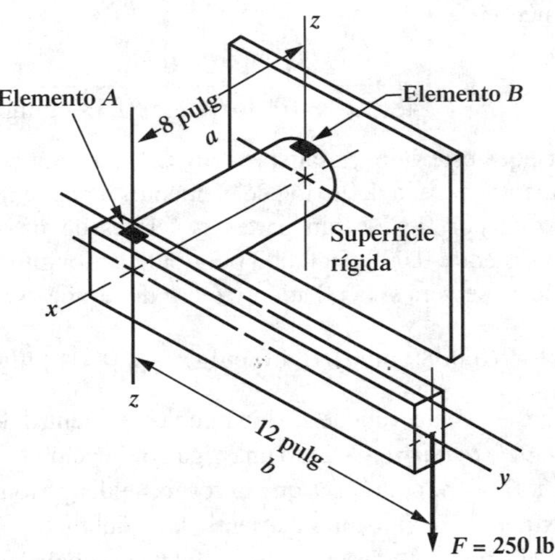

FIGURA 5-20 Diseño del soporte

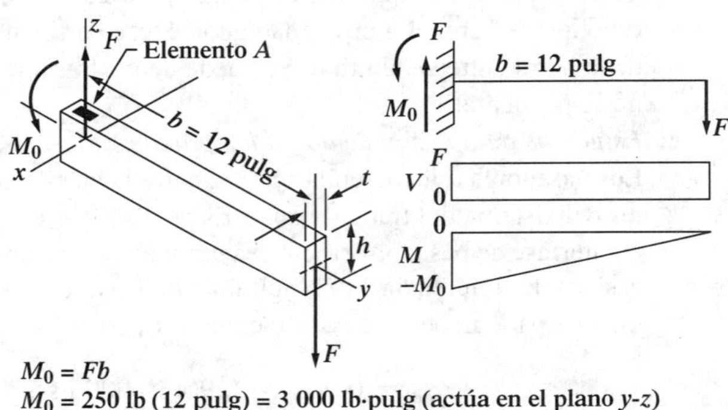

FIGURA 5-21 Diagrama de cuerpo libre de la barra rectangular

Decisiones básicas de diseño Usaremos acero en las dos partes del soporte, por su rigidez relativamente alta, su facilidad de soldarlo y el amplio intervalo de resistencias disponible. Se especificará acero revenido AISI 1340 con $s_y = 63$ ksi y $s_u = 102$ ksi (apéndice 3). Este acero es muy dúctil, ya que tiene 26% de elongación.

El siguiente objetivo del análisis de diseño es determinar las dimensiones de la sección transversal de la barra rectangular. Si se supone que se conocen bien las condiciones de carga y procesamiento, se empleará un factor de diseño de $N = 2$, debido a la carga estática.

Análisis y resultados El diagrama de cuerpo libre de la barra en voladizo se muestra en la figura 5-21, junto con los diagramas de la fuerza cortante y el momento flexionante. Debe ser un caso familiar, donde se ve que el esfuerzo máximo de tensión está en la superficie superior de la barra cerca de donde está soportada por la barra redonda. Este punto se llamará elemento A, en la figura 5-21. Allí, el esfuerzo flexionante máximo es $M = 3\,000$ lb·pulg. El esfuerzo en A es

$$\sigma_A = M/S$$

donde S = módulo de sección de la sección transversal de la barra rectangular.

Primero se calculará el valor mínimo de S y después las dimensiones del corte transversal.

Se aplica el caso C1 de la sección 5-9, por la carga estática. Primero se calculará el esfuerzo de diseño con

$$\sigma_d = s_y/N$$
$$\sigma_d = s_y/N = (63\,000 \text{ psi})/2 = 31\,500 \text{ psi}$$

Ahora se debe asegurar que el esfuerzo máximo esperado $\sigma_A = M/S$, no sea mayor que el esfuerzo de diseño. Se puede sustituir $\sigma_A = \sigma_d$, y despejar S.

$$S = M/\sigma_d = (3\,000 \text{ lb}\cdot\text{pulg})/(31\,500 \text{ lb/pulg}^2) = 0.095 \text{ pulg}^3$$

La relación de S con las dimensiones geométricas es

$$S = th^2/6$$

Como decisión de diseño, se especificará que la proporción aproximada de las dimensiones de la sección transversal sea $h = 3t$. Entonces

$$S = th^2/6 = t(3t)^2/6 = 9t^3/6 = 1.5t^3$$

Entonces, el espesor mínimo requerido es

$$t = \sqrt[3]{S/1.5} = \sqrt[3]{(0.095 \text{ pulg}^3)/1.5} = 0.399 \text{ pulg}$$

La altura nominal de la sección transversal debe ser, aproximadamente,

$$h = 3t = 3(0.399 \text{ pulg}) = 1.20 \text{ pulg}$$

Decisiones finales de diseño y comentarios

En el sistema de fracciones de pulgada, los tamaños normalizados seleccionados son $t = 3/8$ pulg = 0.375 pulg y $h = 1\frac{1}{4}$ pulg = 1.25 pulg (vea la tabla A2-1). Observe que se escogió un valor de t un poco menor, pero un valor de h un poco mayor. Se debe comprobar que el valor que resulta de S sea satisfactorio.

$$S = th^2/6 = (0.375 \text{ pulg})(1.25 \text{ pulg})^2/6 = 0.0977 \text{ pulg}^3$$

Este es mayor que el valor necesario, de 0.095 pulg^3, así que el diseño es satisfactorio.

Barra redonda

Datos

El diseño del soporte se muestra en la figura 5-20. La tarea del diseño consiste en especificar el material de la barra y el diámetro de su sección transversal.

Decisiones básicas de diseño

Se especificará acero revenido AISI 1340, el mismo que se usó en la barra rectangular. Sus propiedades son $s_y = 63$ ksi y $s_u = 102$ ksi.

Análisis y resultados

La figura 5-22 es el diagrama de cuerpo libre para la barra, la cual está cargada en su extremo izquierdo con las reacciones en el extremo de la barra rectangular, que son una fuerza de 250 lb

FIGURA 5-22
Diagrama de cuerpo libre de la barra redonda

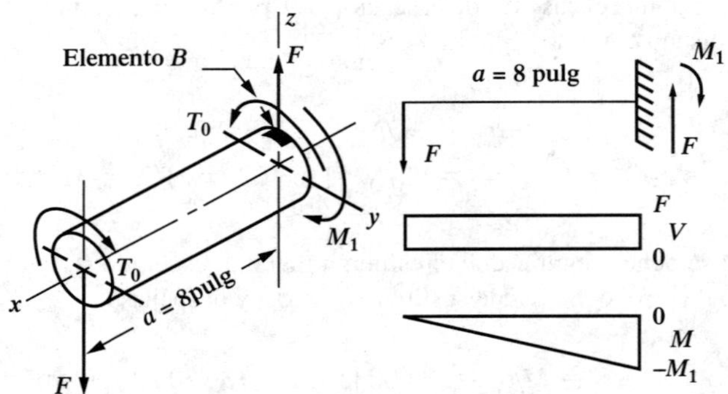

$x = F = 250$ lb
$M_1 = Fa = 250$ lb (8 pulg) = 2000 lb·pulg (actúa en el plano *y-z*)
$T_0 = Fb = 250$ lb (12 pulg) = 3000 lb·pulg (vea la figura 5-21. T_0-M_0)

hacia abajo y un momento de 3000 lb·pulg. La figura muestra que el momento actúa como un par de torsión sobre la barra redonda, y que la fuerza de 250 lb causa flexión, con un momento flexionante máximo de 2000 lb·pulg en el extremo derecho. Las reacciones se producen en la soldadura en el extremo derecho, donde las cargas se transfieren al soporte. Entonces, la barra está sometida a un esfuerzo combinado, debido a torsión y a flexión. El elemento *B* en la parte superior de la barra está sometido al esfuerzo combinado máximo.

La forma de aplicar la carga en la barra redonda es idéntica a la que se analizó antes, en la sección 4-6 del capítulo 4. Se demostró que cuando sólo existe flexión y cortante por torsión, se puede aplicar un procedimiento llamado *método del par torsional equivalente* para efectuar el análisis. Primero se definirá el par torsional equivalente T_e:

$$T_e = \sqrt{M^2 + T^2} = \sqrt{(2000)^2 + (3000)^2} = 3606 \text{ lb} \cdot \text{pulg}$$

Entonces, el esfuerzo cortante en la barra es

$$\tau = T_e/Z_p$$

donde Z_p = módulo de sección polar.

Para una barra redonda maciza,

$$Z_p = \pi D^3/16$$

Nuestro método será determinar el esfuerzo cortante de diseño y T_e para despejar Z_p. Se puede aplicar el caso C2, que emplea la teoría de falla por esfuerzo cortante máximo. El esfuerzo cortante de diseño es

$$\tau_d = 0.50 s_y/N = (0.5)(63\,000 \text{ psi})/2 = 15\,750 \text{ psi}$$

Se igualará $\tau = \tau_d$ y s despejará Z_p:

$$Z_p = T_e/\tau_d = (3606 \text{ lb} \cdot \text{pulg})/(15\,750 \text{ lb/pulg}^2) = 0.229 \text{ pulg}^3$$

Ahora que se conoce Z_p, se puede calcular el diámetro necesario como sigue:

$$D = \sqrt[3]{16Z_p/\pi} = \sqrt[3]{16(0.229\ \text{pulg}^3)/\pi} = 1.053\ \text{pulg}$$

Es el diámetro mínimo aceptable de la barra redonda.

Decisiones finales de diseño y comentarios La barra circular se va a soldar al canto de la barra rectangular, y se ha especificado que la altura de esta última sea $1\frac{1}{4}$ pulg. Se especificará el diámetro de la barra circular maquinado a 1.10 pulg. Esto permitirá soldar en toda su periferia.

5-12 MÉTODOS ESTADÍSTICOS PARA EL DISEÑO

Los métodos de diseño que se presentaron en este capítulo fueron algo deterministas, en el sentido de que se supone que los datos son valores discretos, y en los análisis se utilizan los datos para determinar los resultados específicos. El método para tener en cuenta la incertidumbre respecto de los datos mismos es seleccionar un valor aceptable del factor de diseño, representado por la decisión final de diseño. Es obvio que esta selección es un juicio subjetivo. Con frecuencia, se toman las decisiones que desemboquen en la seguridad de un diseño, y entonces muchos diseños resultan bastante conservadores.

Las presiones de la competencia indican el uso de diseños cada vez más eficientes y menos conservadores. En este libro se aportan recomendaciones para buscar datos más fiables de cargas, propiedades de materiales y factores del ambiente, para tener más confianza en los resultados de los análisis de diseño, y que permitan emplear valores menores del factor de diseño como los discutidos en la sección 5-7. Un producto más robusto y confiable se obtiene ensayando muestras del material real que se vaya a usar en el producto; efectuando extensas mediciones de las cargas que se van a soportar, invirtiendo en pruebas más detalladas de funcionamiento, análisis experimental de esfuerzos y análisis de elementos finitos; ejerciendo control más cuidadoso en los procesos de manufactura y probando la duración de los prototipos en condiciones reales, cuando sea posible. Todas estas medidas significan, con frecuencia, apreciables costos adicionales y se debe tomar decisiones difíciles para implementarlas o desecharlas.

En combinación con los métodos antes enumerados, surge un mayor empleo de los métodos estadísticos (llamados también *métodos estocásticos;* estocástico = aleatorio) para tener en cuenta la variabilidad inevitable de los datos, determinar los valores medios de parámetros críticos a partir de varios conjuntos de datos y cuantificar la variabilidad con los conceptos de distribución y desviación estándar. En las referencias 13 y 14 se encuentran guías para estos métodos. La sección 2-4 presentó una modesta descripción de este método, para tener en cuenta la variabilidad de los datos sobre propiedades de los materiales.

Industrias como la automotriz, aeroespacial, de equipos para construcción y de máquinas herramienta dedican considerables recursos en la adquisición de datos útiles para las condiciones de operación, que ayudan a los diseñadores a obtener diseños más eficientes.

Ejemplos de terminología y métodos estadísticos

- Con los métodos estadísticos se analizan datos para presentar información útil acerca de la fuente de los datos.
- Los métodos estocásticos aplican teorías de probabilidad para caracterizar la variabilidad en los datos.
- Los conjuntos de datos se pueden analizar para determinar la media (promedio), el intervalo de la variación y la desviación estándar.
- Se puede hacer inferencias acerca de la naturaleza de la distribución de los datos, como la distribución normal o la lognormal (logarítmica normal, cuando el logaritmo natural del valor tiene distribución normal).

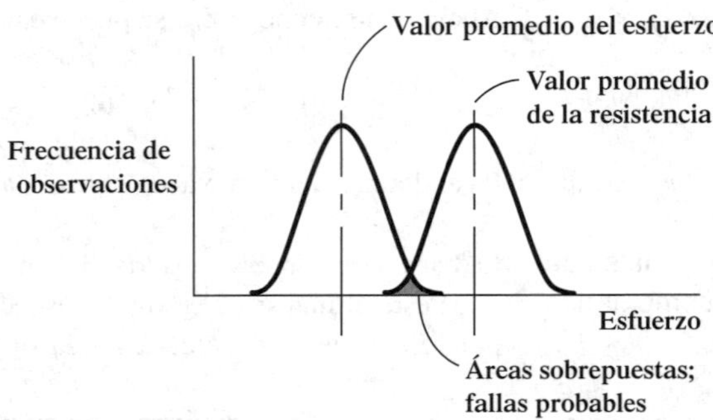

FIGURA 5-23
Ilustración de la variación estadística en el potencial de falla

- Se puede aplicar la regresión lineal y otros métodos de ajuste de curvas, para representar un conjunto de datos mediante funciones matemáticas.
- Las distribuciones de las cargas y esfuerzos aplicados se pueden comparar con la distribución para la resistencia del material y determinar hasta qué grado se traslapan, y la probabilidad de que se puedan presentar algunas fallas. (Vea la figura 5-23.)
- Se puede cuantificar la confiabilidad de un componente o de un producto en su totalidad.
- Se puede establecer la asignación óptima de tolerancias para asegurar, en forma razonable, un funcionamiento satisfactorio de un producto, que permite al mismo tiempo un intervalo tan amplio de tolerancias como sea práctico.

5-13 VIDA FINITA Y MÉTODO DE ACUMULACIÓN DE DAÑOS

Los métodos de diseño para fatiga descritos en este capítulo tienen como meta diseñar un componente para que su vida sea infinita, mediante la resistencia real a la fatiga como base de diseño, y suponiendo que este valor es el *límite de fatiga* o *límite de resistencia a la fatiga*. El esfuerzo repetido, aplicado con valores menores que ese límite, permitirá una duración infinita. Además, los análisis se basaron en la hipótesis de que el patrón de carga era uniforme durante la vida del componente. Esto es, que no varían los esfuerzos promedio y alternativo a través del tiempo.

Sin embargo, se conocen muchos ejemplos comunes para los que una duración finita es adecuada para su aplicación, y donde el patrón de carga sí varía con el tiempo. Considere los siguientes.

Ejemplos de vida finita

Primero se describirá el concepto de vida o duración finita. Vea las curvas de resistencia a la fatiga de la figura 5-7, sección 5-3. Los datos se grafican como esfuerzo en función de cantidad de ciclos a la falla (σ *vs.* N), con escalas logarítmicas en ambos ejes. Para los materiales que tienen un límite de fatiga, se puede ver que ese límite se presenta a los 10^6 ciclos, aproximadamente. ¿Cuánto se tardarán en acumular 1 millón de ciclos de aplicaciones de carga? Veamos algunos ejemplos.

Palanca de frenos de una bicicleta: Supongamos que se aplica el freno cada 5.0 minutos, cuando se caminan 4.0 horas por día, durante un año. Se necesitarían más de 57 años para aplicar el freno 1 millón de veces.

Mecanismo de ajuste de altura de podadora de pasto: Considere que una empresa de mantenimiento de jardines usa una podadora. Suponga que se ajusta la altura de corte en esa podadora para adaptarse a variaciones del terreno, tres veces por uso, y que la podadora se usa

40 veces por semana los 12 meses del año. Se necesitarían 160 años para acumular 1 millón de ciclos de carga en el mecanismo de ajuste de altura.

Rampa hidráulica en una estación de servicio automotriz: Suponga que el técnico de servicio sube cuatro automóviles por hora, 10 horas por día, 6 días por semana, todas las semanas de cada año. Se necesitarían más de 80 años para acumular 1 millón de ciclos de carga en el mecanismo de la rampa.

En cada uno de estos ejemplos se ve que puede ser adecuado diseñar los miembros portátiles de los sistemas de ejemplo para algo menos que una vida infinita. Pero hay muchos ejemplos en la industria que sí necesitan diseños para duración infinita, como el siguiente:

Aparato alimentador de piezas: En un sistema automático un dispositivo alimenta 120 piezas por minuto. Si el sistema trabaja 16 horas por día, 6 días a la semana y todas las semanas del año, sólo se necesitarían 8.7 días para acumular 1 millón de ciclos de carga. En un año habría 35.9 millones de ciclos.

Cuando se puede justificar el diseño para una duración finita, menor que el número de ciclos correspondiente al límite de fatiga, necesitará usted datos parecidos a los de la figura 5-7 para el material que realmente se vaya a usar en el componente. Es preferible que usted mismo pruebe el material, aunque sería un ejercicio tardado y costoso la adquisición de datos suficientes para construir curvas σ-N estadísticamente válidas. En las referencias 1, 3, 6 y 14 se pueden encontrar datos adecuados, o se necesitará una investigación bibliográfica adicional. Una vez identificados los datos fiables, se emplea la resistencia a la fatiga en la cantidad especificada de ciclos, como punto inicial para calcular la resistencia real estimada a la fatiga, como se describió en la sección 5-5. A continuación, emplee ese valor en los siguientes análisis , descritos en la sección 5-9.

Ejemplos de amplitud variable de esfuerzos

Se observarán ejemplos donde el componente sufre carga cíclica durante una gran cantidad de ciclos, pero en los que la amplitud del esfuerzo varía con el tiempo.

Palanca de frenos de bicicleta: Vuelva a la acción de frenado en una bicicleta. Cuando va a gran velocidad, a veces necesita frenar con mucha rapidez, y eso requiere ejercer una fuerza bastante grande en la palanca del freno. Otras veces podrá aplicar menor fuerza, sólo para desacelerar un poco y tomar bien una curva.

Miembro de suspensión de automóvil: Las piezas de las suspensiones, como el puntal, el muelle, el amortiguador, el brazo de control o los tornillos, pasan cargas de la rueda al armazón de un automóvil. La magnitud de la carga depende de la velocidad del vehículo, la condición del pavimento y la acción del conductor. Las carreteras podrán tener pavimento uniforme, con baches o una superficie áspera de grava. El vehículo hasta puede ser conducido fuera de carretera, donde encontrará violentos picos de esfuerzo.

Sistema de accionamiento de máquina herramienta: Considere la duración de una fresadora. Su función principal es cortar metal, y se requiere cierta cantidad de par torsional para impulsar la fresa, dependiendo de la facilidad de maquinado del material, la profundidad de corte y la rapidez de avance. Seguramente el par torsional variará mucho de un trabajo al siguiente. Durante una parte de su vida útil, puede ser que no haya acción de corte, cuando una parte se prepara o cuando se termina un corte y se hacen los ajustes para iniciar otro. A veces, la fresa encontrará material endurecido localmente, donde necesitará mayor par torsional durante un corto tiempo.

Grúas, palas mecánicas, conformadoras y otros equipos de construcción: Es obvio que las cargas son diversas, porque el equipo se usa para numerosas tareas, como subir grandes vigas de acero o pequeños arriostramientos, cavar en arcilla dura o en suelo arenoso suelto, conformar un terraplén o hacer la pasada final de una carretera, o encontrarse con un tocón o con una roca grande.

¿Cómo determinaría el lector las cargas que experimientarían estas máquinas a través del tiempo? En un método se construye un prototipo y se instrumentan sus elementos críticos con calibradores para medir deformaciones unitarias, celdas de carga o acelerómetros. A continuación, el sistema se "pondría en acción" en una gran variedad de tareas, mientras se registran las cargas y los esfuerzos en función del tiempo. Vehículos parecidos se podrían monitorear para determinar la frecuencia con que se encontrarían diversos tipos de cargas, durante su vida esperada. La combinación de esos datos produciría un registro del cual se pueden estimar la cantidad total de ciclos de esfuerzo con determinado valor. Con técnicas estadísticas, como análisis de espectro, análisis con transformada rápida de Fourier y compresión de tiempo, se obtendrían gráficas que resuman los datos de amplitud de esfuerzos y de frecuencia, útiles para análisis de fatiga y de vibración. Vea una descripción amplia de esas técnicas en la referencia 14.

Método de acumulación de daños

El principio básico de la acumulación de daños es la hipótesis de que determinado valor de esfuerzo aplicado durante un ciclo de carga contribuye cierta cantidad al daño de un componente. Vea de nuevo la figura 5-7 y observe la curva *A*, de un acero aleado con tratamiento térmico. Si este material se sometiera a esfuerzos repetidos e invertidos con 120 ksi de amplitud constante, su vida calculada sería 5×10^4 ciclos. Si el espécimen tiene 100 ciclos con estos valores de esfuerzo, tendría un daño equivalente a la relación de $100/(5 \times 10^4)$. Una amplitud de esfuerzos de 100 ksi corresponde a una duración aproximada de 1.8×10^5. Un total de 2000 ciclos con este nivel de esfuerzo produciría un daño de $2000/(1.8 \times 10^5)$. No se espera que un esfuerzo menor de 82 ksi produzca daño alguno, porque es menor que el límite de fatiga del material.

Esta clase de razonamiento se puede aplicar para calcular la duración total de un componente sometido a una secuencia de valores de carga. Sea n_i el número de ciclos de determinado nivel de esfuerzo que tiene el componente. Sea N_i el número de ciclos a la falla para este valor del esfuerzo, obtenido en una curva σ-N como la de la figura 5-7. Entonces, la contribución del daño debido a esta carga es

$$D_i = n_i/N_i$$

Cuando se presentan varios niveles de esfuerzos en distintos números de ciclos, el daño acumulado se puede representar por

$$D_c = \sum_{i=l}^{i=k} (n_i/N_i) \quad \textbf{(5-31)}$$

Se considera que habrá falla cuando $D_c = 1.0$. Este proceso se llama *regla de daño lineal acumulativo de Miner,* o simplemente *regla de Miner*, en honor de su trabajo en 1945. Con un problema ejemplo se demostrará ahora la aplicación de la regla de Miner.

Problema ejemplo 5-5

Determine el daño acumulado en una barra circular pulida de 1.50 pulg de diámetro, sometida a la combinación de ciclos de carga a distintos niveles de esfuerzo invertido y repetido como se ve en la tabla 5-3. La barra es de acero de aleación AISI 6150 OQT1100. La curva σ-N para ese acero está en la figura 5-7, curva *A*, para el espécimen patrón pulido tipo R.R. Moore.

TABLA 5-3 Patrón de carga para el problema ejemplo 5-5

Nivel de esfuerzo (ksi)	Ciclos n_i
80	4000
70	6000
65	10 000
60	25 000
55	15 000
45	1500

Solución Objetivo Barra de acero aleado AISI 6150 OQT1100, $D = 1.50$ pulg, superficie pulida.

Los datos de resistencia a la fatiga (σ-N) están en la figura 5-7, curva A.

La carga es flexión invertida y repetida. El historial de cargas está en la tabla 5-3.

Análisis Primero, ajuste los datos σ-N para las condiciones reales mediante los métodos de la sección 5-4. Aplique la regla de Miner para estimar la parte de la duración consumida por el patrón de carga.

Resultados Para acero AISI 6150 OQT1100, $s_u = 162$ ksi (apéndice A4-6)

De la figura 5-8, s_n básica = 74 ksi para superficie pulida

Factor del material $C_m = 1.00$ para acero forjado

Factor de tipo de esfuerzo, $C_{st} = 1.0$ para esfuerzo de flexión rotatoria invertida

Factor de fiabilidad $C_R = 0.81$ (tabla 5-1), para $R = 0.99$ (decisión de diseño)

Factor de tamaño $C_s = 0.84$ (figura 5-9 y tabla 5-2, para $D = 1.50$ pulg)

Resistencia real estimada a la fatiga, s_n' calculada:

$$s_n' = s_n\, C_m\, C_{st}\, C_R\, C_s = (74 \text{ ksi})(1.0)(1.0)(0.81)(0.84) = 50.3 \text{ ksi}$$

Es la estimación del límite de fatiga del acero. En la figura 5-7, el límite de fatiga para el espécimen estándar es de 82 ksi. La relación de los datos reales con los del dato estándar es 50.3/82 = 0.61. Ahora se puede ajustar toda la curva σ-N con este factor. El resultado es la figura 5-24.

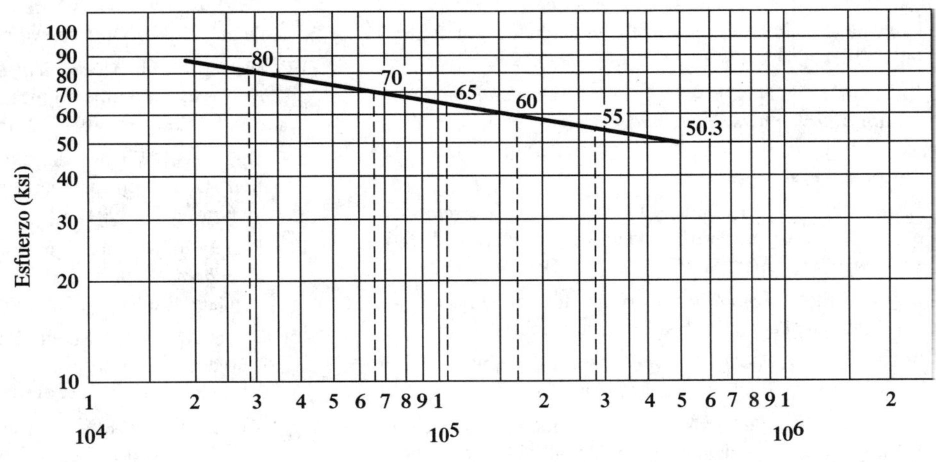

FIGURA 5-24 σ-N Curva para el problema ejemplo 5-5

Ya podemos ver el número de ciclos N_i de vida que corresponde a cada una de los valores de carga, en la tabla 5-3. Los datos combinados para la cantidad de ciclos de carga aplicados n_i y los ciclos de vida N_i, se emplean entonces en la regla de Miner, ecuación 5-31, para determinar el daño acumulado D_c.

Nivel de esfuerzo (ksi)	Ciclos n_i	Ciclos de vida N_i	n_i/N_i
80	4000	2.80×10^4	0.143
70	6000	6.60×10^4	0.0909
65	10 000	1.05×10^5	0.0952
60	25 000	1.70×10^5	0.147
55	15 000	2.85×10^5	0.0526
45	1500	∞	0.00
		Total:	0.529

Comentarios La conclusión, con este número, es que se ha acumulado 53% de la duración del componente con las cargas indicadas. Para estos datos, el mayor daño se debe a la carga de 60 ksi durante 25 000 ciclos. Un daño casi igual se debe a la carga de 80 ksi durante sólo 4 000 ciclos. Observe que los ciclos de carga a 45 ksi no contribuyen al daño, por estar abajo del límite de fatiga del acero.

REFERENCIAS

1. Altshuler, Thomas. *S/N Fatigue Life Predictions for Materials Selection and Design (Software)*. Materials Park, OH: ASM International, 2000.
2. American Society of Mechanical Engineers. ANSI Standard B106.1M-1985. Design of Transmission Shafting (*Norma ANSI B106.1M-1985*). Nueva York: American Society of Mechanical Engineers, 1985.
3. ASM International. *ASM Handbook Volume 19, Fatigue and Fracture* (Manual ASM, volumen 19: Fatiga y fractura). Materials Park, OH: ASM International, 1996.
4. Balandin, D.V., N.N. Bolotnik y W.D. Pilkey. *Optimal Protection from Impact, Shock, and Vibration* (Protección óptima contra impacto, choque y vibración). Londres, UK: Taylor and Francis, 2001.
5. Bannantine, J.A., J.J. Comer y J.L. Handrock. *Fundamentals of Metal Fatigue Analysis* (Fundamentos de análisis de fatiga en metales). Upper Saddle River, NJ: Prentice Hall, 1997.
6. Boyer, H.E. *Atlas of Fatigue Curves* (Atlas de curvas de fatiga). Materials Park, OH: ASM International, 1986.
7. Frost, N.E., L.P. Pook y K.J. Marsh. *Metal Fatigue* (Fatiga en metales). Dover Publications, Mineola, NY: 1999.
8. Fuchs, H.O., R.I. Stephens y R.R. Stephens. *Metal Fatigue in Engineering* (Fatiga de metales en ingeniería). 2ª ed. Nueva York: John Wiley & Sons, 2000.
9. Harris, C.M. y A.G. Piersol. *Harris' Shock and Vibration Handbook* (Manual Harris de choque y vibración). 5ª ed. Nueva York: McGraw-Hill, 2001.
10. Juvinall, R.C. *Engineering Considerations of Stress, Strain, and Strength* (Consideraciones técnicas sobre esfuerzo, deformación y resistencia). Nueva York: McGraw-Hill, 1967.
11. Juvinall, R.C. y K.M. Marshek. *Fundamentals of Machine Component Design* (Fundamentos de diseño de componentes de máquinas). 3ª ed. Nueva York: John Wiley & Sons, 2000.
12. Marin, Joseph. *Mechanical Behavior of Engineering Materials* (Comportamiento mecánico de materiales de ingeniería). Englewood Cliffs, NJ: Prentice Hall, 1962.
13. Shigley, J.E. y C.R. Mischke. *Mechanical Engineering Design* (Diseño en ingeniería mecánica), 6ª ed. Nueva York: McGraw-Hill, 2001.
14. Society of Automotive Engineers, *SAE Fatigue Design Handbook* (Manual SAE de diseño para fatiga). 3ª ed. Warrendale, PA: SAE International, 1997.
15. Spotts, M.F. y T.E. Shoup. *Design of Machine Elements* (Diseño de elementos de máquinas). 7ª ed. Upper Saddle River, NJ: Prentice Hall, 1998.
16. Young, W.C. y R.G. Budynas. *Roark's Formulas for Stress and Strain* (Fórmulas de Roark para esfuerzo y deformación). 7ª ed. Nueva York: McGraw-Hill, 2002.

PROBLEMAS

Relación de esfuerzos

Para cada uno de los problemas del 1 al 9, trace un esquema de la variación del esfuerzo contra tiempo y calcule el esfuerzo máximo, mínimo, medio, alternativo y la relación de esfuerzos R. En los problemas 6 a 9, analice la viga en el lugar donde habría el máximo esfuerzo, en cualquier momento del ciclo.

1. Un eslabón de un mecanismo es de varilla redonda, con 10.0 mm de diámetro. Se somete a una fuerza de tensión que varía de 3500 a 500 N, en forma cíclica, cuando trabaja el mecanismo.
2. Un poste de un retículo tiene sección transversal rectangular de 10.0 mm por 30.0 mm. Tiene una carga que varía entre fuerza de tensión de 20.0 kN y fuerza de compresión de 8.0 kN.
3. Un eslabón de una máquina empacadora tiene sección transversal cuadrada de 0.40 pulg por lado. Se sujeta a una carga que varía desde una fuerza de tensión de 860 lb hasta una fuerza de de compresión de 120 lb.
4. Una varilla circular de 3/8 pulg de diámetro sostiene parte de un anaquel en una bodega. Cuando se cargan y descargan productos, la varilla está bajo la acción de una carga de tensión variable de 1800 a 150 lb.
5. La parte de una traba, en una cerradura de coche, es de varilla circular de 3.0 mm de diámetro. En cada accionamiento sufre una fuerza de tensión que varía de 780 a 360 N.
6. Una parte de la estructura de un sistema industrial de automatización es una viga que salva 30.0 pulg, como se muestra en la figura P5-6. Se le aplican cargas en dos puntos, cada una a 8.0 pulgadas de un apoyo. La carga en la izquierda F_1 = 1800 lb permanece constante, mientras la de la derecha F_2 = 1800 lb se aplica y se quita con frecuencia en cada ciclo de la máquina.

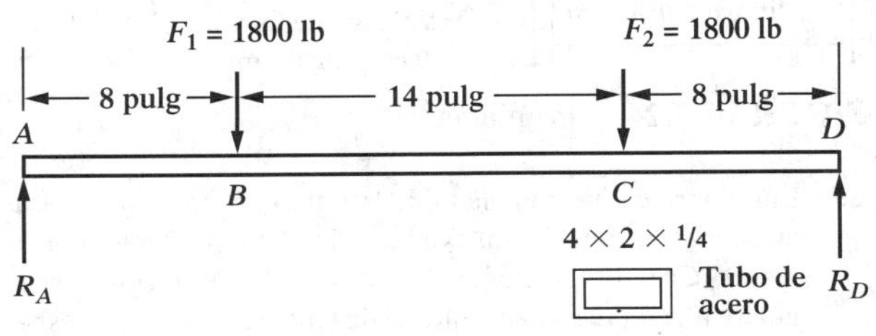

FIGURA P5-6 (Problemas 6 y 23)

7. Un brazo de carga en voladizo es parte de una máquina ensambladora y se construye con una viga de acero estándar estadounidense S4 × 7.7. Una herramienta de 500 lb de peso se mueve continuamente desde el extremo de la viga de 60 pulg hasta un punto a 10 pulg del apoyo.
8. En la figura P5-8 se ve una parte de un soporte, en el asiento de un camión. La carga varía de 1450 N a 140 N, cuando los pasajeros entran y salen del camión.

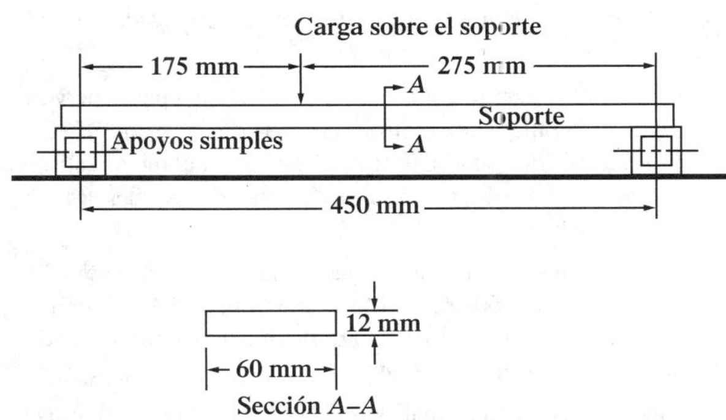

FIGURA P5-8 Soporte de asiento (Problemas 8, 19 y 20)

9. Se usa una banda plana de acero como muelle para mantener una fuerza contraparte de un pasador de caja, en una impresora comercial, como se ve en la figura P5-9. Cuando está abierta la puerta de la caja, el muelle se flexiona y_1 = 0 25 mm debido al perno del pasador. El perno hace que la deflexión aumente a 0.40 mm, cuando se cierra la puerta.

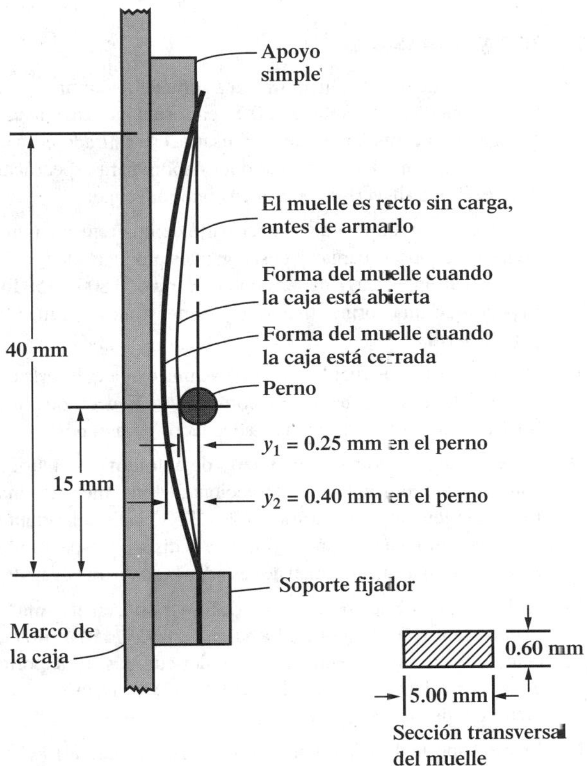

FIGURA P5-9 Muelle de traba de una caja (Problemas 9 y 22)

Resistencia a la fatiga

En los problemas 10 a 14, emplee el método descrito en la sección 5-14 para determinar la resistencia real esperada del material a la fatiga.

10. Calcule la resistencia real estimada a la fatiga para una varilla de 0.75 pulg de diámetro, fabricada con acero AISI 1040 estirado en frío. Se va a usar en el estado tal como se estiró y se someterá a esfuerzo de flexión repetido. Se desea tener una confiabilidad de 99%.

11. Calcule la resistencia real estimada a la fatiga para una varilla de acero AISI 5160 OQT 1300 de 20.0 mm de diámetro. Se va a maquinar y someter a esfuerzo flexionante repetido. Se desea una confiabilidad del 99%.

12. Calcule la resistencia real estimada a la fatiga de una barra de acero AISI 4130 WQT 1300, rectangular de 20.0 mm por 60 mm. Se va a maquinar y a someter a esfuerzo flexionante repetido. Se desea una confiabilidad de 99%.

13. Calcule la resistencia real estimada a la fatiga de una varilla de acero inoxidable AISI 301, 1/2 dura, de 0.60 pulg de diámetro. Se va a maquinar y someter a esfuerzo de tensión axial repetido. Se desea una confiabilidad de 99.9%.

14. Calcule la resistencia real estimada a la fatiga de una barra de acero ASTM A242, de sección transversal rectangular de 0.375 por 3.50 pulg. Se va a maquinar y someter a esfuerzo flexionante repetido. Se desea una confiabilidad de 99%.

Diseño y análisis

15. El eslabón de un mecanismo se va a someter a una fuerza de tensión que varía de 3500 a 500 N, en forma cíclica, cuando trabaja el mecanismo. Se decidió usar acero estirado en frío AISI 1040. Complete el diseño del eslabón, para especificar una sección transversal con dimensiones adecuadas.

16. Una varilla circular va a sostener parte de una repisa en una bodega. Cuando se cargan y descargan los productos la varilla se ve sujeta a una carga de tensión que varía de 1800 a 150 lb. Especifique una forma, material y dimensiones adecuados para la varilla.

17. Un poste de una estructura reticular ve una carga que varía de 20.0 kN de tensión a 8.0 kN de compresión. Especifique una forma, material y dimensiones, adecuados para el poste.

18. Parte de un cerrojo para una puerta de automóvil se fabrica con varilla circular. Con cada accionamiento, muestra una fuerza de tensión que varía de 780 a 360 N. Es importante que el tamaño sea pequeño. Complete el diseño y especifique una forma, material y dimensiones adecuados para la varilla.

19. En la figura P5-8 se observa parte de un soporte, en el conjunto del asiento de un autobús. La carga varía de 1450 a 140 N, cuando los pasajeros entran y salen del autobús. El soporte es de acero laminado en caliente AISI 1020. Determine el factor de diseño resultante.

20. Para el soporte de asiento de autobús, en el problema 19 y en la figura P5-8, proponga un diseño alternativo, distinto del que se ve en la figura, con el fin de obtener un conjunto más ligero con un factor de diseño aproximado de 4.0.

21. Un brazo en voladizo es parte de una máquina ensambladora. Una herramienta de 500 lb de peso se mueve en forma continua, desde el extremo de la viga de 60 pulgadas hasta un punto a 10 pulgadas del soporte. Especifique un diseño adecuado para el brazo, para definir el material, y la forma y dimensiones de la sección transversal.

22. Una banda de acero se usa como muelle para mantener una fuerza contraparte de un pestillo de cerradura de la caja en una impresora comercial, como se ve en la figura P5-9. Cuando está abierta la puerta de la caja, el perno del pestillo flexiona $y_1 = 0.25$ mm al muelle. El perno hace que aumente la deflexión a 0.40 mm cuando está cerrada la puerta. Especifique un material adecuado para el muelle, si se hace con las dimensiones que se indican en la figura.

23. Parte de una estructura para un sistema de automatización industrial es una viga que salva 30.0 pulg, como se ve en la figura P5-6. Se aplican cargas en dos puntos, cada uno a 8.0 pulg de un soporte. La carga de la izquierda $F_1 = 1800$ lb permanece aplicada en forma constante, mientras que la de la derecha $F_2 = 1800$ lb se aplica y se quita con frecuencia, con los ciclos de la máquina. Si el tubo rectangular es de acero ASTM A500 grado B ¿es satisfactorio ese diseño propuesto? Mejore el diseño para tener una viga más ligera.

24. La figura P5-24 muestra un cilindro hidráulico que empuja una herramienta pesada en su carrera de salida, ya que entrega una carga de compresión de 400 lb al vástago. Durante la carrera de regreso, el vástago jala la herramienta con una fuerza de 1500 lb. Calcule el factor de diseño que resulta para el vástago de 0.60 pulg de diámetro, cuando se somete a esta forma de cargas durante muchos ciclos. El material es acero AISI 4130 WQT 1300. Si el factor de diseño que se obtenga es muy diferente de 4.0, determine el tamaño del vástago que produzca $N = 4.0$.

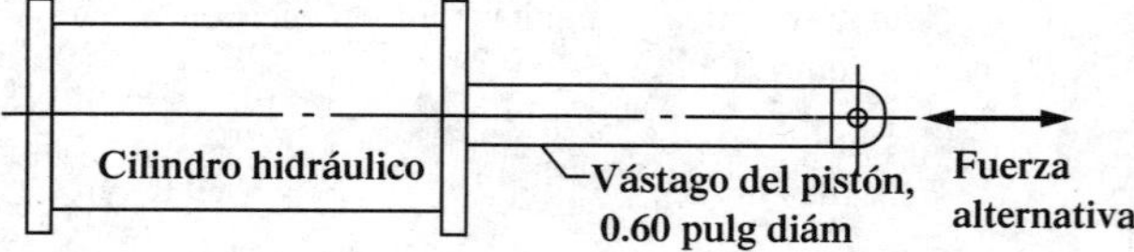

FIGURA P5-24 (Problema 24)

25. El cilindro de hierro colado de la figura P5-25 sólo soporta una carga de compresión axial de 75 000 lb. (El par torsional $T = 0$.) Calcule el factor de diseño, si es de hierro colado gris grado 40, con resistencia última de tensión de 40 ksi y resistencia última de compresión de 140 ksi.

26. Repita el problema 25, pero emplee una carga de tensión de 12 000 lb.

27. Repita el problema 25, pero emplee una carga que sea combinación de 75 000 lb de compresión axial y 20 000 lb·pulg de torsión.

28. El eje de la figura P5-28 está apoyado en cojinetes en cada extremo, cuyos diámetros interiores miden 20.0 mm. Diseñe el eje que soporte la carga indicada, si es continua y el eje es estacionario. Haga la dimensión a tan grande como sea posible para manener el esfuerzo en un valor seguro. Determine el diámetro necesario de la parte media. El radio de transi-

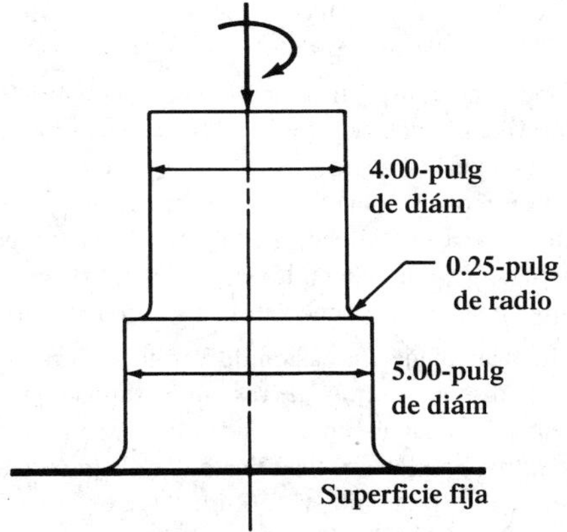

FIGURA P5-25 (Problemas 25, 26 y 27)

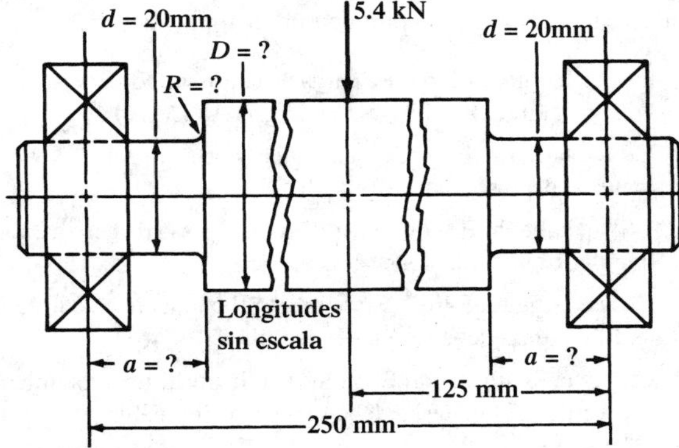

FIGURA P5-28 (Problemas 28, 29 y 30)

ción máximo admisible es de 2.0 mm. Use acero estirado en frío AISI 1137. Emplee un factor de diseño de 3.

29. Repita el problema 28 mediante un eje rotatorio.

30. Repita el problema 28, pero mediante un eje que gire y transmita un par torsional de 150 N·m del rodamiento izquierdo a la mitad del eje. También existe un cuñero en la parte media, bajo la carga.

31. La figura P5-31 muestra el diseño propuesto para un asiento. El miembro vertical debe ser un tubo estándar (vea la tabla A16-6). Especifique un tubo adecuado que resista las cargas estáticas, al mismo tiempo en direcciones vertical y horizontal, como se indica. Las propiedades del tubo se parecen a las del acero laminado en caliente AISI 1020. Emplee un factor de diseño de 3.

32. Una barra de torsión debe tener una sección transversal circular maciza. Debe soportar un par fluctuante entre 30 a 65 N·m. Use AISI 4140 OQT 1000 para la barra y determine el diámetro necesario para que el factor de diseño sea igual a 2. Los accesorios producen una concentración de esfuerzos de 2.5, cerca de los extremos de la barra.

33. Determine el tamaño necesario de una barra cuadrada hecha de acero AISI 1213 estirado en frío. Soporta una carga axial constante de tensión de 1500 lb, y una carga de flexión que varía de cero hasta un máximo de 800 lb al centro de la longitud de la barra, que mide 48 pulgadas. Emplee un factor de diseño igual a 3.

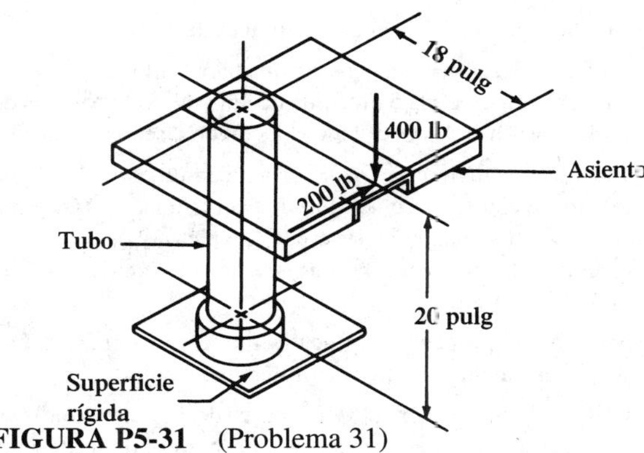

FIGURA P5-31 (Problema 31)

34. Repita el problema 33, pero agregue un momento de torsión constante de 1200 lb·pulg a las demás cargas.

En algunos de los problemas siguientes se le pide calcular el factor de diseño que resulta para el diseño propuesto con las cargas dadas. A menos que se indique otra cosa, suponga que el elemento que se analiza tiene una superficie maquinada. Si el factor de diseño es apreciablemente distinto de $N = 3$, vuelva a diseñar el componente para que N sea aproximadamente igual a 3 (vea las figuras del capítulo 3).

35. El miembro en tensión de una estructura está sometido a una carga continua de 4.50 kN. Tiene 750 mm de longitud, y es de tubo de acero AISI 1040 laminado en caliente, con diámetro exterior de 18 mm y diámetro interior de 12 mm. Calcule el factor de diseño que resulta.

36. Una carga continua de tensión, de 5.00 kN, se aplica a una barra cuadrada de 12 mm por lado, de 1.65 m de longitud. Calcule el esfuerzo en la barra y el factor de diseño resultante, si la barra está hecha de *a*) acero laminado en caliente AISI 1020, *b*) acero AISI 8650 OQT 1000, *c*) Hierro dúctil A536-84 (60-40-18), *d*) aleación de aluminio 6061-T6, *e*) aleación de titanio Ti-6Al-4V, recocida, *f*) plástico PVC rígido y *g*) resina fenólica.

37. Un barrote de aluminio, de aleación 6061-T6, tiene la forma de un tubo cuadrado hueco de 2.25 pulg exteriores y 0.125 pulg de espesor de pared. Su longitud es de 16.0 pulg. Soporta la fuerza axial de compresión de 12 600 lb. Calcule el factor de diseño que resulta. Suponga que el tubo no se pandea.

38. Calcule el factor de diseño sólo en la parte media de la barra *AC*, en la figura P3-8, si la fuerza vertical continua en el brazo es de 2500 lb. La barra es rectangular, de 1.50 por 3.50 pulgadas y es de acero estirado en frío AISI 1144.

39. Calcule las fuerzas en las dos varillas en ángulo de la figura P3-9, para una fuerza continua aplicada $F = 1500$ lb, si el ángulo θ es de 45°. A continuación diseñe la parte media de cada varilla para que sea redonda, fabricada con acero laminado en caliente AISI 1040. Especifique un diámetro adecuado.

40. Repite al problema 39 si el ángulo θ es de 15°.

41. La figura 3-26 muestra parte de una barra redonda sometida a una fuerza repetida e invertida de 7500 N. Si la barra es de AISI 4140 OQT 1000, calcule el factor de diseño que resulta.

42. Calcule el esfuerzo torsional cortante en un eje redondo de 50 mm de diámetro, sometido a un par torsional de 800 N·m. Si el par torsional se invierte por completo, y es repetitivo, calcule el factor de diseño que resulta. El material es AISI 1040 WQT 1000.

43. Si el par del problema 42 fluctúa entre cero y el máximo de 800 N·m, calcule el factor de diseño que resulta.

44. Calcule el esfuerzo cortante torsional en un eje redondo de 0.40 pulg de diámetro, adecuado para un par continuo de 88.0 lb·pulg. Especifique una aleación de aluminio adecuada para ese eje.

45. Calcule el diámetro requerido en un eje redondo macizo, para que transmita un máximo de 110 hp a 560 rpm. El par torsional varía de cero hasta el máximo. No hay otras cargas de importancia en el eje. Use AISI 4130 WQT 700.

46. Especifique un material adecuado para un eje redondo con diámetro externo de 40 mm y diámetro interno de 30 mm, cuando transmite 28 kilowatts (kW) de potencia continua a 45 radianes por segundo (rad/s).

47. Repita el problema 46 si la potencia fluctúa de 15 a 28 kW.

48. La figura P5-48 muestra parte de una barra de soporte para una maquinaria pesada, colgada en resortes, para atenuar las cargas aplicadas. La carga de tensión sobre la barra varía de 12 500 lb hasta un máximo de 7500 lb. Se esperan muchos millones de ciclos rápidos. La barra es de acero AISI 6150 OQT 1300. Calcule el factor de diseño para la barra en la cercanía del orificio.

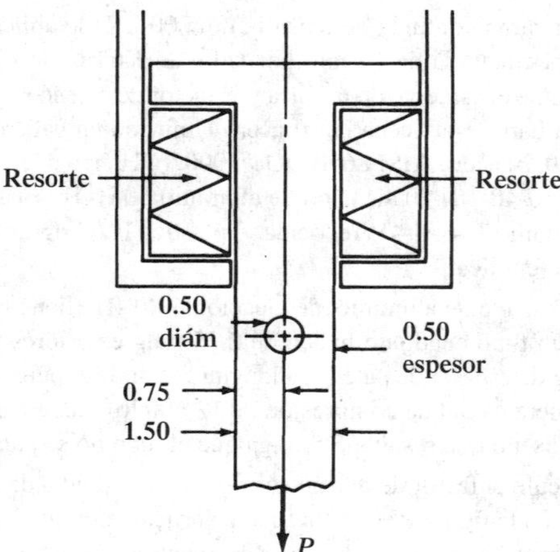

FIGURA P5-48 (Problema 48)

49. La figura P3-61 muestra el vástago de una válvula para motor, sometido a una carga axial de tensión, aplicada por el resorte de la válvula. La fuerza varía de 0.80 a 1.25 kN. Calcule el factor de diseño que resulta en el chaflán del hombro. La válvula es de acero AISI 8650 OQT 1300.

50. Un soporte de transportador, que se ve en la figura P3-62, soporta tres conjuntos pesados de 1200 lb cada uno. El soporte está maquinado en acero AISI 1144 OQT 900. Calcule el factor de diseño resultante en el soporte, tenga en cuenta las concentraciones de esfuerzos en los chaflanes y suponga que la carga actúa axialmente. La carga variará de cero hasta el máximo, cuando se cargue y descargue el transportador.

51. Para la placa plana en tensión de la figura P3-63, calcule el factor de diseño mínimo que resulte, si supone que los orificios están suficientemente alejados para que no interactúen sus efectos. La placa se maquina en acero inoxidable, UNS S17400 en la condición H1150. La carga es repetitiva y varía de 4000 a 6200 lb.

En los problemas 52 a 56, seleccione un material adecuado para el elemento, y considere las concentraciones de esfuerzo para las cargas dadas, para producir un factor de diseño $N = 3$.

52. Utilice la figura P3-64. La carga es continua. El material debe ser algún tipo de hierro colado gris ASTM A48.

53. Utilice la figura P3-65. La carga varía de 20.0 a 30.3 kN. El material debe ser titanio.

54. Utilice la figura P3-66. El par de torsión varía de cero a 2200 lb·pulg. El material debe ser acero.

55. Utilice la figura P3-67. El momento flexionante es constante. El material debe ser hierro dúctil ASTM A536.

56. Utilice la figura P3-68. El momento flexionante es totalmente invertido, El material debe ser acero inoxidable.

57. La figura P5-57 muestra parte de un destornillador automático, diseñado para manejar varios millones de tornillos. El par torsional máximo necesario para manejar un tornillo es de 100 lb·pulg. Calcule el factor de diseño para el esquema propuesto, si la parte se fabrica con AISI 8740 OQT 1000.

58. La viga de la figura P5-58 soporta dos cargas constantes, $P = 750$ lb. Evalúe el factor de diseño que resultaría si la viga fuera hecha de hierro gris colado clase 40.

59. Un eslabón a tensión está sujeto a una carga repetida unidireccional de 3000 lb. Especifique un material adecuado, si el eslabón debe ser de acero y debe tener 0.50 pulgadas de diámetro.

60. Un miembro de un mecanismo automático de transferencia, en una fábrica, debe resistir una carga repetida de tensión de 800 lb, y no debe alargarse más de 0.010 pulg en su longitud de 25.0 pulg. Especifique un acero adecuado y las dimensiones de la varilla si debe tener una sección transversal cuadrada.

61. La figura P5-61 muestra dos diseños para que una viga soporte una carga central repetida de 600 lb. ¿Qué diseño tendría el mayor factor de diseño para determinado material?

62. Vea la figura P5-61. Si se reduce la dimensión de 8.0 pulg, rediseñe la viga de la parte (*b*) de la figura para que tenga un factor de diseño igual o mayor que para el diseño de la parte (*a*).

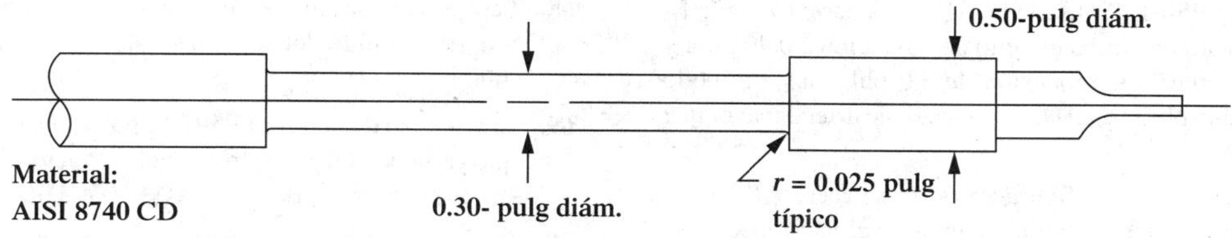

FIGURA P5-57 Destornillador para el problema 57

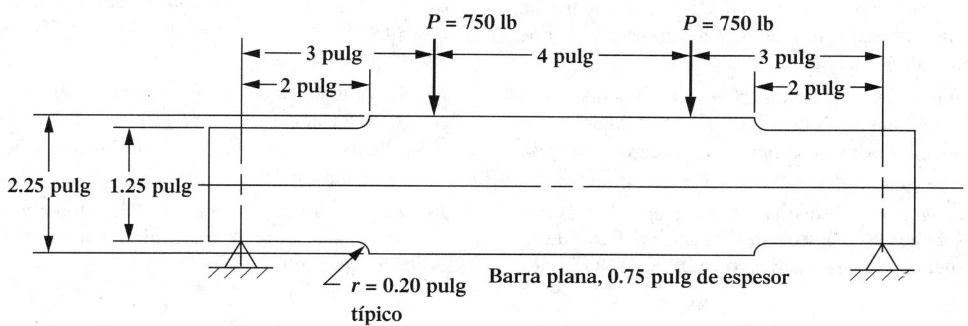

FIGURA P5-58 Viga para el problema 58

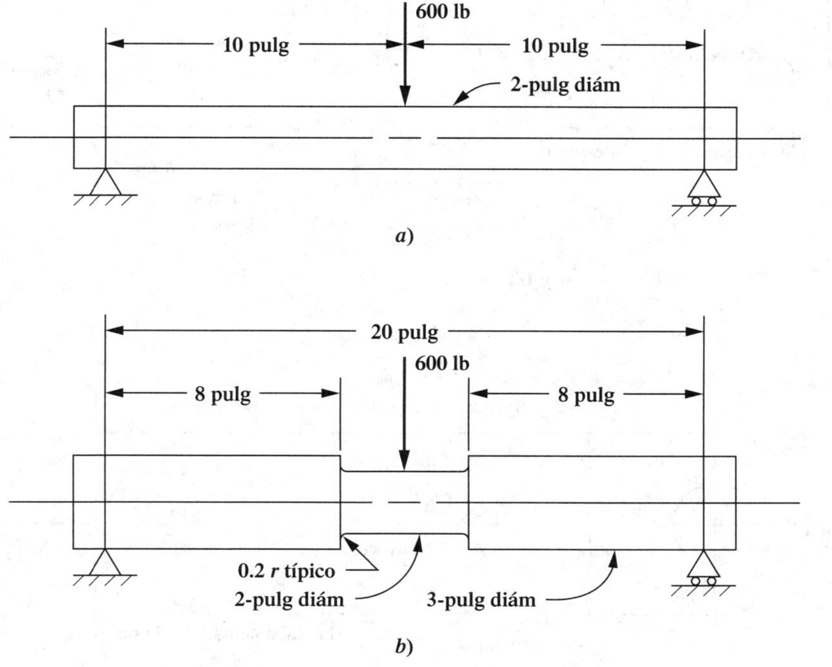

FIGURA P5-61 Viga para los problemas 61, 62 y 63

63. Vea la figura P5-61. Rediseñe la viga de la parte (*b*) de la figura al aumentar primero el radio de transición a 0.40 pulg y después al reducir la dimensión de 8.0 pulgadas, de modo que el conjunto que resulte tenga un factor de diseño mayor que el de la parte (*a*).

64. La pieza que se ve en la figura P5-64 es de acero AISI 1040 HR. Se va a someter a una fuerza unidireccional repetida de 5000 lb, aplicada a través de dos pasadores de 0.25 pulg de diámetro, en los orificios de cada extremo. Calcule el factor de diseño que resulta.

65. Para la parte descrita en el problema 64, realice al menos tres mejoras en el diseño que reduzcan apreciablemente el esfuerzo, sin aumentar el peso. Las dimensiones marcadas con © son críticas y no se pueden cambiar. Después del rediseño, especifique un material adecuado para alcanzar un factor de diseño mínimo de 3.

66. El eslabón que se ve en la figura P5-66 está sometido a una fuerza de tensión que varía de 3.0 a 24.8 kN. Evalúe el factor de diseño, si el eslabón se fabrica con acero AISI 1040 CD.

67. La viga de la figura P5-67 soporta una carga repetida e invertida de 400 N, aplicada en la sección *C*. Calcule el factor de diseño que resulta, si la viga se fabrica con AISI 1340 OQT 1300.

68. Para la viga descrita en el problema 67, cambie la temperatura de revenido del acero para alcanzar un factor de diseño mínimo de 3.0.

69. El voladizo de la figura P5-69 soporta una carga hacia abajo, que varía de 300 a 700 lb. Calcule el factor de diseño que resulta si la barra es de acero AISI 1050 HR.

70. Para el voladizo del problema 69, aumente el tamaño del radio de transición para mejorar el factor de diseño, cuando menos hasta 3, si es posible.

71. Para el voladizo del problema 69, especifique un material adecuado para tener un factor de diseño mínimo de 3.0, sin cambiar la geometría de la viga.

72. La figura P5-72 muestra un eje giratorio que soporta una carga constante hacia abajo de 100 lb en *C*. Especifique un material adecuado.

73. La varilla escalonada de la figura P5-73 se somete a una fuerza de tensión directa, que varía de 8 500 a 16 000 lb. Si la varilla es de acero AISI 1340 OQT 700, calcule el factor de diseño que resulta.

74. Para la varilla del problema 73, elabore un rediseño con el que se alcance un factor de diseño mínimo de 3.0. No se pueden cambiar los dos diámetros.

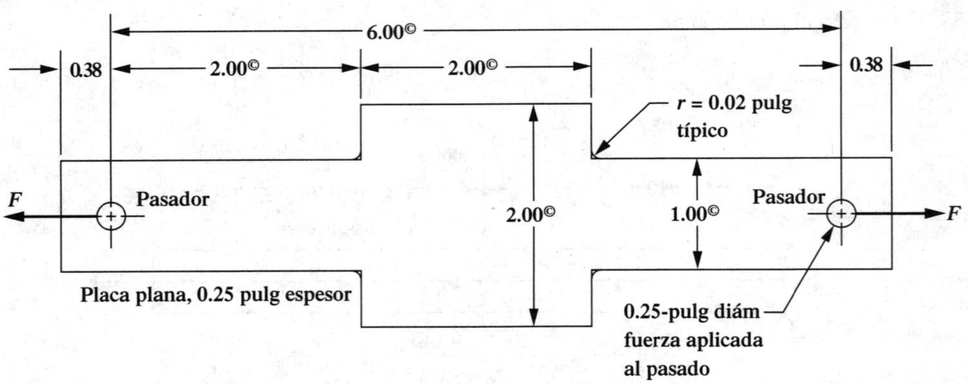

FIGURA P5-64 Viga para los problemas 64 y 65

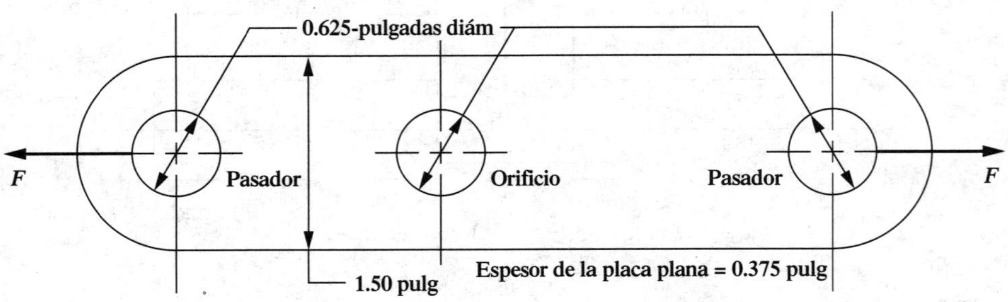

FIGURA P5-66 Eslabón para el problema 66

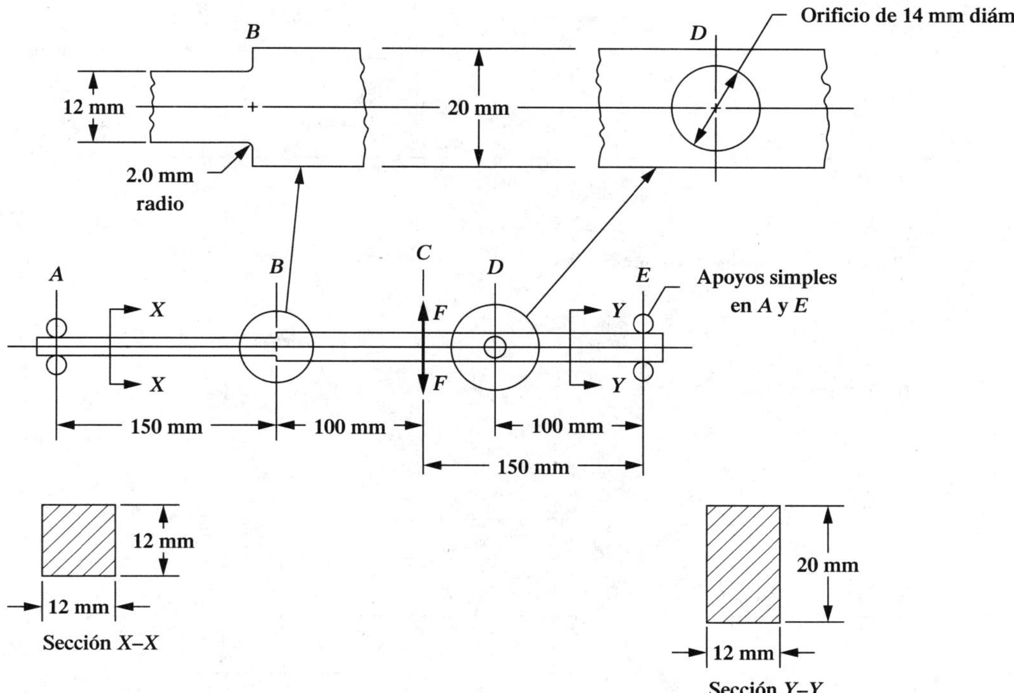

FIGURA P5-67 Viga para los problemas 67 y 68

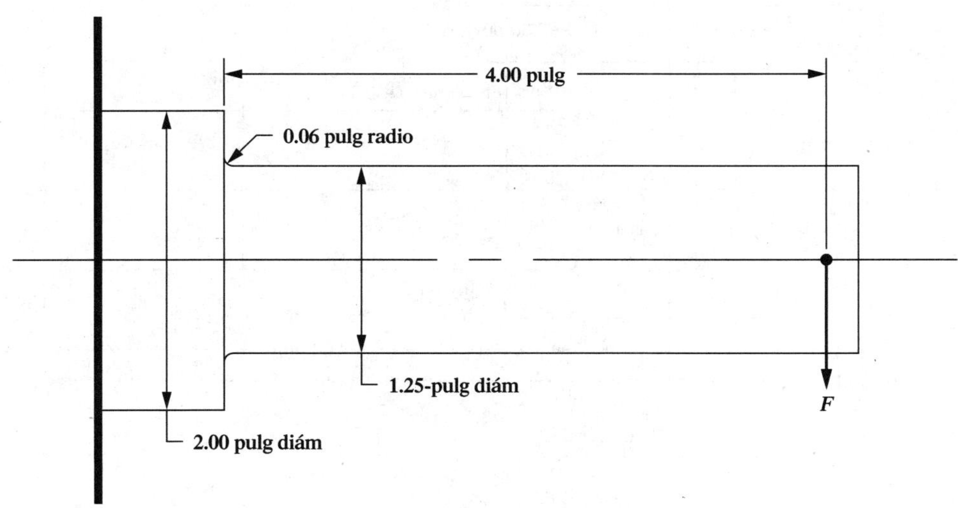

FIGURA P5-69 Voladizo para los problemas 69, 70 y 71

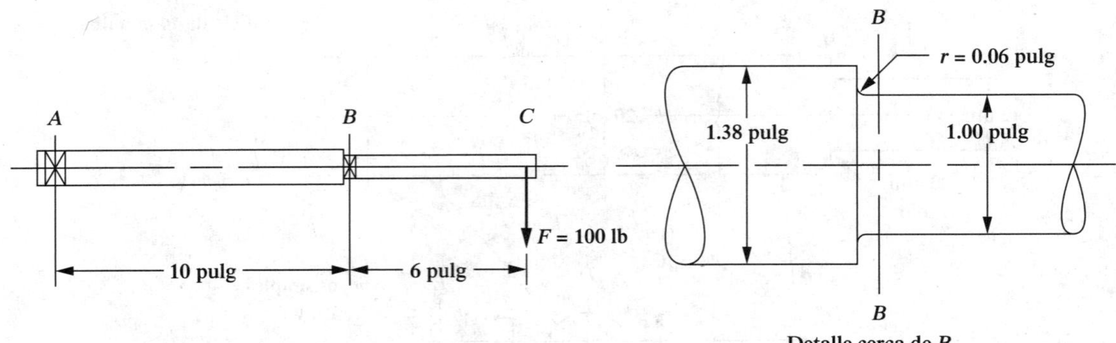

FIGURA P5-72 Eje para el problema 72

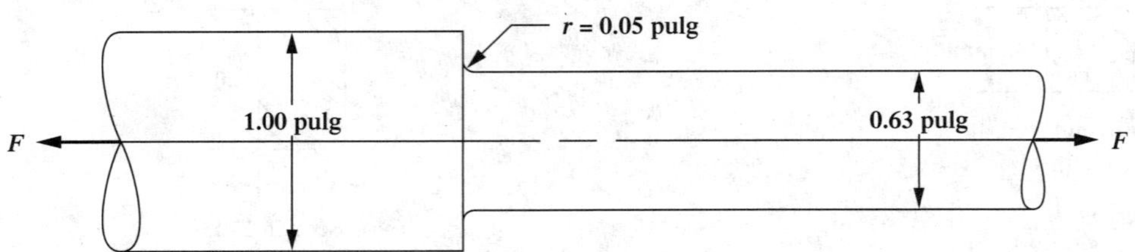

FIGURA P5-73 Varilla para los problemas 73 y 74

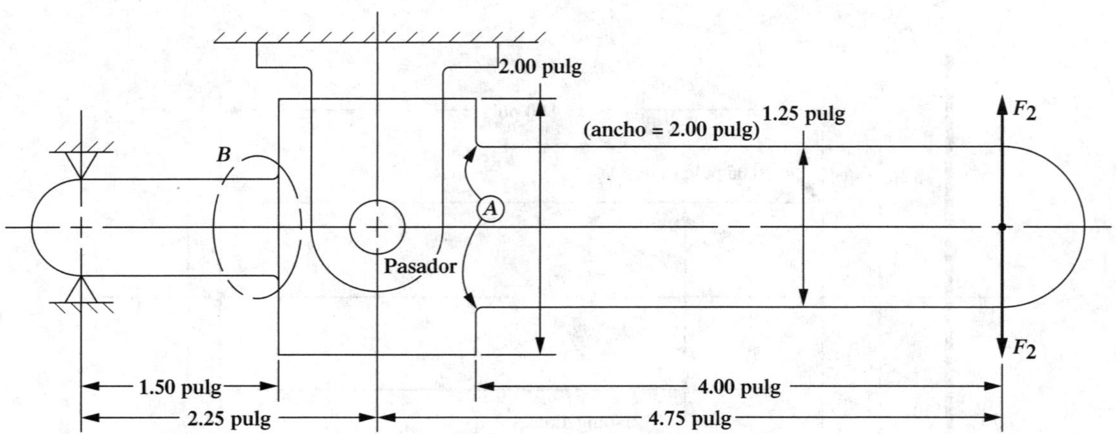

FIGURA P5-75 Viga para los problemas 75 y 76

75. La viga de la figura P5-75 soporta una carga repetida e invertida de 800 lb, hacia arriba y hacia abajo. Si la viga es de AISI 1144 OQT 1100, especifique el radio de tangencia mínimo aceptable en *A* para asegurar que el factor de diseño sea de 3.0.

76. Para la viga del problema 75, diseñe la sección en *B* para alcanzar un factor mínimo de diseño de 3.0. Especifique la forma, dimensiones y radio del chaflán donde la parte más angosta se une a la sección de 2.00 por 2.00 pulg.

Problemas de diseño

En cada uno de los siguientes problemas, haga el diseño que se pide para alcanzar un factor de diseño mínimo de 3.0. Especifique la forma, dimensiones y material para la parte que diseñe. Trate de que su diseño sea eficiente y tenga bajo peso.

77. El eslabón de la figura P5-77 soporta una carga de 3000 N, aplicada y retirada muchas veces. El eslabón se maquina a partir de una barra cuadrada de 12.0 mm por lado, de acero AISI 1144 OQT 1100. Los extremos deben quedar de 12.0 mm por lado, para facilitar la unión con las partes correspondientes. Se desea reducir el tamaño de la parte intermedia para reducir el peso. Termine el diseño.

78. Complete el diseño de la viga de la figura P5-78, para soportar un motor hidráulico grande. La viga se fija a los dos largueros de la plataforma de un camión. Debido a las aceleraciones verticales que tiene el camión, la carga sobre la viga varía de 1200 lb hacia arriba hasta 5000 lb hacia abajo. La mitad de la carga de aplica a la viga en cada pata del motor.

79. Un miembro en tensión, de una armadura, está sometido a una carga que varía de 0 a 6500 lb, cuando una grúa viajera cruza la armadura. Diseñe el miembro en tensión.

80. Un colgante de un sistema de transportador se proyecta hacia fuera de dos soportes, como se ve en la figura P5-80. La carga en el extremo derecho varía de 600 a 3800 lb. Diseñe el colgante.

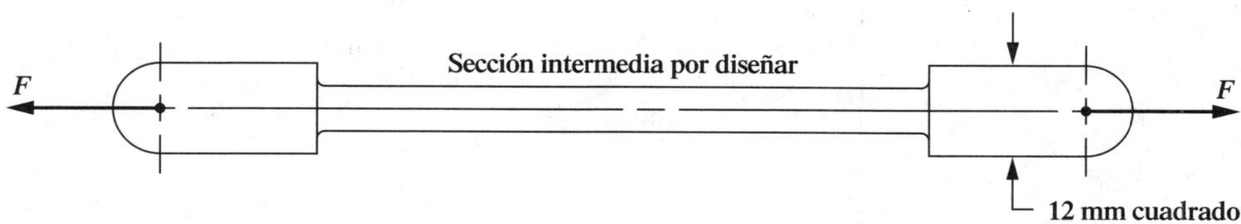

FIGURA P5-77 Eslabón para el problema 77

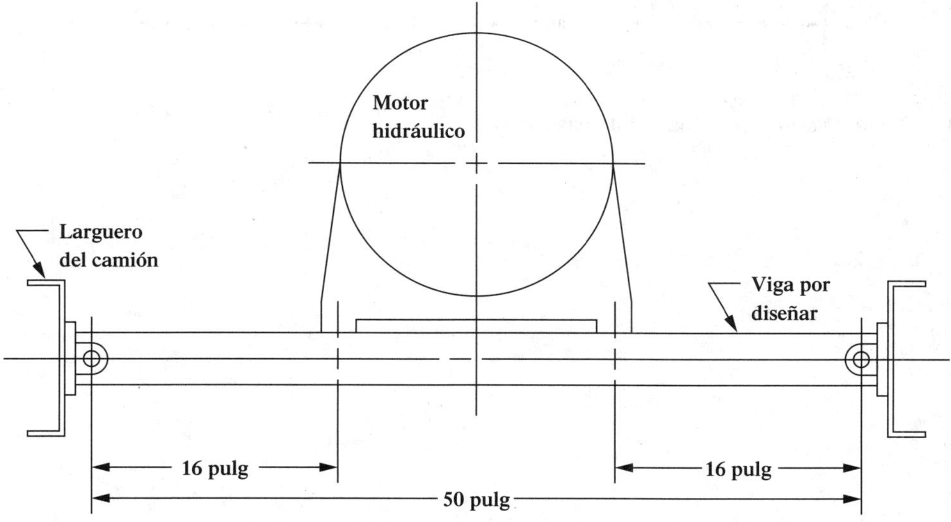

FIGURA P5-78 Viga para el problema 78

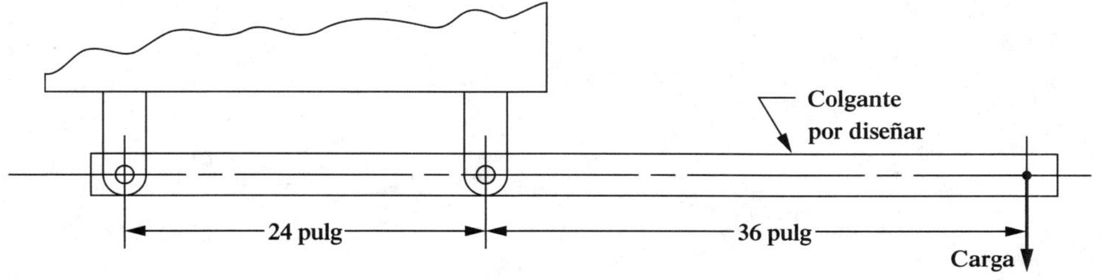

FIGURA P5-80 Colgante para el sistema del transportador en el problema 80

81. La figura P5-81 muestra un balancín o yugo colgado bajo un travesaño de la grúa, con dos varillas. Diseñe el yugo si las cargas se aplican y retiran muchas veces.

82. Para el sistema de la figura P5-81, diseñe las dos varillas verticales, si las cargas se aplican y quitan muchas veces.

83. Diseñe las conexiones entre las varillas, el yugo y carriles travesaño de la grúa, que se ven en la figura P5-81.

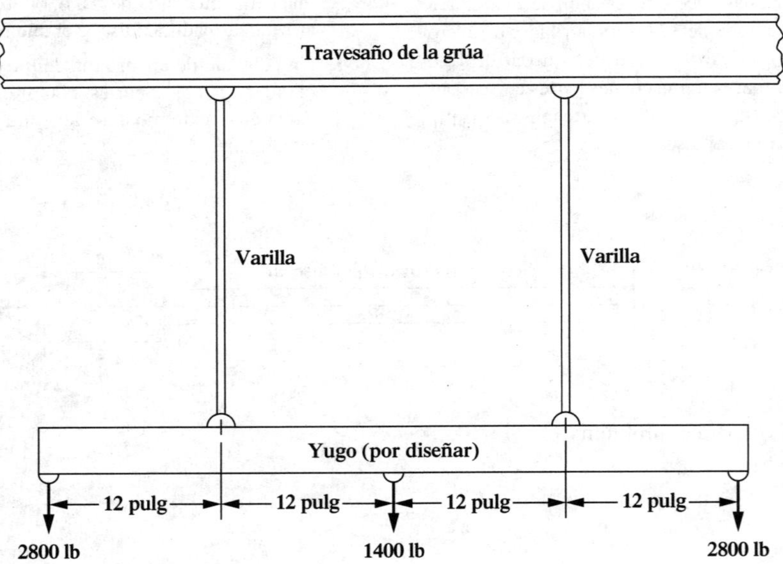

FIGURA P5–81 Yugo y varillas para los problemas 81, 82 y 83

6

Columnas

Panorama

Columnas

Mapa de aprendizaje

- Una columna es un miembro largo y esbelto que soporta una carga axial de compresión, que falla por pandeo, más que por falla del material de la columna.

Descubrimiento

Encuentre al menos 10 ejemplos de columnas.

Descríbalos y explique la forma en que se cargan. Platique acerca de esto con sus colegas.

Trate de encontrar al menos una columna que pueda cargar a mano en forma adecuada y observe el fenómeno del pandeo.

Platique con sus colegas acerca de qué variables parecen afectar la forma en que falla una columna, y cuánta carga puede aguantar antes de fallar.

Este capítulo le ayudará a adquirir algunos de los métodos analíticos necesarios para diseñar y analizar columnas.

Una *columna* es un miembro estructural que soporta una carga axial de compresión, y que tiende a fallar por inestabilidad elástica o pandeo, más que por aplastamiento del material. La *inestabilidad elástica* es la condición de falla donde la forma de una columna no tiene la rigidez necesaria para mantenerla erguida bajo la carga. Entonces, si no se reduce la carga, la columna se colapsará. Es obvio que este tipo de falla catastrófica debe evitarse en estructuras y en elementos de máquinas.

En el caso ideal, las columnas son rectas y relativamente largas y esbeltas. Si un miembro en compresión es tan corto que no tiende a pandearse, en el análisis de falla se deben emplear los métodos presentados en el capítulo 5. Este capítulo presenta varios métodos para analizar y diseñar las columnas, y para garantizar la seguridad bajo una diversidad de condiciones de carga.

Tómese unos minutos para imaginar ejemplos de pandeo de columnas. Encuentre un objeto que parezca ser largo y esbelto, por ejemplo una regla, una vara larga de madera con diámetro pequeño, un popote para beber o una varilla delgada de metal o de plástico. Aplíquele con cuidado una carga hacia abajo a su columna mientras apoya su parte inferior en un escritorio o en el piso. Asegúrese de que el objeto no se resbale. Aumente la carga en forma gradual y observe el comportamiento de la columna hasta que comience a flexionarse en forma apreciable en su parte media. A continuación, mantenga esa carga. No la aumente mucho porque es probable que… ¡la columna se rompa!

Ahora retire la carga; la columna debe regresar a su forma original. El material no debe haberse roto ni deformado. Pero ¿consideraría que la columna haya fallado en el punto del pandeo? ¿Sería importante mantener la carga aplicada muy inferior a la que causó el inicio del pandeo?

Ahora vea a su alrededor. Imagine cosas con las que esté familiarizado, o tómese su tiempo para salir y buscar otros ejemplos de columnas. Recuerde, busque las que sean relativamente largas y esbeltas, con carga y sometidas a cargas de compresión. Considere piezas de mobiliario, edificios, automóviles, camiones, juguetes, juegos mecánicos, maquinaria industrial y maquinaria de construcción. Trate de encontrar al menos 10 ejemplos. Describa su aspecto, el material de que estén hechas, la forma en que estén soportadas y cargadas. Haga lo anterior en la clase o con sus colegas; lleve las descripciones a la siguiente clase, para comentarlas.

Observe que se le pidió encontrar miembros portátiles *relativamente largos y esbeltos*. ¿Cómo saber si un elemento es largo y esbelto? En este punto, sólo debería aplicar su juicio. Si dispone de la columna y es usted lo bastante fuerte como para cargarla hasta el pandeo, hágalo. Después, en este capítulo, se cuantificará qué significan los términos *largo* y *esbelto*.

Si las columnas que vio pandearse y en realidad no se aplastaron ¿qué propiedad del material se relaciona mucho con el fenómeno de falla por pandeo? Recuerde que se describió la falla como *inestabilidad elástica*. Podría entonces suceder que el *módulo de elasticidad* del material fuera la propiedad clave, y sí lo es. Repase la definición de esta propiedad, en el capítulo 1, y busque los valores representativos en las tablas de propiedades de materiales, en los apéndices 3-13.

También observe que se especifica que las columnas deben ser al principio rectas, y que las cargas se les debe aplicar axialmente. ¿Cuáles de esas condiciones no se cumplen? ¿Y si la columna está un poco torcida antes de cargarla? ¿Cree usted que soportaría tanta carga de compresión como una columna erguida? ¿Por qué sí o por qué no? ¿Y si la columna se carga *excéntricamente*, esto es, la carga está dirigida hacia fuera del centro, a una distancia del eje centroidal de la columna? ¿Cómo afectaría eso a la capacidad de carga? ¿Cómo afecta la forma de sostener los extremos de la columna a la capacidad de carga? ¿Qué normas existen para que guíen a los diseñadores cuando tienen que ver con columnas?

Éstas y otras preguntas se examinarán en este capítulo. Siempre que intervenga en un diseño en el que se aplique una carga de compresión, debe pensar si lo maneja como una columna. El siguiente caso en la sección **Usted es el diseñador** es un buen ejemplo de uno de esos problemas en el diseño de máquinas.

Usted es el diseñador

Es usted miembro de un equipo que diseña un compactador comercial para reducir el volumen de desperdicios de cartón y papel, y poderlos transportar con facilidad hasta una planta de procesamiento. La figura 6-1 es un esquema de la corredera de compactación, impulsado por un cilindro hidráulico bajo una fuerza de varios miles de libras. La barra de conexión entre el cilindro hidráulico y la corredera se debe diseñar como una columna, porque es un miembro relativamente largo y esbelto a la compresión. ¿Qué forma debe tener la sección transversal de la barra de conexión? ¿Cómo se debe unir a la corredera y al vástago del cilindro hidráulico? ¿Qué dimensiones finales debe tener la barra? Usted, el diseñador, debe especificar todos estos factores.

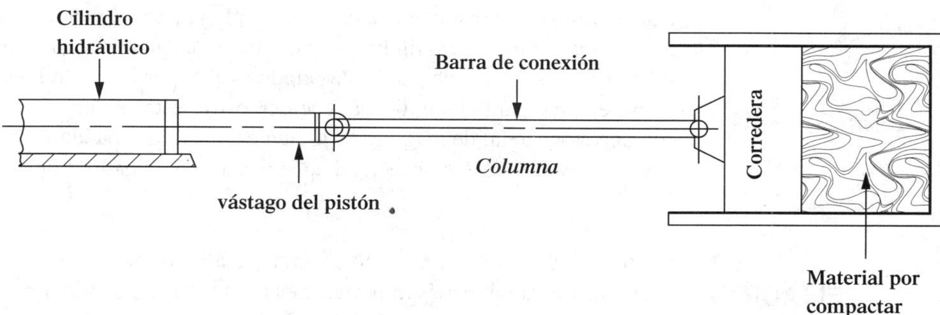

FIGURA 6-1 Compactador de desperdicio de papel

6-1 OBJETIVOS DE ESTE CAPÍTULO

Al terminar este capítulo, usted podrá:

1. Reconocer que todo miembro relativamente largo y esbelto a la compresión se debe analizar como una columna, para evitar su pandeo.
2. Especificar formas eficientes de la sección transversal en columnas.
3. Calcular el *radio de giro* de la sección transversal de una columna.

4. Especificar un valor adecuado del *factor de fijación en un extremo K*, y determinar la *longitud efectiva* de una columna.
5. Calcular la *relación de esbeltez* para columnas.
6. Seleccionar el método de análisis adecuado para una columna, con base en la forma de cargarla, el tipo de soporte y la magnitud de la relación de esbeltez.
7. Determinar si la columna es *larga* o *corta*, con base en el valor de la relación de esbeltez, en comparación con la *constante de columna*.
8. Emplear la *fórmula de Euler* para el análisis y el diseño de columnas largas.
9. Emplear la *fórmula de J. B. Johnson* para el análisis y el diseño de columnas cortas.
10. Analizar columnas torcidas para determinar la carga admisible.
11. Analizar las columnas donde la carga se aplica con una pequeña cantidad de excentricidad, para determinar el esfuerzo máximo calculado, y la cantidad máxima de deflexión de la línea central de esas columnas bajo carga.

6-2 PROPIEDADES DE LA SECCIÓN TRANSVERSAL DE UNA COLUMNA

La tendencia de una columna a pandearse depende de la forma y las dimensiones de su sección transversal y también de su longitud y la forma de fijarla a miembros o apoyos adyacentes. Las propiedades importantes de la sección transversal son:

1. El área de la sección transversal A.
2. El momento de inercia I de la sección transversal, con respecto al eje para el que I es mínimo.
3. El valor mínimo del radio de giro de la sección transversal, r.

El radio de giro se calcula con la siguiente fórmula

Radio de giro

$$r = \sqrt{I/A} \tag{6-1}$$

Una columna tiende a pandearse respecto al eje para el cual el radio de giro y el momento de inercia son mínimos. La figura 6-2 muestra un esquema de una columna con sección transversal rectangular. El eje de pandeo esperado es Y-Y, porque tanto I como r son mucho menores para ese eje que para el eje X-X. Puede demostrar este fenómeno al comprimir una regla común con una carga axial de magnitud suficiente para causar pandeo. Vea fórmulas de I y r de las formas comunes en el apéndice 1. El apéndice 16 contiene lo propio para perfiles estructurales.

6-3 FIJACIÓN DE UN EXTREMO Y LONGITUD EFECTIVA

El término *fijación de un extremo* se refiere a la forma en que se soportan los extremos de una columna. La variable más importante es la cantidad de restricción a la tendencia de rotación que existe en los extremos de la columna. Tres formas de restricción de extremos son la *articulada,* la *empotrada* y la *libre.*

Un *extremo articulado* de una columna está guiado de tal modo que no se puede mover de un lado a otro, pero no ofrece resistencia a la rotación del extremo. La mejor aproximación a un extremo articulado sería un apoyo de rótula sin fricción. Una unión con pasador cilíndrico ofrece poca resistencia respecto a un eje, pero puede restringir para el eje perpendicular al eje del pasador.

Un *extremo empotrado* es aquel que se sujeta contra la rotación en el soporte. Un ejemplo es el de una columna cilíndrica introducida en una camisa de fijación que está empotrada.

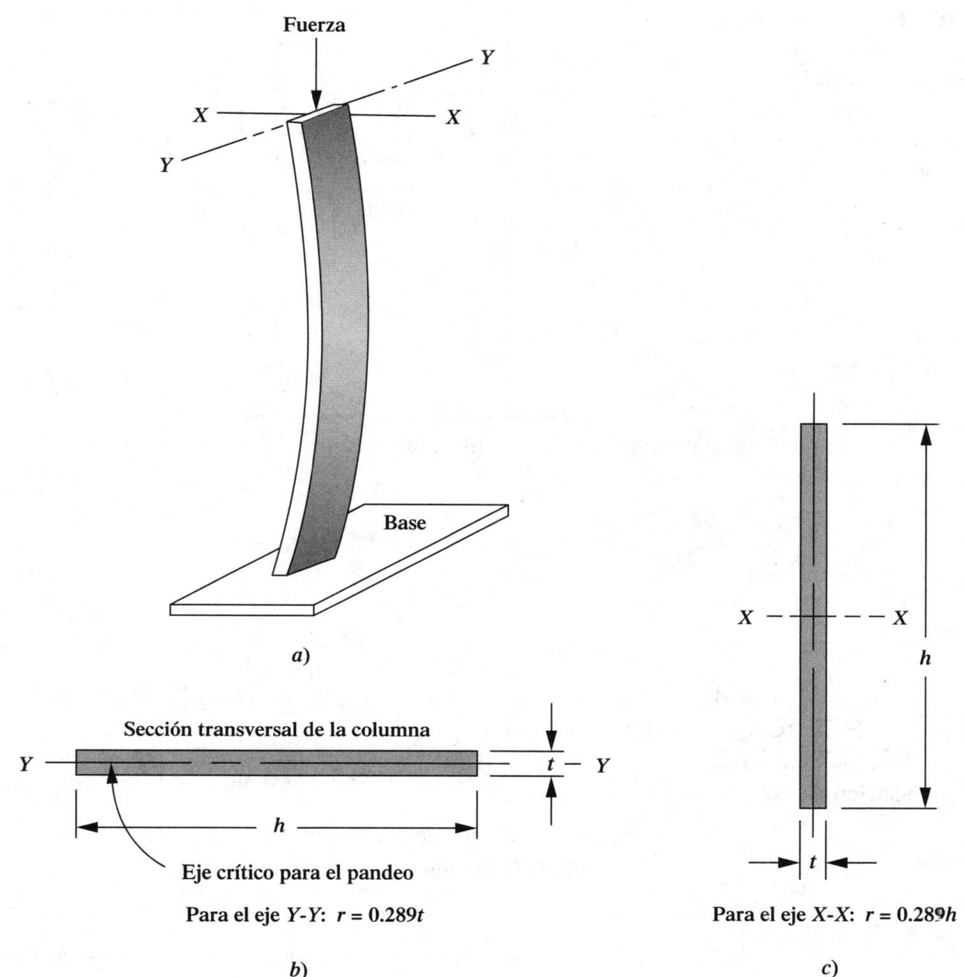

FIGURA 6-2 Pandeo de una columna rectangular delgada. *a*) Aspecto general de una columna pandeada. *b*) Radio de giro para el eje *Y-Y*. *c*) Radio de giro para el eje *X-X*.

La camisa evita toda tendencia del extremo fijo de la columna a girar. Un extremo de columna soldado firmemente a una placa de base rígida también es una buena aproximación a una columna de extremo empotrado.

El *extremo libre* se puede ilustrar con el ejemplo de un asta bandera. El extremo superior del asta bandera no tiene restricción y no está guiado; es el peor de los casos de carga de columna.

La forma de soportar ambos extremos de la columna afecta la *longitud efectiva* de la columna, que se define como sigue:

Longitud efectiva

$$L_e = KL \tag{6-2}$$

donde L = longitud real de la columna entre los soportes
K = constante que depende del extremo fijo, como se ilustra en la figura 6-3.

Los primeros valores que se asignan a K son teóricos y se basan en la forma de la columna pandeada. Los segundos valores tienen en cuenta la fijación esperada de los extremos de las columnas en casos reales y estructuras prácticas. Es muy difícil obtener un extremo verdaderamente empotrado de una columna, por la falta de una rigidez total del soporte o del medio de fijación. Por consiguiente, se recomienda el valor mayor de K.

FIGURA 6-3 Valores de K para obtener longitud efectiva, $L_e = KL$, para distintas conexiones en los extremos

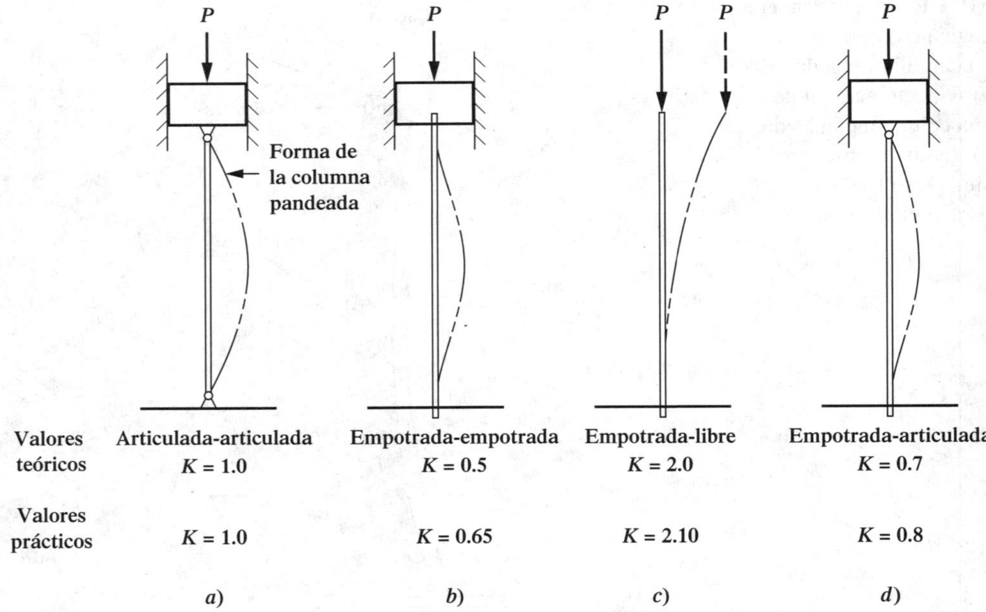

6-4 RELACIÓN DE ESBELTEZ

La *relación de esbeltez* es el cociente de la longitud efectiva de la columna entre su radio de giro mínimo. Esto es,

➪ **Relación de esbeltez**

$$\text{Relación de esbeltez} = L_e/r_{\text{mín}} = KL/r_{\text{mín}} \quad \textbf{(6-3)}$$

Se empleará la relación de esbeltez para ayudar a seleccionar el método de análisis de columnas rectas y con carga central.

6-5 RELACIÓN DE ESBELTEZ DE TRANSICIÓN

En las siguientes secciones se presentarán dos métodos para analizar columnas rectas con carga central: 1) la fórmula de Euler para columnas largas y esbeltas y 2) la fórmula de J. B. Johnson para columnas cortas.

La elección del método apropiado depende del valor de la relación de esbeltez real de la columna que se analiza, comparado con la *relación de esbeltez de transición*, o *constante de columna*, C_c, que se define como sigue:

➪ **Constante de la columna**

$$C_c = \sqrt{\frac{2\pi^2 E}{s_y}} \quad \textbf{(6-4)}$$

donde E = módulo de elasticidad del material de la columna
s_y = resistencia de fluencia del material

El empleo de la constante de columna se ilustra en el siguiente procedimiento para analizar columnas rectas con carga central.

Procedimiento para analizar columnas rectas con carga central

1. Para la columna, calcule su relación de esbeltez real.
2. Calcule el valor de C_c.

3. Compare C_c con KL/r. Como C_c representa el valor de la relación de esbeltez que separa una columna larga de una corta, el resultado de la comparación indica qué clase de análisis se debe usar.
4. Si la KL/r real es mayor que C_c, la columna es *larga*. Emplee la ecuación de Euler, como se describe en la sección 6-6.
5. Si KL/r es menor que C_c, la columna es *corta*. Emplee la fórmula de J. B. Johnson, que se describirá en la sección 6-7.

La figura 6-4 es un diagrama de flujo lógico para este procedimiento.

El valor de la constante de columna, o relación de esbeltez de transición, depende de las propiedades del módulo de elasticidad y resistencia de fluencia del material. Para determinado tipo de material, por ejemplo el acero, el módulo de elasticidad es casi constante. Entonces, el valor de C_c varía inversamente respecto a la raíz cuadrada de la resistencia de fluencia. Las figuras 6-5 y 6-6 muestran los valores que resultan para el acero y el aluminio, respectivamente, en el intervalo de resistencias de fluencia esperadas para cada uno. Los números indican que el valor de C_c disminuye al aumentar la resistencia de fluencia. La importancia de esta observación se describirá en la siguiente sección.

6-6 ANÁLISIS DE COLUMNAS LARGAS: LA FÓRMULA DE EULER

En el análisis de una columna larga se emplea la fórmula de Euler (vea la referencia 3):

$$P_{cr} = \frac{\pi^2 EA}{(KL/r)^2} \tag{6-5}$$

Con la ecuación se calcula la carga crítica P_{cr}, donde la columna comenzaría a pandearse.

Con frecuencia, es más cómodo emplear una forma alternativa de la ecuación de Euler. Observe que, según la ecuación (6-5),

$$P_{cr} = \frac{\pi^2 EA}{(KL/r)^2} = \frac{\pi^2 EA}{(KL)^2/r^2} = \frac{\pi^2 EA\, r^2}{(KL)^2}$$

Pero, de acuerdo con la definición del radio de giro r,

$$r = \sqrt{I/A}$$
$$r^2 = I/A$$

Entonces

Fórmula de Euler alternativa

$$P_{cr} = \frac{\pi^2 EA\, I}{(KL)^2 A} = \frac{\pi^2 EI}{(KL)^2} \tag{6-6}$$

Esta forma de la ecuación de Euler es útil en un problema de diseño donde el objetivo es especificar el tamaño y la forma de una sección transversal de columna para soportar cierta carga. El momento de inercia para la sección transversal requerida se puede determinar con facilidad con la ecuación (6-6).

Observe que la carga de pandeo sólo depende de la geometría (longitud y sección transversal) de la columna, y de la rigidez del material representada por el módulo de elasticidad. La resistencia del material no interviene para nada. Por estas razones, con frecuencia no tiene caso especificar un material de alta resistencia en una aplicación de columna larga. Uno de menor resistencia con la misma rigidez E funcionará igual.

FIGURA 6-4 Análisis de una columna recta con carga central

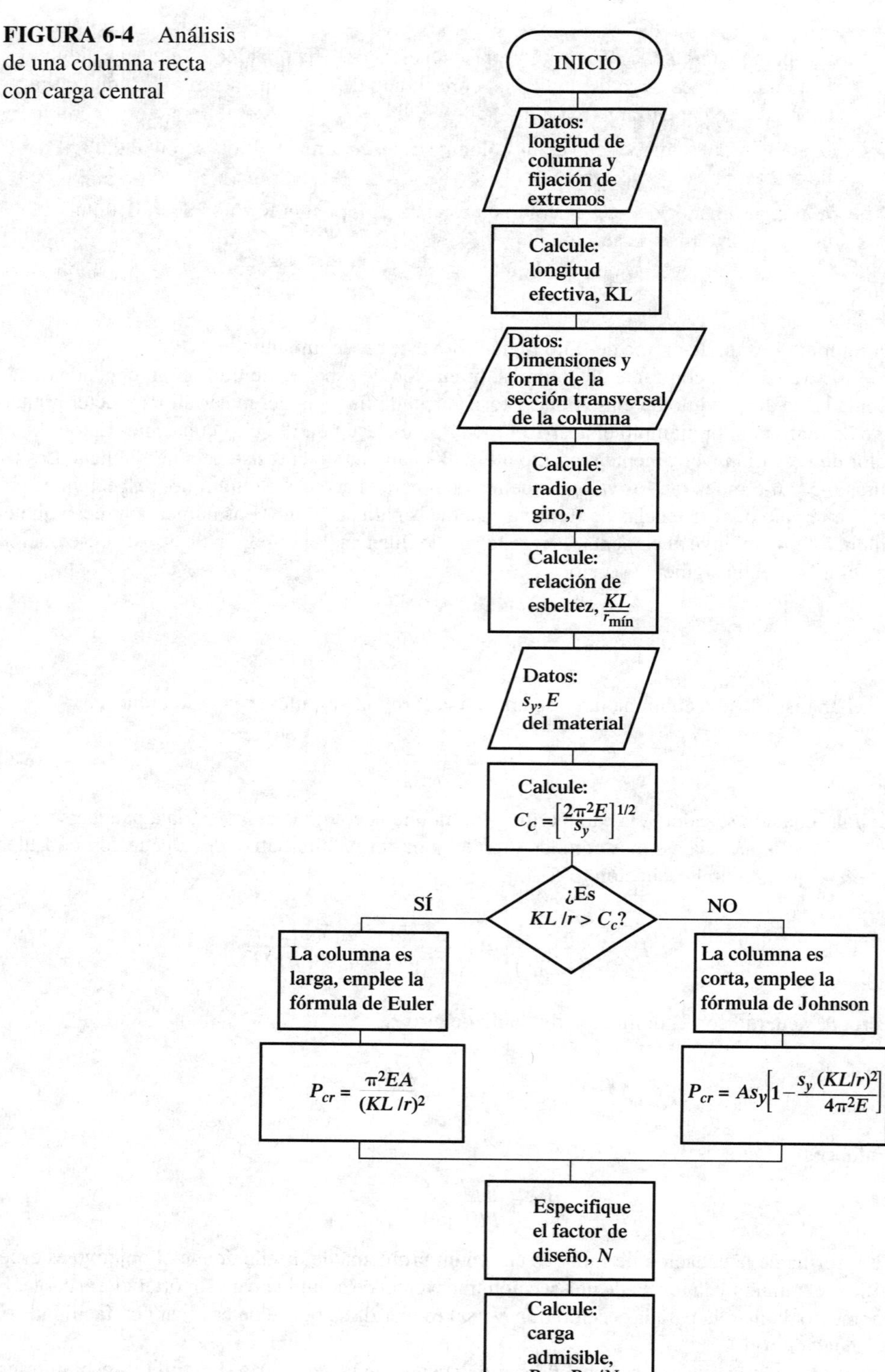

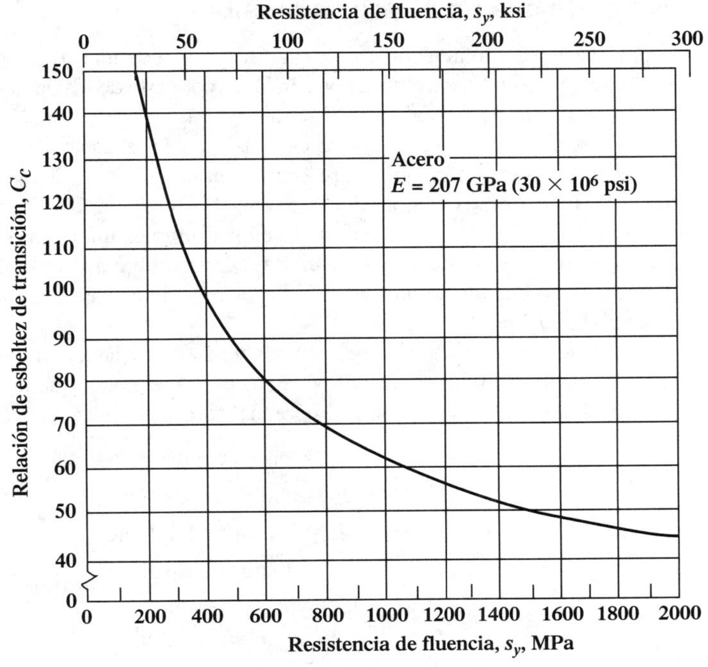

FIGURA 6-5 Relación de esbeltez de transición, C_c, *vs* resistencia de fluencia para el acero

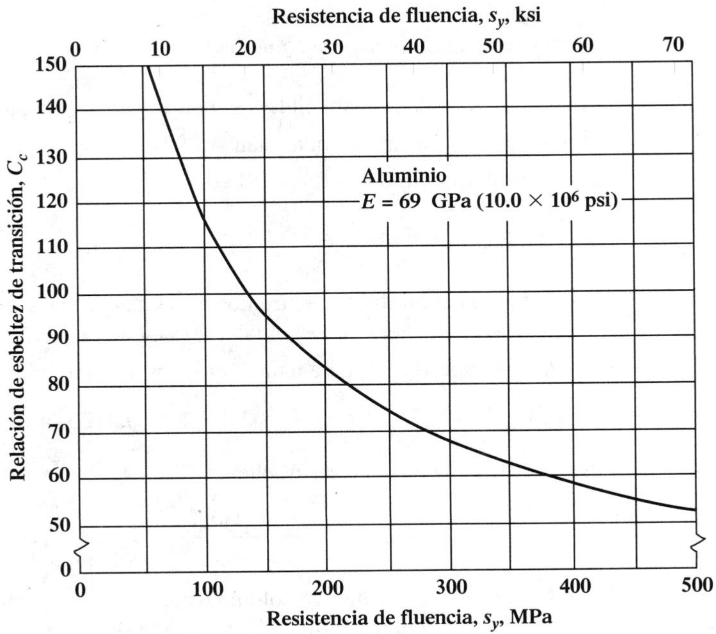

FIGURA 6-6 Pie de figura: Relación de esbeltez de transición, C_c, *vs* resistencia de fluencia para el aluminio

Factor de diseño y carga admisible

Como se espera una falla con una carga límite y no con un esfuerzo, el concepto de un factor de diseño se aplica en forma distinta que en la mayor parte de los demás miembros sometidos a cargas. En vez de aplicar el factor de diseño a la resistencia de fluencia o a la resistencia última del material, se aplicará a la carga crítica, calculada con las ecuaciones (6-5) o (6-6). Para aplicaciones típicas en el diseño de máquinas, se emplea un factor de diseño 3. Para columnas estacionarias con cargas y extremos empotrados bien conocidos se podrá emplear un factor menor, tal como 2.0. En algunas aplicaciones de construcción se emplea un factor de 1.92. Por el contrario, para columnas muy largas, donde existe cierta incertidumbre acerca de las cargas y de los extremos empotrados, o cuando se presentan peligros especiales, se aconseja emplear factores mayores (vea las referencias 1 y 2).

En resumen, el objetivo del análisis y diseño de las columnas es garantizar que la carga aplicada a una columna sea segura, que sea bastante menor que la carga crítica de pandeo. Las siguientes definiciones se deben comprender:

P_{cr} = carga crítica de pandeo

P_a = carga admisible

P = carga real aplicada

N = factor de diseño

Carga admisible Entonces

$$P_a = P_{cr}/N$$

La carga real aplicada P debe ser menor que P_a.

Problema ejemplo 6-1 Una columna tiene sección transversal circular sólida de 1.25 pulgadas de diámetro, 4.50 pies de longitud y está articulada en ambos extremos. Si está fabricada de acero AISI 1020 estirado en frío ¿cuál sería una carga segura para esa columna?

Solución Objetivos: Especificar una carga segura para la columna

Datos: Sección transversal circular sólida: diámetro = D = 1.25 pulg; longitud = L = 4.50 pies

Ambos extremos de la columna están articulados.

Material: Acero estirado en frío AISI 1020.

Análisis: Use el procedimiento de la figura 6-4.

Resultados: ***Paso 1.*** Para la columna con extremos articulados, el factor de fijación de extremos es $K = 1.0$. La longitud efectiva es igual a la longitud real: $KL = 4.50$ pies = 54.0 pulgadas.

Paso 2. En el apéndice 1, para una sección transversal redonda sólida,

$$r = D/4 = 1.25/4 = 0.3125 \text{ pulg}$$

Paso 3. Calcule la relación de esbeltez:

$$\frac{KL}{r} = \frac{1.0(54)}{0.3125} = 173$$

Paso 4. Calcule la constante de columna, con la ecuación (6-4). Para el acero AISI 1020 estirado en frío, la resistencia de fluencia es de 51 000 psi y el módulo de elasticidad es de 30×10^6 psi. Entonces

$$C_c = \sqrt{\frac{2\pi^2 E}{s_y}} = \sqrt{\frac{2\pi^2 (30 \times 10^6)}{51\,000}} = 108$$

Paso 5. Como KL/r es mayor que C_c, la columna es larga y se debe emplear la fórmula de Euler. El área es

$$A = \frac{\pi D^2}{4} = \frac{\pi(1.25)^2}{4} = 1.23 \text{ pulg}^2$$

Entonces, la carga crítica es

$$P_{cr} = \frac{\pi^2 EA}{(KL/r)^2} = \frac{\pi^2 (30 \times 10^6)(1.23)}{(173)^2} = 12\,200 \text{ lb}$$

Con esta carga, la columna comenzaría apenas a pandearse. Una carga segura tendría un valor menor, que se calcula al aplicar el factor de diseño a la carga crítica. Se empleará $N = 3$ para calcular la *carga admisible* $P_a = P_{cr}/N$:

$$P_a = (12\,200)/3 = 4067 \text{ lb}$$

Comentario La carga crítica es de 4067 lb.

6-7 ANÁLISIS DE COLUMNAS CORTAS: LA FÓRMULA DE J. B. JOHNSON

Cuando la relación de esbeltez real en una columna, KL/r, es menor que el valor de transición C_c, la columna es corta y se debe emplear la fórmula de J. B. Johnson. Si se aplica la ecuación de Euler en esta región, se calcularía una carga crítica mayor que la que en realidad es.

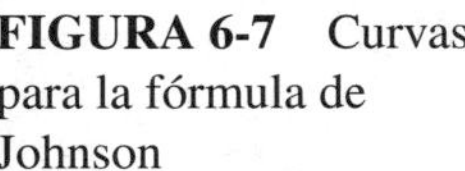
Fórmula de J. B. Johnson para columnas cortas

La fórmula de J. B. Johnson se escribe como sigue:

$$P_{cr} = As_y\left[1 - \frac{s_y(KL/r)^2}{4\pi^2 E}\right] \quad \textbf{(6-7)}$$

La figura 6-7 muestra una gráfica de los resultados de esta ecuación en función de la relación de esbeltez KL/r. Observe que se vuelve tangente al resultado de la fórmula de Euler en la relación

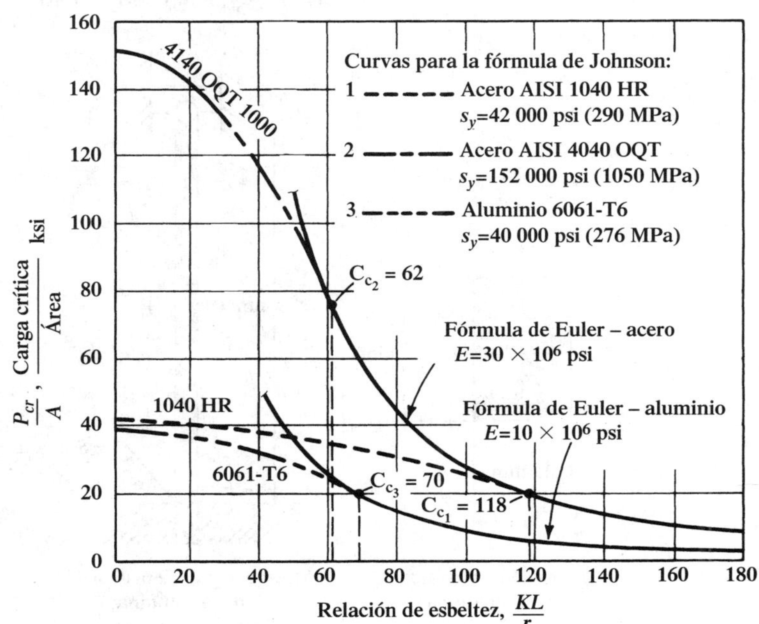

FIGURA 6-7 Curvas para la fórmula de Johnson

de esbeltez de transición, que es el límite de su aplicación. También, con valores muy bajos de la relación de esbeltez, el segundo término de la ecuación tiende a cero y la carga crítica tiende a la carga de fluencia. En la figura, se presentan curvas de tres materiales distintos, para ilustrar el efecto de E y s_y sobre la carga crítica y la relación de esbeltez de transición.

Para una columna corta, la carga crítica se ve afectada por la resistencia del material y por su rigidez E. Como se demostró en la sección anterior, la resistencia no influye en una columna larga cuando se emplea la fórmula de Euler.

Problema ejemplo 6-2

Determine la carga crítica en una columna de acero con sección transversal rectangular de 12 por 18 mm, y 280 mm de longitud. Se propone usar acero laminado en caliente AISI 1040. El extremo inferior de la columna se inserta en un receptáculo de ajuste estrecho y después se suelda firmemente. El extremo superior es articulado (vea la figura 6-8).

Solución

Objetivos: Calcular la carga crítica de la columna.

Datos: Sección transversal rectangular sólida: $B = 12$ mm; $H = 18$ mm; $L = 280$ mm.

El extremo inferior de la columna está empotrado y el superior está articulado (vea la figura 6-8).

Material: acero AISI 1040 laminado en caliente

Análisis: Emplee el procedimiento de la figura 6-4.

Resultados: ***Paso 1.*** Calcule la relación de esbeltez. Se debe calcular el radio de giro respecto al eje que produzca el valor menor. Es el eje Y-Y, para el cual

$$r = \frac{B}{\sqrt{12}} = \frac{12\text{ mm}}{\sqrt{12}} = 3.46\text{ mm}$$

La columna tiene extremos empotrado-articulado, para los cuales $K = 0.8$. Entonces

$$KL/r = [(0.8)(280)]/3.46 = 64.7$$

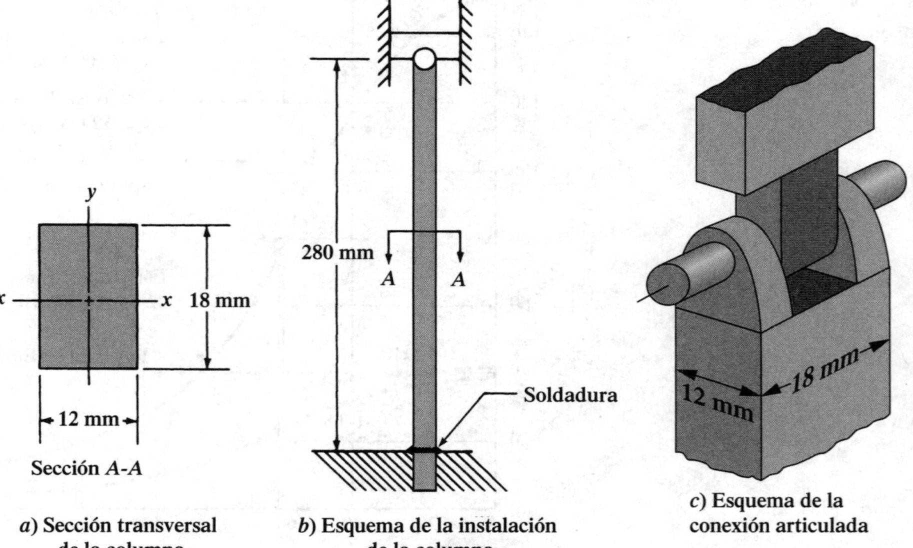

a) Sección transversal de la columna

b) Esquema de la instalación de la columna

c) Esquema de la conexión articulada

FIGURA 6-8
Columna de acero

Paso 2. Calcule la relación de transición de esbeltez. Para el acero AISI 1040 laminado en caliente, $E = 207$ GPa y $s_y = 290$ MPa. Entonces, según la ecuación (6-4),

$$C_c = \sqrt{\frac{2\pi^2 (207 \times 10^9 \text{ Pa})}{290 \times 10^6 \text{ Pa}}} = 119$$

Paso 3. Entonces, $KL/r < C_c$; la columna es corta. Emplee la fórmula de J. B. Johnson para calcular la carga crítica:

$$P_{cr} = As_y\left[1 - \frac{s_y(KL/r)^2}{4\pi^2 E}\right]$$

$$P_{cr} = (216 \text{ mm}^2)(290 \text{ N/mm}^2)\left[1 - \frac{(290 \times 10^6 \text{ Pa})(64.7)^2}{4\pi^2(207 \times 10^9 \text{ Pa})}\right] \quad \textbf{(6-7)}$$

$$P_{cr} = 53.3 \times 10^3 \text{ N} = 53.3 \text{ kN}$$

Comentarios Esta es la carga crítica de pandeo. Se tendría que aplicar un factor de diseño para determinar la carga admisible. Si se especifica $N = 3$, entonces $P_a = 17.8$ kN.

6-8 HOJA DE CÁLCULO PARA ANÁLISIS DE COLUMNAS

Llevar a cabo el proceso descrito en la figura 6-4 mediante calculadora, lápiz y papel, es algo tedioso. Una hoja de cálculo automatiza los cálculos, después de haber ingresado los datos pertinentes para la columna que se va a analizar en particular. La figura 6-9 muestra el resultado de una hoja de cálculo que se usó para resolver el problema ejemplo 6-1. La distribución de la hoja de cálculo se podría hacer de muchas maneras. Se le pide que desarrolle su propio estilo. Los siguientes comentarios describen las propiedades de la hoja de cálculo propuesta:

1. En la parte superior de la hoja se presentan instrucciones para que el usuario ingrese datos, y para las unidades. Esta hoja sólo es para unidades del Sistema Estadounidense Tradicional (inglés). Se emplearía una hoja diferente si se utilizaran datos del sistema métrico (SI). (Vea la figura 6-10, que muestra la solución para el problema ejemplo 6-2).
2. En el lado izquierdo de la hoja están los diversos datos que el usuario debe proporcionar para efectuar los cálculos. En el lado derecho aparecen los valores de los resultados. Las fórmulas para calcular L_e, C_c, KL/r y la carga admisible se escriben en forma directa en la celda donde aparecen los valores calculados. Los resultados para el mensaje "La columna es: ***larga***" y la carga crítica de pandeo se obtienen con *funciones* configuradas dentro de *macros* escritas en Visual Basic, y se vacían en una hoja separada de la misma hoja de cálculo. La figura 6-11 muestra las dos macros usadas. La primera (*LorS*) efectúa el proceso de decisión, para probar si la columna es larga o corta, en comparación con su relación de esbeltez y con la constante de la columna. La segunda (*Pcr*) calcula la carga crítica de pandeo al emplear la fórmula de Euler o la fórmula de J. B. Johnson, dependiendo del resultado de la macro *LorS*. A esas funciones las llaman declaraciones en las celdas donde están los valores "largo" (*long*) y el calculado, de la carga crítica de pandeo (12 197 lb).
3. Al contar con esta hoja de cálculo, podrá analizar varias opciones de diseño con rapidez. Por ejemplo, el enunciado del problema que aparece allí indicaba que los extremos eran articulados, y que el factor de fijación resultante es $K = 1$. ¿Qué podría suceder si ambos extremos estuvieran empotrados? Sólo se cambia el valor en esa única celda a $K = 0.65$, y toda la hoja se volvería a calcular, y aparece casi en forma instantánea el valor corregido de la carga crítica de pandeo. El resultado es que $P_{cr} = 28\,868$ lb, un aumento de 2.37 veces el valor original. Con esa clase de mejoras usted, el diseñador, podría inclinarse por cambiar el diseño y tener los extremos empotrados.

PROGRAMA DE ANÁLISIS DE COLUMNA		*Datos de:* Problema ejemplo 6-1
Vea la lógica del análisis en la figura 6-4		
Ingrese datos de las variables que aparecen en *cursivas en los cuadros sombreados.*		Emplee unidades del Sistema Estadounidense Tradicional, consistentes
Datos por ingresar:		**Valores que se calculan:**
Longitud y fijación de extremos:		
Longitud de la columna, L = 54 pulg *Fijación de los extremos, K = 1*	→	Longitud equivalente, $L_e = KL$ = 54.0 pulg
Propiedades del material:		
Resistencia de fluencia, s_y *= 51,000 psi* *Módulo de elasticidad, E = 3.00E + 07 psi*	→	Constante de columna, C_c = 107.8
Propiedades de la sección transversal:		
[Nota: Ingrese *r* o calcule *r* = sqrt(I/A)]. [Siempre ingrese el área.] [Si no se emplean *I* o *r*, ingrese cero].		
Área, A = 1.23 pulg² *Momento de inercia, I = 0 pulg⁴* *O bien* *Radio de giro, r = 0.3125 pulg*	→	Relación de esbeltez, *KL/r* = 172.8
		La columna es: ***larga***
		Carga crítica de pandeo = *12,197 lb*
Factor de diseño:		
Factor de diseño para la carga, N = 3	→	**Carga admisible = *4,066 lb***

FIGURA 6-9 Hoja de cálculo para análisis de columnas con datos del problema modelo 6-1

PROGRAMA DE ANÁLISIS DE COLUMNA		*Datos de:* Problema modelo 6-2
Vea la lógica del análisis en la figura 6-4		
Ingrese datos de las variables que aparecen en *cursivas en los cuadros sombreados.*		Emplee unidades SI o métricas, consistentes
Datos por ingresar:		**Valores que se calculan:**
Longitud y fijeza de extremos:		
Longitud de la columna, L = 280 *mm* *Fijación de los extremos, K = 0.8*	→	Longitud equivalente, $L_e = KL$ = 224.0 mm
Propiedades del material:		
Resistencia de fluencia, s_y = 290 *MPa* *Módulo de elasticidad, E = 207 GPa*	→	Constante de columna, C_c = 118.7
Propiedades de la sección transversal:		
[Nota: Ingrese *r* o calcular *r* = sqrt(*I*/*A*)]. [Siempre ingrese el área]. [Si no se emplean *I* o *r*, ingrese cero].		
Área, A = 216 *mm²* *Momento de inercia, I = 0 mm⁴* *O bien* *Radio de giro, r = 3.5 mm*	→	Relación de esbeltez, *KL*/*r* = 64.7
		La columna es: ***corta***
Factor de diseño:		**Carga crítica de pandeo = *53.32 kN***
Factor de diseño para la carga, N = 3	→	**Carga admisible = *17.77 kN***

FIGURA 6-10 Hoja de cálculo para análisis de columnas, con datos del problema ejemplo 6-2

FIGURA 6-11 Macros que se usan en la hoja de cálculo para análisis de columna

```
' LorS Macro (macro LorS)
' Determines if column is long or short (determina si la columna
  es larga o corta)
  Function LorS(SR, CC)
      If SR > CC Then
          LorS = "long"
      Else
          LorS = "short"
      End If
  End Function
' Critical Load Macro (macro para carga crítica)
' Uses Euler formula for long columns (emplear la fórmula de Euler
  para columnas largas)
' Uses Johnson formula for short columns (Emplear la fórmula de
  Johnson para columnas cortas)
  Function Pcr(LorS, SR, E, A, Sy)
  Const Pi =3.1415926
      If LorS = "long" Then
          Pcr = Pi ^ 2 * E * A / SR ^ 2
          'Euler Equation (ecuación de Euler); Ec. (6-4)
      Else
          Pcr = A * Sy(1 -(Sy * SR^ 2 / (4 * Pi ^ 2 * E)))
          'Johnson Equation (ecuación de Johnson); Ec. (6-7)
      End If
  End Function
```

6-9 FORMAS EFICIENTES DE SECCIÓN TRANSVERSAL DE COLUMNAS

Una *forma eficiente* es aquella que permite un buen funcionamiento con una pequeña cantidad de material. En el caso de las columnas, la forma y las dimensiones de la sección transversal determinan el valor del radio de giro r. De acuerdo con la definición de la relación de esbeltez KL/r, se ve que, a medida que r se hace grande, la relación de esbeltez se hace menor. En las ecuaciones de la carga crítica, una relación de esbeltez menor resulta en una carga crítica mayor, que es el caso más deseable. Por consiguiente, es deseable maximizar el radio de giro para diseñar una sección transversal eficiente de columna.

A menos que la fijación de los extremos varíe con respecto a los ejes de la sección transversal, la columna tenderá a pandearse con respecto al eje que tenga el radio de giro *mínimo*. Entonces, una columna con valores iguales de radio de giro en cualquier dirección es favorable.

Revise de nuevo la definición del radio de giro:

$$r = \sqrt{I/A}$$

Esta ecuación indica que, para determinada superficie del material, se debe tratar de maximizar el momento de inercia para maximizar el radio de giro. Un perfil con momento de inercia grande tiene su área distribuida lejos de su eje centroidal.

Las formas que tienen las características favorables descritas incluyen los tubos huecos circulares, tubos huecos cuadrados y perfiles compuestos de columnas, fabricados con perfiles estructurales colocados en los límites externos de la sección. Las secciones circulares y cuadradas, sólidas, son buenas, aunque no tan eficientes como las secciones huecas. La figura 6-12(*a-d*) ilustra algunas de esas formas. La sección compuesta (*e*) proporciona un perfil rígido, como de una caja, que se aproxima a la del tubo cuadrado hueco en los tamaños mayores. En el caso del perfil de la figura 6-12(*f*), los ángulos en las esquinas dan la máxima aportación al momento de inercia. Las *soleras* de enlace sólo mantienen a los ángulos en su lugar. La columna H de (*g*) tiene peralte y ancho iguales, con alma y patines relativamente gruesos. El momento de inercia con

FIGURA 6-12
Secciones transversales de columna

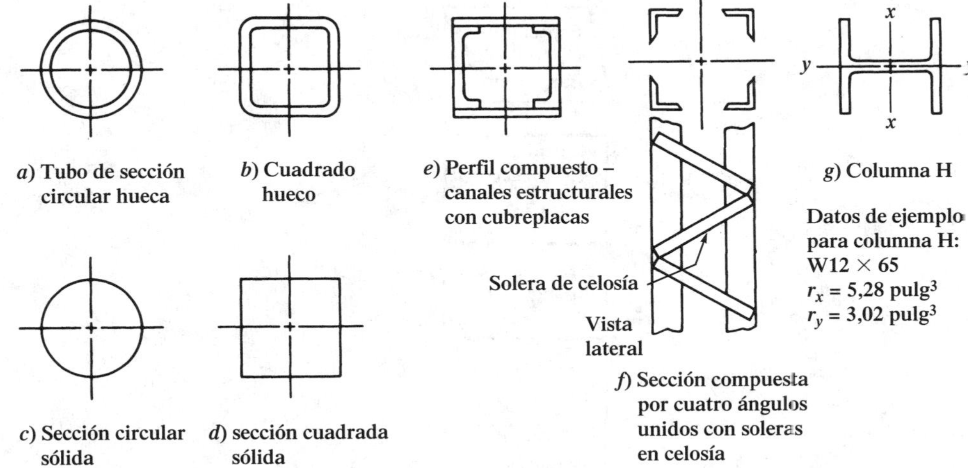

respecto al eje y-y es, sin embargo, menor que respecto al eje x-x, pero no son tan diferentes como en la mayor parte de las demás vigas I, diseñadas para usarse como vigas, sólo con flexión en una dirección. Por lo anterior, esta forma (la H) sería más favorable para las columnas.

6-10 DISEÑO DE COLUMNAS

En un caso de diseño, se conocería la carga en la columna y la longitud que requiere la aplicación. El diseñador diseñaría, entonces, lo siguiente:

1. La forma de fijar los extremos a la estructura, que afecta a la fijación de los extremos.
2. La forma general de la sección transversal de la columna (por ejemplo, redonda, cuadrada, rectangular o tubo hueco).
3. El material para la columna.
4. El factor de diseño, considerando la aplicación.
5. Las dimensiones finales de la columna.

Puede ser conveniente proponer y analizar varios diseños distintos, para llegar a uno óptimo para la aplicación. Un programa u hoja de cálculo computados facilitaría el proceso.

Se supone que el diseñador especifica los puntos 1 a 4 en cualquier diseño tentativo. Para algunas formas simples, como los perfiles redondo o cuadrado sólidos, las dimensiones finales se calculan con la fórmula correspondiente: la de Euler, ecuaciones (6-5) o (6-6), o la de J. B. Johnson, ecuación (6-7). Si no es posible llegar a una solución algebraica, se pueden efectuar iteraciones.

En una situación de diseño, las dimensiones desconocidas de la sección transversal hacen imposible el cálculo del radio de giro, y en consecuencia la relación de esbeltez KL/r. Sin la relación de esbeltez, no se puede determinar si la columna es larga (Euler) o corta (Johnson). Por consiguiente, no se conoce la fórmula adecuada para aplicarla.

Esta dificultad se supera si supone que la columna sea larga o corta, y se procede con la fórmula correspondiente. Entonces, después de haber determinado las dimensiones de la sección transversal, se calculará el valor real de KL/r y se comparará con C_c. Así se comprobará si se ha empleado la fórmula correcta. En caso afirmativo, el resultado calculado es correcto. Si no, se debe aplicar la fórmula alterna, y repetir el cálculo para determinar dimensiones nuevas. La figura 6-13 muestra un diagrama de flujo para la lógica del diseño que se acaba de describir.

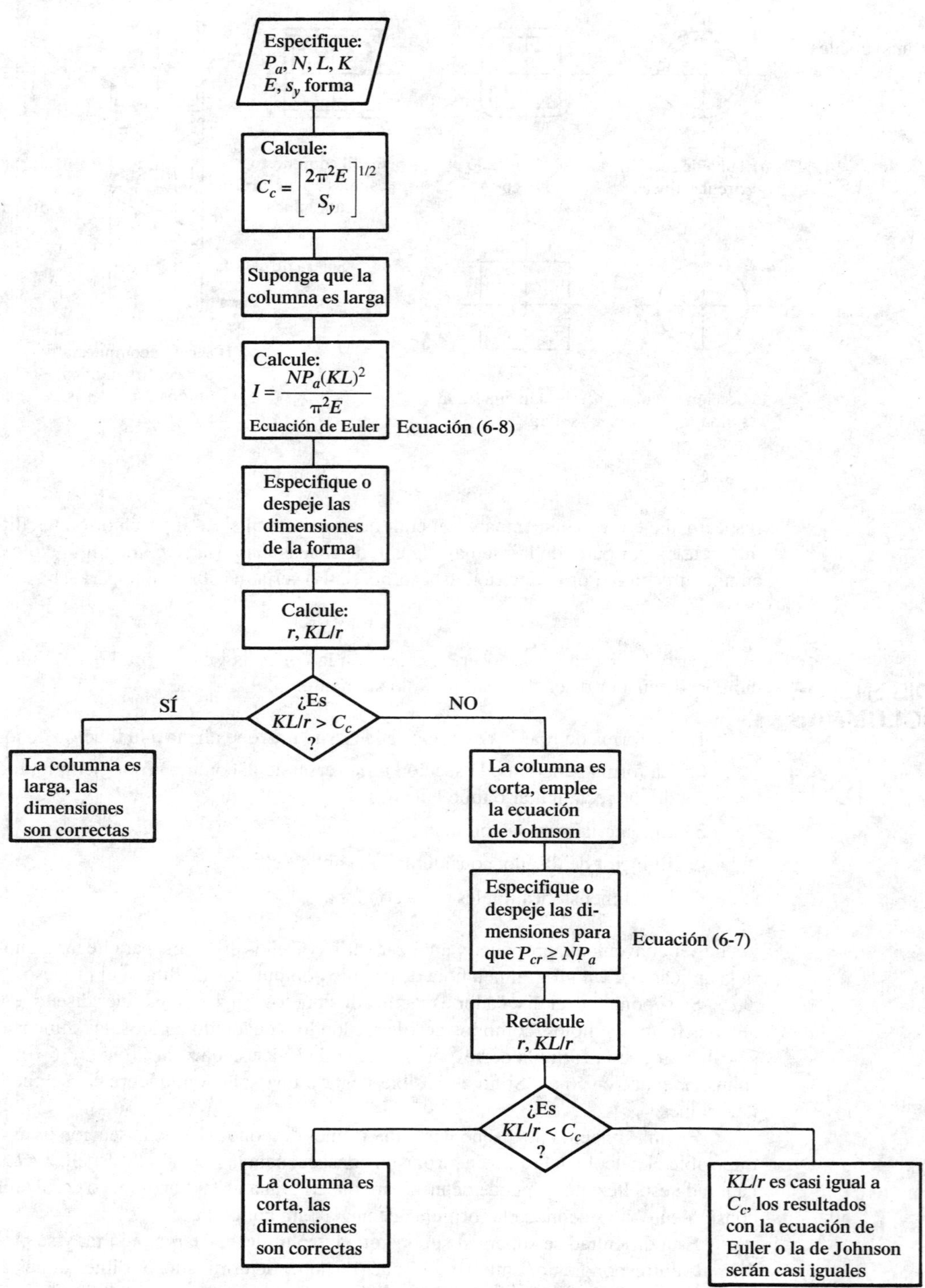

FIGURA 6-13 Diseño de una columna recta con carga central

Diseño: suponga una columna larga

La fórmula de Euler se aplica si se plantea la hipótesis de que la columna es larga. La ecuación (6-6) sería la forma más cómoda, porque de ella puede despejarse el momento de inercia I:

Valor de I despejado en la fórmula de Euler

$$I = \frac{P_{cr}(KL)^2}{\pi^2 E} = \frac{NP_a(KL)^2}{\pi^2 E} \tag{6-8}$$

donde P_a = carga admisible; en general se iguala a la carga máxima esperada.

Al tener el valor de I requerido, se puede determinar las dimensiones de la forma con cálculos adicionales, o buscar en tablas de datos las propiedades de perfiles comerciales disponibles.

Para la sección circular sólida, es posible deducir una ecuación final para el diámetro, que es la dimensión característica. El momento de inercia es

$$I = \frac{\pi D^4}{64}$$

Esta ecuación se sustituye en la ecuación (6-8) y resulta

$$I = \frac{\pi D^4}{64} = \frac{NP_a(KL)^2}{\pi^2 E}$$

Al despejar D se obtiene

Diámetro necesario de una columna larga, circular sólida

$$D = \left[\frac{64NP_a(KL)^2}{\pi^3 E}\right]^{1/4} \tag{6-9}$$

Diseño: suponga una columna corta

Para analizar las columnas cortas se emplea la fórmula de J. B. Johnson. Es difícil deducir una forma cómoda para el diseño. En el caso general, se utiliza el procedimiento por tanteos.

Para algunos casos especiales, incluyendo la sección circular llena, es posible despejar el diámetro, que es la dimensión característica, de la fórmula de Johnson:

$$P_{cr} = As_y\left[1 - \frac{s_y(KL/r)^2}{4\pi^2 E}\right] \tag{6-7}$$

Pero

$$A = \pi D^2/4$$
$$r = D/4 \text{ (del apéndice 1)}$$
$$P_{cr} = NP_a$$

Entonces

$$NP_a = \frac{\pi D^2}{4}s_y\left[1 - \frac{s_y(KL)^2}{4\pi^2 E(D/4)^2}\right]$$

$$\frac{4NP_a}{\pi s_y} = D^2\left[1 - \frac{s_y(KL)^2(16)}{4\pi^2 ED^2}\right]$$

Al despejar D el resultado es

Diámetro necesario de una columna corta, circular sólida

$$D = \left[\frac{4NP_a}{\pi s_y} + \frac{4s_y(KL)^2}{\pi^2 E}\right]^{1/2} \tag{6-10}$$

Problema ejemplo 6-3 Especifique un diámetro adecuado para una sección transversal redonda y sólida, de un eslabón de máquina que debe soportar 9800 lb de carga axial de compresión. La longitud será de 25 pulgadas y los extremos estarán articulados. Emplee un factor de diseño igual a 3 y acero AISI 1020 laminado en caliente.

Solución Objetivos Especificar un diámetro adecuado para la columna.

Datos Sección transversal redonda sólida: $L = 25$ pulg; Emplee $N = 3$.

Ambos extremos están articulados.

Material: acero AISI 1020, laminado en caliente.

Análisis Emplee el procedimiento de la figura 6-13. Suponga primero que la columna es larga.

Resultados De acuerdo con la ecuación (6-9),

$$D = \left[\frac{64NP_a(KL)^2}{\pi^3 E}\right]^{1/4} = \left[\frac{64(3)(9800)(25)^2}{\pi^3 (30 \times 10^6)}\right]^{1/4}$$

$$D = 1.06 \text{ pulg}$$

Ahora se puede calcular el radio de giro:

$$r = D/4 = 1.06/4 = 0.265 \text{ pulg}$$

La relación de esbeltez es

$$KL/r = [(1.0)(25)]/0.265 = 94.3$$

Para el acero AISI 1020 laminado en caliente, $s_y = 30\,000$ psi. La gráfica de la figura 6-5 indica que C_c es aproximadamente 138. Entonces, la KL/r real es menor que el valor de transición, y se debe rediseñar la columna como columna corta, mediante la ecuación (6-10), derivada de la fórmula de Johnson:

$$D = \left[\frac{4NP_a}{\pi s_y} + \frac{4s_y\,(KL)^2}{\pi^2 E}\right]^{1/2}$$

$$D = \left[\frac{4(3)(9800)}{(\pi)(30\,000)} + \frac{4\,(30\,000)(25)^2}{\pi^2\,(30 \times 10^6)}\right]^{1/2} = 1.23 \text{ pulg} \qquad \textbf{(6-10)}$$

Al comprobar de nuevo la relación de esbeltez se obtiene

$$KL/r = [(1.0)(25)]/(1.23/4) = 81.3$$

Comentarios Esta relación todavía es menor que el valor de transición, por lo que nuestro análisis es aceptable. Se podría especificar un diámetro preferido de $D = 1.25$ pulgadas.

Un método alternativo, donde se usan hojas de cálculo para diseñar columnas, es con un método de análisis semejante al que se ve en la figura 6-9, pero se empleará como un método "de tanteos" conveniente. El lector podría calcular a mano los datos, o los podría buscar en una tabla de *A, I* y *r*, para la forma y las dimensiones de la sección transversal, e insertar los valores en la hoja de cálculo. A continuación, podría comparar la carga admisible calculada con el va-

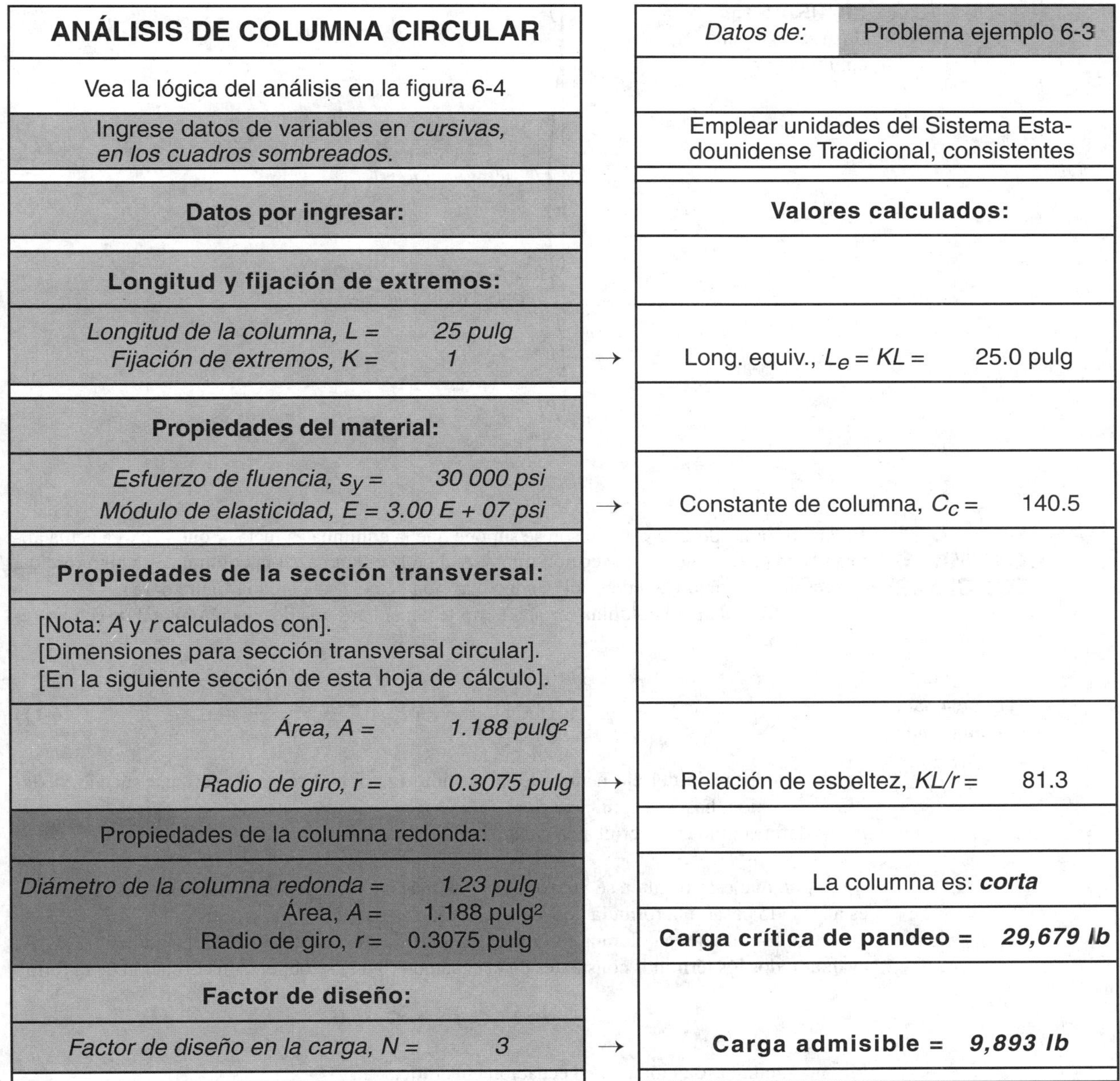

ANÁLISIS DE COLUMNA CIRCULAR	Datos de: Problema ejemplo 6-3
Vea la lógica del análisis en la figura 6-4	
Ingrese datos de variables en *cursivas, en los cuadros sombreados.*	Emplear unidades del Sistema Estadounidense Tradicional, consistentes
Datos por ingresar:	**Valores calculados:**
Longitud y fijación de extremos:	
Longitud de la columna, L = 25 pulg *Fijación de extremos, K = 1*	→ Long. equiv., $L_e = KL =$ 25.0 pulg
Propiedades del material:	
Esfuerzo de fluencia, s_y = 30 000 psi *Módulo de elasticidad, E = 3.00 E + 07 psi*	→ Constante de columna, $C_c =$ 140.5
Propiedades de la sección transversal:	
[Nota: *A* y *r* calculados con]. [Dimensiones para sección transversal circular]. [En la siguiente sección de esta hoja de cálculo].	
Área, A = 1.188 pulg² *Radio de giro, r = 0.3075 pulg*	→ Relación de esbeltez, $KL/r =$ 81.3
Propiedades de la columna redonda:	
Diámetro de la columna redonda = 1.23 pulg Área, *A* = 1.188 pulg² Radio de giro, *r* = 0.3075 pulg	La columna es: ***corta*** **Carga crítica de pandeo = *29,679 lb***
Factor de diseño:	
Factor de diseño en la carga, N = 3	→ **Carga admisible = *9,893 lb***

FIGURA 6-14 Hoja de cálculo para análisis de columnas, como método para diseñar una columna con sección transversal redonda

lor requerido, y escoger secciones mayores o menores para que el valor calculado sea cercano al valor requerido. Se puede efectuar muchas iteraciones en corto tiempo. Para formas que permiten calcular *r* y *A* en forma bastante sencilla, podría agregar una nueva sección a la hoja, al calcular esos valores. Un ejemplo se muestra en la figura 6-14, donde los distintos cuadros sombreados indican los cálculos de las propiedades de una sección transversal redonda. Los datos se tomaron del problema ejemplo 6-3, y el resultado que se muestra fue calculado en sólo cuatro iteraciones.

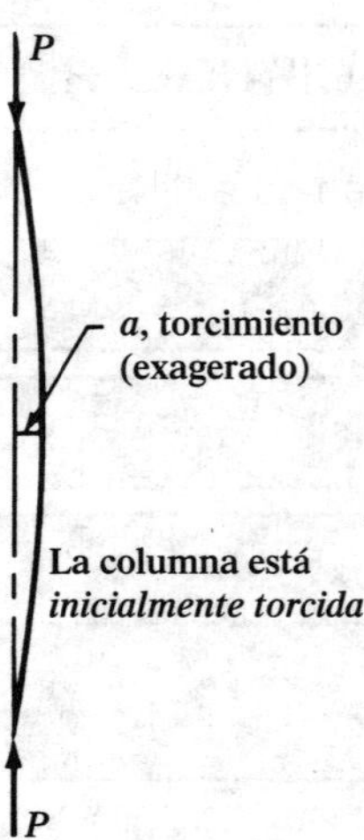

FIGURA 6-15
Ilustración de una columna torcida

6-11 COLUMNAS TORCIDAS

En las fórmulas de Euler y Johnson se supone que la columna es recta, y que la carga actúa alineada con el centroide de la sección transversal de la columna. Si la columna está algo torcida, se presenta la flexión, además del pandeo o acción de columna (vea la figura 6-15).

La fórmula para columna torcida permite considerar una desviación inicial a (vea las referencias 6, 7 y 8):

Fórmula para columna torcida

$$P_a^2 - \frac{1}{N}\left[s_y A + \left(1 + \frac{ac}{r^2}\right) P_{cr}\right] P_a + \frac{s_y A P_{cr}}{N^2} = 0 \qquad \textbf{(6-11)}$$

donde c = distancia del eje neutro de la sección transversal respecto del cual sucede la flexión, hasta su orilla exterior.

P_{cr} se define como carga crítica calculada con la *fórmula de Euler*.

Aunque esta fórmula se vuelve cada vez más inexacta para las columnas más cortas, no es adecuado pasar a la fórmula de Johnson porque es para columnas rectas.

La fórmula para columna torcida es cuadrática con respecto a la carga admisible P_a. Al evaluar todos los términos constantes en la ecuación (6-11) se obtiene una ecuación de la forma

$$P_a^2 + C_1 P_a + C_2 = 0$$

Entonces, con la solución de una ecuación cuadrática,

$$P_a = 0.5\left[-C_1 - \sqrt{C_1^2 - 4C_2}\right]$$

Se selecciona la menor de las soluciones obtenidas.

Problema ejemplo 6-4

Una columna tiene ambos extremos articulados y su longitud es de 32 pulgadas. Tiene sección transversal redonda con diámetro de 0.75 pulgadas, y un torcimiento inicial de 0.125 pulg. El material es acero AISI 1040 laminado en caliente. Calcule la carga admisible, con un factor de diseño 3.

Solución Objetivos Especificar la carga admisible para la columna.

Datos Sección transversal redonda sólida: $D = 0.75$ pulg; $L = 32$ pulg; Emplee $N = 3$.
Ambos extremos son articulados. Torcimiento inicial $= a = 0.125$ pulg.
Material: acero AISI 1040 laminado en caliente.

Análisis Emplee la ecuación (6-11). Evaluar primero C_1 y C_2. A continuación, despeje P_a de la ecuación cuadrática.

Resultados

$$s_y = 42\,000 \text{ psi}$$
$$A = \pi D^2/4 = (\pi)(0.75)^2/4 = 0.442 \text{ pulg}^2$$
$$r = D/4 = 0.75/4 = 0.188 \text{ pulg}$$
$$c = D/2 = 0.75/2 = 0.375 \text{ pulg}$$
$$KL/r = [(1.0)(32)]/0.188 = 171$$
$$P_{cr} = \frac{\pi^2 EA}{(KL/r)^2} = \frac{\pi^2(30\,000\,000)(0.442)}{(171)^2} = 4476 \text{ lb}$$
$$C_1 = \frac{-1}{N}\left[s_y A + \left(1 + \frac{ac}{r^2}\right)P_{cr}\right] = -9649$$
$$C_2 = \frac{s_y A P_{cr}}{N^2} = 9.232 \times 10^6$$

Por consiguiente, la ecuación cuadrática es

$$P_a^2 - 9649\, P_a + 9.232 \times 10^6 = 0$$

Comentario De acuerdo con lo anterior, $P_a = 1077$ lb es la carga admisible.

La figura 6-16 muestra la solución del problema modelo 6-4, mediante una hoja de cálculo. Si bien, su apariencia es semejante a la de las hojas de cálculo anteriores, para análisis de columnas, los detalles siguen los cálculos necesarios para resolver la ecuación (6-11). En la parte inferior izquierda se necesita dos datos especiales: 1) el torcimiento a y 2) la distancia c, del eje neutro para pandeo, hasta la superficie exterior de la sección transversal. A la mitad de la parte derecha, aparecen algunos valores intermedios que se manejaron en la ecuación (6-11): C_1 y C_2, definidas en la solución del problema ejemplo 6-4. El resultado es la carga admisible P_a, y está en la parte inferior derecha de la hoja de cálculo. Arriba de ella, para comparar, aparece el valor calculado de la carga crítica de pandeo, para una columna recta con el mismo diseño. Observe que este procedimiento de solución es más exacto para columnas largas. Si en el análisis se ve que la columna es *corta*, y no *larga*, el diseñador debe tomar nota de lo corta que sea, comparando la relación de esbeltez KL/r, con la constante de columna C_c. Si la columna es muy corta, el diseñador no debe confiar en la exactitud del resultado obtenido con la ecuación (6-11).

6-12 COLUMNAS CON CARGA EXCÉNTRICA

Una *carga excéntrica* es aquella que se aplica fuera del eje centroidal de la sección transversal de la columna, como se muestra en la figura 6-17. Esa carga ejerce flexión, además de la acción de columna (pandeo), y causa la forma flexionada que se ve en la figura. El esfuerzo máximo en la columna flexionada está en las fibras más alejadas, de la sección transversal, a la

ANÁLISIS DE COLUMNA TORCIDA		*Datos de:*	Problema ejemplo 6-4
Se despeja la carga admisible de la ecuación 6-11.			
Ingrese datos de variables en *cursivas, en los cuadros sombreados.*		Emplee unidades del Sistema Estadounidense Tradicional, consistentes	
Datos por ingresar:		**Valores calculados:**	
Longitud y fijación de extremos:			
Longitud de la columna, L = *32 pulg* *Fijación de extremos, K =* *1*	→	Long. Equiv., $L_e = KL$ =	32.0 pulg
Propiedades del material:			
Esfuerzo de fluencia, s_y = *42 000 psi* *Módulo de elasticidad, E =* *3.00E + 07 psi*	→	Constante de columna, C_c =	18.7
Propiedades de la sección transversal:		Carga de pandeo de Euler =	4,491 lb
[Nota: Ingrese *r* o calcule *r* = sqrt(*I/A*)]. [Siempre ingrese el área]. [Ponga cero *si no se usa I o r*].		C_1 en la ecuación (6-11) = C_2 en la ecuación (6-11) =	_9,678 9.259E+06
Área, A = *0.442 pulg²* *Momento de inercia, I =* *0 pulg⁴*			
Radio de giro, r = *0.188 pulg*	→	Relación de esbeltez, *KL*/*r* =	170.7
Valores para la ecuación (6-11):			
Torcimiento inicial = a = *0.125 pulg* *Eje neutro al exterior = c =* *0.375 pulg*		La columna es: ***larga***	
		Columna recta	
		Carga crítica de pandeo =	***4,491 lb***
Factor de diseño:		***Columna torcida***	
Factor de diseño en la carga, N = *3*	→	**Carga admisible =**	***1,076 lb***

FIGURA 6-16 Hoja de cálculo para análisis de columnas torcidas

FIGURA 6-17
Hoja de cálculo para análisis de columnas torcidas

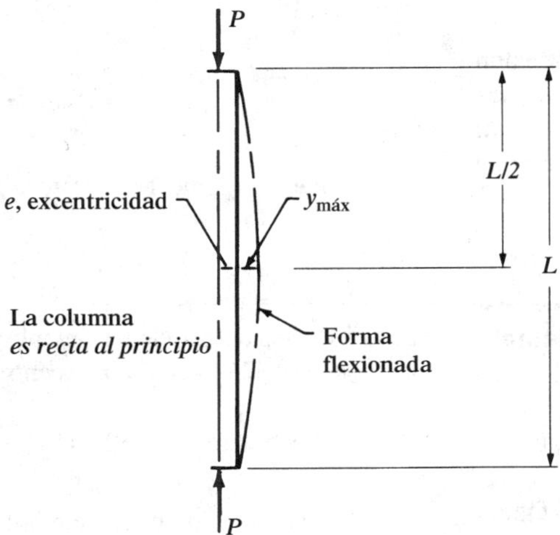

mitad de la columna, que es donde existe la máxima deflexión $y_{máx}$. Se representará con $\sigma_{L/2}$ el esfuerzo en este punto. Entonces, para cualquier carga aplicada P,

Fórmula de la secante para columnas con carga excéntrica

$$\sigma_{L/2} = \frac{P}{A}\left[1 + \frac{ec}{r^2}\sec\left(\frac{KL}{2r}\sqrt{\frac{P}{AE}}\right)\right] \tag{6-12}$$

(Vea las referencias 4, 5 y 9.) Observe que este esfuerzo *no* es directamente proporcional a la carga. Al evaluar la secante en esta fórmula, note que el argumento entre paréntesis está en *radianes*. También, ya que la mayor parte de las calculadoras no tienen la función secante, recuerde que la secante es igual a 1/coseno.

Para fines de diseño, se debería especificar un factor de diseño N, que se pueda aplicar a la *carga de falla* en forma parecida a la que se definió para columnas rectas y con carga central. Sin embargo, en este caso se espera la falla cuando el esfuerzo máximo en la columna es mayor que la resistencia a la fluencia del material. Ahora se definirá un nuevo término P_y, como la carga aplicada a la columna cargada excéntricamente, cuando el esfuerzo máximo es igual al esfuerzo de fluencia. Entonces, la ecuación (6-12) se transforma en

$$s_y = \frac{P_y}{A}\left[1 + \frac{ec}{r^2}\sec\left(\frac{KL}{2r}\sqrt{\frac{P_y}{AE}}\right)\right]$$

Y si ahora se define que la *carga admisible* sea

$$P_a = P_y/N$$

o bien

$$P_y = NP_a$$

Esta ecuación se transforma en

Ecuación de diseño para columnas con carga excéntrica

$$\text{Requerida } s_y = \frac{NP_a}{A}\left[1 + \frac{ec}{r^2}\sec\left(\frac{KL}{2r}\sqrt{\frac{NP_a}{AE}}\right)\right] \tag{6-13}$$

De esta ecuación no se puede despejar A ni P_a. Por consiguiente, se necesita una solución alterna, que se demostrará en el problema ejemplo 6-6.

Otro factor crítico puede ser la cantidad de deflexión del eje de la columna, debido a la carga excéntrica:

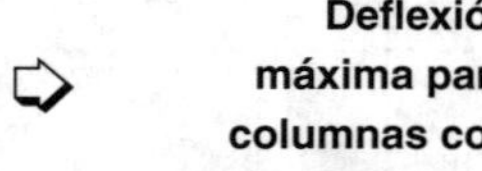

Deflexión máxima para columnas con carga excéntrica

$$y_{\text{máx}} = e\left[\sec\left(\frac{KL}{2r}\sqrt{\frac{P}{AE}}\right) - 1\right] \quad \textbf{(6-14)}$$

Observe que el argumento de la secante es igual al que se empleó en la ecuación (6-12).

Problema ejemplo 6-5 Para la columna del problema ejemplo 6-4, calcule el esfuerzo y la deflexión máximos, si se aplica una carga de 1075 lb con una excentricidad de 0.75 pulgada. Inicialmente, la columna es recta.

Solution

Objetivos: Calcular el esfuerzo y la deflexión para la columna cargada excéntricamente.

Datos: Los datos del problema ejemplo 6-4, pero con excentricidad $e = 0.75$ pulg.

Sección transversal circular sólida: $D = 0.75$ pulg; $L = 32$ pulg; inicialmente recta.

Ambos extremos son articulados; $KL = 32$ pulg; $r = 0.188$ pulg; $c = D/2 = 0.375$ pulg.

Material: acero AISI 1040 laminado en caliente; $E = 30 \times 10^6$ psi.

Análisis: Emplee la ecuación (6-12) para calcular el esfuerzo máximo. Después emplee la ecuación (6-14) para calcular la deflexión máxima.

Resultados: Ya se habían evaluado todos los términos. Entonces, el esfuerzo máximo se calcula con la ecuación (6-12):

$$\sigma_{L/2} = \frac{1075}{0.422}\left[1 + \frac{(0.75)(0.375)}{(0.188)^2}\sec\left(\frac{32}{2(0.188)}\sqrt{\frac{1075}{(0.442)(30 \times 10^6)}}\right)\right]$$

$$\sigma_{L/2} = 29\,300 \text{ psi}$$

La deflexión máxima se calcula con la ecuación (6-14):

$$y_{\text{máx}} = 0.75\left[\sec\left(\frac{32}{2(0.188)}\sqrt{\frac{1075}{(0.442)(30 \times 10^6)}}\right) - 1\right] = 0.293 \text{ pulg}$$

Comentarios: El esfuerzo máximo es de 29 300 psi en la mitad de la longitud de la columna. Allí la deflexión es de 0.293 pulgada del eje central original de la columna.

Problema ejemplo 6-6 El esfuerzo en la columna, calculado en el problema modelo 6-5, parece alto para el acero AISI 1040 laminado en caliente. Rediseñe la columna para tener un factor de diseño 3, como mínimo.

Solución

Objetivos: Rediseñe la columna con carga excéntrica, del problema 6-5, para reducir el esfuerzo y obtener un factor de diseño mínimo igual a 3.

Datos: Los datos de los problemas de muestra 6-4 y 6-5.

Análisis Maneje un diámetro mayor. Emplee la ecuación (6-13) para calcular la resistencia necesaria. Después compárela con la resistencia del acero AISI 1040 laminado en caliente. Itere hasta que el esfuerzo sea satisfactorio.

Resultados En el apéndice 3 se encuentra el valor de la resistencia de fluencia del acero AISI 1040 HR, y es de 42 000 psi. Si se escoge por conservar el mismo material, se debe aumentar las dimensiones transversales de la columna para reducir el esfuerzo. Se puede emplear la ecuación (6-13) para evaluar una alternativa de diseño.

El objetivo es encontrar valores adecuados de A, c y r de la sección transversal, tales que $P_a = 1075$ lb; $N = 3$; $L_e = 32$ pulg; $e = 0.75$ pulg; además de que el valor de todo el segundo miembro de la ecuación sea menor que 42 000 psi. En el diseño original se tenía una sección transversal circular de 0.75 pulg de diámetro. Se probará mediante el aumento del diámetro a $D = 1.00$ pulg. Entonces

$$A = \pi D^2/4 = \pi(1.00\text{ pulg})^2/4 = 0.785\text{ pulg}^2$$
$$r = D/4 = (1.00\text{ pulg})/4 = 0.250\text{ pulg}$$
$$r^2 = (0.250\text{ pulg})^2 = 0.0625\text{ pulg}^2$$
$$c = D/2 = (1.00\text{ pulg})/2 = 0.50\text{ pulg}$$

Ahora, considere s_y' al segundo miembro de la ecuación (6-13). Entonces

$$s_y' = \frac{3(1075)}{0.785}\left[1 + \frac{(0.75)(0.50)}{(0.0625)}\text{seg}\left(\frac{32}{2(0.250)}\sqrt{\frac{(3)(1075)}{(0.785)(30 \times 10^6)}}\right)\right]$$
$$s_y' = 37\,740\text{ psi} = \text{valor requerido de } s_y$$

Este resultado es satisfactorio, porque es un poco menor que el valor de $s_y = 42\,000$ psi para el acero.

Ahora se podrá evaluar la deflexión máxima esperada, con el nuevo diseño, mediante la ecuación (6-14):

$$y_{\text{máx}} = 0.75\left[\sec\left(\frac{32}{2(0.250)}\sqrt{\frac{1075}{(0.785)(30 \times 10^6)}}\right) - 1\right]$$
$$y_{\text{máx}} = 0.076\text{ pulg}$$

Comentarios El diámetro de 1.00 pulgada es satisfactorio. La deflexión máxima de la columna es de 0.076 pulg.

La figura 6-18 muestra la solución del problema de la columna excéntrica, el problema modelo 6-6, mediante una hoja de cálculo para evaluar las ecuaciones (6-13) y (6-14). Es un auxiliar de diseño que facilita la iteración necesaria para determinar una geometría aceptable de una columna que va a soportar una carga especificada, con un factor de diseño adecuado. Observe que los datos están en unidades del Sistema Estadounidense Tradicional. En el extremo inferior izquierdo de la hoja, el diseñador ingresa los datos necesarios para las ecuaciones (6-13) y (6-14) junto con los demás datos que se describieron para las hojas de cálculo anteriores, para analizar columnas. Los **"RESULTADOS FINALES"**, abajo a la derecha, muestran el valor calculado de la resistencia de fluencia requerida del material de la columna, y se compara con el valor ingresado por el diseñador en la parte superior izquierda. El diseñador debe asegurarse de que el valor real sea mayor que el valor calculado. La última parte del segundo miembro de la hoja muestra la deflexión máxima calculada de la columna, que está a la mitad de su longitud.

ANÁLISIS DE COLUMNA EXCÉNTRICA		*Datos de:* Problema ejemplo 6-6
Calcule el esfuerzo de diseño con la ecuación (6-13) y la deflexión máxima con la ecuación (6-14).		
Ingrese datos de variables en *cursivas, en los cuadros sombreados.*		Emplee unidades del Sistema Estadounidense Tradicional, consistentes
Datos a ingresar:		**Valores calculados:**
Longitud y fijación de extremos:		
Longitud de la columna, L = 32 pulg *Fijación de extremos, K = 1*	→	Long. equiv., $L_e = KL =$ 32.0 pulg
Propiedades del material:		
Esfuerzo de fluencia, s_y *= 42 000 psi* *Módulo de elasticidad, E = 3.00E + 07 psi*	→	Constante de columna, $C_c = 118.7$
Propiedades de la sección transversal:		
[Nota: Ingrese *r* o calcule *r* = sqrt(*I*/*A*)]. [Siempre ingrese el área]. [Ponga cero si no se usa *I* o *r*]. *Área, A = 0.785 pulg*^{2} *Momento de inercia, I = 0 pulg*^{4} *O BIEN* *Radio de giro, r = 0.250 pulg*	→	Argumento de la secante = 0.749 para resistencia Valor de la secante = 1.3654 Argumento de la secante = 0.432 para la deflexión Valor de la secante = 1.1014 Relación de esbeltez, $KL/r = 128.0$
Valores para las ecuaciones (6-13) y (6-14): *Excentricidad, e = 0.75 pulg* *Eje neutro al exterior, c = 0.5 pulg* *Carga admisible,* P_a *= 1,075 lb*		La columna es: ***larga*** **RESULTADOS FINALES**
Factor de diseño: **Factor de diseño en la carga, N = 3**		**Resistencia de fluencia requerida = *37,764 psi*** **Debe ser menor que la resistencia real a la fluencia:** s_y **= *42,000 psi***
		Deflexión máxima, $y_{máx}$ = *0.076 pulg*

FIGURA 6-18 Hoja de cálculo para análisis de columnas excéntricas

REFERENCIAS

1. Aluminum Association. *Aluminum Design Manual* (Manual de diseño con aluminio). Washington, DC: Aluminum Association, 2000.
2. American Institute of Steel Construction. *Manual of Steel Construction* (Manual de construcción en acero). LRFD 3ª ed. Chicago: American Institute of Steel Construction, 2001.
3. Hibbeler, R. C. *Mechanics of Materials* (Mecánica de materiales). 4ª ed. Upper Saddle River, NJ: Prentice Hall, 2000.
4. Popov, E. P. *Engineering Mechanics of Solids* (Ingeniería Mecánica para sólidos). 2ª ed. Upper Saddle River, NJ: Prentice Hall, 1998.
5. Shigley, J. E. y C. R. Mischke. *Mechanical Engineering Design* (Diseño en ingeniería mecánica). 6ª ed. Nueva York: McGraw-Hill, 2001.
6. Spotts, M. F. y T. E. Shoup. *Design of Machine Elements* (Diseño de elementos de máquinas). 7ª ed. Upper Saddle River, NJ: Prentice Hall, 1998.
7. Timoshenko, S. *Strength of Materials* (Resistencia de materiales). Vol. 2. 2ª ed. Nueva York: Van Nostrand Reinhold, 1941.
8. Timoshenko, S. y J. M. Gere. *Theory of Elastic Stability* (Teoría de la estabilidad elástica). 2ª ed. Nueva York: McGraw-Hill, 1961.
9. Young, W. C. y R. G. Budynas. *Roark's Formulas for Stress and Strain* (Fórmulas de Roark, para esfuerzo y deformación). 7ª ed. Nueva York: McGraw-Hill, 2002.

PROBLEMAS

1. Una columna tiene ambos extremos articulados y 32 pulgadas de longitud. Es de acero AISI 1040 HR, redonda y tiene un diámetro de 0.75 pulgada. Calcule la carga crítica.

2. Repita el problema 1 con una longitud de 15 pulg.

3. Repita el problema 1 con una barra de aluminio 6061-T4.

4. Repita el problema 1 y suponga que los dos extremos están empotrados.

5. Repita el problema 1 con una sección transversal cuadrada sólida, de 0.65 pulg por lado, en lugar de ser redonda.

6. Repita el problema 1 con una barra fabricada con plástico acrílico de alto impacto.

7. La sección transversal de una barra rectangular de acero es de 0.50 por 1.00 pulgada y tiene 8.5 pulgadas de longitud. La barra tiene extremos articulados y es de acero AISI 4150 OQT 1000. Calcule la carga crítica.

8. Un tubo de acero tiene 1.60 pulgadas de diámetro exterior, 0.109 pulgada de espesor de pared y 6.25 pies de longitud. Calcule la carga crítica para cada una de las condiciones de los extremos que aparecen en la figura 6-2. Use acero AISI 1020 HR.

9. Calcule el diámetro necesario de una barra redonda, para usarla como una columna para soportar 8500 lb de carga, con extremos articulados. La longitud es de 50 pulg. Use acero AISI 4140 OQT 1000 y un factor de diseño de 3.0.

10. Repita el problema 9 con acero AISI 1020 HR.

11. Repita el problema 9 con aluminio 2014-T4.

12. En la sección 6-10 se dedujeron ecuaciones para el diseño de una columna circular sólida, larga o corta. Efectúe la deducción para una sección transversal cuadrada sólida.

13. Repita las deducciones pedidas en el problema 12, para un tubo circular hueco, para cualquier relación de diámetro interior a diámetro exterior. Esto es, considere que $R = DI/DE$, y despeje el DE requerido para determinada carga, material, factor de diseño y fijación de extremos.

14. Determine las dimensiones necesarias de una columna con sección transversal cuadrada, para que soporte una fuerza de compresión axial de 6500 lb, si su longitud es de 64 pulg y sus extremos están empotrados. Emplee un factor de diseño igual a 3.0. Use aluminio 6061-T6.

15. Repita el problema 14 para un tubo hueco de aluminio (6061-T6) con la relación $DI/DE = 0.80$. Compare el peso de esta columna con el del problema 14.

16. Para compactar chatarra de acero se usa un aparato de palanca como el de la figura P6-16. Diseñe los dos vástagos de la palanca, fabricados en acero AISI 5160 OQT 1000, con sección transversal redonda y extremos articulados. La fuerza P necesaria para aplastar la chatarra es de 5000 lb. Emplee $N = 3.50$.

17. Repita el problema 16, pero proponga un diseño que sea más ligero que la sección transversal circular sólida.

18. Una eslinga, como el de la figura P6-18, debe soportar 18 000 lb. Diseñe el repartidor.

19. Para la eslinga del problema 18, diseñe el repartidor, si el ángulo indicado se cambia de 30° a 15°.

20. Una barra para cierto cilindro hidráulico se comporta como una columna empotrada-libre, cuando se usa para accionar un compactador de desperdicios industriales. Su longitud máxima extendida será de 10.75 pies. Si debe fabricarse con acero AISI 1144 OQT 1300, determine el diámetro que requiere la barra, con un factor de diseño de 2.5, para una carga axial de 25 000 lb.

21. Diseñe una columna que soporte 40 000 lb. Un extremo está articulado y el otro es fijo. La longitud es de 12.75 pies.

22. Repita el problema 21 con una longitud de 4.25 pies.

23. Repita el problema 1, si la columna tiene un torcimiento inicial de 0.08 pulgada. Determine la carga admisible para un factor de diseño de 3.

24. Repita el problema 7, si la columna tiene un torcimiento inicial de 0.04 pulgadas. Determine la carga admisible para un factor de diseño de 3.

25. Repita el problema 8, si la columna tiene un torcimiento inicial de 0.15 pulgadas. Determine la carga admisible para un factor de diseño de 3 y con extremos articulados, solamente.

FIGURA P6-16 (Problemas 16 y 17)

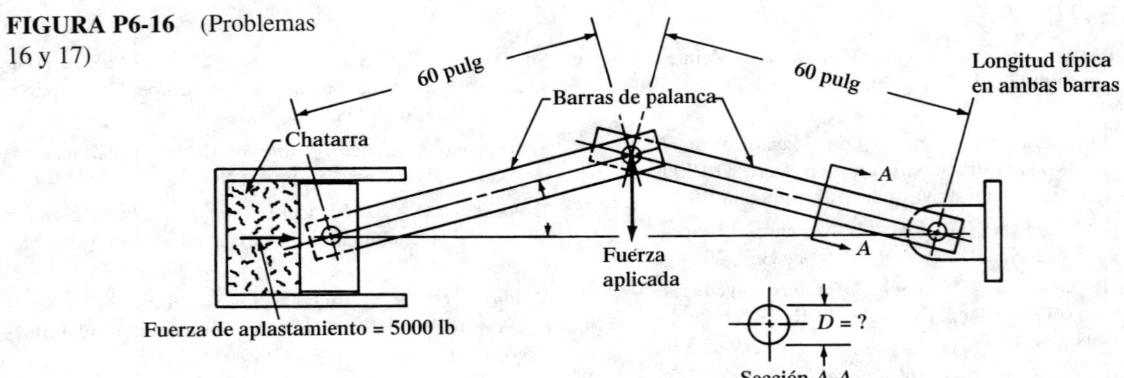

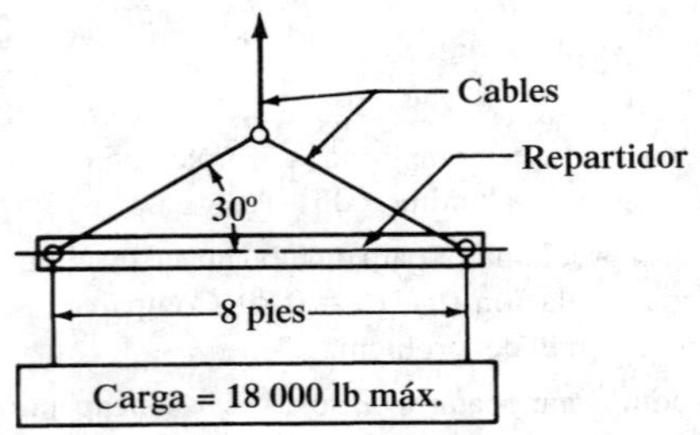

FIGURA P6-18 (Problemas 18 y 19)

26. Una columna de aluminio (6063-T4) tiene 42 pulgadas de longitud y sección transversal cuadrada sólida, de 1.25 pulg por lado. Si soporta una carga de compresión de 1250 lb, aplicada con 0.60 pulg de excentricidad, calcule el esfuerzo máximo y la deflexión máxima en la columna.
27. Una columna de acero AISI 1020 laminado en caliente tiene 3.2 m de longitud, y es de tubo de acero estándar de 3 pulg cédula 40 (vea la tabla A16-6). Si se aplica una carga de compresión de 30.5 kN con una excentricidad de 150 mm, calcule el esfuerzo máximo en la columna y la deflexión máxima.
28. El eslabón de un mecanismo tiene 14.75 pulgadas de longitud, y su sección transversal es cuadrada de 0.250 pulgadas por lado. Es de acero inoxidable recocido AISI 410. Emplee $E = 28 \times 10^6$ psi. Si soporta una carga de compresión de 45 lb, con 0.30 pulg de excentricidad, calcule el esfuerzo máximo y la deflexión máxima.
29. Durante la instalación de nuevas matrices, se propone como apoyo para sostener la corredera de un troquel un tubo cuadrado hueco de acero de 40 pulgadas de longitud. La corredera pesa 75 000 lb. El apoyo es de tubo estructural de $4 \times 4 \times 1/4$ pulgadas. Si se fabrica de acero semejante al acero estructural ASTM A500 grado C, y la carga aplicada por la corredera puede tener 0.50 pulgadas de excentricidad ¿Daría seguridad usar el apoyo?
30. Determine la carga admisible en una columna de 16.0 pies de longitud, fabricada con un perfil de viga de ala ancha W5 × 19. La carga se aplicará en el centro. Las condiciones de los extremos son intermedias entre empotrada y articulada, por decir, $K = 0.8$. Emplee un factor de diseño de 3 y acero estructural ASTM A36.
31. Determine la carga admisible en una columna con extremos empotrados, de 66 pulgadas de longitud, hecha de una viga estándar estadounidense S4 × 7.7. El material es acero estructural ASTM A36. Emplee un factor de diseño 3.
32. Calcule el esfuerzo y la deflexión máximos que cabe esperar en el miembro de máquina de acero, el cual soporta una carga excéntrica como se ve en la figura P6-32. La carga P es de 1000 lb. Si se desea que el factor de diseño sea 3, especifique un acero adecuado.
33. Especifique un tubo de acero adecuado, en la tabla A16-5, para soportar un lado de una plataforma, como se indica en la figura P6-33. El material tiene una resistencia de fluencia

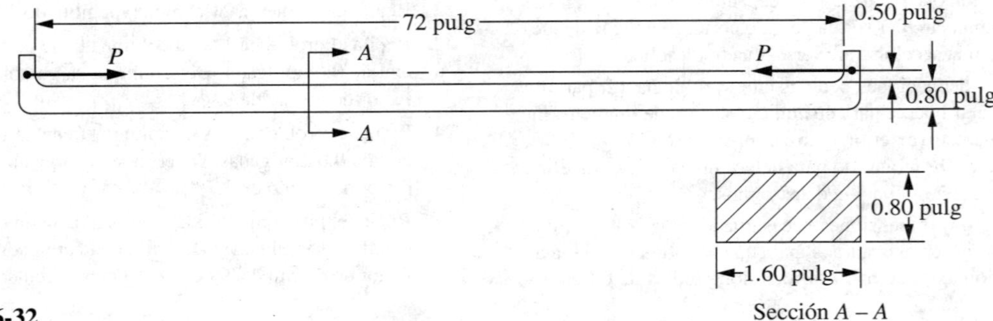

FIGURA P6-32

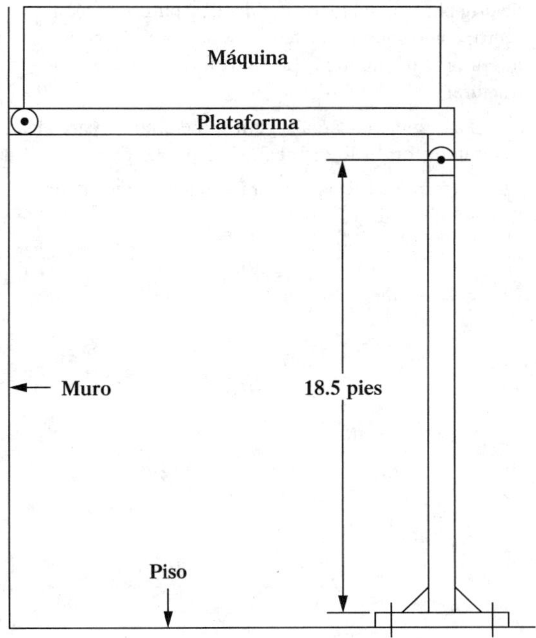

FIGURA P6-33

de 36 ksi. La carga total en la plataforma es de 55 000 lb, distribuida uniformemente.

34. Calcule la carga axial admisible en un canal C5 × 9 de acero estructural ASTM A36. El canal tiene 112 pulgadas de longitud, y se puede considerar articulado en sus extremos. Emplee un factor de diseño de 3.

35. Repita el problema 34 con los extremos empotrados y no articulados.

36. Repita el problema 34, pero considere que la carga se aplica a lo largo del exterior del alma del canal, en lugar de ser axial.

37. La figura P6-37 muestra una columna de acero estructural ASTM A500 grado B, de 4 × 4 × 1/2 pulgadas. Para adaptarse a una restricción del montaje, la carga se aplica excéntricamente, como se muestra. Determine cuánta carga puede sostener con seguridad la columna. La columna está soportada lateralmente por la estructura.

38. El dispositivo de la figura P6-38 está sometido a fuerzas opuestas F. Calcule la carga máxima admisible para tener un factor de diseño de 3. Este elemento es de aluminio 6061-T6.

39. Un cilindro hidráulico es capaz de ejercer 5200 N de fuerza para mover una pieza colada pesada en un transportador. El diseño del empujador hace que la carga se aplique excéntricamente al vástago del pistón, como se ve en la figura P6-39. ¿Es seguro el vástago del pistón con esta carga, si es de acero inoxidable AISI 416 en condición Q&T 1000? Emplee $E = 200$ GPa.

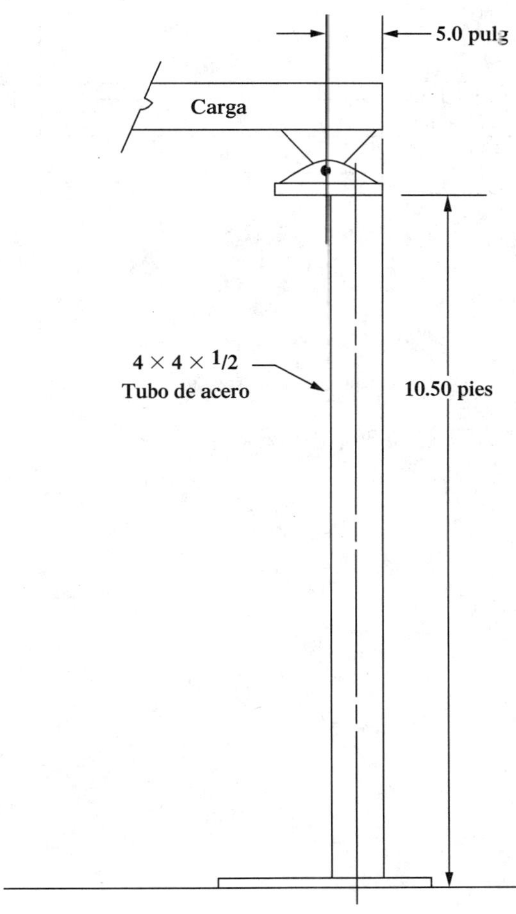

FIGURA P6-37

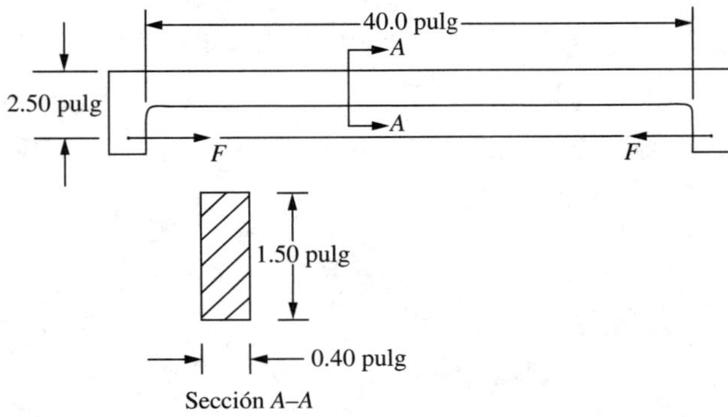

FIGURA P6-38

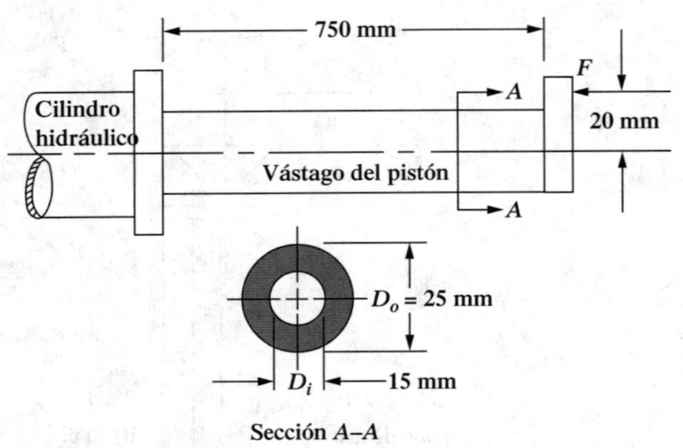

FIGURA P6-39

40. Se propone usar un tubo estándar de 2 pulgadas cédula 40, de acero, como soporte del techo de un porche, durante una renovación. Su longitud es de 13.0 pies. El tubo es de acero estructural ASTM A501.

a) Determine la carga segura sobre el tubo, para alcanzar un factor de diseño de 3, si el tubo es recto.

b) Determine la carga segura si el tubo tiene un torcimiento inicial de 1.25 pulg.

PARTE II

Diseño de una transmisión mecánica

OBJETIVOS Y CONTENIDO DE LA PARTE II

La parte II de este libro contiene nueve capítulos (capítulos del 7 al 15) que le ayudarán a adquirir experiencia para emprender el diseño de un aparato completo importante —una *transmisión mecánica* o *accionamiento mecánico*—. La transmisión, a la que a veces se le llama *transmisión de potencia*, desempeña las funciones siguientes:

- Recibe la potencia de algún tipo de fuente giratoria, como un motor eléctrico, motor de combustión interna, turbina de gas, motor hidráulico o neumático, una turbina de vapor o de agua o hasta del movimiento manual que hace el operador.
- En el caso típico, la transmisión causa algún cambio en la velocidad de rotación de los ejes que forman la transmisión, para que el eje de salida trabaje con más lentitud o mayor rapidez que el eje de entrada. Existe mayor cantidad de reductores de velocidad que de incrementadores de ésta.
- Los elementos activos del accionamiento transmiten la potencia del eje de entrada al de salida.
- Cuando hay una reducción de velocidad, existe un incremento correspondiente en el par torsional transmitido. Por el contrario, un incremento de velocidad causa una reducción de par torsional en la salida, en comparación con la entrada al reductor.

Los capítulos de la parte II presentan las descripciones detalladas de los diversos elementos de máquinas que se utilizan en forma típica en las transmisiones: *transmisiones por banda, transmisiones por cadenas, engranes, ejes, cojinetes, cuñas, acoplamientos, sellos y cajas para contener el conjunto de los elementos*. El lector aprenderá las características importantes de estos elementos, así como los métodos para analizarlos y diseñarlos.

Similar importancia tiene la información que se proporciona acerca de cómo interactúan los diversos elementos. Debe percibir, por ejemplo, cómo se montan los engranes en los ejes, cómo se soportan los ejes en cojinetes y cómo se deben montar los cojinetes en una caja que mantenga el conjunto del sistema. El diseño final terminado debe funcionar como una unidad integrada.

EL PROCESO DE DISEÑO DE UNA TRANSMISIÓN MECÁNICA

En un caso típico de diseño de una transmisión de potencia, debe conocer lo siguiente:

- ***La naturaleza de la máquina impulsada:*** Podría ser una máquina herramienta en una fábrica que corte partes metálicas para motores, un taladro eléctrico para carpinteros profesionales u otro para uso en el hogar, el eje de salida de un tractor agrícola, el eje impulsor de un turborreactor para un aeroplano, el eje impulsor de un gran barco, las ruedas de un tren de juguete, un mecanismo de regulación mecánica o cualquier otro de los numerosos productos que necesitan un accionamiento con velocidad controlada.

- ***La cantidad de potencia por transmitir:*** En los ejemplos que se acaban de citar, la potencia necesaria puede ir de miles de caballos de fuerza, para un barco; cientos, para un gran tractor agrícola o un avión, a unos pocos watts, para un reloj o un juguete.
- ***La velocidad de rotación del motor de accionamiento o motor que genera fuerza motriz:*** En el caso típico, el motor de accionamiento o *motor que genera fuerza motriz* funciona a una alta velocidad de rotación. Los ejes de los motores eléctricos normalizados giran a unas 1 200, 1 800 o 3 600 revoluciones por minuto (rpm). Los motores de automóvil funcionan con unas 1 000 a 6 000 rpm. Los motores universales de algunas herramientas de mano (taladros, sierras y buriladoras) o de electrodomésticos (licuadoras, batidoras y aspiradoras) funcionan con unas 3 500 a 20 000 rpm. Las turbinas de gas para aviones giran a muchos miles de rpm.
- ***La velocidad de salida deseada en la transmisión:*** Depende mucho de la aplicación. Algunos motorreductores para instrumentos giran a menos de 1.0 rpm. Las máquinas de producción en fábricas pueden trabajar a unos pocos cientos de rpm. Los accionamientos para transportadores de ensambladoras pueden trabajar a menos de 100 rpm. Las hélices de los aviones pueden trabajar a varios miles de rpm.

Entonces usted, el diseñador, debe hacer lo siguiente:

- Escoja la clase de elementos de transmisión de potencia que se van a usar: engranes, bandas, cadenas u otros tipos. De hecho, algunas transmisiones usan dos o más tipos en serie, para optimizar la eficiencia de cada uno.
- Especifique la forma en que se ordenen los elementos giratorios, y la forma en que se monten los elementos de la transmisión en los ejes.
- Diseñe los ejes, para que sean seguros frente a los pares de torsión y las cargas flexionantes, y ubicar bien los elementos y los cojinetes. Es probable que los ejes tengan varios diámetros y características especiales para adaptarse a cuñas, acoplamientos, anillos de retención y otros detalles. Se deben especificar las dimensiones de todas las características, junto con las tolerancias de las dimensiones y los acabados de superficie.
- Especifique cojinetes adecuados para el soporte de los ejes, y determine cómo se montará la cuña en los ejes y la forma en que sean sujetados en una caja.
- Especifique las cuñas o chavetas para conectar el eje a los elementos de la transmisión: acoplamientos para conectar el eje del motor al eje de entrada de la transmisión, o para conectar el eje de salida con la máquina impulsada; sellos para evitar con eficacia que entren contaminantes a la transmisión, y otros accesorios.
- Colocar todos los elementos en una caja adecuada, que permita montarlos para protegerlos del ambiente y lubricarlos.

CAPÍTULOS QUE FORMAN LA PARTE II

Para guiarlo, en este proceso de diseño de una transmisión mecánica, en la parte II se incluyen los siguientes capítulos.

Capítulo 7: Transmisiones por bandas y por cadenas, subraya el reconocimiento de la diversidad de transmisiones por bandas y cadenas que se consiguen en el comercio, los parámetros críticos de diseño y los métodos para especificar los componentes razonablemente óptimos de los sistemas de accionamiento.

Capítulo 8: Cinemática de los engranes, describe y define las características geométricas importantes de los engranes. Se describen los métodos de fabricación de engranes y la importancia de la precisión en el funcionamiento de ellos. Se describen los detalles de la forma en que trabaja un par de engranes y el diseño, y se analiza la operación de dos o más pares, en un tren de engranes.

Capítulo 9: Diseño de engranes rectos, ilustra cómo se calculan las fuerzas que ejerce un diente de engrane en su diente engranado. Se presenta los métodos para calcular los esfuerzos en los dientes de los engranes, así como los métodos de diseño para especificar la geometría del diente de engrane y el material, con el fin de producir un sistema de transmisión engranada segura y de larga duración.

Capítulo 10: Engranes helicoidales, cónicos y de tornillo sinfín y corona, contiene métodos análogos a los descritos para los engranes rectos, y da atención especial a la geometría característica de esos tipos de engranes.

Capítulo 11: Cuñas, acoplamientos y sellos, describe cómo diseñar cuñas para que sean seguras frente a las cargas dominantes causadas por el par torsional transmitido por ellas, del eje a los engranes o a otros elementos. Se debe especificar los acoplamientos para que se adapten al posible desalineamiento de los ejes que se unen, y para que transmitan el par torsional requerido a las velocidades de funcionamiento. Se deben especificar los sellos para ejes que sobresalgan de la caja, y para cojinetes que se deban mantener libres de contaminantes. Es esencial el mantenimiento de un suministro fiable de lubricante limpio a los elementos activos.

Capítulo 12: Diseño de ejes, describe que, además de diseñar los ejes para transmitir con seguridad las cantidades necesarias de par de torsión, a las velocidades dadas, es probable que tengan varios diámetros y características especiales para aceptar cuñas, acoplamientos, anillos de retención y otros detalles. Se debe especificar las dimensiones de todas las características, junto con las tolerancias en las dimensiones y los acabados superficiales. Para terminar estas tareas, se requieren algunos de los conocimientos que se desarrollarán en los siguientes capítulos, y después el lector deberá regresar aquí.

Capítulo 13: Tolerancias y ajustes, describe el ajuste de los elementos que se montan juntos y que pueden trabajar uno con otro; este ajuste es crítico para el funcionamiento y la duración de los elementos. En algunos casos, como el ajuste de la pista interior de un rodamiento de bolas o de rodillos en un eje, el fabricante del rodamiento especifica la variación dimensional admisible en el eje, para que sea compatible con las tolerancias con las que se produce el rodamiento. En el caso típico, existe un ajuste de interferencia entre la pista interior del rodamiento y el diámetro del eje donde se va a montar. Pero existe un ajuste deslizante estrecho, entre la pista exterior y la caja que mantiene el rodamiento en su lugar. En general, es importante que usted se encargue de especificar las tolerancias de todas las dimensiones, para asegurar un buen funcionamiento, y al mismo tiempo tener una fabricación económica.

Capítulo 14: Cojinetes con contacto de rodadura, se enfoca en los cojinetes comerciales de contacto por rodadura, como rodamientos de bolas, de rodillos, de rodillos cónicos y otros más. Debe poder calcular o especificar las cargas que soportarán los rodamientos, su velocidad de funcionamiento y su duración esperada. Con estos datos se podrá especificar rodamientos de línea, en catálogos de los fabricantes. Después deberá repasar el proceso de diseño para los ejes, descrito en el capítulo 12, para terminar la especificación de sus dimensiones y tolerancias. Es probable que se necesite iterar entre los procesos de diseño para los elementos de la transmisión, los ejes y los cojinetes, para llegar a un arreglo óptimo.

Capítulo 15: Conclusión del diseño de una transmisión, combina todos los temas anteriores. Decidirá el lector los detalles del diseño de cada elemento, y asegurará la compatibilidad de los elementos correspondientes. Revisará todas las decisiones e hipótesis anteriores de diseño, para verificar que cumpla con las especificaciones. Después de haber analizado los elementos individuales y terminado la iteración entre ellos, se deben acomodar en una caja adecuada, para fijarlos con seguridad y protegerlos contra contaminantes, así como proteger a las personas que puedan estar cerca de ellos. También la caja debe diseñarse para que sea compatible con la máquina impulsora y la máquina impulsada. Para ello, se requiere con frecuencia métodos especiales de fijación, y métodos para fijar todos los dispositivos conectados en su relación mutua. Se debe tener en cuenta el armado y el servicio. Entonces presentará el lector un conjunto definitivo de especificaciones para todo el sistema de transmisión mecánica, y documentará su diseño con esquemas adecuados y un informe escrito.

7

Transmisiones por bandas y por cadenas

Panorama

Transmisiones por bandas y por cadenas

Mapa de aprendizaje

- Las bandas y las cadenas son los tipos principales de elementos flexibles de transmisión de potencia. Las bandas trabajan con poleas, mientras que las cadenas trabajan con ruedas dentadas llamadas *catarinas*.

Descubrimientos

Vea a su alrededor e identifique al menos un dispositivo mecánico que tenga una transmisión por banda, y uno que tenga una transmisión por cadena.

Describa cada sistema y haga un esquema que muestre la forma en que recibe la potencia de un suministro y cómo la transfiere a una máquina impulsada.

Describa las diferencias entre las transmisiones por banda y las de cadena.

En este capítulo aprenderá cómo seleccionar los componentes adecuados para las transmisiones por bandas y de cadenas, entre los diseños comerciales.

Las bandas y las cadenas representan los principales tipos de elementos flexibles para transmisión de potencia. La figura 7-1 muestra una aplicación industrial típica de estos elementos, combinados con un reductor de velocidad con engranes. Esta aplicación ilustra dónde se usan las bandas, engranes y cadenas, con el mayor provecho.

Un motor eléctrico produce la potencia rotatoria, pero en el caso típico, los motores funcionan con una velocidad demasiado grande, y entregan un par torsional muy pequeño para que se adapten a la aplicación final de accionamiento. Recuerde que para determinada transmisión de potencia, el par torsional aumenta en proporción con la que se reduce la velocidad de rotación. Así, con frecuencia se desea tener cierta velocidad de giro. La alta velocidad del motor hace que las transmisiones por banda sean casi ideales para la primera etapa de reducción. Al eje del motor se le fija una polea pequeña, mientras que se monta una polea de mayor diámetro en un eje paralelo que funciona a la velocidad menor correspondiente. Las poleas con bandas también son llamadas *poleas acanaladas*.

Sin embargo, si la transmisión requiere relaciones de reducción muy grandes, son preferibles los reductores de engranes, porque físicamente pueden hacer grandes reducciones en un espacio bastante pequeño. En general, el eje de salida del reductor de engranes está a baja velocidad y tiene gran par de torsión. Si tanto la velocidad como el par torsional son satisfactorios para la aplicación, se podría acoplar en forma directa a la máquina impulsada.

Sin embargo, como los reductores engranados sólo se consiguen en relaciones de reducción discretas, con frecuencia se debe reducir su salida para cumplir los requisitos de la máquina. En la condición de baja velocidad y gran par de torsión, las transmisiones con cadenas son adecuadas. El gran par torsional causa grandes fuerzas de tensión en la cadena. En el caso normal, los elementos de la cadena son metálicos, y sus dimensiones resisten las grandes fuerzas. Los eslabones de las cadenas engranan en las catarinas, para formar un accionamiento mecánico positivo, adecuado a las condiciones de baja velocidad y gran par de torsión.

En general, se aplican las transmisiones por bandas cuando las velocidades de rotación son relativamente altas, como en la primera etapa de reducción de la velocidad de un motor eléctrico o de combustión. La velocidad lineal de una banda es de unos 2500 a 6500 pies/min (762 a 1980 m/min), lo cual da como resultado fuerzas de tensión relativamente pequeñas en la banda. A menores velocidades, la tensión en la banda se vuelve demasiado grande para las secciones transversales típicas en las bandas, y puede haber deslizamiento entre los lados de la banda y las ranuras de la polea que la conduce. A mayores velocidades existen efectos dinámicos, como fuerzas centrífugas, chicoteo de bandas y vibraciones que reducen la eficiencia y la duración de la transmisión. En general, lo ideal es que la velocidad sea 4000 pies/min (1220 m/min). Algunos diseños de ban-

FIGURA 7-1
Combinación de un accionamiento donde se usan bandas en V, un reductor de engranes y una transmisión por cadena [Fuente de la parte *b*): Browning Mfg. Division, Emerson Electric Co., Maysville, KY]

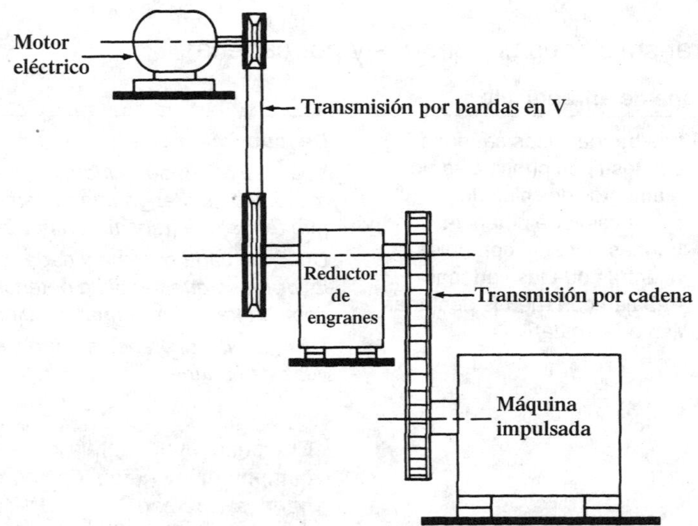

a) Esquema de una transmisión combinada

b) Fotografía de una instalación real de un accionamiento. Note que se han quitado las defensas de las bandas y la cadena, para mostrar los detalles.

da tienen filamentos de refuerzo con alta resistencia, o son dentadas, para engranar en ranuras correspondientes de las poleas, para aumentar su capacidad de transmitir las grandes fuerzas a bajas velocidades. Estos diseños compiten con las transmisiones con cadenas en muchas aplicaciones.

¿Dónde habrá visto transmisiones por banda? Vea los aparatos mecánicos en su hogar u oficina, los vehículos, equipos de construcción, sistemas de calefacción, acondicionamiento de aire y ventilación, y la maquinaria industrial. Describa su apariencia general. ¿A qué estaba fija la polea de entrada? ¿Estaba trabajando a alta velocidad? ¿Cuál era el tamaño de la siguiente polea? ¿La segunda polea giraba a menor velocidad? ¿Qué tanto menos? ¿Había más etapas de reducción con bandas o con algún otro reductor? Haga un esquema de la distribución del sistema de accionamiento. Haga mediciones, si puede llegar con seguridad al equipo.

¿Dónde ha visto usted las transmisiones por cadena? Un lugar obvio es una bicicleta, donde la catarina está fija al ensamble de pedal; es bastante grande, y la que está montada en la rueda trasera es menor. La polea *motriz, conductora* o *impulsora* o la polea *conducida* o *impulsada* pueden tener varios tamaños, para que el ciclista seleccione muchas relaciones de velocidad distintas que le permitan tener el funcionamiento óptimo bajo distintas condiciones de demanda de velocidad y de pendientes. ¿Dónde más habrá visto transmisiones por cadena? De nuevo vea vehículos, equipos de construcción y maquinaria industrial. Describa y haga un esquema de al menos un sistema de transmisión por cadena.

Este capítulo lo ayudará a identificar las características típicas del diseño para transmisiones comerciales por bandas y por cadenas. Podrá usted especificar los tipos y tamaños adecuados para transmitir una cantidad determinada de potencia a cierta velocidad, y llegar a la relación especificada de velocidades entre la entrada y la salida de la transmisión. También se describirán las consideraciones sobre la instalación, para que pueda usted cristalizar sus diseños en sistemas adecuados.

Usted es el diseñador

Un ingenio en Louisiana necesita un sistema de accionamiento diseñado para una máquina que pica capas largas de azúcar, en trozos cortos, antes de procesarlos. El eje motriz de la máquina debe girar a 30 rpm, para que la caña se pique limpiamente y no sea estrujada. Esta gran máquina necesita un par de torsión de 31 500 lb·pulg para impulsar las cuchillas del picador.

Le piden a su empresa que diseñe el accionamiento, y le dan a usted el trabajo. ¿Qué tipo de fuente de energía se debe usar? Podría considerar un motor eléctrico, uno de gasolina o uno hidráulico. La mayor parte de ellos funcionan a velocidades relativamente grandes, bastante mayores que 30 rpm. Por consiguiente, se necesita algún tipo de reducción de velocidad. Quizá decida usar un accionamiento parecido al de la figura 7-1.

Se usan tres etapas de reducción. La polea de entrada de la banda impulsora gira a la velocidad del motor, mientras que la polea conducida, que es mayor, gira a menor velocidad angular y entrega la potencia a la entrada de los engranes reductores de velocidad. Es probable que la mayor parte de la reducción de velocidad se haga en el reductor de engranes, y que el eje de salida gire con lentitud y entregue un par torsional grande. Recuerde que a medida que disminuye la velocidad de rotación de un eje giratorio, el par torsional producido aumenta para determinada potencia transmitida. Pero como sólo existe una cantidad limitada de diseños de reductores disponibles, es probable que la velocidad de salida del reductor no sea la ideal para el eje de entrada a la picadora de caña. Entonces, el reductor de cadena forma el último paso de la reducción.

Como diseñador, debe usted decidir qué clase y tamaño de accionamiento de bandas va a usar, y cuál debe ser la relación de velocidades entre las poleas motriz y conducida. ¿Cómo se va a fijar la polea motriz al eje del motor? ¿Cómo se fija la polea conducida al eje de entrada del reductor de engranes? ¿Dónde debe montarse el motor en relación con el reductor con engranes, y cuál será la distancia resultante entre centros en los dos ejes? ¿Qué relación de reducción hará el reductor con engranes? ¿Qué clase de reductor engranado debe usarse: engranes helicoidales, o impulsor de gusano y de mecanismo de tornillo sinfín o engranes cónicos? ¿Cuánta reducción de velocidad adicional debe dar el reductor con cadena para entregar la velocidad correcta al eje de la picadora de caña? ¿Qué tamaño y tipo de cadena debe usarse? ¿Cuál es la distancia central entre la salida del reductor de engrane y la entrada hacia la cortadora de caña? Así, ¿qué longitud de cadena se necesita? Por último, ¿qué potencia de motor se requiere para impulsar todo el sistema bajo las condiciones descritas? La información en este capítulo le ayudará a contestar preguntas acerca del diseño de sistemas de transmisión de potencia que comprenden bandas y cadenas. Se describen los reductores con engranes en el capítulo 8, sección 10.

7-1 OBJETIVOS DE ESTE CAPÍTULO

Al terminar este capítulo, el lector podrá:

1. Describir las partes básicas de un sistema de transmisión por bandas.
2. Describir varios tipos de transmisiones por bandas.
3. Especificar los tipos y tamaños adecuados de bandas y poleas acanaladas para transmitir un valor determinado de potencia, a velocidades especificas de las poleas de entrada y de salida.
4. Especificar las variables primarias de instalación para los reductores con bandas, incluyendo distancia entre centros y longitud de banda.
5. Describir las características básicas de un sistema de transmisión por cadenas.
6. Describir varios tipos de transmisiones por cadenas.

FIGURA 7-2
Geometría básica de una transmisión por bandas

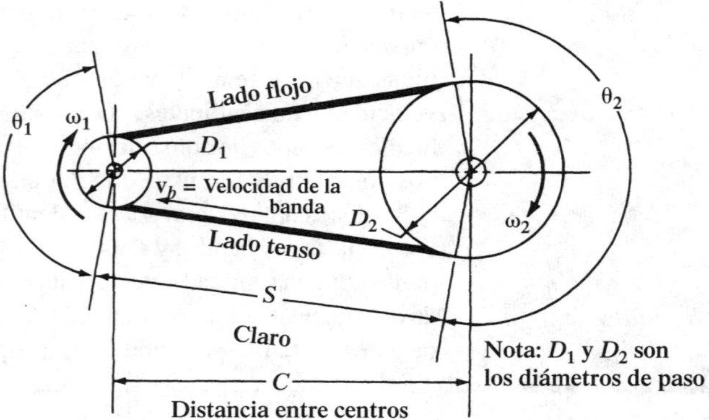

7. Especificar los tipos y tamaños adecuados de cadenas y catarinas, para transmitir determinado valor de potencia a las velocidades específicas de las catarinas de entrada y salida.
8. Especificar las variables primarias de instalación para los reductores con cadenas, incluyendo la distancia entre los centros de poleas, la longitud de la cadena y los requisitos de lubricación.

7-2 TIPOS DE TRANSMISIONES POR BANDAS

Una banda es un elemento flexible de transmisión de potencia que asienta firmemente en un conjunto de poleas o poleas acanaladas. La figura 7-2 muestra la distribución básica. Cuando se usa la banda para reducir la velocidad, que es el caso típico, la polea menor se monta en el eje de alta velocidad, que puede ser el eje de un motor eléctrico. La polea mayor se monta en la máquina impulsada. La banda se diseña para montarse en las dos poleas, sin resbalamiento.

La banda se instala al colocarlas alrededor de las dos poleas, mientras se reduce la distancia entre centros entre ellas. A continuación se separan las poleas y se pone la banda en una tensión inicial bastante alta. Cuando la banda transmite la potencia, la fricción hace que se agarre a la polea impulsora, e incrementa la tensión en un lado, que es el "lado tenso" de la transmisión. La fuerza de tensión en la banda ejerce una fuerza tangencial en la polea conducida, con lo que se aplica un par torsional al eje conducido. El lado contrario de la banda se encuentra todavía en tensión, pero con un valor menor. Por tanto, se dice que es el "lado flojo".

Existen muchos tipos de bandas disponibles: planas, acanaladas o dentadas, bandas V normales, bandas V en ángulo doble y otras más. Vea los ejemplos en la figura 7-3. En las referencias 2 a 5 y 8 a 15 se presentan más ejemplos y sus datos técnicos.

La *banda plana* es el tipo más sencillo, y con frecuencia se fabrica de cuero o de lona ahulada. La superficie de la polea también es plana y lisa, y la fuerza impulsora se limita, por consiguiente, a la fricción pura entra la banda y la polea. Algunos diseñadores prefieren que las bandas para maquinaria delicada sean planas, porque la banda se deslizará si el par torsional tiende a subir hasta un valor que pueda dañar la máquina.

Las *bandas síncronas*, llamadas a veces *bandas de sincronización* [vea la figura 7-3(*c*)], pasan sobre poleas con ranuras en las que asientan los dientes de la banda. Este es un impulsor positivo, y sólo se limitan por la resistencia de la banda a la tensión y la resistencia a la fuerza cortante de los dientes.

Algunas bandas dentadas, como la de la figura 7-3(*b*), se usan con poleas normales para bandas en V. Los dientes dan mayor flexibilidad a la banda y mayor eficiencia, en comparación con las bandas normales. Pueden trabajar en menores diámetros de polea.

Un tipo de banda muy usado, en especial en transmisiones industriales y en aplicaciones vehiculares, es el *accionamiento con bandas en V*, vistas en las figuras 7-3(*a*) y 7-4. La forma en V hace que la banda se acuñe firmemente en la ranura, lo cual incrementa la fricción y permite la transmisión de grandes pares torsionales sin que exista deslizamiento. La mayor parte de las bandas tienen lonas de alta resistencia, colocadas en el diámetro de paso de la sección transversal de la banda, para aumentar la resistencia a la tensión de la banda. Las cuerdas se fabrican

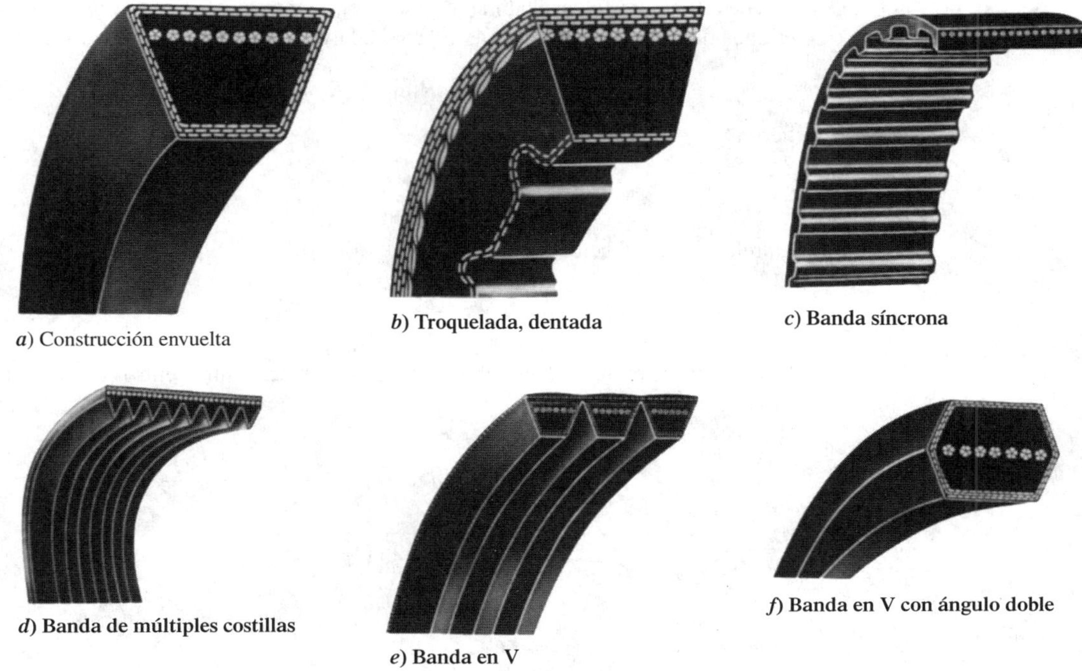

a) Construcción envuelta
b) Troquelada, dentada
c) Banda síncrona
d) Banda de múltiples costillas
e) Banda en V
f) Banda en V con ángulo doble

FIGURA 7-3 Ejemplos de tipos de bandas (Dayco Corp., Dayton, OH)

FIGURA 7-4 Sección transversal de una banda en V y la ranura de una polea

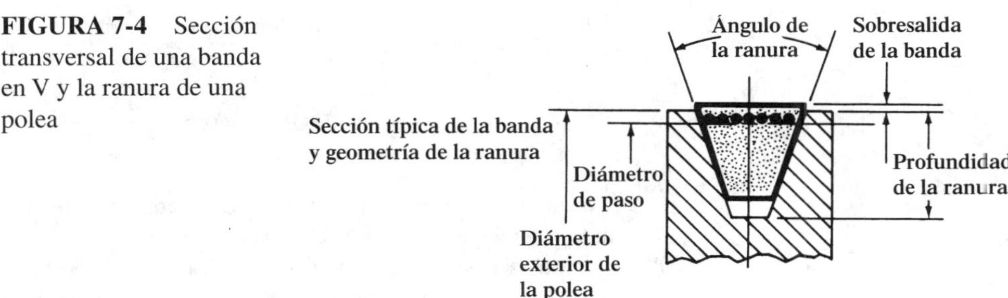

con fibras naturales, sintéticas o de acero, y se encierran en un compuesto firme de hule, para dar la flexibilidad necesaria y que la banda pase alrededor de la polea. Con frecuencia se agrega la lona exterior de cubierta de la banda para que ésta tenga buena duración.

En la siguiente sección, se describirá la selección de transmisiones por bandas en V disponibles en el comercio.

7-3 TRANSMISIONES POR BANDAS EN V

El arreglo típico de los elementos de una transmisión por bandas en V se muestra en la figura 7-2. Las observaciones importantes acerca de este arreglo se resumen a continuación:

1. La polea, con una o varias ranuras circunferenciales donde se apoya la banda, se llama *polea acanalada*.
2. El tamaño de una polea se indica con su *diámetro de paso*, que es un poco menor que su diámetro exterior.
3. La relación de velocidades de las poleas motriz y conducida es inversamente proporcional a la relación de los diámetros de paso. Esto es consecuencia de la observación

de que allí no existe deslizamiento (bajo cargas normales). Así, la velocidad lineal de la línea de paso en ambas poleas es igual a la velocidad de la banda v_b. Entonces

$$v_b = R_1\omega_1 = R_2\omega_2 \quad \textbf{(7-1)}$$

Pero $R_1 = D_1/2$ y $R_2 = D_2/2$. Entonces

$$v_b = \frac{D_1\omega_1}{2} = \frac{D_2\omega_2}{2} \quad \textbf{(7-1A)}$$

La relación de velocidades angulares es

$$\frac{\omega_1}{\omega_2} = \frac{D_2}{D_1} \quad \textbf{(7-2)}$$

4. Las relaciones entre la longitud de paso L, la distancia entre centros C y los diámetros de las poleas son

$$L = 2C + 1.57\,(D_2 + D_1) + \frac{(D_2 - D_1)^2}{4C} \quad \textbf{(7-3)}$$

$$C = \frac{B + \sqrt{B^2 - 32\,(D_2 - D_1)^2}}{16} \quad \textbf{(7-4)}$$

donde $B = 4L - 6.28(D_2 + D_1)$.

5. El ángulo de contacto de la banda en cada polea es

$$\theta_1 = 180° + 2\ \text{sen}^{-1}\left[\frac{D_2 - D_1}{2C}\right] \quad \textbf{(7-5)}$$

$$\theta_2 = 180° + 2\ \text{sen}^{-1}\left[\frac{D_2 - D_1}{2C}\right] \quad \textbf{(7-6)}$$

Esos ángulos son importantes porque la capacidad de las bandas comerciales se evalúa con un ángulo de contacto, supuesto, de 180°. Eso sólo sucede si la relación de reducción es 1 (sin cambio de velocidad). El ángulo de contacto en la menor de las dos poleas siempre será menor que 180°, y baja su capacidad de transmisión de potencia.

6. La longitud del espacio libre entre las dos poleas, dentro del cual la banda no está soportada, es

$$S = \sqrt{C^2 - \left[\frac{D_2 - D_1}{2}\right]^2} \quad \textbf{(7-7)}$$

Esto tiene importancia por dos razones: Puede comprobar la tensión correcta de la banda al medir la fuerza necesaria para desviar la banda una cantidad determinada a la mitad del espacio libre. También, la tendencia de la banda a vibrar o a chicotear depende de esta longitud.

7. Los contribuyentes al esfuerzo en la banda son:
   a) La fuerza de tensión en la banda, máxima en su lado tenso.
   b) La flexión de la banda en torno a las poleas, máxima en el lado tenso de la banda, en torno a la polea menor.
   c) Las fuerzas centrífugas producidas cuando la banda se mueve alrededor las poleas.

El esfuerzo total máximo se presenta donde la banda entra a la polea menor, y donde el esfuerzo de flexión es parte mayor. Por lo anterior, existen diámetros de polea mínimos recomendados para las bandas normales. El uso de poleas menores reduce en forma drástica la duración de las bandas.

8. El valor de diseño de la relación de tensión en el lado tenso a la tensión en el lado flojo es 5.0 para transmisiones con bandas V. El valor real puede ser tan alto como 10.0.

Secciones transversales normalizadas para bandas

Las bandas comerciales se fabrican con una de las normas mostradas en las figuras 7-5 a 7-8. El alineamiento entre los tamaños en pulgadas y los métricos indica que en realidad los tamaños apareados tienen la misma sección transversal. Se empleó una "conversión suave" para reasignar nombres de los tamaños en pulgadas, con el número de los tamaños métricos que expresan el ancho nominal mayor, en milímetros.

El valor nominal del ángulo incluido entre los lados de la ranura en V va de 30° a 42°. El ángulo en la banda puede ser un poco distinto, para lograr un ajuste estrecho en la ranura. Algunas bandas están diseñadas para "sobresalir" algo de la ranura.

En muchas aplicaciones automotrices, se usan transmisiones con bandas síncronas, parecidas a lo que en la figura 7-3(*c*) se llama *banda de sincronozación*, o bien bandas V con costillas parecidas a las llamadas *con costillas múltiples* de la figura 7-3(*d*). Las siguientes normas

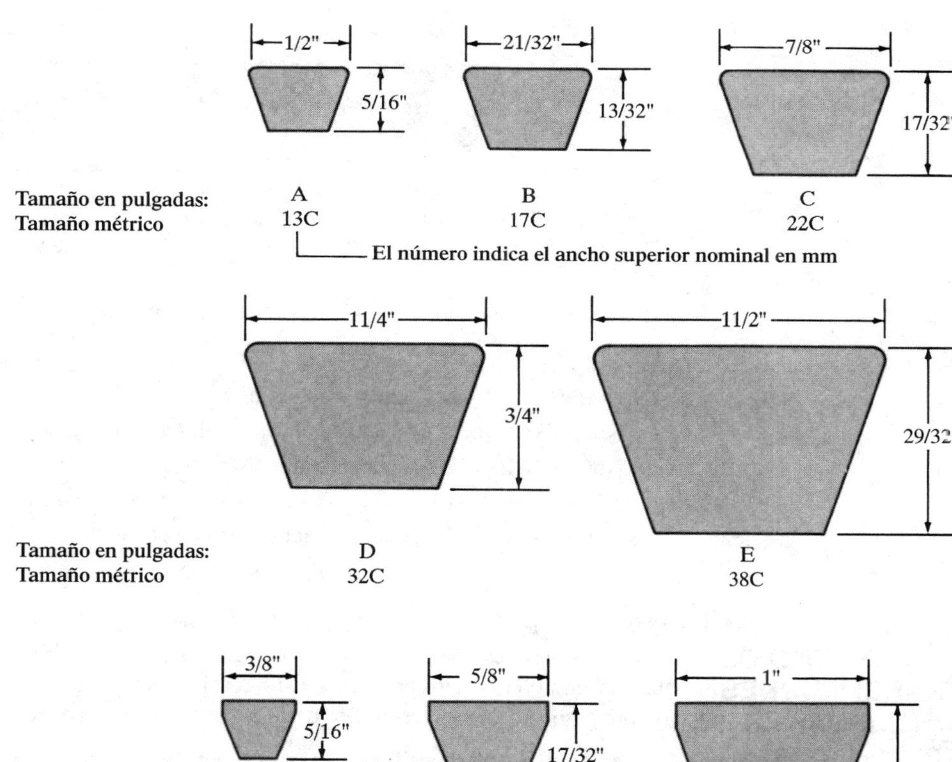

FIGURA 7-5 Bandas en V industriales para trabajo pesado

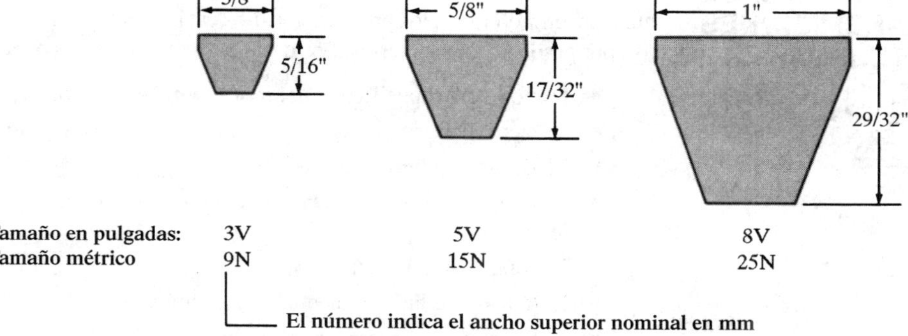

FIGURA 7-6 Bandas en V industriales de sección angosta

FIGURA 7-7 Bandas V para trabajo ligero, potencia fraccional

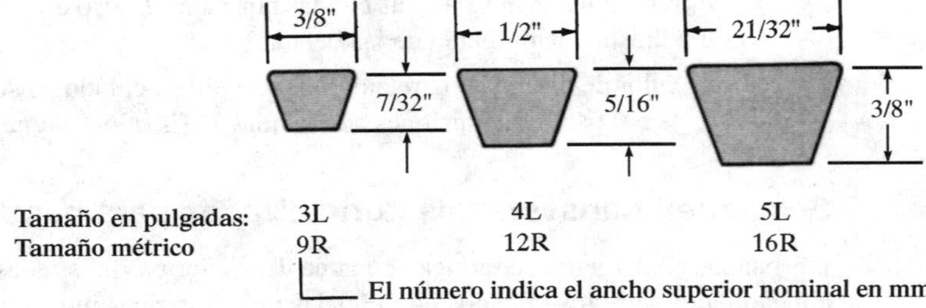

FIGURA 7-8 Bandas en V automotrices

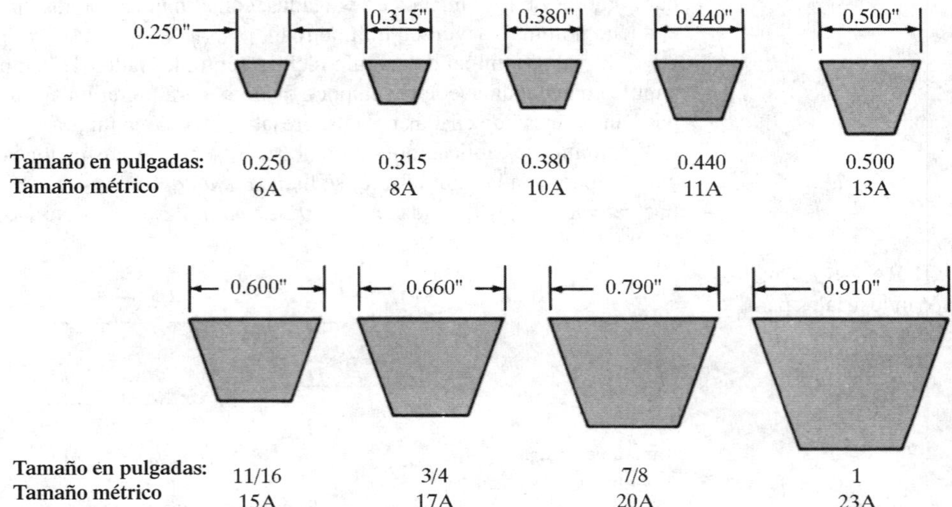

de la Society of Automotive Engineers (SAE) establecen dimensiones y funcionamiento para bandas automotrices:

Norma SAE J636: Bandas y poleas en V
Norma SAE J637: Transmisiones de bandas automotrices
Norma SAE J1278: Bandas y poleas síncronas SI (métricas)
Norma SAE J1313: Transmisiones automotrices por bandas síncronas
Norma SAE J1459: Bandas V acostilladas y poleas

7-4 DISEÑO DE TRANSMISIONES POR BANDAS EN V

Los factores que intervienen en la selección de una banda *V* y las poleas motriz y conducida de la transmisión se resumen en esta sección. Para ilustrar, se presentan ejemplos abreviados de los datos que proporcionan los proveedores. Los catálogos contienen datos detallados e instrucciones, paso por paso, para consultarlos. Los datos básicos necesarios para seleccionar la transmisión son:

- La potencia especificada del motor o máquina motriz
- El factor de servicio, con base en el motor y la carga impulsada
- La distancia entre centros
- La capacidad de potencia de una banda, en función del tamaño y la velocidad de la polea menor
- La longitud de la banda
- El tamaño de las poleas motriz y conducida
- El factor de corrección por longitud de la banda

- El factor de corrección por ángulo de contacto en la polea menor
- El número de bandas
- La tensión inicial sobre la banda

Muchas decisiones de diseño dependen de la aplicación y de las limitaciones de espacio. A continuación, se mostrarán algunos lineamientos:

- Se debe efectuar el ajuste por distancia entre centros, en ambas direcciones, a partir del valor nominal. La distancia entre centros debe acortarse en el momento de la instalación, para permitir que la banda entre en las ranuras de las poleas sin forzarse. Se debe prever el aumento de la distancia entre centros, para permitir el tensado inicial de las bandas y adaptarse a su estiramiento. Los catálogos de los fabricantes contienen los datos. Una forma conveniente de acompañar el ajuste es usar una unidad tensora, como la de la figura 14-10 (*b*) y (*c*).
- Si se requiere que los centros sean fijos, se debe usar poleas locas o templadoras. Lo mejor es usar una polea loca acanalada dentro de la banda, cerca de la polea mayor. Para sostener la polea tensora, existen tensores ajustables disponibles.
- El intervalo de distancias nominales entre centros deber ser

$$D_2 < C < 3\,(D_2 + D_1) \tag{7-8}$$

- El ángulo de contacto en la polea menor debe ser mayor que 120°.
- La mayor parte de las poleas comerciales son de hierro colado, y deben limitarse a una velocidad de banda de 6500 pies/min (1980 m/min).
- Se debe considerar un tipo alterno de transmisión, como los engranes o cadena, si la velocidad de la banda es menor que 1000 pies/min.
- Evitar temperaturas elevadas alrededor de las bandas.
- Asegurar que los ejes que soporten las poleas correspondientes sean paralelos, y que las poleas estén alineadas, para que las bandas entren libremente en las ranuras.
- En instalaciones con varias bandas, se requiere que éstas coincidan. Los números de coincidencia están impresos en las bandas industriales, y 50 indica que la longitud de la banda es muy cercana a la nominal. Las bandas más largas tienen números mayores que 50, y las cortas menores que 50.
- Se debe instalar las bandas con la tensión inicial que recomiende el fabricante. Se debe medir la tensión después de las primeras horas de funcionamiento, porque habrá asentamiento y estiramiento inicial.

Datos de diseño

En forma típica, los catálogos contienen varias docenas de páginas de los diversos tamaños y combinaciones de bandas y poleas, para facilitar el trabajo de diseño de transmisión. Los datos se presentan en forma tabular (vea la referencia 2). También se empleará aquí la forma gráfica, para que usted pueda adquirir un sentido de la variación de eficiencia dependiendo de las opciones de diseño. Antes de utilizarse, cualquier diseño hecho con los datos de este libro debe comprobarse con las capacidades dadas por algún fabricante.

Los datos que se presentan aquí son para bandas de sección angosta: 3V, 5V y 8V. Esos tres tamaños abarcan un gran intervalo de capacidades de transmisión de potencia. Se puede emplear la figura 7-9 para seleccionar el tamaño básico para la sección transversal de la banda. Observe que el eje de la potencia es la *potencia de diseño*, que es la potencia nominal de la planta motriz industrial multiplicada por el factor de servicio tomado de la tabla 7-1.

Las figuras 7-10, 7-11 y 7-12 proporcionan la potencia nominal por banda para las tres secciones transversales, en función del diámetro de paso y la velocidad de rotación de la polea menor. Las líneas verticales identificadas en cada figura dan los diámetros de paso de poleas normalizadas disponibles.

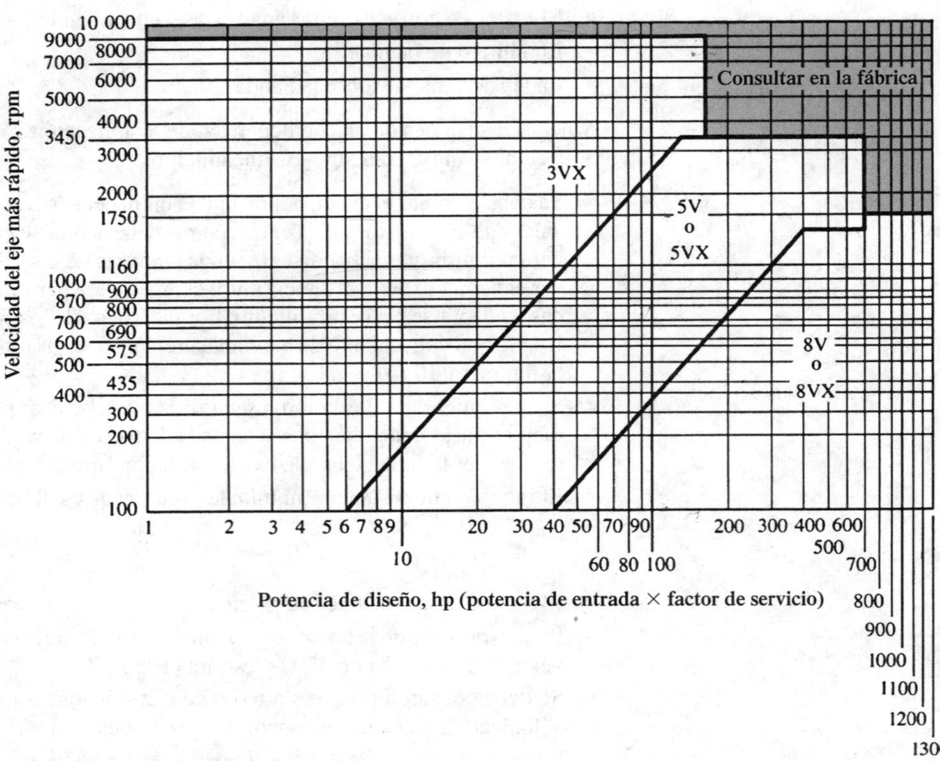

FIGURA 7-9 Gráfica para la selección de bandas en V industriales de sección angosta (Dayco Corp., Dayton, OH)

TABLA 7-1 Factores de servicio para bandas V

	Tipo de impulsor					
	Motores de CA: par torsional normal[a] Motores de CD: bobinado en derivación Motores de combustión: múltiples cilindros			Motores de CA: Alto par torsional[b] Motores de CD: bobinado en serie, bobinado compuesto Motores de combustión: 4 cilindros o menos		
Tipo de máquina impulsada	<6 h por día	6-15 h por día	>15 h por día	<6 h por día	6-15 h por día	>15 h por día
Agitadores, sopladores, ventiladores, bombas centrífugas, transportadores ligeros	1.0	1.1	1.2	1.1	1.2	1.3
Generadores, máquinas herramienta, mezcladores, transportadores de grava	1.1	1.2	1.3	1.2	1.3	1.4
Elevadores de cangilones, máquinas textiles, molinos de martillos, transportadores pesados	1.2	1.3	1.4	1.4	1.5	1.6
Trituradoras, molinos de bolas, malacates, extrusoras de hule	1.3	1.4	1.5	1.5	1.6	1.8
Toda máquina que se pueda ahogar	2.0	2.0	2.0	2.0	2.0	2.0

[a]Síncronos, fase dividida, trifásicos con par de torsión de arranque o par de torsión al paro máximo menor que 175% de par torsional con carga total.
[b]Monofásicos, trifásicos con par de torsión de arranque o par de torsión al paro máximo menor que 175% de par torsional con carga total.

La capacidad básica de potencia para una relación de velocidades de 1.00 se indica con una curva sólida. Una banda determinada puede manejar mayor potencia, a medida que aumenta la relación de velocidades, hasta una relación aproximada de 3.38. Los incrementos mayores tienen poco efecto, y también pueden causar problemas con el ángulo de contacto en la polea menor. La figura 7-13 es una gráfica de los datos de potencia agregada a la capacidad básica, en

FIGURA 7-10
Capacidades: bandas 3V

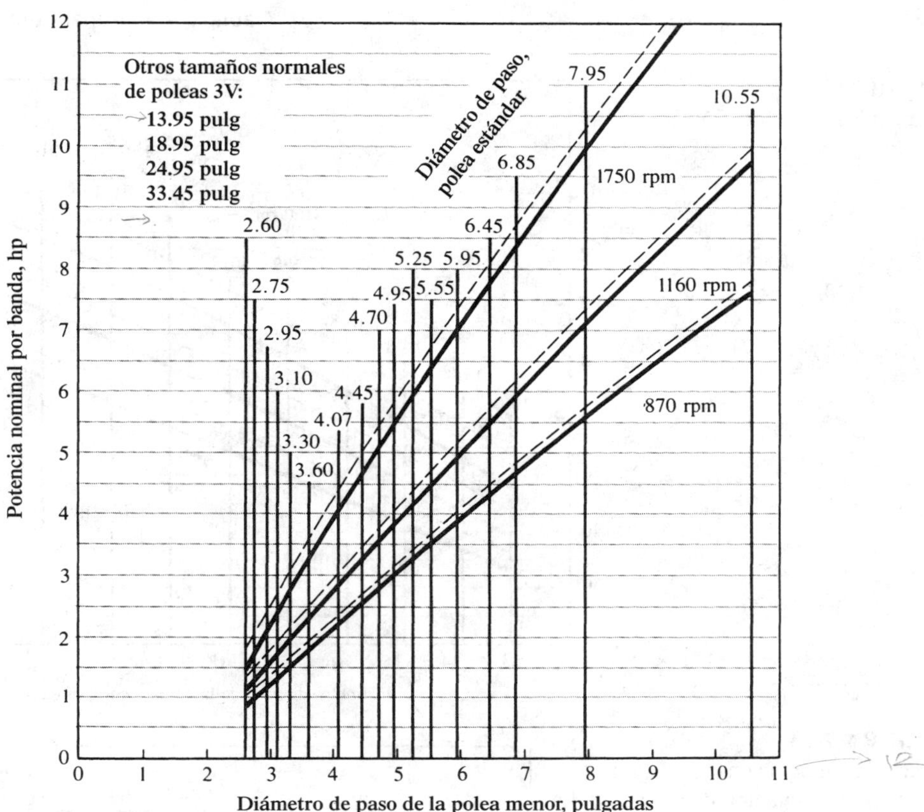

FIGURA 7-11
Capacidades: bandas 5V

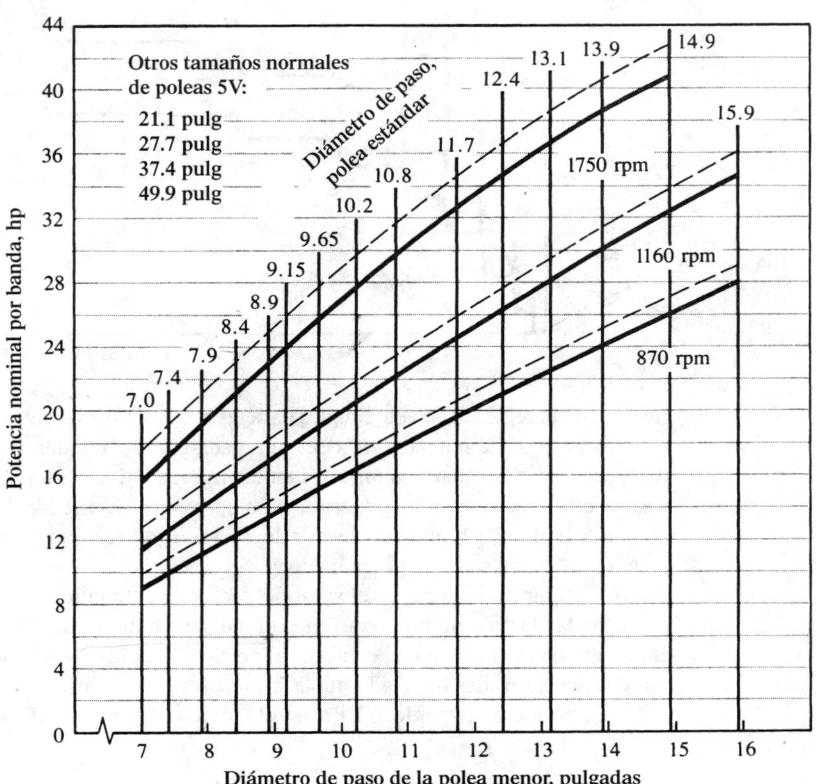

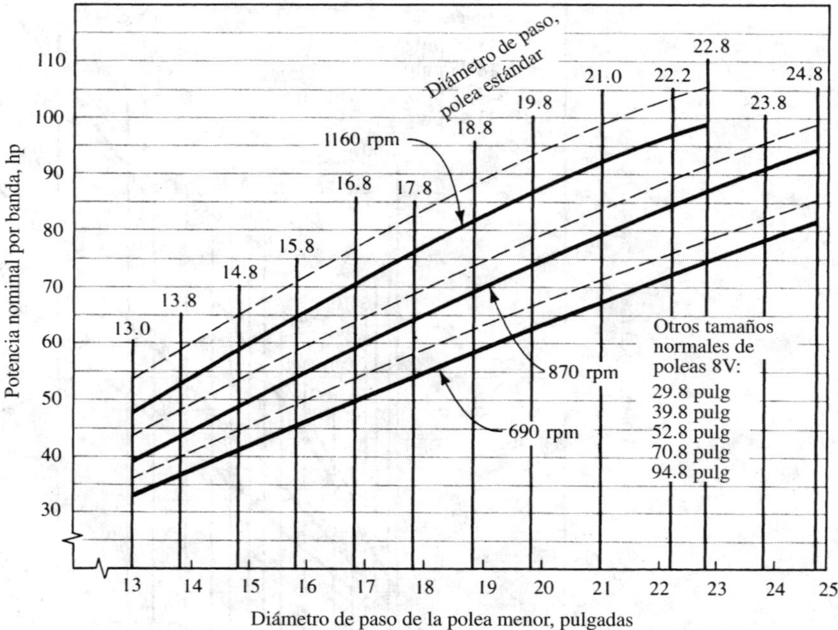

FIGURA 7-12
Capacidades: bandas 8V

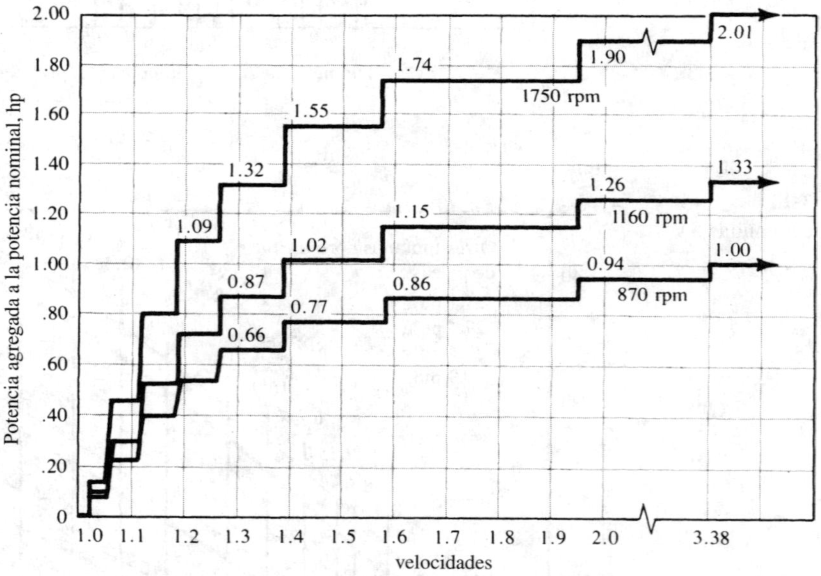

FIGURA 7-13
Potencia agregada en función de la relación de velocidades, bandas 5V

función de la relación de velocidades para las bandas 5V. Los datos del catálogo aparecen en forma escalonada. La potencia máxima agregada para relaciones mayores que 3.38 fue la que se usó para trazar las curvas punteadas en las figuras 7-10, 7-11 y 7-12. En la mayoría de los casos, resulta satisfactoria una interpolación aproximada entre las dos curvas.

La figura 7-14 muestra el valor del factor de corrección C_θ, en función del ángulo de contacto de la banda sobre la polea menor.

La figura 7-15 muestra el valor del factor de corrección C_L por longitud de banda. Se prefiere bandas largas, porque reducen la frecuencia con la que determinada parte de la banda se encuentra con el máximo de esfuerzo al entrar a la polea menor. Sólo se dispone de ciertas longitudes normalizadas de banda (tabla 7-2).

El problema ejemplo 7-1 ilustra el empleo de los datos de diseño.

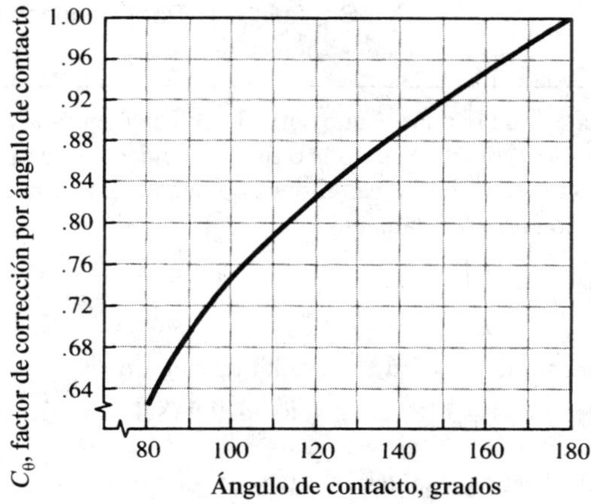

FIGURA 7-14 Factor de corrección por ángulo de contacto, C_θ

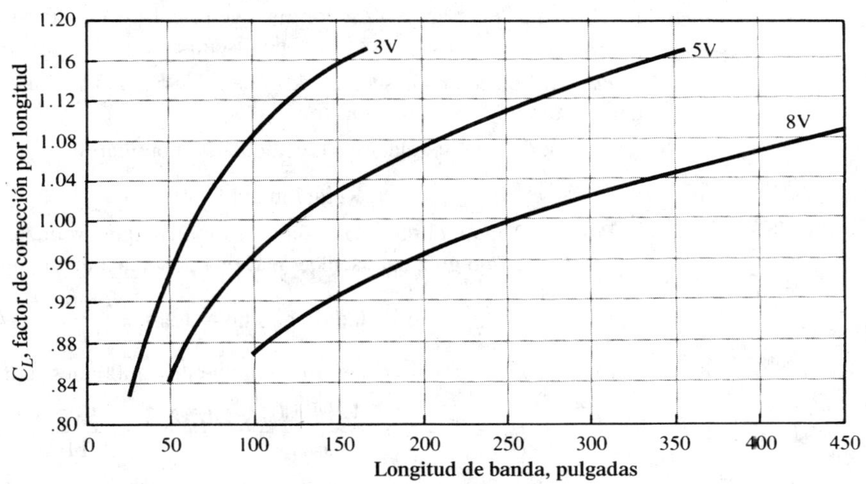

FIGURA 7-15 Factor de corrección por longitud de banda, C_L

TABLA 7-2 Longitudes de bandas estándar 3V, 5V y 8V (pulgadas)

Sólo 3V	3V y 5V	3V, 5V y 8V	5V y 8V	Sólo 8V
25	50	100	150	375
26.5	53	106	160	400
28	56	112	170	425
30	60	118	180	450
31.5	63	125	190	475
33.5	67	132	200	500
35.5	71	140	212	
37.5	75		224	
40	80		236	
42.5	85		250	
45	90		265	
47.5	95		280	
			300	
165			315	
			335	

Problema ejemplo 7-1 Diseñe una transmisión de bandas V que tenga la polea de entrada en el eje de un motor eléctrico (par torsional normal) de 50.0 hp a 1160 rpm velocidad con carga total, datos nominales. La transmisión es para un elevador de cangilones de una planta de potasa, que se va a usar 12 horas por día a 675 rpm aproximadamente.

Solución Objetivos Diseñar la transmisión de bandas V.

Datos

Potencia transmitida = 50 hp al elevador de cangilones

Velocidad del motor = 1160 rpm; velocidad de salida = 675 rpm

Análisis Emplee los datos de diseño presentes en esta sección. Se desarrollará el procedimiento de solución en la sección Resultados.

Resultados

Paso 1. Calcule la potencia de diseño. Según la tabla 7-1, para un motor eléctrico de par torsional normal que trabaje 12 h por día, que impulse a un elevador de cangilones, el factor de servicio es 1.40. Entonces, la potencia de diseño es 1.40 × 50.0 hp = 70.0 hp.

Paso 2. Seleccione la sección de la banda. Según la figura 7-9, se recomienda una banda 5V para 70.0 hp a 1160 rpm en la entrada.

Paso 3. Calcule la relación de velocidades nominales:

$$\text{Relación} = 1160/675 = 1.72$$

Paso 4. Calcule el tamaño de la polea motriz que produzca una velocidad de banda de 4000 pies/min, como guía para seleccionar una polea de tamaño normal:

$$\text{Velocidad de banda} = v_b = \frac{\pi D_1 n_1}{12}\text{pies/min}$$

Entonces, el diámetro necesario para que v_b = 4000 pies/min es

$$D_1 = \frac{12\, v_b}{\pi n_1} = \frac{12(4000)}{\pi n_1} = \frac{15\,279}{n_1} = \frac{15\,279}{1160} = 13.17 \text{ pulg}$$

Paso 5. Seleccione tamaños tentativos de la polea de entrada y calcule el tamaño adecuado de la polea de salida. Seleccione un tamaño estándar para la polea de salida, y calcule la relación y la velocidad de salida reales.

Para este problema, los tanteos aparecen en la tabla 7-3 (diámetros en pulgadas).

Los dos tanteos en **negritas** de la tabla 7-3 sólo se apartan 1% de la velocidad de salida necesaria, de 675 rpm, y la velocidad de un elevador de cangilones no es crítica. Ya que no se indicaron limitaciones de espacio, se escogerá el tamaño mayor.

Paso 6. Determine la potencia nominal a partir de las figuras 7-10, 7-11 o 7-12.

Para la banda 5V, ya seleccionada, le corresponde la figura 7-11. Para una polea de 12.4 pulgadas a 1160 rpm, la potencia nominal básica es de 26.4 hp. Se necesitarán varias bandas. La relación es relativamente alta, lo cual indica que se puede emplear cierta potencia nominal agregada. Ese valor se puede estimar a partir de la figura 7-11, o se puede tomar en forma directa de la figura 7-13, para la banda 5V. La potencia agregada es de 1.15 hp. Entonces, la potencia nominal real es 26.4 + 1.15 = 27.55 hp.

Paso 7. Especifique una distancia entre centros tentativa.

Se puede emplear la ecuación (7-8) para calcular un intervalo nominal aceptable de C:

$$D_2 < C < 3(D_2 + D_1)$$
$$21.1 < C < 3(21.1 + 12.4)$$
$$21.1 < C < 100.5 \text{ pulg}$$

Con la intención de conservar espacio, se probará con C = 24.0 pulgadas.

TABLA 7-3 Tamaños tentativos de poleas para el problema ejemplc 7-1

Tamaño estándar de la polea motriz, D_1	Tamaño aproximado de la polea conducida (1.72 D_1)	Polea estándar más cercana, D_2	Velocidad real de salida (rpm)
13.10	22.5	21.1	720
12.4	**21.3**	**21.1**	**682**
11.7	20.1	21.1	643
10.8	18.6	21.1	594
10.2	17.5	15.9	744
9.65	16.6	15.9	704
9.15	**15.7**	**15.9**	**668**
8.9	15.3	14.9	693

Paso 8. Calcule la longitud de la banda necesaria, con la ecuación (7-3):

$$L = 2C + 1.57(D_2 + D_1) + \frac{(D_2 - D_1)^2}{4C}$$

$$L = 2(24.0) + 1.57(21.1 + 12.4) + \frac{(21.1 - 12.4)^2}{4(24.0)} = 101.4 \text{ pulg}$$

Paso 9. Seleccione una longitud estándar en la tabla 7-2, y calcule la distancia entre centros real que resulta, con la ecuación (7-4).

En este problema, la longitud estándar más cercana es 100.0 pulgadas. Entonces, de acuerdo con la ecuación (7-4).

$$B = 4L - 6.28(D_2 + D_1) = 4(100) - 6.28\,(21.1 + 12.4) = 189.6$$

$$C = \frac{189.6 + \sqrt{(189.6)^2 - 32(21.1 - 12.4)^2}}{16} = 23.30 \text{ pulg}$$

Paso 10. Calcule el ángulo de contacto de la banda en la polea menor, con la ecuación (7-5):

$$\theta_1 = 180^\circ - 2\,\text{sen}^{-1}\left[\frac{D_2 - D_1}{2C}\right] = 180^\circ - 2\,\text{sen}^{-1}\left[\frac{21.1 - 12.4}{2(23.30)}\right] = 158^\circ$$

Paso 11. Determine los factores de corrección con las figuras 7-14 y 7-15. Para $\theta = 158^\circ$, $C_\theta = 0.94$; para $L = 100$ pulg, C_L 0.96.

Paso 12. Calcule la potencia nominal corregida por banda y la cantidad de bandas necesarias para manejar la potencia de diseño:

$$\text{Potencia corregida} = C_\theta C_L P = (0.94)(0.96)(27.55 \text{ hp}) = 24.86 \text{ hp}$$

$$\text{Número de bandas} = 70.0/24.86 = 2.82 \text{ bandas (use 3 bandas)}$$

Comentario

Resumen del diseño

Entrada: motor eléctrico, 50.0 hp a 1160 rpm

Factor de servicio: 1.4

Potencia de diseño: 70.0 hp

Banda: sección 5V, 100.0 pulgadas de longitud, 3 bandas

Poleas: motriz, 12.4 pulgadas de diámetro de paso, 3 ranuras 5V; conducida, 21.1 pulgadas de diámetro de paso, 3 ranuras, 5V.

Velocidad real de salida: 682 rpm

Distancia entre centros: 23.30 pulg

Tensión de la banda

Es crítico dar una tensión inicial a una banda, para asegurar que no se resbale bajo la carga de diseño. En reposo, los dos lados de la banda tienen la misma tensión. Cuando se transmite la potencia, aumenta la tensión en el lado tenso, y disminuye la tensión en el lado flojo. Sin la tensión inicial el lado flojo estaría totalmente suelto y la banda no asentaría en la ranura, y se deslizaría. Los catálogos de los fabricantes contienen datos de los procedimientos adecuados para tensar bandas.

Transmisiones de bandas síncronas

Las *bandas síncronas* se fabrican con costillas o dientes transversales a la cara inferior de la banda, como se ve en la figura 7-3(c). Los dientes engranan en ranuras correspondientes de las poleas conductora y conducida, llamadas *catarinas,* y se obtiene una impulsión positiva sin deslizamiento. Por consiguiente, existe una relación fija entre la velocidad de la catarina motriz y la conducida. Por esta razón, a las bandas síncronas se les llama con frecuencia *bandas de sincronización*. En contraste, las bandas en V se pueden estirar o deslizar con respecto a sus poleas correspondientes, en especial bajo cargas grandes y demanda variable de potencia. La acción sincrónica es crítica para el buen funcionamiento de sistemas como el de impresión, manejo de materiales, empaque y ensamble. Las transmisiones con bandas síncronas se usan cada vez más en aplicaciones en las que antes se usaban transmisiones de engranes o de cadenas.

La figura 7-16 muestra una banda síncrona que entra en la polea conductora dentada. Las poleas dentadas motrices y conducidas se muestran en la figura 7.17. Al menos una de las dos poleas debe tener lados con pestañas, para asegurar que la banda no tenga movimiento axial. La fi-

FIGURA 7-16 Banda síncrona en una polea motriz (*Copyright* Rockwell Automation; se usa con autorización)

FIGURA 7-17 Poleas motriz y conducida para una transmisión de banda síncrona (*Copyright* Rockwell Automation; se publica con autorización)

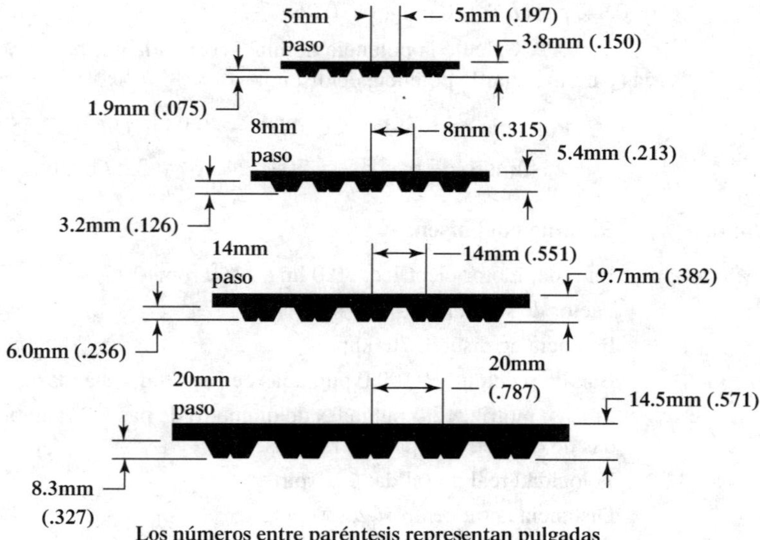

FIGURA 7-18 Dimensiones de las bandas síncronas estándar

gura 7-18 muestra los cuatro pasos comunes de dientes y los tamaños de bandas síncronas comerciales. El paso es la distancia del centro de un diente al centro del siguiente diente. Los pasos normales son de 5, 8, 14 y 20 mm.

La figura 7-3(*c*) muestra el detalle de la sección transversal de una banda síncrona. La resistencia a la tensión se debe principalmente a las cuerdas de alta resistencia, de fibra de vidrio u otros materiales. Se cubre las cuerdas con un material de respaldo, de hule flexible, y los dientes se moldean en forma integral con el respaldo. Con frecuencia, se usa una cubierta de tela en las partes de la banda que tocan las poleas dentadas, para obtener una resistencia adicional al desgaste y mayor resistencia neta al corte, para los dientes. Existen disponibles varios anchos de banda para cada uno de los pasos, por lo que se tiene una amplia variedad de capacidades de transmisión de potencia.

Las poleas dentadas comerciales suelen usar bujes cónicos partidos en sus cubos, con un orificio preciso que sólo provee una holgura de 0.001 a 0.002 pulgadas (0.025 a 0.050 mm) en relación con el diámetro del eje donde se ha de montar. Con ello se obtiene un funcionamiento uniforme, balanceado y concéntrico.

El proceso de seleccionar los componentes adecuados para una transmisión con banda síncrona se parece al descrito para las bandas en V. Los fabricantes proporcionan guías de selección parecidas a las de la figura 7-19, que muestran la relación entre la potencia de diseño y la velocidad de rotación de la polea menor. Se emplea estas gráficas para determinar el paso básico de la banda que se requiere. También se proporcionan numerosas páginas de datos de funcionamiento, donde aparece la capacidad de transmisión de potencia para muchas combinaciones de ancho de banda, tamaño de las poleas motriz y conducida y distancias entre centros de las poleas dentadas, para longitudes específicas de bandas. En general, el proceso de selección implica los siguientes pasos. Vea los datos y los procedimientos de diseño de los fabricantes específicos que aparecen en los sitios de Internet 2 a 5.

Procedimiento general de selección para transmisiones con bandas síncronas

1. Especifique la velocidad de la polea motriz (en forma típica en un motor eléctrico o de combustión) y la velocidad que se necesita en la polea conducida.
2. Especifique la potencia nominal del motor impulsor.
3. Determine un factor de servicio, mediante las recomendaciones del fabricante y considere el tipo de impulsor y la naturaleza de la máquina impulsada.
4. Calcule la potencia de diseño, al multiplicar la potencia nominal del impulsor por el factor de servicio.
5. Determine el paso necesario de la banda con datos específicos del fabricante.
6. Calcule la relación de velocidades de las poleas motriz y conducida.
7. Seleccione varias combinaciones factibles de número de dientes en la polea motriz y en la polea conducida, que produzcan la relación deseada.
8. De acuerdo con el intervalo deseado de distancias entre centros aceptables, determine una longitud estándar de la banda, que permita tener un valor adecuado.
9. Se podrá necesitar un factor de corrección por longitud de banda. Los datos de catálogo indicarán que los factores son menores que 1.0 para distancias entre centros menores, y mayores que 1.0 para mayores distancias. Eso refleja la frecuencia con la que determinada parte de la banda se encuentra en la zona de grandes esfuerzos, al entrar a la polea menor. Aplique el factor a la capacidad nominal de potencia de la banda.
10. Especifique los detalles finales del diseño para las poleas, como bridas, tipo y tamaño de bujes en el cubo y el tamaño del orificio, para adaptarse a los ejes correspondientes.
11. Hacer el resumen del diseño, comprobar la compatibilidad con otros componentes del sistema y preparar los documentos de compra.

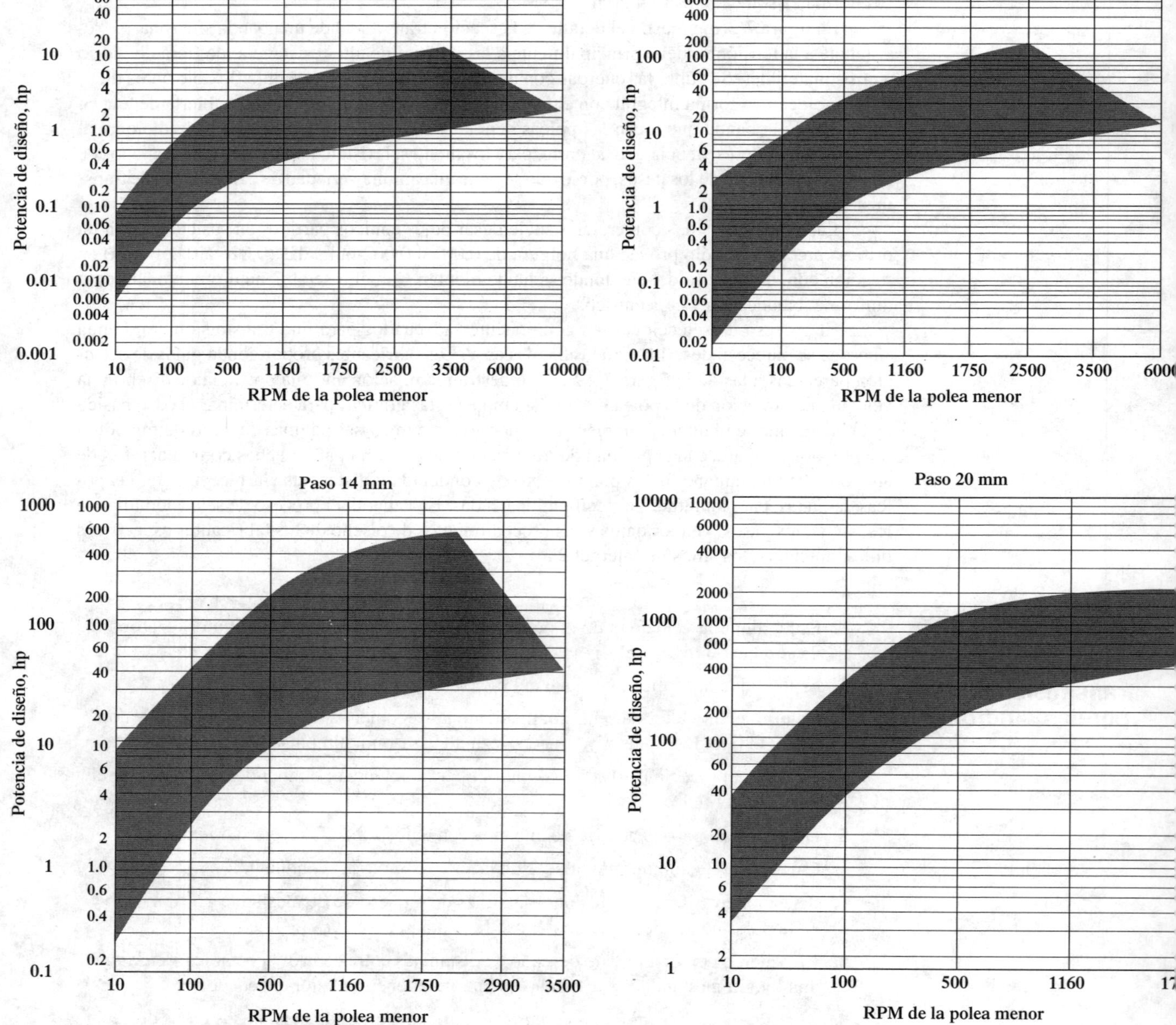

FIGURA 7-19 Guía para la selección del paso de bandas síncronas

La instalación de las poleas dentadas y la banda requiere una holgura nominal en la distancia entre centros, para que los dientes de la banda entren en las ranuras de la polea sin forzarlos. Después, y en el caso normal, habrá que ajustar la distancia entre centros hacia afuera para tener una tensión inicial adecuada, de acuerdo con el fabricante. En el caso típico, la tensión inicial es menor que la que se requiere en las transmisiones de bandas en V. Para tomar el colgamiento se puede usar poleas locas o tensoras, si se requiere tener centros fijos de poleas motriz y conducida. Sin embargo, pueden hacer que disminuya la duración de la banda. Consulte al fabricante.

En funcionamiento, la tensión del lado tenso de la banda es mucho menor que la que se desarrolla en una banda en V, y la tensión del lado flojo es cero, virtualmente. El resultado es que existen menores fuerzas netas en la banda, menores cargas laterales en los ejes que sostienen las poleas y menores cargas soportadas.

7-5 TRANSMISIONES POR CADENAS

Una cadena es un elemento de transmisión de potencia formado por una serie de eslabones unidos con pernos. Este diseño permite tener flexibilidad, y permite además que la cadena transmita grandes fuerzas de tensión. Vea una información más técnica en las referencias 1, 6 y 7, así como datos de los fabricantes.

Cuando se transmite potencia entre ejes giratorios, la cadena entra en ruedas dentadas correspondientes llamadas catarinas. La figura 7-20 muestra una transmisión típica de cadena.

El tipo de cadena más común es la *cadena de rodillos*, en la que el rodillo sobre cada perno permite tener una fricción excepcionalmente baja entre la cadena y las catarinas. Existen otros tipos que comprenden una variedad de diseños de eslabones extendidos, y se usan principalmente en aplicaciones de transportadores (vea la figura 7-21).

La cadena de rodillos se caracteriza por su *paso*, que es la distancia entre las partes correspondientes de eslabones adyacentes. Para ilustrarlo, se suele indicar el paso como distancia entre centros de pernos adyacentes. La cadena de rodillos estándar tiene designación de tamaño del 40 al 240, como se muestra en la tabla 7-4. Los dígitos (aparte del cero al final) indican el paso de la cadena, en octavos de pulgada, como en la tabla. Por ejemplo, la cadena número 100 tiene un paso de 10/8 o $1\frac{1}{4}$ pulgada. Una serie de tamaños para trabajo pesado, con el sufijo *H* en la identificación (60H a 240H), tiene las mismas dimensiones básicas que la cadena estándar del mismo número, pero sus placas laterales son más gruesas. Además están los tamaños menores y más ligeros: 25, 35 y 41.

Las resistencias medias a la tensión de los diversos tamaños de cadena también se muestran en la tabla 7-4. Se puede emplear estos datos para transmisiones a muy bajas velocidades, o en aplicaciones en las que la función de la cadena es aplicar una fuerza de tensión o sostener una carga. Se recomienda emplear sólo 10% de la resistencia promedio a la tensión en esas aplicaciones. Para transmitir potencia es necesario determinar la capacidad de cierto tamaño de cadena en función de la velocidad de rotación, como se explicará después en este capítulo.

Existe disponible una gran variedad de accesorios para facilitar la aplicación de la cadena de rodillos al transporte u otros usos de manejo de materiales. En el caso normal, tienen la

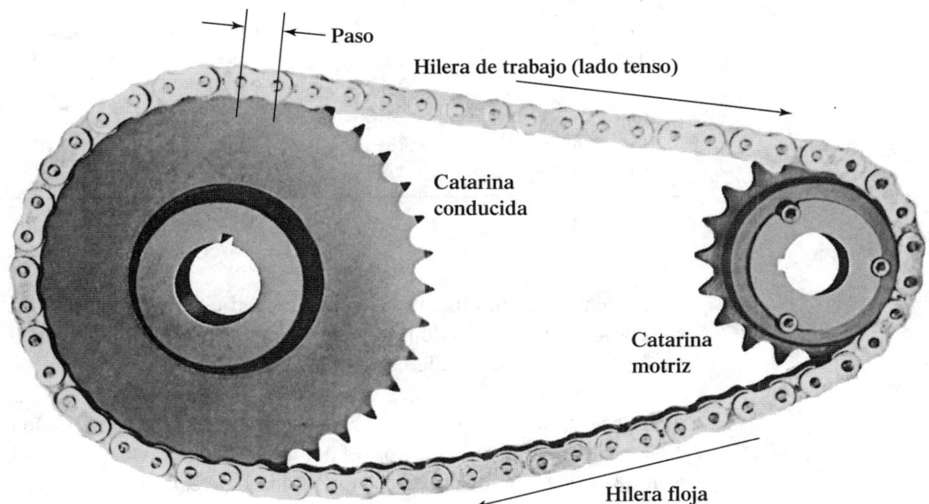

FIGURA 7-20 Transmisión por cadena de rodillos (Rexnord, Inc., Milwaukee, WI)

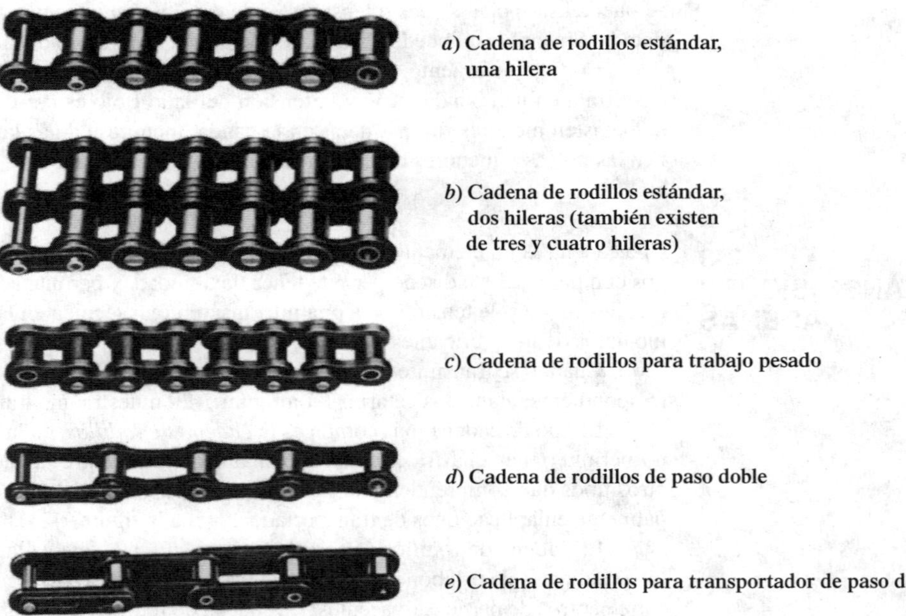

FIGURA 7-21 Algunos estilos de cadenas de rodillos

a) **Cadena de rodillos estándar, una hilera**

b) **Cadena de rodillos estándar, dos hileras (también existen de tres y cuatro hileras)**

c) **Cadena de rodillos para trabajo pesado**

d) **Cadena de rodillos de paso doble**

e) **Cadena de rodillos para transportador de paso doble**

TABLA 7-4 Tamaños de cadenas de rodillos

Número de cadena	Paso (pulg)	Diámetro del rodillo	Ancho del rodillo	Espesor de placa lateral	Resistencia promedio a la tensión (lb)
25	1/4	Ninguno	–	0.030	925
35	3/8	Ninguno	–	0.050	2100
41	1/2	0.306	0.250	0.050	2000
40	1/2	0.312	0.312	0.060	3700
50	5/8	0.400	0.375	0.080	6100
60	3/4	0.469	0.500	0.094	8500
80	1	0.626	0.625	0.125	14 500
100	$1\frac{1}{4}$	0.750	0.750	0.156	24 000
120	$1\frac{1}{2}$	0.875	1.000	0.187	34 000
140	$1\frac{3}{4}$	1.000	1.000	0.219	46 000
160	2	1.125	1.250	0.250	58 000
180	$2\frac{1}{4}$	1.406	1.406	0.281	80 000
200	$2\frac{1}{2}$	1.562	1.500	0.312	95 000
240	3	1.875	1.875	0.375	130 000

forma de placas prolongadas u orejas con orificios, y facilitan la fijación a la cadena, de varillas, cangilones, impulsores de partes, dispositivos de soporte de partes o láminas de transportador. La figura 7-22 muestra algunos estilos de accesorios.

La figura 7-23 muestra varios tipos de cadenas utilizadas especialmente para transportar y en otras aplicaciones parecidas. Esas cadenas tienen, en el caso típico, paso más largo que el de la cadena normal de rodillos (el doble del paso, casi siempre), y las placas de eslabón son más gruesas. Los tamaños mayores tienen placas de eslabón fundidas.

FIGURA 7-22
Conectores para cadenas (Rexnord, Inc., Milwaukee, WI)

a) **Tablillas ensambladas a los conectores para formar una superficie transportadora plana**

b) **Bloque en V montado en los conectores para transportar objetos redondos de diversos diámetros**

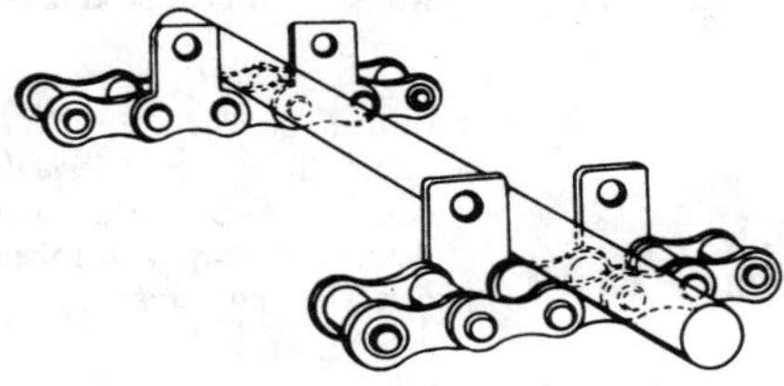

c) **Conectores usados como separadores para transportar y colocar objetos largos**

7-6 DISEÑO DE TRANSMISIONES DE CADENAS

La capacidad de transmisión de potencia de las cadenas tiene en cuenta tres modos de falla: 1) fatiga de las placas de eslabón, debido a la aplicación repetida de la tensión en el lado tenso de la cadena, 2) el impacto de los rodillos al engranar en los dientes de las catarinas y 3) la abrasión entre los pernos de cada eslabón y sus bujes.

Las capacidades se basan en datos empíricos con un impulsor uniforme y una carga uniforme (factor de servicio = 1.0), con una duración nominal aproximada de 15 000 h. Las variables importantes son el paso de la cadena y el tamaño y la velocidad de giro de la catarina menor. Es crítica la buena lubricación para el funcionamiento satisfactorio de una transmisión de cadenas. Los fabricantes recomiendan el método de lubricación para las combinaciones dadas de tamaño de cadena y de catarina, y velocidad. Más adelante se describen los detalles.

Las tablas 7-5, 7-6 y 7-7 presentan la potencia nominal para tres tamaños normales de cadena: Número 40 (1/2 pulg), 60 (3/4 pulg) y 80 (1.00 pulg). Son característicos de los datos disponibles para todos los tamaños de cadenas en los catálogos de sus fabricantes. Observe las siguientes propiedades de esos datos:

1. Las capacidades se basan en la velocidad de la rueda menor, y son para una duración esperada de 15 000 horas, aproximadamente.
2. Para una determinada velocidad, la capacidad de potencia aumenta con el número de dientes de la catarina. Naturalmente, mientras mayor sea la cantidad de dientes, mayor será el diámetro de la catarina . Observe que el uso de una cadena con paso pequeño en una catarina grande produce un accionamiento más silencioso.
3. Para un determinado tamaño de catarina (determinado número de dientes), la capacidad de potencia se incrementa al aumentar la velocidad, hasta cierto punto, y después decrece. En las velocidades bajas y moderadas, domina la fatiga por la tensión en la cadena; el impacto sobre la catarina gobierna en las mayores velocidades. Cada tamaño de catarina tiene un límite superior absoluto de velocidad, debido al inicio de la ras-

FIGURA 7-23
Cadenas de transportador (Rexnord, Inc., Milwaukee, WI)

Aserradero, serie angosta
(tamaños para transmisión y transportador)
Cadena de eslabones desviados y colados usados principalmente en la industria maderera, para aplicaciones en transportadores.

Combinación para aserradero
(transportadores anchos)
Eslabones de bloque fundido y láminas laterales de acero para aplicaciones en transportadores de arrastre

Cadena de arrastre, trabajo rudo
Eslabones desviados de acero colado. Se usa en transportadores de ceniza y escoria.

Cadena de clavijas
Fabricada con una serie de eslabones desviados, colados, acoplados por pasadores o remaches de acero. Adecuada para transmisiones con velocidad de baja a moderada, o servicio en transportadores y elevadores.

Rodillos superiores de transferencia
Eslabones colados con rodillos en la parte superior; se usa en varias hileras para transportar material en sentido transversal.

Techo
Eslabones de base colada que se usan en varias hileras en los transportadores de transferencia.

Desprendible
Consiste en eslabones monolíticos, cada uno con un gancho abierto que gira en la barra extrema del eslabón adyacente. Se usa para aplicaciones de transmisión y transportador con velocidades moderadas.

Forjada por goteo
Eslabones internos y externos forjados por goteo, acoplados mediante pasadores con cabeza. Se usan para transportadores de carretilla, raspador, paletas y similares.

padura entre los pernos y los bujes de la cadena. Esto explica la caída abrupta de capacidad de potencia, hasta cero en la velocidad límite.

4. Las capacidades son para cadenas de una hilera (cadenas simples). Aunque las hileras múltiples aumentan la capacidad de potencia, no son para un múltiplo directo de la capacidad de una sola hilera. Se debe multiplicar la capacidad obtenida en las tablas por los siguientes factores:

   Dos hileras: factor = 1.7

   Tres hileras: factor = 2.5

   Cuatro hileras: factor = 3.3

5. Las capacidades son para un factor de servicio de 1.0. Se debe especificar un factor para determinada aplicación, de acuerdo con la tabla 7-8.

TABLA 7-5 Capacidades en caballos de fuerza - Cadena simple de rodillos número 40

Núm. de dientes	0.500 pulgadas de paso				Velocidad mínima de giro de la catarina, rev/min																		
	10	25	50	100	180	200	300	500	700	900	1000	1200	1400	1600	1800	2100	2500	3000	3500	4000	5000	6000	7000	8000	9000
11	0.06	0.14	0.27	0.52	0.91	1.00	1.48	2.42	3.34	4.25	4.70	5.60	6.49	5.57	4.66	3.70	2.85	2.17	1.72	1.41	1.01	0.77	0.61	0.50	0.00
12	0.06	0.15	0.29	0.56	0.99	1.09	1.61	2.64	3.64	4.64	5.13	6.11	7.09	6.34	5.31	4.22	3.25	2.47	1.96	1.60	1.15	0.87	0.69	0.57	0.00
13	0.07	0.16	0.31	0.61	1.07	1.19	1.75	2.86	3.95	5.02	5.56	6.62	7.68	7.15	5.99	4.76	3.66	2.79	2.21	1.81	1.29	0.98	0.78	0.00	
14	0.07	0.17	0.34	0.66	1.15	1.28	1.88	3.08	4.25	5.41	5.98	7.13	8.27	7.99	6.70	5.31	4.09	3.11	2.47	2.02	1.45	1.10	0.87	0.00	
15	0.08	0.19	0.36	0.70	1.24	1.37	2.02	3.30	4.55	5.80	6.41	7.64	8.86	8.86	7.43	5.89	4.54	3.45	2.74	2.24	1.60	1.22	0.97	0.00	
16	0.08	0.20	0.39	0.75	1.32	1.46	2.15	3.52	4.86	6.18	6.84	8.15	9.45	9.76	8.18	6.49	5.00	3.80	3.02	2.47	1.77	1.34	0.00		
17	0.09	0.21	0.41	0.80	1.40	1.55	2.29	3.74	5.16	6.57	7.27	8.66	10.04	10.69	8.96	7.11	5.48	4.17	3.31	2.71	1.94	1.47	0.00		
18	0.09	0.22	0.43	0.84	1.48	1.64	2.42	3.96	5.46	6.95	7.69	9.17	10.63	11.65	9.76	7.75	5.97	4.54	3.60	2.95	2.11	1.60	0.00		
19	0.10	0.24	0.46	0.89	1.57	1.73	2.56	4.18	5.77	7.34	8.12	9.66	11.22	12.64	10.59	8.40	6.47	4.92	3.91	3.20	2.29	0.09	0.00		
20	0.10	0.25	0.48	0.94	1.65	1.82	2.69	4.39	6.07	7.73	8.55	10.18	11.81	13.42	11.44	9.07	6.99	5.31	4.22	3.45	2.47	0.00			
21	0.11	0.26	0.51	0.98	1.73	1.91	2.83	4.61	6.37	8.11	8.98	10.69	12.40	14.10	12.30	9.76	7.52	5.72	4.54	3.71	2.65	0.00			
22	0.11	0.27	0.53	1.03	1.81	2.01	2.96	4.83	6.68	8.50	9.40	11.20	12.99	14.77	13.19	10.47	8.06	6.13	4.87	3.98	2.85	0.00			
23	0.12	0.28	0.56	1.08	1.90	2.10	3.10	5.05	6.98	8.89	9.83	11.71	13.58	15.44	14.10	11.19	8.62	6.55	5.20	4.26	3.05	0.00			
24	0.12	0.30	0.58	1.12	1.98	2.19	3.23	5.27	7.28	9.27	10.26	12.22	14.17	16.11	15.03	11.93	9.18	6.99	5.54	4.54	0.87	0.00			
25	0.13	0.31	0.60	1.17	2.06	2.28	3.36	5.49	7.59	9.66	10.69	12.73	14.76	16.78	15.98	12.68	9.76	7.43	5.89	4.82	0.00				
26	0.13	0.32	0.63	1.22	2.14	2.37	3.50	5.71	7.89	10.04	11.11	13.24	15.35	17.45	16.95	13.45	10.36	7.88	6.25	5.12	0.00				
28	0.14	0.35	0.67	1.31	2.31	2.55	3.77	6.15	8.50	10.82	11.97	14.26	16.53	18.79	18.94	15.03	11.57	8.80	6.99	5.72	0.00				
30	0.15	0.37	0.72	1.41	2.47	2.74	4.04	6.59	9.11	11.59	12.82	15.28	17.71	20.14	21.01	16.67	12.84	9.76	7.75	6.34	0.00				
32	0.16	0.40	0.77	1.50	2.64	2.92	4.31	7.03	9.71	12.38	13.68	16.30	18.89	21.48	23.14	18.37	14.14	10.76	8.54	1.41					
35	0.18	0.43	0.84	1.64	2.88	3.19	4.71	7.69	10.62	13.52	14.96	17.82	20.67	23.49	26.30	21.01	16.17	12.30	9.76	0.00					
40	0.21	0.50	0.96	1.87	3.30	3.65	5.38	8.79	12.14	15.45	17.10	20.37	23.62	26.85	30.06	25.67	19.76	15.03	0.00						
45	0.23	0.56	1.08	2.11	3.71	4.10	6.08	9.89	13.66	17.39	19.24	22.92	26.57	30.20	33.82	30.63	23.58	5.53	0.00						
	Tipo A				Tipo B									Tipo C											

Tipo A: Lubricación manual o por goteo
Tipo B: Lubricación en baño o con disco
Tipo C: Lubricación con chorro de aceite

Fuente: American Chain Association, Naples, FL

TABLA 7-6 Capacidades en caballos de fuerza - Cadena simple de rodillos número 60

Núm. de dientes	0.750 pulgadas de paso											Velocidad mínima de giro de la catarina, rev/min													
	10	25	50	100	120	200	300	400	500	600	800	1000	1200	1400	1600	1800	2000	2500	3000	3500	4000	4500	5000	5500	6000
11	0.19	0.46	0.89	1.72	2.05	3.35	4.95	6.52	8.08	9.63	12.69	15.58	11.85	9.41	7.70	6.45	5.51	3.94	3.00	2.38	1.95	1.63	1.39	1.21	0.00
12	0.21	0.50	0.97	1.88	2.24	3.66	5.40	7.12	8.82	10.51	13.85	17.15	13.51	10.72	8.77	7.35	6.28	4.49	3.42	2.71	2.22	1.86	1.59	1.38	0.00
13	0.22	0.54	1.05	2.04	2.43	3.96	5.85	7.71	9.55	11.38	15.00	18.58	15.23	12.08	9.89	8.29	7.08	5.06	3.85	3.06	2.50	2.10	1.79	0.00	
14	0.24	0.58	1.13	2.19	2.61	4.27	6.30	8.30	10.29	12.26	16.15	20.01	17.02	13.51	11.05	9.26	7.91	5.66	4.31	3.42	2.80	2.34	0.41	0.00	
15	0.26	0.62	1.21	2.35	2.80	4.57	6.75	8.90	11.02	13.13	17.31	21.44	18.87	14.98	12.26	10.27	8.77	6.28	4.77	3.79	3.10	2.60	0.00		
16	0.27	0.66	1.29	2.51	2.99	4.88	7.20	9.49	11.76	14.01	18.46	22.87	20.79	16.50	13.51	11.32	9.66	6.91	5.26	4.17	3.42	1.78	0.00		
17	0.29	0.70	1.37	2.66	3.17	5.18	7.65	10.08	12.49	14.88	19.62	24.30	22.77	18.07	14.79	12.40	10.58	7.57	5.76	4.57	3.74	0.00			
18	0.31	0.75	1.45	2.82	3.36	5.49	8.10	10.68	13.23	15.76	20.77	25.73	24.81	19.69	16.11	13.51	11.53	8.25	6.28	4.98	4.08	0.00			
19	0.33	0.79	1.53	2.98	3.55	5.79	8.55	11.27	13.96	16.63	21.92	27.16	26.91	21.35	17.48	14.65	12.50	8.95	6.81	5.40	0.20	0.00			
20	0.34	0.83	1.61	3.13	3.73	6.10	9.00	11.86	14.70	17.51	23.08	28.59	29.06	23.06	18.87	15.82	13.51	9.66	7.35	5.83	0.00				
21	0.36	0.87	1.69	3.29	3.92	6.40	9.45	12.46	15.43	18.38	24.23	30.02	31.26	24.81	20.31	17.02	14.53	10.40	7.91	6.28	0.00				
22	0.38	0.91	1.77	3.45	4.11	6.71	9.90	13.05	16.17	19.26	25.39	31.45	33.52	26.60	21.77	18.25	15.58	11.15	8.48	0.00					
23	0.40	0.95	1.85	3.61	4.29	7.01	10.35	13.64	16.90	20.13	26.54	32.88	35.84	28.44	23.28	19.51	16.66	11.92	9.07	0.00					
24	0.41	0.99	1.93	3.76	4.48	7.32	10.80	14.24	17.64	21.01	27.69	34.31	38.20	30.31	24.81	20.79	17.75	12.70	9.66	0.00					
25	0.43	1.04	2.01	3.92	4.67	7.62	11.25	14.83	18.37	21.89	28.85	35.74	40.61	32.23	26.38	22.11	18.87	13.51	10.27	0.00					
26	0.45	1.08	2.09	4.08	4.85	7.93	11.70	15.42	19.11	22.76	30.00	37.17	43.07	34.18	27.98	23.44	20.02	14.32	10.90	0.00					
28	0.48	1.16	2.26	4.39	5.23	8.54	12.60	16.61	20.58	24.51	32.31	40.03	47.68	38.20	31.26	26.20	22.37	16.01	0.00						
30	0.52	1.24	2.42	4.70	5.60	9.15	13.50	17.79	22.05	26.26	34.62	42.89	51.09	42.36	34.67	29.06	24.81	17.75	0.00						
32	0.55	1.33	2.58	5.02	5.98	9.76	14.40	18.98	23.52	28.01	36.92	45.75	54.50	46.67	38.20	32.01	27.33	19.56	0.00						
35	0.60	1.45	2.82	5.49	6.54	10.67	15.75	20.76	25.72	30.64	40.39	50.03	59.60	53.38	43.69	36.62	31.26	1.35	0.00						
40	0.69	1.66	3.22	6.27	7.47	12.20	18.00	23.73	29.39	35.02	46.16	57.18	68.12	65.22	53.38	44.74	38.20	0.00							
45	0.77	1.86	3.63	7.05	8.40	13.72	20.25	26.69	33.07	38.39	51.92	64.33	76.63	77.83	63.70	53.38	12.45	0.00							
	Tipo A				Tipo B							Tipo C													

Tipo A: Lubricación manual o por goteo
Tipo B: Lubricación en baño o con disco
Tipo C: Lubricación con chorro de aceite

Fuente: American Chain Association, Naples, FL

TABLA 7-7 Capacidades en caballos de fuerza - Cadena simple de rodillos número 80

Núm. de dientes	1.000 pulgadas de paso												Velocidad minima de giro de la catarina, rev/mín												
	10	25	50	75	88	100	200	300	400	500	600	700	800	900	1000	1200	1400	1600	1800	2000	2500	3000	3500	4000	4500
11	0.44	1.06	2.07	3.05	3.56	4.03	7.83	11.56	15.23	18.87	22.48	26.07	27.41	22.97	19.61	14.92	11.84	9.69	8.12	6.83	4.96	3.77	3.00	2.45	0.00
12	0.48	1.16	2.26	3.33	3.88	4.39	8.54	12.61	16.82	20.59	24.53	28.44	31.23	26.17	22.35	17.00	13.49	11.04	9.25	7.90	5.65	4.30	3.41	2.79	0.00
13	0.52	1.26	2.45	3.61	4.21	4.76	9.26	13.66	18.00	22.31	26.57	30.81	35.02	29.51	25.20	19.17	15.21	12.45	10.43	8.91	6.37	4.85	3.85	3.15	
14	0.56	1.35	2.63	3.89	4.53	5.12	9.97	14.71	19.39	24.02	28.62	33.18	37.72	32.98	28.16	21.42	17.00	13.91	11.66	9.96	7.12	5.42	4.30	3.52	
15	0.60	1.45	2.82	4.16	4.86	5.49	10.68	15.76	20.77	25.74	30.66	35.55	40.41	36.58	31.23	23.76	18.85	15.43	12.93	11.04	7.90	6.01	4.77	0.00	
16	0.64	1.55	3.01	4.44	5.18	5.86	11.39	16.81	22.16	27.45	32.70	37.92	43.11	40.30	34.41	26.17	20.77	17.00	14.25	12.16	8.70	6.62	5.25	0.00	
17	0.68	1.64	3.20	4.72	5.50	6.22	12.10	17.86	23.54	29.17	34.75	40.29	45.80	44.13	37.68	28.66	22.75	18.62	15.60	13.32	9.53	7.25	0.00		
18	0.72	1.74	3.39	5.00	5.83	6.59	12.81	18.91	24.93	30.88	36.79	42.66	48.49	48.08	41.05	31.23	24.78	20.29	17.00	14.51	10.39	7.90	0.00		
19	0.76	1.84	3.57	5.28	6.15	6.95	13.53	19.96	26.31	32.60	38.84	45.03	51.19	52.15	44.52	33.87	26.88	22.00	18.44	15.74	11.26	0.36	0.00		
20	0.80	1.93	3.76	5.55	6.47	7.32	14.24	21.01	27.70	34.32	40.88	47.40	53.88	56.32	48.08	36.58	29.03	23.76	19.91	17.00	12.16	0.00			
21	0.84	2.03	3.95	5.83	6.80	7.69	14.95	22.07	29.08	36.03	42.92	49.77	56.58	60.59	51.73	39.36	31.23	25.56	21.42	18.29	13.09	0.00			
22	0.88	2.13	4.14	6.11	7.12	8.05	15.66	23.12	30.47	37.75	44.97	52.14	59.27	64.97	55.47	42.20	33.49	27.41	22.97	19.61	14.03				
23	0.92	2.22	4.33	6.39	7.45	8.42	16.37	24.17	31.85	39.46	47.01	54.51	61.97	69.38	59.30	45.11	35.80	29.30	24.55	20.97	15.00				
24	0.96	2.32	4.52	6.66	7.77	8.78	17.09	25.22	33.24	41.18	49.06	56.88	64.66	72.40	63.21	48.08	38.16	31.23	26.17	22.35	15.99				
25	1.00	2.42	4.70	6.94	8.09	9.15	17.80	26.27	34.62	42.89	51.10	59.25	67.35	75.42	67.20	51.12	40.57	33.20	27.83	23.76	8.16				
26	1.04	2.51	4.89	7.22	8.42	9.52	18.51	27.32	36.01	44.61	53.14	61.62	70.05	78.43	71.27	54.22	43.02	36.22	29.51	25.20	0.00				
28	1.12	2.71	5.27	7.77	9.06	10.25	19.93	29.42	38.78	48.04	57.23	66.36	75.44	84.47	79.65	60.59	48.08	39.36	32.98	28.16	0.00				
30	1.20	2.90	5.64	8.33	9.71	10.98	21.36	31.52	41.55	51.47	61.32	71.10	80.82	90.50	88.33	67.20	53.33	43.65	36.58	31.23					
32	1.28	3.09	6.02	8.89	10.36	11.71	22.78	33.62	44.32	54.91	65.41	75.84	86.21	96.53	97.31	74.03	58.75	48.08	40.30	5.65					
35	1.40	3.38	6.58	9.72	11.33	12.81	24.92	36.78	48.47	60.05	71.54	82.95	94.29	105.58	111.31	84.68	67.20	55.00	28.15	0.00					
40	1.61	3.87	7.53	11.11	12.95	14.64	28.48	42.03	55.40	68.63	81.76	94.80	107.77	120.67	133.51	103.46	82.10	40.16	0.00						
45	1.81	4.35	8.47	12.49	14.57	16.47	32.04	47.28	62.32	77.21	91.98	106.65	121.24	135.75	150.20	123.45	72.28	0.00							
	Tipo A				Tipo B								Tipo C												

Tipo A: Lubricación manual o por goteo
Tipo B: Lubricación en baño o con disco
Tipo C: Lubricación con chorro de aceite

Fuente: American Chain Association, Naples, FL

TABLA 7-8 Factores de servicio para transmisiones por cadenas

	Tipo de impulsor		
Tipo de carga	Impulsor hidráulico	Motor eléctrico o turbina	Motor de combustión interna con transmisión mecánica
Uniforme (agitadores, ventiladores, transportadores con carga ligera y uniforme)	1.0	1.0	1.2
Choque moderado (máquinas herramienta, grúas, transportadores pesados, mezcladoras de alimento y molinos)	1.2	1.3	1.4
Choque pesado (prensas de troquelado, molinos de martillos, transportadores alternos, accionamientos de molino de rodillos)	1.4	1.5	1.7

Lineamientos de diseño para transmisiones por cadenas

A continuación, se presentan las recomendaciones para diseñar transmisiones por cadenas.

1. La cantidad mínima de dientes en una catarina debe ser 17, a menos que el impulsor funcione a una velocidad muy pequeña, menor que 100 rpm.
2. La relación de velocidades máxima debe ser 7.0, aunque son posibles relaciones mayores. Se pueden emplear dos o más etapas de reducción para obtener relaciones mayores.
3. La distancia entre centros entre los ejes de catarinas debe ser de 30 a 50 pasos de cadena (30 a 50 veces el paso de la cadena).
4. En el caso normal, la catarina mayor no debe tener más de 120 dientes.
5. El arreglo preferido en una transmisión por cadena es con la línea central de los ejes, horizontal, y con el lado tenso en la parte superior.
6. La longitud de la cadena debe ser un múltiplo entero del paso, y se recomienda tener un número par de pasos. La distancia entre centros debe ser ajustable para adaptarse a la longitud de la cadena, y para adaptarse a las tolerancias y al desgaste. Debe evitarse un colgamiento excesivo del lado flojo, en especial en transmisiones que no sean horizontales. Una relación adecuada de la distancia entre centros (C), longitud de cadena (L), cantidad de dientes de la catarina pequeña (N_1) y número de dientes de la catarina grande (N_2), expresada en pasos de cadena, es

$$L = 2C + \frac{N_2 + N_1}{2} + \frac{(N_2 - N_1)^2}{4\pi^2 C} \tag{7-9}$$

La distancia entre centros para determinada longitud de cadena, también en pasos, es

$$C = \frac{1}{4}\left[L - \frac{N_2 + N_1}{2} + \sqrt{\left[L - \frac{N_2 + N_1}{2}\right]^2 - \frac{8\,(N_2 - N_1)^2}{4\pi^2}}\right] \tag{7-10}$$

Se supone, en la distancia entre centros calculada, que no existe colgamiento en el lado tenso o flojo de la cadena, y por consiguiente es distancia *máxima*. Se deben proveer tolerancias negativas de ajuste. También se debe prever los ajustes por desgaste.

7. El diámetro de paso de una catarina con N dientes, para una cadena de paso p, es

$$D = \frac{p}{\text{sen}(180°/N)} \tag{7-11}$$

8. El diámetro mínimo, y en consecuencia el número de dientes mínimo de una catarina se limitan, con frecuencia, por el tamaño del eje donde va montada. Vea el catálogo de las catarinas.

9. El arco de contacto θ_1 de la cadena en la catarina menor debe ser mayor que 120°.

$$\theta_1 = 180° - 2\,\text{sen}^{-1}[(D_2 - D_1)/2C] \tag{7-12}$$

10. Como referencia, el arco de contacto θ_2 en la catarina mayor es

$$\theta_2 = 180° + 2\,\text{sen}^{-1}[(D_2 - D_1)/2C] \tag{7-13}$$

Lubricación

Es esencial dar la lubricación adecuada a las transmisiones por cadena. En la cadena existen muchas partes móviles, además de la interacción entre la cadena y los dientes de la catarina. El diseñador debe definir las propiedades del lubricante y el método de lubricación.

Propiedades del lubricante. Se recomienda aceite lubricante derivado del petróleo, parecido al aceite de motor. Su viscosidad debe permitir el fácil flujo del aceite entre las superficies de la cadena que se mueven entre sí, para dar una acción lubricante adecuada. El aceite debe conservarse limpio y sin humedad. La tabla 7-9 indica el lubricante recomendado para distintas temperaturas ambiente.

Método de lubricación. La Asociación Estadounidense de Cadena (American Chain Association) recomienda tres tipos distintos de lubricación, que dependen de la velocidad de funcionamiento y la potencia que se transmite. Vea las tablas 7-5 a 7-7 o los catálogos de los fabricantes, con sus recomendaciones. Vea las siguientes descripciones de los métodos y sus ilustraciones en la figura 7-24.

Tipo A. *Lubricación manual o por goteo.* Para lubricación manual, el aceite se aplica en forma copiosa con una brocha o un canalón con vertedor, al menos una vez cada 8 h de funcionamiento. Para lubricación por goteo, el aceite alimenta directamente a las placas de eslabón de cada hilera de la cadena.

TABLA 7-9 Lubricante recomendado para transmisiones por cadenas

Temperatura ambiente		Lubricante recomendado
°F	°C	
20 a 40	-7 a 5	SAE 20
40 a 100	5 a 38	SAE 30
100 a 120	38 a 49	SAE 40
120 a 140	49 a 60	SAE 50

FIGURA 7-24
Métodos de lubricación (American Chain Association, Naples, FL)

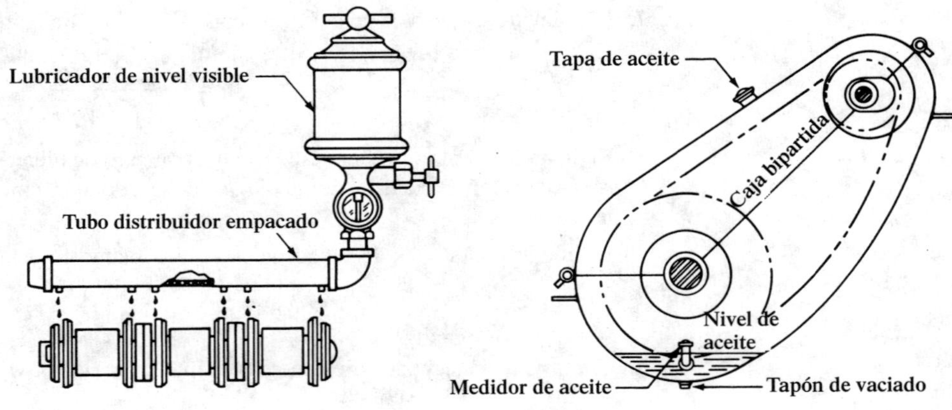

a) Lubricación de alimentación por goteo (Tipo A)

b) Lubricación por baño poco profundo (Tipo B)

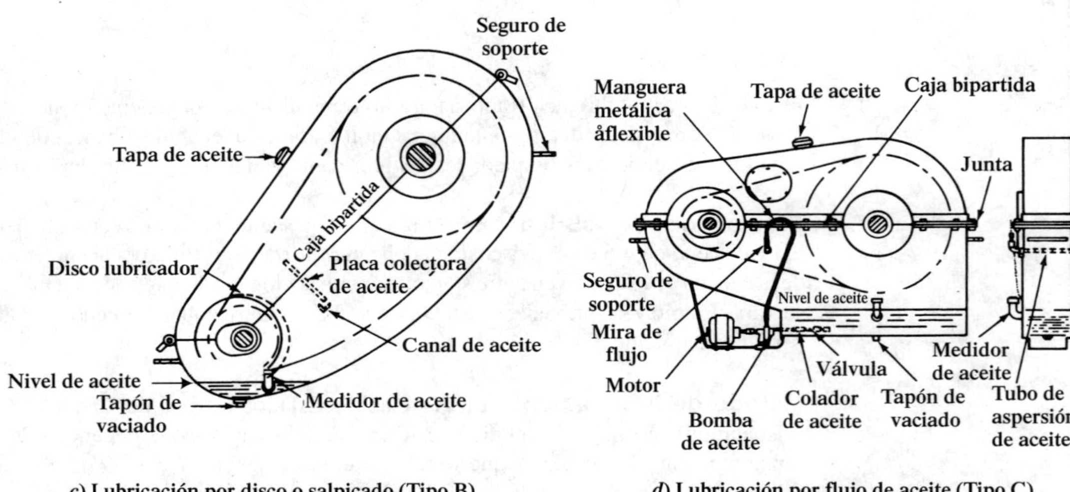

c) Lubricación por disco o salpicado (Tipo B)

d) Lubricación por flujo de aceite (Tipo C)

Tipo B. *Lubricación de baño o con disco*: La cubierta de la cadena proporciona un colector de aceite, en el que se sumerge la cadena en forma continua. También se puede fijar un disco o un lanzador a uno de los ejes, para que levante el aceite hasta un canal, arriba de la cadena inferior. Entonces, el canal entrega una corriente de aceite a la cadena. Así, la cadena misma no necesita sumergirse en el aceite.

Tipo C. *Lubricación con chorro de aceite*: Una bomba de aceite envía un flujo continuo en la parte inferior de la cadena.

Problema ejemplo 7-2 Diseñe una transmisión por cadena para un transportador de carbón muy cargado, movido con un motor de gasolina y una transmisión mecánica. La velocidad de entrada será 900 rpm, y la velocidad de salida que se desea es de 230 a 240 rpm. El transportador requiere 15.0 hp.

Solución Objetivo Diseñar la transmisión por cadena

Datos Potencia transmitida = 15 hp a un transportador de carbón

Velocidad del motor: 900 rpm; intervalo de velocidades de salida: 230 a 240 rpm

Análisis Emplee los datos de diseño presentados en esta sección. El procedimiento de solución se desarrolla en la sección Resultados.

Resultados ***Paso 1.*** Especifique un factor de servicio y calcule la potencia de diseño. De la tabla 7-8, para choques moderados y un impulsor de motor de gasolina a través de una transmisión mecánica, $FS = 1.4$

$$\text{Potencia de diseño} = 1.4\ (15.0) = 21.0 \text{ hp}$$

Paso 2. Calcule la relación deseada. Al usar la parte media del intervalo de velocidades de salida deseado, se tiene

$$\text{Relación} = (900 \text{ rpm})/(235 \text{ rpm}) = 3.83$$

Paso 3. Consulte las tablas correspondientes a la capacidad de potencia (tablas 7-5, 7-6 y 7-7) para seleccionar el paso de la cadena. Para una sola hilera, la cadena número 60, con p = 3/4 pulg parece ser la más adecuada. Con una catarina de 17 dientes, la capacidad es 21.96 hp a 900 rpm, por interpolación. A esta velocidad se requiere lubricación tipo B (baño de aceite).

Paso 4. Calcule la cantidad necesaria de dientes de la rueda grande.

$$N_2 = N_1 \times \text{relación} = 17(3.83) = 65.11$$

Utilice el entero: 65 dientes

Paso 5. Calcule la velocidad de salida esperada.

$$n_2 = n_1\ (N_1/N_2) = 900 \text{ rpm}\ (17/65) = 235.3 \text{ rpm (¡Aceptable!)}$$

Paso 6. Calcule los diámetros de paso de las catarinas mediante la ecuación (7-11):

$$D_1 = \frac{p}{\text{sen}(180°/N_1)} = \frac{0.75 \text{ pulg}}{\text{sen}(180°/17)} = 4.082 \text{ pulg}$$

$$D_2 = \frac{p}{\text{sen}(180°/N_2)} = \frac{0.75 \text{ pulg}}{\text{sen}(180°/65)} = 15.524 \text{ pulg}$$

Paso 7. Especifique la distancia entre centros nominal. Se usará la parte media del intervalo recomendado, 40 pasos.

Paso 8. Calcule la longitud necesaria, en pasos, con la ecuación (7-9):

$$L = 2C + \frac{N_2 + N_1}{2} + \frac{(N_2 - N_1)^2}{4\pi^2 C}$$

$$L = 2(40) + \frac{65 + 17}{2} + \frac{(65 - 17)^2}{4\pi^2\,(40)} = 122.5 \text{ pasos} \qquad \textbf{(7-9)}$$

Paso 9. Especifique un número par de pasos y calcular la distancia teórica entre centros. Se usará 122 pasos, un número par. Entonces, de la ecuación (7-10),

$$C = \frac{1}{4}\left[L - \frac{N_2 + N_1}{2} + \sqrt{\left[L - \frac{N_2 + N_1}{2}\right]^2 - \frac{8\,(N_2 - N_1)^2}{4\pi^2}}\right]$$

$$C = \frac{1}{4}\left[122 - \frac{65 + 17}{2} + \sqrt{\left[122 - \frac{65 + 17}{2}\right]^2 - \frac{8(65 - 17)^2}{4\pi^2}}\right] \qquad \textbf{(7-10)}$$

$$C = 39.766 \text{ pasos} = 39.766(0.75 \text{ pulg}) = 29.825 \text{ pulg}$$

Paso 10. Calcule el ángulo de contacto de la cadena en cada catarina con las ecuaciones (7-12) y (7-13). Observe que el ángulo de contacto mínimo debe ser 120 grados.

Para la catarina pequeña,

$$\theta_1 = 180° - 2\,\text{sen}^{-1}\,[(D_2 - D_1)/2C]$$
$$\theta_1 = 180° - 2\,\text{sen}^{-1}\,[(15.524 - 4.082)/(2(29.825))] = 158°$$

Como es mayor que 120°, es aceptable.

Para la catarina grande,

$$\theta_2 = 180° + 2\,\text{sen}^{-1}\,(D_2 - D_1)/2C]$$
$$\theta_2 = 180° + 2\,\text{sen}^{-1}\,[(15.524 - 4.082)/(2(29.825))] = 202°$$

Comentarios

Resumen del diseño

En la figura 7-25(*a*) se muestra un esquema del diseño a escala.

Paso: Cadena número 60, 3/4 pulgada de paso

Longitud: 122 pasos = 122(0.75) = 91.50 pulgadas

Distancia entre centros: C = 29.825 pulgadas (máxima)

Catarinas: Hilera simple, número 60, 3/4 de pulgada de paso

Pequeña: 17 dientes, D = 4.082 pulgadas

Grande: 65 dientes, D = 15.524 pulgadas

Se requiere lubricación tipo B. La catarina grande puede bañarse en aceite.

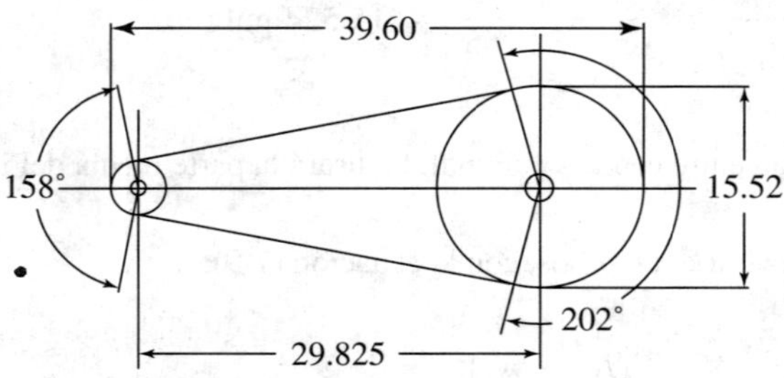

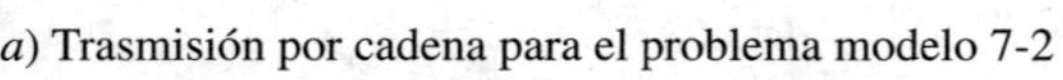

a) Trasmisión por cadena para el problema modelo 7-2

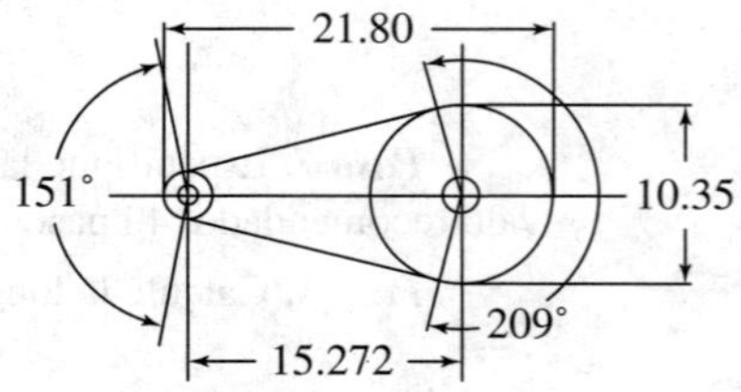

b) Trasmisión por cadena para el problema modelo 7-3

FIGURA 7-25 Dibujos a escala de las transmisiones por cadena en los problemas modelo 7-2 y 7-3.

Problema ejemplo 7-3 Elabore un diseño alterno para las condiciones del problema ejemplo 7-2, y obtenga una transmisión de menor tamaño.

Solución

Objetivo: Diseñar una transmisión de cadena de menor tamaño para la aplicación del problema ejemplo 7-2.

Datos: Potencia transmitida = 15 hp a un transportador
Velocidad del motor = 900 rpm; intervalo de velocidades de salida: 230 a 240 rpm

Análisis: Use una cadena múltiple para que pueda ser de paso menor, y transmitir la misma potencia de diseño (21.0 hp) a la misma velocidad (900 rpm). Emplee los datos de diseño que se presentaron en esta sección. El procedimiento de diseño se desarrolla en la sección Resultados del problema.

Resultados: Se probará con una cadena de cuatro hileras, para la cual el factor de potencia es 3.3. Entonces, la potencia requerida por hilera es

$$P = 21.0/3.3 = 6.36 \text{ hp}$$

Se observa en la tabla 7-5 que una cadena número 40 (paso 1/2 pulg) con una catarina de 17 dientes sería satisfactoria. Se puede usar lubricación tipo B, con baño de aceite.

Para la catarina grande requerida,

$$N_2 = N_1 \times \text{relación} = 17(3.83) = 65.11$$

Se empleará $N_2 = 65$ dientes.

Los diámetros de catarina son

$$D_1 = \frac{p}{\text{sen}(180°/N_1)} = \frac{0.500 \text{ pulg}}{\text{sen}(180°/17)} = 2.721 \text{ pulg}$$

$$D_2 = \frac{p}{\text{sen}(180°/N_2)} = \frac{0.500 \text{ pulg}}{\text{sen}(180°/65)} = 10.349 \text{ pulg}$$

Para la distancia entre centros, realice la prueba con la mínima recomendada, $C = 30$ pasos.

$$30(0.50 \text{ pulg}) = 15.0 \text{ pulg}$$

La longitud de la cadena es

$$L = 2(30) + \frac{65 + 17}{2} + \frac{(65 - 17)^2}{4\pi^2 (30)} = 102.9 \text{ pasos}$$

Especifique la longitud total, L = 104 pasos = 104(0.50) = 52.0 pulg. La distancia entre centros real máxima es

$$C = \frac{1}{4}\left[104 - \frac{65 + 17}{2} + \sqrt{\left[104 - \frac{65 + 17}{2}\right]^2 - \frac{8\,(65 - 17)^2}{4\pi^2}}\right]$$

$$C = 30.54 \text{ pasos} = 30.54\,(0.50) = 15.272 \text{ pulg}$$

El ángulo de contacto de la cadena en cada catarina se calcula con las ecuaciones (7-12) y (7-13). Note que el ángulo de contacto mínimo debe ser 120 grados.

Para la catarina pequeña,

$$\theta_1 = 180° - 2\,\text{sen}^{-1}\,[(D_2 - D_1)/2C]$$
$$\theta_1 = 180° - 2\,\text{sen}^{-1}\,[(10.349 - 2.721)/(2(15.272))] = 151.1°$$

Como es mayor que 120°, se acepta.
Para la catarina grande,

$$\theta_1 = 180° + 2\,\text{sen}^{-1}\,[(D_2 - D_1)/2C]$$
$$\theta_2 = 180° + 2\,\text{sen}^{-1}\,[(10.349 - 2.721)/(2(15.272))] = 208.9°$$

Comentarios **Resumen**

La figura 7-25(*b*) muestra el nuevo diseño a la misma escala que el primero. La reducción del espacio es apreciable.

Cadena: Número 40, paso 1/2 pulg, cuatro hileras, 104 pasos, 52.0 pulg de longitud

Catarinas: para cadena de cuatro hileras número 40, de $\frac{1}{2}$ pulgada de paso

Pequeña: 17 dientes, D_1 = 2.721 pulgadas

Grande: 65 dientes, D_2 = 10.349 pulgadas

Distancia entre centros máxima: 15.272 pulgadas

Lubricación tipo B (en baño de aceite)

Hoja de cálculo para diseño de transmisiones por cadenas

La figura 7-26 muestra una hoja de cálculo, auxiliar en el diseño de transmisiones por cadena, con el procedimiento que se explicó en esta sección. El usuario ingresa los datos que se muestran en *cursivas*, en los cuadros sombreados de gris. Consulte los datos necesarios en las tablas 7-4 a 7-8. En la figura se muestran los resultados del problema ejemplo 7-3.

REFERENCIAS

1. American Chain Association. *Chains for Power Transmission and Material Handling* (Cadenas para transmisión de potencia y manejo de materiales. Nueva York: Marcel Dekker, 1982.
2. Dayco CPT. *Industrial V-Belt Drives Design Guide* (Guía para diseño de transmisiones industriales por bandas V). Dayton, OH: Carlisle Power Trasmission Products.
3. Dayco Products. *Engineering Handbook for Automotive V-Belt Drives* (Manual de ingeniería para transmisiones automotrices por bandas *V*). Rochester Hills, MI: Mark IV Automotive Co.
4. Emerson Power Transmission Company. *Power Transmission Equipment Catalog*. Maysville, KY: Browning Manufacturing Division.
5. The Gates Rubber Company. *V-Belt Drive Design Manual* (Manual de diseño de transmisiones por bandas *V*). Denver, CO: The Gates Rubber Company.
6. Putnam Precision Molding. *Plastic Chain Products* (Productos de cadenas de plástico). Putnam, CT.
7. Rexnord, Incorporated. *Catalog of Power Transmission and Conveying Components* (Catálogo de componentes para transmisión de potencia y transporte). Milwaukee, WI: Rexnord.
8. Rockwell Automation/Dodge. *Power Transmission Products* (Productos para transmisión de potencia). Greenville, SC. Rockwell Automation.
9. Rubber Manufacturers Association. Power transmission Belt Publication IP-3-10. *V-Belt Drives with Twist and Non-alignment, Including Quarter Turn* (Transmisiones por bandas V con torcimiento y desalineamiento, incluyendo cuartos de vuelta), 3ª ed. Washington, DC: Rubber Manufacturers Association, 1999.
10. Society of Automotive Engineers. *SAE Standard J636—V-Belts and Pulleys* (Norma SAE J636: Bandas V y poleas). Warrendale, PA: Society of Automotive Engineers, 2001.

DISEÑO DE TRANSMISIONES POR CADENA					
Datos iniciales:	Problema ejemplo 7-3 – Hileras múltiples				
Aplicación:	*Transportador de carbón*				
Fuente/tipo:	*Motor de combustión-transmisión mecánica*				
Máquina movida:	*Transportador muy cargado*				
Entrada de potencia:	*15 hp*				
Factor de servicio:	*1.4*	Tabla 7-8			
Velocidad de entrada:	*900 rpm*				
Velocidad de salida deseada:	*235 rpm*				
Datos calculados:					
Potencia de diseño:	21 hp				
Relación de velocidades:	3.83				
Decisiones de diseño – Tipo de cadena y números de dientes:					
Cantidad de hileras:	*4*	*1*	*2*	*3*	*4*
Factor por hileras:	*3.3*	*1.0*	*1.7*	*2.5*	*3.3*
Potencia requerida por hilera:	6.36 hp				
Número de cadena:	*40*	Tablas 7-5, 7-6 o 7-7			
Paso de la cadena:	*0.5 pulg*				
Número de dientes- Catarina motriz:	*17*				
Número de dientes calculado - Catarina conducida:	65.11				
Ingrese: Número de dientes elegido:	*65*				
Datos calculados:					
Velocidad real de salida:	235.4 rpm				
Diámetro de paso – çatarina motriz:	2.721 pulg				
Diámetro de paso – Catarina conducida:	10.349 pulg				
Distancia entre centros, longitud de cadena y ángulo de contacto:					
Ingrese: Distancia nominal entre centros:	*30 pasos*	Se recomienda de 30 a 50 pasos			
Longitud nominal de cadena, calculada:	102.9 pasos				
Ingrese: Número de pasos específico:	*104 pasos*	Se recomienda un número par			
Longitud real de la cadena:	52.00 pulgadas				
Distancia calculada real entre centros:	30.545 pasos				
Distancia real entre centros:	15.272 pulgadas				
Ángulo de contacto – Catarina motriz:	151.1 pasos	Debe ser mayor que 120 grados			
Ángulo de contacto – Catarina conducida:	208.9 grados				

FIGURA 7-26 Hoja de cálculo para diseño de transmisiones por cadena

11. Society of Automotive Engineers. *SAE Standard J637 – Automotive B-Belt Drives* (Transmisiones automotrices con bandas V). Warrendale, PA: Society of Automotive Engineers, 2001.
12. Society of Automotive Engineers. *SAE Standard J1278 – SI (Metric) Synchronous Belts and Pulleys* (Norma SAE J1278 – SI (métrica) Bandas y poleas síncronas. Warrendale, PA: Society of Automotive Engineers, 1993.
13. Society of Automotive Engineers. *SAE Standard J1313 – Automotive Synchronous Belt Drives* (Norma SAE J1313 – Transmisiones síncronas automotrices por bandas). Warrendale, PA: Society of Automotive Engineers, 1993.
14. Society of Automotive Engineers. *SAE Standard J1459 – V-Ribbed Belts and Pulleys* (Norma SAE J1459 – Bandas V acostilladas y poleas). Warrendale, PA: Society of Automotive Engineers, 2001.
15. T. B. Wood's Sons Company. *V-Belt Drive Manual* (Manual de transmisiones por bandas V). Chambersburg, PA: T.B. Wood's Sons Company.

SITIOS DE INTERNET RELACIONADOS CON TRANSMISIONES POR BANDAS Y CADENAS

1. **American Chain Association**. *www.amaricanchainassn.org* Una organización comercial para empresas estadounidenses que fabrican productos para la industria de transmisiones por cadenas. Publica normas y auxiliares para diseñar, aplicar y mantener transmisiones por cadenas e ingeniería para sistemas de transportadores de cadenas.
2. **Dayco Belt Drives.** *www.dayco.com* y *www.markivauto.com* Fabricantes de sistemas de transmisión industrial con bandas, de Carlisle Power Transmission Products y sistemas automotrices de transmisión por bandas Dayco, de MarkIV Automotive Company.
3. **Dodge Power Transmission.** *www.dodge-pt.com* Fabricante de numerosos componentes para transmisión de potencia, incluyendo sistemas de transmisión con bandas V y bandas síncronas. Parte de Rockwell Automation, Inc., el cual incluye a motores Reliance Electric y controles Allen-Bradley.
4. **Emerson Power Transmission.** *www.emerson-ept.com* Fabricante de numerosos componentes para transmisión de potencia, incluyendo transmisiones por bandas V, bandas síncronas y con cadenas de rodillos, a través de sus divisiones Browning y Morse.
5. **Gates Rubber Company.** *www.gates.com* Productos de hule para los mercados automotriz e industrial, incluyendo transmisiones por bandas en V y por bandas síncronas.
6. **Power Transmission** *www.powertransmission.com* Un sitio Web detallado, para empresas, con productos para la industria de la transmisión de potencia, muchas de las cuales suministran sistemas de transmisión con bandas y cadenas.
7. **Putnam Precision Molding, Inc.** *www.putnamprecisionmolding.com* Productor de componentes de plástico moldeados por inyección, para transmisiones mecánicas, incluyendo cadena, catarinas y poleas para bandas síncronas, todo de plástico.
8. **Rexnord Corporation.** *www.rexnord.com* Fabricante de componentes para transmisión de potencia y transporte, incluye transmisiones por cadena de rodillos y diseño de sistemas de transmisión por cadenas.
9. **Rubber Manufacturers Association** (Asociación de fabricantes de hule). *www.rma.com* Asociación comercial estadounidense para la industria de productos terminados de hule. Contiene muchas normas y publicaciones técnicas para la aplicación de productos de hule, incluyendo transmisiones por bandas en V.
10. **SAE International.** *www.sae.org* La Sociedad de ingenieros automotrices, asociación técnica para el avance de la movilidad en tierra, mar, aire o espacio. Ofrece normas de bandas en V, bandas síncronas, poleas y transmisiones para aplicaciones automotrices.
11. **T.B. Wood's Sons Company.** *www.tbwoods.com* Fabricante de muchos productos para transmisiones mecánicas, incluye transmisiones por bandas en V, por bandas síncronas y de velocidad ajustable.

PROBLEMAS

Transmisiones por bandas V

1. Especifique la longitud estándar de banda 3V (de la tabla 7-2) que se aplicaría a dos poleas con diámetros de paso de 5.25 y 13.95 pulgadas, para tener una distancia entre centros no mayor que 24.0 pulgadas.
2. Para la banda especificada en el problema 1, calcule la distancia real entre centros.
3. Para la banda especificada en el problema 1, calcule el ángulo de contacto en cada polea.
4. Especifique la longitud estándar de banda 5V (de la tabla 7-2) que se aplicaría a dos poleas, cuyos diámetros de paso son 8.4 y 27.7 pulgadas, para que la distancia entre centros no sea mayor que 60.0 pulgadas.
5. Para la banda especificada en el problema 4, calcule la distancia entre centros real.
6. Para la banda especificada en el problema 4, calcule el ángulo de contacto en cada polea.
7. Especifique la longitud estándar de banda 8V (de la tabla 7-2) que se aplicaría a dos poleas, cuyos diámetros de paso son 13.8 y 94.8 pulgadas, para que la distancia entre centros no sea mayor que 144 pulgadas.
8. Para la banda especificada en el problema 7, calcule la distancia entre centros real.
9. Para la banda especificada en el problema 1, calcule el ángulo de contacto en cada polea.
10. Si la polea pequeña del problema 1 gira a 1750 rpm, calcule la velocidad lineal de la banda.
11. Si la polea pequeña del problema 4 gira a 1160 rpm, calcule la velocidad lineal de la banda.
12. Si la polea pequeña del problema 7 gira a 870 rpm, calcule la velocidad lineal de la banda.
13. Para la transmisión por bandas de los problemas 1 y 10, calcule la capacidad de potencia, y considere las correcciones por relación de velocidades, longitud de banda y ángulo de contacto.
14. Para la transmisión por bandas de los problemas 4 y 11, calcule la capacidad de potencia, y considere las correcciones por relación de velocidades, longitud de banda y ángulo de contacto.
15. Para la transmisión por bandas de los problemas 7 y 12, calcule la capacidad de potencia, y considere las correcciones por relación de velocidades, longitud de banda y ángulo de contacto.

TABLA 7-10

Prob. núm.	Tipo impulsor	Máquina conducida	Servicio (h/día)	Veloc. entrada (rpm)	Potencia entrada (hp)	Veloc. nominal de salida (rpm)
18.	Motor CA (AP)	Molino de martillos	8	870	25	310
19.	Motor CA (PN)	Ventilador	22	1750	5	725
20.	Motor de 6 cilindros	Transportador pesado	16	1500	40	550
21.	Motor CD (compuesto)	Fresadora	16	1250	20	695
22.	Motor CA (AP)	Trituradora de roca	8	870	100	625

Nota: PN representa un motor eléctrico con par torsional de arranque normal. *AP* representa un motor eléctrico con alto par torsional de arranque.

16. Describa una sección transversal de banda estándar 15N. ¿A qué tamaño en pulgadas se acerca más?

17. Describa una sección transversal de banda estándar 17A. ¿A qué tamaño en pulgadas se acerca más?

Para los problemas 18 a 22 (tabla 7-10) diseñe una transmisión por bandas V. Especifique el tamaño de banda, tamaños de las poleas, número de bandas, velocidad de salida real y distancia entre centros.

Cadena de rodillos

23. Describa una cadena estándar de rodillos número 40.

24. Describa una cadena estándar de rodillos número 60.

25. Especifique una cadena adecuada para ejercer una fuerza de tracción estática de 1250 lb.

26. Se usa una cadena de rodillos en un carro estibador, para subir las horquillas. Si dos cadenas soportan la carga por igual ¿qué tamaño se especificaría para una carga de diseño de 5000 lb?

27. Describa tres modos típicos de falla de las cadenas de rodillos.

28. Determine la capacidad de potencia de una cadena de hilera sencilla número 60, que trabaja en una catarina de 20 dientes a 750 rpm. Describa el método preferido de lubricación. La cadena conecta un motor hidráulico con un molino de carne.

29. Para los datos del problema 28 ¿cuál sería la capacidad para una cadena de tres hileras?

30. Determine la capacidad de potencia para una cadena de hilera sencilla número 40, que trabaja en una catarina de 12 dientes a 860 rpm. Describa el método de lubricación preferido. La catarina pequeña se aplica al eje de un motor eléctrico, y la salida va a un transportador de carbón.

31. Para los datos del problema 30 ¿cuál sería la capacidad para una cadena de cuatro hileras?

32. Determine la capacidad de potencia de una cadena de hilera sencilla número 80, que trabaja en una catarina de 32 dientes a 1160 rpm. Describa el método de lubricación preferido. La entrada es un motor de combustión interna, y la salida es un agitador de líquido.

33. Para los datos del problema 32 ¿cuál sería la capacidad para una cadena de dos hileras?

34. Especifique la longitud necesaria de una cadena número 60 para montarla en catarinas de 15 y 50 dientes, con una distancia entre centros no mayor que 36 pulgadas.

35. Para la cadena especificada en el problema 34, calcule la distancia entre centros real.

36. Especifique la longitud necesaria de una cadena número 40 para montarla en catarinas con 11 y 45 dientes, con distancia entre centros no mayor que 24 pulgadas.

37. Para la cadena especificada en el problema 36, calcule la distancia entre centros real.

Para los problemas 38 a 42 (tabla 7-11) diseñe una transmisión por cadena de rodillos. Especifique el tamaño de la cadena, los tamaños y el número de dientes en las catarinas, cantidades número de pasos de cadena y la distancia entre centros.

TABLA 7-11

Prob. núm.	Tipo impulsor	Máquina conducida	Veloc. entrada (rpm)	Potencia entrada (hp)	Veloc. nominal de salida (rpm)
38.	Motor CA	Molino de martillos	310	25	160
39.	Motor CA	Agitador	750	5	325
40.	Motor de 6 cilindros	Transportador pesado	500	40	250
41.	Turbina de vapor	Bomba centrífuga	2200	20	775
42.	Motor hidráulico	Trituradora de roca	625	100	225

8

Cinemática de los engranes

Panorama

Cinématica de los engranes

Mapa de aprendizaje

- Los engranes son ruedas cilíndricas dentadas, para transmitir movimiento y potencia de un eje giratorio a otro.
- La mayor parte de las transmisiones con engranes causan un cambio de la velocidad de salida del engrane, en relación con la del engrane de entrada.
- Algunos de los tipos más comunes de engranes son *rectos, helicoidales, cónicos y sinfín/cremallera*

Descubrimiento

Identifique al menos dos máquinas o mecanismos que empleen engranes. Describa el funcionamiento de las máquinas o mecanismos y el aspecto de los engranes.

Este capítulo le ayudará a aprender sobre las características de los diversos tipos de engranes, la cinemática de un par de engranes que operan juntos, y de la operación de los trenes de engranaje que tienen más de dos engranes.

Los engranes son ruedas dentadas cilíndricas que se usan para transmitir movimiento y potencia desde un eje giratorio hasta otro. Los dientes de un engrane conductor encajan con precisión en los espacios entre los dientes del engrane conducido, como se ve en la figura 8-1. Los dientes del impulsor empujan a los dientes del impulsado, lo cual constituye una fuerza perpendicular al radio del engrane. Con esto se transmite un par torsional, y como el engrane es giratorio también se transmite potencia.

Relación de reducción de velocidad. Con frecuencia se emplean engranes para producir un cambio en la velocidad angular del engrane conducido relativa a la del engrane conductor. En la figura 8-1, el engrane superior menor, llamado *piñón*, impulsa al engrane inferior, mayor, que a veces se le llama simplemente *engrane*; el engrane mayor gira con más lentitud. La cantidad de reducción de velocidad depende de la relación del número de dientes en el piñón entre el número de dientes en el engrane mayor, de acuerdo con la relación siguiente:

$$n_P/n_G = N_G/N_P \tag{8-1}$$

La base de esta ecuación se demostrará más adelante en este capítulo. Pero para presentar aquí un ejemplo de su aplicación, considere que el piñón de la figura 8-1 gira a 1800 rpm. Puede el lector contar que el número de dientes del piñón es 11, y en el engrane es 18. Entonces, se calcula la velocidad angular del engrane al despejar n_G de la ecuación (8-1):

$$n_G = n_P(N_P/N_G) = (1800\text{ rpm})(11/18) = 1100\text{ rpm}$$

Cuando existe una reducción de la velocidad angular del engrane, existe un *incremento* proporcional simultáneo en el par torsional del eje unido al engrane. Más adelante también se ampliará este asunto.

Tipos de engranes. Se usan con frecuencia varios tipos de engranes que tienen distintas geometrías de diente. Para presentar al lector la apariencia general de algunos, se reseñarán las descripciones básicas aquí. Después se describirá su geometría con más detalle.

La figura 8-2 muestra una fotografía de engranes de muchos tipos. Las leyendas indican los tipos principales que se describen en este capítulo: *rectos, helicoidales, cónicos* y *conjuntos de tornillo sinfín y corona.* Es obvio que los ejes unidos a los engranes no aparecen en esta fotografía.

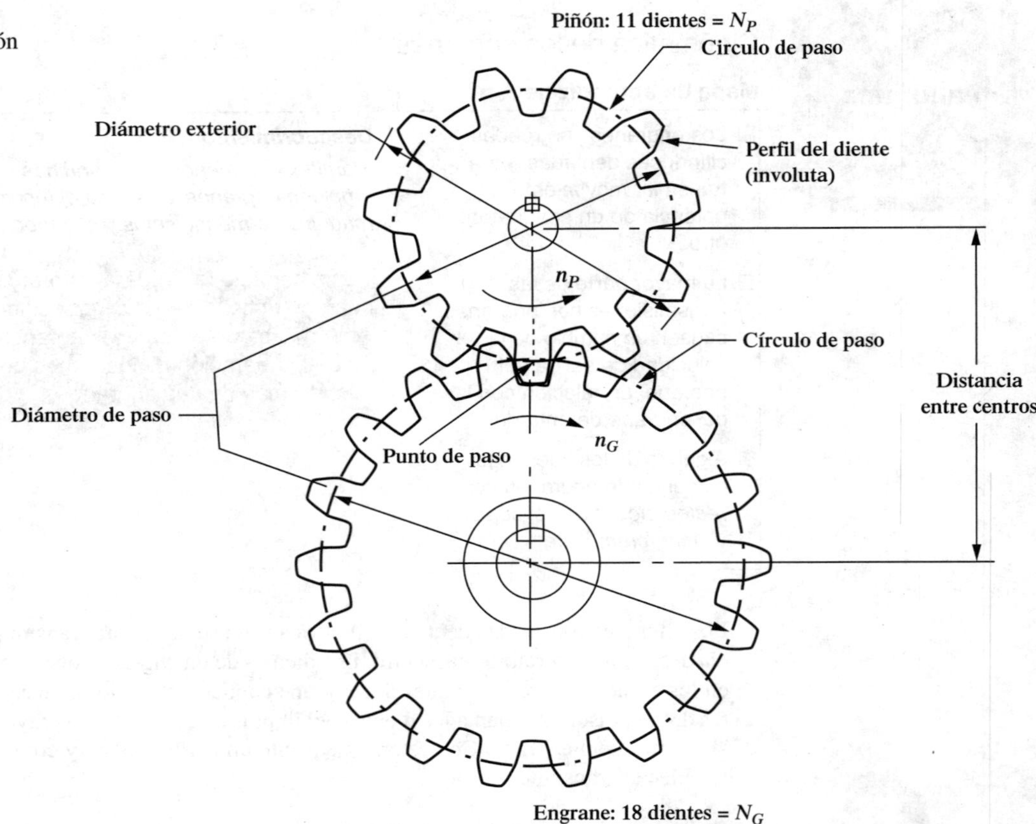

FIGURA 8-1 Par de engranes rectos. El piñón impulsa al engrane

Los *engranes rectos* tienen dientes rectos y paralelos al eje del árbol que los sostiene. La forma curva de las caras de los dientes de engranes rectos tiene una geometría especial, llamada *curva involuta*, que se describe después en este capítulo. Con esta forma, es posible que dos engranes trabajen juntos con una transmisión de potencia uniforme y positiva. También, la figura 8-1 muestra la vista lateral de los dientes de engranes rectos, donde se aprecia con claridad la forma de la curva involuta en los dientes. Los ejes que sostienen los engranes son paralelos.

Los dientes de los *engranes helicoidales* forman un ángulo con respecto al eje del árbol. El ángulo se llama *ángulo de hélice* y puede ser virtualmente cualquier ángulo. Los ángulos típicos van desde unos 10 hasta unos 30°, pero son prácticos los ángulos hasta de 45°. Los dientes helicoidales trabajan con más uniformidad que los dientes rectos, y los esfuerzos son menores. En consecuencia, se puede diseñar un engrane helicoidal menor para determinada capacidad de transmisión de potencia, en comparación con los engranes rectos. Una desventaja de los engranes helicoidales es que se genera una fuerza axial, llamada *fuerza de empuje*, además de la fuerza de impulsión que actúa tangente al cilindro básico sobre el que se disponen los dientes. El diseñador debe considerar la fuerza de empuje al seleccionar cojinetes, para que sostengan al eje durante su operación. Los ejes donde se montan engranes helicoidales suelen ser paralelos entre sí. Sin embargo, existe un diseño especial, llamado de engranes *helicoidales cruzados*, con ángulos de hélice de 45°, por lo que los ejes trabajan a 90° entre sí.

Los *engranes cónicos* tienen dientes colocados como elementos sobre la superficie de un cono. Los dientes de los engranes cónicos rectos parecen semejantes a los del engrane recto, pero tienen lados inclinados entre sí, son más anchos en el exterior y más estrechos hacia la parte superior del cono. En forma típica, operan en ejes a 90° entre sí. En realidad, con frecuencia ésta es la causa para especificar engranes cónicos en un sistema de transmisión. Especialmente los engranes cónicos diseñados pueden trabajar en ejes que formen cierto ángulo entre sí, distinto de 90°. Cuando se fabrican los engranes cónicos con sus dientes formando un ángulo de hélice

FIGURA 8-2 Diversos tipos de engranes (Boston Gear, Quincy, MA)

similar al de los engranes helicoidales, se les llama *engranes cónicos espirales*. Trabajan en forma más constante que los cónicos rectos, y pueden ser menores para determinada capacidad de transmisión de potencia. Cuando ambos dos engranes cónicos en un par tienen el mismo número de dientes, se les llama *engranes de inglete*; sólo se usan para cambiar 90° la dirección del eje. No existe cambio de velocidad.

Una *cremallera* es un engrane en línea recta que se mueve en línea, en vez de girar. Cuando un engrane circular encaja en una cremallera, como se ve en el lado inferior derecho de la figura 8-2, a la combinación se le llama *accionamiento por piñón y cremallera*. Habrá el lector escuchado ese término aplicado al mecanismo de la dirección de un automóvil, o a alguna parte de maquinaria. Vea más detalles de la cremallera en la sección 8-6.

Un *tornillo sinfín* o *gusano* y su *respectiva rueda sinfín* trabajan en ejes que forman 90° entre sí. En el caso típico, tienen una relación de reducción de velocidad bastante grande, en comparación con otros tipos de engranes. El sinfín es el impulsor, y su corona es el engrane impulsado. Los dientes del sinfín parecen roscas de tornillo, y en realidad con frecuencia se les llama *roscas* y no *dientes*. Los dientes de la corona para el sinfín pueden ser rectos, como los dientes de engranes rectos, o pueden ser helicoidales. Con frecuencia, la forma del perfil de la punta de los dientes de la corona se agranda para envolver parcialmente las roscas del sinfín, y mejorar la capacidad de transmisión del conjunto. Una desventaja de la transmisión con sinfín y corona es que tiene una eficiencia mecánica algo menor que la mayor parte de los demás tipos de engranes, porque tiene mucho contacto con frotamiento entre las superficies de las roscas del gusano y los lados de los dientes de la corona.

¿Dónde ha observado engranes? Imagine ejemplos en los que haya visto engranes en equipos reales. Describa el funcionamiento del equipo, en especial el sistema de transmisión de potencia. Naturalmente, a veces los engranes y los ejes están encerrados en una caja, y es difícil su observación. Quizá pueda encontrar un manual de algún equipo que muestre el sistema de transmisión. O bien, busque en otras partes de este capítulo, y en los capítulos 9 y 10, donde existen algunas fotografías de reductores comerciales. (***Nota:*** *Si el equipo que usted observe está trabajando ¡tenga mucho cuidado de no tocar engranes en movimiento!*) Trate de contestar lo siguiente:

- ¿Cuál es la fuente de la potencia? ¿Un motor eléctrico o de gasolina, una turbina de vapor o un motor hidráulico? ¿O esos engranes se operan a mano?
- ¿Cómo se arreglan los engranes y cómo se fijan a la máquina motriz y a la máquina conducida?
- ¿Existe un cambio de velocidad? ¿Puede determinar cuánto es el cambio?
- ¿Existen más de dos engranes en el sistema de transmisión?
- ¿Qué tipos de engranes se usan? (Consulte la figura 8-2.)
- ¿De qué materiales son fabricados los engranes?
- ¿Cómo se fijaron los engranes a los ejes que los sostienen?
- Los ejes de los engranes correspondientes ¿son paralelos o perpendiculares entre sí?
- ¿Cómo se soportan los ejes?
- ¿Estaba encerrado el sistema de transmisión de engranes en una caja? En caso afirmativo, descríbala.

Este capítulo lo ayudará a comprender las geometrías y las cinemáticas básicas de engranes y pares de engranes al trabajar en conjunto. También aprenderá cómo analizar los trenes de engranajes con más de dos engranes, para poder describir el movimiento de cada una. Después aprenderá cómo proponer un tren de engranajes que transmita determinada potencia a una determinada relación de reducción de la velocidad del eje de entrada a la del eje de salida.

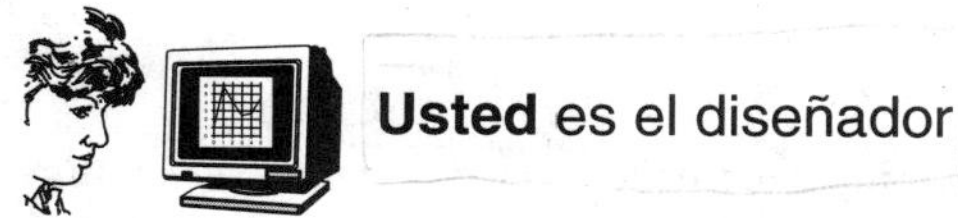

Usted es el diseñador

En el capítulo 1 se describió un reductor de velocidad con engranes, y en la figura 1-1 se presentó un esquema de la distribución de los engranes dentro del reductor. Se pide repasar esa discusión ahora, porque le ayudará a comprender cómo encaja este capítulo sobre *geometría y cinemática de engranes* en el diseño del reductor de velocidad completo.

Suponga que es responsable de diseñar un reductor de velocidad, que tome la potencia del eje de un motor eléctrico que gira a 1750 rpm, y la entregue a una máquina que debe trabajar aproximadamente a 292 rpm. Ha decidido usar engranes para transmitir la potencia, y se propone un reductor de doble reducción, como el de la figura 8-3. En este capítulo verá usted la información que necesita para definir la naturaleza general de los engranes, incluyendo su arreglo y sus tamaños relativos.

El eje de entrada (eje 1) está acoplado al eje del motor. El primer engrane del tren está montado sobre ese eje, y gira a la misma velocidad que el motor, 1750 rpm. El engrane 1 impulsa su engrane compañero, engrane 2, el cual es mayor, lo cual causa que la velocidad de rotación del eje 2 sea menor que la del eje 1. Pero la velocidad todavía no ha bajado a los 292 rpm como se desea.

El siguiente paso es montar un tercer engrane (engrane 3) sobre el eje 2, y el cual se engrana con el eje 4, montado en el eje de salida, el eje 3. Con un dimensionamiento adecuado de los cuatro engranes, debería poder producir una velocidad de salida igual, o muy cercana, a la velocidad deseada. En este proceso se requiere el concepto de *relación de velocidades*, y las técnicas de diseño de trenes de engranajes que se presentan en este capítulo.

Pero también deberá usted especificar el aspecto de los engranes y la geometría de los diversos detalles que definen a un engrane. Mientras que para la especificación final también se requiere la información que contienen los capítulos posteriores, aquí aprenderá cómo reconocer las formas comunes de engranes, y calcular las dimensiones de sus características clave. Esto tiene importancia para cuando se completa el diseño para resistencia a cargas y al desgaste, que se verán en los siguientes capítulos.

Dígase que el lector ha optado por usar engranes rectos en su diseño. ¿Qué decisiones de diseño deberá tomar para terminar la especificación de los cuatro engranes? En la lista que sigue aparecen algunos de los parámetros importantes para cada engrane:

- El número de dientes
- La forma de los dientes
- El tamaño de los dientes, indicado por el *paso*
- El ancho de la cara de los dientes
- El estilo y las dimensiones del modelo de los dientes en las que se tallarán los dientes de los engranes
- El diseño del cubo del engrane, que facilite su montaje en el eje
- El grado de precisión y el correspondiente método de manufactura de los dientes, que produzca esa precisión
- Los medios de fijar el engrane a su eje
- Los medios de ubicar axialmente al engrane sobre el eje

Para tomar decisiones fiables acerca de estos parámetros, el lector debe comprender la geometría especial de los engranes rectos que se presenta primero en este capítulo. Sin embargo, hay otras formas de engranes que puede el lector escoger. En secciones posteriores, se describe la geometría específica de engranes helicoidales, cónicos y conjuntos de tornillo sinfín y corona. Los métodos para analizar las fuerzas en estos distintos tipos de engranes se describirán en capítulos posteriores, incluyendo el análisis de esfuerzos del engrane y las recomendaciones para seleccionar sus materiales que aseguren un funcionamiento seguro con una larga duración.

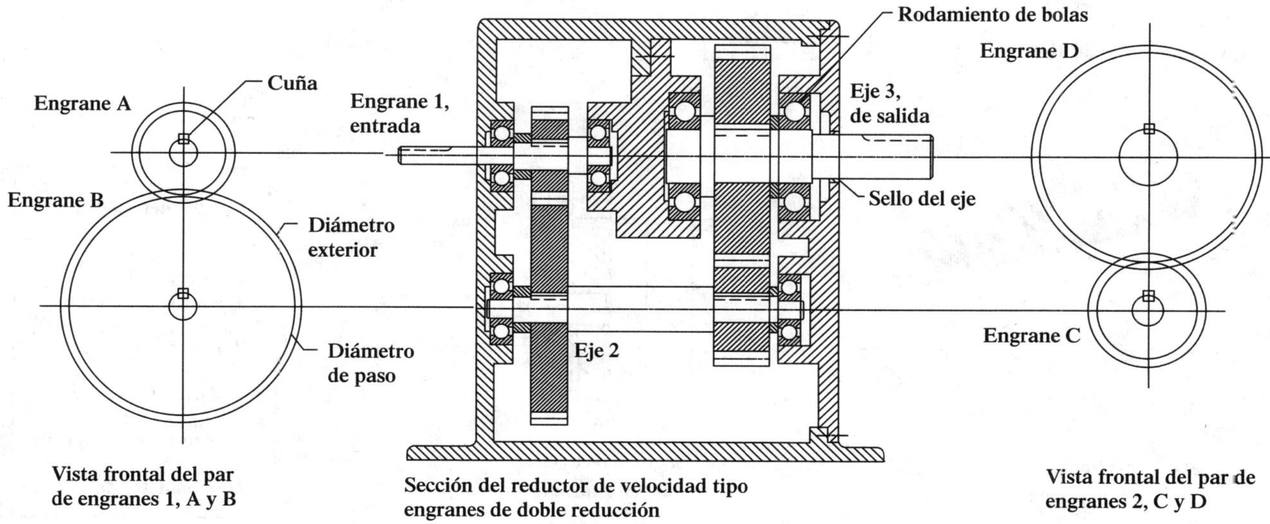

FIGURA 8-3 Diseño conceptual de un reductor de velocidad

8-1 OBJETIVOS DE ESTE CAPÍTULO

Al terminar este capítulo, el lector podrá:

1. Reconocer y describir las características principales de los *engranes rectos, helicoidales, cónicos y conjuntos de tornillo sinfín y corona.*
2. Describir las características importantes de funcionamiento de los diversos tipos de engranes, en relación con las semejanzas y diferencias entre ellos, así como sus ventajas y desventajas generales.
3. Describir la *forma de diente de involuta* y describir su relación con la *ley de engrane*.
4. Describir las funciones básicas de la Asociación Estadounidense para la Manufactura de Engranes (AGMA) e identificar las normas pertinentes que desarrolla y publica esta organización.
5. Definir la *relación de velocidades* respecto de dos engranes que trabajan juntos.
6. Especificar los números de dientes adecuados para un par de engranes correspondiente, para obtener determinada relación de velocidades.
7. Definir el *valor del tren* o la *reducción total*, relacionada con la relación general de velocidades de los ejes de entrada y salida, de un reductor (o incrementador) de velocidad con más de dos engranes.

8-2 ESTILOS DE ENGRANES RECTOS

La figura 8-4 muestra varios estilos distintos de engranes rectos comerciales. Cuando son grandes, se usa con frecuencia el diseño con rayos, que se ve en el inciso (*a*), para reducir el peso. Los dientes de estos engranes se tallan en una orilla relativamente delgada, sostenida con rayos que la unen al cubo. El barreno del cubo se diseña, en el caso típico, para tener un ajuste estrecho con el eje que sostiene al engrane. Existe un cuñero maquinado en el barreno, para permitir

a) Engrane recto de diseño con rayos

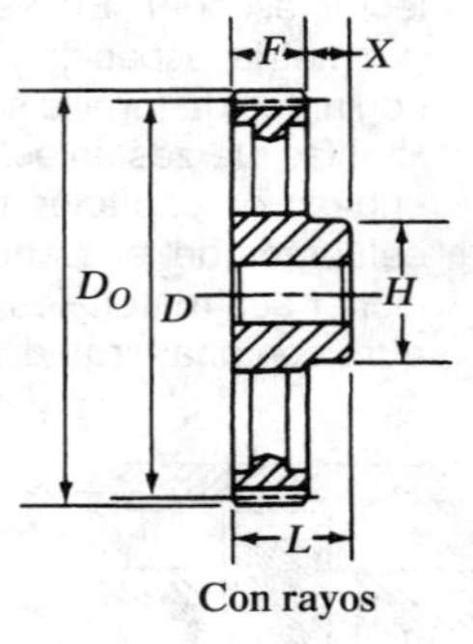

Con rayos

b) Engrane recto con cubo sólido

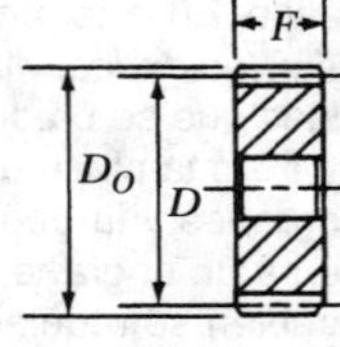

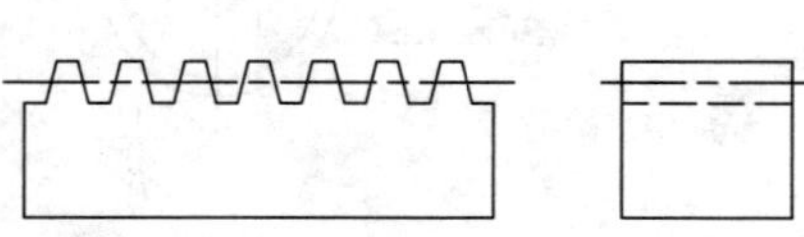

c) Cremallera recta - engrane recto

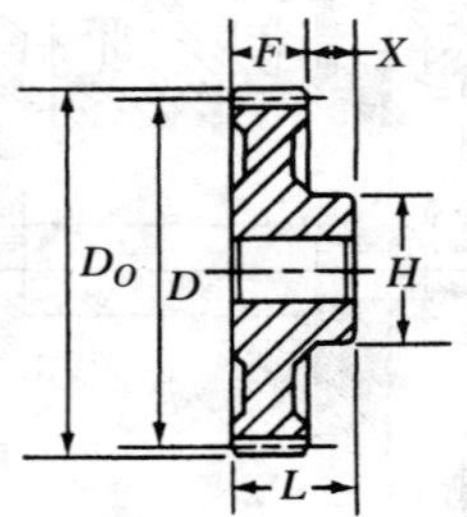

d) Engrane recto con alma adelgazada

D_O = diámetro exterior
D = diámetro de paso
F = ancho de cara
L = longitud del cubo
X = extensión del cubo respecto de la cara
H = diámetro del cubo

FIGURA 8-4 Engranes rectos (Emerson Power Transmission Corporation, Browning Division, Maysville, KY) insertar una cuña y tener una transmisión positiva del par torsional. En la ilustración no se ve el cuñero, porque este engrane se vende como artículo de existencia, con un *barreno piloto*, y el usuario final termina el barreno para adaptarse a determinado equipo.

El diseño del cubo sólido de la figura 8-4(*b*) es típico de los engranes rectos pequeños. En este caso, sí se ve el cubo terminado con su cuñero. El prisionero sobre el cuñero permite asegurar la cuña o chaveta en su lugar, después de armar.

Cuando se maquinan los dientes de engranes rectos en una barra recta y plana, al conjunto se le llama *cremallera*, como la de la figura 8-4(*c*). En esencia, la cremallera es un engrane recto con radio infinito. En esta forma, los dientes tienen lados rectos, y no la forma curva de evolvente que tienen los engranes típicos más pequeños.

Los engranes con diámetros entre la forma sólida pequeña del inciso (*b*) y la forma más grande, con rayos, del inciso (*a*), se fabrican con frecuencia con un alma más delgada, como se ve en el inciso (*d*), también para ahorrar peso.

Usted, como diseñador, podrá crear diseños especiales de los engranes que se implemente en un sistema o máquina mecánica. Un buen método es maquinar los dientes de los piñones pequeños directamente en la superficie del eje que los sostiene. Esto se hace con mucha frecuencia para el eje de entrada en los reductores con engranes.

8-3 GEOMETRÍA DE LOS ENGRANES RECTOS: FORMA INVOLUTA DEL DIENTE

El perfil de diente que más se usa en los engranes rectos es la forma involuta de profundidad total. En la figura 8-5 se ve su forma característica.

La involuta es uno de los tipos de curvas geométricas llamadas *curvas conjugadas*. Cuando dos dientes con esos perfiles engranan y giran, existe una relación *constante de velocidad angular* entre ellos: Desde el momento del contacto inicial hasta el desengrane, la velocidad del engrane motriz está en una proporción constante respecto a la del engrane conducido. La acción que resulta en los dos engranes es muy uniforme. Si no fuera así, habría algo de aceleraciones y desaceleraciones durante el engrane y desengrane, y las aceleraciones resultantes causarían vibración, ruido y oscilaciones torsionales peligrosas en el sistema.

El lector puede visualizar con facilidad una curva de involuta al tomar un cilindro y enredarle un cordón alrededor de su circunferencia. Amarre un lápiz en el extremo del cordón, y después comience con el lápiz apretado contra el cilindro, con el cordón tenso. Mueva el lápiz y aléjelo del cilindro, mientras mantiene tenso el cordón. La curva que trazará será una involuta. La figura 8-6 es un esquema de este proceso.

El círculo que representa el cilindro se llama *círculo base*. Observe que en cualquier posición de la curva, el cordón representa una línea tangente al círculo base y, al mismo tiempo, el cordón es perpendicular a la involuta. Si dibuja otro círculo base en la misma línea de centro, en una posición tal que la involuta que resulte sea tangente a la primera, como se ve en la figura 8-7, demostrará que en el punto de contacto las dos rectas tangentes a los círculos base coinciden, y se mantendrán en la misma posición a medida que giren los círculos base. Eso es lo que sucede cuando están engranados dos dientes de engrane.

Un principio fundamental de la *cinemática*, el estudio del movimiento, es que si la recta trazada perpendicular a las superficies de dos cuerpos en rotación, en el punto de contacto, siempre cruza la línea entre los dos cuerpos en el mismo lugar, entonces la relación de velocidad angular de los dos cuerpos será constante. Es un enunciado de la *ley de engrane*. Como se demostrará aquí, los dientes de engranes que tienen la forma de involuta siguen esta ley.

Naturalmente, sólo la parte del diente del engrane que realmente se pone en contacto con su diente correspondiente, es la que debe tener la forma de involuta.

FIGURA 8-5 Dientes con perfil de involuta

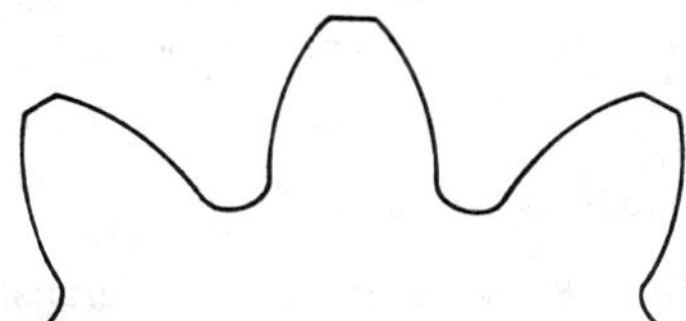

Dientes con perfil de involuta

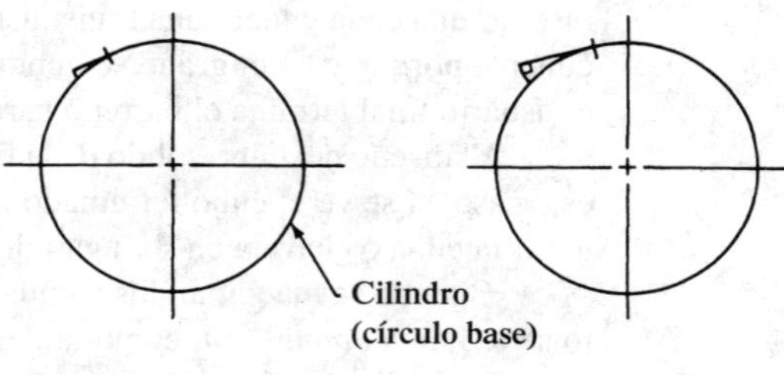

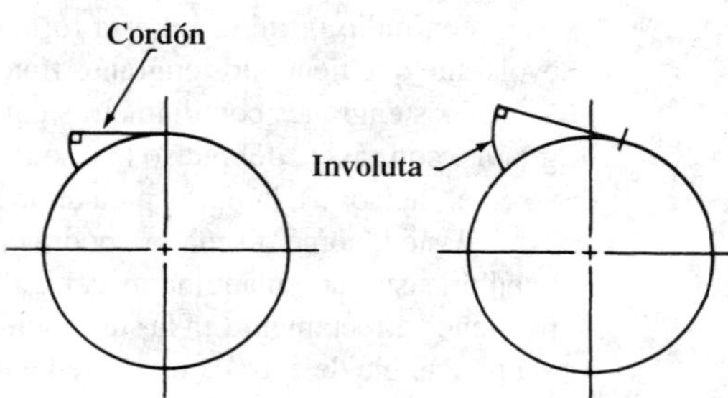

FIGURA 8-6
Generación gráfica de una curva involuta

FIGURA 8-7
Involutas que engranan

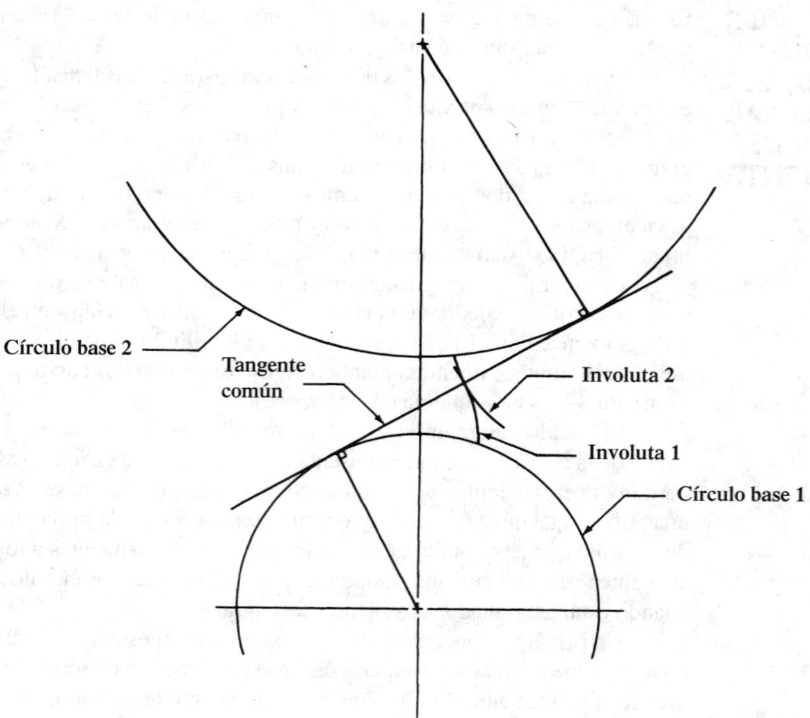

8-4 NOMENCLATURA Y PROPIEDADES DEL DIENTE DE ENGRANES RECTOS

MDESIGN

En esta sección se describen varias propiedades de los dientes individuales y en conjunto, de engranes rectos. Los términos y símbolos se apegan, en inglés, a las normas de la American Gear Manufacturers Association (AGMA) (vea un conjunto de definiciones más completo en la referencia 1). La figura 8-8 contiene dibujos de dientes de engranes rectos, donde se indican los símbolos de las diversas propiedades. A continuación se describen estas propiedades.

Diámetro de paso

La figura 8-9 muestra dientes engranados de dos engranes, para demostrar sus posiciones relativas en varias etapas del engranado. Una de las observaciones más importantes que pueden hacer-

FIGURA 8-8
Características de los dientes de engranes rectos

FIGURA 8-9 Ciclo de engranado de dientes de engranes

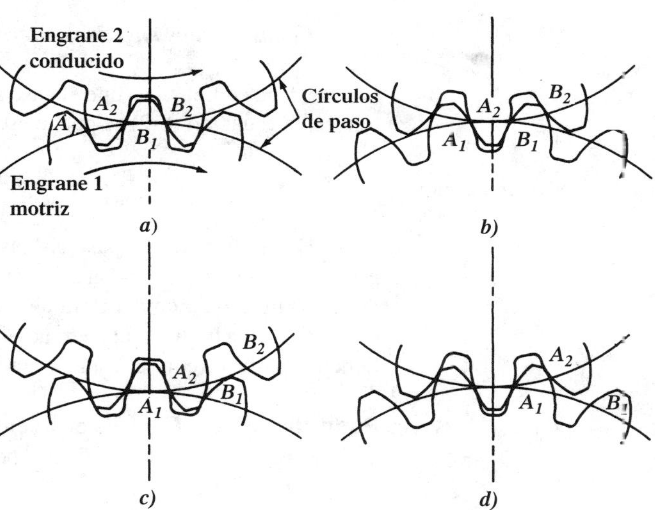

se en la figura 8-9 es que durante el ciclo de engranado hay dos círculos, uno para cada engrane, que permanecen tangentes. Son los llamados *círculos de paso*. El diámetro del círculo de paso de un engrane es su *diámetro de paso*; el punto de tangencia es el *punto de paso*.

Cuando dos engranes engranan, al menor se le llama *piñón* y al mayor se le llama *engrane*. Se usará el símbolo D_P para indicar el diámetro de paso del piñón, y D_G para el diámetro de paso del engrane. Al referirse al número de dientes, se usará N_P para representar a los del piñón y N_G a los del engrane.

Observe que el diámetro de paso está en algún lugar del interior de la altura del diente, por lo que no es posible medirlo en forma directa. Se debe calcular partiendo de otras propiedades conocidas; en este cálculo se requiere comprender el concepto de *paso*, que se describirá en la siguiente sección.

Paso

La distancia entre dientes adyacentes y el tamaño de los dientes se controlan mediante el paso de los dientes. Existen tres tipos de indicar el paso que son de uso común en los engranes: 1) paso circular, 2) paso diametral y 3) módulo métrico.

Paso circular, *p*.

La distancia de un punto del diente de un engrane en el círculo de paso al punto correspondiente del siguiente diente, medida a lo largo del círculo de paso, es el paso circular (vea la figura 8-8).

Observe que es una longitud de arco, por lo general en pulgadas. Para calcular el valor del paso circular, se toma la circunferencia del círculo de paso y se divide en un número de partes iguales, que corresponde al número de dientes del engrane. Si N representa el número de dientes, entonces

Paso circular

$$p = \pi D/N \tag{8-2}$$

Observe que el tamaño del diente aumenta cuando aumenta el valor del paso circular, porque hay un círculo de paso mayor para la misma cantidad de dientes. También observe que los tamaños básicos de los dientes que engranan deben ser iguales para que engranen en forma adecuada. Esta observación lleva a una regla muy importante:

El paso de dos engranes engranados debe ser idéntico.

Esto se debe cumplir, sea que el paso se indique como circular, diametral o módulo métrico. Entonces, la ecuación (8-2) se puede escribir en términos del diámetro del piñón o del engrane:

Paso circular

$$p = \pi D_G/N_G = \pi D_P/N_P \tag{8-3}$$

Hoy se usa poco el paso circular. A veces es adecuado usarlo cuando se van a fabricar engranes grandes fundidos. Para facilitar la plantilla del patrón para el colado, se traza la cuerda de la longitud de arco del paso circular. También, algunas máquinas y líneas de producto han usado en forma tradicional engranes con paso circular, y continúan haciéndolo. La tabla 8-1 contiene los pasos circulares estándar recomendados para dientes de engrane grandes.

Paso diametral, P_d. Es el sistema de paso que se usa con más frecuencia hoy en Estados Unidos, igual al número de dientes por pulgada de diámetro de paso. Su definición básica es

Paso diametral

$$P_d = N_G/D_G = N_P/D_P \tag{8-4}$$

Como tal, sus unidades son pulgadas $^{-1}$. Sin embargo, casi nunca se indican las unidades, y a los engranes se les indica como paso 8 o paso 20, por ejemplo. Una de las ventajas del sistema de paso diametral es que hay una lista de pasos normalizados, y la mayor parte de los pasos tienen valores enteros. La tabla 8-2 es una lista de los pasos normalizados recomendados; a los de paso 20 o mayor se les llama *paso fino* y los de paso 20 o menor, *paso grueso*.

TABLA 8-1 Pasos circulares normalizados (pulgadas)

10.0	7.5	5.0
9.5	7.0	4.5
9.0	6.5	4.0
8.5	6.0	3.5
8.0	5.5	

TABLA 8-2 Pasos diametrales normalizados (dientes/pulg)

Paso grueso ($P_d < 20$)				Paso fino ($P_d \geq 20$)	
1	2	5	12	20	72
1.25	2.5	6	14	24	80
1.5	3	8	16	32	96
1.75	4	10	18	48	120
				64	

FIGURA 8-10
Tamaño de dientes de engrane en función del paso diametral (Barber-Colman Company, Loves Park, IL)

Se consiguen otros valores intermedios, pero la mayoría de los fabricantes producen engranes con esta lista de pasos. En cualquier caso, se aconseja comprobar la disponibilidad, antes de especificar un paso en forma definitiva. En las soluciones a los problemas de este libro se espera que se use, si es posible, uno de los pasos de la tabla 8-2.

Como se dijo antes, el paso de los dientes del engrane determina su tamaño, y dos engranes en contacto deben tener el mismo paso. La figura 8-10 muestra los perfiles de algunos dientes con paso diametral normal, en su tamaño real. Esto es, usted puede colocar determinado engrane sobre la página y comparar su tamaño con el del dibujo, para obtener una buena estimación del paso de los dientes. Observe que al aumentar el valor numérico del paso diametral, disminuye el tamaño físico del diente, y viceversa.

A veces, es necesario convertir de paso diametral a paso circular, o viceversa. Sus definiciones permiten contar con un método sencillo para hacerlo. Si se despeja el diámetro de paso en las ecuaciones (8-2) y (8-4), se obtiene

$$D = Np/\pi$$
$$D = N/P_d$$

Al igualar esas ecuaciones, se tiene

Relación entre paso circular y diametral

$$N/P_d = Np/\pi \quad \text{o} \quad P_d p = \pi \qquad (8\text{–}5)$$

De acuerdo con esta ecuación, el paso circular equivalente para un engrane con paso diametral 1 es $p = \pi/1 = 3.1416$. En las tablas 8-1 y 8-2, se observa que los pasos circulares que aparecen son para los dientes más grandes, que se prefieren cuando el paso diametral es menor que 1. Se prefiere usar el paso diametral para tamaños equivalentes al paso 1 o menores.

Módulo métrico. En el SI, una unidad común de longitud es el *milímetro*. El paso de los engranes en el sistema métrico se basa en esta unidad y se llama *módulo*, *m*. Para determinar el módulo de un engrane, se divide el diámetro de paso del engrane, en milímetros, entre el número de dientes. Esto es,

Módulo métrico

$$m = D_G/N_G = D_p/N_p \qquad \textbf{(8-6)}$$

Rara vez se necesita pasar del sistema del módulo al paso diametral. Sin embargo, es importante tener una idea del tamaño físico de los dientes de los engranes. Como en este momento se usan más los pasos diametrales normales, como se ve en la figura 8-10, se presentará la relación entre m y P_d. A partir de sus definiciones, las ecuaciones (8-4) y (8-6), se puede decir que

$$m = 1/P_d$$

pero se debe recordar que en el paso diametral se usa la pulgada, y en el módulo, los milímetros. Por consiguiente, se debe aplicar el factor de conversión de 25.4 mm por pulgada.

$$m = \frac{1}{P_d\,\text{pulg}^{-1}} \cdot \frac{25.4\text{ mm}}{\text{pulg}}$$

Esto se reduce a

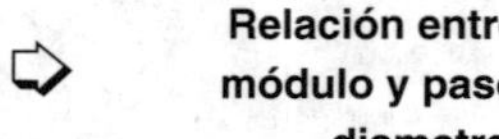

Relación entre módulo y paso diametral

$$m = 25.4/P_d \qquad \textbf{(8-7)}$$

Por ejemplo, si un engrane tiene un paso diametral 10, el módulo equivalente es

$$m = 25.4/10 = 2.54\text{ mm}$$

Este valor no es el de un módulo normalizado, pero se aproxima al valor de 2.5, estándar. Se puede concluir entonces que un engrane de paso 10 tiene un tamaño parecido a uno con módulo 2.5. La tabla 8.3 contiene algunos módulos normalizados con sus pasos diametrales equivalentes.

Propiedades del diente de engrane

Al diseñar e inspeccionar dientes de engranes, se deben conocer varias propiedades especiales. La figura 8-8, que se presentó antes, y la figura 8-11, la cual muestra dos segmentos de ruedas engranadas, identifican esas propiedades. Se definen en la lista siguiente. La tabla 8-4 contiene las relaciones necesarias para calcular sus valores. Vea las normas AGMA relevantes en las referencias 1, 2, 4, 7 y 8. Las referencias 9, 10 y 12 contienen datos adicionales. Observe que en muchos de los cálculos interviene el paso diametral, lo que demuestra otra vez que el tamaño físico de un diente de engrane se determina con más frecuencia con su paso diametral. Las definiciones son para engranes externos. Los engranes internos se describirán en la sección 8-6.

- ***Addendum, o altura de la cabeza (a):*** La distancia radial desde el círculo de paso hasta el exterior de un diente.
- ***Dedendum, o altura del pie (b):*** La distancia radial desde círculo de paso hasta el fondo del espacio del diente.
- ***Holgura (c):*** La distancia radial desde el exterior del diente hasta el fondo del hueco entre dientes del engrane opuesto, cuando el diente es totalmente engranado. Observe que

Holgura

$$c = b - a \qquad \textbf{(8-8)}$$

TABLA 8-3 Módulos normalizados

Módulo (mm)	P_d equivalente	P_d normalizado más cercano (dientes/pulg)
0.3	84.667	80
0.4	63.500	64
0.5	50.800	48
0.8	31.750	32
1	25.400	24
1.25	20.320	20
1.5	16.933	16
2	12.700	12
2.5	10.160	10
3	8.466	8
4	6.350	6
5	5.080	5
6	4.233	4
8	3.175	3
10	2.540	2.5
12	2.117	2
16	1.587	1.5
20	1.270	1.25
25	1.016	1

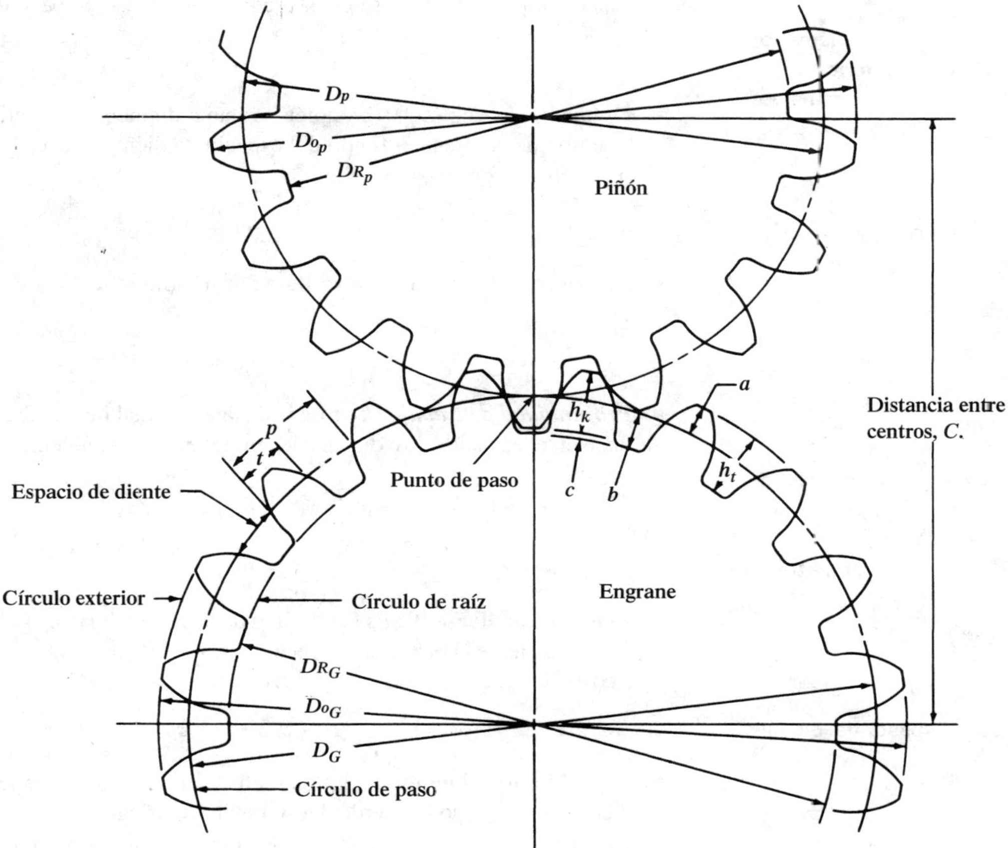

FIGURA 8-11
Propiedades de pares de engranes

TABLA 8-4 Fórmulas para características de dientes de engranes, para un ángulo de presión de 20°

Propiedad	Símbolo	Involuta de 20°, profundidad total: Paso grueso ($P_d < 20$)	Paso fino ($P_d \geq 20$)	Sistema de módulo métrico
Addendum	a	$1/P_d$	$1/P_d$	$1.00m$
Dedendum	b	$1.25/P_d$	$1.200/P_d + 0.002$	$1.25m$
Clearance	c	$0.25/P_d$	$0.200/P_d + 0.002$	$0.25m$

- ***Diámetro exterior* (D_o):** El diámetro del círculo que encierra el exterior de los dientes del engrane. Observe que

Diámetro exterior, definición básica

$$D_o = D + 2a \tag{8-9}$$

También, observe que el diámetro de paso D, y el addendum o altura de cabeza a, se definieron en términos del paso diametral, P_d. Al hacer estas sustituciones, se obtiene una forma muy útil de la ecuación para el diámetro exterior:

Diámetro exterior en función de P_d y N

$$D_o = \frac{N}{P_d} + 2\frac{1}{P_d} = \frac{N + 2}{P_d} \tag{8-10}$$

En el sistema de módulo métrico, se puede deducir una ecuación parecida:

Diámetro exterior, en el sistema de módulo métrico

$$D_o = mN + 2m = m(N + 2) \tag{8-11}$$

- ***Diámetro de raíz* (D_R):** También se llama diámetro de fondo, y es el diámetro del círculo que contiene el fondo del espacio de diente, que es la *circunferencia de raíz* o *círculo de raíz*. Observe que

Diámetro de raíz

$$D_R = D - 2b \tag{8-12}$$

- ***Altura total* (h_t):** También se llama profundidad total, y es la distancia radial del exterior

Altura total

$$h_t = a + b \tag{8-13}$$

- ***Profundidad de trabajo* (h_k):** Es la distancia radial que un diente de engrane se introduce en el espacio entre dientes del engrane correspondiente. Observe que

Profundidad de trabajo

$$h_k = a + a = 2a \tag{8-14}$$

y

Altura total

$$h_t = h_k + c \tag{8-15}$$

- **Espesor del diente (t):** Es la longitud del arco, medida en el círculo de paso, de un lado de un diente al otro lado. A veces a esto se le llama *espesor circular* y su valor teórico es la mitad del paso circular. Esto es,

Espesor del diente

$$t = p/2 = \pi/2P_d \tag{8-16}$$

- **Espacio entre dientes:** Es la longitud de arco, medida desde el lado derecho de un diente hasta el lado izquierdo del siguiente. Teóricamente, es igual al espesor del diente, pero por razones prácticas, se hace mayor (vea "Juego").

- ***Juego*:** Si el espesor del diente se hiciera idéntico al valor del espacio entre dientes, como lo es en teoría, la geometría del diente debería tener una precisión absoluta para que funcionaran los dientes, y no habría espacio para lubricar las superficies de los dientes. Para resolver estos problemas, los engranes prácticos se fabrican con el espacio entre dientes, un poco mayor que el espesor del diente, y a la diferencia se le llama *juego*. Para proveer el juego, el corte que genera los dientes del engrane puede penetrar más en el modelo del engrane que el valor teórico, en alguno o en ambos engranes compañeros. También, se puede crear el juego al ajustar la distancia entre centros a un valor mayor que el teórico.

  La magnitud del juego depende de la precisión deseada en el par de engranes, y del tamaño y el paso de ellos. En realidad, es una decisión de diseño para balancear el costo de producción y el funcionamiento deseado. La American Gear Manufacturers Associaton (AGMA) emite recomendaciones del juego en sus normas (vea la referencia 2). En la tabla 8-5 se ven los intervalos recomendados para diversos valores del paso.
- ***Ancho de la cara* (*F*):** Se llama también *longitud del diente* o *ancho del flanco*. Es el ancho del diente, medido en dirección paralela al eje del diente.
- ***Chaflán:*** También se llama filete. Es el arco que une el perfil de involuta del diente con la raíz del espacio entre dientes.
- ***Cara*:** Es la superficie del diente de un engrane, desde el círculo de paso hasta el círculo externo de engrane.
- ***Flanco:*** Es la superficie del diente de un engrane, desde la raíz del espacio entre dientes, incluyendo el chaflán.

TABLA 8-5 Juego mínimo recomendado para engranes de paso grueso.

A. Sistema de paso diametral (juego en pulgadas)

	Distancia entre centros, *C* (pulg)				
P_d	2	4	8	16	32
18	0.005	0.006			
12	0.006	0.007	0.009		
8	0.007	0.008	0.010	0.014	
5		0.010	0.012	0.016	
3		0.014	0.016	0.020	0.028
2			0.021	0.025	0.033
1.25				0.034	0.042

B. Sistema de módulo métrico (juego en milímetros)

	Distancia entre centros, *C* (mm)				
Módulo, *m*	50	100	200	400	800
1.5	0.13	0.16			
2	0.14	0.17	0.22		
3	0.18	0.20	0.25	0.35	
5		0.26	0.31	0.41	
8		0.35	0.40	0.50	0.70
12			0.52	0.62	0.82
18				0.80	1.00

Fuente: Tomado de la norma AGMA 2002-B88, *Tooth Thickness Specification and Measurements* (Especificación de espesor de diente y mediciones), con autorización del editor, American Gear Manufacturers Association. 1500 King Street, Suite 201, Alexandria, VA 22314.

- ***Distancia entre centros* (*C*):** Es la distancia del centro del piñón al centro del engrane; es la suma de los radios de paso de los dos engranes engranados. Esto es, como radio = diámetro/2,

Distancia entre centros

$$C = D_G/2 + D_P/2 = (D_G + D_P)/2 \tag{8-17}$$

También observe que los dos diámetros de paso se pueden expresar en función del paso diametral:

Distancia entre centros, en función de N_G, N_P y P_d

$$C = \frac{1}{2}\left[\frac{N_G}{P_d} + \frac{N_P}{P_d}\right] = \frac{(N_G + N_P)}{2\,P_d} \tag{8-18}$$

Se recomienda usar la ecuación (8-18) para la distancia entre centros, porque todos los términos suelen ser enteros y se obtiene mayor exactitud en el cálculo. En el sistema de módulo métrico se puede deducir una ecuación parecida:

$$C = (D_G + D_P)/2 = (mN_G + mN_P)/2 = [(N_G + N_P)m]/2 \tag{8-19}$$

Ángulo de presión

El* ángulo de presión *es el que forma la tangente a los círculos de paso y la línea trazada normal (perpendicular) a la superficie del diente del engrane (vea la figura 8-12).

A veces, a esta línea normal se le llama *línea de acción*. Cuando dos dientes están engranados y transmiten potencia, la fuerza que pasa del diente del engrane motriz al del conducido actúa a lo largo de la línea de acción. También, la forma real del diente del engrane depende del ángulo de presión, como se ve en la figura 8-13. En esa figura se trazaron los dientes de acuerdo con las proporciones de un engrane de 20 dientes, paso 5, de 4.000 pulgadas de diámetro de paso.

Los tres dientes tienen el mismo espesor porque, como se indicó en la ecuación (8-16), el espesor en la tangente a los círculos de paso sólo depende del paso. La diferencia que se ve entre los tres dientes se debe a los distintos ángulos de presión, porque el ángulo de presión determina el tamaño del círculo base. Recuerde que el círculo base es aquel a partir del cual se genera la involuta. La línea de acción siempre es tangente al círculo base. Por consiguiente, el diámetro del círculo base se puede calcular con

Diámetro del círculo base

$$D_b = D\cos\phi \tag{8-20}$$

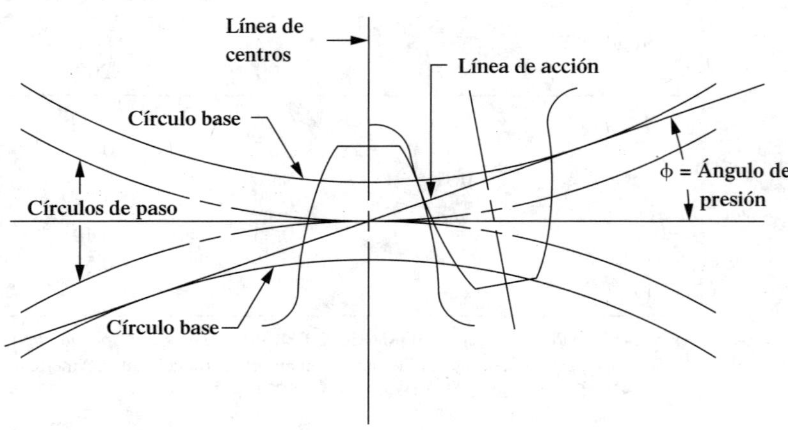

FIGURA 8-12
Ángulo de presión

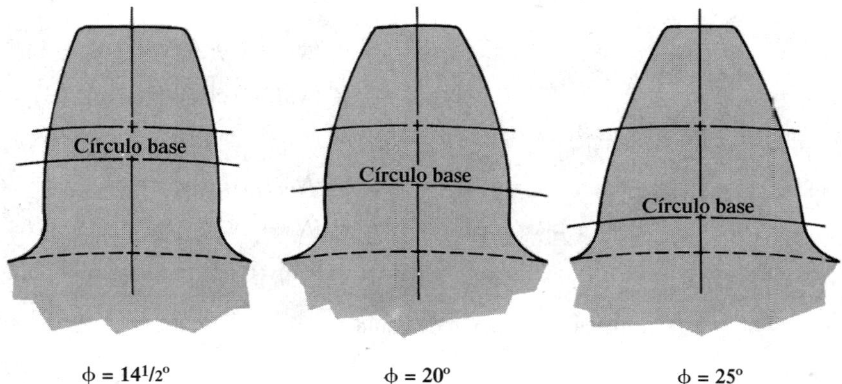

FIGURA 8-13 Dientes de involuta, profundidad total, para varios ángulos de presión

Los fabricantes de engranes establecen valores normalizados del ángulo de presión, y los ángulos de presión de dos engranes deben ser iguales. La norma actual para los ángulos de presión son $14\frac{1}{2}°$, 20° y 25°, que se ven en la figura 8-13. En realidad, hoy se considera que la forma de diente de $14\frac{1}{2}°$ es obsoleta. Aunque todavía se consigue, debe evitarse en los nuevos diseños. La forma de diente de 20° es la que se consigue con más facilidad en la actualidad. Las ventajas y desventajas de los distintos valores de ángulo de presión se relacionan con la resistencia de los dientes, la interferencia y la magnitud de las fuerzas que se ejercen sobre el eje. La interferencia se describirá en la sección 8-5. Los demás puntos se describen en un capítulo posterior.

Relación de contacto

Cuando dos engranes se acoplan, es esencial, para su funcionamiento uniforme, que haya un segundo diente que comience a hacer contacto antes de que determinado diente desengrane. El término *relación de contacto* se usa para indicar el número promedio de dientes en contacto durante la transmisión de potencia. Una relación mínima recomendada es 1.2, y las combinaciones típicas de engranes rectos tienen valores de 1.5 o más, con frecuencia.

La relación de contacto se define como el cociente de la longitud de la línea de acción entre el paso base del engrane. La línea de acción es la trayectoria recta del punto de contacto en un diente, desde donde se encuentra con el diámetro exterior del engrane compañero, hasta el punto donde deja el engrane. El paso base es el diámetro del círculo base dividido entre el número de dientes en el engrane. Una fórmula conveniente para calcular la relación de contacto m_f, es

$$m_f = \frac{\sqrt{R_{oP}^2 - R_{bP}^2} + \sqrt{R_{oG}^2 - R_{bG}^2} - C \operatorname{sen} \phi}{p \cos \phi}$$

donde

ϕ = Ángulo de presión
R_{oP} = Radio exterior del piñón = $D_{oP}/2 = (N_p + 2)/(2P_d)$
R_{bP} = Radio del círculo base para el piñón = $D_{bP}/2 = (D_P/2) \cos \phi = (N_P/2P_d) \cos \phi$
R_{oG} = Radio exterior del engrane mayor = $D_{oG}/2 = (N_G + 2)/(2P_d)$
R_{bG} = Radio del círculo base para el engrane mayor = $D_{bG}/2 = (D_G/2) \cos \phi = (N_G/2P_d) \cos \phi$
C = Distancia entre centros = $(N_P + N_G)/(2P_d)$
p = Paso circular = $(\pi D_P/N_P) = \pi/P_d$

Por ejemplo, considere un par de engranes con los siguientes datos:

$$N_P = 18, N_G = 64, P_d = 8, \phi = 20°$$

Entonces

$$R_{oP} = (N_P + 2)/(2P_d) = (18 + 2)/[2(8)] = 1.250 \text{ pulg}$$
$$R_{bP} = (N_P/2P_d)\cos\phi = 18/[2(8)]\cos 20° = 1.05715 \text{ pulg}$$
$$R_{oG} = (N_G + 2)/(2P_d) = (64 + 2)/[2(8)] = 4.125 \text{ pulg}$$
$$R_{bG} = (N_G/2P_d)\cos\phi = 64/[2(8)]\cos 20° = 3.75877 \text{ pulg}$$
$$C = (N_P + N_G)/(2P_d) = (18 + 64)/[2(8)] = 5.125 \text{ pulg}$$
$$p = \pi/P_d = \pi/8 = 0.392699 \text{ pulg}$$

Por último, la relación de contacto es

$$m_f = \frac{\sqrt{(1.250)^2 - (1.05715)^2} + \sqrt{(4.125)^2 - (3.75877)^2} - (5.125)\text{sen}20°}{(0.392699)\cos 20°}$$

$$m_f = 1.66$$

Este valor es cómodamente mayor que el mínimo recomendado, que es 1.20.

Problema ejemplo 8-1 Para el par de engranes de la figura 8-1, calcule todas las propiedades de los dientes, que se describieron en esta sección. Los engranes se apegan a la forma normalizada AGMA y tienen paso diametral 12 y ángulo de presión 20 grados.

Solución

Datos $P_d = 12$; $N_P = 11$; $N_G = 18$; $\phi = 20°$.

Análisis Se usarán las ecuaciones (8-2) a (8-20), y la tabla 8-4, para calcular las propiedades. Observe que los engranes son componentes mecánicos de precisión. Las dimensiones se producen, en el caso típico, cuando menos con precisión de una milésima de pulgada (0.001 pulg). También, al inspeccionar las propiedades de los engranes con técnicas de metrología, es importante conocer la dimensión normal con gran precisión.

Los resultados en este problema se presentarán con un mínimo de tres cifras decimales o bien, si son pequeñas, con cuatro cifras decimales. Se espera que se use un grado de precisión similar en la solución de los problemas en este libro.

Resultados *Diámetros de paso*

Para el piñón,

$$D_P = N_P/P_d = 11/12 = 0.9167 \text{ pulg}$$

Para el engrane mayor,

$$D_G = N_G/P_d = 18/12 = 1.500 \text{ pulg}$$

Paso circular

Se podrían usar tres métodos distintos. Primero, el preferido es usar la ecuación (8-5):

$$p = \pi/P_d = \pi/12 = 0.2618 \text{ pulg}$$

También se puede usar la ecuación (8-5). Observe que se pueden usar los datos del piñón o del engrane. Para el piñón,

$$p = \pi D_P / N_P = \pi(0.9167 \text{ pulg})/11 = 0.2618 \text{ pulg}$$

Para el engrane,

$$p = \pi D_G / N_G = \pi(1.500 \text{ pulg})/18 = 0.2618 \text{ pulg}$$

Addendum
De acuerdo con la tabla 8-4,

$$a = 1/P_d = 1/12 = 0.833 \text{ pulg}$$

Dedendum
De acuerdo con la tabla 8-4, observe que el engrane de paso 12 se considera grueso. Entonces

$$b = 1.25/P_d = 1.25/12 = 0.1042 \text{ pulg}$$

Holgura
De la tabla 8-4,

$$c = 0.25/P_d = 0.25/12 = 0.0208 \text{ pulg}$$

Diámetros exteriores
Se prefiere usar la ecuación (8-10), para tener más exactitud. Para el piñón,

$$D_{oP} = (N_P + 2)/P_d = (11 + 2)/12 = 1.0833 \text{ pulg}$$

Para el engrane,

$$D_{oG} = (N_G + 2)/P_d = (18 + 2)/12 = 1.6667 \text{ pulg}$$

Diámetros de raíz
Se usa la ecuación (8-12). Primero, para el piñón,

$$D_{RP} = D_P - 2b = 0.9167 \text{ pulg} - 2(0.1042 \text{ pulg}) = 0.7083 \text{ pulg}$$

Para el engrane,

$$D_{RG} = D_G - 2b = 1.500 \text{ pulg} - 2(0.1042 \text{ pulg}) = 1.2917 \text{ pulg}$$

Altura total
Con la ecuación (8-13), se obtiene

$$h_t = a + b = 0.0833 \text{ pulg} + 0.104 \text{ pulg} = 0.1875 \text{ pulg}$$

Profundidad de trabajo
Se usa la ecuación (8-14):

$$h_k = 2a = 2(0.0833 \text{ pulg}) = 0.1667 \text{ pulg}$$

Espesor del diente
Con la ecuación (8-16), se obtiene

$$t = \pi/2P_d = \pi/2(12) = 0.1309 \text{ pulg}$$

Distancia entre centros
Se prefiere usar la ecuación (8-18):

$$C = (N_G + N_P)/(2P_d) = (18 + 11)/[2(12)] = 1.2083 \text{ pulg}$$

Diámetro del círculo base
Mediante la ecuación (8-20), se obtiene

$$D_{bP} = D_P \cos\phi = (0.9167 \text{ pulg}) \cos(20°) = 0.8614 \text{ pulg}$$
$$D_{bG} = D_G \cos\phi = (1.500 \text{ pulg}) \cos(20°) = 1.4095 \text{ pulg}$$

8-5 INTERFERENCIA ENTRE DIENTES DE ENGRANES RECTOS

Para ciertas combinaciones de números de dientes en un par de engranes, existe interferencia entre la punta del diente del piñón y el chaflán o raíz de los dientes del engrane mayor. Es obvio que eso no se puede tolerar, porque simplemente los dientes no van a engranar. La probabilidad de que haya interferencia es máxima cuando un piñón pequeño impulsa a un engrane grande, y el peor de los casos es el de un piñón pequeño que impulse a una cremallera. Una *cremallera* es un engrane con una línea de paso recta; se puede concebir como un engrane con un diámetro infinito de círculo primitivo [vea la figura 8-4(*c*)].

Es responsabilidad del diseñador asegurar que no haya interferencia en determinada aplicación. La forma más segura es controlar el número mínimo de dientes del piñón, a los valores límite que aparecen en el lado izquierdo de la tabla 8-6. Con este número de dientes, o uno mayor, no habrá interferencia con una cremallera o con cualquier otro engrane. Un diseñador que quiera usar menor número de dientes que los indicados, puede usar una representación gráfica para probar si existe interferencia entre el piñón y el engrane. En los textos de cinemática, se describe el procedimiento necesario. El lado derecho de la tabla 8-6 indica el número mínimo de dientes del engrane que se puede usar para determinado número de dientes del piñón, y evitar la interferencia (vea las referencias 9 y 11).

Con la información de la tabla 8-6, se pueden obtener las siguientes conclusiones:

1. Si un diseñador desea asegurarse que no habrá interferencia entre dos engranes cualesquiera con el sistema de involuta de $14\frac{1}{2}°$, profundidad total, el piñón del par debe tener no menos de 32 dientes.

TABLA 8-6 Número de dientes del piñón, para asegurar que no haya interferencia

Para un piñón engranado con una cremallera		Para un piñón de 20°, profundidad total, engranado con un engrane	
Forma del diente	Número mínimo de dientes	Número de dientes del piñón	Número máximo de dientes del engrane
Envolvente $14\frac{1}{2}°$, profundidad total	32	17	1309
Envolvente 20°, profundidad total	18	16	101
Envolvente 25°, profundidad total	12	15	45
		14	26
		13	16

2. Para el sistema de involuta de 20°, profundidad total, el uso de no menos de 18 dientes asegura que no habrá interferencia.
3. Para el sistema de involuta de 25°, profundidad total, el uso de no menos de 12 dientes asegura que no habrá interferencia.
4. Si el diseñador desea usar menos de 18 dientes en un piñón con dientes de 20°, profundidad total, hay un límite superior del número de dientes que puede tener el engrane en contacto sin que haya interferencia. Para 17 dientes en el piñón, el engrane en contacto puede tener cualquier número de dientes hasta 1309, que es un número bastante grande. La mayor parte de los sistemas de transmisiones con engranes no usan más de unos 200 dientes, en cualquier engrane. Pero un piñón de 17 dientes *sí tendría* interferencia con una *cremallera*, que de hecho es un engrane con un número infinito de dientes, o un diámetro de paso infinito. De forma parecida, los siguientes requisitos se aplican a los dientes de 20°, profundidad total:

   Un piñón de 16 dientes requiere un engrane que tenga 101 dientes o menos, para producir una relación de velocidades máxima de NG/NP = 101/16 = 6.31.

   Un piñón de 15 dientes requiere un engrane que tenga 45 dientes o menos, para producir una relación de velocidades máxima de 45/15 = 3.00.

   Un piñón de 14 dientes requiere un engrane que tenga 26 dientes o menos, para producir una relación de velocidades máxima de 26/14 = 1.85.

   Un piñón de 13 dientes requiere un engrane que tenga 16 dientes o menos, para producir una relación de velocidades máxima de 16/13 = 1.23.

Como se indicó antes, se considera que el sistema de $14\frac{1}{2}°$ es obsoleto. Los datos de la tabla 8-6 indican una de las desventajas principales de ese sistema: su potencial para causar interferencias.

Eliminación de interferencia

Si en un diseño propuesto hay interferencia, se puede hacer trabajar con varios métodos. Pero se debe tener cuidado, porque se cambia la forma del diente, o el alineamiento de los dientes que engranan, y el análisis de esfuerzos y de desgaste se vuelven imprecisos. Con esto en mente, el diseñador puede especificar socavación, modificación del addendum del piñón o del engrane, o modificación de la distancia entre centros:

> ***Socavación es el proceso de retirar material en el chaflán o raíz de los dientes del engrane para aliviar la interferencia.***

La figura 8-14 muestra el resultado de la socavación. Es obvio que este proceso debilita al diente. Este punto se describirá más adelante, en la sección sobre los esfuerzos en dientes de engranes.

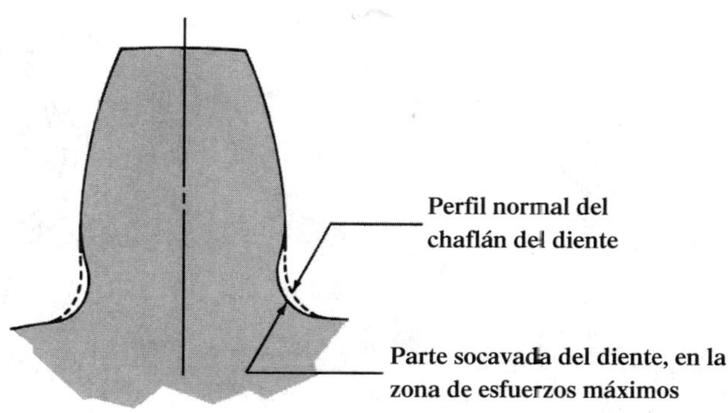

FIGURA 8-14
Socavación de un diente de engrane

Para aliviar el problema de la interferencia, se aumenta el addendum o altura de cabeza del piñón y se disminuye el dedendum o altura del pie de los dientes del engrane. La distancia entre centros puede quedar igual, en su valor teórico para el número de dientes en el par. Sin embargo, es natural que los engranes que resultan no son normalizados (vea la referencia 10). Es posible hacer mayor el piñón de un par de engranes, que su tamaño normalizado y al mismo tiempo mantener la norma del engrane, si se aumenta la distancia entre los centros del par (vea la referencia 9).

8-6 RELACIÓN DE VELOCIDADES Y TRENES DE ENGRANES

Un* tren de engranajes *es uno o más pares de engranes que trabajan en conjunto para transmitir potencia.

En el caso normal, existe un cambio de velocidad de un engrane al otro, por los distintos tamaños de ellos. El bloque fundamental de la relación de velocidades total en un tren de engranajes es la *relación de velocidades* de dos engranes de un solo par.

Relación de velocidades

La* relación de velocidades (*VR*) *se define como la relación de la velocidad angular del engrane de entrada a la del engrane de salida, para un solo par de engranes.

Para deducir la ecuación del cálculo de relación de velocidades, ayuda examinar la acción de dos engranes engranado, como se ve en la figura 8-15. Esa acción equivale a la de dos ruedas lisas rodando entre sí sin resbalar, siendo los diámetros de las ruedas iguales a los diámetros de paso de los dos engranes. Recuerde que cuando dos engranes están engranados, los círculos de paso son tangentes, y es obvio que los dientes de ellos evitan cualquier deslizamiento.

Como se ve en la figura 8-15, sin deslizamiento no existe movimiento relativo entre los dos círculos de paso en el punto de paso y, en consecuencia, la velocidad lineal de un punto en cualquiera de los círculos de paso es la misma. Se usará el símbolo v_t para representar esta velocidad. La velocidad lineal de un punto que gira a una distancia R desde su centro de rotación, con una velocidad angular ω, se calcula con

Velocidad en la línea de paso de un engrane

$$v_t = R\omega \tag{8-21}$$

Con el subíndice P para indicar al piñón y G para el engrane, en un par de ruedas engranadas; entonces

$$v_t = R_P\omega_P \quad \text{y} \quad v_t = R_G\omega_G$$

FIGURA 8-15 Dos engranes engranados

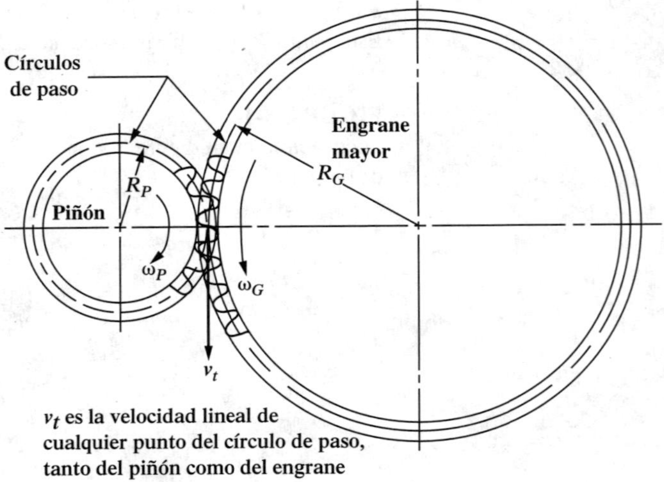

Este conjunto de ecuaciones indica que las velocidades del piñón y del engrane, en la línea de paso, son iguales. Al igualarlas y despejar ω_P/ω_G, se llega a la definición de relación de velocidades, *VR*:

$$VR = \omega_P/\omega_G = R_G/R_P$$

En general, conviene expresar la relación de velocidad en función de los diámetros de paso, velocidades angulares o números de dientes de los dos engranes. Recuérdese que

$$R_G = D_G/2$$
$$R_P = D_P/2$$
$$D_G = N_G/P_d$$
$$D_P = N_P/P_d$$
$$n_P = \text{velocidad angular del piñón} \quad \text{(en rpm)}$$
$$n_G = \text{velocidad angular del engrane} \quad \text{(en rpm)}$$

Entonces, la relación de velocidad se podrá definir en cualquiera de las siguientes formas:

Relación de velocidad de un par de engranes

$$VR = \frac{\omega_P}{\omega_G} = \frac{n_P}{n_G} = \frac{R_G}{R_P} = \frac{D_G}{D_P} = \frac{N_G}{N_P} = \frac{\text{velocidad}_P}{\text{velocidad}_G} = \frac{\text{tamaño}_G}{\text{tamaño}_P} \qquad \textbf{(8-22)}$$

La mayor parte de las transmisiones con engranes son *reductores de velocidad*; esto es, su velocidad de salida es menor que su velocidad de entrada. Entonces, su relación de velocidades es mayor que 1. Si se desea tener un *incrementador de velocidad*, entonces *VR* es menor que 1. Observe que no todos los libros y artículos usan la misma definición de relación de velocidad. Algunos la definen como la relación de la velocidad de salida entre la de entrada, que es el inverso de nuestra definición. Se cree que es más cómodo usar *VR* mayor que 1 con los reductores, esto es, en la mayoría de los casos.

Valor del tren

Cuando hay más de dos engranes en un conjunto, el término* valor del tren (*TV*) *representa la relación de la velocidad de entrada (del primer engrane del tren) entre la velocidad de salida (del último engrane del tren). Por definición, el valor del tren es el producto de los valores de VR para cada* par de engranes *del tren. En esta definición, un par de engranes es cualquier conjunto de dos engranes que tenga uno motriz y uno conducido.

De nuevo, *TV* será mayor que 1 para un reductor, y menor que 1 para un incrementador. Por ejemplo, observe el tren de la figura 8-16. La entrada es por el eje que tiene el engrane *A*. Este engrane impulsa al engrane *B*. El engrane *C* está en el mismo eje que el *B*, y gira a la misma velocidad. El engrane *C* impulsa la rueda *D*, conectada al eje de salida. Entonces, los engranes *A* y *B* son el primer par, y los engranes *C* y *D* son el segundo par. Las relaciones de velocidad son

$$VR_1 = n_A/n_B$$
$$VR_2 = n_C/n_D$$

El valor del tren es

$$TV = (VR_1)(VR_2) = \frac{n_A}{n_B}\frac{n_C}{n_D}$$

Pero como están sobre el mismo eje, $n_B = n_C$, y la ecuación anterior se reduce a

$$TV = n_A/n_D$$

FIGURA 8-16 Tren de engranajes con doble reducción

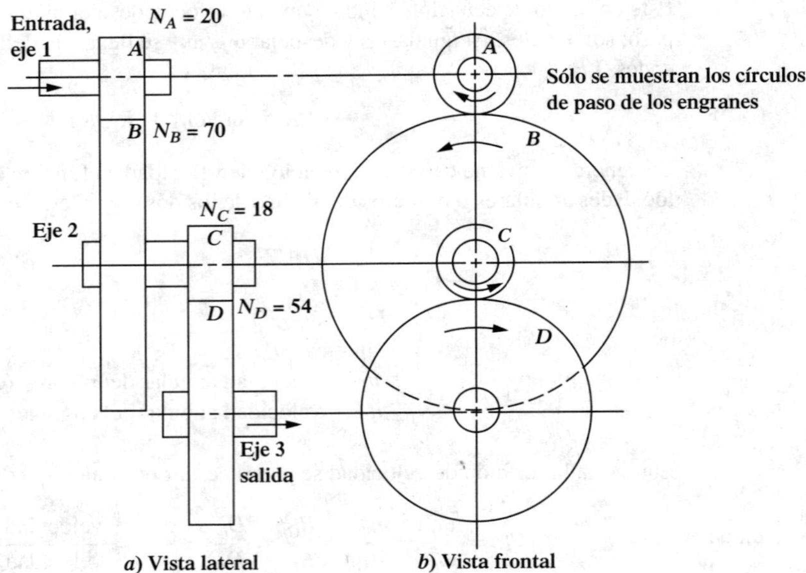

Esta es la velocidad de entrada dividida entre la velocidad de salida, y es la definición básica del valor del tren. Este proceso se puede ampliar para cualquier número de pasos de reducción en un tren de engranajes.

Recuérdese que se puede usar cualquiera de las formas de la relación de velocidades, en la ecuación (8-22), para calcular el valor del tren. En el diseño, con frecuencia lo más cómodo es expresar la relación de velocidades en función del número de dientes en cada engrane, porque deben ser enteros. Entonces, una vez definido el paso diametral o el módulo, se pueden determinar los valores de los diámetros o de los radios.

El valor del tren para la doble reducción de la figura 8-16 se puede expresar en función de los números de dientes en los cuatro engranes, como sigue:

$$VR_1 = N_B/N_A$$

Nótese que es el número de dientes del *engrane conducido B* dividido entre el número de dientes en el *engrane motriz A*. Es el formato típico de la relación de velocidades. Entonces, VR_2 se puede calcular de la misma forma:

$$VR_2 = N_D/N_C$$

Así, el valor del tren es

$$TV = (VR_1)(VR_2) = (N_B/N_A)(N_D/N_C)$$

Esto se acostumbra expresar en la forma

Valor del tren

$$TV = \frac{N_B}{N_A}\frac{N_D}{N_C} = \frac{\text{producto del número de dientes en los engranes conducidos}}{\text{producto del número de dientes en los engranes conductores}} \quad \textbf{(8-23)}$$

Ésta es la forma del valor del tren que se usará con más frecuencia.

La dirección de rotación se puede determinar por observación, y considere que existe una inversión de direcciones con cada par de engranes externos.

Se usará el término* valor positivo del tren *para indicar el caso en que los engranes de entrada y de salida giren en la misma dirección. Por el contrario, si giran en direcciones contrarias, el valor del tren será negativo.

Problema ejemplo 8-2

Para el tren de engranajes de la figura 8-16, si el eje de entrada gira a 1750 rpm en sentido de las manecillas del reloj, calcule la velocidad del eje de salida, y su dirección de rotación.

Solución

Se puede calcular la velocidad de salida si se determina el valor del tren.

$$TV = n_A/n_D = \text{velocidad de entrada/velocidad de salida}$$

Entonces

$$n_D = n_A/TV$$

Pero

$$TV = (VR_1)(VR_2) = \frac{N_B}{N_A}\frac{N_D}{N_C} = \frac{70}{20}\frac{54}{18} = \frac{3.5}{1}\frac{3.0}{1} = \frac{10.5}{1} = 10.5$$

Ahora,

$$n_D = n_A/TV = (1750\text{ rpm})/10.5 = 166.7\text{ rpm}$$

El engrane A gira en el sentido de las manecillas del reloj; el engrane B gira en contrasentido a las manecillas del reloj.

El engrane C gira en contrasentido a las manecillas del reloj; el engrane D gira en el sentido de las manecillas del reloj.

Por consiguiente, el tren de la figura 8-16 es un tren positivo.

Problema ejemplo 8-3

Calcule el valor del tren que muestra la figura 8-17. Si el eje que tiene el engrane A gira a 1750 rpm en sentido de las manecillas del reloj, calcule la velocidad y la dirección del eje que tiene el engrane E.

Solución

Primero se atenderá la dirección de rotación. Recuerde que un par de engranes se define como dos engranes cualesquiera en contacto (uno motriz y uno impulsado). En este caso, en realidad hay tres pares:

El engrane A impulsa al engrane B: A gira en contrasentido de las manecillas del reloj; B en contrasentido a las manecillas del reloj.

El engrane C impulsa al engrane D: C gira en contrasentido a las manecillas del reloj; D en favor de las manecillas del reloj.

El engrane D impulsa al engrane E: D gira en favor de las manecillas del reloj; D en contrasentido a las manecillas del reloj.

Como los engranes A y E giran en direcciones opuestas, el valor del tren es negativo. Ahora bien,

$$TV = -(VR_1)(VR_2)(VR_3)$$

En función del número de dientes,

$$TV = -\frac{N_B}{N_A}\frac{N_D}{N_C}\frac{N_E}{N_D}$$

Nótese que el número de dientes en el engrane D aparece en el numerador y el denominador, y se puede simplificar. Entonces, el valor del tren es

$$TV = -\frac{N_B}{N_A}\cdot\frac{N_E}{N_C} = -\frac{70}{20}\cdot\frac{50}{18} = -\frac{3.5}{1}\frac{3.0}{1} = -10.5$$

Al engrane D se le llama *engrane loco* (a veces se le llama *engrane intermedio*). Como aquí se demostró, no tiene efecto sobre la magnitud del valor del tren, pero sí causa una inversión de dirección. Entonces, la velocidad de salida se calcula como sigue:

$TV = n_A/n_E$

$n_E = n_A/TV = (1750\text{ rpm})/(-10.5) = -166.7\text{ rpm}$ (contrasentido a las manecillas del reloj)

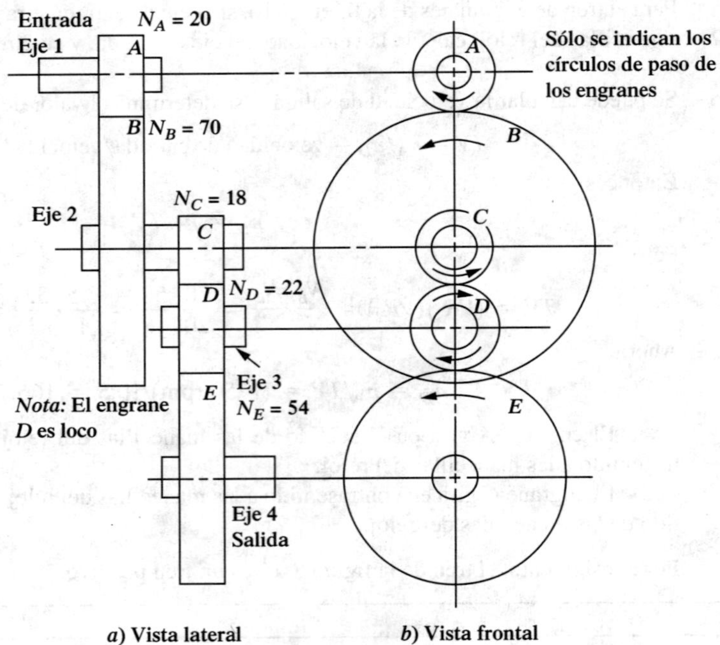

FIGURA 8-17 Tren de engranaje con doble reducción y engrane loco. El engrane *D* es loco.

Engrane loco

En el problema ejemplo 8-2, se introdujo el concepto de un *engrane loco*, que se define como sigue:

***Todo engrane de un tren de engranajes que funciona al mismo tiempo como engrane motriz y engrane impulsado se llama* engrane loco *o* engrane intermedio.**

Las principales propiedades de un engrane loco son las siguientes:

1. Un engrane loco no afecta al valor del tren de un tren de engranajes, porque como es al mismo tiempo engrane motriz y conducido, su número de dientes aparece tanto en el numerador como en el denominador de la ecuación del valor del tren, ecuación (8-23). Entonces, el engrane loco puede tener cualquier diámetro de paso y cualquier número de dientes.
2. Poner un engrane loco en un tren de engranajes causa una inversión de la dirección del engrane de salida.
3. Un engrane loco se puede usar para llenar un espacio entre dos engranes de un tren de engranaje, cuando la distancia entre sus centros que se desee sea mayor que la que se obtiene sólo con los dos engranes.

Engrane interno

Un* engrane interno *es aquel en el que los dientes se tallan en el interior de un anillo, en lugar del exterior de un engrane modelo.

En la parte inferior izquierda de la figura 8-2 se muestra un engrane interno engranado con un piñón externo normal, entre otros tipos de engranes.

La figura 8-18 es un esquema de un piñón externo que impulsa a un engrane interno. Considere lo siguiente:

1. El engrane gira *en la misma dirección* que el piñón. Es distinto del caso cuando un piñón externo impulsa a un engrane externo.

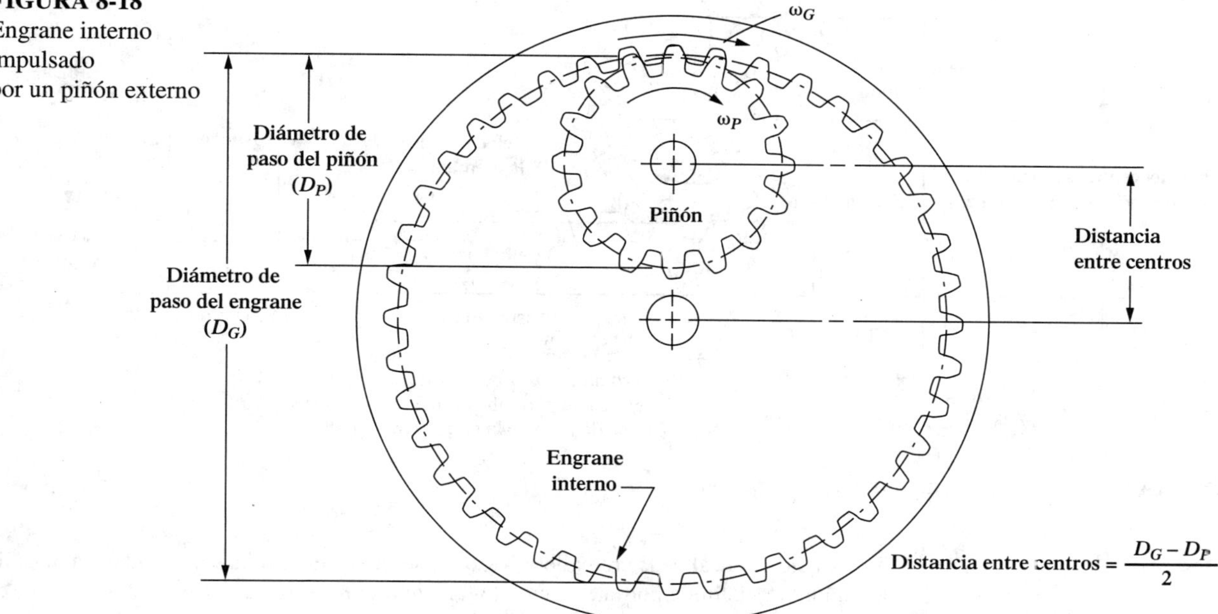

FIGURA 8-18
Engrane interno impulsado por un piñón externo

2. La distancia entre centros es

Distancia entre centros para un engrane externo

$$C = D_G/2 - D_P/2 = (D_G - D_P)/2 = (N_G/P_d - N_P/P_d)/2 = (N_G - N_P)/(2P_d) \quad \textbf{(8-24)}$$

Se prefiere la última forma, porque todos sus factores son enteros, en los trenes de engranajes típicos.

3. Las descripciones de la mayor parte de las otras propiedades de los engranes internos son las mismas que para los engranes externos, que se describieron antes. Las excepciones para un engrane interno son las siguientes:

El addendum o altura de cabeza, a, es la distancia radial desde el círculo de paso hasta el interior de un diente.

El diámetro interior, D_i, es

$$D_i = D - 2a$$

El diámetro de raíz, D_R, es

$$D_R = D + 2b$$

donde b = dedendum o altura de pie del diente.

Los engranes internos se usan cuando se desea tener la misma dirección de rotación en la entrada y la salida. También, nótese que se requiere menos espacio para un engrane interno engrane con un piñón externo, que para el engranado de dos engranes externos.

Velocidad de una cremallera

La figura 8-19 muestra la configuración básica de una *transmisión de piñón y cremallera.* La función de ese accionamiento es producir un movimiento lineal de la cremallera, a partir del movimiento giratorio del piñón motriz. También es cierto lo contrario: si el impulsor produce un movimiento lineal de la cremallera, produce un movimiento giratorio del piñón.

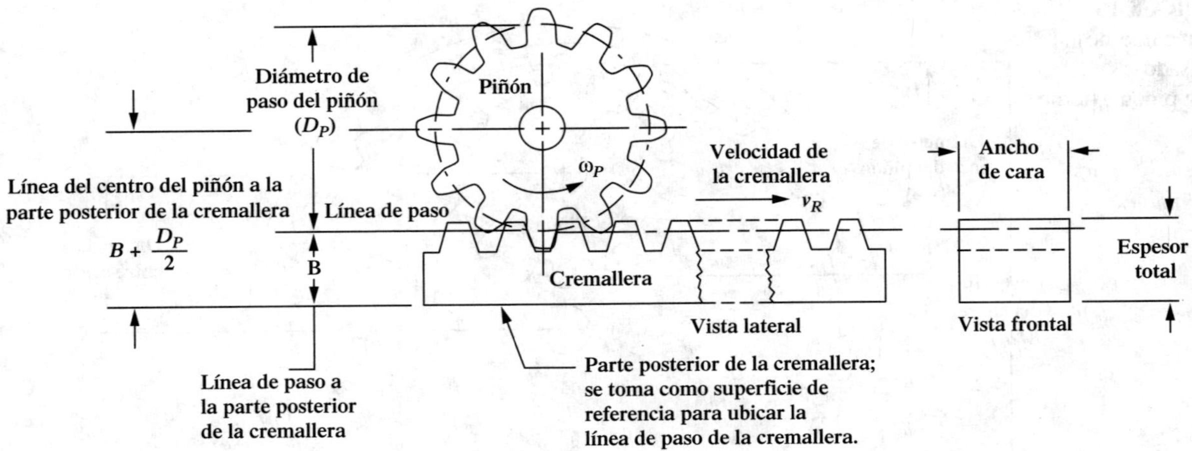

FIGURA 8-19 Cremallera impulsada por un piñón

La velocidad lineal de la cremallera, v_R, debe ser la misma que la velocidad de la línea de paso del piñón, v_p, definida por la ecuación (8-21), que se repetirá aquí. Recuérdese que ω_P es la velocidad angular del piñón:

$$v_R = v_t = R_P\omega_P = (D_P/2)\omega_P$$

Se debe tener mucho cuidado con las unidades al aplicar esta ecuación. La velocidad angular, ω_P, debe expresarse en rad/s. Entonces, las unidades de la velocidad lineal serán pulg/s si el diámetro de paso está en pulgadas. Si está en mm, como en el sistema de módulo métrico, las unidades de la velocidad serán mm/s. Estas unidades se podrían pasar a m/s, en caso de ser más cómodo.

El concepto de distancia entre centros no se aplica directamente a un conjunto de piñón y cremallera, porque el centro de la cremallera está en el infinito. Pero es crítico que el círculo de paso del piñón sea tangente a la línea de paso de la cremallera, como se muestra en la figura 8-19. La cremallera se maquinará para que haya una dimensión especificada entre su línea de paso y una superficie de referencia, que en el caso típico será la cara posterior de la cremallera. Esta es la dimensión B en la figura 8-19. Entonces, se puede calcular la ubicación del centro del piñón mediante las relaciones que se indican en la figura.

Problema ejemplo 8-4 Calcule la velocidad lineal de la cremallera en la figura 8-19, si el piñón motriz gira a 125 rpm. El piñón tiene 24 dientes y paso diametral 6.

Solución Se usará la ecuación (8-21). Primero se calcula el diámetro de paso del piñón mediante la ecuación (8-4):

$$D_P = N_P/P_d = 24/6 = 4.000 \text{ pulg}$$

Entonces, se convierte la velocidad angular a rad/s:

$$\omega_P = (125 \text{ rev/min}(2\pi \text{ rad/rev})(1 \text{ min/60 s}) = 13.09 \text{ rad/s}$$

A continuación, se igualan la velocidad de la línea de paso del piñón con la velocidad lineal de la cremallera:

$$v_R = v_t = (D_P/2)\omega_P = (4.000 \text{ pulg}/2)(13.09 \text{ rad/s}) = 26.2 \text{ pulg/s}$$

8-7 GEOMETRÍA DE LOS ENGRANES HELICOIDALES

Los engranes helicoidales y rectos se distinguen por la orientación de sus dientes. En los engranes rectos, los dientes son rectos y están alineados respecto al eje del engrane. En los helicoidales, los dientes están inclinados y éstos forman un ángulo con el eje, y a ese ángulo se le llama *ángulo de hélice.* Si el engrane fuera muy ancho, parecería que los dientes se enrollan alrededor del modelo del engrane en una trayectoria helicoidal continua. Sin embargo, consideraciones prácticas limitan el ancho de los engranes de tal manera que los dientes en el caso normal parece que sólo están inclinados con respecto al eje. La figura 8-20 muestra dos ejemplos de engranes helicoidales comerciales.

Las formas de los dientes de engranes helicoidales se parecen mucho a las que se describieron para los engranes rectos. La tarea básica es tener en cuenta el efecto del ángulo de la hélice.

Ángulo de hélice

La hélice de un engrane puede ser de mano *derecha* o *izquierda*. Los dientes de un engrane helicoidal derecho hacen líneas que parecen subir hacia la derecha, cuando el engrane descansa en una superficie plana. Por el contrario, los de un engrane helicoidal izquierdo harían marcas que subirían hacia la izquierda. En una instalación normal, los engranes helicoidales se montarían en ejes paralelos, como se ve en la figura 8-20(*a*). Para obtener este arreglo, se requiere que un engrane sea derecho y el otro izquierdo, con ángulos de hélice iguales. Si ambos engranes acoplados son del mismo lado (*izquierdo o derecho*) como se ve en la figura 8-20(*b*), los ejes formarán 90 grados entre sí. En este caso se les llama *engranes helicoidales cruzados*.

Se prefiere el arreglo de engranes helicoidales con ejes paralelos, porque proporciona una capacidad de transmisión de potencia mucho mayor, para un determinado tamaño, que el arreglo helicoidal cruzado. En este libro Se supondrá que se usa el arreglo con ejes paralelos, a menos que se especifique otra cosa.

La figura 8-21(*a*) muestra la geometría pertinente de los dientes de engranes helicoidales. Para simplificar el dibujo, sólo se muestra la superficie de paso del engrane. Esta superficie es el cilindro que pasa por los dientes de los engranes en la línea de paso. Entonces, el diámetro del cilindro es igual al diámetro del círculo de paso. Las líneas que se trazan sobre la superficie de paso representan elementos de cada diente, donde la superficie penetraría en la cara del mismo. Estos elementos están inclinados respecto a una línea paralela al eje del cilindro, y el ángulo de inclinación es el *ángulo de hélice*, ψ (la letra griega *psi*).

FIGURA 8-20
Engranes helicoidales. Estos engranes tienen un ángulo de hélice de 45°. (Emerson Power Transmission Corporation, Browning Division, Maysville, KY)

a) Engranes helicoidales con ejes paralelos

b) Engranes helicoidales cruzados, con ejes en ángulo recto

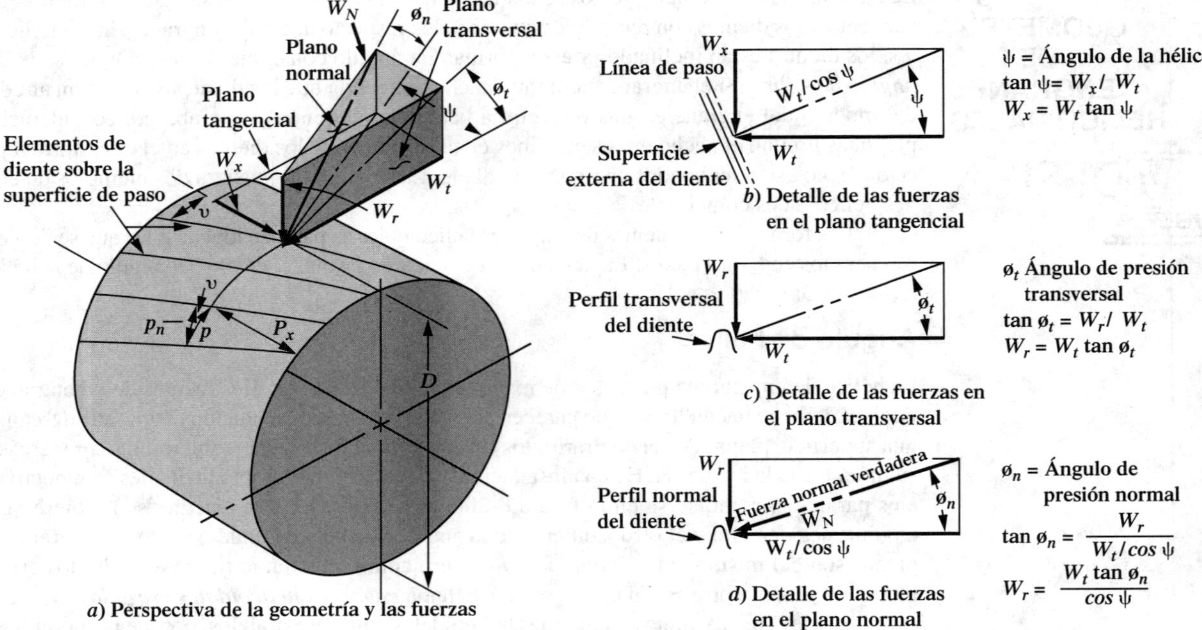

FIGURA 8-21 Geometría y fuerzas en los engranes cónicos

La ventaja principal de los engranes helicoidales sobre los rectos es el engranado más gradual, porque determinado diente adquiere su carga en forma gradual, y no repentina. El contacto se inicia en un extremo del diente, cerca de su punta, y avanza por la cara en una trayectoria de bajada, y cruza la línea de paso hacia el flanco inferior del diente, donde sale del engrane. Al mismo tiempo, existen otros dientes que se ponen en contacto, antes de que un diente permanezca en contacto, con el resultado de que un número promedio de dientes más grande esté engranado y comparten las cargas aplicadas, a diferencia de un engrane recto. La menor carga promedio por diente permite tener una mayor capacidad de transmisión de potencia para un determinado tamaño de engrane, o bien, menor tamaño para transmitir la misma potencia.

La principal desventaja de los engranes helicoidales es que se produce una *carga de empuje axial,* como resultado natural del arreglo inclinado de los dientes. Los cojinetes que sujetan al eje con el engrane helicoidal deben ser capaces de reaccionar contra el empuje axial.

El ángulo de hélice se especifica para cada diseño dado de engrane. Se debe buscar un balance para aprovechar el engrane más gradual de los dientes, cuando el ángulo de la hélice es grande, y al mismo tiempo mantener un valor razonable de la carga axial, que aumenta al aumentar el ángulo de la hélice. Un ángulo típico en las hélices es de 15 a 45°.

Ángulos de presión, planos primarios y fuerzas en engranes helicoidales

Para describir por completo la geometría de los dientes de los engranes helicoidales, se necesita definir dos ángulos de presión diferentes, además del ángulo de la hélice. Los dos ángulos de presión se relacionan con los tres planos principales que se ilustran en la figura 8-21: 1) el *plano tangencial,* 2) el *plano transversal* y 3) el *plano normal*. Nótese que esos planos contienen los tres componentes ortogonales de la fuerza normal verdadera que ejerce un diente de un engrane sobre un diente de su engrane en contacto. Puede ayudarse a comprender la geometría de los dientes y la importancia que tiene, si se ve la forma en que afecta a las fuerzas.

Primero se llamará W_N a la *fuerza normal verdadera*. Actúa normal (perpendicular) a la superficie curva del diente. En realidad, casi no se usa la fuerza normal (perpendicular) misma para analizar el funcionamiento del engrane. Más bien, se usarán sus tres componentes ortogonales:

- La *fuerza tangencial* (que también se llama *fuerza transmitida*), W_t, actúa en dirección tangencial a la superficie de paso del engrane, y perpendicular al eje que tiene el engrane. Es la fuerza que en realidad impulsa al engrane. El análisis de esfuerzos y la resistencia a las picaduras se relacionan con la magnitud de la fuerza tangencial. Es parecida a W_t del diseño y el análisis de los engranes rectos.
- La *fuerza radial, W_r*, que actúa hacia el centro del engrane, a lo largo de un radio, y que tiende a separar las dos ruedas engranadas. Se parece a W_r del diseño y análisis de los engranes rectos.
- La *fuerza axial* W_x, que actúa en el plano tangencial, y es paralela al eje del engrane. Otro nombre de esta fuerza es *empuje*. Tiende a empujar al engrane a lo largo del eje. Este empuje debe contrarrestarse por uno de los cojinetes que sostienen al eje, y por ello en general esta fuerza es indeseable. Los engranes rectos no generan esa fuerza, porque sus dientes son rectos y paralelos al eje del engrane.

El plano que contiene a la fuerza tangencial W_t y a la fuerza axial W_x es el *plano tangencial* [vea la figura 8-21(*b*)]. Es tangencial a la superficie de paso del engrane, y actúa por el punto de paso en la mitad de la cara del diente que se analiza.

El plano que contiene a la fuerza tangencial W_t y a la fuerza radial W_r es el *plano transversal* [vea la figura 8-21(*c*)]. Es perpendicular al eje del engrane y actúa pasando por el punto de paso a la mitad de la cara del diente que se analiza. El *ángulo de presión transversal*, ϕ_t, se define en este plano como se ve en la figura.

El plano que contiene la fuerza normal verdadera W_N y la fuerza radial W_r es el *plano normal* [vea la figura 8-21(*d*)]. El ángulo entre el plano normal y el plano transversal es el ángulo ψ de la hélice. Dentro del plano normal, se puede ver que el ángulo que forma el plano tangencial y la fuerza normal verdadera W_N es el *ángulo de presión normal*, ϕ_n.

En el diseño de un engrane helicoidal, hay tres ángulos de interés: 1) el ángulo de la hélice, ψ, 2) el *ángulo de presión normal*, ϕ_n y 3) el *ángulo de presión transversal*, ϕ_t. Los diseñadores deben especificar el ángulo de la hélice y uno de los dos ángulos de presión. El restante se puede calcular con la siguiente ecuación:

$$\tan \phi_n = \tan \phi_t \cos \psi \tag{8-25}$$

Por ejemplo, en el catálogo de un fabricante se ofrecen engranes helicoidales de existencia con un ángulo de presión normal de $14\frac{1}{2}°$ y un ángulo de hélice de 45°. Entonces, el ángulo de presión transversal se calcula como sigue:

$$\tan \phi_n = \tan \phi_t \cos \psi$$
$$\tan \phi_t = \tan \phi_n / \cos \psi = \tan(14.5°)/\cos(45°) = 0.3657$$
$$\phi_t = \tan^{-1}(0.3657) = 20.09°$$

Pasos para engranes helicoidales

Para tener una imagen clara de la geometría de los engranes helicoidales, debe usted comprender los cinco diferentes pasos siguientes:

Paso circular, p. El *paso circular* es la distancia desde un punto sobre un diente al punto correspondiente del siguiente diente, medido en la línea de paso, o línea de paso, en el plano transversal. Ésta es la misma definición usada para los engranes rectos. Entonces

Paso circular

$$p = \pi D/N \tag{8-26}$$

Paso circular normal, p_n. El *paso circular normal* es la distancia entre puntos correspondientes sobre dientes adyacentes, medida en la superficie de paso y en la dirección normal. Los pasos p y p_n se relacionan con la siguiente ecuación:

Paso circular normal

$$p_n = p \cos \psi \tag{8-27}$$

Paso diametral, P_d. El *paso diametral* es la relación del número de dientes del engrane entre su diámetro de paso. Ésta es la misma definición que la de los engranes rectos; se aplica en consideraciones del perfil de los dientes en el plano diametral o transversal. Por consiguiente, a veces se le llama *paso diametral transversal*:

Paso diametral

$$P_d = N/D \tag{8-28}$$

Paso diametral normal, P_{nd}. Es el paso diametral equivalente en el plano normal a los dientes:

Paso diametral normal

$$P_{nd} = P_d/\cos \psi \tag{8-29}$$

Es útil recordar las siguientes relaciones:

$$P_d p = \pi \tag{8-30}$$

$$P_{nd} p_n = \pi \tag{8-31}$$

Paso axial, P_x. El *paso axial* es la distancia entre los puntos correspondientes en dientes adyacentes, medida en la superficie de paso y en dirección axial:

Paso axial

$$P_x = p/\tan \psi = \pi/\,(P_d \tan \psi) \tag{8-32}$$

Es necesario que al menos haya dos pasos axiales en el ancho de la cara para aprovechar la acción helicoidal y su gradual transferencia de carga de un diente al siguiente.

Ahora se ilustrará el uso de las ecuaciones (8-25) a (8-29) y la ecuación (8-32), con el siguiente problema ejemplo.

Problema ejemplo 8-5

Un engrane helicoidal tiene un paso diametral 12, ángulo de presión transversal de $14\frac{1}{2}°$, 28 dientes, un ancho de cara de 1.25 pulgadas y un ángulo de hélice de 30°. Calcule el paso circular, el paso circular normal, el paso diametral normal, paso axial, diámetro de paso y el ángulo de presión normal. Calcule el número de pasos axiales en el ancho de cara.

Solución

Paso circular
Se usa la ecuación (8-30):

$$p = \pi/P_d = \pi/12 = 0.262 \text{ pulg}$$

Paso circular normal
Se usa la ecuación (8-27):

$$p_n = p \cos \psi = (0.262)\cos(30) = 0.227 \text{ pulg}$$

Paso diametral normal
Se usa la ecuación (8-29):

$$P_{nd} = P_d/\cos \psi = 12/\cos(30) = 13.856$$

Paso axial
Se usa la ecuación (8-32):

$$P_x = p/\tan \psi = 0.262/\tan(30) = 0.453 \text{ pulg}$$

Diámetro de paso
Se usa la ecuación (8-28):

$$D = N/P_d = 28/12 = 2.333 \text{ pulg}$$

Ángulo de presión normal
Se usa la ecuación (8-25):

$$\phi_n = \tan^{-1}(\tan \phi_t \cos \psi)$$
$$\phi_n = \tan^{-1}[\tan(14\tfrac{1}{2})\cos(30)] = 12.62°$$

Número de pasos axiales en el ancho de la cara

$$F/P_x = 1.25/0.453 = 2.76 \text{ pasos}$$

Como es mayor que 2.0, se aprovechará la acción helicoidal total.

8-8 GEOMETRÍA DE LOS ENGRANES CÓNICOS

Los engranes cónicos se aplican para transferir movimiento entre ejes no paralelos, por lo general a 90° entre sí. Los cuatro estilos principales de engranes cónicos son rectos, espirales, Zerol e hipoides. La figura 8-22 muestra la apariencia general de esos cuatro tipos de conjuntos de engranes cónicos. La superficie sobre la que están maquinados los dientes de engranes cónicos es parte inherente de un cono. Las diferencias están en la forma específica de los dientes, y en la orientación del piñón con respecto al engrane (vea las referencias 3, 5, 13 y 14).

Engranes cónicos rectos

Los dientes de estos engranes son rectos y están a lo largo de una superficie cónica. Las líneas en la cara de los dientes, que pasan por el círculo de paso, se encuentran en un vértice del cono de paso. Como se muestra en la figura 8-22(*f*), las líneas de centro del piñón y del engrane también se cruzan en este vértice. En la configuración normal, los dientes se angostan hacia el centro del cono.

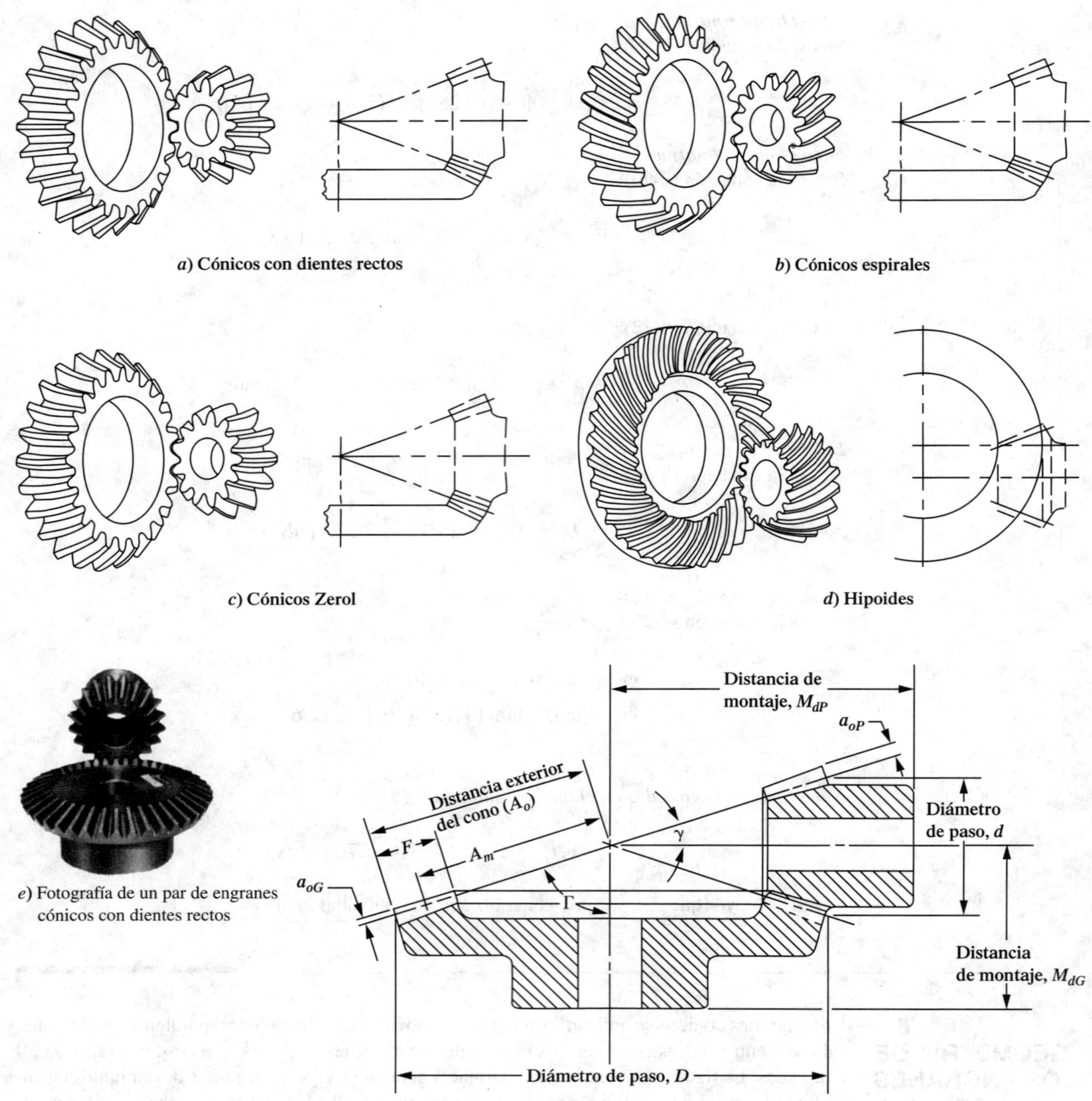

a) Cónicos con dientes rectos

b) Cónicos espirales

c) Cónicos Zerol

d) Hipoides

e) Fotografía de un par de engranes cónicos con dientes rectos

f) Dimensiones principales de un par de engranes cónicos con dientes rectos

FIGURA 8-22 Tipos de engranes cónicos [Las partes (*a*) a (*d*) se tomaron de ANSI/AGMA 2005-C96, *Design Manual for Bevel Gears* (Manual de diseño para engranes cónicos), con autorización del editor, American Gear Manufacturers Association, 1500 King Street, Suite 201, Alexandria, VA 22314. La fotografía de (*e*) es cortesía de Emerson Power Transmission Corporation, Browning Division, Maysville, KY]

Las especificaciones principales se especifican se indican en el extremo de los dientes que está en su posición a media cara. Las relaciones que controlan algunas de esas dimensiones se muestran en la tabla 8-7, para el caso en que los ejes forman un ángulo de 90°. Los ángulos de paso del cono del piñón y del engrane están determinados por la relación de los números de dientes, como se ve en la tabla. Observe que la suma es 90°. También, para un par de engranes cónicos con relación igual a uno, cada uno tiene el ángulo de paso del cono igual a 45°. Esos engranes se llaman *engranes de inglete* y se usan para cambiar la dirección de los ejes en el accionamiento de una máquina, sin afectar la velocidad angular.

Debe usted comprender que se deben especificar muchas propiedades más para poder fabricar los engranes. Además, muchos de los buenos engranes comerciales se fabrican con alguna forma no normalizada. Por ejemplo, con frecuencia se hace que el addendum del piñón sea más largo que el del engrane. Algunos fabricantes modifican la pendiente de la raíz de los dientes para tener una profundidad uniforme, en vez de usar la forma normal, que se angosta. La referencia 5 contiene muchos datos más.

TABLA 8-7 Propiedades geométricas de los engranes cónicos rectos

Datos Paso diametral $= P_d = N_P/d = N_G/D$

siendo N_P = número de dientes en el piñón
N_G = número de dientes en el engrane

Dimensión	Fórmula
Relación de engranaje	$m_G = N_G/N_P$
Diámetros de paso:	
Piñón	$d = N_P/P_d$
Engrane	$D = N_G/P_d$
Diámetros de paso del cono:	
Piñón	$\gamma = \tan^{-1}(N_P/N_G)$ (*gamma* minúscula griega)
Engrane	$\Gamma = \tan^{-1}(N_G/N_P)$ (*gamma* mayúscula griega)
Distancia exterior en el cono	$A_o = 0.5D/\text{sen}(\Gamma)$
Se debe especificar el ancho de la cara	$F =$
Ancho nominal de la cara	$F_{\text{nom}} = 0.30A_o$
Ancho máximo de la cara	$F_{\text{máx}} = A_o/3$ o $F_{\text{máx}} = 10/P_d$ (use la menor)
Distancia media del cono	$A_m = A_o - 0.5F$ (*Nota*: A_m se define para el engrane y también se llama A_{mG})
Paso circular medio	$p_m = (\pi/P_d)(A_m/A_o)$
Profundidad media de trabajo	$h = (2.00/P_d)(A_m/A_o)$
Holgura	$c = 0.125h$
Profundidad media total	$h_m = h + c$
Factor medio de addendum	$c_1 = 0.210 + 0.290/(m_G)^2$
Addendum medio del engrane mayor	$a_G = c_1 h$
Addendum medio del piñón	$a_P = h - a_G$
Dedendum medio del engrane	$b_G = h_m - a_G$
Dedendum medio del piñón	$b_P = h_m - a_P$
Ángulo de dedendum del engrane	$\delta_G = \tan^{-1}(b_G/A_{mG})$
Ángulo de dedendum del piñón	$\delta_P = \tan^{-1}(b_P/A_{mG})$
Addendum exterior del engrane	$a_{oG} = a_G + 0.5F\tan\delta_P$
Addendum exterior del piñón	$a_{oP} = a_P + 0.5F\tan\delta_G$
Diámetro exterior del engrane	$D_o = D + 2a_{oG}\cos\Gamma$
Diámetro exterior del piñón	$d_o = d + 2a_{oP}\cos\gamma$

Fuente: Fuente: Tomado de ANSI/AGMA 2005-C96, *Design Manual for Bevel Gears*, con autorización del editor, American Gear Manufacturers Association, 1500 King Street, Suite 201, Alexandria, VA 22314.

El ángulo de presión, ϕ, es 20° en el caso típico, pero se usan con frecuencia 22.5° y 25°, para evitar la interferencia. El número de dientes mínimo en los engranes cónicos rectos es 12, en el caso típico. En el capítulo 10 se ampliará el diseño de los engranes cónicos rectos.

El montaje de los engranes cónicos es crítico, si se ha de tener un funcionamiento satisfactorio. La mayor parte de los engranes comerciales tienen definida una distancia de montaje en forma parecida a la de la figura 8-22(*f*). Ésta es la distancia a una superficie de referencia, que normalmente es la cara posterior del cubo del engrane hasta el vértice del cono de paso. Como los conos de paso de los engranes en contacto tienen vértices coincidentes, esta distancia de montaje también determina el eje del engrane en contacto. Si el engrane se monta a una distancia menor que la recomendada, es probable que los dientes se atoren. Si se monta a una distancia mayor, habrá un juego excesivo y el funcionamiento será ruidoso y áspero.

Engranes cónicos espirales

Los dientes de un engrane cónico espiral están curvados e inclinados con respecto a la superficie del cono de paso. Se usan ángulos ψ de espiral de 20 a 45°, y lo típico es 35°. El contacto comienza en un extremo del diente, y se mueve a lo largo del mismo, hasta su otro extremo. Para determinado perfil y número de dientes, existen más dientes en contacto en los engranes cónicos espirales que en los de dientes rectos. La transferencia gradual de las cargas, y el mayor número de dientes promedio en contacto, hacen que los engranes cónicos espirales funcionen con más suavidad y sean menores que los engranes cónicos rectos. Recuerde que se describieron ventajas similares para los engranes helicoidales en comparación con los engranes rectos.

El ángulo de presión ϕ es 20°, en el caso típico, para los engranes cónicos espirales, y el número de dientes mínimo es 12, para evitar interferencia. Pero los engranes espirales no normalizados permiten tener hasta cinco dientes en el piñón, en los conjuntos de gran reducción, si se recortan las puntas de los dientes para evitar su interferencia. El número de dientes en contacto relativamente grande (alta relación de contacto) de los engranes espirales hace que ese método sea aceptable y pueda obtenerse un diseño muy compacto. La referencia 5 muestra las relaciones para calcular las propiedades geométricas de los engranes cónicos espirales, que amplían las de la tabla 8-7.

Engranes cónicos Zerol

Los dientes de esos engranes están curvados en forma parecida a los de un engrane cónico espiral, pero el ángulo de la espiral es cero. Estos engranes se pueden usar en las mismas formas de montaje que los cónicos con dientes rectos, pero funcionan con más suavidad.

Engranes hipoides

La diferencia principal entre los engranes hipoides y otros que ya se describieron es que la línea del centro del piñón, en un juego de engranes hipoides, está desplazada, ya sea arriba o abajo de la línea central del engrane mayor. Los dientes se diseñan especialmente para cada combinación de distancia de desplazamiento y ángulo de espiral de los dientes. Una gran ventaja es el diseño más compacto que se obtiene, en especial cuando se aplica a los trenes de impulsión de vehículos y de máquinas herramientas (véanse las referencias 5, 13 y 14, con más detalles).

La geometría de los engranes hipoides es la forma más general, y las demás son casos especiales. El engrane hipoide tiene un eje desplazado para el piñón, y sus dientes curvos se tallan en un ángulo de espiral. Entonces, el engrane cónico espiral es un engrane hipoide con distancia de desplazamiento igual a cero. Un engrane cónico Zerol es un engrane hipoide con un desplazamiento cero y un ángulo de espiral cero. Un engrane cónico recto es un engrane hipoide con desplazamiento cero, ángulo de espiral cero y dientes rectos.

Problema ejemplo 8-6 Calcule los valores de las propiedades geométricas que muestra la tabla 8-7, de un par de engranes cónicos rectos con paso diametral 8, ángulo de presión de 20°, 16 dientes en el piñón y 48 dientes en el engrane. Los ejes forman 90°.

Solución Datos $P_d = 8; N_p = 16; N_G = 48.$

Valores calculados *Relación de engranaje*

$$m_G = N_G/N_P = 48/16 = 3.000$$

Diámetro de paso
Para el piñón,

$$d = N_P/P_d = 16/8 = 2.000 \text{ pulg}$$

Para el engrane,

$$D = N_G/P_d = 48/8 = 6.000 \text{ pulg}$$

Ángulos de paso del cono
Para el piñón,

$$\gamma = \tan^{-1}(N_P/N_G) = \tan^{-1}(16/48) = 18.43^\circ$$

Para el engrane,

$$\Gamma = \tan^{-1}(N_G/N_P) = \tan^{-1}(48/16) = 71.57^\circ$$

Distancia exterior en el cono

$$A_o = 0.5\,D/\text{sen}(\Gamma) = 0.5(6.00 \text{ pulg})/\text{sen}(71.57^\circ) = 3.162 \text{ pulg}$$

Ancho de cara
Se debe especificar el ancho de cara:

$$F = 1.000 \text{ pulg}$$

Con base en los siguientes lineamientos:
Ancho nominal de la cara:

$$F_{\text{nom}} = 0.30A_o = 0.30(3.162 \text{ pulg}) = 0.949 \text{ pulg}$$

Ancho máximo de la cara:

$$F_{\text{máx}} = A_o/3 = (3.162 \text{ pulg})/3 = 1.054 \text{ pulg}$$

o bien

$$F_{\text{máx}} = 10/P_d = 10/8 = 1.25 \text{ pulg}$$

Distancia media en el cono

$$A_m = A_{mG} = A_o - 0.5\,F = 3.162 \text{ pulg} - 0.5(1.00 \text{ pulg}) = 2.662 \text{ pulg}$$

Relación $A_m/A_o = 2.662/3.162 = 0.842$ (Esta relación se presenta en varios cálculos de los que siguen.)

Paso circular medio

$$p_m = (\pi/P_d)(A_m/A_o) = (\pi/8)(0.842) = 0.331 \text{ pulg}$$

Profundidad de trabajo media

$$h = (2.00/P_d)(A_m/A_o) = (2.00/8)(0.842) = 0.210 \text{ pulg}$$

Holgura

$$c = 0.125h = 0.125(0.210 \text{ pulg}) = 0.026 \text{ pulg}$$

Profundidad total media

$$h_m = h + c = 0.210 \text{ pulg} + 0.026 \text{ pulg} = 0.236 \text{ pulg}$$

Factor medio de addendum

$$c_1 = 0.210 + 0.290/(m_G)^2 = 0.210 + 0.290/(3.00)^2 = 0.242$$

Addendum medio del engrane mayor

$$a_G = c_1 h = (0.242)(0.210 \text{ pulg}) = 0.051 \text{ pulg}$$

Addendum medio del piñón

$$a_p = h - a_G = 0.210 \text{ pulg} - 0.051 \text{ pulg} = 0.159 \text{ pulg}$$

Dedendum medio del engrane

$$b_G = h_m - a_G = 0.236 \text{ pulg} - 0.051 \text{ pulg} = 0.185 \text{ pulg}$$

Dedendum medio del piñón

$$b_P = h_m - a_P = 0.236 \text{ pulg} - 0.159 \text{ pulg} = 0.077 \text{ pulg}$$

Ángulo de dedendum del engrane

$$\delta_G = \tan^{-1}(b_G/A_{mG}) = \tan^{-1}(0.185/2.662) = 3.98°$$

Ángulo de dedendum del piñón

$$\delta_P = \tan^{-1}(b_P/A_{mG}) = \tan^{-1}(0.077/2.662) = 1.66°$$

Addendum exterior del engrane

$$a_oG = a_G + 0.5\,F \tan \delta_P$$
$$a_{oG} = (0.051 \text{ pulg}) + (0.5)(1.00 \text{ pulg}) \tan(1.657°) = 0.0655 \text{ pulg}$$

Addendum exterior del piñón

$$a_oP = a_P + 0.5\,F \tan \delta_G$$
$$a_oP = (0.159 \text{ pulg}) + (0.5)(1.00 \text{ pulg}) \tan(3.975°) = 0.1937 \text{ pulg}$$

Diámetro exterior del engrane

$$D_o = D + 2a_{oG} \cos \Gamma$$
$$D_o = 6.000 \text{ pulg} + 2(0.0655 \text{ pulg}) \cos(71.57°) = 6.041 \text{ pulg}$$

Diámetro exterior del piñón

$$d_o = d + 2a_{oP} \cos \gamma$$
$$d_o = 2.000 \text{ pulg} + 2(0.1937 \text{ pulg}) \cos(18.43°) = 2.368 \text{ pulg}$$

8-9 TIPOS DE ENGRANES DE TORNILLO SINFÍN

Los engranes de tornillo sinfín, o engranes de gusano, se usan para transmitir movimiento y potencia entre ejes que no se cruzan, por lo general forman 90° entre sí. La transmisión consiste en un sinfín o gusano, en el eje de alta velocidad, que tiene el aspecto general de una rosca de tornillo: una rosca cilíndrica helicoidal. Este sinfín impulsa a una corona, que tiene un aspecto parecido al de un engrane helicoidal. La figura 8-23 muestra conjuntos de sinfín y corona típicos. A veces a la corona se le llama *corona sinfín* o sólo *corona* o *engrane* (vea la referencia 6). Los sinfines y las coronas se consiguen con roscas de mano derecha o izquierda en el gusano, y los dientes correspondientes, diseñados, en la corona, que afectan la dirección de giro de la corona.

Se consiguen distintas variaciones de la geometría de transmisiones de sinfín. La más común, que se ve en las figuras 8-23 y 8-24, usa un gusano cilíndrico que engrana en una corona cuyos dientes son cóncavos y abrazan parcialmente el gusano. A esto se le llama *tipo envolvente sencilla* de transmisión sinfín. El contacto entre las roscas del gusano y los dientes de la corona es a lo largo de una línea, y la capacidad de transmisión de potencia es bastante buena. Muchos fabricantes ofrecen este tipo de conjuntos de sinfín como artículos de línea. La instalación del gusano es relativamente sencilla, porque no es muy crítico el alineamiento axial. Sin embargo, debe estar cuidadosamente alineado en dirección radial, para aprovechar las ventajas de la acción envolvente. La figura 8-25 muestra un corte de un reductor comercial de gusano y corona.

FIGURA 8-23 Sinfines y coronas (Emerson Power Transmission Corporation, Browning Division, Maysville, KY)

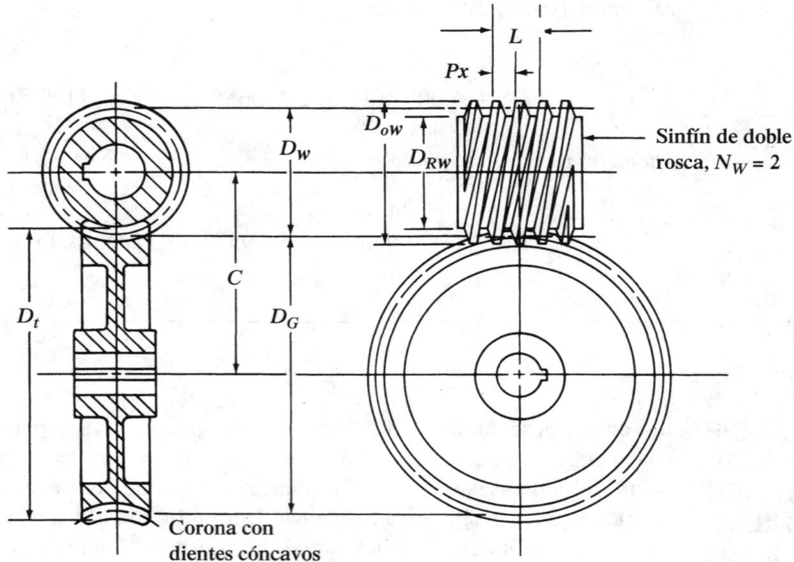

FIGURA 8-24
Conjunto de tornillo sinfín y corona envolvente simple

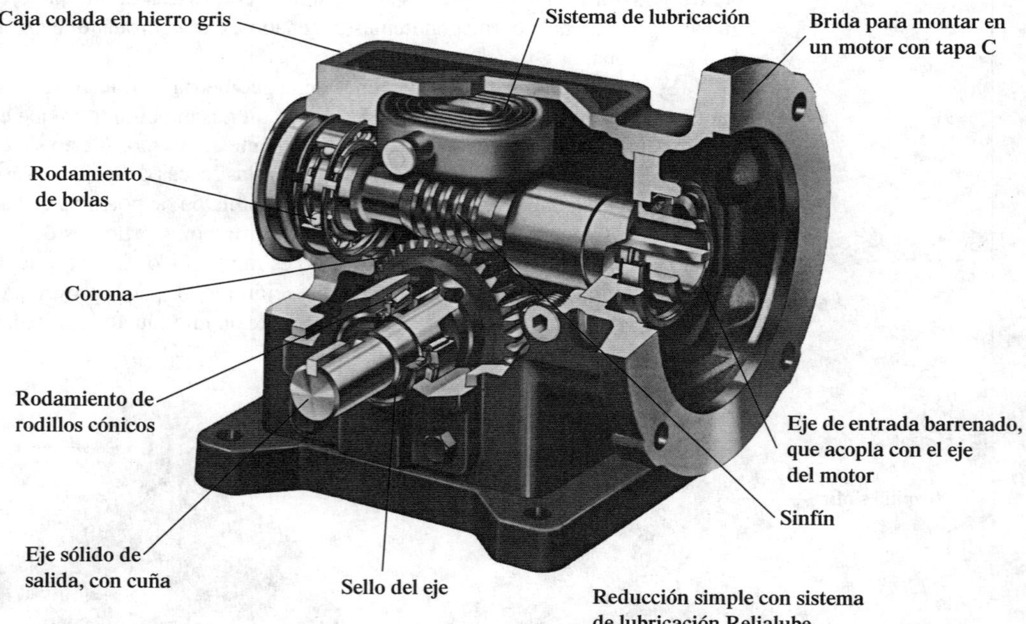

FIGURA 8-25
Reductor de tornillo sinfín y corona (Rockwell Automation/Dodge Greenville, SC)

Una forma más sencilla de transmisión de sinfín permite usar un gusano cilíndrico especial con un engrane recto normal o un engrane helicoidal. Ni el gusano ni la corona deben alinearse con gran precisión, y no es crítica la distancia entre centros. Sin embargo, el contacto entre las roscas del gusano y los dientes de la corona es un punto, teóricamente, y se reduce en forma drástica la capacidad de transmisión de potencia del conjunto. Por consiguiente, este tipo se usa principalmente para aplicaciones con posicionamiento no preciso, a bajas velocidades y con bajas potencias.

Un tercer tipo de conjunto de sinfín es el *tipo envolvente doble*, en el cual el sinfín tiene la forma de reloj de arena, es decir, más angosto en el centro, y engrana con una corona de tipo envolvente. Con esto se obtiene un área de contacto, y no una línea o un punto de contacto; por consiguiente, permite tener un sistema mucho menor para transmitir determinada potencia a determinada relación de reducción. Sin embargo, es más difícil fabricar esos gusanos, y es muy crítico el buen alineamiento tanto del sinfín como de la corona.

8-10 GEOMETRÍA DEL TORNILLO Y ENGRANE SINFÍN

Pasos p y P_d

Un requisito básico del conjunto de sinfín y corona es que el *paso axial* del sinfín debe ser igual al *paso circular* de la corona, para que engranen. La figura 8-24 muestra las propiedades geométricas básicas de un conjunto de envolvente simple de tornillo y sinfín. El *paso axial,* P_x, se define como la distancia desde un punto en la rosca del sinfín hasta el punto correspondiente en la siguiente rosca, medido en dirección axial sobre el cilindro de paso. Al igual que antes, el paso circular se define, para la corona, como la distancia de un punto en un diente, en el círculo de paso de la corona, al punto correspondiente en el siguiente diente, medida a lo largo de la circunferencia de paso. Por lo anterior, el paso circular es una distancia medida en arco, que se puede calcular con

Paso circular

$$p = \pi D_G/N_G \tag{8-33}$$

donde D_G = diámetro de paso de la corona
N_G = número de dientes en la corona

Algunas coronas se fabrican de acuerdo con la convención del paso circular. Pero como se dijo en los engranes rectos, los conjuntos comerciales de tornillo y engrane sinfín se fabrican con pasos diametrales convencionales con los siguientes valores: 48, 32, 24, 16, 12, 8, 6, 5, 4 y 3, que se consiguen con facilidad. El paso diametral se define, para la corona, como sigue:

Paso diametral

$$P_d = N_G/D_G \tag{8-34}$$

La conversión desde el paso diametral hasta el paso circular se puede hacer con la siguiente ecuación:

$$P_d p = \pi \tag{8-35}$$

Número de roscas del tornillo sinfín, N_W

Los sinfines pueden tener una sola rosca, como en un tornillo cualquiera, o roscas múltiples, en general 2 o 4; pero a veces tienen 3, 5, 6, 8 o más. Es común indicar el número de roscas con N_W, y entonces considerar que el número es el número de dientes en el gusano. El número de roscas en el tornillo se llama con frecuencia número de *arranques*; esto es adecuado, porque si uno observa el extremo de un sinfín se puede contar el número de roscas que inician en el extremo y se enroscan en la forma cilíndrica.

Avance, L

El *avance* de un sinfín es la distancia axial que recorrería un punto del sinfín cuando éste girara una revolución. El avance se relaciona con el paso axial mediante

Avance

$$L = N_W P_x \tag{8-36}$$

Ángulo de avance, λ

El *ángulo de avance* es el que se forma entre la tangente de la rosca del sinfín y la línea perpendicular al eje del mismo. Para visualizar el método de cálculo del ángulo de avance, observe la

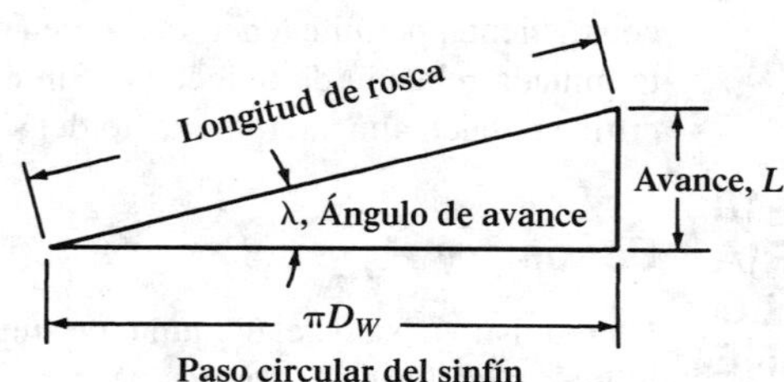

FIGURA 8-26 Ángulo de avance

figura 8-26, que muestra un triángulo sencillo, que se formaría si una rosca del sinfín se desenrollara del cilindro de paso y se extendiera en el papel plano. La longitud de la hipotenusa es la de la misma rosca. El lado vertical es el avance, L. El cateto horizontal es la circunferencia del cilindro de paso, πD_W, donde D_W es el diámetro de paso del sinfín. Entonces

Ángulo de avance

$$\tan \lambda = L/\pi D_W \tag{8-37}$$

Velocidad de la línea de paso, v_t

Como se mencionó antes, la velocidad de la línea de paso es la velocidad lineal de un punto en la línea de paso del sinfín o de la corona. Para un sinfín con diámetro de paso D_W pulgadas, que gira a n_W rpm,

Velocidad de la línea de paso, para el sinfín

$$v_{tW} = \frac{\pi D_W n_W}{12} \text{ pies/min}$$

Para la corona que tiene un diámetro de paso D_G pulgadas, y que gira a n_G rpm,

Velocidad de la línea de paso, para la corona

$$V_{tG} = \frac{\pi D_G n_G}{12} \text{ pies/min}$$

Obsérvese que estos dos valores de velocidad de la línea de paso *no* son iguales.

Relación de velocidades, *VR*

Es muy cómodo calcular la relación de velocidades de un conjunto de sinfín y corona con la relación de la velocidad angular en la entrada y la velocidad angular de salida:

Relación de velocidades para el conjunto de sinfín y corona

$$VR = \frac{\text{velocidad de rotación del sinfín}}{\text{velocidad de rotación de la corona}} = \frac{n_W}{n_G} = \frac{N_G}{N_W} \tag{8-38}$$

Problema ejemplo 8-7 Una corona tiene 52 dientes y un paso diametral 6. Engrana con un gusano de rosca triple, que gira a 1750 rpm. El diámetro de paso del sinfín es 2.000 pulgadas. Calcular el paso circular, el paso axial, el avance, el ángulo de avance, el diámetro de paso de la corona, la distancia entre centros, la relación de velocidades y la velocidad angular de la corona.

Solución *Paso circular*

$$p = \pi/P_d = \pi/6 = 0.5236 \text{ pulg}$$

Paso axial

$$P_x = p = 0.5236 \text{ pulg}$$

Avance

$$L = N_W P_x = (3)(0.5236) = 1.5708 \text{ pulg}$$

Ángulo de avance

$$\lambda = \tan^{-1}(L/\pi D_W) = \tan^{-1}(1.5708/\pi 2.000)$$
$$\lambda = 14.04^\circ$$

Diámetro de paso

$$D_G = N_G/P_d = 52/6 = 8.667 \text{ pulg}$$

Distancia entre centros

$$C = (D_W + D_G)/2 = (2.000 + 8.667)/2 = 5.333 \text{ pulg}$$

Relación de velocidades

$$VR = N_G/N_W = 52/3 = 17.333$$

rpm de la corona

$$n_G = n_W/VR = 1750/17.333 = 101 \text{ rpm}$$

Ángulo de presión

La mayoría de los engranes de sinfín comerciales se fabrican con ángulos de presión de $14\frac{1}{2}^\circ$, 20°, 25° o 30°. Los ángulos de presión pequeños se usan con sinfines que tienen poco ángulo de avance o paso diametral pequeño. Por ejemplo, se puede usar un ángulo de presión de $14\frac{1}{2}^\circ$ para ángulos de avance hasta de unos 17°. Para mayores ángulos de avance, y con mayores pasos diametrales (dientes más pequeños), se usan ángulo de presión de 20° o de 25°, para eliminar la interferencia, sin que se necesite mucho socavación. El ángulo de presión de 20° es el preferido para ángulos de avance hasta de 30°. Para ángulos de avance de 30° o de 45°, se recomienda el ángulo de presión de 25°. Se pueden especificar el ángulo de presión normal, ϕ_n, o el ángulo de presión transversal, ϕ_t. Se relacionan con

$$\tan\phi_n = \tan \phi_t \cos \lambda \qquad \textbf{(8-39)}$$

Conjuntos de sinfín y corona con autobloqueo

El *autobloqueo* es la condición en que el gusano impulsa a la corona, pero si se aplica un par torsional al eje de la corona, el sinfín no gira. ¡Se traba! La acción de bloqueo se produce con la fuerza de fricción entre las roscas del sinfín y los dientes de la corona, y depende mucho del ángulo de avance. Se recomienda que el ángulo de avance no sea mayor de aproximadamente 5.0° para asegurar el autobloqueo. Para este ángulo de avance, se suele necesitar el uso de un sinfín con una sola rosca. Nótese que el sinfín de rosca triple del problema ejemplo 8-7 tiene un ángulo de avance de 14.04°. Lo más probable es que *no* tenga autobloqueo.

8-11 GEOMETRÍA TÍPICA DE LOS CONJUNTOS DE SINFÍN Y CORONA

En el diseño de los conjuntos de sinfín y corona se permiten bastantes libertades, porque su combinación se diseña como una unidad. Sin embargo, se presentan algunos lineamientos.

Lineamientos generales para establecer las dimensiones del sinfín y la corona

Dimensiones típicas de dientes

La tabla 8-8 muestra los valores típicos que se usan para dimensionar las roscas de los gusanos y los dientes de las coronas.

Diámetro del sinfín

El diámetro del sinfín afecta al ángulo de avance, que a su vez afecta la eficiencia del conjunto. Por esta razón se prefieren diámetros pequeños. Pero por razones prácticas, y para dimensionar en forma adecuada con respecto a la corona, se recomienda que el diámetro de paso de ésta sea $C^{0.875}/2.2$, aproximadamente, donde C es la distancia entre centros del sinfín y la corona. Se permite una variación de un 30% (vea la referencia 6). Entonces, el diámetro del sinfín debería estar dentro del intervalo

$$1.6 < \frac{C^{0.875}}{D_W} < 3.0 \quad \textbf{(8-40)}$$

Pero algunos conjuntos de sinfín y corona salen de estos límites, en especial en los tamaños pequeños. También, los sinfines diseñados con un orificio pasante en su centro, para instalar sobre un eje, típicamente son mayores que los que se determinarían con la ecuación (8-40). La proporción adecuada y el uso eficiente del material deberían ser la guía. El eje del gusano también debe revisarse por flexión bajo cargas normales de funcionamiento. Para sinfines maquinados en forma integral con el eje, la raíz de las roscas determina el diámetro mínimo del eje. Para los sinfines con barrenos pasantes, que a veces se les llama *gusanos huecos,* se debe tener cuidado de prever material suficiente entre la raíz de la rosca y el cuñero en el barreno. La figura 8-27 muestra que el espesor correspondiente, adicional al cuñero, para que sea un mínimo de la mitad de la profundidad total de las roscas.

TABLA 8-8 Dimensiones típicas de los dientes en sinfines y coronas

Dimensión	Fórmula
Addendum	$a = 0.3183P_x = 1/P_d$
Profundidad total	$h_t = 0.6866P_x = 2.157/P_d$
Profundidad de trabajo	$h_k = 2a = 0.6366P_a = 2/P_d$
Dedendum	$b = h_t - a = 0.3683P_x = 1.157/P_d$
Diámetro de la raíz del sinfín	$D_{rW} = D_W - 2b$
Diámetro exterior del sinfín	$D_{oW} = D_W + 2a = D_W + h_k$
Diámetro de la raíz de la corona	$D_{rG} = D_G - 2b$
Diámetro de la garganta de la corona	$D_t = D_G + 2a$

Fuente: Norma AGMA *Design Manual Cylindrical Wormgearing* (Manual de diseño de sinfines cilíndricos), con autorización del editor, American Gear Manufacturers Association, 1500 King Street, Suite 201, Alexandria, VA 22314.

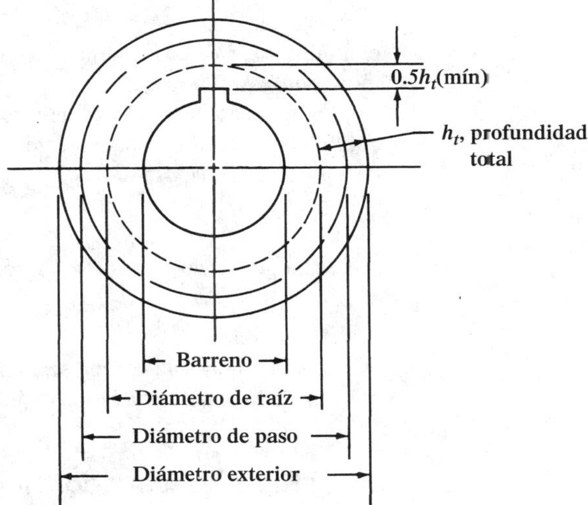

FIGURA 8-27 Sinfín hueco

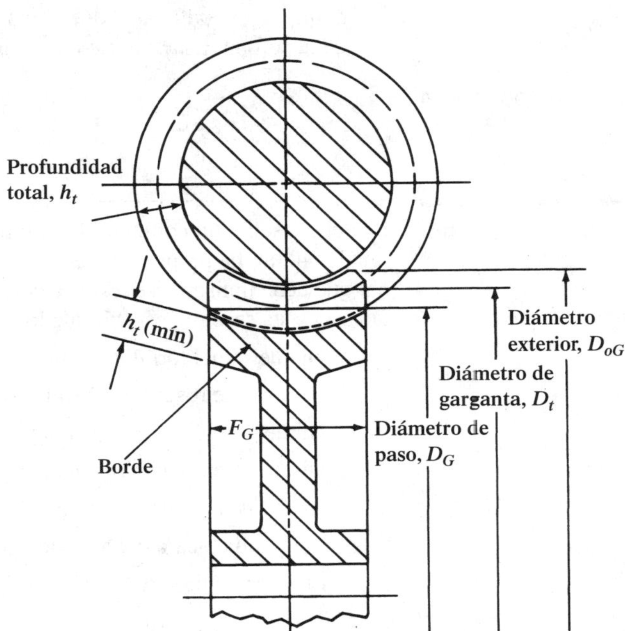

FIGURA 8-28 Detalles de la corona

Dimensiones de la corona

En este caso se considerará la corona del tipo envolvente sencillo, como se muestra en la figura 8-28. Se supone que las dimensiones de su addendum, dedendum y profundidad son las que muestra la tabla 8-8, medidas en la garganta de los dientes de la corona. Esta garganta está alineada con la línea de centro vertical del sinfín. El ancho de cara recomendado para la corona es

 **Ancho de cara de la corona**

$$F_G = (D_{oW}^2 - D_W^2)^{1/2} \tag{8-41}$$

Este ancho corresponde a longitud de la tangente al círculo de paso de la corona, y se limita por el diámetro exterior de la misma. Todo ancho de cara mayor que este valor no influye en la resistencia del esfuerzo o el desgaste, pero un valor adecuado a usar es un poco mayor que el mínimo. Las orillas externas de los dientes de la corona deben biselarse, más o menos como se ve en la figura 8-28.

Otra recomendación, adecuada para el diseño inicial, es que el ancho de cara de la corona debe ser aproximadamente 2.0 veces el paso circular. Como se trabaja en el sistema de paso circular, se usará

$$F_G = 2p = 2\pi/P_d \tag{8-42}$$

Sin embargo, como esto sólo es aproximado, y 2π está cercano a 6, se usará

$$F_G = 6/P_d \tag{8-43}$$

Si el alma de la corona se adelgaza, se debe dejar un espesor en la orilla cuando menos igual a la profundidad total de los dientes.

Longitud de la cara del sinfín

Para compartir el máximo de la carga, la longitud de la cara del sinfín debe prolongarse hasta al menos el punto en el que el diámetro externo del sinfín cruce al diámetro de la garganta de la corona. Esta longitud es

Longitud de la cara del sinfín

$$F_W = 2[D_t/2)^2 - (D_G/2 - a)^2]^{1/2} \tag{8-44}$$

Problema ejemplo 8-8 Se debe diseñar un conjunto de tornillo sinfín y corona que tenga una relación de velocidades igual a 40. Se ha propuesto que el paso diametral de la corona sea 8, con base en el par torsional que debe transmitirse (esto se describirá en el capítulo 10). Mediante las relaciones presentadas en esta sección, especifique lo siguiente:

Diámetro del tornillo sinfín, D_W
Número de roscas en el sinfín, N_W
Número de dientes en la corona, N_G
Distancia entre centros real, C
Ancho de cara de la corona, F_G
Longitud de cara del tornillo sinfín, F_W
Espesor mínimo de la orilla de la corona

Solución Se deben tomar muchas decisiones de diseño, y los requisitos se podrían satisfacer con varias soluciones. A continuación, se presenta una, y algunas comparaciones con los diversos lineamientos que se describieron en esta sección. Este tipo de análisis precede al análisis de esfuerzos, y a la determinación de la capacidad del sinfín y la corona para transmitir potencia, que se describirá en el capítulo 10.

Diseño tentativo: Se especificará un tornillo sinfín de doble rosca: $N_W = 2$. Entonces debe haber 80 dientes en la corona, para tener una relación de velocidades igual a 40. Esto es,

$$VR = N_G/N_W = 80/2 = 40$$

Con el paso diametral conocido, $P_d = 8$, el diámetro de paso de la corona es

$$D_G = N_G/P_d = 80/8 = 10.000 \text{ pulg}$$

Una estimación inicial de la magnitud de la distancia entre centros es aproximadamente C = 6.50 pulgadas. Se sabe que será mayor que 5.00 pulgadas, que es el radio de la corona. Mediante la ecuación (8-40), el tamaño mínimo del tornillo sinfín es

$$D_W = C^{0.875}/3.0 = 1.71 \text{ pulg}$$

De igual modo, el diámetro máximo debería ser

$$D_W = C^{0.875}/1.6 = 3.21 \text{ pulg}$$

Es mejor que el diámetro del tornillo sinfín sea menor. Se especificará $D_W = 2.25$ pulgadas. La distancia entre centros real es

$$C = (D_W + D_G)/2 = 6.125 \text{ pulg}$$

Diámetro exterior del tornillo sinfín

$$D_{oW} = D_W + 2a = 2.25 + 2(1/P_d) = 2.25 + 2(1/8) = 2.50 \text{ pulg}$$

Profundidad total

$$h_t = 2.157/P_d = 2.157/8 = 0.270 \text{ pulg}$$

Ancho de cara de la corona
Mediante la ecuación (8-41):

$$F_G = (D_{oW}^2 - D_W^2)^{1/2} = (2.50^2 - 2.25^2) = 1.090 \text{ pulg}$$

Ahora especifique $F_G = 1.25$ pulg

Addendum

$$a = 1/P_d = 1/8 = 0.125 \text{ pulg}$$

Diámetro de la garganta de la corona

$$D_t = D_G + 2a = 10.000 + 2(0.125) = 10.250 \text{ pulg}$$

Longitud mínima recomendada de la cara del tornillo sinfín

$$F_W = 2[(D_t/2)^2 - (D_G/2 - a)^2]^{1/2} = 3.16 \text{ pulg}$$

Se especifica que $F_w = 3.25$ pulg

Espesor mínimo del borde de la corona
El espesor del borde debe ser mayor que la profundidad total:

$$h_t = 0.270 \text{ pulg}$$

8-12 VALOR DEL TREN PARA TRENES DE ENGRANAJES COMPLEJOS

El concepto de valor del tren se presentó en la sección 8-6, y se aplicó a trenes de engranajes, todos con engranes rectos y una relación de reducción modesta. Se incluyeron trenes de dos a cinco engranes, con reducción sencilla o doble de velocidad. En esta sección se ampliará el concepto del valor del tren para abarcar una variedad mayor de tipos de engranes, mayores relaciones de reducción y la oportunidad de usar distintos arreglos de engranes.

La definición básica de *valor del tren*, que se representa en la ecuación (8-23), continuará usándose. Aquí se repetirá su forma general:

$$TV = \frac{\text{producto de los números de dientes en los engranes conducidos}}{\text{producto del número de dientes en los engranes conductores}} = \frac{\text{velocidad de entrada}}{\text{velocidad de salida}}$$

Esto equivale a decir que el valor del tren es el producto de las relaciones de velocidades de los pares individuales de engranes del tren.

Cuando se usan engranes rectos, helicoidales y cónicos, la geometría específica de los engranes y sus dientes no afectan el valor del tren. Cuando un conjunto de sinfín y corona es parte de un tren, se pueden sustituir sus datos en la ecuación, recordando que el número de *roscas* en el gusano se puede considerar equivalente al número de *dientes* en el impulsor de ese conjunto.

Son valiosos los esquemas de los trenes de engranajes, para ilustrar el arreglo de los engranes y para poder rastrear el flujo de la potencia por el tren; esto es, cómo se transfiere el movimiento desde el eje de entrada y pasa por todo el tren hasta el eje de salida. Los esquemas pueden ser algo esquemáticos, pero deben mostrar las posiciones relativas de los engranes y de los ejes que los soportan. Aunque no se necesita trazar los tamaños a escala, ayuda a sugerir su tamaño nominal, para juzgar si determinado par producirá una reducción o un incremento de velocidad. Basta indicar los diámetros de paso de los engranes. Recuérdese que el movimiento de una rueda en su rueda engranada se parece cinemáticamente a la rodadura de cilindros lisos entre sí, sin resbalar, donde los diámetros de los cilindros son iguales a los diámetros de paso de los engranes. Pero asegúrese de comprender que dos engranes cualesquiera engranados deben tener perfiles de dientes compatibles. Sólo se considerará aquí la cinemática del tren. Después, al diseñar los engranes, ejes, cojinetes y cajas reales, se deberán considerar muchas otras propiedades geométricas.

La técnica de trazado mostrada en la figura 8-29 es la que se usará en esta sección, y en la sección de problemas de este capítulo. A los engranes se les representará con una letra, y se numerarán los ejes que sostienen los engranes. Los datos del tren que se muestran en la figura se deben interpretar como sigue:

- Los engranes *A, B, C* y *D* son de tipo externo, rectos o helicoidales. Sus ejes (ejes 1, 2 y 3) son paralelos, y sólo se representan con sus líneas de centro. El eje 1 es la entrada al tren. En el caso típico se conectaría en forma directa con un impulsor, como un motor eléctrico.
- El engrane *A* mueve al engrane *B*, con una reducción de velocidad, porque *A* es menor que *B*. Existe un cambio de dirección de la rotación. El engrane *C* está en el mismo eje que el engrane *B*, y gira a la misma velocidad y en la misma dirección. El engrane *C* impulsa al engrane *D*, con una reducción de velocidad y una inversión de la dirección.
- Los engranes *E* y *F* son cónicos, rectos o espirales, o con alguna otra forma de diente. Sus ejes (3 y 4) son perpendiculares.
- El engrane *G* es un tornillo sinfín, e impulsa la corona *H*. Sus ejes (4 y 5) son perpendiculares, y el eje 5 sale de la página. Nótese que se observa de canto al cilindro de paso del gusano, que gira alrededor de un eje vertical (eje 4). Se tiene la vista frontal de la corona *H*.
- El piñón pequeño *I* también se monta sobre el eje 5, y gira a la misma velocidad y en la misma dirección que el sinfín *H*.
- El piñón *I* impulsa el engrane interno *J* montado en el eje 6, que es el engrane de salida del tren. Observe que el eje 6 gira en la misma dirección que el eje 5.

Los datos de los engranes se pueden indicar de varias maneras. Si sólo se va a examinar la velocidad angular, en el caso normal se indicará el número de dientes en cada engrane. Si se van a considerar tamaño físico, distancias entre centros, colocación de cojinetes, diseño de caja y distribución detallada del tren, entonces se deben especificar otras propiedades geométricas, como paso diametral, ancho de cara, estilo del modelo del engrane, estilo del cubo y diámetros de los engranes. La mayor parte de estas propiedades se describirán en capítulos posteriores. En este capítulo sólo se indicarán los números de dientes, en la mayor parte de los casos. Pero nótese que si se indican el diámetro de paso y el paso diametral de un piñón y un engrane, sus números de dientes se pueden calcular con

$$P_d = N_P/D_P = N_G/D_G$$
$$N_P = P_d D_P$$
$$N_G = P_d D_G$$

También, podremos usar la definición de paso diametral para indicar la relación entre los números de dientes en un par de engranes y la relación de sus diámetros:

$$P_d = N_P/D_P = N_G/D_G$$
$$N_G/N_P = D_G/D_P$$

Con esto se demuestra que la relación de diámetros podría reemplazar la relación de dientes en la ecuación del valor del tren.

Problema ejemplo 8-9

Vea la figura 8-29. El eje 1 es de un motor que gira a 1160 rpm. Calcular la velocidad de rotación del eje de salida, el eje 6. Los datos de los engranes son los siguientes:

$N_A = 18$	$N_B = 34$	$N_C = 20$	$N_D = 62$
$N_E = 30$	$N_F = 60$	$N_G = 2$ (rosca del gusano)	$N_H = 40$
		$N_I = 16$	$N_J = 88$

Solución Primero se calculará el valor del tren:

$$TV = \frac{(N_B)(N_D)(N_F)(N_H)(N_J)}{(N_A)(N_C)(N_E)(N_G)(N_I)} = \frac{(34)(62)(60)(40)(88)}{(18)(20)(30)(2)(16)} = 1288.2$$

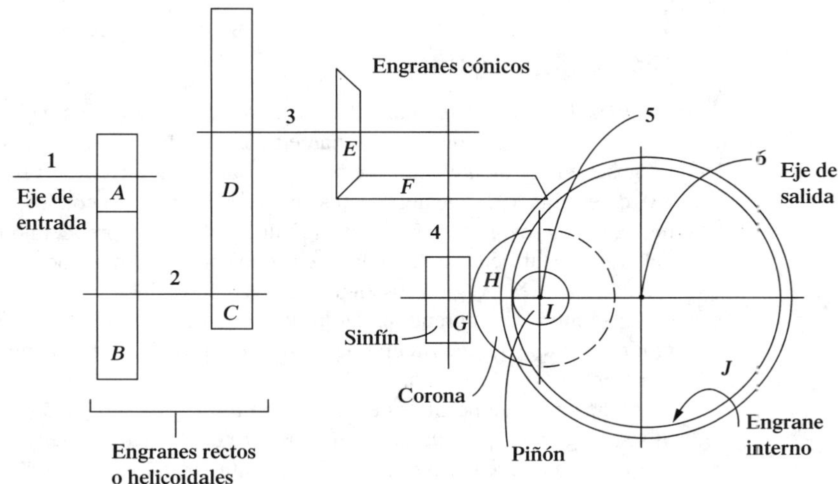

FIGURA 8-29 Tren de engranajes para el problema ejemplo 8-9

Pero $TV = n_1/n_6$. Entonces

$$n_6 = n_1/TV = (1160 \text{ rpm})/1288.2 = 0.900 \text{ rpm}$$

El eje 6 gira a 0.900 rpm.

8-13 PROPOSICIÓN DE TRENES DE ENGRANAJES

Ahora se mostrarán varios métodos de proponer trenes de engranajes que produzcan el valor del tren que se desee. El resultado típico será la especificación de número de dientes para cada engrane, y el arreglo general de los engranes entre sí. La determinación de los tipos de engranes en general no se indicará, excepto por la forma en que pueda afectar la dirección de rotación o el alineamiento general de los ejes. Después de terminar el estudio de los procedimientos de diseño en capítulos posteriores, se podrán especificar detalles adicionales.

Primero se repasarán algunos principios generales ya descritos en este capítulo.

Principios generales para proponer trenes de engranajes

1. La relación de velocidades de cualquier par de engranes se puede calcular de diversas maneras, como se indica en la ecuación (8-22).
2. El número de dientes en cada engrane debe ser un entero.
3. Los engranes que engranen deben tener la misma forma de diente y el mismo paso.
4. Cuando engranen engranes externos, hay una inversión de la dirección de sus ejes.
5. Cuando un piñón externo engrana con un engrane interno, sus ejes giran en la misma dirección.
6. Un engrane loco es aquel que funciona como motriz y al mismo tiempo como conducido, en el mismo tren. Su tamaño y número de dientes no tienen efecto sobre la magnitud del valor del tren, pero cambia la dirección de rotación.
7. Los engranes rectos y helicoidales funcionan sobre ejes paralelos.
8. Los engranes cónicos y los conjuntos de tornillo sinfín y corona funcionan en ejes perpendiculares entre sí.
9. La cantidad de dientes en el piñón de un par de engranes no debe ser tal que cause interferencia con su engrane compañero. Vea la tabla 8-6.
10. En general, el número de dientes en un engrane no debe ser mayor que 150, más o menos. Esto es algo arbitrario, pero en el caso típico es más conveniente tener un tren de engranajes de doble reducción, que un solo par de engranes con una reducción muy grande.

Diente suplementario

Algunos diseñadores recomiendan evitar relaciones de velocidades enteras, de ser posible, porque los mismos dos dientes estarían en contacto frecuente y producirían perfiles disparejos de desgaste en los dientes. Por ejemplo, al usar una relación de velocidades exactamente igual a 2.0, determinado diente del piñón se pondría en contacto con los mismos dos dientes del engrane, cada dos revoluciones. En el capítulo 9, el lector aprenderá que con frecuencia los dientes del piñón se fabrican con mayor dureza que los del engrane, porque el piñón experimenta los esfuerzos mayores. Al girar los engranes, los dientes del piñón tienden a alisar todas las asperezas de los dientes del engrane mayor, proceso que a veces se llama *asentamiento*. Cada diente del piñón tiene una geometría un poco distinta, y produce perfiles únicos de desgaste sobre los pocos dientes donde engrana.

Se tendrá un perfil de desgaste más uniforme si la relación de velocidades no es un entero. Si se agrega o se quita un diente del número de dientes en el engrane mayor, se tiene el resultado que cada diente del piñón estaría en contacto con un diente distinto del engrane, en cada revolución, y el patrón de desgaste sería más uniforme. Al diente que se agrega o se quita se le llama *diente suplementario*. Es obvio que la relación de velocidades del par de engranes será un poco diferente, pero en general eso no importa mucho, a menos que se requiera una sincronización precisa entre los engranes motriz y conducido. Considere el siguiente ejemplo.

El diseño inicial de un par de engranes pide que el piñón se monte en el eje de un motor eléctrico, cuya velocidad nominal es 1750 rpm. El piñón tiene 18 dientes, y el engrane tiene 36 dientes; eso da como resultado una relación de velocidades de $36/18 = 2.000$. Entonces, la velocidad de salida sería

Diseño inicial: $N_2 = n_1(N_P/N_G) = 1750 \text{ rpm } (18/36) = 875 \text{ rpm}$

Ahora, se podría agregar o quitar un diente al engrane. Las velocidades de salida serían

Diseño modificado: $n_2 = n_1(N_P/N_G) = 1750 \text{ rpm}(18/35) = 900 \text{ rpm}$

Diseño modificado: $n_2 = n_1(N_P/N_G) = 1750 \text{ rpm}(18/37) = 851 \text{ rpm}$

Las velocidades de salida de los diseños modificados tienen una diferencia menor al 3%, respecto del diseño original. Debería el lector decidir si eso es aceptable en determinado proyecto. Sin embargo, considere que la velocidad del motor no es 1750 rpm exactamente, en el caso típico. Como se describirá en el capítulo 21, 1750 rpm es la *velocidad a plena carga* de un motor eléctrico de corriente alterna con cuatro polos. Cuando trabaja con un par torsional menor que el de plena carga, la velocidad sería mayor que 1750 rpm, y al revés, un par torsional mayor causaría una velocidad menor. Cuando se requieren velocidades precisas se recomienda usar un accionamiento de velocidad variable, que se pueda ajustar de acuerdo con las cargas reales.

A continuación, se demostrarán varios procedimientos de diseño en los problemas de ejemplo. No es práctico describir totalmente un procedimiento general, por las muchas variables que existen en cada situación de diseño. Se aconseja al lector estudiar estos ejemplos para comprender su método general, que podrá después adaptar según sea necesario a problemas en lo futuro.

Diseño de un par de engranes para producir una determinada relación de velocidades

Problema ejemplo 8-10 Proponga un tren de engranajes que reduzca la velocidad angular de un accionamiento, desde el eje de un motor eléctrico que funciona a 3450 rpm, hasta 650 rpm, aproximadamente.

Solución Primero se calculará el valor nominal del tren:

$$TV = (\text{velocidad de entrada})/(\text{velocidad de salida}) = 3450/650 = 5.308$$

Si se usa solo un par de engranes, entonces el valor del tren es igual a la relación de velocidades de ese par. Esto es, $TV = VR = N_G/N_P$.

Se indicará el uso de engranes rectos con dientes de involuta de 20°, a profundidad completa. Entonces se podrá consultar la tabla 8-6, y determinar que no se debe usar menos de 16 dientes en el piñón, para evitar interferencias. Se podrá especificar el número de dientes del piñón, y usar la relación de velocidades para calcular el número de dientes en el engrane:

$$N_G = (VR)(N_P) = (5.308)(N_P)$$

En la tabla 8-9 se muestran algunos ejemplos.

Conclusiones y comentarios La combinación de $N_P = 26$ y $N_G = 138$ es la que tiene el resultado más ideal para la velocidad de salida. Pero todos los valores propuestos producen velocidades de salida razonablemente

TABLA 8-9

N_P	N_G calculado $= (5.308)(N_P)$	Entero más cercano, N_G	VR real: $VR = N_G/N_P$	Velocidad de salida real (rpm): $n_G = n_P/VR = n_P(N_P/N_G)$
16	84.92	85	85/16 = 5.31	649.4
17	90.23	90	90/17 = 5.29	651.7
18	95.54	96	96/18 = 5.33	646.9
19	100.85	101	101/19 = 5.32	649.0
20	106.15	106	106/20 = 5.30	650.9
21	111.46	111	111/21 = 5.29	652.7
22	116.77	117	117/22 = 5.32	648.7
23	122.08	122	122/23 = 5.30	650.4
24	127.38	127	127/24 = 5.29	652.0
25	132.69	133	133/25 = 5.32	648.5
26	138.00	138	138/26 = 5.308	650.0 Exacto
27	143.31	143	143/27 = 5.30	651.4
28	148.61	149	149/28 = 5.32	648.3
29	153.92	154	**Demasiado grande**	

cercanas al valor que se desea. Sólo dos tienen una diferencia respecto a ese valor mayor que 2.0 rpm. Queda tomar la decisión de diseño acerca de lo cercana que debe ser la velocidad de salida al valor indicado, de 650 rpm. Nótese que la velocidad de entrada es 3450 rpm, que es la velocidad de un motor eléctrico a plena carga. Pero ¿qué tan exacta es? La velocidad de la entrada real va a variar, dependiendo de la carga en el motor. Por consiguiente, no es probable que la relación deba ser muy precisa.

Relaciones de reducción iguales para trenes de engranajes compuestos

Problema ejemplo 8-11

Proponga un tren de engranajes para accionar una máquina herramienta. La entrada es un eje que gira exactamente a 1800 rpm. La velocidad de salida debe estar dentro del intervalo de 31.5 y 32.5 rpm. Use dientes de involuta de 20°, profundidad total, y que ningún engrane tenga más de 150 dientes.

Solución

Valores de tren permisibles

Primero se calcula el valor nominal del tren, que produzca una velocidad de salida de 32.0 rpm, que es la mitad del intervalo permisible:

$$TV_{\text{nom}} = (\text{velocidad de entrada})/(\text{velocidad nominal de salida}) = 1800/32 = 56.25$$

De igual modo, se podrán calcular las relaciones máxima y mínima permisibles:

$$TV_{\text{mín}} = (\text{velocidad de entrada})/(\text{velocidad máxima de salida}) = 1800/32.5 = 55.38$$
$$TV_{\text{máx}} = (\text{velocidad de entrada})/(\text{velocidad mínima de salida}) = 1800/31.5 = 57.14$$

Relación posible para un solo par

La relación máxima que puede producir un par de engranes, es cuando el engrane tiene 150 dientes y el piñón tiene 17 dientes (vea la tabla 8-6). Entonces

$$VR_{\text{máx}} = N_G/N_P = 150/17 = 8.82$$

Es demasiado baja.

FIGURA 8-30
Arreglo general del tren de engranajes propuesto

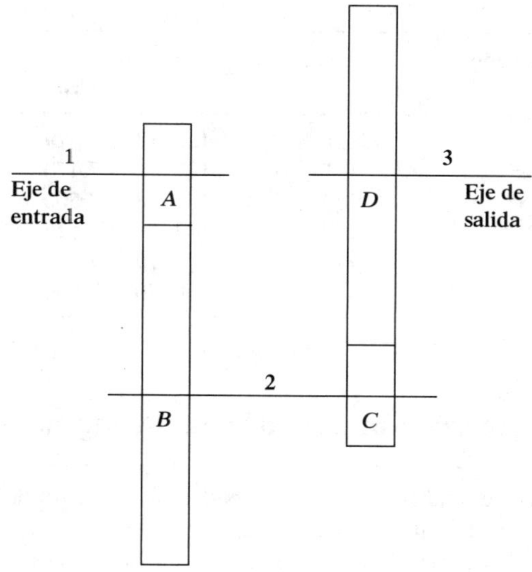

Valor de tren posible para una doble reducción
Si se propone un tren de doble reducción, el valor del tren será

$$TV = (VR_1)(VR_2)$$

Pero el valor máximo en cada *VR* es 8.82. Entonces, el valor máximo del tren, para la doble reducción, es

$$TV_{máx} = (8.82)(8.82) = (8.82)^2 = 77.9$$

La conclusión es que un tren de doble reducción podría ser práctico.

Diseños opcionales
La distribución general del tren propuesto se muestra en la figura 8-30. Su valor del tren es

$$TV = (VR_1)(VR_2) = (N_B/N_A)(N_D/N_C)$$

Se necesita especificar el número de dientes de cada uno de los cuatro engranes para obtener un valor de tren que quede entre los límites que se indicó arriba. Un método es especificar dos relaciones, VR_1 y VR_2, tales que su producto quede dentro del intervalo deseado. Para obtener el valor de tren intermedio, cada relación de velocidades debe ser igual a la raíz cuadrada de la relación deseada total, 56.25. Esto es,

$$VR_1 = VR_2 = \sqrt{56.25} = 7.50$$

Como se ve en la tabla 8-10, se usará un proceso parecido al del problema anterior, para seleccionar números de dientes posibles.

Cualquiera de los diseños posibles que se ven en la tabla 8-10 produciría resultados aceptables. Por ejemplo, se podría especificar

$$N_A = 18 \qquad N_B = 135 \qquad N_C = 18 \qquad N_D = 135$$

Esa combinación llegaría a una velocidad de salida de 32.0 rpm, exactamente, cuando la velocidad de entrada fuera 1800 rpm, exactamente.

TABLA 8-10

N_P	N_G calculado $= (7.5)(N_P)$	Entero más cercano, N_G	VR real: $VR = N_G/N_P$	Velocidad de salida real (rpm): $n_G = n_P(VR)^2$
17	127.5	128	128/17 = 7.529	31.75
17	127.5	127	127/17 = 7.470	32.25
18	135	135	135/18 = 7.500	32.00
19	142.5	143	143/19 = 7.526	31.78
19	142.5	142	142/19 = 7.474	32.23
20	150	150	150/20 = 7.500	32.00

Método de factorización para trenes de engranajes compuestos

Problema ejemplo 8-12 Proponga un tren de engranajes para una grabadora de un instrumento de medición de precisión. La entrada es un eje que gira exactamente a 3600 rpm. La velocidad de salida debe estar en el intervalo de 11.0 y 11.5 rpm. Use dientes de involuta de 20°, profundidad completa, con no menos de 18 dientes y no más de 150 dientes, en cualquier engrane.

Solución *TV nominal deseada*

$$TV_{\text{nom}} = 3600/11.25 = 320$$

TV máximo

$$TV_{\text{máx}} = 3600/11.0 = 327.3$$

TV mínimo

$$TV_{\text{mín}} = 3600/11.5 = 313.0$$

VR simple máxima

$$VR_{\text{máx}} = 150/18 = 8.33$$

TV máximo para doble reducción

$$TV_{\text{máx}} = (8.333)^2 = 69.4 \text{ (todavía pequeña)}$$

TV máximo para triple reducción

$$TV_{\text{máx}} = (8.333)^3 = 578 \text{ (aceptable)}$$

Se debe diseñar un tren de engranajes con triple reducción, como el de la figura 8-31. El valor del tren es el producto de las tres relaciones individuales de velocidades:

$$TV = (VR_1)(VR_2)(VR_3)$$

Si se pueden determinar tres factores de 320 que estén dentro de los límites de la relación posible para un solo par de engranes, se pueden especificar para cada relación de velocidades.

FIGURA 8-31 Tren de engranajes de triple reducción

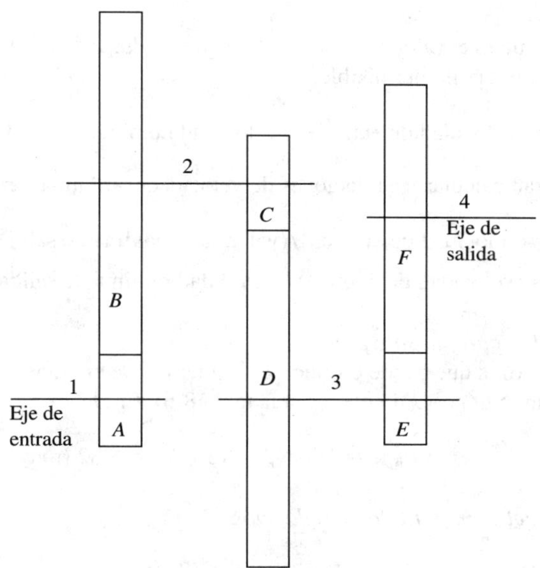

Factores de 320

Un método es dividir entre los números primos más pequeños que partan uniformemente, lo cual resulta en el número dado, que normalmente es 2, 3, 5 o 7. Por ejemplo

$$320/2 = 160$$
$$160/2 = 80$$
$$80/2 = 40$$
$$40/2 = 20$$
$$20/2 = 10$$
$$10/2 = 5$$

Entonces, los factores primos de 320 son 2, 2, 2, 2, 2, 2 y 5. Se desea tener un conjunto de tres factores que se pueda construir, al combinar cada conjunto de tres factores "2" en su producto. Esto es,

$$(2)(2)(2) = 8$$

Entonces los tres factores de 320 son

$$(8)(8)(5) = 320$$

Ahora, sea 18 el número de dientes en el piñón de cada par. El número de dientes en los engranes mayores será entonces (8)(18) = 144, o 5(18) = 90. Entonces, se podrá especificar

$N_A = 18$ $N_C = 18$ $N_E = 18$

$N_B = 144$ $N_D = 144$ $N_F = 90$

Relación residual

Problema ejemplo 8-13 Proponga un tren de engranajes para impulsar un transportador. El motor de impulsión gira a 1150 rpm, y se desea que la velocidad de salida del eje que impulse al transportador esté en el intervalo de 24 a 28 rpm. Use un tren de engranajes de doble reducción. El análisis de la transmisión de potencia indica que es preferible que la relación de reducción del primer par de engranes sea algo mayor que la del segundo par.

Solución El arranque de este problema se parece al problema ejemplo 8-12.

Valores del tren permisibles
Primero se calculará el valor nominal del tren que produzca una velocidad de salida de 26.0 rpm, en la mitad del intervalo permisible:

$$TV_{nom} = (\text{velocidad de entrada})/(\text{velocidad nominal de salida}) = 1150/26 = 44.23$$

Ahora se podrán calcular las relaciones de velocidades mínima y máxima admisibles:

$$TV_{mín} = (\text{velocidad de entrada})/(\text{velocidad máxima de salida}) = 1150/24 = 47.92$$
$$TV_{máx} = (\text{velocidad de entrada})/(\text{velocidad mínima de salida}) = 1150/28 = 41.07$$

Relación posible para un solo par
La relación máxima que puede producir cualquier par de engranes es cuando el mayor tiene 150 dientes y el piñón tiene 17 dientes (vea la tabla 8-6). Entonces

$$VR_{máx} = N_G/N_P = 150/17 = 8.82 \text{ (muy baja)}$$

Valor posible del tren, para doble reducción

$$TV = (VR_1)(VR_2)$$

Pero el valor máximo en cada caso es 8.82. Entonces, el valor máximo del tren es

$$TV_{máx} = (8.82)(8.82) = (8.82)^2 = 77.9$$

Es práctico usar un tren con doble reducción.

Diseños opcionales
La distribución general del tren propuesto se muestra en la figura 8-30. Su valor de tren es

$$TV = (VR_1)(VR_2) = (N_B/N_A)(N_D/N_C)$$

Se necesita especificar el número de dientes en cada uno de los cuatro engranes, para llegar a un valor de tren dentro del intervalo que ya se calculó. Nuestro método es especificar dos relaciones, VR_1 y VR_2, tales que su producto quede dentro del intervalo especificado. Si las dos relaciones fueran iguales, como arriba, cada una sería la raíz cuadrada de la relación deseada, 44.23. Es decir,

$$VR_1 = VR_2 = \sqrt{44.23} = 6.65$$

Pero se requiere que la primera relación sea algo mayor que la segunda. Entonces, se especificará que

$$VR_1 = 8.0 = (N_B/N_A)$$

Si se permite que el piñón A tenga 17 dientes, el número de dientes en el engrane B debe ser

$$N_B = (N_A)(8) = (17)(8) = 136$$

Entonces, la segunda relación debe ser, aproximadamente,

$$(VR_2) = TV(VR_1) = 44.23/8.0 = 5.53$$

Es la *relación residual*, que queda después de haber especificado la primera relación. Ahora, si se especifica que el piñón C tenga 17 dientes, el engrane D debe tener

$$VR_2 = 5.53 = N_D/N_C = N_D/17$$
$$N_D = (5.53)(17) = 94.01$$

Si esto se redondea a 94, es probable que se obtenga un resultado aceptable. Por último,

$$N_A = 17 \qquad N_B = 136 \qquad N_C = 17 \qquad N_D = 94$$

Se debe comprobar el diseño final:

$$TV = (136/17)(94/17) = 44.235 = n_A/n_D$$

La velocidad de salida real es

$$n_D = n_A/TV = (1150 \text{ rpm})/44.235 = 26.0 \text{ rpm}$$

Queda exactamente a la mitad del intervalo deseado.

REFERENCIAS

1. American Gear Manufacturers Association. Norma 1012-F90. *Gear Nomenclature, Definitions of Terms with Symbols* (Nomenclatura de engranes, definiciones de términos con símbolos). Alexandria, VA: American Gear Manufacturers Association, 1990.
2. American Gear Manufacturers Association. Norma 2002-B88 (R1996). *Tooth Thickness Specification and Measurement* (Especificación y medición del espesor de diente). Alexandria, VA: American Gear Manufacturers Association, 1996.
3. American Gear Manufacturers Association. Norma 2008. *Standard for Assembling Bevel Gears* (Norma para ensamblado de engranes cónicos). Alexandria, VA: American Gear Manufacturers Association, 2001.
4. American Gear Manufacturers Association. Norma 917-B97. *Design Manual for Parallel Shaft Fine-Pitch Gearing* (Manual de diseño de engranes de paso fino con ejes paralelos). Alexandria, VA: American Gear Manufacturers Association, 1997.
5. American Gear Manufacturers Association. Standard 2005-C96. *Design Manual for Bevel Gears* (Manual de diseño para engranes cónicos). Alexandria, VA: American Gear Manufacturers Association, 1996.
6. American Gear Manufacturers Association. Norma 6022-C93. *Design Manual for Cylindrical Wormgearing* (Manual de diseño para piñones sinfines). Alexandria, VA.: American Gear Manufacturers Association, 1993.
7. American Gear Manufacturers Association. Norma 6001 D97. *Design and Selection of Components for Enclosed Gear Drives* (Diseño y selección de componentes para transmisiones cerradas con engranes). Alexandria, VA: American Gear Manufacturers Association, 1997.
8. American Gear Manufacturers Association. Norma 2000-A88. *Gear Classification and Inspection Handbook – Tolerances and Measuring Methods for Unassembled Spur and Helical Gears (Including Metric Equivalents)* (Manual de clasificación e inspección de engranes – tolerancias y métodos de medición para engranes rectos y helicoidales sin ensamblar (incluyendo equivalentes métricos). Alexandria, VA: American Gear Manufacturers Association, 1988.
9. Drago, Raymond J. *Fundamentals of Gear Design* (Fundamentos de diseño de engranes). Boston: Wutteworths, 1988.
10. Dudley, Darle W. *Dudley's Gear Handbook* (Manual Dudley de engranes). 26ª edición. Nueva York: McGraw-Hill, 1991.
11. Lipp, Robert. "Avoiding Tooth Interference in Gears" (Para evitar interferencia de dientes en engranes). *Machine Design* 54, No. 1 (7 de enero de 1982).
12. Oberg, Erik, et al. *Machinery's Handbook*. 26ª edición. Nueva York: Industrial Press, 2000.
13. Shtipelman, Boris. *Design and Manufacture of Hypoid Gears* (Diseño y fabricación de engranes hipoides). Nueva York: John Wiley & Sons, 1978.
14. Wildhaber, Ernst. *Basic Relationship of Hypoid Gears* (Relación básica de engranes hipoides). Cleveland American Machinist, 1946.

SITIOS DE INTERNET RELACIONADOS CON LA CINEMÁTICA DE LOS ENGRANES

1. **American Gear Manufacturers Association (AGMA).** *www.agma.org* Desarrolla y publica normas por consenso voluntario, de engranes y transmisiones con engranes. Algunas normas se publican en conjunto con el American National Standards Institute (ANSI).
2. **Boston Gear Company.** *www.bostongear.com* Fabricante de engranes y transmisiones completas de engranes. Parte del grupo Colfax Power Transmission. Presenta datos de engranes rectos, helicoidales, cónicos y de gusano.
3. **Emerson Power Transmission Corporation** *www.emeerson-ept.com* La división Browning produce engranes rectos, helicoidales, cónicos y de gusano, así como transmisiones completas de engranes.
4. **Gear Industry Home Page.** *www.geartechnology.com* Fuente de información de muchas empresas que fabrican o usan engranes o sistemas engranados. Incluye maquinaria, herramientas para tallar, materiales para engranes, transmisiones con engranes, engranes abiertos, herramental

y suministros, programas, adiestramiento y educación. Publicado por *Gear Technology Magazine, The Journal of Gear Manufacturing*.

5. **Power Transmission Home Page.** *www.powertransmission.com* Agencia de noticias en Internet para compradores, usuarios y vendedores de productos y servicios relacionados con transmisión de potencia. Incluye engranes, transmisiones de engranes y motorreductores.

6. **Rockwell Automation/Dodge** *www.dodge-pt.com* Fabricante de muchos componentes para transmisión de potencia mecánica, que incluyen reductores completos de velocidad con engranes, cojinetes y componentes, como transmisiones con bandas, con cadenas, embragues, frenos y acoplamientos.

PROBLEMAS

Geometría de los engranes

1. Un engrane tiene 44 dientes con perfil de involuta de 20°, profundidad completa y paso diametral 12. Calcule lo siguiente:
   - *a*) Diámetro de paso
   - *b*) Paso circular
   - *c*) Módulo equivalente
   - *d*) Módulo normalizado más cercano
   - *e*) Addendum
   - *f*) Dedendum
   - *g*) Holgura
   - *h*) Profundidad total
   - *i*) Profundidad de trabajo
   - *j*) Espesor de diente
   - *k*) Diámetro exterior

   Repita el problema 1 para los siguientes engranes:

2. $N = 34; P_d = 24$
3. $N = 45; P_d = 2$
4. $N = 18; P_d = 8$
5. $N = 22; P_d = 1.75$
6. $N = 20; P_d = 64$
7. $N = 180; P_d = 80$
8. $N = 28; P_d = 18$
9. $N = 28; P_d = 20$

Para los problemas 10 a 17, repita el problema 1 para los siguientes engranes en el sistema de módulo métrico. Sustituya el inciso (*c*) con P_d equivalente, y el inciso (*d*) con el P_d normalizado más cercano.

10. $N = 34; m = 3$
11. $N = 45; m = 1.25$
12. $N = 18; m = 12$
13. $N = 22; m = 20$
14. $N = 20; m = 1$
15. $N = 180; m = 0.4$
16. $N = 28; m = 1.5$
17. $N = 28; m = 0.8$
18. Defina el *juego* y describa los métodos para producirlo.
19. Para los engranes de los problemas 1 y 12, recomiende la cantidad de juego.

Relación de velocidades

20. Un piñón de paso 8, con 18 dientes, engrana con un engrane de 64 dientes. El piñón gira a 2450 rpm. Calcule lo siguiente:
    - *a*) Distancia entre centros
    - *b*) Relación de velocidades
    - *c*) Velocidad del engrane
    - *d*) Velocidad de la línea de paso

    Repita el problema 20 con los siguientes datos:

21. $P_d = 4; N_P = 20; N_G = 92; n_P = 225$ rpm
22. $P_d = 20; N_P = 30; N_G = 68; n_P = 850$ rpm
23. $P_d = 64; N_P = 40; N_G = 250; n_P = 3450$ rpm
24. $P_d = 12; N_P = 24; N_G = 88; n_P = 1750$ rpm
25. $m = 2; N_P = 22; N_G = 68; n_P = 1750$ rpm
26. $m = 0.8; N_P = 18; N_G = 48; n_P = 1150$ rpm
27. $m = 4; N_P = 36; N_G = 45; n_P = 150$ rpm
28. $m = 12; N_P = 15; N_G = 36; n_P = 480$ rpm

Para los problemas 29 a 32, todos los engranes se fabrican con dientes estándar de involuta de 20°, profundidad total. Indique qué error existe en las siguientes afirmaciones:

29. Un piñón de paso 8 con 24 dientes engrana con un engrane de paso 10 con 88 dientes. El piñón gira a 1750 rpm y el engrane a aproximadamente 477 rpm. La distancia entre centros es 5.900 pulgadas.
30. Un piñón de paso 6 con 18 dientes engrana con un engrane de paso 6, con 82 dientes. El piñón gira a 1750 rpm y el engrane a aproximadamente 384 rpm. La distancia entre centros es 8.3 pulgadas.
31. Un piñón de paso 20 con 12 dientes engrana con un engrane de paso 20, con 62 dientes. El piñón gira a 825 rpm y el engrane a aproximadamente 160 rpm. La distancia entre centros es 1.850 pulgadas.

32. Un piñón de paso 16 con 24 dientes engrana con un engrane de 45 dientes. El diámetro exterior del piñón es 1.625 pulgadas. El diámetro externo del engrane es 2.938 pulgadas, y la distancia entre centros es 2.281 pulgadas.

Dimensiones de la caja

33. El par de engranes que se describió en el problema 20 se debe instalar en una caja rectangular. Especifique las dimensiones *X* y *Y*, de acuerdo con el esquema de la figura P8-33, que permitirían una holgura mínima de 0.10 pulgadas.
34. Repita el problema 33 para los datos del problema 23.
35. Repita el problema 33 con los datos del problema 26, pero haga que la holgura sea 2.0 mm.
36. Repita el problema 33 con los datos del problema 27, pero haga que la holgura sea 2.0 mm.

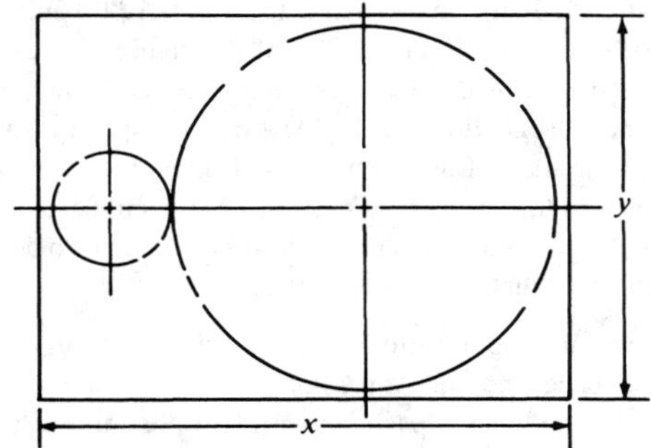

FIGURA P8-33 (Problemas 33, 34, 35 y 36)

Análisis de trenes de engranajes simple

Para los trenes de engranajes que muestran las figuras indicadas, calcule la velocidad de salida y la dirección de rotación del eje de salida, si el eje de entrada gira a 1750 rpm en sentido de las manecillas del reloj.

37. Use la figura P8-37.

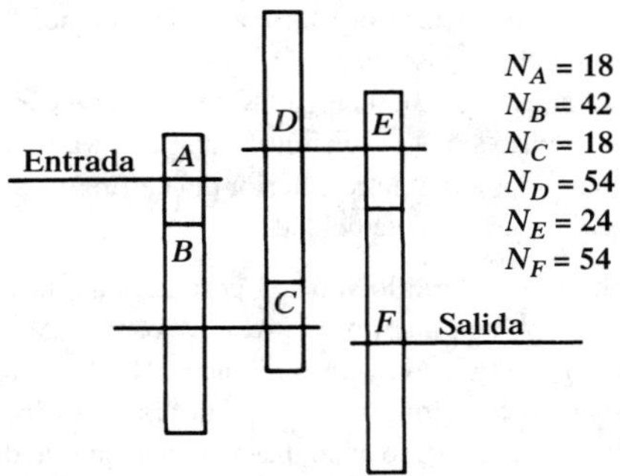

FIGURA P8-37

38. Use la figura P8-38.

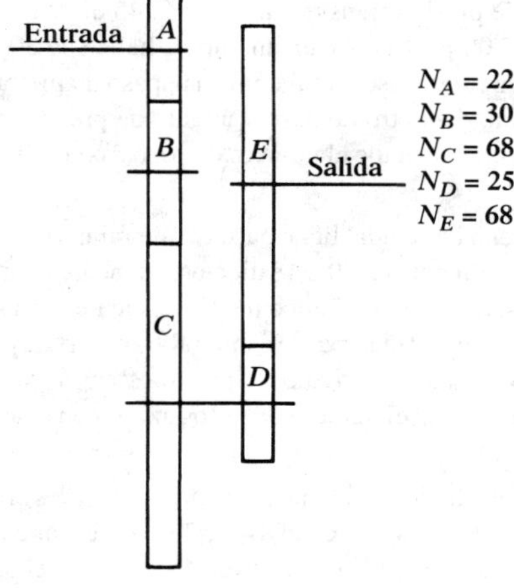

FIGURA P8-38

39. Use la figura P8-39.

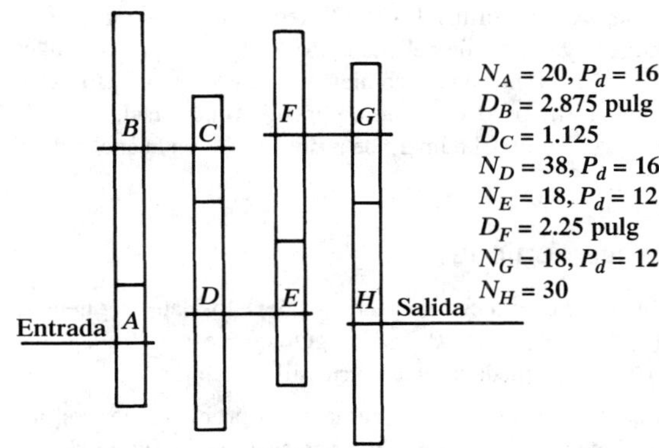

FIGURA P8-39

40. Use la figura P8-40.

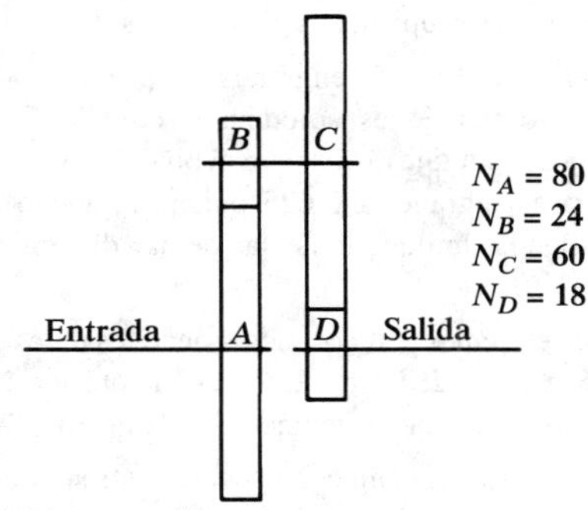

FIGURA P8-40

Engranes helicoidales

41. Un engrane helicoidal tiene un paso diametral transversal 8, ángulo de presión transversal de $14\frac{1}{2}°$, 45 dientes con ancho de cara 2.00 pulgadas y un ángulo de hélice de 30°. Calcule el paso circular, paso circular normal, paso diametral normal, paso axial, diámetro de paso y ángulo de presión normal. A continuación, calcule el número de pasos axiales en el ancho de cara.

42. Un engrane helicoidal tiene paso diametral normal 12, ángulo de presión normal 20°, 48 dientes, ancho de cara 1.50 pulgadas y un ángulo de hélice de 45°. Calcule el paso circlar, paso circular normal, paso diametral transversal, paso axial, diámetro de paso y ángulo de presión transversal. A continuación, calcule el número de pasos axiales en el ancho de la cara.

43. Un engrane helicoidal tiene paso diametral transversal 6, ángulo de presión transversal $14\frac{1}{2}°$, 36 dientes, ancho de cara 1.00 pulgada y ángulo de hélice de 45°. Calcule el paso circular, paso circular normal, paso diametral normal, paso axial, diámetro de paso y ángulo de presión normal. A continuación calcule el número de pasos axiales en el ancho de cara.

44. Un engrane helicoidal tiene paso diametral normal 24, ángulo de presión normal $14\frac{1}{2}°$, 72 dientes, ancho de cara 0.25 pulgada y ángulo de hélice de 45°. Calcule el paso circular, paso circular normal, paso diametral transversal, paso axial, diámetro de paso y ángulo de presión transversal. A continuación calcule el número de pasos axiales en el ancho de la cara.

Engranes cónicos

45. Un par de engranes cónicos rectos tiene los datos siguientes: $N_P = 15, N_G = 45, P_d = 6$, ángulo de presión 20°. Calcule todas las propiedades geométricas de la tabla 8-7.

46. Trace a escala el par de engranes del problema 45, con las siguientes dimensiones adicionales (vea la figura 8-22). Distancia de montaje (M_{dP}) para el piñón = 5.250 pulgadas; M_{dG} para el engrane = 3.000 pulgadas; ancho de cara = 1.250 pulgadas. Indique las demás dimensiones necesarias.

47. Un par de engranes cónicos rectos tiene los datos siguientes: $N_P = 25, N_G = 50; P_d = 10$; ángulo de presión 20°. Calcule todas las demás propiedades geométricas de la tabla 8-7.

48. Trace a escala el par de engranes del problema 47, con las siguientes dimensiones adicionales (vea la figura 8-22). Distancia de montaje (M_{dP}) para el piñón = 3.375 pulgadas; M_{dG} para el engrane = 3.625 pulgadas; ancho de cara = 0.700 pulgada. Indique todas las demás dimensiones necesarias.

49. Un par de engranes cónicos rectos tiene los datos siguientes: $N_P = 18; N_G = 72; P_d = 12$; ángulo de presión 20°. Calcule todas las propiedades geométricas de la tabla 8-7.

50. Un par de engranes cónicos rectos tiene los siguientes datos: $N_P = 16; N_G = 64; P_d = 32$; ángulo de presión 20°. Calcule todas las propiedades geométricas de la tabla 8-7.

51. Un par de engranes cónicos rectos tiene los datos siguientes: $N_P = 12, N_G = 36; P_d = 48$; ángulo de presión 20°. Calcule todas las propiedades geométricas de la tabla 8-7.

Tornillo sinfín y corona

52. Un conjunto de tornillo sinfín y corona tiene un tornillo sinfín de una sola rosca, con diámetro de paso 1.250 pulgadas, paso diametral 10 y ángulo de presión normal 14.5°. Si el tornillo sinfín engrana con una corona de 40 dientes y 0.625 pulg de ancho de cara, calcule el avance, paso axial, paso circular, ángulo de avance, addendum, dedendum, diámetro exterior del sinfín, diámetro de raíz del sinfín, diámetro de paso de la corona, distancia entre centros y relación de velocidades.

53. Se examinan tres diseños de un conjunto de sinfín y corona que produzca una relación de velocidades igual a 20, cuando el sinfín gira a 90 rpm. Los tres tienen un paso diametral igual a 12, diámetro de paso del sinfín de 1.000 pulgada, ancho de cara de 0.500 pulg y 14.5° de ángulo de presión normal. Uno tiene un sinfín de una rosca y 20 dientes en la corona; el segundo tiene doble rosca en el sinfín y 40 dientes en la corona y el tercero tiene sinfín de cuatro roscas y 80 dientes en la corona. Para cada diseño, calcule el avance, paso axial, paso circular, ángulo de avance, diámetro de paso de la corona y distancia entre centros.

54. Un conjunto de tornillo sinfín y corona tiene el gusano con doble rosca y ángulo de presión normal 20°, diámetro de paso 0.625 pulgada, y paso diametral 16. Su corona compañera tiene 100 dientes, ancho de cara 0.3125 pulg. Calcule el avance, paso axial, paso circular, ángulo de avance, addendum, dedendum, diámetro exterior del sinfín, distancia entre centros y relación de velocidades.

55. Un conjunto de sinfín y corona tiene un sinfín con cuatro roscas y ángulo de presión normal de $14\frac{1}{2}°$, diámetro de paso 2.000 pulgadas y paso diametral 6. Su corona compañera tiene 72 dientes y 1.000 de ancho de cara. Calcule el avance, paso axial, paso circunferencial, ángulo de avance, addendum, dedendum, diámetro externo del gusano, distancia entre centros y relación de velocidades.

56. Un conjunto de sinfín y corona tiene un gusano con una sola rosca, ángulo de presión normal $14\frac{1}{2}°$, diámetro de paso 4.000 pulgadas y paso diametral 3. Su corona compañera tiene 54 dientes con 2.000 pulgadas de ancho de cara. Calcule el avance, paso axial, paso circular, ángulo de avance, addendum, dedendum, diámetro exterior del sinfín, distancia entre centros y relación de velocidades.

57. Un conjunto de tornillo sinfín y corona tiene un gusano de cuatro roscas con ángulo de presión normal 25°, diámetro de paso 0.333 pulgada y paso diametral 48. Su corona compañera tiene 80 dientes y ancho de cara 0.156 pulgada. Calcule el avance, paso axial, paso cicular, ángulo de avance, addendum, dedendum, diámetro exterior del sinfín, distancia entre centros y relación de velocidades.

Análisis de trenes de engranajes complejos

58. El eje de entrada al tren de engranajes de la figura P8-58 gira a 3450 rpm. Calcule la velocidad angular del eje de salida.

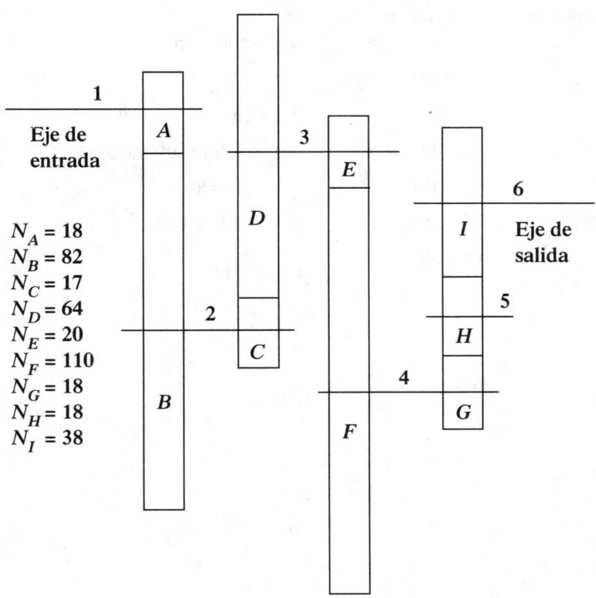

FIGURA P8-58 Tren de engranajes para el problema 58

59. El eje de entrada en el tren de engranajes de la figura P8-59 gira a 12200 rpm. Calcule la velocidad angular del eje de salida.

60. El eje de entrada del tren de engranajes en la figura P8-60 gira a 6840 rpm. Calcule la velocidad angular del eje de salida.

61. El eje de entrada del tren de engranajes en la figura P8-61 gira a 2875 rpm. Calcule la velocidad angular del eje de salida.

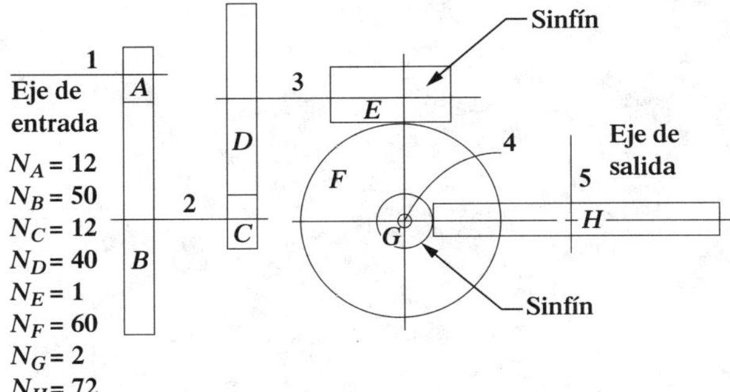

FIGURA P8-59 Tren de engranajes para el problema 59

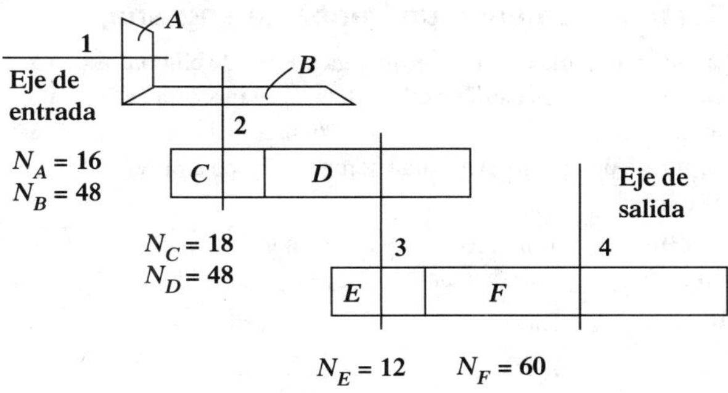

FIGURA P8-60 Tren de engranajes para el problema 60

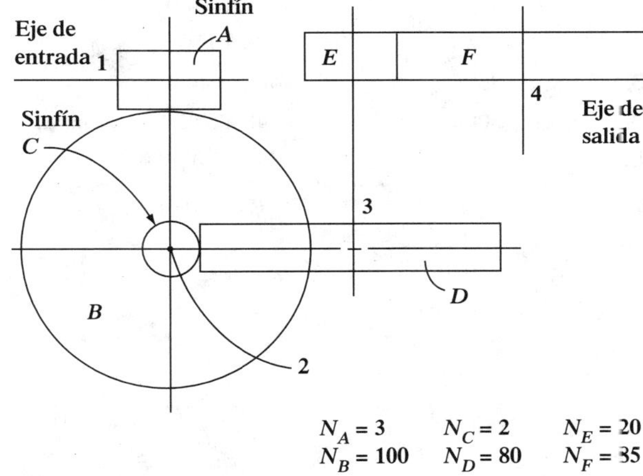

FIGURA P8-61 Tren de engranajes para el problema 61

Diseño cinemático de un par de engranes

62. Especifique los números de dientes en el piñón y el engrane de un par, para producir una relación de velocidades tan cercana como sea posible a π. Use no menos de 16 dientes, y no más de 24 en el piñón.

63. Especifique los números de dientes en el piñón y el engrane de un par que produzca una relación de velocidades lo más cercana posible a $\sqrt{3}$. No use menos de 16 dientes y no más de 24 en el piñón.

64. Especifique los números de dientes del piñón y el engrane de un par que produzca una relación de velocidades lo más cercana posible a $\sqrt{38}$. No use menos de 18 dientes ni más de 25 en el piñón.

65. Especifique los números de dientes en el piñón y el engrane de un par, para producir una relación de velocidades lo más cercana que sea posible a 7.42. No use menos de 18 dientes ni más de 24 en el piñón.

Diseño cinemático de trenes de engranajes

Para los problemas 66 a 75, proponga un tren de engranajes, todos externos sobre ejes paralelos. Use dientes de involuta de 20° a profundidad completa, y no más de 150 dientes en cualquier engrane. Asegúrese de que no exista interferencia. Trace el arreglo general de su diseño.

Problema núm.	Velocidad de entrada (rpm)	Intervalo de velocidades de salida (rpm)
66.	1800	2.0 exactamente
67.	1800	21.0 a 22.0
68.	3360	12.0 exactamente
69.	4200	13.0 a 13.5
70.	5500	221 a 225
71.	5500	13.0 a 14.0
72.	1750	146 a 150
73.	850	40.0 a 44.0
74.	3000	548 a 552 Use dos pares
75.	3600	3.0 a 5.0

Para los problemas 76 a 80, proponga un tren de engranajes de cualquier tipo. Trate de que el número de dientes de engranes sea mínimo, y evite al mismo tiempo que exista interferencia y que exista más de 150 dientes en cualquier engrane. Haga un esquema de su diseño.

Problema No.	Velocidad de entrada (rpm)	Velocidad de salida (rpm)
76.	3600	3.0 a 5.0
77.	1800	8.0 exactamente
78.	3360	12.0 exactamente
79.	4200	13.0 a 13.5
80.	5500	13.0 a 14.0

9

Diseño de engranes rectos

Diseño de engranes rectos

Mapa de aprendizaje

- Un engrane recto tiene dientes de involuta que son rectos y paralelos a la línea de centro del eje que soporta al engrane.

Descubrimiento

Describa la acción de los dientes del engrane impulsor, sobre los del engrane impulsado. ¿Qué tipos de esfuerzos se producen?

¿Cómo afectan la geometría de los dientes de los engranes, los materiales de que están hechos y las condiciones de funcionamiento, a los esfuerzos y a la duración del sistema de engranes?

Este capítulo lo ayudará a adquirir los conocimientos necesarios para efectuar los análisis necesarios, y diseñar la transmisión segura con engranes rectos, que tenga una larga duración.

Un *engrane recto* es uno de los principales tipos de engranes. Sus dientes son rectos y paralelos a la línea del centro del eje que soporta al engrane. Los dientes tienen perfil de involuta, descrito en el capítulo 8. Así, en general, la acción de un diente sobre el correspondiente, es como la de dos elementos curvos y convexos en contacto. A medida que gira el engrane, sus dientes ejercen una fuerza sobre el engrane compañero, que es tangencial a los círculos de paso de los dos engranes. Debido a que esta fuerza actúa a una distancia igual al radio de paso del engrane, se desarrolla un par torsional en el eje que soporta al engrane. Cuando los dos engranes giran, transmiten potencia proporcional al par torsional. En realidad, es la finalidad principal del sistema de transmisión con engranes rectos.

Examine la acción que se acaba de describir en el párrafo anterior:

- ¿Cómo se relaciona esa acción con el diseño de los dientes de engranes? Regrese a la figura 8-1 del capítulo 8, cuando medite en esta pregunta y en las que siguen.
- Cuando el diente impulsor ejerce fuerza sobre el diente impulsado ¿qué tipos de esfuerzos se producen en los dientes? Examine el punto de contacto de un diente sobre el otro, y el diente completo. ¿Dónde se presentan los esfuerzos máximos?
- ¿Cómo podrían fallar los dientes bajo la influencia de estos esfuerzos?
- ¿Qué propiedades de material son críticas, para que los engranes puedan soportar esas cargas con seguridad y con una duración razonable?
- ¿Qué propiedades geométricas importantes afectan el valor del esfuerzo que se produce en los dientes?
- ¿Cómo afecta la precisión de la geometría de los dientes a su funcionamiento?
- ¿Cómo afecta la naturaleza de la aplicación a los engranes? ¿Y si la máquina que impulsan los engranes es una trituradora de roca que admite grandes piedras y las reduce a grava pequeña? ¿Cómo se compara eso con un sistema de engranes que impulse a un ventilador de un edificio?
- ¿Cuál es la influencia de la máquina conducida? ¿Variaría el diseño si un motor eléctrico fuera el impulsor, o si se usara un motor de gasolina?
- En el caso típico, los engranes se montan en ejes que entregan potencia de la máquina motriz al engrane de entrada de un tren, y extraen potencia del engrane de salida, para transmitirla a la máquina impulsada. Describa las diversas formas en que se pueden fijar los engranes a los ejes, para ubicarlos entre sí. ¿Cómo se pueden soportar los engranes?

Este capítulo contiene los tipos de información con la que puede contestar cada pregunta, y completar el análisis y diseño de los sistemas de transmisión de potencia con engranes rectos.

En capítulos posteriores se explican temas similares para engranes helicoidales, cónicos, y sinfín y corona, junto con el diseño y la especificación de cuñas, acoplamientos, sellos, ejes y cojinetes; todo ello se necesita para diseñar una transmisión mecánica completa.

Usted es el diseñador

¿Ya tomó usted la decisión de diseño para usar un reductor de velocidad con engranes rectos, para determinada aplicación? ¿Cómo terminaría el diseño de los engranes mismos?

Esta es la continuación, en un escenario de diseño que se inició en el capítulo 1 de este libro, cuando se indicaron las metas originales, y cuando se presentó una perspectiva general de todo el libro. La introducción a la parte II continuó con este tema, indicando que el arreglo de los capítulos corresponde al proceso de diseño que podría usted seguir para terminar el diseño del reductor de velocidad.

Entonces, en el capítulo 8, como diseñador, comprendió la cinemática de un reductor de engranes que tomaría potencia del eje de un motor eléctrico que gire a 1750 rpm, y la entregue a una máquina que debía trabajar a aproximadamente 292 rpm. En esa ocasión, limitó su interés a las decisiones que afectaban el movimiento y la geometría básica de los engranes. Se decidió que usted usara un tren de doble reducción, para disminuir la velocidad de rotación del sistema de accionamiento en dos etapas, mediante dos pares de engranes en serie. También aprendió cómo especificar el arreglo del tren de engranes, con decisiones clave, como el número de dientes en todos los engranes y las relaciones entre paso diametral, número de dientes en los engranes, diámetros de paso, y distancia entre centros de los ejes que soportan esos engranes. Para determinado paso diametral, aprendió cómo calcular las dimensiones de las propiedades clave de los dientes de engranes, como el addendum o altura de cabeza, el dedendum o altura de pie, y el ancho del diente.

Pero el diseño no se completa sólo cuando especifique el material con el que se van a fabricar los engranes, y cuando verifique que los engranes resistirán las fuerzas ejercidas sobre ellos, cuando transmiten potencia y el par torsional correspondiente. Los dientes no se deben romper, y deben tener una duración suficiente para satisfacer las necesidades del usuario del reductor.

Para completar el diseño, necesita más datos: ¿Cuánta potencia se debe transmitir? ¿A qué tipo de máquina se entrega la potencia del eje de salida del reductor? ¿Cómo afecta eso al diseño de los engranes? ¿Cuál es el ciclo de trabajo previsto para el reductor, en términos de número de horas al día, días por semana y años de vida útil esperados? ¿Qué opciones tiene respecto de los materiales adecuados para los engranes? ¿Qué material especificará, y cuál será su tratamiento térmico?

Usted es el diseñador. La información en este capítulo le ayudará a terminar el diseño.

9-1 OBJETIVOS DE ESTE CAPÍTULO

Al terminar este capítulo, podrá demostrar las competencias de la lista de abajo. Se presentan en el orden en que se explicarán en el capítulo. Los objetivos principales corresponden a los números 6, 7 y 8, los cuales implican *a*) el cálculo de la resistencia flexionante, y la capacidad de los dientes de engranes para resistir la picadura, y *b*) el diseño de engranes para que sean seguros respecto de la resistencia a las fuerzas y a las picaduras. Las competencias son las siguientes:

1. Calcular las fuerzas que se ejercen sobre los dientes de engranes, cuando giran y transmiten potencia.
2. Describir varios métodos para fabricar engranes, y los grados de precisión y de calidad para los cuales se pueden producir.
3. Especificar un grado adecuado de calidad para engranes, de acuerdo con el uso que se les vaya a dar.
4. Describir los materiales metálicos adecuados con los cuales se puedan fabricar los engranes para obtener un óptimo funcionamiento, tanto desde el punto de vista de resistencia a las cargas como a las picaduras.
5. Manejar las normas de la Asociación Estadounidense de Fabricantes de Engrane (AGMA), como base para completar el diseño de los engranes.
6. Efectuar los análisis adecuados de esfuerzos, para determinar las relaciones entre las fuerzas aplicadas, la geometría de los dientes del engrane, la precisión de ellos y otros factores específicos para una determinada aplicación, con el fin de tomar decisiones finales acerca de esas variables.

7. Realizar el análisis de la tendencia para los esfuerzos de contacto ejercidos sobre las superficies de los dientes que causen picadura del diente, con el fin de determinar una dureza adecuada del material del engrane que proporcionará un valor aceptable de resistencia a la picadura para el reductor.
8. Completar el diseño de los engranes, considerando tanto el análisis de esfuerzos como el análisis de resistencia a la picadura. El resultado será una completa especificación de la geometría del engrane, el material para el engrane, y el tratamiento térmico del material.

9-2 CONCEPTOS DE LOS CAPÍTULOS ANTERIORES

Se supone que, al estudiar este capítulo, se ha familiarizado con la geometría de los engranes y la cinemática del accionamiento de engranes presentados en el capítulo 8, e ilustrados en las figuras 8-1, 8-8, 8-11, 8-12, 8-13 y 8-15. (Vea también las referencias 4 y 23). Las relaciones clave que debería usar incluyen las siguientes:

$$\text{Velocidad de la línea de paso} = v_t = R\omega = (D/2)\omega$$

donde R = radio del círculo de paso
D = diámetro de paso
ω = velocidad angular del engrane

Como la velocidad de la línea de paso es igual tanto para el piñón como para el engrane, los valores de R, D y ω pueden corresponder a cualquiera de ellos. En el cálculo de los esfuerzos en dientes de engranes se acostumbra expresar la velocidad de la línea de paso en pies/min, mientras que el tamaño del engrane se indica con su diámetro de paso expresado en pulgadas. La velocidad de rotación se indica como n rpm, esto es, n rev/min, en el caso típico. Se calcula la ecuación con unidades específicas, para obtener la velocidad de la línea de paso en pies/min:

Velocidad de la línea de paso

$$v_t = (D/2)\omega = \frac{D\text{ pulg}}{2} \cdot \frac{n\text{ rev}}{\text{min}} \cdot \frac{2\pi\text{ rad}}{\text{rev}} \cdot \frac{1\text{ pie}}{12\text{ pulg}} = (\pi D n/12)\text{ pies/min} \tag{9-1}$$

La relación de velocidades se puede expresar en muchas formas. Para el caso particular de un piñón que impulsa a un engrane,

Relación de velocidades

$$\text{Relación de velocidad} = VR = \frac{\omega_P}{\omega_G} = \frac{n_P}{n_G} = \frac{R_G}{R_P} = \frac{D_G}{D_P} = \frac{N_G}{N_P} \tag{9-2}$$

Existe una relación afín, m_G, llamada *relación de engrane*, que se emplea con frecuencia en el análisis del funcionamiento de los engranes. Siempre se define como la relación del número de dientes del engrane entre el número de dientes en el piñón, independientemente de cuál sea el impulsor. Así, m_G siempre es mayor o igual que 1.0. Cuando el piñón es el impulsor, como en el caso de un reductor de velocidad, m_G es igual a VR. Esto es

Relación de engranes

$$\text{Relación de engranes} = m_G = N_G/N_P \geq 1.0 \tag{9-3}$$

El paso diametral, P_d, caracteriza el tamaño físico de los dientes de un engrane. Se relaciona con el diámetro del círculo de paso y el número de dientes como sigue:

Paso diametral

$$P_d = N_G/D_G = N_P/D_P \tag{9-4}$$

El ángulo de presión, ϕ, es una propiedad importante que caracteriza la forma de la curva involuta que forma la cara activa de los dientes de engranes estándar. Vea la figura 8-13. También, en la figura 8-12, observe que el ángulo entre una normal a la involuta, y la tangente al círculo de paso para un engrane es igual al ángulo de presión.

9-3 FUERZAS, PAR TORSIONAL Y POTENCIA EN ENGRANES

➪ Par torsional

Para comprender el método de cálculo de esfuerzos en los dientes de engranes, considere la forma en que se transmite la potencia en un sistema de engranes. Para el par de engranes simple en una reducción, como lo muestra la figura 9-1, la potencia se envía desde un motor y la recibe un eje de entrada, que gira a la velocidad del motor. Entonces, se puede calcular el par torsional en el eje con la siguiente ecuación:

$$\text{Par torsional} = \text{potencia/velocidad de rotación} = P/n \qquad \textbf{(9-5)}$$

El eje de entrada transmite la potencia desde el acoplamiento hasta el punto donde está montado el piñón. Mediante la cuña, se transmiten la potencia del eje al piñón. Los dientes del piñón impulsan a los dientes del engrane, y con ello transmiten la potencia al engrane. Pero de nuevo, en realidad la transmisión de potencia implica la aplicación de un par torsional durante la rotación a determinada velocidad. El par torsional es el producto de la fuerza que actúa tangente al círculo de paso multiplicado por el radio de paso del piñón. Se usará el símbolo W_t para indicar

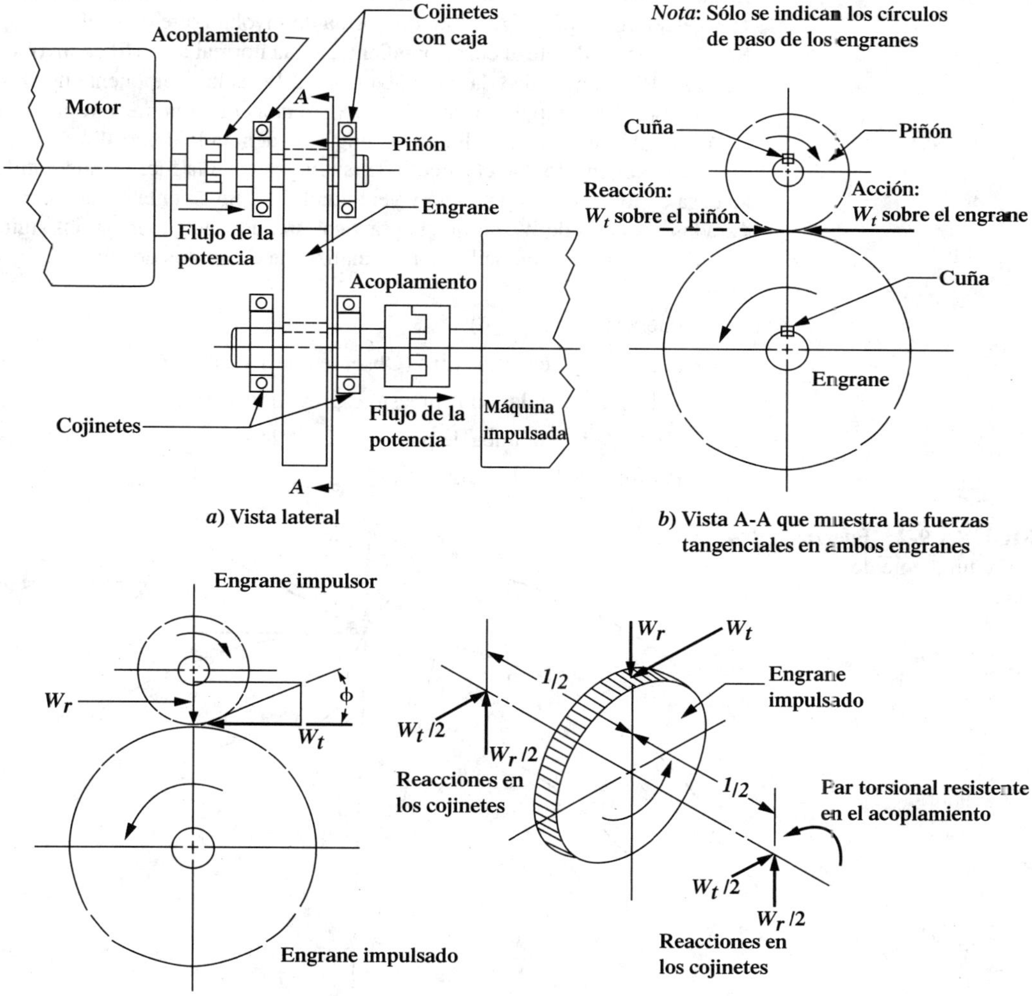

Acoplamiento; Cojinetes con caja; Motor; Piñón; Engrane; Flujo de la potencia; Acoplamiento; Cojinetes; Flujo de la potencia; Máquina impulsada; A; A

a) Vista lateral

Nota: Sólo se indican los círculos de paso de los engranes; Cuña; Piñón; Reacción: W_t sobre el piñón; Acción: W_t sobre el engrane; Cuña; Engrane

b) Vista A-A que muestra las fuerzas tangenciales en ambos engranes

Engrane impulsor; W_r; W_t; ϕ; Engrane impulsado

c) Vista A-A que muestra las fuerzas tangencial y radial sobre el engrane conducido

W_r; W_t; Engrane impulsado; $l/2$; $l/2$; $W_t/2$; $W_r/2$; Reacciones en los cojinetes; Par torsional resistente en el acoplamiento; $W_t/2$; $W_r/2$; Reacciones en los cojinetes

d) Fuerzas sobre un eje que soporta a un engrane recto

FIGURA 9-1 Flujo de la potencia a través de un par de engranes la *fuerza tangencial*. Como se describió, W_t es la fuerza que ejercen *los dientes del piñón sobre los dientes del engrane*. Pero si los engranes giran a velocidad constante y transmiten un valor uniforme de potencia, el sistema está en equilibrio. Por consiguiente, debe haber una fuerza tangencial igual y opuesta que ejercen los dientes del engrane sobre los dientes del piñón. Es una aplicación del principio de acción y reacción.

Para completar la descripción del flujo de potencia, la fuerza tangencial sobre los dientes de los engranes produce un par torsional sobre el engrane, igual al producto del radio de paso por W_t. Como W_t es igual en el piñón y en el engrane, pero el radio de paso del engrane es mayor que el del piñón, el par torsional sobre el engrane (el par torsional de salida) es mayor que el par torsional de entrada. Sin embargo, observe que la potencia transmitida es igual o un poco menor, debido a las deficiencias mecánicas. Entonces, la potencia pasa del engrane, por la cuña hasta el eje de salida, y por último a la máquina impulsada.

En esta descripción del flujo de la potencia, se puede observar que los engranes transmiten potencia cuando los dientes impulsores ejercen una fuerza sobre los dientes impulsados, mientras que la fuerza de reacción se opone sobre los dientes del engrane impulsor. La figura 9-2 muestra un diente de engrane con la fuerza tangencial W_t actuada en él. Pero no es igual a la fuerza total sobre el diente. Debido a la forma de involuta que tiene el diente, la fuerza total que se transfiere de un diente al correspondiente, actúa normal al perfil de involuta. Esta acción se indica como W_n. En realidad, la fuerza tangencial W_t es la componente horizontal de la fuerza total. Para completar el dibujo, observe que existe una componente vertical de la fuerza total, el cual actúa radialmente sobre el diente del engrane, denotado como W_r.

Se comenzará con el cálculo de las fuerzas con la fuerza transmitida, W_t, porque su valor se basa en los datos de potencia y velocidad. Es conveniente desarrollar ecuaciones específicas para las unidades de W_t, porque la práctica estándar suele manejar las siguientes unidades en las cantidades clave relacionadas con el análisis de conjuntos de engranes:

Fuerzas en libras (lb)

Potencias en caballos (hp) (Observe que 1.0 hp = 550 lb·pie/s)

Velocidad angular en rpm, esto es, rev/min

Velocidad de la línea de paso en pies/min

Par torsional en lb·pulg

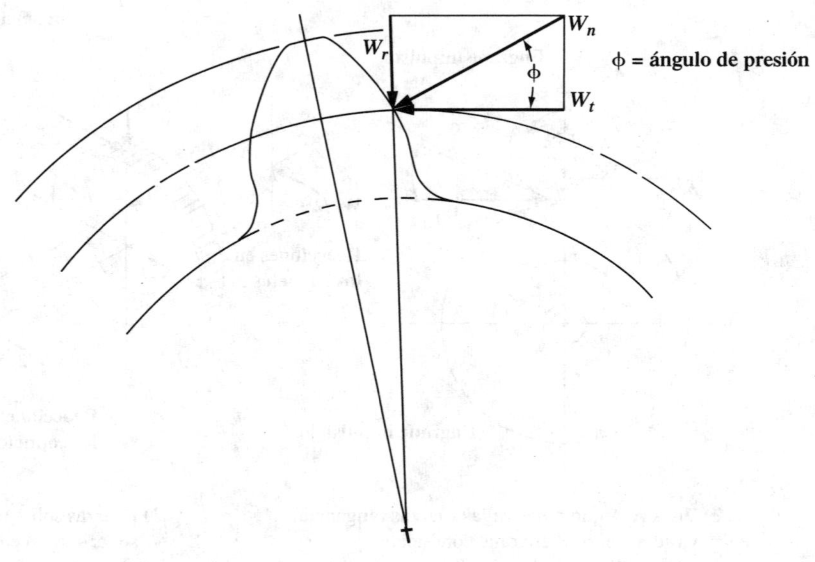

FIGURA 9-2 Fuerzas sobre un diente de engrane

El par torsional que se ejerce sobre un engrane es el producto de la carga transmitida, W_t, por el radio de paso del engrane. Ese par torsional también es igual a la potencia transmitida, dividida entre la velocidad angular. Entonces

$$T = W_t(R) = W_t(D/2) = P/n$$

Entonces, se puede despejar la fuerza y ajustar las unidades como sigue:

$$W_t = \frac{2P}{Dn} = \frac{2P(\text{hp})}{D(\text{pulg})\cdot \text{n (rev/min)}} \cdot \frac{550\ \text{lb}\cdot\text{pie/s}}{(\text{hp})} \cdot \frac{1.0\ \text{rev}}{2\pi\ \text{rad}} \cdot \frac{60\ \text{s/min}}{} \cdot \frac{12\ \text{pulg}}{\text{pie}}$$

Fuerza tangencial

$$W_t = (126\,000)(P)/(n\,D)\ \text{lb} \qquad \textbf{(9-6)}$$

En esta ecuación pueden emplearse los datos del piñón o del engrane. A continuación, se desarrollan otras relaciones, porque se necesitan en otras partes del proceso de análisis de los engranes, o de los ejes que los soportan.

La potencia también es el producto de la fuerza transmitida, W_t, por la velocidad de la línea de paso:

$$P = W_t \cdot v_t$$

Entonces, al despejar la fuerza y ajustar las unidades, se tiene que

Fuerza tangencial

$$W_t = \frac{P}{v_t} = \frac{P\ (\text{hp})}{v_t\ (\text{pie/min})} \cdot \frac{550\ \text{lb}\cdot\text{pie/s}}{1.0\ \text{hp}} \cdot \frac{60\text{s/min}}{} = 33\,000\ (P)/(v_t)\ \text{lb} \qquad \textbf{(9-7)}$$

También se necesitará calcular el par torsional en lb·pulg:

Par torsional

$$T = \frac{P}{\omega} = \frac{P\ (\text{hp})}{n\ (\text{rev/min})} \cdot \frac{550\ \text{lb}\cdot\text{pie/s}}{1.0\ \text{hp}} \cdot \frac{1.0\ \text{rev}}{2\pi\ \text{rad}} \cdot \frac{60\ \text{s/min}}{} \cdot \frac{12\ \text{pulg}}{\text{pie}}$$

$$T = 63\,000\ (P)/n\ \text{lb}\cdot\text{pulg} \qquad \textbf{(9-8)}$$

Estos valores pueden calcularse para el piñón o para el engrane, con las sustituciones adecuadas. Recuerde que la velocidad de la línea de paso es igual para el piñón y para el engrane, y que las cargas transmitidas en el piñón y el engrane son iguales, pero actúan en direcciones contrarias.

La fuerza normal, W_n, y la fuerza radial, W_r, se pueden calcular a partir de W_t conocida, con las relaciones de triángulo rectángulo que se aprecian en la figura 9-2:

Fuerza radial

$$W_r = W_t \tan\phi \qquad \textbf{(9-9)}$$

Fuerza normal

$$W_n = W_t/\cos\phi \qquad \textbf{(9-10)}$$

donde ϕ = ángulo de presión del perfil del diente.

Además de causar los esfuerzos en los dientes de engranes, esas fuerzas actúan sobre el eje. Para mantener el equilibrio, los cojinetes que sostienen el eje deben suministrar las reacciones. La figura 9-1(d) muestra el diagrama de cuerpo libre del eje de salida del reductor.

Flujo de potencia y eficiencia

El análisis se ha enfocado hasta ahora en la potencia, el par torsional y las fuerzas para un solo par de engranes. Para transmisiones compuestas, con dos o más pares de engranes, el flujo de la potencia y la eficiencia total adquieren cada vez más importancia.

Las pérdidas de potencia en transmisiones con engranes rectos, helicoidales y cónicos, dependen de la acción de cada diente sobre su diente compañero, que es una combinación de rodadura y deslizamiento. Para engranes precisos y bien lubricados, la pérdida de potencia va de 0.5% a 2%, y en el caso típico se puede suponer que es 1.0% (Vea la referencia 26). *Como es muy pequeña, se acostumbra a no tenerla en cuenta al dimensionar pares individuales de engranes; y es lo que se hará en este libro.*

En las transmisiones compuestas se usan varios pares de engranes en serie, para obtener grandes relaciones de reducción. Si en cada par la pérdida de potencia es 1.0%, la pérdida acumulada para el sistema puede volverse apreciable y puede afectar el tamaño del motor que impulse al sistema, o a la potencia y par últimos disponibles en la salida. Además, la pérdida de potencia pasa al ambiente, o al lubricante del engrane y, para las transmisiones de grandes potencias, es crítico administrar el calor generado para el funcionamiento general adecuado de la unidad. La viscosidad y la capacidad de carga de los lubricantes disminuyen al aumentar la temperatura.

Es sencillo rastrear el flujo de la potencia en un tren de engranes simple o compuesto; la potencia se transmite de un par de engranes al siguiente, y sólo se pierde poca potencia en cada engranado. En diseños más complejos, se puede dividir el flujo de potencia en algún punto, para tomar dos o más rutas. Es lo típico de los trenes de engranes planetarios. En esos casos, debe tener en cuenta la relación básica entre potencia, par torsional y velocidad de rotación, de la ecuación (9-5), $P = T \times n$. Esto se puede presentar en otra forma. Sea la velocidad de rotación n, que en el caso típico tiene las unidades de rpm, sea ahora la *velocidad angular* ω, el término más general, con unidades de rad/s. Se expresa ahora el par torsional en función de las fuerzas transmitidas, W_t, y el radio de paso R del engrane. Esto es, $T = W_t R$. Entonces, la ecuación (9-5) se transforma en

$$P = T \times n = W_t R \omega$$

Pero $R\omega$ es la velocidad de la línea de paso v_t en los engranes. Entonces

$$P = W_t R \omega = W_t v_t$$

Al conocer cómo se divide la potencia, se puede determinar la carga transmitida en cada engranado.

9-4 MANUFACTURA DE ENGRANES

La discusión de la manufactura de engranes comenzará con el método de producción del modelo para hacer engranes. Los engranes pequeños se fabrican frecuentemente con placa o barra fraguadas, con el cubo, los rayos, el alma y el borde maquinados a las dimensiones finales o casi finales, antes de producir los dientes. El ancho de cara y el diámetro exterior de los dientes de engranes también se producen en esta etapa. Otros modelos para engranes pueden ser forjados, colados en arena o colados a presión, para obtener la forma básica antes de maquinarlos. Algunos engranes, donde sólo se requiere una precisión moderada, podrán colarse a presión, con los dientes casi en su forma final.

Los engranes grandes con frecuencia, se fabrican desde componentes. El borde y la porción donde se maquinan los dientes podrán ser laminadas en forma de anillo, a partir de una barra plana, para soldarla. El alma o los rayos, y el cubo, se sueldan dentro del anillo. Los engranes muy grandes pueden fabricarse en segmentos con el ensamble final de los segmentos y fijarse con soldadura o con tornillos.

Los métodos más usados para tallar los dientes de los engranes son el fresado, el perfilado y el troquelado. (Vea las referencias 23 y 25.)

FIGURA 9-3 Una variedad de herramientas para cortar engranes (Gleason Cutting Tools Corporation, Loves Park, IL)

a) **Fresa de forma convencional**

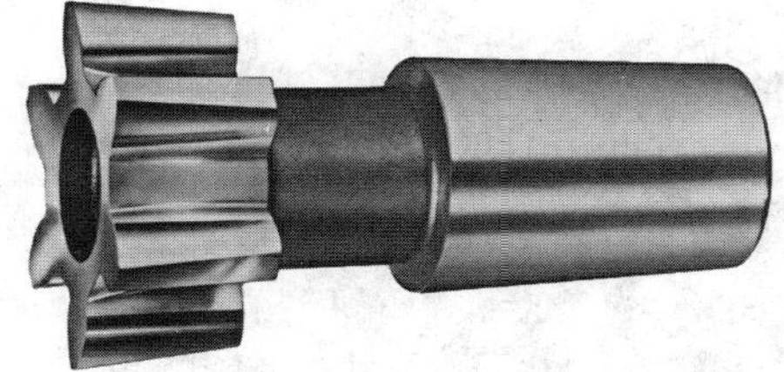

b) **Fresa de forma hueca para engranes rectos**

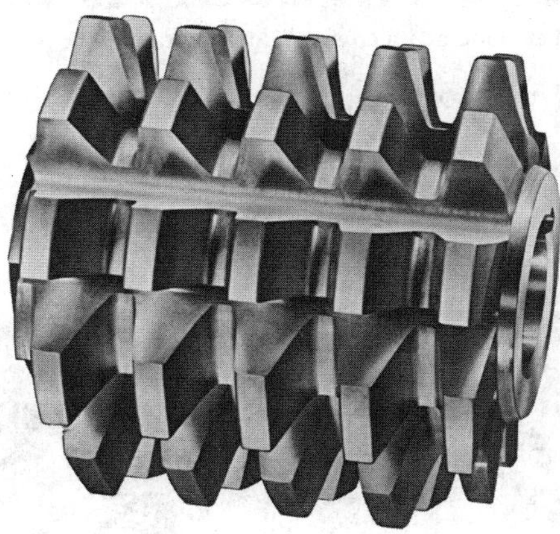

c) **De troquelado para engranes de paso**

d) **Troquel para engranes con paso grande y dientes pequeños**

En el *fresado de forma* [figura 9-3(*a*)] se usa una fresa con la forma del espacio del diente, y se corta por completo cada espacio antes de girar el modelo a la posición del espacio siguiente. Este método se emplea principalmente con engranes grandes, y se requiere gran cuidado para obtener resultados exactos.

El *perfilado* [Figuras 9-3(*b*) y 9-4)] es un proceso donde el cortador va y viene, por lo general en un husillo vertical. El cortador de perfilado gira al mismo tiempo que va y viene, y avanza dentro de un modelo de engrane. En consecuencia, se genera el perfil de involuta en forma gradual. Este proceso se usa con frecuencia en los engranes internos.

El *troquelado* [figuras 9-3(*c*) y (*d*), y 9-5] es un proceso parecido al fresado de forma, pero la pieza (el modelo del engrane) y la fresa (el troquel) giran en una forma coordinada. También, en este caso, la forma del diente se genera en forma gradual a medida que el troquel avanza en el modelo.

Los dientes de los engranes se terminan con mayor precisión, después del fresado de forma, el perfilado o el troquelado, mediante los procesos de rectificado, recorte y asentado. Como son productos de procesos secundarios, resultan costosos, y sólo se deben usar cuando en el funcionamiento se requiera gran exactitud en la forma y en el espaciado del diente. La figura 9-6 muestra una máquina para rectificar engranes.

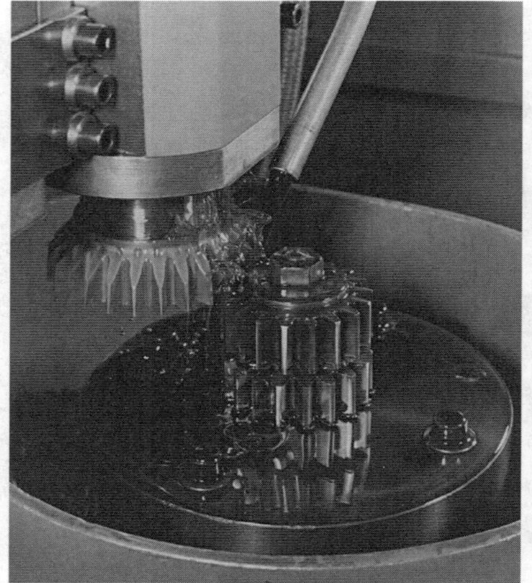

a) **Perfilado de un engrane externo pequeño**

b) **Perfilado de un engrane interno grande**

FIGURA 9-4 Operaciones de perfilado de dientes (Bourn & Koch, Inc., Rockford, IL)

a) **Máquina rectificadora de engranes**

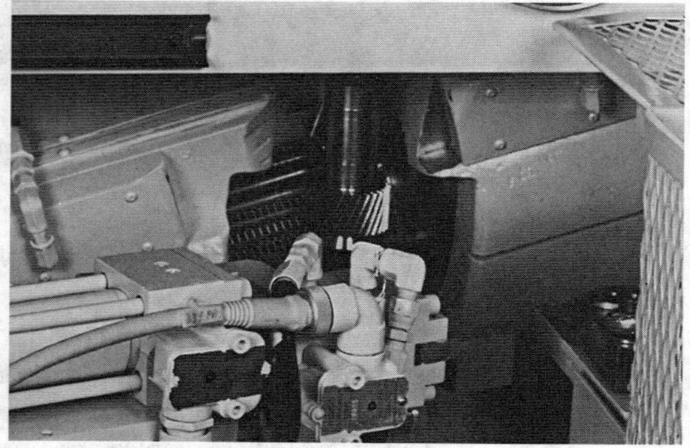

b) **Acercamiento del proceso de rectificado**

FIGURA 9-5 Rectificadora de engranes, con control numérico de cuatro ejes, para el proceso de terminado de engranes (Bourn & Koch, Inc., Rockford, IL)

9-5 CALIDAD DE ENGRANES

En los engranes, la calidad es la precisión que tienen las propiedades específicas de un solo engrane, o el error compuesto de un engrane que gira, engranado con un engrane maestro de precisión. Entre los factores que se miden en el caso típico para determinar la calidad están:

***Variación de índice*:** Es la diferencia entre la localización real de un punto sobre la cara del diente de un engrane, en el círculo de paso, y el punto correspondiente de un diente de referencia, medido en el círculo de paso. La variación causa inexactitud en la acción de dientes engranados.

a) Esmeriladora de engranes

b) Acercamiento del proceso de esmerilado

FIGURA 9-6 Rectificadora de engranes con control numérico, y acercamiento del dispositivo de rectificado (Bourn & Koch, Inc., Rockford, IL)

Alineación del diente: Es la desviación de la línea real sobre la superficie del diente en el círculo de paso, respecto a la línea teórica. Se toman mediciones a través de la cara, desde un lado hasta el otro. Para un engrane recto, la línea teórica es una recta. Para un engrane helicoidal, es parte de una hélice. A veces, cuando se mide la alineación del diente, se dice que se mide la *hélice*. Esto es importante, porque si existe gran desalineamiento, se producen cargas no uniformes sobre los dientes del engrane.

Perfil del diente: Es la medición del perfil real de la superficie de un diente de engrane, desde el punto de inicio de la cara activa hasta la punta del diente. El perfil teórico es una verdadera curva involuta. Las variaciones del perfil real respecto del perfil teórico causan variaciones en la relación instantánea de velocidades, entre los dos engranes acoplados, lo que afecta la uniformidad del movimiento.

Radio de raíz: Es el radio del chaflán en la base del diente. Las variaciones respecto del valor teórico pueden afectar el engranado de los dientes compañeros, lo cual crea posibles interferencias y los factores de concentración de esfuerzos relacionados con el esfuerzo flexionante en el diente.

Descentramiento: Es una medida de la excentricidad y de la falta de redondez de un engrane. Un descentramiento excesivo hace que el punto de contacto en los dientes que engranan se mueva radialmente, durante cada revolución.

Variación total compuesta: Es una medida de la variación en la distancia entre los centros de un engrane maestro preciso y el engrane que se prueba, durante una revolución completa. El eje de un engrane se fija, y se permite el movimiento del otro, mientras que los dientes se mantienen en engranado firme. La figura 9-7(*a*) muestra un esquema de un arreglo.

Normas de calidad para engranes

Las cantidades permisibles de variación en la forma real de los dientes, respecto de la forma teórica, o la variación compuesta, se especifican en la AGMA como un *número de calidad*. Las cartas detalladas, proporcionadas para las tolerancias en muchas propiedades, se incluyen en la norma AGMA 2000-A88 *Gear Classification and Inspection Handbook, Tolerances and Measuring Methods for Unassembled Spur and Helical Gears* (Manual de clasificación e inspección de engranes, tolerancias y métodos de medición para engranes rectos y helicoidales). Los núme-

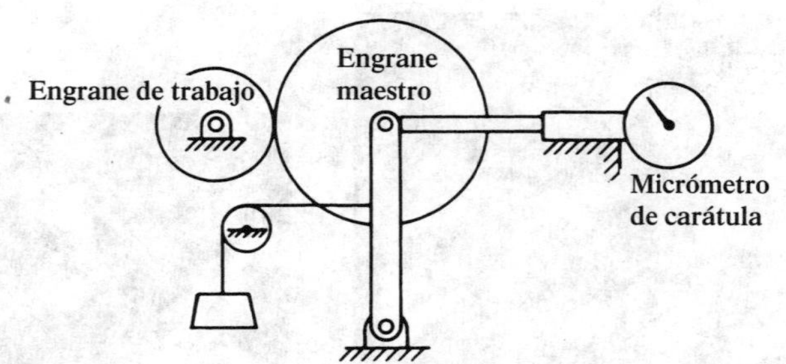

a) Diagrama esquemático de un accesorio típico del montaje de engrane

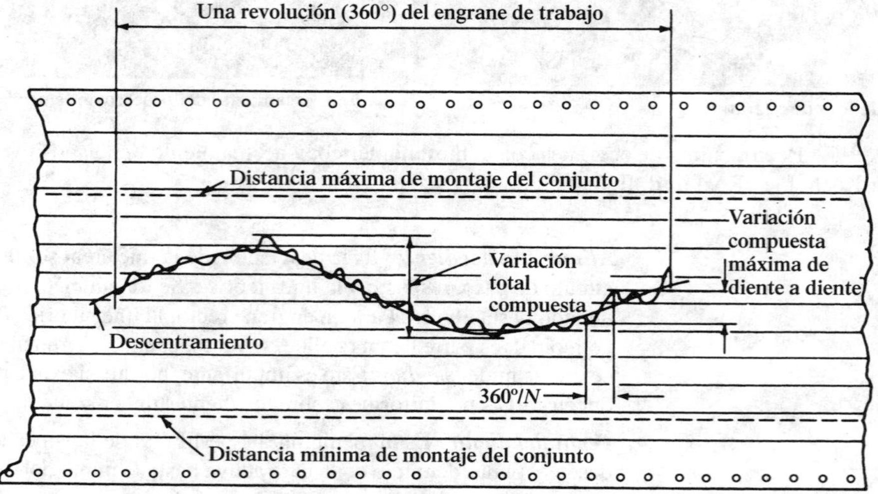

b) Gráfica de errores de un engrane típico cuando trabaja con un engrane específico en un montaje de engrane

FIGURA 9-7 Registro de los errores de geometría de un engrane [Tomado de la norma AGMA 2000-A88, *Gear Classification and Inspection Handbook, Tolerances and Measuring Methods for Unassembled Spur and Helical Gears (Including Metric Equivalents)*, con autorización del editor, American Gear Manufacturers Association, 1500 King Street, Suite 201, Alexandria, VA 22314]

ros de calidad van del 5 al 15; la mayor precisión corresponde al número mayor. Las tolerancias reales son una función del número de calidad, el paso diametral de los dientes del engrane y el número de dientes que tenga. La tabla 9-1 muestra datos representativos de la tolerancia total compuesta, para varios números de calidad.

La Organización Internacional de Normalización (ISO) define un conjunto distinto de números de calidad, en su Norma 1328-1-1995, *Engranes cilíndricos–sistema ISO de precisión–Parte 1: Definiciones y valores admisibles de desviaciones relevantes a los flancos correspondientes de dientes de engranes*, y la norma 1328-2-1997: *Engranes cilíndricos–sistema ISO de precisión–Parte 2: Definiciones y valores admisibles de desviaciones relevantes a desviaciones compuestas radicales, e información de descentramiento*. Estas normas son muy distintas de la norma AGMA 2000-A88. Una de las diferencias principales es que el sistema de numeración de la calidad se invierte. Mientras que en la Norma AGMA 2008 los números mayores indican mayor precisión, en la norma ISO los números menores indican mayor precisión.

La AGMA publicó dos nuevas normas, justo antes de preparar este libro: la AGMA 2015-1-A01, *Accuracy Classification System–Tangential Measurements for Cylindrical Gears* (Sistema de clasificación de exactitud–Mediciones tangenciales para engranes cilíndricos) que aplica un sistema donde los números menores indican menores valores de tolerancia, parecido pero no idéntico al método ISO. En esta norma, se muestran las comparaciones entre la nueva AGMA 2015, la AGMA 2008 anterior y la ISO 1328. La norma AGMA 915-1-A02 *Inspection Practices–Part 1: Cylindrical Gears–Tangential Measurements* (Prácticas de inspección–parte 1: Engra-

TABLA 9-1 Valores seleccionados de tolerancia compuesta total

Número de calidad AGMA	Paso diametral, P_d	Número de dientes del engrane				
		20	40	60	100	200
Q5	2	0.0260	0.0290	0.0320	0.0350	0.0410
	8	0.0120	0.0130	0.0140	0.0150	0.0170
	20	0.0074	0.0080	0.0085	0.0092	0.0100
	32	0.0060	0.0064	0.0068	0.0073	0.0080
Q8	2	0.0094	0.0110	0.0120	0.0130	0.0150
	8	0.0043	0.0047	0.0050	0.0055	0.0062
	20	0.0027	0.0029	0.0031	0.0034	0.0037
	32	0.0022	0.0023	0.0025	0.0027	0.0029
Q10	2	0.0048	0.0054	0.0059	0.0066	0.0076
	8	0.0022	0.0024	0.0026	0.0028	0.0032
	20	0.0014	0.0015	0.0016	0.0017	0.0019
	32	0.0011	0.0012	0.0013	0.0014	0.0015
Q12	2	0.0025	0.0028	0.0030	0.0034	0.0039
	8	0.0011	0.0012	0.0013	0.0014	0.0016
	20	0.000 71	0.000 77	0.000 81	0.000 87	0.000 97
	32	0.000 57	0.000 60	0.000 64	0.000 69	0.000 76
Q14	2	0.0013	0.0014	0.0015	0.0017	0.0020
	8	0.000 57	0.000 62	0.000 67	0.000 73	0.000 82
	20	0.000 36	0.000 39	0.000 41	0.000 45	0.000 50
	32	0.000 29	0.000 31	0.000 33	0.000 35	0.000 39

Fuente: tomado de la norma AGMA 2000-A88: *Gear Classification and Inspection Handbook, Tolerances and Measuring Methods for Unassembled Spur and Helical Gears (Including Metric Equivalents)* con autorización del editor, American Gear Manufacturers Association, 1500 King Street, Suite 201, Alexandria, VA 22314.

nes cilíndricos–Mediciones tangenciales) trata sobre la implementación de las nuevas calificaciones. Si bien las calificaciones de calidad no son exactamente iguales, a continuación se presenta un conjunto aproximado de equivalentes.

AGMA 2008	*AGMA 2015*	*ISO 1328*	*AGMA 2008*	*AGMA 2015*	*ISO 1328*
Q5	—	12	Q11	A6	6
Q6	A11	11	Q12	A5	5
Q7	A10	10	Q13	A4	4
Q8	A9	9	Q14	A3	3
Q9	A8	8	Q15	A2	2
Q10	A7	7		(El más preciso)	

Observe que la suma del número de calidad en AGMA 2008 y el número de la clasificación correspondiente de AGMA 2015, o de ISO 1328, siempre es igual a 17.

Algunos fabricantes europeos emplean normas alemanas DIN (Deutsche Industrie Normen) cuyos números de calidad se parecen a los de ISO, aunque no son idénticas las especificaciones detalladas de las tolerancias y los métodos de medición.

En este libro, debido a la introducción reciente de la norma AGMA 2015, se usará el número de calidad de la AGMA 2000-A88, a menos que se indique otra cosa. También, esa norma AGMA 2008 está integrada en la metodología de diseño de engranes, en función del factor dinámico K_v.

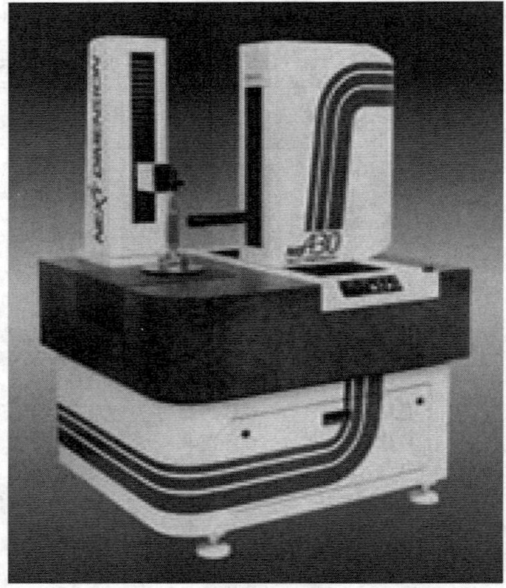

a) Vista general

b) Acercamiento del sensor y el engrane a probar

FIGURA 9-8 Sistema analítico de medición para calidad de engranes (Process Equipment Company, Tipp City, Ohio)

Métodos para medir engranes

Para determinar la calidad de un engrane, se emplean dos métodos distintos: la medición funcional y la medición analítica.

En el caso típico, la *medición funcional* emplea un sistema como el que se ve en la figura 9-7(*a*), para medir el error total compuesto. La variación de la distancia entre centros se registra durante una revolución completa, como se ve en la figura 9-7(*b*). La variación total compuesta es la dispersión máxima entre los puntos más alto y más bajo en la gráfica. Además, la dispersión máxima en la gráfica, para dos dientes adyacentes cualesquiera, se determina como medición de la variación compuesta de diente a diente. El descentramiento también se puede determinar con la desviación total de la línea media en la gráfica, como se indica. Estos datos permiten determinar el número de calidad AGMA con base en la variación total compuesta, principalmente, y con frecuencia se consideran adecuados para engranes de uso general, en la maquinaria industrial.

En la *medición analítica* se miden errores individuales de *índice, alineación (hélice), perfil de involuta* y otras propiedades. El equipo es un sistema de medición de coordenadas (CMM, de *coordinate measurement*) con un sensor muy exacto, que recorre las diversas superficies de importancia del engrane ensayado, y produce registros electrónicos e impresos de las variaciones. La figura 9-8 muestra un modelo comercial de un sistema de medición analítica. El inciso (*a*) es una vista general, mientras que el inciso (*b*), muestra el sensor introducido en los dientes del engrane a ensayar. La figura 9-9 muestra dos diferentes tipos de gráficas de resultados obtenidas con un sistema de medición analítica. La gráfica de *variación de índice*, (*a*), muestra la cantidad de variación del índice en cada diente, en relación con un diente especificado como referencia. La gráfica de *variación del perfil* (*b*) muestra una gráfica de la diferencia entre el perfil real del diente y la involuta real. La gráfica de alineación del diente, la cual mide la exactitud de la hélice, es parecida. También se obtienen datos tabulados, junto con el correspondiente número de calidad para cada medición.

Se hace una comparación automática con las formas teóricas de diente, con valores de tolerancia, para informar el número de calidad que resulte, de acuerdo con las normas AGMA, ISO,

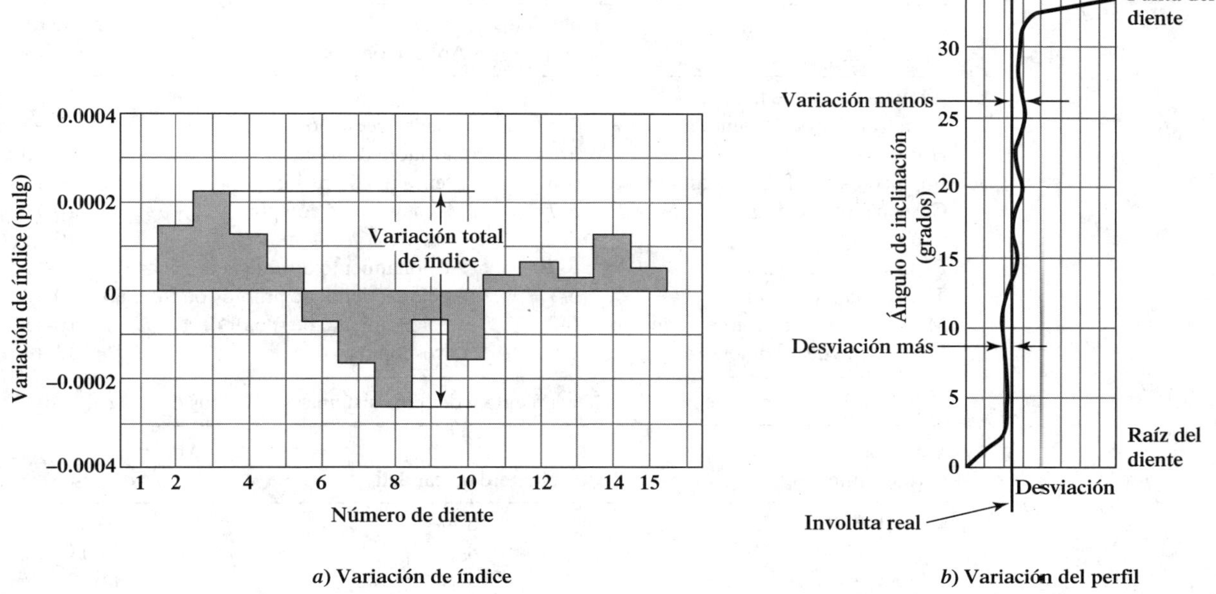

FIGURA 9-9 Gráficas resultantes, típicas de un sistema analítico de medición (Process Equipment Company, Tipp City, Ohio)

DIN u otra definida por el usuario. Además de obtener los números de calidad, los datos detallados de los sistemas de medición analítica son útiles al personal de manufactura, para que haga ajustes a las fresas o conjuntos del equipo, con objeto de mejorar la exactitud del proceso total.

Al usar las posibilidades generales del sistema de medición analítica, también se pueden determinar dimensiones de propiedades distintas de las de los dientes del engrane, mientras el engrane esté en su soporte. Por ejemplo, cuando se maquina un engrane sobre un eje, se pueden revisar los diámetros y propiedades clave del eje, en cuanto a dimensiones, perpendicularidad, paralelismo y concentricidad. Los segmentos de engranes, los engranes compuestos con dos o más ruedas en el mismo eje, las estrías, las superficies de leva y otras propiedades especiales se pueden inspeccionar, junto con los dientes del engrane.

Números de calidad recomendados

Los datos de la tabla 9-1 pueden impresionarlo, por la precisión que se maneja normalmente en la fabricación e instalación de los engranes. El diseño de todo el sistema de engranes, incluyendo los ejes, cojinetes y cajas, debe ser consistente con esta precisión. Naturalmente, el sistema no debe fabricarse con mayor precisión que la necesaria, debido al costo. Por esta razón, los fabricantes han recomendado números de calidad, que dan como resultado un funcionamiento satisfactorio con un costo razonable, en gran variedad de aplicaciones. La tabla 9-2 es una lista de algunas de esas recomendaciones.

En la tabla 9-2 también se presentan recomendaciones de números de calidad para accionamientos de máquinas herramienta. Como se indica una cantidad tan amplia de aplicaciones específicas, los números de calidad recomendados se relacionan con la *velocidad de la línea de paso*, definida como la velocidad lineal de un punto sobre el círculo de paso del engrane. Utilice la ecuación (9-1). Se recomienda manejar estos valores en toda la maquinaria de alta precisión.

TABLA 9-2 Números de calidad AGMA recomendados

Aplicación	Número de calidad	Aplicación	Número de calidad
Accionamiento de tambor mezclador de cemento	3-5	Taladro pequeño	7-9
Horno de cemento	5-6	Lavadora de ropa	8-10
Impulsores de laminadoras de acero	5-6	Prensa de impresión	9-11
Cosechadora de granos	5-7	Mecanismo de cómputo	10-11
Grúas	5-7	Transmisión automotriz	10-11
Prensas de punzonado	5-7	Accionamiento de antena de radar	10-12
Transportador de mina	5-7	Accionamiento de propulsión marina	10-12
Máquina para fabricar cajas de papel	6-8	Accionamiento de motor de avión	10-13
Mecanismo de medidores de gas	7-9	Giroscopio	12-14

Accionamientos de máquinas herramienta y de otros sistemas mecánicos de alta calidad

Velocidad de la línea de paso (pies/min)	Número de calidad	Velocidad de la línea de paso
0-800	6-8	0-4
800-2000	8-10	4-11
2000-4000	10-12	11-22
Más de 4000	12-14	Más de 22

9-6 NÚMEROS DE ESFUERZO ADMISIBLES

Más adelante, en este capítulo, se presentarán procedimientos de diseño donde se consideran dos formas de falla de los dientes de engranes.

Un diente de engrane funciona como una viga en voladizo, cuando resiste la fuerza que ejerce sobre éste el diente compañero. El punto de máximo esfuerzo flexionante de tensión está en la raíz del diente, donde la curva de involuta se mezcla con el chaflán. La AGMA ha desarrollado un conjunto de *números de esfuerzo flexionante admisible*, llamados s_{at}, los cuales se comparan con los valores calculados de esfuerzos flexionantes en el diente, para evaluar la aceptación del diseño.

Una segunda forma, independiente de falla es por picadura de la superficie del diente, en general cerca de la línea de paso, donde se presentan grandes esfuerzos de contacto. La transferencia de fuerza, desde el diente motriz hasta el conducido, sucede teóricamente en una línea de contacto, por la acción de dos curvas convexas entre sí. La aplicación repetida de estos grandes esfuerzos de contacto puede causar un tipo de falla por fatiga de la superficie, fracturas locales y pérdida real del material. A esto se le llama *picadura*. La AGMA ha desarrollado un conjunto de *números de esfuerzo de contacto admisibles,* llamados s_{ac}, que se comparan con los valores calculados de esfuerzo de contacto en el diente, para evaluar la aceptación del diseño. (Vea las referencias 10 a 12.)

Se presentan datos representativos de s_{at} y s_{ac} en la siguiente sección, para información general y para manejarlos en la solución de los problemas planteados en este libro. En las normas AGMA citadas al final del capítulo se encuentran datos más extensos. (Vea las referencias 6, 8 y 9.)

Muchos de los datos de este libro, referentes al diseño de engranes rectos y helicoidales, se tomaron de la norma AGMA 2001-C95, *Fundamental Rating Factors and Calculation Methods for Involute Spur and Helical Gear Teeth* (Factores de evaluación fundamental, y métodos de cálculo de dientes de involuta para engranes rectos y helicoidales), con autorización del editor, American Gear Manufacturers Association, 1500 King Street, Suite 201, Alexandria, VA 22314. Consulte ese documento para conocer los detalles que rebasan los objetivos de este libro. Aquí sólo se manejarán datos del sistema inglés. Existe un documento aparte, la norma AGMA 2101-C95, que se publicó como una edición métrica de la AGMA 2001-C95. En este capítulo se señala en forma breve las diferencias entre la terminología de estas dos normas.

9-7 MATERIALES DE LOS ENGRANES METÁLICOS

Los engranes se pueden fabricar con una diversidad de materiales, para obtener las propiedades adecuadas durante la aplicación. Desde un punto de vista de diseño mecánico, la resistencia a las cargas y a la picadura son las propiedades más importantes. Pero en general, el diseñador debe tener en cuenta la facilidad de fabricación del engrane, a la vista de los procesos de manufactura que impliquen, desde la preparación del modelo, a través de la conformación de los dientes, hasta el ensamble final del engrane en una máquina. Existen otros aspectos, como el peso, la apariencia, la resistencia a la corrosión, el ruido y, por supuesto, el costo. En esta sección se describirán varios metales que se usan en los engranes. En una sección posterior se detallarán los plásticos.

Materiales de acero para engranes

Aceros endurecidos totalmente. Los engranes de los impulsores de máquinas herramientas, y de muchos tipos de reductores de velocidad, de servicio medio a pesado, se fabrican normalmente con aceros al medio carbón. Entre una gran variedad de aceros al carbón y aleados, están:

AISI 1020	AISI 1040	AISI 1050	AISI 3140
AISI 4140	AISI 4340	AISI 4620	AISI 5120
AISI 6150	AISI 8620	AISI 8650	AISI 9310

(Vea la referencia 17). La norma AGMA 2001-C95 presenta datos del número del esfuerzo flexionante admisible, s_{at}, y el número del esfuerzo de contacto admisible, S_{ac}, para aceros en el estado endurecido total. Las figuras 9-10 y 9-11 corresponden a gráficas donde se relacionan los números de esfuerzo con el número de dureza Brinell para los dientes. Observe que sólo se requiere conocer la dureza, por la relación directa que existe entre la dureza y la resistencia a la

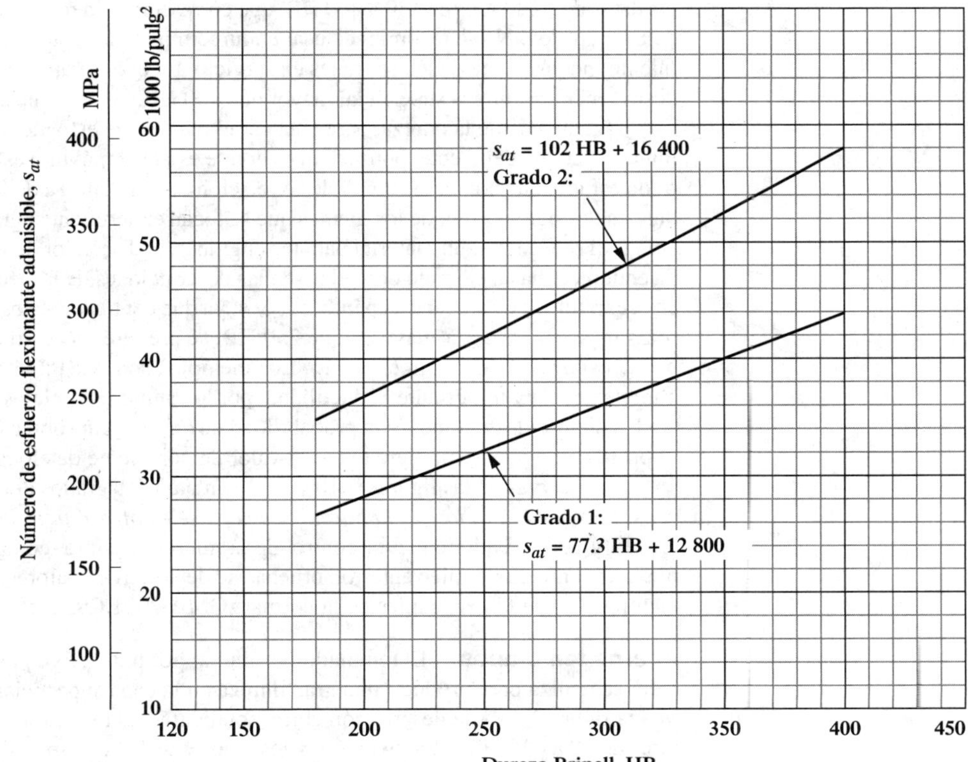

FIGURA 9-10 Número de esfuerzo flexionante admisible, s_{at}, para engranes de acero templado total (Tomado de la norma AGMA 2001-C95: *Fundamental Rating Factors and Calculation Methods for Involute Spur and Helical Gear Teeth*, con autorización del editor, American Gear Manufacturers Association, 1500 King Street, Suite 201, Alexandria, VA 22314)

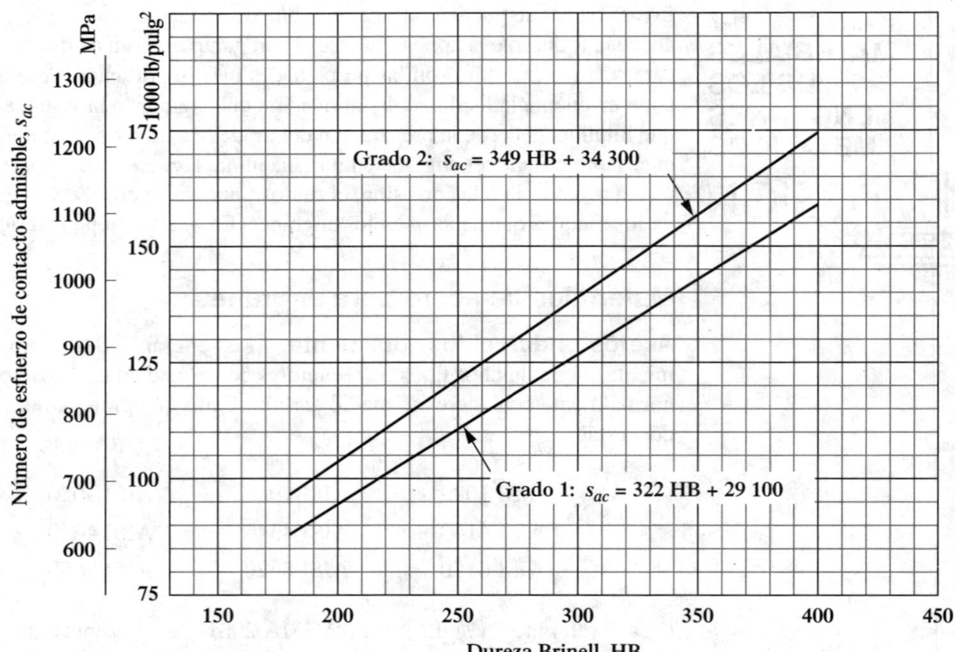

FIGURA 9-11
Número de esfuerzo de contacto admisible, s_{ac}, para engranes de acero templado total (Tomado de la norma AGMA 2001-C95: *Fundamental Rating Factors and Calculation Methods for Involute Spur and Helical Gear Teeth*, con autorización del editor, American Gear Manufacturers Association, 1500 King Street, Suite 201, Alexandria, VA 22314)

tensión de los aceros. Consulte datos, en el apéndice 19, que correlacionan el número de dureza Brinell, HB, con la resistencia a la tensión del acero, en ksi. El intervalo de durezas que cubren los datos de AGMA es de 180 a 400 HB, que corresponden a resistencias a la tensión aproximadas de 87 a 200 ksi. No se recomienda usar endurecimiento total arriba de 400 HB, por el funcionamiento inconsistente de los engranes en servicio. En el caso típico se usa cementación, donde se desea tener una dureza superficial mayor que 400 HB. Se describe esto en una sección posterior.

La medida de la dureza, para conocer el número de esfuerzo de flexión admisible, se debe tomar en la raíz del diente, porque allí es donde existe el máximo esfuerzo flexionante. El número de esfuerzo de contacto admisible se relaciona con la dureza de la superficie en la cara de los dientes de engranes, donde los dientes que se tocan experimentan grandes esfuerzos de contacto.

Al seleccionar un material para los engranes, el diseñador debe especificar uno que se pueda endurecer hasta el grado deseado. Vea las descripciones de las técnicas de tratamiento técnico en el capítulo 2. Consulte los apéndices 3 y 4, ya que contienen datos representativos. Para las durezas mayores, es decir mayores que 250 HB, se prefiere un acero aleado al medio carbón, con buena capacidad de endurecimiento. Los ejemplos son AISI 3140, 4140, 4340, 6150 y 8650. También es muy importante la ductilidad, por los numerosos ciclos de esfuerzo que experimentan los dientes de engranes, y la probabilidad de que existan sobrecargas ocasionales o cargas de impacto o choque. Se prefiere tener un valor de porcentaje de elongación de 12% o más.

Las curvas de las figuras 9-10 y 9-11 son para dos grados del acero: grado 1 y grado 2. *Se considera que el grado 1 es la norma básica, y se empleará para resolver problemas en este libro*. El grado 2 requiere mayor control de la microestructura, composición de la aleación, limpieza, tratamiento térmico anterior, pruebas no destructivas, valores de dureza del interior y otros factores. Consulte los detalles en la norma AGMA 2001.C95 (referencia 6).

Aceros templados. El templado por llama, por inducción, por cementación y por nitruración, se realiza para producir una gran dureza en la capa superficial de los dientes de engranes. Vea la figura 2-13 y la descripción correspondiente en la sección 2-6. Estos procesos crean valores de 50 a 64 HRC (Rockwell C), y los valores altos correspondientes de s_{at} y s_{ac}, que se ven

TABLA 9-3 Números de esfuerzo admisibles para materiales de engranes de acero templado.

	Número de esfuerzo flexionante admisible, s_{at} (ksi)			Número de esfuerzo de contacto admisible, s_{ac} (ksi)		
Dureza en la superficie	Grado 1	Grado 2	Grado 3	Grado 1	Grado 2	Grado 3
Templado por llama o por inducción:						
50 HRC	45	55		170	190	
54 HRC	45	55		175	195	
Cementado y templado						
55-64 HRC	55			180		
58-64 HRC	55	65	75	180	225	275
Aceros templados totales y nitrurados:						
83.5 HR15N	Vea la figura 9-14			150	163	175
84.5 HR15N	Vea la figura 9-14			155	168	180
Nitrurados, nitralloy 135M:[a]						
87.5 HR15N	Vea la figura 9-15					
90.0 HR15N	Vea la figura 9-15			170	183	195
Nitrurados, nitralloy N:[a]						
87.5 HR15N	Vea la figura 9-15					
90.0 HR15N	Vea la figura 9-15			172	188	205
Nitrurados, 2.5% de cromo (sin aluminio)						
87.5 HR15N	Vea la figura 9-15			155	172	189
90.0 HR15N	Vea la figura 9-15			176	196	216

Fuente: Tomado de la norma AGMA 2001-C95: *Fundamental Rating Factors and Calculation Methods for Involute Spur and Helical Gear Teeth*, con autorización del editor, American Gear Manufacturers Association, 1500 King Street, Suite 201, Alexandria, VA 22314.

[a] Nitralloy es una familia patentada de aceros que contienen aproximadamente 1.0% de aluminio, el cual promueve la formación de nitruros duros.

en la tabla 9-3. A continuación, se dan explicaciones especiales para cada uno de los procesos de templado superficial.

Además del grado 1 y el grado 2 descritos arriba, se pueden producir engranes de acero templado de grado 3, que requiere una norma todavía más estricta de control de la metalurgia y el procesamiento del material. Vea la norma AGMA 2001-C95 (referencias 6 y 20), que contiene los detalles.

Dientes de engrane templados por flama y por inducción. Recuerde que esos procesos implican el calentamiento local de la superficie de los dientes de engranes, con llamas de gas o bobinas de inducción eléctrica a altas temperaturas. Si se controla el tiempo y la energía suministrada, el fabricante puede controlar la profundidad de calentamiento y la profundidad de la cubierta resultante. Es esencial que el calentamiento ocurra alrededor de todo el diente, para producir la caja dura en la cara de los dientes y *en las zonas del chaflán y de la raíz,* con el fin de emplear los valores de esfuerzo de la tabla 9-3. Para esto, se podría necesitar un diseño especial de la forma de la llama o del calentador por inducción.

Las especificaciones para los dientes de engranes de acero templado por llama o por inducción, indican que la dureza resultante sea HRC 50 a 54. Como esos procesos se basan en la capacidad de endurecimiento inherente de los aceros, se debe especificar un material que se pueda endurecer hasta esos valores. En el caso normal, se especifican aceros aleados al medio carbón (aproximadamente de 0.40% a 0.60% de carbono); en los apéndices 3 y 4 se presentan algunos materiales adecuados.

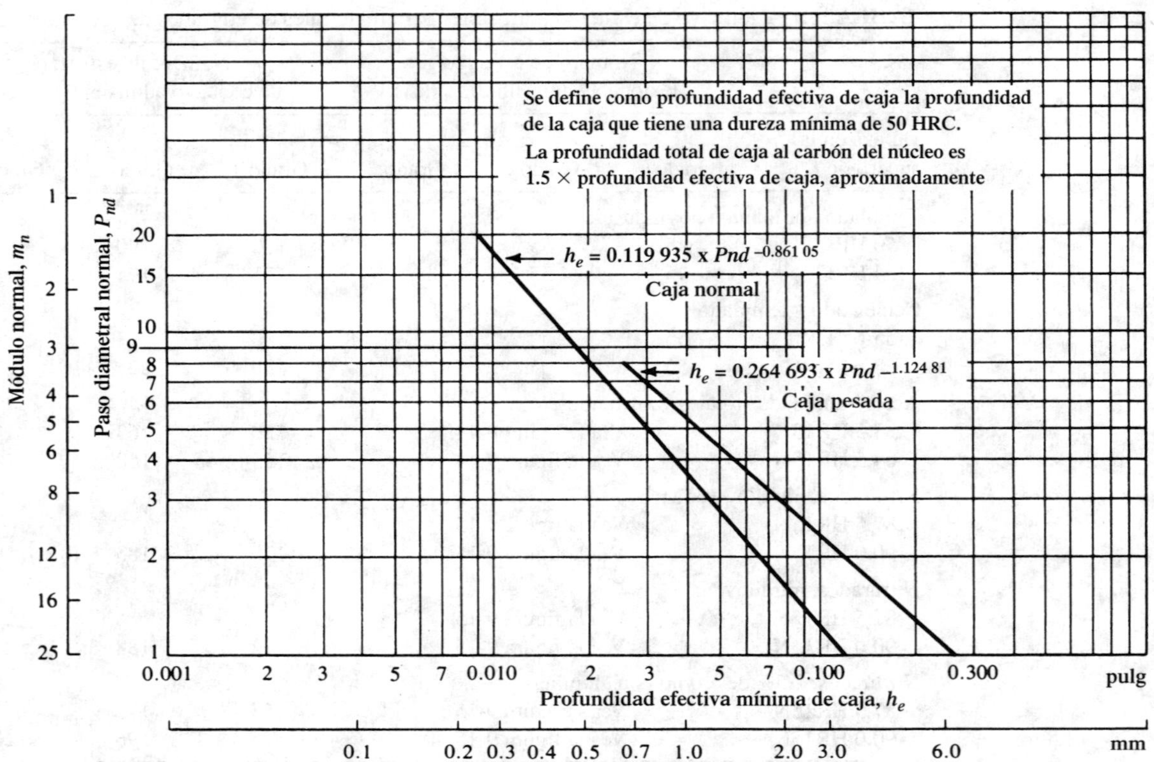

FIGURA 9-12 Profundidad efectiva de caja, h_e, para engranes cementados (Tomado de la norma AGMA 2001-C95: *Fundamental Rating Factors and Calculation Methods for Involute Spur and Helical Gear Teeth*, con autorización del editor, American Gear Manufacturers Association, 1500 King Street, Suite 201, Alexandria, VA 22314)

Cementación. La cementación (o *carburización*) produce durezas superficiales en el intervalo de 55 a 64 HRC. Produce algunas de las máximas resistencias comunes en los engranes. En el apéndice 5 se mencionan los aceros especiales para cementación, y en la figura 9-12 se muestra la recomendación de AGMA para el espesor de la cubierta de los dientes de engranes cementados. La profundidad efectiva de la cubierta se define como la que existe de la superficie, hasta el punto donde la dureza llegó a los 50 HRC.

Nitruración. La nitruración produce una cubierta muy dura, *pero muy delgada*. Se especifica para aplicaciones en donde las cargas son uniformes y bien conocidas. Se debe evitar la nitruración cuando pueda haber sobrecargas o choques, porque la cubierta no es lo suficientemente resistente ni está bien soportada para resistir esas cargas. Debido a la cubierta delgada, se emplea la escala Rockwell 15N para especificar la dureza.

La figura 9-13 muestra la recomendación de AGMA para la profundidad de cubierta en engranes nitrurados; se define como la profundidad, bajo la superficie, a la cual la dureza ha bajado, hasta el 110% de la del núcleo de los dientes. Los valores del número de esfuerzo flexionante admisible, s_{ac}, dependen de las condiciones del material en el núcleo de los dientes, por lo delgado de la caja en los engranes nitrurados. La figura 9-14 muestra los valores para el grupo general de aceros aleados que se usan en engranes con templado total, y después nitrurados. Como ejemplos están el AISI 4140 y AISI 4340, y las aleaciones parecidas. Como en el caso de

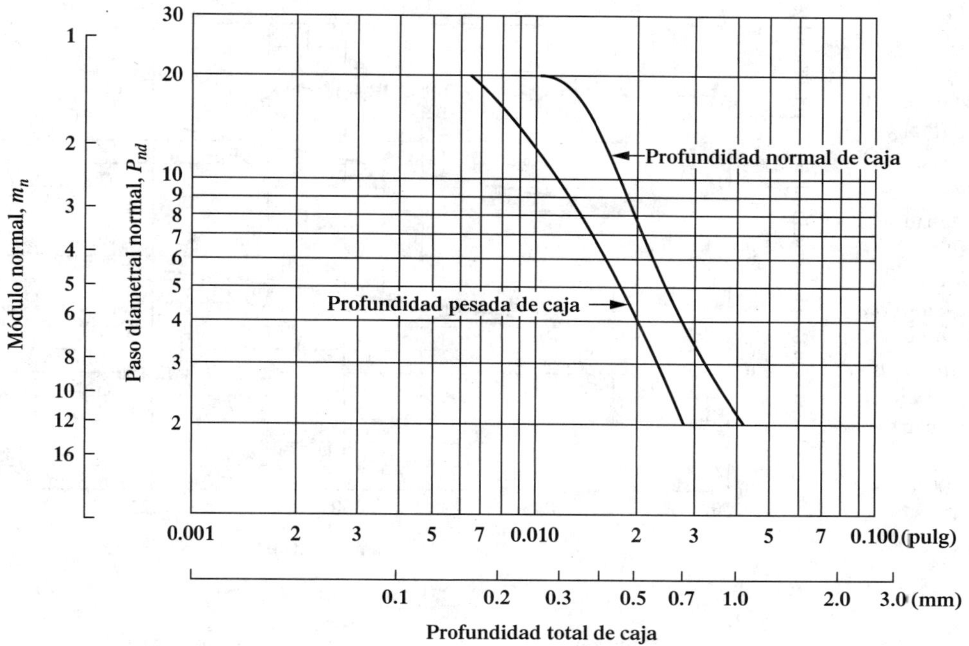

Ecuaciones para obtener la profundidad mínima total de caja para engranes nitrurados y cementados

Profundidad normal de caja (en pulgadas):

$$h_{c\,\min} = 0.0432896 - 0.00968115{*}P_d + 0.00120185{*}P_d^2 - 6.79721 \times 10^{-5}{*}P_d^3 + 1.37117 \times 10^{-6}{*}P_d^4$$

Profundidad pesada de caja (en pulgadas):

$$h_{c\,\min} = 0.0660090 - 0.0162224P_d + 0.00209361P_d^2 - 1.17755 \times 10^{-4}P_d^3 + 2.33160 \times 10^{-6}P_d^4$$

Nota: $P_d = P_{nd}$ **para dientes de engranes helicoidales**

FIGURA 9-13 Profundidad de caja recomendada, h_c, para engranes nitrurados (Tomado de la norma AGMA 2001-C95: *Fundamental Rating Factors and Calculation Methods for Involute Spur and Helical Gear Teeth*, con autorización del editor, American Gear Manufacturers Association, 1500 King Street, Suite 201, Alexandria, VA 22314)

otros materiales, la variable principal es el número de dureza Brinell HB. También se han desarrollado aleaciones especiales para usar en engranes con el proceso de nitruración. Los datos se muestran en la tabla 9-3 y en la figura 9-15, para *nitralloy*, y para una aleación conocida como *2.5% cromo.*

Materiales para engranes de hierro y bronce

Hierros colados. En los engranes se usan dos tipos de hierro: el *hierro colado gris* y el *hierro dúctil* (también conocido como *nodular*). La tabla 9-4 muestra los grados ASTM comunes que se emplean, con sus números correspondientes de esfuerzo flexionante admisible y esfuerzo de contacto. Recuerde que el hierro colado gris es frágil, por lo que se debe tener cuidado con los choques. El hierro dúctil austemplado (ADI) se usa en algunas aplicaciones automotrices importantes. Sin embargo, todavía no se han especificado números de esfuerzo admisibles, ya estandarizados.

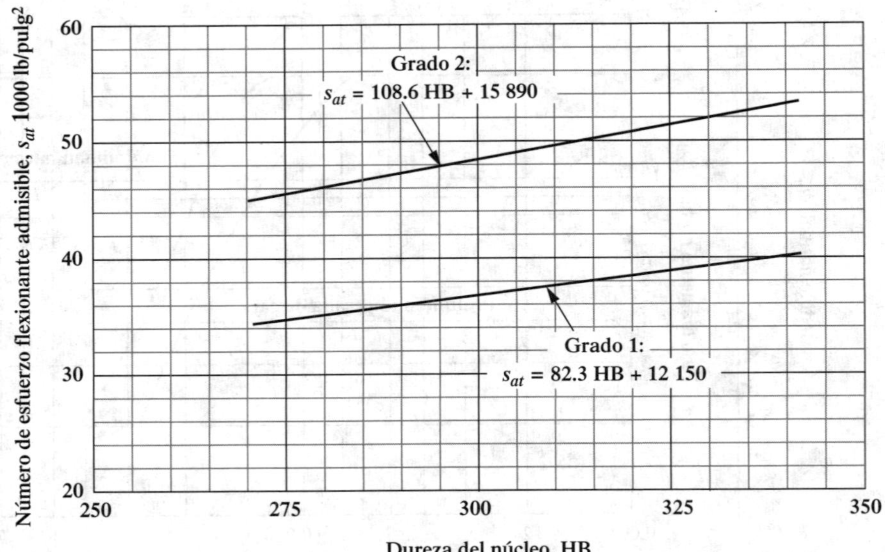

FIGURA 9-14 Números de esfuerzo flexionante admisibles, s_{at}, para engranes de acero templado total y nitrurado (esto es, AISI 4140, AISI 4340) (Tomado de la norma AGMA 2001-C95: *Fundamental Rating Factors and Calculation Methods for Involute Spur and Helical Gear Teeth*, con autorización del editor, American Gear Manufacturers Association, 1500 King Street, Suite 201, Alexandria, VA 22314)

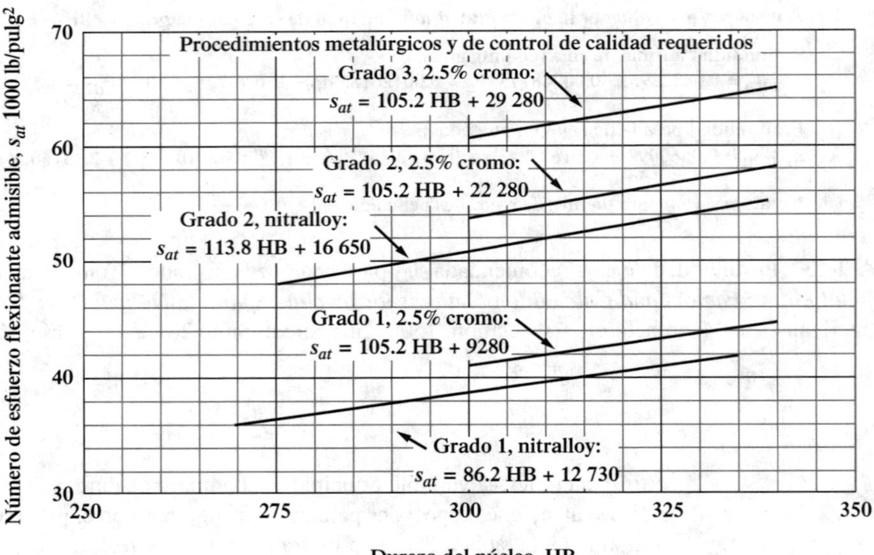

FIGURA 9-15 Números de esfuerzo flexionante admisibles, s_{at}, para engranes de acero nitrurado (Tomado de la norma AGMA 2001-C95: *Fundamental Rating Factors and Calculation Methods for Involute Spur and Helical Gear Teeth*, con autorización del editor, American Gear Manufacturers Association, 1500 King Street, Suite 201, Alexandria, VA 22314)

Bronces. En los engranes, comúnmente se usan cuatro familias de bronces: 1) bronce fosforado o de estaño, 2) bronce de manganeso, 3) bronce de aluminio y 4) bronce de silicio. También se usa el bronce amarillo. La mayor parte de los bronces son colados, pero algunos se consiguen en forma forjada. Algunas razones para indicar el uso del bronce en los engranes son la resistencia a la corrosión, buenas propiedades de desgaste y bajos coeficientes de fricción. La tabla 9-4 muestra los números de esfuerzo admisibles para una aleación de bronce en dos de sus formas comunes.

TABLA 9-4 Números de esfuerzos permisibles para engranes de acero y bronce

Designación del material	Dureza mínima en la superficie (HB)	Número de esfuerzo flexionante admisible (ksi)	(MPa)	Número de esfuerzo de contacto admisible (ksi)	(MPa)
Hierro colado gris, A48, tal como se coló					
Clase 20		5	35	50	345
Clase 30	174	8.5	59	65	448
Clase 40	201	13	90	75	517
Hierro dúctil (nodular) ASTM A536					
60-40-18 recocido	140	22	152	77	530
80-55-06 templado y revenido	179	22	152	77	530
100-70-03 templado y revenido	229	27	186	92	634
120-90-02 templado y revenido	269	31	214	103	710
Bronce, colado en arena $s_{u\ \text{mín}} = 40$ ksi (275 MPa)		5.7	39	30	207
Bronce con tratamiento térmico $s_{u\ \text{mín}} = 90$ ksi (620 MPa)		23.6	163	65	448

Fuente: Tomado de la norma AGMA 2001-C95: *Fundamental Rating Factors and Calculation Methods for Involute Spur and Helical Gear Teeth*, con autorización del editor, American Gear Manufacturers Association, 1500 King Street, Suite 201, Alexandria, VA 22314.

9-8 ESFUERZOS EN LOS DIENTES DE ENGRANES

El análisis de esfuerzos en los dientes de engranes se facilita si considera los componentes de la fuerza ortogonal, W_t y W_r, indicados en la figura 9-2.

La fuerza tangencial, W_t, produce un momento flexionante en el diente del engrane parecido al de una viga en voladizo. El esfuerzo flexionante que resulta es máximo en la base del diente, en el chaflán que une el perfil de involuta con el fondo del espacio entre dientes. Al tomar en cuenta la geometría detallada del diente, Wilfred Lewis dedujo la ecuación del esfuerzo en la base del perfil de involuta; ahora se llama *ecuación de Lewis*:

Ecuación de Lewis para esfuerzo flexionante en dientes de engranes

$$\sigma_t = \frac{W_t P_d}{FY} \tag{9-12}$$

donde W_t = fuerza tangencial
P_d = paso diametral del diente
F = ancho de la cara del diente
Y = *factor de forma de Lewis*, que depende de la forma del diente, el ángulo de presión, el paso diametral, el número de dientes en el engrane y el lugar donde actúa W_t.

Si bien, se presenta la base teórica del análisis de esfuerzos en los dientes de engranes, debe modificarse la ecuación de Lewis para poder hacer diseños y análisis prácticos. Una limitación importante es que ignora la concentración de esfuerzos que existe en el chaflán del diente. La figura 9-16 es una fotografía de un análisis fotoelástico de esfuerzos de un modelo de un diente de engrane. Indica que existe una concentración de esfuerzos en el chaflán, en la raíz del diente, y que también existen grandes esfuerzos de contacto en la superficie compañera (el esfuerzo de contacto se describirá en la sección siguiente). Al comparar el esfuerzo real en la

FIGURA 9-16 Estudio fotoelástico de dientes de engranes bajo carga (Measurements Group, Inc., Raleigh, NC)

raíz, con el que indica la ecuación de Lewis, se puede determinar el factor K_t de concentración de esfuerzos para la zona del chaflán. Al incluirlo en la ecuación (9-12), resulta

$$\sigma_t = \frac{W_t P_d K_t}{FY} \tag{9-13}$$

El valor del factor de concentración de esfuerzos depende de la forma del diente, la forma y tamaño del chaflán en la raíz del diente, y del punto de aplicación de la fuerza en el diente. Observe que el valor de Y, el factor de Lewis, depende también de la geometría del diente. Por lo tanto, los dos factores se combinan en un término, el *factor de geometría J,* donde $J = Y/K_t$. Naturalmente, el valor de J también varía con el lugar del punto de aplicación de la fuerza sobre el diente, porque Y y K_t también varían.

La figura 9-17 muestra gráficas con los valores del factor de geometría para dientes de involuta de 20° y 25°, profundidad completa. El valor más seguro es el de la carga aplicada en la punta del diente. Sin embargo, este valor es demasiado conservador, porque se comparte un poco la carga con otro diente, en el momento que la carga se comienza a aplicar en la punta de un diente. La carga crítica en determinado diente sucede cuando está en el punto más alto de contacto de un solo diente, cuando ese diente soporta toda la carga. Las curvas superiores de la figura 9-17 indican los valores de J para esta condición.

Al usar el factor de geometría, J, en la ecuación de esfuerzo, se obtiene

$$\sigma_t = \frac{W_t P_d}{FJ} \tag{9-14}$$

Las gráficas de la figura 9-17 se tomaron de la anterior norma AGMA 218.01, la cual fue sustituida por las dos nuevas normas: AGMA 2001-C95, *Fundamental Rating Factors and Calculation Methods for Involute Spur and Helical Gear Teeth* (Factores de evaluación fundamental, y métodos de cálculo de dientes de involuta para engranes rectos y helicoidales), 1995, y AGMA 908-B89 (R1995), *Geometry Factors for Determining the Pitting Resistance and Bending Strength of Spur, Helical and Herringbone Gear Teeth* (Resistencia flexionante de dientes de engranes rectos, helicoidales y en espina de pescado), 1995. La norma 908-B89 incluye un método analítico para calcular J, el factor de geometría. Pero los valores de J no cambian respecto a los valores de la norma. Más que gráficas, la nueva norma indica valores de J para diversas formas de diente, en tablas. Las gráficas de la norma anterior se muestran en la figura 9-17, para que pueda apreciar la variación de J con el número de dientes en el piñón y el engrane.

También, observe que en la figura 9-17 sólo se incluyen los valores de J para dos formas de diente, y que los valores sólo son válidos para esas formas. Los diseñadores deben asegurarse

FIGURA 9-17 Factor J de geometría (Tomado de la norma AGMA 218.01, *Rating the Pitting Resistance and Bending Strength of Spur and Helical Involute Gear Teeth*, con autorización del editor, American Gear Manufacturers Association, 1500 King Street, Suite 201, Alexandria, VA 22314)

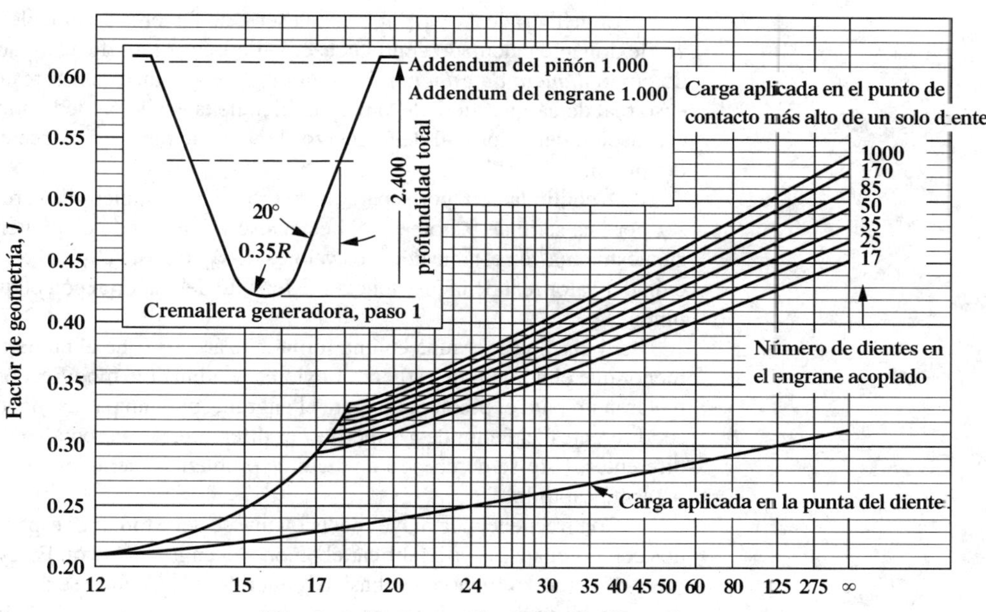

Número de dientes para el cual se desea el factor de geometría:
a) Engrane recto 20°: addendum normal

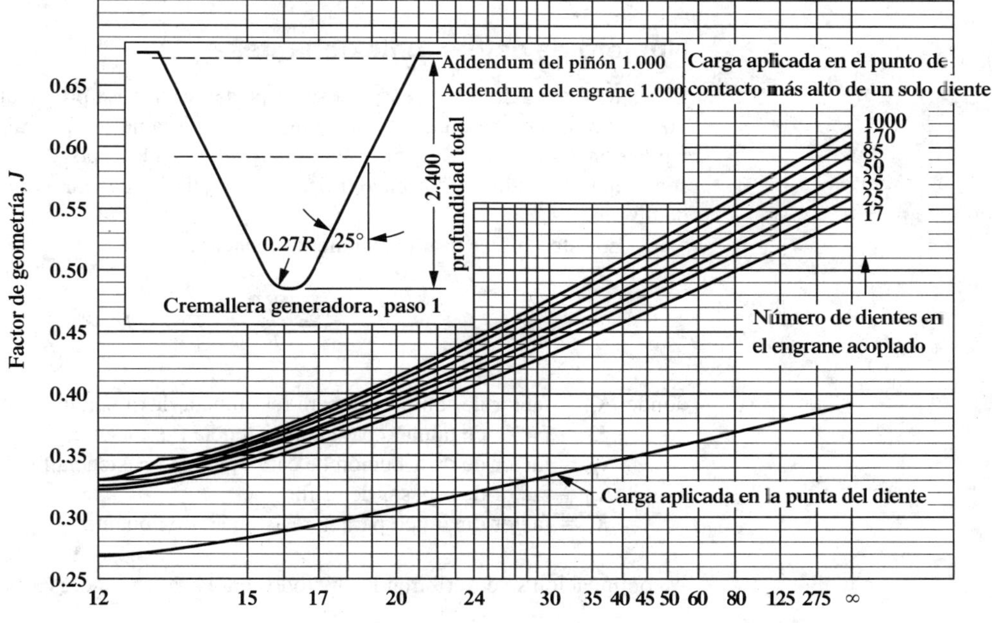

Número de dientes para el cual se desea el factor de geometría:
b) Engrane recto, 25°: addendum normal

de que los factores J para la forma real del diente que se use, incluyendo la forma del chaflán, se agreguen en el análisis de esfuerzos.

Se puede decir que la ecuación (9-14) es la *ecuación de Lewis modificada*. AGMA recomienda otras modificaciones a la ecuación, en la norma 2001-C95, para el diseño práctico, las cuales consideran la variedad de condiciones que se pueden encontrar en el servicio.

El método de AGMA aplica una serie de factores adicionales de modificación al esfuerzo flexionante calculado con la ecuación de Lewis modificada, para calcular un valor conocido como *número de esfuerzo flexionante*, s_t. Estos factores representan el grado con el que el caso real de carga difiere de la base teórica de la ecuación de Lewis. El resultado es una mejor estimación del valor real del esfuerzo flexionante que se produce en los dientes del engrane y del piñón.

A continuación, por separado, se modifica el número de esfuerzo flexionante admisible, s_{at}, por una serie de factores que afectan ese valor cuando el ambiente difiere del caso nominal supuesto, una vez establecidos los valores de s_{at}. En este caso, el resultado es una mejor estimación del valor real de la resistencia flexionante del material con el que se fabrica el engrane o el piñón.

El diseño se termina en una forma que asegure que el número de esfuerzo flexionante es menor que el número de esfuerzo flexionante admisible modificado. Este proceso se debe completar tanto para el piñón como para el engrane, para un par dado, porque los materiales pueden ser diferentes; el factor de geometría J es diferente, y otras condiciones de operación pueden ser diferentes. Esto se demuestra en algunos problemas ejemplo que aparecen más adelante en el presente capítulo.

Con frecuencia, la mayor decisión que se debe tomar es especificar los materiales adecuados con los cuales se va a fabricar el piñón y el engrane mayor. En esos casos, se calculará el número de esfuerzo flexionante básico requerido, s_{at}. Cuando se usa el acero, la dureza requerida del material se determina de los datos descritos en la sección 9-7. Por último, se especifican el material y su tratamiento térmico, para asegurar que tendrá al menos la dureza necesaria.

Ahora se describe el número de esfuerzo flexionante, s_t.

Número de esfuerzo flexionante, s_t

El método de análisis y diseño que se emplea aquí se basa principalmente en la norma AGMA 2001-C95. Sin embargo, como no se incluyen en esa norma los valores de algunos factores, se agregaron datos de otras fuentes. Estos datos ilustran los tipos de condiciones que afectan al diseño final. Por último, el diseñador tiene la responsabilidad para tomar las decisiones adecuadas de diseño.

En este libro se usará la siguiente ecuación:

$$s_t = \frac{W_t P_d}{FJ} K_o\, K_s\, K_m\, K_B\, K_v \qquad \textbf{(9-15)}$$

donde K_o = factor de sobrecarga para resistencia flexionante
K_s = factor de tamaño para la resistencia flexionante
K_m = factor de distribución de carga para la resistencia flexionante
K_B = factor de espesor de orilla
K_v = factor dinámico para la resistencia flexionante

A continuación se describiran los métodos para asignar valores a esos factores.

Factor de sobrecarga, K_o

Los factores de sobrecarga consideran la probabilidad de que variaciones de carga, vibraciones, choques, cambios de velocidad y otras condiciones específicas de la aplicación, puedan causar cargas máximas mayores que W_t, aplicada a los dientes del engrane durante el funcionamiento. Se debe efectuar un análisis cuidadoso de las condiciones reales, y la norma AGMA 2001-C95 no contiene valores específicos para K_o. La referencia 15 recomienda algunos valores; y muchas industrias ya han establecido valores adecuados con base en su experiencia.

Para resolver problemas en este libro, se emplearán los valores de la tabla 9-5. Las consideraciones principales son la naturaleza de la fuente de potencia y de la máquina impulsada, *en conjunto*. Se debe aplicar un factor de sobrecarga igual a 1.00, para un motor eléctrico perfectamente uniforme, que impulse un generador perfectamente uniforme a través de un reductor de velocidad con engranes. Toda condición más violenta necesita un valor de K_o mayor que 1.00. Para fuentes de potencia, se usarán los siguientes:

Uniformes: Motor eléctrico o turbina de gas a velocidad constante

Choque ligero: Turbina hidráulica e impulsor de velocidad variable

Choque moderado: Motor multicilíndrico

Como ejemplos del grado de aspereza de las máquinas impulsadas, están los siguientes:

Uniforme: Generador de trabajo pesado continuo

Choque ligero: Ventiladores y bombas centrífugas de baja velocidad, agitadores de líquidos, generadores de régimen variable, transportadores con carga uniforme y bombas rotatorias de desplazamiento positivo

Choque moderado: Bombas centrífugas de alta velocidad, bombas y compresores alternos, transportadores de trabajo pesado, impulsores de máquinas herramienta, mezcladoras de concreto, maquinaria textil, moledoras de carne y sierras

Choque pesado: Trituradoras de roca, impulsores de punzonadoras o troqueladoras, pulverizadores, molinos de proceso, barriles giratorios, cinceladores de madera, cribas vibratorias y descargadores de carros de ferrocarril.

Factor de tamaño, K_s

La AGMA indica que se puede suponer el factor de tamaño como 1.00 para la mayoría de los engranes. Pero para engranes con dientes grandes o grandes anchos de caras, se recomienda manejar un valor mayor que 1.00. La referencia 15 recomienda un valor de 1.00 para pasos diametrales de 5 o mayores, o para un módulo específico de 5 o menores. Para dientes más grandes se pueden manejar los valores de referencia de la tabla 9-6.

Factor de distribución de carga, K_m

La determinación del factor de distribución de carga se basa en muchas variables en el diseño de los engranes mismos, pero también en los ejes, cojinetes, cajas y la estructura donde se instalará el reductor con engranes. Por consiguiente, es uno de los factores más difíciles de especificar. En forma continua, se realiza trabajo analítico y experimental acerca de la determinación de valores de K_m.

TABLA 9-5 Factores de sobrecarga sugeridos, K_o

	Máquina impulsada			
Fuente de potencia	Uniforme	Choque ligero	Choque moderado	Choque pesado
Uniforme	1.00	1.25	1.50	1.75
Choque ligero	1.20	1.40	1.75	2.25
Choque moderado	1.30	1.70	2.00	2.75

TABLA 9-6 Factores de tamaño sugeridos, K_s

Paso diametral, P_d	Módulo métrico, m	Factor de tamaño, K_s
≥5	≤5	1.00
4	6	1.05
3	8	1.15
2	12	1.25
1.25	20	1.40

Si la intensidad de carga en todas las partes de todos los dientes en contacto, en cualquier momento, fuera uniforme, el valor de K_m sería 1.00. Sin embargo, casi nunca sucede así. Cualquiera de los factores siguientes pueden causar desalineamientos de los dientes del piñón en relación con los del engrane:

1. Dientes con poca precisión
2. Desalineamiento de los ejes que sostienen los engranes
3. Deformación elástica de los engranes, los ejes, los cojinetes, las cajas y las estructuras de soporte
4. Holguras entre los ejes y los engranes, los ejes y los cojinetes, o entre los ejes y la caja
5. Distorsiones térmicas durante el funcionamiento
6. Coronación o desahogo lateral de los dientes de los engranes

La norma AGMA 2001-C95 presenta descripciones extensas de los métodos para determinar los valores de K_m. Uno es empírico, y se considera para engranes hasta de 40 pulgadas (1000 mm) de ancho. El otro es analítico, y considera la rigidez y la masa de los engranes, y los dientes de engrane individuales, así como la falta de coincidencia total entre los dientes que engranan. No se detallarán; sin embargo, se indicarán algunos lineamientos generales.

El diseñador puede minimizar el factor de distribución de carga si especifica lo siguiente:

1. Dientes exactos (un número de calidad grande)
2. Anchos de cara angostas
3. Engranes centrados entre cojinetes (montaje en puente)
4. Tramos cortos de eje entre cojinetes
5. Diámetros grandes de eje (gran rigidez)
6. Rígido, cajas rígidas
7. Gran precisión y pequeñas holguras en todos los componentes de la transmisión

Se le aconseja estudiar los detalles de la norma AGMA 2001-C95, la cual abarca una gran variedad de tamaños físicos de sistemas de engranes. Pero los diseños descritos en este libro serán para tamaños moderados, típicos de las transmisiones de potencia en aplicaciones de industria ligera y vehicular. Aquí se presentarán un conjunto de datos más limitado, para ilustrar los conceptos que deben considerarse en el diseño de los engranes.

Se usará la siguiente ecuación para calcular el valor del factor de distribución de carga:

$$K_m = 1.0 + C_{pf} + C_{ma} \tag{9-16}$$

donde C_{pf} = factor de proporción del piñón (vea la figura 9-18)
C_{ma} = factor por alineamiento de engranado (vea la figura 9-19)

En este libro se limitarán los diseños a los que tengan ancho de cara de 15 pulgadas (36 cm) o menos. En las caras más anchas se requieren factores adicionales. También, algunos buenos diseños comerciales usan modificaciones de la forma básica del diente, para tener un engrane de los dientes más uniforme. Esos métodos no se describirán en este libro.

La figura 9-18 muestra que el factor de proporción del piñón depende del ancho real de la cara del piñón, y de la relación del ancho de cara entre diámetro de paso del piñón. La figura 9-19 relaciona el factor de alineamiento de engrane con la exactitud esperada de los distintos métodos de aplicación de engranes. *Engranes abiertos* se refiere a los sistemas de transmisión donde los ejes están sostenidos en cojinetes montados sobre elementos estructurales de la máquina, y cabe esperar que haya desalineamientos relativamente grandes. En las *unidades cerradas de calidad comercial de engranes*, los cojinetes se montan en una caja de diseño especial, que proporciona más rigidez que en los engranes abiertos, pero para la cual son bastante liberales las

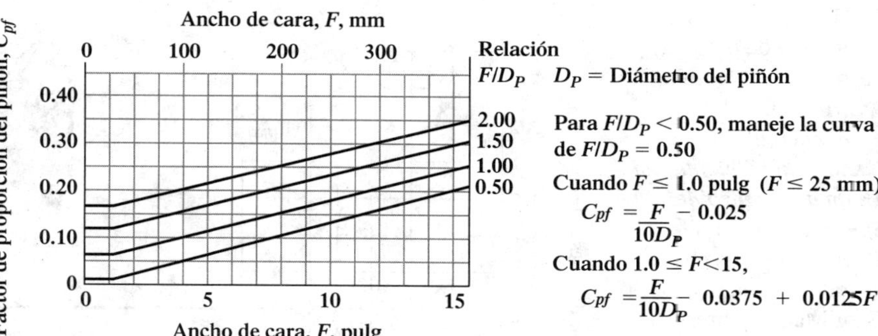

FIGURA 9-18 Factor de proporción del piñón, C_{pf} (Tomado de la norma AGMA 2001-C95: *Fundamental Rating Factors and Calculation Methods for Involute Spur and Helical Gear Teeth*, con autorización del editor, American Gear Manufacturers Association, 1500 King Street, Suite 201, Alexandria, VA 22314)

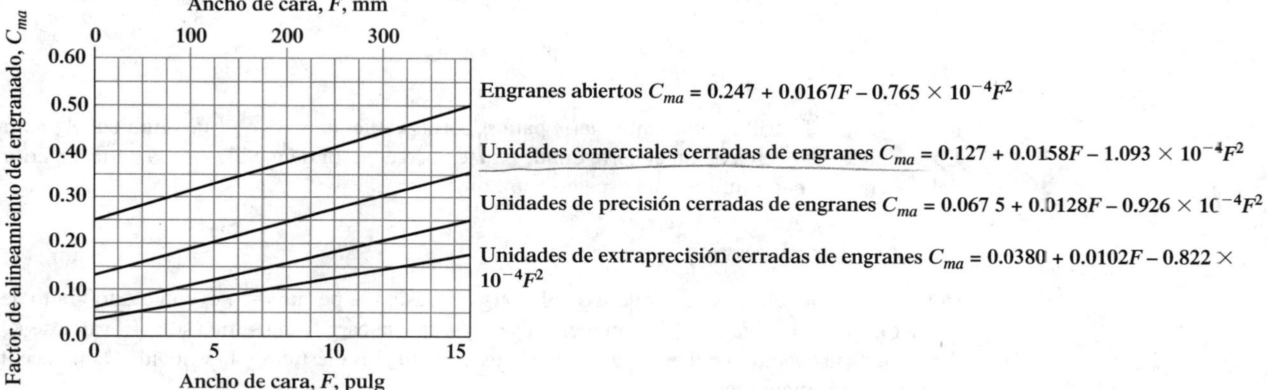

FIGURA 9-19 Factor de alineamiento del engranado, C_{ma} (Tomado de la norma AGMA 2001-C95: *Fundamental Rating Factors and Calculation Methods for Involute Spur and Helical Gear Teeth*, con autorización del editor, American Gear Manufacturers Association, 1500 King Street, Suite 201, Alexandria, VA 22314)

tolerancias de las dimensiones individuales. Las *unidades cerradas de precisión de engranes* se fabrican con tolerancias más estrictas. Las *unidades cerradas de extraprecisión de engranes* se fabrican con la máxima precisión y se ajustan, con frecuencia, en el ensamble, para alcanzar un alineamiento excelente de los dientes. La experiencia en el campo con unidades semejantes le ayudará a comprender mejor los distintos tipos de diseños.

Factor de espesor de orilla, K_B

El análisis básico con el que se dedujo la ecuación de Lewis supone que el diente del engrane se comporta como una viga en voladizo, fija a una estructura de soporte perfectamente rígida en su base. Si la orilla del engrane es muy delgada, se puede deformar, y causa que el punto de esfuerzo máximo se mueva, desde el área del chaflán del diente hasta un punto interior a la orilla.

Para estimar la influencia del espesor de la orilla, se puede emplear la figura 9-20. El parámetro geométrico principal se llama *relación de respaldo*, m_B, donde

$$m_B = t_R/h_t$$

$$t_R = \text{espesor de la orilla}$$

$$h_t = \text{profundidad total del diente}$$

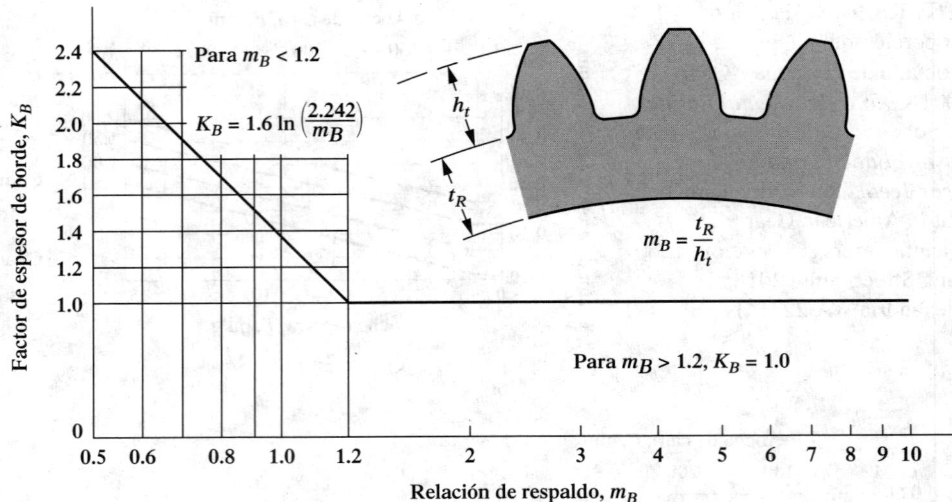

FIGURA 9-20 Actor de espesor de borde, K_B (Tomado de la norma AGMA 2001-C95: *Fundamental Rating Factors and Calculation Methods for Involute Spur and Helical Gear Teeth*, con autorización del editor, American Gear Manufacturers Association, 1500 King Street, Suite 201, Alexandria, VA 22314)

Para $m_B > 1.2$, la orilla es bastante fuerte para soportar al diente, y $K_B = 1.0$. También, el factor K_B se puede usar cerca de un cuñero, donde existe poco espesor de metal entre la parte superior del cuñero y la parte inferior del espacio entre dientes.

Factor dinámico, K_v

Con el factor dinámico se considera que la carga es resistida por un diente, con cierto grado de impacto, y que la carga real sobre el diente es mayor que la carga transmitida sola. El valor de K_v depende de la exactitud del perfil del diente, sus propiedades elásticas y la velocidad con la cual se ponen en contacto los dientes.

La figura 9-21 muestra la gráfica de valores de K_v, recomendada por AGMA, donde los números Q_v son los números de calidad AGMA citados en la sección 9-5. Los engranes en un diseño típico de máquina serían de las clases representadas por las curvas 5, 6 o 7, que corresponden a engranes fabricados por rectificado o tallado con herramental de promedio a bueno. Si los dientes se acaban por rectificado o rasurado para mejorar la exactitud de su perfil y distanciamiento, se deberían usar las curvas 8, 9, 10 u 11. Bajo condiciones especiales, cuando se usan dientes de gran precisión en aplicaciones donde hay poca oportunidad de que se desarrollen cargas dinámicas externas, se puede usar la región sombreada. Si los dientes se cortan con fresado de forma, se deben emplear factores menores que los de la curva 5. Observe que los engranes de calidad 5 no se deben usar a velocidades de línea de paso mayores que 2500 pies/min. Note que los factores dinámicos son aproximados. Para aplicaciones extremas, en especial los que trabajan a más de 4000 pies/min, se deben usar métodos que tengan en cuenta las propiedades del material, la masa y la inercia de los engranes y el error real en la forma del diente, para calcular la carga dinámica. (Vea las referencias 12, 15 y 18.)

Problema modelo 9-1

Calcule los números de esfuerzo flexionante para el piñón y el engrane de la figura 9-1. El piñón gira a 1750 rpm, y está impulsado en forma directa por un motor eléctrico. La máquina impulsada es una sierra industrial de 25 HP. La unidad de engrane está cerrada, y está fabricada bajo normas comerciales. Los engranes están montados en puente entre sus cojinetes. Se aplicarán los siguientes datos:

$$N_P = 20 \quad N_G = 70 \quad P_d = 8 \quad F = 1.50 \text{ pulg} \quad Q_v = 6$$

Los dientes de los engranes son de involuta de 20°, profundidad total, y los modelos de engrane son sólidos.

FIGURA 9-21
Factor dinámico, K_V (Tomado de la norma AGMA 2001-C95: *Fundamental Rating Factors and Calculation Methods for Involute Spur and Helical Gear Teeth*, con autorización del editor, American Gear Manufacturers Association, 1500 King Street, Suite 201, Alexandria, VA 22314)

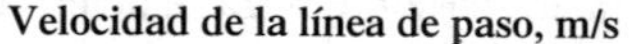

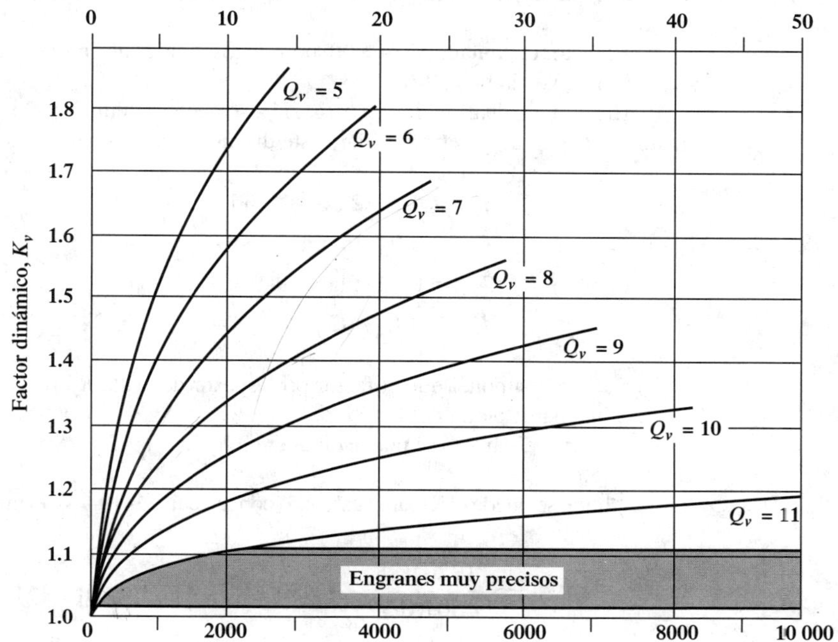

$v_{t\,\text{máx}} = [A + (Q_v - 3)]^2$ (unidades inglesas)

$v_{t\,\text{máx}} = \dfrac{[A + (Q_v - 3)]^2}{200}$ (unidades SI)

donde $v_{t\,\text{máx}}$ = punto del final de las curvas de K_v (pies/min o m/s)

Curvas 5–11

$K_v = \left(\dfrac{A + \sqrt{v_t}}{A}\right)^B$ (unidades inglesas)

$K_v = \left(\dfrac{A + \sqrt{200 v_t}}{A}\right)^B$ (unidades SI)

donde $A = 50 + 56(1.0 - B)$

$B = \dfrac{(12 - Q_v)^{0.667}}{4}$

Q_v = número de calificación de la exactitud de la transmisión

Solución Se empleará la ecuación (9-15) para calcular el esfuerzo esperado:

$$s_t = \frac{W_t P_d}{FJ} K_o K_s K_m K_B K_v$$

Se puede primero usar las bases de la sección 9-3 para calcular la carga transmitida a los dientes de los engranes:

$$D_P = N_P/P_d = 20/8 = 2.500 \text{ pulg}$$
$$v_t = \pi D_P n_P/12 = \pi(2.5)(1750)/12 = 1145 \text{ pie/min}$$
$$W_t = 33\,000(P)/v_t = (33\,000)(25)/(1145) = 720 \text{ lb}$$

De la figura 9-17, se observa que $J_P = 0.335$ y $J_G = 0.420$.

El factor de sobrecarga se determina con la tabla 9-5. Para un motor eléctrico constante y uniforme, que impulsa una sierra industrial que genera choque moderado, $K_o = 1.50$ es un valor razonable.

El factor de tamaño $K_s = 1.00$, porque los dientes de engrane con $P_d = 8$ son relativamente pequeños. Vea la tabla 9-6.

El factor de distribución de carga, K_m, se puede calcular con la ecuación (9-16), para transmisiones de engranes cerrados. Para este diseño, $F = 1.50$ pulgadas, y

$$F/D_P = 1.50/2.50 = 0.60$$
$$C_{pf} = 0.04 \text{ (Figura 9-18)}$$
$$C_{ma} = 0.15 \text{ (Figura 9-19)}$$
$$K_m = 1.0 + C_{pf} + C_{ma} = 1.0 + 0.04 + 0.15 = 1.19$$

Se puede suponer que el factor por espesor de orilla K_B sea 1.00, porque los engranes se fabricarán a partir de modelos sólidos.

El factor dinámico se puede obtener en la figura 9-21. Para $v_t = 1145$ pies/min y $Q_v = 6$, $K_v = 1.45$.

Ahora, se puede calcular el esfuerzo con la ecuación (9-15). Primero se calculará en el piñón:

$$s_{tP} = \frac{(720)(28)}{(1.50)(0.335)}(1.50)(1.0)(1.19)(1.0)(1.45) = 29\,700 \text{ psi}$$

Observe que todos los factores en la ecuación del esfuerzo son iguales para el engrane, excepto el valor del factor de geometría, J. Entonces, el esfuerzo en el engrane se puede calcular con

$$s_{tG} = \sigma_{tP}(J_P/J_G) = (29\,700)(0.335/0.420) = 23\,700 \text{ psi}$$

El esfuerzo en los dientes del piñón siempre será mayor que en los del engrane mayor, porque el valor de J aumenta cuando se incrementa el número de dientes.

9-9 SELECCIÓN DEL MATERIAL DEL ENGRANE CON BASE EN EL ESFUERZO FLEXIONANTE

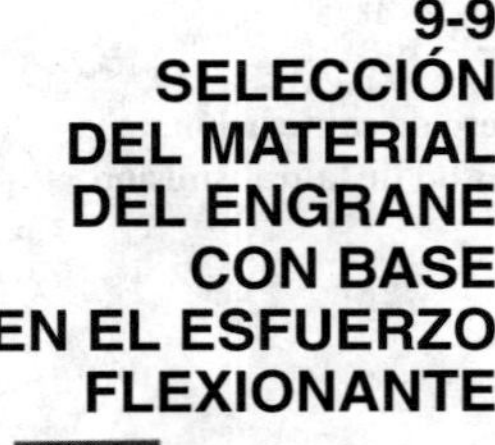

Para que el funcionamiento sea seguro, la responsabilidad del diseñador es especificar un material que tenga un esfuerzo flexionante admisible, mayor que el valor calculado y debido a la flexión, en la ecuación (9-15). Recuerde que en la sección 9-6 se presentaron números de esfuerzo admisible, para una variedad de materiales de engranes de uso frecuente. Entonces, es necesario que

$$s_t < s_{at}$$

Estos datos son válidos para las siguientes condiciones:

Temperatura menor que 250°F (121°C)

10^7 ciclos de carga de diente

Confiabilidad de 99%: menos de una falla en 100

Factor de seguridad de 1.00

En este libro se supondrá que la temperatura de funcionamiento de los engranes es menor que 250°F. Para temperaturas mayores, se recomienda aplicar pruebas para determinar el grado de reducción en la resistencia del material del engrane.

Números de esfuerzo flexionante admisibles ajustados, s'_{at}

Se han generado datos para distintos valores de vida esperada y confiabilidad, como se describirá a continuación. También los diseñadores pueden optar por aplicar un factor de seguridad al número de esfuerzo flexionante admisible, para considerar las incertidumbres en el análisis del diseño, las características del material, o las tolerancias de manufactura, o bien para tener una medida adicional de seguridad, en aplicaciones críticas. Estos factores se aplican al valor de s_{at} para producir un *número de esfuerzo flexionante admisible ajustado*, al que se denominará s'_{at}:

$$s'_{at} = s_{at}\,Y_N/(SF \cdot K_R) \qquad \textbf{(9-17)}$$

Factor por ciclos de esfuerzo, Y_N

La figura 9-22 permite determinar el factor de ajuste de vida, Y_N, si se espera que los dientes del engrane a analizar tengan un número de ciclos de carga muy diferente de 10^7. Observe que el tipo general de material influye en esta gráfica para el menor número de ciclos. Para el mayor número de ciclos, se indica un intervalo mediante un área sombreada. La práctica general de diseño usaría la línea superior en este intervalo. En las aplicaciones críticas, donde se deben minimizar las picaduras y el desgaste de dientes, se puede usar la parte inferior del intervalo.

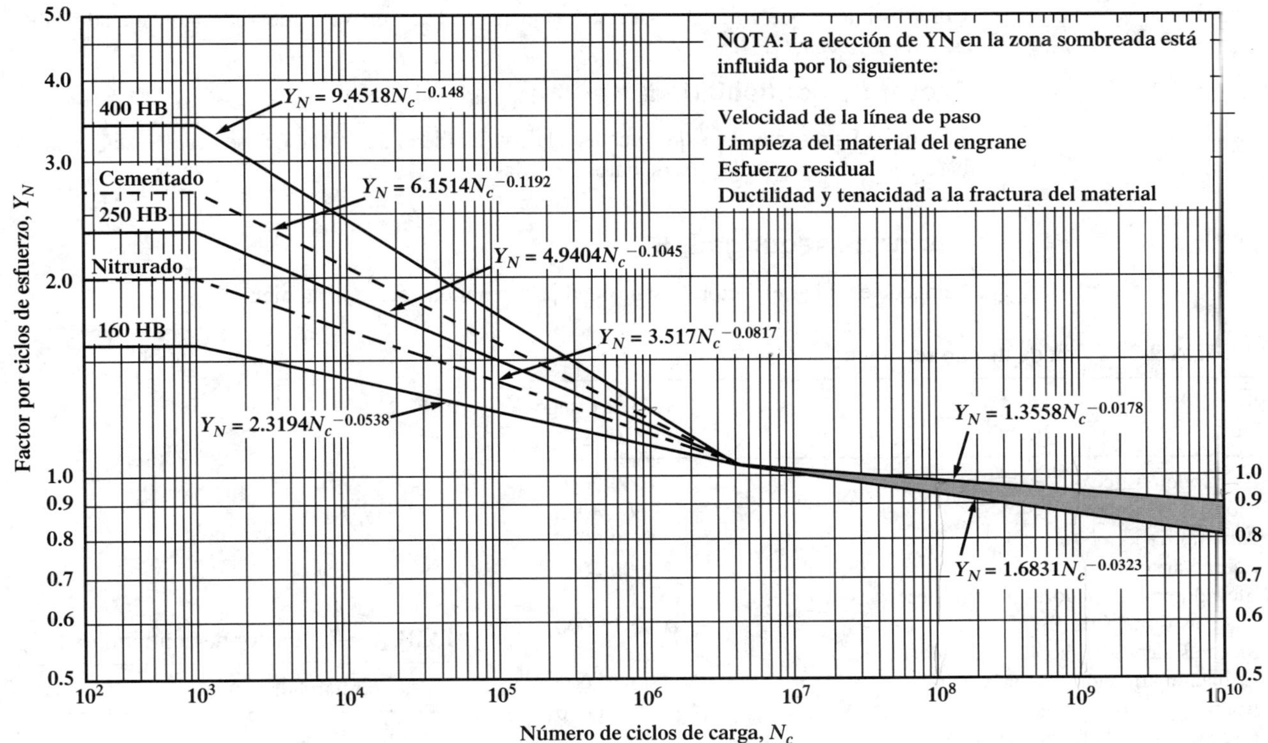

FIGURA 9-22 Factor de resistencia flexionante por ciclos de esfuerzo, Y_N (Tomado de la norma AGMA 2001-C95: *Fundamental Rating Factors and Calculation Methods for Involute Spur and Helical Gear Teeth*, con autorización del editor, American Gear Manufacturers Association, 1500 King Street, Suite 201, Alexandria, VA 22314)

El cálculo del número de ciclos de carga esperado se puede efectuar mediante

$$N_c = (60)(L)(n)(q) \tag{9-18}$$

donde N_c = número de ciclos de carga esperado
L = Vida de diseño, en horas
n = velocidad de giro del engrane, en rpm
q = número de aplicaciones de carga por revolución

La vida de diseño es, en realidad, una decisión de diseño basada en la aplicación. Como lineamiento, se usará un conjunto de datos creados para emplearlos en el diseño de cojinetes, presentado en la tabla 9-7. A menos que se diga otra cosa, se usará una vida de diseño de $L = 20\,000$ h, como está indicado para máquinas industriales en general. El número de aplicaciones de carga por revolución normal para determinado diente de engrane es, naturalmente, uno. Pero considere el caso de un engrane loco que sirve tanto como engrane conducido y motriz en un tren de engranes, recibe dos ciclos de carga por revolución: primero, cuando recibe la potencia de uno de sus engranes acoplados, y segundo, cuando la entrega al otro. También, en ciertos trenes de engranes, un engrane puede entregar potencia a dos o más ruedas engranadas con él. En un tren de engranes planetarios, los engranes tienen con frecuencia esta característica.

Como ejemplo de la aplicación de la ecuación (9-18), considere que el piñón del problema modelo 9-1 se diseña para tener una vida de 20 000 h. Entonces

$$N_c = (60)(L)(n)(q) = (60)(20\,000)(1750)(1) = 2.1 \times 10^9 \text{ ciclos}$$

Como es mayor que 10^7, debe hacerse un ajuste en el número de esfuerzo flexionante admisible.

Factor de confiabilidad, K_R

La tabla 9-8 presenta datos que ajustan a la confiabilidad de diseño que se desee. Estas cifras se basan en análisis estadísticos de datos de fallas.

Factor de seguridad, *SF*

Se puede emplear el factor de seguridad para tener en cuenta lo siguiente:

TABLA 9-7 Vida de diseño recomendada

Aplicación	Vida de diseño (h)
Electrodomésticos	1000-2000
Motores de avión	1000-4000
Automotriz	1500-5000
Equipo agrícola	3000-6000
Elevadores, ventiladores industriales, transmisiones de usos múltiples	8000-15 000
Motores eléctricos, sopladores industriales, maquinaria industrial en general	20 000-30 000
Bombas y compresores	40 000-60 000
Equipo crítico en funcionamiento continuo durante 24 h	100 000-200 000

Fuente: Eugene A. Avallone y Theodore Baumeister III, editores. *Marks' Standard Handbook for Mechanical Engineers,* 9ª edición. Nueva York: McGraw-Hill, 1986

TABLA 9-8 Factor de confiabilidad, K_R

Confiabilidad	K_R
0.90, una falla en 10	0.85
0.99, una falla en 100	1.00
0.999, una falla en 1000	1.25
0.9999, una falla en 10 000	1.50

- Incertidumbres en el análisis de diseño
- Incertidumbres en las características del material
- Incertidumbres en las tolerancias de manufactura

También se puede emplear para tener una medida de seguridad adicional, en aplicaciones críticas.

No existen lineamientos generales publicados, y los diseñadores deben evaluar las condiciones en cada aplicación. Sin embargo, observe que muchos de los factores considerados frecuentemente como parte de un factor de seguridad en la práctica general del diseño, se han incluido ya en los cálculos de s_t y s_{at}. Por consiguiente, debería bastar un valor modesto del factor de seguridad; por ejemplo, entre 1.00 y 1.50.

Procedimiento para seleccionar materiales de engrane de acuerdo con el esfuerzo flexionante

El proceso lógico de selección del material se puede resumir como sigue: El número de esfuerzo flexionante determinado en la ecuación (9-15) debe ser menor que el número de esfuerzo flexionante admisible ajustado, calculado con la ecuación (9-17). Esto es,

$$s_t < s'_{at}$$

Ahora iguale las ecuaciones de esos dos valores:

$$\frac{W_t P_d}{FJ} K_o K_s K_m K_B K_v = s_t < s_{at} \frac{Y_N}{SF \cdot K_R} \qquad \textbf{(9-19)}$$

Para emplear esta relación en la selección del material, conviene despejar s_{at}:

$$\frac{K_R\,(SF)}{Y_N} s_t < s_{at} \qquad \textbf{(9-20)}$$

Se usará esta ecuación para seleccionar materiales para engranes desde el punto de vista del esfuerzo flexionante. La lista de abajo resume los términos que incluyen las ecuaciones (9-19) y (9-20), como referencia. Debe repasar la descripción más completa de cada uno, antes de iniciar diseños de práctica.

W_t = fuerza tangencial sobre los dientes del engrane = $(63\,000)P/n$
P_d = paso diametral del engrane
F = ancho de cara del engrane
J = factor por geometría para esfuerzo flexionante (vea la figura 9-17)
K_o = factor por sobrecarga (vea la tabla 9-5)
K_s = factor por tamaño (vea la tabla 9-6)
K_m = factor de alineamiento de engranado = $1.0 + c_{pf} + C_{ma}$ (vea las figuras 9-18 y 9-19)
K_B = factor por espesor de borde (vea la figura 9-20)
K_v = factor de velocidad (vea la figura 9-21)
K_R = factor de confiabilidad (vea la tabla 9-8)
SF = factor de seguridad (decisión de diseño)
Y_N = factor por número de ciclos de esfuerzo flexionante (vea la figura 9-22)

Al completar el cálculo del valor en el primer miembro de la ecuación (9-20), se obtiene el valor necesario del número de esfuerzo flexionante admisible, s_{at}. A continuación, debe consultar los datos de la sección 9-7, "Materiales de los engranes metálicos", para seleccionar un material adecuado. Considere si el material debe ser acero, hierro colado o bronce. Después, consulte las tablas de datos correspondientes.

Para la selección de aceros, se presenta el siguiente repaso:

1. Comience revisando la figura 9-10, para ver si un acero templado total tendrá el s_{at} necesario. En caso afirmativo, determine la dureza necesaria. A continuación, especifique un acero y su tratamiento térmico, al consultar los apéndices 3 y 4.
2. Si se necesita s_{at} mayor, vea la tabla 9-3, y las figuras 9-14 y 9-15, con las propiedades de los aceros templados.
3. El apéndice 5 ayuda a seleccionar aceros cementados.
4. Si se planea un templado por llama o por inducción, especifique un material con buena capacidad de endurecimiento, como AISI 4140, 4340 o similar, de aleación al medio carbón. Vea el apéndice 4.
5. Busque las profundidades recomendadas en la figura 9-12 o 9-13, para los aceros templados superficialmente.

Para el hierro colado o el bronce, consulte la tabla 9-4.

Problema modelo 9-2 Especifique materiales adecuados para el piñón y el engrane del conjunto descrito en el problema modelo 9-1. Diseñe para una confiabilidad de menos de una falla en 10 000. La aplicación es para una sierra industrial, que se usará totalmente con funcionamiento normal de un turno y cinco días por semana.

Solución Entre los resultados del problema modelo 9-1 están los números de esfuerzo flexionante esperados para el piñón y el engrane, y son los siguientes:

$$s_{tP} = 29\,700 \text{ psi} \quad s_{tG} = 23\,700 \text{ psi}$$

Se debe considerar el número de ciclos de esfuerzo, la confiabilidad y el factor de seguridad, para completar el cálculo indicado en la ecuación (9-20).

Factor por número de ciclos de esfuerzo, Y_N: De acuerdo con el enunciado del problema, n_p = 1750 rpm, N_P = 20 dientes y N_G = 70 dientes. Permita el uso de estos datos para determinar el número de ciclos de esfuerzo esperado que tendrán los dientes del piñón y del engrane. La aplicación se apega a la práctica industrial común, donde la vida de diseño aproximada es 20 000 h, como se indica en la tabla 9-7. El número de ciclos de esfuerzo para el piñón es

$$N_{cP} = (60)(L)(n_{p)}(q) = (60)(20\,000)(1750)(1) = 2.10 \times 10^9 \text{ ciclos}$$

El engrane gira con menos rapidez debido a la reducción de velocidad. Entonces

$$n_G = n_P(N_P/N_G) = (1750 \text{ rpm})(20/70) = 500 \text{ rpm}$$

Ya se puede calcular el número de ciclos de esfuerzo para cada diente del engrane:

$$N_{cG} = (60)(L)(n_G)(q) = (60)(20\,000)(500)(1) = 6.00 \times 10^8 \text{ ciclos}$$

Ya que los dos valores son mayores que el valor nominal de 10^7 ciclos, se debe determinar un valor de Y_N para el piñón y el engrane, en la figura 9-22.

$$Y_{NP} = 0.92 \quad Y_{NG} = 0.96$$

Factor de confiabilidad, K_R: Para la meta de diseño de menos de una falla en 10 000, la tabla 9-8 recomienda que $K_R = 1.50$.

Factor de seguridad: Es una decisión de diseño. Al repasar la descripción de los factores en el problema modelo 9-1 y en este problema, se observa que se han considerado prácticamente todos los factores para ajustar el esfuerzo en el diente, y la resistencia del material. Además, al seleccionar un material, probablemente tenga una resistencia y una dureza algo mayores que los valores mínimos aceptables. Por consiguiente, como decisión de diseño se usará $SF = 1.00$.

Valor ajustado de s_{at}: Ya se puede calcular la ecuación (9-20) y usarla para seleccionar el material. Para el piñón,

$$\frac{K_R\,(SF)}{Y_{NP}}\,s_t = \frac{(1.50)(1.00)}{0.92}(29\,700 \text{ psi}) = 48\,450 \text{ psi} < s_{at}$$

Para el engrane:

$$\frac{K_R\,(SF)}{Y_{NG}}\,s_t = \frac{(1.50)(1.00)}{0.96}(23\,700 \text{ psi}) = 37\,050 \text{ psi} < s_{at}$$

Ahora, al consultar la figura 9-10 y optar por el uso de acero grado 1, se observa que el número de esfuerzo flexionante admisible requerido para el piñón es mayor que el que se permite en un acero templado total. Pero la tabla 9-3 indica que un acero cementado con dureza superficial de 55 a 64 HRC sería satisfactorio, con un valor de $s_{at} = 55$ ksi $= 55\,000$ psi. Del apéndice 5, se ve que se puede usar casi cualquiera de los materiales cementados mencionados. Se especificará AISI 4320 SOQT 300, con resistencia a la tensión de 218 ksi en el núcleo, 13% de elongación y dureza superficial de 62 HRC.

Para el engrane, la figura 9-10 indica que un acero templado total, con una dureza de 320 HB, sería satisfactorio. Se especificará, de acuerdo con el apéndice 3, el acero AISI 4340 OQT 1000, con dureza de 363 HB, esfuerzo de tensión de 171 ksi y 16% de elongación.

Comentarios Estos materiales deberían dar un servicio satisfactorio, con base en su resistencia de tensión. En la sección siguiente se describe el otro modo principal de falla: resistencia a la picadura. Es posible, quizá probable, que los requisitos para cumplir esa condición sean más rigurosos que para la flexión.

9-10 RESISTENCIA A LA PICADURA DE LOS DIENTES DE ENGRANES

Además de tener seguridad a la flexión, los dientes de engranes deben ser capaces de funcionar también durante su vida útil esperada, sin tener muchas picaduras en su perfil. La *picadura* es el fenómeno en el que se eliminan pequeñas partículas de la superficie de las caras de diente, debido a los grandes esfuerzos de contacto que causan fatiga. Vea de nuevo la figura 9-16, que muestra los grandes esfuerzos de contacto localizados. La acción prolongada después de que se inicia la picadura, hace que los dientes se desbasten y terminen por perder la forma. Rápidamente sigue la falla. Observe que los dientes motrices y conducidos están sometidos a estos grandes esfuerzos de contacto.

La acción en el punto de contacto de los dientes del engrane es la de dos superficies con curvatura externa. Si los materiales del engrane fueran infinitamente rígidos, el contacto sólo sería una línea. En realidad, por la elasticidad de los materiales, el perfil del diente se deforma un poco y la consecuencia es que la fuerza transmitida actúa sobre un área rectangular pequeña. El esfuerzo que resulta se llama *esfuerzo de contacto*, o *esfuerzo de Hertz*. La referencia 24 presenta la siguiente forma de la ecuación para el esfuerzo de Hertz,

Esfuerzo de contacto de Hertz, en los dientes de engranes

$$\sigma_c = \sqrt{\frac{W_c}{F}\frac{1}{\pi\{[(1-\nu_1^2)/E_1]+[(1-\nu_2^2)/E_2]\}}\left(\frac{1}{r_1}+\frac{1}{r_2}\right)} \quad \textbf{(9-21)}$$

donde los subíndices 1 y 2 se refieren a los materiales de los dos cuerpos en contacto. El módulo de elasticidad en tensión es E, y la relación de Poisson es ν. W_c es la fuerza de contacto que se ejerce entre los dos cuerpos, y F es la longitud de las superficies en contacto. Los radios de curvatura de las dos superficies son r_1 y r_2.

Cuando la ecuación 9-21 se aplica a los engranes, F es el ancho de cara de los dientes, y W_c es la fuerza normal ejercida por el diente motriz sobre el diente conducido, determinada con la ecuación (9-10):

$$W_N = W_t/\cos\phi$$

Se puede calcular el segundo término de la ecuación 9-21 (incluyendo la raíz cuadrada) si se conocen las propiedades elásticas de los materiales del piñón y del engrane. Se le da el nombre de *coeficiente elástico, C_P*. Esto es,

Coeficiente elástico

$$C_P = \sqrt{\frac{1}{\pi\{[(1-\nu_P^2)/E_P]+[(1-\nu_G^2)/E_G]\}}} \quad \textbf{(9-22)}$$

La tabla 9-9 presenta las combinaciones más comunes de materiales en los piñones y los engranes.

TABLA 9-9 Coeficiente elástico, C_p

		Material y módulo de elasticidad E_g, lb/pulg² (MPa), del engrane					
Material del piñón	Módulo de elasticidad, E_p, lb/pulg² (MPa)	Acero 30×10^6 (2×10^5)	Hierro maleable 25×10^6 (1.7×10^5)	Hierro nodular 24×10^6 (1.7×10^5)	Hierro colado 22×10^6 (1.5×10^5)	Bronce de aluminio 17.5×10^6 (1.2×10^5)	Bronce de estaño 16×10^6 (1.1×10^5)
Acero	30×10^6	2300	2180	2160	2100	1950	1900
	(2×10^5)	(191)	(181)	(179)	(174)	(162)	(158)
Hierro maleable	25×10^6	2180	2090	2070	2020	1900	1850
	(1.7×10^5)	(181)	(174)	(172)	(168)	(158)	(154)
Hierro nodular	24×10^6	2160	2070	2050	2000	1880	1830
	(1.7×10^5)	(179)	(172)	(170)	(166)	(156)	(152)
Hierro colado	22×10^6	2100	2020	2000	1960	1850	1800
	(1.5×10^5)	(174)	(168)	(166)	(163)	(154)	(149)
Bronce de aluminio	17.5×10^6	1950	1900	1880	1850	1750	1700
	(1.2×10^5)	(162)	(158)	(156)	(154)	(145)	(141)
Bronce de estaño	16×10^6	1900	1850	1830	1800	1700	1650
	(1.1×10^5)	(158)	(154)	(152)	(149)	(141)	(137)

Fuente: Tomado de la norma AGMA 2001-C95: *Fundamental Rating Factors and Calculation Methods for Involute Spur and Helical Gear Teeth*, con autorización del editor, American Gear Manufacturers Association, 1500 King Street, Suite 201, Alexandria, VA 22314
Nota: Relación de Poisson = 0.30; unidades de C_p: $(\text{lb/pulg}^2)^{0.5}$ o $(\text{MPa})^{0.5}$

Los términos r_1 y r_2 son los radios de curvatura de los perfiles de involuta en los dos dientes que engranan. Esos radios cambian en forma continua durante el ciclo de engranado, a medida que el punto de contacto se mueve desde la punta del diente, a lo largo del círculo de paso, y llega hasta el extremo inferior del flanco antes de dejar el engranado. Se pueden escribir las siguientes ecuaciones del radio de curvatura, cuando el contacto está en el punto de paso,

$$r_1 = (D_P/2) \text{ sen } \phi \quad \text{y} \quad r_2 = (D_G/2) \text{ sen } \phi \tag{9-23}$$

Sin embargo, la AGMA indica que el cálculo del esfuerzo en el punto de contacto se haga en el punto más bajo de contacto de un diente, en el punto LPSTC (de *lowest point of single tooth contact*, punto más bajo de contacto para un solo diente) porque arriba de ese punto la carga ya se comparte con otros dientes. El cálculo de los radios de curvatura para el LPSTC es algo más complicado. La AGMA define un factor de geometría I para la picadura, para incluir los términos de radio de curvatura y el término cos φ de la ecuación (9-21), porque todos ellos se relacionan con la geometría específica del diente. Las variables requeridas para calcular I son el ángulo de presión ϕ, la relación de engrane $m_G = N_G/N_P$ y el número de dientes en el piñón, N_P. Otro factor es el diámetro del piñón, que no se incluye en I. Entonces, la ecuación del esfuerzo de contacto se transforma en

$$\sigma_c = C_P\sqrt{\frac{W_t}{FD_PI}} \tag{9-24}$$

En la figura 9-23 se grafican valores del coeficiente elástico I para algunos casos comunes, y se debe usar para resolver los problemas de este libro. El apéndice 19 presenta un método para calcular el valor de I para engranes rectos, como aparece en la referencia 3.

Como en el caso de la ecuación para esfuerzos flexionante en dientes de engranes, se agregan varios factores a la ecuación del esfuerzo de contacto, que se indicarán abajo. La cantidad que resulta se llama *número de esfuerzo de contacto*, s_c:

Número de esfuerzo de contacto

$$s_c = C_P\sqrt{\frac{W_t K_o K_s K_m K_v}{FD_PI}} \tag{9-25}$$

Esta es la forma de ecuación de esfuerzo de contacto que se empleará para resolver los problemas.

Los valores del factor de sobrecarga, K_o, el factor de tamaño, K_s, el factor de distribución de carga, K_m y el factor dinámico, K_v, se pueden suponer iguales a los valores correspondientes del análisis de esfuerzo flexionante, en las secciones anteriores.

Problema modelo 9-3 Calcule el número de esfuerzo de contacto para el par de engranes del problema modelo 9-1.

Solución Los datos del problema modelo 9-1 se pueden resumir como sigue:

$$N_P = 20 \quad N_G = 70, \quad F = 1.50 \text{ pulg} \quad W_t = 720 \text{ lb} \quad D_P = 2.500 \text{ pulg}$$
$$K_o = 1.50 \quad K_s = 1.00 \quad K_m = 1.19 \quad K_v = 1.45$$

Los dientes de los engranes son de involuta de 20°, profundidad completa. También se necesita el factor de geometría para la resistencia a la picadura, I. De la figura 9-23(*a*), a una relación de engrane $m_G = N_G/N_P = 70/20 = 3.50$, y para $N_P = 20$, se ve que $I = 0.108$, aproximadamente.

El análisis de diseño para resistencia flexionante indicaba que deben usarse dos engranes de acero. Entonces, en la tabla 9-9 se ve que $C_p = 2300$, y así, el número de esfuerzo de contacto es

$$s_c = C_P\sqrt{\frac{W_tK_oK_sK_mK_v}{FD_PI}} = 2300\sqrt{\frac{(720)(1.50)(1.0)(1.19)(1.45)}{(1.50)(2.50)(0.108)}}$$

$$s_c = 156\,000 \text{ psi}$$

FIGURA 9-23 Factor de geometría *I* para piñones rectos externos y distancias entre centros estándar. Todas las curvas son para el punto inferior de contacto de un solo diente sobre el piñón (Tomado de la norma AGMA 218.01, *Rating the Pitting Resistance and Bending Strength of Spur and Helical Involute Gear Teeth*, con autorización del editor, American Gear Manufacturers Association, 1500 King Street, Suite 201, Alexandria, VA 22314)

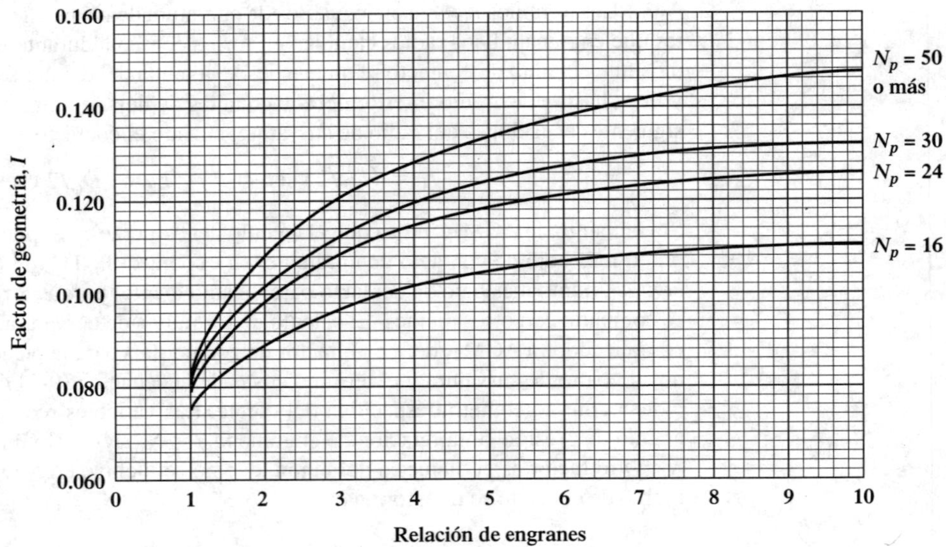

a) **Ángulo de presión 20°, profundidad completa (addendum normal = $1/P_d$)**

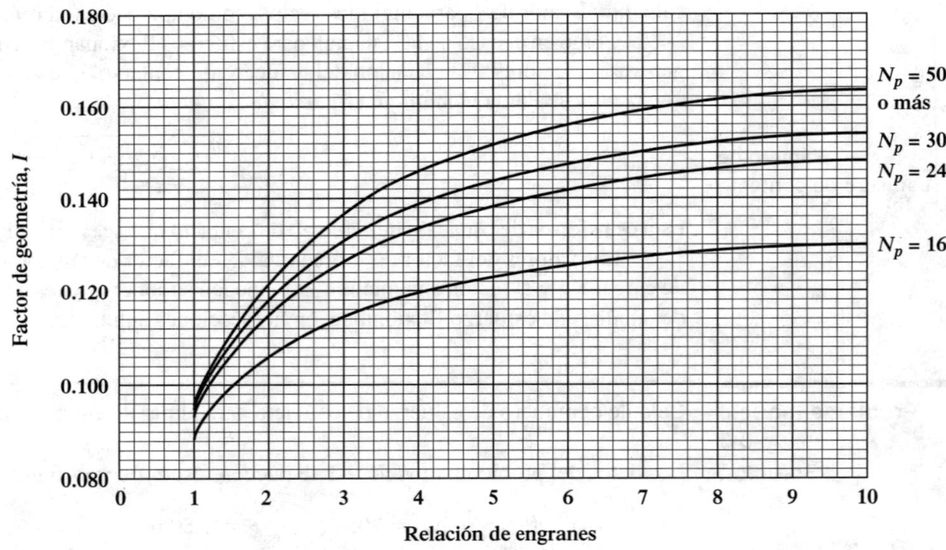

b) **Ángulo de presión 25°, profundidad completa (addendum normal = $1/P_d$)**

9-11 SELECCIÓN DEL MATERIAL DEL ENGRANE CON BASE EN EL ESFUERZO DE CONTACTO

En vista de que la picadura causada por el esfuerzo de contacto es un fenómeno de falla distinto a la falla por flexión, se debe hacer una especificación independiente de materiales adecuados para el piñón y el engrane. En general, el diseñador debe especificar un material que tenga un número de esfuerzo de contacto admisible, s_{ac}, mayor que el numero de esfuerzo de contacto calculado, s_c; esto es

$$s_c \; 6 \; s_{ac}$$

En la sección 9-6, se presentaron valores de s_{ac} para varios materiales, válidos para 107 ciclos de carga con confiabilidad de 99%, si la temperatura del material es menor que 250°F (120°C). Se agregan otros factores para distintas duración esperada y confiabilidad:

$$s_c < s_{ac}\frac{Z_N C_H}{(SF)K_R} \tag{9-26}$$

En este libro los diseños se limitarán a aplicaciones donde la temperatura de funcionamiento sea menor que 250°F, y por consiguiente no se aplicará factor por temperatura. Se deben buscar datos de la reducción de dureza y resistencia en función de la temperatura, si se esperan mayores temperaturas.

El factor de confiabilidad, K_R, es igual al del esfuerzo flexionante; está dado en la tabla 9-8. Los demás factores de la ecuación (9-26) se describen a continuación.

Factor de resistencia a la picadura por número de ciclos de esfuerzo, Z_N

El término Z_N es el *factor de resistencia a la picadura por número de ciclos de esfuerzo*, para un número de contactos esperado distinto de 10^7, como se supuso cuando se obtuvieron los datos para el número de esfuerzo de contacto admisible. La figura 9-24 muestra los valores de Z_N; donde la curva sólida es para la mayoría de los aceros, y la línea punteada es para los aceros nitrurados. El número de ciclos de contacto se calcula con la ecuación (9-18), y es igual que la usada para la flexión. Para mayores números de ciclos, existe un intervalo representado por el área sombreada. En la práctica general de diseño se usaría la línea superior de este intervalo. En aplicaciones críticas, donde deben ser mínimos la picadura y el desgaste del diente, se puede usar la parte inferior del intervalo.

Factor de seguridad, *SF*

El factor de seguridad se basa en las mismas condiciones que las descritas para la flexión, y con frecuencia se emplearía el mismo valor en las resistencias flexionante y de picadura. Repase esa

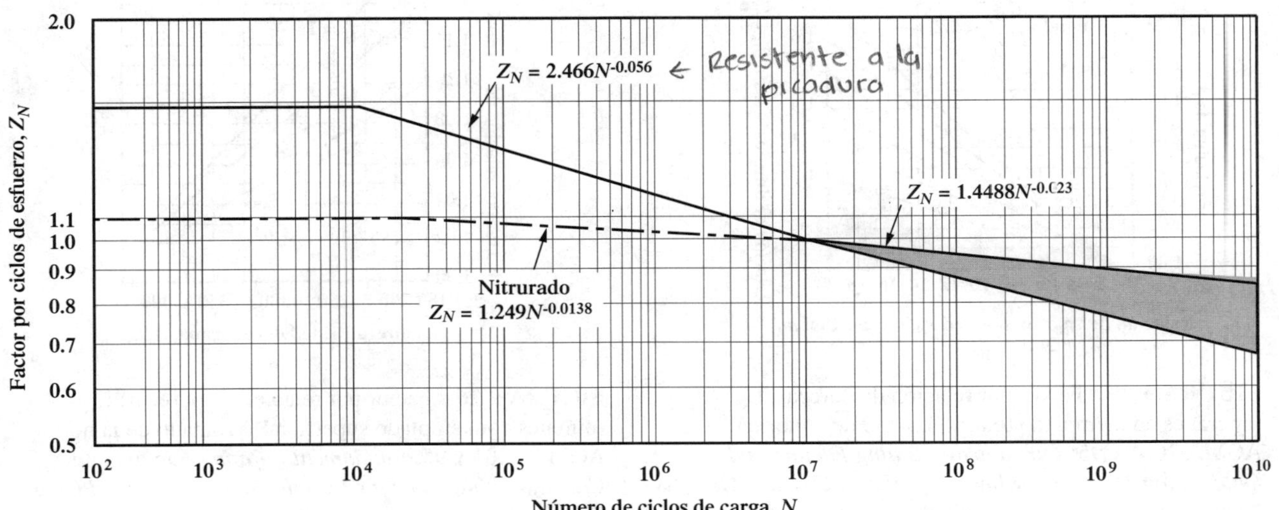

FIGURA 9-24 Factor de resistencia a la picadura por ciclos de esfuerzo, Z_N (Tomado de la norma AGMA 2001-C95: *Fundamental Rating Factors and Calculation Methods for Involute Spur and Helical Gear Teeth*, con autorización del editor, American Gear Manufacturers Association, 1500 King Street, Suite 201, Alexandria, VA 22314)

descripción en la sección 9-9. Sin embargo, si existen distintos grados de incertidumbre, se debe escoger un valor distinto. No se han publicado lineamientos generales. Como ya se han considerado muchos factores en los cálculos de resistencia a la picadura, podría bastar un valor modesto de ese factor, por ejemplo entre 1.00 y 1.50.

Factor por relación de durezas, C_H

La buena práctica de diseño de engranes indica que la dureza de los dientes del piñón es mayor que la dureza de los dientes del engrane, para que estos últimos se alisen y endurezcan durante su funcionamiento. Con esto aumenta la capacidad del engrane con respecto a la resistencia a la picadura, y se tiene en cuenta con el factor C_H. La figura 9-25 muestra datos de C_H para engranes con templado total, que dependen de la relación de dureza del piñón y del engrane, expresadas en dureza Brinell, y también dependen de la relación de engranes, donde $m_G = N_G/N_P$. Utilice las curvas para relaciones de durezas entre 1.2 y 1.7. Para relaciones menores que 1.2, utilice $C_H = 1.00$. Para relaciones de durezas mayores que 1.7, utilice el valor de C_H para 1.7, puesto que no se gana una mejoría sustancial.

La figura 9-26 muestra datos de C_H cuando los piñones tienen superficie templadas a 48 HRC o aún mayor, y el engrane tiene templado total hasta 400 HB. Los parámetros son el número de dureza Brinell para el engrane, y el acabado superficial de los dientes del piñón, expresado como f_p, y medido como la aspereza promedio, R_a. Con dientes más lisos, se emplea un mayor valor del factor por dureza, y en general aumentan la resistencia a la picadura de los dientes de los engranes.

Observe que C_H sólo se aplica a los cálculos del engrane, y no del piñón.

Al diseñar engranes, el paso final es la especificación de los materiales del piñón y del engrane. Por consiguiente, se desconoce la dureza de los dos engranes, y no se puede determinar un valor específico de C_H. Se recomienda emplear un valor inicial de $C_H = 1.00$. Después, cuando se especifiquen los materiales, se puede determinar un valor definitivo de C_H, para emplearlo en la ecuación 9-27, y así determinar el valor final de s_{ac}.

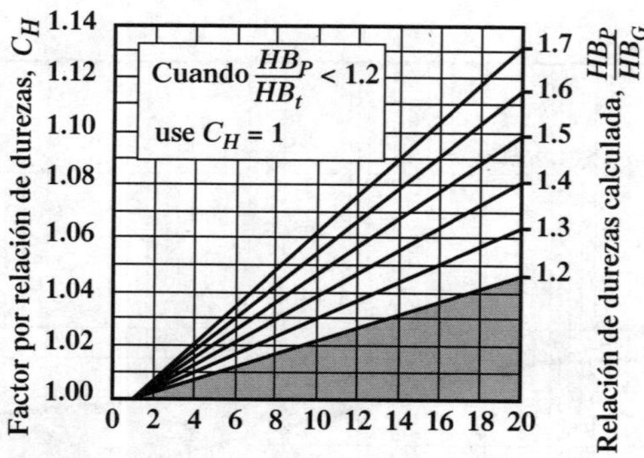

FIGURA 9-25 Factor por relación de durezas, C_H (engranes con templado total) (Tomado de la norma AGMA 2001-C95: *Fundamental Rating Factors and Calculation Methods for Involute Spur and Helical Gear Teeth*, con autorización del editor, American Gear Manufacturers Association, 1500 King Street, Suite 201, Alexandria, VA 22314)

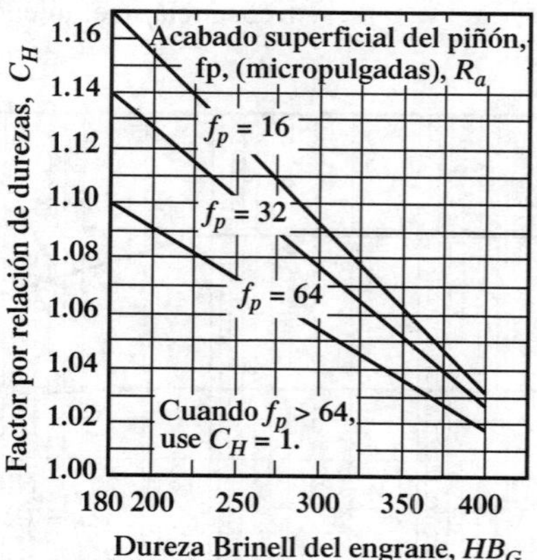

FIGURA 9-26 Factor por relación de durezas, C_H (piñones con templado superficial) (Tomado de la norma AGMA 2001-C95: *Fundamental Rating Factors and Calculation Methods for Involute Spur and Helical Gear Teeth*, con autorización del editor, American Gear Manufacturers Association, 1500 King Street, Suite 201, Alexandria, VA 22314)

Procedimiento para seleccionar materiales de acuerdo con la resistencia a la picadura

Se puede referir al valor del segundo miembro de la ecuación (9-26) como el *número de esfuerzo de contacto admisible modificado*, porque involucra condiciones no estandarizadas bajo las cuales funcionan los engranes, y son distintas de las supuestas, cuando se determinaron los datos de s_{ac}, como se indicó en la sección 9-6.

Si se despejan los factores de modificación de la ecuación (9-26) al primer miembro, se obtiene

Número de esfuerzo de contacto admisible requerido

$$\frac{K_R\,(SF)}{Z_N C_H} s_c < s_{ac} \qquad \textbf{(9-27)}$$

Esta es la ecuación que se empleará para determinar las propiedades requeridas de la mayoría de los materiales metálicos que se usan en los engranes. El procedimiento se puede resumir como sigue:

Procedimiento para determinar las propiedades necesarias de la mayoría de los materiales metálicos

1. Despeje el número de esfuerzo de contacto, s_c, de la ecuación (9-25), al emplear los mismos factores utilizados para el número de esfuerzo flexionante.
2. Utilice el valor de K_R del análisis de esfuerzo flexionante, o evalúelo con la tabla 9-8.
3. Consulte la figura 9-22 para determinar Z_N.
4. Suponga un valor inicial del factor por relación de durezas de $C_H = 1.00$.
5. Especifique un factor de seguridad, en el caso típico entre 1.00 y 1.50, considerando el grado de incertidumbre de los datos de propiedades del material, precisión del engrane, severidad de la aplicación o el peligro que representa el fallo en la aplicación.
6. Calcule s_{ac} con la ecuación (9-27).
7. Consultar los datos de la sección 9-7, "Materiales de los engranes metálicos", para seleccionar un material adecuado. Considere primero si el material debe ser acero, hierro colado o bronce. Después, consulte las tablas de datos correspondientes.

Para el hierro colado o el bronce, consulte la tabla 9-4. Para el acero, el siguiente repaso lo ayudará en su selección:

1. Comience con la observación de la figura 9-11, para comprobar si un acero con templado total alcanzará el s_{ac} requerido. En caso afirmativo, calcule la dureza requerida. A continuación, especifique un acero y su tratamiento térmico, al consultar los apéndices 3 y 4.
2. Si se necesita un s_{ac} mayor, vea en la tabla 9-3 las propiedades de los aceros con superficie templada.
3. El apéndice 5 ayuda a seleccionar aceros cementados.
4. Si se planea un templado por llama o por inducción, especifique un material con buena capacidad de endurecimiento, tales como los aceros AISI 4140 o 4340, o los aceros aleados al medio carbón. Vea el apéndice 4.
5. Busque las profundidades de caja, para los aceros con templado superficial, en las figuras 9-12 o 9-13.
6. Si el material especificado para el piñón tiene una dureza bastante mayor que la del engrane, vea las figuras 9-25 o 9-26 para determinar un valor del factor por relación de durezas C_H. Utilice la ecuación 9-27 para calcular el s_{ac} requerido, y ajuste la selección del material, si los datos indican que debe efectuarse un cambio.

Problema modelo 9-4 Especifique los materiales adecuados del piñón y del engrane del problema modelo 9-3, con base en el esfuerzo de contacto. En los problemas 9-1 y 9-2 se describen las condiciones de la aplicación.

Solución Se encontró, en el problema ejemplo 9-3, que el número de esfuerzo de contacto esperado es $s_c = 156\,000$ psi. Este es el que se debe modificar de acuerdo con la ecuación (9-27).

En el problema modelo 9-2 se determinó que en el piñón se usará un acero cementado, con templado superficial, y que en el engrane se usará un acero con templado total. Se debe completar la selección del material de acuerdo con la resistencia a la picadura, independientemente del análisis del esfuerzo flexionante. Sin embargo, no se podría especificar un material con propiedades inferiores a las que se especificaron en el problema ejemplo 9-2, porque entonces sería inadecuada la resistencia flexionante.

En el problema modelo 9-2 se manejó $K_R = 1.50$ como factor de confiabilidad deseada, menor que una falla en 10 000. Se decidió por usar $S_F = 1.00$ porque no se previeron factores extraordinarios en la aplicación, que no se hubieran considerado ya en los demás factores.

Se puede determinar Z_N en la figura 9-24, para 2.10×10^9 ciclos de carga en el piñón, y 6.00×10^8 ciclos para el engrane, que se calculó en el problema ejemplo 9-2. Entonces, se ve que

$$Z_{NP} = 0.88 \quad Z_{NG} = 0.91$$

Primero se completa el análisis para el piñón. No se le aplica el factor por relación de durezas. Entonces, con la ecuación (9-27) se obtiene

$$\frac{K_R(SF)}{Z_N} s_c = \frac{(1.50)(1.00)}{(0.88)}(156\,000 \text{ psi}) = 265\,900 \text{ psi} < s_{ac}$$

Este valor es bastante alto. Al ver la tabla 9-3, observe que el único material adecuado que aparece es un acero cementado, con templado superficial, de grado 3, con un número de esfuerzo de contacto admisible igual a 275 ksi. Complete los cálculos para el material del engrane y después se analizan los resultados.

Se supone un valor inicial de factor por relación de esfuerzos $C_H = 1.00$. Entonces la ecuación (9-27) da como resultado

$$\frac{K_R(SF)}{Z_N\, C_H} s_c = \frac{(1.50)(1.00)}{(0.91)(1.00)}(156\,000 \text{ psi}) = 257\,100 \text{ psi} < s_{ac}$$

Este valor también es bastante alto, y requiere el mismo acero cementado y con superficie templada para tener una resistencia adecuada a la picadura.

Comentarios y decisiones de diseñador Cabría esperar que al especificar acero cementado y con templado superficial, de grado 3, se obtendrían resistencias adecuadas a la flexión y a la picadura para este par de engranes. Sin embargo, el diseño es marginal, es decir, justo, y sería costoso por los requisitos especiales de limpieza del material y otras garantías de la composición y la microestructura del material. La mayoría de los diseños se ejecutan con el uso de acero Grado 1. Se recomienda volver a diseñar los engranes, para tener menor esfuerzo flexionante y menor esfuerzo de contacto. En general, eso se puede alcanzar si se usan dientes mayores (un menor valor del paso diametral, P_d), un mayor diámetro en cada engrane y un mayor ancho de cara. Una mayor precisión en la manufactura de los engranes, para obtener un mayor número de calidad Q_v, reduciría el factor dinámico, con lo que se reduciría el número de esfuerzo flexionante y el número de esfuerzo de contacto. Vea la sección 9-15.

En la siguiente sección se describirá una metodología de diseño para engranes, y se presentarán los lineamientos para iterar en un diseño y llegar a alternativas entre las que se pueda seleccionar un diseño óptimo para las condiciones dadas. En la sección 9-14 se desarrollará una hoja de cálculo, útil para efectuar múltiples iteraciones.

En la sección 9-15 se usarán los mismos requisitos de diseño para el par de engranes de los problemas modelo 9-1 a 9-4, también como problema ejemplo, y se efectuarán los ajustes necesarios a nuestras decisiones de diseño, para asegurar que el diseño de los engranes sea satisfactorio y económico.

Después, en el capítulo 15, se empleará este mismo diseño como base para una descripción detallada de la terminación del diseño de una transmisión de potencia. Ahí se considerará la selección final de los parámetros de diseño de los engranes, el diseño de los ejes para el piñón y el engrane (capítulo 12), la selección de dos cojinetes de contacto de rodadura para cada eje (capítulo 14) y el recinto de los componentes de la transmisión en una caja adecuada. Se considerará la inclusión de impulsores de bandas o de cadenas para los ejes de entrada o de salida del reductor de velocidad, para proveer más flexibilidad a su uso. Entonces, el capítulo 15 será la culminación de casi todos los procedimientos de diseño que se presentan en la parte II del libro, desde el capítulo 7 hasta el capítulo 14.

9-12 DISEÑO DE ENGRANES RECTOS

En diseños donde intervienen transmisiones engranadas, normalmente se conocen las velocidades de giro requeridas en el piñón y en el engrane, y la potencia que debe transmitir el impulsor. Estos factores se determinan de acuerdo con la aplicación. También se deben incluir el ambiente y las condiciones de funcionamiento a los que estará sometida la transmisión. Tiene especial importancia conocer el tipo de máquina impulsora, y la máquina conducida, para proponer el valor adecuado del factor de sobrecarga.

El diseñador debe decidir el tipo de engranes que se usarán, el arreglo de ellos en sus ejes, los materiales con que se fabriquen, incluyendo su tratamiento térmico, y la geometría de los engranes: número de dientes, paso diametral, diámetros de paso, forma de dientes, ancho de cara y números de calidad.

Esta sección presenta un procedimiento de diseño que considera la resistencia a la fatiga por flexión de los dientes de los engranes, y su resistencia a la picadura, llamada *durabilidad superficial*. Este procedimiento emplea en forma extensa las ecuaciones de diseño que se presentaron en las secciones anteriores del capítulo, y las tablas de propiedades de materiales en los apéndices 3 a 5, además del 8 y el 12.

Debe comprender que no existe solamente una solución óptima para un problema de diseño de engranes; son posibles varios diseños buenos. El juicio y creatividad, así como los requisitos específicos de la aplicación, afectarán bastante el diseño final seleccionado. Aquí, el objetivo es proveer un método para atacar el problema y llegar a un diseño razonable.

Objetivos del diseño

A continuación se mencionan los objetivos generales de un diseño. La transmisión que resulte deberá

Ser compacta y pequeña
Funcionar en forma uniforme y sin ruido
Tener larga vida
Tener bajo costo
Ser fácil de fabricar
Ser compatible con los cojinetes, los ejes, la caja, la máquina motriz, la máquina impulsada y demás elementos de la máquina.

El objetivo principal del procedimiento de diseño es definir una transmisión de engranes duradera. Los pasos y los lineamientos generales descritos más adelante redundarán en un diseño inicial razonable. Sin embargo, debido a las muchas variables que intervienen, en el caso típico se realizan varias iteraciones para tratar de llegar a un diseño óptimo. En el problema modelo 9-5 se presentan los detalles del procedimiento.

Procedimiento para diseñar una transmisión de engranes segura y duradera

1. De acuerdo con los requisitos del diseño, identifique la velocidad de entrada al piñón, n_P, la velocidad de salida que se desea en el engrane, n_G, y la potencia a transmitir, P.
2. Elija el material para los engranes, como el acero, el hierro colado o el bronce.
3. Si considera el tipo de impulsor y la máquina impulsada, especifique el factor de sobrecarga K_o, con la tabla 9-5. El factor principal es el valor esperado de carga de choque o impacto.
4. Especifique un valor tentativo del paso diametral. Cuando se usan engranes de acero, la figura 9-25 contiene una guía inicial. La gráfica de la potencia de diseño transmitida, en función de la velocidad de giro del piñón, se dedujo para ciertos pasos y diámetros de piñón. La potencia de diseño, $P_{dis} = K_o P$. Se usó acero templado en su totalidad a HB 300. Debido a las muchas variables que intervienen, el valor de P_d que indica la figura sólo es un valor objetivo inicial. Las iteraciones posteriores podrán necesitar la consideración de un valor diferente.
5. Especifique el ancho de cara dentro del intervalo recomendado para engranes de transmisión en maquinaria en general:

Ancho nominal de cara

$$8/P_d < F < 16/P_d$$

$$\text{Valor nominal de } F = 12/P_d \qquad \textbf{(9-28)}$$

El límite superior tiende a minimizar los problemas de alineamiento y a asegurar que haya una carga razonablemente uniforme en toda la cara. Cuando el ancho de cara es menor que el límite inferior, es probable que se pueda tener un diseño más compacto con un paso diferente. También, el ancho normal de la cara es menor que el doble del diámetro de paso del piñón.

6. Calcule o especifique la carga transmitida, la velocidad de la línea de paso, el número de calidad, el factor de geometría y otros factores que se requieren para las ecuaciones del esfuerzo flexionante y el esfuerzo de contacto.
7. Calcule el esfuerzo flexionante y el esfuerzo de contacto en los dientes del piñón y del engrane. Indique si los esfuerzos son razonables (ni muy bajos ni muy altos) para así poder especificar un material adecuado. Si no es así, seleccione un nuevo paso o modifique el número de dientes, el diámetro de paso o el ancho de cara. En el caso típico, el esfuerzo de contacto sobre el piñón es el valor que limita para engranes diseñados para tener una larga vida.
8. Itere el proceso de diseño para buscar diseños más óptimos. No es raro intentar varias veces para poder establecer un diseño en particular. El uso de auxiliares de cómputo, como las hojas de cálculo descritas en la sección 9-14, pueden acelerar los intentos sucesivos.

Lineamientos para efectuar ajustes en iteraciones sucesivas

Las siguientes relaciones deberían ayudar a determinar qué cambios se deben efectuar en las hipótesis del diseño, después de haber terminado el primer conjunto de cálculos para llegar a una mejor proposición de diseño:

- La disminución del valor numérico del paso diametral trae como consecuencia dientes mayores y en general esfuerzos menores. También, usualmente el valor menor del paso equivale a un ancho de cara mayor, lo que disminuye el esfuerzo y aumenta la durabilidad superficial.
- Al aumentar el diámetro del piñón disminuye la carga aplicada, decrecen los esfuerzos en general y mejora la durabilidad superficial.

- Al aumentar el ancho de cara disminuye el esfuerzo y mejora la durabilidad superficial, pero generalmente en menor grado que cuando se cambian el paso o el diámetro de paso, como se describió antes.
- Los engranes con dientes más numerosos y pequeños tienden a trabajar con más uniformidad y menor ruido que los engranes de menos dientes y dientes mayores.
- Se deben usar los valores estandarizados de paso diametral, para tener mayor facilidad de manufactura y menor costo (vea la tabla 8-2).
- El uso de aceros de alta aleación con gran dureza superficial da como resultado un sistema más compacto, pero a un costo mayor.
- El uso de engranes muy precisos (con dientes rectificados o rasurados) resulta en un mayor número de calidad, menores cargas dinámicas y, en consecuencia, menores esfuerzos y mayor durabilidad superficial, pero el costo es mayor.
- El número de dientes en el piñón debe ser, en general, lo más pequeño posible, para que el sistema sea más compacto. Pero cuando existe menos dientes, la posibilidad de interferencia es mayor. Verifique la tabla 8-6 para asegurarse de que no habrá interferencia (vea la referencia 22).

FIGURA 9-27 Potencia de diseño transmitida en función de la velocidad del piñón, para engranes rectos con distintos pasos y diámetros

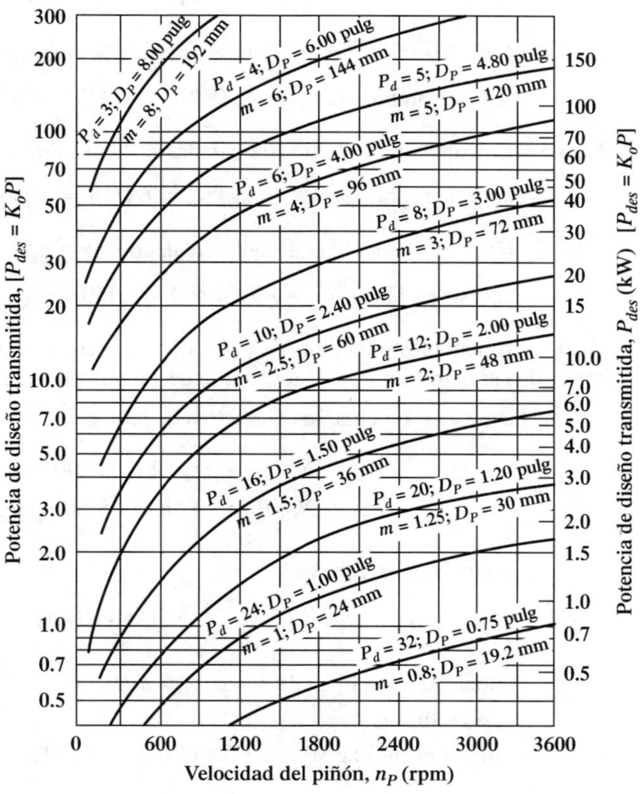

Para todas las curvas: dientes 20° profundidad completa;
$N_P = 24$; $N_G = 96$; $m_G = 4.00$; $F = 12/P_d$; $Q_v = 6$
Engranes de acero, HB 300; $s_{at} = 36\,000$ psi; $s_{ac} = 126\,000$ psi

Problema modelo 9-5

Diseñe un par de engranes rectos que serán parte del impulsor de un martillo cincelador, con la que se dosifican las astillas de madera para el proceso de fabricación del papel. Se espera un uso intermitente. Un motor eléctrico transmite 3.0 caballos de potencia al piñón, a 1750 rpm, y el engrane debe girar entre 460 y 465 rpm. Se desea tener un diseño compacto.

Solución y procedimiento general de diseño

Paso 1. Al considerar potencia transmitida P, la velocidad del piñón n_P y la aplicación, consulte la figura 9-27 para determinar un valor tentativo del paso diametral, P_d. El factor de sobrecarga K_o se puede determinar con la tabla 9-5, si considera la fuente de potencia y la máquina impulsada.

Para este problema, $P = 3.0$ HP y $n_P = 1750$ rpm, $K_o = 1.75$ (motor uniforme, máquina impulsada con choques intensos). Entonces $P_{dis} = (1.75)(3.0 \text{ hp}) = 5.25$ hp. Pruebe con $P_d = 12$ para el diseño inicial.

Paso 2. Especifique el número de dientes del piñón. Para que el tamaño sea pequeño, use de 17 a 20 dientes en un principio.

Para este problema, se especifica que $N_P = 18$.

Paso 3. Calcule la relación de velocidades nominal, con $VR = n_P/n_G$.

Para este problema, se empleará $n_G = 462.5$ rpm, que está a la mitad del intervalo aceptable.

$$VR = n_P/n_G = 1750/462.5 = 3.78$$

Paso 4. Calcule el número de dientes aproximado en el engrane, con $N_G = N_P(VR)$.

Para este problema, $N_G = N_P(VR) = 18(3.78) = 68.04$. Especifique $N_G = 68$.

Paso 5. Calcule la relación de velocidades real, con $VR = N_G/N_P$.

Para este problema, $VR = N_G/N_P = 68/18 = 3.778$.

Paso 6. Calcule la velocidad de salida real, con $n_G = n_P(N_P/N_G)$

Para este problema, $n_G = n_P(N_P/N_G) = (1750 \text{ rpm})(18/68) = 463.2$ rpm. Aceptable.

Paso 7. Calcule los diámetros de paso, distancia entre centros, velocidad de la línea de paso y la carga transmitida, y apreciar la aceptabilidad general de los resultados.

Para este problema, los diámetros de paso son:

$$D_P = N_P/P_d = 18/12 = 1.500 \text{ pulg}$$
$$D_G = N_G/P_d = 68/12 = 5.667 \text{ pulg}$$

Distancia entre centros:

$$C = (N_P + N_G)/(2P_d) = (18 + 68)/(24) = 3.583 \text{ pulg}$$

Velocidad de la línea de paso: $v_t = \pi D_P n_P/12 = [\pi(1.500)(1\,750)]/12 = 687$ pies/min

Carga transmitida: $W_t = 33\,000(P)/v_t = 33\,000(3.0)/687 = 144$ lb

Estos valores parecen aceptables.

Paso 8. Especifique el ancho de cara del piñón y el engrane, con la ecuación (9-28) como guía.

Para este problema: Límite inferior = $8/P_d = 8/12 = 0.667$ pulg.

Límite superior = $16/P_d = 16/12 = 1.333$ pulgadas.

Valor nominal = $12/P_d = 12/12 = 1.00$ pulgadas. Use este valor.

Paso 9. Especifique el material para los engranes, y determine C_p con la tabla 9-9.

Para este problema, especifique dos engranes de acero. $C_p = 2300$.

Paso 10. Especifique el número de calidad, Q_v, con la tabla 9-2 como guía. Determine el factor dinámico con la figura 9-21.

Para este problema especifique $Q_v = 6$ para un martillo cincelador de madera, $K_v = 1.35$.

Paso 11. Especifique la forma de dientes, los factores geométricos para flexión del piñón y del engrane con la figura 9-17, y el factor de geometría para picadura con la figura 9-23.

Para este problema, especifique 20°, profundidad completa. $J_P = 0.325$, $J_G = 0.410$, $I = 0.104$.

Paso 12. Determine el factor de distribución de carga, K_m, con la ecuación (9-16), y las figuras 9-18 y 9-19. Se debe especificar la clase de precisión en el diseño del sistema de engranes. Se podrán calcular los valores con las ecuaciones de las figuras, o leerlos en las gráficas.

Para este problema: $F = 1.00$ pulg, $D_P = 1.500$. $F/D_P = 0.667$. Entonces, $C_{pf} = 0.042$.

Especifique engranes abiertos para martillo cincelador, montada en el armazón. $C_{ma} = 0.264$.

Calcule: $K_m = 1.0 + c_{pf} + C_{ma} + 0.042 + 0.264 = 1.31$.

Paso 13. Especifique el factor de tamaño, K_s, con la tabla 9-6.

Para este problema, $K_s = 1.00$ para $P_d = 12$.

Paso 14. Especifique el factor de espesor de borde, K_B, desde la figura 9-20.

Para este problema, especifique un modelo sólido de engrane, $K_B = 1.00$.

Paso 15. Especifique un factor de servicio *SF*, que en el caso típico va de 1.00 a 1.50, de acuerdo con la incertidumbre de los datos.

Para este problema, no existe alguna incertidumbre excepcional. Sea $SF = 1.00$.

Paso 16. Especifique un factor de relación de durezas, C_H, para el engrane, si es que existe. Use $C_H = 1.00$ en los primeros intentos, hasta haber especificado los materiales. Después, ajuste C_H si existen diferencias apreciables en las durezas del piñón y del engrane.

Paso 17. Especifique un factor de confiabilidad, mediante el lineamiento de la tabla 9-8.

Para este problema, especifique una confiabilidad de 0.99. $K_R = 1.00$.

Paso 18. Especifique una vida de diseño. Calcule el número de ciclos de carga para el piñón y el engrane. Determine los factores de esfuerzo por número de ciclos de flexión (Y_N) y de picadura (Z_N), del piñón y del engrane.

Para este problema, se prevé un uso intermitente. Especifique que la duración de diseño sea 3000 horas, como en el caso de la maquinaria agrícola. Los números de ciclos de carga son:

$$N_{cP} = (60)(3000\text{ h})(1750\text{ rpm})(1) = 3.15 \times 10^8 \text{ ciclos}$$

$$N_{cG} = (60)(3000\text{ h})(462.5\text{ rpm})(1) = 8.33 \times 10^7 \text{ ciclos}$$

Entonces, de acuerdo con la figura 9-22, $Y_{NP} = 0.96$, $Y_{NG} = 0.98$. Según la figura 9-24, $Z_{NP} = 0.92$, $Z_{NG} = 0.95$.

Paso 19. Calcule los esfuerzos flexionantes esperados en el piñón y en el engrane, con la ecuación (9-15).

$$s_{tP} = \frac{W_t P_d}{F J_P} K_o K_s K_m K_B K_v = \frac{(144)(12)}{(1.00)(0.325)}(1.75)(1.0)(1.31)(1.0)(1.35) = 16\,400 \text{ psi}$$

$$s_{tG} = s_{tP}(J_P/J_G) = (16\,400)(0.325/0.410) = 13\,000 \text{ psi}$$

Paso 20. Ajuste los esfuerzos flexionantes, mediante la ecuación 9-20.

Para este problema, para el piñón,

$$S_{atP} > S_{tP}\frac{K_R(SF)}{Y_{NP}} = (16\,400)\frac{(1.00)(1.00)}{0.96} = 17\,100 \text{ psi}$$

Para el engrane:

$$S_{atG} > S_{tG}\frac{K_R(SF)}{Y_{NG}} = (13\,000)\frac{(1.00)(1.00)}{0.98} = 13\,300 \text{ psi}$$

Paso 21. Calcule el esfuerzo de contacto esperado en el piñón y en el engrane, con la ecuación (9-25). Observe que este valor será igual tanto para el piñón como para el engrane.

$$s_c = C_p\sqrt{\frac{W_t K_o K_s K_m K_v}{F D_P I}} = 2300\sqrt{\frac{(144)(1.75)(1.0)(1.31)(1.35)}{(1.00)(1.50)(0.104)}} = 122\,900 \text{ psi}$$

Paso 22. Ajuste los esfuerzos de contacto en el piñón y en el engrane, mediante la ecuación (9-27).

$$S_{acP} > S_{cP}\frac{K_R(SF)}{Z_{NP}} = (122\,900)\frac{(1.00)(1.00)}{(0.92)} = 133\,500 \text{ psi}$$

Para el engrane:

$$S_{acG} > S_{cG}\frac{K_R(SF)}{Z_{NG}C_H} = (122\,900)\frac{(1.00)(1.00)}{(0.95)(1.00)} = 129\,300 \text{ psi}$$

Paso 23. Especifique los materiales adecuados para el piñón y para el engrane, con el templado total o el templado superficial adecuados, para obtener esfuerzos flexionante y de contacto admisibles mayores que los necesarios, de acuerdo con los pasos 20 y 22. En el caso típico, el esfuerzo de contacto es el factor que controla. Vea las figuras 9-10 y 9-11, y las tablas 9-3 y 9-4, que contienen datos sobre la dureza necesaria. Vea los apéndices 3 a 5, que contienen las propiedades del acero, para especificar determinada aleación y tratamiento térmico.

Para este problema, el esfuerzo de contacto es el factor que controla. La figura 9-11 indica que se requiere acero templado totalmente de HB 320 para el piñón y el engrane. De acuerdo con la figura A4-4, se puede especificar acero AISI 4140 OQT 1000, cuya dureza es HB 341, dado un valor de s_{ac} = 140 000 psi. La ductilidad es adecuada, porque la elongación es de 18%. Se podrían especificar otros materiales.

9-13 DISEÑO DE ENGRANES CON EL SISTEMA DE MÓDULO MÉTRICO

En la sección 8-4, "Nomenclatura y propiedades del diente de engranes rectos", se describió el sistema de engranes con módulo métrico, y su relación con el sistema del paso diametral. Al desarrollar el proceso de diseño, en las secciones 9-6 a 9-11, los datos para el análisis de esfuerzos y análisis de durabilidad superficial se tomaron de gráficas donde se manejaban unidades inglesas (pulgadas, libras, hp, pies/min y ksi). También en las gráficas se mostraban datos para el sistema de módulo métrico, en unidades de milímetros (mm), newtons (N), kilowatts (kW), metros por segundo (m/s) y megapascales (MPa). Pero para manejar los datos en SI, se deben modificar algunas fórmulas.

En el siguiente problema ejemplo se manejan unidades SI. El procedimiento, virtualmente, será igual al que se emplea para diseñar con unidades inglesas. Se identifican las fórmulas que se convirtieron al SI.

Problema modelo 9-6

Se va a diseñar un par de engranes para transmitir 15.0 kilowatts (kW) de potencia a un gran moledor de carne, en una planta procesadora comercial de carne. El piñón está fijo al eje de un motor eléctrico que gira a 575 rpm. El engrane debe girar entre 270 y 280 rpm, y la transmisión estará encerrada y será de calidad comercial. Se deben usar engranes con perfil de involuta de 20° a profundidad completa, pulidos comercialmente (número de calidad 5), en el sistema de módulo métrico. La distancia entre centros máxima debe ser 200 mm. Especifique el diseño de los engranes. Use $K_R = C_H = SF = Z_N = 1.00$.

Solución

La relación de velocidades nominal es

$$VR = 575/275 = 2.09$$

Especifique un factor de sobrecarga $K_o = 1.50$, de acuerdo con la tabla 9-5, para una fuente uniforme de potencia y choque moderado en el moledor de carne. Entonces, la potencia de diseño es

$$P_{des} = K_o P = (1.50)(15 \text{ kW}) = 22.5 \text{ kW}$$

De acuerdo con la figura 9-27, $m = 4$ es un módulo razonable para realizar una tentativa. Entonces

$$N_P = 18 \quad \text{(decisión de diseño)}$$
$$D_P = N_P m = (18)(4) = 72 \text{ mm}$$
$$N_G = N_p(VR) = (18)(2.09) = 37.6 \quad \text{(Usar 38.)}$$
$$D_G = N_G m = (38)(4) = 152 \text{ mm}$$
$$\text{Velocidad de salida final} = n_G = n_P(N_P/N_G)$$
$$n_G = 575 \text{ rpm} \times (18/38) = 272 \text{ rpm} \quad \text{(aceptable)}$$
$$\text{Distancia entre centros} = C = (N_P + N_G)m/2 \quad \text{[Ecuación (8-18)]}$$
$$C = (18 + 38)(4)/2 = 112 \text{ mm} \quad \text{(Aceptable)}$$

En unidades SI, la velocidad de la línea de paso en metros por segundo (m/s) es

$$v_t = \pi D_P n_P/(60\,000)$$

donde D_P está en mm y n_P está en revoluciones por minuto (rpm). Entonces

$$v_t = [(\pi)(72)(575)]/(60\,000) = 2.17 \text{ m/s}$$

En unidades SI, la carga transmitida W_t está en newtons (N). Si la potencia P está en kW y v_t está en m/s,

$$W_t = 1000(P)/v_t = (1000)(15)/(2.17) = 6920 \text{ N}$$

En el sistema inglés, se recomendó que el ancho de cara sea aproximadamente a $F = 12/P_d$ pulgadas. El valor SI equivalente es $F = 12\,(m)$ mm. Para este problema, $F = 12(4) = 48$ mm. Use $F = 50$ mm.

Otros factores se calculan como antes:

$$K_s = K_B = 1.00$$
$$K_v = 1.34 \quad \text{(Figura 9-21)}$$
$$K_m = 1.21 \quad \text{(Figura 9-19)} \quad (F/D_P = 50/72 = 0.69)$$
$$J_P = 0.315 \quad J_G = 0.380 \quad \text{[Figura 9-17(a)]}$$

Entonces, el esfuerzo en el piñón se calcula con la ecuación (9-15), modificada con $P_d = 1/m$:

$$S_{tP} = \frac{W_t K_o K_s K_B K_m K_v}{F m J_P} = \frac{(6920)(1.50)(1)(1.21)(1.34)}{(50)(4)(0.315)} = 269 \text{ MPa}$$

Este es un valor razonable del esfuerzo. La dureza requerida de material grado 1 es HB 360, como se ve en la figura 9-10. Proceda con el diseño para resistencia a la picadura.

Para dos engranes de acero,

$$K_s = 1.0$$
$$C_p = 191 \quad \text{(Tabla 9-10)}$$
$$I = 0.092 \quad \text{(Figura 9-23)}$$
$$K_v = 1.34$$
$$K_o = 1.50$$
$$K_m = 1.21$$

El esfuerzo de contacto [ecuación (9-25)] es

$$s_c = C_P\sqrt{\frac{W_t K_o K_s K_m K_v}{F D_P I}} = 191\sqrt{\frac{(6920)(1.50)(1.0)(1.21)(1.34)}{(50)(72)(0.092)}} = 1367 \text{ MPa}$$

Si esto se convierte a ksi, se obtiene

$$s_c = 1367 \text{ MPa} \times 1 \text{ ksi}/6.895 \text{ MPa} = 198 \text{ ksi}$$

Según la tabla 9-3, la dureza superficial requerida es de 58 a 64 HRC, cementado, grado 2.

La selección de materiales, en el apéndice 5, para aceros cementados, es la siguiente:

AISI 4320 SOQT 300; $s_u = 1500$ MPa, elongación 13%, Grado 2

Cementar a HRC 58, mínimo

Profundidad de la caja: 0.6 mm, mínima (figura 9-12)

Comentario: se recomienda rediseñar los engranes para permitir el uso de material Grado 1.

9-14 DISEÑO Y ANÁLISIS DE ENGRANES RECTOS ASISTIDO POR COMPUTADORA

En esta sección se presentará un método para ayudar al diseñador de engranes con los muchos cálculos y juicios que se deben hacer para llegar a un diseño aceptable. La hoja de cálculo de la figura 9-28 facilita la terminación de un diseño tentativo para un par de engranes, que un diseñador experimentado puede hacer en pocos minutos. El lector debe estudiar todo el material de los capítulos 8 y 9 para comprender los datos necesarios en esa hoja, para usarla con eficacia.

Se recomienda emplear la hoja de cálculo en la creación de una serie de iteraciones de diseño, que permitan avanzar hacia un diseño óptimo en corto tiempo. Se apega al proceso descrito en la sección 9-12, hasta el punto de calcular el número de esfuerzo flexionante admisible, y el número de esfuerzo de contacto admisible, requeridos para el piñón y el engrane. El diseñador debe emplear esos datos para especificar materiales adecuados para los engranes, y sus tratamientos térmicos.

A continuación se describen las propiedades y funciones esenciales de la hoja de cálculo. En general, se necesita primero ingresar datos básicos de funcionamiento, que permitan especificar una geometría tentativa. El resultado final es la determinación de los análisis de esfuerzo flexionante y de resistencia a la picadura, para el piñón y el engrane. Las ecuaciones (9-19) y (9-20) se combinan para el análisis de la flexión. El análisis de la resistencia a la picadura emplea las ecuaciones (9-25) y (9-27). El diseñador debe suministrar datos para los diversos factores en esas ecuaciones, tomados de tablas y gráficas adecuadas, o basadas en decisiones de diseño. Casi todos los cálculos se realizan con la hoja, y el diseñador puede ejercer su juicio con base en los resultados intermedios.

El formato utilizado en la hoja ayuda a que el diseñador siga el proceso. Después de definir el problema en la parte superior de la hoja, la primera columna al lado izquierdo pide varios datos. El diseñador debe anotar todos los valores en *cursiva* dentro de una zona sombreada de gris. Las zonas blancas contienen los resultados de los cálculos y sirven de guía. La parte superior de la segunda columna también guía al diseñador en la determinación de valores de los diversos factores necesarios para determinar los análisis de esfuerzos y así determinar la resistencia flexionante y a la picadura. El área de la parte derecha inferior de la hoja muestra los resultados primarios sobre los que se basarán las decisiones de diseño respecto de los materiales y los tratamientos térmicos.

Los datos de la figura 9-28 se tomaron del problema ejemplo 9-5, que se resolvió de la manera tradicional en la sección 9-12.

Descripción del uso de la hoja de cálculo para diseño de engranes rectos

1. ***Descripción de la aplicación:*** En el encabezado de la hoja, se pide al diseñador que describa la aplicación, para fines de identificación y para enfocarse hacia los usos básicos de los engranes. De especial interés es la naturaleza de la máquina que genera fuerza motriz y de la máquina impulsada.

2. ***Ingreso de datos iniciales:*** Se supone que los diseñadores comienzan con el conocimiento de la necesidad de potencia que se va a transmitir, la velocidad de giro del piñón del par de engranes y la velocidad que se desea en la salida. Emplee la figura 9-27 para determinar un valor tentativo del paso diametral, basado en la potencia de diseño y la velocidad de giro del piñón. El número de dientes del piñón es una decisión crítica, porque el tamaño del sistema dependerá de este valor. Asegúrese contra la interferencia.

3. ***Número de dientes del engrane***: La hoja calcula el número aproximado de dientes del engrane, para obtener la velocidad de salida deseada, con $N_G = N_P(n_G/n_P)$. Pero, naturalmente, el número de dientes en cualquier engrane debe ser entero, y el diseñador ingresa el valor real de N_G.

DISEÑO DE ENGRANES RECTOS

Ingreso de datos iniciales:

Potencia de entrada:	$P =$	*3 hp*
Velocidad de entrada:	$n_P =$	*1750 rpm*
Paso diametral:	$P_d =$	*12*
Número de dientes del piñón:	$N_P =$	*18*
Velocidad de salida deseada:	$n_G =$	*462.5 rpm*
Número calculado de dientes del engrane:		68.1
Ingresar: Número de dientes escogido del engrane:	$N_G =$	*68*

Datos calculados:

Velocidad real de salida:	$n_G =$	463.2 rpm
Relación de engrane:	$m_G =$	3.78
Diámetro de paso, piñón:	$D_P =$	1.500 pulgadas
Diámetro de paso, engrane mayor:	$D_G =$	5.667 pulgadas
Distancia entre centros:	$C =$	3.583 pulgadas
Velocidad de la línea de paso:	$v_t =$	687 pies/min
Carga transmitida:	$W_t =$	144 lb

Ingreso de datos secundarios:

	Mín.	Nom.	Máx
Lineamientos para ancho de cara (pulg):	0.667	1.000	1.333

Ingrese: Ancho de cara:	$F =$	*1.000 pulgada*	
Relación: Ancho de cara/diámetro del piñón:	$F/D_P =$	0.67	
Intervalo recomendado de la relación:	$F/D_P <$	2.00	
Ingrese: Coeficiente elástico:	$C_P =$	*2300*	Tabla 9-9
Ingrese: Número de calidad:	$Q_V =$	*6*	Tabla 9-2
Ingrese: Factores de geometría para flexión:			
Piñón:	$J_P =$	*0.325*	Fig. 9-17
Engrane:	$J_G =$	*0.410*	Fig. 9-17
Ingrese: Factor de geometría para picadura:	$I =$	*0.104*	Fig. 9-23

FIGURA 9-28 Hoja de cálculo con la solución del problema modelo 9-5

Aplicación:	*Banda pesadora impulsada por un motor eléctrico* *Problema modelo 9-5*			
Factores en el análisis de diseño:				
Factor de alineamiento, $K_m = 1.0 + C_{pf} + C_{ma}$	Si F < 1.0	Si F > 1.0	$F/D_p = 0.67$	
Factor de proporción del piñón, C_{pf} =	0.042	0.042	[0.50 < F/D_P < 2.00]	
Ingrese: C_{pf} =	*0.042*	Fig. 9-18		
Tipo de transmisión:	Abierta	Comercial	Precisión	Extr Prec.
Factor alineamiento de engranado C_{ma} =	0.264	0.143	0.080	0.048
Ingrese: C_{ma} =	*0.264*	Fig. 9-19		
Factor de alineamiento: K_m =	1.31	[Calculado]		
Factor por sobrecarga: K_o =	*1.75*	Tabla 9-5		
Factor por tamaño: K_s =	*1.00*	Tabla 9-6; maneje 1.00 si $P_d \geq 5$.		
Factor por espesor de borde en piñón: K_{BP} =	*1.00*	Fig. 9-20; maneje 1.00 si es modelo sólido.		
Factor por espesor de borde en engrane: K_{BG} =	*1.00*	Fig. 9-20; maneje 1.00 si es modelo sólido		
Factor dinámico: K_v =	1.35	[Calculado: vea la Fig. 9-21.]		
Factor de servicio: SF =	*1.00*	Maneje 1.00 si no hay condiciones excepcionales		
Factor por relación de durezas: C_H =	*1.00*	Fig. 9-25 o 9-26, sólo engrane		
Factor de confiabilidad: K_R =	*1.00*	Tabla 9-8; maneje 1.00 para R = 0.99.		
Ingrese: Duración de diseño: =	*3000 horas*	Tabla 9-7		
Piñón-Número de ciclos de carga: N_P =	3.2 E + 08	Lineamientos: Y_N, Z_N		
Engrane-Número de ciclos de carga: N_G =	8.3E + 07	10^7 ciclos	$>10^7$	$<10^7$
Factor por ciclos de esfuerzo flexionante: Y_{NP} =	0.96	1.00	0.96	Fig. 9-22
Factor por ciclos de esfuerzo flexionante: Y_{NG} =	0.98	1.00	0.98	Fig. 9-22
Factor por ciclos de esfuerzos de picadura: Z_{NP} =	0.92	1.00	0.92	Fig. 9-24
Factor por ciclos de esfuerzos de picadura: Z_{NG} =	0.95	1.00	0.95	Fig. 9-24
Análisis de esfuerzos: Flexión				
Piñón: s_{at} requerido = 17,102 psi	Figura 9-10 o			
Engrane mayor: s_{at} requerido = 13,280 psi	tabla 9-3 o 9-4			
Análisis de esfuerzos: Picadura				
Piñón: s_{ac} requerido = 133,471 psi	Figura 9-11, o			
Engrane: s_{ac} requerido = 129,256 psi	tabla 9-3 o 9-4			
Especifique materiales, aleaciones y tratamiento térmico, para las necesidades más severas.				
Una especificación posible de los materiales:				
Piñón: Se requiere HB > 320; AISI 4140 OQT 1000, HB = 341, S_{ac} = 140,000 psi				
Engrane: Se requiere HB > 320; AISI 4140 OQT 1000, HB = 341, S_{ac} = 140,000 psi				

FIGURA 9-28 *Conclusión*

4. ***Datos calculados:*** Los siete valores que están a la mitad de la primera columna se determinan con los datos de entrada, y permiten que el diseñador evalúe lo adecuado de la geometría del diseño propuesto hasta este punto. En este momento se pueden hacer cambios a los datos de entrada, si algún valor sale del intervalo deseado, a juicio del diseñador.
5. ***Ingreso de datos secundarios:*** Cuando se ha obtenido una geometría adecuada para los engranes, el diseñador ingresa los datos necesarios en la parte inferior de la primera columna de la hoja de cálculo. Se mencionan los lugares que ocupan los datos en las tablas y figuras correspondientes.
6. ***Factores en el análisis de diseño:*** En el análisis de esfuerzos se requieren muchos factores, para considerar el caso exclusivo del diseño que se hace. De nuevo, se ofrece una guía, pero el diseñador debe ingresar los valores de los factores requeridos. Muchos de los factores pueden tener un valor de 1.00 en las condiciones normales, o para llegar a un resultado conservador.
7. ***Factor de alineamiento:*** El factor de alineamiento depende de otros dos factores: el factor de proporción del piñón y el factor de alineación de engranado, como se ve en las figuras 9-18 y 9-19. Los valores sugeridos en las zonas blancas se calculan con las ecuaciones que aparecen en las figuras. Observe el valor de F/D_P. Si $F/D_P < 0.50$, maneje $F/D_P = 0.50$ para calcular C_{pf}. El diseñador debe indicar el tipo de engrane que se va a usar (abierto o cerrado) y el grado de precisión que tendrá el sistema. El resultado final se calcula con los datos de entrada.
8. ***Factores por sobrecarga, tamaño y espesor de borde:*** Consulte las tablas 9-5 y 9-6, junto con la figura 9-20. Observe que el factor por espesor de borde puede ser distinto para el piñón y el engrane. A veces, el piñón más pequeño se fabrica con un modelo sólido, y el engrane puede usar un diseño de llanta (es decir, anillo exterior) y rayos.
9. ***Factor dinámico:*** En la hoja de cálculo se emplean las ecuaciones de la figura 9-21, para calcular el factor dinámico, con el número de calidad y la velocidad de la línea de paso determinado con los datos de la primera columna.
10. ***Factor de servicio:*** Es una decisión de diseño, como se indicó en la sección 9-12. Con frecuencia se maneja un valor de 1.00, si no se espera tener condiciones extraordinarias ignoradas en los demás factores. Con factores de servicio elevados se cuenta con un mayor grado de seguridad, o se absorben las incertidumbres.
11. ***Factor por relación de dureza:*** Este valor depende de la relación de las durezas del piñón y del engrane, como se ve en las figuras 9-25 y 9-26. Al comenzar el diseño se ignoran esos datos, y se sugiere manejar al principio el valor de $C_H = 1.00$. Después de terminar una o más iteraciones con especificaciones tentativas para los materiales del piñón y del engrane, se puede ajustar el valor y depurar el diseño. El factor C_H sólo se aplica en el análisis de resistencia a la picadura para el engrane, y puede permitir el uso de un material menos costoso o más dúctil, con una menor dureza.
12. ***Factor de confiabilidad:*** El diseñador debe seleccionar un valor de la tabla 9-8, de acuerdo con el grado deseado de confiabilidad.
13. ***Factores por ciclos de esfuerzo:*** Aquí, el diseñador debe especificar la vida útil, en horas de operación, del par de engranes a diseñar. La tabla 9-7 contiene sugerencias que dependen del uso del sistema. El número de ciclos de esfuerzo se calcula para el piñón y para el engrane, si supone el caso normal de un ciclo de esfuerzo unidireccional por revolución. Si los engranes funcionan en modo reversible, como los engranes locos, o en trenes de engranes planetarios, se debe ajustar el cálculo para considerar los varios ciclos de esfuerzo que hay en cada revolución. Los lineamientos recomiendan factores de 1.00 para 10^7 ciclos, con los cuales se calculan los números de esfuerzo admisibles. Para un mayor número de ciclos, se emplean las ecuaciones de las figuras 9-22 y 9-24,

en el cálculo de los factores recomendados. Ya que se proporcionan varios datos para el caso de menos de 10^7 ciclos, el diseñador debe consultar las figuras para determinar los factores. En cualquier caso, el usuario de la hoja de cálculo debe anotar los valores seleccionados.

14. ***Análisis de esfuerzo para resistencia flexionante y a la picadura:*** Por último, se calculan los números de esfuerzo admisibles flexionante y de contacto, mediante las ecuaciones (9-20) y (9-27), ajustadas para los valores especiales de los factores, para el piñón y para el engrane.
15. ***Especificación de los materiales y su tratamiento térmico:*** El paso final queda para que el diseñador emplee los valores calculados en los análisis de esfuerzos, y especifique los materiales que tengan una resistencia y dureza superficial adecuadas para los dientes de los engranes. En las figuras 9-10 y 9-11, y en las tablas 9-3 y 9-4, se enlistan los datos pertinentes. También, en los apéndices, se pueden consultar las tablas de propiedades de los materiales, una vez que se determinaron las durezas de los materiales necesarias.

9-15 USO DE LA HOJA DE CÁLCULO PARA EL DISEÑO DE ENGRANES RECTOS

La hoja de cálculo presentada en la sección anterior es un método útil que ayuda al diseñador a completar un diseño de un par de engranes, para que sean seguros desde el punto de vista de los esfuerzos flexionante en sus dientes, así como desde el punto de vista de la resistencia a la picadura. Esta hoja de cálculo se demostró con los datos del problema ejemplo 9-5, como se ve en la figura 9-28.

Un uso más importante de la hoja de cálculo es proponer y analizar varias alternativas de diseño, para avanzar hacia la meta de optimizar el diseño con respecto al tamaño, costo u otros parámetros importantes en determinado objetivo del diseño.

En esta sección se manejan los datos de los problemas modelo 9-1 a 9-4 para evolucionar hacia una solución mejorada. Los requisitos básicos fueron elaborar un diseño satisfactorio para transmitir 25 hp con una velocidad de piñón de 1750 rpm, y una velocidad de 500 rpm en el engrane. La tentativa inicial comenzó en el problema 9-1, se empleó en los otros problemas, y fue para engranes con paso diametral de 8 y 20 dientes en el piñón y 70 en el engrane. Se optó por un número de calidad igual a 6. Aunque parecen opciones razonables, se indicó que los esfuerzos resultantes eran bastante mayores que los convenientes, en especial el número de esfuerzo de contacto admisible requerido. En el problema modelo 9-4 se demostró que se requiere un acero Grado 3, cementado. Es un diseño muy costoso, por los controles extremos sobre la composición y limpieza del material, y por lo tardado del proceso de tratamiento térmico.

Los diseñadores de las transmisiones típicas en motores de máquinas y vehículos recomendarían el uso de aceros Grado 1, y tratamientos térmicos normales de temple y cementación. Cuando el tamaño pequeño tiene importancia crítica, o cuando el costo no es un factor importante, se puede usar cementación, templado por inducción o por flama, o nitruración. En consecuencia, suele ser deseable producir varias opciones de diseño que se puedan analizar desde el punto de vista de los costos y de la facilidad de manufactura. Entonces se puede hacer la selección final, con la certeza de que se ha identificado un diseño razonablemente óptimo.

La hoja de cálculo de la figura 9-29 muestra los resultados combinados de los problemas modelo 9-1 a 9-4. Los esfuerzos que resultan son un poco distintos, porque existen pequeñas diferencias en los factores calculados con las fórmulas de la hoja de cálculo, y los leídos en las gráficas. Este resumen lo puede guiar hacia las opciones que cumplen con la meta de diseño, de sólo usar aceros Grado 1, y llegar a un diseño económico.

Iteraciones sucesivas. Ahora, se continúa con el proceso de diseño al realizar cambios seleccionados con mucho cuidado, en las decisiones de diseño, y mediante los *Lineamientos para ajustes en iteraciones sucesivas* de la sección 9-12, justo antes del problema modelo 9-5. En este caso, el objetivo es reducir el número de esfuerzo de contacto requerido, para usar aceros de Grado 1 menos costosos.

Las figuras 9-30, 9-31 y 9-32 muestran tres diseños tentativos adicionales, para el sistema descrito en el problema ejemplo 9-1. Cada uno de esos diseños satisface la meta de obtener un diseño práctico que permita usar aceros de Grado 1. El lector debe estudiarlos para reconocer las diferencias entre las decisiones de diseño y los números de esfuerzo admisible requerido que se obtienen, tanto para la resistencia flexionante como a la picadura. La figura 9-33 muestra un resumen de los principales resultados de todas las pruebas.

DISEÑO DE ENGRANES RECTOS

Ingreso de datos iniciales:

Potencia de entrada:	$P =$	*25*	*hp*
Velocidad de entrada:	$n_P =$	*1750*	*rpm*
Paso diametral:	$P_d =$	8	
Número de dientes del piñón:	$n_P =$	20	
Velocidad de salida deseada:	$n_G =$	500	*rp*

Número calculado de dientes del engrane:	70.0
Ingresar: Número escogido de dientes del engrane:	$N_G =$ *70*

Datos calculados:

Velocidad real de salida:	$N_G =$	500.0	rpm
Relación de engrane:	$M_G =$	3.50	
Diámetro de paso, piñón:	$D_P =$	2.500	pulgadas
Diámetro de paso, engrane:	$D_G =$	8.750	pulgadas
Distancia entre centros:	$C =$	5.625	pulgadas
Velocidad de la línea de paso:	$v_t =$	1145	pies/min
Carga transmitida:	$W_t =$	720	lb

Ingreso de datos secundarios:

	Mín.	Nom.	Máx
Lineamientos para ancho de cara (pulg):	1.000	1.500	2.000

Ingrese: Ancho de cara:	$F =$	*1.500 pulgadas*	
Relación: Ancho de cara/diámetro del piñón:	$F/D_P =$	0.60	
Intervalo recomendado de la relación:	$F/D_P <$	2.00	
Ingrese: Coeficiente elástico:	$C_P =$	*2300*	Tabla 9-9
Ingrese: Número de calidad:	$Q_V =$	*6*	Tabla 9-2

Ingrese: Factores de geometría para flexión:

Piñón:	$J_P =$	*0.335*	Fig. 9-17
Engrane:	$J_G =$	*0.420*	Fig. 9-17
Ingrese: Factor de geometría para picadura:	$I =$	*0.108*	Fig. 9-23

FIGURA 9-29 Solución de los problemas modelo 9-1 a 9-4 con hoja de cálculo

Aplicación:	*Sierra industrial impulsada por un motor eléctrico* *Problemas modelo 9-1 a 9-4*			
Factores en el análisis de diseño:				
Factor de alineamiento, $K_m = 1.0 + C_{pf} + C_{ma}$	Si F < 1.0	Si F > 1.0	*$F/D_p = 0.60$*	
Factor de proporción del piñón, C_{pf} =	0.035	0.041	[0.50 < F/D_P < 2.00]	
Ingrese: C_{pf} =	*0.041*	*Fig. 9-18*		
Tipo de transmisión	Abierto	Comercial	Precisión	Extr Prec.
Factor alineamiento de engranado C_{ma} =	0.272	0.150	0.086	0.053
Ingrese: C_{ma} =	*0.15*	*Fig. 9-19*		
Factor de alineamiento: K_m =	1.19	[Calculado]		
Factor por sobrecarga: K_o =	*1.50*	Tabla 9-5		
Factor por tamaño: K_s =	*1.00*	Tabla 9-6; maneje 1.00 si $P_d \geq 5$.		
Factor por espesor de borde en piñón: K_{BP} =	*1.00*	Fig. 9-20; maneje 1.00 si es modelo sólido.		
Factor por espesor de borde en engrane: K_{BG} =	*1.00*	Fig. 9-20; maneje 1.00 si es modelo sólido.		
Factor dinámico: K_v =	1.45	[Calculado; vea la Fig. 9-21.]		
Factor de servicio: *SF* =	*1.00*	Maneje 1.00 si no hay condiciones excepcionales		
Factor por relación de durezas: C_H =	*1.00*	Fig. 9-25 o 9-26, sólo engrane		
Factor de confiabilidad: K_R =	*1.50*	Tabla 9-8; maneje 1.00 para R = 0.99.		
Ingrese: Duración de diseño: =	*20,000 horas*	Tabla 9-7		

		Lineamientos: Y_N, Z_N		
Piñón-Número de ciclos de carga: N_P =	2.1E + 09			
Engrane-Número de ciclos de carga: N_G =	6.0E + 08			
		10^7 ciclos	$>10^7$	$<10^7$
Factor por ciclos de esfuerzo flexionante: Y_{NP} =	*0.93*	1.00	0.93	Fig. 9-22
Factor por ciclos de esfuerzo flexionante: Y_{NG} =	*0.95*	1.00	0.95	Fig. 9-22
Factor por ciclos de esfuerzos de picadura: Z_{NP} =	*0.88*	1.00	0.88	Fig. 9-24
Factor por ciclos de esfuerzos de picadura: Z_{NG} =	*0.91*	1.00	0.91	Fig. 9-24

Análisis de esfuerzos: Flexión

Piñón: s_{at} requerido =	47,871 ps	Figura 9-10 o
Engrane: s_{at} requerido =	37,379 psi	tabla 9-3 o 9-4

Análisis de esfuerzos: Picadura

Piñón: s_{ac} requerido =	265,989 psi	Figura 9-11 o
Engrane: s_{ac} requerido =	257,170 psi	tabla 9-3 o 9-4

Especifique materiales, aleaciones y tratamiento térmico, para las necesidades más severas.

Una especificación posible de los materiales:

Piñón: Se requiere acero grado 3, cementado

Engrane: Se requiere acero grado 3, cementado

FIGURA 9-29 *Conclusión*

Observe que en todas las pruebas, el esfuerzo de contacto es crítico. Esto es, la dureza o el tratamiento de cementación necesarios para los dientes de los engranes es más intensa, respecto a tener una resistencia adecuada a la picadura. Los números de esfuerzo flexionante son bastante moderados. Esta situación es típica para los engranes de acero, y con frecuencia los diseñadores tratan de llegar primero a un esfuerzo de contacto satisfactorio, y después se aseguran de que sea aceptable el esfuerzo flexionante.

Las pruebas que muestra la figura 9-33 se muestran por orden de diámetro de piñón ascendente y distancia entre centros ascendente, con la disminución consecuente de los esfuerzos

DISEÑO DE ENGRANES RECTOS				
Ingreso de datos iniciales:				
Potencia de entrada:	$P =$	*25 HP*		
Velocidad de entrada:	$n_P =$	*1750 rpm*		
Paso diametral:	$P_d =$	*6*		
Número de dientes del piñón:	$N_P =$	*18*		
Velocidad de salida deseada:	$n_G =$	*500 rpm*		
Número calculado de dientes del engrane:		63.0		
Ingresar: Número escogido de dientes del engrane:	$N_G =$	*63*		
Datos calculados:				
Velocidad real de salida:	$n_G =$	500.0 rpm		
Relación de engrane:	$m_G =$	3.50		
Diámetro de paso, piñón:	$D_P =$	3.000 pulgadas		
Diámetro de paso, engrane:	$D_G =$	10.500 pulgadas		
Distancia entre centros:	$C =$	6.750 pulgadas		
Velocidad de la línea de paso:	$v_t =$	1374 pies/min		
Carga transmitida:	$W_t =$	600 lb		
Ingreso de datos secundarios:				
	Mín.	Nom.	Máx.	
Lineamientos para ancho de cara (pulg):	1.333	2.000	2.667	
Ingrese: Ancho de cara:	$F =$	*2.750 pulgada*		
Relación: Ancho de cara/diámetro del piñón:	$F/D_P =$	0.92		
Intervalo recomendado de la relación:	$F/D_P <$	2.00		
Ingrese: Coeficiente elástico:	$C_P =$	*2300*		Tabla 9-9
Ingrese: Número de calidad:	$Q_V =$	*8*		Tabla 9-2
Ingrese: Factores de geometría para flexión:				
Piñón:	$J_P =$	*0.325*		Fig. 9-17
Engrane mayor:	$J_G =$	*0.410*		Fig. 9-17
Ingrese: Factor de geometría para picadura:	$I =$	*0.105*		Fig. 9-23

FIGURA 9-30 Rediseño para el problema modelo 9-1, tentativa 1

Aplicación:	*Sierra industrial impulsada por un motor eléctrico* *Rediseño para los datos del problema modelo 9-1, tentativa 1*			
Factores en el análisis de diseño:				
Factor de alineamiento, $K_m = 1.0 + C_{pt} + C_{ma}$	Si F < 1.0	Si F > 1.0	*F/D_p = 0.92*	
Factor de proporción del piñón, C_{pf} =	0.067	0.089	[0.50 < F/D_p < 0.92]	
Ingrese: C_{pf} =	*0.089*		Fig. 9-18	
Tipo de transmisión:	Abierto	Comercial	Precisión	Extr Prec.
Factor alineamiento engrane C_{ma} =	0.292	0.170	0.102	0.065
Ingrese: C_{ma} =	*0.17*		Fig. 9-19	
Factor de alineamiento: K_m =	1.26		[Calculado]	
Factor por sobrecarga: K_o =	*1.50*		Tabla 9-5	
Factor por tamaño: K_s =	1.00		Tabla 9-6; maneje 1.00 si Pd ≥ 5.	
Factor por espesor de borde en piñón: K_{BP} =	1.00		Fig. 9-20; maneje 1.00 si es modelo sólido.	
Factor por espesor de borde en engrane: K_{BG} =	1.00		Fig. 9-20; maneje 1.00 si es modelo sólido.	
Factor dinámico: K_v =	1.30		[Calculado; vea la Fig. 9-21.]	
Factor de servicio: *SF* =	*1.00*		Maneje 1.00 si no hay condiciones excepcionales	
Factor por relación de durezas: C_H =	*1.00*		Fig. 9-25 o 9-26, sólo engrane	
Factor de confiabilidad: K_R =	*1.50*		Tabla 9-8; maneje 1.00 para F = 0.99.	
Ingrese: Duración de diseño: =	*20 000 horas*		Tabla 9-7	

		Lineamientos: Y_N, Z_N		
Piñón-Número de ciclos de carga: N_P =	2.1*E*+09			
Engrane-Número de ciclos de carga: N_G =	6.0*E* + 08	10^7 ciclos	$>10^7$	$<10^7$
Factor por ciclos de esfuerzo flexionante: YN_P =	*0.93*	1.00	0.93	Fig. 9-22
Factor por ciclos de esfuerzos flexionante: YN_G =	*0.95*	1.00	0.95	Fig. 9-22
Factor por ciclos de esfuerzos de picadura: Z_{NP} =	*0.88*	1.00	0.88	Fig. 9-24
Factor por ciclos de esfuerzos de picadura: Z_{NG} =	*0.91*	1.00	0.91	Fig. 9-24

Análisis de esfuerzos: Flexión

Piñón: s_{at} requerido = 16,009 psi	Fig. 9-10 o
Engrane: s_{at} requerido = 12,423 psi	tabla 9-3 o 9-4

Análisis de esfuerzos: Picadura

Piñón: s_{ac} requerido = 161,968 psi	Fig. 9-11 o
Engrane: s_{ac} requerido = 156,629 psi	tabla 9-3 o 9-4

Especifique materiales, aleaciones y tratamiento térmico, para las necesidades más severas

Una especificación posible de los materiales:

Piñón: AISI 4140 templado por inducción a 50 HRC, Grado 1

Engrane: AISI 4140 OQT 800, HB 429, Grado 1

FIGURA 9-30 *Conclusión*

flexionante y de contacto. Estos son los factores más críticos. También varían el paso diametral, el ancho de cara y el número de calidad, pero sus efectos son secundarios.

Los diseños representados en las figuras 9-30, 9-31 y 9-32 podrían usar el mismo material, siempre que se endureciera a los valores requeridos. Por ejemplo, si se especifica acero AISI 4340 Grado 1, o algún acero similar al medio carbono, se aseguraría que se pueda templar por flama o por inducción hasta un mínimo de 50 HRC, o endurecer totalmente por templado y revenido hasta la dureza requerida, de 350 a 400 sobre la escala Brinell.

DISEÑO DE ENGRANES RECTOS

Ingreso de datos iniciales:			
Potencia de entrada:	$P =$	*25 HP*	
Velocidad de entrada:	$n_P =$	*1750 rpm*	
Paso diametral:	$P_d =$	*8*	
Número de dientes del piñón:	$N_P =$	*28*	
Velocidad de salida deseada:	$n_G =$	*500 rpm*	
Número calculado de dientes del engrane:		98.0	
Ingresar: Número escogido de dientes del engrane:	$N_G =$	*98*	
Datos calculados:			
Velocidad real de salida:	$n_G =$	500.0 rpm	
Relación de engrane:	$m_G =$	3.50	
Diámetro de paso, piñón:	$D_P =$	3.500 pulgadas	
Diámetro de paso, engrane:	$D_G =$	12.250 pulgadas	
Distancia entre centros:	$C =$	7.875 pulgadas	
Velocidad de la línea de paso:	$v_t =$	1604 pies/min	
Carga transmitida:	$W_t =$	514 lb	
Ingreso de datos secundarios:			
	Mín.	Nom.	Máx
Lineamientos para ancho de cara (pulg):	1.000	1.500	2.000
Ingrese: Ancho de cara:	$F =$	*2.000 pulgadas*	
Relación: Ancho de cara/diámetro del piñón:	$F/D_P =$	0.57	
Intervalo recomendado de la relación:	$F/D_P <$	2.00	
Ingrese: Coeficiente elástico:	$C_P =$	*2300*	Tabla 9-9
Ingrese: Número de calidad:	$Q_V =$	*8*	Tabla 9-2
Ingrese: Factores de geometría para flexión:			
Piñón:	$J_P =$	*0.380*	Fig. 9-17
Engrane:	$J_G =$	*0.440*	Fig. 9-17
Ingrese: Factor de geometría para picadura:	$I =$	*0.115*	Fig. 9-23

FIGURA 9-31 Rediseño para los datos del problema modelo 9-1, tentativa 2

Aplicación:	*Sierra industrial impulsada por un motor eléctrico* *Rediseño para el problema modelo 9-1, tentativa 2*

Factores en el análisis de diseño:

Factor de alineamiento, $K_m = 1.0 + C_{pf} + C_{ma}$	Si F < 1.0	Si F > 1.0	$F/D_p = 0.57$
Factor de proporción del piñón, C_{pf} =	0.032	0.045	[0.50 < F/D_p < 2.00]
Ingrese: C_{pf} =	*0.045*		Fig. 9-18

Tipo de transmisión:	Abierto	Comercial	Precisión	Extr Prec.
Factor alineamiento de engranado C_{ma} =	0.280	0.158	0.093	0.058
Ingresar: C_{ma} =	*0.158*		Fig. 9-19	
Factor de alineamiento: K_m =	1.20		[Calculado]	

Factor por sobrecarga: K_o =	*1.50*	Tabla 9-5
Factor por tamaño: K_s =	*1.00*	Tabla 9-6; maneje 1.00 si $P_d \geq 5$.
Factor por espesor de borde en piñón: K_{BP} =	*1.00*	Fig. 9-20; maneje 1.00 si es modelo sólido.
Factor por espesor de borde en engrane: K_{BG} =	*1.00*	Fig. 9-20; maneje 1.00 si es modelo sólido.
Factor dinámico: K_V =	1.30	[Calculado; vea la Fig. 9-21.]
Factor de servicio: SF =	*1.00*	Maneje 1.00 si no hay condiciones excepcionales
Factor por relación de durezas: C_H =	*1.00*	Fig. 9-25 o 9-26, sólo engrane
Factor de confiabilidad: K_R =	*1.50*	Tabla 9-8; maneje 1.00 para R = 0.99.
Ingrese: Duración de diseño: =	*20 000 horas*	Tabla 9-7

		Lineamientos: Y_N, Z_N		
Piñón-Número de ciclos de carga: N_P =	2.1*E* + 09			
Engrane-Número de ciclos de carga: N_G =	6.0*E* + 08	10^7 ciclos	$>10^7$	$<10^7$
Factor por ciclos de esfuerzo flexionante: Y_{NP} =	*0.93*	1.00	0.93	Fig. 9-22
Factor por ciclos de esfuerzo flexionante: Y_{NG} =	*0.95*	1.00	0.95	Fig. 9-22
Factor por ciclos de esfuerzos de picadura: Z_{NP} =	*0.88*	1.00	0.88	Fig. 9-24
Factor por ciclos de esfuerzo de picadura: Z_{NG} =	*0.91*	1.00	0.91	Fig. 9-24

Análisis de esfuerzos: Flexión

Piñón: s_{at} requerido =	20,915 psi	Figura 9-10, o
Engrane: s_{at} requerido =	17,682 psi	tabla 9-3 o 9-4

Análisis de esfuerzos: Picadura

Piñón: s_{ac} requerido =	153,363 psi	Figura 9-11 o
Engrane: s_{ac} requerido =	148,307 psi	tabla 9-3 o 9-4

Especifique materiales, aleaciones y tratamiento térmico, para las necesidades más severas

Una especificación posible de los materiales:

Piñón: AISI 4140 OQT 800, HB 429, Grado 1

Engrane mayor: AISI 4140 OQT 900, HB 388, Grado 1

FIGURA 9-31 *Conclusión*

DISEÑO DE ENGRANES RECTOS

Ingreso de datos iniciales:			
Potencia de entrada:	$P =$	*25 HP*	
Velocidad de entrada:	$n_P =$	*1750 rpm*	
Paso diametral:	$P_d =$	*6*	
Número de dientes del piñón:	$N_P =$	*24*	
Velocidad de salida deseada:	$n_G =$	*500 rpm*	
Número calculado de dientes del engrane:		84.0	
Ingresar: Número escogido de dientes del engrane:	$N_G =$	*84*	
Datos calculados:			
Velocidad real de salida:	$n_G =$	500.0 rpm	
Relación de engrane:	$m_G =$	3.50	
Diámetro de paso, piñón:	$D_P =$	4.000 pulgadas	
Diámetro de paso, engrane:	$D_G =$	14.000 pulgadas	
Distancia entre centros:	$C =$	9.000 pulgadas	
Velocidad de la línea de paso:	$v_t =$	1833 pies/min	
Carga transmitida:	$W_t =$	450 lb	
Ingreso de datos secundarios:			
	Mín.	Nom.	Máx
Lineamientos para ancho de cara (pulg):	1.333	2.000	2.667
Ingrese: Ancho de cara:	$F =$	*2.000 pulgadas*	
Relación: Ancho de cara/diámetro del piñón:	$F/D_P =$	0.50	
Intervalo recomendado de la relación:	$F/D_P <$	2.00	
Ingrese: Coeficiente elástico:	$C_P =$	*2300*	Tabla 9-9
Ingrese: Número de calidad:	$Q_V =$	*6*	Tabla 9-2
Ingrese: Factores de geometría para flexión:			
Piñón:	$J_P =$	*0.360*	Fig. 9-17
Engrane:	$J_G =$	*0.430*	Fig. 9-17
Ingrese: Factor de geometría para picadura:	$I =$	*0.112*	Fig. 9-23

FIGURA 9-32 Rediseño para los datos del problema modelo 9-1, tentativa 3

Aplicación:	Sierra industrial impulsada por un motor eléctrico Rediseño para el problema modelo 9-1, tentativa 3			
Factores en el análisis de diseño:				
Factor de alineamiento, $K_m = 1.0 + C_{pt} + C_{ma}$	Si $F < 1.0$	Si $F > 1.0$		$F/D_p = 0.50$
Factor de proporción del piñón, C_{pf} =	0.025	0.038		[0.50 < F/D_p < 2.00]
Ingrese: C_{pf} =	*0.038*		Fig. 9-18	

Tipo de transmisión:	Abierto	Comercial	Precisión	Extr Prec.
Factor alineamiento de engranado C_{ma} =	0.280	0.158	0.093	0.058

Ingresar: C_{ma} =	*0.158*	Fig. 9-19
Factor de alineamiento: K_m =	1.20	[Calculado]
Factor por sobrecarga: K_o =	*1.50*	Tabla 9-5
Factor por tamaño: K_s =	*1.00*	Tabla 9-6; maneje 1.00 si $P_d \geq 5$.
Factor por espesor de borde en piñón: K_{BP} =	*1.00*	Fig. 9-20; maneje 1.00 si es modelo sólido.
Factor por espesor de borde en engrane: K_{BG} =	*1.00*	Fig. 9-20; maneje 1.00 si es modelo sólido.
Factor dinámico: K_V =	1.56	[Calculado; vea la Fig. 9-21.]
Factor de servicio: SF =	*1.00*	Maneje 1.00 si no hay condiciones excepcionales
Factor por relación de durezas: C_H =	*1.00*	Fig. 9-25 o 9-26, sólo engrane
Factor de confiabilidad: K_R =	*1.50*	Tabla 9-8; maneje 1.00 para R = 0.99.
Ingrese: Duración de diseño: =	*20,000 horas*	Tabla 9-7

		Lineamientos: Y_N, Z_N		
Piñón-Número de ciclos de carga: N_P =	$2.1E + 09$			
Engrane-Número de ciclos de carga: N_G =	$6.0E + 08$	10^7 ciclos	$> 10^7$	$< 10^7$
Factor por ciclos de esfuerzo flexionante: Y_{NP} =	*0.93*	1.00	0.93	Fig. 9-22
Factor por ciclos de esfuerzo flexionante: Y_{NG} =	*0.95*	1.00	0.95	Fig. 9-22
Factor por ciclos de esfuerzos de picadura: Z_{NP} =	*0.88*	1.00	0.88	Fig. 9-24
Factor por ciclos de esfuerzo de picadura: Z_{NG} =	*0.91*	1.00	0.91	Fig. 9-24

Análisis de esfuerzos: Flexión

Piñón: s_{at} requerido =	16,961 psi	Figura 9-10 o
Engrane: s_{at} requerido =	13,901 psi	tabla 9-3 o 9-4

Análisis de esfuerzos: Picadura

Piñón: s_{ac} requerido =	147,128 psi	Figura 9-11 o
Engrane: s_{ac} requerido =	142,277 psi	tabla 9-3 o 9-4

Especifique materiales, aleaciones y tratamiento térmico, para las necesidades más severas

Una especificación posible de los materiales:

Piñón: AISI 4140 OQT 800, HB 429, Grado 1

Engrane mayor: AISI 4140 OQT 900, HB 388, Grado 1

FIGURA 9-32 *Conclusión*

COMPARACIÓN DE ALTERNATIVAS DE DISEÑO PARA LOS DATOS DE LOS PROBLEMAS MODELO 9-1 A 9-4					
$P = 25\ h_p$ Velocidad del piñón = 1750 rpm Velocidad del engrane = 500 rpm					
	Solución original y alternativas de prueba				
	Problemas 9-1 a 9-4	**Tentativa 1**	**Tentativa 2**	**Tentativa 3**	
Geometría, calidad y carga transmitida					**Comentarios:**
N_P	20	18	28	24	**Todos los diseños tienen la misma relación de engranes**
N_G	70	63	98	84	
P_d	8	6	8	6	**Observe el cambio de paso diametral.**
D_P (pulg)	2.500	3.000	3.500	4.000	**Diámetro creciente del piñón.**
D_G (pulg)	8.750	10.500	12.250	14.000	**Diámetro creciente del engrane.**
C (pulg)	5.625	6.750	7.875	9.000	**Distancia entre centros creciente**
W_t (lb)	720	600	514	450	**Carga transmitida decreciente.**
F (pulg)	1.50	2.75	2.00	2.00	**Varía el ancho de cara.**
Q_v	6	8	8	6	**Observe el cambio del número de calidad**
K_v	1.45	1.30	1.33	1.56	**Observe el cambio del factor dinámico.**
Esfuerzos:					
s_{atP} (psi)	47,900	16,000	20,900	17,000	**Esfuerzo flexionante moderado.**
s_{atG} (psi)	37,400	12,450	17,700	13,900	**Esfuerzo flexionante moderado.**
s_{acP} (psi)	266,000	162,000	153,400	147,150	**Esfuerzo de contacto crítico**
s_{acG} (psi)	257,100	156,700	148,300	142,300	**Esfuerzo de contacto crítico.**
Materiales:					
Piñón	Acero grado 3, cementado, templado superficial	Acero grado 1, templado por inducción, 50 HRC	Acero grado 1, templado total, 400 HB	Acero grado 1, templado total, 400 HB	**El objetivo del diseño es usar sólo aceros grado 1**
Engrane	Acero grado 3, cementado, templado superficial	Acero grado 1, templado total, 400 HB	Acero grado 1, templado total, 370 HB	Acero grado 1, templado total, 350 HB	

FIGURA 9-33 Comparación de alternativas de diseño para los datos del problema modelo 9-1

9-16 CAPACIDAD DE TRANSMISIÓN DE POTENCIA

A veces es conveniente calcular la cantidad de potencia que puede transmitir con seguridad un par de engranes, después de haberlo definido en su totalidad. La *capacidad de transmisión de potencia* es la capacidad, cuando la carga tangencial causa que el esfuerzo esperado sea igual al número de esfuerzo admisible, si considera todos los factores de modificación. La capacidad debe calcularse tanto para la resistencia flexionante como para la resistencia a la picadura, y tanto para el piñón como para el engrane.

Cuando en el piñón y el engrane se usan materiales similares, es probable que el piñón sea crítico respecto del esfuerzo flexionante. Pero la condición más crítica suele ser la resistencia a la picadura. Se pueden usar las siguientes ecuaciones para calcular la capacidad de transmisión de potencia. En este análisis se supone que las temperaturas de funcionamiento, tanto de los engranes como de sus lubricantes, es 250°F (121°C) y que todos los engranes se producen con el acabado superficial adecuado.

Flexión

Se comienza con la ecuación (9-19), donde se compara el número de esfuerzo flexionante calculado con el número de esfuerzo flexionante admisible modificado para el engrane:

$$\frac{W_t P_d}{FJ} K_o K_s K_m K_B K_v = s_t < s_{at} \frac{Y_N}{(SF) K_R}$$

Pero al despejar W_t se obtiene

$$W_t = \frac{s_{at} Y_N F J}{(SF) K_R K_o K_s K_m K_B K_v P_d} \quad \textbf{(9-29)}$$

En la ecuación (9-6) se demostró que

$$W_t = (126\,000)(P)/(n_P D_P)$$

Entonces, al sustituir en la ecuación (9-29), se llega a

$$\frac{(126\,000)(P)}{n_P D_P} = \frac{s_{at} Y_N F J}{(SF) K_R K_o K_s K_m K_B K_v P_d}$$

De aquí se despeja P:

$$P = \frac{s_{at}\, Y_N\, FJ\, n_P D_P}{(126\,000)(P_d)(SF)\, K_R\, K_o\, K_s\, K_m\, K_B\, K_v} \quad \textbf{(9-30)}$$

Esta ecuación se debe resolver tanto para el piñón como para el engrane. La mayoría de las variables serán iguales excepto para s_{at}, Y_N, J, y posiblemente K_B.

Resistencia a la picadura

Aquí se comienza con las ecuaciones (9-25), (9-26) y (9-27) donde se comparan el número de esfuerzo de contacto calculado con el número de esfuerzo de contacto admisible modificado para el engrane. La ecuación (9-26) se puede expresar como sigue:

$$s_c = C_P \sqrt{\frac{W_t K_o K_s K_m K_v}{D_P F I}} = \frac{s_{ac} Z_N C_H}{(SF) K_R}$$

Al elevar al cuadrado ambos lados de esta ecuación y despejar a W_t, se tiene:

$$\frac{W_t K_o K_s K_m K_v}{D_P\, FI} = \left[\frac{s_{ac} Z_N C_H}{(SF) K_R C_P}\right]^2$$

$$W_t = \frac{D_P F I}{K_o K_s K_m K_v} \left[\frac{s_{ac} Z_N C_H}{(SF) K_R C_P}\right]^2$$

Ahora, al sustituir esto en la ecuación (9-6) y despejar la potencia *P,* se llega a

$$P = \frac{W_t D_P n_P}{126\,000} = \frac{D_P n_P D_P FI}{126\,000\, K_o K_s K_m K_v}\left[\frac{s_{ac} Z_N C_H}{(SF) K_R C_p}\right]^2$$

$$P = \frac{n_P FI}{126\,000\, K_o K_s K_m K_v}\left[\frac{s_{ac}\, D_P Z_N C_H}{(SF)\, K_R C_P}\right]^2 \qquad \textbf{(9-31)}$$

Las ecuaciones (9-30) y (9-31) deben emplearse para calcular la capacidad de transmisión de potencia de un par de engranes de diseño conocido, y fabricados con materiales determinados.

9-17 CONSIDERACIONES PRÁCTICAS PARA ENGRANES Y SU INTERFASE CON OTROS ELEMENTOS

Es importante considerar el diseño de todo el sistema de transmisión al diseñar los engranes, porque deben trabajar en armonía con los demás elementos del sistema. En esta sección se describirán en forma breve algunas de estas consideraciones prácticas, y se mostrarán reductores de velocidad comerciales.

Hasta ahora nuestra explicación se ha ocupado principalmente de los dientes de los engranes, incluyendo la forma del diente, paso, ancho de cara, material seleccionado y tratamiento térmico. También, está por considerar el tipo de modelo para el engrane. Las figuras 8-2 y 8-4 muestran varios estilos de piezas primarias. Los engranes pequeños, y los que tienen cargas suaves, son planos, en el caso típico. Los que tienen diámetros de paso de 5.0 a 8.0, se fabrican con frecuencia con almas delgadas entre el borde y el cubo, para aligerar el peso; algunos tienen orificios barrenados en las almas, para mayor ligereza. Los engranes mayores, en forma típica con diámetros de paso mayores de 8.0 pulgadas, se fabrican con modelos colados, con rayos entre el borde y el cubo.

En muchas máquinas de precisión especiales y sistemas de engranes producidos en grandes cantidades, los engranes se maquinan en forma integral con sus ejes. Esto, naturalmente, elimina algunos de los problemas relacionados con el montaje y la ubicación de los engranes, pero puede complicar las operaciones de maquinado.

En el diseño general de máquinas, se suelen montar los engranes en ejes, y el par torsional se transmite del eje al engrane a través de una cuña. Este arreglo proporciona un medio positivo de transmisión del par torsional, y al mismo tiempo permite un fácil montaje y desmontaje. Con otros medios, se debe establecer el lugar axial del engrane, por ejemplo, con un escalón sobre el eje, un candado (o anillo de retención) o un separador (vea los capítulos 11 y 12).

Entre otras consideraciones, están las fuerzas que se ejercen sobre el eje y los cojinetes, debido a la acción de los engranes. Esos temas se describieron en la sección 9-3. El diseño de la caja debe proporcionar un soporte adecuado para los cojinetes, y una protección a los componentes en el interior. En el caso normal, también debe proporcionar un método para lubricar los engranes.

Vea otras consideraciones prácticas en las referencias 12 a 15 y 18 a 19.

Lubricación

La acción de los dientes de engranes rectos es una combinación de rodadura y deslizamiento. Debido al movimiento relativo y a las grandes fuerzas locales que se ejercen en las caras de los dientes, es crítico tener una lubricación adecuada para un funcionamiento constante y para que el engrane dure. En la línea de paso de la mayoría de los engranes se desea tener un suministro constante de aceite, a menos que tengan cargas ligeras o sólo trabajen de forma intermitente.

En la lubricación por salpicadura, uno de los engranes en un par se sumerge en un cárcamo de suministro de aceite, y lleva el aceite hasta la línea de paso. Con mayores velocidades, el aceite puede ser lanzado a la superficie interior de la caja, de donde baja entonces en forma controlada, hacia la línea de paso. Al mismo tiempo, el aceite se puede dirigir hacia los cojinetes que soportan los ejes. Una dificultad con la lubricación por salpicadura es que el aceite se agita; a altas velocidades del engrane se puede generar demasiado calor y se puede producir espuma.

En los sistemas de alta velocidad y grandes capacidades se usa un sistema de circulación positiva de aceite. Una bomba separada toma el aceite del colector de fluidos y lo entrega con un flujo controlado a los dientes que engranan.

Las funciones principales de los lubricantes de engranes son reducir la fricción en el engrane, y mantener las temperaturas de funcionamiento en valores aceptables. Es esencial mantener una película continua de lubricante, entre las superficies de dientes de engranes con grandes cargas, y que haya un flujo y cantidad total de aceite para mantener bajas las temperaturas. El calor se genera por el engranado de los dientes, por los cojinetes y por la agitación del aceite. Este calor debe disiparse, desde el aceite hasta la caja o a otro dispositivo externo de intercambio de calor, para mantener al aceite mismo a menos de 160°F (aproximadamente 70°C). Si la temperatura es mayor, la capacidad de lubricación del aceite, expresada por su viscosidad, disminuye bastante. También se pueden producir cambios químicos en el aceite y disminuir su lubricidad. Debido a la gran variedad de lubricantes disponibles, y a las distintas condiciones bajo las cuales deben trabajar, se recomienda consultar a los proveedores de lubricantes para hacer una buena selección (vea también la referencia 10).

La AGMA, en la referencia 10, define varios tipos de lubricantes para transmisiones con engranes.

- ***Aceites para engranes con inhibidores de herrumbre y oxidación*** (llamados R & O, de *rust and oxidation*), a base de petróleo con aditivos químicos.
- ***Lubricantes compuestos para engranes*** (Comp), con mezcla de 3% a 10% de aceites grasos con aceites de petróleo.
- ***Lubricantes para presión extrema*** (EP, de *extreme pressure*); tienen aditivos químicos que inhiben el desgaste por abrasión de las caras de los dientes.
- ***Lubricantes sintéticos para engranes*** (S) son formulaciones química especiales que se aplican principalmente bajo condiciones extremas de operación.

Los lubricantes R&O se suministran en 14 grados de viscosidad (del 0 al 13); los números menores indican viscosidades menores. Se emplean números similares para los demás tipos con designaciones modificadas de grado, con sufijos *Comp, EP* o *S*. El grado recomendado de lubricante depende de la temperatura ambiente alrededor de la transmisión, y de la velocidad de la línea de paso del par de engranes con la velocidad mínima que haya en un reductor. Vea la tabla 9-10. Las transmisiones de tornillo sinfín necesitan grados con mayor viscosidad.

Reductores de engranes comerciales

Al estudiar el diseño de los reductores engranados comerciales, debe adquirir un mejor sentido de los detalles del diseño y de las relaciones entre las partes componentes: engranes, ejes, cojinetes, caja, lubricación y el acoplamiento con las máquinas impulsora e impulsada.

La figura 9-34 muestra un reductor de velocidad, de doble reducción con engranes rectos y motor eléctrico montado rígidamente. A esas unidades se les llama con frecuencia *motorreductores*. La figura 9-35 es parecida, pero una de las etapas de reducción usa engranes helicoidales (que se describirán en el capítulo siguiente). La sección transversal que muestra la figura 9-36 proporciona una idea más clara de los diversos componentes de un reductor.

El reductor planetario de la figura 9-37 tiene un diseño bastante diferente, para adaptarse a la instalación de los engranes sol, planetarios (o *satélites*) y anular. La figura 9-38 muestra la transmisión de ocho velocidades para un tractor agrícola grande, donde se ve la gran complejidad que podrá tener el diseño de las transmisiones.

TABLA 9-10 Grado de lubricante recomendado para transmisiones de engranes rectos, helicoidales, en espina de pescado y cónicos

	Temperatura ambiente			
Velocidad de la línea de paso	−40°F a 14°F −40°C a −10°C	14°F a 50°F −10°C a 10°C	50°F a 95°F 10°C a 35°C	95°F a 131°F 35°C a 55°C
	Grado de lubricante			
Menos de 1000 pies/min (menos de 5 m/s)	3S	4	6	8
1000 a 3000 pies/min (5 a 15 m/s)	3S	3	5	7
3000 a 5000 pies/min (15 a 25 m/s)	2S	2	4	6
Más de 5000 pies/min (más de 25 m/s)	0S	0	2	3

Tomado de la norma AGMA 9005-D94, *Industrial Gear Lubrication*, con autorización del editor, American Gear Manufacturers Association, 1500 King Street, Suite 201, Alexandria, VA 22314.

FIGURA 9-34 Transmisión de engranes de doble reducción (Bison Gear & Engineering Corporation, Downers Grove, IL)

FIGURA 9-35 Transmisión de engranes de doble reducción. La primera etapa con engranes helicoidales; segunda etapa con engranes rectos. (Bison Gear & Engineering Corporation, Downers Grove, IL)

FIGURA 9-36 Reductor de velocidad con engranes helicoidales y ejes concéntricos (Peerless-Winsmith Subsidiary HBD Industries, Springville, NY)

a) Corte de un reductor de velocidad con engranes helicoidales concéntricos

b) Reductor completo

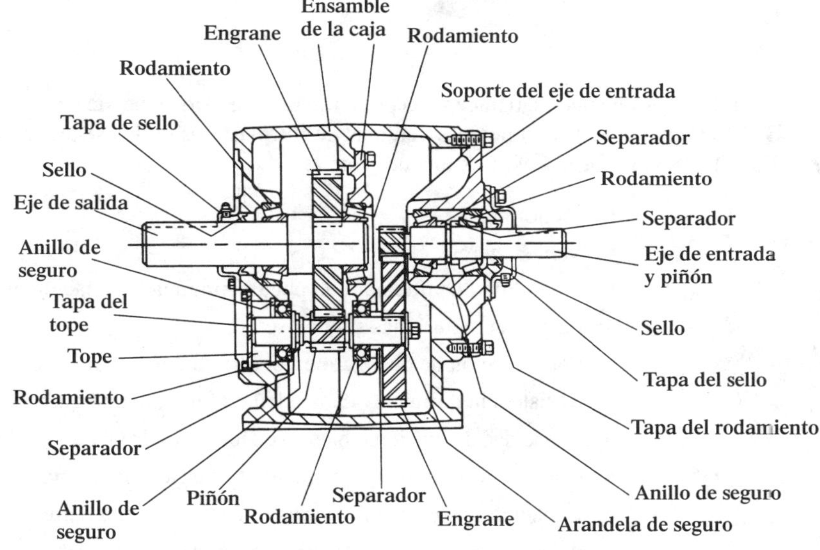

c) Nomenclatura de las piezas

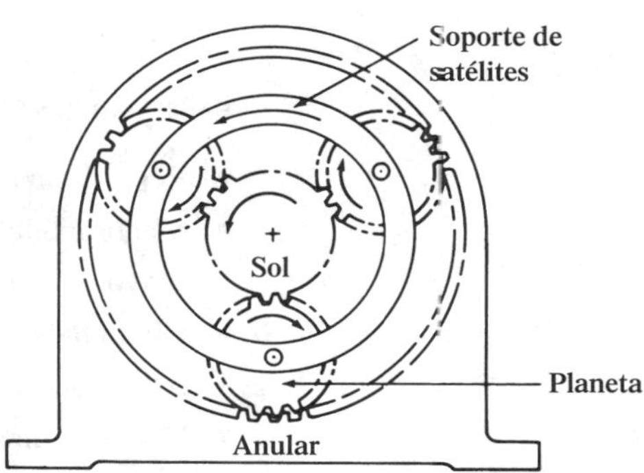

b) Arreglo esquemático de transmisiones de engranes planetario

FIGURA 9-37 Reductor con engrane planetario (Rexnord, Milwaukee, WI)

FIGURA 9-38
Transmisión de ocho velocidades en un tractor (Case IH, WI)

9-18 ENGRANES DE PLÁSTICO

Los plásticos satisfacen una parte importante y creciente de las aplicaciones de los engranes. Algunas de las numerosas ventajas de los plásticos en los sistemas engranados, en comparación con los aceros y otros metales son:

- Menor peso
- Menor inercia
- Posibilidad de trabajar con poca o ninguna lubricación externa
- Funcionamiento más silencioso
- Poca fricción de deslizamiento, que da como resultado un engranado eficiente
- Resistencia química y capacidad de funcionar en ambientes corrosivos
- Capacidad de funcionar bien en condiciones de vibración, choques e impactos moderados.
- Costo relativamente bajo cuando se fabrican en grandes cantidades
- Capacidad de combinar varias funciones en una parte
- Adaptación a mayores tolerancias, por su resiliencia
- Propiedades del material que se pueden modificar para satisfacer las necesidades de la aplicación
- Menor desgaste en algunos plásticos, en comparación con los metales, en ciertas aplicaciones.

Estas ventajas se deben contrapesar con desventajas como:

- Resistencia relativamente menor de los plásticos en comparación con los metales
- Menor módulo de elasticidad
- Mayores coeficientes de dilatación térmica
- Dificultad de funcionar a altas temperaturas
- Alto costo inicial del diseño, desarrollo y fabricación del molde
- Cambio dimensional por absorción de humedad, que varía con las condiciones
- Amplia gama de formulaciones posibles del material, lo cual dificulta el diseño

Algunos engranes de plástico se cortan con procesos de troquelado o conformado parecidos a los que se usan en los engranes metálicos tallados. Sin embargo, la mayoría de los engranes de plástico se producen con el proceso de moldeo por inyección, por su capacidad de fabricar grandes cantidades, en forma rápida, con bajo costo por unidad. Es crítico el diseño del molde, porque debe adaptarse a la contracción que sucede cuando se solidifica el plástico fundido. Un buen método típico considera la contracción calculada al hacer la matriz mayor que el tamaño necesario del engrane terminado. Sin embargo, la tolerancia no es uniforme en todo el engrane, y se requieren cantidades importantes de datos sobre las propiedades de moldeo del material, y del proceso mismo de moldeo, para producir engranes de plástico con gran exactitud dimensional. Se emplean programas asistido por computadora de diseño de molde, que simulan el flujo del plástico fundido por las cavidades del molde y el proceso de curado. El molde del engrane, o las herramientas de corte del mismo, se diseñan para producir dientes dimensionalmente exactos, con espesor de diente controlado para dar una cantidad adecuada de juego durante el funcionamiento. En el caso típico, se usa el proceso de maquinado por descarga eléctrica (EDM), para producir perfiles exactos de diente en moldes fabricados con aceros de gran dureza y resistentes al desgaste, y para asegurar que puedan hacerse grandes corridas de producción sin reemplazar el herramental.

Materiales plásticos para engranes

La gran variedad de plásticos disponibles dificulta la selección del material, y se recomienda que los diseñadores de sistemas engranados consulten a los proveedores de los materiales, a los diseñadores de moldes y al personal de manufactura, durante el proceso de diseño. Si bien la simulación ayuda a llegar a un diseño adecuado, se recomienda hacer pruebas en condiciones realistas, antes de acometer el diseño para la producción. Algunos de los materiales que se usan con más frecuencia en los engranes son

Nylon	Acetal	ABS (acrilonitrilo-butadieno-estireno)
Policarbonato	Poliuretano	Poliéster termoplástico
Polimida	Fenólicos	Sulfuro de polifenileno
Polisulfonas	Óxidos de fenileno	Estireno-acrilonitrilo (SAN)

Los diseñadores deben buscar un balance de las características del material, adecuadas para la aplicación; si considera por ejemplo:

- Resistencia a la flexión bajo condiciones de fatiga
- Alto módulo de elasticidad, para tener rigidez
- Resistencia y tenacidad al impacto
- Resistencia al desgaste y la abrasión
- Estabilidad dimensional bajo las temperaturas esperadas
- Estabilidad dimensional por absorción de humedad de líquidos y agua
- Funcionamiento con fricción y necesidad de lubricación, si es que la hay
- Funcionamiento en ambientes con vibración
- Resistencia química y compatibilidad con el ambiente de funcionamiento
- Sensibilidad a la radiación ultravioleta
- Resistencia al arrastramiento (deformación gradual), si trabaja bajo cargas durante largos tiempos
- Capacidad de retardo de llama
- Costo
- Facilidad de procesamiento y de moldeo
- Consideraciones para el armado y desarmado
- Compatibilidad con las partes acopladas
- Impacto ambiental durante el procesamiento, uso, reciclado y disposición

Los materiales plásticos mencionados arriba se modifican con cargas y aditivos, para obtener las propiedades óptimas de las piezas moldeadas. Algunos de estos materiales son:

Cargas que dan refuerzo para resistencia, tenacidad, moldeabilidad, estabilidad a largo plazo, conductividad térmica y estabilidad dimensional: Largas fibras de vidrio, fibras picadas de vidrio, vidrio molido, fibras de vidrio tejidas, fibras de carbón, perlas de vidrio, escamas de aluminio, minerales, celulosa, modificadores de hule, harina de madera, algodón, telas, mica, talco y carbonato de calcio.

Cargas para mejorar la lubricidad y el funcionamiento general en la fricción: PTFE (Politetrafluoroetileno), silicona, fibras de carbón, polvos de grafito y disulfuro de molibdeno (MoS_2).

Vea también la sección 2-17 del capítulo 2, con más descripciones acerca de los materiales plásticos, sus propiedades y consideraciones especiales para seleccionarlos.

Resistencia de diseño de plásticos para engranes

Se presentan aquí datos de los materiales plásticos típicos que se usan en los engranes. Se pueden aplicar en la solución de problemas en este libro. Sin embargo, se deben verificar con el proveedor las propiedades de los materiales que se usarán en realidad en una aplicación comercial, al considerar las condiciones de funcionamiento. Tienen particular importancia los efectos de la temperatura sobre la resistencia, el módulo, la tenacidad, la estabilidad química y la precisión dimensional. Se deben controlar los procesos de manufactura para asegurar que las propiedades finales sean consistentes con los valores establecidos.

La tabla 9-11 es una lista de algunos datos de esfuerzo flexionante admisible del diente en engranes plásticos. Se pueden encontrar muchos más datos para otros materiales en las referencias 2, 15 y 16. Observe el aumento importante en la resistencia admisible que se debe al refuerzo con vidrio. La combinación de fibras de vidrio y la matriz básica de plástico funciona como un material compuesto, y la cantidad de carga va, en forma característica, de 20% a 50%.

Los proveedores de materiales deben proporcionar datos de fatiga para los plásticos, en gráficas como las de la figura 9-39, que muestren el esfuerzo flexionante admisible en función del número de ciclos a la falla para las resinas DuPont Zytel® de nylon, y Delrin® de acetal. Esos datos son para engranes moldeados que trabajan a temperatura ambiente, con los pasos diametrales indicados, velocidades de línea de paso menores de 4000 pies/min y lubricación continua. Se deben hacer reducciones a los engranes tallados, con mayores temperaturas, distintos pasos y distintas condiciones de lubricación. (Vea la referencia 16.)

TABLA 9-11 Esfuerzo flexionante admisible, aproximado, en engranes de plástico

	Esfuerzo aproximado admisible de flexión, ksi (MPa)	
Material	Sin carga	Carga de vidrio
ABS	3000 (21)	6000 (41)
Acetal	5000 (34)	7000 (48)
Nylon	6000 (41)	12 000 (83)
Policarbonato	6000 (41)	9000 (62)
Poliéster	3500 (24)	8000 (55)
Poliuretano	2500 (17)	

Fuente: Plastics Gearing. Manchester, CT: ABA/PGT Publishing, 1994.

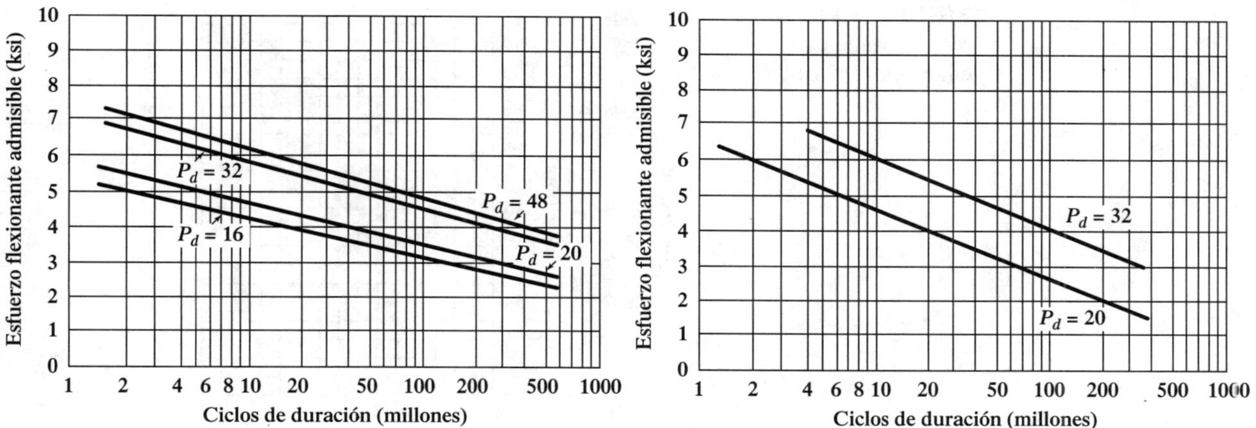

a) Datos de duración a la fatiga para la resina nylon Zytel de DuPont® **b) Datos de duración a la fatiga para la resina acetal Delrin de DuPont®**

FIGURA 9-39 Datos de duración a la fatiga para dos tipos de materiales plásticos usados en engranes (DuPont Polymers, Wilmington, DE)

Geometría del diente

En general, la geometría estándar de un diente de engrane de plástico se apega a las configuraciones descritas en la sección 8-4, del capítulo 8. Se deben usar pasos diametrales normalizados de la tabla 8-2, y módulos métricos estándar de la tabla 8-3, a menos que el uso de otros valores tenga grandes ventajas. Se debe investigar la capacidad de los proveedores para suministrar pasos no estandarizados. Se usan ángulos de presión de $14\frac{1}{2}°$, 20° y 25°, y en general se prefiere el de 20°. Las fórmulas normales para addendum o altura de cabeza, dedendum o altura de pie, y holgura, para dientes de involuta a profundidad completa, están en la tabla 8-4. Los valores de calidad del engrane se establecen en forma parecida a los de los engranes metálicos descritos en la sección 9-5. El número típico de calidad AGMA obtenido con moldeo por inyección está en el intervalo de 6 a 10.

A veces, los diseñadores usan formas especiales de dientes que adapten la resistencia de los dientes de plástico a las necesidades de determinadas aplicaciones. El sistema de diente corto de 20° redunda en dientes más cortos y anchos que el normal de 20° a profundidad completa, y disminuye el esfuerzo flexionante en el diente. La unidad Plastics Gearing Technology de la empresa ABA-PGT ha desarrollado otro sistema que encuentra el respaldo de algunos diseñadores. Vea las referencias 1 y 2.

Muchos diseñadores de engranes de plástico prefieren usar un addendum mayor sobre el piñón y menor sobre el engrane acoplado, o para obtener un funcionamiento más favorable, por la mayor flexibilidad de los plásticos en comparación con los metales. El espesor del diente disminuye típicamente en uno o ambos engranes, para tener un juego aceptable y asegurar que los engranes acoplados no se peguen. El atoramiento se puede deber a la flexión de los dientes bajo carga, o por dilataciones causadas por mayor temperatura o absorción de humedad, por exposición al agua o a gran humedad. Otro método para ajustar el juego es aumentar la distancia entre centros. Los diseñadores deben especificar las dimensiones de estas propiedades, en los planos y en las especificaciones. Consulte la norma AGMA 1106-A97, *Tooth Proportions for Plastic Gears* (Proporciones de diente para engranes de plástico), con los detalles. La referencia 2 contiene útiles tablas con fórmulas y datos para ajustes de la forma de diente y distancia entre centros. En la referencia 16 se recomienda el intervalo de valores de juego que se muestra en la figura 9-40.

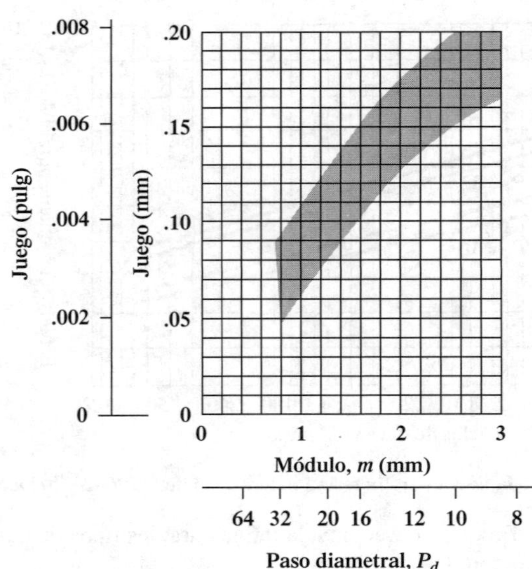

FIGURA 9-40 Juego recomendado para engranes de plástico

Contracción

Durante la fabricación de los engranes de plástico con moldeo por inyección, un aumento del paso diametral y el diámetro del círculo de paso de los dientes de engranes tallados en el molde se adaptará a la contracción. También se ajusta la presión. Las correcciones nominales se calculan como sigue:

$$P_{dc} = \frac{P_d}{(1 + S)} \tag{9-32}$$

$$\cos \phi_1 = \frac{\cos \phi}{(1 + S)} \tag{9-33}$$

$$D_c = N/P_{dc} \tag{9-34}$$

donde S = contracción del material
P_d = Paso diametral normalizado del engrane
P_{dc} = Paso diametral modificado de los dientes en el molde
ϕ = Ángulo de presión normalizado para el engrane
ϕ_1 = Ángulo de presión modificado de los dientes en el molde
N = Número de dientes
D_c = Diámetro de paso modificado de los dientes en el molde

Después del moldeo, los dientes deben coincidir casi con la geometría estándar. A veces se hacen ajustes adicionales, para desahogar las puntas de los dientes para que el engranado sea más uniforme, y aumente el ancho del diente en la base, cerca del punto de máximo esfuerzo flexionante.

Análisis de esfuerzos

El análisis de esfuerzos flexionantes para engranes de plástico se basa en la fórmula de Lewis, presentada en la sección 9-8, ecuación (9-12). Los factores de modificación que indican las nor-

TABLA 9-12 Factor de forma de diente de Lewis, *Y*, para la carga cerca del punto de paso.

	Forma del diente		
Número de dientes	$14\frac{1}{2}°$, profundidad completa	20°, profundidad completa	20° corto
14	-	-	0.540
15	-	-	0.566
16	-	-	0.578
17	-	0.512	0.587
18	-	0.521	0.603
19	-	0.534	0.616
20	-	0.544	0.628
22	-	0.559	0.648
24	0.509	0.572	0.664
26	0.522	0.588	0.678
28	0.535	0.597	0.688
30	0.540	0.606	0.698
34	0.553	0.628	0.714
38	0.566	0.651	0.729
43	0.575	0.672	0.739
50	0.588	0.694	0.758
60	0.604	0.713	0.774
75	0.613	0.735	0.792
100	0.622	0.757	0.808
150	0.635	0.779	0.830
300	0.650	0.801	0.855
Rack	0.660	0.823	0.881

Fuente: DuPont Polymers, Wilmington, DE

mas de AGMA para engranes de acero no se especifican hasta el momento para engranes de plástico. Se puede considerar la incertidumbre o carga de choque, al introducir un factor de seguridad. El factor de sobrecarga de la tabla 9-5 se puede usar como guía. Se debe hacer la prueba del diseño propuesto, bajo condiciones realistas. Entonces, la ecuación del esfuerzo flexionante es

$$\sigma_t = \frac{W_t P_d (SF)}{FY} \quad \textbf{(9-35)}$$

Los valores del factor de forma de Lewis, *Y*, mostrados en la tabla 9-12, describen la geometría de los dientes de involuta para engrane que actúan como viga en voladizo, con la carga aplicada cerca del punto de paso. Así, la ecuación (9-35) define el esfuerzo flexionante en la raíz del diente. La mayoría de los diseños de engranes de plástico necesitan un radio generoso de chaflán, entre el inicio del perfil activo de involuta sobre el flanco del diente, y su raíz, para que la concentración de esfuerzos sea poca o ninguna.

Consideraciones de desgaste

El desgaste de las superficies de los dientes, en los engranes de plástico, es una función del esfuerzo de contacto entre los dientes engranados, igual que en los dientes metálicos. Se puede emplear la ecuación (9-21) para calcular el esfuerzo de contacto. Sin embargo, faltan datos publicados sobre los valores admisibles del esfuerzo de contacto.

En realidad, la lubricación y la *combinación de los materiales en los engranes acoplados* juegan papeles principales en la duración del par, frente al desgaste. Aquí se presentan algunos lineamientos generales tomados de las referencias 2 y 16. Se recomienda comunicarse con los proveedores de los materiales, y probar éstos.

- Los engranes con lubricación continua tienen la máxima duración.
- Con lubricación continua y cargas ligeras, lo que determina la duración es la resistencia a la fatiga, y no el desgaste.
- Los engranes no lubricados tienden a fallar por desgaste y no por fatiga, siempre que se usen esfuerzos flexionantes adecuados en el diseño.
- Cuando no es práctico tener lubricación continua, una lubricación inicial de los engranes puede contribuir en el proceso de asentamiento inicial, y alargar la duración, en comparación con engranes que nunca se hayan lubricado.
- Cuando no es práctico tener lubricación continua, la combinación de un piñón de nylon y un engrane acetal tiene baja fricción y desgaste.
- Se puede obtener un funcionamiento excelente frente al desgaste, para cargas y velocidades de línea de paso relativamente altas, al usar un par lubricado de acero templado en el piñón (HRC > 50), con un engrane de plástico hecho de nylon, acetal o poliuretano.
- El desgaste se acelera cuando aumentan las temperaturas de trabajo. El enfriamiento para tener disipación del calor aumenta la duración.

Formas y montajes de los engranes

En las referencias 2 y 16 se presentan muchas recomendaciones para el diseño geométrico de engranes, las cuales consideran las condiciones de resistencia, inercia y moldeo. Muchos engranes pequeños se fabrican simplemente con espesor uniforme, igual al ancho de cara de los dientes. Los engranes mayores tienen, con frecuencia, un anillo para sostener los dientes, un alma delgada para aligerar el peso y ahorrar material, y un cubo para facilitar el montaje en un eje. La figura 9-41 muestra las proporciones recomendadas. Se prefieren las secciones transversales simétricas, con espesores de sección balanceados para dar un buen flujo de material y minimizar la distorsión durante el moldeo.

La fijación de los engranes a los ejes requiere un diseño cuidadoso. Las cuñas colocadas en los cuñeros del eje y del cubo del engrane proporcionan un par torsional de transmisión fiable. Para pares de torsión bajos, se pueden usar prisioneros, pero se puede dañar la superficie del eje si existen deslizamientos. El barreno del cubo del engrane puede ajustarse con una presión ligera en una prensa, al eje, para asegurar cuidado de que se pueda transmitir un par torsional suficiente, sin que haya demasiados esfuerzos en el cubo de plástico. Con un moleteado del eje antes de instalar el engrane con prensa, aumenta la capacidad de par torsional. Algunos diseñadores prefieren usar cubos de metal, para facilitar el uso de cuñas. A continuación, se moldea el plástico sobre el cubo para formar el borde y los dientes del engrane.

Procedimiento de diseño

En el diseño de engranes de plástico se deben considerar varias posibilidades, y es probable que el proceso sea iterativo. El siguiente procedimiento describe los pasos para llegar a una tentativa, mediante el manejo de unidades inglesas.

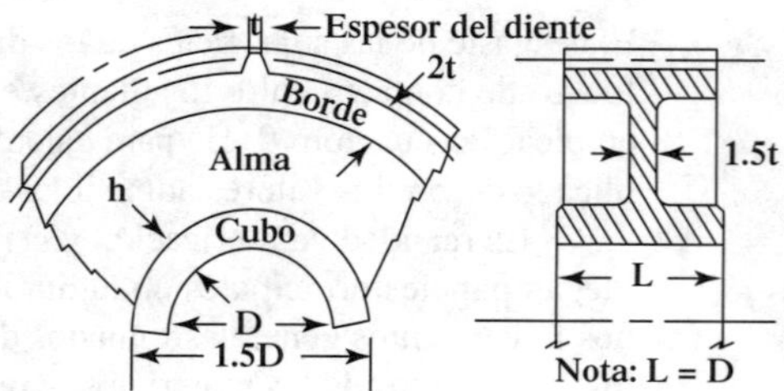

FIGURA 9-41 Proporciones sugeridas para engranes de plástico (DuPont Polymers, Wilmington, DE)

Procedimiento para diseñar engranes de plástico

1. Determine la potencia requerida P, HP, a transmitir, y la velocidad de giro, n_P, del piñón, en rpm.
2. Especifique el número de dientes, N, y proponga un paso diametral tentativo del piñón.
3. Calcule el diámetro del piñón, con $D_P = N_P/P_d$.
4. Calcule la carga transmitida, W_t (en lb), con la ecuación (9-6) que se repite a continuación:

$$W_t = (126\,000)(P)/(n_P D_P)$$

5. Especifique la forma del diente, y determine el factor de forma de Lewis, Y, de la tabla 9-12.
6. Especifique un factor de seguridad, SF. Vea una guía en la tabla 9-5.
7. Especifique el material que se usará, y determinar el esfuerzo admisible en la tabla 9-10 o en la figura 9-39.
8. Despeje el ancho de cara, F, de la ecuación (9-35), y calcule su valor:

$$F = \frac{W_t P_d (SF)}{s_{at} Y} \tag{9-36}$$

9. Aprecie lo adecuado del ancho de cara calculado para la aplicación. Considere el montaje sobre un eje, el espacio disponible en direcciones diametrales y axiales, y si son admisibles las proporciones generales para el moldeo por inyección. Vea las referencias 2 y 16. No se han publicado recomendaciones generales para el ancho de cara de engranes de plástico, y con frecuencia son más angostos que los engranes metálicos similares.
10. Repita los pasos 2 a 9 hasta lograr un diseño satisfactorio del piñón. Especifique las dimensiones adecuadas para el valor final del ancho de cara y demás propiedades del piñón.
11. Si considera la relación deseada entre las velocidades del piñón y del engrane, calcule el número de dientes necesario en el engrane, y repita los pasos 3 a 9, mediante el uso del mismo paso diametral que el piñón. Con el mismo ancho de cara que en el piñón, el esfuerzo en los dientes del engrane mayor siempre será menor que en el piñón, porque el factor de forma Y aumentará y los demás factores serán iguales. Cuando se usa el mismo material para el engrane, siempre será seguro. En forma alternativa, se podría calcular en forma directa el esfuerzo flexionante con la ecuación 9-35, y especificar un material distinto para el engrane, que tenga un esfuerzo flexionante adecuado.

Problema modelo 9-6 Diseñar un par de engranes para un desfibradora de papel, que transmita 0.25 caballos de potencia a una velocidad de 1160 rpm en el piñón. El piñón se montará sobre el eje de un motor eléctrico, cuyo diámetro es 0.625 pulgada, y tiene un cuñero para una cuña de $3/16 \times 3/16$ pulgada. El engrane debe girar aproximadamente a 300 rpm.

Datos

$P = 0.25$ hp, $n_P = 1160$ rpm,

Diámetro del eje $= D_s = 0.625$ pulgada, cuñero para una cuña de $3/16 \times 3/16$ pulgada.

Velocidad aproximada del engrane $= n_G = 300$ rpm.

Solución Emplee el procedimiento de diseño descrito en esta sección.

Paso 1: Adopte los datos.

Paso 2: Especifique $N_P = 18$ y $P_d = 16$.

Paso 3: $D_P = N_P/P_d = 18/16 = 1.125$ pulgadas. Parece razonable, para montarlo en el eje del motor, de 0.625 pulgada de diámetro.

Paso 4: Calcule la carga transmitida,

$$W_t = (126\,000)(P)/(n_P D_P) = (126\,000)(0.25)/[(1160)(1.125)] = 24.1 \text{ lb}$$

Paso 5: Especifique dientes de 20°, profundidad completa. Entonces, $Y = 0.521$ para 18 dientes, de la tabla 9-12.

Paso 6: Especifique un factor de seguridad. Es probable que el desfibrador de papel tenga choques ligeros; se prefiere operar los engranes sin lubricación. Especifique $SF = 1.50$, de acuerdo con la tabla 9-5.

Paso 7: Especifique nylon sin carga. Según la tabla 9-11, $s_{at} = 6000$ psi.

Paso 8: Calcule el ancho de cara necesario, con la ecuación (9-36):

$$F = \frac{W_t P_d (SF)}{s_{at} Y} = \frac{(24.1)(16)(1.50)}{(6000)(0.521)} = 0.185 \text{ pulg}$$

Paso 9: Las dimensiones parecen razonables.

Paso10: En el apéndice 2 se ve que el ancho de cara preferido es de 0.200 pulgada.

Comentario En resumen, el piñón propuesto tiene las siguientes propiedades:

$P_d = 16$, $N_P = 18$ dientes, $D_P = 1.125$ pulgadas, $F = 0.200$ pulgada, barreno de 0.625 pulgada

Cuñero para una cuña de $3/16 \times 3/16$ pulgadas. Material: nylon sin carga.

Paso 11: Diseño del engrane: Especifique $F = 0.200$ pulg, $P_d = 16$. Cálculo del número de dientes en el engrane.

$N_G = N_P(n_P/n_G) = 18(1160/300) = 69.6$ dientes

Especifique $N_G = 70$ dientes

Diámetro de paso del engrane: $D_G = N_G = N_G/P_d = 70/16 = 4.375$ pulgadas.

Según la tabla 9-12, $Y_G = 0.728$, por interpolación.
Esfuerzo en los dientes del engrane, con la ecuación 9-35:

$$\sigma_t = \frac{W_t P_d (SF)}{FY} = \frac{(24.1)(16)(1.50)}{(0.200)(0.728)} = 3973 \text{ psi}$$

Comentarios Este valor de esfuerzo es seguro para el nylon. También se podría fabricar el engrane con acetal, para obtener mejores propiedades contra el desgaste.

REFERENCIAS

1. ABA-PGT, Inc. *Plastics Gearing* (Engranes de plástico), CT:ABA-PGT Publishing, 1994.
2. Adams, Clifford E. *Plastics Gearing, Selection and Application* (Engranes de plástico, selección y aplicación). Nueva York: Marcel Dekker, 1986.
3. American Gear Manufacturers Association. Norma 908-B89 (R1995). *Geometry Factors for Determining the Pitting Resistance and Bending Srength of Spur, Helical, and Herringbone Gear Teeth* (Factores geométricos para determinar la resistencia a la picadura y a la flexión de dientes de engranes rectos, helicoidales y en espina de pescado). Alexandria, VA.: American Gear Manufacturers Association, 1995.
4. American Gear Manufacturers Association. Norma 1012-F90. *Gear Nomenclature, Definitiosn of Terms with Symbols* (Nomenclatura de engranes, definiciones de términos con

símbolos). Alexandria, VE: American Gear Manufacturers Association, 1990.

5. American Gear Manufacturers Association, Norma 1106-A97. *Tooth Proportions for Plastic Gears* (Proporciones de diente para engranes de plástico). Washington, DC: American Gear Manufacturers Association.
6. American Gear Manufacturers Association. Norma 2001-C95. *Fundamental Rating Factors and Calculation Methods for Involute Spur and Helical Gear Teeth* (Factores fundamentales de capacidad y métodos de cálculo para dientes de engrane rectos y helicoidales, de involuta). Alexandria, VA: American Gear Manufacturers Association, 1995.
7. American Gear Manufacturers Association. Norma 2002-B88 (R1996). *Tooth Thickness Specification and Measurement* (Especificación y medición de espesor de diente). Alexandria, VA: American Gear Manufacturers Association, 1996.
8. American Gear Manufacturers Association. Norma 2004-B89 (R2000). *Gear Materials and Heat Treatment Manual* (*Manual de materiales y tratamientos térmicos para engranes*). Alexandria, VA: American Gear Manufacturers Association, 1995.
9. American Gear Manufacturers Association. Norma 6010-F97 *Standard for Spur, Helical, Herringbone, and Bevel Enclosed Drives* (Norma para impulsores cerrados con engranes rectos, helicoidales, en espina de pescado y cónicos). Alexandria, VA: American Gear Manufacturers Association, 1997.
10. American Gear Manufacturers Association. Norma 9005-D94 (R2000). *Industrial Gear Lubrication* (Lubricación de engranes industriales). Alexandria, VA: American Gear Manufacturers Association, 1994.
11. American Gear Manufacturers Association. Norma 1010-E95. *Appearance of Gear Teeth-Terminology of Wear and Failure* (Apariencia de los dientes de engrane-terminología de desgaste y falla). Alexandria, VA: American Gear Manufacturers Association, 1995.
12. American Gear manufacturers Association. AGMA427.01. *Information Sheet-Systems Considerations for Critical Service Gear Drives* (Hoja informativa-Consideraciones sobre transmisiones engranadas para servicio crítico, desde el punto de vista de sistemas). Alexandria, VA: American Gear Manufacturers Association, 1994.
13. American Society for Metals. *Source Book on Gear Design, Technology and Performance* (Libro de consulta para diseño, tecnología y funcionamiento de engranes). Metals Park, OH: American Society for Metals, 1980.
14. Drago, Raymond J. *Fundamentals of Gear Design* (Fundamentos de diseño de engranes). Boston: Butterworths, 1988.
15. Dudley, Darle W. *Dudley's Gear Handbook* (Manual Dudley de engranes). Nueva York: McGraw-Hill, 1991.
16. DuPont Polymers. *Design Handbook for DuPont Engineering Polymers, Module I-General Design Principles* (Manual de diseño para polímeros técnicos de DuPont, módulo I-Principios generales de diseño). Wilmington, DE: DuPont Polymers, 1992.
17. Ewert, Richard H. *Gears and Gear Manufacture* (Engranes y su manufactura). Nueva York: Chapman & Hall, 1997.
18. Hosel, Theodor. *Comparison of Load Capacity Ratings for Involute Gears due to ANSI/AGMA, ISO, DIN and Comecon Standards* (Comparación de capacidades de carga nominales para engranes de involuta, debido a las normas ANSI/AGMA, ISO, DIN y Comecon). Artículo técnico AGMA 89FTM4. Alexandria, VA: American Gear Manufacturers Association, 1989.
19. Lynwander, Peter. *Gear Drive Systems, Design and Application* (Sistemas de transmisiones engranadas. Diseño y aplicación). Nueva York: Marcel Dekker, 1983.
20. Kern, Roy F. *Achievable Carburizing Specifications* (Especificaciones realistas para cementación). Publicación técnica AGMA 88FTM1. Alexandria, VA: American Gear Manufacturers Association, 1988.
21. Kern, Roy F. y M. E. Suess. *Steel Selection* (Selección de aceros). Nueva York: John Wiley & Sons, 1979.
22. Lipp, Robert. "Avoiding Tooth Interference in Gears" (Evitando interferencia en dientes de engranes). *Machine Design 54*, no. 1 (7 de enero de 1982).
23. Oberg, Erik, *et al. Machinery's Handbook* (Manual de maquinaria). 26ª edición, Nueva York: Industrial Press, 2000.
24. Shigley, Joseph E. y C. R. Mischke. *Mechanical Engineering Design* (Diseño en ingeniería mecánica). 6ª edición. Nueva York: McGraw-Hill, 2001.
25. Society of Automotive Engineers. *Gear Design, Manufacturing, and Inspection Manual* (Manual de diseño, fabricación e inspección de engranes). Warrendale, PA: Society of Automotive Engineers, 1990.
26. Stock Drive Products-Sterling Instruments. *Handbook of Design Components* (Manual de diseño de componentes). New Hyde Park, NY: Designatronics Corp., 1992.

SITIOS DE INTERNET RELACIONADOS CON EL DISEÑO DE ENGRANES RECTOS

1. **ABA-PGT, INC**. *www.abapgt.com.* La división ABA produce moldes para fabricar engranes de plástico con moldeo por inyección; la división PGT se dedica a la tecnología de engranes de plástico.
2. **American Gear Manufacturers Association (AGMA)** *www.agma.org* Desarrolla y publica normas de consenso voluntario para engranes y transmisiones engranadas.
3. **Bison Gear, Inc.** *www.bisongear.com* Fabricante de reductores y motorreductores de potencia fraccionaria.
4. **Boston Gear Company** *www.bostongear.com* Fabricante de engranes y trasmisiones engranadas completas. Parte del grupo Colfax Power Transmission Group. Se proporcionan datos para engranes rectos, helicoidales y de tornillo sinfín.
5. **DuPont Polymers** *www.plastics.dupont.com* Información y datos sobre plásticos y sus propiedades. Base de datos donde se puede buscar por tipo de plástico o por aplicación.

6. **Emerson Power Transmission Corporation** *www.emerson-ept.com* La división Browning produce engranes rectos, helicoidales, cónicos y de tornillo sinfín, y transmisiones engranadas completas.
7. **Gear Industry Home Page** *www.geartechnology.com* Fuente de información para muchas empresas que fabrican o usan engranes o sistemas de engranes. Contiene maquinaria engranada, herramientas para tallar engranes, materiales para engranes, transmisiones engranadas, engranes abiertos, herramental y suministros, programas informáticos, adiestramiento y educación. Publica *Gear Technology Magazine: The Journal of Gear Manufacturing* (Revista de tecnología de engranes: la revista de la manufactura de engranes).
8. **Power Transmission Home Page** *www.powertransmission.com* Fuente de información en Internet para compradores, usuarios y vendedores de productos y servicios relacionados con la transmisión de potencia. Se incluyen engranes, transmisiones de engranes y motorreductores.
9. **Rockwell Automation/Dodge** *www.dodge-pt.com* Fabricante de muchos componentes para transmisión de potencia, como reductores de velocidad completos de engranes, cojinetes y partes como transmisiones por bandas, por cadenas, embragues, frenos y acoplamientos.
10. **Stock Drive Products –Sterling Instruments** *www.sdp-si.com* Fabricante y distribuidor de componentes mecánicos comerciales y de precisión, incluyendo reductores de engranes. En el sitio hay un extenso manual de diseño e información sobre engranes metálicos y de plástico.
11. **Peerless-Winsmith, inc.** *www.winsmith.com* Fabricante de una gran variedad de reductores engranados y productos para transmisión de potencia, incluyendo engranes de tornillo sinfín, planetarios y helicoidales/sinfín combinados. Subsidiaria de HBD Industries, Inc.
12. **Drivetrain Tecnhology Center.** *www.arl.psu.edu/areas/drivetrain/drivetrain.html* Centro de investigación para tecnología de trenes de impulso de engranes. Parte del Laboratorio de Investigación Aplicada, de la Penn State University.
13. **Gleason Corporation.** *www.gleason.com* Fabricante de muchas clases de máquinas para cortar engranes por troquelado, fresado y rectificado. La Gleason Cutting Tools Corporation fabrica una gran variedad de fresas de corte, de troquel, de forma, de recorte y esmeriles para equipos de producción de engranes.
14. **Bourn & Koch, Inc.** *www.bourn-koch.com* Fabricante de máquinas de troquel, rectificado y demás tipos para producir engranes, incluyendo la línea Barber-Colman. También proporciona servicios de manufactura para gran variedad de máquinas herramienta existentes.
15. **Star-SU, Inc.** *www.star-su.com* Fabricante de gran variedad de herramientas de corte para la industria de los engranes, que incluyen troqueles, de forma, de recorte, para tallado de engranes cónicos y herramientas de rectificado.

PROBLEMAS

Fuerzas en los dientes de los engranes rectos

1. Un par de engranes rectos con dientes de involuta de 20° a profundidad completa, transmite 7.5 HP. El piñón está montado en el eje de un motor eléctrico que trabaja a 1750 rpm, tiene 20 dientes y un paso diametral 12. El engrane tiene 72 dientes. Calcule lo siguiente:
   a) La velocidad de giro del engrane
   b) La relación de velocidades y la relación de engrane del par de engranes.
   c) El diámetro de paso del piñón y del engrane
   d) La distancia entre centros de los ejes que sostienen al piñón y al engrane
   e) La velocidad de la línea de paso del piñón y el engrane
   f) El par torsional sobre el eje del piñón y sobre el eje del engrane
   g) La fuerza tangencial que obra sobre los dientes de cada engrane
   h) La fuerza radial que actúa sobre los dientes de cada engrane
   i) La fuerza normal que actúa sobre los dientes de cada engrane
2. Un par de engranes rectos con dientes de involuta de 20° a profundidad completa, transmite 50 HP. El piñón está montado sobre el eje de un motor eléctrico que gira a 1150 rpm, tiene 18 dientes y su paso diametral es 5. El engrane tiene 68 dientes. Calcule lo siguiente:
   a) La velocidad de giro del engrane
   b) La relación de velocidades y la relación de engrane del par de engranes.
   c) El diámetro de paso del piñón y del engrane
   d) La distancia entre centros de los ejes que sostienen al piñón y al engrane
   e) La velocidad de la línea de paso del piñón y el engrane
   f El par torsional sobre el eje del piñón y sobre el eje del engrane
   f) La fuerza tangencial que actúa sobre los dientes de cada engrane
   a) La fuerza radial que actúa sobre los dientes de cada engrane
   a) La fuerza normal que actúa sobre los dientes de cada engrane
3. Un par de engranes rectos con dientes de involuta de 20°, a profundidad completa, transmite 0.75 HP. El piñón está montado sobre el eje de un motor eléctrico que funciona a 3450 rpm, tiene 24 dientes, y su paso diametral es 24. El engrane tiene 110 dientes. Calcule lo siguiente:
   a) La velocidad de giro del engrane
   b) La relación de velocidades y la relación de engrane del par de engranes

c) El diámetro de paso del piñón y del engrane
d) La distancia entre centros de los ejes que sostienen al piñón y al engrane
e) La velocidad en la línea de paso del piñón y el engrane
f) El par torsional sobre el eje del piñón y sobre el eje del engrane
g) La fuerza tangencial que actúa sobre los dientes de cada engrane
h) La fuerza radial que actúa sobre los dientes de cada engrane
i) La fuerza normal que actúa sobre los dientes de cada engrane

4. Para los datos del problema 1, repita las partes (g), (h) e (i), si los dientes son de involuta de 25° a profundidad completa, en lugar de 20°.

5. Para los datos del problema 2, repita las partes (g), (h) e (i), si los dientes son de involuta de 25° a profundidad completa, en lugar de 20°.

6. Para los datos del problema 3, repita las partes (g), (h) e (i), si los dientes son de involuta de 25° a profundidad completa, en lugar de 20°.

Fabricación y calidad de los engranes

7. Mencione tres métodos para producir dientes de engranes y describa cada uno. Incluya una descripción del cortador para cada método, junto con su movimiento en relación con el modelo del engrane.

8. Especifique un número adecuado de calidad para los engranes en la impulsión de una cosechadora de grano. Indique la tolerancia compuesta total para un piñón del accionamiento, con un paso diametral de 8 y 40 dientes, y para su engrane acoplado que tiene 100 dientes.

9. Especifique un número adecuado de calidad para los engranes del accionamiento de una prensa de impresión a alta velocidad. Indique la tolerancia compuesta total para un piñón del accionamiento con un paso diametral de 20 y 40 dientes, y para su engrane acoplado que tiene 100 dientes.

10. Especifique un número de calidad adecuado para los engranes de un motor de transmisión de un automóvil. Indique la tolerancia compuesta total para un piñón y en la transmisión, con un paso diametral de 8 y 40 dientes, y para su engrane acoplado que tiene 100 dientes.

11. Especifique un número de calidad adecuado para los engranes del accionamiento de un giroscopio, usado en el sistema de guía en una nave espacial. Indique la tolerancia compuesta total para un piñón en el accionamiento, con un paso diametral de 32 y con 40 dientes, y para su engrane acoplado que tiene 100 dientes.

12. Compare los valores de tolerancia total compuesta para los engranes de los problemas 8 y 10.

13. Compare los valores de tolerancia total compuesta para los engranes de los problemas 8, 9 y 11.

14. Especifique un número adecuado de calidad para los engranes del problema 1, si la transmisión es parte de una máquina herramienta de precisión.

15. Especifique un número adecuado de calidad para los engranes del problema 2, si la transmisión es parte de una máquina herramienta de precisión.

16. Especifique un número adecuado de calidad para los engranes del problema 3, si la transmisión es parte de una máquina herramienta de precisión.

Materiales para engranes

17. Identifique las dos tipos principales de esfuerzos que se originan en los dientes de engranes cuando transmiten potencia. Describa la forma en que se producen y dónde cabe esperar que se presenten los valores máximos de esos esfuerzos.

18. Describa la naturaleza de los datos que contienen las normas de AGMA relacionados con la capacidad de determinado diente de engrane para resistir los tipos principales de esfuerzos que se presentan durante su funcionamiento.

19. Describa la naturaleza general de los aceros que se usan, en forma característica, en engranes, y mencione al menos cinco ejemplos de aleaciones adecuadas.

20. Describa el intervalo de dureza que puede obtenerse en el caso normal, mediante técnicas de templado total, para usarse con provecho en engranes de acero.

21. Describa la naturaleza general de las diferencias entre los aceros que se producen como grado 1, grado 2 y grado 3.

22. Sugiera al menos tres aplicaciones en las que serían adecuados el grado 2 o el grado 3.

23. Describa tres métodos de producción de dientes de engranes con resistencias mayores que las que se pueden alcanzar con un templado total.

24. ¿Qué norma AGMA debe consultarse para encontrar datos sobre los esfuerzos admisibles en aceros para engranes?

25. En la norma AGMA, identificada en el problema 24 ¿para qué otros materiales, además de los aceros, se presentan datos de resistencia?

26. Determine el número de esfuerzo flexionante admisible, y el número de esfuerzo de contacto admisible para los siguientes materiales:

a) Acero templado total, grado 1, con 200 HB de dureza
b) Acero templado total, grado 1, con 300 HB de dureza
c) Acero templado total, grado 1, con 400 HB de dureza
d) Acero templado total, grado 1, con 450 HB de dureza
e) Acero templado total, grado 2, con 200 HB de dureza
f) Acero templado total, grado 2, con 300 HB de dureza
g) Acero templado total, grado 2, con 400 HB de dureza

27. Si al diseñar un engrane de acero se detecta que se necesita un número de esfuerzo flexionante admisible de 36 000 psi, especifique un valor adecuado de dureza para el acero grado 1. ¿Qué valor de dureza se necesitaría para el acero grado 2?

28. ¿Qué valor de dureza se puede que esperar en dientes de engrane cementados?

29. Indique tres aceros típicos que se usan para cementar.

30. ¿Cuál es el valor de dureza que cabe esperar en dientes de engrane templados por flama o por inducción?

31. Indique tres aceros típicos que se usen para templar por flama o por inducción. ¿Qué propiedad importante tienen esos aceros?

32. ¿Qué valor de dureza se puede esperar en dientes de engrane nitrurados?

33. Determine el número de esfuerzo flexionante admisible y el número de esfuerzo de contacto admisible para los siguientes materiales:

a) Acero AISI 4140 templado por llama, grado 1, con una dureza superficial de 50 HRC.

b) Acero AISI 4140 templado por llama, grado 1, con una dureza superficial de 54 HRC.

c) Acero AISI 4620 DOQT 300 grado 1, templado y cementado.

d) Acero AISI 4620 DOQT 300 grado 2, templado y cementado.

e) Acero AISI 1118 SWQT 350 grado 1, templado y cementado.

f) Acero templado toral y nitrurado, grado 1, con dureza superficial de 84.5 HRN y dureza interior de 325 HB.

g) Acero templado total y nitrurado, grado 2, con dureza superficial de 84.5 HRN y dureza interior de 325 HB.

h) Acero con 2.5% de cromo, nitrurado, grado 3, con una dureza superficial de 90.0 HRN y dureza interior de 325.

i) Hierro colado gris, clase 20.

j) Hierro colado gris, clase 40.

k) Hierro dúctil, 100-70-03.

l) Bronce colado en arena con resistencia mínima a la tensión de 40 ksi (275 MPa).

m) Bronce con tratamiento térmico con resistencia mínima a la tensión de 90 ksi (620 MPa).

n) Nylon con carga de vidrio.

o) Policarbonato con carga de vidrio.

34. ¿Qué profundidad debe especificarse para la caja de un diente de engrane cementado con paso diametral 6?

35. ¿Qué profundidad debe especificarse para la caja de un diente de engrane cementado con módulo métrico 6?

Esfuerzos flexionantes en los dientes de engranes

Para los problemas 36 a 41, calcule el número de esfuerzo flexionante s_t con la ecuación (9-15). Suponga que el modelo para el engrane es sólido, a menos que se indique otra cosa. (*Considere que los datos de estos problemas se usarán en problemas posteriores, hasta el problema 59. Se le aconseja tener soluciones accesibles a problemas anteriores, para poder usar los datos y los resultados en problemas posteriores. Los cuatro problemas vinculados con el mismo conjunto de datos requieren analizar el esfuerzo flexionante y el esfuerzo de contacto, así como la especificación correspondiente de materiales adecuados, basada en esos esfuerzos. En los problemas posteriores de diseño, del 60 al 70, utilice el análisis completo en cada problema.*)

36. Un par de engranes con dientes de involuta de 20° a profundidad completa transmite 10.0 HP, con un piñón que gira a 1750 rpm. El paso diametral es 12, y el número de calidad es 6. El piñón tiene 18 dientes, y el engrane tiene 85 dientes. El ancho de cara es de 1.25 pulgadas. La potencia de entrada viene de un motor eléctrico, y el accionamiento es para un transportador industrial. Es una unidad comercial de engranes cerrados.

37. Un par de engranes con dientes de involuta de 20° a profundidad completa transmite 40 HP, con un piñón que gira a 1150 rpm. El paso diametral es 6, y el número de calidad es 5. El piñón tiene 20 dientes y el engrane tiene 48 dientes. El ancho de cara es de 2.25 pulgadas. La potencia de entrada proviene de un motor eléctrico, y el accionamiento es para un horno de cemento. Ese accionamiento es una unidad engranada comercial cerrada.

38. Un par de engranes con dientes de involuta de 20° a profundidad completa transmite 0.50 HP, con un piñón que gira a 3450 rpm. El paso diametral es 32, y el número de calidad es 10. El piñón tiene 24 dientes y el engrane tiene 120 dientes. El ancho de cara es de 0.50 pulgada. La potencia de entrada viene de un motor eléctrico, y el accionamiento es para una máquina herramienta pequeña. Este accionamiento es una unidad de engranes cerrados, de precisión.

39. Un par de engranes tiene dientes de involuta de 25° a profundidad completa, y transmite 15.0 HP, con un piñón que gira a 6500 rpm. El paso diametral es 10 y el número de calidad es 12. El piñón tiene 30 dientes y el engrane tiene 88 dientes. El ancho de cara es de 1.50 pulgadas. La potencia de entrada proviene de un motor eléctrico universal, y el accionamiento es para un actuador de un avión. El accionamiento es una unidad cerrada de engranes de extraprecisión.

40. Un par de engranes con dientes de involuta de 25° a profundidad completa transmite 125 HP, con un piñón que gira a 2500 rpm. El paso diametral es 4, y el número de calidad es 8. El piñón tiene 32 dientes y el engrane tiene 76 dientes. El ancho de cara es de 1.50 pulgadas. La potencia de entrada proviene de un motor de gasolina, y el accionamiento es para una bomba de agua industrial portátil. El accionamiento es una unidad comercial con engranes cerrados.

41. Un par de engranes con dientes de involuta de 25° a profundidad completa transmite 2.50 hp, con un piñón que gira a 680 rpm. El paso diametral es 10 y el número de calidad es 6. El piñón tiene 24 dientes y el engrane tiene 62 dientes. El ancho de cara es de 1.25 pulgadas. La potencia de entrada viene de un motor hidráulico, y el accionamiento es para un pequeño tractor para césped y jardín. Ese accionamiento es una unidad comercial con engranes cerrados.

Número de esfuerzo flexionante admisible requerido

Para los problemas 42 a 47 calcule el número de esfuerzo flexionante admisible requerido, s_{at}, con la ecuación (9-20). Suponga que no existen condiciones excepcionales, a menos que se indique lo contrario. Esto es, use un factor de servicio $SF = 1.00$. A continuación, especifique un acero adecuado, y su tratamiento térmico para el piñón y el engrane, con base en el esfuerzo flexionante.

42. Maneje los datos y resultados del problema 36. Diseñe para una confiabilidad de 0.99, y una duración de diseño de 20 000 h.

43. Maneje los datos y resultados del problema 37. Diseñe para una confiabilidad de 0.99 y una duración de diseño de 8000 h.

44. Maneje los datos y resultados del problema 38. Diseñe para una confiabilidad de 0.9999 y una duración de diseño de 12 000 h.

Considere que la máquina herramienta es una parte crítica de un sistema de producción, que necesita que el factor de servicio sea 1.25, para evitar tiempo perdido inesperado.

45. Maneje los datos y los resultados del problema 39. Diseñe para una confiabilidad de 0.9999 y una duración de diseño de 4000 h.

46. Maneje los datos y los resultados del problema 40. Diseñe para una confiabilidad de 0.99 y una duración de diseño de 8000 h.

47. Maneje los datos y los resultados del problema 41. Diseñe para una confiabilidad de 0.90 y una duración de diseño de 2000 h. La incertidumbre debida al uso real del tractor indica que el factor de servicio debe ser 1.25. Use hierro colado o bronce, si las condiciones lo permiten.

Resistencia a la picadura

Para los problemas 48 a 53, calcule el número de esfuerzo de contacto esperado, s_c, con la ecuación (9-25). Suponga que ambos engranes deben ser de acero al menos que se indique lo contrario.

48. Maneje los datos y resultados de los problemas 36 y 42.

49. Maneje los datos y resultados de los problemas 37 y 43.

50. Maneje los datos y resultados de los problemas 38 y 44.

51. Maneje los datos y resultados de los problemas 39 y 45.

52. Maneje los datos y resultados de los problemas 40 y 46.

53. Maneje los datos y resultados de los problemas 41 y 47.

Número de esfuerzo de contacto admisible requerido

En los problemas 54 a 59, calcule el número de esfuerzo de contacto admisible requerido, s_{ac}, con la ecuación (9-27). Maneje un factor de servicio $SF = 1.00$, a menos que se indique otra cosa. A continuación especifique material adecuado para el piñón y el engrane, con base en la resistencia a la picadura. Use acero, a menos que ya haya tomado antes la decisión de usar otro material. A continuación evalúe si la primera decisión todavía es válida. Si no lo es, especifique un material diferente, de acuerdo con el requisito más severo. Si no se puede encontrar un material adecuado, rediseñe los engranes originales, para poder usar materiales razonables.

54. Maneje los datos y los resultados de los problemas 36, 42 y 48.

55. Maneje los datos y los resultados de los problemas 37, 43 y 49.

56. Maneje los datos y los resultados de los problemas 38, 44 y 50.

57. Maneje los datos y los resultados de los problemas 39, 45 y 51.

58. Maneje los datos y los resultados de los problemas 40, 46 y 52.

59. Maneje los datos y los resultados de los problemas 41, 47 y 53.

Problemas de diseño

Los problemas 60 a 70 describen situaciones de diseño. En cada uno, diseñe un par de engranes rectos, especificando (cuando menos) el paso diametral, el número de dientes de cada engrane, los diámetros de paso de cada engrane, la distancia entre centros, el ancho de cara y el material con que se deben fabricar los engranes. Diseñe para una duración recomendada que incluya la resistencia flexionante y a la picadura. Trate de obtener diseños compactos. Maneje valores normalizados de paso diametral y evite diseños para los que pueda haber interferencia. Vea el problema de muestra 9-5. Suponga que la entrada al engrane es desde un motor eléctrico, a menos que se indique otra cosa.

Si los datos están en unidades del SI, elabore el diseño en el sistema del módulo métrico, con dimensiones en milímetros, fuerzas en newtons y esfuerzos en megapascales. Vea el problema modelo 9-6.

60. Se va a diseñar un par de engranes rectos para transmitir 5.0 HP, con un piñón que gira a 1200 rpm. El engrane debe girar entre 385 y 390 rpm. La transmisión impulsa a un compresor alternativo.

61. Un par de engranes debe ser parte de la transmisión para una fresadora que necesita 20.0 HP, con un piñón que gira a una velocidad de 550 rpm y el engrane entre 180 y 190 rpm.

62. En una transmisión para una troqueladora se requieren 50.0 HP, con la velocidad del piñón a 900 rpm y la del engrane de 225 a 230 rpm.

63. Un motor de gasolina de un cilindro tiene el piñón de un par de engranes en su eje de salida. El engrane se acopla con el eje de una mezcladora de cemento. Esta mezcladora requiere 2.5 HP mientras gira a 75 rpm. El motor está regulado para trabajar a 900 rpm, aproximadamente.

64. Un motor agrícola de cuatro cilindros gira a 2200 rpm y entrega 75 HP al engrane de entrada en una transmisión de un martillo cincelador de madera para hacer papel. El engrane de salida debe girar entre 4500 y 4600 rpm.

65. Se está diseñando un pequeño tractor comercial para efectuar tareas como podar el pasto y remover la nieve. El sistema impulsor de las ruedas se debe hacer por un par de engranes, donde el piñón gire a 600 rpm y el engrane, montado en el cubo de la rueda, gire de 170 a 180 rpm. La rueda tiene 300 mm de diámetro, y el motor de gasolina produce 3.0 kW de potencia, que entrega al par de engranes.

66. Una turbina de agua transmite 75 kW de potencia a un par de engranes, a 4500 rpm. La salida del par de engranes debe impulsar a un generador eléctrico, a 3600 rpm. La distancia entre centros del par de engranes no debe ser mayor de 150 mm.

67. Se debe diseñar un sistema de impulsión para una sierra de cinta comercial grande que transmita 12.0 HP. La sierra se usará para cortar tubos de acero utilizados en la fabricación de tubos de escape para automóviles. El piñón gira a 3450 rpm, mientras que el engrane debe girar entre 725 y 735 rpm. Se ha especificado que los engranes sean de acero AISI 4340, templado en aceite y revenido. *No* se debe usar cementación.

68. Repita al problema 67, pero considere un acero cementado del apéndice 5. Trate de llegar al diseño práctico más pequeño. Compare el resultado con el diseño del problema 67.

69. Se debe diseñar un accionamiento de engranes para una máquina herramienta especializada, que cepille una superficie de una pieza colada bruta de acero. El accionamiento debe transmitir 20 HP, con la velocidad de piñón de 650 rpm, y la velocidad de salida entre 110 y 115 rpm. El cepillo se usará en forma continua, dos turnos al día y seis días a la semana, durante al menos cinco años. Diseñe el accionamiento para que sea lo más pequeño posible, y que permita montarlo junto a la cabeza de cepillado.

70. Un tambor del cable para una grúa debe girar entre 160 y 166 rpm. Diseñe un accionamiento para 25 HP, donde el piñón de entrada gire a 925 rpm, y el de salida gire con el tambor. Se espera que la grúa tenga un ciclo pesado de 50%, durante 120 horas por semana, un mínimo de 10 años. El piñón y el engrane deben caber en el diámetro interior del tambor, de 24 pulgadas. El engrane está montado en el eje del tambor.

Capacidad de transmisión de potencia

71. Determine la capacidad de transmisión de potencia en un par de engranes rectos con dientes de 20° a profundidad completa, paso diametral 10, ancho de cara de 1.25 pulgadas, 25 dientes en el piñón y 60 en el engrane, y con clase calidad AGMA de 8. El piñón es de acero AISI 4140 OQT 1000, y el engrane es de AISI 4140 OQT 1100. El piñón girará a 1725 rpm sobre el eje de un motor eléctrico. El engrane impulsará una bomba centrífuga.

72. Determine la capacidad de transmisión de potencia para un par de engranes rectos con dientes de 20° a profundidad total, paso diametral 6, 35 dientes en el piñón y 100 dientes en el engrane, ancho de cara de 2.00 pulgadas y una calidad clase AGMA de 6. Un motor de gasolina impulsa el piñón a 1500 rpm. El engrane impulsa un transportador de roca triturada en una cantera. El piñón es de AISI 1040 WQT 800. El engrane es de hierro colado gris, ASTM A48-83, clase 30. Diseñe para una duración de 15 000 horas.

73. Se encontró que el par de engranes descrito en el problema 72 se gastaba al ser accionado por un motor de 25 HP. Proponga un nuevo diseño para el que se espere una duración indefinida, bajo las condiciones descritas. Diseñe para una duración de 15 000 horas.

Diseño de engranes de doble reducción

74. Diseñe un tren de engranes con doble reducción, que transmita 10.0 HP desde un motor eléctrico que gira a 1750 rpm, hasta un transportador de ensamblado, cuyo eje motriz debe girar entre 146 y 150 rpm. Observe que para esto se necesitará diseñar dos pares de engranes. Bosqueje un esquema del arreglo del tren y calcule la velocidad real de salida.

75. Se diseñará un molino comercial de desechos alimentarios, donde el eje de salida gira entre 40 y 44 rpm. La entrada proviene de un motor eléctrico que gira a 850 rpm y entrega 0.50 HP. Diseñe un tren de engranes rectos, de doble reducción, para el molino.

76. Un taladro de mano motorizado, con un motor que gira a 3000 rpm y tiene una velocidad en la broca de 550 rpm, aproximadamente. Diseñe la reducción de velocidad para el taladro. La potencia que se va a transmitir es 0.25 HP.

77. La salida del taladro del problema 76 es el accionamiento de una pequeña sierra de cinta, de banco, parecida a la de la figura 1-1. La segueta se debe mover a una velocidad lineal de 375 pies/min, y va y viene entre dos ruedas de 9.0 pulgadas de diámetro. Diseñe una reducción con engranes rectos para impulsar la sierra de cinta. Considere el uso de engranes de plástico.

78. Diseñe un impulsor de piñón y cremallera para subir una pesada puerta de acceso en un horno. Un motor hidráulico que gira a 1500 rpm, entregará 5.0 HP en la entrada del accionamiento. La velocidad lineal de la cremallera debe ser de 2.0 pies/s como mínimo. Esa cremallera se mueve 6.0 pies en cada dirección para abrir y cerrar las puertas del horno. Se puede usar más de una etapa de reducción, pero haga que el diseño tenga el menor número de engranes. Se espera que el impulsor trabaje cuando menos seis veces por hora, tres turnos por día y siete días a la semana, durante un mínimo de 15 años.

79. Diseñe la transmisión engranada para las ruedas de un carro estibador industrial. Su velocidad máxima debe ser 20 mph. Se ha decidido que las ruedas tengan un diámetro de 12.0 pulgadas. Un motor de CD suministra 20 HP a 3000 rpm. La duración de diseño es de 16 horas al día y seis días a la semana, durante 20 años.

Engranes de plástico

80. Diseñe un par de engranes de plástico para mover una pequeña sierra de cinta. La entrada es de un motor eléctrico de 0.50 HP que gira a 860 rpm, y el piñón se montará en su eje de 0.75 pulgada de diámetro, con un cuñero para una cuña de $3/16 \times 3/16$ pulgadas. El engrane debe girar entre 265 y 267 rpm.

81. Diseñe un par de engranes de plástico que impulsen a un alimentador de papel en rollo para una impresora de oficina. El piñón gira a 88 rpm y el engrane debe girar entre 20 y 22 rpm. La potencia requerida es de 0.06 hp. Trate de llegar al tamaño práctico más pequeño.

82. Diseñe un par de engranes de plástico para impulsar las ruedas de un pequeño automóvil de control remoto. El engrane está montado en el eje de la rueda, y debe girar entre 120 y 122 rpm. El piñón gira a 430 rpm. La potencia requerida es de 0.025 HP. Trate de llegar al tamaño práctico más pequeño mediante nylon sin cargas.

83. Diseñe un par de engranes de plástico para impulsar una máquina comercial picadora de alimentos. La entrada es de un motor eléctrico de 0.65 HP que gira a 1560 rpm, y el piñón estará montado en su eje de 0.875 pulgada de diámetro, con un cuñero para una cuña de $1/4 \times 1/4$ pulgada. El engrane debe girar entre 468 y 470 rpm.

10

Engranes helicoidales, engranes cónicos y de tornillo sinfín y corona

Panorama

Engranes helicoidales, engranes cónicos y de tornillo sinfín y corona

Mapa de aprendizaje

- En el capítulo 8 se describieron las geometrías de los engranes helicoidales, engranes cónicos y tornillos sinfines.
- En el capítulo 9 se describieron los principios del análisis de esfuerzos en engranes, para los engranes rectos. Gran parte de esa información se puede aplicar a los tipos de engranes que contiene este capítulo.

Descubrimiento

Repase ahora los capítulos 8 y 9.

Recuerde algo de la descripción al inicio del capítulo 8, acerca de los usos de engranes que ve a su alrededor. Repase ahora esa información, y enfoque su análisis en los engranes helicoidales, engranes cónicos y de tornillo sinfines y coronas.

En este capítulo adquirirá los conocimientos para efectuar los análisis necesarios al diseñar transmisiones seguras de engranes, que usen engranes helicoidales, cónicos y sinfines, cuya duración sea larga.

Mucho se mencionó en los capítulos 8 y 9 acerca de la cinemática de los engranes, y sobre el análisis de esfuerzos y el diseño de engranes rectos. Esa información es importante para los objetivos de este capítulo, donde se amplía la aplicación de esos conceptos al análisis y diseño de engranes helicoidales, cónicos y sinfines.

La geometría básica de los engranes helicoidales se describió en la sección 8-7. También se describió el sistema de fuerzas sobre los dientes de engranes helicoidales; dicho sistema es importante para que comprenda los esfuerzos y modos de falla potencial de los engranes helicoidales, que se describen en este capítulo.

En el capítulo 9 aprendió cómo analizar los engranes rectos para conocer la resistencia a la flexión y a la picadura de la superficie de los dientes. Este capítulo modificará ese mismo método de aplicación, a la geometría especial de los engranes helicoidales. De hecho, la norma AGMA 2001-C95, la cual se menciona con frecuencia en el capítulo 9 acerca de los engranes rectos, será la misma referencia que se emplea para los engranes helicoidales. Entonces, necesitará consultar el capítulo 9 de vez en cuando.

De igual forma, en la sección 8-8 se describió la geometría de los engranes cónicos, y los tornillos sinfines y coronas se describieron en las secciones 8-9 y 8-10. En este capítulo se incluye información sobre los esfuerzos en engranes cónicos y en tornillos sinfines y coronas.

La figura 10-1 muestra un ejemplo de un reductor grande de línea comercial, con doble reducción y ejes paralelos, que emplea engranes helicoidales. Observe que los ejes están sostenidos en rodamientos de rodillos cónicos, que tienen la capacidad de resistir las cargas de empuje causadas por los engranes helicoidales. El capítulo 14 versará sobre la selección de esos rodamientos.

La figura 10-2 muestra otra forma de reductor con engranes helicoidales, donde el motor está montado arriba del reductor, y el eje de la máquina impulsada se inserta en forma directa en el eje hueco de salida del reductor. Eso permite soportar el reductor con el armazón de la máquina impulsada.

En la figura 8-22 se puede ver dibujos y fotografías de sistemas de engranes cónicos. El sistema tridimensional de fuerzas, que actúan entre los dientes de engranes cónicos, necesita un gran cuidado en la instalación y el alineamiento de los engranes; además, requiere el uso de cojinetes que puedan resistir fuerzas en todas direcciones. El análisis de esfuerzos se adaptará al método descrito en el capítulo 9, pero modificado para la geometría de los dientes de engranes cónicos.

Vea la fotografía de un reductor comercial de tornillo sinfín y corona en la figura 8-25. Observe el uso de rodamientos de rodillos cónicos, también aquí, para resistir las fuerzas de em-

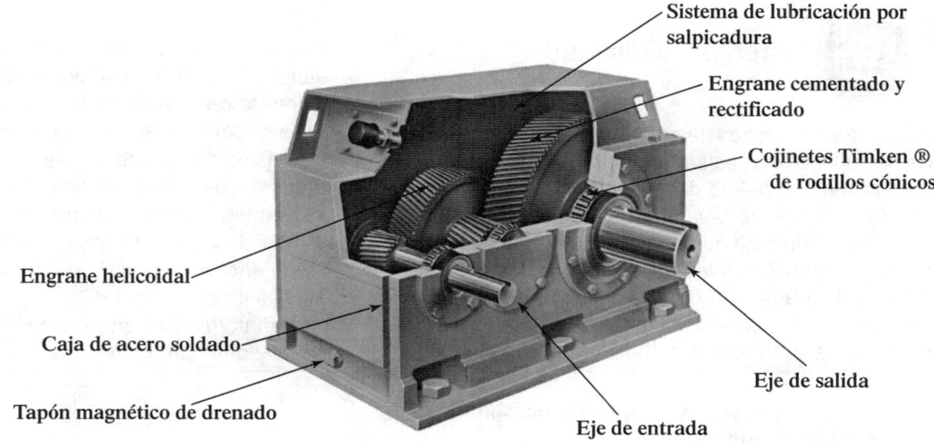

FIGURA 10-1 Reductor de ejes paralelos (Emerson Power Transmission Corporation, Drive and Component Division, Ithaca, NY.)

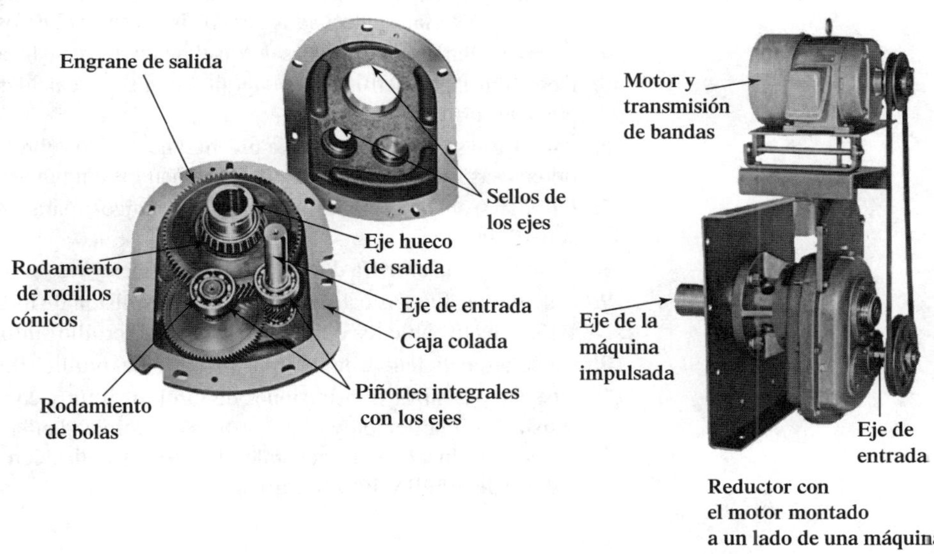

FIGURA 10-2 Reductor helicoidal montado en eje (Emerson Power Transmission Corporation, Drive and Component Division, Ithaca, NY)

puje causados por estos engranes. En la fotografía se resalta la lubricación de los engranes. Es importante la lubricación, por la acción de deslizamiento inherente entre las roscas del sinfín y los dientes de la corona, lo cual genera calor por fricción. Es importante una lubricación consistente del engranado de los dientes, para el funcionamiento, eficiencia y duración del sistema.

En este capítulo se presenta más información sobre estos factores de diseño del sistema de sinfín y corona, y se analizará la geometría y las fuerzas ejercidas sobre los engranes.

Usted es el diseñador

En todas las transmisiones de engranes diseñadas en el capítulo 9, se supuso que se usarían engranes rectos, para tener la reducción o aumento de velocidad entre la entrada y la salida del reductor. Pero se habrían podido usar muchos otros engranes. Suponga que es el diseñador de la transmisión para el martillo cincelador de madera descrito en el problema modelo 9-5. ¿Sería muy distinto el diseño si se usaran engranes helicoidales en lugar de engranes rectos? ¿Qué fuerzas se producirían y transferirían a los ejes que sostienen los engranes, y a los cojinetes que sostienen a los ejes? ¿Se podrían usar engranes más pequeños? ¿En qué difiere la geometría de los engranes helicoidales respecto de la geometría de los engranes rectos?

En vez de colocar los ejes de entrada y salida paralelos entre sí, como estaban en los diseños hasta ahora, ¿cómo se pueden diseñar transmisiones que entreguen potencia a un eje de salida en ángulo recto con el eje de entrada? ¿Qué análisis especial se aplican a los engranes cónicos y a los sinfines y coronas?

La información en este capítulo le ayudará a contestar éstas y otras preguntas.

10-1 OBJETIVOS DE ESTE CAPÍTULO

Al terminar este capítulo podrá:

1. Describir la geometría de los engranes helicoidales y calcular las dimensiones de sus propiedades principales.
2. Calcular las fuerzas que ejerce un engrane helicoidal sobre su engrane acoplado.
3. Calcular el esfuerzo debido a la flexión, en dientes de engranes helicoidales, y especificar los materiales adecuados para resistir esos esfuerzos.
4. Diseñar engranes helicoidales desde el punto de vista de la durabilidad de la superficie.
5. Describir la geometría de los engranes cónicos y calcular las dimensiones de sus propiedades principales.
6. Analizar las fuerzas que ejerce un engrane cónico sobre otro, e indicar cómo se transfieren esas fuerzas a los ejes que sostienen los engranes.
7. Diseñar y analizar dientes de engranes cónicos, para resistencia y durabilidad de la superficie.
8. Describir la geometría de los tornillos sinfines y las coronas de sinfín.
9. Calcular las fuerzas causadas por una transmisión de tornillo sinfín y corona, y analizar su efecto sobre los ejes que sostienen al tornillo sinfín y a la corona.
10. Calcular la eficiencia de las transmisiones de tornillo sinfín y corona.
11. Diseñar y analizar transmisiones de tornillo sinfín y corona, para que sean seguros y resistentes a la flexión y al desgaste. Se recomiendan las referencias 3, 4, 7, 8 y 17 a 22, con los lineamientos generales de diseño y aplicación de engranes helicoidales, cónicos y de tornillo sinfín y corona.

10-2 FUERZAS SOBRE LOS DIENTES DE ENGRANES HELICOIDALES

La figura 10-3 muestra una fotografía de dos engranes helicoidales acoplados, diseñados para montarse sobre ejes paralelos. Esta es la configuración básica que se analizará en este capítulo. Vea, en la figura 10-4, una representación del sistema de fuerzas que actúa entre los dientes de dos engranes helicoidales engranados. En el capítulo 8 mediante esta misma figura, se definieron las siguientes fuerzas:

- W_N es la *fuerza normal verdadera* que actúa en dirección perpendicular a la cara del diente, en el plano normal a la superficie del diente. El plano normal se muestra en el inciso (*d*) de la figura 10-4. Rara vez se necesitará emplear el valor de W_N, porque sus tres componentes individuales, que se definen a continuación, se utilizarán en los análisis para los engranes helicoidales. Los valores de los componentes ortogonales dependen de los siguientes tres ángulos, los cuales ayudan a definir la geometría de los dientes de engranes helicoidales:

  Ángulo de presión normal: ϕ_n
  Ángulo de presión transversal: ϕ_t
  Ángulo de hélice: ψ

FIGURA 10-3 Engranes helicoidales. En este caso, tienen un ángulo de hélice de 45° (Emerson Power Transmission Corporation, Drive and Component Division, Ithaca, NY)

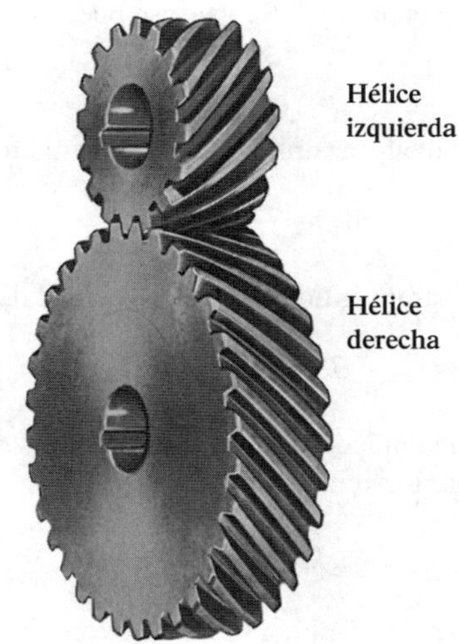

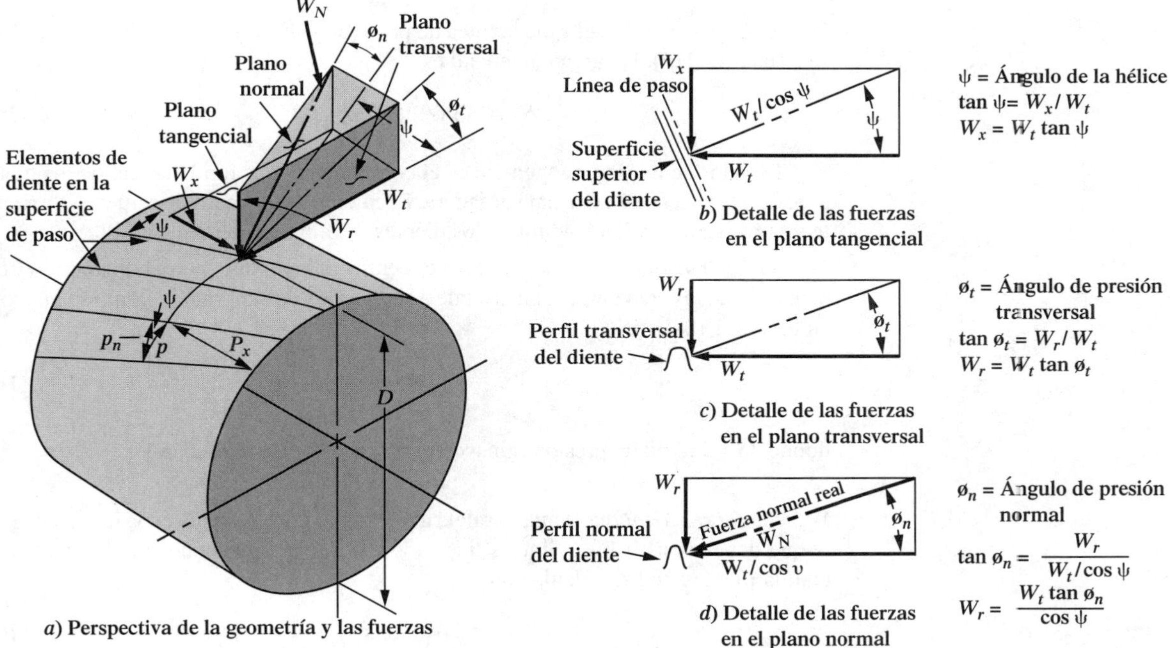

FIGURA 10-4 Geometría y fuerzas en los engranes helicoidales

Para los engranes helicoidales, se especifican el ángulo de la hélice y uno de los otros dos. El tercer ángulo se puede calcular con

$$\tan \phi_n = \tan \phi_t \cos \psi \qquad \textbf{(10-1)}$$

- W_t es la *fuerza tangencial* que actúa en el plano transversal, y es tangente al de paso del engrane helicoidal, y produce el par torsional que se transmitirá del engrane motriz al engrane conducido. Por consiguiente, a esta fuerza se le llama con frecuencia *fuerza transmitida*. Desde el punto de vista funcional, se parece a W_t para el análisis de los engranes rectos del capítulo 8. Su valor se puede calcular con las mismas ecuaciones, como sigue:

Si se conocen el par torsional transmitido (T) y el diámetro del engrane (D),

$$W_t = T/(D/2) \tag{10-2}$$

Si se conocen la potencia transmitida (P) y la velocidad de giro (n),

$$T = (P/n) \tag{10-3}$$

Para el caso específico de unidades, donde la potencia está en caballos y la velocidad de giro está en rpm, el par torsional en lb · pulg es

$$T = 63\,000(P)/n \tag{10-4}$$

Entonces, la fuerza tangencial también se puede expresar como:

$$W_t = 63\,000(P)/[(n)(D/2)] = 126\,000(P)/[(n)(D)] \tag{10-5}$$

Si se conoce la velocidad v_t de la línea de paso (pies/min), y también la potencia P que se transmite (HP), la carga tangencial es

$$W_t = 33\,000(P)/v_t \tag{10-6}$$

El valor de la carga tangencial es el componente más fundamental de los tres ortogonales, de la fuerza normal verdadera. El cálculo del número de esfuerzo flexionante y la resistencia a la picadura de los dientes del engrane depende de W_t.

- W_r es la *fuerza radial* que actúa hacia el centro del engrane, perpendicular al círculo de paso y a la fuerza tangencial. Tiende a separar los dos engranes. Como se puede ver en la figura 10-4(c),

$$W_r = W_t \tan \phi_t \tag{10-7}$$

donde ϕ_t = ángulo de presión transversal para los dientes helicoidales.

- W_x es la *fuerza axial* que actúa paralela al eje del engrane, y causa una carga de empuje que deben resistir los cojinetes que soportan al eje. Si se conoce la fuerza tangencial, la fuerza axial se calcula con

$$W_x = W_t \tan \psi \tag{10-8}$$

Problema modelo 10-1

Un engrane helicoidal tiene un paso diametral normal 8, un ángulo de presión de 20°, 32 dientes, ancho de cara de 3.00 pulgadas y 15° como ángulo de hélice. Calcule el paso diametral, el ángulo de presión transversal y el diámetro de paso. Si el engrane gira a 650 rpm y transmite 7.50 HP, calcule la velocidad de la línea de paso, la fuerza tangencial, la fuerza axial y la fuerza radial.

Solución *Paso diametral [ecuación (8-28)]*

$$P_d = P_{nd} \cos \psi = 8 \cos (15) = 7.727$$

Ángulo de presión transversal [ecuación (10-1)]

$$\phi_t = \tan^{-1}(\tan \phi_n/\cos \psi)$$

$$\phi_t = \tan^{-1}[\tan(20)/\cos(15)] = 20.65°$$

Diámetro del círculo de paso [ecuación (8-27)]

$$D = N/P_d = 32/7.727 = 4.141 \text{ pulgadas}$$

Velocidad de la línea de paso, v_t [ecuación (9-1)]

$$v_t = \pi Dn/12 = \pi(4.141)(650)/12 = 704.7 \text{ pies/min}$$

Fuerza tangencial, W_t [ecuación (10-6)]

$$W_t = 33\,000(P)/v_t = 33\,000(7.5)/704.7 = 351 \text{ lb}$$

Fuerza axial, W_x [ecuación (10-8)]

$$W_x = W_t \tan \psi = 351 \tan(15) = 94 \text{ lb}$$

Fuerza radial, W_r [ecuación (10-7)]

$$W_r = W_t \tan \phi_t = 351 \tan(20.65) = 132 \text{ lb}$$

10-3 ESFUERZOS EN LOS DIENTES DE ENGRANES HELICOIDALES

Se empleará la misma ecuación básica para calcular el número de esfuerzo flexionante para los dientes de engranes helicoidales, como se utilizó para los dientes de engranes rectos en el capítulo 9, dado en la ecuación (9-15) que se repite aquí.

$$s_t = \frac{W_t P_d}{FJ} K_o K_s K_m K_B K_v$$

Las figuras 10-5, 10-6 y 10-7 muestran los valores del factor de geometría J, para dientes de engranes helicoidales con ángulos de presión normal de 15°, 20° y 22°, respectivamente.[1] Los factores K son iguales a los factores de los engranes rectos. Vea las referencias 9 y 18, y los siguientes lugares donde están los valores:

K_o = factor de sobrecarga (tabla 9-5)
K_s = factor por tamaño (tabla 9-6)
K_m = factor de distribución de carga [figuras 9-18, 9-19 y ecuación (9-16)]
K_B = factor de espesor de borde (figura 9-20)
K_v = factor dinámico (figura 9-21)

[1] Figuras 10-5, 10-6 y 10-7:
Las gráficas del factor de geometría J, para engranes helicoidales, se tomaron de la norma AGMA 218.01-1982, *Standard for Rating the Pitting Resistance and Bending Strength of Spur and Helical Involute Gear Teeth* (Norma para evaluar la resistencia a la picadura y resistencia de flexión de engranes rectos y helicoidales con perfil de involuta) con autorización del editor, American Gear Manufacturers Association, 1500 King Street, Suite 201, Alexandria, VA 22314. Esta norma ha sido sustituida por otras dos: 1) La norma 908-B89 (R1995), *Geometry Factors for Determining the Pitting Resistance and Bending Strength of Spur, helical and Herringbone Gear Teeth* (Factores de geometría para determinar la resistencia a la picadura y a la flexión de dientes de engranes rectos, helicoidales y en espina de pescado), 1989; 2) Norma 2001-C95 *Fundamental Rating Factors and Calculation Methods for Involute Spur and Helical Gear Teeth* (Factores fundamentales de evaluación y métodos de cálculo para dientes de engranes de involuta rectos y helicoidales), 1995. El método de cálculo del valor de J no se cambió. Sin embargo, las nuevas normas no contienen las gráficas. Se previene a los usuarios para que se aseguren de que los factores de geometría para determinado diseño se apeguen a la geometría específica de la fresa con que se fabrican los engranes. Se deben consultar las normas 908-B89 (R 1995) y 2001-C95 para conocer los detalles del cálculo de los valores de J, y para evaluar el funcionamiento de los dientes de engranes.

FIGURA 10-5 Factor de geometría (J) para un ángulo de presión normal de 15°

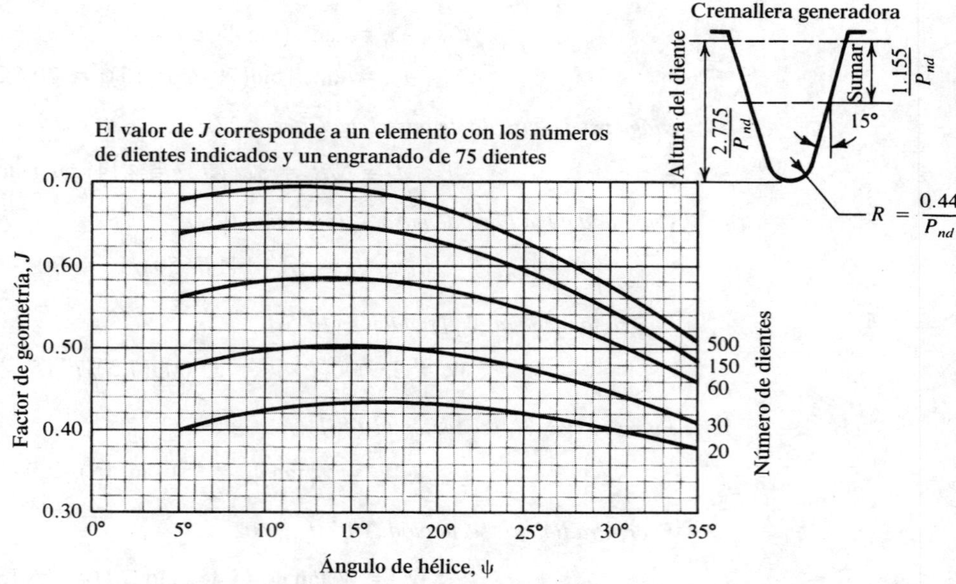

a) Factor de geometría (J) para ángulo de presión normal de 15° y el addendum indicado

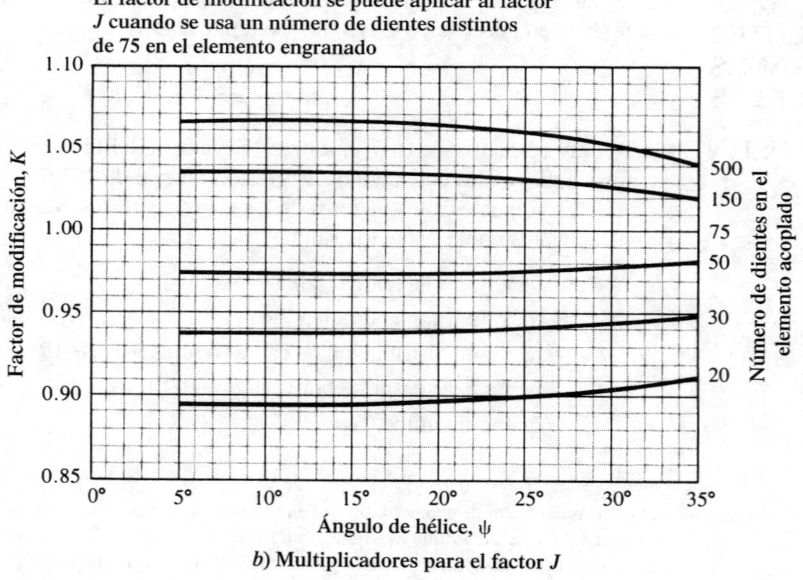

b) Multiplicadores para el factor J

Para diseñar, se debe especificar un material que tenga un número de esfuerzo flexionante admisible, s_{at}, mayor que el número calculado de esfuerzo flexionante, s_t. Los valores de diseño de s_{at} se pueden encontrar en:

Figura 9-10: Acero, templado total, grados 1 y 2
Tabla 9-3: Aceros cementados
Figuras 9-14 y 9-15: Engranes nitrurados
Tabla 9-4: Hierro colado y bronce

FIGURA 10-6 Factor de geometría (J) para un ángulo de presión normal de 20°

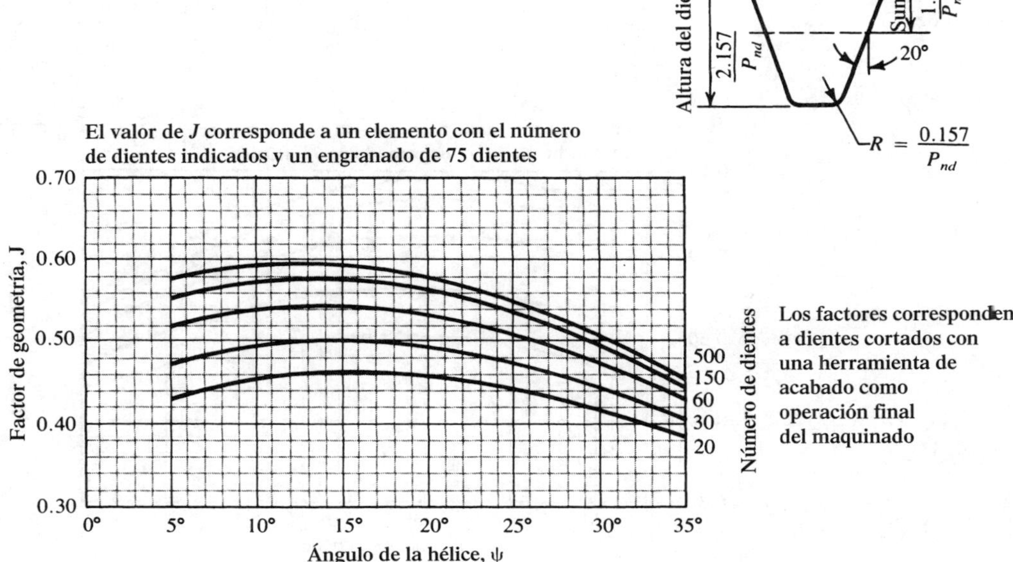

a) Factor de geometría (J) para un ángulo de presión normal de 20°, addendum normal y una fresa de acabado

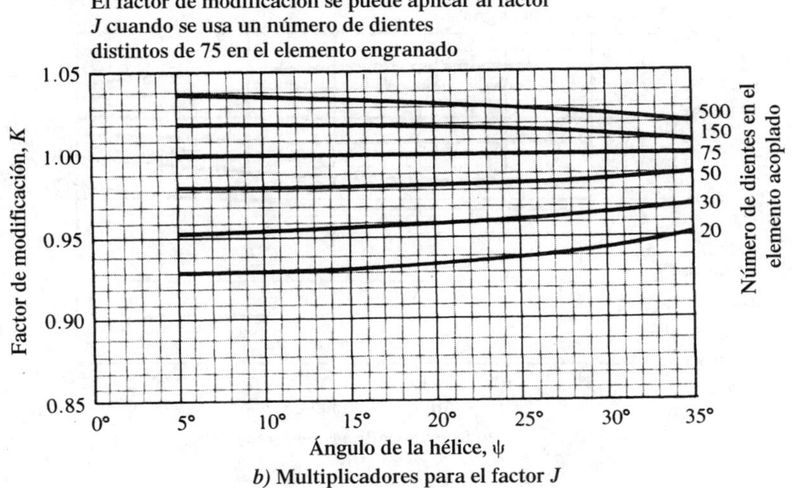

b) Multiplicadores para el factor J

(Vea también las referencias 11, 16 y 21.) Los datos para el acero, hierro y bronce se aplican para una duración de diseño igual a 10^7 ciclos a una confiabilidad de 99% (menos de una falla en 100). Si se desean valores para duración o confiabilidad distintas, se puede modificar el esfuerzo admisible mediante el procedimiento descrito en la sección 9-9.

FIGURA 10-7 Factor de geometría (J) para un ángulo de presión normal de 22°

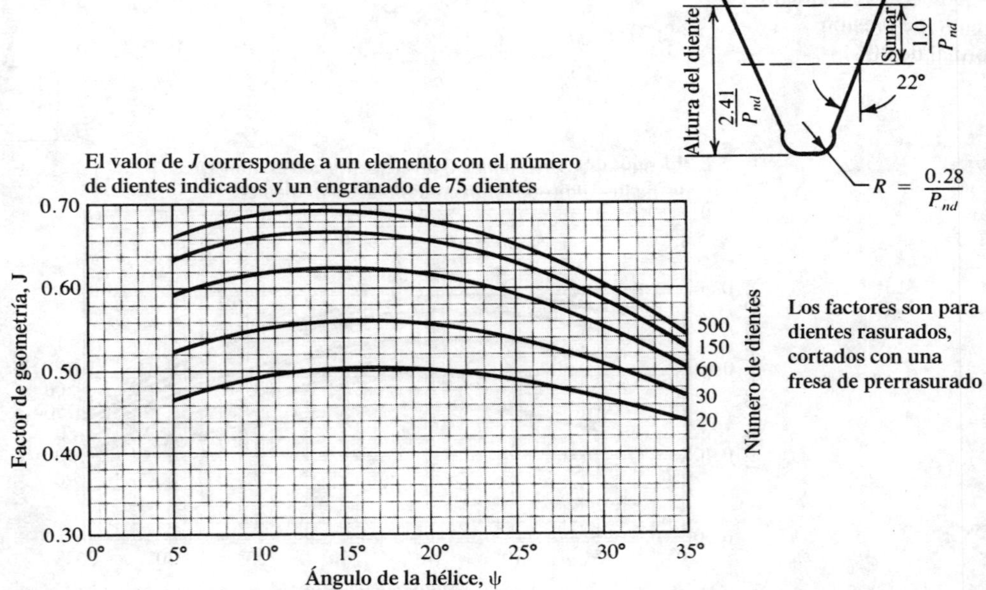

a) Factor de geometría (J), para ángulo de presión normal de 22°, addendum estándar y fresa de prerrasurado

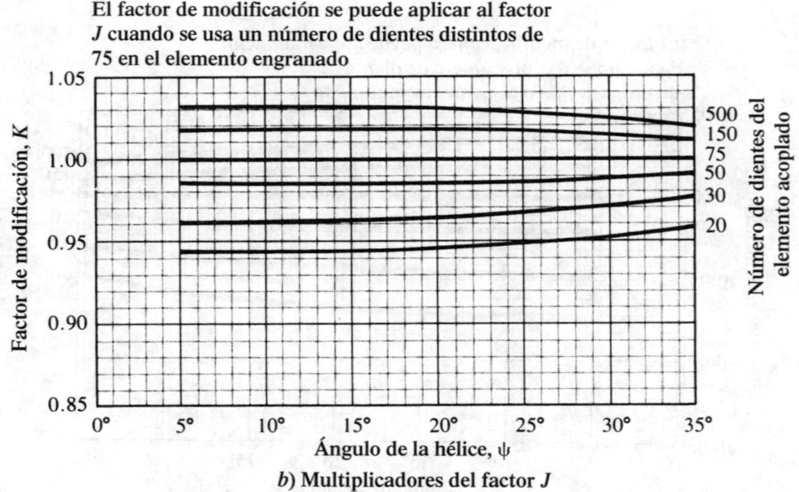

b) Multiplicadores del factor J

10-4 RESISTENCIA A LA PICADURA DE LOS DIENTES DE ENGRANES HELICOIDALES

La resistencia a la picadura de los dientes de engranes helicoidales se calcula mediante el procedimiento descrito en el capítulo 9 para los engranes rectos. Aquí se repite la ecuación (9-25):

$$s_c = C_p\sqrt{\frac{W_t K_o K_s K_m K_v}{F D_p I}} \qquad \textbf{(9-25)}$$

Todos los factores son iguales para los engranes helicoidales, excepto el factor de geometría para la resistencia a la picadura, *I*. Los valores de C_p se consultan en la tabla 9-9. Observe que los otros factores *K* tienen los mismos valores descritos e identificados en la sección 10-3.

Debido a la mayor variedad de propiedades geométricas necesarias para definir la forma de los engranes helicoidales, no es razonable reproducir todas las tablas de valores necesarias, o las fórmulas completas para calcular *I*. Los valores cambian con la relación de engrane, el número de dientes del piñón, la forma del diente, el ángulo de la hélice y los valores específicos de addendum o altura de cabeza, profundidad total y radio del chaflán. Vea las referencias 6 y 13, las cuales tienen amplias descripciones de los procedimientos. Para facilitar la solución de problemas en este libro, las tablas 10-1 y 10-2 contienen algunos valores de *I*.

TABLA 10-1 Factores de geometría para resistencia *I* a la picadura, para engranes helicoidales con ángulo de presión normal 20° y addendum estándar.

A. Ángulo de hélice $\psi = 15.0°$

Dientes del engrane	Dientes del piñón				
	17	21	26	35	55
17	0.124				
21	0.139	0.128			
26	0.154	0.143	0.132		
35	0.175	0.165	0.154	0.137	
55	0.204	0.196	0.187	0.171	0.143
135	0.244	0.241	0.237	0.229	0.209

B. Ángulo de hélice $\psi = 25.0°$

Dientes del engrane	Dientes del piñón					
	14	17	21	26	35	55
14	0.123					
17	0.137	0.126				
21	0.152	0.142	0.130			
26	0.167	0.157	0.146	0.134		
35	0.187	0.178	0.168	0.156	0.138	
55	0.213	0.207	0.199	0.189	0.173	0.144
135	0.248	0.247	0.244	0.239	0.230	0.210

Fuente: Tomado de la norma AGMA 908-B89 (R 1995), *Geometry Factors for Determining The Pitting Resistance and Bending Strength of Spur, Helical and Herringbone Gear Teeth* (Factores de geometría para determinar la resistencia a la picadura y a la flexión de dientes de engranes rectos, helicoidales y en espina de pescado), con autorización del editor, American Gear Manufacturers Association, 1500 King Street, Suite 201, Alexandria, VA 22314.

TABLA 10-2 Factores de geometría para resistencia I a la picadura, para engranes helicoidales con ángulo de presión normal de 25° y addendum estándar

A. Ángulo de hélice $\psi = 15.0°$

Dientes del engrane	Dientes del piñón					
	14	17	21	26	35	55
14	0.130					
17	0.144	0.133				
21	0.160	0.149	0.137			
26	0.175	0.165	0.153	0.140		
35	0.195	0.186	0.175	0.163	0.143	
55	0.222	0.215	0.206	0.195	0.178	0.148
135	0.257	0.255	0.251	0.246	0.236	0.214

B. Ángulo de hélice $\psi = 25.0°$

Dientes del engrane	Dientes del piñón						
	12	14	17	21	26	35	55
12	0.129						
14	0.141	0.132					
17	0.155	0.146	0.135				
21	0.170	0.162	0.151	0.138			
26	0.185	0.177	0.166	0.154	0.141		
35	0.203	0.197	0.188	0.176	0.163	0.144	
55	0.227	0.223	0.216	0.207	0.196	0.178	0.148
135	0.259	0.258	0.255	0.251	0.246	0.235	0.213

Fuente: Tomado de la norma AGMA 908-B89 (R 1995), *Geometry Factors for Determining The Pitting Resistance and Bending Strength of Spur, Helical and Herringbone Gear Teeth* (Factores de geometría para determinar la resistencia a la picadura y a la flexión de dientes de engranes rectos, helicoidales y en espina de pescado), con autorización del editor, American Gear Manufactures Association, 1500 King Street, Suite 201, Alexandria, VA 22314.

Para diseñar, cuando se conoce el número de esfuerzo de contacto calculado, se debe especificar un material que tenga un número de esfuerzo de contacto admisible, s_{ac}, mayor que S_c. Los valores de diseño de s_c se pueden encontrar en los siguientes lugares:

Figura 9-11: Acero, templado total, grados 1 y 2

Tabla 9-3: Acero, cementado, grados 1, 2 y 3; templado por flama o por inducción, cementado o nitrurado

Tabla 9-4: Hierro colado y bronce

Los datos de esas fuentes se aplican para una duración de diseño de 10^7 ciclos, con una confiabilidad de 99% (menos de una falla en 100). Si se desea adaptar para valores de duración de diseño o de confiabilidad, o si se va a aplicar un factor de servicio, se puede modificar el número de esfuerzo de contacto admisible, mediante el procedimiento descrito en la sección 9-11.

10-5 DISEÑO DE ENGRANES HELICOIDALES

El problema modelo que sigue ilustra el procedimiento para diseñar engranes helicoidales.

Problema modelo 10-2 Un par de engranes helicoidales para una máquina fresadora debe transmitir 65 HP, con una velocidad de piñón de 3450 rpm y de engrane de 1100 rpm. La potencia proviene de un motor eléctrico. Diseñe los engranes.

Solución Naturalmente, existen varias soluciones posibles. Una es la siguiente. Se probará con un paso diametral normal de 12, con 24 dientes en el piñón y un ángulo de hélice de 15°, ángulo de presión normal de 20° y un número de calidad de 8.

Ahora se calcula el paso diametral transversal, el paso axial, el ángulo de presión transversal y el diámetro de paso. A continuación, se propondrá un ancho de cara que tenga cuando menos dos pasos axiales, para asegurar la acción helicoidal.

$$P_d = P_{dn} \cos \psi = 12 \cos(15°) = 11.59$$

$$P_x = \frac{\pi}{P_d \tan \psi} = \frac{\pi}{11.59 \tan(15°)} = 1.012 \text{ pulg}$$

$$\phi_t = \tan^{-1}(\tan \phi_n/\cos \psi) = \tan^{-1}[\tan(20°)/\cos(15°)] = 20.65°$$

$$d = D_P/P_d = 24/11.59 = 2.071 \text{ pulg}$$

$$F = 2P_x = 2(1.012) = 2.024 \text{ pulg} \quad \text{(ancho nominal de cara)}$$

Se usará 2.25 pulgadas, que es un valor más conveniente. La velocidad de la línea de paso y la carga transmitida, son

$$v_t = \pi D_P\, n/12 = \pi(2.071)(3450)/12 = 1871 \text{ pies/min}$$

$$W_t = 33\,000\,(\text{hp})/v_t = 33\,000(65)/1871 = 1146 \text{ lb}$$

Ahora se puede calcular el número de dientes en el engrane:

$$VR = N_G/N_P = n_P/n_G = 3450/1100 = 3.14$$

$$N_G = N_P\,(VR) = 24(3.14) = 75 \text{ dientes} \quad \text{(valor entero)}$$

Los valores de los factores en la ecuación (9-15) deben determinarse ahora para poder calcular el esfuerzo flexionante, El factor de geometría para el piñón se determina en la figura 10-6, para 24 dientes en el piñón y 75 en el engrane: $J_P = 0.48$. El valor de J_G será mayor que el de J_P, lo cual resulta en un menor esfuerzo en el engrane.

Los factores K son

K_o = factor de sobrecarga = 1.5 (choque moderado)

K_s = factor por tamaño = 1.0

K_m = factor por distribución de carga = 1.26 para $F/D_P = 1.09$, y calidad comercial, engranes cerrados.

K_B = factor por espesor de borde = 1.0 (engranes sólidos)

K_v = factor dinámico = 1.35 para $Q_v = 8$ y $v_t = 1871$ pies/min

Ahora se puede calcular el esfuerzo flexionante en el piñón:

$$s_{tP} = \frac{W_t P_d}{F J_P} K_o K_s K_m K_B K_v$$

$$s_{tP} = \frac{(1146)(11.59)}{(2.25)(0.48)} (1.50)(1.0)(1.26)(1.0)(1.35) = 31\,400 \text{ psi}$$

De acuerdo con la figura 9-10, se necesitaría un acero grado 1, con dureza aproximada de 250 HB. Se prosigue con el diseño para resistencia a la picadura.

Mediante la ecuación (9-25):

$$s_c = C_P\sqrt{\frac{W_t K_o K_s K_m K_v}{F D_P I}}$$

Para dos engranes de acero, $C_p = 2300$. Una interpolación tosca de los datos de la tabla 10-1, para $N_P = 24$ y $N_G = 75$, resulta en $I = 0.202$. Se recomienda emplear el procedimiento de cálculo descrito en las normas AGMA, para llegar a un valor más preciso para los trabajos críticos. Entonces, el esfuerzo de contacto es

$$s_c = 2300\sqrt{\frac{(1146)(1.50)(1.0)(1.26)(1.35)}{(2.25)(2.071)(0.202)}} = 128\ 200 \text{ psi}$$

La figura 9-11 indica que se recomendaría un acero grado 1, con 310 HB de dureza. Si se supone que los factores normales de duración y confiabilidad se pueden aceptar, se podría especificar AISI 5150 OQT 1000, el cual tiene una dureza de 321, tal como aparece en el apéndice 3.

Comentarios Es obvio que en este diseño gobierna el esfuerzo de contacto. Se ajusta la solución para tener mayor confiabilidad y para considerar el número de ciclos de operación esperado. Se deben tomar ciertas decisiones de diseño. Por ejemplo, considere lo siguiente:

Diseñe para tener una confiabilidad de 0.999 (menos de una falla en 1000): $K_R = 1.25$ (tabla 9-8).

Duración de diseño: Diseñe para que tenga una vida de 10 000 h, como sugiere la tabla 9-7, para engranes de diversos usos. Entonces, con la ecuación (9-18) se puede calcular el número de ciclos de carga. Para el piñón que gira a 3450 rpm, con un ciclo de carga por revolución,

$$N_c = (60)(L)(n)(q) = (60)(10\ 000)(3450)(1.0) = 2.1 \times 10^9 \text{ ciclos}$$

De la figura 9-24, se encuentra que $Z_N = 0.89$.

No parece haber condiciones excepcionales en esta aplicación, además que ya se consideraron en los diversos factores K. Por consiguiente, se emplea un factor de servicio $SF = 1.00$.

Se emplea la ecuación (9-27) para aplicar estos factores. Para el piñón, use $C_H = 1.00$:

$$\frac{K_R(\text{SF})}{Z_N\, C_H}\, s_c = s_{ac} = \frac{(1.25)(1.00)}{(0.89)(1.00)}(128\ 200 \text{ psi}) = 180\ 000 \text{ psi}$$

La tabla 9-3 indica que sería adecuado usar acero grado 1, cementado. De acuerdo con el apéndice 5, especifique AISI 4320 SOQT 450, con una dureza cementada HRC 59 y una dureza interior de 415 HB. Sería satisfactorio para alcanzar la resistencia a la flexión y a la picadura. El piñón y el engrane deberían ser de este material. Existe una diferencia modesta en el factor Z_N, pero no reduciría el número de esfuerzo de contacto admisible requerido a menos del necesario para requerir cementación. También, cuando el piñón y el engrane se cementan, el factor por relación de durezas C_H es 1.00.

10-6 FUERZAS EN LOS ENGRANES CÓNICOS RECTOS

MDESIGN

Repase la sección 8-8 y la figura 8-22, sobre la geometría de los engranes cónicos. También, vea las referencias 1, 5 y 12.

Debido a la forma cónica de estos engranes, y debido a la forma de involuta del diente, sobre los dientes de los engranes cónicos actúa un conjunto de fuerzas con tres componentes. Si se usa la notación semejante a la de los engranes helicoidales, se calculará la fuerza tangencial W_t, la fuerza radial W_r y la fuerza axial W_x. Se supone que las tres fuerzas obran en forma concurrente a la mitad de la cara de los dientes, y en el cono de paso (vea la figura 10-8). Aunque el punto real de aplicación de la fuerza resultante está un poco desplazado de la mitad, no se incurre en un error grave.

La fuerza tangencial lo es para el cono de paso, y es la fuerza que produce el par torsional sobre el piñón y sobre el engrane. Se puede calcular el par torsional a partir de la potencia transmitida conocida, y de la velocidad de giro:

$$T = 63\,000\, P/n$$

Entonces, por ejemplo con el piñón, la carga transmitida es

$$W_{tP} = T/r_m \tag{10-9}$$

donde r_m = radio promedio del piñón

FIGURA 10-8
Fuerzas sobre engranes cónicos

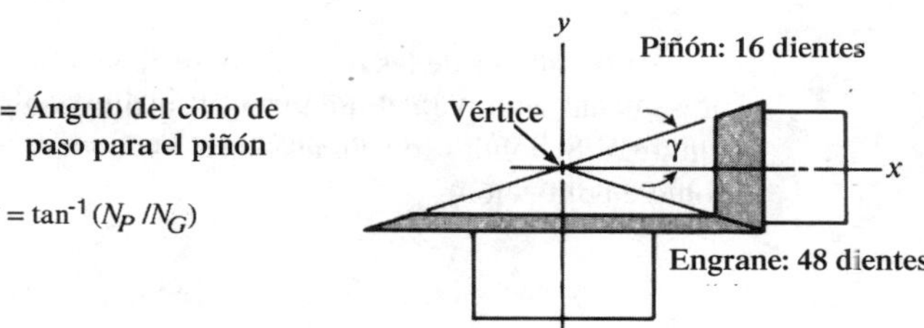

a) Piñón y engrane engranados (sólo se muestra la superficie del cono de paso)

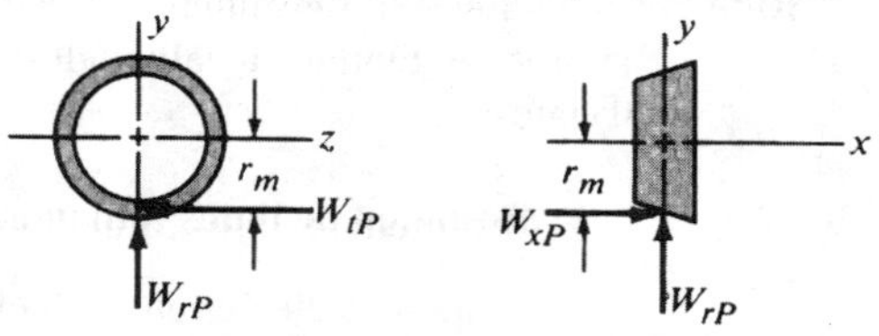

b) Diagrama de cuerpo libe: piñón

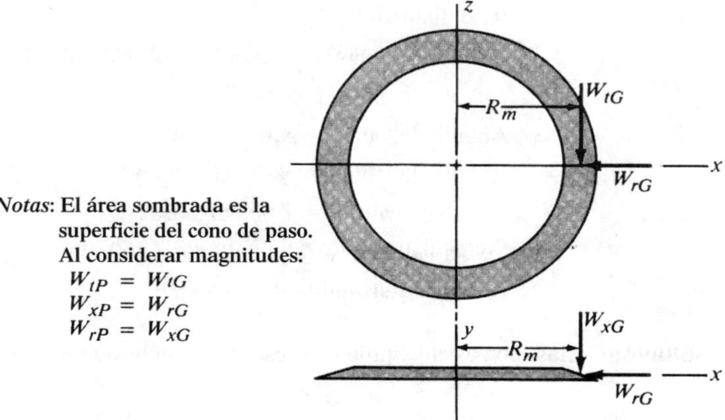

c) Diagrama de cuerpo libre: engrane

El valor de r_m se puede calcular con

$$r_m = d/2 - (F/2)\text{sen}\,\gamma \tag{10-10}$$

Recuerde que el diámetro de paso, d, se mide desde la línea de paso del engrane en su lado grande. El ángulo γ es el ángulo del cono de paso para el piñón, como se ve en la figura 10-8(a). La carga radial actúa hacia el centro del piñón, perpendicular a su eje, y causa flexión en el eje del piñón. Entonces

$$W_{rP} = W_t \tan \phi \cos \gamma \tag{10-11}$$

El ángulo ϕ es el ángulo de presión para los dientes.

La carga axial actúa paralela al eje del piñón y tiende a separarlo de su engrane acoplado. Esto causa una carga de empuje sobre los cojinetes del eje. También produce un momento flexionante en el eje, porque actúa a la distancia igual al radio medio del engrane, respecto del eje. Así,

$$W_{xP} = W_t \tan \phi\ \text{sen}\,\gamma \tag{10-12}$$

Los valores de las fuerzas sobre el engrane se pueden calcular con las mismas ecuaciones presentadas aquí para el piñón, si se sustituye la geometría del piñón por la del engrane. Vea la figura 10-8, con las relaciones entre las fuerzas sobre el piñón y el engrane, tanto en magnitud como en dirección.

Problema modelo 10-3 Para el par de engranes descritos en el problema modelo 8-6, calcule las fuerzas sobre el piñón y el engrane, si transmiten 2.50 HP con una velocidad de 600 rpm en el piñón. Se aplican los factores de geometría calculados en el problema modelo 8-6. A continuación se resumen los datos.

Resumen de datos tomados del problema modelo 8-6, más los datos nuevos

Número de dientes en el piñón: $N_P = 16$

Número de dientes en el engrane: $N_G = 48$

Paso diametral: $P_d = 8$

Diámetro de paso del piñón: $d = 2.000$ pulgadas

Ángulo de presión: $\phi = 20°$

Ángulo del cono de paso del piñón: $\gamma = 18.43°$

Ángulo del cono de paso del engrane: $\Gamma = 71.57°$

Ancho de cara: $F = 1.00$ pulgadas

Velocidad de giro del piñón: $n_P = 600$ rpm

Potencia transmitida $P = 2.50$ HP

Solución Las fuerzas en el piñón se describen con la siguiente ecuación:

$$W_t = T/r_m$$

Pero

$$T_P = 63\,000(P)/n_P = [63\,000(2.50)]/600 = 263 \text{ lb}\cdot\text{pulg}$$
$$r_m = d/2 - (F/2)\text{sen}\,\gamma$$
$$r_m = (2.000/2) - (1.00/2)\text{sen}(18.43°) = 0.84 \text{ pulg}$$

Entonces

$$W_t = T_P/r_m = 263 \text{ lb}\cdot\text{pulg}/0.84 \text{ pulg} = 313 \text{ lb}$$
$$W_r = W_t \tan\phi \cos\gamma = 313 \text{ lb} \tan(20°)\cos(18.43°) = 108 \text{ lb}$$
$$W_x = W_t \tan\phi \,\text{sen}\,\gamma = 313 \text{ lb} \tan(20°)\text{sen}(18.43°) = 36 \text{ lb}$$

Para determinar las fuerzas en el engrane, primero se calcula la velocidad de giro del engrane:

$$n_G = n_P(N_P/N_G) = 600 \text{ rpm}(16/48) = 200 \text{ rpm}$$

Entonces

$$T_G = 63\,000(2.50)/200 = 788 \text{ lb}\cdot\text{pulg}$$
$$R_m = D/2 - (F/2)\text{sen}\,\Gamma$$
$$R_m = 6.000/2 - (1.00/2)\text{sen}(71.57°) = 2.53 \text{ pulg}$$
$$W_t = T_G/R_m = (788 \text{ lb}\cdot\text{pulg})/(2.53 \text{ pulg}) = 313 \text{ lb}$$
$$W_r = W_t \tan\phi \cos\Gamma = 313 \text{ lb} \tan(20°)\cos(71.57°) = 36 \text{ lb}$$
$$W_x = W_t \tan\phi \,\text{sen}\,\Gamma = 313 \text{ lb} \tan(20°)\text{sen}(71.57°) = 108 \text{ lb}$$

Observe en la figura 10-8 que las fuerzas en el piñón y el engrane forman un *par acción-reacción*. Esto es, las fuerzas en el engrane son iguales a las del piñón, pero actúan en dirección contraria. También, por la orientación de los ejes a 90°, la fuerza radial sobre el piñón se convierte en la carga axial de empuje sobre el engrane, y la carga de empuje axial sobre el piñón se transforma en la carga radial sobre el engrane.

10-7 CARGAS SOBRE LOS COJINETES DE EJES EN ENGRANES CÓNICOS

Debido al sistema tridimensional de fuerzas que actúa sobre los engranes cónicos, puede ser tedioso el cálculo de las fuerzas sobre los rodamientos de los ejes. Se presenta aquí un ejemplo para demostrar el procedimiento. Para obtener datos numéricos, se propone el arreglo de la figura 10-9, correspondiente al par de engranes cónicos que fue motivo de los problemas modelo 8-6 y 10-3. Los lugares de los rodamientos se indican con respecto al vértice de los dos conos de paso, donde se cruzan las líneas centrales de los ejes.

Observe que tanto el piñón como el engrane están montados entre dos rodamientos (esto es, *en pórtico*) cada uno. Éste es el arreglo preferido porque suele dar la máxima rigidez, y mantiene el alineamiento de los dientes durante la transmisión de potencia. Se debe tener cuidado para proporcionar monturas y ejes rígidos, cuando se usen engranes cónicos.

El arreglo de la figura 10-9 está diseñado de tal modo que el rodamiento de la derecha resiste la carga de empuje axial del piñón, y el rodamiento de abajo resiste la carga de empuje axial sobre el engrane.

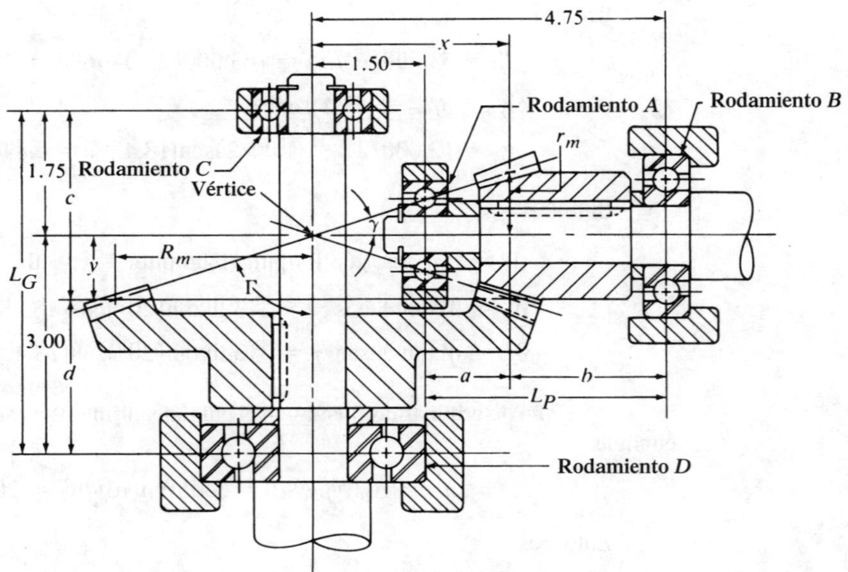

FIGURA 10-9 Esquema del par de engranes para el problema modelo 10-4

Problema modelo 10-4 Calcule las fuerzas de reacción sobre los rodamientos que soportan los ejes del par de engranes cónicos vistos en la figura 10-9. Se aplican los valores de los problemas modelo 8-6 y 10-3.

Solución Al ver los resultados del problema modelo 10-3 y la figura 10-8, se ha hecho una lista de las fuerzas que actúan sobre los engranes:

Fuerza:	Piñón	Engrane
Tangencial	$W_{tP} = 313$ lb	$W_{tG} = 313$ lb
Radial	$W_{rP} = 108$ lb	$W_{rG} = 36$ lb
Axial	$W_{xP} = 36$ lb	$W_{xG} = 108$ lb

Es de la mayor importancia poder visualizar las direcciones en que actúan esas fuerzas, por el sistema de fuerzas tridimensional. Observe en la figura 10-8 que se ha establecido un sistema de coordenadas rectangulares. La figura 10-10 es un esquema isométrico de los diagramas de cuerpo libre del piñón y el engrane, simplificado para representar las fuerzas concurrentes que actúan en la interfase piñón/engrane, y en los lugares de los rodamientos. Aunque los dos diagramas de cuerpo libre se separan para mayor claridad, observe que se pueden juntar al mover el punto llamado *vértice* sobre cada esquema. Es el punto, en el sistema real de engranado, donde están los vértices de los dos conos de paso. También coinciden los dos puntos de contacto de paso.

Para deducir las ecuaciones de equilibrio estático, necesarias para despejar las reacciones en los rodamientos, se necesitan las distancias *a, b, c, d*, L_p y L_G, las cuales se muestran en la figura 10-9. Esas distancias requieren las dos dimensiones identificadas con *x* y *y*. Observe que en el problema modelo 10-3,

$$x = R_m = 2.53 \text{ pulgadas}$$
$$y = r_m = 0.84 \text{ pulgadas}$$

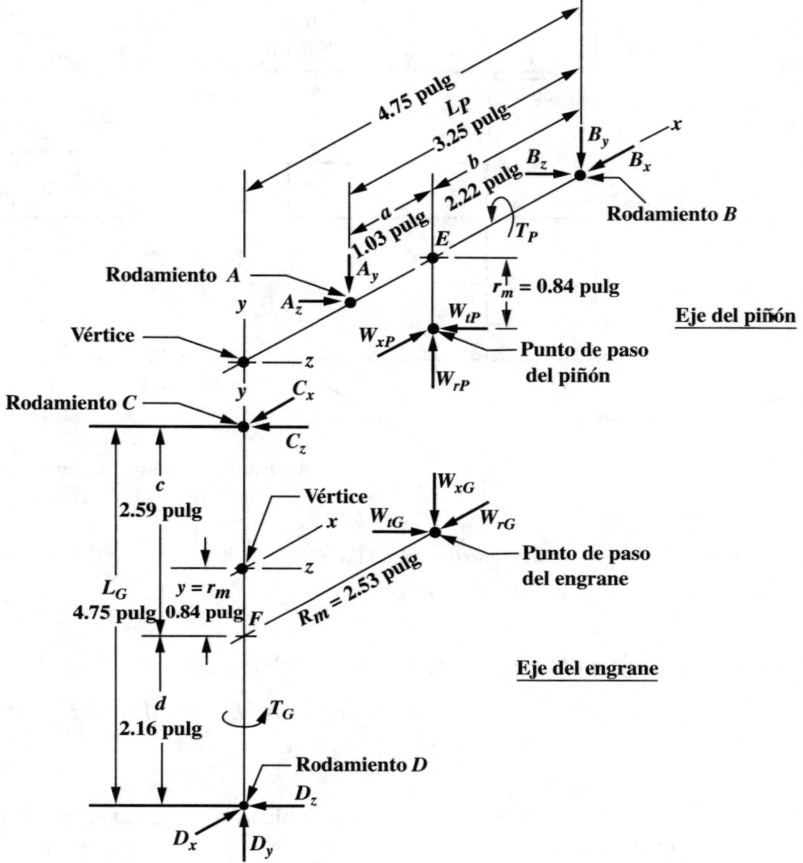

FIGURA 10-10
Diagramas de cuerpo libre para los ejes del piñón y el engrane

Entonces

$$a = x - 1.50 = 2.53 - 1.50 = 1.03 \text{ pulg}$$
$$b = 4.75 - x = 4.75 - 2.53 = 2.22 \text{ pulg}$$
$$c = 1.75 + y = 1.75 + 0.84 = 2.59 \text{ pulg}$$
$$d = 3.00 - y = 3.00 - 0.84 = 2.16 \text{ pulg}$$
$$L_P = 4.75 - 1.50 = 3.25 \text{ pulg}$$
$$L_G = 1.75 + 3.00 = 4.75 \text{ pulg}$$

Estos valores se muestran en la figura 10-10.

Para despejar las reacciones, se necesita considerar, por separado, los planos horizontal (x-z) y vertical (x-y). Ayuda examinar también la figura 10-11, la cual descompone en esos dos planos las fuerzas sobre el piñón. Entonces, se puede analizar cada plano mediante las ecuaciones fundamentales de equilibrio.

Reacciones en los cojinetes, eje del piñón: Rodamientos A y B

Paso 1. Calcule B_z y A_z: En el plano x-z sólo actúa W_{tP}. Se suman momentos respecto de A y resulta

$$0 = W_{tP}(a) - B_z(L_P) = 313(1.03) - B_z(3.25)$$
$$B_z = 99.2 \text{ lb}$$

FIGURA 10-11
Momentos flexionantes en el eje del piñón

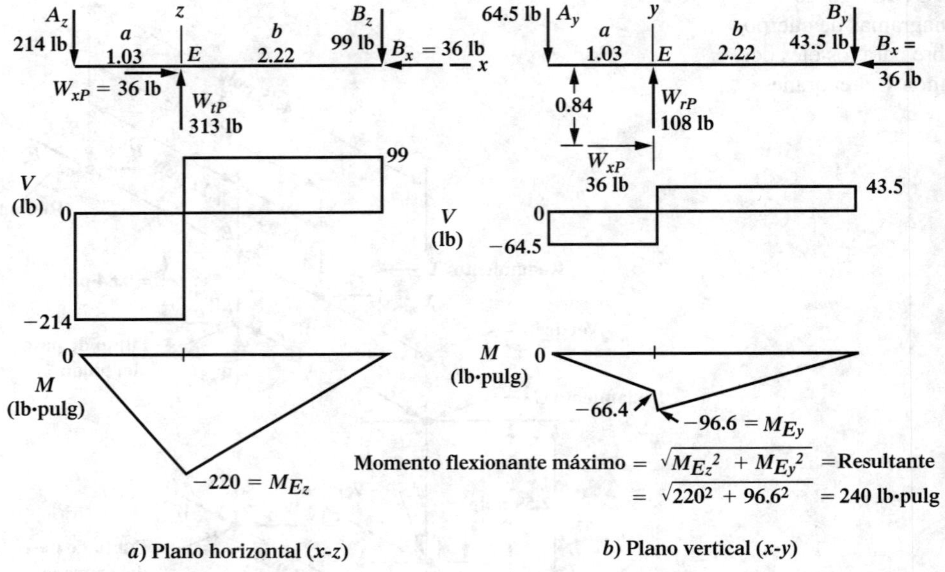

a) **Plano horizontal (*x-z*)** *b*) **Plano vertical (*x-y*)**

Al sumar momentos respecto de B se obtiene

$$0 = W_{tP}(b) - A_z(L_P) = 313(2.22) - A_z(3.25)$$
$$A_z = 214 \text{ lb}$$

Paso 2. Calcule B_y y A_y: En el plano *x-y* actúan tanto W_{tP} como W_{sP}. Se suman los momentos respecto de *A*:

$$0 = w_{rP}(a) + W_{xP}(r_m) - B_y(L_P)$$
$$0 = 108(1.03) + 36(0.84) - B_y(3.25)$$
$$B_y = 43.5 \text{ lb}$$

La suma de momentos respecto de *B* resulta como sigue:

$$0 = W_{rP}(b) + W_{xP}(r_m) - A_y(L_P)$$
$$0 = 108(2.22) + 36(0.84) - A_y(3.25)$$
$$A_y = 64.5 \text{ lb}$$

Paso 3. Calcule B_x: Por la suma de momentos en dirección *x* se obtiene

$$B_x = W_{xP} = 36 \text{ lb}$$

Es la fuerza de empuje sobre el rodamiento *B*.

Paso 4. Calcule la fuerza radial total en cada rodamiento. Se calcula la resultante de las componentes *y* y *z*:

$$A = \sqrt{A_y^2 + A_z^2} = \sqrt{64.5^2 + 214^2} = 224 \text{ lb}$$
$$B = \sqrt{B_y^2 + B_z^2} = \sqrt{43.5^2 + 99.2^2} = 108 \text{ lb}$$

FIGURA 10-12
Momentos flexionantes en el eje del engrane mayor

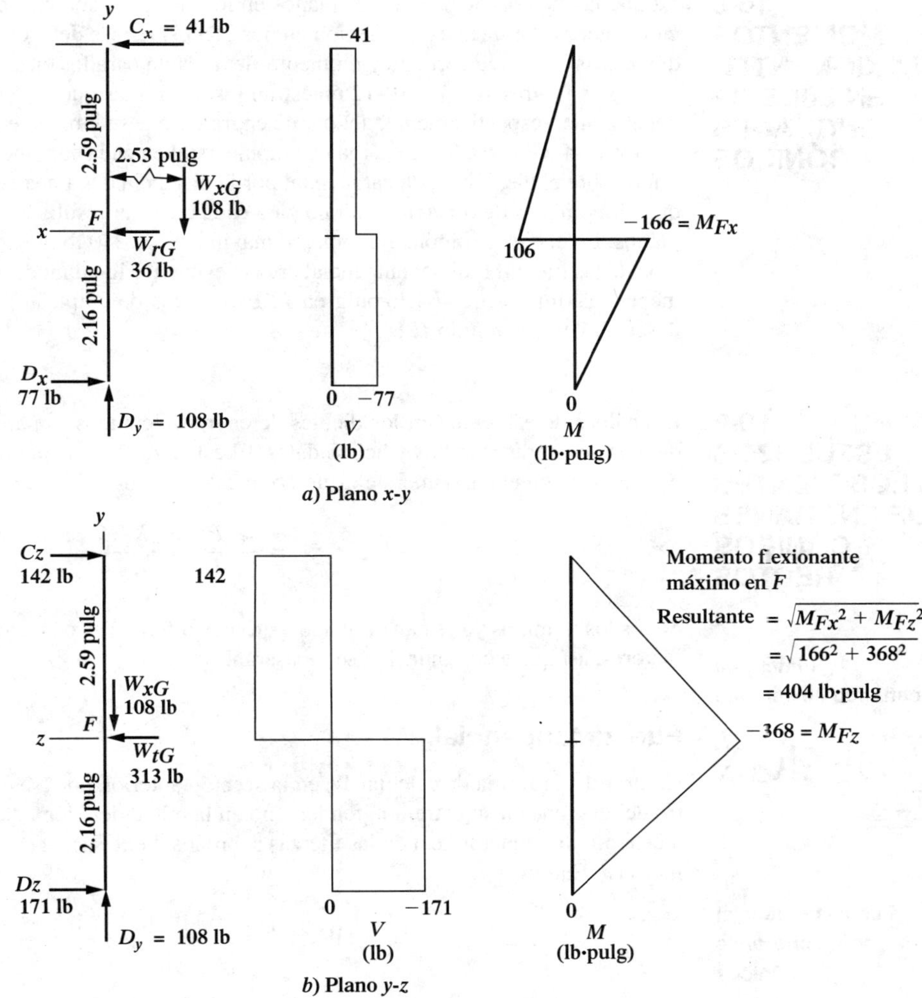

Reacciones en los rodamientos, eje del engrane, rodamientos C y D
Con métodos similares, se pueden calcular las fuerzas de la figura 10-12:

$$\left.\begin{aligned} C_z &= 142 \text{ lb} \\ C_x &= 41.1 \text{ lb} \end{aligned}\right\} C = 148 \text{ lb (fuerza radial sobre } C)$$

$$\left.\begin{aligned} D_z &= 171 \text{ lb} \\ D_x &= 77.1 \text{ lb} \end{aligned}\right\} D = 188 \text{ lb (fuerza radial sobre } D)$$

$$D_y = W_{xG} = 108 \text{ lb (fuerza de empuje sobre } D)$$

Resumen Para seleccionar los rodamientos para estos ejes se requiere que tengan las siguientes capacidades:

Rodamiento *A*: 224 lb radial

Rodamiento *B*: 108 lb radial, 36 lb de empuje

Rodamiento *C*: 148 lb radial

Rodamiento *D*: 188 lb radial, 108 lb de empuje

10-8 MOMENTOS FLEXIONANTES EN EJES DE ENGRANES CÓNICOS

Ya que las fuerzas actúan en dos planos en los engranes cónicos, como se describió en la sección anterior, también existe flexión en dos planos. Eso se debe considerar en el análisis de los diagramas de fuerza cortante y momento flexionante para los ejes.

Las figuras 10-11 y 10-12 muestran los diagramas que resultan para los ejes del piñón y del engrane, respectivamente, del par de engranes que se empleó en los problemas modelo 8-6, 10-3 y 10-4. Observe que la carga de empuje axial en cada engrane causa un momento concentrado sobre el eje, igual a la carga axial por la distancia a la línea central del eje. También, note que el momento flexionante máximo para cada eje es el resultante de los momentos en los dos planos. En el eje del piñón, el momento máximo es de 240 lb·pulg en *E*, donde las líneas de acción de las fuerzas radial y tangencial cruzan el eje. De igual modo, en el eje del engrane, el momento máximo es de 404 lb·pulg en *F*. Esos datos de emplean para diseñar el eje (como se describirá en el capítulo 12).

10-9 ESFUERZOS EN LOS DIENTES DE ENGRANES CÓNICOS RECTOS

El análisis de esfuerzos en los dientes de engranes cónicos es parecido al presentado para los dientes de engranes rectos y helicoidales. El esfuerzo flexionante máximo ocurre en la raíz del diente, justo en el chaflán. Este esfuerzo se calcula con

Número de esfuerzo flexionante

$$s_t = \frac{W_t P_d}{FJ} \frac{K_o K_s K_m}{K_v} \tag{10-13}$$

Todos los términos ya se han utilizado, pero hay diferencias pequeñas en la forma de evaluar los factores, así que a continuación se repasarán.

MDESIGN

Fuerza tangencial, W_t

Contrario a la forma de calcular W_t en la sección anterior, aquí se calculará mediante el diámetro del engrane en su extremo grande, y no en la mitad del diente. Eso es más conveniente, y el ajuste por distribución real de las fuerzas sobre los dientes se hará en el valor del factor de geometría *J*. Entonces

Fuerza tangencial sobre engranes cónicos

$$W_t = \frac{T}{r} = \frac{63\,000(P)}{n_P} \frac{1}{d/2} \tag{10-14}$$

donde T = par torsional transmitido (lb·pulg)
r = radio de paso del piñón (pulgadas)
P = potencia transmitida (HP)
n_P = velocidad de giro del piñón (rpm)
d = diámetro de paso del piñón en su extremo grande (pulgadas)

Factor dinámico, K_v

Los valores del factor dinámico para los engranes cónicos son distintos de los valores de los engranes rectos o helicoidales. Entre los factores que afectan el factor dinámico incluyen la exactitud de manufactura de los dientes del engrane (número de calidad *Q*), la velocidad de la línea de paso v_t, la carga sobre el diente y la rigidez de los dientes. En la norma AGMA 2003-A86 se recomienda el siguiente procedimiento para calcular K_V respecto de la resistencia a la flexión, y C_v para la resistencia a la picadura:

Factor dinámico para los engranes cónicos

$$C_v = K_v = \left[\frac{K_z}{K_z + \sqrt{v_t}}\right]^u \tag{10-15}$$

donde

$$u = \frac{8}{(2)^{0.5Q}} - s_{at}\left[\frac{125}{E_P + E_G}\right]$$

$$K_z = 85 - 10(u)$$

Si esta ecuación resulta en un valor negativo de u, se maneja $u = 0$. Como comprobación de la selección adecuada del número de calidad, se debe calcular un valor mínimo de C_v con

$$C_{v\,\text{mín}} = \frac{2}{\pi}\tan^{-1}(v_t/333)$$

El valor del resultado de la tangente inversa debe estar en radianes. Si el valor real de C_v es menor que $C_{v\,\text{mín}}$, se debe especificar un valor mayor del número de calidad.

Factor por tamaño, K_s

Maneje los valores de la tabla 9-6.

Factor por distribución de carga, K_m

Estos valores dependen mucho de la forma de montar tanto el piñón como el engrane. El montaje preferido es conocido como *en pórtico*, donde el engrane se encuentra entre los cojinetes que lo soportan. La figura 10-9 muestra el montaje en pórtico para el piñón y para el engrane. Además, se recomienda usar ejes rígidos y cortos para minimizar sus deflexiones, las cuales causan desalineamientos en los dientes de los engranes.

Consulte la norma AGMA 2003-A86 (vea la referencia 10) con los métodos generales de evaluación de K_m. Para los engranes cerrados, con un cuidado especial en el montaje, y en el control de la forma de sus dientes, la norma AGMA 6010-F97 (referencia 13) recomienda los valores de la tabla 10-3. Los engranes se deben probar bajo carga, para asegurar que el patrón de contacto entre los dientes sea la óptima. Aquí se usarán los valores de esa tabla para resolver los problemas.

Factor de geometría, J

Emplee la figura 10-13, si el ángulo de presión es de 20° y el ángulo entre ejes es de 90°.

TABLA 10-3 Factores de distribución de carga K_m para engranes cónicos

Tipo de engrane	Ambos engranes montados en pórtico	Un engrane montado en pórtico	Ningún engrane montado en pórtico
Calidad comercial general	1.44	1.58	1.80
Engrane comercial de alta calidad	1.20	1.32	1.50

Fuente: Tomado de AGMA 6010-E88, *Standard for Spur, Helical, Herringbone and Bevel Enclosed Drives* (Norma para transmisiones de engranes cerrados rectos, helicoidales, en espina de pescado y cónicos) con autorización del editor, American Gear Manufacturers Association, 1500 King Street, Suite 201, Alexandria, VA 22314.

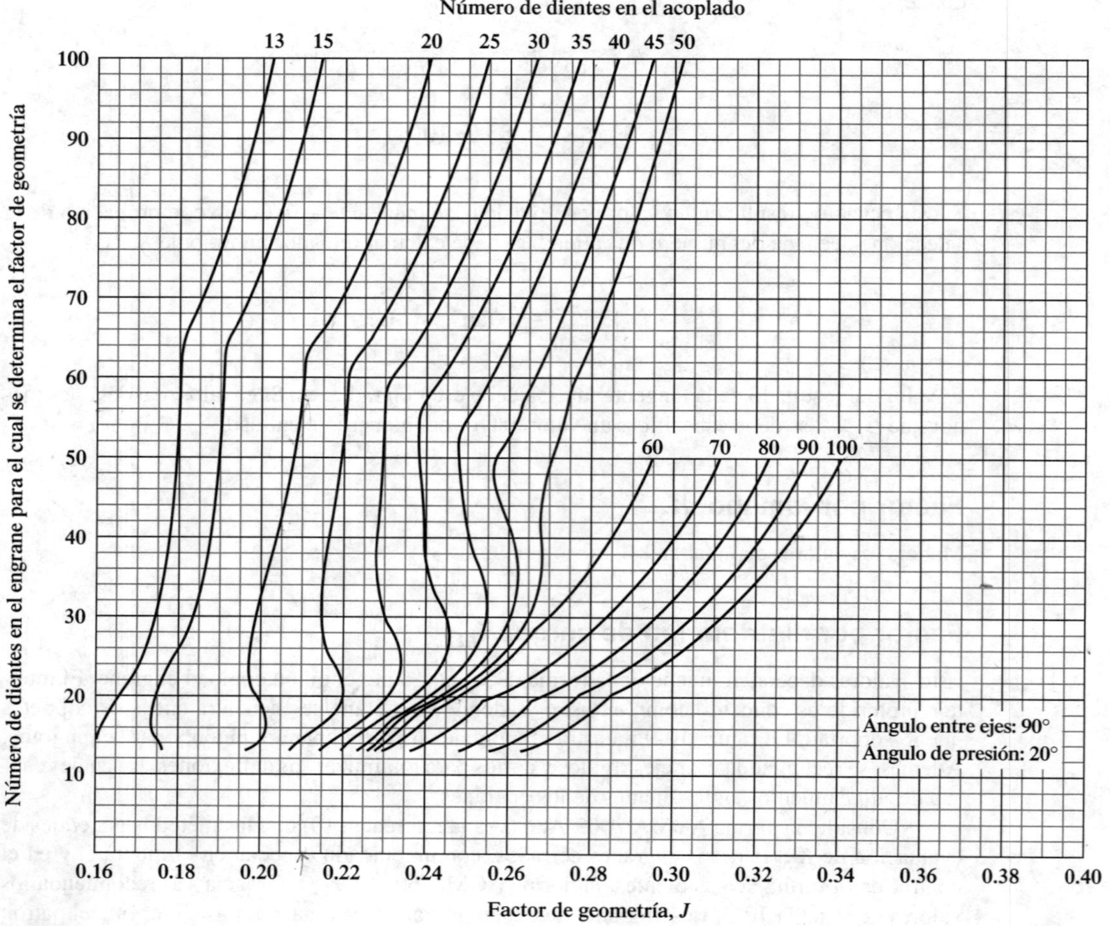

FIGURA 10-13 Factor de geometría, J, para engranes cónicos rectos con ángulo de presión de 20° y radio de borde de engrane igual a $0.120/P_d$ (Tomado de AGMA 6010-F97, *Standard for Spur, Helical, Herringbone and Bevel Enclosed Drives* con autorización del editor, American Gear Manufacturers Association, 1500 King Street, Suite 201, Alexandria, VA 22314)

Número de esfuerzo flexionante admisible

El valor del esfuerzo, calculado con la ecuación (10-13), se debe comparar con el número de esfuerzo flexionante admisible, de las tablas 9-3 y 9-4, y la figura 9-10. Se pueden aplicar un factor de duración, Y_N, o uno de confiabilidad, K_P, como se describió en el capítulo 9, si la duración de diseño es distinta de 10^7 ciclos, o si la confiabilidad deseada es distinta de 0.99.

Problema modelo 10-5

Calcule el esfuerzo flexionante en los dientes del piñón cónico de la figura 10-9. Se aplican los datos del problema modelo 10-3: $N_P = 16$, $N_G = 48$, $n_P = 600$ rpm; $P = 2.50$ HP, $P_d = 8$, $d = 2.000$ pulg; $F = 1.00$ pulg. Suponga que un motor eléctrico impulsa al piñón, y que la carga tiene choques moderados. El número de calidad Q_v debe ser 6.

Solución

$$W_t = \frac{T}{r} = \frac{63\,000(P)}{n_p}\frac{1}{d/2} = \frac{63\,000(2.50)}{600}\frac{1}{2.000/2} = 263 \text{ lb}$$

$$v_t = \pi d n_P/12 = \pi(2.000)(600)/12 = 314 \text{ pies/min}$$

$$K_o = 1.50 \text{ (de la tabla 9–5)}$$

$$K_s = 1.00$$

$$K_m = 1.44 \text{ (ambos engranes montados en pórtico, calidad comercial general)}$$

$$J = 0.230 \text{ (de la figura 10-13)}$$

Se debe calcular el valor del factor dinámico K_v con la ecuación (10-15), para $Q = 6$ y $v_t = 314$ pies/min. Como decisión de diseño, use dos engranes de acero grado 1, con templado total a 300 HB con $s_{at} = 36\,000$ psi (figura 9-10). El módulo de elasticidad de ambos es de 30×10^6. Entonces

$$u = \frac{8}{(2)^{0.5(6)}} - (36\,000)\left[\frac{125}{60 \times 10^6}\right] = 0.925$$

$$K_z = 85 - 10(u) = 85 - 10(0.85) = 75.8$$

$$C_v = K_v = \left[\frac{K_z}{K_z + \sqrt{v_t}}\right]^u = \left[\frac{76.5}{75.8 + \sqrt{314}}\right]^{0.925} = 0\ 823$$

Se comprueba con $C_{v\,\text{mín}} = (2/\pi)\tan^{-1}(314/333) = 0.481$. El valor de C_v es aceptable.

Entonces, con la ecuación (10-13),

$$s_t = \frac{W_t P_d}{FJ}\frac{K_o K_s K_m}{K_y} = \frac{(263)(8)}{(1.00)(0.230)}\frac{(1.50)(1.00)(1.44)}{(0.823)} = 24\,000 \text{ psi}$$

Al ver la figura 9-10, se observa que es un valor de esfuerzo bastante modesto para engranes de acero, y que sólo requiere una dureza HB de 180. Si el esfuerzo fuera la única consideración, debería intentarse un rediseño, para obtener un sistema más compacto. Sin embargo, en el caso normal es la resistencia a la picadura, o la durabilidad de la superficie de los dientes, lo que requiere un material más duro. En la siguiente sección se describe la picadura.

10-10 DISEÑO DE ENGRANES CÓNICOS POR RESISTENCIA A LA PICADURA

Número de esfuerzo de contacto

El método para diseñar engranes cónicos por resistencia a la picadura es similar al de los engranes rectos. El modo de falla es la fatiga de la superficie de los dientes bajo la influencia del esfuerzo de contacto entre los engranes acoplados.

El esfuerzo de contacto s_c, llamado *esfuerzo de Hertz*, se calcula con

$$s_c = C_p C_b \sqrt{\frac{W_t}{FdI}\frac{C_o C_m}{C_v}} \qquad \textbf{(10-16)}$$

Los factores C_o, C_v y C_m son iguales a K_o, K_v y K_m, respectivamente, los cuales se emplearon para calcular el esfuerzo de contacto en la sección anterior. Los términos W_t, F y d tienen también los mismos significados. El factor C_P es el coeficiente elástico, y es igual al de la ecuación (9-23) y la tabla 9-9. Para los engranes de acero o de hierro colado,

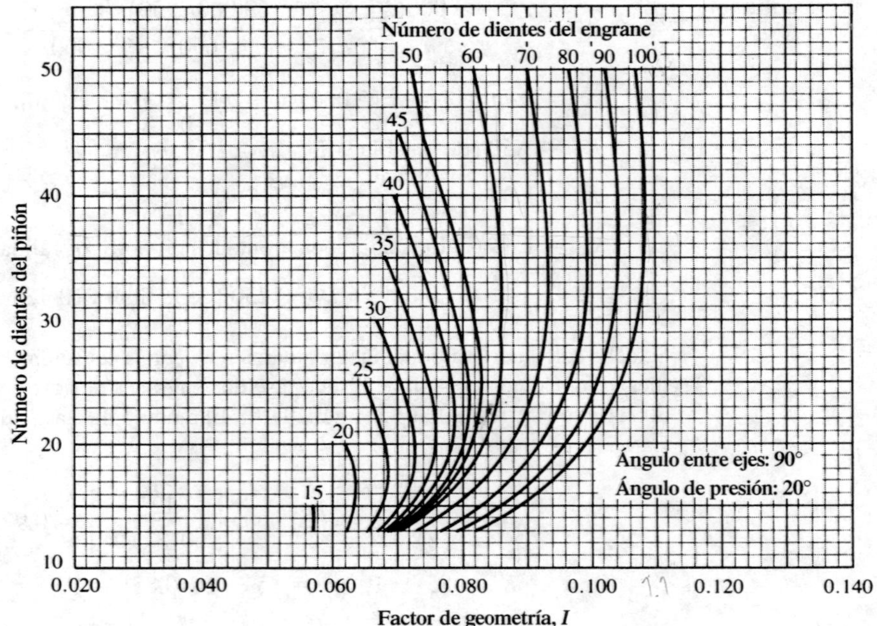

FIGURA 10-14 Factores de geometría para engranes cónicos con dientes rectos y ZEROL® (Tomado de AGMA 2003-A86, *Rating the Pitting Resistance and Bending Strength of Generated Sraight Bevel, ZEROL® Bevel and Spiral Bevel Gear Teeth*, con autorización del editor, American Gear Manufacturers Association, 1500 King Street, Suite 201, Alexandria, VA 22314)

$C_p = 2300$ para dos engranes de acero ($E = 30 \times 10^6$ psi)

$C_p = 1960$ para dos engranes de hierro colado ($E = 19 \times 10^6$ psi)

$C_p = 2100$ para un piñón de acero y un engrane de hierro fundido

Si se maneja $C_b = 0.634$, se permite el uso del mismo esfuerzo de contacto admisible que en los engranes rectos y helicoidales.

El factor I es el factor de geometría, por durabilidad de superficie, y se puede ver en la figura 10-14.

El esfuerzo de contacto de Hertz, calculado con la ecuación (10-16), se debe comparar con el número de esfuerzo de contacto admisible, s_{ac}, obtenido de la figura 9-11 o de la tabla 9-3, si el material es acero. Para el hierro colado se manejan los valores de la tabla 9-4.

Problema modelo 10-6 Calcule el esfuerzo de Hertz para el par de engranes de la figura 10-9, bajo las condiciones que se emplearon en el problema modelo 10-5: $N_P = 16$, $N_G = 48$, $n_p = 600$ rpm, $P_d = 8$, $F = 1.00$ pulg y $d = 2.000$ pulg. Ambos engranes deben ser de acero. Especifique un acero adecuado para los engranes, así como su tratamiento térmico.

Solución Del problema modelo 10-5: $W_t = 263$ lb, $C_o = 1.50$, $C_v = 0.83$ y $C_m = 1.44$. Para dos engranes de acero, $C_p = 2300$. En la figura 10-14, $I = 0.077$. Entonces

$$s_c = C_p C_b \sqrt{\frac{W_t}{FdI} \frac{C_o C_m}{C_v}} = (2300)(0.634)\sqrt{\frac{263}{(1.00)(2.000)(0.077)} \frac{(1.50)(1.44)}{0.823}}$$

$$s_c = 97\,500 \text{ psi}$$

Al comparar este valor con el número de esfuerzo de contacto admisible en la figura 9-11, se observa que un acero grado 1, con templado total a una dureza HB 220, es capaz de resistir este valor del esfuerzo. Ya que este valor es mayor que el necesario para la flexión, éste controla el diseño.

Consideraciones prácticas para los engranes cónicos

Para diseñar sistemas donde se usan engranes cónicos, se deben considerar factores similares a los descritos para los engranes rectos y helicoidales. La exactitud del alineamiento y el acomodo de cargas de empuje descritos en los problemas modelo son factores críticos. Las figuras 10-15 y 10-16 muestran aplicaciones comerciales.

10-11 FUERZAS, FRICCIÓN Y EFICIENCIA EN CONJUNTOS DE TORNILLO SINFÍN Y CORONA

MDESIGN

Observe la geometría de los conjuntos de tornillo sinfín y corona en el capítulo 8. También vea las referencias 2, 14, 15 y 17.

El sistema de fuerzas que actúa sobre el conjunto de tornillo sinfín y corona se suele considerar formado por tres componentes perpendiculares, como se hizo en los engranes helicoidales y cónicos. Existen una fuerza tangencial, una fuerza radial y una fuerza axial que actúan sobre el gusano y la corona. Aquí se empleará la misma notación que en el sistema de engranes cónicos.

La figura 10-17 muestra dos vistas ortogonales (frontal y lateral) de un par de tornillo sinfín y corona, donde sólo se indican los diámetros de paso de los engranes. La figura muestra por

FIGURA 10-15 Reductor con engranes cónicos espirales y ejes en ángulo recto (Sumitomo Machinery Corporation of America, Teterboro, NJ)

FIGURA 10-16 Accionamiento final para un tractor (Case IH, Racine, WI)

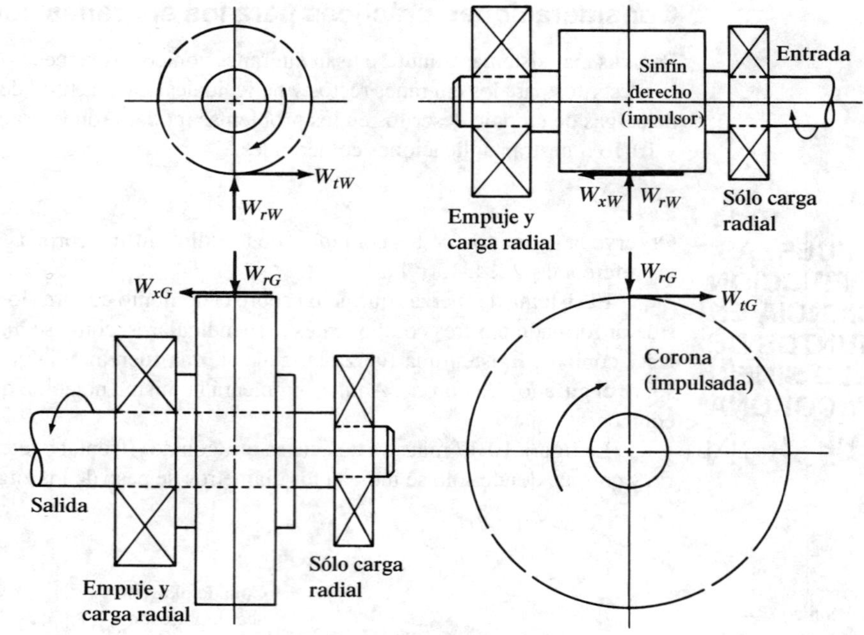

FIGURA 10-17
Fuerzas sobre un tornillo sinfín y una corona

separado el tornillo sinfín y la corona, con las fuerzas que actúan sobre ellos. Observe que debido a la orientación de los dos ejes a 90°,

Fuerzas sobre tornillos sinfines y coronas

$$\left.\begin{aligned} W_{tG} &= W_{xW} \\ W_{xG} &= W_{tW} \\ W_{rG} &= W_{rW} \end{aligned}\right\} \qquad \textbf{(10-17)}$$

Naturalmente, las direcciones de las fuerzas apareadas son opuestas, por el principio de acción y reacción.

Primero se calcula la fuerza tangencial sobre la corona, y se basa en las condiciones requeridas de operación del par torsional, la potencia y la velocidad del eje de salida.

Coeficiente de fricción, μ

La fricción juega un papel principal en el funcionamiento de un conjunto de tornillo sinfín, porque tiene, en forma inherente, un contacto de deslizamiento entre las roscas del gusano y los dientes de la corona. El coeficiente de fricción depende de los materiales usados, el lubricante y la velocidad de deslizamiento. Con base en la velocidad de la línea de paso de la corona, la velocidad de deslizamiento es

Velocidad de deslizamiento de la corona

$$v_s = v_{tG}/\text{sen}\ \lambda \qquad \textbf{(10-18)}$$

Con base en la velocidad de la línea de paso del tornillo sinfín,

Velocidad de deslizamiento del tornillo sinfín

$$v_s = v_{tW}/\cos\ \lambda \qquad \textbf{(10-19)}$$

El término λ es el ángulo de avance de la rosca del tornillo sinfín, definido en la ecuación (8-37).

La AGMA (vea la referencia 15) recomienda emplear las siguientes fórmulas para estimar el coeficiente de fricción de un tornillo sinfín de acero templado (58 HRC mínimo), rectificado o pulido liso, o laminado, o con un acabado equivalente, que trabaja con una corona de

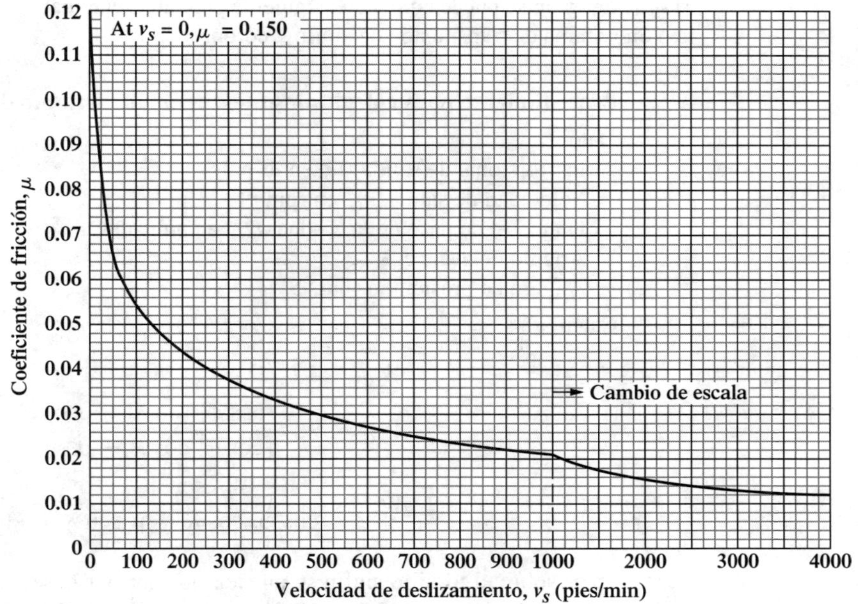

FIGURA 10-18 Coeficiente de fricción en función de la velocidad de deslizamiento, para tornillo sinfín de acero y corona de bronce

bronce. La elección de la fórmula depende de la velocidad de deslizamiento. *Nota:* En las fórmulas, v_s debe estar en pies/min; 1.0 pie/min = 0.0051 m/s.

Condición estática: $v_s = 0$

$$\mu = 0.150$$

Baja velocidad: $v_s < 10$ pies/min (0.051 m/s)

$$\mu = 0.124e^{(-0.074v_s^{0.645})} \quad \textbf{(10-20)}$$

Alta velocidad: $v_s > 10$

$$\mu = 0.103e^{(-0.110v_s^{0.450})} + 0.012 \quad \textbf{(10-21)}$$

La figura 10-18 es una gráfica del coeficiente μ en función de la velocidad de deslizamiento v_s.

Par torsional de salida de la transmisión con tornillo sinfín, T_o

En la mayor parte de los problemas de diseño de transmisiones con sinfín, el par de salida y la velocidad de giro del eje de salida se conocen, por los requisitos de la máquina impulsada. El par torsional y la velocidad se relacionan con la potencia de salida mediante la ecuación

Par torsional de salida de la corona

$$T_o = \frac{63\,000(P_o)}{n_G} \quad \textbf{(10-22)}$$

De acuerdo con la vista frontal de la corona, en la figura 10-17, se aprecia que el par torsional de salida es

$$T_o = W_{tG} \cdot r_G = W_{tG}\,(D_G/2)$$

Por lo anterior, se puede emplear el siguiente procedimiento para calcular las fuerzas que actúan en un sistema de transmisión de sinfín y corona.

Procedimiento para calcular las fuerzas en un conjunto de tornillo sinfín y corona

Datos:

Par torsional de salida, T_o, en lb·pulg
Velocidad de salida, n_G, en rpm
Diámetro de paso de la corona, D_G, en pulgadas
Ángulo de avance, λ
Ángulo de presión normal, ϕ_n

Calcular:

$$W_{tG} = 2\,T_o/D_G \tag{10-23}$$

$$W_{xG} = W_{tG}\frac{\cos\phi_n \,\text{sen}\,\lambda + \mu\cos\lambda}{[\cos\phi_n\cos\lambda - \mu\,\text{sen}\,\lambda]} \tag{10-24}$$

$$W_{rG} = \frac{W_{tG}\,\text{sen}\,\phi_n}{\cos\phi_n\cos\lambda - \mu\,\text{sen}\,\lambda} \tag{10-25}$$

Las fuerzas sobre el tornillo sinfín se pueden obtener por observación, mediante la ecuación (10-17). Las ecuaciones (10-24) y (10-25) se dedujeron con los componentes de la fuerza tangencial de impulso de la corona y la fuerza de fricción, en el lugar del engranado de las roscas del sinfín y los dientes de la corona. La deducción completa de las ecuaciones se ve en la referencia 20.

Fuerza de fricción, W_f

La fuerza de fricción, W_f, actúa en dirección paralela a la cara de las roscas del tornillo sinfín, y depende de la fuerza tangencial sobre el engrane, el coeficiente de fricción y la geometría de los dientes:

$$W_f = \frac{\mu W_{tG}}{(\cos\lambda)(\cos\phi_n) - \mu\,\text{sen}\,\lambda} \tag{10-26}$$

Pérdida de potencia debida a la fricción, P_L

La pérdida de potencia es el producto de la fuerza de fricción y la velocidad de deslizamiento en el engranado; esto es

$$P_L = \frac{v_s W_f}{33\,000} \tag{10-27}$$

En esta ecuación, la pérdida de potencia está en HP, v_s en pies/min, y W_f en lb.

Potencia de entrada, P_i

La potencia de entrada es la suma de la potencia de salida y la pérdida de potencia por fricción:

$$P_i = P_o + P_L \tag{10-28}$$

Eficiencia, η

La *eficiencia* se define como la relación entre la potencia de salida y la potencia de entrada:

$$\eta = P_o/P_i \tag{10-29}$$

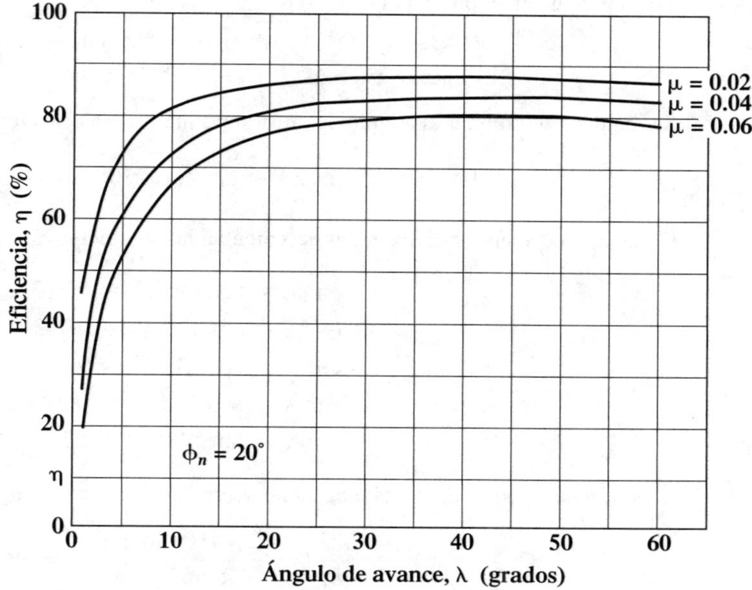

FIGURA 10-19
Eficiencia de una transmisión de tornillo sinfín, en función del ángulo de avance

En el caso normal de una transmisión de tornillo sinfín, donde la entrada es al sinfín, la eficiencia se puede calcular también en forma directa, con la siguiente ecuación:

$$\eta = \frac{\cos \phi_n - \mu \tan \lambda}{\cos \phi_n + \mu/\tan \lambda} \tag{10-30}$$

Factores que afectan la eficiencia

Como puede verse en la ecuación (10-26), el ángulo de avance, el ángulo de presión normal y el coeficiente de fricción afectan la eficiencia. El que tiene el efecto mayor es el ángulo de avance, λ, sobre el cual el diseñador tiene más control. Mientras mayor sea el ángulo de avance, la eficiencia aumenta hasta $\lambda = 45°$, aproximadamente (vea la figura 10-19).

Ahora, al regresar a la definición del ángulo de avance, observe que el número de roscas en el tornillo sinfín tiene un gran efecto sobre el ángulo de avance. En consecuencia, para obtener una eficiencia alta, se usan gusanos con múltiples roscas. Pero existe una desventaja en esta conclusión. Con más roscas en el tornillo sinfín se requieren más dientes para llegar a la misma relación de reducción, y lo que resulta es un sistema más grande, en general. Con frecuencia, el diseñador se ve obligado a optar por un compromiso.

Problema modelo: Fuerzas y eficiencia en transmisiones de tornillo sinfín y corona

Repase ahora los resultados del problema modelo 8-7, donde se calcularon los factores de geometría de determinado conjunto de sinfín y corona. El siguiente ejemplo amplía el análisis, con objeto de incluir las fuerzas que actúan sobre el sistema, para determinado par torsional de salida.

Problema modelo 10-7

La transmisión de tornillo sinfín descrita en el problema modelo 8-7 maneja un par torsional de salida de 4168 lb·pulgada. El ángulo de presión transversal es 20°. El sinfín es de acero templado y rectificado, y la corona es de bronce. Calcule las fuerzas sobre el sinfín y la corona, así como la potencia de salida, la potencia de entrada y la eficiencia.

Solución Recuerde que en el problema modelo 8-7,

$$\lambda = 14.04^\circ \quad D_G = 8.667 \text{ pulg} \quad n_G = 101 \text{ rpm}$$
$$n_W = 1750 \text{ rpm} \quad D_W = 2.000 \text{ pulg}$$

Se requiere determinar el ángulo de presión normal. De la ecuación (8-41),

$$\phi_n = \tan^{-1}(\tan \phi_t \cos \lambda) = \tan^{-1}(\tan 20^\circ \cos 14.04^\circ) = 19.45^\circ$$

Como aparecen en varias fórmulas, se calculan las siguientes cantidades:

$$\begin{aligned} \text{sen } \phi_n &= \text{sen } 19.45^\circ = 0.333 \\ \cos \phi_n &= \cos 19.45^\circ = 0.943 \\ \cos \lambda &= \cos 14.04^\circ = 0.970 \\ \text{sen } \lambda &= \text{sen } 14.04^\circ = 0.243 \\ \tan \lambda &= \tan 14.04^\circ = 0.250 \end{aligned}$$

Ya se puede calcular la fuerza tangencial sobre la corona, con la ecuación (10-23)

$$W_{tG} = \frac{2T_o}{D_G} = \frac{(2)(4168 \text{ lb}\cdot\text{pulg})}{8.667 \text{ pulg}} = 962 \text{ lb}$$

Para los cálculos de las fuerzas axial y radial, se requiere un valor del coeficiente de fricción que, a su vez, depende de la velocidad de la línea de paso y de la velocidad de deslizamiento.

Velocidad de la línea de paso de la corona

$$v_{tG} = \pi D_G n_G/12 = \pi(8.667)(101)/12 = 229 \text{ pies/min}$$

Velocidad de deslizamiento [ecuación (10-18)]

$$v_s = v_{tG}/\text{sen } \lambda = 229/\text{sen } 14.04^\circ = 944 \text{ pies/min}$$

Coeficiente de fricción: Según la figura 10-18, con una velocidad de deslizamiento de 944 pies/min, se tiene $\mu = 0.022$.

Ahora se pueden calcular las fuerzas axial y radial sobre la corona.

Fuerza axial sobre la corona [ecuación (10-24)]

$$W_{xG} = 962 \text{ lb}\left[\frac{(0.943)(0.243) + (0.022)(0.970)}{(0.943)(0.970) - (0.022)(0.243)}\right] = 265 \text{ lb}$$

Fuerza radial sobre la corona [ecuación (10-25)]

$$W_{rG} = \left[\frac{(962)(0.333)}{(0.943)(0.970) - (0.022)(0.243)}\right] = 352 \text{ lb}$$

Con esto, se pueden calcular la potencia de salida, la potencia de entrada y la eficiencia.

Potencia de salida [ecuación (10-22)]

$$P_o = \frac{T_o n_G}{63\,000} = \frac{(4168 \text{ lb}\cdot\text{pulg})(101 \text{ rpm})}{63\,000} = 6.68 \text{ hp}$$

La potencia de entrada depende de la fuerza de fricción, y la consecuente pérdida de potencia debido a la fricción.

Fuerza de fricción [ecuación (10-26)]

$$W_f = \frac{\mu W_{tG}}{(\cos\lambda)(\cos\phi_n) - \mu \text{ sen } \lambda} = \frac{(0.022)(962 \text{ lb})}{(0.970)(0.943) - (0.022)(0.243)} = 23.3 \text{ lb}$$

Pérdida de potencia debido a la fricción [ecuación (10-27)]

$$P_L = \frac{v_s W_f}{33\,000} = \frac{(944 \text{ pies/min})(23.3 \text{ lb})}{33\,000} = 0.666 \text{ lb}$$

Potencia de entrada [ecuación (10-28)]

$$P_i = P_o + P_L = 6.68 + 0.66 = 7.35 \text{ hp}$$

Eficiencia [ecuación (10-29)]

$$\eta = \frac{P_o}{P_i}(100\%) = \frac{6.68 \text{ hp}}{7.35 \text{ hp}}(100\%) = 90.9\%$$

La ecuación (10-30) también se podría emplear para calcular la eficiencia, en forma directa y sin calcular la pérdida de potencia por fricción.

Conjuntos de tornillo sinfín y corona de autorretención

Autorretención es la condición en la que el sinfín impulsa a la corona, pero si al eje de la corona se le aplica un par torsional, el sinfín no gira. ¡Está trabado! El atoramiento se debe a la fuerza de fricción entre las roscas del sinfín y los dientes de la corona, que depende mucho del ángulo de avance. Se recomienda que el ángulo de avance no sea mayor de 5.0°, aproximadamente, para asegurar que haya autorretención. Este ángulo de avance suele requerir el uso de un sinfín con una sola rosca; y el pequeño ángulo de avance da como resultado baja eficiencia, quizá tan pequeña como 60 o 70%.

10-12 ESFUERZOS EN LOS DIENTES DE TORNILLOS SINFINES Y CORONAS

A continuación se presenta un método aproximado para calcular el esfuerzo flexionante en los dientes de la corona. Debido a que la geometría de los dientes no es uniforme en sentido transversal al ancho de la cara, no es posible llegar a una solución exacta. Sin embargo, el método aquí presente debe calcular el esfuerzo flexionante con la exactitud suficiente para comprobar un diseño, porque la mayoría de los sistemas de tornillo sinfín y corona se limitan por picadura, desgaste o fenómenos térmicos, más que por su resistencia.

La AGMA, en su norma 6034-B92, no incluye un método de análisis de coronas por resistencia. El método que presentamos aquí se adaptó de la referencia 20. Sólo se analizan los dientes de las coronas, porque las roscas de los sinfines son más resistentes, en forma inherente, y en el caso típico se fabrican con un material más fuerte.

El esfuerzo en los dientes de la corona se puede calcular con:

$$\sigma = \frac{W_d}{yFp_n} \tag{10-31}$$

TABLA 10-4 Factor de forma de Lewis, aproximado para dientes de coronas

ϕ_n	y
$14\frac{1}{2}°$	0.100
20°	0.125
25°	0.150
30°	0.175

donde W_d = carga dinámica en los dientes de la corona
y = factor de forma de Lewis (vea la tabla 10-4)
F = ancho de cara de la corona
p_n = paso circular normal $= p \cos \lambda = \pi \cos \lambda / P_d$ **(10-32)**

La carga dinámica se puede estimar con

$$W_d = W_{tG}/K_v \quad \textbf{(10-33)}$$

y

$$K_v = 1200/(1200 + v_{tG}) \quad \textbf{(10-34)}$$

$$v_{tG} = \pi D_G n_G/12 = \text{velocidad de la línea de paso de la corona} \quad \textbf{(10-35)}$$

Sólo se da un valor del factor de forma de Lewis para determinado ángulo de presión, porque es muy difícil calcular el valor real y no varía mucho con el número de dientes. Se debe usar el ancho real de cara, hasta el límite de dos tercios del paso diametral del sinfín.

El valor calculado del esfuerzo flexionante en el diente, con la ecuación (10-31), se puede comparar con la resistencia del material de la corona a la fatiga. Para coronas de bronce al manganeso, se usa una resistencia a la fatiga de 17 000 psi; para bronce fosforado, 24 000 psi. Para hierro colado, se usa aproximadamente 0.35 por la resistencia última, a menos que se cuente con datos específicos de resistencia a la fatiga.

10-13 DURABILIDAD DE LA SUPERFICIE EN TRANSMISIONES DE TORNILLO SINFÍN Y CORONA

La norma AGMA 6034-B92 (vea la referencia 15) contiene un método para evaluar la durabilidad superficial de sinfines de acero templado que funcionan con engranes de bronce. Las capacidades se basan en la operación sin grandes daños por picadura o desgaste.

El procedimiento pide calcular una *carga nominal tangencial,* W_{tR}, con

Carga nominal tangencial para tornillo sinfín y corona

MDESIGN

$$W_{tR} = C_s D_G^{0.8} F_e C_m C_v \quad \textbf{(10-36)}$$

donde C_s = factor por materiales (de la figura 10-20)
D_G = diámetro de paso de la corona, en pulgadas
F_e = ancho de cara efectivo, en pulgadas. Use el ancho de cara real de la corona, hasta un máximo de 0.67 D_W.
C_m = factor de corrección por relación (de la figura 10-21)
C_v = factor por velocidad (de la figura 10-22)

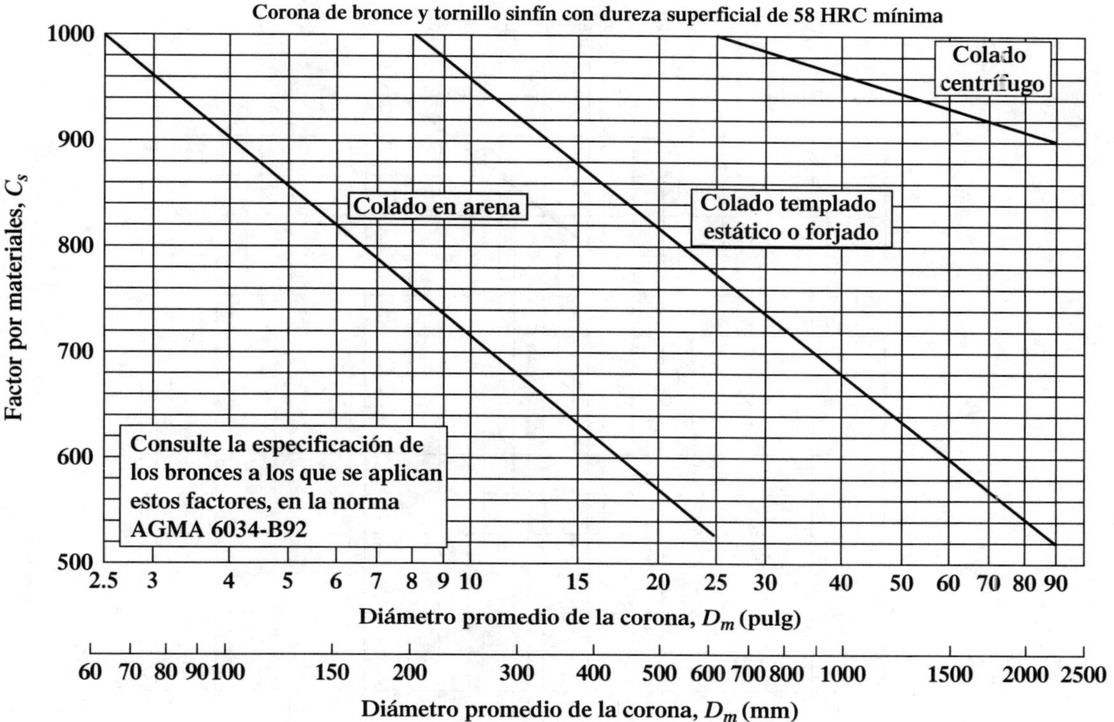

FIGURA 10-20 Factor de materiales C_s, para distancia entre centros > 3.0 pulgadas (76 mm) (Tomada de la norma AGMA 6034-B92, *Practice for Enclosed Cylindrical Wormgear Speed Reducers and Gearmotors*, con autorización del editor, American Gear Manufacturers Association, 1500 King Street, Suite 201, Alexandria, VA 22314)

Condiciones de aplicación de la ecuación (10-36)

1. El análisis sólo es válido para un sinfín de acero templado (58 HRC mínima), que trabaja con coronas de bronce especificadas en la norma AGMA 6034-B92. Las clases de bronce que se usan en forma típica son bronce al estaño, fosforado, al manganeso y de aluminio. El factor de materiales C_s depende del método de colado del bronce, como se ve en la figura 10-20. Los valores de C_s se pueden calcular con las siguientes fórmulas:

Bronces colados en arena:

Para $D_G > 2.5$ pulgadas,

$$C_s = 1189.636 - 476.545 \log_{10}(D_G) \tag{10-37}$$

Para $D_G < 2.5$ pulgadas,

$$C_s = 1000$$

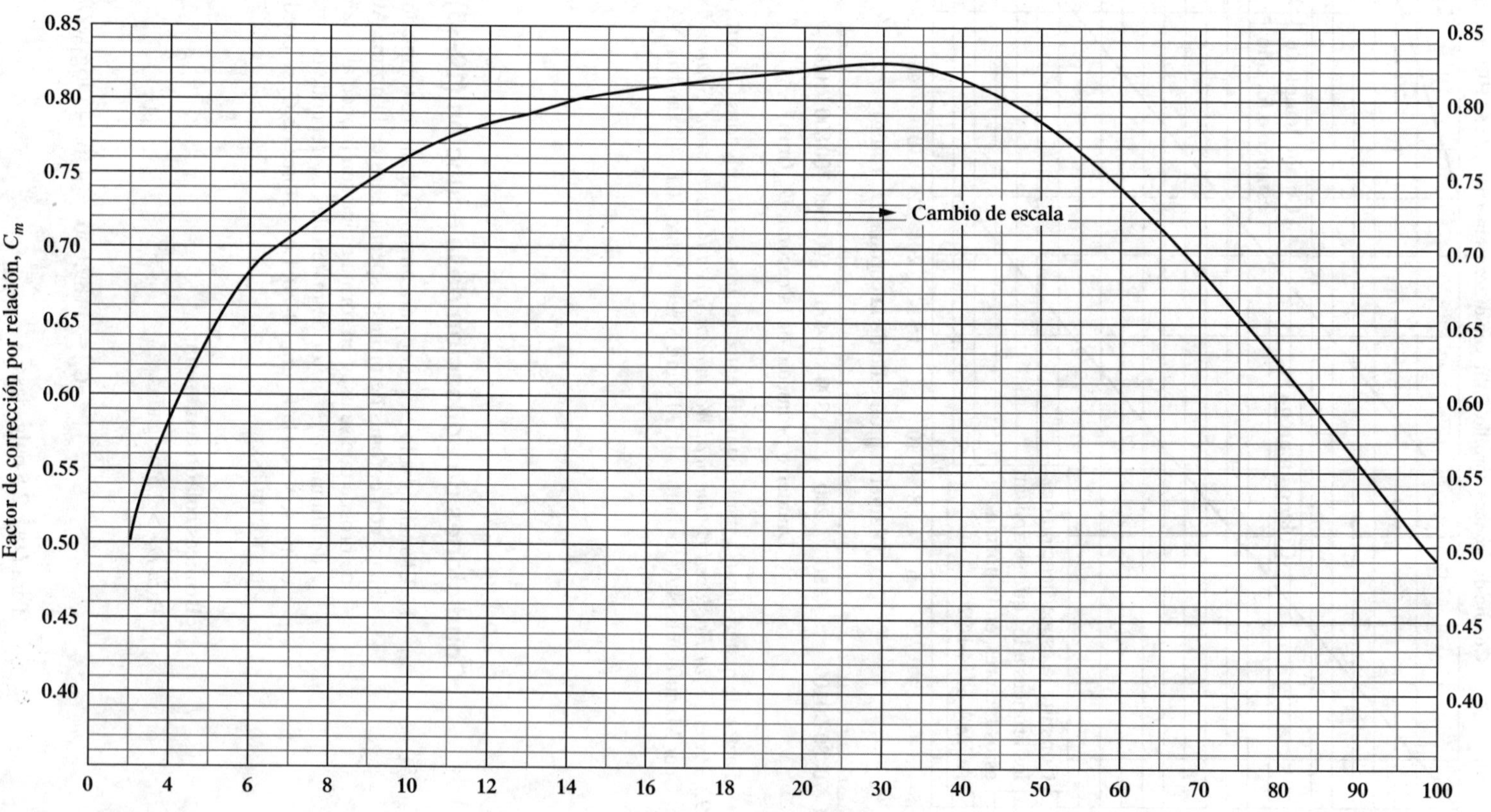

FIGURA 10-21 Factor de corrección por relación C_m, en función de la relación de engranes, m_G

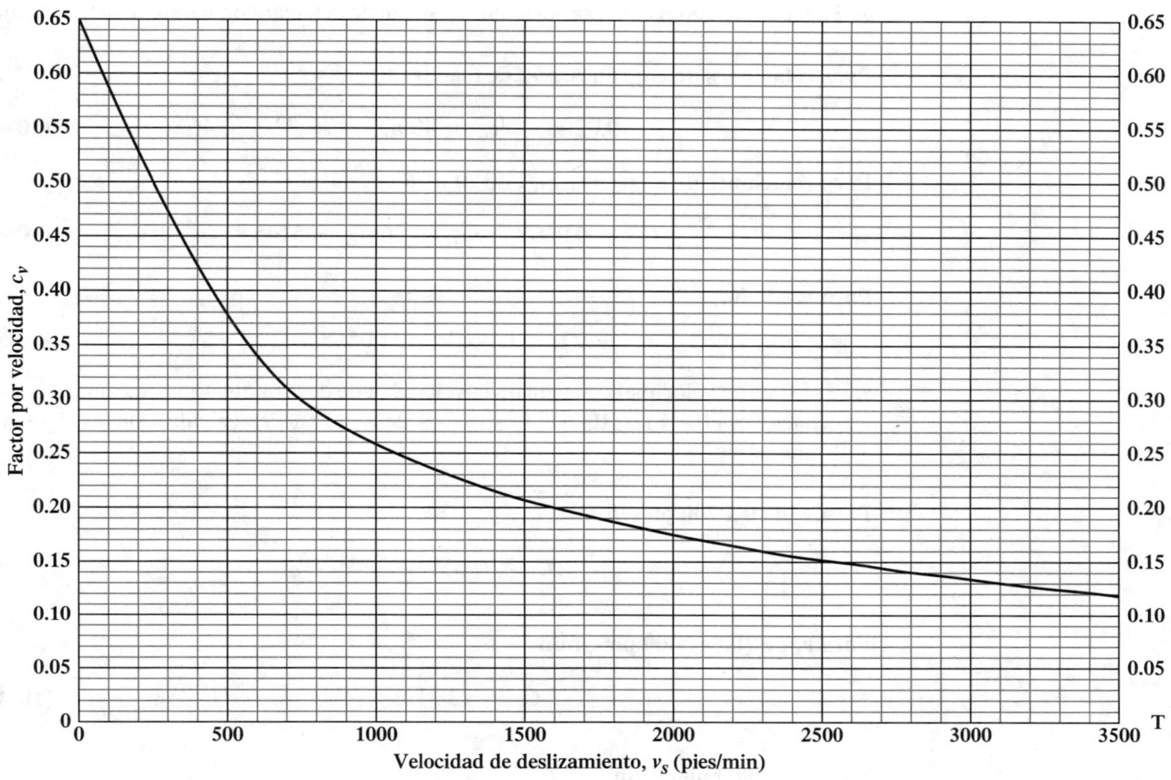

FIGURA 10-22 Factor por velocidad C_v, en función de la velocidad de deslizamiento.

Bronces colados templados superficialmente o forjados:

Para $D_G > 8.0$ pulgadas,

$$C_s = 1411.651 - 455.825 \log_{10}(D_G) \quad \textbf{(10-38)}$$

Para $D_G < 8.0$ pulgadas,

$$C_s = 1000$$

Bronces colados centrífugamente

Para $D_G > 25$ pulgadas,

$$C_s = 1251.291 - 179.750 \log_{10}(D_G) \quad \textbf{(10-39)}$$

Para $D_G < 25$ pulgadas,

$$C_s = 1000$$

2. El diámetro de la corona es el segundo factor para determinar C_s. Se debe utilizar el *diámetro medio* en el punto medio de la profundidad de trabajo de los dientes de la corona. Si se usan coronas con addendum estándar, el diámetro promedio es igual al diámetro de paso.
3. Utilice el ancho de cara real, F, de la corona, como F_e si $F < 0.667(D_W)$. Para anchos de cara mayores, utilice $F_e = 0.67(D_W)$, porque no tiene efecto el exceso de ancho.

4. El factor de corrección por relación C_m se puede calcular con las siguientes fórmulas:

Para relaciones de engranes, m_G, de 6 a 20

$$C_m = 0.0200\,(-m_G^2 + 40m_G - 76)^{0.5} + 0.46 \quad \textbf{(10-40)}$$

Para relaciones de engranes, m_G, de 20 a 76

$$C_m = 0.0107\,(-m_G^2 + 56m_G + 5145)^{0.5} \quad \textbf{(10-41)}$$

Para $m_G > 76$,

$$C_m = 1.1483 - 0.00658m_G \quad \textbf{(10-42)}$$

5. El factor de velocidad depende de la velocidad de deslizamiento, v_s, calculada con las ecuaciones (10-18) o (10-19). Los valores de C_v se pueden calcular con las siguientes fórmulas:

Para v_s de 0 a 700 pies/min

$$C_v = 0.659e^{(-0.0011\,v_s)} \quad \textbf{(10-43)}$$

Para v_s de 700 a 3000 pies/min

$$C_v = 13.31v_s^{(-0.571)} \quad \textbf{(10-44)}$$

Para v_s > 3000 pies/min

$$C_v = 65.52v_s^{(-0.774)} \quad \textbf{(10-45)}$$

6. Las proporciones del tornillo sinfín y la corona deben apegarse a los siguientes límites que definen los diámetros de paso máximos y mínimos, del tornillo sinfín en relación con la distancia entre centros C del conjunto de engranes. Todas las dimensiones están en pulgadas.

$$\text{Máximo, } D_W = C^{0.875}/1.6 \quad \textbf{(10-46)}$$

$$\text{Mínimo, } D_W = C^{0.875}/3.0 \quad \textbf{(10-47)}$$

7. El eje que sostenga al tornillo sinfín debe tener la suficiente rigidez para limitar la deflexión del gusano en el punto de paso, al valor máximo de $0.005\sqrt{P_x}$, donde P_x el paso axial del tornillo sinfín, que numéricamente es igual al paso circular, p, de la corona.

8. Cuando se analiza determinado conjunto de tornillo sinfín y corona, el valor de la carga tangencial nominal, W_{tR}, debe ser mayor que la carga tangencial real, W_t, para que la duración sea satisfactoria.

9. Las capacidades que se dan en esta sección sólo son válidas para sistemas con carga uniforme, como los ventiladores o las bombas centrífugas impulsadas por un motor eléctrico o hidráulico que trabajan menos de 10 horas al día. En condiciones más severas, como con carga de choque, motores de combustión interna o más horas de funcionamiento, se requiere la aplicación de un factor de servicio. La referencia 15 tiene una lista de varios factores similares, con base en experiencias de campo con tipos de equipo específicos. Para los problemas en este libro, se pueden emplear los factores de la tabla 9-5.

Problema modelo 10-8 ¿Es satisfactorio el conjunto de tornillo sinfín y corona, descrito en el problema modelo 8-7, respecto de la resistencia y el desgaste, cuando trabaja bajo las condiciones del problema modelo 10-7? La corona tiene un ancho de cara de 1.25 pulgadas.

Solución De acuerdo con los problemas anteriores y sus soluciones,

$$W_{tG} = 962 \text{ lb} \qquad VR = m_G = 17.33$$
$$v_{tG} = 229 \text{ pies/min} \qquad v_s = 944 \text{ pies/min}$$
$$D_G = 8.667 \text{ pulg} \qquad D_W = 2.000 \text{ pulg}$$

Suponga que el tornillo sinfín de acero tiene 58 HRC como mínimo y que el engrane de bronce es colado en arena.

Esfuerzo

$$K_v = 1200/(1200 + v_{tG}) = 1200/(1200 + 229) = 0.84$$
$$W_d = W_{tG}/K_v = 962/0.84 = 1145 \text{ lb}$$
$$F = 1.25 \text{ pulg}$$
$$y = 0.125 \text{ (de la tabla 10-4)}$$
$$p_n = p\cos\lambda = (0.5236)\cos\ 14.04° = 0.508 \text{ pulg}$$

Entonces

$$\sigma = \frac{W_d}{yFp_n} = \frac{1145}{(0.125)(1.25)(0.508)} = 14\,430 \text{ psi}$$

Los lineamientos de la sección 10-12 indican que este valor de esfuerzo sería adecuado para un bronce al manganeso o fosforado.

Durabilidad de la superficie. Use la ecuación (10-36):

$$W_{tR} = C_s D_G^{0.8} F_e C_m C_v \tag{10-36}$$

Factores C: Los valores de los factores C se pueden encontrar en las figuras 10-20, 10-21 y 10-22. Allí se observa que

$$C_s = 740 \text{ para bronce colado en arena, y } D_G = 8.667 \text{ pulgadas}$$
$$C_m = 0.184 \text{ para } m_G = 17.33$$
$$C_v = 0.265 \text{ para } v_s = 944 \text{ pies/min}$$

Se puede usar $F_e = F = 1.25$ pulgadas, si este valor no es mayor que 0.67 por el diámetro del tornillo sinfín. Para $D_W = 2.000$ pulgadas,

$$0.67D_W = (0.67)(2.00 \text{ pulg}) = 1.333 \text{ pulgadas}$$

Por consiguiente, use $F_e = 1.25$ pulgadas. Entonces, la carga tangencial nominal es

$$W_{tR} = (740)(8.667)^{0.8}(1.25)(0.814)(0.265) = 1123 \text{ lb}$$

Como este valor es mayor que la carga tangencial real de 962 lb, el diseño sería satisfactorio, siempre y cuando se cumplan las condiciones definidas para aplicar la ecuación (10-36).

REFERENCIAS

1. American Gear Manufacturers Association. Norma 2008-C01. *Standard for Assembling Bevel Gears* (Norma para ensamblar engranes cónicos). Alexandria, VA: American Gear Manufacturers Association, 2001.
2. American Gear Manufacturers Association. Norma 6022-C93. *Design Manual for Cylindrical Wormgearing* (Manual de diseño para tornillos sinfines y coronas cilíndricas). Alexandria, VA: American Gear Manufacturers Association, 1993.
3. American Gear Manufacturers Association. Norma AGMA 917-B97. *Design Manual for Parallel Shaft Fine-Pitch Gearing* (Manual de diseño para transmisiones de ejes paralelos y de paso fino). Alexandria, VA: American Gear Manufacturers Association, 1997.
4. American Gear Manufacturers Association. Norma 6001-D97. *Design and Selection of Components for Enclosed Gear Drives* (Diseño y selección de componentes para transmisiones con engranes cerrados). Alexandria, VA: American Gear Manufacturers Association, 1997.
5. American Gear Manufacturers Association. Norma AGMA 390.03a (R1980). *Gear Handbook: Gear Classification, Materials and Measuring Methods for Bevel, Hypoid, Fine Pitch Wormgearing and Racks Only as Unassembled Gears* (Manual de engranes: clasificación de engranes, materiales y métodos de medición para engranes cónicos, hipoides, tornillo sinfín y corona de paso fino, y cremalleras, sólo como engranes sin ensamblar). Alexandria, VA: American Gear Manufacturers Association, 1988. Estas porciones de 390.03 no se incluyeron en AGMA 2000-A88, junio de 1988.
6. American Gear Manufacturers Association. Norma AGMA 908-B89 (R1995). *Geometry Factors for Determining the Pitting Resistance and Bending Strength of Spur, Helical and Herringbone Gear Teeth* (Factores de geometría para determinar la resistencia a la picadura y a la flexión de dientes de engranes rectos, helicoidales y en espina de pescado). Alexandria, VA: American Gear Manufacturers Association, 1995.
7. American Gear Manufacturers Association. Norma AGMA 1012-F90. *Gear Nomenclature, Definitions of Terms with Symbols* (Nomenclatura de engranes, definiciones de términos con nomenclatura y símbolos). Alexandria, VA: American Gear Manufacturers Association, 1990.
8. American Gear Manufacturers Association. Norma AGMA 2000-A88. *Gear Classification and Inspection Handbook - Tolerances and Measuring Methods for Unassembled Spur and Helical Gears (Including Metric Equivalents)* (Manual de clasificación e inspección de engranes. Tolerancias y métodos de medición para engranes rectos y helicoidales, incluyendo equivalentes métricos). Alexandria, VA: American Gear Manufacturers Association, 1988. Sustitución parcial de AGMA 390.03.
9. American Gear Manufacturers Association. Norma AGMA 2001-C95. *Fundamental Rating Factors and Calculation Methods for Involute Spur and Helical Gear Teeth* (Factores fundamentales de evaluación y métodos de cálculo para dientes de engranes rectos y helicoidales con perfil de involuta). Alexandria, VA: American Gear Manufacturers Association, 1994.
10. American Gear Manufacturers Association. Norma AGMA 2003-B97. *Rating the Pitting Resistance and Bending Strength of Generated Straight Bevel, ZEROL® Bevel, and Spiral Bevel Gear Teeth* (Evaluación de la resistencia a la picadura y a la flexión de los dientes generados de engranes cónicos rectos, cónicos ZEROL® y cónicos espirales). Alexandria, VA: American Gear Manufacturers Association, 1997.
11. American Gear Manufacturers Association. Norma AGMA 2004-B89 (R1995). *Gear Materials and Heat Treatment Manual.* (Materiales de los engranes y manual de tratamiento térmico). Alexandria, VA: American Gear Manufacturers Association, 1995.
12. American Gear Manufacturers Association. Norma AGMA 2005-C96. *Design Manual for Bevel Gears* (Manual de diseño para engranes cónicos). Alexandria, VA: American Gear Manufacturers Association, 1996.
13. American Gear Manufacturers Association. Norma AGMA 6010-F97. *Standard for Spur, Helical, Herringbone, and Bevel Enclosed Drives* (Norma para transmisiones cerradas de engranes rectos, helicoidales, en espina de pescado y cónicos). Alexandria, VA: American Gear Manufacturers Association, 1997.
14. American Gear Manufacturers Association. Norma AGMA 6030-C87 (R 1994). *Design of Industrial Double-Enveloping wormgears* (Diseño de tornillos sinfines y coronas industriales, de doble envolvente). Alexandria, VA: American Gear Manufacturers Association, 1994.
15. American Gear Manufacturers Association. Norma AGMA 6034-B92. *Practice for Enclosed Cylindrical Wormgear Speed Reducers and Gearmotors* (Práctica de los reductores de velocidad y motorreductores cerrados con sinfín cilíndrico y corona). Alexandria, VA: American Gear Manufacturers Association, 1992.
16. American Society for Metals. *Source Book on Gear Design, Technology and Performance* (Libro de consulta para diseño, tecnología y funcionamiento de engranes). Metals Park, OH: American Society for Metals, 1980.
17. Drago, Raymond J. *Fundamentals of Gear Design* (Fundamentos de diseño de engranes). Boston: Butterworths, 1988.
18. Dudley, Darle W. *Dudley's Gear Handbook* (Manual Dudley de engranes). Nueva York: McGraw-Hill, 1991.
19. Lynwander, Peter. *Gear Drive Systems: Design and Applications* (Sistemas de transmisiones engranadas: diseño y aplicaciones). Nueva York: Marcel Dekker, 1983.
20. Shigley, Joseph E. y Charles R. Mischke. *Mechanical Engineering Design* (Diseño en ingeniería mecánica) 6ª edición, Nueva York: McGraw-Hill, 2001.
21. Shigley, Joseph E. y Charles R. Mischke. *Gearing: A Mechanical Designers' Workbook* (Transmisiones engranadas: libro de trabajo del diseñador mecánico). Nueva York: McGraw-Hill, 1990.
22. Society of Automotive Engineers. *Gear Design, Manufacturing and Inspection Manual AE-15* (Manual AE-15, Diseño, fabricación e inspección de engranes). Warrendale, PA: Society of Automotive Engineers, 1990.

SITIOS DE INTERNET RELACIONADOS CON ENGRANES HELICOIDALES, CÓNICOS Y DE TORNILLO SINFÍN Y CORONA

Vea la lista de los sitios de Internet al final del capítulo 9, Engranes rectos. Casi todos los sitios que allí se mencionan también son importantes en el diseño de engranes helicoidales, cónicos y de tornillo sinfín y corona.

PROBLEMAS

Engranes helicoidales

1. Un engrane helicoidal tiene un paso diametral transversal de 8, ángulo de presión transversal de 14½°, 45 dientes, ancho de cara de 2.00 pulgadas y ángulo de hélice de 30°.
   a) Si el engrane transmite 5.0 HP, a una velocidad de 1250 rpm, calcule la fuerza tangencial, la fuerza axial y la fuerza radial.
   b) Si el engrane trabaja con un piñón de 15 dientes, calcule el esfuerzo flexionante en los dientes del piñón. La potencia proviene de un motor eléctrico, y la transmisión es para una bomba alternativa. Especifique un número de calidad para los dientes.
   c) Especifique un material adecuado para el piñón y el engrane, considerando la resistencia a la flexión y a la picadura.
2. Un engrane helicoidal tiene paso diametral normal de 12, un ángulo de presión normal de 20°, 48 dientes, ancho de cara de 1.50 pulgadas y ángulo de hélice de 45°.
   a) Si el engrane transmite 2.50 HP, a una velocidad de 1750 rpm, calcule la fuerza tangencial, la fuerza axial y la fuerza radial.
   b) Si el engrane trabaja con un piñón de 16 dientes, calcule el esfuerzo flexionante en los dientes del piñón. La potencia proviene de un motor eléctrico, y la transmisión es para un soplador centrífugo. Especifique un número de calidad para los dientes.
   c) Especifique un material adecuado para el piñón y el engrane, considerando la resistencia a la flexión y a la picadura.
3. Un engrane helicoidal tiene un paso diametral transversal de 6, ángulo de presión transversal de 14½°, 36 dientes, ancho de cara de 1.00 pulgada y ángulo de hélice de 45°.
   a) Si el engrane transmite 15.0 HP, a una velocidad de 2200 rpm, calcule la fuerza tangencial, la fuerza axial y la fuerza radial.
   b) Si el engrane trabaja con un piñón de 12 dientes, calcule el esfuerzo flexionante en los dientes del piñón. La potencia proviene de un motor de gasolina de seis cilindros, y la transmisión es para una mezcladora de concreto. Especifique un número de calidad para los dientes.
   c) Especifique un material adecuado para el piñón y el engrane, considerando la resistencia a la flexión y a la picadura.
4. Un engrane helicoidal tiene paso diametral normal de 24, ángulo de presión normal de 14½°, 72 dientes, ancho de cara de 0.25 pulgada y ángulo de hélice de 45°.
   a) Si el engrane transmite 0.50 HP, a una velocidad de 3450 rpm, calcule la fuerza tangencial, la fuerza axial y la fuerza radial.
   b) Si el engrane trabaja con un piñón de 16 dientes, calcule el esfuerzo flexionante en los dientes del piñón. La potencia proviene de un motor eléctrico, y la transmisión es para un malacate que tendrá choques moderados. Especifique un número de calidad para los dientes.
   c) Especifique un material adecuado para el piñón y el engrane, considerando la resistencia a la flexión y a la picadura.

Para los problemas 5 a 11, complete el diseño de un par de engranes helicoidales que trabajen bajo las condiciones mencionadas. Especifique la geometría de los engranes, el material y su tratamiento térmico. Suponga que la potencia proviene de un motor eléctrico, a menos que se indique otra cosa. Considere la resistencia a la flexión y también a la picadura.

5. Se va a diseñar un par de engranes helicoidales para transmitir 5.0 HP, mientras el piñón gira a 1200 rpm. El engrane mueve un compresor alterno y debe girar entre 385 y 390 rpm.
6. Un par de engranes helicoidales será parte de la transmisión para un cepillo que requiere 20.0 HP, con una velocidad del piñón de 550 rpm, y del engrane entre 180 y 190 rpm.
7. Una transmisión con engranes helicoidales para una troqueladora requiere 50.0 HP, mientras el piñón gira a 900 rpm y del engrane entre 225 y 230 rpm.
8. Un motor de gasolina de un solo cilindro tiene en su eje de salida el piñón de un par de engranes helicoidales. El engrane está fijo al eje de una pequeña mezcladora de cemento. La mezcladora necesita 2.5 HP, mientras gira a 75 rpm, aproximadamente. El motor se gobierna a una velocidad aproximada de 900 rpm.
9. Un motor industrial de cuatro cilindros trabaja a 2200 rpm, y entrega 75 HP al engrane de entrada helicoidal de un reductor, para una astilladora de madera, con la cual se preparan astillas para fabricación de papel. El engrane de salida debe trabajar entre 4500 y 4600 rpm.
10. Se diseña un tractor comercial pequeño para efectuar tareas como podar césped y remover la nieve. El sistema de impulsión de ruedas se realizará a través de un par de engranes helicoidales en donde el piñón trabaje a 450 rpm y el engrane, montado en el cubo de la rueda, trabaje entre 75 y 80 rpm. La rueda tiene 18 pulgadas de diámetro. El motor de gasolina, de dos cilindros, entrega 20.0 HP a las ruedas.
11. Una turbina hidráulica transmite 15.0 HP a un par de engranes helicoidales, a 4500 rpm. La salida del par de engranes debe impulsar un generador eléctrico a 3600 rpm. La distan-

cia entre centros del par de engranes no debe ser mayor que 4.00 pulgadas.

12. Determine la capacidad de transmisión de potencia de un par de engranes helicoidales con un ángulo de presión normal de 20°, ángulo de hélice de 15°, paso diametral normal de 10, 20 dientes en el piñón y 75 dientes en el engrane y ancho de cara de 2.50 pulgadas. Se van a fabricar con acero AISI 4140 OQT 1000, y serán de calidad comercial típica. El piñón girará a 1725 rpm en el eje de un motor eléctrico. El engrane impulsará una bomba centrífuga.

13. Repita el problema 12, con los engranes fabricados de acero AISI 4620 DOQT 300, cementado. A continuación, calcule las fuerzas axiales y radiales en los engranes.

Engranes cónicos

14. Un par de engranes cónico recto tiene los siguientes datos: $N_P = 15$, $N_G = 45$; $P_d = 6$ y ángulo de presión de 20°. Si el par de engranes transmite 3.0 HP, calcule las fuerzas en el piñón y en el engrane. La velocidad del piñón es de 300 rpm. El ancho de cara es de 1.25 pulgadas. Calcule el esfuerzo flexionante y el de contacto para los dientes, y especifique un material y un tratamiento térmico adecuados. Los engranes son impulsados por un motor de gasolina, y la carga es una mezcladora de concreto con choque moderado. Suponga que ninguno de los engranes está montado en pórtico.

15. Un par de engranes cónicos rectos tiene los siguientes datos: $N_P = 25$; $N_G = 50$; $P_d = 10$ y ángulo de presión de 20°. Si el par de engranes transmite 3.5 HP, calcule las fuerzas sobre el piñón y sobre el engrane. La velocidad del piñón es de 1250 rpm. El ancho de cara es de 0.70 pulgada. Calcule el esfuerzo flexionante y el esfuerzo de contacto para los dientes, y especifique un material y un tratamiento térmico adecuados. Los engranes son impulsados por un motor de gasolina, y la carga es un transportador que produce choques moderados. Suponga que ninguno de los engranes está montado en pórtico.

16. Diseñe un par de engranes cónicos rectos que transmita 5.0 HP a una velocidad de 850 rpm en el piñón. La velocidad del engrane debe ser 300 rpm, aproximadamente. Considere la resistencia a la flexión y a la picadura. El impulsor es un motor de gasolina, y la máquina impulsada es un transportador de trabajo pesado.

17. Diseñe un par de engranes cónicos rectos que transmita 0.75 HP a una velocidad de 1800 rpm en el piñón. La velocidad del engrane debe ser 475 rpm, aproximadamente. Considere la resistencia a la flexión y a la picadura. El impulsor es un motor eléctrico, y la máquina impulsada es una sierra alterna.

Tornillos sinfines y coronas

18. Un conjunto de tornillo sinfín y corona tiene gusano de una rosca, con un diámetro de paso de 1.250 pulgadas, paso diametral de 10 y ángulo de presión normal de 14.5°. Si el sinfín engrana con una corona de 40 dientes y 0.625 pulgada de ancho de cara, calcule el diámetro de paso del engrane, la distancia entre centros y la relación de velocidades. Si el conjunto de tornillo sinfín y corona transmite 924 lb·pulgada de par torsional en su eje de salida, el cual gira a 30 rpm, calcule las fuerzas en la corona, la eficiencia, la velocidad de entrada, la potencia de entrada y los esfuerzos en los dientes de la corona. Si el sinfín es de acero templado y la corona de bronce templado, evalúe la carga nominal, y determine si el diseño es satisfactorio desde el punto de vista de la resistencia a la picadura.

19. Para un conjunto de tornillo sinfín y corona se evalúan tres diseños que produzcan una relación de velocidades de 20, cuando la corona gira a 90 rpm. Los tres diseños tienen paso diametral de 12, diámetro de paso de gusano de 1.000 pulgada, ancho de cara de de 0.500 pulgada y ángulo de presión normal de 14.5°. Uno de los diseños tiene el gusano con una sola rosca y 20 dientes en la corona; el segundo tiene doble rosca y 40 dientes en la corona; y el tercero tiene cuatro roscas en el gusano y 80 dientes en la corona. Para cada diseño, calcule el par torsional nominal de salida, considerando la resistencia a la flexión y a la picadura. Los tornillos sinfines son de acero templado, y las coronas son de bronce templado.

20. Para cada uno de los tres diseños propuestos en el problema 19, calcule la eficiencia.

Los datos para los problemas 21, 22 y 23 aparecen en la tabla 10-5. Diseñe un conjunto de sinfín y corona para producir la relación deseada de velocidades y transmitir el par torsional indicado al eje de salida, y a la velocidad de giro indicada para la salida.

TABLA 10-5 Datos para los problemas 21 a 23

Problema	*VR*	Par (lb·pulgada)	Velocidad de salida (rpm)
21.	7.5	984	80
22.	3	52.5	600
23.	40	4200	45

24. Compare los dos diseños descritos en la tabla 10-6, cuando cada uno transmite 1200 lb·pulgada de par torsional en su eje de salida, el cual gira a 20 rpm. Calcule las fuerzas sobre el gusano y la corona, la eficiencia y la potencia requerida en la entrada.

TABLA 10-6 Diseños para el problema 24

Diseño	P_d	N_t	N_G	D_w	F_G	Ángulo de presión
A	6	1	30	2.000	1.000	14.5°
B	10	2	60	1.250	0.625	14.5°

11

Cuñas, acoplamientos y sellos

Panorama

Cuñas, acoplamientos y sellos

Mapa de aprendizaje

- Las cuñas y los acoplamientos conectan las partes funcionales de los mecanismos y las máquinas, y permiten que las partes móviles transmitan la potencia, o que las partes se ubiquen unas respecto de otras.
- Los anillos de retención mantienen unidos los ensambles, o sujetan partes sobre los ejes, como cuando mantienen en su posición una rueda dentada, o sujetan una rueda a un eje.
- Los sellos protegen los componentes críticos, lo cual impide la entrada de contaminantes, o retienen fluidos dentro de la caja de una máquina.

Descubrimiento

Observe a su alrededor e identifique varios ejemplos del uso de las cuñas, los acoplamientos, los anillos de retención y los sellos en automóviles, camiones, electrodomésticos, herramientas de taller, equipo de jardinería o bicicletas

Este capítulo le ayudará a comprender las funciones y los requisitos de diseño de esas partes. Además, aprenderá a reconocer diseños comerciales y los aplicará en forma correcta.

Imagine la forma en que dos o más piezas de una máquina pueden unirse, con objeto de colocar una junto a la otra. Ahora, imagine cómo se debe diseñar esa conexión, si las partes se mueven y si debe transmitirse potencia entre ellas.

Este capítulo presenta información sobre productos comerciales que realizan esas funciones. En realidad, las categorías genéricas de las cuñas, los acoplamientos y los sellos abarcan numerosos y distintos diseños.

Una *cuña* sirve para conectar un miembro impulsor (por ejemplo, una polea para bandas, una catarina para cadenas o un engrane) al eje que lo soporta. Vea la figura 11-1. Se transmiten par torsional y potencia a través de la cuña, hacia o desde el eje. Pero ¿cómo entra o sale la potencia del eje? Una forma podría ser la del eje de salida de un motor, que se conecta al eje de entrada de una transmisión, a través de un *acoplamiento flexible* que transmita la potencia en forma segura, pero que permite cierto desalineamiento entre los ejes durante su funcionamiento, por la flexión de los soportes o por desalineamiento progresivo causado por el desgaste.

Puede ser difícil ver los *sellos*, porque en el caso típico se encuentran dentro de una caja, o están cubiertos de alguna forma. Su función es proteger los elementos críticos de una máquina contra la contaminación del polvo, la tierra, el agua u otros fluidos, y al mismo tiempo permitir que se muevan los elementos giratorios o trasladantes, para ejercer sus funciones específicas. Los sellos impiden la entrada de materiales indeseables al interior de un mecanismo, o impiden la salida de lubricación crítica o de fluidos de enfriamiento dentro de la caja de un mecanismo.

Observe las máquinas con las que interactúa cada día, e identifique las piezas que se ajustan a las descripciones que se acaban de dar. Vea el compartimiento del motor de un automóvil o un camión. ¿Cómo se conectan las poleas de impulso, las varillas, los seguros, las bisagras del cofre, el ventilador, los limpiaparabrisas y todas las piezas móviles, a algún otro objeto; y el armazón del automóvil, a un eje giratorio o alguna otra parte móvil? Si está familiarizado con el interior de un motor y una transmisión, describa cómo se conectan esas piezas. Vea los sistemas de dirección y de suspensión, la bomba de agua, la bomba de combustible, el depósito del líquido de frenos y los postes o amortiguadores de la suspensión. Intente ver dónde se usan los sellos. ¿Detectó las juntas universales, también conocidas como *juntas de velocidad constante* (CV, por *constant-velocity*), en el tren de impulso? Deben estar conectando el eje de salida de la transmisión con las partes finales del tren de impulso, cuando la potencia pasa a las ruedas.

Busque un tractor pequeño o una podadora de césped, en su casa o en una tienda de artículos para el hogar. En forma típica, sus mecanismos se pueden ver, aunque están protegidos contra el contacto casual por razones de seguridad. Siga la forma en que se transmite la potencia desde el motor, al pasar por una transmisión y por una cadena o banda de impulso, y todo el camino que sigue hasta las ruedas o las cuchillas de la podadora. ¿Cómo se conectan funcionalmente las piezas entre sí?

Observe los electrodomésticos motorizados en una tienda de artículos para el hogar, o de equipo de jardinería. ¿Puede ver las partes que se mantienen en su lugar con *anillos de retención*? Esos anillos suelen ser delgados y planos (se les conoce también como *candados*), y se introducen con prensa sobre el eje o se insertan en ranuras para mantener una rueda en un eje, para sujetar un engrane o una polea en su posición longitudinal del eje, o simplemente para mantener en su lugar alguna parte del dispositivo.

¿Cómo se fabrican las cuñas, los acoplamientos, los sellos, los anillos de retención y otros dispositivos de conexión? ¿Qué materiales usan? ¿Cómo se instalan? ¿Se pueden remover? ¿Qué clase de fuerzas deben resistir? ¿En qué forma su geometría especial cumple la función deseada? ¿Cómo pueden fallar?

Este capítulo lo ayudará a familiarizarse con esos componentes mecánicos, así como con algunos de los fabricantes que los ofrecen y con los métodos correctos para su aplicación.

Usted es el diseñador

En la primera parte del capítulo 8, usted fue el diseñador de un reductor de velocidad con engranes, cuyo diseño conceptual se ve en la figura 8-3. Tiene cuatro engranes, tres ejes y seis rodamientos, todos dentro de una caja. ¿Cómo se fijan los engranes a los ejes? Una forma es usar las cuñas en la interfaz del cubo de los engranes y el eje. Debe ser capaz de diseñar las cuñas. ¿Cómo se conecta el eje de entrada al motor que entrega la potencia? ¿Cómo se conecta el eje de salida con la máquina impulsada? Una forma es usar acoplamientos flexibles. Debe poder especificar los acoplamientos comerciales para aplicarlos bien, considerando la cantidad de par torsional que deben transmitir y la cantidad de desalineamiento que pueden permitir.

¿Cómo se ubican los engranes en el sentido axial de los ejes? Parte de esta función puede proveerse con los escalones maquinados en el eje. Pero eso sólo sirve de un lado. Por otra parte, un tipo de localización es un anillo de retención que se instala en una ranura del eje, después de haber colocado el engrane en su lugar. Pueden usarse anillos o espaciadores a la izquierda de los engranes *A* y *B*, y a la derecha de *C* y *D*. Observe que los ejes de entrada y salida sobresalen de la caja. ¿Cómo puede evitar que los contaminantes del exterior entren? ¿Cómo se puede mantener al aceite lubricante en el interior? Los sellos del eje pueden cumplir esta función. También puede haber sellos en los rodamientos, para mantener en su interior el lubricante que moje en forma total las bolas o rodillos que giran en el rodamiento.

Debe familiarizarse con los tipos de materiales que se usan en los sellos y con sus características geométricas especiales. Esos conceptos se describen en este capítulo.

11-1 OBJETIVOS DE ESTE CAPÍTULO

Después de terminar este capítulo, podrá:

1. Describir varios tipos de *cuñas*.
2. Especificar una cuña de dimensiones adecuadas para un eje de determinado tamaño.
3. Especificar materiales adecuados para las cuñas.
4. Completar el diseño de las cuñas y los cuñeros, y asientos correspondientes, indicando las dimensiones completas.
5. Describir las *estrías* y calcular su capacidad de par torsional.
6. Describir varios métodos alternativos para fijar elementos de máquinas en los ejes.
7. Describir los *acoplamientos rígidos* y los *acoplamientos flexibles*.

8. Describir varios tipos de acoplamientos flexibles.
9. Describir las *juntas universales*.
10. Describir los *anillos de retención* y otros métodos para localizar elementos sobre los ejes.
11. Especificar los sellos adecuados para los ejes y demás tipos de elementos de máquina.

11-2 CUÑAS

Una *cuña* (o *chaveta*) es un componente de maquinaria que se instala en la interfaz entre un eje y el cubo de un elemento de transmisión de potencia, con el objeto de transmitir par torsional [vea la figura 11-1(*a*)]. La cuña es desmontable para facilitar el ensamblado y desemsamblado del sistema en el eje. Se instala en una ranura axial, maquinada en el eje, llamada *cuñero*. Se hace una ranura similar en el cubo del elemento transmisor de potencia, llamado *asiento de cuña,* pero su nombre correcto es *cuñero* o *chavetero*. En forma característica, la cuña se instala primero en el cuñero del eje, y después el del cubo se alínea con la cuña y se desliza el cubo a su posición correcta.

Cuñas cuadradas y rectangulares paralelas

El tipo más común de cuñas para ejes, hasta de $6\frac{1}{2}$ pulgadas de diámetro, es la cuña cuadrada, la cual se ilustra en la figura 11-1(*b*). La cuña rectangular, figura 11-1(*c*), se recomienda para ejes más grandes, y para ejes pequeños donde se pueda tolerar la menor altura. A las cuñas cuadradas y rectangulares se les llama *cuñas paralelas*, porque sus caras superior, inferior y laterales son paralelas (Vea el sitio de Internet 1).

La tabla 11-1 muestra las dimensiones preferidas de cuñas paralelas, en función del diámetro del eje, tal como se especifican en la norma ANSI B17.1-1967. El ancho es nominalmente la cuarta parte del diámetro del eje (vea la referencia 6).

Los cuñeros en el eje y en el cubo se diseñan para que exactamente la mitad de la altura de la cuña se recargue en el lado del cuñero del eje, y la otra mitad esté en el cuñero del cubo. La figura 11-2 muestra las dimensiones resultantes. La distancia Y es la distancia radial de la parte superior teórica del eje, antes de maquinar el cuñero, a la orilla superior del cuñero terminado, para producir una profundidad de cuñero exactamente igual que $H/2$. Para ayudar a maquinar e inspeccionar el eje o el cubo, se pueden calcular las dimensiones S y T, que aparecen

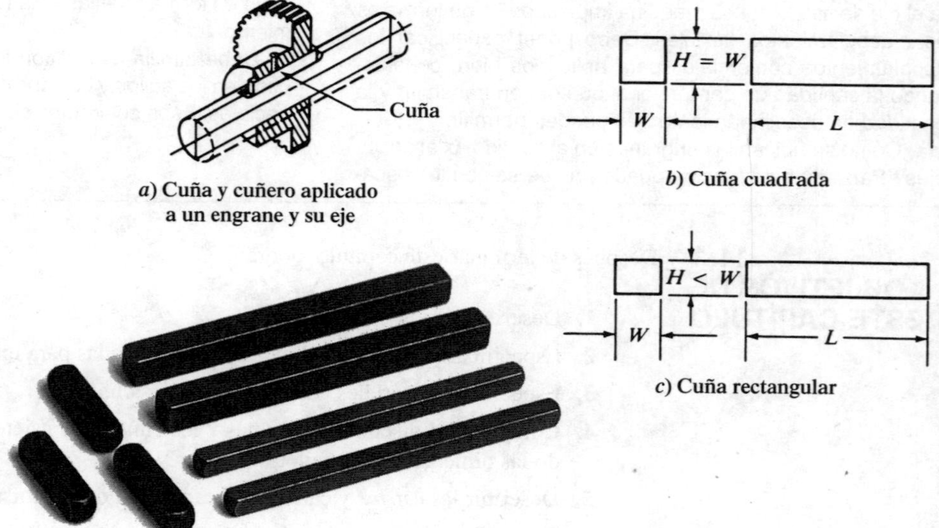

a) Cuña y cuñero aplicado a un engrane y su eje

b) Cuña cuadrada

c) Cuña rectangular

d) Cuñas comerciales

FIGURA 11-1 Cuñas paralelas [Fuente de (*d*): Driv-Lok, Inc., Sycamore, IL.]

TABLA 11-1 Tamaño de la cuña en función del diámetro del eje

Tamaño nominal del eje		Tamaño nominal de la cuña		
			Altura, H	
Más de	Hasta (incl.)	Ancho, W	Cuadrada	Rectangular
5/16	7/16	3/32	3/32	
7/16	9/16	1/8	1/8	3/32
9/16	7/8	3/16	3/16	1/8
7/8	$1\frac{1}{4}$	1/4	1/4	3/16
$1\frac{1}{4}$	$1\frac{3}{8}$	5/16	5/16	1/4
$1\frac{3}{8}$	$1\frac{3}{4}$	3/8	3/8	1/4
$1\frac{3}{4}$	$2\frac{1}{4}$	1/2	1/2	3/8
$2\frac{1}{4}$	$2\frac{3}{4}$	5/8	5/8	7/16
$2\frac{3}{4}$	$3\frac{1}{4}$	3/4	3/4	1/2
$3\frac{1}{4}$	$3\frac{3}{4}$	7/8	7/8	5/8
$3\frac{3}{4}$	$4\frac{1}{2}$	1	1	3/4
$4\frac{1}{2}$	$5\frac{1}{2}$	$1\frac{1}{4}$	$1\frac{1}{4}$	7/8
$5\frac{1}{2}$	$6\frac{1}{2}$	$1\frac{1}{2}$	$1\frac{1}{2}$	1
$6\frac{1}{2}$	$7\frac{1}{2}$	$1\frac{3}{4}$	$1\frac{3}{4}$	$1\frac{1}{2}$
$7\frac{1}{2}$	9	2	2	$1\frac{1}{2}$
9	11	$2\frac{1}{2}$	$2\frac{1}{2}$	$1\frac{3}{4}$
11	13	3	3	2
13	15	$3\frac{1}{2}$	$3\frac{1}{2}$	$2\frac{1}{2}$
15	18	4		3
18	22	5		$3\frac{1}{2}$
22	26	6		4
26	30	7		5

Fuente: Reimpreso de la norma ANSI B17.1-1967 (R98) con autorización de la American Society of Mechanical Engineers. Todos los derechos reservados.

Nota: Se prefieren los valores en las áreas no sombreadas. Las dimensiones están en pulgadas.

en los dibujos. Las ecuaciones se encuentran en la figura 11-2, y los valores tabulados de Y, S y T en las referencias 6 y 9.

Como se describirá después en el capítulo 12, los cuñeros en los ejes se maquinan con un una fresa de calar o con una fresa circular, para obtener el perfil de un cuñero recto o uno en trineo, respectivamente (vea la figura 12-6). En la práctica general, los cuñeros y las cuñas se dejan esencialmente con esquinas cuadradas, pero se pueden usar con radio de transición y biseladas, para reducir las concentraciones de esfuerzos. La tabla 11-2 contiene los valores sugeridos por la norma ANSI B17.1. Cuando se usan biseles sobre una cuña, se debe asegurar la consideración de ese factor en el cálculo del esfuerzo de empuje sobre el lado de la cuña [vea la ecuación (11-3)].

Como opción para sustituir las cuñas paralelas, se pueden usar las cuñas inclinadas, las cuñas de contrachavetas, de espiga o cilíndricas y las cuñas de Woodruff, para obtener funciones especiales del conjunto de instalación u operación. La figura 11-3 muestra las dimensiones generales de esos tipos de cuñas.

Cuñas inclinadas y cuñas de contrachavetas

Las *cuñas inclinadas* se diseñan para insertarse desde el extremo del eje, cuando el cubo ya está en su posición; no para que se instale primero la cuña, y después se deslice el cubo a su

FIGURA 11-2 Dimensiones de los cuñeros paralelos

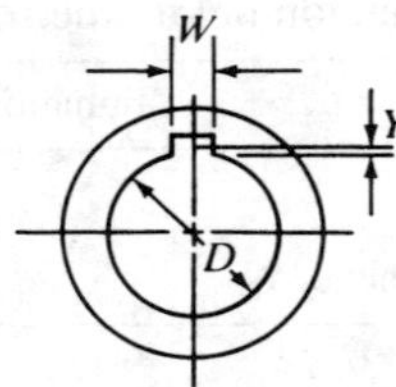

$$Y = \frac{D - \sqrt{D^2 - W^2}}{2}$$

a) Altura de cuerda

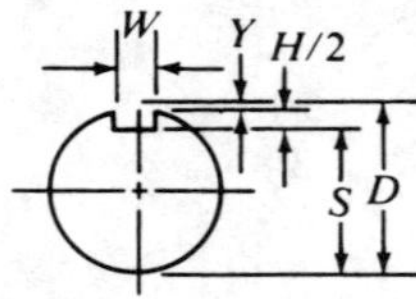

$$S = D - Y - \frac{H}{2} = \frac{D - H + \sqrt{D^2 - W^2}}{2}$$

b) Profundidad del cuñero en el eje

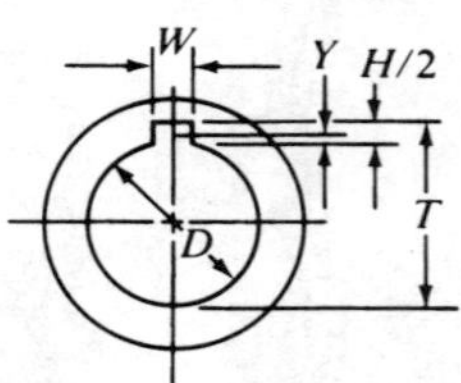

$$T = D - Y + \frac{H}{2} + C = \frac{D + H + \sqrt{D^2 - W^2}}{2} + C$$

c) Profundidad del cuñero en el cubo

Símbolos
C = Margen
+ holgura de 0.005 pulgadas para cuñas paralelas
− interferencia de 0.020 pulg para cuñas inclinadas
D = Diámetro nominal del eje o del barreno, pulgadas
H = Altura nominal de la cuña, pulgadas
W = Ancho nominal de la cuña, pulgadas
Y = Altura de la cuerda, pulgadas

TABLA 11-2 Radios de transición y biseles sugeridos para las cuñas

H/2, profundidad del cuñero			
Más de	Hasta (incl.)	Radio de transición	Bisel de 45°
1/8	1/4	1/32	3/64
1/4	1/2	1/16	5/64
1/2	7/8	1/8	5/32
7/8	$1\frac{1}{4}$	3/16	7/32
$1\frac{1}{4}$	$1\frac{3}{4}$	1/4	9/32
$1\frac{3}{4}$	$2\frac{1}{2}$	3/8	13/32

Fuente: Reimpreso de ASME B17.1-1967, con autorización de la American Society of Mechanical Engineers.
Nota: Todas las dimensiones están en pulgadas.

posición, sobre la cuña, como en el caso de las cuñas paralelas La inclinación se da cuando menos en la longitud del cubo, y la altura *H*, medida en el extremo del cubo, es la misma que para la cuña paralela. En forma típica, la inclinación es 1/8 de pulgada por pie. Observe que con este diseño es menor el área de carga en los costados de la cuña, y se debe comprobar el esfuerzo de empuje.

La *cuña de contrachaveta* [figura 11-3(*c*)] tiene inclinación dentro del cubo, la cual es igual a la inclinación de la cuña inclinada plana. Pero la cabeza que sobresale proporciona el medio de extraer la cuña desde el mismo extremo que se instaló. Esto es muy conveniente, si el extremo opuesto no está accesible para sacar la cuña.

FIGURA 11-3 Tipos de cuñas

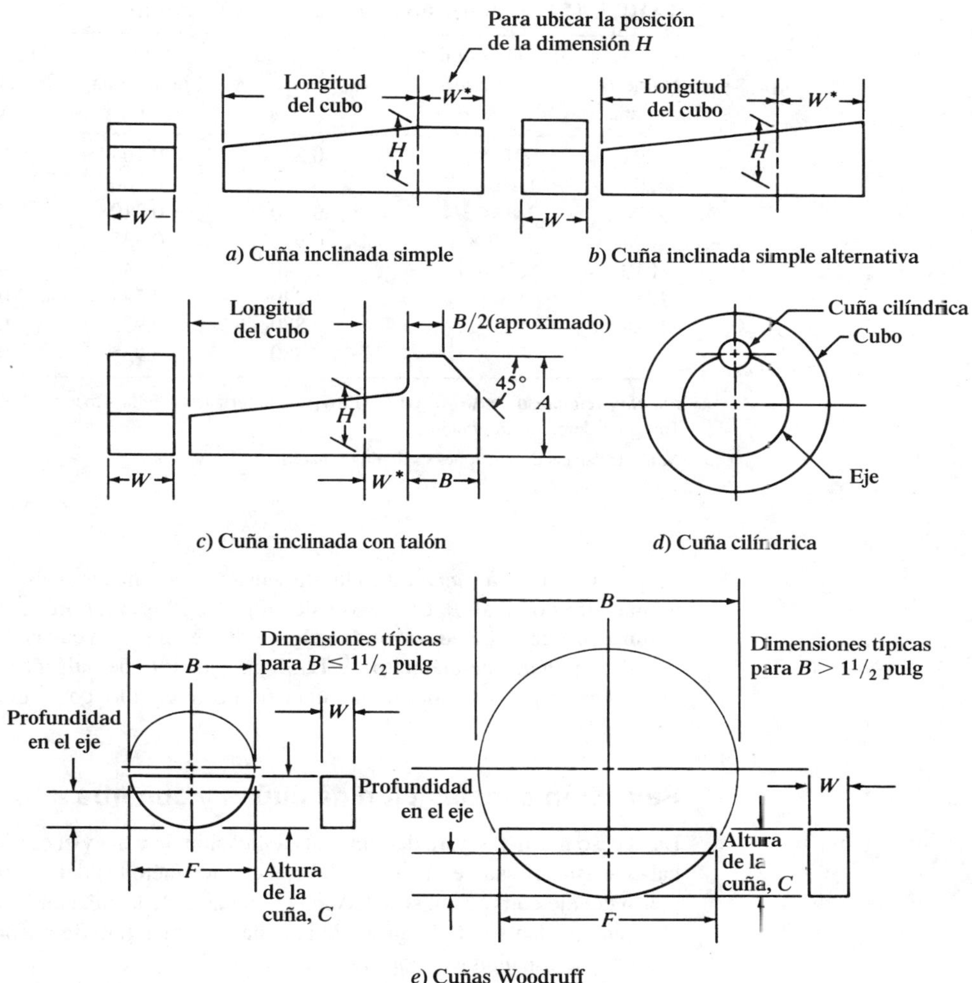

Nota*: **Las cuñas planas y las inclinadas con talón tienen una inclinación de 1/8″ en 12″

Cuñas cilíndricas

La *cuña de pasador* que muestra la figura 11-3(*d*) se coloca entre ranuras cilíndricas en el cubo y en el eje. Este diseño produce menores factores de concentración de esfuerzos, en comparación con las cuñas paralelas o inclinadas. Se requiere un ajuste estrecho entre la cuña y la ranura, para asegurar que no se mueva la cuña, y que la carga sea uniforme en toda su longitud.

Cuñas Woodruff

Cuando se desea tener cargas ligeras y un ensamble relativamente fácil, se debe considerar el uso de la *cuña Woodruff*. La figura 11-3(*c*) muestra la configuración normal. La ranura circular en el eje sujeta la cuña en su posición, mientras que la parte correspondiente se desliza sobre ésta. El análisis de esfuerzos para dicha cuña se realiza en la forma que se describirá para la cuña paralela, pero considerando las dimensiones especiales de la cuña Woodruff. La norma ANSI B17.2-1967 muestra las dimensiones de una gran cantidad de cuñas de Woodruff estándar, y las de sus cuñeros correspondientes (vea la referencia 7). La tabla 11-3 es sólo una muestra. Obser-

TABLA 11-3 Dimensiones de las cuñas Woodruff

Número de cuña	Tamaño nominal de la cuña, $W \times B$	Longitud real, F	Altura de la cuña, C	Profundidad del cuñero en el eje	Profundidad del cuñero en el cubo
202	$1/16 \times 1/4$	0.248	0.104	0.0728	0.0372
204	$1/16 \times 1/2$	0.491	0.200	0.1668	0.0372
406	$1/8 \times 3/4$	0.740	0.310	0.2455	0.0685
608	$3/16 \times 1$	0.992	0.435	0.3393	0.0997
810	$1/4 \times 1\frac{1}{4}$	1.240	0.544	0.4170	0.1310
1210	$3/8 \times 1\frac{1}{4}$	1.240	0.544	0.3545	0.1935
1628	$1/2 \times 3\frac{1}{2}$	2.880	0.935	0.6830	0.2560
2428	$3/4 \times 3\frac{1}{2}$	2.880	0.935	0.5580	0.3810

Fuente: Reimpreso de ASME B17.2-1967, con autorización de la American Society of Mechanical Engineers.

Nota: Todas las dimensiones están en pulgadas.

ve que el *número de cuña* indica las dimensiones nominales de ésta. Los últimos dos dígitos son el diámetro nominal, B, en octavos de pulgada, y los anteriores a los últimos dos son el ancho nominal, W, en treintaidosavos de pulgada. Por ejemplo, la cuña número 1210 tiene 10/8 pulgada ($1\frac{1}{4}$ de pulgada de diámetro), y 12/32 pulgada (3/8 de pulgada) de ancho. El tamaño real de la cuña es un poco menor que la mitad de medio círculo, como indican las dimensiones C y F de la tabla 11-3.

Selección e instalación de cuñas y cuñeros

En el caso normal, y para determinada aplicación, la cuña y el cuñero son diseñados después de haberse especificado el diámetro del eje, con los métodos del capítulo 12. Después, con el diámetro del eje como guía, se selecciona el tamaño de la cuña en la tabla 11-1. Las únicas variables que quedan son la longitud de la cuña y su material. Se puede especificar una de ellas, y entonces se calculan los requisitos de la otra.

En el caso típico, la longitud de la cuña se especifica como una porción apreciable de la longitud del cubo donde se va a instalar, para tener un buen alineamiento y una operación estable. Pero si el cuñero del eje va a estar cerca de escalones achaflanados o ranuras de aro, es importante proporcionar cierta holgura axial entre ellos, para que no interactúen los efectos de las concentraciones de esfuerzos.

A la cuña se le puede cortar y dar forma cuadrada en sus extremos, o colocar un radio en cada uno ellos al instalarse en un cuñero perfilado, para mejorar la ubicación. En general, las cuñas con extremos cuadrados se usan con el cuñero tipo corredera de trineo.

A veces, la cuña se mantiene en su lugar afianzado con un prisionero en el cubo que llega hasta la cuña. Sin embargo, es cuestionable la confiabilidad de este método, por la posibilidad de que el prisionero se regrese por la vibración del ensamble. La localización axial del ensamble debe proporcionarse con medios más positivos, como los escalones, los anillos de retención o los espaciadores.

11-3 MATERIALES PARA LAS CUÑAS

Con más frecuencia, las cuñas se fabrican con acero al bajo carbón, estirado en frío. Por ejemplo, en el apéndice 3 se observa que el AISI 1020 CD tiene una resistencia última a la tensión de 61 ksi (420 MPa), resistencia de fluencia de 51 ksi (352 MPa) y 15% de elongación. Son una resistencia y una ductilidad adecuadas para la mayoría de las aplicaciones. Los materiales estándar para las cuñas, los cuales se apegan a las dimensiones de la norma ANSI B17.1 (tabla 11-1), se consiguen en centros de suministros industriales y materiales similares. El lector debe revisar el material real, y la resistencia garantizada del material para las cuñas que se usen en aplicaciones críticas.

Si el acero de bajo carbón no tiene la resistencia suficiente, se podría usar uno con mayor contenido de carbón, como el AISI 1040 o 1045, también laminado en frío, y los aceros con tratamiento térmico, para tener resistencias todavía mayores. Sin embargo, el material debe conservar una buena ductilidad, indicada por el porcentaje de elongación, mayor que 10%, aproximadamente, en particular cuando haya cargas de choque o impacto.

11-4 ANÁLISIS DE ESFUERZOS PARA DETERMINAR LA LONGITUD DE LAS CUÑAS

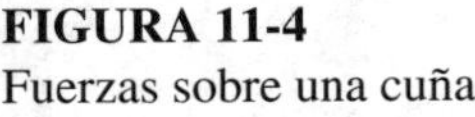

Existen dos modos básicos de falla potencial de las cuñas que transmiten potencia: 1) corte a través de la interfase eje/cubo, y 2) falla por compresión, debido a la acción del empuje entre los lados de la cuña y el material del eje o del cubo. Para analizar cada uno de esos modos de falla, es necesario comprender las fuerzas que actúan sobre la cuña. La figura 11-4 muestra el caso idealizado, donde el par torsional sobre el eje crea una fuerza sobre la cara izquierda de la cuña. A su vez, la cuña ejerce una fuerza sobre la cara derecha del cuñero del cubo. La fuerza de reacción del cuñero, de regreso hacia la cuña, produce entonces un conjunto de fuerzas opuestas que someten a la cuña a un cortante directo a través de su sección transversal, $W = L$. La magnitud de la fuerza cortante se puede calcular con

$$F = T/(D/2)$$

Entonces, el esfuerzo cortante es

$$\tau = \frac{F}{A_s} = \frac{T}{(D/2)(WL)} = \frac{2T}{DWL} \qquad \textbf{(11-1)}$$

En los diseños se puede igualar el esfuerzo cortante y el esfuerzo de diseño al cortante, para la teoría de falla por esfuerzo cortante máximo:

$$\tau_d = 0.5s_y/N$$

Entonces, la longitud necesaria de la cuña es

$$L = \frac{2T}{\tau_d DW} \qquad \textbf{(11-2)}$$

FIGURA 11-4
Fuerzas sobre una cuña

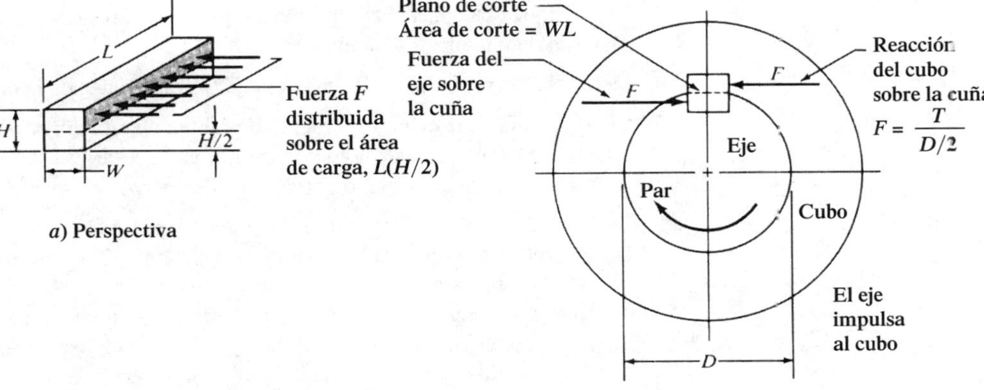

La falla por empuje se relaciona con el esfuerzo de compresión en el lado de la cuña, el lado del cuñero en el eje, o el lado del cuñero en el cubo. El área a la compresión es igual para cualquiera de esas zonas, $L \times (H/2)$. Así, la falla sucede en la superficie que tenga la menor resistencia a la fluencia por compresión. Defina un *esfuerzo de diseño para compresión* como sigue:

$$\sigma_d = s_y/N$$

Entonces, el esfuerzo de compresión es

$$\sigma = \frac{F}{A_c} = \frac{T}{(D/2)(L)(H/2)} = \frac{4T}{DLH} \tag{11-3}$$

Si se iguala este esfuerzo al esfuerzo de diseño para compresión, se puede calcular la longitud necesaria de la cuña, para este modo de falla:

$$L = \frac{4T}{\sigma_d DH} \tag{11-4}$$

En aplicaciones industriales típicas, $N = 3$ es adecuado.

Para diseñar una cuña cuadrada con menor resistencia de su material que la resistencia del eje o del cubo, con las ecuaciones (11-2) y (11-4) se obtiene el mismo resultado. Al sustituir el esfuerzo de diseño en cualquiera de ellas se obtiene

$$L = \frac{4TN}{DWs_y} \tag{11-5}$$

Si el eje o el cubo tienen una resistencia de fluencia menor que la de la cuña, asegúrese de evaluar su longitud con la ecuación (11-4).

Procedimiento de diseño para cuñas paralelas

1. Termine el diseño del eje en el cual se instalará la cuña, y especifique su diámetro real en el lugar donde estará el cuñero.
2. Seleccione el tamaño de la cuña en la tabla 11-1. Use una cuña cuadrada, con $W = H$, si el diámetro del eje es de 6.5 pulgadas o menos. Si es mayor que 6.5 pulgadas, usar una cuña rectangular. Entonces, el ancho de la cuña W será mayor que la altura H, y necesitará usar la ecuación (11-2) y (11-4), para determinar la longitud.
3. Especifique el material para la cuña; en general acero AISI 1020 CD. Se puede usar un material de mayor resistencia.
4. Determine la resistencia a la fluencia de los materiales de la cuña, el eje y el cubo.
5. Si se usa una cuña cuadrada, y su material tiene la menor resistencia, emplee la ecuación (11-5) para calcular la longitud mínima necesaria de la cuña. Esta longitud será satisfactoria para el esfuerzo cortante y el esfuerzo de empuje.
6. Si se usa una cuña rectangular, o si el eje o el cubo tienen menor resistencia que la cuña, emplee la ecuación (11-4) para calcular la longitud mínima necesaria de la cuña, con base en el esfuerzo de empuje. Emplee también la ecuación (11-2) u (11-5) para calcular la longitud mínima de la cuña, con base en el corte sobre la cuña. La mayor de las dos longitudes calculadas es la que gobierna el diseño. Asegurarse de que la longitud calculada es menor que la del cubo. Si no lo es, se debe seleccionar un material

con mayor resistencia y repetir el proceso de diseño. O bien, se pueden usar dos cuñas o una estría, en lugar de una sola cuña.

7. Especifique que la longitud real de la cuña sea igual o mayor que la longitud mínima calculada. Se puede especificar un tamaño estándar adecuado, con los tamaños básicos preferidos que aparecen en el apéndice A2-1. La cuña debe pasar por toda la longitud del cubo, o al menos por una parte apreciable. Pero el cuñero no debe penetrar en otros concentradores de esfuerzos, como los escalones o las ranuras.

8. Termine el diseño del cuñero en el eje y en el cubo, con las ecuaciones de la figura 11-2. Se debe consultar la norma ANSI B17.1 para dar las tolerancias estándar a las dimensiones de cuña y cuñeros.

Problema modelo 11-1 Una parte de un eje donde se va a montar cierto engrane tiene 2.00 pulgadas de diámetro. El engrane transmite 2965 lb·pulg de par, y el eje es de acero estirado en frío AISI 1040. El engrane es de acero AISI 8650 OQT 1000. El ancho del cubo del engrane que se monta en ese lugar es de 1.75 pulgadas. Diseñe la cuña.

Solución De acuerdo con la tabla 11-1, la dimensión estándar de una cuña para un eje de 2.00 pulgadas de diámetro sería cuadrada de 1/2 pulgada de diámetro. Vea el diseño propuesto en la figura 11-5.

La selección del material es una decisión de diseño. Escójase acero AISI 1020 CD, con $s_y = 51\ 000$ psi.

Una comprobación de las resistencias de fluencia de los tres materiales en la cuña, el eje y el cuñero indica que la cuña es el material más débil. Entonces se puede emplear la ecuación (11-5) para calcular la longitud mínima que requiere la cuña.

$$L = \frac{4TN}{DWs_y} = \frac{4(2965)(3)}{(2.00)(0.50)(51\ 000)} = 0.698 \text{ pulg}$$

Esta longitud es bastante menor que el ancho del cubo del engrane. Observe que el diseño del eje incluye anillos de retención en ambos lados del engrane. Se prefiere mantener el cuñero a bastante distancia de las ranuras de los aros. Por lo tanto, se especificará que la longitud de la cuña es de 1.50 pulgadas.

Resumen En resumen, la cuña tiene las siguientes características:

Material: acero AISI 1020 CD

Ancho: 0.500 pulgada

Altura: 0.500 pulgada

Longitud: 1.50 pulgadas

La figura 11-5 muestra algunos detalles del diseño terminado. Se muestra un cuñero perfilado en el eje.

Áreas de las cuñas Woodruff sometidas al cortante y a la compresión

Las dimensiones de las cuñas Woodruff dificultan la determinación del área de corte y el área a la compresión, en los análisis de esfuerzos. La figura 11-3(e) muestra que el área a la compresión, en el lado de la cuña incrustada en el cuñero del eje, es un segmento de círculo. El área cor-

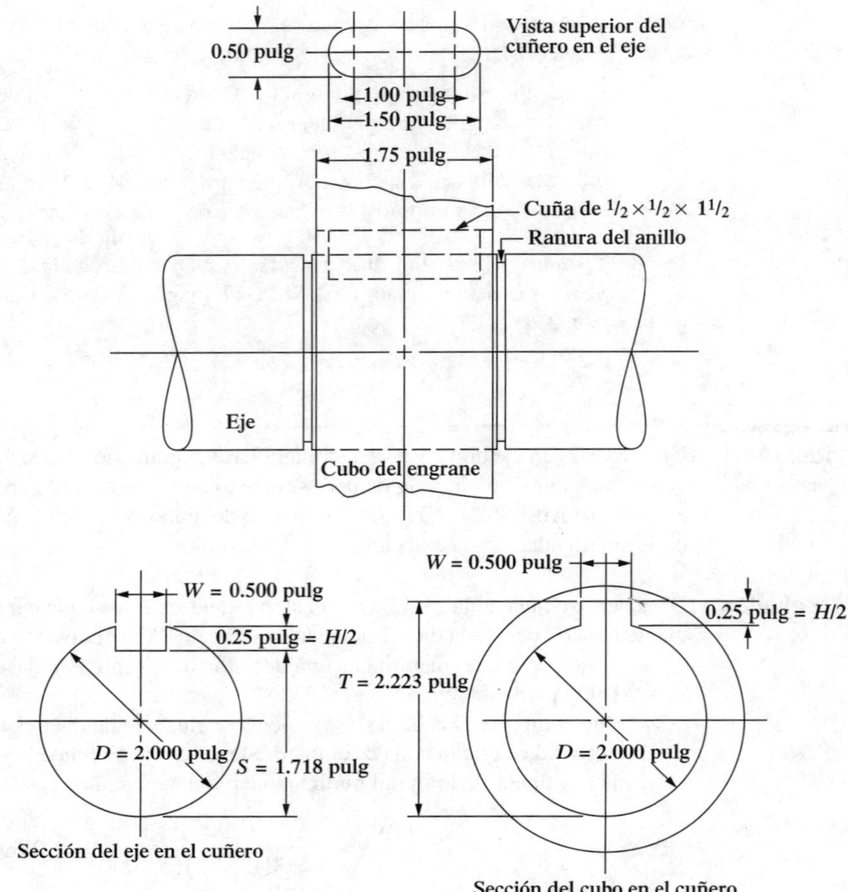

FIGURA 11-5 Detalles del diseño propuesto para la cuña y sus cuñeros

tante es el producto de la cuerda de ese segmento por el espesor de la cuña. Las siguientes ecuaciones describen las propiedades geométricas:

Datos

B = diámetro nominal del cilindro, del cual la cuña es una pieza

W = ancho (espesor) de la cuña

C = altura total de la cuña

d_s = profundidad del cuñero en el eje

Resultados

$$\text{Área cortante} = A_s = 2W\sqrt{d_s(B - d_s)} \tag{11-6}$$

Para definir las ecuaciones con las cuales se calculan las áreas de compresión en el lado de la cuña, con el eje y con el cubo, primero se definen las tres variables geométricas, G, L y J, como sigue:

$$G = (\pi/180)B\cos^{-1}\{2[(B/2) - d_s]/B\}$$

$$L = 2\sqrt{d_s\,(B - d_s)}$$

$$J = (\pi/180)B\cos^{-1}\{2[(B/2) - C]/B\}$$

Área de compresión en el eje y en el cubo

$$A_{c\,\text{eje}} = 0.5\{G(B/2) - L[(B/2) - d_s]\} \tag{11-7}$$

$$A_{c\,\text{cubo}} = 0.5\{J(B/2) - F[(B/2) - C]\} - A_{c\,\text{eje}} \tag{11-8}$$

11-5 ESTRÍAS

Se puede decir que las *estrías* son una serie de cuñas axiales, maquinadas en un eje, con sus correspondientes ranuras maquinadas en el barreno de la parte acoplada (engrane, polea y catarina, entre otros; vea la figura 11-6). Las estrías ejercen la misma función que una cuña, transmitiendo par torsional del eje al elemento acoplado. Son muchas las ventajas de las estrías sobre las cuñas. Debido a que suelen usarse cuatro estrías o más, en comparación con una o dos cuñas, el resultado es una transferencia más uniforme del par torsional, con menor carga sobre determinada parte de la interfase eje/cubo. Las estrías están integradas al eje, por lo que no puede haber movimiento relativo, como sí lo hay entre una cuña y el eje. Las estrías se maquinan con precisión, y se obtiene un ajuste controlado entre las estrías internas y externas correspondientes. Con frecuencia, la superficie de la estría se endurece para resistir el desgaste, y facilitar su uso en aplicaciones en las que se desea tener movimiento axial del elemento acoplado. No se debe permitir el movimiento de deslizamiento entre una cuña paralela normal y su elemento acoplado. Debido a que son varias las estrías en el eje, el elemento acoplado puede localizarse en varias posiciones.

Las estrías pueden ser de lados rectos o de involuta. Se prefiere la forma de involuta, porque es de alineamiento automático en el elemento acoplado, y porque se puede maquinar con las fresas generatrices estándar, las cuales se usan para tallar dientes de engranes.

Estrías de lados rectos

Las estrías rectas se fabrican con las especificaciones de la Sociedad de Ingenieros Automotrices (SAE), y suelen tener 4, 6, 10 o 16 estrías. La figura 11-6 muestra la versión de seis estrías,

FIGURA 11-6 Estrías de caras rectas

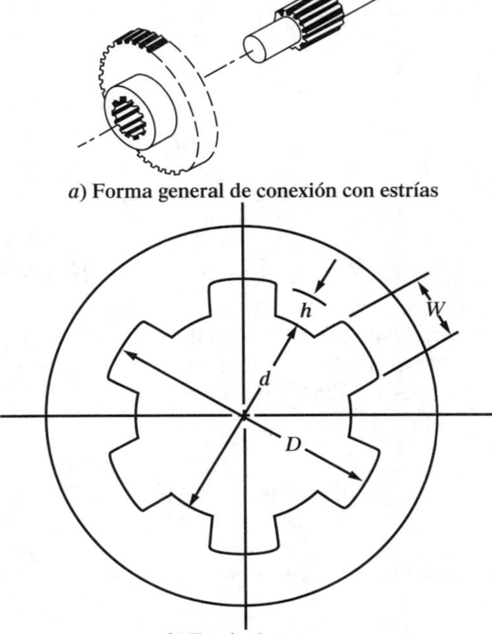

a) Forma general de conexión con estrías

b) Estrías internas

TABLA 11-4 Fórmulas de SAE para estrías rectas

Núm. de estrías	*W*, para todos los ajustes	*A:* Ajuste permanente		*B:* Para deslizar sin carga		*C:* Para deslizar bajo carga	
		h	*d*	*h*	*d*	*h*	*d*
Cuatro	0.241D	0.075D	0.850D	0.125D	0.750D		
Seis	0.250D	0.050D	0.900D	0.075D	0.850D	0.100D	0.800D
Diez	0.156D	0.045D	0.910D	0.070D	0.860D	0.095D	0.810D
Dieciséis	0.098D	0.045D	0.910D	0.070D	0.860D	0.095D	0.810D

Nota: Estas fórmulas llegan a las dimensiones máximas de *W, h* y *d*.

donde se pueden ver los parámetros básicos de diseño: D (diámetro mayor), d (diámetro menor), W (ancho de la estría) y h (profundidad de la estría). Las dimensiones de d, W y h se relacionan con el diámetro mayor nominal D, con las fórmulas de la tabla 11-4. Observe que los valores de h y d difieren de acuerdo con el uso de la estría. El ajuste permanente, A, se usa cuando la pieza acoplada no debe moverse después de la instalación. El ajuste B se efectúa cuando la pieza acoplada se va a mover a lo largo del eje, sin tener una carga de par torsional. Cuando la pieza acoplada debe moverse bajo la acción de la carga, se usa el ajuste C.

La capacidad de par torsional para las estrías SAE se basa en el límite de esfuerzo de compresión de 1000 psi sobre los lados de las estrías, para lo cual se deduce la siguiente fórmula:

$$T = 1000NRh \tag{11-9}$$

donde N = número de estrías
R = radio promedio de las estrías
h = profundidad de las estrías (de la tabla 11-4)

La capacidad de par torsional es por pulgada de longitud de la estría. Pero observe que

$$R = \frac{1}{2}\left[\frac{D}{2} + \frac{d}{2}\right] = \frac{D + d}{4}$$

$$h = \frac{1}{2}(D - d)$$

y entonces

$$T = 1000N\frac{(D + d)}{4}\frac{(D - d)}{2} = 1000N\frac{(D^2 - d^2)}{8} \tag{11-10}$$

Esta ecuación se puede afinar más, para cada tipo de estrías que se ve en la tabla 11-4, al sustituir las relaciones adecuadas en N y d. Por ejemplo, para la versión con seis estrías y el ajuste B, $N = 6$, $d = 0.850\,D$ y $d^2 = 0.7225D^2$. Entonces

$$T = 1000(6)\frac{[D^2 - 0.7225D^2]}{8} = 208D^2$$

Así, el diámetro necesario para transmitir un par torsional determinado es

$$D = \sqrt{T/208}$$

En estas fórmulas las dimensiones están en pulgadas, y el par torsional en libras·pulgadas. Emplee este mismo método para calcular las capacidades de par torsional y los diámetros requeridos para las demás versiones de las estrías rectas (tabla 11-5).

Las gráficas de la figura 11-7 permiten escoger un diámetro aceptable de estrías para soportar determinado torsional, dependiendo del ajuste *A, B* o *C* que se desee. Los datos se tomaron de la tabla 11-5.

Estrías de involuta

En el caso típico, las estrías de involuta se fabrican con ángulos de presión de 30°, 37.5° o 45°. La forma de 30° se ilustra en la figura 11-8, la cual muestra los dos tipos de ajuste que se pueden especificar. El *ajuste del diámetro mayor* produce una concentricidad exacta entre el eje y

TABLA 11-5 Capacidad de par torsional por pulgada de longitud, para estrías rectas

Número de estrías	Ajuste	Capacidad de par torsional	Diámetro requerido
4	*A*	$139D^2$	$\sqrt{T/139}$
4	*B*	$219D^2$	$\sqrt{T/219}$
6	*A*	$143D^2$	$\sqrt{T/143}$
6	*B*	$208D^2$	$\sqrt{T/208}$
6	*C*	$270D^2$	$\sqrt{T/270}$
10	*A*	$215D^2$	$\sqrt{T/215}$
10	*B*	$326D^2$	$\sqrt{T/326}$
10	*C*	$430D^2$	$\sqrt{T/430}$
16	*A*	$344D^2$	$\sqrt{T/344}$
16	*B*	$521D^2$	$\sqrt{T/521}$
16	*C*	$688D^2$	$\sqrt{T/688}$

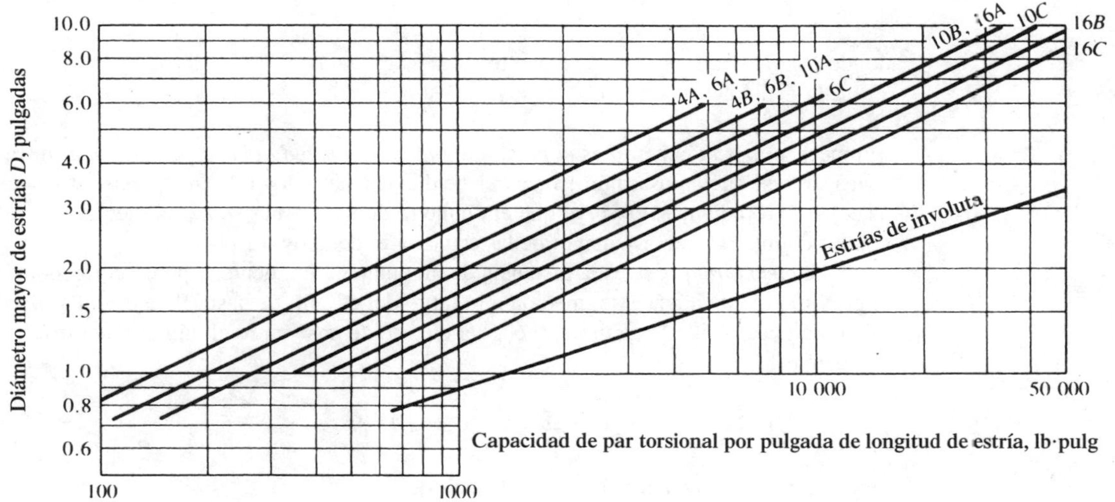

FIGURA 11-7 Capacidad de par torsional, lb·pulgada, por pulgada de longitud de estría

FIGURA 11-8
Estría de involuta de 30°

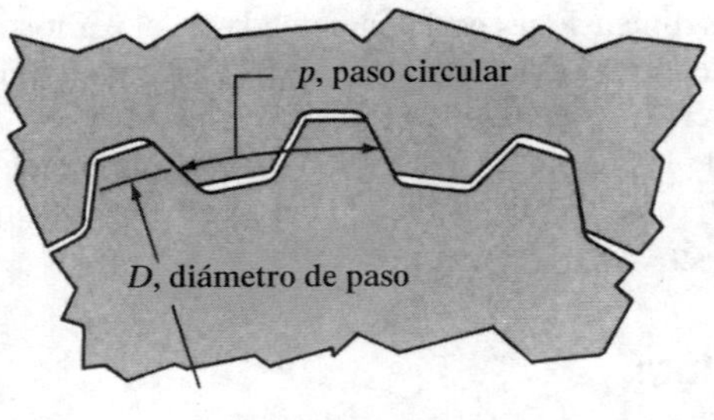

a) Estría con ajuste lateral

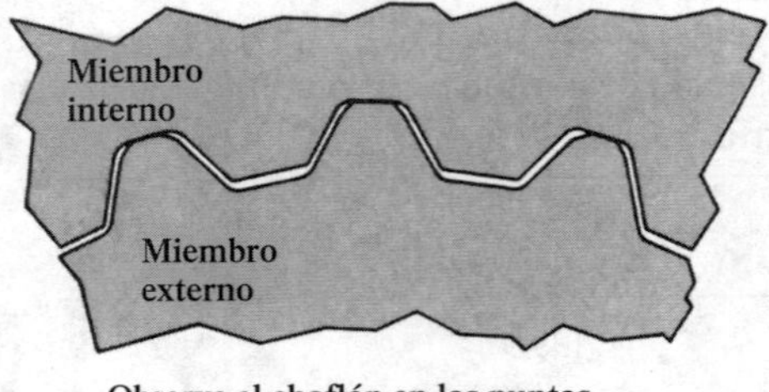

Observe el chaflán en las puntas de los dientes de estría externos

b) Estría con ajuste del diámetro mayor

N = Número de dientes de estría
P = Paso diametral
$D = N/P$ = Diámetro de paso
$p = \pi/P$ = Paso circular

Diámetro menor:
Interno: $\dfrac{N-1}{P}$
Externo: $\dfrac{N-1.35}{P}$

Diámetro mayor:
Interno: $\dfrac{N+1.35}{P}$ ajuste lateral
$\dfrac{N-1}{P}$ ajuste del diámetro mayor
Externo: $\dfrac{N+1}{P}$

el elemento acoplado. En el *ajuste de los lados*, sólo hay contacto en los lados de los dientes, pero la forma de involuta tiende a centrar el eje en el cubo estriado correspondiente.

También, la figura 11-8 muestra algunas de las fórmulas básicas para calcular propiedades clave de las estrías de involuta, en el sistema inglés, con dimensiones en pulgadas. (Vea la referencia 4). Los términos se parecen a los de los engranes rectos de involuta, descritos con más detalle en el capítulo 8. El tamaño básico de estría está gobernado por su *paso diametral, P:*

$$P = N/D \tag{11-11}$$

donde N = Número de estrías de diente
D = diámetro de paso

Entonces, el paso diametral es *el número de dientes por pulgada de paso diametral*. En forma típica, sólo se suelen usar números pares de dientes, entre 6 y 60. En algunas estrías de 45° se usan hasta 100 dientes. Observe que el diámetro de paso está *dentro* del diente, y se relaciona con los diámetros menor y mayor de las ecuaciones de la figura 11-8.

El *paso circular, p*, es la distancia de un punto en un diente al punto correspondiente en el próximo diente adyacente, medida a lo largo del círculo de paso. Para calcular el valor nominal de *p*, se divide la circunferencia del círculo de paso entre el número de estrías de dientes. Esto es,

$$p = \pi D/N \tag{11-12}$$

Pero como $P = N/D$, también se puede decir que

$$p = \pi/P \tag{11-13}$$

El *espesor del diente, t,* es el espesor del diente medido a lo largo del círculo de paso. Entonces, el valor teórico es

$$t = p/2 = \pi/2P$$

El valor nominal del ancho del espacio del diente es igual a t.

Pasos diametrales estándar. Los siguientes son los 17 pasos diametrales estándar de uso frecuente:

2.5	3	4	5	6	8	10	12	16
20	24	32	40	48	64	80	128	

La designación común de una estría de involuta se expresa como fracción, P/P_s, donde P_s es el *paso corto* y siempre es igual a $2P$. Así, si un estriado tuviera paso diametral 4, se llamaría estría de paso 4/8. Aquí, por comodidad, sólo se utilizará el paso diametral.

Longitud de las estrías. En los diseños comunes se usan longitudes de estría de $0.75D$ a $1.25D$, donde D es el diámetro de paso de la estría. Si se usan estas normas, la resistencia al cortante de las estrías será mayor que la del eje donde están maquinadas.

Estrías con módulo métrico. Las dimensiones de las estrías con normas métricas se relacionan con el *módulo, m*, donde

$$m = D/N \qquad \textbf{(11-14)}$$

y D y m están en milímetros (vea la referencia 5). Observe que se maneja el símbolo Z en lugar de N, para representar el número de dientes, en las normas que describen las estrías métricas. Se pueden encontrar otras propiedades de las estrías métricas con las fórmulas siguientes:

$$\text{Diámetro de paso} = D = mN \qquad \textbf{(11-15)}$$

$$\text{Paso circular} = p = \pi m \qquad \textbf{(11-16)}$$

$$\text{Espesor básico del diente} = t = \pi m/2 \qquad \textbf{(11-17)}$$

Módulos estándar. Existen 15 módulos estándar:

0.25	0.50	0.75	1.00	1.25	1.50	1.75	2.00
2.50	3	4	5	6	8	10	

Auxiliares para diseño

Consulte las referencias 9, 11 y 12, las cuales contienen más lineamientos de diseño. La referencia 9 contiene extensas tablas de datos para estrías, y también información sobre aplicaciones y diseño. La referencia 11 contiene información sobre la aplicación, funcionamiento, dimensionamiento y fabricación de las estrías de involuta, aplicadas en la industria automotriz. Se incluyen datos sobre el esfuerzo cortante admisible, el esfuerzo de compresión admisible, el factor de duración con desgaste, el factor por sobrecarga de las estrías y el factor por duración con fatiga. La referencia 12 es una norma SAE aerospacial, que define una estría de involuta con ángulo de presión 30°, y radio de chaflán completo que reduce la concentración de esfuerzos en el área de la raíz.

11-6 OTROS MÉTODOS PARA FIJAR ELEMENTOS EN LOS EJES

La descripción que sigue le presentará algunas formas en que se pueden fijar elementos transmisores de potencia a ejes sin cuñas ni estrías (vea la referencia 10.) En la mayoría de los casos no se han estandarizado los diseños, y es necesario analizar los casos individuales, considerando las fuerzas ejercidas sobre los elementos y la forma de aplicar la carga con los métodos de fijación. El análisis del cortante y la carga seguirá un procedimiento parecido al de las cuñas en varios de los diseños. Si no es posible hacer un análisis satisfactorio, se recomienda aplicar pruebas con el ensamble.

Fijación

Cuando el elemento se encuentra en su posición sobre el eje, se puede taladrar a través del cubo y el eje, y se inserta en el orificio un perno. La figura 11-9 muestra tres ejemplos de esta aplicación. El pasador recto, sólido y cilíndrico, se somete al esfuerzo cortante en dos secciones transversales. Si existe una fuerza F en cada extremo del perno, en su interfase con el eje/cubo, y si el diámetro del eje es D, entonces

$$T = 2F(D/2) = FD$$

o sea, $F = T/D$. Si el símbolo d representa el diámetro del perno, el esfuerzo cortante en él es

$$\tau = \frac{F}{A_s} = \frac{T}{D(\pi d^2/4)} = \frac{4T}{D(\pi d^2)} \tag{11-18}$$

Si el esfuerzo cortante es igual al esfuerzo de diseño por cortante, como antes, al despejar d se calcula el diámetro de perno requerido:

$$d = \sqrt{\frac{4T}{D(\pi)(\tau_d)}} \tag{11-19}$$

A veces, se fabrica intencionalmente un perno con diámetro pequeño, para asegurarse de que se rompa si se presenta una sobrecarga moderada, y se protegen las partes críticas de un mecanismo. Ese perno se llama *pasador de seguridad*.

Uno de los problemas de los pernos cilíndricos consiste en que es difícil ajustarlo en forma adecuada para obtener la localización precisa sobre el cubo, y evitar que el perno se caiga. El *perno cónico* remedia algunos de estos problemas, al igual que el *perno de resorte abierto* que se ve en la figura 11-9(c). En este perno, el orificio se configura de tamaño un poco menor que el diámetro del pasador, para que se necesite una fuerza pequeña al ensamblar al perno en su orificio. La fuerza del resorte retiene el perno en el orificio, y mantiene al ensamble en su

FIGURA 11-9 Pasador

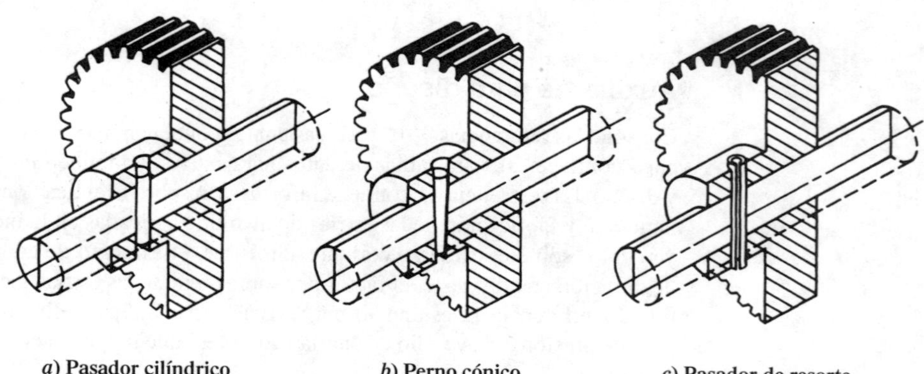

a) Pasador cilíndrico *b*) Perno cónico *c*) Pasador de resorte posición. Naturalmente, la presencia de cualquiera de las conexiones con pasador produce concentraciones de esfuerzo en el eje. (Vea el sitio de Internet 1.)

Conexiones de cubo a eje sin cuña

Si se usa un anillo de acero comprimido firmemente alrededor de un eje liso, el par torsional puede transmitirse entre el cubo de un elemento de transmisión de potencia y un eje, sin haber entre ellos una cuña. La figura 11-10 muestra un producto comercial, que emplea este principio, llamado *Locking Assembly*™ (*asegurador*), de Ringfeder™ Corporation.

El asegurador™ emplea anillos de acero con conos acoplados opuestos, afianzados con una serie de tornillos. Con el *Locking assembly*™ totalmente instalado dentro de un avellanado del cubo, se puede fijar casi cualquier elemento de transmisión de potencia, como el engrane, la catarina, el rotor de ventilador, la leva, el acoplamiento o el rotor de turbina, para entonces apretar los tornillos. Al principio, existe una pequeña holgura entre el diámetro interior del dispositivo fijador y el eje, así como con el barreno del cubo. Esta holgura facilita la instalación y posicionamiento del cubo. Después que se ha posicionado el cubo en el lugar deseado sobre el eje, se aprietan los tornillos hasta un par torsional especificado, y en orden especificado. Al apretar los tornillos, juntan los anillos con conicidad opuesta y generan un movimiento radial del anillo interno hacia el eje, y un movimiento externo simultáneo del anillo exterior hacia el diámetro interno del cubo. Una vez eliminadas las holguras iniciales, un mayor apriete de los tornillos causa gran presión contra el eje y el cubo. Cuando los tornillos tienen el par de apriete correcto, obtenido con una llave de par torsional, la presión final de contacto, combinada con la fricción, permite la transmisión de una cantidad predeterminada de par torsional, entre el cubo y el eje.

La conexión puede transmitir fuerzas axiales en forma de cargas de empuje, a la vez que el par torsional, como en los engranes helicoidales, por ejemplo. Los valores nominales del par torsional van desde unos cuantos cientos de libras-pie para las unidades menores, hasta más de un millón de libras-pie para ejes de 20 pulgadas de diámetro. A diferencia de la conexión de ajuste térmico o por presión, el dispositivo de seguro se puede quitar con facilidad, ya que es un *ajuste de contracción mecánica*. Las presiones generadas en el interior del mecanismo del mismo seguro, permiten que los esfuerzos queden dentro de los límites de elasticidad de los materiales. El desmontaje sólo consiste en aflojar con cuidado los tornillos, lo que permite así que los anillos se separen y regresen el *Locking Assembly*™ a su estado original relajado. Entonces se puede reubicar o desmontar en cualquier momento el elemento. Algunos de estos dispositivos tienen ángulos de conicidad autoliberantes, los cuales les permiten autoliberarse cuando se aflojan los tornillos. Otros seguros tienen conos de cierre automático, los cuales requieren una fuerza de separación suave de sus partes de cierre. Las diversas aplicaciones determinan qué clase de dispositivo se adapta mejor.

Las ventajas de la conexión sin cuñas consisten en la eliminación de cuñas, cuñeros o estrías y el costo de maquinarlos; el ajuste estrecho del elemento impulsor alrededor del eje; la capacidad de transmitir cargas reversibles o en cambio dinámicas; y el fácil ensamble, desensamble y ajuste de los elementos. Vea el sitio de Internet de Ringfeder® (aparece al final de este capítulo), para consultar dimensiones de instalación, tolerancias, lubricación y acabados superficiales requeridos. Los valores nominales de par torsional corresponden a los ejes macizos;

FIGURA 11-10 Ensambles de seguros Ringfeder® (Ringfeder® Corporation, Westwood, NJ)

a) **Diversos estilos**

b) **Conjunto de seguro aplicado a un engrane**

Perfil poligonal incorporado en varios productos

Perfil externo P3, de 3 lados

Perfil externo PC4, de cuatro lados

FIGURA 11-11 Conexiones de cubo poligonal con eje (General Polygon Systems, Inc., Millville, NJ)

para los ejes huecos se requieren análisis adicionales. Son necesarias consideraciones especiales para diseñar el cubo, de tal modo que se garantice que los esfuerzos permanezcan menores a la resistencia a la fluencia del material del cubo.

Conexión poligonal de cubo y eje

La figura 11-11 muestra una conexión de cubo a eje que emplea formas poligonales especiales correspondientes, para transmitir par torsional sin cuñas ni estrías. Vea los tamaños disponibles y la información sobre aplicaciones en el sitio de Internet 17. Las formas se describen en las normas alemanas DIN 32711 y 32712. Pueden producirse en tamaños de eje desde 0.188 pulgadas (4.76 mm) hasta 8.00 pulgadas (203 mm). A la configuración con tres lados se le llama perfil P3; a la de cuatro lados, perfil PC4. Se puede usar torneado y rectificado con control numérico para producir la forma externa; y con brochado se obtiene, en forma típica, la forma interna. El par torsional se transmite al distribuir la carga en cada lado del polígono, y se elimina la acción cortante con cuñas o con estrías. Las dimensiones pueden controlarse para obtener ajustes estrechos o de prensa, para tener un lugar de precisión, sin juego, o con un ajuste deslizante para facilitar el ensamble.

Buje cónico partido

Un *buje cónico partido* (vea la figura 11-12) usa una cuña para transmitir el par torsional. El lugar axial en el eje se obtiene por la acción de sujeción de un buje partido, con una pequeña conicidad en su superficie externa. Cuando el buje se introduce en un cubo acoplado, con un conjunto de tornillos de cabeza, el buje queda en contacto firme con el eje, para sujetar el conjunto en la posición axial correcta. La pequeña conicidad asegura el ensamble en su lugar. El desmontaje del buje se realiza al quitar los tornillos y usarlos en orificios de extracción, para forzar el cubo fuera del cono. Después se puede desarmar con facilidad el ensamble.

Prisioneros

Un *prisionero* es un tornillo que se introduce radialmente en un cubo, para descansar en la superficie exterior de un eje (vea la figura 11-13). La punta del prisionero es plana, ovalada, cónica,

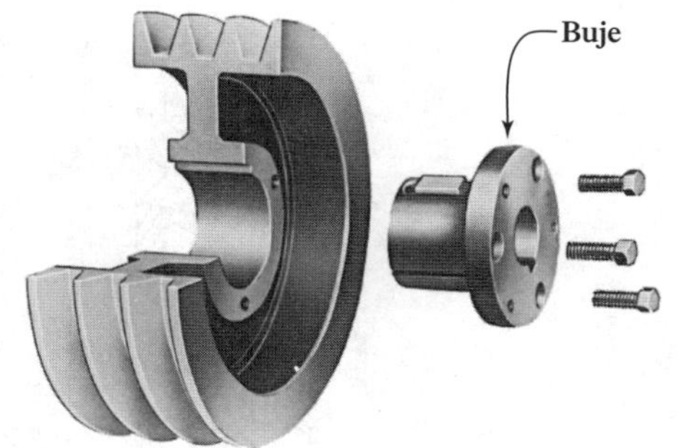

FIGURA 11-12 Bujes de cono partido (Emerson Power Transmission Corporation, Drive and Component Division, Ithaca, NY)

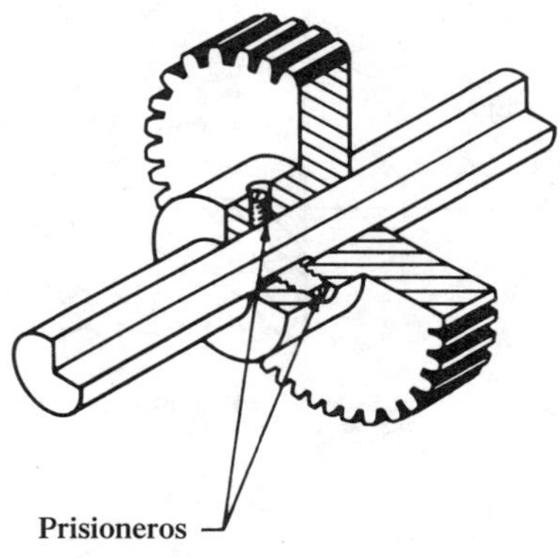

FIGURA 11-13 Prisioneros

ahuecada o con alguna otra forma patentada. Oprime al eje o penetra un poco en su superficie. Así, el prisionero transmite el par torsional por la fricción entre su punta y el eje, o por la resistencia de su material al corte. La capacidad de transmisión de par torsional es algo variable y depende de la dureza del material del eje y la fuerza de sujeción que se produce al instalar el tornillo. Además, el tornillo se puede aflojar durante el funcionamiento a causa de la vibración. Por estas razones, los prisioneros se deben manejar con cuidado. Algunos fabricantes venden prisioneros con insertos de plástico en el lado, entre las roscas. Cuando el prisionero se introduce en un orificio machuelado, el plástico se deforma por las roscas, y sujeta con seguridad al tornillo, lo cual resiste la vibración. También, el uso de un adhesivo líquido ayuda a resistir el aflojamiento.

Otro problema al usar prisioneros es que se daña la superficie del eje, por la punta; este daño puede dificultar el desmontaje. Si se maquina una cara plana sobre la superficie del eje, se puede ayudar a reducir el problema, y también a producir un ensamble más consistente.

Cuando los prisioneros están bien instalados en ejes industriales típicos, su capacidad aproximada de fuerza es la siguiente (vea la referencia 9):

Diámetro del prisionero	*Fuerza de sujeción*
1/4 de pulgada	100 lb
3/8 de pulgada	250 lb
1/2 de pulgada	500 lb
3/4 de pulgada	1300 lb
1 pulgada	2500 lb

FIGURA 11-14 Eje cónico para sujetar elementos de máquinas a ejes

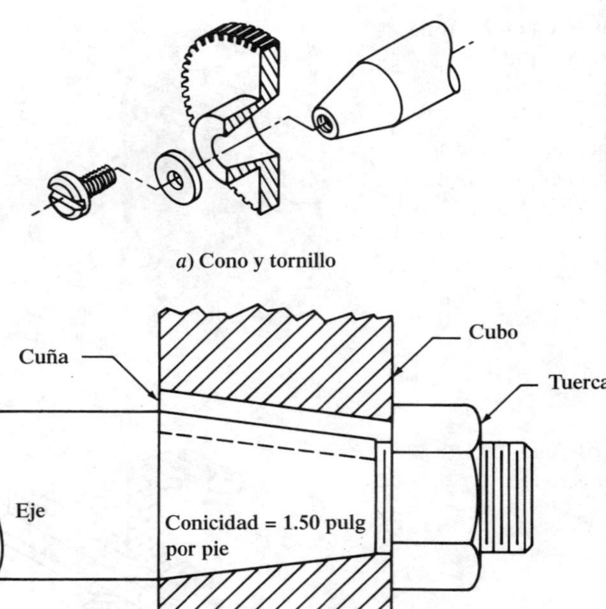

a) Cono y tornillo

b) Cono y tuerca

Cono y tornillo

Al montarse en el extremo de un eje, se puede asegurar el elemento que transmite la potencia (engrane, polea, catarina u otro) con un tornillo y una arandela, en la forma como se muestra en la figura 11-14(*a*). El cono produce una buena concentricidad y una capacidad moderada de transmisión de par torsional. Debido al maquinado que se requiere, la conexión es bastante costosa. En una forma modificada, se usa el eje cónico con un extremo roscado, para introducir una tuerca, como se ve en la figura 11-14(*b*). La inclusión de una cuña que descansa sobre un cuñero maquinado en dirección paralela al cono, aumenta mucho la capacidad de transmisión de par torsional y asegura un alineamiento positivo.

Montaje en prensa

Si el diámetro del eje es mayor que el diámetro del barreno del elemento acoplado, se obtiene un ajuste de interferencia. La presión que resulta entre el eje y el cubo permite transmitir el par torsional, y depende del grado de interferencia. Esto se describirá con más detalle en el capítulo 13. A veces, se combina el ajuste a prensa con una cuña; ésta proporciona la impulsión positiva, y el ajuste a prensa asegura la concentricidad.

Moldeo

Los engranes de plástico y los colados a presión se pueden moldear en forma directa, en sus ejes. Con frecuencia, el engrane se aplica a un lugar que está moleteado, para mejorar la capacidad de transmisión de par torsional. Una modificación de este procedimiento consiste en tomar un modelo separado del engrane, con un cubo ya preparado, instalarlo en la posición adecuada en un eje, y entonces colar zinc en el espacio entre el eje y el cubo, para asegurarlos entre sí.

11-7 ACOPLAMIENTOS

El término *acoplamiento* se refiere a un dispositivo para conectar entre sí dos ejes, en sus extremos, con objeto de transmitir potencia. Existen dos clases generales de acoplamientos: rígidos y flexibles.

Acoplamientos rígidos

Los *acoplamientos rígidos* se diseñan para unir firmemente dos ejes entre sí, para que no pueda haber movimiento relativo entre ellos. Este diseño es conveniente para ciertos tipos de equipos, donde se necesita y se puede dar un alineamiento preciso de dos ejes. En esos casos, se debe diseñar el acoplamiento para poder trasmitir el par torsional entre los ejes.

La figura 11-15 muestra un acoplamiento rígido típico; las bridas se montan en los extremos de cada eje y se unen mediante una serie de pernos. Entonces, la trayectoria de la carga se da del eje impulsor a su brida, pasa por los pernos a la brida acoplada y sale al eje impulsado. El par torsional somete los pernos al corte. La fuerza cortante total sobre los pernos depende del radio del círculo de pernos, $D_{bc}/2$, y del par torsional T. Esto es,

$$F = T/(D_{bc}/2) = 2T/D_{bc}$$

Si N es el número de pernos, el esfuerzo cortante en cada uno es

$$\tau = \frac{F}{A_s} = \frac{F}{N(\pi d^2/4)} = \frac{2T}{D_{bc}N(\pi d^2/4)} \qquad \textbf{(11-20)}$$

Si el esfuerzo se iguala con el esfuerzo de diseño al cortante, y se despeja el diámetro del perno,

$$d = \sqrt{\frac{8T}{D_{bc}N\pi\tau_d}} \qquad \textbf{(11-21)}$$

Observe que este análisis se parece al de las conexiones con pasadores, en la sección 11-6. En el análisis se supone que los pernos son la pieza más débil del acoplamiento.

Los acoplamientos rígidos sólo se deben usar cuando el alineamiento de los dos ejes se pueda mantener con mucha exactitud, no sólo en el momento de la instalación, sino también durante el funcionamiento de las máquinas. Si existe desalineamiento angular, radial o axial apreciables, se inducirán esfuerzos difíciles de calcular, los cuales pueden causar la temprana falla por fatiga en los ejes. Estas dificultades se pueden eliminar mediante el uso de acoplamientos flexibles.

Acoplamientos flexibles

Los *acoplamientos flexibles* se diseñan para transmitir par torsional uniformemente, y al mismo tiempo permitir cierto desalineamiento axial, radial y angular. La flexibilidad es tal que cuando

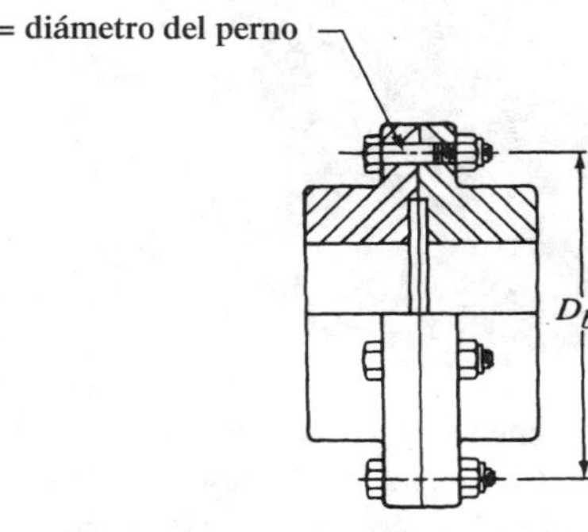

FIGURA 11-15 Acoplamiento rígido (Rockwell Automation/Dodge, Greenville, SC)

se produce el desalineamiento, piezas del acoplamiento se mueven con poca o ninguna resistencia. En consecuencia, no se desarrollan esfuerzos axiales o flexionantes apreciables en el eje.

Existen disponibles muchos tipos de acoplamientos flexibles en el comercio, como muestran las figuras 11-16 a 11-24. Cada uno se diseña para transmitir un par torsional límite dado. En el catálogo del fabricante aparecen listas de datos de diseño, de donde se puede escoger un acoplamiento adecuado. Recuerde que el par torsional es igual a la potencia dividida entre la velocidad

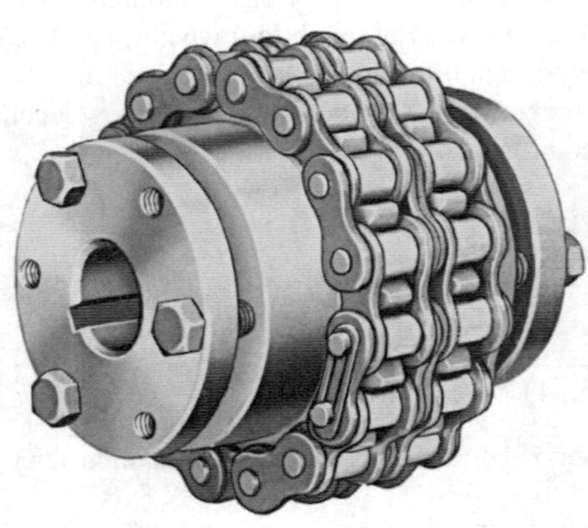

FIGURA 11-16 Acoplamiento de cadena. El par torsional se transmite a través de una cadena doble de rodillos. Las holguras entre la cadena y los dientes en las dos mitades del acoplamiento se adaptan al desalineamiento. (Emerson Power Transmission Corporation, Ithaca, NY)

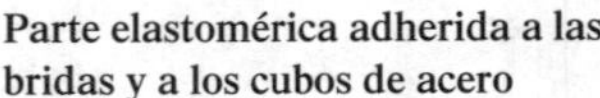

FIGURA 11-17 Acoplamiento Ever-Flex. Las propiedades de este acoplamiento consisten en (1) generalmente reduce al mínimo la vibración torsional; (2) amortigua los choques de carga; (3) compensa el desalineamiento paralelo hasta de 1/32 pulgada; (4) se adapta a desalineamiento angular hasta de $\pm 3°$, y (5) proporciona una flotación adecuada en los extremos, de $\pm 1/32$ pulgada. (Emerson Power Transmission Corporation, Ithaca, NY)

FIGURA 11-18 Acoplamiento Grid-Flex. El par torsional se transmite a través de una reja flexible de acero. La flexión de la reja permite el desalineamiento, y la hace elástica torsionalmente, para resistir choques de carga. (Emerson Power Transmission Corporation, Ithaca, NY)

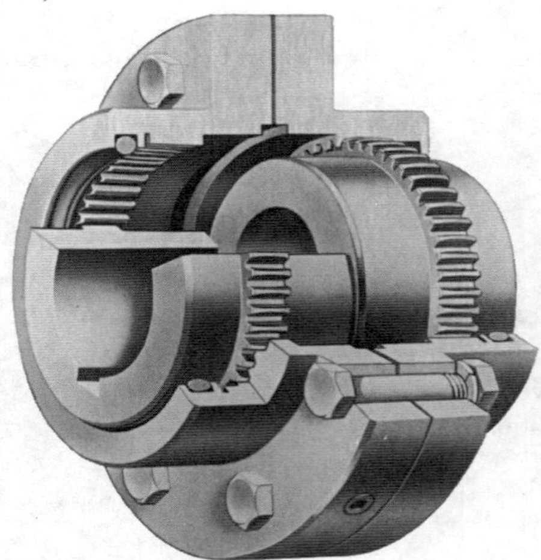

FIGURA 11-19 Acoplamiento de engranes. El par torsional se transmite entre dientes tallados en la corona, de la mitad del acoplamiento a la camisa. La forma coronada (es decir, abombada) de los dientes de los engranes permite el desalineamiento. (Emerson Power Transmission Corporation, Ithaca, NY)

FIGURA 11-20 Acoplamiento de fuelle. La flexibilidad inherente de los fuelles se adapta al desalineamiento. (Stock Drive Products, New Hyde Park, NY)

FIGURA 11-21 Acoplamiento PARA-FLEX®. Como usa un elemento de elastómero, permite el desalineamiento y amortigua los choques. (Rockwell Automation/Dodge, Greenville, SC)

FIGURA 11-22 Acoplamientos Dynaflex®. El par torsional se transmite a través de material elastomérico que se flexiona para permitir desalineamientos y atenuar las cargas de choque. (Lord Corporation, Erie, PA)

de giro. Así, para determinado tamaño de acoplamiento, al aumentar la velocidad de rotación, también aumenta la cantidad de potencia que puede transmitir el acoplamiento, aunque no siempre en proporción directa. Naturalmente, los efectos centrífugos determinan el límite máximo de velocidad.

El grado de desalineamiento que puede tomar determinado acoplamiento se obtiene en los datos de catálogos de su fabricante, y los valores varían con el tamaño y el diseño del acopla-

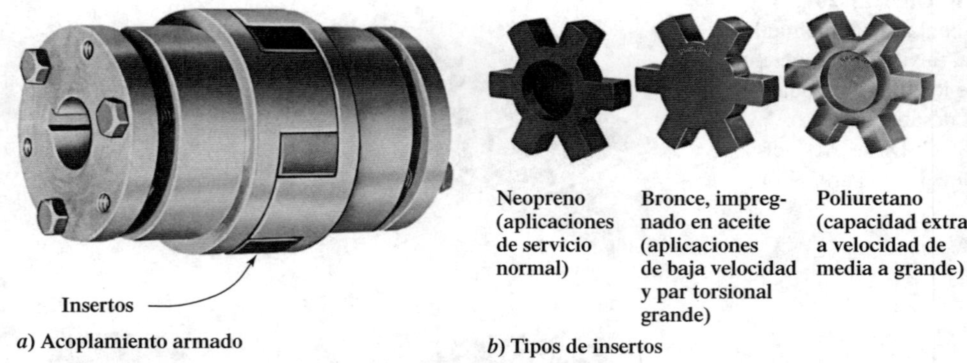

FIGURA 11-23 Acoplamiento tipo quijada (Emerson Power Transmission Corporation, Ithaca, NY)

FIGURA 11-24 Acoplamiento FORM-FLEX®. El par se transmite de los cubos a los elementos flexibles laminados, y al espaciador. (T. B. Wood's Incorporated, Chambersberg, PA)

miento. Las unidades pequeñas se pueden limitar a desalineamiento paralelo hasta de 0.005 pulgada, aunque los mayores acoplamientos pueden permitir 0.030 pulgada o más. El desalineamiento angular admisible típico es $\pm 3°$. Se permite el movimiento axial, conocido también como *extremo flotante*, hasta de 0.030 pulgada en muchos tipos de acoplamientos (vea las referencias 1 a 3 y los sitios de Internet de los fabricantes).

11-8 JUNTAS UNIVERSALES

Cuando una aplicación necesita adaptarse a desalineamientos entre ejes acoplados, y el desalineamiento es mayor que los tres grados que suelen permitir los acoplamientos flexibles, se usa con frecuencia una *junta universal*. Las figuras 11-25 a 11-29 muestran algunos de los estilos disponibles. Son posibles desalineamientos angulares hasta de 45 grados, a bajas velocidades de giro, con juntas universales sencillas como la de la figura 11-25, la cual consta de dos yugos, un portacojinete central y dos pasadores que atraviesan el bloque que forma ángulos rectos. Son recomendables de 20 a 30 grados a velocidades mayores que 10 rpm. Las juntas universales sencillas tienen la desventaja que la velocidad de giro del eje de salida no es uniforme en relación con la del eje de entrada.

Una junta universal doble, como la de la figura 11-26, permite que los ejes conectados sean paralelos y estén desplazados a distancias apreciables. Además, la segunda junta elimina la oscilación no uniforme de la primera, por lo que la entrada y la salida giran a la misma velocidad uniforme.

La figura 11-27 muestra una junta universal automotriz que conecta un motor o una transmisión, para impulsar las ruedas, y se usa en algunos vehículos de tracción trasera, en camiones ligeros y pesados, en equipo agrícola y en vehículos para la construcción. El ensamble de la araña contiene los rodamientos de agujas en cada brazo. El extremo derecho muestra un yugo de perno de rótula, un yugo de brida y un yugo central de acoplamiento, los cuales forman una *junta universal de doble Cardán*. Otro estilo, llamado *junta de velocidad constante*, o simplemente junta *CV* (por sus siglas en inglés) se usa con frecuencia como componente clave en las líneas de impulsión delantera, y en las de impulsión de todas las ruedas.

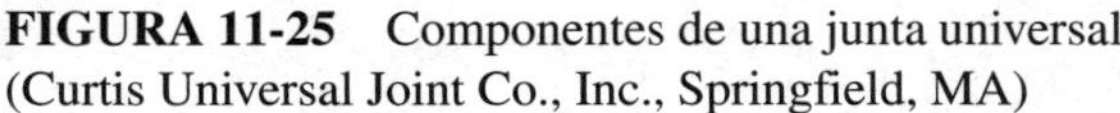

FIGURA 11-25 Componentes de una junta universal (Curtis Universal Joint Co., Inc., Springfield, MA)

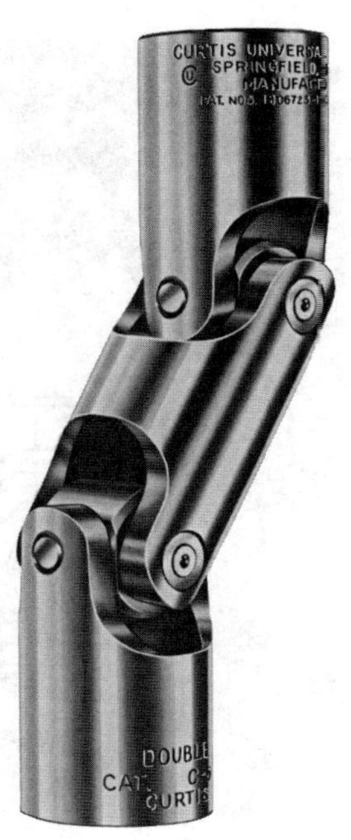

FIGURA 11-26 Junta universal doble (Curtis Universal Joints Co., Inc., Springfield, MA)

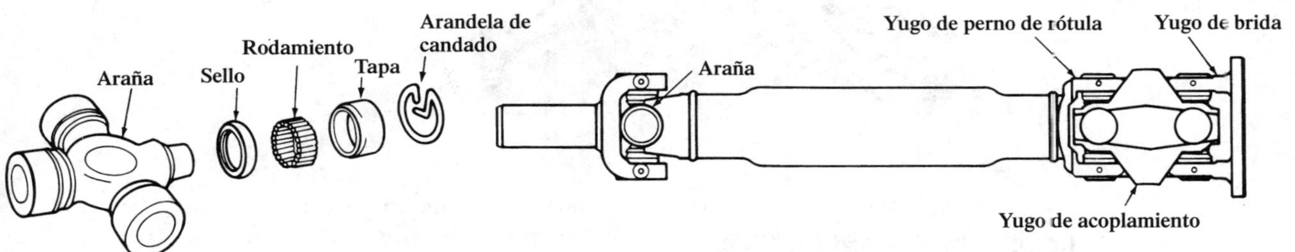

a) Componentes de una junta universal automotriz

b) Eje propulsor automotriz con doble junta universal de Cardán

FIGURA 11-27 Juntas universales automotrices (Pontiac Motor Division, General Motors Corp., Pontiac, MI)

La figura 11-28 muestra una junta universal doble de tipo industrial, para servicio pesado. Algunas juntas de este tipo tienen un tubo de conexión en dos partes, estriado, para permitir cambios apreciables en la posición axial, y también para adaptarse al desalineamiento angular o paralelo.

La figura 11-29 muestra un diseño novedoso llamado junta universal Cornay™, la cual produce una velocidad constante real en el eje de salida, en todos los ángulos del impulsor, hasta 90 grados. En comparación con los diseños estándar de junta universal, la junta Cornay™ puede trabajar a mayores velocidades, transferir mayores valores de par torsional y producir menos vibración.

Deben consultarse las publicaciones de los fabricantes para especificar un tamaño adecuado de junta universal, ante determinada aplicación. Las variables principales son el par torsional que se va a transmitir, la velocidad de giro y el ángulo en el que trabajará la junta. Se calcula un *factor de velocidad/ángulo* como producto de la velocidad de giro y el ángulo de operación. A partir de este valor, se determina el *factor de operación por uso* que se aplica a la carga básica de par torsional, para calcular el par torsional nominal requerido para la junta. Todos los fabricantes proporcionan esos datos en sus catálogos.

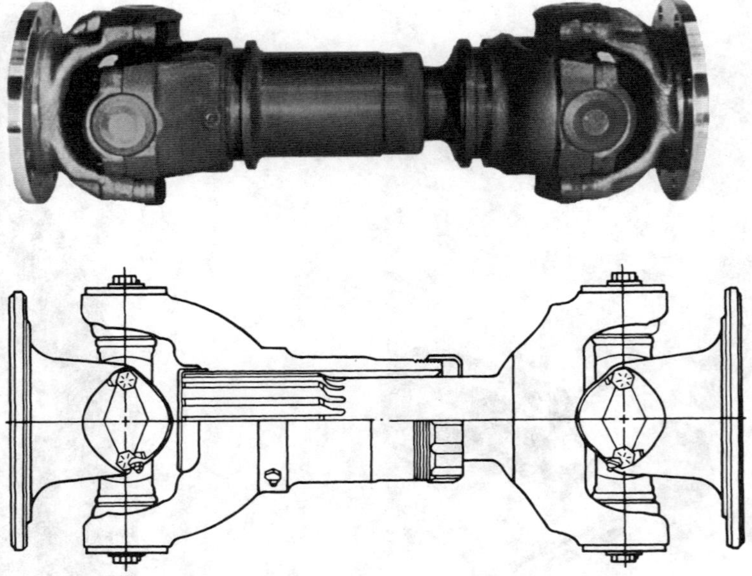

FIGURA 11-28 Junta universal industrial (Spicer Driveshaft, Inc., Dana Corp., Toledo, OH)

FIGURA 11-29 Junta universal Cornay™ (Drive Technologies, Inc., Longmont, CO)

11-9 ANILLOS DE RETENCIÓN Y OTROS MÉTODOS DE LOCALIZACIÓN AXIAL

Las secciones anteriores de este capítulo se concentraron en los métodos para conectar elementos de máquinas a los ejes, con el fin de transmitir potencia. En consecuencia, subrayaron la capacidad de los elementos para resistir determinado par torsional a una determinada velocidad de giro. Se debe reconocer que el diseñador también asegure la localización axial de los elementos de máquina.

La elección de los medios de localización axial depende mucho de si el elemento transmite o no carga axial. Los engranes rectos, las poleas para bandas en V y las catarinas para cadenas no producen cargas de empuje apreciables. En consecuencia, la necesidad de ubicación axial sólo se afecta por fuerzas incidentales debido a la vibración, el manejo y el transporte. Aunque no son grandes, esas fuerzas no deben tomarse a la ligera. El movimiento de una pieza en relación con su elemento acoplado, en dirección axial, puede causar ruido, desgaste excesivo, vibración o desacoplamiento total de la transmisión. Todo ciclista que haya perdido una cadena puede apreciar las consecuencias del desalineamiento. Recuerde que, para los engranes rectos, la resistencia a la flexión de los dientes y la resistencia al desgaste son directamente proporcionales al ancho de cara de los dientes. El desalineamiento axial disminuye el ancho efectivo de la cara.

Algunos de los métodos descritos en la sección 11-6, para fijar elementos a los ejes con el fin de transmitir potencia, también dan cierto grado de localización axial. Vea las descripciones de los pernos, las conexiones de cubo a eje sin cuña, los bujes cónicos partidos, el prisionero, el cono y el tornillo, el cono y la tuerca, el ajuste a prensa, el moldeo y los diversos medios para asegurar mecánicamente los elementos al eje.

Entre la gran variedad de otros medios disponibles para la localización axial, se describen los siguientes:

- Anillos de retención
- Collares
- Escalones
- Espaciadores
- Contratuercas

Anillos de retención

Los *anillos de retención* (o *candados*) se instalan en las ranuras de los ejes, o en ranuras de cajas, para evitar el movimiento axial de un elemento de máquina. La figura 11-30 muestra la gran variedad de estilos de anillos que ofrece un fabricante. Los diversos diseños permiten el montaje interno o externo del anillo. También varían la capacidad de empuje axial y la altura del escalón que proporcionan los diferentes estilos del anillo. Los catálogos de los fabricantes contienen datos sobre la capacidad y la instalación de los anillos. La figura 11-31 muestra algunos ejemplos del uso de anillos de retención.

Collarines

Un *collar* es un anillo que se desliza sobre el eje y se coloca adyacente a un elemento de máquina, con objeto de ubicarlo axialmente. En el caso típico, se mantiene en su lugar con prisioneros. Su ventaja consiste en que se puede establecer la localización axial casi en cualquier lugar a lo largo del eje, para permitir el ajuste de la posición en el momento de ensamblar. Las principales desventajas se relacionan con el uso mismo de los prisioneros (sección 11-6).

INTERNAL	BASIC **N5000** For housings and bores Size Range: .250—10.0 in. 6.4—254.0 mm.	EXTERNAL	BOWED **5101*** For shafts and pins Size Range: .188—1.750 in. 4.8—44.4 mm.	EXTERNAL	REINFORCED **5115** For shafts and pins Size Range: .094—1.0 in. •	EXTERNAL	HEAVY-DUTY **5160** For shafts and pins Size Range: .394—2.0 in. 10.0—50.8 mm.
INTERNAL	BOWED **N5001*** For housings and bores Size Range: .250—1.750 in. 6.4—44.4 mm.	EXTERNAL	BEVELED **5102** For shafts and pins Size Range: 1.0—10.0 in. 25.4—254.0 mm.	EXTERNAL	BOWED E-RING **5131** For shafts and pins Size Range: .110—1.375 in. 2.8—34.9 mm.	EXTERNAL	KLIPRING® **5304** **T-5304** For shafts and pins Size Range: .156—1.000 in. 4.0—25.4 mm.
INTERNAL	BEVELED **°N5002/•N5003** For housings and bores Size Range: 1.0—10.0 in. ° 25.4—254.0 mm • 1.56—2.81 in. 39.7—71.4 mm	EXTERNAL	CRESCENT® **5103** For shafts and pins Size Range: .125—2.0 in. 3.2—50.8 mm.	EXTERNAL	E-RING **5133** For shafts and pins Size Range: .040—1.375 in. 1.0—34.9 mm.	EXTERNAL	GRIPRING® **5555** For shafts and pins Size Range: .079—.75[illegible] in. 2.0—19.0 mm.
INTERNAL	CIRCULAR **5005** For housings and bores Size Range: .312—2.0 in. •	EXTERNAL	CIRCULAR **5105** For shafts and pins Size Range: .094—1.0 in. •	EXTERNAL	RADIAL GRIPRING® **5135** for shafts and pins Size Range: .094—.375 in. 2.4—9.5 mm.	EXTERNAL	HIGH-STRENGTH **5560*** For shafts and pins Size Range: .101—.328 in. •
INTERNAL	INVERTED **5008** For housings and bores Size Range: .750—4.0 in. 19.0—101.6 mm.	EXTERNAL	INTERLOCKING **5107*** For shafts and pins Size Range: .469—3.375 in. 11.9—85.7 mm.	EXTERNAL	PRONG-LOCK® **5139*** For shafts and pins Size Range: .092—.438 in. •	EXTERNAL	PERMANENT SHOULDER **5590*** For shafts and pins Size Range: .250—.75[illegible] 6.4—19.0 mm.
EXTERNAL	BASIC **5100** For shafts and pins Size Range: .125—10.0 in. 3.2—254.0 mm.	EXTERNAL	INVERTED **5108** For shafts and pins Size Range: .500—4.0 in. 12.7—101.6 mm.	EXTERNAL	REINFORCED E-RING **5144** For shafts and pins Size Range: .094—.562 in. 2.4—14.3 mm.		*Non-Stocking Ring Type: Available on special order only

FIGURA 11-30 Serie estándar de anillos de retención Truarc® (Cortesía de Truarc Company, LLC, Millburn, NJ)

FIGURA 11-31 Anillos de retención aplicados a un mecanismo de acondicionamiento de agua (Cortesía de Truarc Company LLC, Millburn, NJ)

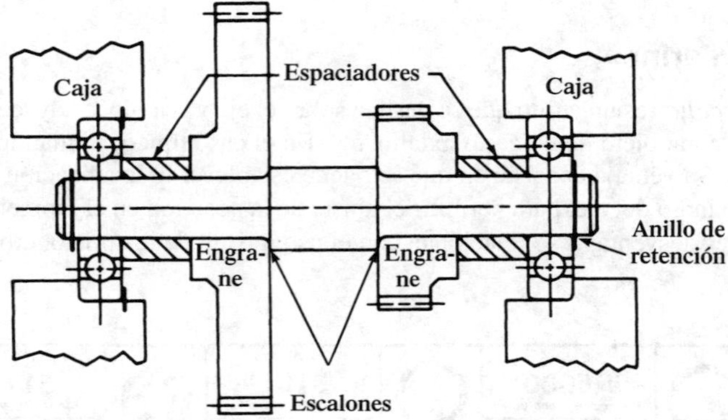

FIGURA 11-32 Aplicación de los espaciadores

Escalones

Un *escalón* es la superficie vertical que se produce cuando existe un cambio de diámetro sobre un eje. Ese diseño es un método excelente para dar la ubicación axial de un elemento de máquina, al menos por un lado. Varios de los ejes que se ilustrarán en el capítulo 12 tienen escalones. Las principales consideraciones en el diseño consisten en proporcionar 1) un escalón suficientemente grande para ubicar con eficacia el elemento, y 2) un chaflán en la base del escalón que produzca un factor de concentración de esfuerzos aceptable, y además que sea compatible con la geometría del barreno del elemento acoplado (vea el capítulo 12, figuras 12-2 y 12-7).

Espaciadores

Un *espaciador* se parece a un collar porque se desliza sobre el eje, contra el elemento de la máquina que se va a ubicar. La diferencia principal estriba en que no son necesarios los prisioneros, porque el espaciador se coloca *entre* dos elementos, y en consecuencia sólo controla la posición relativa entre ellos. En el caso típico, uno de los elementos está ubicado en forma positiva con otro medio, como un escalón o un anillo de retención. Considere el eje de la figura 11-32, en el que hay dos espaciadores que ubican cada engrane con respecto a su rodamiento adyacente. A su vez, los rodamientos se localizan en un lado mediante la caja que soporta las pistas ex-

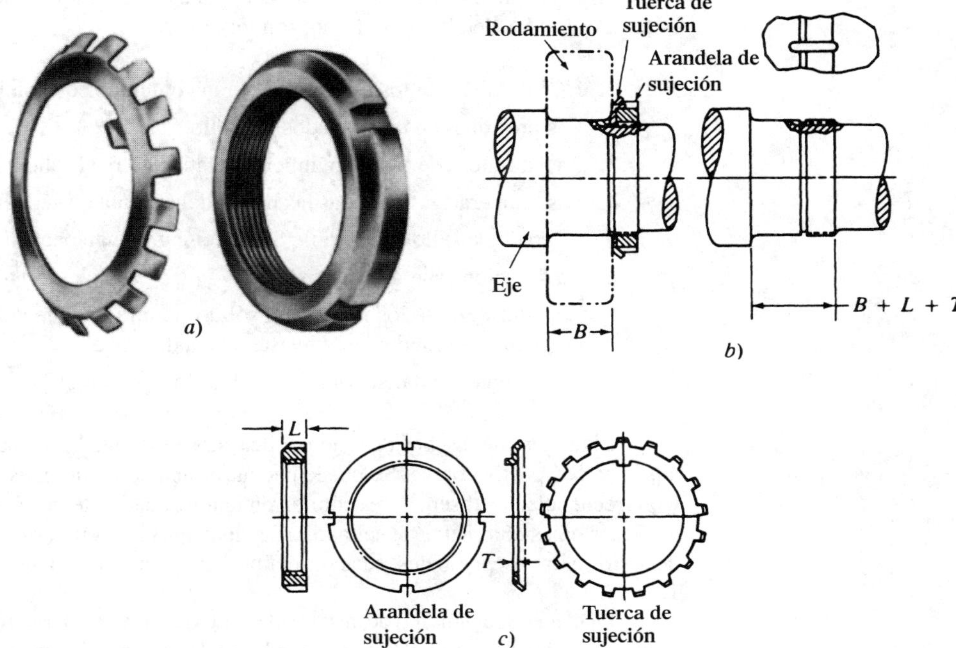

FIGURA 11-33
Tuerca y arandela de sujeción para sujetar rodamientos. Las dimensiones aparecen en el catálogo del fabricante; los tamaños de las piezas son compatibles con los tamaños estándar de rodamientos (SKF Industries, Inc., Norristown, PA)

ternas de los rodamientos. También, los engranes asientan contra los escalones en uno de sus lados. El anillo de retención en el eje asegura el subensamble, antes de instalarlo en la caja.

Contratuercas

Cuando un elemento está en el extremo de un eje, se puede usar una *contratuerca* para retenerlo por un lado. La figura 11-33 muestra una contratuerca para sujetar rodamientos (conocida como *tuerca de sujeción*). Los proveedores de rodamientos las suministran como artículos de línea.

Precaución contra sobrerrestricción

Una consideración práctica en asuntos de localización axial de elementos de máquina, es tener cuidado de que los elementos no estén demasiado *sobrerrestringidos*. Bajo ciertas condiciones de dilatación térmica diferencial, o con una tolerancia desfavorable, puede ser que los elementos queden forzados tanto entre sí que se produzcan esfuerzos axiales peligrosos. A veces puede ser conveniente localizar sólo un rodamiento en forma positiva, en un eje, y permitir que el otro flote un poco, en dirección axial. El elemento flotante puede sujetarse bien con una fuerza axial de resorte que tome la dilatación térmica sin crear fuerzas peligrosas.

11-10 TIPOS DE SELLOS

Los sellos son parte importante del diseño de máquinas, bajo las siguientes condiciones:

1. Se deben excluir los contaminantes en áreas críticas de una máquina.
2. La lubricación debe mantenerse dentro de un espacio.
3. Se deben contener fluidos a presión dentro de un componente, como una válvula o un cilindro hidráulico.

Algunos de los parámetros que afectan la elección del tipo de sistema de sello, los materiales a usar y los detalles del diseño, son los siguientes:

1. La naturaleza de los fluidos que serán contenidos o excluidos.
2. Las presiones en ambos lados del sello.
3. La naturaleza de todo movimiento relativo entre el sello y los componentes acoplados.
4. Las temperaturas en todas las partes del sistema de sello.
5. El grado de sello necesario: ¿Se permite una fuga pequeña?
6. La duración esperada del sistema.
7. La naturaleza de los materiales sólidos contra los que debe actuar el sello: corrosión potencial, lisura, dureza y resistencia al desgaste.
8. La facilidad de dar servicio o cambiar los elementos sellantes gastados.

El número de diseños de sistemas de sellos es ilimitada, virtualmente, y sólo se presentará aquí una perspectiva breve. Se puede encontrar una cobertura más detallada en la referencia 8. Con frecuencia, los diseñadores confían en la información técnica que suministran los fabricantes de sistemas completos de sellado, o de elementos específicos de sello. También, en situaciones críticas o excepcionales, se aconseja probar un diseño propuesto. Vea los sitios de Internet 12 a 15.

La elección de un tipo de sistema de sello depende del servicio que debe realizar. Las condiciones comunes donde deben trabajar los sellos se mencionarán a continuación, con algunos de los tipos de sellos que se usan.

1. Condiciones estáticas, por ejemplo, sellar una tapa en un recipiente a presión: anillos O de elastómero, anillos T, anillos O metálicos huecos y selladores, tales como epóxicos, siliconas y calafateos de butilo (figura 11-34).

FIGURA 11-34 Anillos O y anillos T como sellos estáticos

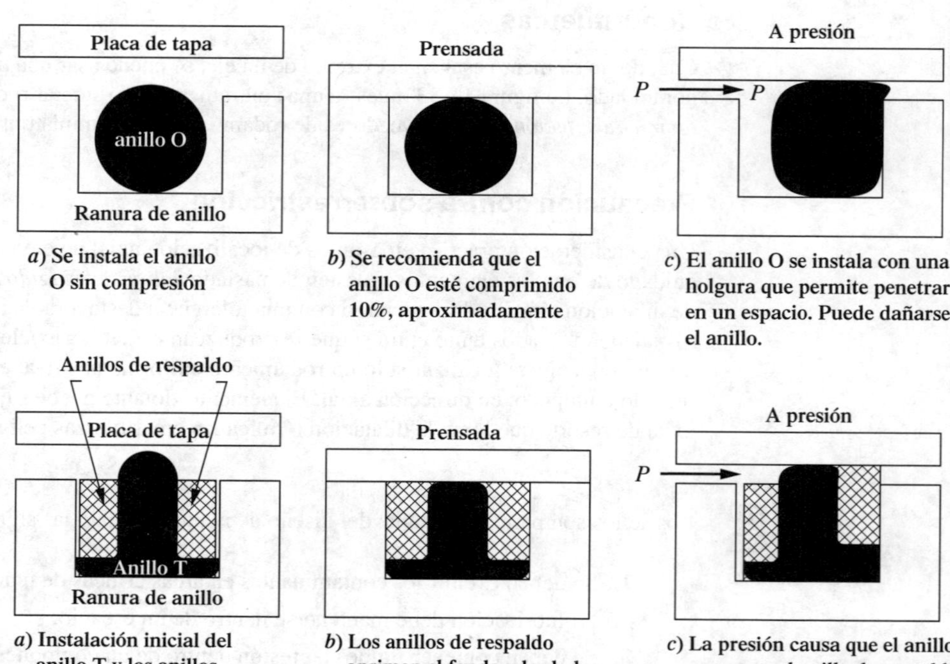

a) Se instala el anillo O sin compresión

b) Se recomienda que el anillo O esté comprimido 10%, aproximadamente

c) El anillo O se instala con una holgura que permite penetrar en un espacio. Puede dañarse el anillo.

a) Instalación inicial del anillo T y los anillos de respaldo

b) Los anillos de respaldo oprimen el fondo y los lados de los anillos T

c) La presión causa que el anillo T se mueva al anillo de respaldo hacia el hueco. Como el respaldo es más duro, no se deforma

2. Sellar un recipiente cerrado, lo cual permite movimiento relativo de alguna parte, como en los diafragmas, los fuelles y las cubiertas (figura 11-35).
3. Sellar alrededor de un vástago o pistón alternativo continuo, como en un cilindro hidráulico o el carrete de válvulas en un sistema hidráulico; sello de labio, sello de copa en U, empaquetadura en V y sellos de anillo partido, algunas veces llamados anillos de pistón (figura 11-36).

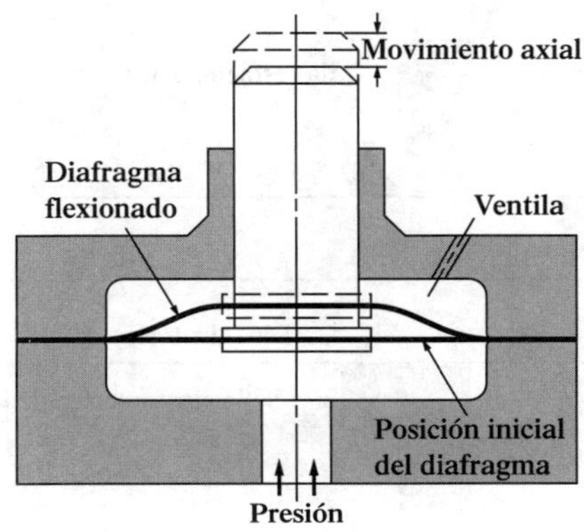

FIGURA 11-35 Aplicación de un sello de diafragma

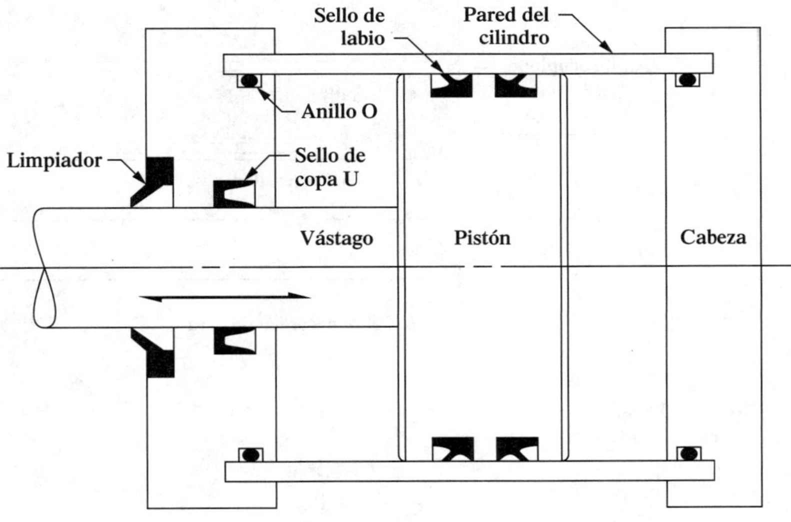

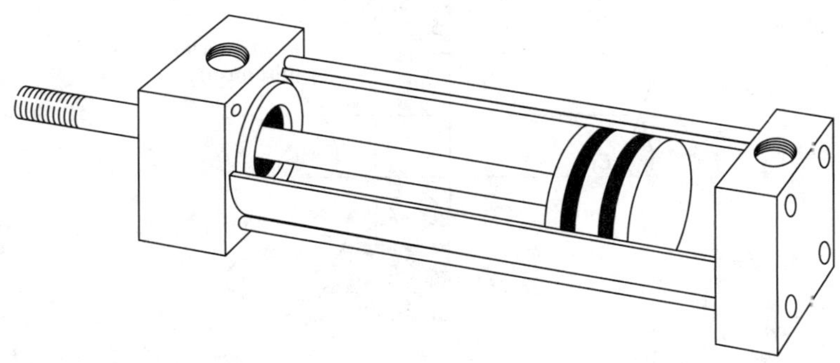

FIGURA 11-36 Sellos de labio, sello de copa U, rascador y anillos O aplicados en un actuador hidráulico

4. Sello alrededor de un eje giratorio, como los ejes de entrada o de salida de un reductor de velocidad, una transmisión o un motor: sello de labio, limpiadores y rascadores, así como sellos de cara (figura 11-37).
5. Protección de cojinetes con elementos rodantes que sostienen ejes, para evitar que lleguen contaminantes a las bolas y a los rodillos (figura 11-38).
6. Sellado de los elementos activos de una bomba, para contener el fluido bombeado: sellos de cara y empaquetadura en V.

FIGURA 11-37 Sellos de cara

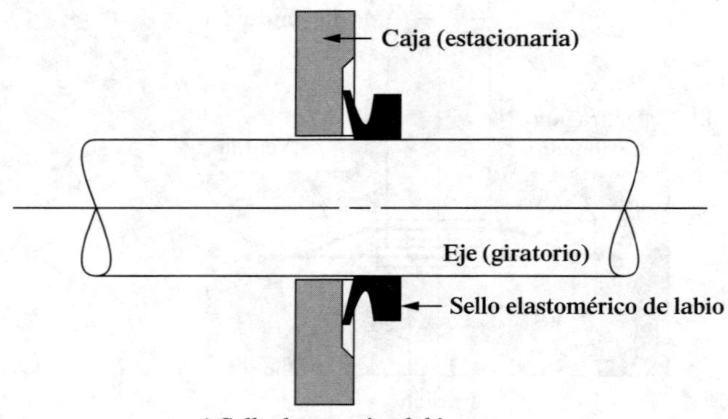

a) Sello de cara tipo labio

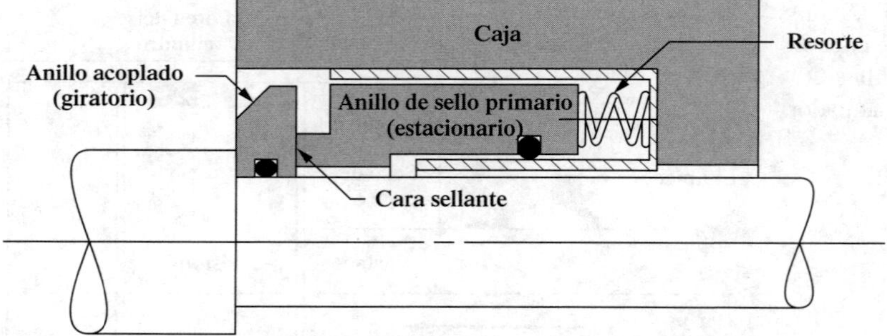

b) Sello mecánico de cara

FIGURA 11-38 Sello para rodamiento de bolas

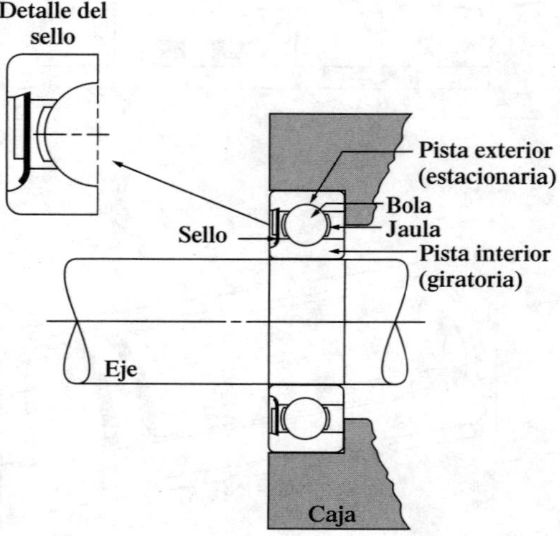

7. Sellado de elementos que se mueven rara vez, como vástagos de válvula de control de flujo: empaquetaduras de compresión y empaquetaduras en V.
8. Sello entre superficies duras y rígidas, como entre una cabeza de cilindro y el bloque de un motor: empaquetaduras elásticas.
9. Sellos circunferenciales, como en los ejes de los álabes de turbina y en elementos grandes que giran a gran velocidad: sellos de laberinto, sellos consumibles y sellos hidrostáticos.

11-11 MATERIALES DE LOS SELLOS

La mayoría de los materiales de los sellos son elásticos (o *resilientes*) para adaptarse a los pequeños cambios de las dimensiones en las superficies acopladas. También existe flexión de las partes de la sección transversal del sello en algunos diseños que piden elasticidad en los materiales. En forma alterna, como en el caso de los anillos O metálicos huecos, la forma del sello permite la flexión de materiales duros. Los sellos de cara requieren materiales rígidos y duros, que puedan resistir el constante deslizamiento, y que se puedan fabricar con aceptable exactitud, planicidad y lisura.

Elastómeros

Los sellos resilientes, como los anillos O, los anillos T y los sellos de labio, se fabrican frecuentemente con elastómeros sintéticos, como los siguientes:

Neopreno	Butilo	Nitrilo (Buna *N*)
Fluorocarbonos	Siliconas	Fluorosiliconas
Butadieno	Poliéster	Etileno propileno
Polisulfuro	Poliuretano	Epiclorhidrina
Poliacrilato	PNF (fluoroelastómero de fosfonitrilo)	

Dentro de estas clasificaciones generales se ofrecen muchas formulaciones patentadas, con marcas comerciales de los fabricantes de sellos y de plásticos.

Las propiedades necesarias en determinada instalación limitan la selección de los posibles materiales. La siguiente lista muestra algunos de los requisitos más constantes para los sellos, y algunos de los materiales que cumplen esos requisitos.

Resistencia a la intemperie: Silicona, fluorosilicona, fluorocarbono, etileno propileno, poliuretano, polisulfuro, poliéster, neopreno, epicolrohidrina y PNF.

Resistencia a los productos petrolíferos: Poliacrilato, poliéster, PNF, nitrilo, polisulfuro, poliuretano, fluorocarbono y epiclorohidrina.

Resistencia a ácidos: Fluorocarbonos.

Funcionamiento a alta temperatura: Etileno propileno, fluorocarbono, poliacrilato, silicona y PNF.

Funcionamiento a baja temperatura: Silicona, fluorosilicona, etileno propileno y PNF.

Resistencia a la tensión: Butadieno, poliéster y poliuretano.

Resistencia a la abrasión: Butadieno, poliéster y poliuretano.

Impermeabilidad: Butilo, poliacrilato, polisulfuro y poliuretano.

Materiales rígidos

Los sellos de cara y las partes de otras clases de sistemas de sellado contra las cuales sellen elastómeros, requieren materiales rígidos que puedan resistir la acción deslizante, y que sean compatibles con el ambiente alrededor del sello. Se presentan a continuación algunos materiales rígidos característicos usados comúnmente en sistemas de sello:

Metales: Acero al carbón, acero inoxidable, hierro colado, aleaciones de níquel, bronce y aceros para herramienta.

Plásticos: Nylon, politetrafluoroetileno (PTFE) con cargas y poliimida.

Carbón, cerámicas, carburo de tungsteno.

Chapas: Cromo, cadmio, estaño, níquel y plata.

Compuestos rociados a la flama

Empaquetaduras

Las empaquetaduras para sellar ejes, vástagos de cilindros y de válvulas, y aplicaciones parecidas, se fabrican con una diversidad de materiales entre los cuales están el cuero, el algodón, el lino, diversos tipos de plásticos, alambre trenzado o entrelazado de cobre o aluminio, materiales laminados, de lonas y elastómeros, y grafito flexible.

Juntas

Los materiales comunes de las juntas son el corcho, los compuestos de corcho y hule, hule con carga, papel, plásticos elásticos y espumas.

Ejes

Cuando se requieren sellos de labio radiales en torno a los ejes, esos ejes suelen ser de acero. Se deben endurecer a HRC 30 para resistir la erosión de la superficie. Las tolerancias del diámetro del eje, donde recarga el sello, deben apegarse a las siguientes recomendaciones, para asegurar que el labio del sello pueda adaptarse a las variaciones:

Diámetro del eje (pulgadas)	*Tolerancia (pulgada)*
$D \leq 4.000$	± 0.003
$4.000 < D \leq 6.000$	± 0.004
$D > 6.000$	± 0.005

La superficie del eje y de todas las zonas sobre las que deba pasar el sello durante la instalación, deben mantenerse sin rayaduras, para que el sello no se dañe. Se recomienda que el acabado de la superficie sea de 10 a 20 μpulg, con lubricación adecuada, para asegurar un contacto total y reducir la fricción entre el sello y la superficie del eje.

REFERENCIAS

1. American Gear Manufacturers Association. AGMA 9009-D02. *Nomenclature for Flexible Couplings* (Nomenclatura de acoplamientos flexibles). Alexandria, VA: American Gear Manufacturers Association, 2002.
2. American Gear Manufacturers Association. ANSI/AGMA 9002-A86. *Bores and Keyseats for Flexible Couplings* (Barrenos y cuñeros para acoplamientos flexibles). Alexandria, VA: American Gear Manufacturers Association, 1986.
3. American Gear Manufacturers Association. ANSI/AGMA 9001-B97. *Lubrication of Flexible Couplings* (Lubricación de acoplamientos flexibles). Alexandria, VA: American Gear Manufacturers Association, 1997.

4. American National Standards Institute. ANSI B92.1-1986. *Involute Splines* (Estrías de involuta). Nueva York: American National Standards Institute, 1996.
5. American National Standards Institute. ANSI B92.2-1980 R 1989. *Metric Module Involute Splines* (Estrías de involuta con módulo métrico). Nueva York: American National Standards Institute, 1989.
6. American Society of Mechanical Engineers. ANSI B17.1-67.R98. *Keys and Keyseats* (Cuñas y cuñeros). Nueva York: American Society of Mechanical Engineers, 1998.
7. American Society of Mechanical Engineers. ANSI B17.2-67.R98. *Woodruff Keys and Keyseats* (Cuñas Woodruff y cuñeros). Nueva York: American Society of Mechanical Engineers, 1998.
8. Lebeck, Alan O. *Principles and Design of Mechanical Face Seals* (Principios y diseño de sellos mecánicos de cara). Nueva York: John Wiley & Sons, 1991.
9. Oberg, Erik, et al. *Machinery's Handbook.* 26ª edición. Nueva York: Industrial Press, 2000.
10. Penton Publishing Co. *Machine Design Magazine Power and Motion Control Volume* (Revista de diseño de máquinas; volumen sobre control de potencia y movimiento). Vol. 51 No. 12. Cleveland, OH: Penton Publishing, junio de 1989.
11. Society of Automotive Engineers. *Design Guide for Involute Splines, Product Code M-117* (Guía de diseño para estrías de involuta, clave del producto M-117). Warrendale, PA: Society of Automotive Engineers, 1994.
12. Society of Automotive Engineers. *Standard AS-84, Splines, Involute (Full Fillet)* (Norma AS-84, Estrías, de involuta (chaflán completo). Warrendale, PA: Society of Automotive Engineers, 2000.

SITIOS DE INTERNET PARA CUÑAS, ACOPLAMIENTOS Y SELLOS

1. **Driv-Lok, Inc.** *www.driv-lok.com* Fabricante de una gran variedad de cuñas paralelas y artículos de sujeción con ajuste a prensa, como pasadores ranurados, pernos cónicos, pernos elásticos y muñones.
2. **Ringfeder Corporation**. *www.ringfeder-usa.com* Fabricante de dispositivos de aseguramiento de cubo a eje, sin cuña.
3. **Rockwell Automation/Dodge**. *www.dodge-pt.com* Fabricante de una gran variedad de componentes para transmisión de potencia, que incluyen acoplamientos flexibles, engranes, transmisiones con bandas, embragues, frenos y cojinetes.
4. **Emerson Power Transmission, Inc.** *www.emerson-ept.com* Fabricante de una gran variedad de equipo de transmisión de potencia, como acoplamientos flexibles y juntas universales, con marcas Kop.Flex, Browning y Morse. Entre otras marcas de engranes, transmisiones con bandas, con cadenas, cojinetes, poleas para transportador y embragues, están McGill, Rollway, Sealmaster y Van Gorp.
5. **Dana Corporation.** *www.dana.com* y *www.spicerdriveshaft.com* Fabricante de acoplamientos flexibles, juntas universales y ejes de impulsión para aplicaciones vehiculares e industriales, que usan las marcas Dana y Spicer.
6. **GKN Drivetech, Inc.** *www.gkndrivetech.com* Fabricante de juntas de velocidad constante y componentes de transmisiones para aplicaciones vehiculares.
7. **Stock Drive Products/Sterling Instrument.** *www.sdp-si.com* Fabricante y distribuidor de componentes y conjuntos de precisión para máquinas, como los acoplamientos flexibles, engranes, embragues y frenos, sujetadores y muchos más.
8. **T.B. Wood's Incorporated.** *www.tbwoods.com* Fabricante de productos industriales para transmisión de potencia: mecánicos, eléctricos y electrónicos, que incluyen acoplamientos flexibles, transmisiones sincrónicas de bandas, transmisiones de bandas en V, motorreductores y engranes.
9. **Curtis Universal Joint Company.** *www.curtisuniversal.com* Fabricante de juntas universales para los mercados industrial y aerospacial.
10. **Cooper Power Tools/Apex Operation.** *www.cooperindustries.com* Fabricantes de juntas universales para los mercados militar, aerospacial, de autos de carreras, y transmisión industrial de potencia.
11. **Truarc Company LLC.** *www.truarccorp.com* Fabricante de una gran variedad de anillos de retención para productos industriales, comerciales, militares y al consumidor.
12. **Federal Mogul Corporation/National Seals.** *www.federalmogul.com/national* Fabricante de sellos para motores, transmisiones, ruedas, diferenciales y aplicaciones industriales. En el sitio existe un catálogo electrónico para sellos vehiculares.
13. **American Seal Company.** *www.americanseal.com* Fabricante de anillos O, respaldos, reservas, anillos cuadrados y partes moldeadas especiales.
14. **Industrial Gasket & Shim Company** *www.igscorp.com* Fabricantes de juntas, espaciadores, y sellos comunes fabricados, juntas de expansión y sellos industriales.
15. **American High Performance Seals, Inc.** www.ahps.net Fabricante de una gran variedad de limpiadores y sellos para vástagos, pistones y aplicaciones giratorias. En el sitio se incluyen numerosas representaciones gráficas de secciones transversales de sellos, y tablas de materiales y sus propiedades.
16. **Lord Corporation.** *www.lordmpd.com* Fabricante de acoplamientos flexibles, monturas para vibración y de aislamiento de choque, con materiales elastoméricos adheridos a metales. En el sitio se incluyen datos de catálogo para seleccionar acoplamientos y otros productos.
17. **General Polygon Systems, Inc.** *www.generalpolygon.com* Proveedores de conexiones mecánicas de ejes a cubos, con el sistema poligonal.
18. **Drive Technologies, LLC.** *www.drivetechnologies.com* Desarrollador y fabricante de la junta universal Cornay™, ejes de impulsión, tomas de potencia, juntas de velocidad constante y sistemas completos de transmisión.

PROBLEMAS

Para los problemas 1 a 4 y 7, determine las dimensiones que requiere la cuña: longitud, ancho y alto. Para las cuñas, use acero AISI 1020 estirado en frío, si se puede obtener un diseño satisfactorio. Si no, use un material de mayor resistencia. A menos que se indique otra cosa, suponga que el material de la cuña es el más débil en comparación con el material del eje o de los elementos acoplados.

1. Especifique una cuña para un engrane que se montará en un eje con 2.00 pulgadas de diámetro. El engrane transmite 21 000 lb·pulgadas de par torsional, y la longitud de su cubo es de 4.00 pulgadas.
2. Especifique una cuña para un engrane que transmite 21 000 lb·pulgadas de par torsional, el cual está montado en un eje de 3.60 pulgadas de diámetro. La longitud del cubo del engrane es de 4.00 pulgadas.
3. Una polea para bandas V transmite un par torsional de 1112 lb·pulgadas a un eje de 1.75 pulgada de diámetro. La polea es de hierro colado ASTM clase 20, y su cubo tiene 1.75 pulgada de longitud.
4. Una catarina entrega 110 HP a un eje, con una velocidad de giro de 1700 rpm. El barreno de la catarina tiene 2.50 pulgadas de diámetro y la longitud del cubo es de 3.25 pulgadas.
5. Especifique una estría adecuadas con ajuste *B* para cada una de las aplicaciones en los problemas 1 a 4.
6. Diseñe un perno cilíndrico para transmitir la potencia, como en el problema 4, pero diséñelo para que falle por cortante, si la potencia es mayor que 220 HP.
7. Especifique una cuña para la catarina y el sinfín del problema modelo 12-4. Observe las especificaciones de los diámetros finales de eje al final del problema.
8. Describa una cuña Woodruff No. 204.
9. Describa una cuña Woodruff No. 1628.
10. Trace un dibujo de detalle de una conexión entre un eje y el cubo de un engrane, con una cuña Woodruff. El diámetro del eje es de 1.500 pulgadas. Use una cuña Woodruff No. 1210. Indique las dimensiones del cuñero en el eje y en el cubo.
11. Repita el problema 10, mediante una cuña Woodruff No. 406, en un eje de 0.500 pulgada de diámetro.
12. Repita el problema 10, mediante una cuña Woodruff No. 2428 en un eje de 3.250 pulgadas de diámetro.
13. Calcule el par torsional que podría transmitir la cuña del problema 10, con base en el cortante y en la compresión, si la cuña es de acero AISI 1020 estirado en frío, con factor de diseño $N = 3$.
14. Repita el problema 13, para la cuña del problema 11.
15. Repita el problema 13, para la cuña del problema 12.
16. Dibuje una conexión de cuatro estrías con diámetro mayor que 1.500 pulgadas y ajuste *A*. Indique las dimensiones críticas.
17. Dibuje una conexión con 10 estrías con diámetro mayor de 3.500 pulgadas y ajuste *B*. Indique las dimensiones críticas.
18. Dibuje una conexión de 16 estrías, con un diámetro mayor de 2.500 pulgadas y ajuste *C*. Indique las dimensiones críticas.
19. Determine la capacidad de par torsional que tienen las estrías de los problemas 16 a 18.
20. Describa la forma en la que un prisionero transmite par torsional, si se usa en lugar de una cuña. Describa las desventajas de ese arreglo.
21. Describa un ajuste a prensa, el cual se usaría para asegurar un elemento de transmisión de potencia a un eje.
22. Describa las diferencias principales entre acoplamientos rígidos y flexibles, en lo que afectan los esfuerzos en los ejes que conectan.
23. Describa una gran desventaja cuando se usa una sola junta universal para conectar dos ejes con desalineamiento angular.
24. Describa cinco formas de localizar elementos de transmisión de potencia, en dirección axial en un eje, y en forma positiva.
25. Describa tres casos donde se apliquen sellos en el diseño de máquinas.
26. Indique ocho parámetros que se deben considerar al seleccionar el sello, y especificar un diseño en particular.
27. Describa tres métodos para sellar recipientes a presión, en condiciones estáticas.
28. Describa tres métodos para sellar un recipiente cerrado, pero permitiendo el movimiento relativo de una de sus partes.
29. Describa cuatro tipos de sellos que se usen en vástagos o pistones *reciprocantes*.
30. Describa tres tipos de sellos que se apliquen a ejes giratorios.
31. Describa el método para sellar un rodamiento de bolas, con el cual se evita la entrada de contaminantes.
32. Describa un sello con anillo O, y elabore un esquema de su instalación.
33. Describa un sello con anillo T, y elabore un esquema de su instalación.
34. Describa algunas ventajas de los sellos con anillo T frente a los sellos con anillos O.
35. Describa un sello de diafragma y los tipos de situaciones en las que se usa.
36. Describa métodos adecuados para sellar los lados de un pistón contra las paredes internas del cilindro de un actuador hidráulico.
37. Describa la función de un rascador o limpiador en un vástago de cilindro.
38. Describa los elementos esenciales de un sello mecánico de cara.
39. Indique al menos seis tipos de elastómeros de uso común para sellos.
40. Indique al menos tres tipos de elastómeros recomendados para resistir la intemperie.

41. Indique al menos tres tipos de elastómeros recomendados para funcionar en fluidos derivados del petróleo.
42. Indique al menos tres tipos de elastómeros recomendados para funcionar a bajas temperaturas.
43. Indique al menos tres tipos de elastómeros recomendados para funcionar a altas temperaturas.
44. Se trata de aplicar un sello bajo las siguientes condiciones: exposición a líquidos derivados del petróleo, altas temperaturas y se requiere impermeabilidad. Especifique un elastómero adecuado para el sello.
45. Se trata de aplicar un sello bajo las siguientes condiciones: exposición a altas temperaturas y a la intemperie; se requiere impermeabilidad, alta resistencia y resistencia a la abrasión. Especifique un elastómero adecuado para el sello.
46. Describa los detalles adecuados en el diseño de ejes, cuando los sellos del elastómero tocan el eje.

12

Diseño de ejes

Panorama

Diseño de ejes

Mapa de aprendizaje

- Un eje es un componente de máquina rotatorio que transmite potencia

Descubrimiento

Identifique ejemplos de sistemas mecánicos donde existen ejes que transmiten potencia. Describa su geometría, las fuerzas y los pares que se ejercen sobre ellos.

¿Qué tipos de esfuerzos se producen en el eje? ¿Cómo se montan otros elementos en el eje?

¿Cómo se adapta a ellos la geometría del eje? ¿Cómo se soporta el eje? ¿Qué tipos de cojinetes se usan?

Este capítulo presenta métodos que puede emplear para diseñar ejes seguros en su aplicación pretendida. Pero usted tiene la responsabilidad final del diseño.

Un *eje* (o *árbol*) es un componente de dispositivos mecánicos que transmite movimiento rotatorio y potencia. Es parte de cualquier sistema mecánico donde la potencia se transmite desde un primotor, que puede ser un motor eléctrico o uno de combustión, a otras partes giratorias del sistema. ¿Puede identificar algunos tipos de sistemas mecánicos que contengan elementos giratorios que transmitan potencia?

Aquí están algunos ejemplos: transmisiones de velocidad con engranes, bandas o cadenas, transportadores, bombas, ventiladores, agitadores y muchos tipos de equipo de automatización. ¿Qué otros puede imaginar? Considere los electrodomésticos, el equipo para podar césped, las partes de un automóvil, herramientas motorizadas y máquinas en una oficina, o en el lugar donde trabaja. Descríbalas e indique cómo se usan los ejes. ¿Desde cuál fuente llega la potencia al eje? ¿Qué tipo de elemento transmisor de potencia, si es el caso, está sobre el eje mismo? ¿El eje sólo transmite el movimiento giratorio y el par torsional a otro elemento? En ese caso ¿cómo se conecta el eje a ese elemento?

Visualice las fuerzas, los pares torsionales y los momentos flexionantes producidos en el eje durante su funcionamiento. En el proceso de transmisión de potencia a una velocidad de rotación dada, el eje queda sujeto a un momento torsional (o *torque)* en forma inherente. En consecuencia, se produce un esfuerzo cortante torsional en el eje. También, un eje suele sostener elementos que transmiten potencia, como los engranes, las poleas para bandas o las catarinas para cadenas, los cuales ejercen fuerzas sobre el eje en dirección transversal (es decir, perpendicular al eje). Esas fuerzas transversales causan momentos flexionantes dentro del eje, por lo que requieren un análisis del esfuerzo debido a la flexión. De hecho, se deben analizar los esfuerzos combinados en la mayoría de los ejes.

Describa la geometría específica de los ejes, de acuerdo con algunos equipos que pueda examinar. Elabore un esquema de la variación de las dimensiones que puedan tener, por ejemplo, el cambio de diámetro para tener escalones, ranuras, cuñeros u orificios. ¿Cómo se mantienen en su lugar, a lo largo del eje, los elementos transmisores de potencia? ¿Cómo se apoyan los ejes? En forma típica se usan los cojinetes para soportar el eje, y al mismo tiempo permitir su rotación en relación con la caja de la máquina. ¿Qué tipos de cojinetes se usan? ¿Tienen elementos rodantes, como los rodamientos de bolas? O bien ¿son cojinetes con superficies lisas? ¿Qué materiales se usan?

Es probable que encuentre gran variedad en el diseño de los ejes, en diversos equipos. Observe que las funciones de un eje tienen una gran influencia sobre su diseño. La geometría de un eje está muy influida por elementos acoplados como los cojinetes, los acoplamientos, los engranes, las catarinas u otros elementos de transmisión de potencia.

Este capítulo presenta métodos que puede usar en el diseño de ejes, para que sean seguros en la aplicación que se pretende para ellos. Pero la responsabilidad final del diseño es de usted, porque no es práctico indicar en un libro todas las condiciones a las que se someterá determinado eje.

Usted es el diseñador

Considere el reductor de velocidad con engranes en las figuras 1-12 y 8-3. Al avanzar en el diseño, debe diseñar tres ejes. El eje de entrada sostiene el primer engrane del tren y gira a la velocidad del primotor, que en el caso típico es un motor eléctrico o uno de combustión. El eje intermedio sostiene dos engranes, y gira con más lentitud que el eje de entrada, debido a la primera etapa de reducción de velocidad. El engrane final del tren está soportado por el tercer eje, el cual también transmite potencia a la máquina impulsada. ¿De qué material se debe fabricar cada eje? ¿Qué par torsional está transmitiendo cada eje, y sobre qué parte del eje actúa? ¿Cómo se deben ubicar los engranes sobre los ejes? ¿Cómo se debe transmitir la potencia de los engranes a los ejes, y viceversa? ¿Qué fuerzas se ejercen en el eje, debido a los engranes, y qué momentos flexionantes se producen? ¿Qué fuerzas deben resistir los cojinetes que soportan cada eje? ¿Cuáles son los diámetros mínimos aceptables para que todos los ejes que se seleccionen tengan una operación segura? ¿Cuáles deben ser las especificaciones finales de las dimensiones, para los numerosos detalles de los ejes, y cuáles deben ser las tolerancias para esas dimensiones? El material de este capítulo lo ayudará a tomar estas decisiones y otras más, al diseñar ejes.

12-1 OBJETIVOS DE ESTE CAPÍTULO

Al terminar este capítulo, podrá:

1. Proponer dimensiones razonables para que los ejes soporten varios tipos de elementos transmisores de potencia, tengan una ubicación segura de cada elemento y transfieran la potencia de manera confiable.
2. Calcular las fuerzas que ejercen los engranes, las poleas y las catarinas, sobre los ejes.
3. Determinar la distribución de par torsional en los ejes.
4. Preparar diagramas de fuerza cortante y momento flexionante en dos planos, para los ejes.
5. Considerar los factores de concentración de esfuerzo, comunes en el diseño de ejes.
6. Especificar esfuerzos de diseño adecuados para los ejes.
7. Aplicar el procedimiento del diseño de ejes recomendado por la norma ANSI B106.1M-1985, *Design of Transmission Shafting* (Diseño de ejes de transmisión), para determinar el diámetro que requieren los ejes en cualquier sección, y resistir la combinación de esfuerzo cortante torsional y esfuerzo flexionante.
8. Especificar las dimensiones finales razonables de los ejes, que satisfagan los requisitos de resistencia y las consideraciones de instalación, y que sean compatibles con los elementos montados sobre ellos.
9. Considerar la influencia de la rigidez del eje en su funcionamiento dinámico.

12-2 PROCEDIMIENTO PARA DISEÑAR EJES

A causa del desarrollo simultáneo de los esfuerzos cortantes torsionales y los esfuerzos flexionantes, el análisis de esfuerzos en un eje implica casi siempre emplear un método de esfuerzos combinados. El método recomendado para diseñar y analizar ejes es el de la *teoría de falla por energía de distorsión*. Esta teoría se presentó en el capítulo 5, y se describirá con más detalle en la sección 12-5. También pueden desarrollarse esfuerzos cortantes verticales y esfuerzos normales directos, por cargas axiales. Estos esfuerzos pueden dominar en ejes muy cortos, o en porciones del eje donde no existen flexión ni torsión. Las descripciones de los capítulos 3, 4 y 5 explican el análisis adecuado.

Las tareas específicas que deben desarrollarse en el diseño y análisis de un eje dependen de su diseño propuesto, además de la forma de aplicarle la carga y de soportarlo. Con esto en mente, lo que sigue es un procedimiento recomendado para diseñar un eje.

Procedimiento para diseñar un eje

1. Determine la velocidad de giro del eje.
2. Determine la potencia o el par torsional que debe transmitir el eje.
3. Determine el diseño de los componentes transmisores de potencia, u otras piezas que se montarán sobre el eje, y especificar el lugar requerido para cada uno.
4. Especifique la ubicación de los cojinetes a soportar en el eje. Por lo común, se supone que se usan sólo dos cojinetes para sostener un eje. Se supone que las reacciones en los ejes que soportan cargas radiales actúan en el punto medio de los cojinetes. Por ejemplo, si se usa un rodamiento de bolas de una sola hilera, se supone que la carga pasa directamente por las bolas. Si en el eje existen cargas de empuje (axiales), se debe especificar el cojinete que reaccionará contra el empuje. Entonces, el que no resiste el empuje debe poder moverse un poco en dirección axial, para asegurar que en él se ejerza una fuerza de empuje inesperada y no deseada.

   Si es posible, los cojinetes deben colocarse a cada lado de los elementos transmisores de potencia, para obtener un soporte estable del eje y para producir cargas razonablemente bien balanceadas en los cojinetes. Éstos se deben colocar cerca de los elementos de transmisión de potencia para minimizar los momentos flexionantes. También, se debe mantener lo bastante pequeña la longitud general del eje, para mantener las deflexiones dentro de los valores razonables.
5. Proponga la forma general de los detalles geométricos para el eje, considerando la forma de posición axial en que se mantendrá cada elemento sobre el eje, y la forma en que vaya a efectuarse la transmisión de potencia de cada elemento al eje. Por ejemplo, considere el eje de la figura 12-1, el cual va a cargar dos engranes, y va a ser el eje intermedio de una transmisión del tipo de engranes rectos, de doble reducción. El engrane A recibe la potencia del engrane P a través del eje de entrada. La potencia se transmite del engrane A al eje, a través de la cuña en la interfase entre el cubo del en-

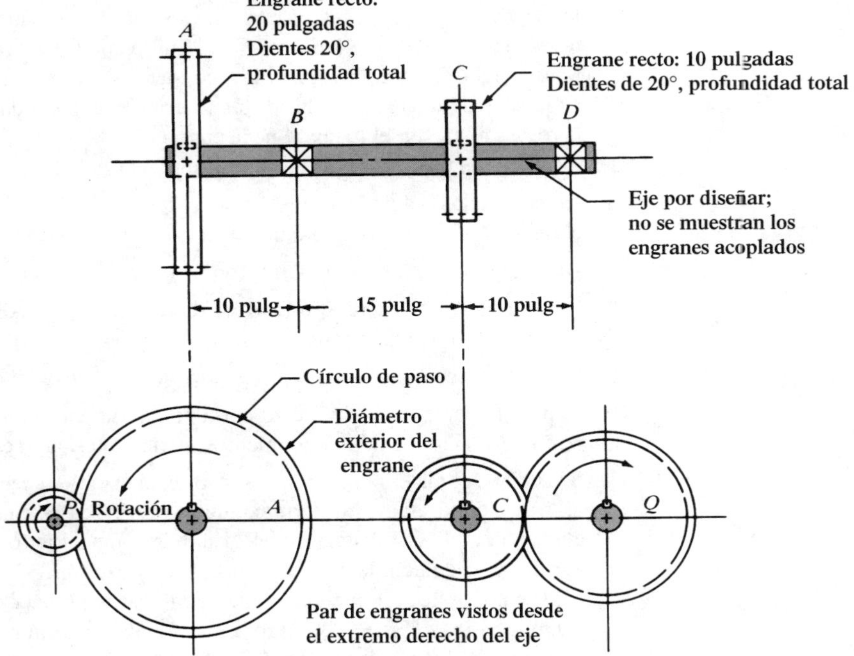

FIGURA 12-1 Eje intermedio para un reductor de velocidad del tipo de engranes rectos y doble reducción

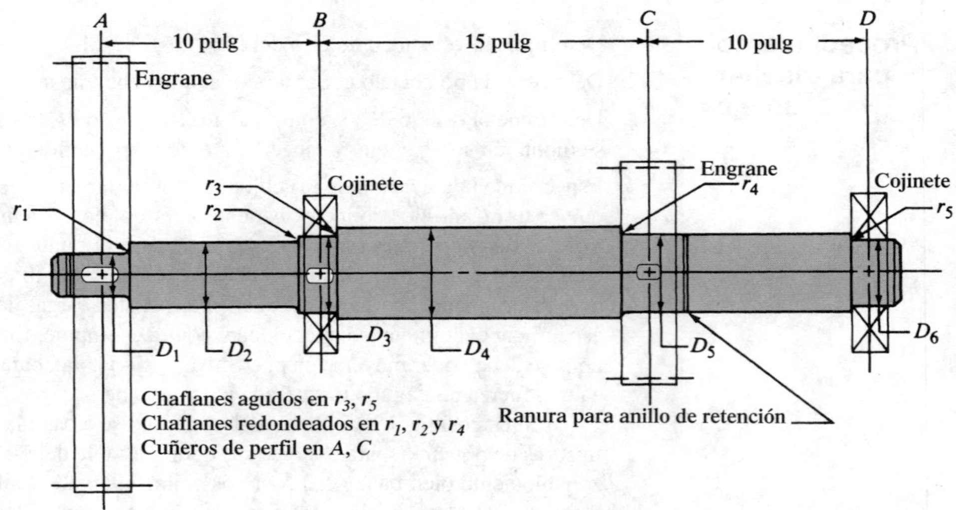

FIGURA 12-2 Dimensiones propuestas para el eje de la figura 12-1. Chaflanes agudos en r_3, r_5; chaflanes redondeados en r_1, r_2 y r_4; cuñeros de perfil en *A*, *C*.

grane y el eje. Después, la potencia sigue por el eje hasta el punto *C*, donde pasa por otra cuña al engrane *C*. Entonces, este último transmite la potencia al engrane *Q*, y en consecuencia, al eje de salida. Los lugares de los engranes y los cojinetes quedan determinados por la configuración general del reductor.

Ahora se decidirá colocar los cojinetes en los puntos *B* y *D* del eje que se va a diseñar. Pero ¿cómo se localizarán los cojinetes y los engranes, para asegurar que mantengan su posición durante el funcionamiento, manejo y transporte, entre otras tareas? Naturalmente, hay muchas maneras de hacerlo. Una es la que se propone en la figura 12-2. Se deben maquinar escalones en el eje, para que tenga superficies contra las cuales asentar los cojinetes y los engranes, por uno de sus lados en cada caso. Los engranes se sujetan del otro lado mediante anillos de retención introducidos a presión en ranuras fabricadas sobre el eje. Los cojinetes se sujetarán en la posición por la acción de la caja, donde recargan las pistas exteriores de los rodamientos. Se maquinarán cuñeros en el eje, en el lugar de cada engrane. Esta geometría propuesta suministra una localización positiva para cada elemento.

6. Determine la magnitud del par torsional que se desarrolla en cada punto del eje. Se recomienda preparar un diagrama de par torsional, como se indicará después.
7. Determine las fuerzas que obran sobre el eje, en dirección radial y axial.
8. Descomponga las fuerzas radiales en direcciones perpendiculares, las cuales serán, en general, vertical y horizontal.
9. Calcule las reacciones en cada plano sobre todos los cojinetes de soporte.
10. Genere los diagramas de fuerza cortante y momento flexionante completos, para determinar la distribución de momentos flexionantes en el eje.
11. Seleccione el material con el que se fabricará el eje y especifique su condición: estirado en frío y con tratamiento térmico, entre otras. Vea las sugerencias sobre aceros para ejes en la tabla 2-4 del capítulo 2. Lo más común son los aceros al carbón simples o aleados, con contenido medio de carbón, como los AISI 1040, 4140, 4340, 4640, 5150, 6150 y 8650. Se recomienda que la ductilidad sea buena, y que el porcentaje de elongación sea mayor que 12%, aproximadamente. Determine la resistencia última, la resistencia de fluencia y el porcentaje de elongación del material seleccionado.

12. Determine un esfuerzo de diseño adecuado, contemplando la forma de aplicar la carga (uniforme, choque, repetida e invertida u otras más).
13. Analice cada punto crítico del eje, para determinar el diámetro mínimo aceptable del mismo, en ese punto, y para garantizar la seguridad frente a las cargas en ese punto. En general, hay varios puntos críticos, e incluyen aquellos donde se da un cambio de diámetro, donde se presentan los valores mayores de par torsional y de momento flexionante, y donde haya concentración de esfuerzos.
14. Especifique las dimensiones finales para cada punto en el eje. Por lo común, los resultados del paso 13 sirven como guía, y entonces se escogen valores adecuados. También se deben especificar los detalles del diseño, como las tolerancias, los radios del chaflán, la altura de escalones y las dimensiones del cuñero. A veces, el tamaño y las tolerancias del diámetro de un eje quedan determinados por el elemento que se va a montar en él. Por ejemplo, en los catálogos de los fabricantes de rodamientos de bolas se especifican los límites de los diámetros en ejes, para que sus rodamientos asienten

Este proceso se demostrará después de presentar los conceptos de análisis de fuerzas y esfuerzos.

12-3 FUERZAS QUE EJERCEN LOS ELEMENTOS DE MÁQUINAS SOBRE LOS EJES

Los engranes, las poleas, las catarinas y otros elementos sostenidos comúnmente por los ejes, ejercen fuerzas sobre el eje, y causan momentos flexionantes. Lo que sigue es una descripción de los métodos para calcular esas fuerzas en algunos casos. En general, tendrá que aplicar los principios de estática y de dinámica para calcular las fuerzas sobre determinado elemento en particular.

Engranes rectos

La fuerza ejercida sobre un diente de engrane, durante la transmisión de potencia, actúa en dirección normal (perpendicular) al perfil de involuta del diente, como se explicó en el capítulo 9 y se ve en la figura 12-3. Conviene, para el análisis de los ejes, considerar los componentes rectangulares de esta fuerza, los cuales actúan en dirección radial y tangencial. Lo más cómodo es calcular la fuerza tangencial, W_t, en forma directa con el par torsional conocido que va a transmitir el engrane. Para unidades inglesas,

$$T = 63\,000\,(P)/n \qquad \textbf{(12-1)}$$

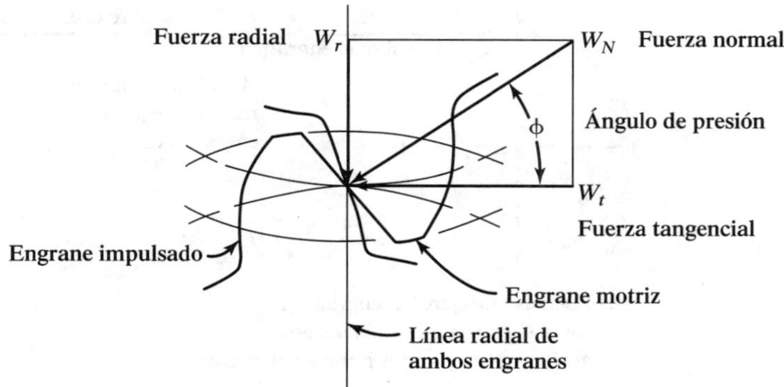

FIGURA 12-3 Fuerzas sobre los dientes de un engrane impulsado

Fuerza tangencial

$$W_t = T/(D/2) \tag{12-2}$$

donde P = potencia que se transmite, HP
n = velocidad de giro, rpm
T = par torsional sobre el engrane, lb·pulgada
D = diámetro de paso del engrane, pulgadas

El ángulo entre la fuerza total y la componente tangencial es igual al ángulo de presión, ϕ, del perfil del diente. Así, si se conoce la fuerza tangencial, la fuerza radial se puede calcular en forma directa con

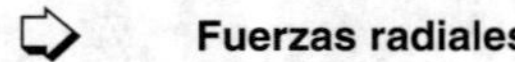

Fuerzas radiales

$$W_r = W_t \tan \phi \tag{12-3}$$

y no es necesario calcular la fuerza normal. Para los engranes, el ángulo de presión típico es de $14\frac{1}{2}°$, 20° o 25°.

Direcciones de fuerzas sobre engranes rectos engranados

Es esencial representar las fuerzas sobre los engranes en sus direcciones correctas, para hacer un análisis correcto de fuerzas y esfuerzos en los ejes que sostienen a los engranes. El sistema de fuerzas de la figura 12-4(*a*) representa la acción del engrane impulsor *A* sobre el engrane impulsado *B*. La fuerza tangencial W_t empuja en dirección perpendicular a la línea radial, lo cual causa que gire el engrane impulsado. La fuerza radial W_r, que ejerce el engrane impulsor *A*, actúa a lo largo de la línea radial y tiende a alejar al engrane impulsado *B*.

Un importante principio de la mecánica establece que para cada fuerza de acción hay una fuerza de reacción igual y opuesta. Por consiguiente, como se muestra en la figura 12-4(*b*), el engrane impulsado devuelve el empuje al engrane impulsor, con una fuerza tangencial que se opone a la de éste, y una fuerza radial que tiende a alejarlo. Observe las siguientes direcciones de las fuerzas, para la orientación de los engranes que muestra la figura 12-4:

FIGURA 12-4
Direcciones de las fuerzas sobre engranes rectos acoplados

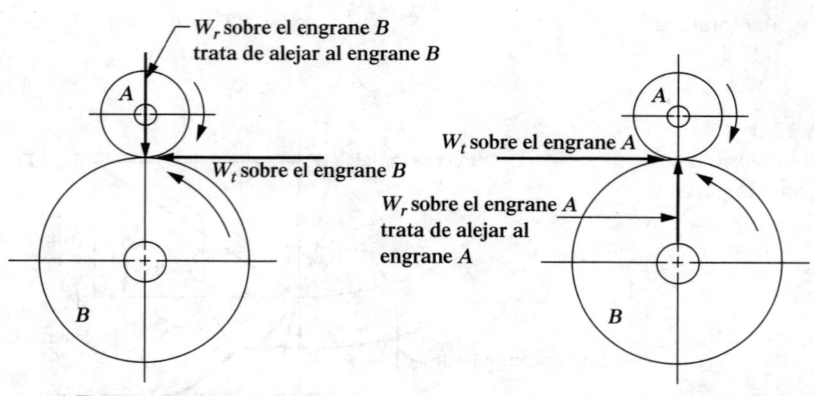

a) Fuerzas que ejerce el engrane *A* sobre el engrane *B*. Fuerzas de acción – el engrane *A* impulsa al engrane *B*

b) Fuerzas que el engrane *B* ejerce sobre el engrane *A*. Fuerzas de reacción

Acción: *El impulsor empuja a un engrane impulsado*	***Reacción:*** *El engrane impulsado regresa el empuje al impulsor*
W_t: Actúa hacia la izquierda	W_t: Actúa hacia la derecha
W_r: Actúa hacia abajo	W_i: Actúa hacia arriba

En resumen, siempre que necesite determinar la dirección de las fuerzas que actúan sobre determinado engrane, primero vea si se trata de un engrane impulsor o impulsado. Después, visualice las fuerzas de acción del impulsor. Si el engrane de interés es el impulsado, son las fuerzas que actúan sobre él. Si el engrane de interés es el impulsor, las fuerzas actúan sobre él en direcciones opuestas a las de las fuerzas de acción.

Engranes helicoidales

Además de las fuerzas tangenciales y radiales que se producen en los engranes rectos, los engranes helicoidales producen una fuerza axial (como se describió en el capítulo 10). Primero, calcule la fuerza tangencial con las ecuaciones (12-1) y (12-2). Después, si ψ es el ángulo de hélice del engrane, y si el ángulo de presión normal es ϕ_n, la carga radial se calcula con

Fuerza radial

$$W_r = W_t \tan \phi_n / \cos \psi \qquad \textbf{(12-4)}$$

La carga axial es

Fuerza axial

$$W_x = W_t \tan \psi \qquad \textbf{(12-5)}$$

Engranes cónicos

En el capítulo 10, vea y repase las fórmulas de los tres componentes de la fuerza total sobre los dientes de engranes cónicos, en direcciones tangencial, radial y axial. El problema modelo 10-4 muestra un análisis detallado de las fuerzas, pares torsionales y momentos flexionantes sobre ejes que sostienen a engranes cónicos.

Tornllos sinfines y coronas

También, el capítulo 10 presenta las fórmulas para calcular las fuerzas sobre tornillos sinfines y coronas, en direcciones tangencial, radial y axial. Vea el problema modelo 10-10.

Catarinas

La figura 12-5 muestra un par de ruedas *catarinas* con cadena que transmiten potencia. La parte superior de la cadena está a tensión, y produce el par torsional en cada catarina. El tramo inferior de la cadena, llamado *lado flojo*, no ejerce fuerzas sobre las catarinas. En consecuencia, la fuerza flexionante total sobre el eje que sostiene la catarina es igual a la tensión en el lado tenso de la cadena. Si se conoce el par torsional en una catarina,

Fuerza en la cadena

$$F_c = T/(D/2) \qquad \textbf{(12-6)}$$

donde D = diámetro de paso de esa catarina

FIGURA 12-5
Fuerzas sobre las catarinas de cadenas

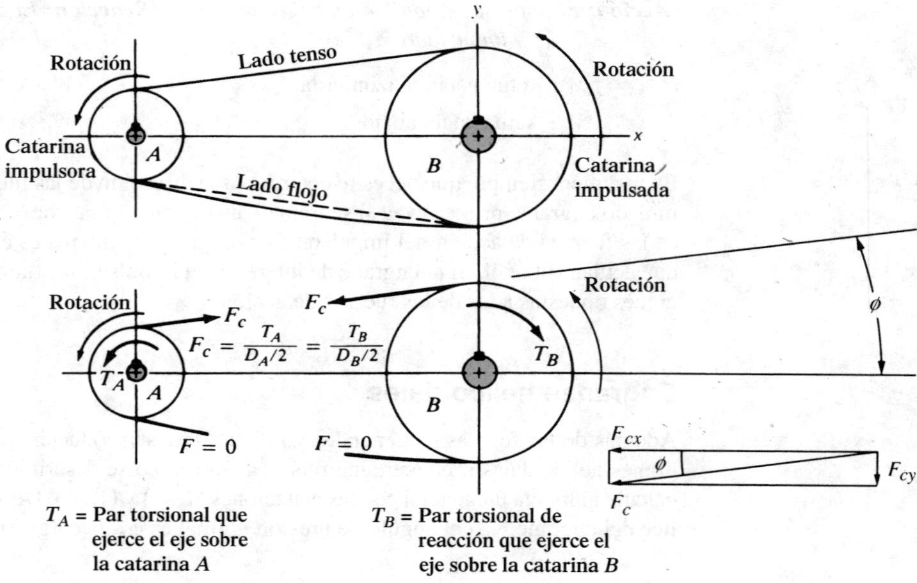

Observe que la fuerza F_c actúa en dirección del lado tenso de la cadena. Debido a las diferencias de tamaño entre las dos catarinas, esa dirección forma cierto ángulo con la línea entre los centros de ejes. Para hacer un análisis preciso, se necesitaría descomponer la fuerza F_c en componentes paralelas a la línea entre centros, y perpendicular a ella; esto es

$$F_{cx} = F_c \cos \theta \quad \text{y} \quad F_{cy} = F_c \operatorname{sen} \theta$$

donde la dirección x es paralela a la línea entre centros
la dirección y es perpendicular a ella
el ángulo θ es el ángulo de inclinación del lado tenso de la cadena con respecto a la dirección x

Estas dos componentes de la fuerza causarían flexión, tanto en dirección x como en y. En forma alterna, el análisis se podría hacer en la dirección de la fuerza F_c, donde sólo existe flexión en un plano.

Si el ángulo θ es pequeño, se causa mínimo error si se supone que toda la fuerza F_c actúa en la dirección de x. *A menos que se diga otra cosa, en este libro se usará esta hipótesis.*

Poleas para bandas V

El aspecto general del sistema para bandas V se parece al de las cadenas de transmisión. Pero existe una diferencia importante: Los dos lados de la banda están en tensión, como se ve en la figura 12-6. La tensión F_1 en el lado tenso es mayor que la tensión F_2 en el "lado flojo", y por ello hay una fuerza impulsora neta sobre las poleas, igual a

Fuerza impulsora neta

$$F_N = F_1 - F_2 \tag{12-7}$$

La magnitud de la fuerza impulsora neta se puede calcular con el par torsional transmitido

Fuerza impulsora neta

$$F_N = T/(D/2) \tag{12-8}$$

FIGURA 12-6
Fuerzas sobre poleas

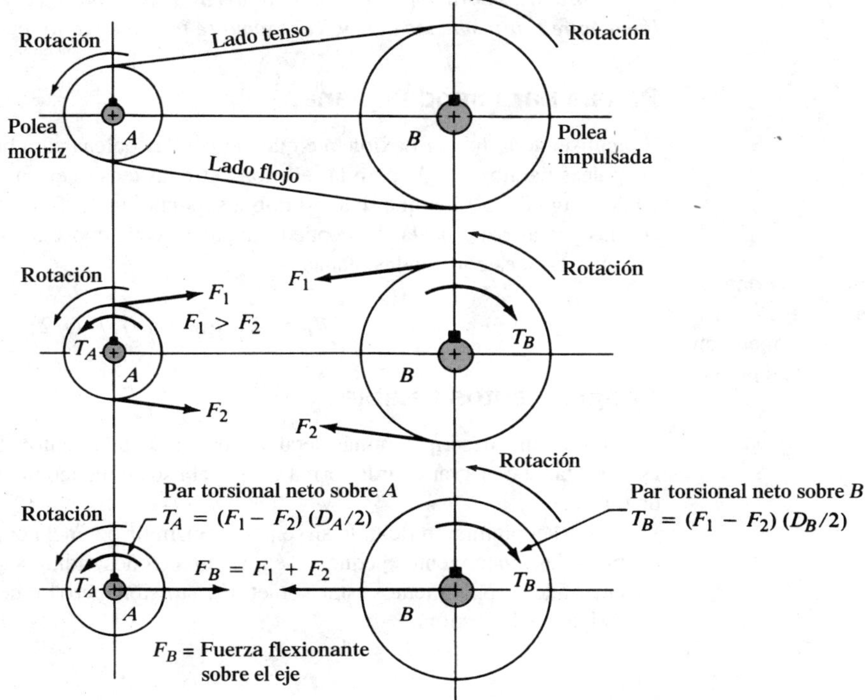

Pero observe que la fuerza de flexión sobre el eje que sostiene la polea depende de la *suma* $F_1 + F_2 = F_B$. Para ser más precisos, se deben usar las componentes de F_1 y F_2 paralelas a la línea entre centros de las dos poleas. Pero a menos que las dos poleas tengan diámetros radicalmente distintos, se causa poco error si se supone que $F_B = F_1 + F_2$.

Para calcular la fuerza de flexión F_B, se necesita una segunda ecuación donde aparezcan las dos fuerzas F_1 y F_2. Se obtiene al suponer una relación de la tensión en el lado tenso y la tensión en el lado flojo. Para transmisiones con bandas en V, se supone que la relación es, en el caso normal

$$F_1/F_2 = 5 \tag{12-9}$$

Conviene establecer una relación entre F_N y F_B de la forma

$$F_B = CF_N \tag{12-10}$$

donde C = constante por determinar

$$C = \frac{F_B}{F_N} = \frac{F_1 + F_2}{F_1 - F_2} \tag{12-11}$$

Pero de acuerdo con la ecuación (12-9), $F_l = 5F_2$. Entonces

$$C = \frac{F_1 + F_2}{F_1 - F_2} = \frac{5F_2 + F_2}{5F_2 - F_2} = \frac{6F_2}{4F_2} = 1.5$$

Fuerza flexionante sobre el eje, para transmisiones con bandas V

Entonces la ecuación (12-10), para transmisiones con bandas, se convierte en

$$F_B = 1.5\,F_N = 1.5T/(D/2) \tag{12-12}$$

Se acostumbra considerar que la fuerza flexionante F_B actúa como una sola fuerza en la línea entre centros de las dos poleas, como se indica en la figura 12-6.

Poleas para bandas planas

El análisis de la fuerza flexionante que ejercen las poleas para bandas planas es idéntico al de las poleas para bandas V, pero la relación entre las tensiones en el lado tenso y en el lado flojo ya no es igual a 5, sino que se acostumbra suponer igual a 3. Con el mismo proceso lógico que con las poleas para bandas V, se puede calcular que la constante *C* es igual a 2.0. Entonces, para transmisiones con bandas planas,

Fuerza flexionante sobre el eje, para transmisiones con bandas planas

$$F_B = 2.0\,F_N = 2.0T/(D/2) \qquad \textbf{(12-13)}$$

Acoplamientos flexibles

Se presentó una descripción más detallada de los acoplamientos flexibles en el capítulo 11, pero es importante observar aquí la forma en que el uso de un acoplamiento flexible afecta el diseño de un eje.

Un acoplamiento flexible sirve para transmitir potencia entre ejes, y al mismo tiempo se adapta a desalineamientos pequeños en las direcciones radial, angular o axial. Así, los ejes adyacentes a los acoplamientos están sometidos a torsión, pero los desalineamientos no causan cargas axiales o de flexión.

12-4 CONCENTRACIONES DE ESFUERZOS EN LOS EJES

Para montar y ubicar los diversos tipos de elementos de máquina en los ejes, en forma adecuada, un diseño final típico contiene varios diámetros, cuñeros, ranuras para anillo y otras discontinuidades geométricas que producen concentraciones de esfuerzos. El diseño de eje propuesto en la figura 12-2 es un ejemplo de esta observación.

Se deben contemplar estas concentraciones de esfuerzos durante el análisis de diseño. Pero existe un problema, porque al iniciar el proceso de diseño se desconocen los valores reales de los factores de concentración de esfuerzos, K_t. La mayor parte de los valores dependen de los diámetros del eje, y de las geometrías de los chaflanes y ranuras, que son los objetivos del diseño.

Este dilema se supera al establecer un conjunto de valores preliminares de diseño para los factores de concentración de esfuerzos encontrados con más frecuencia; dichos valores se pueden emplear para llegar a estimaciones iniciales de los diámetros mínimos aceptables para los ejes. Entonces, después de haber seleccionado unas dimensiones refinadas, podrá analizar la geometría final para determinar los valores reales de los factores de concentración de esfuerzos. Al comparar los valores finales con los preliminares podrá juzgar la aceptabilidad del diseño. Las gráficas de donde se pueden tomar los valores finales de K_t se encuentran en las figuras A15-1 y A15-4.

Valores preliminares de diseño para K_t

Se consideran aquí las discontinuidades geométricas encontradas con más frecuencia en ejes de transmisión de potencia: cuñeros, escalones y ranuras para anillos de retención. En cada caso, un valor sugerido es relativamente alto, para llegar a un resultado conservador en la primera aproximación del diseño. Se vuelve a subrayar que el diseño final debe verificarse desde el punto de vista de seguridad. Esto es, si el valor final es menor que el valor de diseño original, el diseño es todavía seguro. Por el contrario, si el valor final es mayor, se debe revisar otra vez el análisis de esfuerzos para el diseño.

Cuñeros. Un *cuñero* o *chavetero* es una ranura longitudinal que se corta en un eje, para montar una cuña o chaveta que permita la transferencia de par torsional del eje al elemento transmisor de potencia, o viceversa. En el capítulo 11 se describió el diseño de detalle de las cuñas.

FIGURA 12-7
Cuñeros

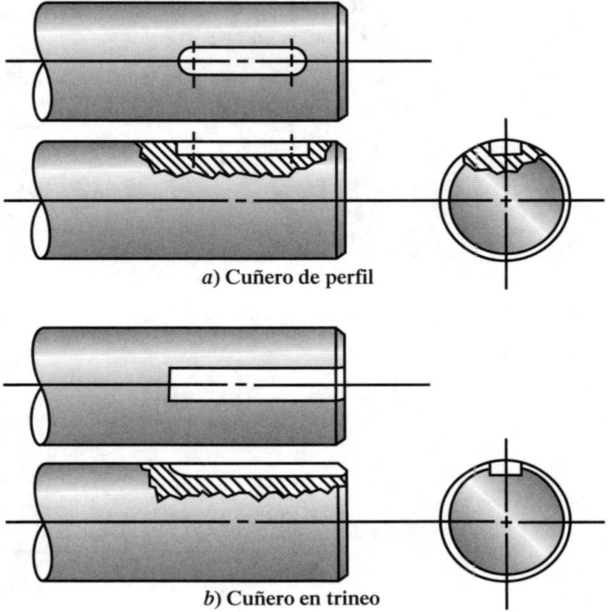

Son dos los tipos de cuñeros que se usan con más frecuencia: el cuñero de perfil y el cuñero de trineo (vea la figura 12-7). El cuñero de perfil se corta en el eje con una fresa lateral de espiga, cuyo diámetro es igual al ancho de la cuña. La ranura que resulta es de fondo plano y tiene un vértice agudo y a escuadra. El cuñero de trineo se obtiene con una fresa circular cuyo ancho es igual al ancho de la cuña. Cuando el cortador comienza o termina el cuñero, produce un radio uniforme. Por esta razón, el factor de concentración de esfuerzos para el cuñero de trineo es menor que el del cuñero de perfil. Los valores usuales manejados en el diseño son

$$K_t = 2.0 \quad \text{(perfil)}$$
$$K_t = 1.6 \quad \text{(de trineo)}$$

Se aplica cada uno de estos valores al cálculo del esfuerzo flexionante en el eje, tomando como base su diámetro total. Los factores ya toman en cuenta tanto la reducción en el área transversal como el efecto de la discontinuidad. Para conocer más detalles acerca de los factores de concentración de esfuerzos para cuñeros, consulte la referencia 6. Si el esfuerzo cortante torsional es variable, y no continuo, también se le aplica el factor de concentración de esfuerzos.

Chaflanes en escalones. Cuando en un eje se presenta un cambio de diámetro, para formar un escalón contra el cual localizar un elemento de máquina, se produce una concentración de esfuerzos que depende de la relación entre los dos diámetros y del radio del chaflán (vea la figura 12-8). Se recomienda que el radio del chaflán (o *radio de tangencia*) sea el mayor posible para minimizar la concentración de esfuerzos, pero a veces el diseño del engrane, cojinete u otro elemento es el que afecta el radio que se puede usar. Para fines del diseño, se clasificarán los chaflanes en dos categorías: agudas y bien redondeadas.

Aquí, el término *agudo* no quiere decir algo verdaderamente agudo, sin radio de transición. Esa configuración de escalón tendría un factor de concentración de esfuerzos muy grande, y debiera evitarse. Más bien, dicho término describe un escalón con un radio del chaflán relativamente pequeño. Una situación donde eso es lo que probablemente ocurra se presenta cuando hay que localizar un cojinete de bolas o de rodillos. La pista interior del rodamiento tiene un radio

FIGURA 12-8
Chaflanes en ejes

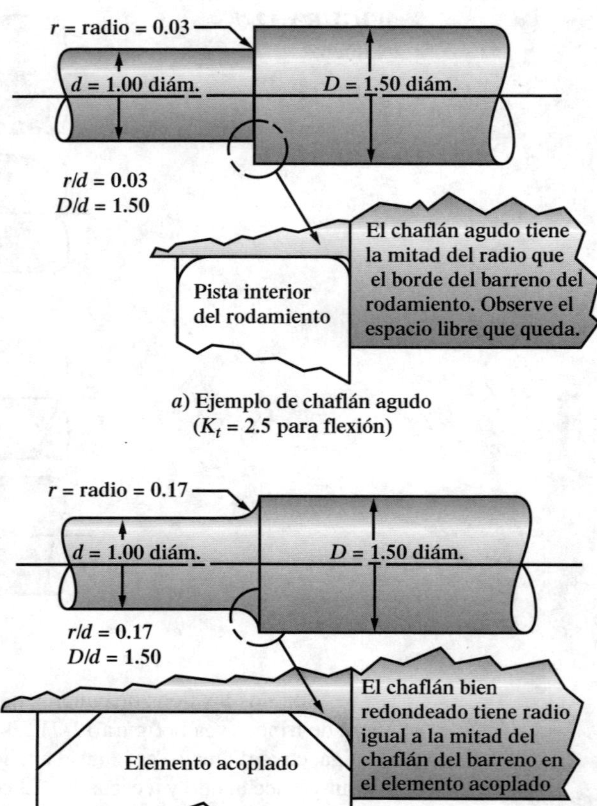

a) Ejemplo de chaflán agudo (K_t = 2.5 para flexión)

b) Ejemplo de chaflán bien redondeado (K_t = 1.5 para flexión)

con el que se le fabricó, pero es pequeño. El radio del chaflán sobre el eje debe ser menor, para que el rodamiento asiente bien contra el escalón. Cuando un elemento con un bisel grande en el barreno recarga contra el escalón, o cuando no hay nada que recargue contra el escalón, el radio del chaflán podría ser mucho mayor (*bien redondeado*), y el factor de concentración de esfuerzos sería menor. Se usarán los siguientes valores en diseños para flexión:

$$K_t = 2.5 \quad \text{(chaflán agudo)}$$
$$K_t = 1.5 \quad \text{(transición bien redondeada)}$$

Al consultar la gráfica de factores de concentración de esfuerzos en la figura A15-1, puede ver que esos valores corresponden a relaciones *r/d* de 0.03, aproximadamente, para el caso del chaflán agudo, y de 0.17 para el chaflán bien redondeado, con una relación *D/d* igual a 1.50.

Ranuras para anillos de retención. Los anillos de retención se usan en muchas funciones de localización en los ejes. Estos anillos se instalan en ranuras en el eje, después de colocar en su lugar el elemento que se va a retener. La geometría de la ranura queda determinada por el fabricante del anillo. Su configuración normal es una ranura superficial con paredes y fondo rectos, y un pequeño chaflán en la base de la ranura. El comportamiento del eje en la cercanía de la ranura se puede aproximar si se consideran dos escalones de chaflanes agudos, uno frente al otro y cercanos. Entonces, el factor de concentración de esfuerzos para una ranura es bastante grande.

Para un diseño preliminar, se aplicará $K_t = 3.0$ al esfuerzo flexionante en una ranura para anillo de retención, para considerar los radios de chaflanes bastante agudos. El factor de concentración de esfuerzos no se aplica al esfuerzo cortante torsional, si es continuo en una dirección.

El valor estimado calculado del diámetro mínimo requerido en una ranura para anillo es el de la base de la ranura. El diseñador debe aumentar este valor en 6%, aproximadamente, para considerar la profundidad característica de las ranuras, y determinar el tamaño nominal del eje. Aplique un factor por ranura para anillo igual a 1.06, al diámetro requerido calculado.

12-5 ESFUERZOS DE DISEÑO PARA EJES

En determinado eje pueden existir varias condiciones distintas de esfuerzo al mismo tiempo. Para cualquier parte del eje que transmita potencia, habrá esfuerzo cortante torsional, mientras que en el caso normal habrá esfuerzo flexionante sobre esa misma parte. En otras partes puede ser que sólo haya esfuerzos flexionantes. Algunos puntos podrán no estar sometidos a flexión ni a torsión, pero experimentarán esfuerzo cortante vertical. Podrán estar sobrepuestos esfuerzos axiales, de tensión o de compresión sobre los demás esfuerzos, y haber puntos donde no se desarrolle esfuerzo alguno importante.

Entonces, la decisión sobre qué esfuerzo usar para el diseño depende de la situación particular en el punto de interés. En muchos proyectos de diseño y análisis de ejes se efectuarán cálculos en varios puntos, para examinar por completo la variedad de condiciones de carga y condiciones geométricas que existan.

Varios casos de los descritos en el capítulo 5 para calcular los factores de diseño N, se emplean para determinar los esfuerzos en el diseño de un eje. Se supondrá que los esfuerzos flexionantes son totalmente invertidos y repetidos, por la rotación del eje. Debido a que los materiales dúctiles funcionan mejor bajo esas cargas, se supondrá que el material del eje es dúctil. También se supondrá que la carga torsional es relativamente constante, y que sólo actúa en una dirección. Si existen otras condiciones, consulte el caso apropiado en el capítulo 5.

Se manejará el símbolo τ_d para representar el esfuerzo de diseño cuando un esfuerzo cortante sea la base del diseño. Se manejará el símbolo σ_d cuando un esfuerzo normal sea la base.

Esfuerzo cortante de diseño-par torsional constante

En el capítulo 5 se indicó que el mejor indicador de la falla en materiales dúctiles, debido al esfuerzo cortante y constante, es la teoría de energía de distorsión, donde el esfuerzo cortante se calcula con

$$\tau_d = s_y/(N\sqrt{3}) = (0.577s_y)/N \qquad \textbf{(12-14)}$$

Se usará este valor para el esfuerzo cortante por torsión continua, el esfuerzo cortante vertical o el esfuerzo cortante directo en un eje.

Esfuerzo cortante de diseño-esfuerzo cortante vertical invertido

Los puntos sobre un eje donde no se aplica par torsional, y donde los momentos flexionante son igual a cero o muy bajos, con frecuencia están sujetos a fuerzas cortantes verticales importantes, que entonces son las que gobiernan el análisis de diseño. Esto suele suceder cuando un cojinete soporta un extremo de un eje, y cuando esa parte del eje no transmite par torsional alguno.

La figura 12-9(a) muestra la distribución de esfuerzos cortantes verticales en una sección transversal circular en esas condiciones. Observe que el esfuerzo cortante máximo está en el eje neutro del eje, esto es, en el diámetro. El esfuerzo disminuye de manera aproximadamente parabólica hasta cero en la superficie externa del eje. Recuerde que, según la resistencia de materiales, el esfuerzo cortante vertical máximo para el caso especial de una sección transversal circular sólida se puede calcular con

$$\tau_{\text{máx}} = 4V/3A$$

FIGURA 12-9
Esfuerzo cortante en un eje giratorio, debido a la fuerza cortante vertical, V

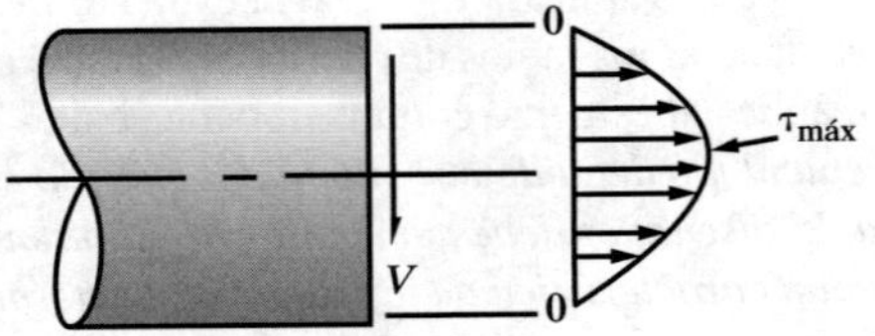

a) **Distribución del esfuerzo cortante en una sección transversal del eje**

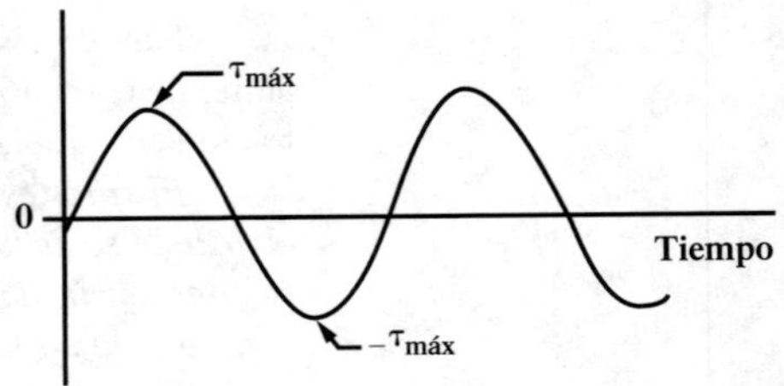

b) **Variación del esfuerzo cortante en determinado elemento de la superficie de un eje redondo giratorio**

donde V = fuerza cortante vertical
A = área de la sección transversal

Cuando se deben considerar factores de concentración de esfuerzos,

$$\tau_{máx} = K_t(4V/3A)$$

Observe también, como se ve en la figura 12-9, que la rotación del eje provoca que cualquier punto en la parte externa de la sección transversal esté sometido a un esfuerzo cortante reversible, que varía de $+\tau_{máx}$, pasa por cero, hasta $-\tau_{máx}$, y regresa a cero en cada revolución. Entonces, el análisis de esfuerzos se debe realizar con la ecuación (5-15), en el caso E de la sección 5-9, capítulo 5, acerca de esfuerzos de diseño:

$$N = s'_{sn}/\tau_{máx}$$

Se recomienda emplear la teoría de la energía de distorsión. Entonces, la resistencia a la fatiga en cortante es

$$s'_{sn} = 0.577s'_n$$

Entonces, la ecuación (5-15) se puede escribir en la forma

$$N = 0.577s'_n/\tau_{máx}$$

Esto, expresado como esfuerzo de diseño, es

$$\tau_d = 0.577s'_n/N$$

Ahora, si $\tau_{máx} = \tau_d = K_t(4V)/3A$, entonces

$$\frac{K_t(4V)}{3A} = \frac{0.577s'_n}{N}$$

De aquí se despeja N, y se obtiene

$$N = \frac{0.577s'_n(3A)}{K_t(4V)} = \frac{0.433s'_n(A)}{K_t(V)} \qquad \textbf{(12-15)}$$

La ecuación (12-15) es útil, si el objetivo es evaluar el factor de diseño para una determinada magnitud de carga, determinada geometría del eje y determinadas propiedades del material.

Pero si se despeja el área necesaria, se obtiene

$$A = \frac{K_t(V)N}{0.433s_n'} = \frac{2.31K_t(V)N}{s_n'}$$

Sin embargo, el objetivo normal es el diseño del eje para determinar el diámetro requerido. Por sustitución de

$$A = \pi D^2/4$$

se puede despejar D:

Diámetro requerido del eje

$$D = \sqrt{2.94\, K_t(V)N/s_n'} \quad \textbf{(12-16)}$$

Esta ecuación se debe emplear para calcular el diámetro necesario de un eje cuando una fuerza cortante vertical V sea la única carga importante presente. En la mayoría de los ejes, el diámetro que resulte será mucho menor que el que se requiera en otras partes del eje, donde haya valores importantes de momento de par torsional y flexionante. También, por consideraciones prácticas, se puede requerir que el eje sea algo mayor que el mínimo calculado, para adaptarse a un cojinete en el lugar donde la fuerza cortante sea igual a la carga radial sobre el cojinete.

La implementación de las ecuaciones (12-15) y (12-16) tiene la desventaja de que no se conocen bien los valores del factor de concentración de esfuerzos, bajo las condiciones del esfuerzo cortante vertical. Los datos publicados, como los contenidos en los apéndices de este libro y en la referencia 5, muestran valores de factores de concentración de esfuerzos para esfuerzo axial normal, normal flexionante y cortante torsional. Pero casi nunca se muestran valores de esfuerzo cortante vertical. Como aproximación, se usarán los valores de K_t para el esfuerzo cortante torsional al emplear estas ecuaciones.

Esfuerzo normal de diseño-carga por fatiga

Para la flexión repetida e invertida en un eje, causada por cargas transversales aplicadas al eje giratorio, el esfuerzo de diseño se relaciona con la resistencia del material del eje a la fatiga. Al especificar el esfuerzo de diseño se deben considerar las condiciones reales bajo las cuales *se fabrica* y *funciona* el eje.

En la sección 5-4 del capítulo 5, vea la exposición del método de cálculo de la resistencia estimada a la fatiga real, s_n', que se emplea en el diseño de ejes. El proceso comienza con la gráfica de la figura 5-8 para determinar la resistencia a la fatiga en función de la resistencia última a la tensión del material, ajustada por el acabado superficial. Con la ecuación (5-4) se ajusta ese valor, al aplicar cuatro factores por el tipo de material, tipo de esfuerzo, confiabilidad y tamaño de la sección transversal. Cuando se diseñan ejes giratorios de acero, los valores del factor por material y por tipo de esfuerzo son iguales a 1.0, los dos. Consulte la tabla 5-1 para obtener el factor por confiabilidad. Utilice la figura 5-9, o la ecuación de la tabla 5-2, para calcular el factor por tamaño.

Observe que cualquier factor de concentración de esfuerzo se considerará en la ecuación de diseño que se desarrollará después. Otros factores, que aquí no se consideran y pudieran tener un efecto adverso sobre la resistencia del material del eje a la fatiga, y en consecuencia sobre el esfuerzo de diseño, son las temperaturas mayores que 400°F (200°C), aproximadamente; la variación en valores máximos de esfuerzo mayores que la resistencia nominal a la fatiga durante varios intervalos; la vibración, los esfuerzos residuales, el endurecimiento superficial, los ajustes de interferencia, la corrosión, los ciclos térmicos, las pinturas o superficies de capas, y los esfuerzos que se ignoraron en el análisis básico. Se recomienda probar los componentes reales bajo esas condiciones.

Para las partes del eje sometidas sólo a flexión invertida, el esfuerzo de diseño será

$$\sigma_d = s_n'/N \tag{12-17}$$

Factor de diseño, *N*

Repase la sección 5-7 del capítulo 5, acerca de los valores recomendados del factor de diseño. Se usará $N = 2.0$ en diseños típicos de ejes, donde hay una confianza promedio en los datos de resistencia del material y de las cargas. Se deben manejar valores mayores para cargas de choque e impacto, y donde haya incertidumbre en los datos.

12-6 EJES SÓLO SOMETIDOS A FLEXIÓN Y A TORSIÓN

Como ejemplos de ejes sometidos sólo a flexión y a torsión están los que sostienen engranes rectos, poleas para bandas V o ruedas para cadenas. La potencia transmitida causa la torsión, y las fuerzas transversales sobre los elementos causan flexión. En el caso general, las fuerzas transversales no actúan todas en el mismo plano. En esos casos, se preparan primero los diagramas de momento flexionante para dos planos perpendiculares. Después, se determina el momento flexionante resultante en cada punto de interés. El proceso se ilustrará en el problema modelo 12-1.

Ahora se deduce una ecuación para el diseño, basada en la hipótesis de que el esfuerzo cortante en el eje es repetido y se invierte cuando gira el eje, pero el esfuerzo cortante por torsión es casi uniforme. La ecuación de diseño se basa en el principio que muestra en forma gráfica la figura 12-10, donde el eje vertical es la relación del esfuerzo flexionante invertido entre la resistencia a la fatiga del material (vea la referencia 8). El eje horizontal es la relación del esfuerzo cortante torsional entre la resistencia a la cedencia por cortante del material. Los puntos que tienen el valor de 1.0 en esos ejes indican la falla inminente en flexión pura o en torsión pura, respectivamente. Los datos experimentales indican que la falla, bajo combinaciones

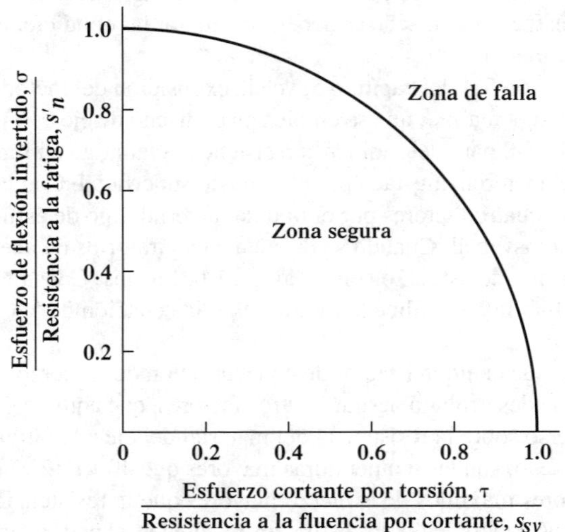

FIGURA 12-10 Base para la ecuación del diseño de ejes, con esfuerzo flexionante invertido repetido, y esfuerzo cortante torsional constante

de flexión y torsión, sigue aproximadamente el arco que une esos dos puntos, cuya ecuación es la siguiente:

$$(\sigma/s_n')^2 + (\tau/s_{ys})^2 = 1 \tag{12-18}$$

Aquí se empleará $s_{ys} = s_y/\sqrt{3}$, de la teoría de la energía de distorsión. También se puede incorporar un factor de diseño en cada término del primer miembro de la ecuación, para llegar a una expresión basada en *esfuerzos de diseño*:

$$(N\sigma/s_n')^2 + (N\tau\sqrt{3}/s_y)^2 = 1$$

Ahora se puede introducir un factor de concentración de esfuerzos para flexión, sólo en el primer término, porque este esfuerzo es repetitivo. No se necesita factor en el término del esfuerzo cortante torsional, porque se supone constante, y las concentraciones de esfuerzo tienen poco o ningún efecto sobre el potencial de falla. Entonces

$$(K_t N\sigma/s_n')^2 + (N\tau\sqrt{3}/s_y)^2 = 1 \tag{12-19}$$

Para ejes redondos sólidos, giratorios, el esfuerzo flexionante debido a un momento flexionante M es

$$\sigma = M/S \tag{12-20}$$

donde $S = \pi D^3/32$ es el módulo de sección rectangular. El esfuerzo cortante torsional es

$$\tau = T/Z_p \tag{12-21}$$

donde $Z_p = \pi D^3/16$ es el módulo de sección polar.

Observe que $Z_p = 2S$, y por consiguiente

$$\tau = T/(2S)$$

Estas relaciones se sustituyen en la ecuación (12-19), para llegar a

$$\left[\frac{K_t NM}{Ss_n'}\right]^2 + \left[\frac{NT\sqrt{3}}{2Ss_y}\right]^2 = 1 \tag{12-22}$$

De aquí se pueden extraer los términos N y S como factores comunes, y los términos $\sqrt{3}$ y 2 se extraen de los corchetes del término de la torsión:

$$\left[\frac{N}{S}\right]^2 \left[\left[\frac{K_t M}{s_n'}\right]^2 + \frac{3}{4}\left[\frac{T}{s_y}\right]^2\right] = 1$$

Se considera raíz cuadrada de toda la ecuación:

$$\frac{N}{S}\sqrt{\left[\frac{K_t M}{s_n'}\right]^2 + \frac{3}{4}\left[\frac{T}{s_y}\right]^2} = 1$$

Si $S = \pi D^3/32$ para un eje circular sólido,

$$\frac{32N}{\pi D^3}\sqrt{\left[\frac{K_t M}{s_n'}\right]^2 + \frac{3}{4}\left[\frac{T}{s_y}\right]^2} = 1 \tag{12-23}$$

Entonces ya se puede despejar el diámetro D:

Ecuación de diseño para ejes

$$D = \left[\frac{32N}{\pi}\sqrt{\left[\frac{K_t M}{s'_n}\right]^2 + \frac{3}{4}\left[\frac{T}{s_y}\right]^2}\right]^{1/3} \quad \textbf{(12-24)}$$

La ecuación (12-24) se usa para el diseño de ejes en este libro. Esto es compatible con la norma ANSI B106.IM-1985. (Vea la Referencia 1.) Observe que la ecuación (12-24) también se puede usar para flexión pura o torsión pura.

12-7 EJEMPLO DE DISEÑO DE UN EJE

Problema modelo 12-1 Diseñe el eje mostrado en las figuras 12-1 y 12-2. Se va a maquinar en acero AISI 1144 OQT 1000. El eje es parte de la transmisión para un sistema de soplador grande, que suministra aire a un horno. El engrane *A* recibe 200 HP del engrane *P*. El engrane *C* entrega la potencia al engrane *Q*. El eje gira a 600 rpm.

Solución Primero se determinarán las propiedades del acero para el eje. De la figura A4-2, $s_y = 83\ 000$ psi, $w_u = 118\ 000$ psi y el porcentaje de elongación = 19%. Entonces, el material tiene una buena ductilidad. Mediante la figura 5-8 se puede estimar que $s_n = 42\ 000$ psi.

Se debe aplicar un factor por tamaño a la resistencia de fatiga, porque el eje será bastante grande, para transmitir los 200 HP. Aunque no se conoce el tamaño real en este momento, se podría seleccionar $C_s = 0.75$, de la figura 5-9, como una estimación.

También se debe especificar un factor de confiabilidad. Es una decisión de diseño. Para este problema, se diseñará para una confiabilidad de 0.99, y se manejará $C_R = 0.81$. Ya se puede calcular la resistencia a la fatiga modificada:

$$s'_n = s_n C_s C_R = (42\ 000)(0.75)(0.81) = 25\ 500 \text{ psi}$$

Se supondrá que el factor de diseño es $N = 2$. No se espera que el soplador tenga choque o impacto inusual.

Ahora se calculará el par torsional en el eje, con la ecuación (12-1):

$$T = 63\ 000(P)/n = 63\ 000(200)/600 = 21\ 000 \text{ lb}\cdot\text{pulg}$$

Observe que sólo la parte del eje que va de *A* a *C* es la parte sometida a este par torsional. A la derecha del engrane *C* hasta el rodamiento *D* existe par torsional igual a cero.

Fuerzas sobre los engranes: La figura 12-11 muestra los dos pares de engranes con las fuerzas que actúan *sobre los engranes* A *y* C *indicadas*. Observe que el engrane *A* se impulsa por el engrane *P*, y que *C* impulsa a *Q*. Es muy importante que las direcciones de esas fuerzas sean correctas. Los valores de ellas se calculan con las ecuaciones (12-2) y (12-3):

$$W_{tA} = T_A/(D_A/2) = 21\ 000/(20/2) = 2100 \text{ lb} \downarrow$$
$$W_{rA} = W_{tA}\tan(\phi) = 2100\tan(20°) = 764 \text{ lb} \rightarrow$$
$$W_{tC} = T_C/(D_C/2) = 21\ 000/(10/2) = 4200 \text{ lb} \downarrow$$
$$W_{rC} = W_{tC}\tan(\phi) = 4200\tan(20°) = 1529 \text{ lb} \leftarrow$$

FIGURA 12-11
Fuerzas sobre los engranes *A* y *C*

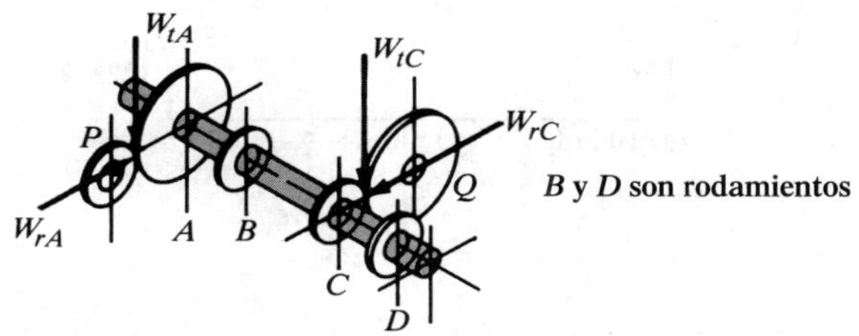

a) Perspectiva de las fuerzas sobre los engranes *A* y *C*

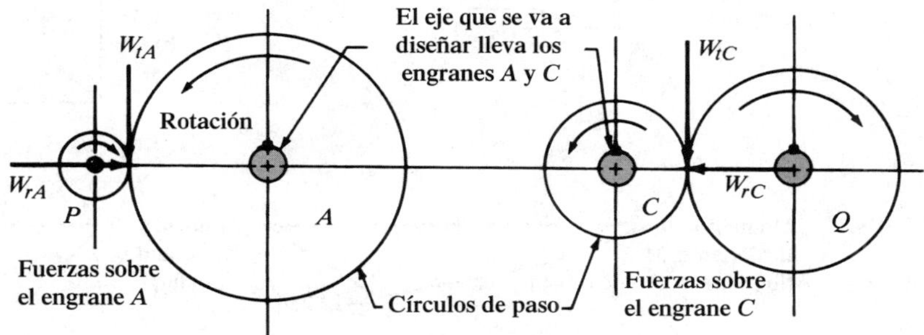

Entrada: El engrane *P* impulsa al engrane *A*. Caso de la acción
b) Fuerzas sobre el engrane *A*

Salida: El engrane *C* impulsa al engrane *Q*. Caso de la reacción
c) Fuerzas sobre el engrane *C*

Fuerzas sobre el eje: El siguiente paso es indicar esas fuerzas sobre el eje, en sus planos de acción correctos y en la dirección correcta. Se calculan las reacciones en los rodamientos, y se preparan los diagramas de fuerza cortante y momento flexionante. Los resultados se muestran en la figura 12-12.

Se continua con el diseño mediante el cálculo del diámetro mínimo aceptable del eje, en varios puntos del mismo. En cada punto se observará la magnitud del par torsional y del momento flexionante que existan allí, y se estimará el valor de los factores de concentración de esfuerzos. Si en la cercanía del punto de interés existe más de una concentración de esfuerzos, para el diseño se empleará el valor mayor. Con esto se supone que las discontinuidades geométricas mismas no interactúan, lo cual es una buena práctica. Por ejemplo, en el punto *A* el cuñero debe terminar mucho antes de que comience el chaflán del escalón.

1. ***Punto A*:** El engrane *A* produce torsión en el eje, desde *A* hacia la derecha. A la izquierda de *A*, donde hay un anillo de retención, no hay fuerzas, ni flexión ni torsión.

   El momento flexionante en *A* es cero, porque es un extremo libre del eje. Ahora se podrá emplear la ecuación (12-24) para calcular el diámetro requerido del eje en *A*, mediante sólo el término de la torsión.

$$D_1 = \left[\frac{32\,N}{\pi}\sqrt{\frac{3}{4}\left(\frac{T}{s_y}\right)^2}\right]^{1/3}$$

$$D_1 = \left[\frac{32\,N}{\pi}\sqrt{\frac{3}{4}\left(\frac{21\,000}{83\,000}\right)^2}\right]^{1/3} = 1.65 \text{ pulg}$$

2. ***Punto B:*** El punto *B* es el lugar de un rodamiento, y tiene un chaflán agudo a la derecha de *B* y una bien redondeada a su izquierda. Es preferible hacer que D_2 sea cuando menos un poco menor que D_3 en el asiento del rodamiento, para permitir que el rodamiento se deslice sobre el eje y llegue al lugar donde entre con prensa a su posición fi-

FIGURA 12-12
Diagramas de carga, cortante y flexión para el eje de la figura 12-10

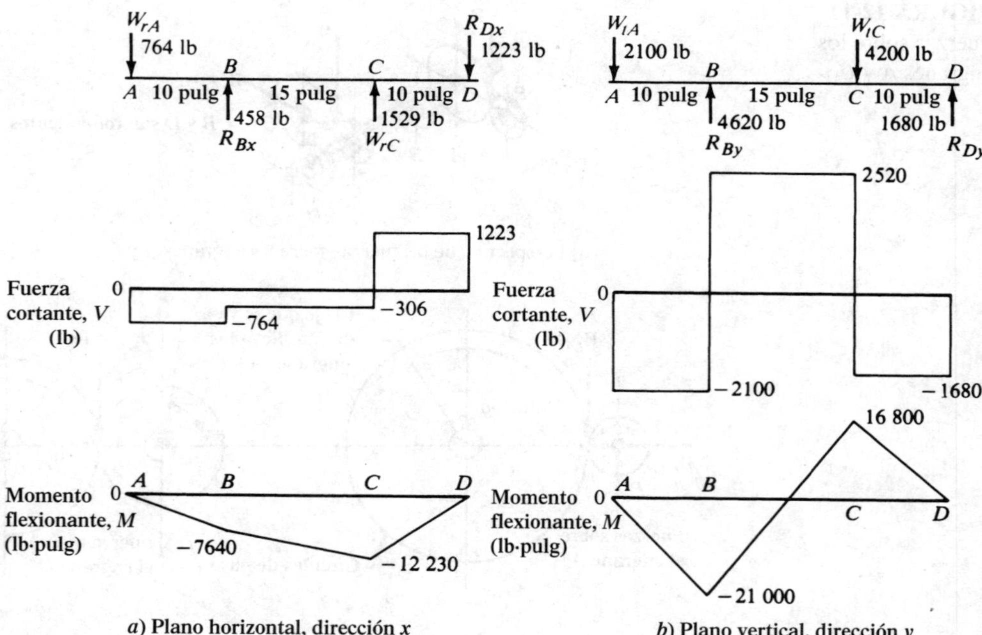

nal. En general, entre el barreno del rodamiento y el asiento del eje se deja un ajuste a presión ligera.

A la izquierda de B (diámetro D_2),

$$T = 21\ 000 \text{ lb·pulgada}$$

El momento flexionante en B es la resultante del momento en los planos x y y, de acuerdo con la figura 12-12:

$$M_B = \sqrt{M_{Bx}^2 + M_{By}^2} = \sqrt{(7640)^2 + (21\ 000)^2} = 22\ 350 \text{ lb·pulg}$$

$$K_t = 1.5 \text{ (Chaflán bien redondeado)}$$

Se emplea la ecuación (12-24), a causa de la condición de esfuerzo combinado,

$$D_2 = \left[\left(\frac{32N}{\pi}\right)\sqrt{\left(\frac{K_t M}{s_n'}\right)^2 + \frac{3}{4}\left(\frac{T}{s_y}\right)^2}\right]^{1/3}$$

$$D_2 = \left[\frac{32(2)}{\pi}\sqrt{\left[\frac{1.5(22\ 350)}{25\ 500}\right]^2 + \frac{3}{4}\left[\frac{21\ 000}{83\ 000}\right]^2}\right]^{1/3} = 3.30 \text{ pulgadas} \quad \textbf{(12-24a)}$$

En B, y a la derecha de B (diámetro D_3) todo es igual, excepto el valor de K_t = 2.5, debido al chaflán agudo. Entonces

$$D_3 = \left[\frac{32(2)}{\pi}\sqrt{\left[\frac{2.5(22\ 350)}{25\ 500}\right]^2 + \frac{3}{4}\left[\frac{21\ 000}{83\ 000}\right]^2}\right]^{1/3} = 3.55 \text{ pulgadas}$$

Observe que D_4 será mayor que D_3, para poder tener un escalón para el rodamiento. Por consiguiente, será seguro. Su diámetro real se especificará después de haber terminado el análisis de esfuerzos, y seleccionado el rodamiento en B. El catálogo del fabricante de rodamientos especificará el diámetro mínimo aceptable a la derecha del rodamiento, para tener un escalón adecuado contra el cual asentarlo.

3. ***Punto C:*** El punto *C* es el lugar del engrane *C*, con un chaflán bien redondeado a la izquierda, un cuñero de perfil en el engrane y una ranura para anillo de retención a la derecha. En realidad, indicar en este momento el uso de un chaflán bien redondeado es una decisión de diseño que establece que en el barreno del engrane quepa un chaflán grande. En general, eso significa hacer un *chaflán* en las salidas del barreno. El momento de flexión en *C* es

$$M_c = \sqrt{M_{Cx}^2 + M_{Cy}^2} = \sqrt{(12\,230)^2 + (16\,800)^2} = 20\,780 \text{ lb} \cdot \text{pulg}$$

A la izquierda de *C* existe el par torsional de 21 000 lb·pulg, y con el cuñero de perfil $K_t = 2.0$. Entonces

$$D_5 = \left[\frac{32(2)}{\pi}\sqrt{\left[\frac{2.0(20\,780)}{25\,500}\right]^2 + \frac{3}{4}\left[\frac{21\,000}{83\,000}\right]^2}\,\right]^{1/3} = 3.22 \text{ pulg}$$

A la derecha de *C* no hay par, pero la ranura para el anillo sugiere que $K_t = 3.0$ para diseño, y allí la flexión es invertida. Se puede aplicar la ecuación (12-24), con $K_t = 3.0$, $M = 20\,780$ lb·pulg y $T = 0$.

$$D_5 = \left[\frac{32(2)}{\pi}\sqrt{\left(\frac{(3.0)(20\,780)}{25\,500}\right)^2}\,\right]^{1/3} = 3.68 \text{ pulg}$$

Si el factor por ranura de anillo es 1.06, el diámetro sube a 3.90 pulgadas.

Este valor es mayor que el calculado a la izquierda de *C*, por lo cual es el que gobierna el diseño en el punto *C*.

4. ***Punto D:*** El punto *D* es el asiento del rodamiento *D*, y allí no hay momentos torsionales ni flexionantes. Sin embargo, sí hay una fuerza cortante vertical, igual a la reacción en el rodamiento. Se empleará la resultante de las reacciones en los planos *x* y *y* para calcular la fuerza cortante:

$$V_D = \sqrt{(1223)^2 + (1680)^2} = 2078 \text{ lb}$$

Podremos aplicar la ecuación (12-16) para calcular el diámetro que requiere el eje en este punto:

$$D = \sqrt{2.94\, K_t(V)N/s_n'} \qquad \textbf{(12-16a)}$$

En la figura 12-2 se observa que en este punto del eje existe un chaflán agudo. Por consiguiente, se debe usar un factor de concentración de esfuerzos igual a 2.5:

$$D_6 = \sqrt{\frac{2.94(2.5)(2078)(2)}{25\,500}} = 1.094 \text{ pulg}$$

Este diámetro es muy pequeño, en comparación con los demás diámetros calculados, y en general eso es lo que sucede. En la realidad, es probable que el diámetro *D* sea mucho mayor que este valor calculado, por el tamaño de un rodamiento razonable que soporte la carga radial de 2078 lb.

Resumen Los diámetros mínimos que se requieren, calculados para las diversas partes del eje de la figura 12-2, son los siguientes:

$$D_1 = 1.65 \text{ pulg}$$
$$D_2 = 3.30 \text{ pulg}$$
$$D_3 = 3.55 \text{ pulg}$$
$$D_5 = 3.90 \text{ pulg}$$
$$D_6 = 1.094 \text{ pulg}$$

También, D_4 debe ser un poco mayor que 3.90, para tener escalones adecuados en el engrane *C* y el rodamiento *B*.

12-8 TAMAÑOS BÁSICOS RECOMENDADOS PARA LOS EJES

Al montar un elemento comercial se deben seguir, naturalmente, las recomendaciones del fabricante acerca del tamaño básico y tolerancia del eje.

En el sistema inglés, los diámetros se suelen especificar como fracciones comunes, o sus equivalentes decimales. En el apéndice 2 se muestran los tamaños básicos que puede usar como dimensiones sobre las cuales tener control en unidades de decimales de pulgada, fracciones de pulgada o métricas (vea la referencia 2).

Cuando se van a usar rodamientos comerciales sin montar, en el eje, es probable que sus barrenos estén indicados en unidades métricas. Los tamaños típicos disponibles, y sus equivalentes en decimales de pulgada, se muestran en la tabla 14-3.

Problema modelo 12-2 Especifique dimensiones en decimales de pulgada, para los seis diámetros obtenidos en el problema modelo 12-1. Escoja las dimensiones de asiento de rodamiento en la tabla 14-3. Escoja todas las demás dimensiones en el apéndice 2.

Solución La tabla 12-1 muestra un conjunto posible de diámetros recomendados.

Los diámetros D_3 y D_6 son los equivalentes decimales de los diámetros métricos en las pistas interiores, de la tabla 14-3. Habría que emplear los procedimientos del capítulo 14 para determinar si los rodamientos que tienen esos diámetros son adecuados para soportar las cargas radiales obtenidas. También, habría que comprobar D_4 para ver si proporciona un escalón de altura suficiente contra el cual asentar el rodamiento montado en el punto *B* del eje. Después, habría que definir las especificaciones detalladas de los radios del chaflán, longitudes, cuñeros y ranuras para anillos de retención. Los valores reales de los factores de concentración de esfuerzos y el factor por tamaño, se deberían determinar. Por último, se debe repetir el análisis de esfuerzos para asegurar que sea aceptable el factor de diseño resultante. De la ecuación (12-23) se puede despejar *N*, para calcularlo de acuerdo con las condiciones reales.

TABLA 12-1 Diámetros recomendados

Parte acoplada	Diámetro número	Diámetro mínimo	Diámetro especificado (tamaño básico)
	(del problema modelo 12-1 y la figura 12-2)		
Engrane	D_1	1.65 pulg	1.800 pulg
Ninguna	D_2	3.30 pulg	3.400 pulg
Rodamiento	D_3	3.55 pulg	3.7402 pulg (95 mm)
Ninguna	D_4	$>D_3$ o D_5	4.400 pulg
Engrane	D_5	3.90 pulg	4.000 pulg
Rodamiento	D_6	1.094 pulg	3.1496 pulg (80 mm)

12-9 EJEMPLOS ADICIONALES DE DISEÑO

En esta sección se presentarán dos problemas modelo más. El primero es de un eje que sostiene tres tipos distintos de partes de transmisión de potencia: una polea para bandas V, una catarina para cadena y un engrane recto. Algunas de las fuerzas actúan en ángulos distintos, y no son horizontales ni verticales; requieren descomponer las fuerzas flexionantes sobre el eje antes de poder elaborar los diagramas de fuerza cortante y momento flexionante. El problema modelo 12-4 corresponde a un eje que sostiene un conjunto de tornillo sinfín, y una catarina para cadena. La fuerza axial sobre el tornillo sinfín constituye una pequeña modificación del procedimiento de diseño. Excepto por estas diferencias, el procedimiento de diseño es igual al del problema modelo 12-1. En consecuencia, se omitirá mucha de la manipulación detallada de las fórmulas.

Problema modelo 12-3

El eje de la figura 12-13 recibe 110 HP de una turbina hidráulica, a través de una rueda de cadena en el punto *C*. El par de engranes en *E* entrega 80 HP a un generador eléctrico. La polea para bandas V en *A* entrega 30 HP a un elevador de cangilones, que sube grano a un silo elevado. El eje gira a 1700 rpm. La catarina, la polea y el engrane se posicionan axialmente mediante anillos de retención. La polea y el engrane tienen cuñas, con cuñeros de trineo, y en la catarina se usa un cuñero de embutir. Use acero AISI 1040 estirado en frío en el eje. Calcule los diámetros mínimos aceptables, D_1 a D_7, indicados en la figura 12-13.

Solución

Primero se determinan las propiedades del material, acero AISI 1040 estirado en frío, en el apéndice 3:

$$s_y = 71\,000 \text{ psi} \qquad s_u = 80\,000 \text{ psi}$$

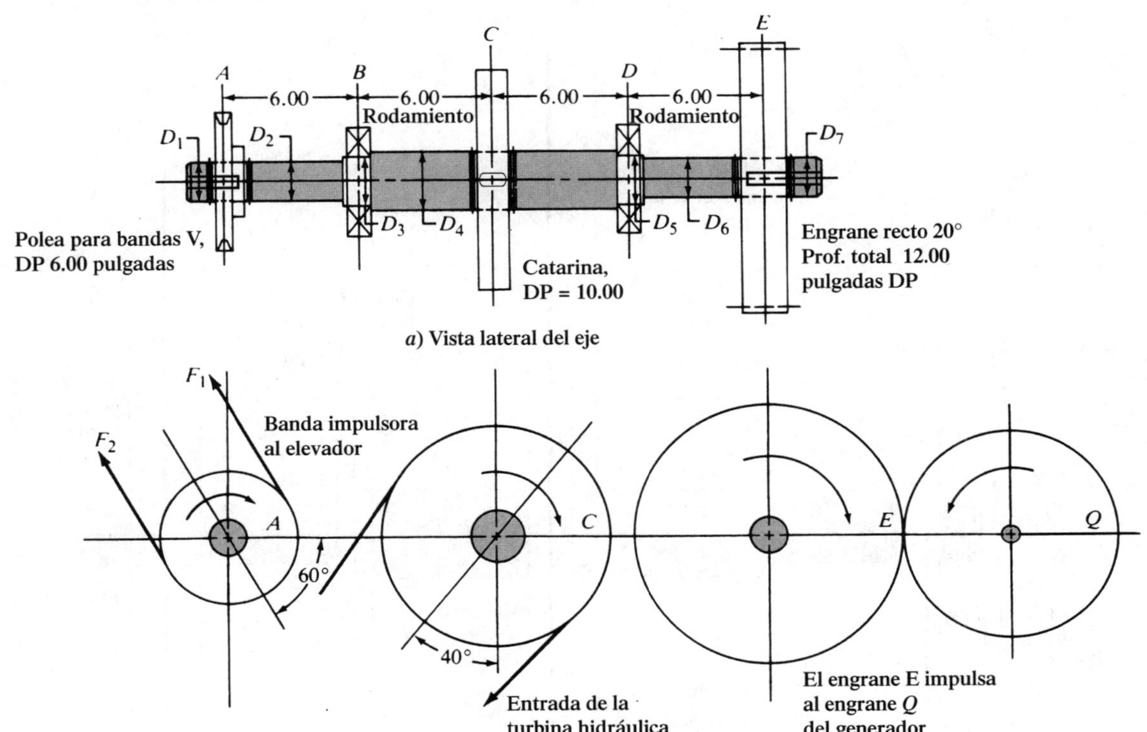

FIGURA 12-13 Diseño del eje

Entonces, según la figura 5-8, $s_n = 30\,000$ psi. Se diseña para una confiabilidad de 0.99, y se manejará $C_R = 0.81$. El tamaño del eje debe ser moderadamente grande, y se supondrá que $C_s = 0.85$, como estimación razonable. Así, la resistencia modificada a la fatiga será

$$s_n' = s_n C_s C_R = (30\,000)(0.85)(0.81) = 20\,650 \text{ psi}$$

Esta aplicación es bastante uniforme: un accionamiento por turbina como entrada, y un generador y un elevador en las salidas. Debe ser satisfactorio un factor de diseño $N = 2$.

Distribución de par de impulsión en el eje: Si recordamos que toda la potencia entra al eje en C, podremos observar entonces que 30 HP pasan por el eje desde C hasta la polea en A. También, 80 HP pasan por el eje de C al engrane en E. De acuerdo con estas observaciones, se puede calcular como sigue el par torsional en el eje:

$$T = 63\,000(30)/1700 = 1112 \text{ lb}\cdot\text{pulg} \quad \text{de } A \text{ a } C$$
$$T = 63\,000(80)/1700 = 2965 \text{ lb}\cdot\text{pulg} \quad \text{de } C \text{ a } E$$

La figura 12-14 muestra una gráfica de la distribución del par torsional *en el eje*, sobrepuesta al esquema del eje. Cuando se diseñe el eje en C, se manejará que 2965 lb·pulg *en C y a la derecha*, pero se podrá manejar 1112 lb·pulg *a la izquierda de C*. Observe que ninguna parte del eje está sometida a los 110 HP totales que entran a la catarina en C. La potencia se divide en dos, al entrar al eje. Al analizar la catarina misma, se deben aplicar todos los 110 HP y el par torsional correspondiente:

$$T = 63\,000(110)/1700 = 4076 \text{ lb}\cdot\text{pulg} \quad \text{(par en la catarina)}$$

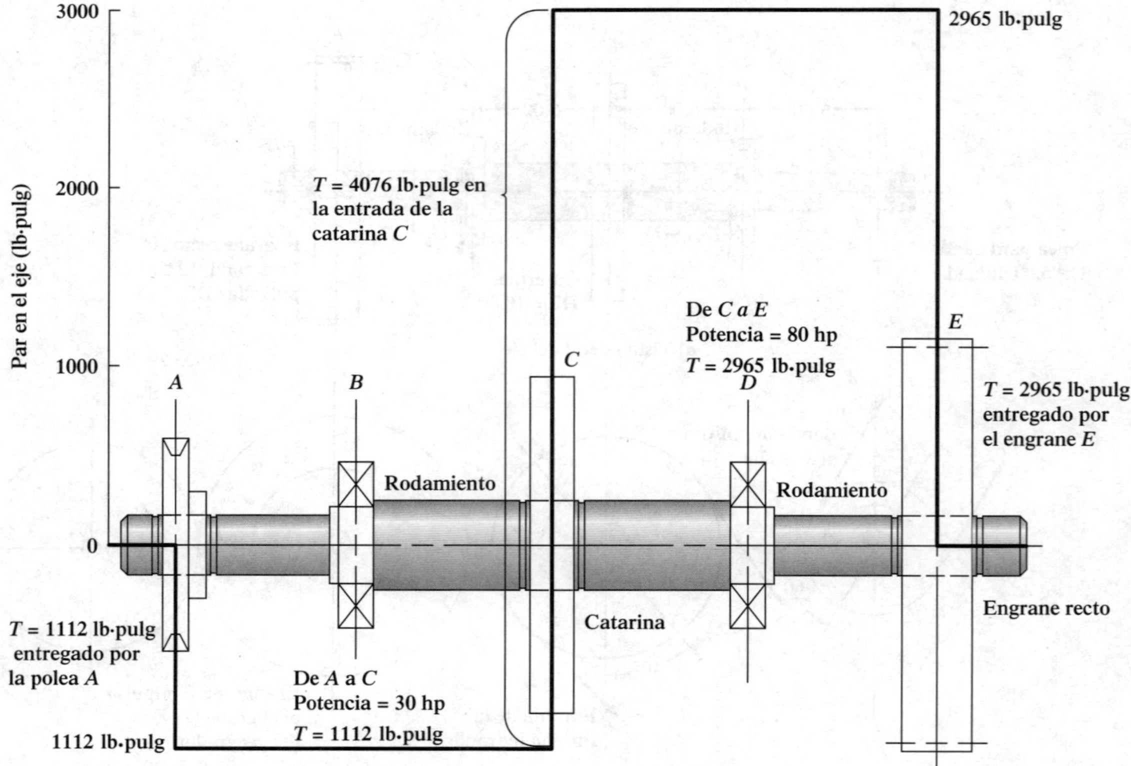

FIGURA 12-14 Distribución del par torsional en el eje

Fuerzas: Calcularemos por separado las fuerzas en cada elemento, e indicaremos las fuerzas componentes que actúan en los planos vertical y horizontal, como en el ejemplo de diseño 12-1. La figura 12-15 muestra las direcciones de las fuerzas aplicadas, y sus componentes, para cada elemento.

1. ***Fuerzas en la polea A:*** las ecuaciones (12-7), (12-8) y (12-12):

$$F_N = F_1 - F_2 = T_A/(D_A/2) = 1112/3.0 = 371 \text{ lb} \quad \text{(fuerza neta de impulsión)}$$
$$F_A = 1.5\, F_N = 1.5(371) = 556 \text{ lb} \quad \text{(fuerza flexionante)}$$

La fuerza de flexión actúa hacia arriba y hacia la izquierda, formando un ángulo de 60° con la horizontal. Como se ve en la figura 12-15, los componentes de la fuerza flexionante son

$$F_{Ax} = F_A \cos(60°) = (556)\cos(60°) = 278 \text{ lb} \leftarrow \text{(hacia la izquierda)}$$
$$F_{Ay} = F_A \,\text{sen}(60°) = (556)\text{sen}(60°) = 482 \text{ lb} \uparrow \text{(hacia arriba)}$$

2. ***Fuerzas sobre la catarina C*:** Se usará la ecuación (12-6):

$$F_C = T_C/(D_C/2) = 4076/5.0 = 815 \text{ lb}$$

Es la carga de flexión sobre el eje. Sus componentes son

$$F_{Cx} = F_C \,\text{sen}(40°) = (815)\text{sen}(40°) = 524 \text{ lb} \leftarrow \text{(hacia la izquierda)}$$
$$F_{Cy} = F_C \cos(40°) = (815)\cos(40°) = 624 \text{ lb} \downarrow \text{(hacia abajo)}$$

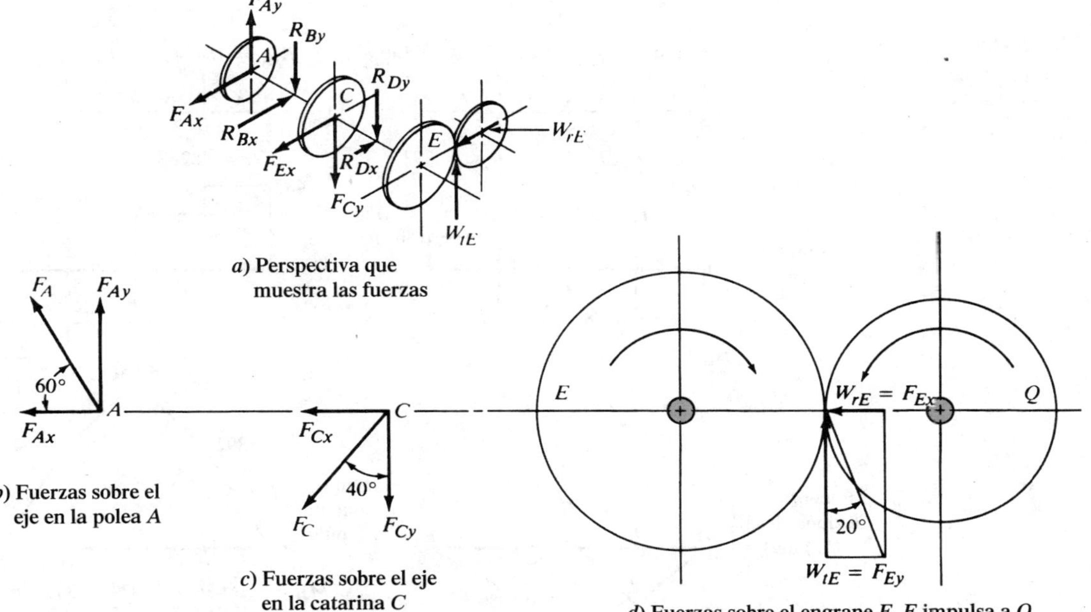

a) Perspectiva que muestra las fuerzas

b) Fuerzas sobre el eje en la polea *A*

c) Fuerzas sobre el eje en la catarina *C*

d) Fuerzas sobre el engrane *E*. *E* impulsa a *Q*

FIGURA 12-15 Fuerzas descompuestas en las direcciones *x* y *y*

3. ***Fuerzas sobre el engrane E:*** La carga transmitida se calcula con la ecuación (12-2), y la carga radial con la ecuación (12-3). Las direcciones se muestran en la figura 12-15.

$$F_{Ey} = W_{tE} = T_E/(D_E/2) = 2965/6.0 = 494 \text{ lb} \uparrow \text{ (hacia arriba)}$$

$$F_{Ex} = W_{rE} = W_{tE}\tan(\phi) = (494)\tan(20°) = 180 \text{ lb} \leftarrow \text{ (hacia la izquierda)}$$

Diagramas de carga, cortante y flexionante: La figura 12-16 muestra las fuerzas que actúan sobre el eje, en cada elemento, así como las reacciones en los rodamientos y los diagramas de fuerza cortante y momento flexionante, para los planos horizontal (x) y vertical (y). En esa figura también se muestran los cálculos del momento flexionante resultante en los puntos B, C y D.

Diseño del eje: Se empleará la ecuación (12-24) para determinar el diámetro mínimo aceptable del eje, en cada punto de interés. Como la ecuación requiere una cantidad bastante grande de operaciones individuales, y se usará cuando menos siete veces, es preferible elaborar un programa de cómputo sólo para esa operación. O bien, sería casi ideal usar una hoja de cálculo. Vea la sección 12-10. Observe que se puede emplear la ecuación (12-24) aunque sólo haya torsión o sólo haya flexión, adjudicando cero al valor que falta.

Aquí se repetirá la ecuación (12-24) como referencia. En la solución siguiente, se indican los datos que se emplearon en cada punto de diseño. Se empleó el factor de diseño $N = 2$.

$$D = \left[\frac{32N}{\pi}\sqrt{\left(\frac{K_t M}{s_n'}\right)^2 + \frac{3}{4}\left(\frac{T}{s_y}\right)^2}\,\right]^{1/3}$$

1. ***Punto A:*** Par = 1112 lb·pulg; momento de flexión = 0. La polea se instala con anillos de retención. Como el par torsional es constante, no se usará el factor de concentración de esfuerzos en este cálculo, como se indicó en la sección 12-4. Pero entonces se calculará el diámetro nominal en la ranura, al aumentar 6% el resultado calculado. El resultado debe ser conservador, para las geometrías típicas de las ranuras.

   Con la ecuación (12-24), $D_1 = 0.65$ pulgada. Al aumentarlo 6% se obtiene $D_1 = 0.69$ pulgada.

FIGURA 12-16
Diagramas de cargas, cortante y momento flexionante

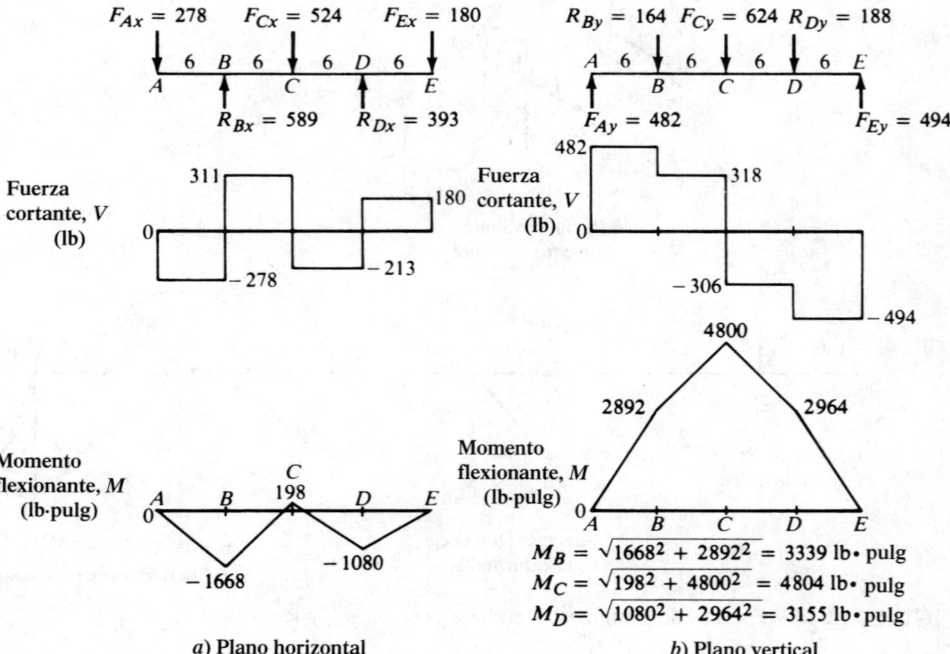

2. ***A la izquierda del punto B:*** Es el diámetro de desahogo que llega hasta el asiento del rodamiento. Se especificará una transición bien redondeada en el lugar donde D_2 se une a D_3. Así,

   Par torsional = 1112 lb·pulg Momento flexionante = 3339 lb·pulg $K_t = 1.5$

   Entonces, $D_2 = 1.70$ pulgadas
3. ***En el punto B y a su derecha:*** Es el asiento del rodamiento, con un escalón a la derecha donde se requiere un chaflán agudo:

   Par torsional = 1112 lb·pulg Momento flexionante = 3339 lb·pulg $K_t = 2.5$

   Entonces, $D_3 = 2.02$ pulgadas.
4. ***En el punto C:*** Se pretende que el diámetro sea igual, desde la derecha del rodamiento *B* hasta la izquierda del rodamiento *D*. La peor condición está a la derecha de *C*, donde hay una ranura para anillo, y el valor mayor del par torsional es

   Par torsional = 2965 lb·pulg Momento flexionante = 4804 lb·pulg $K_t = 3.0$

   Entonces, $D_4 = 2.57$ pulgadas, después de aplicar el factor de 1.06, por ranura para anillo.
5. ***En el punto D y a su izquierda:*** Es un asiento de rodamiento parecido al que hay en *B*:

   Par torsional = 2965 lb·pulg Momento flexionante = 3155 lb·pulg $K_t = 2.5$

   Entonces, $D_5 = 1.98$ pulg.
6. ***A la derecha del punto D:*** Es un diámetro de desahogo, parecido a D_2:

   Par torsional = 2965 lb·pulg Momento flexionante = 3155 lb·pulg $K_t = 1.5$

   Entonces, $D_6 = 1.68$ pulg.
7. ***En el punto E:*** El engrane está montado con anillos de retención en ambos lados:

   Par torsional = 2965 lb·pulg Momento flexionante = 0 $K_t = 3.0$
   Entonces, $D_7 = 0.96$, después de aplicar el factor de 1.06, por ranura para anillo.

Resumen con especificación de valores adecuados

Con la ayuda del apéndice 2 se especificarán las fracciones adecuadas en todos los lugares, incluyendo los asientos de rodamiento (vea la tabla 12-2). Se supone que se usarán rodamientos con dimensiones en pulgadas, del tipo de chumacera con caja.

Se decide igualar los diámetros D_1, D_2, D_6 y D_7 para minimizar el maquinado, y para agregar un poco más de factor de seguridad en las ranuras para anillo. De nuevo, habría que comprobar los tamaños de barreno de las chumaceras, contra su capacidad de carga. Debería comprobarse el tamaño D_4 para cerciorarse de que proporciona un escalón suficiente para los cojinetes en *B* y *D*.

También se deben verificar el factor por tamaño y los factores por concentración de esfuerzos.

TABLA 12-2 Especificación de los valores

Parte compañera	Diámetro número	Diámetro mínimo	Diámetro especificado	
			Fracción	Decimal
Polea	D_1	0.69	$1\frac{3}{4}$	1.750
Ninguna	D_2	1.70	$1\frac{3}{4}$	1.750
Engrane	D_3	2.02	$2\frac{1}{4}$	2.250
Rodamiento	D_4	2.57	$2\frac{3}{4}$	2.750
Catarina	D_5	1.98	2	2.000
Rodamiento	D_6	1.68	$1\frac{3}{4}$	1.750
Ninguna	D_7	0.96	$1\frac{3}{4}$	1.750

Problema modelo 12-4 Una corona de sinfín está montada en el extremo del eje, como se ve en la figura 12-17. Tiene el mismo diseño que el descrito en el problema 10-7, y entrega 6.68 HP al eje, a una velocidad de 101 rpm. En la figura se indican las magnitudes y direcciones de las fuerzas en el engrane. Observe que hay un sistema de tres fuerzas ortogonales actuando sobre la corona. La potencia se transmite por una catarina de cadena en B, para impulsar un transportador que extrae viruta de hierro colado de un sistema de maquinado. Diseñe el eje.

Solución El par sobre el eje, de la corona en el punto D hasta la catarina en B, es

$$T = W_{tG}(D_G/2) = 962(4.333) = 4168 \text{ lb} \cdot \text{pulg}$$

La fuerza sobre la rueda de cadena es

$$F_c = T/(D_s/2) = 4168/(6.71/2) = 1242 \text{ lb}$$

Esta fuerza actúa horizontalmente hacia la derecha, vista desde el extremo del eje.

Diagramas de momento de flexión: La figura 12-18 muestra las fuerzas que actúan sobre el eje, en planos vertical y horizontal, y los diagramas correspondientes de momento de flexión y de torsión. El lector debe revisarlos, en especial el del plano vertical, para captar el efecto de la fuerza axial de 265 lb. Observe que, como actúa arriba del eje, produce un momento flexionante en el extremo del eje, igual a 1148 lb·pulg. También afecta las reacciones en los rodamientos. Los momentos flexionantes resultantes en B, C y D también se indican en la figura.

En el diseño de todo el sistema se debe decidir cuál rodamiento va a resistir la fuerza axial. Para este problema especificaremos que el rodamiento en C transferirá la fuerza de empuje axial a la caja. Esta decisión origina un esfuerzo de compresión en el eje, de C a D, y requiere proporcionar medios para transmitir la fuerza axial, de la corona al rodamiento. La geometría que se propone en la figura 12-17 resuelve esto último, y se adoptará a lo largo del análisis de esfuerzo. Los procedimientos son iguales a los utilizados en los problemas modelo 12-1 a 12-3, y sólo se mostrará el resumen de los resultados. Se describirá cómo se toma en cuenta la fuerza axial de compresión, y los cálculos en el punto C del eje.

Selección del material y resistencias de diseño: Se desea, para esta aplicación tan rigurosa, usar un acero al medio carbón con buena ductilidad y una resistencia bastante alta. Se usará AISI 1340 OQT 1000 (apéndice 3), con una resistencia última de 144 000 psi, resistencia de fluencia

FIGURA 12-17
Diseño de un eje

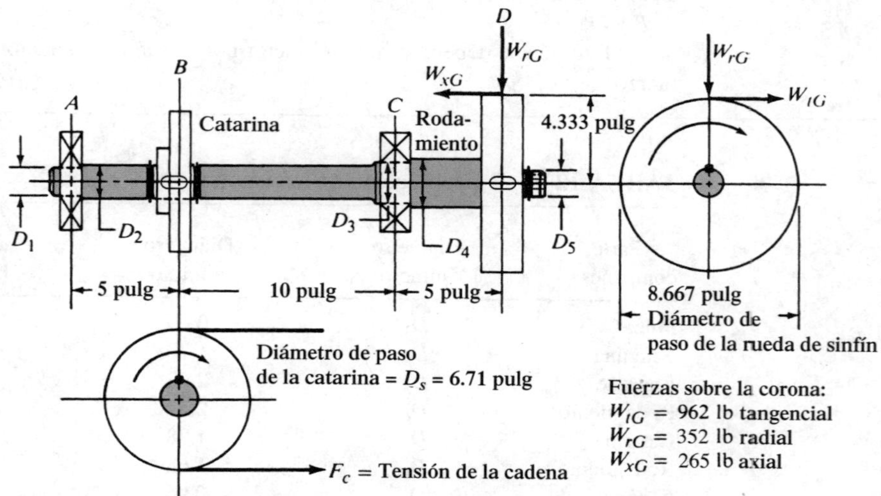

FIGURA 12-18
Diagramas de cargas, cortante y momento flexionante para el eje de la figura 12-16

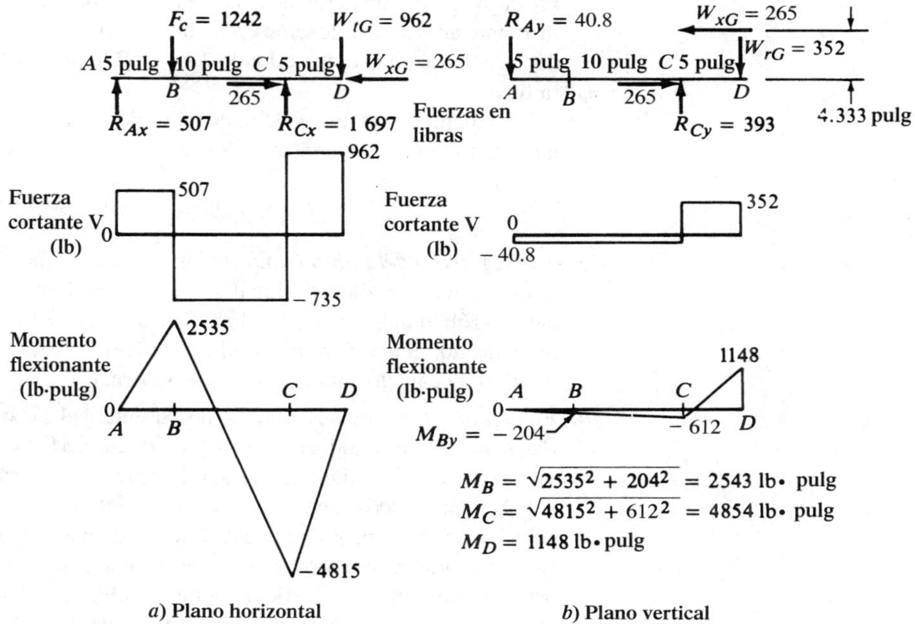

de 132 000 psi y 17% de elongación. De la figura 5-8 se estima que s_u = 50 000 psi. Se empleará un factor inicial por tamaño de 0.80, y un factor de confiabilidad de 0.81. Entonces

$$s_n' = (50\,000 \text{ psi})(0.80)(0.81) = 32\,400 \text{ psi}$$

Como se espera que el transportador tenga un servicio rudo, se empleará un factor de diseño $N = 3$, mayor que el promedio.

Excepto en el punto A, donde sólo existe un esfuerzo cortante vertical, el cálculo del diámetro mínimo requerido se realiza con la ecuación (12-24).

1. ***Punto A:*** Se monta el rodamiento de la izquierda en el punto A y soporta sólo la fuerza de reacción radial, la cual actúa como una fuerza cortante vertical en el eje. Aquí no existen momentos torsionales ni flexionantes.

   La fuerza cortante vertical es

$$V = \sqrt{R_{Ax}^2 + R_{Ay}^2} = \sqrt{(507)^2 + (40.8)^2} = 509 \text{ lb}$$

Para calcular el diámetro requerido del eje en este punto, se puede utilizar la ecuación (12-16):

$$D = \sqrt{2.94\, K_t(V)N/s_n'} \qquad \textbf{(12-16)}$$

En la figura 12-17 se observa un chaflán agudo cerca de este punto, sobre el eje. Entonces se deberá usar un factor de concentración de esfuerzos de 2.5:

$$D = \sqrt{\frac{2.94(2.5)(509)(3)}{32\,400}} = 0.588 \text{ pulg}$$

Como se vio antes, es muy pequeño, y el diámetro final que se especifique será mayor, probablemente, y dependerá del rodamiento seleccionado.

2. ***Punto B:*** Se monta la rueda de cadena en el punto *B*, y su ubicación axial se conserva mediante anillos de retención en ambos lados. El punto crítico está en el lado derecho de la catarina, en la ranura, donde $T = 4168$ lb·pulg, $M = 2543$ lb·pulg y $K_t = 3.0$ para flexión.

   El diámetro mínimo calculado requerido es $D_2 = 1.93$ pulgada en la base de la ranura. Esto se debe aumentar en 6%, como se indicó en la sección 12-3. Entonces

$$D_2 = 1.06(1.93 \text{ pulg}) = 2.05 \text{ pulg}$$

3. ***A la izquierda del punto C*:** Es el diámetro de desahogo del rodamiento. En este caso, se especificará el diámetro igual que en *B*, pero bajo distintas condiciones: par torsional = 4168 lb·pulg, $M = 4854$ lb·pulg y $K_t = 1.5$ sólo para flexión, por el chaflán bien redondeado. El diámetro requerido es de 1.91 pulgadas. Como es menor que el diámetro en *B*, el cálculo anterior es el que gobernará.
4. ***En el punto C y a la derecha*:** Aquí se asentará el rodamiento, y se supone que el chaflán será bastante agudo. Así, $T = 4168$ lb·pulg, $M = 4854$ lb·pulg y $K_t = 2.5$ para flexión solamente. El diámetro requerido es $D_3 = 2.26$ pulgadas.

   El empuje axial actúa entre los puntos *C* y *D*. La inclusión de esta carga en los cálculos complicaría grandemente la solución para encontrar los diámetros requeridos. En la mayoría de los casos, el esfuerzo normal axial es relativamente pequeño, en comparación con el esfuerzo flexionante. También, el hecho de que el esfuerzo sea de compresión mejora el funcionamiento del eje por fatiga. Por estas razones, en estos cálculos se ignora el esfuerzo axial. Se interpretan también los diámetros calculados como los diámetros mínimos nominales, y el diámetro final seleccionado es mayor que el mínimo. Esto también tiende a garantizar que el eje sea seguro, aunque exista una carga axial más. Cuando haya duda, o cuando se encuentre un esfuerzo de tensión axial relativamente grande, deben aplicarse los métodos del capítulo 5. También, deben comprobarse los ejes largos en compresión por pandeo.
5. ***Punto D:*** Se monta la corona del sinfín en el punto *D*. Se especificará que se ubique un chaflán bien redondeado a la izquierda de *D*, y que haya un cuñero de trineo. Así, $T = 4168$ lb·pulg y $M = 1148$ lb·pulg; $K_t = 1.6$, sólo para flexión. El diámetro calculado es $D_5 = 1.24$ pulgadas. Observe que D_4 debe ser mayor que D_3 o D_5, porque suministra el medio de transferir la carga de empuje de la corona a la pista interior del rodamiento en *C*.

Resumen y selección de diámetros adecuados

La tabla 12-3 presenta un resumen de los diámetros requeridos y los diámetros especificados para todas las partes del eje en este problema modelo. Vea los lugares de los cinco diámetros en la figura 12-17.

Para esta aplicación, se han escogido dimensiones en fracciones de pulgada, del apéndice 2, excepto en los asientos de rodamiento, donde se seleccionaron barrenos métricos, de la tabla 14-3.

TABLA 12-3 Resumen de diámetros de eje

Parte acoplada	Diámetro número	Diámetro mínimo	Diámetro especificado: Fracción (métrica)	Diámetro especificado: Decimal
Rodamiento *A*	D_1	0.59 pulg	(35 mm)	1.3780 pulg
Catarina *B*	D_2	2.05 pulg	$2\frac{1}{4}$ pulg	2.250 pulg
Rodamiento *C*	D_3	2.26 pulg	(65 mm)	2.5591 pulg
(Escalón)	D_4	$>D_3$	3 pulg	3.000 pulg
Corona *D*	D_5	1.24 pulg	$1\frac{1}{2}$ pulg	1.500 pulg

12-10 HOJA DE CÁLCULO AUXILIAR EN EL DISEÑO DE EJES

Una hoja de cálculo es útil para organizar los datos necesarios en el cálculo del diámetro requerido del eje, en varios puntos del mismo, y para completar los cálculos con las ecuaciones (12-16) y (12-24). Observe que se puede emplear la ecuación (12-24) sólo para la flexión, sólo para la torsión o en una combinación de flexión y torsión.

La figura 12-19 muestra un ejemplo típico, donde se manejan unidades inglesas, con los datos del problema modelo 12-1. Se describe la aplicación en la parte superior, para tener una referencia en el futuro. Entonces, se continúan con los siguientes pasos:

- Ingrese la especificación del material, junto con sus propiedades de esfuerzo último y de fluencia, tomadas de las tablas en los apéndices.

DISEÑO DE EJES			
Aplicación:	*Problema modelo 12-1. Transmisión para un sistema de soplador* *Diámetro D_3 – a la derecha del punto B – Flexión y torsión*		
Este auxiliar de diseño calcula el diámetro mínimo aceptable de ejes, mediante la ecuación (12-24) para ejes sometidos a torsión continua y a flexión con rotación. Se emplea la ecuación (12-16), cuando sólo hay esfuerzo cortante vertical.			
Datos:	***(Inserte valores en cursivas)***		
Especificación del material del eje:	*Acero AISI 1144 OQT 1000*		
Resistencia a la tensión:	*s_u = 118 000 psi*		
Resistencia de fluencia:	*s_y = 83 000 psi*		
Resistencia básica a la fatiga:	*s_n = 42 000 psi*		De la figura 5-8
Factor por tamaño:	*C_s = 0.75*		De la figura 5-9
Factor de confiabilidad:	*C_R = 0.81*		De la tabla 5-1
Resistencia modificada a la fatiga:	s'_n = 25 515 psi		***Calculada***
Factor de concentración de esfuerzos:	*K_t = 2.5 Chaflán agudo*		
Factor de diseño:	*N = 2 Nominal N = 2*		
Datos de carga del eje: Flexión y torsión			
Componentes del momento flexionante:	*M_x = 21 000 lb·pulgadas*		*Mt = 7640 lb·pulgada*
Momento flexionante combinado:	M = 22 347 lb·pulgadas		***Calculado***
Par torsional:	*T = 21 000 lb·pulgadas*		
Diámetro mínimo del eje: D = 3.55 pulgadas			**Calculado con la ecuación (12-24)**
Datos de carga del eje: Sólo fuerza cortante vertical			
Componentes de la fuerza cortante:	*Vx = 764 lb*		*Vy = 2520 lb*
Fuerza cortante combinada:	V = 2633 lb		***Calculada***
Diámetro mínimo del eje: D = 1.232 pulgadas			**Calculado con la ecuación (12-16)**

FIGURA 12-19 Hoja de cálculo auxiliar en el diseño de ejes

- Determine la resistencia básica a la fatiga con la figura 5-8, al considerar la resistencia última a la tensión y la forma de fabricación (rectificado, maquinado, entre otros).
- Ingrese los valores del factor por tamaño y el factor de confiabilidad. Entonces, la hoja de cálculo determina la resistencia a la fatiga modificada, s_n'.
- Ingrese el factor de concentración de esfuerzos para el punto de interés.
- Ingrese el factor de diseño.
- Después de un análisis, como el que se muestra en el problema modelo 12-1, ingrese el par torsional y los componentes del momento flexionante, en los planos x y y, que existen en el punto de interés a lo largo del eje. La hoja de cálculo determina el momento flexionante combinado.
- Ingrese los componentes de la fuerza cortante vertical en los planos x y y. La hoja de cálculo determina la fuerza cortante combinada.

Se calculan los diámetros mínimos aceptables del eje, de acuerdo con la ecuación (12-16) (sólo cortante vertical) y la (12-24) (torsión o flexión). Debe observar cuál de los diámetros requeridos es el mayor.

12-11 RIGIDEZ DEL EJE Y CONSIDERACIONES DINÁMICAS

Los procesos de diseño descritos hasta ahora en este capítulo se han concentrado en el análisis de los esfuerzos, para garantizar que el eje sea seguro respecto de los esfuerzos cortantes de torsión y flexionante que le causan los elementos que transmiten potencia. También, la rigidez del eje es un asunto principal, por varias razones:

1. Una deflexión radial excesiva del eje puede provocar que queden desalineados los elementos activos, con el consecuente bajo rendimiento o desgaste acelerado. Por ejemplo, la distancia entre centros de los ejes que tengan engranes de precisión no debe variar más que 0.005 pulgadas (0.13 mm), aproximadamente, respecto de la dimensión teórica. Habría engranado inadecuado de los dientes de los engranes, y los esfuerzos flexionante y contacto reales podrían ser bastante mayores que los calculados en el diseño.
2. En la sección 20-2 del capítulo 20, se indican lineamientos para los límites recomendados de deflexión por flexión y por torsión en un eje, de acuerdo con la precisión que se pretende de él.
3. También la deflexión de un eje contribuye de manera importante a su tendencia a vibrar, mientras gira. Un eje flexible oscila en los modos de flexión y de torsión, lo cual causa movimientos mayores que las deflexiones estáticas debidas sólo a la gravedad, y a las cargas y los pares torsionales aplicados. Un eje largo y esbelto tiende a *azotar* y a girar con deformaciones relativamente grandes respecto de su eje recto teórico.
4. El eje mismo y los elementos que se monten en él deben estar balanceados. Cualquier desbalanceo causa fuerzas centrífugas, las cuales giran con el eje. Los grandes desbalanceos y las altas velocidades de rotación pueden crear fuerzas de magnitud inaceptable, y agitación del sistema giratorio. Un ejemplo con el que podría estar familiarizado es el de la rueda de un automóvil "desbalanceada". Al conducir, en realidad se puede sentir la vibración a través del volante. Si se mandan a balancear el neumático y la rueda, se reduce la vibración a magnitudes aceptables.
5. El comportamiento dinámico del eje puede volverse peligrosamente destructivo si funciona cerca de su *velocidad crítica*. En la velocidad crítica, el sistema entra en resonancia, continúa aumentando la deflexión del eje, virtualmente sin límite, y al final se autodestruirá.

Las velocidades críticas de los diseños típicos para ejes de maquinaria están en el rango de varios miles de revoluciones por minuto. Sin embargo, intervienen muchas variables. Los ejes largos usados en la impulsión de vehículos, los tornillos de potencia o los agitadores, pueden tener velocidades críticas bastante menores, y deben comprobarse. Es costumbre mantener las velocidades de funcionamiento cuando menos 20% abajo o arriba de la velocidad crítica. Al trabajar arriba de la velocidad crítica es necesario acelerar para que el eje pase en poco tiempo por la velocidad crítica, porque se necesita tiempo para que se desarrollen las oscilaciones peligrosas.

Es complicado el análisis para calcular la velocidad crítica, y se dispone de programas de cómputo para ayudar en los cálculos. Vea el sitio de Internet 1. El objetivo es determinar la frecuencia natural del eje que soporta el peso estático de elementos como los engranes, las catarinas y las poleas. También es un factor la rigidez de los cojinetes. Una ecuación fundamental de la frecuencia natural, ω_n, es

$$\omega_n = \sqrt{k/m}$$

donde k es la rigidez del eje y m es su masa. Es preferible tener una velocidad crítica grande, mucho mayor que la velocidad de funcionamiento; entonces, la rigidez debe ser grande y la masa pequeña. Las variables principales sobre las que tiene control un diseñador son el material y su módulo de elasticidad E, su densidad ρ, el diámetro del eje D y su longitud L. La siguiente relación funcional puede ayudar a comprender la influencia de cada una de esas variables:

$$\omega_n \propto (D/L^2)\sqrt{E/\rho}$$

donde el símbolo $\propto$ representa proporcionalidad entre las variables. Al emplear esta función como guía, las siguientes acciones pueden reducir los problemas potenciales por deflexiones o por velocidades críticas.

1. Al hacer que el eje sea más rígido se puede evitar el comportamiento dinámico inconveniente.
2. Los ejes más grandes tienen mayor rigidez.
3. Las longitudes cortas de los ejes reducen las deflexiones y reducen las velocidades críticas.
4. Se recomienda colocar los elementos activos en el eje cerca de los cojinetes de soporte.
5. Al reducir el peso de los elementos soportados por el eje, se reduce la deflexión estática y se reduce la velocidad crítica.
6. Es deseable seleccionar un material para el eje, que tenga una alta relación de E/ρ. Si bien la mayor parte de los metales tienen relaciones parecidas, las relaciones de los materiales compuestos suelen ser altas. Por ejemplo, los ejes de impulsión largos, para vehículos que deben trabajar a grandes velocidades, son fabricados con frecuencia con materiales compuestos y huecos, mediante fibras de carbón.
7. Los cojinetes deben tener gran rigidez, en términos de deflexión radial en función de la carga.
8. Los montajes para cojinetes y cajas deben diseñarse con una gran rigidez.
9. En las referencias 3, 4, 5 y 7 se presenta información adicional y métodos analíticos para estimar las velocidades críticas. En las referencias 9 a 11 se describen la vibración en la maquinaria.

12-12 EJES FLEXIBLES

A veces se desea transmitir movimiento giratorio y potencia entre dos puntos no alineados entre sí. En esos casos se pueden usar ejes flexibles, para acoplar un impulsor, que puede ser un motor, a un dispositivo impulsado, a lo largo de una trayectoria curva o que se mueva dinámicamente. La flexibilidad permite que el punto impulsado se desplace respecto del punto impulsor en dirección paralela o angular. Se usan ejes unidireccionales para transmitir potencia en aplicaciones tales como sistemas de automatización, maquinaria industrial, equipo agrícola, actuadores de aviación, ajustadores de asiento, aparatos médicos y dentales, velocímetros, trabajo en madera y en herramientas de joyero. Los ejes flexibles bidireccionales se usan en control remoto, actuación de válvulas y dispositivos de seguridad. Con frecuencia pueden tener más flexibilidad en el diseño que otras opciones que se tengan, como el uso de transmisiones con engranes y ejes en ángulo recto, o con juntas universales. El desplazamiento entre la máquina impulsora e impulsada puede ser hasta de 180°, siempre y cuando el radio de la vuelta (es decir, el *cambio de dirección*) sea mayor que un mínimo especificado. La capacidad de transmisión de par torsional aumenta al aumentar el radio de la vuelta. Las eficiencias están en el intervalo de 90 a 95%.

La construcción consiste de un núcleo semejante a un cable flexible, conectado a accesorios en cada extremo. Los accesorios facilitan la conexión con las máquinas impulsora e impulsada. La caja protege el equipo o a las personas cercanas del contacto con el núcleo rotatorio. Existen diseños para transmitir potencia en cualquier dirección, en sentido de las manecillas del reloj o en contrasentido. Algunos funcionan bidireccionalmente.

Se especifica la capacidad de un eje flexible como el par torsional que puede transmitirse en forma confiable, en función del radio mínimo de vuelta del eje. En el sitio de Internet 7 hay datos para seleccionar una gran variedad de tamaños, cuyas capacidades van desde 0.20 hasta casi 2500 lb·pulg (0.03 a 282 N-m).

REFERENCIAS

1. American Society of Mechanical Engineers. Norma ANSI B106.1M-1985. *Design of Transmission Shafting* (Diseño de ejes de transmisión). Nueva York: American Society of Mechanical Engineers, 1985.
2. American Society of Mechanical Engineers. Norma ANSI B4.1-67. *Preferred Limits and Fits for Cylindrical Parts* (Límites y ajustes preferidos para partes cilíndricas) (R87/94). Nueva York: American Society of Mechanical Engineers, 1994.
3. Avallone, E. y T. Baumeister *et al. Marks' Standard Handbook for Mechanical Engineers* (Manual de Marks para ingenieros mecánicos). 10ª Edición. Nueva York: McGraw-Hill, 1996.
4. Harris, Cyril M. y Allan G. Piersol (editores). *Harris' Shock and Vibration Handbook* (Manual de choque y vibración de Harris). 5ª edición. Nueva York: McGraw-Hill, 2001.
5. Oberg, Erik *et al. Machinery's Handbook* (Manual de maquinaria). 26ª edición. Nueva York: Industrial Press, 2000.
6. Pilkey, Walter D. *Peterson's Stress Concentration Factors* (Factores de concentración de esfuerzos, por Peterson). 2ª edición. Nueva York: John Wiley & Sons, 1997.
7. Shigley, J. E. y C. R. Mischke: *Mechanical Engineering Design*. 6ª edición. Nueva York: McGraw-Hill, 2001.
8. Soderberg, C. R. "Working Stresse" (Esfuerzos de trabajo). *Journal of Applied Mechanics* 57 (1935): A-106.
9. Wowk, Victor. *Machinery Vibration: Alignment* (Vibración de maquinaria: alineamiento). Nueva York: McGraw-Hill, 2000.
10. Wowk, Victor. *Machinery Vibration: Balancing* (Vibración de maquinaria: balanceo). Nueva York: McGraw-Hill, 1998.
11. Wowk, Victor. *Machinery Vibration: Measurement and Analysis* (Vibración de maquinaria: medición y análisis). Nueva York: McGraw-Hill, 1991.

SITIOS DE INTERNET PARA DISEÑO DE EJES

1. **Hexagon Software.** *www.hexagon.de* Programa de cómputo con el nombre WL1+, para cálculos de ejes. Puede manejar hasta 100 segmentos cilíndricos o cónicos y hasta 50 fuerzas individuales. Calcula los diagramas de fuerza cortante y momento flexionante. Se calculan las velocidades críticas para vibración de flexión y de torsión.
2. **Spinning Composites.** *www.spinning-compposities.com* Fabricante de ejes de materiales compuestos para aplicaciones vehiculares e industriales. Incluye la descripción de las velocidades críticas.
3. **Advanced Composite Products and Technology, Inc.** *www.acpt.com* Fabricante de productos de materiales compuestos para los mercados aeroespacial, militar, comercial e industrial, que incluyen ejes de impulsión y rotores con alta velocidad.
4. **Kerk Motion Products, Inc.** *www.kerkmotion.com* Fabricante de tornillos de plomo para aplicaciones industriales. Incluye datos de velocidades críticas, y la descripción de los factores que influyen.
5. **Orand Systems, Inc.** *www.orandsystems.com* Desarrollador y distribuidor del programa *Beam 2D Stress Analysis*. Analiza vigas con numerosas cargas, secciones transversales y condiciones de soporte. Resultados de carga, fuerza cortante, momento flexionante, pendiente y deflexión, en formatos de datos gráficos y numéricos. Se puede emplear para cálculos de flexión en ejes.
6. **MDSolids.** *www.mdsolids.com* Programa educativo para análisis de esfuerzos, que incluye varios módulos como las vigas, la torsión, las armaduras y las columnas.
7. **S.S. White Company** *www.sswt.com* Fabricante de ejes flexibles. El sitio incluye tablas de evaluación para

capacidad de torsión en función del radio mínimo de vuelta del eje, durante su funcionamiento.

8. **Elliot Manufacturing Co.** *www.elliottmfg.com* Fabricante de ejes flexibles.

9. **Suhner Transmission Co.** *www.suhner.com* Fabricante de ejes flexibles, engranes cónicos en espiral y motores neumáticos pequeños, de alta velocidad, así como de motores eléctricos. El sitio incluye tablas de evaluación para capacidad de potencia y de torsión de los ejes flexibles.

PROBLEMAS

Fuerzas y pares torsionalesen ejes - Engranes rectos

1. Vea la figura P12-1. El eje gira a 550 rpm y sostiene un engrane recto *B* de 96 dientes y paso diametral 6. Los dientes tienen perfil de involuta de 20°, a profundidad completa. El engrane recibe 30 HP de un piñón directamente arriba de él. Calcule el par torsional que se entrega al eje, y las fuerzas tangencial y radial que ejerce el engrane sobre el eje.

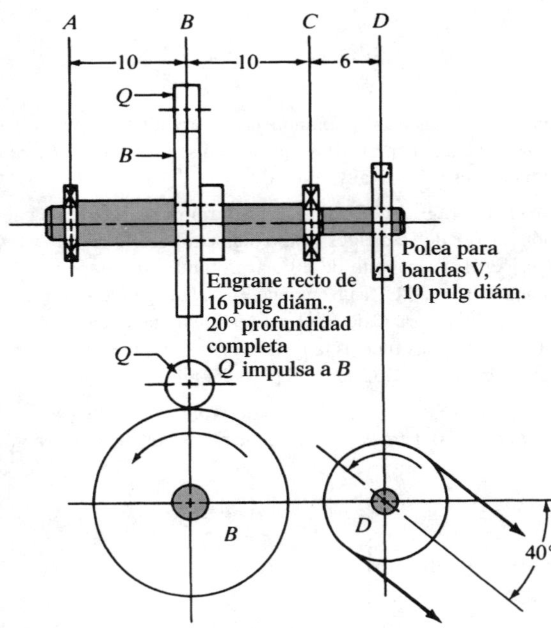

FIGURA P12-1 (Problemas 1, 14 y 24)

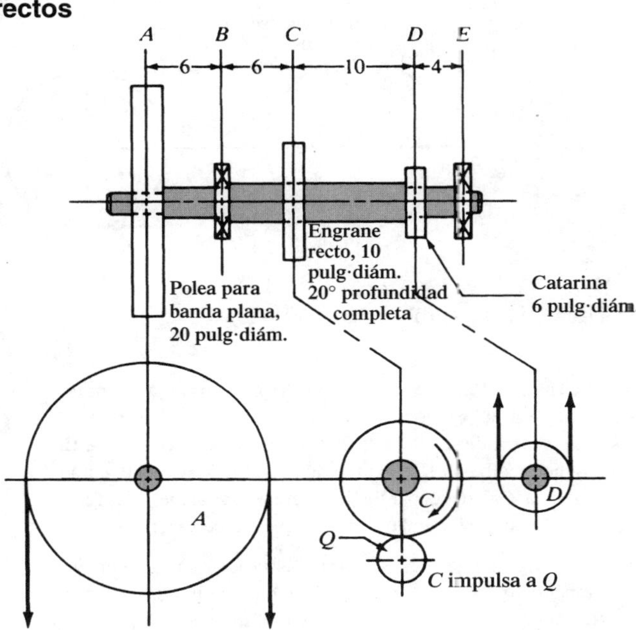

FIGURA P12-2 (Problemas 2, 12, 13 y 25)

2. Vea la figura P12-2. El eje gira a 200 rpm y soporta un engrane recto *C*, de 80 dientes y paso diametral 8. Los dientes tienen perfil de involuta de 20°, a profundidad completa. El engrane entrega 6 HP a un piñón directamente abajo de él. Calcule el par torsional que entrega el eje al engrane *C*, y las fuerzas tangencial y radial que el engrane ejerce sobre el eje.

3. Vea la figura P12-3. El eje gira a 480 rpm y tiene un piñón recto *B* de 24 dientes y paso diametral 8. Los dientes tienen perfil de involuta de 20°, a profundidad completa. El piñón entrega 5 HP a un engrane directamente abajo de él. Calcule el par torsional que entrega el eje al piñón *B*, y las fuerzas tangencial y radial que ejerce el piñón sobre el eje.

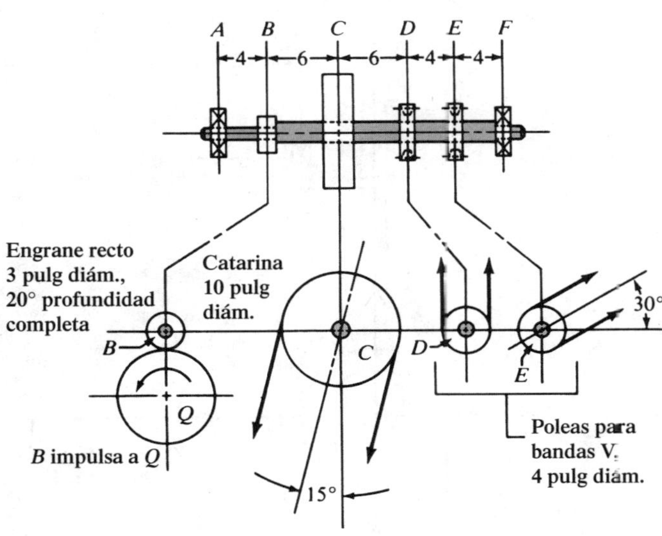

FIGURA P12-3 (Problemas 3, 15, 16 y 26)

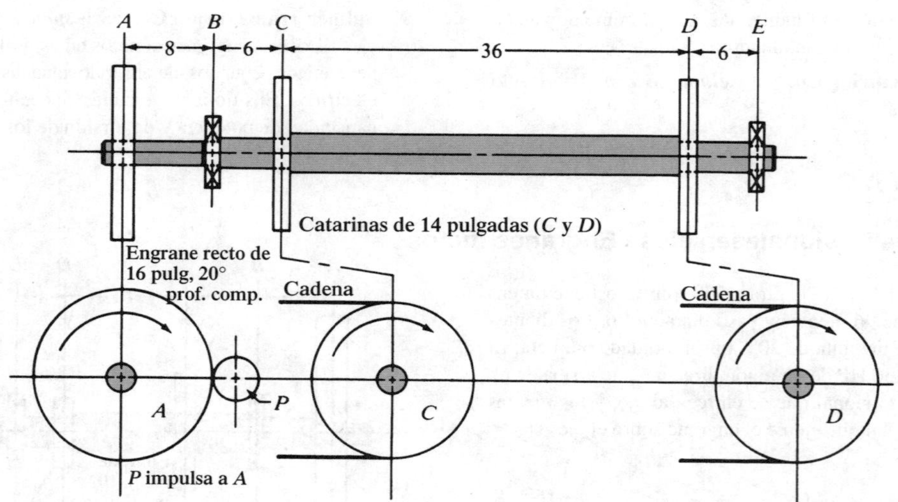

FIGURA P12-4 (Problemas 4, 19 y 27)

4. Vea la figura P12-4. El eje gira a 120 rpm y sostiene un engrane recto *A* de 80 dientes con paso diametral 5. Los dientes tienen perfil de involuta de 20°, a profundidad completa. El engrane recibe 40 HP de un piñón en el lado derecho, como se indica. Calcule el par torsional entregado al eje, y las fuerzas tangencial y radial que el engrane ejerce sobre el eje.

5. Vea la figura P12-5. El eje gira a 240 rpm y sostiene un engrane recto *D* con 48 dientes y paso diametral 6. Los dientes tienen perfil de involuta de 20°, a profundidad completa. El engrane recibe 15 HP del piñón *Q*, cuya ubicación se indica. Calcule el par torsional entregado al eje y las fuerzas tangencial y radial que ejerce el engrane sobre el eje. Descomponga esas fuerzas en sus componentes horizontal y vertical, y determine las fuerzas netas que actúan sobre el eje en *D*, en direcciones horizontal y vertical.

6. Vea la figura P12-6. El eje gira a 310 rpm y sostiene a un piñón recto *E* de 36 dientes y paso diametral 6. Los dientes tienen perfil de involuta de 20°, a profundidad completa. El piñón entrega 20 HP a un engrane, en su lado izquierdo, como muestra la figura. Calcule el par torsional que el eje entrega al piñón *E*, y las fuerzas tangencial y radial que ejerce el piñón sobre el eje. Considere el peso del piñón.

7. Vea la figura P12-7. El eje gira a 480 rpm y tiene un engrane recto *C* de 50 dientes y paso diametral 5. Los dientes tienen

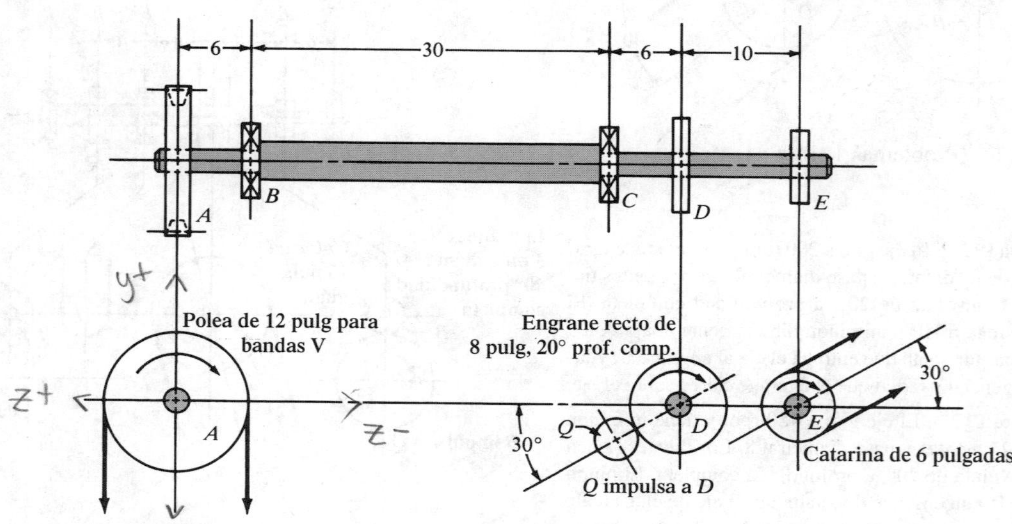

FIGURA P12-5 (Problemas 5, 20, 21 y 28)

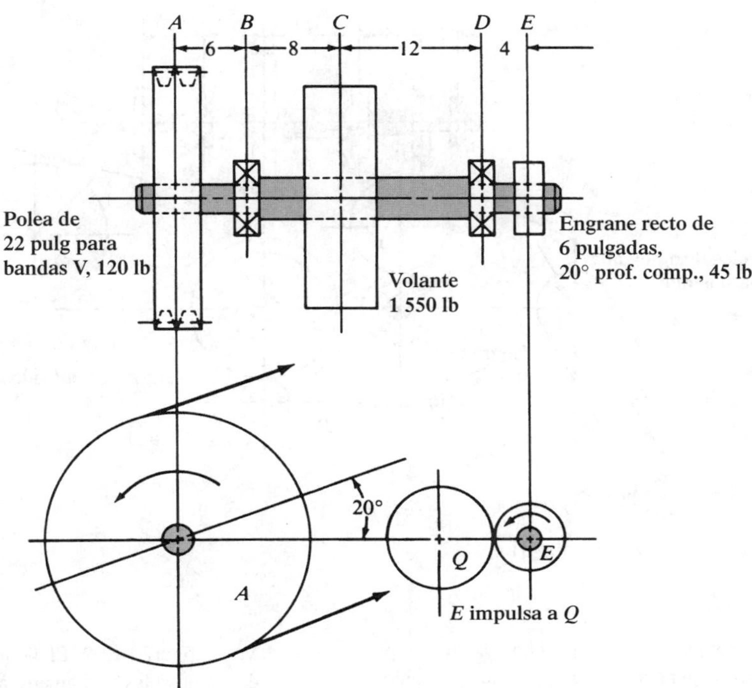

FIGURA P12-6 (Problemas 6 y 29)

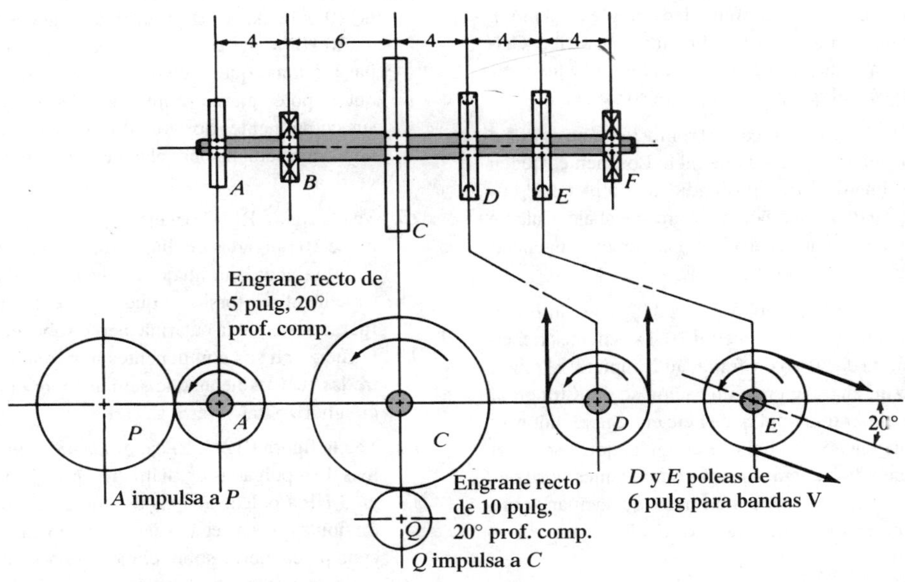

FIGURA P12-7 (Problemas 7, 8 y 30)

perfil de involuta de 20°, a profundidad completa. El engrane recibe 50 HP de un piñón que está directamente abajo de él. Calcule el par que recibe el eje, y las fuerzas tangencial y radial que ejerce el engrane sobre el eje.

8. Vea la figura P12-7. El eje gira a 480 rpm y sostiene un piñón recto *A* de 30 dientes y paso diametral 6. Los dientes tienen el perfil de involuta de 20°, a profundidad completa. El piñón entrega 30 HP a un engrane a su izquierda, como se ve

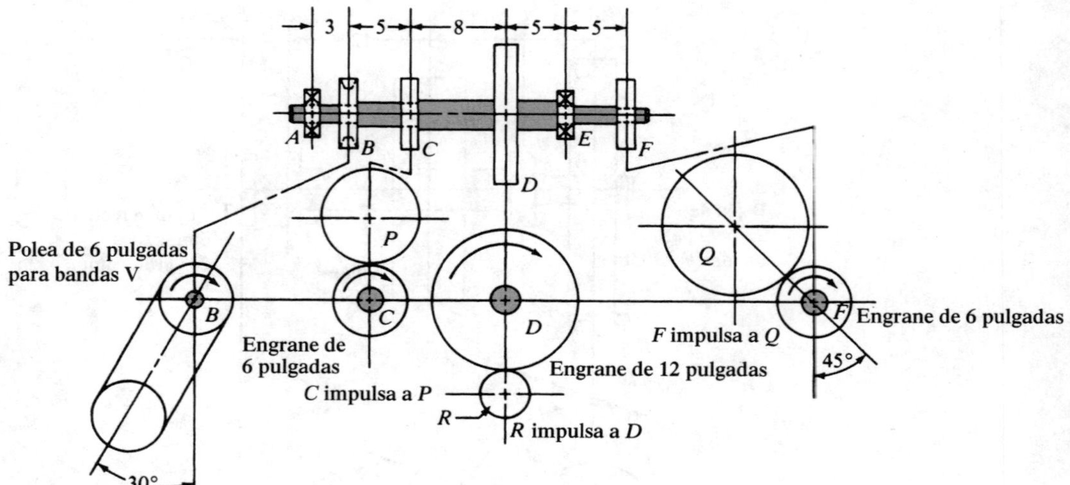

FIGURA P12-9 (Problemas 9, 10, 11 y 31)

en la figura. Calcule el par torsional que entrega el eje al piñón A, y las fuerzas tangencial y radial que ejerce el piñón sobre el eje.

9. Vea la figura P12-9. El eje gira a 220 rpm y tiene un piñón recto C de 60 dientes y paso diametral 10. Los dientes tienen el perfil de involuta de 20°, a profundidad completa. El piñón entrega 5 HP a un engrane que está directamente arriba. Calcule el par torsional que entrega el eje al piñón C y las fuerzas tangencial y radial que ejerce el piñón sobre el eje.

10. Vea la figura P12-9. El eje gira a 220 rpm y tiene un engrane recto D con 96 dientes y paso diametral 8. Los dientes tienen el perfil de involuta de 20°, a profundidad completa. El engrane recibe 12.5 HP de un piñón directamente abajo. Calcule el par torsional que se entrega al eje, y las fuerzas tangencial y radial que ejerce el piñón sobre el eje.

11. Vea la figura P12-9. El eje gira a 220 rpm y tiene un piñón recto F de 60 dientes y paso diametral 10. Los dientes tienen el perfil de involuta de 20°, a profundidad completa. El piñón entrega 5 HP a un engrane cuya ubicación se muestra en la figura. Calcule el par torsional que el eje entrega al piñón F, y las fuerzas tangencial y radial que el piñón ejerce sobre el eje. Descomponga las fuerzas en sus componentes horizontal y vertical, y determine las fuerzas netas que actúan sobre el eje en F, en dirección horizontal y vertical.

Fuerzas y pares sobre ejes - Catarinas y poleas

12. Vea la figura P12-2. El eje gira a 200 rpm y tiene una catarina de 6 pulgadas de diámetro D, que entrega 4 HP a una catarina acoplada arriba de ella. Calcule el par torsional que entrega el eje a la catarina D y la fuerza que ejerce la catarina sobre el eje.

13. Vea la figura P12-2. El eje gira a 200 rpm y tiene una polea de 20 pulgadas de diámetro para banda plana en A, la cual recibe 10 HP desde abajo. Calcule el par torsional que entrega la polea al eje, y la fuerza que ejerce la polea sobre el eje.

14. Vea la figura P12-1. El eje gira a 550 rpm y tiene una polea de 10 pulgadas de diámetro para bandas V en D, que entrega 30 HP a una polea acoplada, como se indica. Calcule el par torsional que el eje entrega a la polea, y la fuerza total que la polea ejerce sobre el eje. Descomponga la fuerza en sus componentes horizontal y vertical, y muestre las fuerzas netas que actúan sobre el eje en D, en dirección horizontal y vertical.

15. Vea la figura P12-3. El eje gira a 480 rpm y tiene una catarina de 10 pulgadas de diámetro, que recibe 11 HP desde una catarina acoplada abajo y a la izquierda, como se indica. Calcule el par torsional que el eje entrega a la catarina, y la fuerza total que la catarina ejerce sobre el eje. Descomponga la fuerza en sus componentes horizontal y vertical, y muestre las fuerzas netas que actúan sobre el eje en C, en dirección horizontal y vertical.

16. Vea la figura P12-3. El eje gira a 480 rpm y sostiene dos poleas de 4 pulgadas de diámetro en D y en E; cada una entrega 3 HP a poleas acopladas, como se indica. Calcule el par torsional que entrega el eje a cada polea, y la fuerza total que cada polea ejerce sobre el eje. Descomponga la fuerza en E en sus componentes horizontal y vertical, y muestre las fuerzas netas que actúan sobre el eje en E, en dirección horizontal y vertical.

17. Vea la figura P12-17. El eje gira a 475 rpm y lleva una polea de 10 pulgadas para bandas V, en C, la cual recibe 15.5 HP de una polea acoplada a su izquierda, como se muestra. Calcule el par torsional que entrega la polea al eje en C, y la fuerza total que ejerce la polea sobre el eje en C.

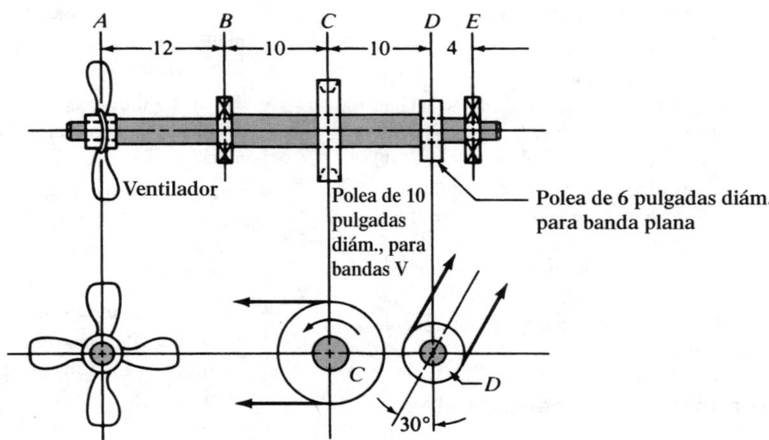

FIGURA P12-17 (Problemas 17, 18 y 32)

18. Vea la figura P12-17. El eje gira a 475 rpm y tiene una polea de 6 pulgadas de diámetro para banda plana en *D*; dicha polea entrega 3.5 HP a una polea acoplada arriba y hacia la derecha, como se indica. Calcule el par torsional que entrega la polea al eje, y la fuerza total que ejerce la polea sobre el eje. Descomponga la fuerza en sus componentes horizontal y vertical, y muestre las fuerzas netas que actúan sobre el eje en *D*, en dirección horizontal y vertical.

19. Vea la figura P12-4. El eje gira a 120 rpm y sostiene dos catarinas idénticas de 14 pulgadas de diámetro, en *C* y *D*. Cada catarina entrega 20 HP a su respectiva catarina acoplada hacia la izquierda, como se indica. Calcule el par torsional que entrega el eje a cada catarina, y la fuerza total que cada catarina ejerce sobre el eje.

20. Vea la figura P12-5. El eje gira a 240 rpm y sostiene en *A* una polea de 12 pulgadas de diámetro para bandas *V*, la cual entrega 10 HP a una polea acoplada directamente abajo. Calcule el par torsional que entrega el eje a la polea, y la fuerza total que ejerce la polea sobre el eje en *A*.

21. Vea la figura P12-5. El eje gira a 240 rpm y sostiene una catarina de 6 pulgadas de diámetro en *E*, que entrega 5.0 HP a una catarina acoplada a la derecha y arriba, como se indica. Calcule el par torsional que entrega el eje a la catarina y la fuerza total que ejerce la catarina sobre el eje. Descomponga la fuerza en sus componentes horizontal y vertical, e indique las fuerzas netas que actúan sobre el eje en *E*, en dirección horizontal y vertical.

Fuerzas y pares torsionales sobre ejes-engranes helicoidales

22. Vea la figura P12-22. El eje gira a 650 rpm y recibe 7.5 HP a través de un acoplamiento flexible. La potencia se entrega a un eje adyacente a través de un solo engrane helicoidal *B*, que tiene un ángulo normal de presión de 20° y un ángulo de hélice de 15°. El diámetro de paso del engrane es de 4.141 pulgadas. Repase la descripción de fuerzas sobre engranes helicoidales en el capítulo 10, y aplique las ecuaciones (12-1), (12-2), (12-4) y (12-5) del presente capítulo, para verificar los valores de las fuerzas que muestra la figura. Trace los diagramas completos de cuerpo libre para el eje, en el plano horizontal y en el plano vertical. Entonces, trace los diagramas completos de fuerza cortante y momento flexionante para el eje, en ambos planos.

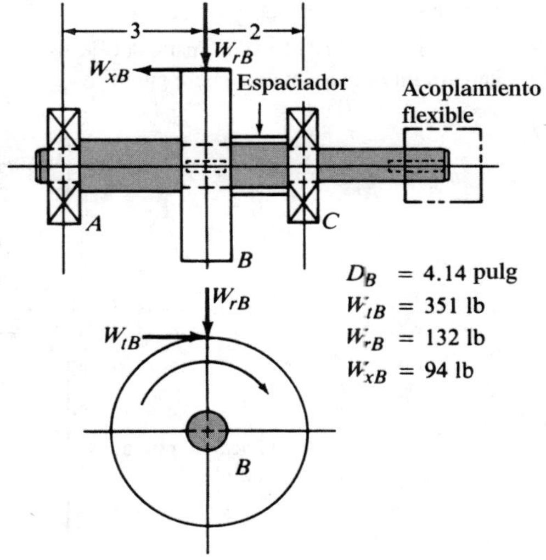

FIGURA P12-22 (Problemas 22 y 33)

Fuerzas y pares torsionales sobre ejes-tornillos sinfines y coronas

23. Vea la figura P12-23. El eje gira a 1750 rpm y recibe 7.5 HP, a través de una polea de 5.00 pulgadas para bandas V, de una polea acoplada directamente abajo. La polea se entrega a través de un tornillo sinfín cuyo diámetro de paso es de 2.00 pulgadas. Las fuerzas sobre el tornillo sinfín se calcularon en el problema modelo 12-4, y se muestran en la figura mencionada. Repase la descripción de esas fuerzas y el método para calcularlas. Trace los diagramas completos de cuerpo libre para el eje, en los planos vertical y horizontal. Entonces, trace los diagramas de fuerza cortante y momento flexionante para el eje, en ambos planos.

Problemas comprensivos del diseño de ejes

En cada uno de los siguientes problemas será necesario realizar lo siguiente:

a) Determine la magnitud del par torsional en el eje en todos los puntos.

b) Calcule las fuerzas que actúan sobre el eje en todos los elementos de transmisión de potencia.

c) Calcule las reacciones en los cojinetes.

d) Trace los diagramas completos de carga, fuerza cortante y momento flexionante.

Ignore el peso de los elementos en los ejes, a menos que se indique lo contrario.

El objetivo de cada problema, salvo la discreción del maestro, podría ser cualquiera de los siguientes:

- Diseñar el eje completo, incluyendo la especificación de la geometría en general y la consideración de factores de concentración de esfuerzos. El análisis indicaría el diámetro mínimo aceptable en cada punto del eje, para que sea seguro desde el punto de vista de resistencia.
- Para una geometría dada de una parte del eje, especificar su diámetro mínimo aceptable en ese punto.
- Especificar las dimensiones requeridas en cualquier elemento seleccionado del eje: un engrane, una polea o un cojinete, entre otros.
- Trazar un dibujo del diseño del eje, haciendo el análisis adecuado de esfuerzos, y especificar las dimensiones finales.
- Sugerir la forma en que se puede rediseñar el eje dado, al mover o reorientar los elementos sobre el eje, para mejorar el diseño y producir menores esfuerzos, un menor eje y ensamble más cómodo, entre otros.
- Incorporar el eje dado en una máquina más compleja, y completar el diseño de toda la máquina. En la mayoría de los problemas, se sugiere el tipo de máquina para la que se diseña el eje.

24. El eje de la figura P12-1 es parte de una transmisión para un sistema de transferencia automática en una planta de estampado de metal. El engrane Q entrega 30 HP al engrane B. La polea D entrega la potencia a su polea acoplada, como se indica. El eje que sostiene a B y D gira a 550 rpm. Use acero AISI 1040 estirado en frío.

25. El eje de la figura P12-2 gira a 200 rpm. La polea A recibe 10 HP desde abajo. El engrane C entrega 6 HP al engrane acoplado abajo de él. La catarina D entrega 4 HP a un eje arriba. Use acero AISI 1117 estirado en frío.

26. El eje de la figura P12-3 es parte de una máquina especial diseñada para recuperar latas de aluminio desechadas. El engrane en B entrega 5 HP a la picadora que corta las latas en piezas pequeñas. La polea en D, para bandas V, entrega 3 HP a un soplador que circula aire por la picadora. La polea E para bandas V entrega 3 HP a un transportador que sube el aluminio picado a un silo. El eje gira a 480 rpm. Toda la potencia entra al eje por la catarina principal en C. Use acero AISI 1137 OQT 1300 en el eje. Los elementos en B, C, D y E se mantienen en su posición mediante anillos de retención y cuñas en cuñeros de perfil. El eje debe tener diámetro uniforme, excepto en sus extremos, donde se montarán los cojinetes. Determine el diámetro requerido.

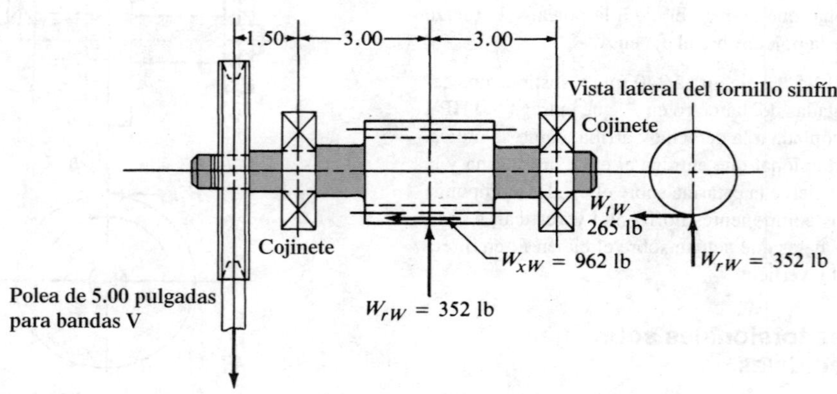

FIGURA P12-23 (Problemas 23 y 34)

27. El eje de la figura P12-4 impulsa un transportador grande, de material a granel. El engrane recibe 40 HP y gira a 120 rpm. Cada catarina entrega 20 HP a un lado del transportador. Use acero AISI 1020 estirado en frío.

28. El eje de la figura P12-5 es parte de un sistema de accionamiento de un transportador que alimenta roca triturada a un carro de ferrocarril. El eje gira a 240 rpm y está sometido a choques moderados durante su funcionamiento. Toda la potencia entra al engrane en *D*. La polea para bandas V en *A* entrega 10.0 HP verticalmente hacia abajo. La catarina *E* entrega 5.0 HP. Considere la posición del engrane *Q*, que impulsa al engrane *D*.

29. La figura P12-6 ilustra un eje intermedio de una punzonadora que gira a 310 rpm y transmite 20 hp de la polea para bandas V al engrane. El volante no absorbe ni cede energía en este momento. Considere el peso de todos los elementos en el análisis.

30. El eje de la figura P12-7 es parte de un sistema de manejo de material, a bordo de un barco. Toda la potencia entra al eje por el engrane *C*, que gira a 480 rpm. El engrane *A* entrega 30 HP a un malacate. Las poleas para bandas V en *D* y *E* entregan cada una 10 HP a las bombas hidráulicas. Use acero AISI 3140 OQT 1000.

31. El eje de la figura P12-9 es parte de un sistema de maquinado automático. Toda la potencia entra por el engrane *D*. Los engranes *C* y *F* impulsan dos dispositivos independientes de avance de herramienta, cada uno de los cuales requiere 5.0 HP. La polea en *B*, para bandas V, requiere 2.5 HP para impulsar una bomba de enfriamiento. El eje gira a 220 rpm. Todos los engranes son rectos, con dientes de 20°, a profundidad completa. Use acero AISI 1020 estirado en frío en el eje.

32. El eje de la figura P12-17 es parte de un sistema secador de granos. En *A* hay un ventilador tipo hélice, que requiere 12 HP para girar a 475 rpm. El ventilador pesa 34 lb, las cuales deben incluirse en el análisis. La polea para banda plana en *D* entrega 3.5 HP a un transportador de gusano que maneja el grano. Toda la potencia entra al eje a través de la polea para bandas V en *C*. Use acero AISI 1144 estirado en frío.

33. La figura P12-22 muestra un engrane helicoidal montado en un eje que gira a 650 rpm, y transmite 7.5 HP. Se analiza el engrane en el problema modelo 10-1, y se indican en la figura las fuerzas tangencial, radial y axial. El diámetro de paso del engrane es de 4.141 pulgadas. La potencia se entrega desde el eje, pasando por un acoplamiento flexible en su extremo derecho. Para ubicar el engrane en relación con el cojinete *C* se usa un espaciador. La carga de empuje se toma en el rodamiento *A*.

34. El eje de la figura P12-23 es el eje de entrada de una transmisión de tornillo sinfín. La polea para bandas V recibe 7.5 HP directamente desde abajo. El tornillo sinfín gira a 1750 rpm y su diámetro de paso es de 2.000 pulgadas. Es el sinfín impulsor descrito en el problema modelo 12-4. Las fuerzas tangencial, radial y axial se muestran en la figura. El tornillo sinfín se maquinará íntegro en el eje, y su diámetro de raíz es de 1.614 pulgadas. Suponga que la geometría de la zona de raíz tiene un factor de concentración de esfuerzos de 1.5 para flexión. Analice el esfuerzo en la zona de la raíz de la rosca del sinfín, y especifique un material adecuado para el eje.

35. El reductor de doble reducción y engrane helicoidal de la figura P12-35 transmite 5.0 HP. El eje 1 es la entrada, gira a 1800 rpm y recibe la potencia en forma directa de un motor eléctrico, a través de un acoplamiento flexible. El eje 2 gira a 900 rpm. El eje 3 es la salida, y gira a 300 rpm. En el eje de salida se monta una catarina, como se indica, la cual entrega la potencia hacia arriba. Los datos de los engranes están en la tabla 12-4.

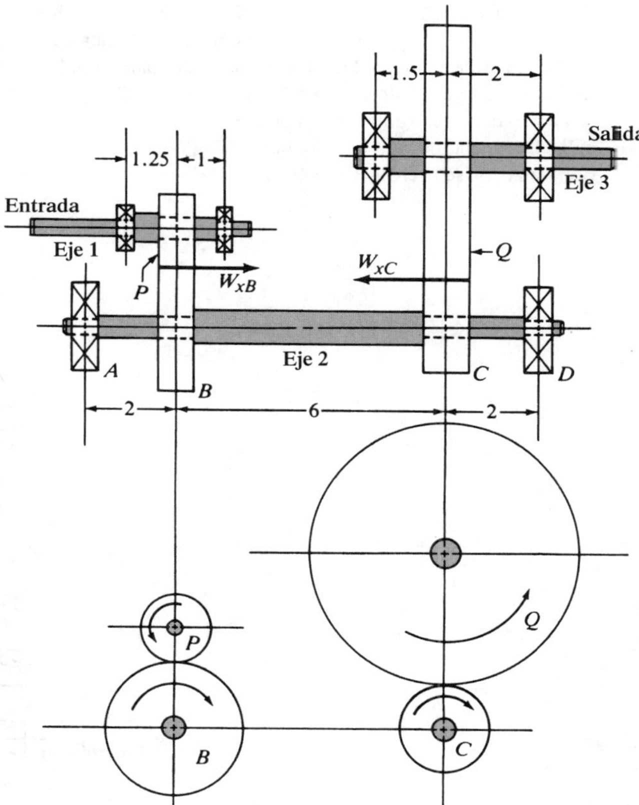

FIGURA P12-35 (Problema 35)

TABLA 12-4

Engrane	Paso diametral	Diámetro de paso	Número de dientes	Ancho de cara
P	8	1.500 pulg	12	0.75 pulg
B	8	3.000 pulg	24	0.75 pulg
C	6	2.000 pulg	12	1.00 pulg
Q	6	6.000 pulg	36	1.00 pulg

Cada engrane tiene un ángulo de presión normal de $14\frac{1}{2}°$, y un ángulo de hélice de 45°. Las combinaciones de hélices izquierda y derecha son tales que las fuerzas axiales se oponen entre sí sobre el eje 2, como se indica. Use acero AISI 4140 OQT 1200 en los ejes.

36. Termine el diseño de los ejes que sostienen el engrane cónico y el piñón de la figura 10-8. Se determinan las fuerzas en los engranes, las reacciones en los cojinetes y los diagramas de momento flexionante en los problemas modelo 10-3 y 10-4, y se muestran en las figuras 10-8 a 10-12. Suponga que entran 2.50 HP al eje del piñón desde la derecha, por un acoplamiento flexible. La potencia se entrega mediante la extensión inferior del eje del engrane, por otro acoplamiento flexible. Use acero AISI 1040 OQT 1200 en los ejes.

37. El eje vertical de la figura P12-37 es impulsado a 600 rpm con 4.0 HP que entran por el engrane cónico. Cada una de las dos catarinas entrega 2.0 HP hacia un lado, para impulsar las paletas mezcladoras en un reactor químico. El engrane cónico tiene paso diametral 5, diámetro de paso de 9.000 pulgadas, ancho de cara de 1.31 pulgadas y ángulo de presión de 20°. Use acero AISI 4140 OQT 1000 en el eje. Vea los métodos de cálculo de las fuerzas en engranes cónicos en el capítulo 10.

38. La figura P12-38 muestra un esquema de un tren de engranes rectos, de doble reducción. El eje 1 gira a 1725 rpm, y está impulsado en forma directa por un motor eléctrico que transmite 15.0 HP al reductor. Todos los engranes del tren tienen dientes de 20°, a profundidad completa, con los siguientes datos de los dientes y los diámetros de paso:

Engrane *A*	**Engrane *B***
18 dientes	54 dientes
1.80 pulgadas de diámetro	5.40 pulgadas de diámetro
Engrane *C*	**Engrane *D***
24 dientes	48 dientes
4.00 pulgadas de diámetro	8.00 pulgadas de diámetro

Observe que en cada par de engranes la reducción de velocidad es proporcional a la relación del número de dientes. En consecuencia, el eje 2 gira a 575 rpm y el eje 3 a 287.5 rpm. Suponga que todos los ejes transmiten 15.0 HP. La distancia

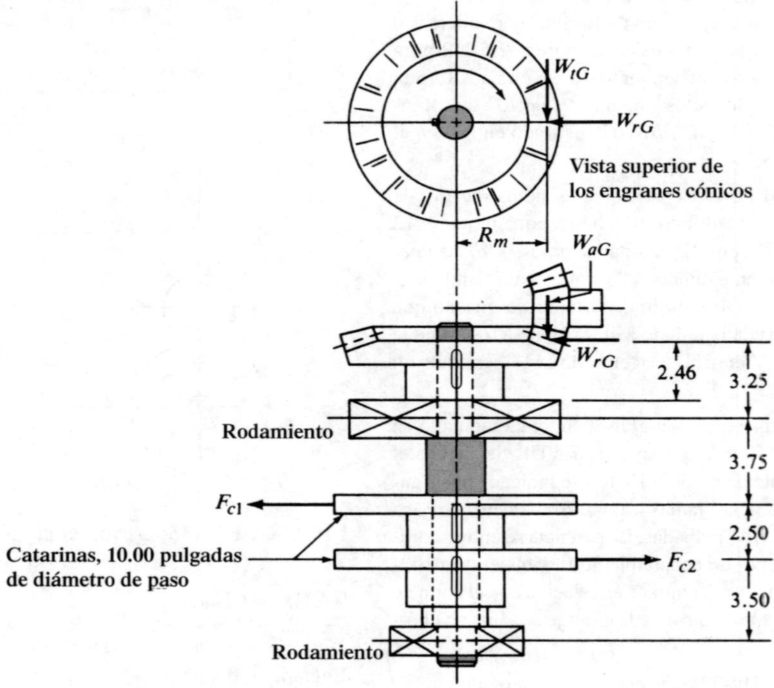

FIGURA P12-37 Engranes cónicos vistos en sección, para el problema 37. Vea el capítulo 10.

desde el centro de cada cojinete al centro de la cara del engrane inmediato es de 3.00 pulgadas. El eje 2 tiene 5.00 pulgadas de longitud entre los dos engranes, y la distancia total entre centros de los dos cojinetes es de 11.00 pulgadas. Las extensiones de los ejes de entrada y salida transmiten par torsional, pero sobre ellos no se ejercen cargas flexionantes. Termine el diseño de los tres ejes. Ponga en cada engrane un cuñero de perfil, y cuñeros de trineo en los extremos de los ejes de entrada y salida fuera de borda. Determine la forma de ubicar cada engrane y cojinete en los ejes.

39. La figura P12-39 muestra un reductor de velocidad con una transmisión de bandas V, que entrega potencia al eje de entrada, y una transmisión de cadena que extrae la potencia del eje de salida y la entrega a un transportador. El motor de impulsión suministra 12.0 HP y gira a 1150 rpm. Las reducciones de las transmisiones de bandas V y de cadena son proporcionales a las relaciones de los diámetros, de las poleas y de las catarinas motriz e impulsada. El arreglo de los engranes en el reductor es igual al descrito en la figura P12-38 y en el problema 38. Determine las fuerzas que se aplican al eje del motor, a cada uno de los tres ejes del reductor y al eje de impulsión del transportador. A continuación termine el diseño de los tres ejes del reductor, suponiendo que todos transmiten 12.0 HP.

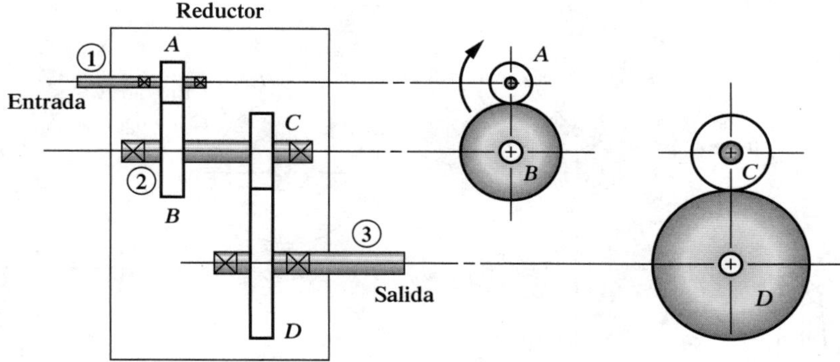

FIGURA P12-38 Reductor de engranes para los problemas 38 y 39.

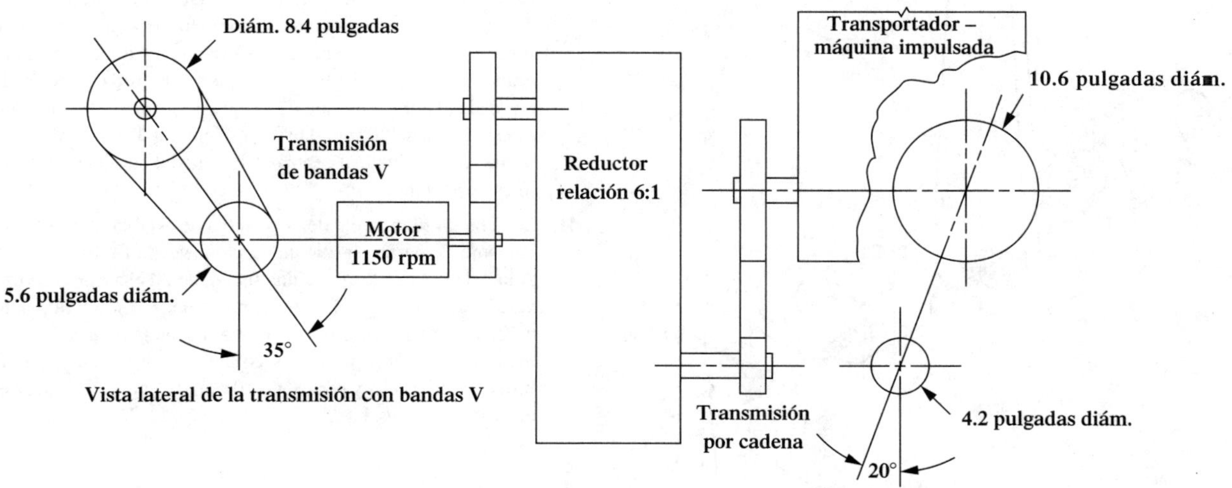

FIGURA P12-39 Sistema de accionamiento para el problema 39

FIGURA P12-40
Sistema de accionamiento para el problema 40

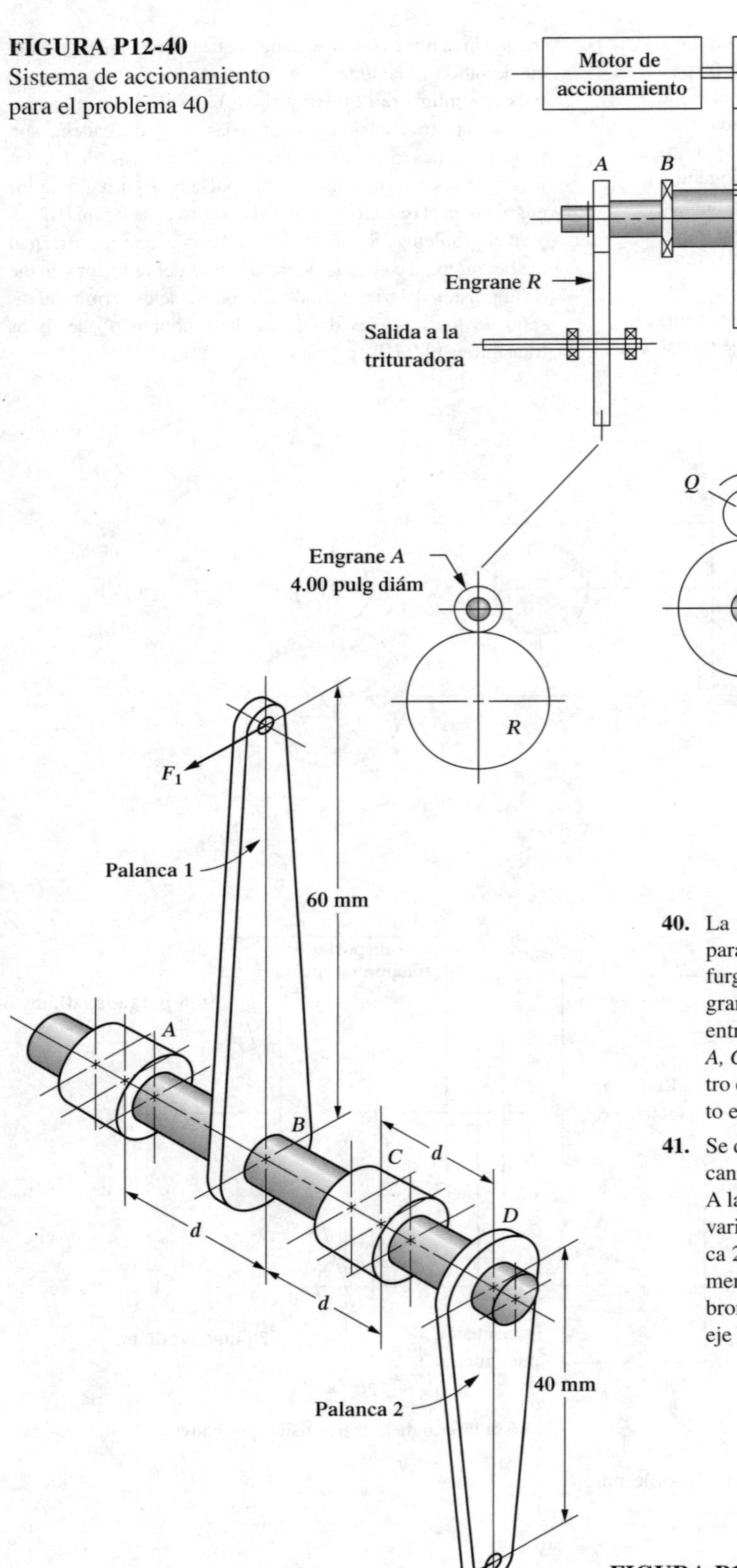

40. La figura P12-40 muestra un accionamiento de un sistema para triturar carbón y mandarlo por un transportador hasta un furgón. El engrane A entrega 15 kW a la trituradora, y el engrane E entrega 7.5 kW al transportador. Toda la potencia entra al eje por el engrane C. El eje que sostiene los engranes A, C y E gira a 480 rpm. Diseñe ese eje. La distancia del centro de cada cojinete al centro de la cara del engrane inmediato es de 100 mm.

41. Se debe diseñar un eje de un sistema de eslabones en un mecanismo de parabrisas de un camión (vea la figura P12-41). A la palanca 1 se le aplica una fuerza de 20 N a través de una varilla adyacente. La fuerza de reacción, F_2, sobre la palanca 2, se transmite a otra varilla. La distancia d entre los elementos es de 20.0 mm. Los cojinetes A y C son bujes de bronce, cilíndricos y rectos, de 10 mm de longitud. Diseñe el eje y las palancas 1 y 2.

FIGURA P12-41 Eje y palancas para el sistema de limpiaparabrisas del problema 41

13

Tolerancias y ajustes

Panorama

Tolerancias y ajustes

Mapa de aprendizaje

- Una *tolerancia* es la variación permisible de dimensiones claves de piezas mecánicas. Usted, como diseñador, debe especificar la tolerancia para cada dimensión, considerando cómo va a funcionar y cómo se va a fabricar.
- Se pueden ensamblar dos o más piezas, ya sea con un *ajuste de holgura* que permita un movimiento relativo libre, o con un *ajuste de interferencia*, donde las dos piezas se deben presionar una contra otra y, en consecuencia, no se moverán durante el funcionamiento del dispositivo.

Descubrimiento

Identifique ejemplos de productos para los cuales deben ser adecuadas las tolerancias dimensionales precisas, y algunos para los que se permitan tolerancias más holgadas.

Busque ejemplos de partes mecánicas que tengan ajustes de holgura, y algunos que tengan ajustes de interferencia.

Describa las razones por las que el diseñador pueda haber indicado su diseño de esa manera.

Este capítulo le ayudará a adquirir la destreza necesaria para especificar los ajustes adecuados para las piezas acopladas, y las tolerancias dimensionales que las obtengan.

El objetivo de la mayoría de los procedimientos de análisis descritos en este libro es determinar el tamaño geométrico mínimo aceptable, con el cual un componente sea seguro y funcione en forma correcta bajo las condiciones especificadas. Como diseñador, también deberá especificar entonces las dimensiones finales para los componentes, incluyendo las tolerancias para esas dimensiones.

El término *tolerancia* indica la desviación permisible de una dimensión respecto del tamaño básico especificado. El funcionamiento correcto de una máquina puede depender de las tolerancias especificadas para sus piezas, en particular las que deban encajar entre sí, para ubicarse o para tener un movimiento relativo adecuado.

El término *ajuste* suele indicar las *holguras* permisibles entre las piezas acopladas en un aparato mecánico que deba ensamblarse con facilidad; con frecuencia, estas piezas deben moverse en relación una con respecto a otra durante el funcionamiento normal del dispositivo. A estos ajustes se les conoce usualmente como *de rodamiento* o *deslizantes*. También, el término *ajuste* suele indicar la cantidad de *interferencia* que existe cuando la pieza interna debe ser mayor que la pieza externa. Los ajustes de interferencia se realizan para asegurar que las piezas acopladas no se muevan una en relación con la otra.

Busque ejemplos de piezas para dispositivos mecánicos que tengan ajustes de holgura. Cualquier máquina con ejes que giren en cojinetes de superficie plana debe tener esas piezas. Esta clase de cojinetes se llaman *chumaceras rectas* o *muñones*, y debe haber una holgura pequeña, pero segura entre el eje y el cojinete, para permitir la rotación uniforme del eje. Pero la holgura no puede ser demasiado grande, porque si no el funcionamiento de la máquina parecerá demasiado tosco y áspero.

Considere también todo conjunto que tenga bisagras que permitan que una pieza gire en relación con la otra, como una puerta de acceso o la tapa de un recipiente. Las bisagras tendrán un ajuste de holgura. Muchos equipo de medición, como los calibradores, los indicadores de esfera y los sensores electrónicos, los cuales tienen piezas móviles, deben ser diseñados con cuidado para mantener la precisión que se espera en las mediciones, y que al mismo tiempo permitan que el movimiento sea confiable. En el otro extremo del espectro está el ajuste bastante suelto, típico de los juguetes y algunos otros equipos recreativos. El ajuste de la rueda de un carro de juguete sobre su eje suele ser bastante grande, para permitir la rotación libre y el ensamble fácil. Se mostrará en este capítulo que la amplia gama de ajustes encontrados en la fábrica, son diseñados al especificar una *clase de ajuste* y, a continuación, al determinar el intervalo admisible de las dimensiones clave de las piezas acopladas.

También busque ejemplos donde estén ensambladas dos piezas, de tal modo que no se puedan mover una respecto a la otra. Se mantienen firmemente unidas porque la parte interna es mayor que la externa. Quizá algunas piezas de los automóviles sean así.

Este capítulo le ayudará a diseñar piezas que deban tener ajustes de holgura o interferencia. Cuando existe una interferencia, con frecuencia es preferible prever el valor del esfuerzo al que se van a someter las piezas acopladas. Se explicará también ese tema en el presente capítulo.

Usted es el diseñador

Suponga que es el responsable del diseño de un reductor de velocidad con engranes como los que se muestran en la figura 1-12. Aquí se repite el esquema como figura 13-1. Los ejes de entrada y salida sostienen engranes, y al mismo tiempo están soportados en dos rodamientos montados en la caja. Existen cuñas entre los engranes y los ejes, para permitir la transmisión de par torsional del eje al engrane o viceversa. El material del capítulo 12 le ayudará a diseñar los ejes mismos. En el capítulo 14 se describirá la selección y aplicación de los cojinetes. Los resultados de estas decisiones de diseño incluyen el cálculo del diámetro mínimo aceptable del eje, en cualquier sección, y la especificación de los cojinetes adecuados para soportar las cargas aplicadas durante un tiempo de vida útil razonable. El fabricante de cojinetes especificará las tolerancias de las diversas dimensiones del cojinete. El trabajo del lector consiste en especificar las dimensiones finales del eje, en todos los puntos, y definir las tolerancias para esas dimensiones.

Considere la pieza del eje de entrada donde se monta el primer engrane del tren. ¿Cuál será el tamaño nominal adecuado para especificar respecto al diámetro del eje en el lugar del engrane? ¿Quiere deslizar con facilidad el eje sobre el extremo izquierdo de éste, y pasarlo por el escalón que define su lugar? En caso afirmativo ¿cuánta holgura se debe permitir entre el eje y el barreno del engrane, para asegurar la facilidad de armado, pero al mismo tiempo definir con exactitud la ubicación del engrane, y su funcionamiento uniforme? Cuando se maquine el eje ¿qué intervalo de dimensiones permitirá el lector que produzca el fabricante? ¿Qué acabado superficial debe especificarse para el eje, y qué proceso de manufactura se requiere para producir ese acabado? ¿Cuál es el costo relativo de la operación de manufactura? Deben contestarse preguntas parecidas acerca del barreno del engrane.

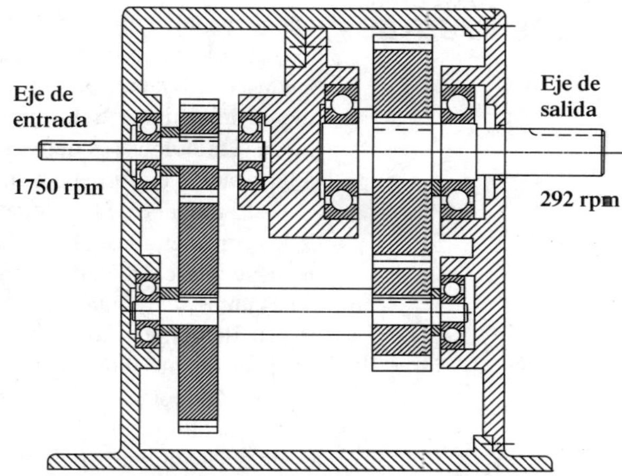

FIGURA 13-1 Diseño conceptual de un reductor de velocidad

Los cojinetes de contacto por rodadura, como los conocidos rodamientos de bolas, son diseñados para instalarse en el eje con un *ajuste de interferencia*. Esto es, el diámetro interior del rodamiento es menor que el diámetro exterior del eje donde debe asentar el rodamiento. Se necesita una fuerza apreciable para prensar el rodamiento e introducirlo en el eje. ¿Qué dimensiones especificará para el eje donde asiente el rodamiento? ¿Cuánta interferencia debe especificarse? ¿Cuánto esfuerzo se produce en el eje debido al ajuste de interferencia? Como diseñador, debe contestar estas preguntas.

13-1 OBJETIVOS DE ESTE CAPÍTULO

Al terminar este capítulo, podrá:

1. Definir los términos *tolerancia, margen, tolerancia unilateral* y *tolerancia bilateral.*
2. Describir las relaciones entre tolerancias, procesos de producción y costo.
3. Especificar tamaños básicos de dimensiones, de acuerdo con un conjunto de tamaños preferidos.
4. Usar la norma ANSI B4.1, *Preferred Limits and Fits for Cylindrical Parts* (Límites preferidos y ajustes para piezas cilíndricas), para especificar tolerancias, ajustes y holguras.
5. Especificar ajustes de transición, de interferencia y de fuerza.

6. Calcular la presión que se produce entre piezas sometidas a ajustes de interferencia, y los esfuerzos resultantes en los miembros acoplados.
7. Utilizar una hoja de cálculo como auxiliar en el cálculo de los esfuerzos en ajustes de interferencia.
8. Especificar dimensiones y controles de tolerancia adecuados para las piezas acopladas.

13-2 FACTORES QUE AFECTAN LAS TOLERANCIAS Y LOS AJUSTES

Imagine los cojinetes de superficie plana que se diseñarán en el capítulo 16. Una parte crítica del diseño es la especificación de la holgura diametral entre el muñón y el cojinete. El valor típico es sólo de unas cuantas milésimas de pulgada. Pero se debe permitir alguna variación, tanto en el diámetro externo del muñón como en el diámetro interno del cojinete, por motivos de economía de manufactura. Así, habrá una variación de la holgura real en los artículos manufacturados, que depende de la ubicación de los componentes acoplados individuales dentro de sus bandas de tolerancia propias. Se deben considerar esas variaciones en los análisis del funcionamiento del cojinete. Si la holgura es demasiado pequeña, producirá un *agarramiento*. Por el contrario, si la holgura es demasiado grande, se reduciría la precisión de la máquina y se afectaría la lubricación en forma adversa.

El montaje de los elementos transmisores de potencia sobre los ejes es otro caso donde se deben considerar las tolerancias y los ajustes. Una catarina para transmisiones mecánicas, en general, se fabrica con un barreno que se desliza con facilidad a su posición, sobre el eje, durante el ensamble. Pero una vez en su lugar, transmitirá potencia uniforme y silenciosamente, sólo si no está demasiada floja. Un rotor de turbina de alta velocidad debe ser instalado en su eje con un ajuste de interferencia, para eliminar toda flojedad que pudiera causar vibraciones a altas velocidades de rotación.

Cuando se requiere que haya movimiento relativo entre dos piezas, es necesario que el ajuste sea de holgura. Pero también aquí existen diferencias. Algunos instrumentos de medición tienen piezas que deben moverse sin flojedad perceptible (llamada a veces como *juego*) entre las piezas acopladas, lo cual afectaría en forma adversa la exactitud de la medición. Una polea loca en un sistema de transmisión por bandas debe girar sobre su eje en forma confiable, sin tendencias a agarrotarse, pero sólo con una pequeña cantidad de juego. El requisito del montaje de una rueda sobre su eje en un carrito para niño es muy distinto. Es satisfactorio un ajuste suelto con holgura, para el uso que se espera de la rueda, lo que permite tener amplias tolerancias en el barreno de la rueda y en el diámetro del eje, lo cual es económico.

13-3 TOLERANCIAS, PROCESOS DE PRODUCCIÓN Y COSTOS

Una *tolerancia unilateral* sólo se desvía en una dirección respecto al tamaño básico. Una *tolerancia bilateral* se desvía del tamaño básico en más y en menos. La *tolerancia total* es la diferencia entre las dimensiones permisibles máxima y mínima.

El término *margen* se refiere a una diferencia intencional entre los límites máximos materiales para las piezas acopladas. Por ejemplo, un margen positivo en un par orificio/eje definiría la *holgura mínima* entre las piezas acopladas, a partir del eje más grande con el orificio más chico. Un margen *negativo* se debería a que el eje es mayor que el orificio (*interferencia*).

El término *ajuste* indica la flojedad relativa (ajuste de holgura) o el apriete (ajuste de interferencia) de las piezas acopladas, en especial en lo que afecta al movimiento de las partes o la fuerza entre ellas después del ensamble. Una de las tareas del diseñador es especificar el grado de holgura o interferencia.

Es costoso producir componentes con tolerancias muy pequeñas en sus dimensiones. Es responsabilidad del diseñador establecer las tolerancias en el grado más alto posible que den como resultado el funcionamiento satisfactorio de la máquina. En ese proceso se debe poner en juego el juicio y la experiencia. En casos de producción en grandes cantidades puede ser económico probar prototipos con un intervalo de tolerancias, para observar los límites del funcionamiento aceptable.

En general, la producción de piezas con tolerancias pequeñas en sus dimensiones requiere varios pasos de procesamiento. Puede ser que un eje se talle en un torno, y después se le rectifique para producir las dimensiones y el acabado superficial finales. En casos extremos, se necesitará *lapear*. Cada paso subsecuente en la manufactura aumenta el costo. Aun cuando no se

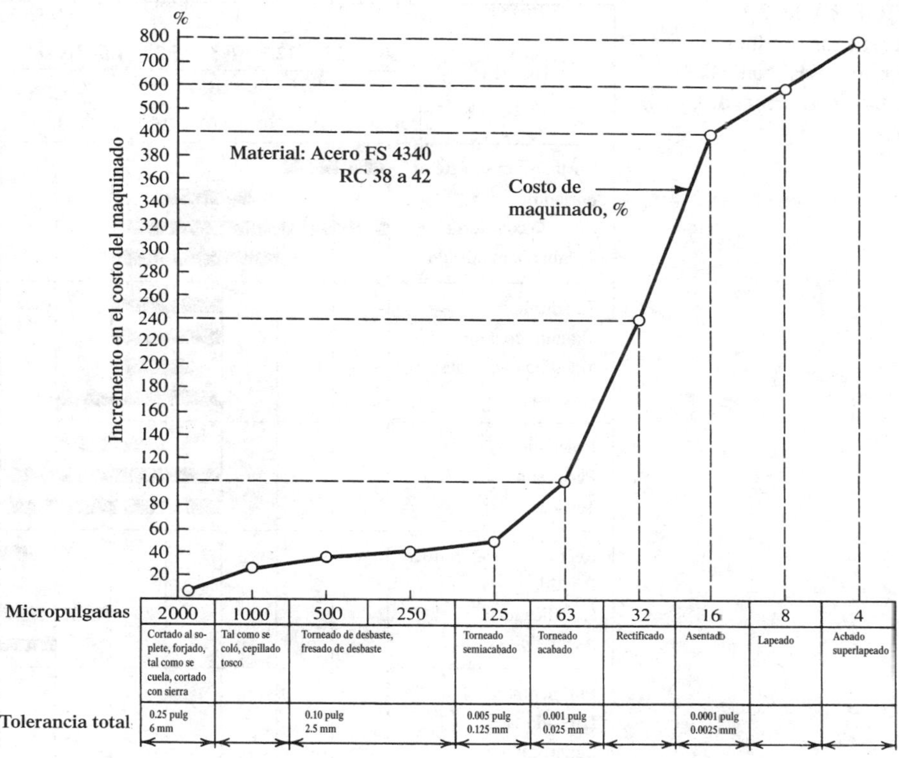

FIGURA 13-2 Costos de maquinado en función del acabado superficial especificado [Reimpreso con autorización de la Association for Integrated Manufacturing Technology (antes Numerical Control Society)]

requieran diversas operaciones, el mantenimiento de pequeñas tolerancias en una sola máquina, por ejemplo un torno, podrá necesitar varias pasadas para terminar con un corte fino. Los cambios de herramienta de corte deben ser más frecuentes también, porque su desgaste provoca que la pieza se salga de la tolerancia.

La producción de detalles de una pieza, con pequeñas tolerancias, suele implicar también acabados superficiales más finos. La figura 13-2 muestra la relación general entre el acabado superficial y el costo relativo de producir una pieza. La tolerancia típica que producen los procesos mencionados se incluye en la figura. El aumento de costo es asombroso para las pequeñas tolerancias y acabados finos.

La figura 13-3 presenta la relación entre el acabado superficial y las operaciones de maquinado disponibles para producirlo.

La referencia básica para tolerancias y ajustes, en Estados Unidos, es la Norma ANSI B4.1-1967, *Preferred Limits and Fits for Cylindrical Parts* (Límites y ajustes preferidos para piezas cilíndricas). Las dimensiones métricas deben apegarse a la Norma ANSI B4.2-1978, *Preferred Metric Limits and Fits* (Límites y ajustes métricos preferidos). Se debe consultar la versión más reciente (vea las referencias 1 y 2).

Existe un organismo internacional, la Organización Internacional de Normalización (ISO, de *International Organization for Standardization*) que establece datos métricos de límites y ajustes en la Recomendación 286 (ISO R286), que se emplea en Europa y en muchos otros países.

El término *grado de tolerancia* se refiere a un conjunto de tolerancias que se pueden producir con una capacidad de producción aproximadamente igual. La tolerancia real que se permite dentro de cada grado depende del tamaño nominal de la dimensión. Se pueden alcanzar tolerancias menores con las dimensiones menores, y viceversa. Las normas ISO R286 y ANSI B4.1 incluyen datos completos de los grados de tolerancia, del 01 al 16, como se ve en la tabla 13-1. Las tolerancias son menores cuando los números de grado son menores.

En la tabla 13-2 se muestra una gama de datos de tolerancia para piezas maquinadas, con algunos grados de tamaños. La figura 13-2 muestra la capacidad de ciertos procesos de manufactura para producir trabajos dentro de los grados de tolerancia dados.

FIGURA 13-3
Acabados producidos por diversas técnicas (rugosidad promedio, R_a)

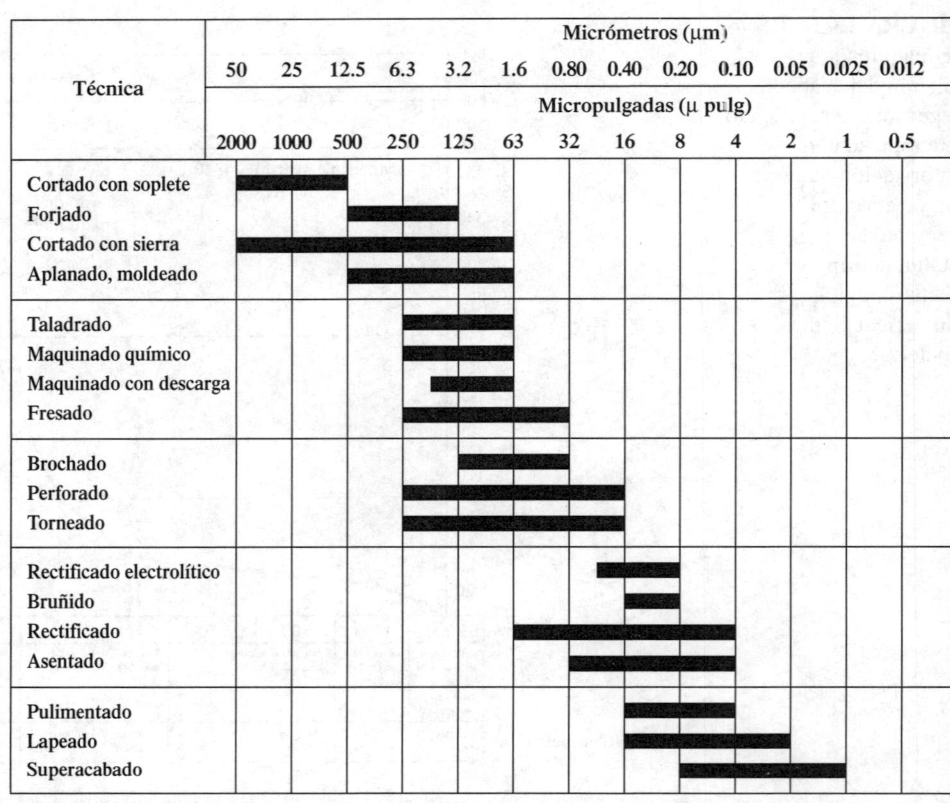

TABLA 13-1 Grados de tolerancia

Aplicación	Grados de tolerancia								
Herramientas de medición	01	0	1	2	3	4	5	6	7
Ajustes de piezas maquinadas	4	5	6	7	8	9	10	11	
Material, tal como se suministra	8	9	10	11	12	13	14		
Formas ásperas (colado, cortado con sierra y forjado, entre otros)	12	13	14	15	16				

TABLA 13-2 Tolerancias para algunos grados de tolerancia

	Grado de tolerancia							
	4	5	6	7	8	9	10	11
Tamaño nominal (pulg)	Tolerancias en milésimas de pulgada							
0.24-0.40	0.15	0.25	0.4	0.6	0.9	1.4	2.2	3.5
0.40-0.71	0.20	0.3	0.4	0.7	1.0	1.6	2.8	4.0
0.71-1.19	0.25	0.4	0.5	0.8	1.2	2.0	3.5	5.0
1.19-1.97	0.3	0.4	0.6	1.0	1.6	2.5	4.0	6.0
1.97-3.15	0.3	0.5	0.7	1.2	1.8	3.0	4.5	7.0
3.15-4.73	0.4	0.6	0.9	1.4	2.2	3.5	5.0	9.0
4.73-7.09	0.5	0.7	1.0	1.6	2.5	4.0	6.0	10.0

13-4 TAMAÑOS BÁSICOS PREFERIDOS

El primer paso para especificar una dimensión de una pieza es decidir, en el tamaño básico, a qué dimensión deben aplicarse las tolerancias. El análisis de resistencia, deflexión o funcionamiento de la pieza es el que determina el tamaño nominal o mínimo que se requiere. A menos que existan condiciones especiales, el tamaño básico se escogería en las listas de tamaños básicos preferidos de la tabla A2-1, para tamaños en fracciones de pulgada, decimales de pulgada y métricos del SI. Si es posible, seleccione desde la columna de primera opción. Si se requiere un tamaño entre dos primeras opciones, se debe utilizar la columna de la segunda opción. Eso limitará el número de tamaños que suelen encontrarse en la manufactura de productos, y conducirá a una normalización económica. La elección del sistema depende de las políticas de la empresa y del mercado del producto.

13-5 AJUSTES DE HOLGURA

Cuando siempre deba haber una holgura entre las piezas acopladas, se especifica un ajuste de holgura. La designación de ajustes estándar de holgura de la norma ANSI B4.1, para miembros que deban moverse entre sí, es el *ajuste de holgura de rodamiento* o *deslizamiento* (RC, de *running fit*). Dentro de esta norma existen nueve clases, de RC1 a RC9, donde RC1 da la holgura mínima y RC9 la máxima. Las siguientes descripciones de los miembros individuales de esta clase le ayudarán a decidir sobre lo que es más adecuado para determinada aplicación.

RC1 (ajuste de deslizamiento estrecho): Ubicación exacta de las piezas que se deben ensamblar sin que exista un juego perceptible.

RC2 **(*ajuste de deslizamiento*):** Piezas que se moverán y girarán con facilidad, pero que no deben deslizarse libremente. Las piezas se pueden agarrotar debido a pequeños cambios de temperatura, en especial en los tamaños más grandes.

RC3 **(*ajuste de deslizamiento de precisión*):** Piezas de precisión que funcionan a bajas velocidades con cargas ligeras, que deben funcionar libremente. Los cambios de temperatura pueden causar dificultades.

RC4 **(*ajuste estrecho de deslizamiento*):** Ubicación exacta con juego mínimo, para usar bajo cargas y velocidades moderadas. Una buena opción para la maquinaria exacta.

RC5 **(*ajuste de deslizamiento medio*):** Piezas maquinadas exactas para mayores velocidades y cargas que el RC4.

RC6 **(*ajuste de deslizamiento medio*):** Parecido al RC5, para aplicaciones donde se desea mayor holgura.

RC7 **(*ajuste de deslizamiento libre*):** Movimiento relativo confiable con amplias variaciones de temperatura, en aplicaciones donde no sea crítica la exactitud.

RC8 **(*ajuste de deslizamiento flojo*):** Permite grandes holguras y el uso de piezas con tolerancias comerciales, "tal como se reciben".

RC9 **(*ajuste de deslizamiento flojo*):** Parecido al RC8, con holguras 50% mayores, aproximadamente.

La norma completa ANSI B4.1 menciona las tolerancias de las piezas acopladas y los límites resultantes para las holguras, en las nueve clases y para tamaños desde 0 hasta 200 pulgadas. (Vea también las referencias 4, 5 y 9.)

Los números de la tabla 13-3 están en milésimas de pulgada. Así, una holgura de 2.8 en la tabla indica una diferencia de tamaño entre las piezas interna y externa de 0.0028 pulgada. Las tolerancias sobre el orificio y el eje se deben aplicar al tamaño básico, para determinar los límites del tamaño de esa dimensión.

Para aplicar las tolerancias y los márgenes a las dimensiones de las piezas acopladas, los diseñadores emplean el sistema básico de orificio y el sistema básico de eje. En el *sistema bási-*

TABLA 13-3 Ajustes de holgura (RC)

Intervalo de tamaños nominales (pulg)	Clase RC2			Clase RC5			Clase RC8			Intervalo de tamaños nominales (pulg)
	Límites de holgura	Límites normales		Límites de holgura	Límites normales		Límites de holgura	Límites normales		
Hasta A		Orificio	Eje		Orificio	Eje		Orificio	Eje	Hasta A
0-0.12	0.1 0.55	+0.25 0	−0.1 −0.3	0.6 1.6	+0.6 −0	−0.6 −1.0	2.5 5.1	+1.6 0	−2.5 −3.5	0-0.12
0.12-0.24	0.15 0.65	+0.3 0	−0.15 −0.35	0.8 2.0	+0.7 −0	−0.8 −1.3	2.8 5.8	+1.8 0	−2.8 −4.0	0.12-0.24
0.24-0.40	0.2 0.85	+0.4 0	−0.2 −0.45	1.0 2.5	+0.9 −0	−1.0 −1.6	3.0 6.6	+2.2 0	−3.0 −4.4	0.24-0.40
0.40-0.71	0.25 0.95	+0.4 0	−0.25 −0.55	1.2 2.9	+1.0 −0	−1.2 −1.9	3.5 7.9	+2.8 0	−3.5 −5.1	0.40-0.71
0.71-1.19	0.3 1.2	+0.5 0	−0.3 −0.7	1.6 3.6	+1.2 −0	−1.6 −2.4	4.5 10.0	+3.5 0	−4.5 −6.5	0.71-1.19
1.19-1.97	0.4 1.4	+0.6 0	−0.4 −0.8	2.0 4.6	+1.6 −0	−2.0 −3.0	5.0 11.5	+4.0 0	−5.0 −7.5	1.19-1.97
1.97-3.15	0.4 1.6	+0.7 0	−0.4 −0.9	2.5 5.5	+1.8 −0	−2.5 −3.7	6.0 13.5	+4.5 0	−6.0 −9.0	1.97-3.15
3.15-4.73	0.5 2.0	+0.9 0	−0.5 −1.1	3.0 6.6	+2.2 −0	−3.0 −4.4	7.0 15.5	+5.0 0	−7.0 −10.5	3.15-4.73
4.73-7.09	0.6 2.3	+1.0 0	−0.6 −1.3	3.5 7.6	+2.5 −0	−3.5 −5.1	8.0 18.0	+6.0 0	−8.0 −12.0	4.73-7.09
7.09-9.85	0.6 2.6	+1.2 0	−0.6 −1.4	4.0 8.6	+2.8 −0	−4.0 −5.8	10.0 21.5	+7.0 0	−10.0 −14.5	7.09-9.85
9.85-12.41	0.7 2.8	+1.2 0	−0.7 −1.6	5.0 10.0	+3.0 −0	−5.0 −7.0	12.0 25.0	+8.0 0	−12.0 −17.0	9.85-12.41

Fuente: Reimpreso de la Norma ANSI B4.1-1967, con autorización de The American Society of Mechanical Engineers. Todos los derechos reservados.
Nota: Los límites están en milésimas de pulgada.

co de orificio, el tamaño de diseño del orificio es el básico, y el margen se aplica al eje; su tamaño básico es el tamaño mínimo del orificio. En el *sistema básico de eje*, el tamaño de diseño del eje es el básico, y el margen se aplica al orificio; su tamaño básico es el tamaño básico del eje. Se prefiere emplear el sistema básico de orificio.

La figura 13-4 muestra una presentación gráfica de las tolerancias y ajustes para las nueve clases RC, aplicadas a una combinación de eje/orificio, en la que el tamaño básico es de 2.000 pulgadas, y se utiliza el sistema básico de orificio. Observe que ese diagrama muestra las tolerancias totales, en el eje y en el orificio. La tolerancia para el orificio siempre comienza en el tamaño básico, mientras que la del eje se rebaja del tamaño básico, para dar la holgura mínima (orificio más pequeño combinado con el eje más grande). En la holgura máxima se combinan el orificio máximo con el eje mínimo. Esta figura muestra también el dramático intervalo de holguras que describen las nueve clases del sistema RC.

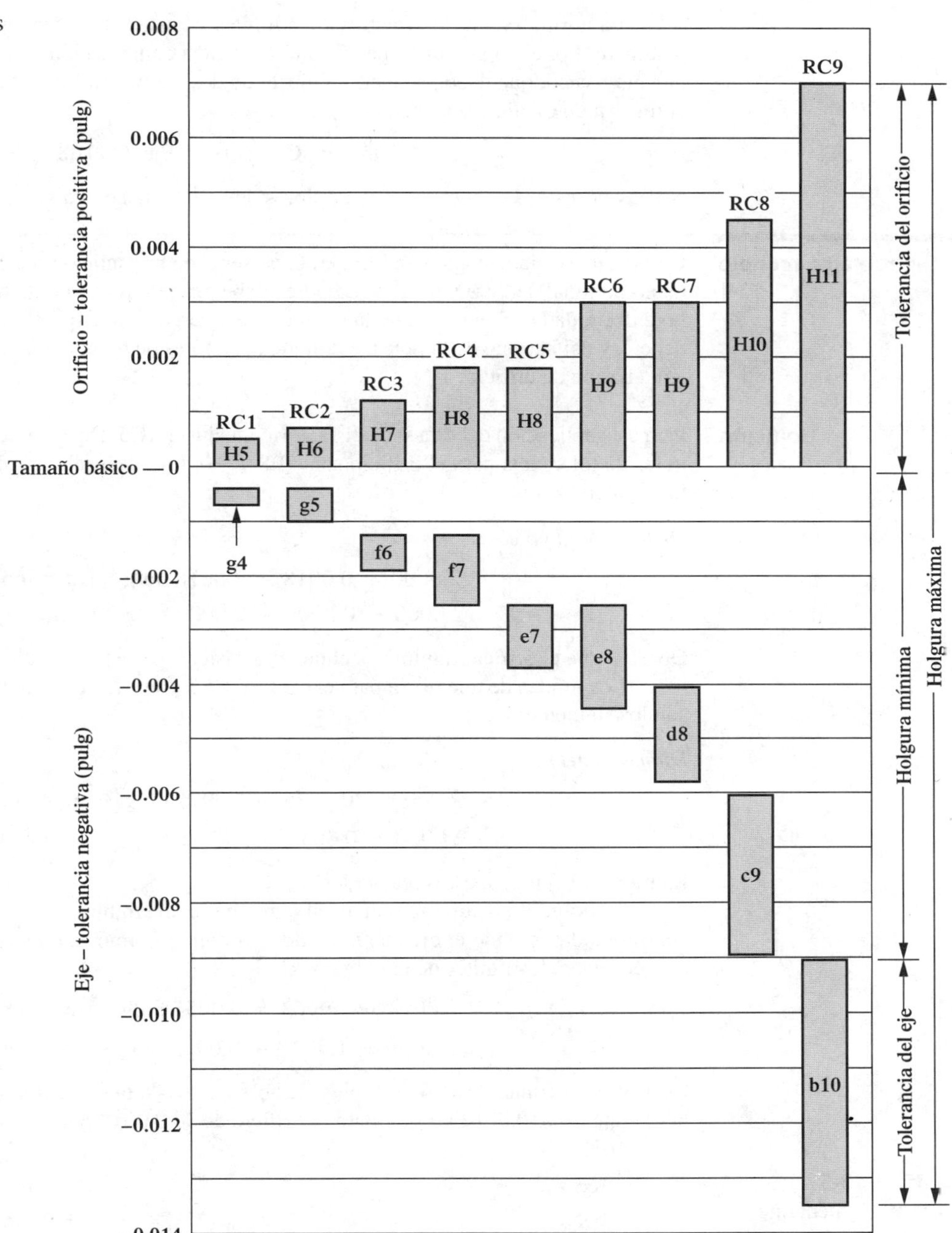

FIGURA 13-4 Ajustes RC para un tamaño básico de orificio de 2.00 pulgadas, donde se muestran las tolerancias para orificio y eje, y holguras mínima y máxima

Los *códigos* dentro de las barras de tolerancia, en la figura 13-4, se refieren a los grados de tolerancia arriba citados. La H mayúscula, combinada con un número de grado de tolerancia, se emplea para el orificio en el sistema básico de orificio, para el que no hay desviación fundamental respecto al tamaño básico. Las letras minúsculas en las barras de tolerancia del eje indican alguna desviación fundamental entre el tamaño del eje y el tamaño básico. En ese caso, la tolerancia se suma a la desviación fundamental. El tamaño de la tolerancia se indica con el número.

La norma ISO R286, relativa a los límites y ajustes, también emplea las claves con letra y número. Por ejemplo, una especificación para una combinación de eje/orificio con 50 mm de tamaño básico, que debe producir un ajuste de deslizamiento libre (parecido al RC7) se puede definir en un dibujo como sigue:

Orificio: Ø50 H9 Eje: Ø50 d8

No hay necesidad de mencionar los valores de tolerancia en el dibujo.

Problema modelo 13-1 Un eje que sostiene una polea loca, en un sistema de transmisión por bandas, debe tener un tamaño nominal de 2.00 pulgadas. La polea debe girar de modo confiable sobre el eje, pero con la uniformidad característica de la maquinaria de precisión. Especifique los límites del tamaño del eje, y del barreno de la polea, e indique los límites de holgura que resultarán. Emplee el sistema básico de orificio.

Solución Para esta aplicación debería ser satisfactorio un ajuste RC5. De acuerdo con la tabla 13-3, los límites de tolerancia para el orificio son +1.8 y −0. Entonces, el barreno de la polea debe tener los siguientes límites:

Orificio de la polea

$$2.0000 + 0.0018 = 2.0018 \text{ pulg} \quad (\text{máximo})$$
$$2.0000 - 0.0000 = 2.0000 \text{ pulg} \quad (\text{mínimo})$$

Observe que el orificio mínimo es el tamaño básico.

Los límites de tolerancia para el eje son −2.5 y −3.7. Los límites de tamaño que resultan son los siguientes:

Diámetro del eje

$$2.0000 - 0.0025 = 1.9975 \text{ pulg} \quad (\text{máximo})$$
$$2.0000 - 0.0037 = 1.9963 \text{ pulg} \quad (\text{mínimo})$$

La figura 13-5 ilustra estos resultados.

La holgura máxima se obtiene al combinar el eje mínimo con el orificio máximo. Por el contrario, al combinar el eje máximo con el orificio mínimo se obtiene la holgura mínima. En consecuencia, los límites de la holgura son

$$2.0018 - 1.9963 = 0.0055 \text{ pulg} \quad (\text{máxima})$$
$$2.0000 - 1.9975 = 0.0025 \text{ pulg} \quad (\text{mínima})$$

Estos valores coinciden con los límites de holgura de la tabla 13-3. Observe que la tolerancia total del eje es de 0.0012 pulg, y para el orificio es de 0.0018 pulg; ambos son valores relativamente bajos.

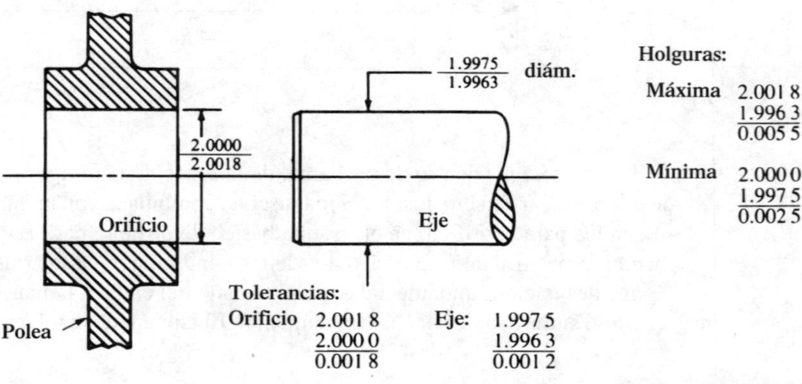

FIGURA 13-5 Un ajuste RC5, mediante el sistema básico de orificio

Ajustes de holgura para localización

Existe otro sistema de ajuste de holgura para piezas donde se desea tener un control de la ubicación, aunque en el caso normal las piezas no se moverán entre sí durante el funcionamiento. Se le conoce como ajuste de *holgura para ubicación* (LC, de *locational clearance*), y comprende once clases. Las primeras cuatro, LC1 a LC4, tienen holgura cero (de tamaño a tamaño) como límite inferior del ajuste, independientemente del tamaño o la clase. El límite superior del ajuste aumenta con el tamaño de las piezas y al mismo tiempo con el número de clase. Las clases LC5 a LC11 proporcionan algo de holgura positiva para todos los tamaños, la cual aumenta con el tamaño de las piezas y con la clase. Se han publicado valores numéricos de las tolerancias y ajustes para esas clases (vea las referencias 1, 4, 5 y 9).

13-6 AJUSTES DE INTERFERENCIA

Los *ajustes de interferencia* son aquellos en los que el miembro interior es mayor que el exterior, y requieren aplicación de una fuerza en el ensamble. Existe algo de deformación de las piezas después de ensamblarlas, y en las superficies acopladas existe presión.

Los *ajustes forzados* se diseñan para tener una presión controlada entre las piezas acopladas en todo el intervalo de tamaños para una determinada clase. Se usan siempre que la junta deba transmitir pares torsionales o fuerzas. En lugar de armarlas con aplicación de una fuerza, los mismos ajustes se obtienen con *ajustes de contracción*, donde se calienta un miembro para dilatarlo o expandirlo, mientras que el otro permanece frío. Entonces, las piezas se ensamblan con poca o ninguna fuerza. Después de enfriar, existe la misma interferencia dimensional que para el ajuste forzado. Los *ajustes forzados para ubicación* sólo se realizan para ubicación. No existe movimiento entre las piezas después de ensamblarlas, pero no existen requisitos especiales para la presión causada entre las piezas acopladas.

Ajustes forzados (FN)

Como se muestra en la tabla 13-4, en la Norma ANSI B4.1 se definen cinco clases de ajustes forzados (vea las referencias 1, 4, 5 y 9).

***FN1* (*ajuste a presión ligera*):** Sólo se requiere una ligera presión para ensamblar las piezas acopladas. Se realiza en piezas frágiles, y donde no se deben transmitir grandes fuerzas a través de la junta.

***FN2* (*ajuste a presión media*):** Clase de propósito general, que es la que se utiliza con más frecuencia para piezas de acero de sección transversal de tamaño mediano.

***FN3* (*ajuste a alta presión*):** Se realiza en piezas pesadas de acero.

***FN4* (*ajuste forzado*):** Se realiza en conjuntos de gran resistencia, donde se requieran las grandes presiones causadas.

***FN5* (*ajuste forzado*):** Parecido al FN4, pero para mayores presiones.

Se aconseja el empleo de métodos de ajuste por contracción, en la mayoría de los ajustes de interferencia, y es el que virtualmente se requiere en las piezas de clases más pesadas y mayores tamaños. El aumento de temperatura que se requiere para producir determinada dilatación para el ensamble se puede calcular a partir de la definición básica del coeficiente de dilatación (o *expansión*) térmica:

$$\delta = \alpha L(\Delta t) \qquad \textbf{(13-1)}$$

donde δ = deformación total deseada (pulg o mm)
α = coeficiente de dilatación térmica (pulg/pulg·°F, o mm/mm·°C)
L = longitud nominal del miembro calentado (pulg o mm)
Δt = diferencia de temperatura (°F o °C)

Para las piezas cilíndricas, L es el diámetro y δ es el cambio necesario en el diámetro. La tabla 13-5 contiene los valores de α para varios materiales (vea más datos en la referencia 9).

TABLA 13-4 Ajustes forzados y de contracción (FN)

Intervalo de tamaños nominales (pulg)	Clase FN1			Clase FN2			Clase FN3			Clase FN4			Clase FN5		
	Límites de interferencia	Límites normales		Límites de interferencia	Límites normales		Límites de interferencia	Límites normales		Límites de interferencia	Límites normales		Límites de interferencia	Límites normales	
Hasta A		Orificio	Eje		Orificio	Eje		Orificio	Eje		Orificio	Eje		Orificio	Eje
0-0.12	0.05	+0.25	+0.5	0.2	+0.4	+0.85				0.3	+0.4	+0.95	0.3	+0.6	+1.3
	0.5	−0	+0.3	0.85	−0	+0.6				0.95	−0	+0.7	1.3	−0	+0.9
0.12-0.24	0.1	+0.3	+0.6	0.2	+0.5	+1.0				0.4	+0.5	+1.2	0.5	+0.7	+1.7
	0.6	−0	+0.4	1.0	−0	+0.7				1.2	−0	+0.9	1.7	−0	+1.2
0.24-0.40	0.1	+0.4	+0.75	0.4	+0.6	+1.4				0.6	+0.6	+1.6	0.5	+0.9	+2.0
	0.75	−0	+0.5	1.4	−0	+1.0				1.6	−0	+1.2	2.0	−0	+1.4
0.40-0.56	0.1	+0.4	+0.8	0.5	+0.7	+1.6				0.7	+0.7	+1.8	0.6	+1.0	+2.3
	0.8	−0	+0.5	1.6	−0	+1.2				1.8	−0	+1.4	2.3	−0	+1.6
0.56-0.71	0.2	+0.4	+0.9	0.5	+0.7	+1.6				0.7	+0.7	+1.8	0.8	+1.0	+2.5
	0.9	−0	+0.6	1.6	−0	+1.2				1.8	−0	+1.4	2.5	−0	+1.8
0.71-0.95	0.2	+0.5	+1.1	0.6	+0.8	+1.9				0.8	+0.8	+2.1	1.0	+1.2	+3.0
	1.1	−0	+0.7	1.9	−0	+1.4				2.1	−0	+1.6	3.0	−0	+2.2
0.95-1.19	0.3	+0.5	+1.2	0.6	+0.8	+1.9	0.8	+0.8	+2.1	1.0	+0.8	+2.3	1.3	+1.2	+3.3
	1.2	−0	+0.8	1.9	−0	+1.4	2.1	−0	+1.6	2.3	−0	+1.8	3.3	−0	+2.5
1.19-1.58	0.3	+0.6	+1.3	0.8	+1.0	+2.4	1.0	+1.0	+2.6	1.5	+1.0	+3.1	1.4	+1.6	+4.0
	1.3	−0	+0.9	2.4	−0	+1.8	2.6	−0	+2.0	3.1	−0	+2.5	4.0	−0	+3.0
1.58-1.97	0.4	+0.6	+1.4	0.8	+1.0	+2.4	1.2	+1.0	+2.8	1.8	+1.0	+3.4	2.4	+1.6	+5.0
	1.4	−0	+1.0	2.4	−0	+1.8	2.8	−0	+2.2	3.4	−0	+2.8	5.0	−0	+4.0
1.97-2.56	0.6	+0.7	+1.8	0.8	+1.2	+2.7	1.3	+1.2	+3.2	2.3	+1.2	+4.2	3.2	+1.8	+6.2
	1.8	−0	+1.3	2.7	−0	+2.0	3.2	−0	+2.5	4.2	−0	+3.5	6.2	−0	+5.0
2.56-3.15	0.7	+0.7	+1.9	1.0	+1.2	+2.9	1.8	+1.2	+3.7	2.8	+1.2	+4.7	4.2	+1.8	+7.2
	1.9	−0	+1.4	2.9	−0	+2.2	3.7	−0	+3.0	4.7	−0	+4.0	7.2	−0	+6.0
3.15-3.94	0.9	+0.9	+2.4	1.4	+1.4	+3.7	2.1	+1.4	+4.4	3.6	+1.4	+5.9	4.8	+2.2	+8.4
	2.4	−0	+1.8	3.7	−0	+2.8	4.4	−0	+3.5	5.9	−0	+5.0	8.4	−0	+7.0
3.94-4.73	1.1	+0.9	+2.6	1.6	+1.4	+3.9	2.6	+1.4	+4.9	4.6	+1.4	+6.9	5.8	+2.2	+9.4
	2.6	−0	+2.0	3.9	−0	+3.0	4.9	−0	+4.0	6.9	−0	+6.0	9.4	−0	+8.0
4.73-5.52	1.2	+1.0	+2.9	1.9	+1.6	+4.5	3.4	+1.6	+6.0	5.4	+1.6	+8.0	7.5	+2.5	+11.6
	2.9	−0	+2.2	4.5	−0	+3.5	6.0	−0	+5.0	8.0	−0	+7.0	11.6	−0	+10.0
5.52-6.30	1.5	+1.0	+3.2	2.4	+1.6	+5.0	3.4	+1.6	+6.0	5.4	+1.6	+8.0	9.5	+2.5	+13.6
	3.2	−0	+2.5	5.0	−0	+4.0	6.0	−0	+5.0	8.0	−0	+7.0	13.6	−0	+12.0

Fuente: Reimpreso de la Norma ANSI B4.1-1967, con autorización de The American Society of Mechanical Engineers. Todos los derechos reservados.

Nota: Los límites están en milésimas de pulgada.

13-7 AJUSTES DE TRANSICIÓN

El *ajuste de transición para ubicación* (*LT*) se realiza donde es importante la exactitud de la ubicación, pero donde se acepta una pequeña cantidad de holgura o de interferencia. Existen seis clases: de LT1 a LT6. En cualquier clase hay un traslape de los límites de tolerancia del orificio y del eje, por lo que las combinaciones posibles producen una holgura pequeña, una interferencia pequeña o hasta un ajuste entre tamaños iguales. En las referencias 1, 4, 5 y 9 se publican tablas completas de datos para estos ajustes.

TABLA 13-5 Coeficiente de dilatación térmica

Material	Coeficiente de dilatación térmica, α	
	pulg/pulg·°F	mm/mm·°C
Acero:		
AISI 1020	6.5×10^{-6}	11.7×10^{-6}
AISI 1050	6.1×10^{-6}	11.0×10^{-6}
AISI 4140	6.2×10^{-6}	11.2×10^{-6}
Acero inoxidable:		
AISI 301	9.4×10^{-6}	16.9×10^{-6}
AISI 430	5.8×10^{-6}	10.4×10^{-6}
Aluminio:		
2014	12.8×10^{-6}	23.0×10^{-6}
6061	13.0×10^{-6}	23.4×10^{-6}
Bronce:	10.0×10^{-6}	18.0×10^{-6}

13-8 ESFUERZOS EN AJUSTES FORZADOS

Cuando se realizan ajustes forzados para asegurar piezas mecánicas, la interferencia causa una presión que actúa en las superficies acopladas. La presión causa esfuerzos en cada pieza. En los ajustes con grandes fuerzas, o hasta en los de fuerzas menores en piezas frágiles, los esfuerzos que se desarrollan pueden ser suficientemente grandes como para que los materiales dúctiles cedan. La consecuencia es una fluencia permanente, que en el caso normal destruye la utilidad del ensamble. Con materiales frágiles, como el hierro colado, puede causarse una fractura real.

El análisis de esfuerzos que se aplica a los ajustes forzados se relaciona con el análisis de cilindros de paredes gruesas. El miembro externo se expande bajo la influencia de la presión en la superficie de contacto, y el esfuerzo tangencial de presión desarrollado en esa superficie es máximo. Existe un esfuerzo radial, igual a la presión misma. También, el miembro interior se contrae debido a la presión, y está sometido a un esfuerzo de compresión tangencial, junto con el esfuerzo de compresión radial igual a la presión (vea la referencia 10).

El objetivo usual del análisis es determinar la magnitud de la presión causada por un determinado ajuste de interferencia, que se desarrollaría en las superficies de contacto. Entonces, se calculan los esfuerzos causados por esta presión en los elementos acoplados. Se puede emplear el siguiente procedimiento:

Procedimiento para calcular esfuerzos en los ajustes forzados

1. Determine la cantidad de interferencia, a partir del diseño de las piezas. Para ajustes forzados estándar, se puede consultar la tabla 13-4. Naturalmente, el límite máximo de interferencia produciría los esfuerzos máximos en las piezas. Observe que los valores de interferencia se basan en la interferencia total sobre el diámetro, que es la suma de la dilatación del anillo externo más la contracción del elemento interno (vea la figura 13-6).
2. Calcule la presión en la superficie de contacto con la ecuación (13-2), si ambos elementos son del mismo material:

Presión causada por el ajuste forzado

$$p = \frac{E\delta}{b}\left[\frac{(c^2 - b^2)(b^2 - a^2)}{2b^2(c^2 - a^2)}\right] \quad \textbf{(13-2)}$$

Si los materiales son distintos, utilice la ecuación (13-3):

Presión creada por ajuste forzado entre dos materiales distintos

$$p = \frac{\delta}{b\left[\frac{1}{E_o}\left(\frac{c^2 + b^2}{c^2 - b^2} + \nu_o\right) + \frac{1}{E_i}\left(\frac{b^2 + a^2}{b^2 - a^2} - \nu_i\right)\right]} \quad \textbf{(13-3)}$$

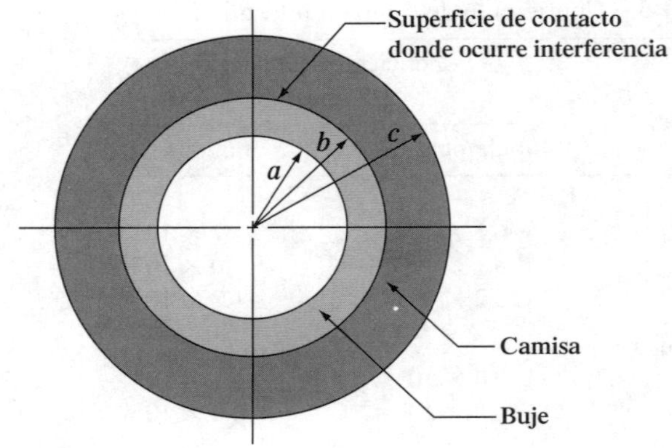

FIGURA 13-6
Terminología del ajuste con interferencia

donde p = presión en la superficie de contacto
δ = interferencia diametral total
E = módulo de elasticidad de cada elemento, si son del mismo material
E_o = módulo de elasticidad del elemento exterior
E_i = módulo de elasticidad del elemento interior
ν_o = relación de Poisson del elemento exterior
ν_i = relación de Poisson del elemento interior

3. Calcule el esfuerzo de tensión en el elemento exterior, con la siguiente ecuación:

Esfuerzo de tensión en el elemento exterior

$$\sigma_o = p\left(\frac{c^2 + b^2}{c^2 - b^2}\right) \quad \text{(tensión de la superficie interior, en dirección tangencial)} \tag{13-4}$$

4. Calcule el esfuerzo de compresión en el elemento interior, con la siguiente ecuación:

Esfuerzo de compresión en el elemento interior

$$\sigma_i = -p\left(\frac{c^2 + b^2}{c^2 - b^2}\right) \quad \text{(comprensión en la superficie exterior, en dirección tangencial)} \tag{13-5}$$

5. Si se desea, se puede calcular el incremento en el diámetro del elemento exterior, causado por el esfuerzo de tensión, con

$$\delta_o = \frac{2bp}{E_o}\left[\frac{c^2 + b^2}{c^2 - b^2} + \nu_o\right] \tag{13-6}$$

6. Si se desea, se puede calcular el decremento de diámetro en el elemento interior, causada por el esfuerzo de compresión, con

$$\delta_i = -\frac{2bp}{E_i}\left[\frac{b^2 + a^2}{b^2 - a^2} - \nu_i\right] \tag{13-7}$$

Se dedujeron los esfuerzos calculados con las ecuaciones (13-4) y (13-5), al suponer que los dos cilindros tienen longitudes iguales. Si el elemento exterior es más corto que el interior, los esfuerzos son mayores en sus extremos, hasta en un factor de 2.0. Ese factor debe aplicarse como factor de concentración de esfuerzos.

Si no existen esfuerzos cortantes aplicados, el esfuerzo de tensión en la dirección tangencial, en el elemento exterior, es el esfuerzo principal máximo, y se puede comparar con la resistencia de fluencia del material, para determinar el factor de diseño resultante.

En el problema modelo 13-2 se ve la aplicación de estas ecuaciones. A continuación, se presenta una hoja de cálculo, para resolver estas mismas ecuaciones, y el resultado mostrado es la solución del problema modelo 13-2.

Problema modelo 13-2 Van a instalar un buje de bronce dentro de una camisa de acero, como se ve en la figura 13-6. El diámetro interior del buje es de 2.000 pulgadas, y su diámetro exterior nominal es de 2.500 pulgadas. La camisa de acero tiene un diámetro interno nominal de 2.500 pulgadas, y su diámetro exterior es de 3.500 pulgadas.

1. Especifique los límites de tamaño para el diámetro exterior del buje y el diámetro interior de la camisa, para obtener un ajuste a alta presión, FN3. Determine los límites de interferencia que resultarían.
2. Para la interferencia máxima obtenida en 1, calcule la presión que se desarrollaría entre el buje y su camisa, el esfuerzo en esos dos elementos y la deformación en ellos. Use $E = 30 \times 10^6$ psi para el acero y $E = 17 \times 10^6$ para el bornce. Use $\nu = 0.27$ en ambos materiales.

Solución Con el paso 1, se ve en la tabla 13-4 que, para un tamaño de la pieza de 2.50 pulgadas en la superficie de contacto, los límites de tolerancia sobre el orificio en el elemento exterior son +1.2 y −0. Al aplicarlos al tamaño básico, se obtienen los límites de dimensiones para el orificio, en la camisa de acero:

2.5012 pulg

2.5000 pulg

Para el inserto de bronce, los límites de tolerancia son +3.2 y +2.5. Entonces, los límites de tamaño para el diámetro exterior del buje son

2.5032 pulg

2.5025 pulg

Los límites de interferencia serían de 0.0013 a 0.0032 pulgada.

Para el paso 2, la presión máxima se produciría con la interferencia máxima, que es de 0.0032 pulgada. Entonces, con $a = 1.00$ pulg, $b = 1.25$ pulg, $c = 1.75$ pulg, $E_o = 30 \times 10^6$ psi, $E_i = 17 \times 10^6$ psi y $\nu_o = \nu_i = 0.27$, de la ecuación (13-3),

$$p = \frac{\delta}{b\left[\dfrac{1}{E_o}\left(\dfrac{c^2 + b^2}{c^2 - b^2} + \nu_o\right) + \dfrac{1}{E_i}\left(\dfrac{b^2 + a^2}{b^2 - a^2} - \nu_i\right)\right]}$$

$$p = \frac{0.0032}{(1.25)\left[\dfrac{1}{30 \times 10^6}\left(\dfrac{1.75^2 + 1.25^2}{1.75^2 - 1.25^2} + 0.27\right) + \dfrac{1}{17 \times 10^6}\left(\dfrac{1.25^2 + 1.00^2}{1.25^2 - 1.00^2} - 0.27\right)\right]}$$

$$p = 7034 \text{ psi}$$

El esfuerzo de tensión en la camisa de acero es

$$\sigma_o = p\left(\frac{c^2 + b^2}{c^2 - b^2}\right) = 7034\left(\frac{1.75^2 + 1.25^2}{1.75^2 - 1.25^2}\right) = 21\,692 \text{ psi}$$

El esfuerzo de compresión en el buje de bronce es

$$\sigma_i = -p\left(\frac{b^2 + a^2}{b^2 - a^2}\right) = -7034\left(\frac{1.25^2 + 1.00^2}{1.25^2 - 1.00^2}\right) = 32\,050 \text{ psi}$$

El incremento del diámetro de la camisa es

$$\delta_o = \frac{2bp}{E_o}\left[\frac{c^2 + b^2}{c^2 - b^2} + \nu_o\right]$$

$$\delta_o = \frac{2(1.25)(7034)}{30 \times 10^6}\left[\frac{1.75^2 + 1.25^2}{1.75^2 - 1.25^2} + 0.27\right] = 0.00\,196 \text{ pulg}$$

El decremento del diámetro de la camisa es

$$\delta_i = -\frac{2bp}{E_i}\left[\frac{b^2 + a^2}{b^2 - a^2} - \nu_i\right]$$

$$\delta_i = \frac{2(1.25)(7034)}{17 \times 10^6}\left[\frac{1.25^2 + 1.00^2}{1.25^2 - 1.00^2} + 0.27\right] = 0.00\,444 \text{ pulg}$$

Observe que la suma de δ_o y δ_i es igual a 0.0064 pulgadas, que es la interferencia total, δ.

La figura 13-7 muestra la hoja de cálculo para analizar los ajustes forzados. Los datos contenidos corresponden al problema modelo 13-2.

ESFUERZOS PARA AJUSTES FORZADOS Vea las dimensiones en la figura 13-6	*Datos de:* Problema modelo 13-2	
Datos de entrada	**Valores numéricos en cursivas; se deben insertar en cada problema.**	
Radio interior del elemento interior:	a = *1.0000 pulg*	
Radio exterior del elemento interior:	b = *1.2500 pulg*	
Radio exterior del elemento exterior:	c = *1.7500 pulg*	
Interferencia total:	d = *0.0032 pulg*	
Módulo de elasticidad del elemento exterior:	E_o = *3.00E + 07 psi*	
Módulo de elasticidad del elemento interior:	E_i = *1.70E + 07 psi*	
Relación de Poisson del elemento exterior:	ν_o = *0.27*	
Relación de Poisson del elemento interior:	ν_i = *0.27*	
	Resultados calculados	
Presión en la superficie de contacto:	p = **7,034 psi**	con la ecuación (13-3)
Esfuerzo de tensión en el elemento externo:	σ_o = **21 692 psi**	con la ecuación (13-4)
Esfuerzo de compresión en el elemento interno:	σ_i = **−32 050 psi**	con la ecuación (13-5)
Incremento en el diámetro del elemento exterior:	δ_o = **0.00 196 pulg**	con la ecuación (13-6)
Decremento en el diámetro del elemento interior:	δ_i = **0.00 444 pulg**	con la ecuación (13-7)

FIGURA 13-7 Solución con hola de cálculo de presión, esfuerzos y deformaciones en elementos cilíndricos acoplados con un ajuste forzado

13-9 MÉTODOS GENERALES PARA ASIGNAR TOLERANCIAS

Una de las responsabilidades del diseñador es establecer tolerancias en las dimensiones de cada componente, en un aparato mecánico. Las tolerancias deben asegurar que el componente cumpla su función. Pero las tolerancias también deben ser tan grandes como sea posible, para permitir una fabricación económica. Este par de principios conflictivos debe repartirse. Vea los textos detallados de dibujo técnico, y de interpretación de dibujos técnicos, para conocer los principios generales (referencias 4, 5 y 8).

Se debe prestar atención especial a las propiedades de un componente que se acopla con otros componentes, y con cuáles deben funcionar de manera confiable, o respecto a cuáles debe estar en su posición exacta. El ajuste de las pistas internas de los rodamientos, sobre los ejes, es un ejemplo de esas propiedades. En este reductor, las holguras entre las piezas que deben ensamblarse juntas con facilidad, pero que no deben tener grandes movimientos relativos durante el funcionamiento.

Cuando no hay otro componente que se acople con ciertas propiedades de un componente dado, las tolerancias deben ser lo más grande como prácticas, para poder producirlas con maquinado, moldeado o colado básicos, sin la necesidad de mayor acabado. Con frecuencia, se recomienda indicar las tolerancias de modelos, para esas dimensiones, y que la precisión con la que el tamaño básico se menciona en el dibujo, implique cierta tolerancia. Con frecuencia, se indica una nota parecida a la siguiente, cuando las dimensiones se dan en unidades inglesas y decimales de pulgada:

DIMENSIONES EN pulgadas. LAS TOLERANCIAS SERÁN LAS SIGUIENTES, A MENOS QUE SE INDIQUE OTRA COSA.

XX.X = ±0.050
XX.XX = ±0.010
XX.XXX = ±0.005
XX.XXXX = ±0.0005
ÁNGULOS: ±0.50°

donde X representa un dígito especifico.

Por ejemplo, si cierta dimensión tiene tamaño básico de 2.5 pulgadas, esa dimensión se puede expresar en el dibujo en cuatro formas distintas, con diferentes interpretaciones:

2.5	significa	2.5 ± 0.050 o sea que los límites son de 2.550 a 2.450 pulg
2.50	significa	2.50 ± 0.010 o sea que los límites son de 2.510 a 2.490 pulg
2.500	significa	2.500 ± 0.005 o sea que los límites son de 2.505 a 2.495 pulg
2.5000	significa	2.5000 ± 0.0005 o sea que los límites son de 2.5005 a 2.4995 pulg

Cualquier otra tolerancia deseada debe especificarse en la dimensión. Naturalmente, se pueden seleccionar distintas tolerancias estándar, de acuerdo con las necesidades del sistema a diseñar.

Los datos equivalentes en dibujos métricos se verían como sigue:

DIMENSIONES EN mm. LAS TOLERANCIAS SERÁN LAS SIGUIENTES, A MENOS QUE SE INDIQUE OTRA COSA.

XX = ±1.0
XX.X = ±0.25
XX.XX = ±0.15
XX.XXX = ±0.012
ÁNGULOS: ±0.50°

En algunas notas de tolerancia, también se relacionan el grado de precisión con el tamaño básico de la propiedad, y las tolerancias más estrictas son para dimensiones menores, y las menos estrictas para dimensiones mayores. En los grados internacionales de tolerancia (IT), descritos en la sección 13-3, se emplea este método.

Dimensionamiento geométrico y asignación de tolerancias. Se emplea el método de dimensionamiento geométrico y asignación de tolerancias (GD&T, de *geometric dimensioning and tolerancing*), para controlar la ubicación, la forma, el perfil, la orientación y la desviación sobre una propiedad dimensional. Su objetivo es asegurar el ensamble o el funcionamiento correcto de las piezas, y tiene utilidad especial en la producción en masa de partes intercambiables. La definición completa del método aparece en la norma ANSI Y14.5M-1994 (referencia 3). La referencia 8 muestra algunas aplicaciones, y demuestra la interpretación de los numerosos símbolos.

La figura 13-8(*a*) muestra algunos de los símbolos geométricos más comunes. El inciso (*b*) ilustra su uso en un *marco de control de propiedad*, que contiene el símbolo de la propiedad geométrica característica a controlar, la tolerancia de la dimensión o forma, y la *referencia* a la cual se relaciona la propiedad dada. Por ejemplo, en el inciso (*c*), el diámetro menor debe ser concéntrico con el diámetro mayor (referencia –A–) dentro de una tolerancia de 0.010 pulg.

Acabado superficial. También, el diseñador debe controlar el acabado superficial de todas las propiedades críticas para el funcionamiento del dispositivo que se diseña. Eso también incluye las superficies en contacto descritas anteriormente. Pero también, toda superficie que tenga esfuerzos relativamente altos, en especial de flexión invertida, debe tener una superficie lisa.

Vea, en la figura 5-8, una indicación rugosa del efecto de los acabados superficiales entre, por ejemplo, superficies *maquinadas* y *rectificadas*, sobre la resistencia básica a la fatiga de los aceros. En general, las superficies *rectificadas* tienen una rugosidad promedio, R_a, de 16 μpulg (0.4 μm). La figura 13-3 muestra el intervalo esperado de acabado superficial para muchos tipos procesos de maquinado. Observe que se indica que el torneado es capaz de producir ese grado de acabado superficial, pero está en el límite de su posibilidad, y es posible que requiera cortes muy finos con herramientas bien afiladas, con una punta o nariz de radio grande. El acabado más nominal de superficie en torneado, fresado, brochado y taladrado es de 63 μpulg (1.6 μm). Esto correspondería a la categoría de *maquinado*, en la figura 5-8.

Los asientos de rodamiento en ejes, para maquinaria exacta, son rectificados en el caso típico, y en particular en los tamaños menores de 3.0 pulg (80 mm); la rugosidad promedio máxima admisible es de 16 μpulg (0.4 μm). Arriba de ese tamaño, hasta 20 pulgadas (500 mm), se admiten hasta 32 μpulg (0.8 μm). Vea los catálogos de los fabricantes.

13-10 DISEÑO DE PRODUCTO ROBUSTO

El control cuidadoso de las tolerancias dimensionales en piezas de máquina es responsabilidad tanto del diseñador del producto como del personal que lo manufactura. El objetivo es asegurar la funcionalidad del producto, y al mismo tiempo permitir que su fabricación sea económica. Con frecuencia, parece que esos objetivos son incompatibles.

El *diseño de producto robusto* es un método que puede ayudar (vea la referencia 11, y los sitios de Internet 3 y 6). Esta es una técnica en la que se hace una serie de experimentos para determinar las variables del diseño de un producto que afectan más su funcionamiento. A continuación se definen los límites óptimos de esas variables. Se pueden aplicar los conceptos para establecer dimensiones, propiedades de material, control y muchos otros factores.

El diseño de los experimentos con los que se implementa un producto robusto es algo crítico para el éxito del diseño. Se usa un experimento inicial de cribado para determinar la respuesta del sistema a combinaciones de esas variables. Gráficas generadas por computadora establecen límites para las variables importantes.

Tolerancia	Característica	Símbolo
Forma	Rectitud	—
	Planicidad	▱
	Circularidad	○
	Cilindricidad	⌭
Perfil	Perfil de una línea	⌒
	Perfil de una superficie	⌓
Orientación	Angularidad	∠
	Perpendicularidad	⊥
	Paralelismo	//
Ubicación	Posición/simetría	⌖
	Concentricidad	◎
Desviación	Desviación circular	↗
	Desviación total	⌰

a) **Símbolos geométricos**

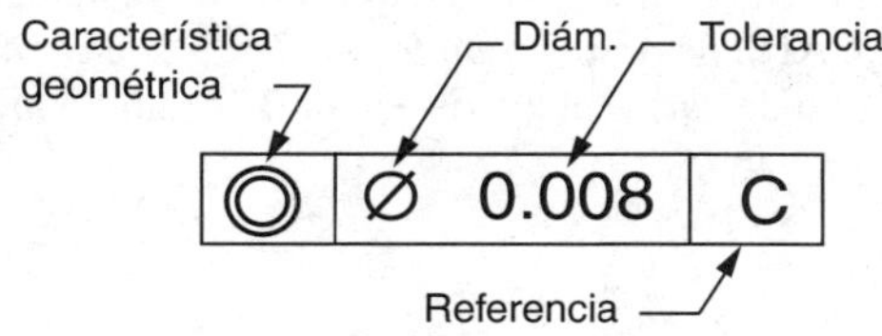

b) **Cuadro de control de dimensión**

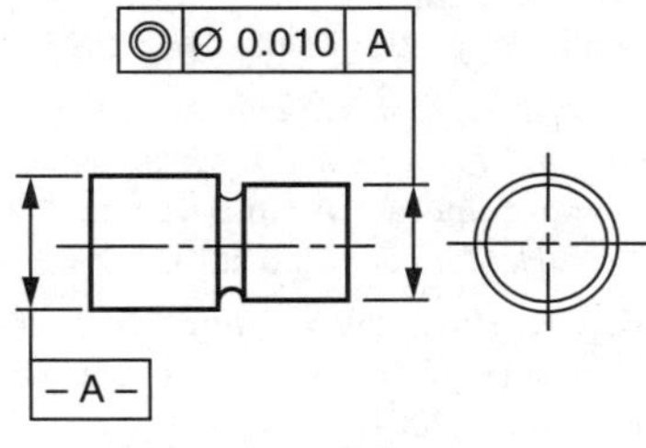

c) **Concentricidad**

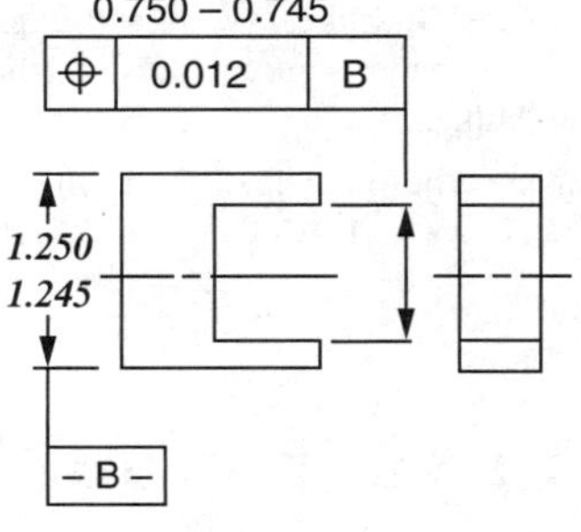

d) **Simetría**

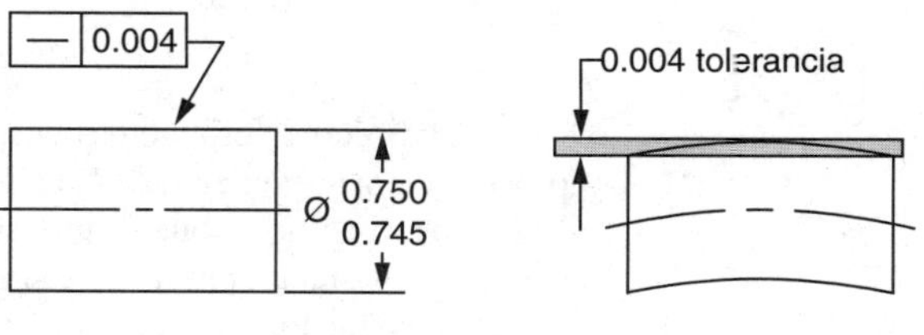

e) **Rectitud**

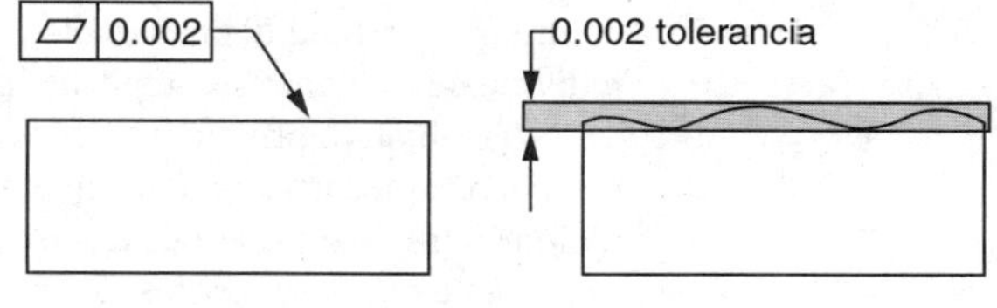

f) **Planicidad**

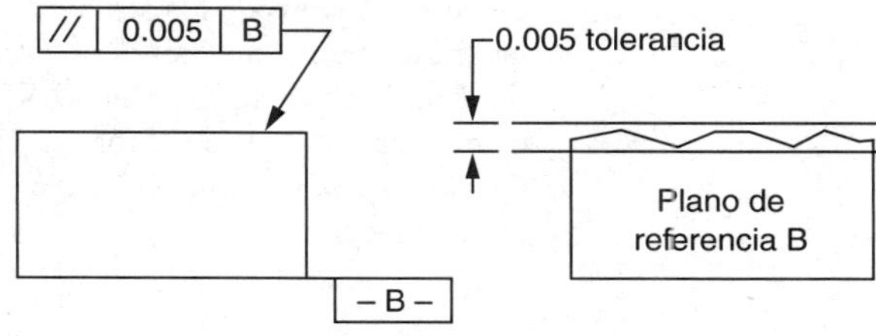

g) **Paralelismo: planos**

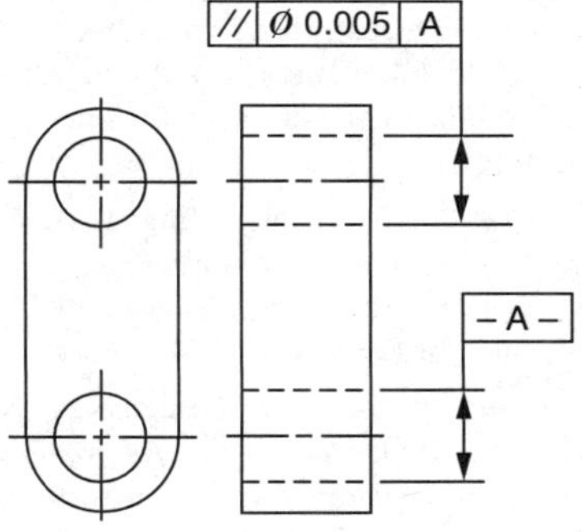

h) **Paralelismo: cilindros**

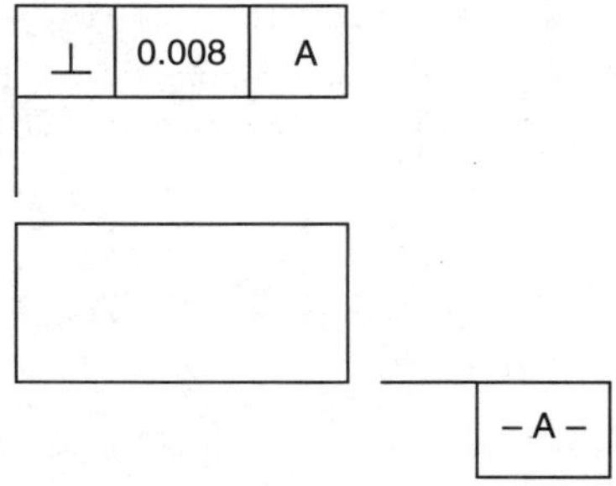

i) **Perpendicularidad**

FIGURA 13-8 Ejemplos de tolerancias geométricas

El diseño de producto robusto se basa en el *método Taguchi*, un importante elemento del proceso de mejoramiento de la calidad de la manufactura, inventado por el Dr. Genichi Taguchi. Él demostró cómo se puede aplicar el diseño de experimentos para obtener productos con alta calidad consistente, insensibles al ambiente de operación (vea la referencia 11).

Se puede lograr el control de las dimensiones y tolerancias mediante herramientas de análisis estadístico. El diseñador modela el tipo y magnitud de la variación esperada de tamaño, para un conjunto de componentes acoplados. Mediante un programa de simulación, se calcula la configuración final del ensamble, al considerar el "apilado de tolerancias" de los componentes individuales. El análisis se puede hacer en dos o en tres dimensiones. Vea el sitio de Internet 5.

El objetivo principal de esos métodos es la asignación de tolerancias en dimensiones críticas de las piezas acopladas, que aseguren un funcionamiento satisfactorio bajo todas las condiciones previsibles de fabricación, ensamblado, ambiente y uso del componente. También es importante mantener costos razonables de manufactura. Muchos fabricantes practican esos métodos, en especial en el mercado automotriz, aerospacial, militar y de productos al consumidor en grandes volúmenes. Existen disponibles técnicas asistidas por computadora, para facilitar el proceso. Muchos de los sistemas detallados de modelado sólido y diseño asistidos por computadora contienen análisis de tolerancia con bases estadísticas, como función estándar. En el sitio 7 de Internet se describen las actividades de la Asociación para el Desarrollo de Sistemas Computarizados para Establecer Tolerancias (ADCATS, de *Association for the Development of Computer-Aided Tolerancing Systems*), un consorcio de varias industrias en la Brigham Young University.

REFERENCIAS

1. The American Society of Mechanical Engineers. Norma ANSI B4.1-1967 (R 1974, reafirmada en 1999). *Preferred Limits and Fits for Cylindrical Parts* (Límites y ajustes preferidos para piezas cilíndricas). Nueva York: American Society of Mechanical Engineers, 1999.
2. The American Society of Mechanical Engineers. Norma ANSI B4.2-1978 (R84). *Preferred Metric Limits and Fits* (Límites y ajustes métricos preferidos). Nueva York: American Society of Mechanical Engineers, 1984.
3. The American Society of Mechanical Engineers. Norma ANSI Y14.5M (R1999). *Dimensioning and Tolerancing* (Establecimiento de límites y tolerancias). Nueva York: American Society of Mechanical Engineers, 1999.
4. Earle, James H. *Graphics for Engineers with AutoCAD 2002* (Gráficos para ingenieros con AutoCad 2002), 6ª edición. Upper Saddle River, NJ: Prentice Hall, 2003.
5. Giesecke, F. E. *et al. Technical Drawing* (Dibujo técnico), 12ª edición. Upper Saddle River, NJ: Prentice Hall, 2003.
6. Gooldy, Gary. *Geometric Dimensioning & Tolerancing* (Dimensionamiento y tolerancias geométricas). Ed. revisada. Upper Saddle River, NJ: Prentice Hall, 1995.
7. Griffith, Gary K. *Geometric Dimensioning & Tolerancing: Application and Inspection* (Dimensionamiento y tolerancias geométricas: aplicación e inspección). 2ª edición. Upper Saddle River, NJ: Prentice Hall, 2002.
8. Jensen, C. y R. Hines. *Interpreting Engineering Drawings* (Interpretación de dibujos técnicos), 6ª edición. Albany, NY: Delmar Publishers, 2001.
9. Oberg, E. *et al. Machinery's Handbook* (Manual de maquinaria). 26ª edición. Nueva York: Industrial Press, 2000.
10. Shigley, J. E. y C. R. Mischke. *Mechanical Engineering Design* (Diseño en ingeniería mecánica), 6ª edición. Nueva York: McGraw-Hill, 2001.
11. Tagughi, Genichi y Shin Taguchi. *Robust Engineering* (Ingeniería robusta). Nueva York: McGraw-Hill, 1999.

SITIOS DE INTERNET RELACIONADOS CON TOLERANCIAS Y AJUSTES

1. **Engineering Fundamentals**. *www.efunda.com* Un sitio detallado que ofrece información de diseño en numerosos temas; incluye dimensionamiento y tolerancias geométricas.
2. **Engineers Edge**. *www.engineersedge.com* Un sitio detallado que ofrece información de diseño en numerosos temas; incluye dimensionamiento y tolerancias geométricas.

3. **iSixSigma.** *www.isixsigma.com/me/taguchi/* Una fuente de información gratuita sobre administración de la calidad; incluye diseño robusto, métodos de Taguchi y administración de la calidad seis sigma.

4. **Engineering Bookstore.** *www.engineeringbookstore.com* Un sitio que ofrece libros técnicos en muchos campos; incluye dimensionamiento y tolerancias geométricas.

5. **Dimensional Control Systems, Inc.** *www.3dcs.com* Un desarrollador y vendedor de programas informáticos para administrar y controlar las dimensiones y tolerancias de componentes y ensambles en tres dimensiones. Se pueden modelar y simular las variaciones, para asegurar que se cumplan los objetivos de la calidad para ajuste, acabado y funcionalidad.

6. **DRM Associates**. *www.npd-solutions.com/robust.html* Un sitio extenso sobre el tema de desarrollo de nuevos productos (NPD); incluye diseño robusto, diseño de experimentos, métodos de Taguchi, dimensionamiento y tolerancias geométricas, reducción de variabilidad, y diseño y análisis de tolerancias para componentes y ensambles. Seleccione el botón de navegación de *NPD Body of Knowledge* (Conocimientos de desarrollo de nuevos productos) para ver un índice detallado de los temas.

7. ADCATS. *http://adcats.et.byu.edu* La asociación para el desarrollo de los sistemas de tolerancias asistidos por computadora (ADCATS) (Por sus siglas en inglés: The Association for the Development of Computer-Aided Tolerancing Systems) en la Brigham Young University.

8. **Drafting Zone.** *www.draftingzone.com* Información sobre normas y prácticas de dibujo mecánico. Genium Publishing Corporation.

PROBLEMAS

Ajustes con holgura

1. Especifique la clase de ajuste, los límites de tamaño y los límites de holgura para el barreno de un rodillo de transportador de movimiento lento, pero con gran carga, que debe girar libremente sobre un eje estacionario y bajo una carga muy pesada. El diámetro nominal del eje es de 3.500 pulgadas. Emplee el sistema básico de orificio.

2. Una placa senoidal es un dispositivo de medición que gira en su base y permite que la placa asuma distintos ángulos, ajustados con *galgas* para tener precisión. El perno del pivote tiene diámetro nominal 0.5000 pulgada. Especifique la clase de ajuste, los límites de tamaño y los límites de tolerancia del pivote. Emplee el sistema básico de orificio.

3. Un carro de juguete tiene un eje con diámetro nominal de 5/8 de pulgada. Para el barreno de la rueda y el eje, especifique la clase de ajuste, los límites de tamaño y los límites de holgura. Emplee el sistema básico del eje.

4. El engrane planetario, de un tren de engranajes epicíclico, debe girar en forma confiable sobre su eje, y a la vez mantener una posición precisa con respecto a los engranes acoplados. Especifique, para el barreno del engrane y su eje, la clase de ajuste, los límites de tamaño y los límites de holgura. Emplee el sistema básico de orificio. El tamaño nominal del eje es de 0.800 pulgada.

5. La base de un cilindro hidráulico se monta en el armazón de una máquina, mediante una junta con pasador de horquilla, lo cual permite que el cilindro oscile durante su funcionamiento. La horquilla debe permitir que el movimiento sea confiable, pero se acepta algo de juego. Para los orificios de la horquilla y del pasador, los cuales tienen un diámetro nominal de 1.25 pulgadas, especifique la clase de ajuste, los límites de tamaño y los límites de holgura. Emplee el sistema básico de orificio.

6. Una puerta pesada de un horno se abre hacia arriba, para permitir el acceso al interior. Durante varios modos de operación, la puerta y su bisagra están sometidas a temperaturas entre 50 y 500°F. El diámetro nominal de cada pasador de bisagra es de 4.00 pulgadas. Especifique, para la bisagra y su pasador, la clase de ajuste, los límites de tamaño y los límites de holgura. Emplee el sistema básico de eje.

7. La platina de un microscopio industrial gira para permitir el montaje de diversos perfiles. Esta platina debe moverse con precisión y confiabilidad bajo temperaturas muy variables. Especifique la clase de ajuste, los límites de tamaño y los límites de holgura para el montaje de la platina en un perno que tiene 0.750 pulgada de diámetro nominal. Emplee el sistema básico de orificio.

8. Un letrero luminoso cuelga de una varilla horizontal, y se permite que oscile bajo las fuerzas del viento. La varilla debe ser de barra redonda comercial, de 1.50 pulgadas de diámetro nominal. Para las bisagras acopladas en el letrero, especifique la clase de ajuste, los límites de tamaño y los límites de holgura. Emplee el sistema básico del eje.

9. Para alguno de los problemas 1 a 8, elabore un diagrama de las tolerancias, ajustes y holguras para sus especificaciones, mediante un método parecido al de la figura 13-4.

Ajustes forzados

10. Un espaciador de acero AISI 1020 rolado en caliente tiene la forma de un cilindro hueco, de 3.25 pulgadas de diámetro interior nominal y 4.000 pulgadas de diámetro exterior. Deben montarlo en un eje macizo de acero, con un ajuste de gran fuerza. Especifique las dimensiones del eje y la camisa, y calcule los esfuerzos en la camisa, después de su instalación. Emplee el sistema de tamaño básico de orificio.

11. Un buje de bronce de 3.50 pulgadas de diámetro interior y diámetro exterior nominal de 4.00 pulgadas, entra a presión en una camisa de acero, cuyo diámetro exterior es de 4.50 pulg. Especifique las dimensiones de las piezas, los límites de interferencia y los esfuerzos causados en el buje y en la camisa, para una clase de ajuste FN3. Emplee el sistema de tamaño básico de orificio.

12. Se propone instalar un cilindro de acero, con diámetro nominal de 3.00 pulgadas, en un orificio de un cilindro de aluminio, con diámetro exterior de 5.00 pulgadas, con un ajuste forzado FN5. ¿Sería satisfactorio?

13. El esfuerzo de compresión admisible en la pared de un tubo de aluminio es de 8500 psi. Su diámetro externo es de 2.000 pulgadas y el espesor de pared es de 0.065 pulgadas. ¿Cuál es la cantidad máxima de interferencia que se puede tolerar entre el tubo y una camisa de acero? La camisa tiene un diámetro externo de 3.00 pulgadas.

14. ¿Hasta qué temperatura habría que calentar el espaciador del problema 10 para poder deslizarlo sobre el eje, con una holgura de 0.002 pulgadas? La temperatura ambiente es de 75°F.

15. Para el buje de bronce con su camisa de acero, del problema 11, la temperatura ambiente es de 75°F. ¿Cuánto se contraería el buje de bronce si se colocara en un congelador a −20°F? En ese caso ¿hasta qué temperatura habría que calentar la camisa de acero para dar una holgura de 0.004 pulgadas para instalarla sobre el buje frío?

16. Para el buje de bronce del problema 11, ¿cuál sería el diámetro interior final, después de instalarlo en la camisa, si su diámetro interior inicial era de 3.5000 pulgadas?

14

Cojinetes con contacto de rodadura

Panorama

Cojinetes con contacto de rodadura

Mapa de aprendizaje

- Los *cojinetes* se usan para soportar una carga y al mismo tiempo permitir el movimiento relativo entre dos elementos de una máquina.
- Algunos cojinetes usan elementos rodantes, como bolas esféricas o rodillos cilíndricos o cónicos. Con ello se obtiene un coeficiente de fricción muy bajo.

Descubrimiento

Busque ejemplos de cojinetes en máquinas, automóviles, camiones, bicicletas y productos al consumidor.

Describa los cojinetes, incluyendo la forma en que están instalados y los tipos de fuerzas ejercidas sobre ellos

Este capítulo presenta información sobre esos cojinetes, y presenta métodos para analizarlos y para seleccionar rodamientos comerciales disponibles.

El propósito de un cojinete es soportar una carga y al mismo tiempo permitir el movimiento relativo entre dos elementos de una máquina. El término *cojinetes con contacto de rodadura* se refiere a una gran variedad de cojinetes llamados *rodamientos* (en México la mayoría de las personas los conoce como *baleros*), los cuales usan bolas esféricas o algún otro tipo de rodillos entre los elementos estacionario y móvil. El tipo más común de cojinete soporta un eje rotatorio, y resiste cargas puramente radiales, o una combinación de cargas radiales y axiales (de empuje). Algunos cojinetes están diseñados para soportar solamente cargas de empuje. La mayoría de los cojinetes se usan en aplicaciones que involucran rotación, pero hay algunos que se usan en aplicaciones de movimiento lineal.

Los componentes de un cojinete con contacto de rodadura típico son la pista interior, la pista exterior y los elementos rodantes. La figura 14-1 muestra el rodamiento con una sola hilera de bolas y ranura profunda, que es el tipo común. En general, la pista exterior es estacionaria, y está sujetada a la caja de la máquina. La pista interior se introduce a presión en el eje giratorio y, en consecuencia, gira con él. Entonces, las bolas ruedan entre las pistas exterior e interior. La trayectoria de la carga es: del eje, a la pista interior, a las bolas, a la pista exterior y, por último, a la caja. La presencia de las bolas permite una rotación muy uniforme, con poca fricción por parte del eje. El coeficiente de fricción típico para un rodamiento es de 0.001 a 0.005, aproximadamente. Esos valores sólo reflejan a los elementos rodantes mismos, y los medios de retenerlos en el rodamiento. La presencia de sellos, demasiado lubricante, o cargas excepcionales aumenta esos valores.

Examine productos de consumo, maquinaria industrial o equipo de transporte (automóviles, camiones y bicicletas, entre otros), e identifique los usos de los cojinetes con contacto de rodadura. Asegúrese de que la máquina esté desconectada, y entonces trate de llegar hasta los ejes de impulsión mecánica, usados para transmitir potencia desde un motor hasta algunas piezas móviles de la máquina. ¿Están soportados esos ejes en rodamientos de bolas o de rodillos? O bien ¿están soportados en cojinetes de superficie plana, por donde el eje atraviesa elementos cilíndricos llamados *bujes* o *cojinetes lisos*, en el caso típico con lubricantes entre el eje giratorio y el cojinete estacionario? Se describirán los cojinetes de superficie plana en el capítulo 16.

Describa el rodamiento para los ejes que están soportados en rodamientos de bolas o de rodillos. ¿Cómo está montado sobre el eje? ¿Cómo se monta en la caja de la máquina? ¿Puede identificar las fuerzas actuantes sobre el rodamiento, y las direcciones en que actúan? ¿Se dirigen las fuerzas radialmente hacia la línea del centro del eje? ¿Existe alguna fuerza que actúe en dirección paralela al eje? Compare los rodamientos que encuentre con las fotografías mostradas en este capítulo. ¿Qué variedades de cojinetes encontró? Mida o estime el tamaño físico de los rodamientos, en especial el diámetro del barreno que está en contacto con el eje, el diámetro exterior y el

FIGURA 14-1
Cojinete de una hilera de bolas con ranura honda (NSK Corporation, Ann Arbor, MI)

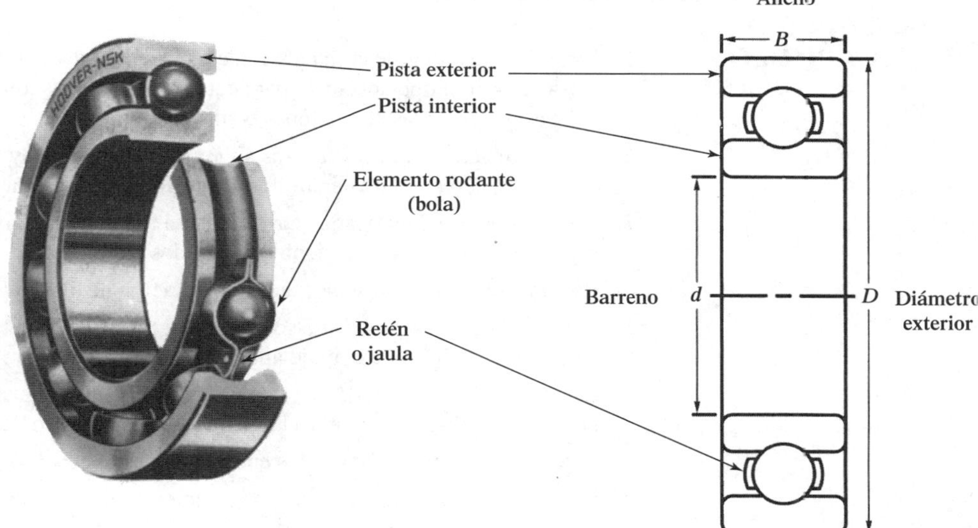

ancho. ¿Puede ver los elementos rodantes-bolas o rodillos? En caso afirmativo, elabore un esquema de ellos y estime sus diámetros y sus longitudes. ¿Algunos de los elementos rodantes son rodillos cónicos, como los que se muestran más adelante en la figura 14-7 de este capítulo?

Cuando termine este capítulo, podrá identificar varios tipos de cojinetes con contacto de rodadura, y especificar los adecuados para soportar cargas específicas. También podrá aplicarlos en forma correcta, y planear su instalación en ejes y cajas.

Usted es el diseñador

En el capítulo 12 el lector fue el diseñador de un eje que giraba a 600 rpm, soportando dos engranes como parte de un sistema de transmisión de potencia. Las figuras 12-1 y 12-2 mostraron el diseño básico propuesto. El eje fue diseñado para que dos cojinetes lo soportaran, en los puntos *B* y *D*. Entonces, en el problema modelo 12-1, se completó el análisis de fuerzas, al calcular las fuerzas aplicadas al eje a causa de los engranes, y después se calcularon las *reacciones en los cojinetes*. En la figura 12-11 se muestran los resultados, los cuales se resumen a continuación:

$$R_{Bx} = 458 \text{ lb} \qquad R_{By} = 4620 \text{ lb}$$
$$R_{Dx} = 1223 \text{ lb} \qquad R_{Dy} = 1680 \text{ lb}$$

donde *x* indica la dirección horizontal, y *y* la dirección vertical. Todas las fuerzas sobre los cojinetes tienen la dirección radial. Su labor ahora es especificar los cojinetes con contacto de rodadura adecuados para el eje, que resistan esas fuerzas y las transfieran del eje a la caja del reductor de velocidad.

¿Qué tipo de rodamiento se debe seleccionar? ¿Cómo afectan esta elección las fuerzas que se acaban de identificar? ¿Qué expectativa de duración es razonable para los rodamientos, y cómo afecta eso su selección? ¿Qué tamaño debe especificarse? ¿Cómo se deben instalar los rodamientos en el eje, y cómo afecta eso al diseño detallado del eje? ¿Qué dimensiones límite se deben definir para los asientos de rodamiento en el eje? ¿Cómo se va a ubicar axialmente con exactitud el cojinete en el eje? ¿Cómo se debe instalar en la caja, y cómo se debe ubicar allí? ¿Cómo se suministra lubricación al cojinete? ¿Existe algún método para que protecciones y sellos eviten que los contaminantes entren a los rodamientos? La información en este capítulo le ayudará a tomar éstas y algunas otras decisiones de diseño.

14-1 OBJETIVOS DE ESTE CAPÍTULO

Al terminar este capítulo, podrá:

1. Identificar los tipos de cojinetes con contacto de rodadura disponibles en el comercio, y seleccionar el tipo adecuado para determinada aplicación, considerando la forma de aplicar la carga y las condiciones de instalación.
2. Usar la relación entre las fuerzas sobre los rodamientos y la expectativa de duración para éstos, con el fin de determinar los factores críticos para seleccionar rodamientos.
3. Manejar datos del fabricante para indicar el funcionamiento de los rodamientos de bolas, y especificar los rodamientos adecuados para determinada aplicación.
4. Recomendar los valores adecuados de duración de diseño para los rodamientos.
5. Calcular la *carga equivalente* sobre un rodamiento, que corresponde a combinaciones de cargas radiales y de empuje aplicadas a él.
6. Especificar los detalles de montaje para rodamientos, que afecten el diseño del eje sobre el que se va a asentar el rodamiento, y la caja dentro de la que se va a instalar.
7. Calcular las cargas equivalentes en rodamientos de rodillos cónicos.
8. Describir el diseño especial de los rodamientos de empuje.
9. Describir varios tipos de rodamientos comerciales ya montados, y su aplicación al diseño de máquinas.
10. Comprender ciertas consideraciones prácticas implicadas en la aplicación de cojinetes, incluyendo lubricación, sello, velocidades límite, clases de tolerancias de rodamientos y normas relacionadas con la fabricación y aplicación de los rodamientos.
11. Considerar los efectos de cargas variables sobre la expectativa de vida y la especificación de los rodamientos.

14-2 TIPOS DE COJINETES CON CONTACTO DE RODADURA

A continuación se describirán varios tipos de cojinetes con contacto de rodadura, y las aplicaciones donde se usa cada uno de ellos, en forma típica. Existen disponibles muchas variaciones en los diseños. Al describir cada una vea la tabla 14-1, con una comparación del funcionamiento en relación con las demás.

Las *cargas radiales* actúan hacia el centro del cojinete, a lo largo de un radio. Esas cargas son comunes a las que causan los elementos de transmisión de potencia, como los engranes rectos, las poleas para bandas V y las transmisiones por cadena, en los ejes. Las *cargas de empuje* son aquellas que actúan paralelas a la línea central del eje. Los componentes axiales de las fuerzas sobre engranes helicoidales, sinfines y coronas y engranes cónicos, son cargas de empuje. También, los rodamientos que sostienen ejes verticales están sujetos a cargas de empuje, causadas por el peso del eje y por los elementos en el eje, así como a fuerzas axiales de operación. El *desalineamiento* se refiere a la desviación angular de la línea central del eje en el rodamiento, respecto al eje real del mismo rodamiento. Una evaluación excelente del desalineamiento en la tabla 14-1 indica que el rodamiento puede adaptarse a una desviación angular hasta de 4.0°. Un

TABLA 14-1 Comparación de los tipos de rodamientos

Tipo de rodamiento	Capacidad de carga radial	Capacidad de carga de empuje	Capacidad de desalineamiento
Una hilera de bolas con ranura profunda	Buena	Regular	Regular
Doble hilera de bolas, ranura profunda	Excelente	Buena	Regular
Contacto angular	Buena	Excelente	Mala
Rodillos cilíndricos	Excelente	Mala	Regular
Agujas	Excelente	Mala	Mala
Rodillos esféricos	Excelente	Regular a buena	Excelente
Rodillos cónicos	Excelente	Excelente	Mala

rodamiento con calificación regular puede resistir hasta 0.15°, mientras que una calificación mala indica que los ejes rígidos requieren menos de 0.05° de desalineamiento. Debe consultar los catálogos de los fabricantes, respecto de datos específicos. Vea los sitios de Internet 1 a 8.

Rodamiento de una hilera de bolas y ranura profunda

A veces se le llama *rodamiento Conrad* a este tipo de rodamientos, y tiene las características que imagina la mayoría de las personas al escuchar el término *rodamiento de bolas* (vea la figura 14-1). La pista interior entra en el eje casi siempre con presión en el asiento del rodamiento, con un ajuste de interferencia pequeña, para asegurar que gire con el eje. Los elementos rodantes esféricos, o bolas, ruedan en una ranura profunda, tanto en la pista interior como en la exterior. Se mantienen las distancias entre las bolas con los retenes o "jaulas". Si bien están diseñadas principalmente para tener capacidad de carga radial, la ranura profunda permite soportar una carga de empuje bastante apreciable. La carga de empuje se aplicaría a un lado de la pista interior, mediante un hombro en el eje. Esa carga pasaría por el lado de la ranura, a la bola, al lado opuesto de la pista externa, y por último a la caja. El radio de la bola es un poco menor que el radio de la ranura, para permitir la rodadura libre de las bolas. El contacto entre una bola y la pista se da en ese punto, teóricamente, pero en realidad es un área pequeña circular, por la deformación de los elementos. Ya que la carga se soporta sobre una área pequeña, se presentan esfuerzos de contacto locales muy altos. Para incrementar la capacidad de un rodamiento de una sola hilera, debería usarse un rodamiento con mayor número de bolas, o bolas mayores que trabajen en pistas de mayor diámetro.

Rodamiento con doble hilera de bolas y ranura profunda

Si se agrega una segunda hilera de bolas (figura 14-2) se incrementa la capacidad de carga radial de estos rodamientos, porque hay más bolas que comparten la carga, en comparación con los de una sola hilera de bolas. Así, se puede soportar una carga mayor en el mismo espacio, o determinada carga puede ser soportada en un espacio menor. El mayor ancho de los cojinetes con doble hilera de bolas suele afectar de forma adversa la capacidad de desalineamiento.

Rodamiento de bolas con contacto angular

Un lado de cada pista, en un rodamiento de contacto angular, es más alto, para permitir la adaptación a mayores cargas de empuje en comparación con los rodamientos normales con una hilera de bolas y ranura profunda. El esquema de la figura 14-3 muestra el ángulo preferido de la fuerza resultante (carga radial y de empuje combinadas), y los rodamientos comerciales tienen ángulos de 15° a 40°.

FIGURA 14-2 Rodamiento de bolas de doble hilera y ranura profunda (NSK Corporation, Ann Arbor, MI)

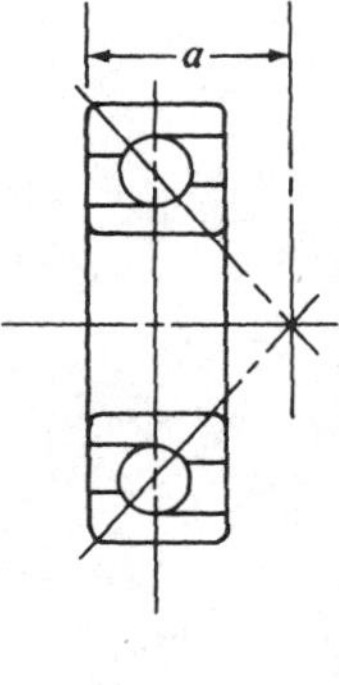

FIGURA 14-3 Rodamiento de bolas de contacto angular (NSK Corporation, Ann ARbor, MI)

Rodamiento de rodillos cilíndricos

Si se reemplazan las bolas esféricas por rodillos cilíndricos (figura 14-4), con los cambios correspondientes en el diseño de las pistas, se obtiene una mayor capacidad de carga radial. El patrón de contacto entre un rodillo y su pista es, teóricamente, y se convierte en una forma rectangular a medida que los miembros se deforman bajo la carga. Los valores resultantes del esfuerzo de contacto son menores que en rodamientos de bolas de igual tamaño, lo cual permite que los rodamientos más pequeños puedan soportar determinada carga, o un rodamiento de determinado tamaño puede soportar mayor carga. La capacidad de carga de empuje es mala, porque cualquier carga de empuje se aplicaría al costado de los rodillos, lo cual causa fricción y no movimiento verdadero de rodadura. Se recomienda *no* aplicar carga de empuje. Los rodamientos de rodillos son bastante anchos, por lo común, y en consecuencia tienen poca capacidad de adaptarse a los desalineamientos angulares.

Rodamiento de agujas

Los rodamientos de agujas (figura 14-5) son en realidad rodamientos de rodillos, pero sus rodillos tienen mucho menor diámetro, como se puede ver al comparar las figuras 14-4 y 14-5. En el caso típico, se requiere un espacio radial menor, para que los rodamientos de agujas soporten determinada carga, que en cualquier otro tipo de cojinete con contacto de rodadura. Eso facilita el diseño de su incorporación en muchos tipos de equipos y componentes, tales como bombas, juntas universales, instrumentos de precisión y electrodomésticos. El seguidor de leva de la figura 14-5(*b*) es otro ejemplo donde la operación antifricción de los rodamientos de agujas se puede incorporar, y se requiere poco espacio radial. Como con otros rodamientos de rodillos, las capacidades de empuje y desalineamiento son malas.

Rodamientos de rodillos esféricos

El rodamiento de rodillos esféricos (figura 14-6) es una forma de *cojinete autoalineante*, llamado así porque existe una rotación real de la pista exterior en relación con los rodillos y con la pista interior, cuando existen desalineamientos angulares. Esto causa la excelente calificación de capacidad de desalineamiento, y al mismo tiempo se conservan, en forma virtual, las mismas calificaciones por la capacidad de carga radial.

FIGURA 14-4
Rodamiento de rodillos cilíndricos (NSK Corporation, Ann Arbor, MI)

FIGURA 14-5
Rodamientos de agujas (McGill Manufacturing Co., Inc., Bearing Division, Valparaiso, IN)

a) **Cojinetes con una y doble hilera de agujas**

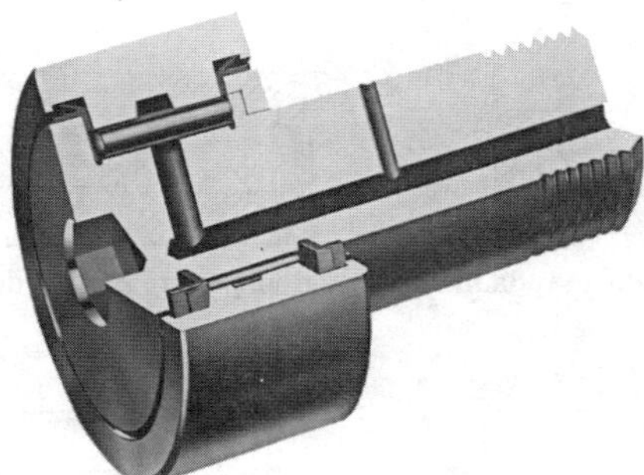

b) **Rodamientos de agujas adaptados a seguidores de leva**

FIGURA 14-6
Rodamiento de rodillos a rótula (NSK Corporation, Ann Arbor, MI)

FIGURA 14-7
Rodamiento de rodillos cónicos (NSK Corporation, Ann Arbor, MI)

Rodamientos de rodillos cónicos

Los rodamientos de rodillos cónicos (figura 14-7) están diseñados para tomar cargas apreciables de empuje y también grandes cargas radiales, lo que redunda en excelentes calificaciones para ambas. Con frecuencia se usan en rodamientos de rueda de vehículos y equipos móviles, y en maquinaria pesada con grandes cargas inherentes de empuje. La sección 14-2 contiene información adicional acerca de su aplicación. Las figuras 8-25, 9-36, 10-1 y 10-2 muestran cojinetes de rodillos cónicos aplicados en reductores de velocidad con engranes.

FIGURA 14-8
Rodamientos de empuje (Andrews Bearing Corp., Spartanburg, SC)

a) Ejemplo de rodamientos de bolas para carga axial

c) Ejemplos de rodamientos de rodillos para carga axial

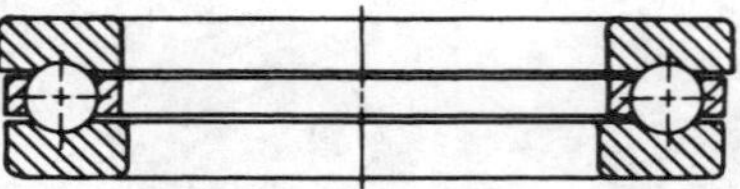

b) Sección transversal típica de un rodamiento de bolas para carga axial

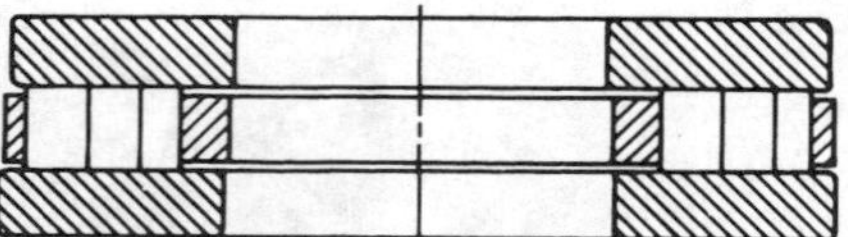

Rodamiento normal de rodillos para carga axial

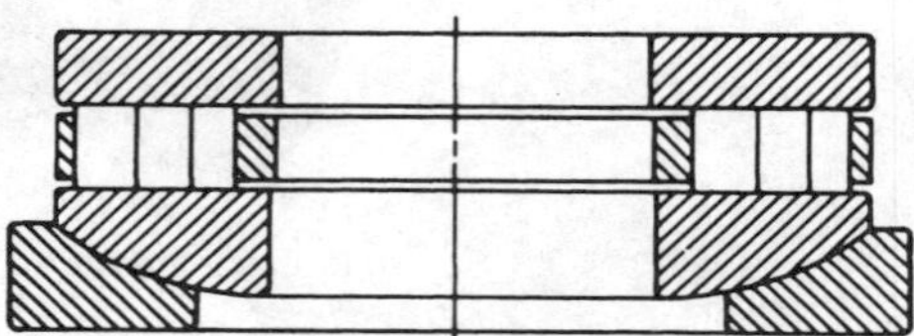

Rodamiento de rodillos para carga axial autoalineante

14-3 RODAMIENTOS DE EMPUJE

Los rodamientos descritos en este capítulo fueron diseñados para soportar cargas radiales, o una combinación de cargas radiales y cargas de empuje. Muchos proyectos de diseño de máquinas requieren un cojinete que sólo resista cargas de empuje; se dispone de varios tipos de rodamientos estándar para empuje (o *de carga axial*) en el comercio. Se usan los mismos tipos de elementos rodantes: bolas esféricas, rodillos cilíndricos y rodillos cónicos (vea la figura 14-8).

La mayoría de los rodamientos de carga axial pueden tomar poca o ninguna carga radial. En ese caso, el diseño y la selección de esos rodamientos dependen sólo de la magnitud de la carga de empuje y de la duración de diseño. Los datos de la capacidad básica de carga dinámica, y de la capacidad básica de carga estática, se indican en los catálogos de los fabricantes, de la misma forma que para los rodamientos radiales.

14-4 RODAMIENTOS MONTADOS

En muchos tipos de maquinaria pesada, y en máquinas especiales producidas en pequeñas cantidades, se seleccionan rodamientos montados, y no rodamientos sueltos. Los rodamientos montados proporcionan un medio de sujetar la unidad del rodamiento en forma directa al armazón de la máquina, con tornillos, y sin introducirlos en un hueco maquinado de una caja, como se requiere en el caso de los rodamientos no montados.

La figura 14-9 muestra la configuración más común de un rodamiento montado: es la *caja de chumacera*. La caja se fabrica con acero moldeado, hierro colado o acero colado; con orificios o ranuras para su fijación durante el ensamblado de la máquina, en cuyo momento se ajusta el alineamiento de la chumacera. Los rodamientos mismos pueden ser virtualmente de cualquiera de los tipos descritos en las secciones anteriores; son preferibles los rodamientos de bolas, de rodillos cónicos, o de rodillos a rótula. La capacidad de desalineamiento es una consideración importante para aplicarlos, por las condiciones de uso de esos rodamientos. Esta capacidad se incorpora en la construcción del rodamiento mismo o de la caja.

FIGURA 14-9
Chumacera con rodamiento de bolas (Rockewll Automation/Dodge)

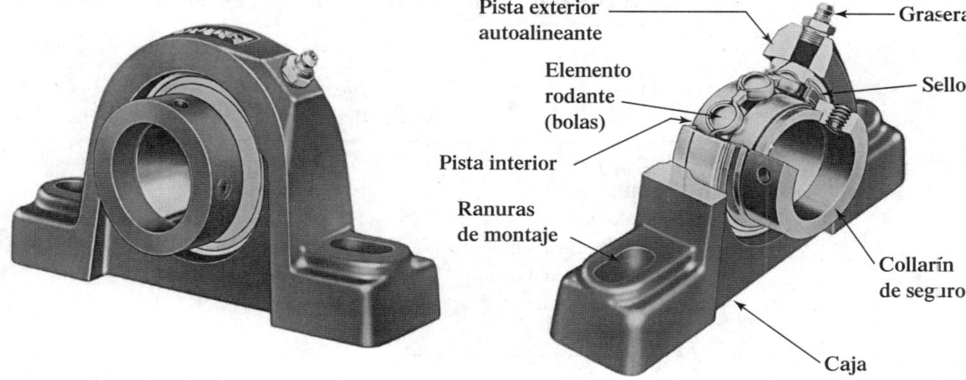

FIGURA 14-10
Formas de cojinetes montados (Rockwell Automation/Dodge)

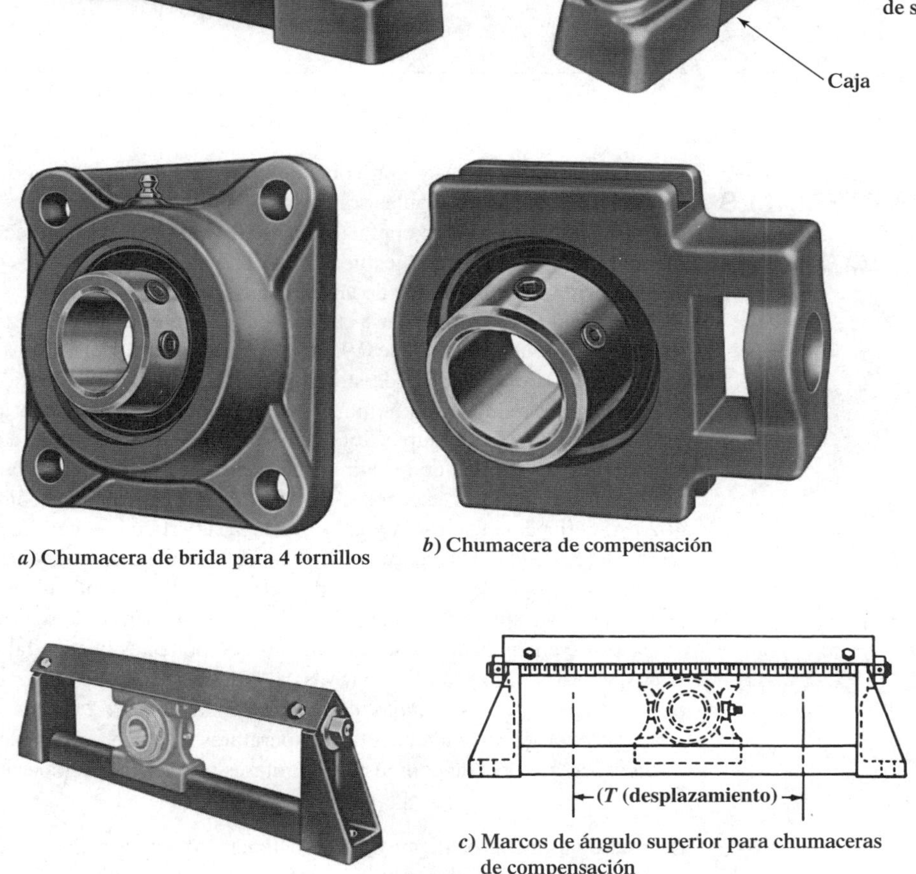

a) **Chumacera de brida para 4 tornillos**

b) **Chumacera de compensación**

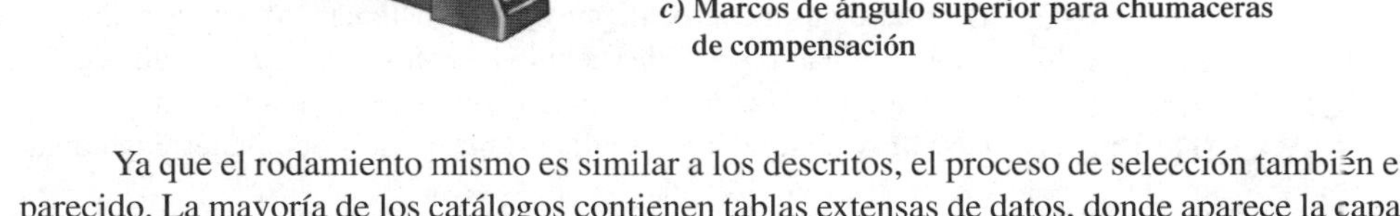

c) **Marcos de ángulo superior para chumaceras de compensación**

Ya que el rodamiento mismo es similar a los descritos, el proceso de selección también es parecido. La mayoría de los catálogos contienen tablas extensas de datos, donde aparece la capacidad de carga a valores especificados de duración nominal. El sitio de Internet 7 es un ejemplo.

Otras formas de rodamientos montados se muestran en la figura 14-10. Las *unidades de brida* se diseñan para que puedan ser montadas en los armazones laterales verticales de máquinas, y sujetan ejes horizontales. De nuevo, existen disponibles varios tipos y tamaños de rodamiento. El término *unidad de compensación* se refiere a un rodamiento montado en una caja, la cual a su vez está montada en una carcasa que permite el movimiento de la chumacera con el eje ya instalado. Se usan en transportadores, transmisiones por cadenas, por bandas y en aplicaciones parecidas, y permiten ajustar la distancia entre centros de los componentes de la transmisión al momento de instalarlos, y durante el funcionamiento, para adaptarse al desgaste o al estiramiento de piezas del ensamble.

TABLA 14-2 Comparación de materiales de rodamientos

	Material			
	Nitruro de silicio	Acero 52100	Acero inoxidable 440C	Acero M50
Dureza a temperatura ambiente, HRC	78	62	60	64
Módulo de elasticidad a temperatura ambiente	45×10^6 psi 310 GPa	30×10^6 psi 207 GPa	29×10^6 psi 200 GPa	28×10^6 psi 193 GPa
Temperatura máxima de operación	2200°F 1200°C	360°F 180°C	500°F 260°C	600°F 320°C
Densidad, kg/m^3	3200	7800	7800	7600

14-5 MATERIALES DE LOS RODAMIENTOS

La carga sobre un cojinete con contacto de rodadura se ejerce sobre un área pequeña. Los esfuerzos de contacto resultantes son bastante grandes, independiente del tipo de rodamiento. No son raros los esfuerzos de contacto de 300 000 psi, aproximadamente, en los rodamientos comerciales. Para resistir esos esfuerzos tan altos, las bolas, rodillos y pistas son fabricados con acero o cerámica muy duros, de alta resistencia.

El material que más se usa en los rodamientos es el acero AISI 52100, el cual tiene un contenido de carbono muy alto, de 0.95 a 1.10%, junto con 1.30 a 1.60% de cromo, 0.25 a 0.45% de manganeso, 0.20% a 0.35% de silicio, y otros elementos de aleación en cantidades bajas, pero controladas. Se reducen al mínimo las impurezas, en forma cuidadosa, para obtener un acero muy limpio. El material se endurece totalmente hasta el intervalo de 58 a 65 en la escala Rockwell C, para darle la capacidad de resistir un gran esfuerzo de contacto. También se usan algunos aceros para herramienta, en especial M1 y M50. Se usa cementación con aceros como los AISI 3310, 4620 y 8620, para alcanzar la gran resistencia superficial requerida, pero conservando un núcleo resistente. Se requiere un control cuidadoso de la profundidad de cementación, porque en las zonas subsuperficiales se desarrollan esfuerzos críticos. Algunos rodamientos con menores cargas, y los que están expuestos a ambientes corrosivos, usan elementos de acero inoxidable AISI 440C.

Los elementos de rodadura y demás componentes pueden fabricarse con materiales cerámicos, como el nitruro de silicio (Si_3N_4). Aunque su costo es mayor que el del acero, las cerámicas tienen importantes ventajas, como se ve en la tabla 14-2 (vea la referencia 6). Su poco peso, alta resistencia y capacidad a altas temperaturas los hacen adecuados para aplicaciones aeroespaciales, en motores de combustión, militares y otras aplicaciones muy rigurosas.

14-6 RELACIÓN ENTRE CARGA Y DURACIÓN

A pesar de usar aceros de muy alta resistencia, todos los rodamientos tienen una duración finita, y terminarán por fallar debido a la fatiga causada por altos esfuerzos de contacto. Pero es obvio que, mientras menor sea la carga, la duración será mayor, y viceversa. La relación entre la carga P y la duración L se determina, para los cojinetes con contacto de rodadura, con

Relación entre carga y duración del rodamiento

$$\frac{L_2}{L_1} = \left(\frac{P_1}{P_2}\right)^k \tag{14-1}$$

donde $k = 3.00$ para los rodamientos de bolas
$k = 3.33$ para los rodamientos de rodillos.

14-7 DATOS DE LOS FABRICANTES DE RODAMIENTOS

La selección de un rodamiento, con la ayuda del catálogo de su fabricante, implica determinar la capacidad de carga y la geometría del rodamiento. La tabla 14-3 muestra una parte de los datos, tomada de un catálogo para dos tamaños de rodamientos de una hilera de bolas y ranura profunda.

TABLA 14-3 Datos para seleccionar rodamientos de una hilera de bolas y ranura profunda, tipo Conrad

A. *Series* 6200

Número de rodamiento	*d* (mm)	*d* (pulg)	*D* (mm)	*D* (pulg)	*B* (mm)	*B* (pulg)	*r** (pulg)	Diámetro de escalón preferido: Eje (pulg)	Diámetro de escalón preferido: Caja (pulg)	Peso del rodamiento (lb)	Capacidad básica de carga estática C_o (lb)	Capacidad básica de carga dinámica *C* (lb)
6200	10	0.3937	30	1.1811	9	0.3543	0.024	0.500	0.984	0.07	520	885
6201	12	0.4724	32	1.2598	10	0.3937	0.024	0.578	1.063	0.08	675	1180
6202	15	0.5906	35	1.3780	11	0.4331	0.024	0.703	1.181	0.10	790	1320
6203	17	0.6693	40	1.5748	12	0.4724	0.024	0.787	1.380	0.14	1010	1660
6204	20	0.7874	47	1.8504	14	0.5512	0.039	0.969	1.614	0.23	1400	2210
6205	25	0.9843	52	2.0472	15	0.5906	0.039	1.172	1.811	0.29	1610	2430
6206	30	1.1811	62	2.4409	16	0.6299	0.039	1.406	2.205	0.44	2320	3350
6207	35	1.3780	72	2.8346	17	0.6693	0.039	1.614	2.559	0.64	3150	4450
6208	40	1.5748	80	3.1496	18	0.7087	0.039	1.811	2.874	0.82	3650	5050
6209	45	1.7717	85	3.3465	19	0.7480	0.039	2.008	3.071	0.89	4150	5650
6210	50	1.9685	90	3.5433	20	0.7874	0.039	2.205	3.268	1.02	4650	6050
6211	55	2.1654	100	3.9370	21	0.8268	0.059	2.441	3.602	1.36	5850	7500
6212	60	2.3622	110	4.3307	22	0.8661	0.059	2.717	3.996	1.73	7250	9050
6213	65	2.5591	120	4.7244	23	0.9055	0.059	2.913	4.390	2.18	8000	9900
6214	70	2.7559	125	4.9213	24	0.9449	0.059	3.110	4.587	2.31	8800	10 800
6215	75	2.9528	130	5.1181	25	0.9843	0.059	3.307	4.783	2.64	9700	11 400
6216	80	3.1496	140	5.5118	26	1.0236	0.079	3.504	5.118	3.09	10 500	12 600
6217	85	3.3465	150	5.9055	28	1.1024	0.079	3.740	5.512	3.97	12 300	14 600
6218	90	3.5433	160	6.2992	30	1.1811	0.079	3.937	5.906	4.74	14 200	16 600
6219	95	3.7402	170	6.6929	32	1.2598	0.079	4.213	6.220	5.73	16 300	18 800
6220	100	3.9370	180	7.0866	34	1.3386	0.079	4.409	6.614	6.94	18 600	21 100
6221	105	4.1339	190	7.4803	36	1.4173	0.079	4.606	7.008	8.15	20 900	23 000
6222	110	4.3307	200	7.8740	38	1.4961	0.079	4.803	7.402	9.59	23 400	24 900
6224	120	4.7244	215	8.4646	40	1.5748	0.079	5.197	7.992	11.4	26 200	26 900

TABLA 14-3 (*continuación*)

A. *Series* 6200, continuación

Número de rodamiento	Dimensiones nominales del rodamiento							Diámetro de escalón preferido		Peso del rodamiento	Capacidad básica de carga estática C_o	Capacidad básica de carga dinámica C
	d		D		B		r*	Eje	Caja			
	mm	pulg	mm	pulg	mm	pulg	pulg	pulg	pulg	lb	lb	lb
6226	130	5.1181	230	9.0551	40	1.5748	0.098	5.669	8.504	12.7	29 100	28 700
6228	140	5.5118	250	9.8425	42	1.6535	0.098	6.063	9.291	19.6	29 300	28 700
6230	150	5.9055	270	10.6299	45	1.7717	0.098	6.457	10.079	25.3	32 500	30 000
6232	160	6.2992	290	11.4173	48	1.8898	0.098	6.850	10.886	32.0	35 500	32 000
6234	170	6.6929	310	12.2047	52	2.0472	0.118	7.362	11.535	38.5	43 000	36 500
6236	180	7.0866	320	12.5984	52	2.0472	0.118	7.758	11.929	41.0	46 500	39 000
6238	190	7.4803	340	13.3858	55	2.1654	0.118	8.150	12.717	50.5	54 500	44 000
6240	200	7.8740	360	14.1732	58	2.2835	0.118	8.543	13.504	61.5	60 000	46 500

B. *Series* 6300

Número de rodamiento	d mm	d pulg	D mm	D pulg	B mm	B pulg	r* pulg	Eje pulg	Caja pulg	Peso lb	C_o lb	C lb
6300	10	0.3937	35	1.3780	11	0.4331	0.024	0.563	1.181	0.12	805	1400
6301	12	0.4724	37	1.4567	12	0.4724	0.039	0.656	1.220	0.13	990	1680
6302	15	0.5906	42	1.6535	13	0.5118	0.039	0.781	1.417	0.18	1200	1980
6303	17	0.6693	47	1.8504	14	0.5512	0.039	0.875	1.614	0.25	1460	2360
6304	20	0.7874	52	2.0472	15	0.5906	0.039	1.016	1.772	0.32	1730	2760
6305	25	0.9843	62	2.4409	17	0.6693	0.039	1.220	2.165	0.52	2370	3550
6306	30	1.1811	72	2.8346	19	0.7480	0.039	1.469	2.559	0.76	3150	4600
6307	35	1.3780	80	3.1496	21	0.8268	0.059	1.688	2.795	1.01	4050	5800
6308	40	1.5748	90	3.5433	23	0.9055	0.059	1.929	3.189	1.40	5050	7050
6309	45	1.7717	100	3.9370	25	0.9843	0.059	2.126	3.583	1.84	6800	9150
6310	50	1.9685	110	4.3307	27	1.0630	0.079	2.362	3.937	2.42	8100	10 700
6311	55	2.1654	120	4.7244	29	1.1417	0.079	2.559	4.331	2.98	9450	12 300
6312	60	2.3622	130	5.1181	31	1.2205	0.079	2.835	4.646	3.75	11 000	14 100
6313	65	2.5591	140	5.5118	33	1.2992	0.079	3.031	5.039	4.63	12 600	16 000
6314	70	2.7559	150	5.9055	35	1.3780	0.079	3.228	5.433	5.51	14 400	18 000
6315	75	2.9528	160	6.2992	37	1.4567	0.079	3.425	5.827	6.61	16 300	19 600

TABLA 14-3 (*conclusión*)

B. *Series* 6300, continuación

Número de rodamiento	Dimensiones nominales del rodamiento							Diámetro de escalón preferido		Peso del rodamiento	Capacidad básica de carga estática C_o	Capacidad básica de carga dinámica C
	d		*D*		*B*		r^*	Eje	Caja			
	mm	pulg	mm	pulg	mm	pulg	pulg	pulg	pulg	lb	lb	lb
6316	80	3.1496	170	6.6929	39	1.5354	0.079	3.622	6.220	7.93	18 300	21 300
6317	85	3.3465	180	7.0866	41	1.6142	0.098	3.898	6.535	9.37	20 400	22 900
6318	90	3.5433	190	7.4803	43	1.6929	0.098	4.094	6.929	10.8	22 500	24 700
6319	95	3.7402	200	7.8740	45	1.7717	0.098	4.291	7.323	12.5	24 900	26 400
6320	100	3.9370	215	8.4646	47	1.8504	0.098	4.488	7.913	15.3	29 800	30 000
6321	105	4.1339	225	8.8583	49	1.9291	0.098	4.685	8.307	17.9	32 500	31 700
6322	110	4.3307	240	9.4488	50	1.9685	0.098	4.882	8.898	21.0	38 000	35 500
6324	120	4.7244	260	10.2362	55	2.1654	0.098	5.276	9.685	27.6	38 500	36 000
6326	130	5.1181	280	11.0236	58	2.2835	0.118	5.827	10.315	40.8	44 500	39 500
6328	140	5.5118	300	11.8110	62	2.4409	0.118	6.220	11.102	48.5	51 000	43 500
6330	150	5.9055	320	12.5984	65	2.5591	0.118	6.614	11.890	57.3	58 000	47 500
6332	160	6.2992	340	13.3858	68	2.6772	0.118	7.008	12.677	58	58 500	48 000
6334	170	6.6929	360	14.1732	72	2.8346	0.118	7.402	13.465	84	73 500	56 500
6336	180	7.0866	380	14.9606	75	2.9528	0.118	7.795	14.252	98	84 000	61 500
6338	190	7.4803	400	15.7480	78	3.0709	0.157	8.346	14.882	112	84 000	61 500
6340	200	7.8740	420	16.5354	80	3.1496	0.157	8.740	15.669	127	91 500	65 500

Fuente: NSK Corporation, Ann Arbor, MI.

*Chaflán máximo que rebasará el radio de la esquina.

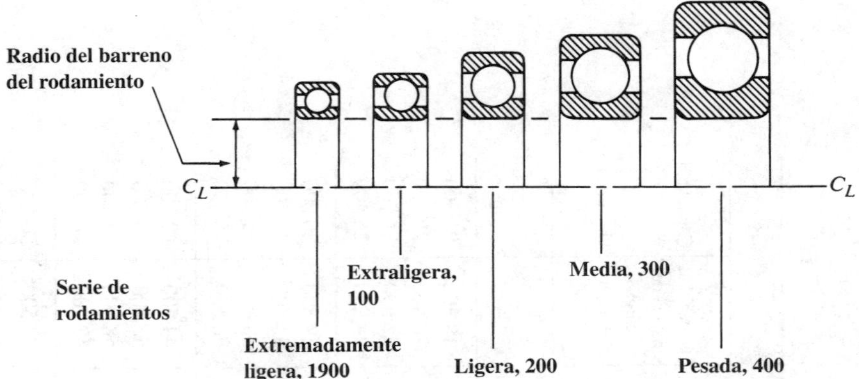

FIGURA 14-11
Tamaños relativos de series de rodamientos

Los rodamientos estándar de varias clases, los cuales en el caso típico son extraligeros, ligeros, medianos y pesados. Los diseños difieren en tamaño y número de elementos portantes (bolas o rodillos) en el rodamiento. El número del rodamiento suele indicar la clase y el tamaño del barreno del rodamiento. La mayoría de los rodamientos se fabrican con las dimensiones nominales en unidades métricas, y los dos últimos dígitos de su número indican el tamaño nominal del barreno. Se puede ver la convención del tamaño del barreno en los datos de la tabla 14-3. Observe que, para tamaños de barreno 04 y mayores, la dimensión nominal del barreno, en milímetros, es igual a cinco veces los dos últimos dígitos en el número de rodamiento.

El número que antecede a los dos últimos indica la clase. Por ejemplo, varios fabricantes usan la serie 100 para indicar extraligera, 200 para ligera, 300 para la intermedia y 400 para trabajo pesado. A los tres dígitos pueden anteceder otros que indiquen un código de diseño especial del fabricante, como en el caso de la tabla 14-3. La figura 14-11 muestra el tamaño relativo de las diferentes clases de rodamientos.

En pulgadas, los rodamientos se consiguen con barrenos que van de 0.125 hasta 15.000 pulgadas.

Si primero se considera la capacidad de carga, los datos indicados para cada diseño de rodamiento contendrán una carga dinámica básica C, y una carga estática básica C_o.

La *capacidad de carga estática básica* es la carga que puede resistir el rodamiento sin deformación permanente de cualquier componente. Si se excede esta carga, el resultado más probable sería la penetración de una de las pistas del rodamiento por los elementos rodantes. La deformación sería similar a la que se produce en una prueba de dureza Brinell; en ocasiones, a la falla se le denomina *brinelado*. El funcionamiento del rodamiento después del brinelado sería muy ruidoso, y las cargas de impacto en el área penetrada producirían un desgaste rápido y una falla progresiva del rodamiento.

Para comprender la capacidad de carga dinámica básica, primero es necesario describir el concepto de la duración (o *vida*) útil de un rodamiento. La fatiga se presenta después de un gran número de ciclos de carga; para un rodamiento, eso representa un gran número de revoluciones. También, la fatiga es un fenómeno estadístico, con una apreciable dispersión de la duración real de un grupo de rodamientos, para determinado diseño. La duración nominal es la forma normal de presentar los resultados de muchas pruebas de rodamientos con determinado diseño. Representa la duración que podría alcanzar el 90% de los rodamientos con determinada carga nominal. Observe que también representa la duración que no alcanzaría el 10% de los rodamientos. En consecuencia, la duración nominal es designada *duración* L_{10} a la carga nominal.

Ahora se puede definir la capacidad de *carga dinámica básica* como la carga con la cual pueden funcionar los rodamientos para alcanzar una duración nominal (L_{10}) de un millón de revoluciones (rev). Así, el fabricante proporciona un conjunto de datos donde se relacionan la carga y la duración. Se puede emplear la ecuación (14-1) para calcular la duración esperada con cualquier otra carga.

También, debe recordar que distintos fabricantes usan otras bases para determinar la duración nominal. Por ejemplo, algunos usan 90 millones de ciclos como duración nominal, y determinan la carga nominal para tener esa duración. También, algunos indicarán la *duración promedio*, con la cual el 50% de los rodamientos no sobrevivirán. Así, a la duración promedio se le puede denominar la duración L_{50} y no L_{10}. Observe que la duración promedio es, aproximadamente, cinco veces mayor que la duración L_{10} (vea el sitio de Internet 2). Asegúrese de comprender la base de la asignación de capacidades en determinado catálogo (vea las referencias 2, 5, 7, 8 y 11, las cuales contienen análisis adicionales del funcionamiento de rodamientos de rodillos).

Problema modelo 14-1 En un catálogo aparece la capacidad de carga dinámica para un rodamiento de bolas, como 7050 lb para una duración nominal de un millón de revoluciones. ¿Cuál sería la duración esperada L_{10} del rodamiento, si se sometiera a una carga de 3500 lb?

Solución En la ecuación (14-1),

$P_1 = C = 7050$ lb (capacidad de carga dinámica básica)

$P_2 = P_d = 3500$ lb (carga de diseño)

$L_1 = 10^6$ rev (Duración L_{10} con la carga C)

$k = 3$ (rodamiento de bolas)

Entonces, si la duración L_2 es la *duración de diseño, L_d*, con la carga de diseño,

$$L_2 = L_d = L_1 \left(\frac{P_1}{P_2}\right)^k = 10^6 \left(\frac{7050}{3500}\right)^{3.00} = 8.17 \times 10^6 \text{ rev}$$

Esto se debe interpretar como la duración L_{10} con una carga de 3500 lb.

14-8 DURACIÓN DE DISEÑO

Se usará el método presentado en el problema modelo 14-1 para refinar el procedimiento de cálculo para la capacidad de carga dinámica básica C, con una carga dada de diseño P_d y una duración de diseño dada L_d. Si los datos de carga que aparecen en el catálogo del fabricante son para 10^6 revoluciones, se puede escribir la ecuación (14-1) como

Duración de diseño

$$L_d = (C/P_d)^k \, (10^6) \quad \textbf{(14-2)}$$

La C requerida para determinada carga y duración de diseño sería

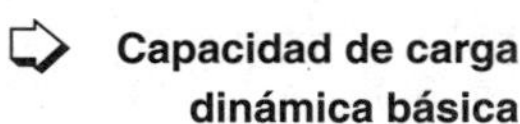
Capacidad de carga dinámica básica

$$C = P_d \, (L_d/10^6)^{1/k} \quad \textbf{(14-3)}$$

La mayoría de las personas no piensa en términos del número de revoluciones que realiza un eje. Más bien, consideran la velocidad de giro del eje, normalmente en rpm, y la duración de diseño de la máquina, normalmente en horas de operación. El diseñador especifica la duración de diseño, considerando la aplicación. Se puede utilizar como guía la tabla 14-4. Ahora bien, para determinada duración de diseño en horas, y una velocidad de giro conocida, en rpm, el número de revoluciones de diseño para el rodamiento sería

$$L_d = (\text{h})(\text{rpm})(60 \text{ min/h})$$

Problema modelo 14-2 Calcule la capacidad de carga dinámica básica C para un rodamiento de bolas que soporta una carga radial de 650 lb, en un eje que gira a 600 rpm y es parte de un transportador en una planta manufacturera.

TABLA 14-4 Duración recomendada para rodamientos

Aplicación	Duración de diseño L_{10}, h
Electrodomésticos	1000-2000
Motores de aviación	1000-4000
Automotores	1500-5000
Equipo agrícola	3000-6000
Elevadores, ventiladores industriales, transmisiones de usos múltiples	8000-15 000
Motores eléctricos, sopladores industriales, máquinas industriales en general	20 000-30 000
Bombas y compresores	40 000-60 000
Equipo crítico en funcionamiento durante 24 h	100 000-200 000

Fuente: Eugene A. Avallone y Theodore Baumeister III, editores, *Marks'Standard Handbook for Mechanical Engineers*, 9ª edición. Nueva York: McGraw-Hill, 1986.

Solución Seleccione, en la tabla 14-4, una duración de diseño de 30,000 h. Entonces L_d es

$$L_d = (30\,000 \text{ h})(600 \text{ rpm})(60 \text{ min/h}) = 1.08 \times 10^9 \text{ rev}$$

De la ecuación (14-3),

$$C = 650(1.08 \times 10^9/10^6)^{1/3} = 6670 \text{ lb}$$

Para facilitar los cálculos, algunos fabricantes proporcionan gráficas o tablas de factores de duración y factores de velocidad que hacen innecesario el cálculo del número de revoluciones. Observe que la vida nominal de un millón de revoluciones es la de un eje que girara a $33\frac{1}{3}$ rpm durante 500 h. Si la velocidad real o la duración deseada son distintas de esos dos valores, se puede determinar un factor por velocidad, f_N, y un factor por duración, f_L, con gráficas como las de la figura 14-12. Los factores incluyen la relación entre carga y duración de la ecuación (14-1). La capacidad de carga dinámica básica C, para que un rodamiento soporte una carga P_d de diseño, sería entonces

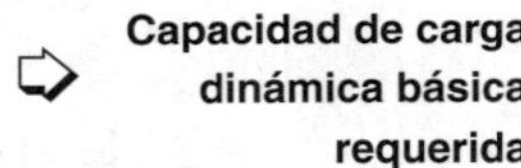

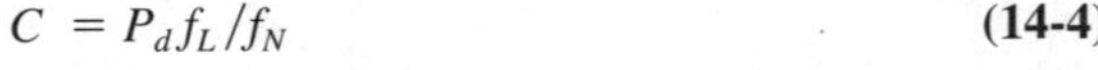

$$C = P_d f_L / f_N \qquad \textbf{(14-4)}$$

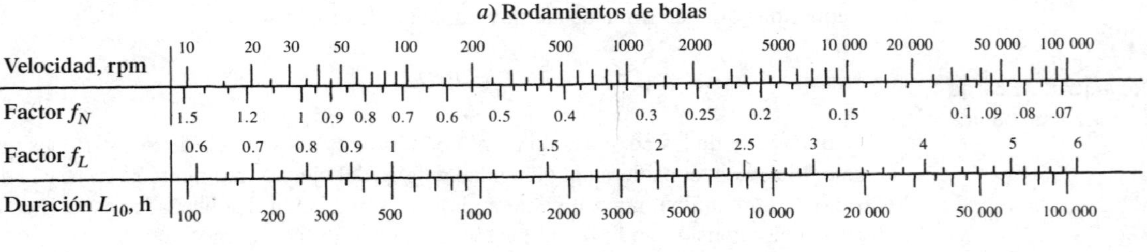

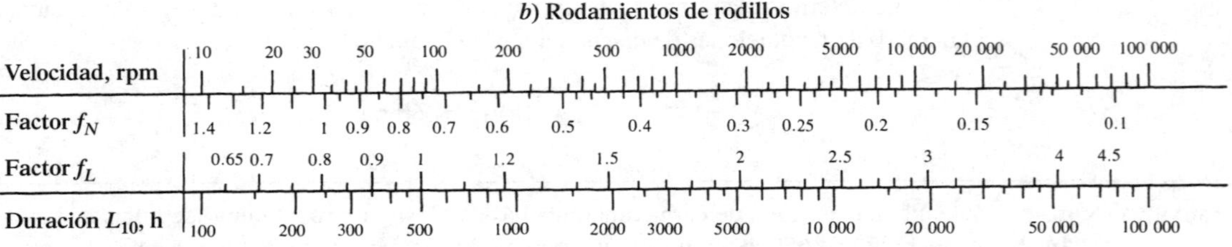

FIGURA 14-12 Factores por duración y por velocidad, para rodamientos de bolas y de rodillos

Otros catálogos emplean métodos diferentes, pero todos se basan en la ecuación de carga/duración, ecuación (14-1).

Si se resolviera el problema modelo 14-2 con las gráficas de la figura 14-12, el resultado sería el siguiente:

$$f_N = 0.381 \text{ (para 600 rpm)}$$

$$f_L = 3.90 \text{ (para una duración de 30 000 h)}$$

$$C = 650(3.90)/(0.381) = 6654 \text{ lb}$$

Esto se parece mucho al valor de 6670 encontrado antes.

14-9 SELECCIÓN DE RODAMIENTOS: SÓLO CARGAS RADIALES

La selección de un rodamiento considera la capacidad de carga, como ya se describió, y la geometría del rodamiento asegurará que se pueda instalar en forma adecuada en la máquina. Primero, se describirán los rodamientos sin montar, los cuales sólo resisten cargas radiales. Después, se considerarán los rodamientos sin montar, que a su vez soportan una combinación de cargas radial y de empuje. El término *sin montar* indica el caso en el cual el diseñador debe suministrar el método adecuado para montar el rodamiento en el eje y en una caja.

Normalmente se selecciona el rodamiento después de haber avanzado en el diseño del eje, hasta el punto donde se ha determinado su diámetro mínimo, con las técnicas presentadas en el capítulo 12. También se conocen las cargas radiales y la orientación de los rodamientos con respecto a otros elementos en la máquina.

Procedimiento para seleccionar un rodamiento. Sólo carga radial

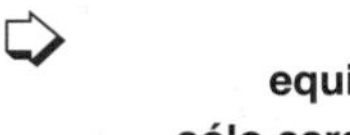

Carga equivalente, sólo carga radial

1. Especifique la carga de diseño sobre el rodamiento, a la cual se le conoce como *carga equivalente*. El método para determinar la carga equivalente cuando sólo se aplica una carga radial R, considera si lo que gira es la pista interior o la exterior.

$$P = VR \tag{14-5}$$

   Al factor V se le denomina *factor de rotación* y tiene el valor 1.0, si lo que gira es la pista interior del rodamiento, que es el caso normal. Use $V = 1.2$, si lo que gira es la pista exterior.
2. Determine el diámetro aceptable del eje, que limitará el tamaño del barreno en el rodamiento.
3. Seleccione el tipo de rodamiento, mediante la tabla 14-1 como guía.
4. Especifique la duración de diseño del rodamiento, mediante la tabla 14-4.
5. Determine el factor por velocidad y el factor por duración, si se cuenta con esas tablas para el tipo seleccionado de rodamiento. Se usará aquí la figura 14-2.
6. Calcule la capacidad de carga dinámica básica requerida, C, con la ecuación (14-1), (14-3) o (14-4).
7. Identifique un conjunto de rodamientos probables que tengan la capacidad de carga dinámica básica requerida.
8. Seleccione el rodamiento que tenga las dimensiones más adecuadas, el cual también incluya su costo y su disponibilidad.
9. Determine las condiciones de montaje, tal como el diámetro del asiento de montaje y la tolerancia en el eje, diámetro de barreno de la caja y tolerancia, medios para localizar el rodamiento en dirección axial, y necesidades especiales, como sellos o blindajes.

Problema modelo 14-3

Seleccione un rodamiento de una hilera de bolas y ranura profunda, para soportar 650 lb de carga radial pura, de un eje que gira a 600 rpm. La duración de diseño debe ser de 30 000 h. El rodamiento será montado en un eje cuyo diámetro mínimo aceptable es de 1.48 pulgadas.

Solución

Observe que se trata de una carga radial pura, y que van a montar la pista interior en el eje a presión, y girará con él. En consecuencia, el factor $V = 1.0$ en la ecuación (14-5), y la carga de diseño es igual a la carga radial. Éstos son los mismos datos usados en el problema modelo 14-2, donde se determinó que la capacidad de carga dinámica básica requerida, C, era de 6670 lb. De acuerdo con la tabla 14-3, para los datos de diseño y dos clases de rodamientos, se encontró que se podrían usar un rodamiento 6211 o 6308. Cualquiera de ellos tiene una C nominal un poco mayor que 6670 lb. Pero observe que el 6211 tiene un barreno de 55 mm (2.1654 pulgadas) y el 6308 tiene un barreno de 40 mm (1.5748 pulgada). El 6308 concuerda más con el tamaño deseado de eje.

Resumen de datos para el rodamiento seleccionado

Número de rodamiento: 6308, de una hilera de bolas, ranura profunda
Barreno: $d = 40$ mm (1.5748 pulg)
Diámetro exterior: $D = 90$ mm (3.5433 pulg)
Ancho: $B = 23$ mm (0.9055 pulg)
Radio máximo de chaflán: $r = 0.059$ pulg
Capacidad de carga dinámica básica: $C = 7050$ lb

14-10 SELECCIÓN DE RODAMIENTOS: CARGAS RADIALES Y DE EMPUJE, COMBINADAS

Carga equivalente con cargas radiales y de empuje

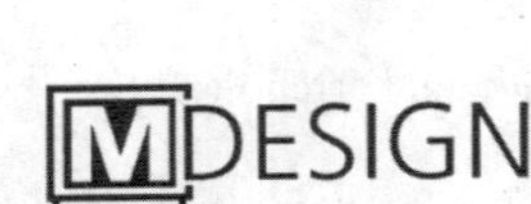

Cuando sobre un rodamiento se ejercen, al mismo tiempo, cargas radiales y de empuje, la carga equivalente es la carga radial constante que produciría la misma duración nominal del rodamiento que la carga combinada. El método de cálculo de la carga equivalente, P, para esos casos, se presenta en el catálogo del fabricante, y tiene la forma

$$P = VXR + YT \tag{14-6}$$

donde P = carga equivalente
V = factor por rotación (como se definió)
R = carga radial aplicada
T = carga de empuje aplicada
X = factor radial
Y = factor de empuje

Los valores de X y Y varían con el diseño específico del rodamiento, y con la magnitud de la carga de empuje en relación con la carga radial. Para cargas de empuje relativamente pequeñas, $X = 1$ y $Y = 0$, por lo que la ecuación de la carga equivalente toma la forma de la ecuación (14-5), para cargas radiales puras. Para indicar la carga límite de empuje, para la cual es válido este caso, los fabricantes mencionan un factor llamado e. Si la relación $T/R > e$, se debe emplear la ecuación (14-6) para calcular P. Si $T/R < e$, se emplea la ecuación (14-5). La tabla 14-5 muestra un conjunto de datos para un rodamiento de una hilera de bolas y ranura profunda. Observe

TABLA 14-5 Factores de carga radial y de empuje, para rodamientos de una hilera de bolas y ranura profunda

e	T/C_o	Y	e	T/C_o	Y
0.19	0.014	2.30	0.34	0.170	1.31
0.22	0.028	1.99	0.38	0.280	1.15
0.26	0.056	1.71	0.42	0.420	1.04
0.28	0.084	1.55	0.44	0.560	1.00
0.30	0.110	1.45			

Nota: $X = 0.56$, para todos los valores de Y.

que tanto Y como e dependen de la relación T/C_o, donde C_o es la capacidad de carga estática de determinado rodamiento. Eso dificulta la selección del rodamiento, porque no se conoce el valor de C_o sino hasta que se ha seleccionado. Por consiguiente, se aplica un método sencillo de tanteos. Si se aplica una carga apreciable de empuje a un rodamiento, junto con una carga radial, se hace lo siguiente:

Procedimiento para seleccionar un rodamiento. Cargas radial y de empuje

1. Suponga un valor de Y, de la tabla 14-5. El valor $Y = 1.50$ es razonable, porque está más o menos a la mitad del intervalo de valores posibles.
2. Calcule $P = VXR + YT$
3. Calcule la capacidad de carga dinámica básica requerida C, con la ecuación (14-1), (14-3) o (14-4).
4. Seleccione un rodamiento probable que tenga un valor de C, cuando menos, igual al valor requerido.
5. Para el rodamiento seleccionado, determine C_o.
6. Calcule T/C_o.
7. De la tabla 14-5, determine e.
8. Si $T/R > e$, determine Y en la tabla 14-5.
9. Si el nuevo valor de Y es distinto del supuesto en el paso 1, repita el proceso.
10. Si $T/R < e$, emplee la ecuación (14-5) para calcular P y proceda como para una carga radial pura.

Problema modelo 14-4

Seleccione un rodamiento de una hilera de bolas con ranura profunda, de la tabla 14-3, que soporte una carga radial de 1850 lb, y una carga de empuje de 675 lb. El eje va a girar a 1150 rpm, y se desea que la duración de diseño sea de 20 000 h. El diámetro mínimo aceptable para el eje es de 3.10 pulgadas.

Solución

Emplee el procedimiento descrito arriba.

Paso 1. Suponga que $Y = 1.50$.

Paso 2. $P = VXR + YT = (1.0)(0.56)(1850) + (1.50)(675) = 2049$ lb.

Paso 3. De acuerdo con la figura 14-12, el factor por velocidad $f_N = 0.30$, y el factor por duración $f_L = 3.41$. Entonces, la capacidad de carga dinámica básica requerida, C, es

$$C = Pf_L/f_N = 2049(3.41)/(0.30) = 23\,300 \text{ lb}$$

Paso 4. De acuerdo con la tabla 14-3, se podría usar el rodamiento número 6222 o también el 6318. El 6318 tiene un barreno de 3.5433, y se adapta bien a esta aplicación.

Paso 5. Para el rodamiento número 6318, $C_o = 22\,500$ lb.

Paso 6. $T/C_o = 675/22\,500 = 0.03$.

Paso 7. De acuerdo con la tabla 14-5, $e = 0.22$ (aproximadamente).

Paso 8. $T/R = 675/1850 = 0.36$. Como $T/R > e$, se puede ver que $Y = 1.97$ en la tabla 14-5, al interpolar para $T/C_o = 0.03$.

Paso 9. Recalcule $P = (1.0)(0.56)(1850) + (1.97)(675) = 2366$ lb;

$$C = 2366(3.41)/\,(0.30) = 26\,900 \text{ lb}$$

El rodamiento número 6318 no es satisfactorio para esta carga. Se escogerá el número 6320 y se repetirá el proceso a partir del paso 5.

Paso 5. $C_o = 29\,800$ lb.

Paso 6. $T/C_o = 675/29\,800 = 0.023$.

Paso 7. $e = 0.20$.

Paso 8. $T/R > e$. Entonces $Y = 2.10$, mediante $T/C_o = 0.023$.

Paso 9. $P = (1.0)(0.56)(1850) + (2.10)(675) = 2454$ lb. Entonces,
$C = 2454(3.41)/(0.30) = 27\,900$ lb

Como el rodamiento número 6320 tiene un valor de $C = 30\,000$ lb, es satisfactorio.

Ajuste de la duración nominal, por confiabilidad

Hasta ahora se ha usado la duración L_{10} básica para seleccionar cojinetes con contacto de rodadura. Esta es la práctica general en la industria, y es la base de los datos que publica la mayoría de los fabricantes de rodamientos. Recuerde que la duración L_{10} indica una probabilidad de 90% de que el rodamiento seleccionado soportaría su carga dinámica nominal durante el número específico de horas de diseño. Eso deja una probabilidad de 10% de que determinado rodamiento tenga una duración menor.

En ciertas aplicaciones se requiere tener más confiabilidad. Los ejemplos se pueden encontrar en los campos aeroespacial, militar, de instrumentación y medicina. Entonces, se desea poder ajustar la duración esperada de un rodamiento para tener mayor grado de confianza. La siguiente ecuación proporciona un método de ajuste:

$$L_{aR} = C_R L_{10} \tag{14-7}$$

donde

L_{10} = Duración, en millones de revoluciones, con confiabilidad de 90%
L_{aR} = Duración ajustada por confiabilidad
C_R = Factor de ajuste por confiabilidad

La tabla 14-6 muestra los valores de C_r, para fiabilidades entre 90 y 99%.
Debe observarse que un resultado de diseño para una confiabilidad más alta es que los cojinetes serían más grandes y más costosos.

14-11 MONTAJE DE LOS RODAMIENTOS

Hasta este punto se han considerado la capacidad de carga de los rodamientos y el diámetro de barreno, y la selección para determinada aplicación. Aunque éstos son los parámetros críticos más importantes, la buena aplicación de un rodamiento debe considerar su montaje adecuado. Los rodamientos son elementos de máquina de precisión. Se debe tener mucho cuidado con su manejo, montaje, instalación y lubricación.

Las principales consideraciones en el montaje de un rodamiento son las siguientes:

- El diámetro del asiento del eje y sus tolerancias
- El barreno interno de la caja y sus tolerancias
- El diámetro del escalón en el eje, contra el cual se ubicará la pista interior del rodamiento

TABLA 14-6 Factores de ajuste de duración por confiabilidad, C_R

Confiabilidad (%)	C_R	Nomenclatura de la duración
90	1.0	L_{10}
95	0.62	L_5
96	0.53	L_4
97	0.44	L_3
98	0.33	L_2
99	0.21	L_1

- El diámetro del escalón en la caja, para ubicar la pista exterior
- Los radios de los chaflanes en la base de los escalones en el eje y en la caja
- Los medios para mantener el rodamiento en su posición

En una instalación típica, el barreno del rodamiento hace un ajuste de interferencia pequeña sobre el eje, y el diámetro exterior de la pista exterior realiza un ajuste de tolerancia estrecha en el barreno de la caja. Para asegurar el funcionamiento y la duración apropiadas, deben controlarse las dimensiones de montaje a una tolerancia total de sólo *unas pocas diezmilésimas de pulgada*. La mayoría de los catálogos especifican las dimensiones del límite para el diámetro de asiento en el eje, y el diámetro del barreno de la caja.

De igual forma, el catálogo especificará los diámetros deseables del escalón, para el eje y la caja, que permitan tener una superficie segura contra la cual localizar el rodamiento, y al mismo tiempo asegurar que el escalón en el eje sólo toque la pista interior, y que el escalón de la caja sólo toque la pista exterior. En la tabla 14-3 se incluyen esos valores.

El radio del chaflán especificado en el catálogo (vea r en la tabla 14-3) es el radio máximo permisible *sobre el eje y en la caja,* que no estorbará el radio externo de las orillas en las pistas del rodamiento. Si se usa un radio demasiado grande, no se permitiría que el rodamiento asentara con firmeza contra el escalón. Naturalmente, el radio del chaflán real debe ser lo mayor posible, hasta el máximo, para minimizar la concentración de esfuerzos en el escalón.

Los rodamientos se pueden mantener en dirección axial, mediante muchos de los medios descritos en el capítulo 11. Tres medios frecuentes son los anillos de retención, las tapas laterales y las tuercas de retención. La figura 14-13 muestra un arreglo posible. Observe que para el rodamiento de la izquierda, el diámetro del eje es ligeramente menor a la izquierda del asiento del rodamiento. Eso permite deslizar con facilidad el deslizamiento sobre el eje, hasta el lugar donde deba entrar a presión. El anillo de retención para la pista externa se puede suministrar como una pieza de la pista exterior, en lugar de ser una pieza separada.

El rodamiento derecho se mantiene en el eje con una tuerca de retención puesta en el extremo del eje. Vea el diseño de las tuercas de retención estándar en la figura 14-14. La lengüeta interna de la arandela de retención entra en una ranura del eje, y una de las lengüetas externas se dobla para que entre en una ranura de la tuerca, después de haber asentado para evitar que la tuerca se regrese (o destornille). La tapa externa no sólo protege al rodamiento, sino también retiene en su posición la pista externa.

Se debe tener cuidado para asegurar que los rodamientos no queden demasiado restringidos. Si ambos rodamientos se sujetan rígidamente, todo cambio de dimensiones debido a dilataciones térmicas, o a acumulaciones desfavorables de tolerancias, causarían atascamiento que

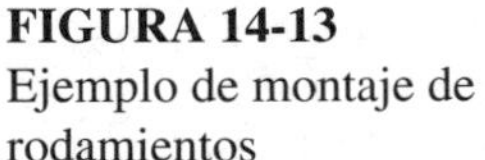
FIGURA 14-13
Ejemplo de montaje de rodamientos

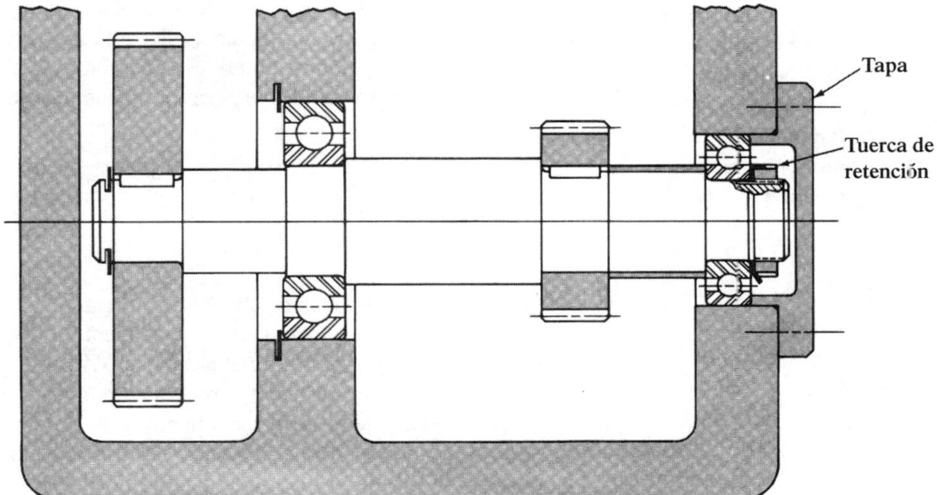

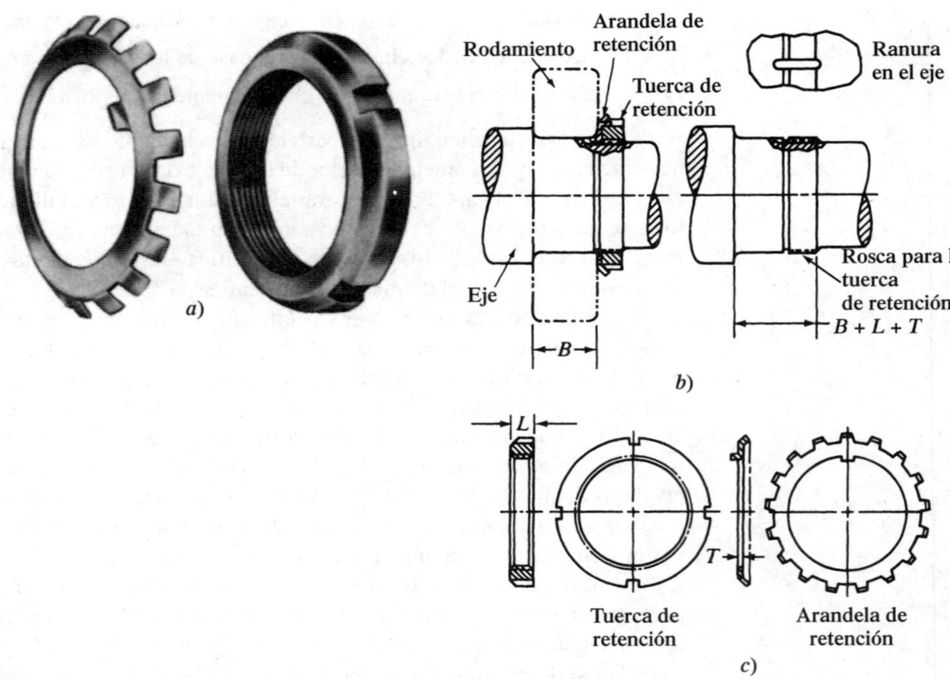

FIGURA 14-14 Tuerca de retención y arandela de retención, para montar rodamientos (SKF USA, Inc., Norristown, PA)

podrían provocar cargas inesperadas y peligrosas sobre los rodamientos. Es preferible dar una ubicación completa a un rodamiento, y dejar que el otro flote en dirección axial.

14-12 RODAMIENTOS DE RODILLOS CÓNICOS

La conicidad de los rodillos en los rodamientos de rodillos cónicos, evidente en la figura 14-7, causa una trayectoria de carga distinta de la que se ha descrito hasta ahora. La figura 14-15 muestra dos cojinetes de rodillos cónicos que sostienen un eje con una combinación de cargas radial y de empuje. El diseño del eje es tal que la carga de empuje es resistida por el rodamiento izquierdo. Pero una propiedad peculiar de estos tipos de rodamientos es que una carga radial en uno de ellos causa también un empuje en el rodamiento opuesto; también se debe considerar dicha propiedad en el análisis de estos rodamientos.

Asimismo, se determinará con cuidado la ubicación de la dirección radial. El inciso (*b*) de la figura 14-15 muestra una dimensión *a*, determinada con la intersección de una línea perpendicular al eje del rodillo y la línea de centro del eje. La reacción radial en el rodamiento pasa por este punto. La distancia *a* aparece en las tablas de datos de los rodamientos.

La American Bearings Manufacturers' Association (ABMA) recomienda el siguiente método para calcular las cargas equivalentes sobre un rodamiento de rodillos cónicos:

Carga equivalente para rodamiento de rodillos cónicos

$$P_A = 0.4F_{rA} + 0.5\frac{Y_A}{Y_B}F_{rB} + Y_AT_A \quad \textbf{(14-8)}$$

$$P_B = F_{rB} \quad \textbf{(14-9)}$$

donde P_A = carga radial equivalente sobre el rodamiento *A*
P_B = carga radial equivalente sobre el rodamiento *B*
F_{rA} = carga radial aplicada sobre el rodamiento *A*
F_{rB} = carga radial aplicada sobre el rodamiento *B*
T_A = carga de empuje sobre el rodamiento *A*
Y_A = factor de empuje para el rodamiento *A*, de las tablas
Y_B = factor de empuje para el rodamiento *B*, de las tablas

FIGURA 14-15 Ejemplo de instalación de rodamiento de rodillos cónicos

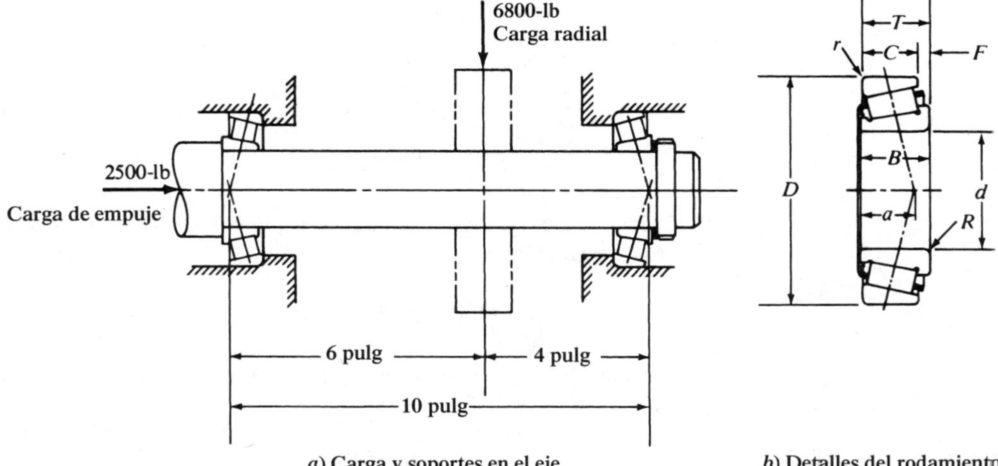

a) Carga y soportes en el eje

b) Detalles del rodamiento

TABLA 14-7 Datos para rodamientos de rodillos cónicos

Barreno	Diámetro exterior	Ancho	a	Factor de empuje, Y	Capacidad básica de carga dinámica, C
1.0000	2.5000	0.8125	0.583	1.71	8370
1.5000	3.0000	0.9375	0.690	1.98	12 800
1.7500	4.0000	1.2500	0.970	1.50	21 400
2.0000	4.3750	1.5000	0.975	2.02	26 200
2.5000	5.0000	1.4375	1.100	1.65	29 300
3.0000	6.0000	1.6250	1.320	1.47	39 700
3.5000	6.3750	1.8750	1.430	1.76	47 700

Nota: Dimensiones en pulgadas. La carga C está en libras para una duración L_{10} de un millón de revoluciones.

La tabla 14-7 muestra un conjunto abreviado de datos, tomado de un catálogo, para ilustrar el método de cálculo de cargas equivalentes.

Para los varios cientos de diseños de rodamientos estándar de rodillos cónicos que se consiguen en el comercio, el valor del factor de empuje varía desde tan pequeño como 1.07 hasta tan grande como 2.26. En los problemas de diseño, normalmente es necesario aplicar un procedimiento de tanteos. En el problema modelo 14-5 se ilustra un método.

Problema modelo 14-5 El eje de la figura 14-15 soporta una carga transversal de 6800 lb, y una carga de empuje de 2500 lb. El empuje es resistido por el rodamiento *A*. El eje gira a 350 rpm y se usa en un equipo agrícola. Especifique los rodamientos de rodillos cónicos adecuados para el eje.

Solución Las cargas radiales sobre los rodamientos son

$$F_{rA} = 6800(4 \text{ pulg}/10 \text{ pulg}) = 2720 \text{ lb}$$
$$F_{rB} = 6800(6 \text{ pulg}/10 \text{ pulg}) = 4080 \text{ lb}$$
$$T_A = 2500 \text{ lb}$$

Para emplear la ecuación (14-8), se deben suponer valores de Y_A y Y_B. Use $Y_A = Y_B = 1.75$. Entonces

$$P_A = 0.40(2720) + 0.5\,\frac{1.75}{1.75}\,4080 + 1.75(2500) = 7503 \text{ lb}$$
$$P_B = F_{rB} = 4080 \text{ lb}$$

Con la tabla 14-4 como guía, se selecciona 4000 h como duración de diseño. Entonces, el número de revoluciones sería

$$L_d = (4000 \text{ h})(350 \text{ rpm})(60 \text{ min/h}) = 8.4 \times 10^7 \text{ revoluciones}$$

La capacidad de carga dinámica nominal básica requerida se puede calcular ahora, con la ecuación (14-3), con $k = 3.33$:

$$C_A = P_A(L_d/10^6)^{1/k}$$
$$C_A = 7503(8.4 \times 10^7/10^6)^{0.30} = 28\,400 \text{ lb}$$

De igual modo,

$$C_B = 4080(8.4 \times 10^7/10^6)^{0.30} = 15\,400 \text{ lb}$$

De la tabla 14-7 se pueden escoger los siguientes rodamientos.

Rodamiento A

$$d = 2.5000 \text{ pulg} \qquad D = 5.0000 \text{ pulg}$$
$$C = 29\,300 \text{ lb} \qquad Y_A = 1.65$$

Rodamiento B

$$d = 1.7500 \text{ pulg} \qquad D = 4.0000 \text{ pulg}$$
$$C = 21\,400 \text{ lb} \qquad Y_B = 1.50$$

Ahora, se pueden recalcular las cargas equivalentes:

$$P_A = 0.40(2720) + 0.5\,\frac{1.65}{1.50}\,4080 + 1.65(2500) = 7457 \text{ lb}$$
$$P_B = F_{rB} = 4080 \text{ lb}$$

De acuerdo con estas cargas, los nuevos valores de $C_A = 28\,200$ lb y $C_B = 15\,400$ lb todavía son satisfactorios para los rodamientos seleccionados.

Se debe tener precaución al emplear las ecuaciones de cargas equivalentes para rodamientos de rodillos cónicos. Si, de acuerdo con la ecuación (14-8), la carga equivalente sobre el rodamiento A es menor que la carga radial aplicada, se debe emplear la ecuación siguiente.

Si $P_A < F_{rA}$, entonces sea $P_A = F_{rA}$, y calcular P_B.

$$P_B = 0.4F_{rB} + 0.5\,\frac{Y_B}{Y_A}\,F_{rA} - Y_B T_A \qquad \textbf{(14-10)}$$

Se hace un análisis parecido para los rodamientos de bolas con contacto angular, donde el diseño de las pistas causa una trayectoria de carga parecida a la de los rodamientos de rodillos cónicos. La figura 14-3 muestra un rodamiento de contacto angular, y el ángulo que forma el centro de presión. Equivale a la perpendicular al eje del rodamiento de rodillos cónicos. La reacción radial sobre el rodamiento pasa por la intersección de esta línea y la línea del centro del eje. También, una carga radial en un rodamiento induce una carga de empuje en el rodamiento opuesto, y requiere la aplicación de las fórmulas de carga equivalente del tipo de las ecuaciones (14-8) y (14-10). El ángulo de la línea de carga, en rodamientos comerciales de contacto angular, va de 15° a 40°.

14-13 CONSIDERACIONES PRÁCTICAS EN LA APLICACIÓN DE LOS RODAMIENTOS

En esta sección se describirán la lubricación, instalación, precarga, rigidez, funcionamiento bajo cargas variables, sellado, velocidades límite y las normas para los rodamientos, así como las tolerancias que se relacionan con la fabricación y aplicación de los rodamientos.

Lubricación

Las funciones de la lubricación en una unidad con rodamientos son las siguientes:

1. Proporcionar una película de baja fricción entre los elementos rodantes y las pistas del rodamiento, y en los puntos de contacto con jaulas, superficies de guía y retenes, entre otros.
2. Proteger los componentes del rodamiento contra la corrosión.
3. Ayudar a disipar el calor de la unidad con rodamiento.
4. Alejar el calor de la unidad con rodamiento.
5. Ayudar a expulsar los contaminantes y la humedad del rodamiento.

Los cojinetes con contacto de rodadura usualmente se lubrican con grasa o con aceite. En las temperaturas ambientes normales (aproximadamente 70°F, 20°C), y a velocidades relativamente bajas (menores que 500 rpm), la grasa es satisfactoria. A mayores velocidades o mayores temperaturas ambientes, se requiere lubricación con aceite, aplicado en un flujo continuo y quizá con enfriamiento externo del aceite.

Los aceites que se usan para lubricar rodamientos suelen ser aceites minerales limpios y estables. Bajo cargas ligeras y velocidades bajas, se usa aceite ligero. Las cargas mayores y las altas velocidades requieren aceites más pesados hasta el SAE 30. Un límite superior recomendado para la temperatura del lubricante es de 160°F (70°C). La elección del aceite o la grasa correctos depende de muchos factores, y entonces se debe convenir cada aplicación con el fabricante del rodamiento. En general, se debe mantener una viscosidad cinemática de 13 a 21 centistokes a la temperatura de funcionamiento del lubricante, en el rodamiento. Se deben buscar las recomendaciones del fabricante.

En algunas aplicaciones críticas, como en los cojinetes de aviones de reacción, y en aparatos de muy alta velocidad, el aceite lubricante se bombea a presión a una caja cerrada, para el rodamiento, donde ese aceite se dirige hacia los elementos rodantes mismos. También existe un camino de retorno controlado. La temperatura del aceite en el depósito es monitoreada y controlada con intercambiadores de calor, o con refrigeración, para mantener la viscosidad del aceite dentro de límites aceptables. Esos sistemas proporcionan una lubricación confiable y aseguran la eliminación del calor del rodamiento.

Vea la descripción adicional de la importancia del espesor de película de aceite en los rodamientos, en la sección 14-14. La referencia 7 contiene una extensa cantidad de información sobre este tema.

Las grasas que se usan en los rodamientos son mezclas de aceites lubricantes con agentes espesadores, que en general son jabones, por ejemplo de litio o de bario. Los jabones actúan como portadores del aceite, el cual es expulsado en el punto de necesidad dentro del rodamiento. A veces se agregan aditivos para resistir la corrosión u oxidación del aceite mismo. En las cla-

TABLA 14-8 Tipos de grasas usadas en la lubricación de rodamientos

Grupo	Tipo de grasa	Intervalo de temperaturas de operación (°F)
I	Uso general	−40-250
II	Alta temperatura	0-300
III	Temperatura intermedia	32-200
IV	Baja temperatura	−67-225
V	Temperatura extremadamente alta	hasta 450

sificaciones de las grasas se especifican las temperaturas de operación a las que se expondrán las grasas, según la definición de la American Bearing Manufacturers' Association (ABMA), y descritas brevemente en la tabla 14-8.

Instalación

Ya se mencionó que a la mayoría de los rodamientos se les debe instalar con un ajuste de interferencia ligero, entre el barreno del rodamiento y el eje, para evitar la posibilidad de que la pista interior del rodamiento gire con respecto al eje. Esa condición causaría desgaste no uniforme y falla rápida de los elementos del rodamiento. Entonces, para instalar el rodamiento se requieren aplicar fuerzas bastante grandes, en sentido axial. Se debe tener cuidado para no dañar el rodamiento durante la instalación. La fuerza de instalación debe aplicarse en forma directa a la pista interior del rodamiento.

Si se aplicara la fuerza a través de la pista exterior, la carga sería transferida a la pista interior, pasando por los elementos rodantes. Debido a la pequeña área de contacto, es probable que esa transferencia de fuerzas cause grandes esfuerzos en algún elemento y que rebasen su capacidad de carga estática. Se causaría brinelado, junto con el ruido y el desgaste acelerado que se manifiestan en esta condición. Para los rodamientos grandes, para expandir su diámetro y mantener en valores razonables las fuerzas de instalación. El desmontaje de los rodamientos, cuando se desea volver a usarlos, se debe realizar con precauciones parecidas. Existen extractores de rodamientos disponibles para facilitar esta tarea.

Precargado

Algunos rodamientos son fabricados con holguras internas que deben asimilarse en determinada dirección, para asegurar que el funcionamiento sea satisfactorio. En esos casos, se debe precargar, por lo general en dirección axial. En los ejes horizontales suelen usarse resortes, y se permite el ajuste axial de la deflexión del resorte, algunas veces, para ajustar la cantidad de precarga. Cuando el espacio es limitado, es preferible usar arandelas Belleville, porque producen grandes fuerzas con pequeñas deflexiones. Para ajustar la deflexión real y el precargado obtenidos, se pueden usar *calzas* (vea el capítulo 19). En ejes verticales, el peso del conjunto mismo del eje podrá bastar para proporcionar la precarga requerida.

Rigidez del rodamiento

La *rigidez* es la deflexión que determinado rodamiento sufre al soportar determinada carga. En general, la más importante es la rigidez radial, porque se afecta el comportamiento dinámico del sistema giratorio del eje. La velocidad crítica y el modo de vibración son funciones de la rigidez del rodamiento. En general, mientras más suave sea el rodamiento (poca rigidez), la velocidad crítica del conjunto del eje será menor. La rigidez se mide en las unidades usadas en los resortes, como las libras por pulgada o los newtons por milímetro. Naturalmente, los valores de rigidez son bastante altos, y son razonables valores de 500 000 a 1 000 000 lb/pulgada. Se debe consultar al fabricante cuando se necesite esa información, porque rara vez se incluye en los catálogos estándar.

Funcionamiento bajo cargas variables

Las relaciones entre carga y duración que se han empleado hasta ahora suponen que la carga es razonablemente constante, en magnitud y en dirección. Si la carga varía mucho, se debe usar una carga promedio efectiva para determinar la duración esperada del rodamiento (vea las referencias 4 y 7). También las cargas oscilantes requieren un análisis especial, porque sólo son pocos los elementos rodantes que comparten la carga. Vea información adicional acerca del cálculo de la duración, bajo cargas variables, en la sección 14-15.

Sellado

Cuando el rodamiento va a funcionar en ambientes sucios o húmedos, suelen especificarse blindajes especiales. Se pueden colocar en uno o en ambos lados de los elementos rodantes. Los blindajes suelen ser metálicos, y se fijan a la pista estacionaria, pero no tocan la pista rodante. Los sellos son fabricados con materiales elastoméricos, y no tocan la pista rotatoria. Los rodamientos equipados con sellos y blindajes se precargan con grasa en la fábrica, y a veces se les denomina *de lubricado permanente*. Aunque es probable que esos rodamientos proporcionen muchos años de servicio satisfactorio, las condiciones extremas pueden producir una degradación de las propiedades lubricantes de la grasa. La presencia de sellos aumenta también la fricción en un rodamiento. El sellado se puede hacer fuera del rodamiento, en la caja o en la interfase eje/caja. En ejes de alta velocidad se usa con frecuencia un *sello de laberinto*, formado por un anillo sin contacto que rodea al eje y con una holgura radial de unas pocas milésimas de pulgada. Las ranuras son maquinadas en el anillo, algunas veces en forma de rosca. El movimiento relativo del eje con respecto al anillo causa la acción sellante.

Funcionamiento bajo cargas variables

La mayoría de los catálogos contienen las velocidades límite para cada rodamiento. Al rebasar esos límites, pueden resultar temperaturas de funcionamiento demasiado altas, debido a la fricción entre las jaulas que soportan a los elementos rodantes. En general, la velocidad límite es menor para los rodamientos mayores que para los rodamientos menores. También, un determinado rodamiento tendrá menor velocidad límite a medida que aumenten las cargas. Con cuidado especial, sea en la fabricación de la jaula del rodamiento o en la lubricación del mismo, se puede trabajar los rodamientos a mayores velocidades que las que indique el catálogo. En esas aplicaciones, se debe consultar al fabricante. El uso de elementos rodantes de cerámica, con menor masa, puede hacer que las velocidades límite sean mayores.

Normas

Varias organizaciones intervienen en el establecimiento de normas para la industria estadounidense de rodamientos. A continuación presentamos una lista parcial:

American Bearing Manufacturers Association (Asociación Americana de Fabricantes de Cojinetes)	(ABMA)
Annular Bearing Engineers Committee (Comité de Ingenieros de Cojinetes Anulares)	(ABEC)
Roller Bearing Engineers Committee (Comité de Ingenieros de Cojinetes de rodillos)	(RBEC)
Ball Manufacturers Engineers Committee	(BMEC)
American National Standards Institute	(ANSI)
International Standards Organization	(ISO)

Muchas son las normas que indican las organizaciones ANSI y ABMA. Dos de las cuales son las siguientes:

Load Ratings and Fatigue Life for Ball Bearings (Capacidades de carga y duración de rodamientos de bolas frente a la fatiga) ABMA 9

Load Ratings and Fatigue Life for Roller Bearings (Capacidades de carga y duración de rodamientos de rodillos frente a la fatiga) ABMA 11

Tolerancias

En la industria de los rodamientos se reconocen varias clases distintas de tolerancias, para adaptarse a las necesidades de una gran variedad de equipos que usan cojinetes con contacto de rodadura. En general, y naturalmente, todos los rodamientos son elementos de máquina de precisión, y deben tratarse como tales. Como se indicó antes, el intervalo general de tolerancias es del orden de unas cuantas diezmilésimas de pulgada. Las clases estándar de tolerancia las define la ABEC, y se mencionan a continuación.

ABEC 1: Rodamientos normales radiales, de bolas y rodillos

ABEC 3: Rodamientos de bolas de semiprecisión, para instrumentos

ABEC 5: Rodamientos de bolas y de rodillos de semiprecisión

ABEC 5P: Rodamientos de bolas de precisión para instrumentos

ABEC 7: Rodamientos radiales de bolas, de alta precisión

ABEC 7P: Rodamientos de bolas de alta precisión, para instrumentos

En la mayoría de las aplicaciones en maquinaria se usarían las tolerancias ABEC 1, cuyos datos suelen aparecer en los catálogos. Los husillos de máquinas herramienta, que requieren tener un funcionamiento extrauniforme y exacto, usarían las clases ABEC 5 o ABEC 7.

14-14 IMPORTANCIA DEL ESPESOR DE LA PELÍCULA DE ACEITE EN LOS RODAMIENTOS

En rodamientos que trabajan con grandes cargas o a altas velocidades, es muy importante mantener una película de aceite lubricante en la superficie de los elementos rodantes. Se requiere tener un suministro constante de lubricante limpio, con una viscosidad adecuada. Con un análisis cuidadoso de la geometría del rodamiento, la velocidad de giro y las propiedades del lubricante, es posible estimar el espesor de la capa de aceite entre los elementos rodantes y las pistas. Aunque puede ser que el espesor de película sea de unas pocas micropulgadas, se ha demostrado que una escasez de lubricante en el área de contacto es una de las causas principales de fallas prematuras en los cojinetes con contacto de rodadura. Por el contrario, si el espesor de una película es bastante mayor que la altura de las rugosidades superficiales puede mantener, la duración esperada será varias veces mayor que la que mencionan los catálogos en sus datos (vea las referencias 4 y 7).

A la naturaleza de la lubricación en la interfase de los elementos rodantes y las pistas se le denomina *lubricación elastohidrodinámica*, porque depende de la deformación específica de las superficies acopladas bajo la influencia de grandes esfuerzos de contacto, y de la creación de una película de lubricante a presión, por la acción dinámica de los elementos rodantes.

Los datos necesarios para evaluar el espesor de película en los rodamientos de bolas se mencionan en las listas siguientes:

Factores geométricos básicos

Diámetro de las bolas

Número de bolas

Radio de curvatura de la ranura en la pista interior, tanto en dirección circunferencial como axial

Diámetro de paso del rodamiento, que es el promedio del diámetro del barreno y el diámetro exterior

Rugosidad superficial de las bolas y de las pistas

Ángulo de contacto, en los rodamientos de contacto angular

Factores por material del rodamiento

Módulo de elasticidad de bolas y pistas

Relación de Poisson

Factores por el lubricante

Viscosidad dinámica a la temperatura de operación *dentro* del rodamiento.
Coeficiente de presión de viscosidad, el cambio de viscosidad con la presión

Factores por operación

Velocidad de giro de las pistas interior y exterior
Carga radial
Carga de empuje

Los detalles del análisis aparecen en la referencia 7.
Entre los resultados del análisis están los siguientes:

El espesor mínimo de película del lubricante, h_o
La rugosidad compuesta de las bolas y las pistas, S
La relación $\Lambda = h_o/S$

La duración del rodamiento en servicio depende del valor de Λ:

- Si $\Lambda < 0.90$, cabe esperar una duración menor que la nominal indicada por el fabricante, por daños en la superficie provocados por la aplicación de una película inadecuada de lubricante.
- Si Λ está en el intervalo de 0.90 a 1.50, cabe esperar la duración en servicio nominal indicada por el fabricante
- Si Λ está en el intervalo de 1.50 a 3.0, es posible un incremento de la duración, hasta tres veces la nominal.
- Si Λ es mayor que 3.0, es posible que la duración sea hasta seis veces mayor que la nominal.

Recomendaciones generales para alcanzar una larga duración en los rodamientos

1. Seleccione un rodamiento con una duración nominal adecuada, mediante los procedimientos descritos en este capítulo.
2. Asegúrese de que el rodamiento tenga un acabado superficial fino, y que no esté dañado por manejo brusco, malas prácticas de instalación, corrosión, vibración o exposición de corriente eléctrica.
3. Asegúrese de que las cargas de operación se mantengan dentro de los valores de diseño.
4. Suministre un flujo copioso de lubricante limpio, de una viscosidad adecuada a la temperatura de funcionamiento, dentro del rodamiento, de acuerdo con las recomendaciones de su fabricante. Suministre enfriamiento externo al lubricante, si es necesario. Para un sistema ya existente, éste es el factor sobre el que tendrá mayor control, sin tener que rediseñar el sistema mismo.
5. Si es posible rediseñar, diseñe el sistema para que funcione a una velocidad tan baja como sea posible.

14-15 CÁLCULO DE LA DURACIÓN BAJO CARGAS VARIABLES

Los procedimientos de diseño y análisis usados hasta ahora en este libro supusieron que el rodamiento funcionaría con una sola carga de diseño durante toda su vida. Es posible calcular la duración del rodamiento bajo esas condiciones, con bastante exactitud, mediante los datos publicados por el fabricante en sus catálogos. Si las cargas varían con el tiempo, se requiere un procedimiento modificado.

Un procedimiento que recomiendan los fabricantes de rodamientos es la llamada *regla de Palmgren-Miner*, conocida también como *regla de Miner*. Las referencias 10 y 11 describen el trabajo de estos autores, y la referencia 9 describe un método modificado, que se adapta a los rodamientos.

La base de la regla de Miner es que si determinado rodamiento se somete a una serie de cargas de distintas magnitudes, durante tiempos conocidos, cada carga contribuye a la eventual falla del rodamiento, en proporción a la relación de la carga entre la duración esperada que tendría el rodamiento bajo esa carga. Entonces, el efecto acumulado de la serie de cargas debe considerar todas esas contribuciones a la falla.

Un método similar, descrito en la referencia 7, introduce el concepto de *carga efectiva media, F_m*:

Carga efectiva media bajo cargas variables

$$F_m = \left(\frac{\Sigma_i (F_i)^p N_i}{N}\right)^{1/p} \tag{14-11}$$

donde F_i = carga individual de una serie de i cargas
N_i = número de revoluciones a las cuales opera F_i
N = número total de revoluciones en un ciclo completo
p = exponente de la relación carga/duración; $p = 3$ para rodamientos de bolas y $p = 10/3$ para rodamientos de rodillos

En forma alterna, si un rodamiento gira a una velocidad constante, y como el número de revoluciones es proporcional al tiempo de funcionamiento, N_i puede ser el número de minutos de operación con F_i, y N es la suma del número de minutos en el ciclo total; esto es,

$$N = N_1 + N_2 + \cdots + N_i$$

Entonces, la duración total esperada, en millones de revoluciones del rodamiento, sería

$$L = \left(\frac{C}{F_m}\right)^p \tag{14-12}$$

Problema modelo 14-6

Un rodamiento de una hilera de bolas con ranura profunda, número 6308, se somete al siguiente conjunto de cargas, durante los tiempos indicados:

Condición	F_i	Tiempo
1	650 lb	30 min
2	750 lb	10 min
3	250 lb	20 min

Este ciclo de 60 minutos se repite en forma continua en la duración del rodamiento. El eje que sostiene el rodamiento gira a 600 rpm. Estime la duración total del rodamiento.

Solución

Si se aplica la ecuación (14-11), se tiene

$$F_m = \left(\frac{\Sigma_i (F_i)^p N_i}{N}\right)^{1/p} \tag{14-11a}$$

$$F_m = \left(\frac{30(650)^3 + 10(750)^3 + 20(250)^3}{30 + 10 + 20}\right)^{1/3} = 597 \text{ lb}$$

Ahora use la ecuación (14-12):

$$L = \left(\frac{C}{F_m}\right)^p \tag{14-12a}$$

En la tabla 14-3 se observa que para el rodamiento 6308, $C = 7050$ lb. Entonces

$$L = \left(\frac{7050}{597}\right)^3 = 1647 \text{ millones de revoluciones}$$

A una velocidad de giro de 600 rpm, el número de horas de duración sería

$$L = \frac{1647 \times 10^6 \text{ rev}}{1} \cdot \frac{\text{min}}{600 \text{ rev}} \cdot \frac{\text{h}}{60 \text{ min}} = 45\,745 \text{ h}$$

Observe que es el mismo rodamiento que se usó en el problema modelo 14-3, y que había sido seleccionado para funcionar durante al menos 30 000 h, cuando soporta una carga continua de 650 lb.

REFERENCIAS

1. Association of Iron and Steel Engineers. *Lubrication Engineers Manual* (Manual de lubricación para ingenieros). 2ª edición. Pittsburgh, PA: AISE, 1996.
2. Avallone, Eugene A. y Theodore Baumeister III, editores. *Marks' Standard Handbook for Mechanical Engineers* (Manual de Marks para el ingeniero mecánico), 10ª edición. Nueva York: McGraw-Hill, 1996.
3. Bloch, H. P. *Practical Lubrication for Industrial Facilities* (Lubricación práctica para instalaciones industriales). Nueva York: Marcel Dekker, 2000.
4. Brandlein, J. y Karl Weigand. *Ball and Roller Bearings* (Rodamientos de bolas y de rodillos). Nueva York: John Wiley & Sons, 1999.
5. Eschmann, Paul, Ludwig Hasbargen, Karl Weisgand y Johannes Brandlein. *Ball and Roller Bearings: Theory, Design and Application* (Rodamientos de bolas y de rodillos: teoría, diseño y aplicación) 2ª edición. Nueva York: John Wiley & Sons, 1985.
6. Hannoosh, J. G. "Ceramic Bearings Enter the Mainstream" (Los rodamientos de cerámica ingresan a la corriente). *Design News* (23 de noviembre de 1988).
7. Harris, Tedric A. *Rolling Bearing Analysis* (Análisis de cojinetes con rodadura) 4ª edición. Nueva York: John Wiley & Wons, 2000.
8. Juvinall, Robert C. y Kurt M. Marshek. *Fundamentals of Machine Component Design* (Fundamentos de diseño de componentes de máquinas), 3ª edición. Nueva York: John Wiley & Sons, 2000.
9. Kauzlarich, James J. "The Palmgren-Miner Rule Derived" (Deducción de la regla de Palmgren-Miner). *Proceedings of the 15th Leeds/Lyon Symposium of Tribology*. (Leeds, Reino Unido, 6 a 9 de septiembre de 1988.)
10. Miner, M. A. "Cumulative Damage in Fatigue" (Daños acumulados en fatiga), *Journal of Applied Mechanics* 67 (1945): A159-A164.
11. Palmgren, A. *Ball and Roller Bearing Engineering*. 3ª edición. Philadelphia, PA: Burbank, 1959.

SITIOS DE INTERNET RELACIONADOS CON COJINETES CON CONTACTO DE RODADURA

1. **Torrington Company.** *www.torrington.com* Fabricante de cojinetes con contacto de rodadura y componentes de control de movimiento, así como de conjuntos marcas Torrington, Fafmnir y Kilian. Catálogo en línea.
2. **SKF USA, Inc.** *www.skfusa.com*, o *http://products.skf.com* Fabricante de cojinetes con contacto de rodadura, marca SKF. Catálogo en línea.
3. **FAG Bearings.** *http://fag.com* o *www.fagauto.com* Fabricante de cojinetes con contacto de rodadura, marca FAG. Catálogo en línea. Es una subsidiaria de INA Corporation.
4. **INA USA Corporation.** *www.ina.com/us* Fabricante de cojinetes con contacto de rodadura, seguidores de leva, cojinetes para movimiento lineal, cojinetes planos, cojinetes de empuje y cojinetes de tornamesa, marca INA.
5. **NSK Corporation.** *www.nsk.com* o *www.tec.nsk.com* Fabricante de cojinetes con contacto de rodadura, marca NSK. Catálogo en línea.

6. **Timken Corporation.** *www.timken.com* Fabricante de cojinetes con contacto de rodadura, marca Timken. Catálogo en línea.
7. **Rockwell Automation/Dodge.** *www.dodge-pt.com* Fabricante de numerosos productos para transmisión de potencia, incluidos los cojinetes con contacto de rodadura y muchos otros tipos de cojinetes. Catálogo en línea.
8. **Emerson Power Transmission.** *www.emerson-ept.com* Fabricante de numerosos productos para transmisión de potencia, incluidas chumaceras de sus marcas Browning, McGill, Rollway y Sealmaster. Catálogo en línea.
9. **PowerTransmission.com** *www.powertransmission.com* Un sitio que contiene numerosos fabricantes de componentes para transmisión de potencia, cojinetes con contacto de rodadura, engranes, transmisiones de engranes, embragues, acoplamientos, motores y otros más. Información descriptiva acerca de las compañías que aparecen, con vínculos a sus sitios Web.
10. **Machinery Lubrication.** *www.machinerylubrication.com* Servicio en línea de *Machinery Lubrication Magazine*, la cual publica artículos técnicos e información sobre lubricación de maquinaria industrial, incluidos los rodamientos.
11. **American Bearing Manufacturers Association.** *www.abma-dc.org* Una asociación no lucrativa de fabricantes de cojinetes antifricción. La ABMA define las normas nacionales para rodamientos en Estados Unidos.

PROBLEMAS

1. Un rodamiento de bolas para carga radial tiene una capacidad de carga dinámica básica de 2350 lb para una duración nominal (L_{10}) de un millón de revoluciones. ¿Cuál sería su duración L_{10} al trabajar con una carga de 1675 lb?
2. Determine la capacidad de carga dinámica básica requerida para un rodamiento que sostiene 1250 lb, y un eje que gira a 880 rpm, si la duración de diseño debe ser de 20 000 h.
3. Un catálogo indica que la capacidad de carga dinámica básica de un rodamiento de bolas es de 3150 lb, para una duración nominal de un millón de revoluciones. ¿Cuál sería la duración L_{10} del rodamiento, si se sometiera a una carga de a) 2200 lb y b) 4500 lb?
4. Calcule la capacidad de carga dinámica básica requerida, *C*, para un rodamiento de bolas que soporta una carga radial de 1450 lb; el eje gira a 1150 rpm, en un ventilador industrial.
5. Especifique los rodamientos adecuados para el eje del problema modelo 12-1. Vea los datos de las figuras 12-1, 12-2, 12-10 y 12-11.
6. Especifique los rodamientos adecuados para el eje del problema modelo 12-3. Vea los datos que contienen las figuras 12-12, 12-14 y 12-15.
7. Especifique los rodamientos adecuados para el eje del problema modelo 12-4. Vea los datos contenidos en las figuras 12-16 y 12-17.
8. Para cualquiera de los rodamientos especificados en los problemas 2 a 7, trace un dibujo a escala del eje, los rodamientos y la parte de la caja que soporta las pistas exteriores de los rodamientos. Asegúrese de incluir los radios de los chaflanes y la ubicación axial de los rodamientos.
9. Un rodamiento debe soportar una carga radial de 455 lb, sin carga de empuje. Especifique un rodamiento adecuado de la tabla 14-3, si el eje gira a 1150 rpm y la duración de diseño es de 20 000 h.

Para cada uno de los problemas de la tabla 14-9, repita el problema 9 con esos datos.

TABLA 14-9

Problema número	Carga radial	Carga de empuje	rpm	Duración de diseño, h
10.	857 lb	0	450	30 000
11.	1265 lb	645 lb	210	5000
12.	235 lb	88 lb	1750	20 000
13.	2875 lb	1350 lb	600	15 000
14.	3.8 kN	0	3450	15 000
15.	5.6 kN	2.8 kN	450	2000
16.	10.5 kN	0	1150	20 000
17.	1.2 kN	0.85 kN	860	20 000

18. En el capítulo 12, figuras P12-1 a P12-40, se mostró un diseño de eje relacionado con los problemas del final de ese capítulo. Para cada cojinete en cada eje, especifique un rodamiento adecuado de la tabla 14-3. Si se concluyó el diseño del eje hasta el punto en que se conoce el diámetro mínimo aceptable del eje, en el asiento del rodamiento, considere ese diámetro al especificar el rodamiento. Revise los enunciados del problema del capítulo 12, con los datos de velocidad del eje y las cargas.
19. El rodamiento número 6332, de la tabla 14-3, soporta el conjunto de cargas mostrado en la tabla P14-19, girando a 600 rpm. Calcule la duración L_{10} esperada para el rodamiento bajo esas condiciones, si el ciclo se repite continuamente.

TABLA P14-19

Condición	Carga, F_i	Tiempo, N_i
1	4500 lb	25 min
2	2500 lb	15 min

20. El rodamiento número 6318 de la tabla 14-3 soporta el conjunto de cargas mostrado en la tabla P14-20, girando a 600 rpm. Calcule la duración L_{10} esperada para el rodamiento bajo estas condiciones, si el ciclo se repite continuamente.

TABLA P14-20

Condición	Carga, F_i	Tiempo, N_i
1	2500 lb	25 min
2	1500 lb	15 min

21. El rodamiento número 6211 de la tabla 14-3 soporta el conjunto de cargas mostrado en la tabla P14-21, al girar a 1700 rpm. Calcule la duración L_{10} esperada del rodamiento bajo estas condiciones, si el ciclo se repite continuamente.

TABLA P14-21

Condición	Carga, F_i	Tiempo, N_i
1	600 lb	480 min
2	200 lb	115 min
3	100 lb	45 min

22. El rodamiento número 6211 de la tabla 14-3 soporta el conjunto de cargas mostrado en la tabla P14-22, al girar a 1700 rpm. Calcule la duración L_{10} esperada para el rodamiento bajo estas condiciones, si el ciclo se repite continuamente.

TABLA P14-22

Condición	Carga, F_i	Tiempo, N_i
1	450 lb	480 min
2	180 lb	115 min
3	50 lb	45 min

23. El rodamiento número 6206 de la tabla 14-3 soporta el conjunto de cargas mostrado en la tabla P14-23, al girar a 101 rpm durante un turno de 8 h. Calcule la duración L_{10} esperada para el rodamiento bajo estas condiciones, si el ciclo se repite continuamente. Si la máquina trabaja dos turnos por día, seis días a la semana, ¿en cuántas semanas espera que se deba cambiar el rodamiento?

TABLA P14-23

Condición	Carga, F_i	Tiempo, N_i
1	500 lb	6.75 h
2	800 lb	0.40 h
3	100 lb	0.85 h

24. El rodamiento número 6212 de la tabla 14-3 soporta el conjunto de cargas mostrado en la tabla P14-24, al girar a 101 rpm durante un turno de 8 h. Calcule la duración L_{10} esperada para el rodamiento bajo estas condiciones, si el ciclo se repite continuamente. Si la máquina funciona dos turnos al día, seis días a la semana, ¿en cuántas semanas espera que se deba cambiar el rodamiento?

TABLA P14-24

Condición	Carga radial	Carga de empuje	Tiempo, N_i
1	1750 lb	350 lb	6.75 h
2	600 lb	250 lb	0.40 h
3	280 lb	110 lb	0.85 h

25. Calcule la capacidad de carga dinámica básica, C, para un rodamiento de bolas que soporta una carga radial de 1450 lb, y un eje que gira a una velocidad de 1150 rpm, durante 15 000 horas. Maneje una confiabilidad de 95%.

26. Calcule la capacidad de carga dinámica básica C, para un rodamiento de bolas que soporta una carga radial de 509 lb, y un eje que gira a 101 rpm, durante 20 000 horas. Maneje una confiabilidad de 99%.

27. Calcule la capacidad de carga dinámica básica, C, para un rodamiento de bolas que soporta una carga radial de 436 lb, y un eje que gira a 1700 rpm, durante 5000 horas. Maneje una confiabilidad de 97%.

28. Calcule la capacidad de carga dinámica básica, C, para un rodamiento de bolas que soporta una carga radial de 1250 lb, y un eje que gira a 880 rpm, para que la duración de diseño sea de 20 000 horas. Maneje una confiabilidad de 95%.

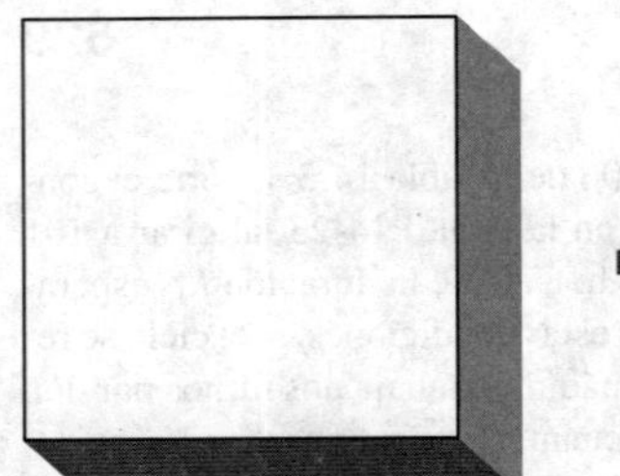

15

Terminación del diseño de una transmisión de potencia

Panorama

Panorama

Terminación del diseño de una transmisión de potencia

Mapa de aprendizaje

- Ahora se reúnen los conceptos y los procedimientos de diseño visto en los últimos ocho capítulos, para completar el diseño de la transmisión de potencia.

Descubrimiento

Vea cómo encajan todos los elementos de máquina que estudió en los capítulos 7 al 14.

También piense en el ciclo de vida de la transmisión, desde su diseño hasta su disposición final.

Este capítulo presenta un resumen de los pasos que debe seguir para terminar el diseño. Algunos procedimientos están bastante detallados. Aplique esta experiencia a cualquier diseño del que sea responsable en lo futuro.

Aquí se junta todo el trabajo de la parte II de este libro. En los capítulos 7 al 14 aprendió conceptos y procedimientos de diseño importantes, para muchos tipos de elementos de máquina que podrían ser partes de una determinada transmisión de potencia. En cada caso, se menciona cómo necesitan trabajar juntos los elementos. Ahora se muestra el método para completar el diseño de una transmisión de potencia, el cual demuestra ser un método integrado e ilustra el título de este libro: ***Diseño de elementos de máquinas***. Se hace énfasis sobre el diseño completo.

La lección de este capítulo consiste en que, como diseñador, debe cuidar siempre la forma de encajar la parte que diseña en otras piezas y en cualquier momento. Además, debe cuidar la forma en que su diseño puede afectar el diseño de otras partes. También, debe considerar la forma de manufactura de la pieza, la aplicación del servicio y las reparaciones necesarias, así como la forma en que será puesta fuera de servicio. ¿Qué sucederá con los materiales en el producto, cuando hayan cumplido su duración útil como parte de su proyecto actual?

Aunque se usa una transmisión de potencia en este ejemplo, las habilidades y lógica que el lector adquirirá deben poder transferirse al diseño de casi cualquier otro aparato o sistema mecánico.

15-1 OBJETIVOS DE ESTE CAPÍTULO

Al terminar este capítulo, podrá:

1. Reunir los componentes individuales de una transmisión de potencia de engranes, en un sistema unificado y completo.
2. Resolver las preguntas sobre la interconexión donde encajarán los componentes entre sí.
3. Establecer tolerancias razonables y dimensiones límite en dimensiones clave de los componentes, en especial donde el ensamble y la operación de los componentes son críticos.
4. Verificar que el diseño final sea adecuado y seguro, para el propósito pretendido.
5. Agregar detalles a algunos de los componentes no descritos en análisis anteriores.

15-2 DESCRIPCIÓN DE LA TRANSMISIÓN DE POTENCIA A DISEÑAR

El proyecto a concluir en este capítulo es el diseño de un reductor de velocidad, de reducción sencilla y que usa engranes rectos. Se emplearán los datos del problema modelo 9-1, donde fueron diseñados los engranes del accionamiento de una sierra industrial. Debe repasar ahora ese problema; ahí observará que continuó con los problemas modelo 9-1 a 9-4, y se le consideró de nuevo en la sección 9-15, donde se refina el diseño mediante la hoja de cálculo desarrollada en la sección 9-14.

También se usarán elementos del proceso de diseño mecánico descritos por primera vez en el capítulo 1, secciones 1-4 y 1-5. Se establecerán las funciones y requisitos de diseño para la transmisión de potencia, se establece un conjunto de criterios para evaluar decisiones de diseño, se implementan las tareas de diseño descritas en la sección 1-5. Las referencias 4, 7, 8 y 9 contienen otros métodos que podrán serle útiles para proyectos de diseño.

Enunciado básico del problema

Se diseñará una transmisión de potencia para una sierra industrial que se usará para cortar tubos de escape para vehículos, a su longitud, antes de los procesos de conformación. La sierra recibirá 25 HP del eje de un motor eléctrico que gira a 1750 rpm. El eje impulsor de la sierra debe girar a 500 rpm, aproximadamente.

Funciones, requisitos de diseño y criterios de selección para la transmisión de potencia

Funciones. Las funciones de la transmisión de potencia son las siguientes:

1. Recibir potencia de un motor eléctrico a través de un eje giratorio.
2. Transmitir la potencia a través de los elementos de la máquina que reducen la velocidad de giro hasta un valor deseado.
3. Entregar la potencia a la menor velocidad, a un eje de salida que en último término impulsa a la sierra.

Requisitos de diseño. Aquí se presenta información adicional para el caso específico de la sierra industrial. Por lo común, usted sería el responsable de recabar la información necesaria, y de tomar decisiones de diseño en este punto del proceso. Intervendría en el diseño de la sierra, y estaría capacitado para acordar las funciones deseables, con sus colegas de mercadotecnia, ventas, planeación de manufactura y gerencia de producción y servicio en el campo, y quizá con los clientes. La información que debe buscar se ilustra en la lista siguiente:

1. El reductor debe transmitir 25 HP.
2. La entrada es desde un motor eléctrico, cuyo eje gira a una velocidad de 1750 rpm a plena carga. Se ha propuesto usar un motor con armazón NEMA 284T, cuyo eje tiene 1.875 pulg de diámetro, y tiene un cuñero para cuña de $1/2 \times 1/2$ pulgada. Consulte el capítulo 21, figura 21-18, y la tabla 21-3, los cuales contienen más datos sobre dimensiones del motor.
3. La salida del reductor entrega la potencia a la sierra, por medio de un eje que gira entre 495 y 505 rpm. La relación de reducción de velocidad debe estar entonces en el intervalo de 3.46 a 3.53.
4. Es preferible que la eficiencia mecánica sea mayor que 95%.
5. El par torsional mínimo entregado a la sierra debe ser de 2950 lb·pulg.
6. La sierra es de banda. La operación de corte es uniforme, en general, pero puede haber choque moderado cuando la segueta encaja en los tubos, y si hay algún atoramiento de la segueta en el corte.
7. Se montará al reductor de velocidad en una placa rígida, que es parte de la base de la sierra. Deben especificarse los medios para poder montar el reductor.
8. Se ha decidido que se pueden usar acoplamientos flexibles para unir el eje del motor con el eje de entrada al reductor, y para conectar el eje de salida en forma directa al eje

de la rueda principal de accionamiento de la sierra de cinta. Aún no hay diseño del eje para accionar la sierra de cinta. Es probable que su diámetro sea igual que el del eje de salida del reductor.

9. Si bien es preferible tener un tamaño pequeño y compacto para el reductor, el espacio en la base de la máquina debería poder adaptarse a los diseños más razonables.
10. Se espera que la sierra trabaje 16 horas al día, cinco días a la semana, y con una duración de diseño de cinco años. Esto equivale aproximadamente a 20 000 horas de operación.
11. La base de la máquina estará cerrada, y evitará todo contacto casual con el reductor. Sin embargo, los componentes activos del reductor deben estar encerrados en su propia caja rígida, para protegerlos contra los contaminantes y para dar seguridad a quienes trabajen con el equipo.
12. La sierra trabajará en un ambiente de fábrica y debe funcionar en el intervalo de temperaturas de 50 a 100°F.
13. Se espera una producción anual de 5000 sierras.
14. Es crítico que el costo sea moderado, para el éxito de la sierra en el comercio.

Criterios de selección. Un equipo interdisciplinario, formado por personas con amplia experiencia en el mercado y en el uso de esos equipos, debería elaborar la lista de criterios. Los detalles varían de acuerdo con el diseño específico. Como ilustración del proceso para el diseño que nos ocupa, se sugieren los siguientes criterios:

1. ***Seguridad:*** El reductor de velocidad debería trabajar bajo medidas de seguridad y crear un ambiente seguro para las personas cercanas a la máquina.
2. ***Costo:*** Es preferible que el costo sea bajo, para que la sierra satisfaga a un numeroso grupo de clientes.
3. ***Tamaño pequeño.***
4. ***Gran confiabilidad.***
5. ***Poco mantenimiento.***
6. ***Operación uniforme: poco ruido; poca vibración***

15-3 ALTERNATIVAS DE DISEÑO Y SELECCIÓN DEL MÉTODO DE DISEÑO

Existen muchas formas para reducir la velocidad de la sierra. La figura 15-1 muestra cuatro posibilidades: (*a*) transmisión por bandas, (*b*) transmisión por cadenas, (*c*) transmisión por engranes conectados con acoplamientos flexibles y (*d*) transmisión por engranes y con transmisión por bandas en el lado de la entrada, y conectada a la sierra con un acoplamiento flexible.

La referencia 6 incluye un conjunto más extenso de alternativas, y un análisis más detallado.

Selección del método básico de diseño

La tabla 15-1 muestra un ejemplo de la calificación que puede hacerse al seleccionar el tipo de diseño a producir, para el reductor de velocidad de la sierra. Se usa una escala de 10 puntos, y 10 es la calificación más alta. Naturalmente, con más información sobre la aplicación real, se podría seleccionar un método de diseño distinto. También podría ser preferible proceder con más de un diseño, para determinar los detalles y permitir así adoptar una decisión más conveniente. Una modificación de la matriz de decisiones de diseño implica asignar factores de ponderación a cada criterio, para reflejar su importancia relativa. Vea las referencias 3 y 7, y el sitio de Internet 1, los cuales contienen extensas descripciones sobre técnicas de análisis racional de decisión.

Con base en este análisis de decisiones, se procede con (*c*), el diseño de un *reductor de velocidad de engranes mediante acoplamientos flexibles* para conectarlo con el motor de impulsión y con el eje impulsado de la sierra. Se considera que tiene mayor nivel de seguridad para

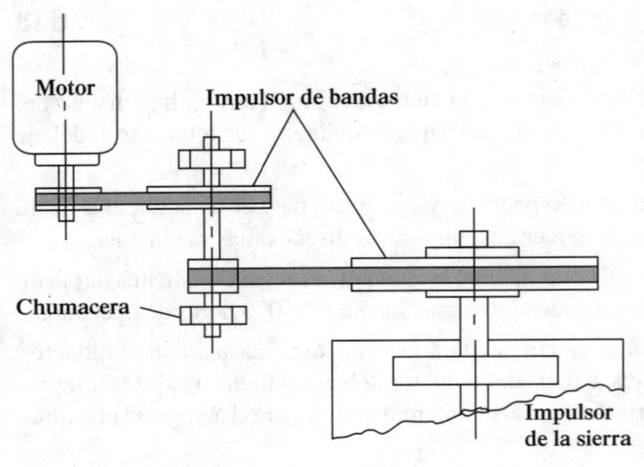

a) Opción con transmisión de bandas

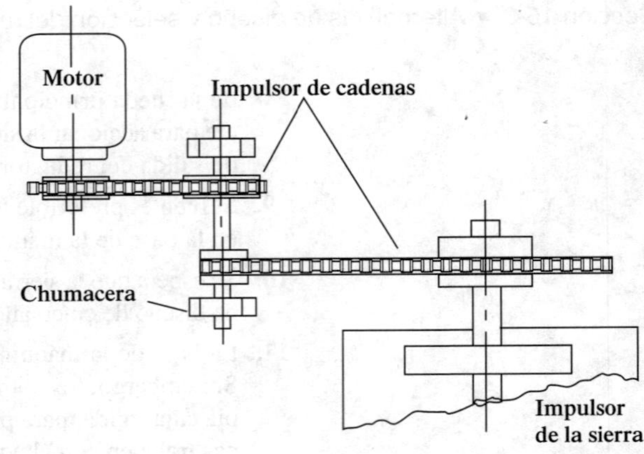

b) Opción con transmisión de cadenas

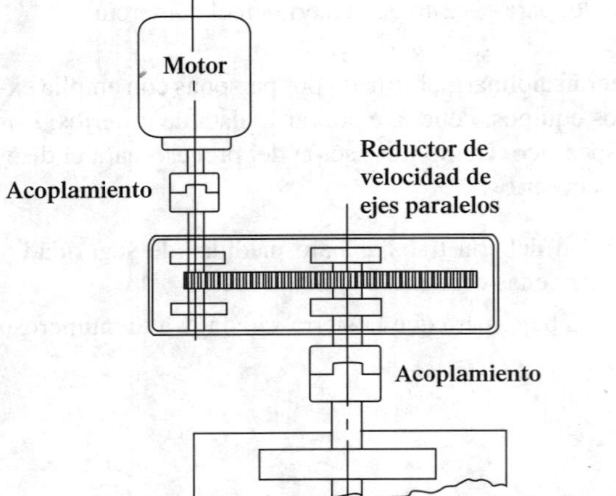

c) Opción con reductor de una etapa con engranes

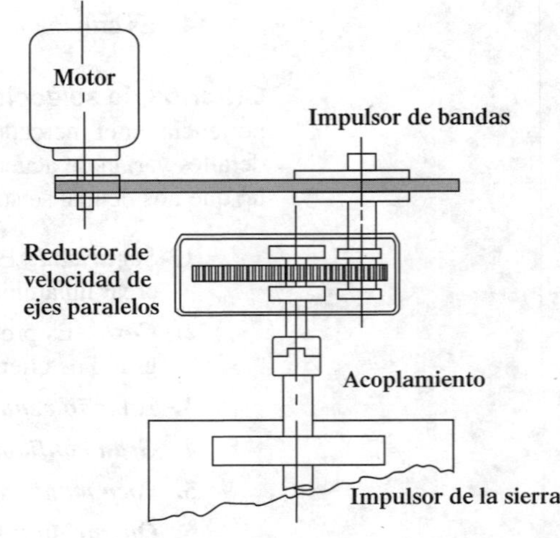

d) Opción con reducción de bandas y reducción de una etapa con engranes

FIGURA 15-1 Opciones para reducir la velocidad en el proyecto de diseño del accionamiento para la sierra

TABLA 15-1 Tabla de análisis de decisiones

	Alternativas			
Criterios	(*a*) Bandas	(*b*) Cadenas	(*c*) Engranes con acoplamientos flexibles	(*d*) Engranes con reductor con bandas en la entrada
1. Seguridad	6	6	9	7
2. Costo	9	8	7	6
3. Tamaño	5	6	9	6
4. Confiabilidad	7	6	10	7
5. Mantenimiento	6	5	9	6
6. Uniformidad	8	6	9	8
Totales:	41	31	53	40

los operadores y el personal de mantenimiento, porque sus componentes giratorios están encerrados. Los ejes de entrada y salida, y los acoplamientos pueden ser cubiertos en el momento de la instalación. Se espera que la confiabilidad sea mayor, porque se usan piezas metálicas de precisión, y la transmisión está oculta en una caja sellada. Se cree que el flexionamiento de las bandas y la cantidad apreciable de piezas móviles en una transmisión por cadena son menos confiables. El costo inicial podrá ser mayor que para las transmisiones por banda o por cadena. Sin embargo, se espera que el mantenimiento sea algo menor, y por lo tanto que el costo general disminuya. El espacio necesario para la pieza diseñada debe ser pequeño, por lo que se debe simplificar el diseño de otras partes de la sierra. La opción de diseño (*d*) es atractiva si existe interés en un funcionamiento con velocidad variable en lo futuro. Si se usan distintas relaciones de transmisión por bandas, se pueden obtener distintas velocidades de corte para la sierra. Otra opción sería considerar un motorreductor eléctrico de velocidad variable, sea para sustituir la necesidad de un reductor o para usarlo junto con el reductor de engranes.

15-4 OPCIONES DE DISEÑO PARA EL REDUCTOR DE ENGRANES

Ahora que ya se ha seleccionado el reductor de engranes, se necesita decidir cuál usar. Veamos algunas opciones.

1. ***Engranes rectos, una sola reducción:*** La relación nominal de 3.50:1 es razonable para un solo par de engranes. Los engranes rectos sólo producen cargas radiales, lo que simplifica la selección de los rodamientos que soportan a los ejes. La eficiencia debe ser mayor que 95%, si los engranes, rodamientos y sellos tienen una precisión razonable. Es relativamente poco costosa la producción de engranes rectos. Los ejes serían paralelos, y debería ser bastante fácil alinearlos con el motor y con el eje de impulsión de la sierra.
2. ***Engranes helicoidales, una sola reducción:*** Estos engranes son igual de prácticos que los engranes rectos. El alineamiento de los ejes es parecido. Su tamaño podría ser menor, por la mayor capacidad de los engranes helicoidales. Sin embargo, se crearían cargas axiales de empuje, que se deberían acomodar en los rodamientos y en la caja. Es probable que el costo sea algo mayor.
3. ***Engranes cónicos:*** Estos engranes producen un cambio de dirección en ángulo recto, lo cual podría ser adecuado, pero no necesariamente en el diseño que nos ocupa. También son algo más difíciles de diseñar y de armar, para obtener la precisión adecuada.
4. ***Transmisión de tornillo sinfín y corona*:** Este accionamiento también produce un cambio de dirección en ángulo recto. En el caso típico, se usa para obtener una relación de reducción mayor que 3.50:1. En general, la eficiencia suele ser mucho menor que el 95% que plantean los requisitos de diseño. La generación de calor podría causar problemas, con 25 HP y la menor eficiencia. Se necesitaría un motor de más potencia para superar la pérdida de la misma, y seguir suministrado el par total necesario en el eje de salida.

Decisión de diseño para el tipo de engrane

Para el presente diseño, se escoge el *reductor de una sola reducción con engranes rectos*. Es preferible su simplicidad, y es probable que el costo final sea menor que el de los demás diseños propuestos. Al tamaño menor del reductor helicoidal no se le considera prioritario.

15-5 PROPOSICIÓN GENERAL Y DETALLES DE DISEÑO DEL REDUCTOR

La figura 15-2 muestra el arreglo propuesto de los componentes para el reductor de velocidad con engranes rectos, y una sola reducción. Observe que la ilustración del inciso (*b*) corresponde a la vista superior. El diseño implica las siguientes tareas:

1. Diseñe un piñón y un engrane para transmitir 25 HP, con la velocidad de 1750 rpm en el piñón y de 495 a 505 rpm en el engrane. La relación nominal es de 3.50:1. Diseñe

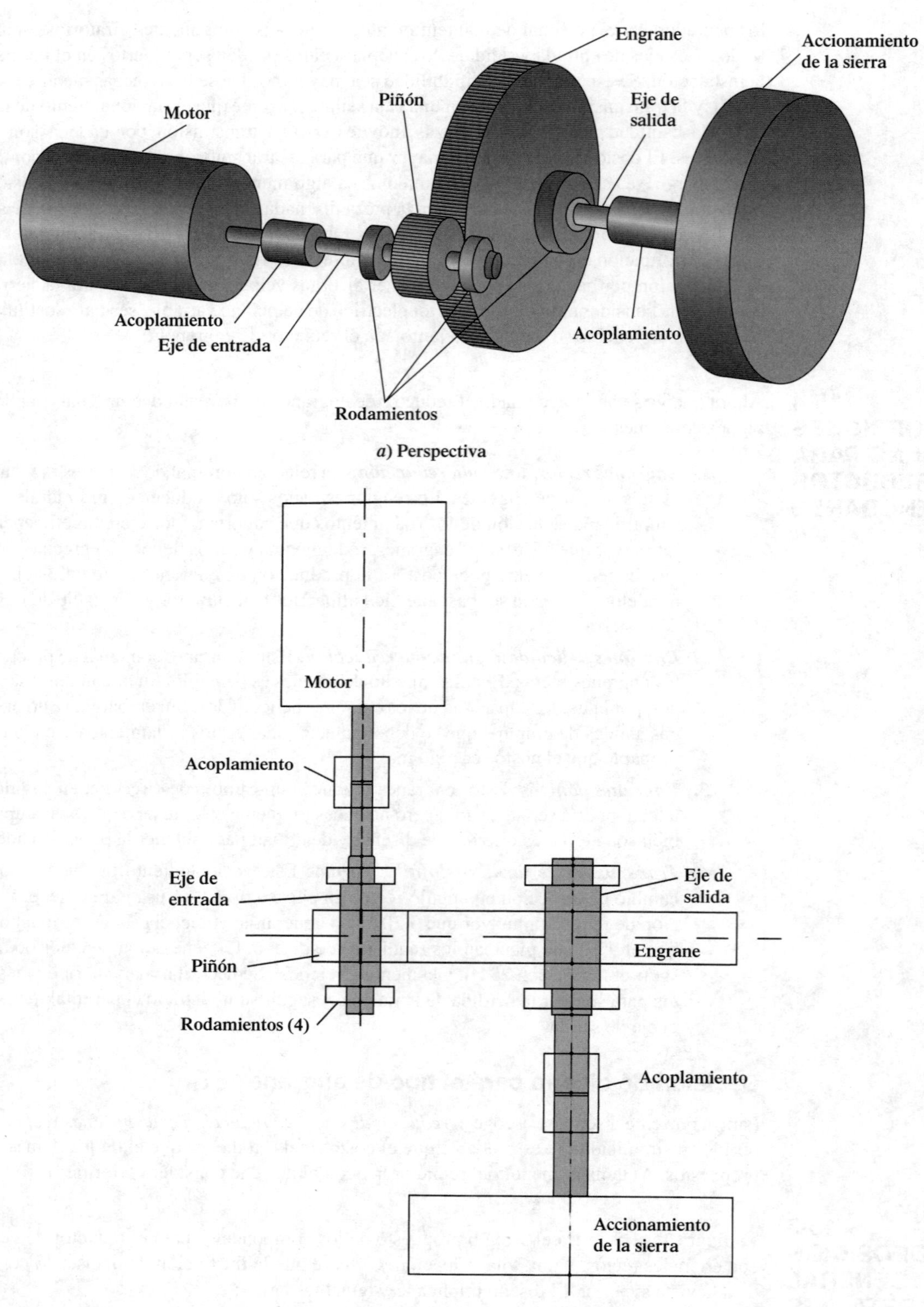

FIGURA 15-2 Arreglo general del accionamiento de la sierra, con un reductor de engranes de una sola etapa

tanto para la resistencia a la flexión como para la picadura, con el fin de alcanzar aproximadamente 20 000 horas de vida útil, con una confiabilidad de, al menos, 0.999.

2. Diseñe dos ejes: uno para el piñón y uno para el engrane. Proporcione localización axial positiva para los engranes sobre los ejes. Al eje de entrada se le debe diseñar para que se prolongue fuera de la caja, y pueda acoplarse con el eje del motor. El eje de salida debe adaptarse a un acoplamiento que se conecte con el eje de impulsión de la sierra. Maneje una confiabilidad de diseño de 0.999.
3. Diseñe seis cuñas: Una para cada engrane, una para el motor, una para el eje de entrada en el acoplamiento, una para el eje de salida en el acoplamiento y una para el eje de impulsión de la sierra.
4. Especifique dos acoplamientos flexibles: uno para el eje de entrada y uno para el de salida.
5. Especifique cuatro cojinetes comerciales con contacto de rodadura: dos para cada eje. La duración L_{10} de diseño deberá ser de 20 000 horas.
6. Diseñe una caja para encerrar los engranes y los rodamientos, y para soportarlos en forma rígida.
7. Proporcione un medio de lubricación de los engranes dentro de la caja.
8. Proporcione sellos para los ejes de entrada y de salida, en el lugar donde atraviesan la pared de la caja. No se especificarán aquí los sellos en particular, por falta de datos en este libro. Sin embargo, vea en el capítulo 11 las sugerencias de los sellos que podrían ser adecuados.

Diseño de los engranes

Las condiciones para este diseño son iguales a las que se vieron en los problemas modelo 9-1 a 9-4. En la sección 9-15 se efectuaron varias iteraciones, con ayuda de la hoja de cálculo para diseño de engranes. En todas las opciones de diseño se manejó un factor de confiabilidad de 1.50, para alcanzar una confiabilidad esperada de 0.9999, menor que una falla en 10,000. Eso es más conservador que la confiabilidad sugerida de 0.999. Se usó un factor de sobrecarga de 1.50, para considerar el choque moderado que se espera en el funcionamiento de la sierra. Se empleará el diseño documentado en la figura 9-31, el cual tiene como propiedades principales las siguientes:

- Paso diametral: $P_d = 8$; dientes de involuta de 20°, a profundidad completa
- Número de dientes en el piñón: $N_P = 28$
- Número de dientes en el engrane: $N_G = 98$
- Diámetro del piñón: $D_P = 3.500$ pulg
- Diámetro del engrane: $D_G = 12.250$ pulg
- Distancia entre centros: $C = 7.875$ pulg
- Ancho de cara: $F = 2.00$ pulg
- Número de calidad: $Q_v = 8$
- Fuerza tangencial: $W_t = 514$ lb
- Número requerido de esfuerzo de flexión para el piñón: $s_{at} = 20\,900$ psi
- Número requerido de esfuerzo de contacto para el piñón: $s_{ac} = 153\,000$ psi; requiere acero 390 HB
- Material especificado: AISI 4140 OQT 800; 429 HB; $s_u = 210$ ksi; 16% de elongación

Diseño del eje

1. ***Fuerzas:*** La figura 15-3(a) muestra la configuración propuesta para el eje de entrada que tiene el piñón, y se conecta con el eje del motor a través de un acoplamiento flexible. La figura 15-3(b) muestra el eje de salida, con una configuración similar. Las

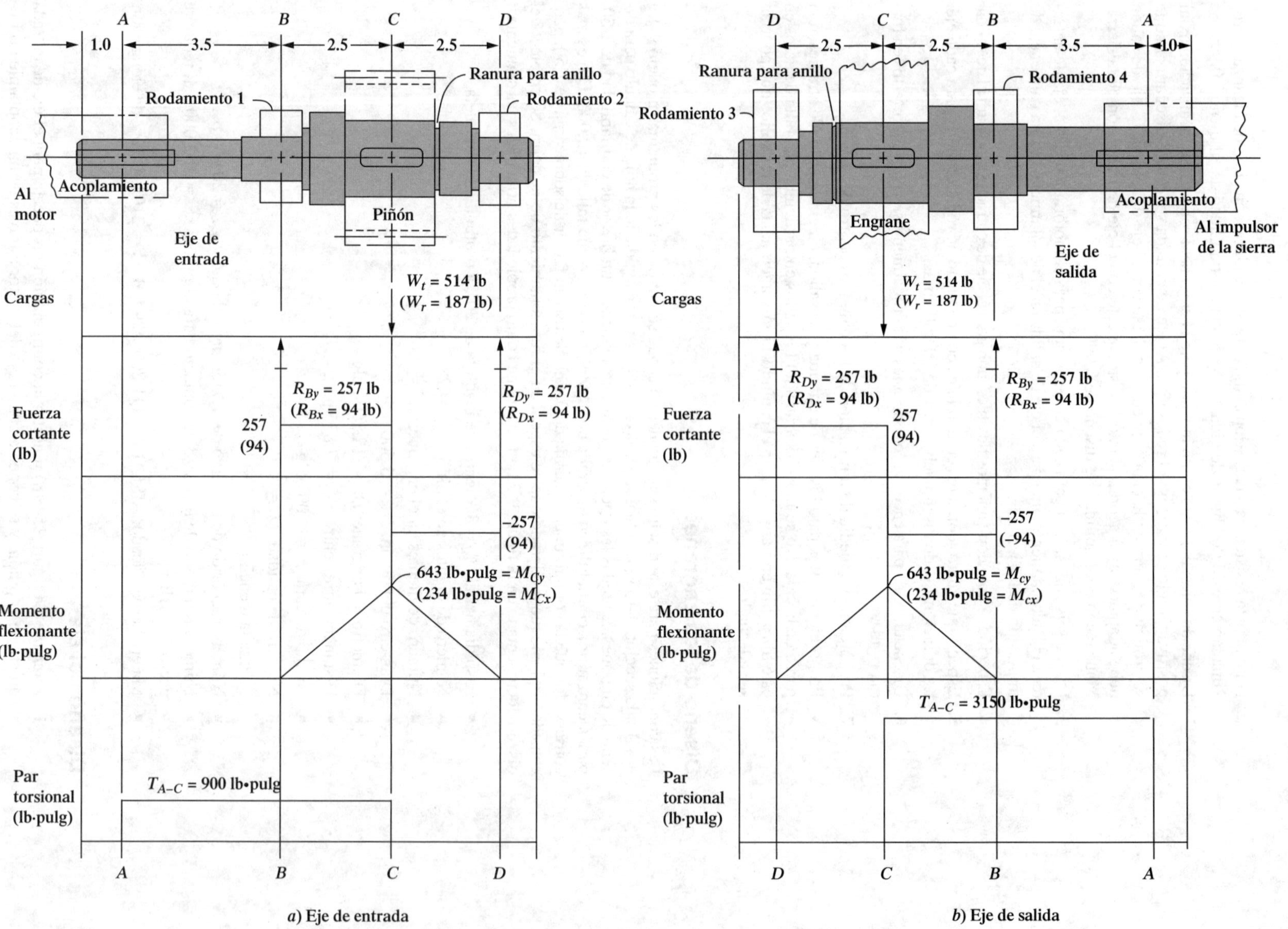

a) Eje de entrada

b) Eje de salida

FIGURA 15-3 Diagramas de configuraciones, fuerza cortante, momento flexionante y par torsional en los ejes únicas fuerzas activas sobre los ejes son la fuerza tangencial y la fuerza radial que proceden de los dientes de los engranes. Los acoplamientos flexibles en los extremos de los ejes permiten la transmisión de par torsional, pero no se transmiten fuerzas radiales ni axiales, cuando el alineamiento de los ejes está dentro de los límites recomendados para el acoplamiento. Vea el capítulo 11. Sin los acoplamientos flexibles, es muy probable que se produzcan cargas radiales apreciables, las cuales necesitarían diámetros algo mayores para el eje, así como rodamientos mayores. Vea el capítulo 12.

El análisis de los engranes con hojas de cálculo indica que la fuerza tangencial es $W_t = 514$ lb. Actúa hacia abajo, en el plano vertical, sobre el piñón, y hacia arriba sobre el engrane. La fuerza radial es

$$W_r = W_t \tan \phi = (514 \text{ lb})\tan(20°) = 187 \text{ lb}$$

La fuerza radial actúa horizontalmente hacia la izquierda sobre el piñón, y tiende a separarlo del engrane. Sobre el engrane, la fuerza radial actúa hacia la derecha.

2. ***Valores del par torsional:*** El par torsional sobre el eje de entrada es

$$T_1 = (63\,000)(P)/n_P = (63\,000)(25)/1750 = 900 \text{ lb·pulg}$$

Este valor actúa desde el acoplamiento en el extremo izquierdo del eje hasta el piñón, donde la potencia se entrega al piñón por medio de la cuña, y después al engrane acoplado.

A continuación se calcula el par torsional en el eje de salida, si se supone que no se pierde potencia. El valor resultante del par torsional será conservador, para emplearlo en el diseño del eje:

$$T_2 = (63\,000)(P)/n_G = (63\,000)(25)/500 = 3150 \text{ lb·pulg}$$

El par torsional actúa sobre el eje de salida desde el engrane, hasta el acoplamiento del extremo derecho del eje. Si se supone que el sistema tiene 95% de eficiencia, el par torsional real de salida es, aproximadamente:

$$T_o = T_2\,(0.95) = 2992 \text{ lb·pulg}$$

Este valor queda dentro del intervalo indicado en los requisitos de diseño, punto 5.

3. ***Diagramas de fuerza cortante y momento flexionante:*** La figura 15-3 muestra también los diagramas de fuerza cortante y momento flexionante para los dos ejes. Debido a que la carga activa sólo está en los engranes, la forma de cada diagrama es igual en las direcciones vertical y horizontal. El primer número dado es el valor de la carga, la fuerza cortante o el momento flexionante en el plano vertical. El segundo número, entre paréntesis, es el valor en el plano horizontal. El momento flexionante máximo en cada eje ocurre donde se montan los engranes. Los valores son

$$M_y = 643 \text{ lb·pulg} \qquad M_x = 234 \text{ lb·pulg}$$

El momento equivalente es $M_{\text{máx}} = 684$ lb·pulg

El momento flexionante es cero en los rodamientos, y en las extensiones de los ejes de entrada y de salida.

4. ***Reacciones en los apoyos-fuerzas en los rodamientos:*** Las reacciones en todos los rodamientos son iguales para este ejemplo, por la simplicidad de la forma de cargar y la simetría del diseño. Las componentes horizontal y vertical son

$$F_y = 257 \text{ lb} \qquad F_x = 93.5 \text{ lb}$$

La fuerza resultante es la fuerza radial que debe ser soportada por los rodamientos: F_r = 274 lb. Este valor también produce esfuerzo cortante vertical en el eje, en el lugar de los rodamientos.

5. ***Selección del material para los ejes:*** Cada eje tendrá una serie de diámetros distintos, escalones con chaflanes, cuñeros y una ranura para anillo, como se ve en la figura 15-3. Por consiguiente, se necesitará maquinarlo. Los ejes estarán sujetos a una combinación de par torsional continuo, y flexión invertida y repetida durante el uso normal, cuando la sierra corte tubos de acero para escapes automotrices. Se esperan choques moderados ocasionales, cuando la sierra entre en el tubo y cuando haya atoramientos en el corte, debido al embotamiento de la segueta, y a que en el tubo hay acero de dureza excepcional.

   Esas condiciones requieren un acero que tenga resistencia moderadamente alta, buena resistencia a la fatiga, buena ductilidad y buena facilidad de maquinado. Esos ejes son fabricados, en forma típica, con aleación de acero al medio carbón (de 0.30 a 0.60% de carbón), en la condición de estirado en frío y templado en aceite. La facilidad de maquinado se obtiene con un acero con contenido de azufre moderadamente alto, que es una característica de la serie 1100. Cuando también se desea tener buena capacidad de endurecimiento, se usa mayor contenido de manganeso.

   Un ejemplo de esa aleación es la AISI 1144, la cual contiene de 0.40 a 0.48% de carbón, 1.35 a 1.65% de manganeso y 0.24 a 0.33% de azufre. Se le llama acero *resulfurado de maquinado libre.* La figura A4-2 muestra el intervalo de propiedades disponibles para este material, cuando está templado en aceite y revenido. Se selecciona una temperatura de revenido de 1000°F, la cual redunda en un buen equilibrio entre resistencia y ductilidad.

   En resumen, el material especificado será:

   Acero AISI 1144 OQT 1000; s_u = 118 000 psi; s_y = 83 000 psi; 20% de elongación

   La resistencia de este material a la fatiga se puede estimar con el método descrito en los capítulos 5 y 12.

   Resistencia básica a la fatiga: s_n = 43 000 psi (de la figura 5-8, para una superficie maquinada)

   Factor por tamaño: C_s = 0.81 (de la figura 5-9, para un diámetro estimado de 2.0 pulgadas)

   Factor de confiabilidad: C_R = 0.75 (la confiabilidad deseada es de 0.999)

   Resistencia modificada a la fatiga: $s_n' = s_n(C_s)(C_R)$ = (43 000 psi)(0.81)(0.75) = 26 100 psi

6. ***Factor de diseño N:*** La elección de un factor de diseño N debe tener en cuenta los factores descritos en el capítulo 5, donde se sugirió un valor nominal $N = 2$, para diseño de maquinaria en general. Con la expectativa de choques moderados y cargas de impacto, se especifica $N = 4$, para tener seguridad adicional.

7. ***Diámetros mínimos admisibles en los ejes:*** Los diámetros mínimos admisibles en los ejes se calculan ahora en varias secciones a lo largo del eje, mediante la ecuación (12-24); si existe alguna combinación de cargas de torsión o de flexión en la sección de interés, como en los rodamientos indicados con D, en la figura 15-3. Se emplea la ecuación (12-16). La tabla 15-2 resume los datos manejados en esas ecuaciones para cada tramo, y muestra el diámetro mínimo calculado. Se empleó la hoja de cálculo de la sección 12-10 para terminar el análisis.

TABLA 15-2 Resumen de los cálculos del diámetro de eje, para el dimensionamiento preliminar en el diseño del eje.

A. Eje de entrada

Sección	Diámetro (y componente relacionado)	Momentos flexionantes: Par torsional (lb·pulg)	M_x (lb·pulg)	M_y (lb·pulg)	Fuerzas cortantes: V_x (lb)	V_y (lb)	K_t	Característica	Diámetro (pulg): Mínimo	Diseño
A	D_1 *(acoplamiento)*	900	0	0	0	0	1.60	Cuñero de trineo	0.73	1.000
B (a la derecha)	D_2 *(rodamiento)*	900	0	0	0	0	2.50	Chaflán agudo	0.73	*
Nota: D_3 debe ser mayor que D_2 o D_4 para formar escalones para el rodamiento y el engrane										2.000
C	D_4 *(engrane)*	900	234	643	94	257	2.00	Perfil del cuñero	1.29	1.750
C (a la derecha)	D_4 *(engrane)*	0	234	643	94	257	3.00	Ranura para anillo	1.47	1.750
D	D_5 *(rodamiento)*	0	0	0	94	257	2.50	Chaflán agudo	0.56	*

B. Eje de salida

Sección	Diámetro (y componente relacionado)	Momentos flexionantes: Par torsional (lb·pulg)	M_x (lb·in)	M_y (lb·in)	Fuerzas cortantes: V_x (lb)	V_y (lb)	K_t	Característica	Diámetro (pulg): Mínimo	Diseño
A	D_1 *(acoplamiento)*	3150	0	0	0	0	1.60	Cuñero de trineo	1.10	1.250
B (a la izquierda)	D_2 *(rodamiento)*	3150	0	0	0	0	2.50	Chaflán agudo	1.10	*
Nota: D_3 debe ser mayor que D_2 o D_4 para formar escalones para el rodamiento y el engrane.										2.000
C	D_4 *(engrane)*	3150	234	643	94	257	2.00	Perfil del cuñero	1.36	1.750
C (a la izquierda)	D_4 *(engrane)*	0	234	643	94	257	3.00	Ranura para anillo	1.47	1.750
D	D_5 *(rodamiento)*	0	0	0	94	257	2.50	Chaflán agudo	0.56	*

Nota: Los diámetros de asiento de rodamiento, indicados con *, por especificar.

La última columna de la tabla 15-2 contiene también algunas decisiones *preliminares* de diseño, para diámetros adecuados en los lugares indicados. Se deberán reevaluar y redefinir cuando se termine el diseño. Los diámetros sugeridos para las extensiones de eje en *A*, tanto en el eje de entrada como en el de salida, se han ajustado a los valores estándar disponibles para los barrenos de los acoplamientos flexibles. Después describiremos los acoplamientos flexibles.

Observe que los diámetros de los asientos para los rodamientos en las secciones *B* y *D* no han sido indicados. La razón estriba en que la siguiente tarea del proyecto de diseño es especificar rodamientos comerciales para que soporten las cargas radiales con una duración adecuada. Los diámetros de los ejes deben ser especificados de acuerdo con las dimensiones límite recomendadas por el fabricante del rodamiento. Por consiguiente, se dejará la tabla 15-2 como está ahora, y se regresará a ella después de terminar el proceso de selección de rodamiento.

Selección de rodamientos

Se empleará el método descrito en la sección 14-9 para seleccionar rodamientos de una hilera de bolas y ranura profunda, con los datos de la tabla 14-3. La carga de diseño es igual a la carga radial, y el valor se puede encontrar en el análisis del eje, que se muestra en la figura 15-3. De hecho, las reacciones en los apoyos de cada eje son las cargas radiales a que están sometidos los rodamientos.

Debido a la simetría en el diseño de este sistema, y en vista de que no existen cargas radiales en el eje, excepto de las producidas por la acción de los dientes de los engranes, las cargas radiales en cada uno de los cuatro rodamientos de este diseño son iguales. Antes, en este capítulo, en la sección del diseño del eje, se determinó que la carga en el rodamiento es de 274 lb.

Recuerde que la duración de diseño para los rodamientos, L_a, es el número total de revoluciones esperados en el servicio. En consecuencia, depende tanto de la velocidad de giro del eje como de la duración de diseño, en horas. Se está manejando una duración de diseño de 20 000 horas en todos los rodamientos. El eje 1, que es el de entrada, gira a 1750 rpm, y el número de revoluciones total resulta ser

$$L_d = (20\,000\text{ h})(1750\text{ rev/min})(60\text{ min/h}) = 2.10 \times 10^9\text{ revoluciones}$$

El eje 2, que es el de salida, gira a 500 rpm. Entonces, su duración de diseño es

$$L_d = (20\,000\text{ h})(500\text{ rev/min})(60\text{ min/h}) = 6.0 \times 10^8\text{ revoluciones}$$

Los datos para los rodamientos, en la tabla 14-3, son para una duración de 1.0 millón (10^6) de revoluciones.

Ahora se usará la ecuación (14-3) con $k = 3$, para calcular la capacidad de carga dinámica básica C de cada rodamiento de bolas. Para los rodamientos en el eje 1,

$$C = P_d(L_d/10^6)^{1/k} = (274\text{ lb})(2.10 \times 10^9/10^6)^{1/3} = 3510\text{ lb}$$

De igual modo, para los rodamientos en el eje 2,

$$C = P_d(L_d/10^6)^{1/k} = (274\text{ lb})(6.0 \times 10^8/10^6)^{1/3} = 2310\text{ lb}$$

En la tabla 15-3 existen probables rodamientos para cada eje, con capacidades de carga dinámica cuando menos iguales a las que se acaban de calcular. También se necesita ver la tabla 15-2, para determinar los diámetros mínimos aceptables de los ejes para cada asiento de rodamiento y para asegurarse de que el diámetro interior de la pista del rodamiento sea compatible.

Se ha seleccionado el rodamiento más pequeño en cada lugar del eje 1, el cual tuvo un valor aceptable de capacidad de carga dinámica básica. Para el eje 2, se decidió que el diámetro de la extensión del eje debería ser de 1.25 pulgadas, y que el del barreno del rodamiento debe ser mayor. El rodamiento 6207 tiene un barreno adecuado, y un factor de seguridad adicional en la capacidad de carga.

Observe que en realidad el fabricante indica las dimensiones de los rodamientos en milímetros, como se ve en la tabla 14-3. Los equivalentes en decimales de pulgada son algo más incómodos, pero se deben usar. A continuación se muestran las dimensiones en mm:

Dimensión en pulgadas	*mm*	*Dimensión en pulgadas*	*mm*
0.5512	14	1.8504	47
0.5906	15	2.0472	52
0.6693	17	2.4409	62
0.9843	25	2.8346	72
1.3780	35	0.039	1.00-mm (radio del chaflán)

Montaje de los rodamientos sobre los ejes y en la caja

Con las especificaciones de los rodamientos, se pueden finalizar las dimensiones básicas para los diámetros de eje. La tabla 15-4 es una actualización de los datos de la tabla 15-2, con las dimensiones de los diámetros de barreno indicadas. También se incluyen algunos otros cambios,

TABLA 15-3 Rodamientos probables para los ejes 1 y 2

A. Para el eje 1: Barreno mínimo = 0.60 pulg en la sección *B*; 0.54 pulg en la sección *D*

Rodamiento núm.	*C* (lb)	*d* (pulg)	*D* (pulg)	*B* (pulg)	$r_{máx}$ (pulg)	Comentario
6207	4450	1.3780	2.8346	0.6693	0.039	Grande para *B* y *D*
6305	3550	0.9843	2.4409	0.6693	0.039	Especifique para *B* y *D*

B. Para el eje 2: Barreno mínimo = 1.10 pulg en la sección *B*; 0.54 pulg en la sección *D*

Rodamiento núm.	*C* (lb)	*d* (pulg)	*D* (pulg)	*B* (pulg)	$r_{máx}$ (pulg)	Comentario
6205	2430	0.9843	2.0472	0.5906	0.039	Pequeño para *B*; especifique para *D*
6207	4450	1.3780	2.8346	0.6693	0.039	Especifique para *B*

TABLA 15-4 Resumen de los resultados de cálculos para diámetro de ejes, para las dimensiones corregidas de diseño para el eje

A. Eje de entrada

		Momentos flexionantes			Fuerzas cortantes				Diámetro (pulg)	
Sección	Diámetro (y componente relacionado)	Par torsional (lb·pulg)	M_x (lb·pulg)	M_y (lb·pulg)	V_x (lb)	V_y (lb)	K_t	Característica	Mínimo	Diseño
A	D_1 *(acoplamiento)*	900	0	0	0	0	1.60	Cuñero de trineo	0.73	0.875
B (a la derecha)	D_2 *(rodamiento)*	900	0	0	0	0	2.50	Chaflán agudo	0.73	0.984
Nota: D_3 debe ser mayor que D_2 o D_4 para formar escalones para el rodamiento y el engrane										2.000
C	D_4 *(engrane)*	900	234	643	94	257	2.00	Perfil del cuñero	1.29	1.750
C (a la derecha)	D_4 *(engrane)*	0	234	643	94	257	3.00	Ranura para anillo	1.47	1.750
D	D_5 *(rodamiento)*	0	0	.0	94	257	2.50	Chaflán agudo	0.56	0.984

B. Eje de salida

		Momentos flexionantes			Fuerzas cortantes				Diámetro (pulg)	
Sección	Diámetro (y componente relacionado)	Par torsional (lb·pulg)	M_x (lb·in)	M_y (lb·in)	V_x (lb)	V_y (lb)	K_t	Característica	Mínimo	Diseño
A	D_1 *(acoplamiento)*	3150	0	0	0	0	1.60	Cuñero de trineo	1.10	1.250
B (a la izquierda)	D_2 *(rodamiento)*	3150	0	0	0	0	2.50	Chaflán agudo	1.10	1.378
Nota: D_3 debe ser mayor que D_2 o D_4 para formar escalones para el rodamiento y el engrane.										2.000
C	D_4 *(engrane)*	3150	234	643	94	257	2.00	Perfil del cuñero	1.36	1.750
C (a la izquierda)	D_4 *(engrane)*	0	234	643	94	257	3.00	Ranura para anillo	1.47	1.750
D	D_5 *(rodamiento)*	0	0	0	94	257	2.50	Chaflán agudo	0.56	0.984

lo cual es típico de la naturaleza iterativa del diseño. Por ejemplo, el diámetro del eje de entrada en el acoplamiento (sección *A*) se fabricó un poco menor que el diámetro del asiento del rodamiento. Eso permite que el rodamiento se deslice con facilidad sobre el eje, hasta donde haya que prensarlo para llegar a su posición en su asiento, en la sección *B* y contra el escalón. Se debe realizar otra comprobación en la sección *D* de ambos ejes, donde un diámetro de 1.750 pulgadas baja hasta el diámetro de asiento del rodamiento, que es de 0.984 pulgadas. Existe la posibilidad de que el escalón sea demasiado grande, y que pueda interferir con la pista exterior del rodamiento. Eso se comprobará al completar los detalles de montaje de los rodamientos. En caso de que exista interferencia, debe ser sencillo proporcionar otro escalón pequeño para hacer que el escalón del rodamiento tenga una altura aceptable.

El montaje de rodamientos de bolas y de rodillos sobre los ejes, y en las cajas, requiere consideración muy cuidadosa de las dimensiones límite de todas las piezas acopladas, para asegurar que los ajustes sean correctos, tal como los haya definido el fabricante del rodamiento. Las tolerancias totales en los diámetros de eje sólo tienen algunas diezmilésimas de pulgada, en tamaños hasta de 6.00 pulgadas. Las tolerancias totales sobre diámetros de barrenos de cajas van desde 0.001 hasta 0.004 pulg, aproximadamente, para los tamaños desde 1.00 pulgada hasta más de 16.0 pulgadas. La violación respecto de los ajustes recomendados causará, probablemente, un funcionamiento no satisfactorio y la posibilidad de una rápida falla del rodamiento.

Suele prensarse al barreno de un rodamiento en el asiento del eje, con un ajuste de interferencia ligera, para asegurar que la pista interna gire con el eje. El diámetro exterior del rodamiento tiene, en el caso típico, un ajuste deslizante estrecho en la caja, y la holgura mínima es cero. Eso facilita la instalación, y permite algún ligero meneo del rodamiento, cuando haya deformación térmica durante el funcionamiento. Tolerancias más estrechas que las que recomiende el fabricante podrán causar el atoramiento de los elementos rodantes, entre las pistas interior y exterior, causando mayores cargas y mayor fricción. Si los ajustes son más holgados, pueden permitir que la pista exterior gire en relación con la caja, lo cual es muy desfavorable.

Sólo a uno de los dos rodamientos de un eje se le debe localizar y mantener fijo axialmente en la caja, para tener un alineamiento correcto de los componentes activos, que en este diseño son los engranes. El segundo rodamiento debe instalarse de tal modo que permita algo de movimiento axial durante el funcionamiento. Si también se mantuviera fijo el segundo rodamiento, es probable que se desarrollen cargas axiales adicionales, para las cuales no ha sido diseñado el rodamiento.

Primero se describe la especificación de las dimensiones límite del eje, en los asientos de rodamiento.

Diámetros de asiento de rodamiento. Debido a que los fabricantes de la mayor parte de los rodamientos comerciales los producen con dimensiones métricas, se especifican los ajustes de acuerdo con el sistema de tolerancias de la Organización Internacional de Normalización (ISO). Sólo se presentará una muestra de los datos, para ilustrar el proceso de especificación de dimensiones límite para ejes y para cajas, donde se instalen rodamientos. Los catálogos de los fabricantes contienen datos mucho más extensos.

En rodamientos que soportan cargas que van de moderadas a grandes, como las de este diseño modelo, se recomiendan los siguientes grados de tolerancia para los asientos de rodamientos en eje y para ajustes en cajas, entre barrenos y pistas exteriores:

Intervalo de diámetros de barreno en rodamiento	*Grado de tolerancia*
10-18 mm	j5
20-100 mm	k5
105-140 mm	m5
150-200 mm	m6
Barreno de la caja (cualquiera)	H8

La tabla 15-5 muestra datos representativos de las dimensiones límite reales para esos grados, en los intervalos de tamaño que se incluyen para los rodamientos de la tabla 14-3. Observe que las dimensiones del barreno y el diámetro exterior del rodamiento son las que se esperan, de acuerdo con el fabricante del rodamiento. Debe el lector controlar el diámetro del eje y el barreno de la caja de acuerdo con las dimensiones máxima y mínima especificadas. La tabla también contiene los ajustes mínimo y máximo que resultan. El símbolo L indica que existe un ajuste con holgura neta (flojo); T indica que el ajuste es de interferencia (apretado). En este caso, los rodamientos deben entrar a presión en el asiento del eje. A veces se aplica calor al rodamiento, y enfriamiento al eje para producir una holgura que facilite el ensamble. Cuando las piezas retornan a las temperaturas normales se produce el ajuste final.

Ahora se muestra la determinación de las dimensiones límites para el eje, en cada asiento de rodamiento.

Eje 1: Eje de entrada. Ambos rodamientos 1 y 2 son del número 6305.

Barreno nominal: 25 mm (0.9843 pulg).

De la tabla 15-5: grado de tolerancia ISO k5 en el asiento del eje; límites de 0.9847 a 0.9844 pulg.

Ajuste que resulta entre el barreno del rodamiento y el asiento del eje: apriete de 0.0001 pulg a 0.0008 pulg.

TABLA 15-5 Ajustes de eje y caja para rodamientos.

A. Ajustes para ejes

Barreno del rodamiento			Grado de tolerancia ISO	Diámetro del eje		Límites del ajuste	
Nominal (mm)	Máximo (pulg)	Mínimo (pulg)		Máximo (pulg)	Mínimo (pulg)	Mínimo (pulg)	Máximo (pulg)
10	0.3937	0.3934	j5	0.3939	0.3936	0.0001L	0.0005T
12	0.4724	0.4721	j5	0.4726	0.4723	0.0001L	0.0005T
15	0.5906	0.5903	j5	0.5908	0.5905	0.0001L	0.0005T
17	0.6693	0.6690	j5	0.6695	0.6692	0.0001L	0.0005T
20	0.7874	0.7870	k5	0.7878	0.7875	0.0001T	0.0008T
25	0.9843	0.9839	k5	0.9847	0.9844	0.0001T	0.0008T
30	1.1811	1.1807	k5	1.1815	1.1812	0.0001T	0.0008T
35	1.3780	1.3775	k5	1.3785	1.3781	0.0001T	0.0010T
40	1.5748	1.5743	k5	1.5753	1.5749	0.0001T	0.0010T
45	1.7717	1.7712	k5	1.7722	1.7718	0.0001T	0.0010T
50	1.9685	1.9680	k5	1.9690	1.9686	0.0001T	0.0010T
55	2.1654	2.1648	k5	2.1660	2.1655	0.0001T	0.0012T
60	2.3622	2.3616	k5	2.3628	2.3623	0.0001T	0.0012T
65	2.5591	2.5585	k5	2.5597	2.5592	0.0001T	0.0012T
70	2.7559	2.7553	k5	2.7565	2.7560	0.0001T	0.0012T
75	2.9528	2.9522	k5	2.9534	2.9529	0.0001T	0.0012T
80	3.1496	3.1490	k5	3.1502	3.1497	0.0001T	0.0012T
85	3.3465	3.3457	k5	3.3472	3.3466	0.0001T	0.0015T
90	3.5433	3.5425	k5	3.5440	3.5434	0.0001T	0.0015T
95	3.7402	3.7394	k5	3.7409	3.7403	0.0001T	0.0015T
100	3.9370	3.9362	k5	3.9377	3.9371	0.0001T	0.0015T
105	4.1339	4.1331	m5	4.1350	4.1344	0.0005T	0.0019T
110	4.3307	4.3299	m5	4.3318	4.3312	0.0005T	0.0019T
115	4.5276	4.5268	m5	4.5287	4.5281	0.0005T	0.0019T
120	4.7244	4.7236	m5	4.7255	4.7249	0.0005T	0.0019T
125	4.9213	4.9203	m5	4.9226	4.9219	0.0006T	0.0023T
130	5.1181	5.1171	m5	5.1194	5.1187	0.0006T	0.0023T
140	5.5118	5.5108	m5	5.5131	5.5124	0.0006T	0.0023T
150	5.9055	5.9045	m6	5.9071	5.9061	0.0006T	0.0026T
160	6.2992	6.2982	m6	6.3008	6.2998	0.0006T	0.0026T
170	6.6929	6.6919	m6	6.6945	6.6935	0.0006T	0.0026T
180	7.0866	7.0856	m6	7.0882	7.0872	0.0006T	0.0026T
190	7.4803	7.4791	m6	7.4821	7.4810	0.0007T	0.0030T
200	7.8740	7.8728	m6	7.8758	7.8747	0.0007T	0.0030T

(continúa)

TABLA 15-5 (*continúa*)

B. Ajustes para cajas

Diámetro exterior del rodamiento			Grado de tolerancia ISO	Diámetro de la caja		Límites del ajuste	
Nominal (mm)	Máximo (pulg)	Mínimo (pulg)		Máximo (pulg)	Mínimo (pulg)	Mínimo (pulg)	Máximo (pulg)
30	1.1811	1.1807	H8	1.1811	1.1824	0	0.0017L
32	1.2598	1.2594	H8	1.2598	1.2613	0	0.0019L
35	1.3780	1.3776	H8	1.3780	1.3795	0	0.0019L
37	1.4567	1.4563	H8	1.4567	1.4582	0	0.0019L
40	1.5748	1.5744	H8	1.5748	1.5763	0	0.0019L
42	1.6535	1.6531	H8	1.6535	1.6550	0	0.0019L
47	1.8504	1.8500	H8	1.8504	1.8519	0	0.0019L
52	2.0472	2.0467	H8	2.0472	2.0490	0	0.0023L
62	2.4409	2.4404	H8	2.4409	2.4427	0	0.0023L
72	2.8346	2.8341	H8	2.8346	2.8364	0	0.0023L
80	3.1496	3.1491	H8	3.1496	3.1514	0	0.0023L
85	3.3465	3.3459	H8	3.3465	3.3486	0	0.0027L
90	3.5433	3.5427	H8	3.5433	3.5454	0	0.0027L
100	3.9370	3.9364	H8	3.9370	3.9391	0	0.0027L
110	4.3307	4.3301	H8	4.3307	4.3328	0	0.0027L
120	4.7244	4.7238	H8	4.7244	4.7265	0	0.0027L
125	4.9213	4.9206	H8	4.9213	4.9238	0	0.0032L
130	5.1181	5.1174	H8	5.1181	5.1206	0	0.0032L
140	5.5118	5.5111	H8	5.5118	5.5143	0	0.0032L
150	5.9055	5.9048	H8	5.9055	5.9080	0	0.0032L
160	6.2992	6.2982	H8	6.2992	6.3017	0	0.0035L
170	6.6929	6.6919	H8	6.6929	6.6954	0	0.0035L
180	7.0866	7.0856	H8	7.0866	7.0891	0	0.0035L
190	7.4803	7.4791	H8	7.4803	7.4831	0	0.0040L
200	7.8740	7.8728	H8	7.8740	7.8768	0	0.0040L
215	8.4646	8.4634	H8	8.4646	8.4674	0	0.0040L
225	8.8583	8.8571	H8	8.8583	8.8611	0	0.0040L
230	9.0551	9.0539	H8	9.0551	9.0579	0	0.0040L
240	9.4488	9.4476	H8	9.4488	9.4516	0	0.0040L
250	9.8425	9.8413	H8	9.8425	9.8453	0	0.0040L
260	10.2362	10.2348	H8	10.2362	10.2394	0	0.0046L
270	10.6299	10.6285	H8	10.6299	10.6331	0	0.0046L
280	11.0236	11.0222	H8	11.0236	11.0268	0	0.0046L
290	11.4173	11.4159	H8	11.4173	11.4205	0	0.0046L
300	11.8110	11.8096	H8	11.8110	11.8142	0	0.0046L
310	12.2047	12.2033	H8	12.2047	12.2079	0	0.0046L
320	12.5984	12.5968	H8	12.5984	12.6019	0	0.0051L
340	13.3858	13.3842	H8	13.3858	13.3893	0	0.0051L
360	14.1732	14.1716	H8	14.1732	14.1767	0	0.0051L
380	14.9606	14.9590	H8	14.9606	14.9641	0	0.0051L
400	15.7480	15.7464	H8	15.7480	15.7515	0	0.0051L
420	16.5354	16.5336	H8	16.5354	16.5392	0	0.0056L

Nota: L = flojo; T = apretado.

Diámetro exterior de la pista exterior = 62 mm (2.4409 pulg)

De acuerdo con la tabla 15-5: Grado de tolerancia ISO H8 en el barreno de la caja; límites de 2.4409 a 2.4427 pulgadas.

Ajuste resultante entre la pista exterior y el barreno de la caja: 0.0 a 0.0023 pulgadas, flojo.

Eje 2: Eje de salida. El rodamiento 3 en *D* es del número 6205.

Barreno nominal = 25 mm (0.9843 pulgada)

De la tabla 15-5: Grado de tolerancia ISO k5 en el asiento del eje; límites de 0.9847 a 0.9844 pulgada.

Ajuste resultante entre el barreno del rodamiento y el asiento del eje: 0.0001 pulgada de apriete, a 0.0008 pulgada de apriete.

Diámetro exterior de la pista exterior = 52 mm (2.0472 pulgadas).

De acuerdo con la tabla 15-5: Grado de tolerancia ISO H8 en el barreno de la caja; límites de 2.0472 a 2.0490 pulgadas.

Ajuste que resulta entre la pista exterior y el barreno de la caja: de 0.0 a 0.0023 pulgada, flojo.

Eje 2: Eje de salida. El rodamiento 4 en *B* es número 6207.

Barreno nominal = 35 mm (1.3780 pulgadas)

De acuerdo con la tabla 15-5: Grado de tolerancia ISO k5 en el eje; límites de 1.3785 a 1.3781 pulgadas

Ajuste resultante entre el barreno del rodamiento y el asiento del eje: de 0.0001 pulgada de apriete a 0.0010 pulgada de apriete.

Diámetro exterior de la pista exterior = 72 mm (2.8346 pulgadas)

De acuerdo con la tabla 15-5: Grado de tolerancia ISO H8 en el barreno de la caja; límites de 2.8346 a 2.8364 pulgadas.

Ajuste que resulta entre la pista exterior y el barreno de la caja: de 0.0 a 0.0023 pulgada, flojo.

Diámetros del escalón en el eje y en las cajas. Cada uno de los rodamientos en este diseño debe asentar contra un escalón, por uno de sus lados. El escalón del eje debe ser suficientemente grande para proporcionar una superficie sólida y plana contra la cual asentar el lado de la pista interior. Pero el escalón no debe ser tan alto que toque la pista exterior, porque la pista interior gira a la velocidad del eje, y la pista exterior es estacionaria.

De manera similar, un escalón en la caja se debe proporcionar para la localización sólida de la pista exterior, pero no ser tal que toque a la pista interior.

Los catálogos de los fabricantes de rodamientos contienen datos, como los de la tabla 15-6, para guiar al cliente en la especificación de las alturas de escalón adecuadas. El valor de *S* es el diámetro mínimo del escalón en el eje. El diámetro nominal máximo es el diámetro medio del rodamiento a la mitad de las bolas. El valor de *H* es el diámetro máximo del escalón en la caja, y el diámetro mínimo nominal es el diámetro medio del rodamiento.

Por ejemplo, en el presente diseño, el diámetro mínimo del escalón en cada rodamiento del eje 1 debe ser 1.14 pulgadas, como se indicó para el rodamiento número 305 de la tabla 15-6. (Observe que el número de rodamiento 6305 especificado para el eje es de la misma *serie* que el número 305, lo que indica que tendría dimensiones similares). El diámetro máximo del escalón en la caja, para el rodamiento número 305, es 2.17 pulgadas, donde la pista exterior debe asentar contra un escalón.

En el eje 2, el escalón para el rodamiento 6205 también debería tener al menos 1.14 pulgadas, y el escalón para el rodamiento 6207 debería ser de 1.53 pulgadas, como mínimo. El diámetro máximo del escalón de la caja, para el rodamiento 6205 en el eje 2 es de 1.81 pulgadas. Para el rodamiento 6207, el diámetro máximo del escalón en la caja es de 2.56 pulgadas.

TABLA 15-6 Diámetros de escalón en el eje y en la caja

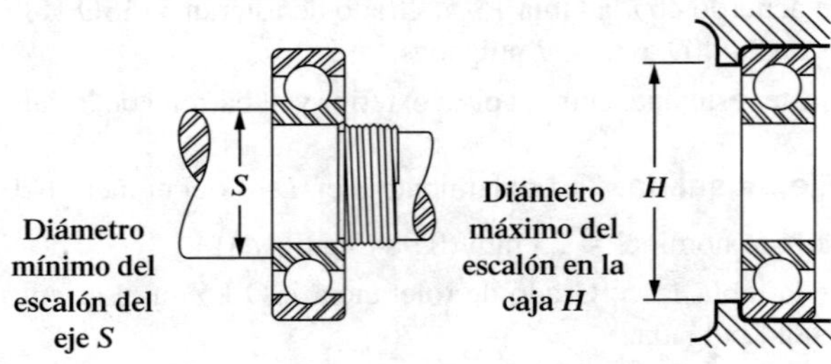

Rodamientos serie 200						Rodamientos serie 300					
Núm.	*S*	*H*	Núm.	*S*	*H*	Núm.	*S*	*H*	Núm.	*S*	*H*
200	0.50	0.98	216	3.55	5.12	300	0.50	1.18	316	3.62	6.22
201	0.58	1.06	217	3.75	5.51	301	0.63	1.22	317	3.90	6.54
202	0.69	1.18	218	3.94	5.91	302	0.75	1.42	318	4.09	6.93
203	0.77	1.34	219	4.21	6.22	303	0.83	1.61	319	4.29	7.32
204	0.94	1.61	220	4.41	6.61	304	0.94	1.77	320	4.49	7.91
205	1.14	1.81	221	4.61	7.01	305	1.14	2.17	321	4.69	8.31
206	1.34	2.21	222	4.80	7.40	306	1.34	2.56	322	4.88	8.90
207	1.53	2.56	224	5.20	7.99	307	1.69	2.80	324	5.28	9.69
208	1.73	2.87	226	5.67	8.50	308	1.93	3.19	326	5.83	10.32
209	1.94	3.07	228	6.06	9.29	309	2.13	3.58	328	6.22	11.10
210	2.13	3.27	230	6.46	10.08	310	2.36	3.94	330	6.61	11.89
211	2.41	3.68	232	6.85	10.87	311	2.56	4.33	332	7.01	12.68
212	2.67	3.98	234	7.40	11.50	312	2.84	4.65	334	7.40	13.47
213	2.86	4.37	236	7.80	11.89	313	3.03	5.04	336	7.80	14.25
214	3.06	4.57	238	8.19	12.68	314	3.23	5.43	338	8.35	14.88
215	3.25	4.76	240	8.58	13.47	315	3.43	5.83	340	8.74	15.67

Notas:
S = diámetro mínimo del escalón en el eje
El diámetro máximo no deberá ser mayor que el diámetro medio del rodamiento, a la mitad de las bolas.
H = diámetro máximo del escalón en la caja
El diámetro mínimo no deberá ser menor que el diámetro medio del rodamiento, a la mitad de las bolas.

La tabla 15-7 muestra los datos pertinentes manejados para decidir los valores de los diámetros de escalón; en las últimas dos columnas están los valores especificados. Donde el diámetro de escalón especificado sea menor que el valor preliminar que muestra la tabla 15-4, se usará otro escalón en el eje, con el fin de obtener el escalón correcto para el rodamiento y para el engrane. Eso se puede ver en los dibujos de los ejes, al final de este capítulo.

Se especificó el uso de un diámetro de 1.75 pulgadas en el escalón *D*, en el eje 1, porque es el diámetro que se había escogido antes para el eje. Este es algo mayor que el diámetro medio del rodamiento, pero todavía es menor que el de la pista exterior. Con datos más completos en el catálogo del fabricante, se ve que el diámetro de la superficie interior de la pista exterior es de 2.00 pulgadas, por lo que se puede aceptar el diámetro de 1.75 pulgadas.

Radios del chaflán. Cada uno de los rodamientos especificados para el reductor necesita que el radio máximo del chaflán, en el escalón que ubica al rodamiento, sea de 0.039 pulgada. Vea la tabla 14-3. Aquí especifique que los límites sobre el radio sean de 0.039 a 0.035 pulgada. Antes de comprometerse con este diseño, se comprobará el factor de concentración de esfuerzos en cada escalón.

TABLA 15-7 Diámetros de escalón en el eje y en la caja para rodamientos en el presente diseño

A. Eje 1.

Rodamiento núm.	Barreno	Diámetro exterior (*DE*)	Diámetro medio	*S* Mínimo	*H* Máximo	Escalón especificado en el eje	Escalón especificado en la caja
6305 en *B*	0.9843	2.4409	1.713	1.14	2.17	1.50	2.00
6305 en *D*	0.9843	2.4409	1.713	1.14	2.17	1.75	2.00

B. Eje 2

Rodamiento núm.	Barreno	Diámetro exterior (*DE*)	Diámetro medio	*S* Mínimo	*H* Máximo	Escalón especificado en el eje	Escalón especificado en la caja
6207 en *B*	1.3780	2.8346	2.106	1.53	2.56	2.00	2.25
6205 en *D*	0.9843	2.0472	1.516	1.14	1.81	1.50	1.75

Acoplamientos flexibles. El uso de acoplamientos flexibles en los ejes de entrada y de salida se ha contemplado en el diseño y análisis del eje. Permiten la transmisión de par torsional entre dos ejes, pero no ejercen fuerzas radiales o axiales apreciables sobre el eje. En el presente diseño, el uso de acoplamientos flexibles simplificó el diseño del eje y disminuyó las cargas sobre los rodamientos, en comparación con el uso de un dispositivo como una polea para bandas o una catarina para cadenas sobre el eje.

Ahora se especifican acoplamientos adecuados para los ejes de entrada y de salida. En el capítulo 11 se mostraron muchos ejemplos de esos acoplamientos; repáselos ahora. No es práctico reproducir los datos de todos los acoplamientos en este libro. A medida que lea esta sección, sería bueno que buscara una copia del catálogo de algún fabricante de acoplamientos, y estudiara sus procedimientos recomendados para seleccionarlos. Vea los sitios de Internet para el capítulo 11.

Se han seleccionado acoplamientos del tipo representado en la figura 11-16, denominados *Acoplamientos Browning Ever-Flex*, de Emerson Power Transmission, división de la Emerson Electric Company. Los elementos flexibles de hule están pegados permanentemente a cubos de acero, y la flexión del hule se adapta a desalineamientos paralelos de los ejes acoplados, hasta de 0.032 pulgada, y desalineamientos angulares de $\pm 3°$, así como a una flotación axial final de los ejes hasta de ± 0.032 pulgada. Es importante que diseñe el sistema de impulsión para la sierra, de acuerdo con este alineamiento: del eje de entrada al eje del motor, y del eje de salida al eje de la sierra.

La selección de un acoplamiento adecuado se basa en la capacidad de transmisión de potencia de los diversos tamaños que tenga. Pero se debe correlacionar la capacidad de potencia con la velocidad de giro, porque la variable real es el par torsional al que se somete el acoplamiento. Tanto el acoplamiento de entrada como el de salida transmiten 25 HP nominales en este diseño. Pero el eje de entrada gira a 1750 rpm, y el de salida a 500 rpm. Como el par torsional es inversamente proporcional a la velocidad de giro, el par torsional que experimenta el acoplamiento en el eje de salida es alrededor de 3.5 veces mayor que en el eje de entrada. Los datos del catálogo de acoplamientos también indican que se use un *factor de servicio* de acuerdo con el tipo de máquina a impulsar, y en el catálogo se incluyen algunos datos sugeridos. Se cree que es adecuado un factor de servicio de 1.5 para la sierra, la cual casi siempre tendrá una transmisión uniforme de potencia, con cargas moderadas ocasionales de choque.

El factor de servicio se aplica a la potencia nominal que se transmite, para calcular un valor de la *capacidad normal* de los acoplamientos. Entonces,

$$\text{Capacidad normal} = \text{entrada de potencia} \times \text{factor de servicio} = 25\ \text{HP}(1.5) = 37.5\ \text{HP}$$

Las tablas del catálogo indican que el acoplamiento número CFR6 tiene una capacidad normal adecuada a 1750 rpm para el eje de entrada, y que el número CFR9 es adecuado para el eje de salida a 500 rpm.

Se especifica que los cubos de los acoplamientos tengan barrenos y cuñeros maquinados con un intervalo de dimensiones permitidas. Cada mitad de acoplamiento puede tener un barreno distinto, de acuerdo con el tamaño del eje donde se debe montar. Para el eje de entrada, se ha especificado que el diámetro sea de 0.875 pulg (7/8 pulg), y será la especificación para el barreno de esa mitad del acoplamiento CFR6. El cuñero tiene 3/16 × 3/32, para aceptar una cuña cuadrada de 3/16 de pulgada. La longitud nominal máxima del eje dentro de cada mitad del acoplamiento será de 2.56 pulgadas.

La otra mitad del acoplamiento CFR6 se monta en el eje del motor. Recuerde que entre los requisitos de diseño, al principio de este proceso de diseño, se especificaba un motor de 25 HP con armazón NEMA 284T. La tabla 21-3 muestra que el diámetro del eje para este motor es de 1.875 pulgadas (1 7/8 pulg) con un cuñero de 1/2 × 1/4 de pulgada para aceptar una cuña cuadrada de 1/2 pulgada. Ese será el barreno especificado para la mitad del acoplamiento CFR6 en el motor. La razón de la gran diferencia en los tamaños de los ejes para el motor y para nuestro reductor, es que el motor de uso general debe diseñarse para soportar una carga lateral apreciable, y nuestro eje no lo necesita.

El eje de salida del reductor en el acoplamiento tiene un diámetro de 1.250 pulgadas, y el eje de entrada a la sierra tendrá el mismo tamaño. En consecuencia, las dos mitades del acoplamiento CFR9 tendrán ese barreno, con un cuñero de 1/4 × 1/8 de pulgada para aceptar una cuña cuadrada de 1/4 de pulgada. La longitud nominal máxima del eje dentro de cada mitad del acoplamiento es de 3.125 pulgadas.

Cuñas y cuñeros. Se debe especificar un total de seis cuñas: dos para cada mitad de los acoplamientos flexibles sobre los ejes de entrada y de salida, y una para cada engrane del reductor. Se emplean los métodos del capítulo 11 para verificar lo adecuado de las cuñas, y para especificar la longitud pertinente, con la ecuación (11-5). Se usarán cuñas de tamaño estándar, fabricadas con acero AISI 1020 CD, con una resistencia de fluencia de 51 000 psi.

1. ***Cuñas para el acoplamiento CFR6, en el eje de entrada:*** Primero compruebe las cuñas dentro de los acoplamientos, porque sus tamaños ya se han especificado por el fabricante del acoplamiento. La mitad del acoplamiento que se monta en el eje de entrada es crítica, porque su diámetro de barreno de 0.875 pulgada es el menor, y se producen fuerzas mayores sobre la cuña cuando se transmite el par torsional de 900 lb·pulg, calculado antes, durante el diseño del eje. La cuña es cuadrada de 3/16 (0.188) de pulgada. Use un factor de diseño N igual a 4, como se hizo al diseñar el eje. Entonces, con la ecuación (11-5),

$$L = \frac{4TN}{DWs_y} = \frac{4(900 \text{ lb} \cdot \text{pulg})(4)}{(0.875 \text{ pulg})(0.188 \text{ pulg})(51\,000 \text{ psi})} = 1.72 \text{ pulg}$$

   Como seguridad adicional, se puede especificar que la longitud de la cuña sea 2.50 pulgadas, así como para igualar la longitud del cubo en el acoplamiento CFR6. La cuña de 1/2 pulgada para el eje del motor debe fabricarse para que coincida también con la longitud del acoplamiento, y así sería muy segura, por su mayor tamaño y el mayor tamaño del eje que transmite el mismo par torsional.

2. ***Cuñas para el acoplamiento CFR9 en el eje de salida:*** Para el eje de salida y el eje de impulsión para la sierra,

$$T = 3150 \text{ lb} \cdot \text{pulg}$$
$$D = 1.25 \text{ pulg}$$
$$W = 0.250 \text{ pulgada} \quad \text{(ancho de la cuña)}$$
$$L = \frac{4TN}{DWs_y} = \frac{4(3150 \text{ lb} \cdot \text{pulg})(4)}{(1.25 \text{ pulg})(0.250 \text{ pulg})(51\,000 \text{ psi})} = 3.16 \text{ pulg}$$

Se hará que la longitud de la cuña sea de 3.125 pulgadas (3 1/8 pulgadas), que es la longitud total del cubo en el acoplamiento CFR9. El factor de diseño 4, que es conservador, debe hacer que esa longitud sea aceptable.

3. ***Cuña para el piñón en el eje 1:*** El barreno del piñón debe tener 1.75 pulgadas nominal, determinadas en el diseño del eje e indicadas en la tabla 15-4. El tamaño de la cuña para este eje debe ser cuadrado de 3/8 de pulgada, de acuerdo con la tabla 11-1. El par torsional que se transmite es de 900 lb·pulg; entonces, con la ecuación (11-5), obtenemos

$$L = \frac{4TN}{DWs_y} = \frac{4(900\ \text{lb}\cdot\text{pulg})(4)}{(1.75\ \text{pulg})(0.375\ \text{pulg})(51\ 000\ \text{psi})} = 0.430\ \text{pulg}$$

El ancho de cara del piñón es de 2.00 pulgadas. Use una longitud de cuña de 1.50 pulgadas y centre el cuñero de perfil en la sección C sobre el eje, para que el cuñero no interactúe en forma apreciable con la ranura para el anillo a la derecha, ni con el chaflán del escalón a la izquierda.

4. ***Cuña para el engrane sobre el eje 2:*** El barreno del engrane debe ser de 1.75 pulgadas nominal, calculado en el diseño del eje y visto en la tabla 15-4. El tamaño de la cuña para este diámetro debe ser cuadrado de 3/8 de pulgada, de acuerdo con la tabla 11-1. El par torsional que se transmite es de 3150 lb. Entonces, con la ecuación (11-5), obtenemos

$$L = \frac{4TN}{DWs_y} = \frac{4(3150\ \text{lb}\cdot\text{pulg})(4)}{(1.75\ \text{pulg})(0.375\ \text{pulg})(51\ 000\ \text{psi})} = 1.50\ \text{pulg}$$

El ancho de cara del engrane es de 2.00 pulgadas. Use también aquí la longitud de cuña de 1.50 pulgadas.

Se resumen los diseños de cuña en la lista siguiente:

Resumen de los diseños de cuña

Eje del motor: cuña cuadrada de 1/2 pulgada × 2.50 pulgadas de longitud.

Eje de entrada del reductor, en el acoplamiento: cuña cuadrada de 3/16 de pulgada × 2 50 pulgadas de longitud; cuñero en trineo

Eje de entrada en el piñón: cuña cuadrada de 3/8 de pulgada × 1.50 pulgadas de longitud; cuñero de perfil

Eje de salida en el engrane: cuña cuadrada de 3/8 de pulgada × 1.50 pulgadas de longitud; cuñero de perfil

Eje de salida en el acoplamiento: cuña cuadrada de 1/4 de pulgada × 3.125 pulgadas de longitud; cuñero de trineo

Eje impulsor para la sierra, en el acoplamiento: cuña cuadrada de 1/4 de pulgada × 3.125 pulgadas de longitud; cuñero de trineo.

Se resumen las tolerancias de las cuñas y los cuñeros como sigue: se consigue barra cuadrada comercial de acero AISI 1020 o 1030 para usarse en las cuñas. Las tolerancias típicas se dan en la tabla 15-8. También aparecen las tolerancias recomendadas en el ancho del cuñero, y del ajuste que resulta entre la cuña y su cuñero. Es preferible tener un ajuste con holgura pequeña, para permitir el montaje fácil, pero no que la cuña se mueva en forma apreciable una vez instalada.

Tolerancias en otras dimensiones de los ejes. Debe repasar la descripción del capítulo 13, secciones 13-5 y 13-9, sobre las tolerancias y los ajustes. También vea las referencias 1, 2 y 5, de este capítulo, junto con otros textos detallados acerca del dibujo técnico e interpretación de los planos de ingeniería.

TABLA 15-8 Tolerancias y ajustes para cuñas y cuñeros

Tamaño de la cuña (ancho, en pulgadas)	Tolerancia sobre la cuña (todas + 0.000)	Tolerancia sobre el cuñero (todas −0.000	Intervalo de ajuste
Hasta 1/2	−0.002	+0.002	0.000-0.004
Más de 1/2 hasta 3/4	−0.002	+0.003	0.000-0.005
Más de 3/4 hasta 1	−0.003	+0.003	0.000-0.006
Más de 1 hasta $1\frac{1}{2}$	−0.003	+0.004	0.000-0.007
Más de $1\frac{1}{2}$ hasta $2\frac{1}{2}$	−0.004	+0.004	0.000-0.008

Se debe especificar el ajuste del barreno de los engranes sobre los ejes, o el del diámetro interior de los acoplamientos sobre los extremos de los ejes. En esos componentes se recomienda que el ajuste sea estrecho de deslizamiento o estrecho de ubicación. Los datos aparecen en la tabla 13-3, para los ajustes RC2, RC5 y RC8. En las referencias 1, 2, 3, 4, 5 y 9, del capítulo 13, se encuentran datos más completos. Se aplica el ajuste RC5 para piezas exactas, montadas con facilidad, pero donde se desea que exista poco juego perceptible entre ellas. Los ajustes RC usan el *sistema básico de orificio*, como se ilustró en el capítulo 13.

15-6 DETALLES FINALES DE DISEÑO PARA LOS EJES

Las figuras 15-4 y 15-5 muestran el diseño final de los ejes de entrada y de salida. Se manejaron datos de todo este capítulo para especificar las dimensiones pertinentes. Donde se especificaron chaflanes, se realizó una comprobación final de la condición de esfuerzos, para asegurar que se usaran los factores de concentración de esfuerzos estimados, en el análisis anterior de diseño, y que sean satisfactorios, además de que los esfuerzos finales sean seguros.

Mostramos los detalles de los cuñeros en las secciones, abajo de los dibujos principales de dimensiones para los ejes. Vea el cálculo de la dimensión vertical, desde el fondo del eje hasta el fondo del cuñero, en el capítulo 11.

Se dibujaron las ranuras para los anillos de retención a las dimensiones especificadas para un eje de 1.75 pulgadas de diámetro con anillo externo básico (tipo 5100), de Truarc Company, como se ve en la figura 11-30.

En las figuras 15-4 y 15-5 se dimensionan cuatro diámetros de eje con el ajuste RC5. Sobre el eje 1 están en la extensión, donde el acoplamiento se monta, y en el piñón. Sobre el eje 2 están en el engrane y en el lugar del acoplamiento, en la extensión de salida. La tabla 15-9 resume los datos de los ajustes. Debe verificarlos con el procedimiento mostrado en el capítulo 13. Observe que se presentan las dimensiones límite para el diámetro del eje y para el barreno del elemento acoplado, y que la tolerancia total en cada dimensión es pequeña, menor que 0.002 pulgada en cualquier dimensión. También observe la pequeña variación de la holgura en las piezas acopladas, indicada en la última columna denominada Ajuste.

Para los ejes de este proyecto, se han especificado tolerancias geométricas de concentricidad de cuatro diámetros críticos para cada eje. La figura 15-5(*b*) documenta el método para el eje de salida. Debido a la semejanza de los dos ejes, la naturaleza de las leyendas sería igual para el eje de entrada. Se especifica el diámetro de referencia en el engrane. A continuación, se controlan los diámetros en los dos asientos de rodamiento, y en el extremo del eje donde se monta el acoplamiento, con bloques de control de concentricidad. Se controlan los escalones para localizar los rodamientos y los engranes en perpendicularidad respecto a la línea central del eje, y se representan con el diámetro del engrane. Se controla el cuñero por paralelismo respecto a la línea de centro del eje.

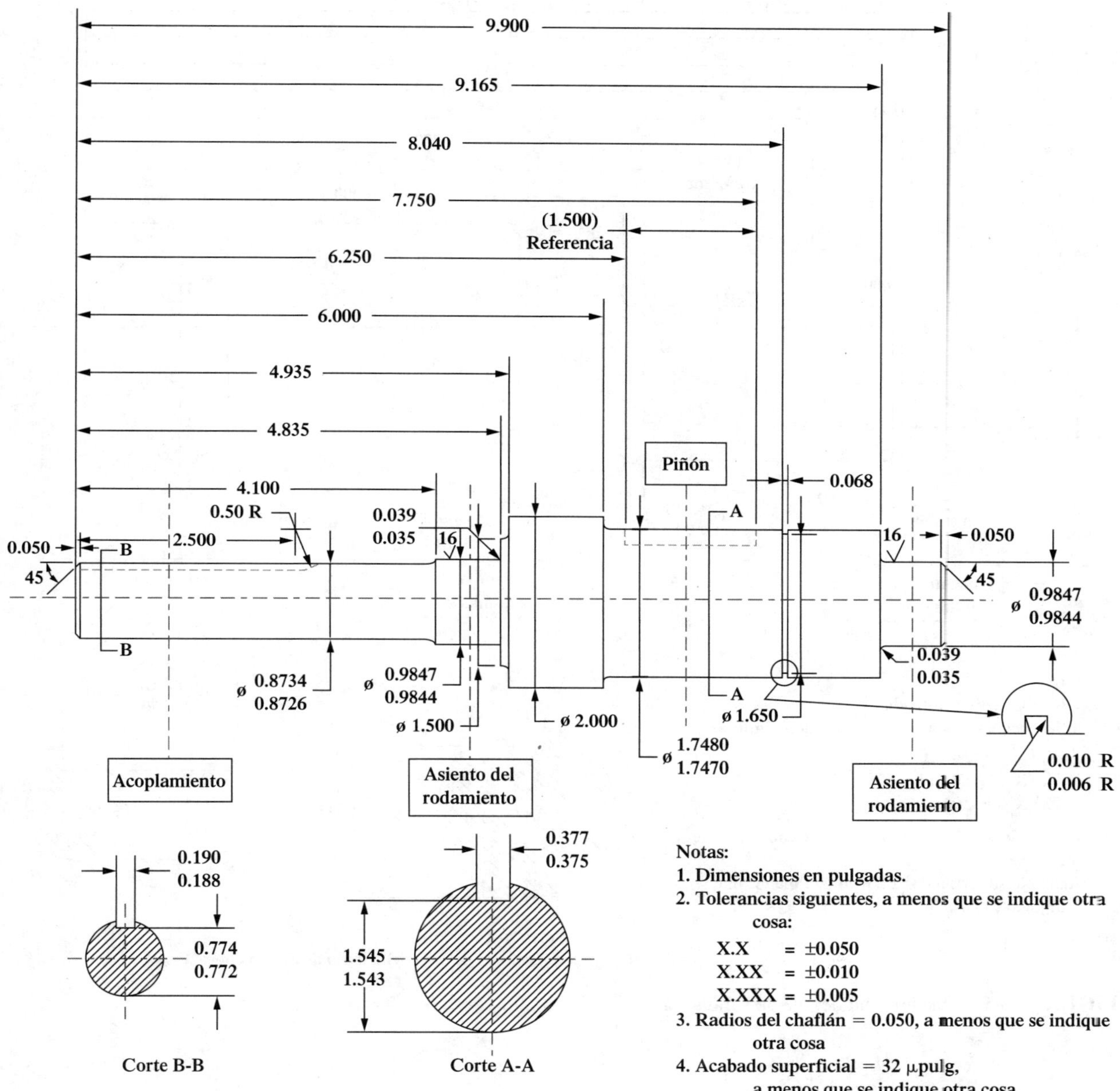

FIGURA 15-4 Diseño final del eje de entrada

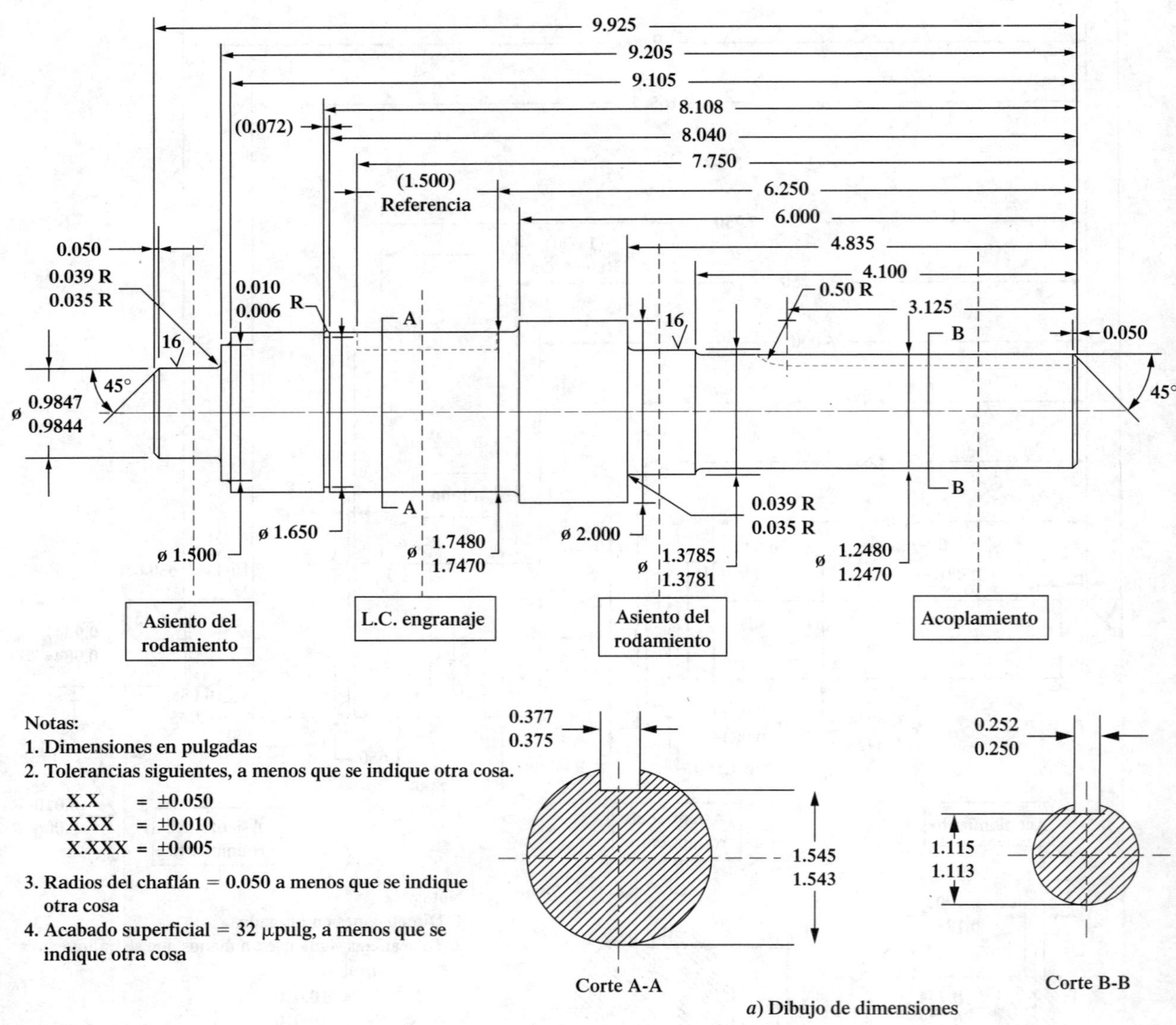

a) Dibujo de dimensiones

FIGURA 15-5 Diseño final del eje de salida

TABLA 15-9 Cálculos y especificaciones de ajustes de elementos sobre los ejes de la transmisión

Lugar	Diámetro nominal	Dimensiones límite para el barreno del elemento externo	Dimensiones límite de diámetro exterior para el eje	Ajuste
Eje 1:				
Entrada en el acoplamiento	0.8750	0.8762/0.8750	0.8734/0.8726	+0.0026/+0.0036
Piñón	1.7500	1.7516/1.7500	1.7480/1.7470	+0.0020/+0.0046
Eje 2:				
Engrane	1.7500	1.7516/1.7500	1.7480/1.7470	+0.0020/+0.0046
Salida en el acoplamiento	1.2500	1.2516/1.2500	1.2480/1.2470	+0.0020/+0.0046

Nota: El ajuste RC5 se usa en todos los lugares; las dimensiones están en pulgadas

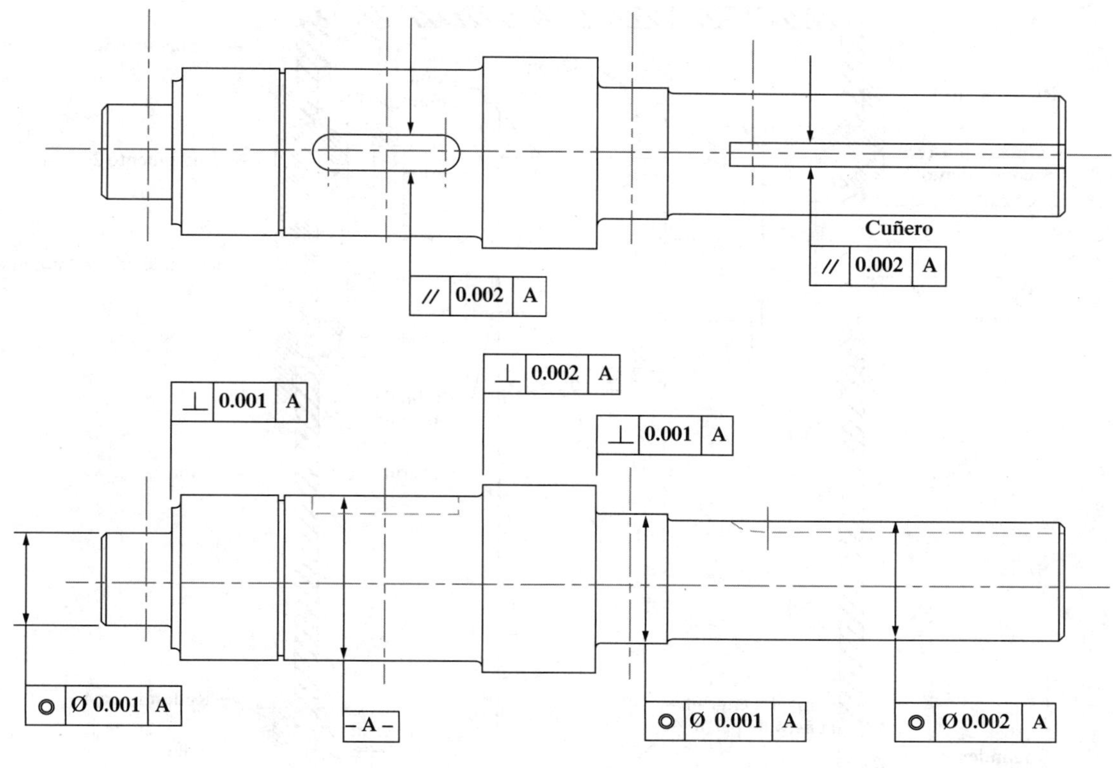

b) **Tolerancias geométricas**

FIGURA 15-5 *(continuación)*

15-7 DIBUJO DEL CONJUNTO

La figura 15-6 es un dibujo a escala de conjunto para el reductor con todas las características. Para simplificar, se ha indicado que la caja es rectangular. Los rodamientos se mantienen en los retenes y a continuación se fijan en las paredes de la caja. Se requiere prestar atención especial al alineamiento de los retenes, y sería una tarea importante el detalle de la caja, que aquí no se describe.

El ensamble de todos los componentes en la caja se facilita si el lado derecho es desmontable. De nuevo, el alineamiento de la tapa respecto de la caja principal es crítico.

Se han indicado los sellos en los retenes del rodamiento, donde los ejes atraviesan las paredes laterales de la caja. Vea más información acerca de los sellos en el capítulo 11.

Crítica del diseño

Las figuras 15-4, 15-5 y 15-6 presentan un diseño que cumple con los requisitos básicos del diseño, establecidos al iniciar este capítulo. Es probable que puedan hacerse refinamientos, si se contara con más detalles acerca de la sierra para la cual se diseñó el reductor.

Parece que se podría acortar algo la longitud de los ejes. Las distancias entre el centro de los engranes y los rodamientos se estableció en 2.50 pulgadas en forma arbitraria, al iniciar el proceso de diseño, cuando no se conocían las dimensiones de todos los componentes. Ahora que se conocen los tamaños nominales de los engranes, los rodamientos y los acoplamientos, con más iteraciones en el diseño, se podría llegar a un paquete más pequeño.

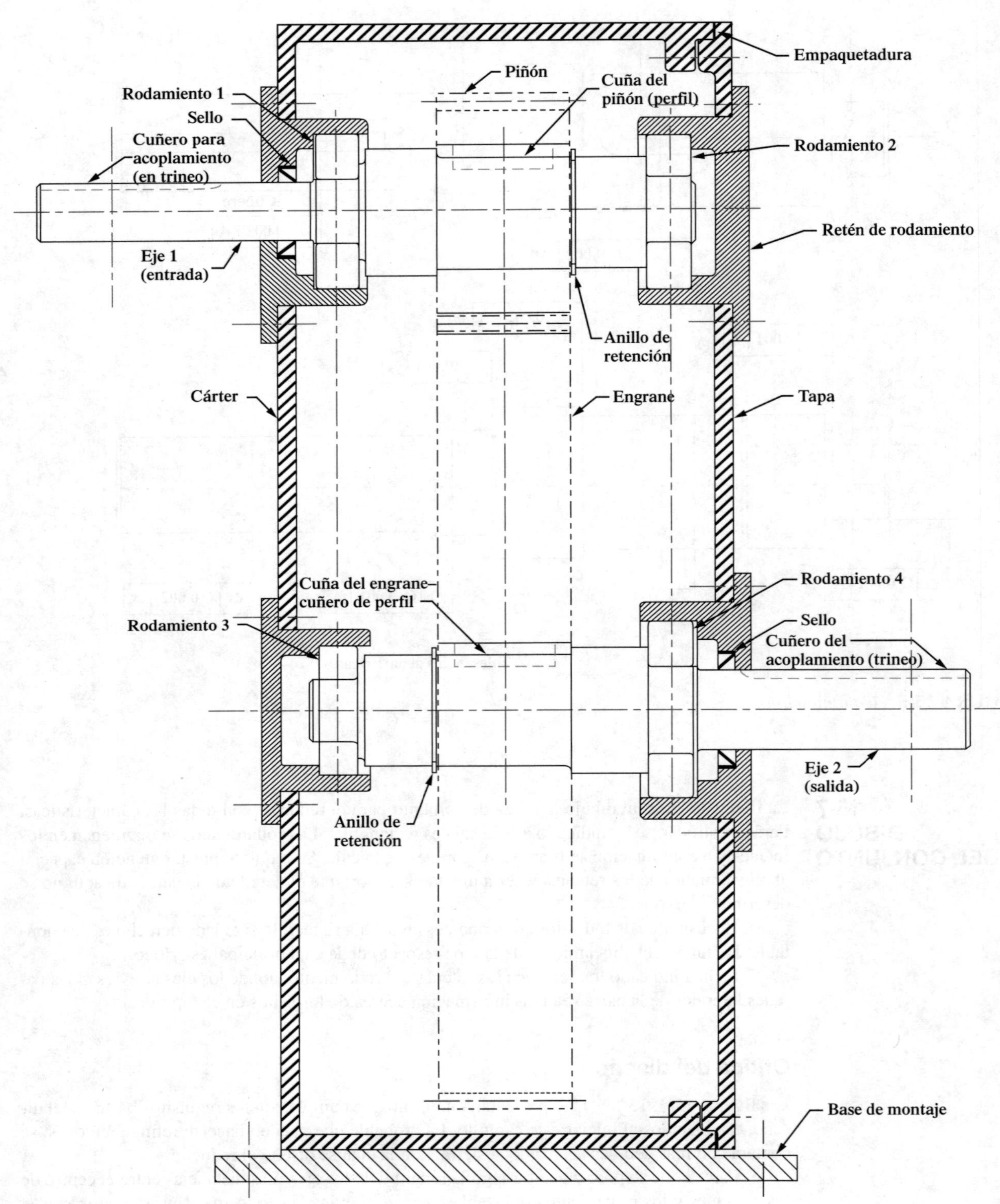

FIGURA 15-6 Dibujo de ensamble para el reductor

Debe buscar otros reductores de velocidad comerciales, de engranes, para ver qué otros elementos se podrían incorporar en este diseño. Observe especialmente las figuras 9-34, 9-35 y 9-36, del capítulo 9, y las figuras 10-1, 10-2 y 10-15 del capítulo 10.

REFERENCIAS

1. American Society of Mechanical Engineers. Norma ASME Y14.5M. *Dimensioning and Tolerancing* (Establecimiento de dimensiones y tolerancias). Nueva York: American Society of Mechanical Engineers, 1995.
2. Earle, James H. *Graphics for Engineers with AutoCAD* (Gráficas para ingenieros con AutoCAD). 6ª edición. Upper Saddle River, NJ: Prentice Hall, 2003.
3. Kepner, Charles H. y Benjamin B. Tregoe. *The New Rational Manager: An Updated Edition for a New World* (El nuevo gerente racional: edición actualizada para un nuevo mundo). Princeton, NJ: Princeton Research Press, 1997.
4. National Research Council. *Improving Engineering Design: Designing for Competitive Advantage* (Mejoramiento del diseño en ingeniería: diseño para obtener ventaja competitiva). Washington, DC: National Academy Press, 1991.
5. Oberg, Erik *et al. Machinery's Handbook* (Manual de maquinaria), 26ª edición. Nueva York: Industrial Press, 2000.
6. Peerless-Winsmith, Inc. *The Speed Reducer Book: A "Practical Guide to Enclosed Gear Drives* (El libro del reductor de velocidad: guía práctica de los accionamientos cerrados con engranes). Springville, NY: Peerless-Winsmith, 1980.
7. Pugh, Stuart. *Total Design: Integrated Methods for Successful Product Engineering* (Diseño total: Métodos integrados de la buena ingeniería de producto). Reading, MA: Addison-Wesley, 1991.
8. Pugh, Stuart y Don Clausing. *Creating Innovative Products Using Total Design: The Living Legacy of Stuart Pugh* (Creación de productos innovadores mediante el diseño total: la herencia viva de Stuart Pugh). Reading, MA: Addison-Wesley, 1996.
9. Ullman, David G. *The Mechanical Design Process* (El proceso de diseño mecánico). 2ª edición. Nueva York: McGraw-Hill, 1997.

SITIOS DE INTERNET RELACIONADOS CON EL DISEÑO DE TRANSMISIONES

1. **Kepner-Tregoe, Inc.** *www.kepner-tregoe.com* Una empresa de consultoría y adiestramiento administrativos para especializarse en la toma de decisiones estratégicas y operacionales. El trabajo de la empresa parte del difundido libro mencionado como referencia 3. El método de Kepner-Tregoe se puede aplicar en la solución de problemas y en la toma de decisiones, respecto del desarrollo del producto y operaciones de manufactura.

2. **Peerless-Winsmith, Inc.** *www.winsmith.com* Fabricantes de una amplia línea de reductores de velocidad. Esta empresa produjo el libro que aparece como referencia 6.

PARTE III

Detalles de diseño y otros elementos de máquinas

OBJETIVOS Y CONTENIDO DE LA PARTE III

En los capítulos 16 a 23 se presentan métodos de análisis y diseño de varios importantes elementos de máquinas que no se relacionaron en especial con el diseño de una transmisión de potencia, como se expuso en la parte II de este libro. Se pueden cubrir estos capítulos en cualquier orden, o se pueden usar como material de referencia para proyectos de diseño en general.

Capítulo 16: Cojinetes de superficie plana describe los cojinetes de superficie plana, también denominados *chumaceras*. Estos cojinetes emplean elementos con superficie lisa, para soportar cargas de ejes u otros elementos, en los cuales ocurra movimiento relativo. El lector aprenderá cómo especificar los materiales de las partes de esos cojinetes, sus dimensiones y el lubricante. Se describe la lubricación hidrodinámica de película completa y la lubricación límite.

Capítulo 17: Elementos con movimiento lineal describe dispositivos que convierten el movimiento rotatorio en lineal, o viceversa. Se usan con frecuencia en máquinas herramienta, equipo de automatización y piezas de maquinaria de construcción. Aprenderá acerca de su geometría y la forma de analizar su funcionamiento.

Capítulo 18: Sujetadores describe los tornillos de máquina, pernos, tuercas y prisioneros. Aprenderá acerca de los tipos de materiales usados en los tornillos, y cómo diseñarlos para que funcionen en forma segura y confiable. También se describen en forma breve los remaches, sujetadores instantáneos, soldadura, soldadura fuerte, soldado y la adhesión.

Capítulo 19: Resortes describe cómo diseñar y analizar resortes helicoidales de compresión, resortes helicoidales de extensión y resortes torsionales.

Capítulo 20: Bastidores de máquina, conexiones atornilladas y uniones soldadas presenta los importantes conocimientos para diseñar un marco que tenga rigidez y al mismo tiempo resistencia. Adquirirá experiencia en el análisis de las fuerzas y esfuerzos en conexiones atornilladas y soldadas, las cuales mantienen unidos elementos portantes entre sí. También aprenderá cómo analizar cargas excéntricas en conexiones.

Capítulo 21: Motores eléctricos y controles describen las muchas clases de motores de CA y CD que se consiguen en el comercio. Como en una gran cantidad de proyectos de diseño mecánico se involucra al uso de un motor eléctrico como primotor, aprenderá cómo adaptar sus características de operación a las necesidades de la máquina a diseñar, y a especificar los controles del motor.

Capítulo 22: Embragues y frenos describe los muchos tipos de embragues y frenos que se pueden usar. Los embragues proporcionan la trayectoria para conectar la potencia de un impulsor a una máquina impulsada. Los frenos detienen el equipo en movimiento, o lo desaceleran. Aprenderá cómo analizar su funcionamiento y a diseñarlos o a especificar unidades disponibles en el comercio.

Capítulo 23: Proyectos de diseño presenta varios proyectos que puede completar por sí mismo.

16

Cojinetes de superficie plana

Panorama

Cojinetes de superficie plana

Mapa de aprendizaje

- La función de un cojinete es soportar una carga, y al mismo tiempo permitir el movimiento relativo entre dos elementos de una máquina. En este capítulo se describen los cojinetes de *superficie plana*, donde las dos piezas que se mueven entre sí no tienen elementos rodantes entre ellas.

Descubrimiento

Busque en su hogar y en su automóvil productos que tengan cojinetes de superficie plana. Vea algunos que tengan movimiento rotatorio, y otros que tengan contacto de deslizamiento lineal. Considere objetos tan simples como las bisagras, las cerraduras de puertas, los seguros o en las ruedas de una podadora de césped. La mayoría de ellos tienen lubricación límite.

Ahora vea si puede conseguir información sobre los cojinetes de cigüeñal del motor de su automóvil. Esos cojinetes suelen emplear lubricación hidrodinámica de película completa. ¿Qué puede descubrir en ellos?

¿Cómo cree que se soporta a un gran telescopio, o a una antena de radioastronomía, para permitir que se muevan con facilidad y para darles una posición precisa? Los cojinetes hidrostáticos cumplen ese trabajo. ¿Qué puede descubrir en esos cojinetes?

Este capítulo le ayudará a investigar esos tipos de cojinetes, y completar los análisis de diseño básico necesarios para asegurar su buen funcionamiento.

El objetivo de un cojinete es soportar una carga, y al mismo tiempo permitir el movimiento relativo entre dos elementos de una máquina. En este capítulo se describen los cojinetes de *superficie plana*, donde las dos piezas que se mueven entre sí no tienen entre ellas elementos rodantes. Se describen los cojinetes con contacto de rodadura en el capítulo 14.

Los cojinetes de superficie plana para piezas rotatorias son, por supuesto, cilíndricos con un arreglo típico como el que muestra la figura 16-1. El miembro interior, llamado *muñón*, suele ser la parte de un eje por donde se transfieren las fuerzas radiales de reacción a la base de la máquina.

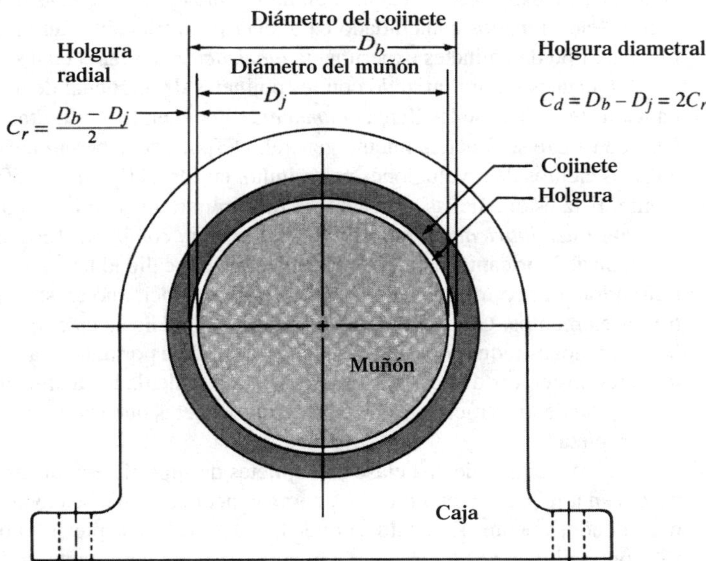

FIGURA 16-1
Geometría de un cojinete

El elemento estacionario que se acopla con el cojinete es el *soporte*. Otros nombres de los cojinetes de superficie plana son *chumaceras y cojinetes de manguito*.

¿Dónde ha visto esos cojinetes de superficie plana trabajar? Como hizo en el capítulo 12 con los cojinetes con contacto de rodadura, busque productos de consumo, maquinaria industrial o equipo de transporte (automóviles, camiones y bicicletas, entre otros, y cualquier otro aparato que tenga ejes giratorios). Si a los cojinetes no se les puede ver desde el exterior (lo que es común), tendrá que desarmar parcialmente el producto, para ver su interior.

Pero existen algunos ejemplos que son accesibles. Las ruedas de una podadora casera, la carretilla o un carrito sencillo suelen estar montados en forma directa sobre los ejes, formando el cojinete de superficie plana. Herramientas manuales, como podadores de pasto y de setos, tijeras de podar, tenazas y llaves de matraca, usan cojinetes de superficie plana en los puntos donde una pieza debe girar con respecto a otra.

Observe cualquier bisagra para una puerta. Casi todas tienen un pasador sólido que ocupa el interior de un elemento externo cilíndrico. Éste es un ejemplo de cojinete de superficie plana. Con frecuencia, las puertas de cocheras tienen rodillos que ruedan sobre canales, pero los ejes que recargan en esos rodillos funcionan sobre cojinetes de superficie plana y es común que tengan holguras muy grandes. El sistema de cable que se conecta con los resortes de contrapeso pasa por poleas que tienen cojinetes de superficie plana girando sobre ejes estacionarios. Si el sistema tiene un abrepuertas eléctrico, es probable que muchos de sus componentes usen cojinetes de superficie plana. Consiga una escalera y suba a inspeccionarlos. *¡Pero tenga cuidado con las piezas móviles!*

Además del movimiento rotacional de las aplicaciones antes descritas, algunos cojinetes de superficie plana tienen movimiento de deslizamiento lineal. Vea el interior de una impresora del tipo de chorro de tinta o de matriz de puntos. Identifique la pieza que entrega la imagen al papel, al atravesar la página. Es común que se deslice sobre una varilla pulida, con gran precisión. Muchos eslabones contienen piezas que se deslizan. Vea los mecanismos de cierre, cerrojos, engrapadoras, interruptores, ajustadores de asiento de automóvil, palancas de cambio de velocidades, piezas de los elevadores de vidrios en los automóviles y máquinas tragamonedas. ¿Puede identificar qué piezas tienen movimiento lineal de deslizamiento?

Si visita una fábrica, probablemente verá numerosos ejemplos de acción tanto rotacional como de deslizamiento: dispositivos de transferencia, maquinaria rotatoria, máquinas-herramientas deslizantes y equipos de empaquetamiento; todos emplean muchos cojinetes de superficie plana.

La mayoría de los ejemplos que se acaban de mencionar tienen movimiento intermitente y relativamente lento, entre las piezas en contacto, sea el movimiento de rotación o lineal. En esas aplicaciones, existe con frecuencia un lubricante entre las piezas móviles. O bien, los materiales fueron seleccionados con cuidado para tener poca fricción y un movimiento confiable y uniforme. Este tipo de cojinetes experimenta *lubricación límite*, la cual se describe en este capítulo.

Quizá esté familiarizado con los cojinetes del cigüeñal de un motor de combustión interna. Con frecuencia se les llama *chumaceras*, y tienen la configuración clásica de la figura 16-1. Pero considere su funcionamiento general. Después de haber arrancado el motor, el cigüeñal gira a varios cientos de revoluciones por minuto, en forma típica de 1 500 a 6 000 rpm, aproximadamente. Ésta es una de las aplicaciones más importantes de los cojinetes de superficie plana, en la cual se usa *lubricación hidrodinámica de capa completa*. En esos cojinetes, existe una capa continua de lubricante, usualmente aceite, que en realidad levanta el codo giratorio del cigüeñal, retirándolo del cojinete estacionario. En consecuencia, no existe contacto de metal a metal entre los elementos. Gran parte de este capítulo se dedica a este tipo de cojinetes, y al análisis de las condiciones requeridas para mantener la película portante de aceite. Los rodamientos del motor son unos de los dispositivos mecánicos más calculados técnicamente.

¿Puede identificar otros ejemplos de cojinetes que usen lubricación hidrodinámica de capa completa?

Otro ejemplo de una clase de cojinetes de superficie plana es el *hidrostático*. Las bombas producen alta presión en un fluido, como el aceite, el cual se envía a través de soportes con forma cuidadosamente establecida, donde la presión eleva la pieza a mover. Entonces, se puede mover con facilidad, sea lenta o rápidamente. Imagine un gigantesco telescopio o antena de radio a los que se debe orientar con exactitud, y mover con facilidad. Esas aplicaciones son poco frecuentes, pero importantes, y justifican los grandes esfuerzos de ingeniería y técnicos para diseñarlos, instalarlos y darles mantenimiento.

Este capítulo le ayudará a comprender la lubricación marginal, la lubricación hidrodinámica de capa completa y la lubricación hidrostática. También se describen aspectos más generales de la fricción, la lubricación, el desgaste y los lubricantes que se usan para reducir al mínimo la fricción.

Usted es el diseñador

Su empresa diseña un sistema de transportadores que llevan productos de un sistema de remisión y recepción, para un gran manufacturero. El diseño ha avanzado hasta el punto en que se ha decidido usar un transportador de banda flexible impulsado por poleas planas en sus extremos. Los ejes que sostienen las poleas deben estar soportados en los cojinetes de los marcos laterales del transportador. Su tarea es diseñar los cojinetes.

Primero, debe decidir qué tipo de cojinete usar: de superficie plana o chumacera, descritos en este capítulo; o con contacto de rodadura, descritos en el capítulo 14. Para los cojinetes de superficie plana, debe determinar si se puede usar la lubricación hidrodinámica de película completa, con sus ventajas de baja presión y gran duración. O bien ¿trabajará el eje en el cojinete con lubricación límite? ¿De qué materiales serán el cojinete y el muñón? ¿Qué dimensiones se especificarán para todos los componentes? ¿Qué lubricantes se deben usar? Éstas y otras preguntas se contestan en este capítulo.

16-1 OBJETIVOS DE ESTE CAPÍTULO

Al terminar este capítulo, podrá:

1. Describir los tres modos de operación de un cojinete de superficie plana (lubricación límite, película mixta e hidrodinámica de película completa), y describir las condiciones bajo las cuales ocurrirá cada una normalmente.
2. Describir la importancia del parámetro $\mu n/p$ de cojinete.
3. Listar las decisiones de debe tomar el diseñador de un cojinete para definir en forma total un sistema de cojinete de superficie plana.
4. Describir los materiales que se usan con frecuencia en muñones y cojinetes, y describir sus propiedades importantes.
5. Definir el *factor pV* y usarlo en el diseño de cojinetes de lubricación límite.
6. Describir el funcionamiento de cojinetes lubricados hidrodinámicamente con película completa.
7. Completar el diseño de cojinetes de película completa, definiendo el tamaño del muñón y del cojinete, la holgura diametral, la longitud del cojinete, el espesor mínimo de película, el acabado superficial, el lubricante y el desempeño friccional resultante para el sistema del cojinete.
8. Describir un sistema hidrostático de cojinete, y terminar el diseño básico del mismo.
9. Definir *tribología,* y las características esenciales de fricción, lubricación y desgaste, aplicadas a la maquinaria.
10. Describir la naturaleza general de los aceites y grasas, y sus efectos sobre la lubricación y el desgaste.

16-2 LA TAREA DE DISEÑAR UN COJINETE

El término *cojinete de superficie* se refiere al tipo de cojinete donde dos superficies se mueven entre sí sin las ventajas del contacto de rodadura. En consecuencia, existe contacto de deslizamiento. La forma real de las superficies puede ser cualquiera que permita el movimiento relativo. Las formas más comunes son superficies planas y cilindros concéntricos. La figura 16-1 muestra la geometría de un cojinete de superficie plana cilíndrico.

Un sistema determinado de cojinete puede funcionar con cualquiera de las tres clases de lubricación:

Lubricación límite: Existe contacto real entre las superficies sólidas de las piezas móvil y estacionaria del sistema, aunque está presente una capa de lubricante.

Lubricación mixta de película: Existe una zona de transición entre la lubricación límite y de película completa.

Lubricación de película completa: Las piezas móvil y estacionaria del sistema de cojinete están separadas por una película completa de lubricante que soporta a la carga. Con frecuencia se usa el término *lubricación hidrodinámica* para describir esta condición.

Todos estos tipos de lubricación pueden estar en un cojinete, sin que él esté sometido a presión externa. Si al cojinete se le suministra lubricante a presión, se le llama *cojinete hidrostático*, el cual será descrito por separado. No se recomienda tener superficies móviles en seco, a menos que los materiales tengan una buena lubricidad entre sí. Algunos plásticos se usan en seco, como se describirá en las secciones 16-4 y 16-5.

El diseño de cojinetes implica tantas decisiones de diseño, que no es posible establecer un procedimiento que llegue a un solo diseño óptimo. En consecuencia, se pueden proponer varios diseños factibles, y el diseñador debe formar su opinión con base en su conocimiento de la aplicación, y de los principios de funcionamiento de cojinetes, para definir el diseño final. Las listas que siguen identifican la información necesaria para diseñar un sistema de cojinete para todos los tipos de decisiones de diseño que se deben tomar. (Vea la referencia 18.) En esta descripción, se supondrá que el cojinete será cilíndrico, como el que se usa para soportar un eje giratorio. Se pueden elaborar listas modificadas para superficies en deslizamiento lineal, o con alguna otra geometría.

Requisitos del cojinete

Magnitud, dirección y grado de variación de la carga radial

Magnitud y dirección de la carga de empuje, si la hay

Velocidad de giro del muñón (eje)

Frecuencia de arranques y paros, y duración de periodos sin actividad

Magnitud de la carga cuando se detiene y cuando se arranca el sistema

Expectativa de duración del sistema de cojinete

Ambiente donde funcionará el cojinete

Decisiones de diseño

Materiales para el muñón y para el cojinete

Diámetros del muñón y del cojinete, con sus tolerancias

Valor nominal e intervalo de holgura para el muñón en el cojinete

Acabado superficial del muñón y del cojinete

Longitud del cojinete

Método de fabricación del sistema del cojinete

Tipo de lubricación a usar, y medios para suministrarla

Temperatura de funcionamiento del sistema del cojinete, y del lubricante

Método de mantener la limpieza y la temperatura del lubricante

Análisis necesarios

Tipo de lubricación: límite, mixta, de película completa
Coeficiente de fricción
Pérdida de potencia por fricción
Espesor mínimo de la película
Dilatación térmica
Disipación térmica necesaria, y medios para obtenerla
Rigidez del eje, y pendiente del eje en el cojinete.

16-3 EL PARÁMETRO $\mu n/p$ DEL COJINETE

El funcionamiento de un cojinete varía en forma radical, dependiendo de qué tipo de lubricación tenga. Existe una disminución marcada del coeficiente de fricción, cuando la operación cambia de límite a película completa. También disminuye el desgaste con la lubricación de película completa. Así, es mejor comprender las condiciones bajo las cuales se presenta uno u otro tipo de lubricación.

La creación de lubricación de película completa, la más deseable, se favorece con cargas pequeñas, alta velocidad relativa entre las piezas móvil y estacionaria, y la presencia de un lubricante muy viscoso en el cojinete, suministrado copiosamente. Para un cojinete de muñón rotatorio, el efecto combinado de estos tres factores, relacionado con la fricción en él, se puede evaluar al calcular el *parámetro del cojinete,* $\mu n/p$. La viscosidad del lubricante se representa con μ, la velocidad de giro con n y la presión de la carga en el cojinete con p. Para calcular la presión, se divide la carga radial aplicada sobre el cojinete entre el *área proyectada* del cojinete, esto es, el producto de la longitud por el diámetro.

El parámetro de rodamiento $\mu n/p$ es adimensional cuando cada término se expresa en unidades consistentes. Algunos sistemas de unidades que se pueden usar son los siguientes:

Sistema de unidades	*Viscosidad,* μ	*Velocidad de giro, n*	*Presión, p*
SI métrico	$N{\cdot}s/m^2$ o $Pa \cdot s$	rev/s	N/m^2 o Pa
Inglés	$lb{\cdot}s/pulg^2$ o reyn	rev/s	$lb/pulg^2$
Métrico antiguo (obsoleto)	$dinas \cdot s/cm^2$ o poise	rev/s	$dinas/cm^2$

El efecto del parámetro de cojinete se muestra en la figura 16-2, algunas veces se le denomina la *curva de Stribeck,* la cual es una gráfica del coeficiente de fricción, *f*, del cojinete, en función del valor de $\mu n/p$. A bajos valores de $\mu n/p$, existe lubricación límite y el coeficiente de fricción es alto. Por ejemplo, para un eje que se desliza lentamente sobre un cojinete de bronce lubricado (lubricación límite), el valor de *f* sería de 0.08 a 0.14, aproximadamente. A grandes valores de $\mu n/p$, se forma la película hidrodinámica completa y el valor de *f* queda normalmente en el intervalo de 0.001 a 0.005. Observe que esto se compara muy bien con los cojinetes con contacto de rodadura. Entre la lubricación límite y la de película completa está el tipo *mixto de película*, que es una combinación de los otros dos. La curva de puntos muestra la naturaleza general de la variación de espesor de película en el cojinete.

Se recomienda que los diseñadores eviten la zona de película mixta, porque es virtualmente imposible indicar cuál será el funcionamiento del sistema de cojinete. También, observe que la curva es muy pendiente en esta zona. Entonces, un pequeño cambio de cualquiera de los tres factores, μ, n o p, produce un gran cambio de *f*, lo cual causa un funcionamiento errático de la máquina.

El valor de $\mu n/p$ en el que se produce lubricación de película completa es difícil de predecir. Además de los factores individuales de velocidad, presión (carga) y viscosidad (una fun-

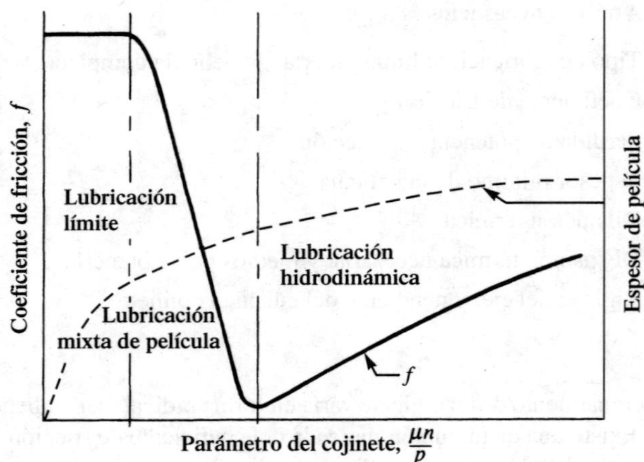

FIGURA 16-2 Funcionamiento del cojinete y tipos de lubricación, relacionados con el parámetro de cojinete $\mu n/p$. Curva de Stribeck.

ción del tipo de lubricante y su temperatura), las variables que afectan la formación de la película incluyen la cantidad de lubricante suministrado, la adhesión de lubricante a las superficies, los materiales del muñón y el cojinete, la rigidez estructural del muñón y el cojinete y la rugosidad superficial de los dos. Después de terminar el proceso de diseño que se presentará más adelante en este capítulo, se aconseja que pruebe el diseño.

En general, cabe esperar que exista lubricación límite cuando el funcionamiento es a baja velocidad, con velocidad de superficie menor que 10 pies/min (0.05 m/s), aproximadamente. También el movimiento alternativo, oscilatorio, o una combinación de un lubricante delgado y una presión alta, también producirían lubricación límite.

Al diseño de los cojinetes, para obtener lubricación de película completa, se le describe en la sección 16-6. En general, se requiere que la velocidad de la superficie sea mayor que 25 pies/min (0.13 m/s), continuamente en una dirección y con suministro adecuado de aceite con viscosidad adecuada.

16-4 MATERIALES PARA COJINETES

En aplicaciones con rotación, el muñón o eje es de acero, con frecuencia. El cojinete estacionario puede fabricarse con una gran variedad de materiales, incluidos los siguientes:

Bronce
Babbitt
Aluminio
Zinc
Metales porosos
Plásticos (nylon, TFE, PTFE, fenólicos, acetal, policarbonato, poliimida con carga)

Las propiedades adecuadas para que los materiales se usen en cojinetes planos son únicas, y con frecuencia se deben hacer compromisos. La lista siguiente describe esas propiedades.

1. ***Resistencia:*** La función del cojinete consiste en soportar la carga aplicada, y entregarla a la estructura de soporte. A veces, las cargas varían y requieren resistencia a la fatiga, además de resistencia estática.
2. ***Facilidad de incrustación:*** Esta propiedad se relaciona con la capacidad del material para contener contaminantes en el cojinete sin causar daños al muñón giratorio. En consecuencia, es preferible que el material sea suave.

3. ***Resistencia a la corrosión:*** Se debe considerar el ambiente total del cojinete, incluyendo el material del muñón, el lubricante, la temperatura, las partículas suspendidas en el aire y los gases o vapores corrosivos.
4. ***Costo:*** Siempre es un factor importante; incluye no sólo el costo de los materiales, sino también los costos de procesamiento e instalación.

A continuación se presenta una descripción breve de algunos de los materiales del cojinete.

Bronce colado

El nombre *bronce* se aplica a varias aleaciones de cobre con estaño, plomo, zinc o aluminio, solos o en combinación. Los bronces al plomo contienen de 25 a 35% de plomo, lo que les comunica una buena facilidad de incrustación y resistencia a agarrarse bajo condiciones de lubricación mixta. Sin embargo, su resistencia es relativamente baja. El bronce colado para cojinetes, SAE CA932, tiene 83% de cobre, 7% de estaño, 7% de plomo y 3% de zinc. Posee una buena combinación de propiedades para aplicaciones en bombas, maquinaria y electrodomésticos. Los bronces al estaño y al aluminio tienen mayor resistencia y dureza, y pueden soportar mayores cargas, en especial en casos con impacto. Pero tienen menor capacidad de incrustación. Vea los sitios de Internet 1, 6, 7, 9 y 10.

Babbitt

Los babbit pueden ser a base de plomo o a base de estaño; nominalmente tienen 80% del metal principal. Diversas aleaciones compuestas de cobre y antimonio (y también plomo y estaño) se pueden adaptar a las propiedades adecuadas para determinada aplicación. Por su suavidad, los babbitt tienen una facilidad de incrustación sobresaliente, así como resistencia al agarramiento, importantes propiedades para aplicaciones donde exista lubricación límite. Sin embargo, tienen poca resistencia, y con frecuencia se aplican como recubrimientos en cajas de acero o hierro colado. Vea el sitio de Internet 9.

Aluminio

Con la máxima resistencia de los materiales de uso frecuente en cojinetes, el aluminio es adecuado para aplicaciones rigurosas, como en motores de combustión, bombas y aviones. La gran dureza de los cojinetes de aluminio hace que su facilidad de incrustación sea mala, y requiera lubricantes limpios.

Zinc

Los cojinetes de aleaciones de zinc ofrecen buena protección al movimiento, sin que exista un suministro continuo de lubricante, aunque trabajan mejor si se lubrican. Las grasas normales para cojinetes se usan con frecuencia. Cuando trabajan con muñones de acero, se transfiere una película delgada del zinc, más suave, al acero, y lo protege contra el desgaste y el daño. Funciona bien en la mayor parte de las condiciones atmosféricas, excepto en ambientes continuamente húmedos y en exposición a agua de mar. Vea el sitio de Internet 8.

Metales porosos

Son productos de la industria de los metales en polvo; los metales porosos son polvos sinterizados de bronce, hierro y aluminio; algunos se mezclan con plomo o cobre. La sinterización deja un gran número de huecos en el material del cojinete, en los que se introduce el lubricante a fuerza. Entonces, durante el funcionamiento, el aceite migra y sale de los poros, y moja el cojinete. Esos cojinetes son especialmente buenos para movimientos de baja velocidad, alternativos u oscilantes. Vea los sitios de Internet 6 y 7.

Plásticos

En general, se les llama *materiales autolubricantes*; los plásticos se usan en aplicaciones de cojinetes y tienen características inherentes de baja fricción. Pueden funcionar en seco, pero la mayoría de ellos mejoran su funcionamiento con lubricante presente. La facilidad de incrustación suele ser buena, así como la resistencia al agarre. Pero muchos tienen baja resistencia, lo que limita su capacidad de carga. Con frecuencia se respaldan con camisas de metal, para mejorar su capacidad de carga. Las ventajas principales son su resistencia a la corrosión y, cuando trabajan secos, la eliminación de contaminación. Esas propiedades tienen especial importancia en el procesamiento de alimentos y de productos químicos. Vea los sitios de Internet 2, 3, 4, 5 y 7.

Debido a los complicados nombres químicos de los materiales plásticos, y las combinaciones casi infinitas de materiales base, refuerzos y cargas que se usan, es difícil caracterizar los plásticos para cojinetes. La mayoría están formados por distintos componentes. El grupo conocido como *fluoropolímeros* es frecuente, por el muy bajo coeficiente de fricción (0.05 a 0.15) y la buena resistencia al desgaste. Entre los nombres y abreviaturas químicas que se manejan en este campo están los siguientes:

PTFE: Politetrafluoroetileno

PA: Poliamida

PPS: Sulfuro de polifenileno

PVDF: Fluoruro de polivinilideno

PEEK: Polieteretercetona

PEI: Polieterimida

PES: Polietersulfona

PFA: Tetrafluoroetileno modificado con perfluoroalcóxido

Entre los refuerzos y cargas que se usan en los materiales plásticos para cojinetes están las fibras de vidrio, el vidrio pulverizado, las fibras de carbón, los polvos de bronce, PTFE, PPS y algunos lubricantes sólidos, como grafito y disulfuro de molibdeno.

16-5 DISEÑO DE COJINETES CON LUBRICACIÓN

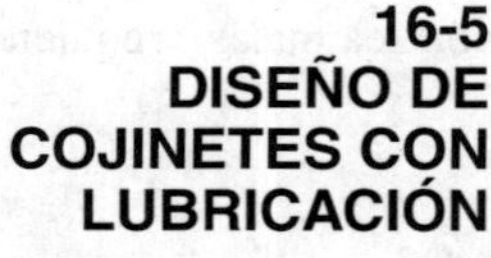

Los factores por considerar cuando se seleccionan materiales para cojinetes y se especifican los detalles de diseño, incluyen los siguientes:

Coeficiente de fricción: Se deben considerar condiciones tanto estáticas como dinámicas.

Capacidad de carga, p: Carga radial dividida entre el área proyectada del cojinete (lb/pulg^2 o Pa).

Velocidad de operación, V: La velocidad relativa entre los componentes móvil y estacionario, en general en pies/min o m/s.

Temperatura a las condiciones de operación.

Limitaciones de desgaste.

Forma de producción: Maquinado, moldeado, fijación, ensamble y servicio.

Factor *pV*

Además de considerar individualmente la capacidad de carga, p, y la velocidad de operación, V, el producto pV es un parámetro importante de funcionamiento para diseñar cojinetes, cuando existe lubricación límite. El valor pV es una medida de la capacidad del material en el cojinete

TABLA 16-1 Parámetros típicos de funcionamiento para materiales de cojinete con lubricación marginal a temperatura ambiente.

Material	pV psi·pies/min	pV kPa·m/s	
Polimida Vespel® SP-21	300 000	10 500	Marca registrada de DuPont Co.
Bronce al manganeso (C86200)	150 000	5250	También llamado SAE 430A
Bronce de aluminio (C95200)	125 000	4375	También llamado SAE 68A
Bronce de estaño con plomo (C93200)	75 000	2625	También llamado SAE 660
Cojinete KU de lubricante seco	51 000	1785	Vea la nota 1
Bronce poroso impregnado en aceite	50 000	1750	
Babbitt: alto contenido de estaño (99%)	30 000	1050	
PTFE Rulon®: forro M	25 000	875	Respaldo de metal
PTFE Rulon®: FCJ	20 000	700	Movimiento oscilatorio y lineal
Babbitt: bajo contenido de estaño (10%)	18 000	630	
Grafito/metalizado	15 000	525	Graphite Metallizing Corp.
PTFE Rulon®: 641	10 000	350	Aplicaciones en alimentos y medicinas (vea la nota 2)
PTFE Rulon®: J	7500	263	PTFE con carga
Poliuretano: UHMW	4000	140	Peso molecular ultraalto
Nylon® 101	3000	105	Marca registrada de DuPont Co.

Fuente: Bunting Bearings Corp., Holland, OH

[1]Los cojinetes KU consisten en capas pegadas de un respaldo de acero y una matriz de bronce poroso, recubierta con el material del cojinete, PTFE/plomo. Una capa del material del cojinete se transfiere al muñón durante la operación.

[2]Rulon® es una marca comercial registrada de Saint-Gobain Performance Plastics Company. A los rodamientos se les fabrica con PTFE (politetrafluoroetileno) Rulon® en diversas formulaciones y construcciones físicas.

para tomar la energía de fricción que se genera en el cojinete. En el valor pV límite, el cojinete no tendrá un límite estable de temperatura, y fallará con rapidez. Un valor práctico de diseño para pV es la mitad de su valor límite, mostrado en la tabla 16-1.

Unidades de pV. Las unidades nominales de pV sólo son el producto de las unidades de presión por las unidades de velocidad. En el sistema inglés son, si considera las unidades solamente,

$$p = F/LD = \text{lb/pulg}^2 = \text{psi}$$

$$V = \pi Dn/12 = \text{pies/min} = \text{fpm}$$

$$pV = (\text{lb/pulg}^2)(\text{pies/min}) = \text{psi-fpm}$$

Otra forma de considerar esas unidades es reordenarlas en la forma

$$pV = (\text{pies·lb/min})/\text{pulg}^2$$

El numerador representa una unidad de potencia, o energía transferida por unidad de tiempo. El denominador representa el área. Por consiguiente, se puede pensar que pV es la tasa de entrada de energía al cojinete por unidad de área proyectada del mismo, si el coeficiente de fricción es 1.0. Naturalmente, el coeficiente real de fricción es mucho menos que uno, en el caso normal. Entonces, se puede imaginar que pV es una medida comparativa de la capacidad que tiene el cojinete para absorber energía sin sobrecalentarse.

En unidades SI, la fuerza F está en newton (N) y las dimensiones del cojinete están en mm. Entonces, la presión es

Presión en el cojinete

$$p = F/LD = \text{N/mm}^2$$

Para los valores que se encuentran en casos típicos, es conveniente convertir a kPa, o 10^3 N/m^2

$$p = \frac{\text{N}}{\text{mm}^2} \cdot \frac{(10^3 \text{ mm})^2}{\text{m}^2} = \frac{10^6 \text{ N}}{\text{m}^2} \cdot \frac{1 \text{ kN}}{10^3 \text{ N}} = \frac{10^3 \text{ kN}}{\text{m}^2} = 10^3 \text{ kPa}$$

En resumen, la presión p, en N/mm^2, es igual que en 10^3 kPa.

La velocidad lineal de la superficie del muñón se calcula con

$$v = \pi Dn/(60\,000) \text{ m/s}$$

con D en mm y n en rpm. Entonces, las unidades de pV son

$$pV = (\text{kPa})(\text{m/s})$$

Una conversión útil al sistema inglés es

$$1.0 \text{ psi-fpm} = 0.035 \text{ kPa}\cdot\text{m/s}$$

De nuevo se pueden formatear las unidades de pV para que reflejen la razón de transferencia de energía por unidad de área:

$$pV = \text{kPa}\cdot\text{m/s} = \frac{\text{kN}}{\text{m}^2}\cdot\frac{\text{m}}{\text{s}} = \frac{\text{kW}}{\text{m}^2}$$

donde 1 kW = 1 kN·m/s.

Temperatura de funcionamiento

La mayoría de los plásticos están limitados a funcionar hasta unos 200°C (93°C). Sin embargo, el PTFE puede funcionar a 500°F (260°C). El babbitt se limita a 300°F (150°C), mientras que el bronce de estaño y el aluminio pueden trabajar a 500°F (260°C). Una gran ventaja de los cojinetes de carbón-grafito es su capacidad de trabajar hasta a 750°F (400°C).

Procedimiento de diseño

El siguiente es un método para elaborar el diseño preliminar de cojinetes de superficie con lubricación límite.

Procedimiento para diseñar cojinetes de superficie con lubricación límite

Datos: Carga radial sobre el cojinete, F (lb o N); velocidad de giro, n (rpm); diámetro nominal mínimo del eje, $D_{\text{mín}}$ (pulg o mm) (basado en el análisis de esfuerzos o deflexiones).

Objetivos del proceso de diseño: Especificar el diámetro nominal y la longitud del cojinete, y un material que tenga un valor seguro de pV.

1. Especifique un diámetro tentativo D, para el muñón y el cojinete.
2. Especifique una relación de longitud a diámetro, L/D, para el cojinete, en forma típica de 0.5 a 2.0. Para cojinetes no lubricados (frotamiento en seco) o impregnados de

aceite, se recomienda $L/D = 1$. (Vea la referencia 18.) Para cojinetes de carbón-grafito se recomienda $L/D = 1.5$.

3. Calcule $L = D(L/D)$ = longitud nominal del cojinete.
4. Especifique un valor adecuado para L.
5. Calcule la presión en el cojinete (lb/pulg² o Pa):

$$p = F/LD$$

6. Calcule la velocidad lineal de la superficie del muñón:

Unidades inglesas: $V = \pi Dn/12$ pies/min

Unidades métricas SI: $V = \pi Dn/(60\,000)$ m/s

También observe que 1.0 pie/min = 0.005 08 m/s

1.0 m/s = 197 pies/min

7. Calcule pV (psi·pies/min o Pa·m/s o kW/m²).
8. Multiplique $2(pV)$ para obtener un valor de diseño para pV.
9. Especifique un material de la tabla 16-1, con un valor nominal de pV igual o mayor que el valor de diseño.
10. Termine el diseño del sistema de cojinete, considerando la holgura diametral, selección del lubricante, suministro de lubricante, especificación de acabado superficial control térmico y consideraciones de montaje. Con frecuencia, el proveedor del material de cojinete suministra recomendaciones para tomar muchas de estas decisiones de diseño.
11. Holgura diametral nominal: Bastantes factores afectan la especificación final de holgura, como la necesidad de precisión, dilatación térmica de todas las piezas del sistema de cojinete, variaciones de carga, deflexión esperada del eje, medio de suministrar el lubricante y capacidad de manufactura. Una regla aproximada que se ha usado desde hace mucho tiempo es dar 0.001 pulgada de holgura por pulgada de diámetro de muñón. La figura 16-3 muestra los valores mínimos recomendados de holgura, con base en el diámetro del muñón y la velocidad de giro bajo cargas continuas. Esos valores se aplican a la holgura mínima bajo cualquier combinación de tolerancias en las dimensiones del sistema de cojinete, para evitar problemas de calentamiento y eventual atascamiento del cojinete. La holgura de funcionamiento será entonces mayor que esos valores, por las tolerancias de manufactura. Debe evaluarse el funcionamiento dentro de todo el intervalo de holguras, de preferencia mediante pruebas.

Problema modelo 16-1 Se debe diseñar un cojinete para soportar una carga radial de 150 lb, de un eje que tiene diámetro mínimo aceptable de 1.50 pulg y que gira a 500 rpm. Diseñe el cojinete que funcione bajo condiciones de lubricación límite.

Solución Se usará el procedimiento de diseño que se acaba de describir.

Paso 1. Diámetro tentativo: $D = D_{\text{mín}} = 1.50$ pulg

Pasos 2 a 4. Hacer la prueba con $L/D = 1.0$. Entonces, $L = D = 1.50$ pulgadas

Paso 5. Presión en el cojinete:

$$p = F/LD = (150 \text{ lb})/(1.50 \text{ pulg})(1.50 \text{ pulg}) = 66.7 \text{ psi}$$

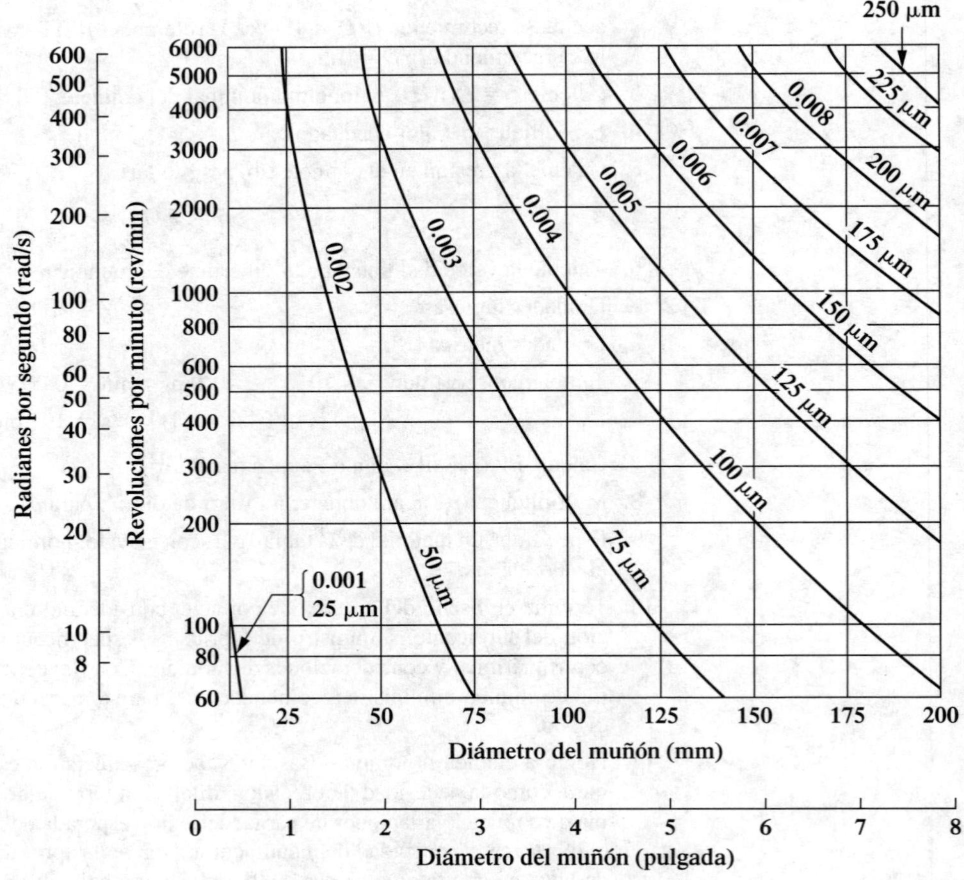

FIGURA 16-3 Holgura diametral mínima recomendada para cojinetes, de acuerdo con el diámetro del muñón y su velocidad de giro (tomado de R. J. Welsh. *Plain Bearing Design Handbook*. Londres: Butterworths, 1983)

Paso 6. Velocidad del muñón:

$$V = \pi Dn/12 = \pi(1.50)(500)/12 = 196 \text{ pies/min}$$

Paso 7. Factor pV:

$$pV = (66.7 \text{ psi})(196 \text{ pies/min}) = 13\ 100 \text{ psi·pies/min}$$

Paso 8. Valor de diseño de $pV = 2(13\ 100) = 26\ 200$ psi·pies/min.

Paso 9. De acuerdo con la tabla 16-1, se podría usar un cojinete de babbitt con estaño alto, con valor nominal de pV igual a 30 000 psi·pies/min.

Pasos 10 y 11. Holgura diametral nominal: De acuerdo con la figura 16-3, se puede recomendar una $C_d = 0.002$ pulg mínima, basada en $D = 1.50$ pulg y $n = 500$ rpm. Otros detalles del diseño dependen de los detalles del sistema donde se colocará el cojinete.

Problema modelo 16-2 Diseñe un cojinete de superficie con lubricación límite, para soportar una carga radial de 2.50 kN, de un eje que gira a 1150 rpm. El diámetro mínimo nominal del muñón es de 65 mm.

Solución Se usará el procedimiento de diseño previamente descrito.

Paso 1. Diámetro tentativo: pruebe con $D = 75$ mm

Pasos 2 a 4. Probar con $L/D = 1.0$. Entonces, $L = D = 75$ mm.

Paso 5. Presión en el cojinete:

$$p = F/LD = (2500\ \text{N})/(75\ \text{mm})(75\ \text{mm}) = 0.444\ \text{N/mm}^2$$

Al convertir a kPa, se tiene:

$$p = 0.444\ \text{N/mm}^2\ (10^3\ \text{kPa})/(\text{N/mm}^2) = 444\ \text{kPa}$$

Paso 6. Velocidad del muñón:

$$V = \pi Dn/(60\ 000) = \pi(75)(1150)/(60\ 000) = 4.52\ \text{m/s}$$

Paso 7. Factor pV:

$$pV = (444\ \text{kPa})(4.52\ \text{m/s}) = 2008\ \text{kPa}\cdot\text{m/s}$$

Paso 8. Valor de diseño para $pV = 2(2008) = 4016$ kPa·m/s.

Paso 9. De acuerdo con la tabla 16-1, se puede especificar bronce de aluminio (C95200), el cual tiene una capacidad de pV de 4375 kPa·m/s.

Pasos 10 y 11. De la figura 16-3 se puede recomendar una $C_d = 75\ \mu$m (0.075 mm o 0.003 pulg) mínima, basada en $D = 75$ mm y 1150 rpm.

Diseño alternativo: El factor pV en el diseño inicial, si bien es satisfactorio, es algo alto, y podrá necesitar una lubricación cuidadosa. Considere el siguiente diseño alterno, con un mayor diámetro de cojinete.

Paso 1. Pruebe con $D = 150$ mm

Paso 2. Sea $L/D = 1.25$

Paso 3. Entonces

$$L = D(L/D) = (150\ \text{mm})(1.25) = 187.5\ \text{mm}$$

Paso 4. Use el valor más cómodo de 175 mm para L.

Paso 5. Presión en el cojinete:

$$p = F/LD = (2500\ \text{N})/(175\ \text{mm})(150\ \text{mm}) = 0.095\ \text{N/mm}^2 = 95\ \text{kPa}$$

Paso 6. Velocidad del muñón:

$$V = \pi Dn/(60\ 000) = \pi(150)(1150)/(60\ 000) = 9.03\ \text{m/s}$$

Paso 7. Factor pV:

$$pV = (95\ \text{kPa})(9.03\ \text{m/s}) = 860\ \text{kPa}\cdot\text{m/s} = 860\ \text{kW/m}^2$$

Paso 8. Valor de diseño de $pV = 2(860) = 1720\ \text{kW/m}^2$

Paso 9. De acuerdo con la tabla 16-1, se puede especificar un cojinete de bronce poroso impregnado de aceite, con capacidad pV de 1750 kPa·m/s, o bien un cojinete KU lubricado seco con capacidad pV de 1785 kPa·m/s.

Pasos 10 y 11. De la figura 16-3, se puede recomendar una $C_d = 150\ \mu\text{m}$ (0.150 mm o 0.006 pulg) mínima, basada en $D = 150$ mm y 1150 rpm. Otros detalles de diseño dependen del sistema donde se colocará el cojinete.

16-6 COJINETES DE LUBRICACIÓN HIDRODINÁMICA DE PELÍCULA COMPLETA

En el *cojinete de lubricación hidrodinámica de película completa*, la carga sobre el cojinete es soportada sobre una película continua de lubricante, que en general es aceite, de modo que no hay contacto entre el cojinete y el muñón. Debe desarrollarse una presión en el aceite, con el fin de soportar la carga. Con un diseño adecuado, el movimiento del muñón dentro del cojinete crea la presión necesaria.

La figura 16-4 muestra la acción progresiva en un cojinete de superficie plana, desde el arranque hasta la operación hidrodinámica de estado estable. Observe que una lubricación límite y una de película mixta anteceden al establecimiento de la lubricación hidrodinámica de película completa. En el arranque, la carga radial aplicada por el muñón al cojinete impulsa al primero fuera del centro, en dirección de la carga, llenando toda la holgura [figura 16-4(*a*)]. A las lentas velocidades de giro iniciales, la fricción entre el muñón y el cojinete hace que el primero suba por la pared del cojinete, en forma semejante a la que se ve en la figura 16-4(*b*). Debido a los esfuerzos cortantes viscosos desarrollados en el aceite, el muñón en movimiento succiona aceite a la zona convergente, con forma de cuña, arriba de la región de contacto. La acción de bombeo resultante produce una presión en la película de aceite; cuando la presión es suficientemente alta, el muñón se levanta del cojinete. Las fuerzas de fricción se reducen mucho bajo esta condición de funcionamiento, y el muñón se mueve eventualmente a su posición de estado estable, como se ve en la figura 16-4(*c*). Observe que el muñón se desvía de la dirección de la carga, y que existe cierta excentricidad, *e*, entre el centro geométrico del cojinete y el centro del muñón; además, existe un punto de espesor mínimo de película h_o, en la *nariz* de la zona de presión, en forma de cuña.

La figura 16-5 ilustra la forma general de la distribución de presión dentro de un cojinete lubricado hidrodinámicamente con película completa. La holgura entre el cojinete y el muñón se exagera mucho. El inciso (*a*) de la figura muestra el aumento de presión cuando el eje giratorio succiona aceite a la cuña convergente, llegando al punto de espesor mínimo de película. La presión máxima está allí, y después baja rápidamente a cero, a medida que diverge de nuevo el espacio entre el muñón y el cojinete. El efecto integrado de la distribución de la presión es una fuerza suficiente para sostener el eje sobre una película de aceite sin que exista contacto entre metal y metal.

FIGURA 16-4 Posición del muñón en relación con el cojinete, en función de la operación

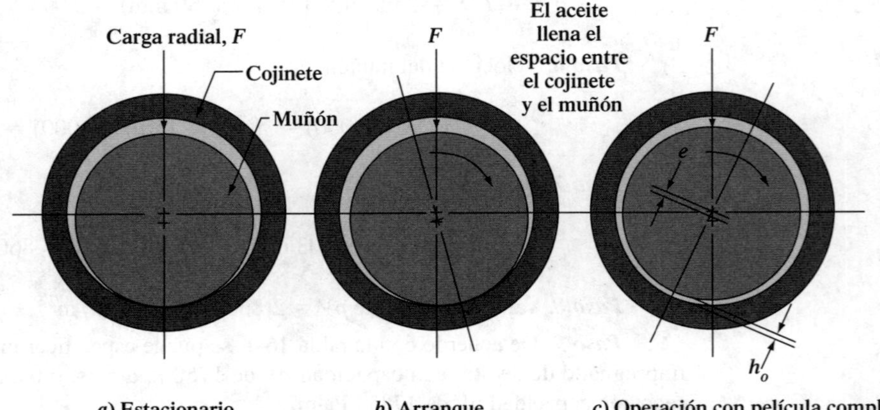

FIGURA 16-5
Distribución de la presión en la capa de aceite en la lubricación hidrodinámica

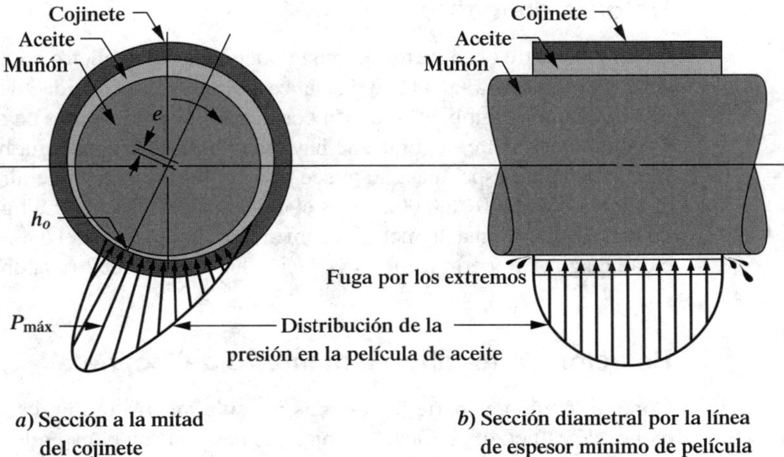

a) Sección a la mitad del cojinete

b) Sección diametral por la línea de espesor mínimo de película

La figura 16-5(*b*) muestra la distribución axial de la presión a lo largo del eje, por la línea de espesor mínimo de película, o de presión máxima. El valor máximo de la presión está a la mitad de la longitud del cojinete, y decrece rápidamente al acercarse a los extremos, porque la presión en el exterior del cojinete es la presión ambiente, que en forma típica es la presión atmosférica. Existe un flujo continuo de fuga desde ambos extremos del cojinete. Eso ilustra la importancia de proporcionar un medio de suministro continuo de aceite al cojinete, para mantener el funcionamiento con película completa. Sin un suministro constante y adecuado de aceite, el sistema no podría crear la capa a presión que cargue el eje, y se tendría lubricación límite. En ese caso, las fuerzas de fricción, apreciablemente mayores, causarían un rápido calentamiento de la interfase entre cojinete y muñón, y es probable que con mucha rapidez se presentara el atascamiento.

16-7 DISEÑO DE COJINETES CON LUBRICACIÓN HIDRODINÁMICA DE PELÍCULA COMPLETA

La siguiente descripción contiene algunos lineamientos para diseño de cojinetes en aplicaciones industriales típicas. El procedimiento de diseño se basa principalmente en la información de las referencias 1 a 3.

Rugosidad superficial

Un muñón rectificado, con promedio de rugosidad superficial de 16 a 32 micropulgadas (μpulg) o 0.40 a 0.80 μm, se recomienda para cojinetes de buena calidad. El cojinete debe tener igual lisura, o refabricarse con uno de los materiales más suaves, para que con un "asentamiento inicial" se puedan alisar los puntos altos, formando un buen ajuste entre el cojinete y el muñón. En equipos de gran precisión, se pueden usar el pulido o lapeado, para producir un acabado superficial del orden de 8 a 16 μpulg (0.20 a 0.40 μm).

Espesor mínimo de película

El valor límite aceptable del espesor mínimo de película depende de la rugosidad superficial del muñón y el cojinete, porque la película debe ser lo bastante gruesa como para eliminar el contacto entre sólidos durante las condiciones de operación esperadas. El valor sugerido para diseño depende también del tamaño del muñón. Para estimar el valor de diseño de los muñones rectificados se puede aplicar la siguiente relación:

$$h_o = 0.00025D \tag{16-1}$$

donde D = diámetro del cojinete.

Holgura diametral

La holgura entre el cojinete y el muñón depende del diámetro nominal del cojinete, la precisión de la máquina para la cual se diseña ese cojinete, la velocidad de giro y la rugosidad superficial del muñón. También se deben considerar los coeficientes de dilatación térmica del muñón y del cojinete, para asegurar que haya una holgura satisfactoria bajo todas las condiciones de funcionamiento esperadas. Se puede usar un lineamiento general: hacer que la holgura esté en el intervalo de 0.001 a 0.002 veces el diámetro del cojinete. La figura 16-3 muestra una gráfica de la holgura mínima diametral recomendada, en función del diámetro del cojinete y de la velocidad de giro. Se permite cierta variación hacia arriba de los valores de la curva.

Relación de longitud a diámetro del cojinete

Como el muñón es parte del eje mismo, su diámetro mínimo se suele limitar por consideraciones de esfuerzo y deflexión, como las descritas en el capítulo 12. Entonces, la longitud del cojinete se especifica para que suministre un valor adecuado de presión en el cojinete. Los cojinetes para maquinaria industrial de propósito general suelen trabajar aproximadamente entre 200 y 500 psi (1.4 a 3.4 MPa) de presión en el cojinete, basada en el área proyectada del cojinete [$p = \text{carga}/(LD)$]. La presión puede bajar hasta a 50 psi (0.34 MPa) para equipos de trabajo ligero, o subir hasta 2000 psi (13.4 MPa) para maquinaria pesada con cargas variables, por ejemplo los motores de combustión interna. La fuga de aceite del cojinete también depende de la longitud del mismo. El intervalo típico de relación de longitud a diámetro (L/D) para cojinetes de película hidrodinámica completa va de 0.35 a 1.5. Pero muchos buenos cojinetes funcionan fuera de ese intervalo. En la referencia 18 se recomienda que $L/D = 0.60$ para la mayoría de las aplicaciones industriales.

Temperatura del lubricante

La viscosidad del aceite es un parámetro crítico en el funcionamiento de un cojinete. La figura 16-6 muestra la gran variación de la viscosidad con la temperatura, lo que indica que es aconsejable tener un control de temperatura. También, la mayoría de los aceites lubricantes derivados del petróleo deben limitarse a 160ºF (70°C), aproximadamente, con el fin de retardar la oxidación. Naturalmente, la temperatura de interés es la que existe dentro del cojinete. La energía de fricción, o la energía térmica del equipo mismo, pueden aumentar la temperatura del aceite en el depósito de suministro. En los ejemplos de diseño se seleccionará el lubricante que asegure una viscosidad satisfactoria a 160°F, a menos que se indique otra cosa. Si la temperatura real de funcionamiento es menor, el espesor de la película que resulta será mayor que el valor de diseño, lo cual es un resultado conservador. Es responsabilidad del diseñador asegurar que no se rebase la temperatura límite, mediante enfriamiento forzado si es necesario.

Viscosidad del lubricante

La especificación del lubricante para el cojinete es una de las decisiones finales que se deben tomar en el procedimiento de diseño que se presenta. La viscosidad dinámica μ se emplea en los cálculos. En el sistema de unidades inglesas, la viscosidad dinámica se expresa en lb·s/pulg^2, y se le conoce como *reyn* en honor de Osbourne Reynolds, quien aportó un vasto e importante trabajo acerca del flujo de fluidos. En las unidades SI, la unidad normal es N·s/m^2, o Pa·s. Algunos prefieren las unidades de poise o centipoise, derivadas del sistema métrico, y las conversiones útiles son:

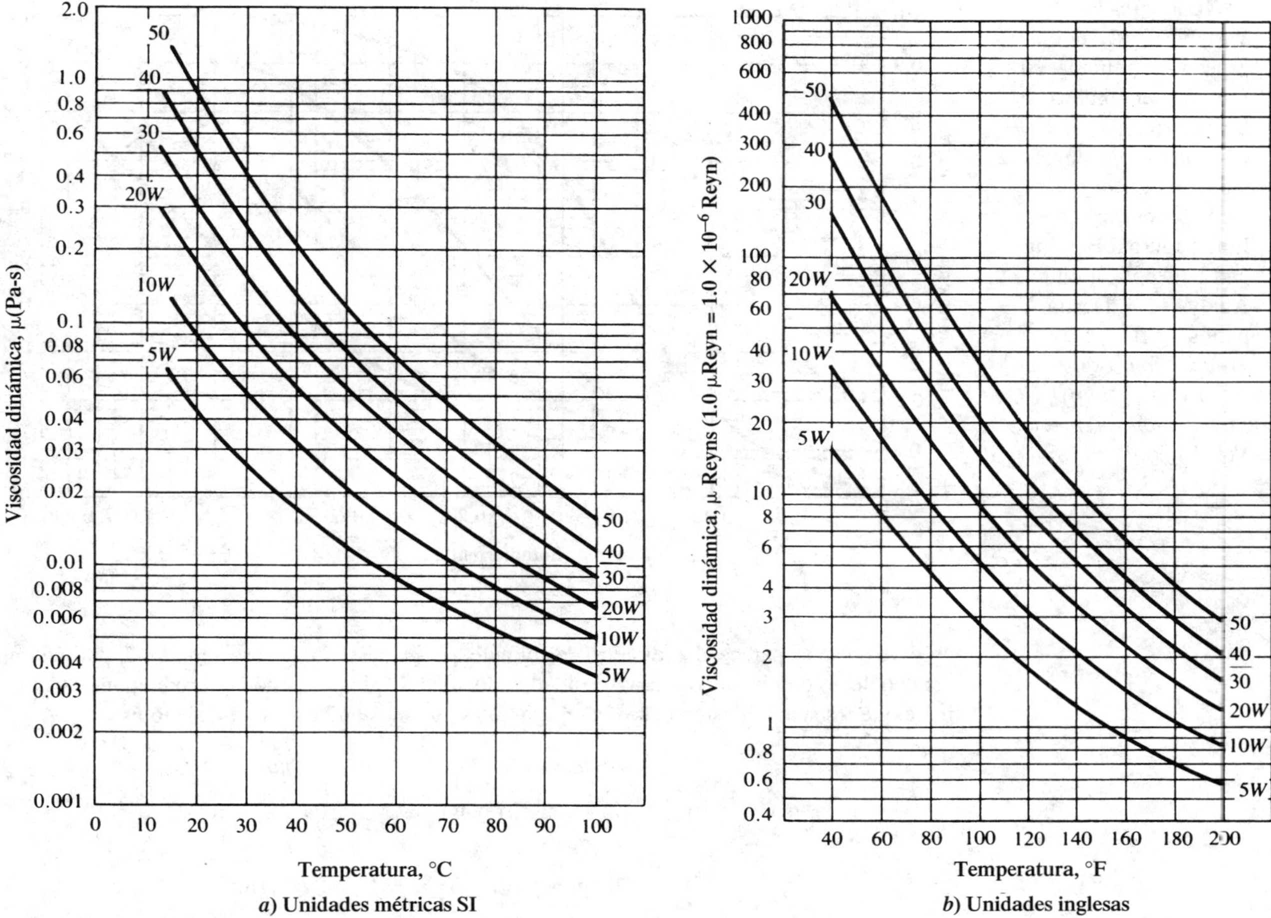

a) Unidades métricas SI

b) Unidades inglesas

FIGURA 16-6 Viscosidad en función de la temperatura, para aceites SAE

$$1.0 \text{ reyn} = 6895 \text{ Pa·s}$$
$$1.0 \text{ Pa·s} = 1000 \text{ centipoise}$$

Existen otras conversiones de viscosidad que también pueden ser útiles (vea la referencia 12). La figura 16-6 muestra gráficas de la viscosidad dinámica en función de la temperatura, en unidades SI e inglesas. Observe en la figura 16-6(*b*) que los valores comunes en las unidades inglesas son muy pequeñas. Los valores de la escala se deben multiplicar por 10^{-6}.

Número de Sommerfeld

El efecto combinado de muchas de las variables que intervienen en el funcionamiento de un cojinete bajo lubricación hidrodinámica, se pueden caracterizar por el número adimensional S, conocido como *número de Sommerfeld*. Algunos lo llaman *número característico de cojinete*, y se le define como sigue:

Número característico del cojinete

$$S = \frac{\mu n_s (R/C_r)^2}{p} \tag{16-2}$$

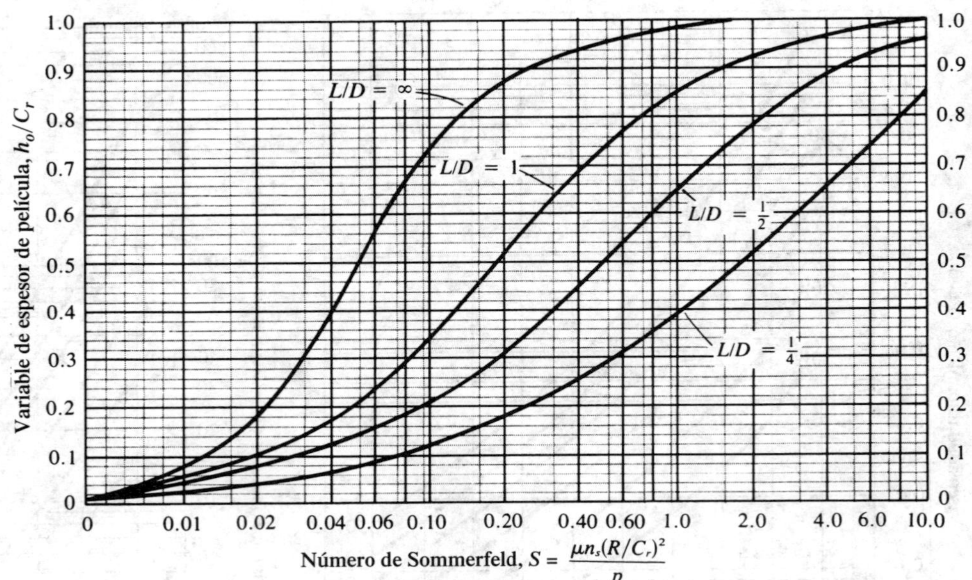

FIGURA 16-7 Variable h_o/C_r, del espesor de película, en función del número de Sommerfeld, S (Adaptado de John Boyd y Albert A. Raimondi, "A Solution for the Finite Journal Bearing and Its Application to Analysis and Design", partes I y II. *Transactions of the American Society of Lubrication Engineers,* Vol. 1, No. 1, 1958)

Observe que S se parece al parámetro de cojinete, $\mu n/p$, descrito en la sección 16-3, porque implica el efecto combinado de la viscosidad, velocidad de giro y presión del rodamiento. Con el fin de que S sea adimensional, se deben usar las siguientes unidades en los factores:

	Unidades inglesas	*Unidades SI*
μ	lb·s/pulg^2 (reyns)	Pa·s (N·s/m^2)
n_s	rev/s	rev/s
p	lb/pulg^2 (psi)	Pa (N/m^2)
R, C_r	pulg	m o mm

Se pueden usar cualesquier unidades, sólo que sean consistentes. La figura 16-7, adaptada de la referencia 3, muestra la relación entre el número de Sommerfeld y la relación de espesor de película, h_o/C_r. La figura 16-8 muestra la relación entre S y la variable de coeficiente de fricción, $f(R/C_r)$. Estos valores se manejan en el procedimiento de diseño que sigue. Como se requieren muchas decisiones de diseño, es posible llegar a varias soluciones aceptables.

Procedimiento de diseño

Procedimiento para diseñar cojinetes lubricados hidrodinámicamente con capa completa

En vista de que se suele hacer el diseño del cojinete después de haber terminado el análisis de esfuerzos en el eje, en el caso típico se conocen los siguientes datos:

Carga radial sobre el cojinete F, en general en lb o N

Velocidad de giro n, en general en rpm

Diámetro nominal del eje en el muñón, al cual a veces se le especifica como diámetro mínimo aceptable con base en la resistencia y rigidez.

Los resultados del procedimiento de diseño llegan a valores de diámetro real del muñón, longitud de cojinete, holgura diametral, espesor mínimo de la película de lubricante durante el funcionamiento, acabado superficial del muñón, el lubricante y su temperatura

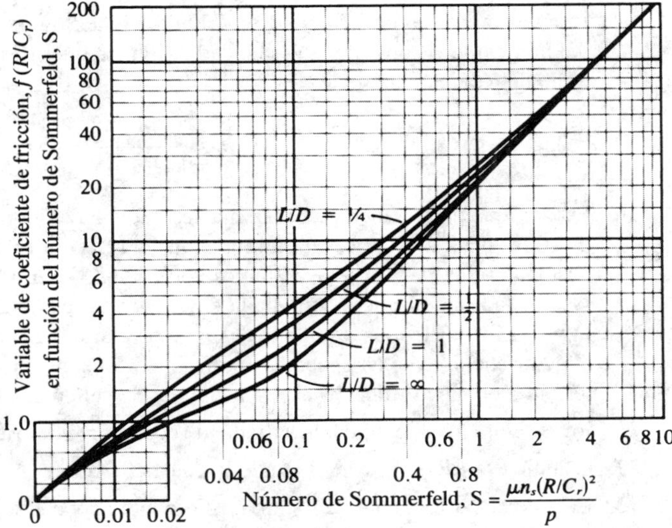

FIGURA 16-8 Variable del coeficiente de fricción, $f(R/C_r)$ en función del número de Sommerfeld, S

máxima de trabajo, el coeficiente de fricción, el par torsional por fricción y la potencia disipada debido a la fricción.

1. Especifique un valor tentativo para el diámetro D del muñón, y el radio $R = D/2$.
2. Especifique una presión nominal de operación, en general de 200 a 500 psi (1.4 a 3.4 MPa), donde $p = F/LD$. Despeje L:

$$L = F/pD$$

   A continuación, calcule L/D. Sería preferible redefinir L/D para que tenga un valor adecuado entre 0.25 y 1.5, para usar las tablas y gráficas de diseño disponibles. Por último, especifique el valor real de diseño de L/D y de L, y calcule la $p = F/LD$ real.
3. De acuerdo con la figura 16-3, especifique la holgura diametral, C_d, con base en los valores de D y n. A continuación calcule $C_r = C_d/2$ μpulg, y la relación R/C_r.
4. Especificar el acabado superficial deseado para el muñón y el cojinete, también con base en la aplicación. Un valor típico es de 16 a 32 μpulg promedio (0.40 a 0.80 μm).
5. Calcule el espesor mínimo nominal de película con la ecuación (16-1),

$$h_o = 0.00025D$$

6. Calcule h_o/C_r, la relación de espesor de película.
7. De acuerdo con la figura 16-7, determine el valor del número de Sommerfeld para la relación de espesor de película seleccionada, y la relación L/D. Tenga cuidado al interpolar en esta gráfica, porque los ejes son logarítmicos y la dispersión entre las curvas no es lineal. Para $L/D > 1$, sólo se pueden obtener datos aproximados. Para $L/D = 1.5$, interpole aproximadamente con la cuarta parte de la distancia entre las curvas de $L/D = 1$ y $L/D = \infty$. Para $L/D = 2$, ir aproximadamente a la mitad.
8. Calcule la velocidad de giro n_s, en revoluciones por segundo:

$$n_s = n/60$$

   donde n está en rpm.

9. Una vez que se conoce cada factor del número de Sommerfeld, excepto la viscosidad del lubricante, μ, despeje la viscosidad mínima requerida que produzca el espesor mínimo de película que se desee:

Viscosidad mínima requerida para el lubricante

$$\mu = \frac{Sp}{n_s(R/C_r)^2} \tag{16-3}$$

10. Especifique una temperatura máxima aceptable en el lubricante, la cual es en general de 160°F o 70°C. Seleccione un lubricante en la figura 16-6 que tenga al menos la viscosidad requerida a la temperatura de operación. Si el lubricante seleccionado tiene viscosidad mayor que la calculada en el paso 9, recalcule S para el nuevo valor de la viscosidad. El valor resultante del espesor mínimo de película será algo mayor que el de diseño, lo cual en general es preferible. Consulte otra vez la figura 16-7 para determinar el nuevo valor del espesor mínimo de película, si se desea.
11. En la figura 16-8, obtenga la variable de coeficiente de fricción, $f(R/C_r)$.
12. Calcule $f = f(R/C_r)/(R/C_r)$ = coeficiente de fricción
13. Calcule el par torsional de fricción. El producto del coeficiente de fricción por la carga F es la fuerza de fricción en la superficie del muñón. Ese valor, multiplicado por el radio, da como resultado el par torsional.

Torque de fricción

$$T_f = F_f R = fFR \tag{16-4}$$

14. Calcule la potencia disipada en el cojinete, con la ecuación para potencia, par torsional y velocidad que se ha empleado tantas veces:

Pérdida de potencia por fricción

$$P_f = T_f n/63\,000 \text{ hp} \tag{16-5}$$

Esta pérdida de potencia por fricción representa la rapidez de entrada de energía al lubricante en el interior del cojinete, lo cual puede aumentar la temperatura. Es una parte de la energía que se debe eliminar del cojinete, para mantener una viscosidad satisfactoria en el lubricante.

En el problema modelo 16-3 se ilustrará este procedimiento.

Problema modelo 16-3 Diseñe un cojinete de superficie plana para sostener una carga radial constante de 1500 lb, cuando el eje gira a 850 rpm. En el análisis de esfuerzos en el eje se determinó que el diámetro mínimo aceptable en el cojinete es de 2.10 pulgadas. El eje es parte de una máquina que requiere bastante precisión.

Solución ***Paso 1.*** Seleccione $D = 2.50$ pulgadas. Entonces, $R = 1.25$ pulgadas.

Paso 2. Para $p = 200$ psi, L debe ser

$$L = F/pD = 1500/(200)(2.50) = 3.00 \text{ pulgadas}$$

Para este valor de L, $L/D = 3.00/2.50 = 1.20$. Para usar una de las gráficas normales de diseño, cambie L a 2.50 para que $L/D = 1.0$. Eso no es esencial, pero elimina la interpolación. Entonces, la presión real es

$$p = F/LD = 1500/(2.50)(2.50) = 240 \text{ psi}$$

Es una presión aceptable.

Paso 3. De acuerdo con la figura 16-3, $C_d = 0.003$ pulg es adecuado como holgura diametral, con base en $D = 2.50$ pulg y $n = 850$ rpm, y entonces $C_r = C_d/2 = 0.0015$ pulg. También,

$$R/C_r = 1.25/0.0015 = 833$$

Este valor se manejará en cálculos más adelante.

Paso 4. Para la precisión esperada de esta máquina, use un acabado superficial de 16 a 32 μpulg, el cual requiere un muñón rectificado.

Paso 5. Espesor mínimo de película (valor de diseño):

$$h_o = 0.00025D = 0.00025(2.50) = 0.0006 \text{ pulg (aproximado)}$$

Paso 6. Variable del espesor de película:

$$h_o/C_r = 0.0006/0.0015 = 0.40$$

Paso 7. De la figura 16-7, para $h_o/C_r = 0.40$, y $L/D = 1$, se puede ver que $S = 0.13$.

Paso 8. Velocidad de giro en revoluciones por segundo:

$$n_s = n/60 = 850/60 = 14.2 \text{ rev/s}$$

Paso 9. Despeje la viscosidad del número de Sommerfeld, S:

$$\mu = \frac{Sp}{n_s(R/C_r)^2} = \frac{(0.13)(240)}{(14.2)(833)^2} = 3.17 \times 10^{-6} \text{ reyns}$$

Paso 10. En la gráfica de la viscosidad, figura 16-6, se ve que se requiere aceite SAE 30 para asegurar que la viscosidad sea suficiente a 160°F. La viscosidad real esperada del aceite SAE 30 a 160°F es 3.3×10^{-6} reyns, aproximadamente.

Paso 11. Para la viscosidad real, el número de Sommerfeld sería

$$S = \frac{\mu n_s(R/C_r)^2}{p} = \frac{(3.3 \times 10^{-6})(14.2)(833)^2}{240} = 0.135$$

Paso 12. Coeficiente de fricción (de la figura 16-8): $f(R/C_r) = 3.5$ para $S = 0.135$, y $L/D = 1$. Ahora, como $R/C_r = 833$,

$$f = 3.5/833 = 0.0042$$

Paso 13. Par torsional de fricción:

$$T_f = fFR = (0.0042)(1500)(1.25) = 7.88 \text{ lb·pulg}$$

Paso 14. Potencia por fricción:

$$P_f = T_f n/63\,000 = (7.88)(850)/63\,000 = 0.106 \text{ HP}$$

Comentario Para hacer una evaluación cualitativa del resultado, se necesitaría conocer más acerca de la aplicación. Pero observe que un coeficiente de fricción de 0.0042 es bastante bajo. Es probable que una máquina que necesite un eje tan grande como éste, y con estas fuerzas en los cojinetes, requiera también una gran potencia para moverla. Entonces, la potencia por fricción de 0.106 HP parece pequeña.

También son importantes los aspectos térmicos para determinar cuánta energía debe disiparse por el cojinete. Al convertir la pérdida de potencia por fricción en potencia térmica se obtiene

$$P_f = 0.106 \text{ hp} \frac{745.7 \text{ W}}{\text{hp}} = 79.0 \text{ W}$$

Esto, expresado en unidades inglesas, es

$$P_f = 79.0 \text{ W} \frac{1 \text{ Btu/h}}{0.293 \text{ W}} = 270 \text{ Btu/h}$$

16-8 CONSIDERACIONES PRÁCTICAS PARA LOS COJINETES DE SUPERFICIE PLANA

El diseño del sistema de cojinete debe considerar el método de entrega del lubricante al cojinete, su distribución dentro del cojinete, su calidad necesaria, la cantidad de calor generada en el cojinete y su efecto en la temperatura del lubricante, la disipación de calor desde el cojinete, su mantenimiento en condiciones limpias y el funcionamiento del cojinete dentro del intervalo completo de condiciones de operación que probablemente tenga el cojinete.

Muchos de estos factores no son más que detalles de diseño, a los cuales se debe definir junto con los demás aspectos del diseño de la máquina. Aquí sólo se presentarán algunos lineamientos y recomendaciones generales.

El lubricante se puede entregar al cojinete mediante una bomba, quizá impulsada con la misma fuente que impulse a toda la máquina. En algunas transmisiones engranadas, se diseña uno de los engranajes para sumergirse en un depósito de aceite, para arrastrarlo al contacto de los dientes y después a los cojinetes. Se puede usar una copa externa de aceite, para suministrarlo por gravedad, si la cantidad necesaria de lubricante es pequeña.

Se pueden conseguir los métodos para estimar la cantidad de aceite necesario, considerando la fuga de aceite en los extremos del cojinete. (Vea las referencias 1, 3, 5 y 14 a 18.)

El suministro de aceite al cojinete siempre debería hacerse en una zona opuesta al lugar de la presión hidrodinámica que soporta a la carga. Si no es así, el orificio de suministro de aceite eliminaría la acumulación de presión en la película.

Con frecuencia se hacen ranuras para distribuir el aceite en toda la longitud del cojinete. El aceite se entregaría por un orificio radial en el cojinete, en su punto medio. La ranura se prolonga en sentido axial en ambas direcciones, partiendo del orificio, pero terminaría algo antes del extremo del cojinete, para evitar que el aceite salga por los lados. Entonces, la rotación del muñón arrastra al aceite hasta la zona donde se genera la película hidrodinámica. La figura 16-9 muestra algunos estilos de ranuras.

El enfriamiento del cojinete mismo, o del aceite en el depósito que lo suministra, es algo que siempre se debe considerar. Podrá bastar con la convección natural para alejar el calor y mantener una temperatura aceptable en el cojinete. Si no es así, se puede usar convección forzada. En casos graves de generación de calor, en especial cuando el sistema del cojinete funciona en una zona caliente, como cerca de un horno, se puede bombear enfriador líquido por una envoltura que rodee al cojinete. Algunos cojinetes comerciales tienen esta función. También se puede instalar un cambiador de calor en el depósito de aceite, o bombear el aceite para que circule por un cambiador de calor externo. La figura 16-10 muestra un estilo comercial de un cojinete plano con cámaras de enfriamiento que permiten usar agua, aire o aceite, como enfriador interno.

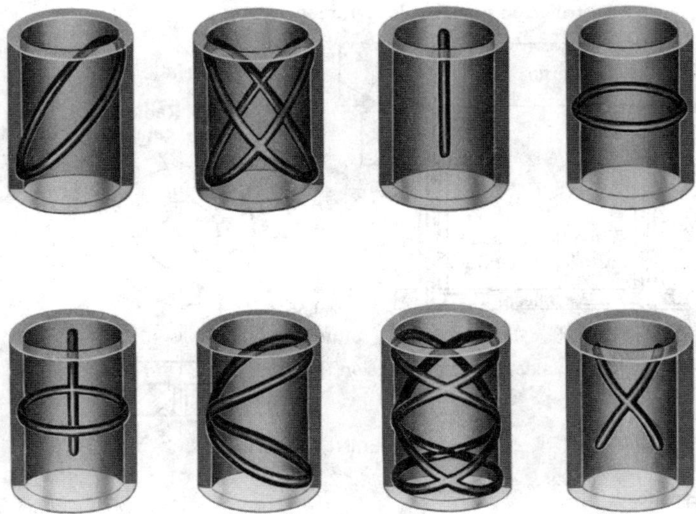

FIGURA 16-9 Ejemplos de estilos de ranuras para cojinetes planos (Bunting Bearings Corp., Holland, OH)

FIGURA 16-10 Chumacera de metales Sleevoil RTL, con cojinete lubricado hidrodinámicamente y con cámaras para enfriador (Copyright Rockwell Automation/Dodge, Milwaukee, WI. Se usa con autorización).

El lubricante se puede limpiar haciéndolo pasar por filtros, al bombearlo al cojinete. Con tapones magnéticos en el depósito se atraen y retienen partículas metálicas que pueden rayar el cojinete, si se dejan entrar al espacio de la holgura entre el muñón y el cojinete. Naturalmente, también es deseable que los cambios de aceite sean frecuentes.

El procedimiento de diseño empleado en la sección anterior se elaboró para un conjunto de condiciones: temperatura, holgura diametral, carga y velocidad de giro dadas. Si alguno de esos factores varía durante la operación de la máquina, se debe evaluar el funcionamiento del cojinete bajo las nuevas condiciones. También es preferible probar un prototipo bajo ciertas condiciones. En las referencias 1, 2, 8 y 13 a 19 se describen otras consideraciones prácticas para diseñar cojinetes de superficie plana.

16-9 COJINETES HIDROSTÁTICOS

Recuerde que la lubricación hidrodinámica es consecuencia de la creación de una capa de aceite a presión suficiente para soportar la carga sobre el cojinete, y que la película generada se debe al movimiento del muñón dentro del cojinete. Se indicó que se requiere un movimiento relativo constante entre el muñón y el cojinete, para generar y mantener la película.

En algunos equipos, las condiciones son tales que no se puede formar la película hidrodinámica. Como ejemplos, se tienen los aparatos alternativos u oscilantes, o en máquinas con movimiento muy lento. Si la carga sobre el cojinete es muy alta, puede ser que no se genere una presión suficientemente alta en la película para soportar la carga. Aun en casos en que se pueda producir la lubricación hidrodinámica durante el funcionamiento de la máquina, todavía existe lubricación mixta o límite, durante los ciclos de arranque y paro. Esto no puede ser aceptable.

Considere el diseño de la montura de un telescopio o un sistema de antena en donde se requiere que la rotación de la base sea a una velocidad muy lenta, y que el movimiento sea uniforme. También se desea que la fricción sea baja, para que el sistema de impulsión sea pequeño y tenga respuesta rápida y posicionamiento exacto. La montura es, en esencia, un cojinete de empuje que sostiene el peso del sistema.

En aplicaciones de este tipo, es conveniente usar la *lubricación hidrostática*. Se suministra lubricante al cojinete a una presión de varios cientos de psi o más, y en forma literal, al actuar la presión sobre el área de carga, separa la carga del cojinete, aun cuando el equipo esté sin movimiento.

FIGURA 16-11
Elementos principales de un sistema de cojinete hidrostático

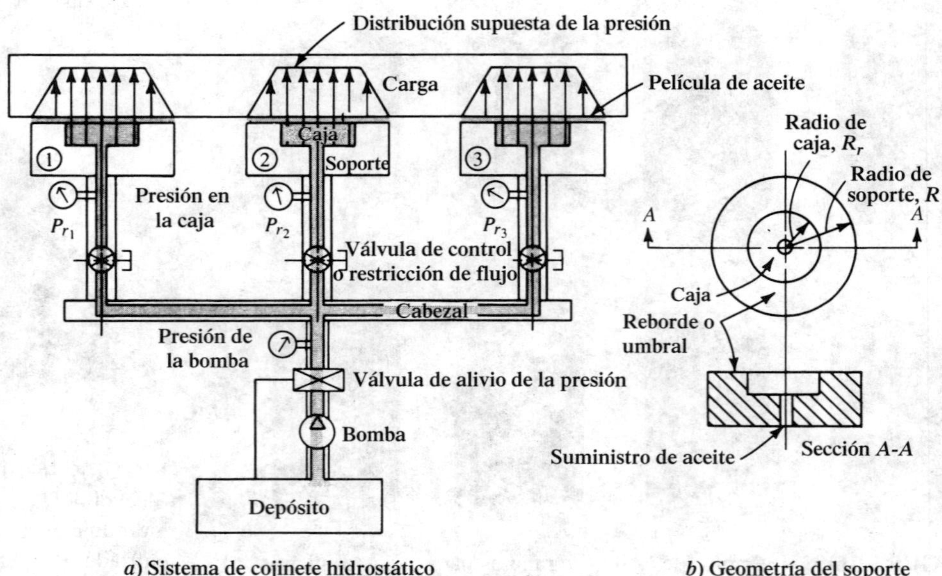

a) Sistema de cojinete hidrostático

b) Geometría del soporte

La figura 16-11 muestra los elementos principales de un sistema de cojinete hidrostático. Una bomba de desplazamiento positivo toma aceite de un depósito, y lo entrega a presión a un cabezal o múltiple de suministro, el cual abastece a varios soportes de cojinete. En cada soporte, el aceite pasa por un elemento de control que permite balancear al sistema. El elemento de control puede ser una válvula de control de flujo, un tramo de tubo de diámetro pequeño o un orificio; cualquiera que ofrezca una resistencia al flujo de aceite y que permita que los diversos soportes funcionen a una presión lo bastante alta como para subir la carga sobre ese soporte. Cuando el sistema funciona, el aceite entra a una caja dentro del soporte de cojinete. Por ejemplo, en la figura 16-11(*b*) se ve un soporte circular con una caja circular en su centro, abastecida con aceite a través de un orificio central. Al principio, la carga descansa sobre la cara plana, y sella la caja. Cuando la presión en la caja alcanza el valor donde el producto de la presión por el área de la caja es igual a la carga aplicada, la carga se eleva sobre el soporte. De inmediato, existe un flujo de aceite a través de la zona plana, bajo la carga ya subida, y la presión disminuye hasta la presión atmosférica en el exterior del soporte. Se debe mantener el flujo de aceite en un valor igual al flujo de salida del soporte. Cuando se llega al equilibrio, el producto integrado de la presión local por el área sube la carga cierta distancia h, en general en los límites de 0.001 a 0.010 pulgada (0.025 a 0.25 mm). El espesor h de la película debe ser lo bastante grande como para asegurar que no haya contacto entre sólidos en el intervalo bajo condiciones de operación, pero se debe mantener tan bajo como sea posible, o para minimizar el flujo de aceite por cada cojinete, y la potencia que requiere la bomba para abastecer el sistema.

Funcionamiento del cojinete hidrostático

Tres factores que caracterizan el funcionamiento de un cojinete hidrostático son su capacidad de carga, el flujo de aceite necesario y la potencia de bombeo necesaria, representados por los coeficientes adimensionales a_f, q_f y H_f, respectivamente. Las magnitudes de los coeficientes dependen del diseño del soporte:

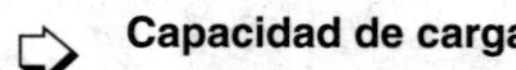

Capacidad de carga

$$F = a_f A_p p_r \tag{16-6}$$

Flujo de aceite necesario

$$Q = q_f \frac{F}{A_p} \frac{h^3}{\mu} \tag{16-7}$$

Potencia necesaria en el bombeo

$$P = p_r Q = H_f \left(\frac{F}{A_p} \right)^2 \frac{h^3}{\mu} \tag{16-8}$$

donde F = carga sobre el cojinete, lb o N
Q = tasa de flujo volumétrico del aceite, pulg^3/s o m^3/s
P = potencia de bombeo, lb·pulg/s o N·m/s (watts)
a_f = coeficiente de carga del soporte, adimensional
q_f = coeficiente de flujo del soporte, adimensional
H_f = coeficiente de potencia del soporte, adimensional (*Nota:* $H_f = q_f/a_f$)
A_p = área del soporte, pulg^2 o m^2
p_r = presión de aceite en la caja del soporte, psi o Pa
h = espesor de película, pulg o m
μ = viscosidad dinámica del aceite, lb·s/pulg^2 (reyn) o Pa·s

La figura 16-12 muestra la variación típica de los coeficientes adimensionales en función de la geometría del soporte circular, con caja circular. A medida que aumenta el tamaño de la caja, R_r/R, aumenta la capacidad de carga, como se muestra en a_f. Pero al mismo tiempo aumenta el flujo en el cojinete, de acuerdo con q_f. El aumento es gradual hasta llegar a un valor aproximado de 0.7 para R_r/R; en adelante es rápido al aumentar las relaciones. Este flujo mayor requiere una potencia de bombeo mucho mayor, la cual se ve en el coeficiente de potencia en rápido aumento. En relaciones R_r/R muy pequeñas, el coeficiente de carga baja rápidamente. Habría que aumentar la presión en la caja, para compensar y subir la carga. La mayor presión requiere más potencia de bombeo. En consecuencia, el coeficiente de potencia es grande a relaciones de R_r/R muy pequeñas o grandes. La potencia mínima se requiere con relaciones entre 0.4 y 0.6.

Estas características generales del funcionamiento de los cojinetes de soporte hidrostático son típicas para muchas configuraciones geométricas distintas de los soportes. Se han publicado extensos datos del funcionamiento de diversas formas de soporte. (Vea la referencia 6.)

En el problema modelo 16-4 se ilustra el procedimiento básico de diseño de los cojinetes hidrostáticos.

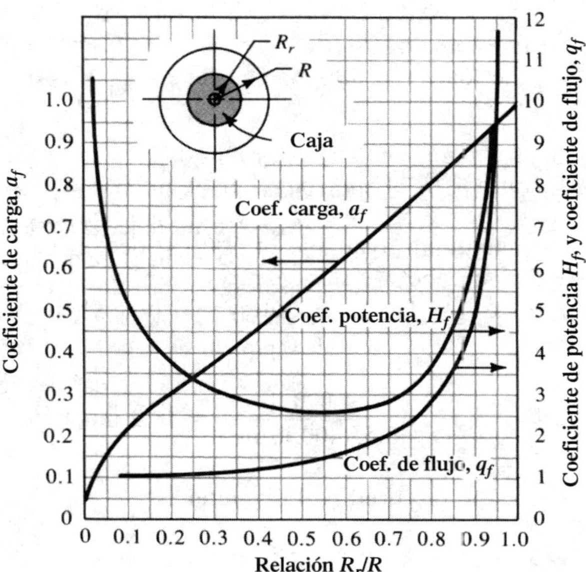

FIGURA 16-12 Coeficientes adimensionales de funcionamiento para cojinetes hidrostáticos de soporte circular (Cast Bronze Institute. *Cast Bronze Hydrostatic Bearing Design Manual.* New York: Copper Development Association, 1975)

Problema modelo 16-4 Una gran montura de antena, que pesa 12 000 lb, se va a soportar en tres cojinetes hidrostáticos, de tal manera que cada uno cargue 4 000 lb. Se usará una bomba de desplazamiento positivo para entregar aceite a una presión hasta de 500 psi. Diseñe los cojinetes hidrostáticos.

Solución Seleccionar el soporte circular, para el cual se dispone de los coeficientes de funcionamiento de la figura 16-12. Los resultados del diseño indicarán las dimensiones de los soportes, la presión de aceite que se requiere en la caja de cada soporte, el tipo de aceite requerido y su temperatura, el espesor de la capa de aceite cuando los cojinetes estén soportando la carga, la tasa de flujo de aceite requerida y la potencia de bombeo requerida para el aceite.

Paso 1. De acuerdo con la figura 16-12, se tendría la potencia mínima requerida para un cojinete de soporte circular cuando la relación R_r/R fuera de 0.50, aproximadamente. Para esa relación, el valor del coeficiente de carga es $a_f = 0.55$. La presión en la caja del cojinete será algo menor que la máxima disponible de 500 psi, por la caída de presión en la restricción instalada entre el cabezal y el soporte. Diseñe para una presión en la caja de 400 psi, aproximadamente. Entonces, según la ecuación (16-6),

$$A_p = \frac{F}{a_f p_r} = \frac{4000 \text{ lb}}{0.55(400 \text{ lb/pulg}^2)} = 18.2 \text{ pulg}^2$$

Pero $A_p = \pi D^2/4$. Entonces, el diámetro requerido en el soporte es

$$D = \sqrt{4A_p/\pi} = \sqrt{4(18.2)/\pi} = 4.81 \text{ pulg}$$

Por conveniencia, especifique $D = 5.00$ pulgadas. Entonces, el área real del soporte será

$$A_p = \pi D^2/4 = (\pi)(5.00 \text{ pulg})^2/4 = 19.6 \text{ pulg}^2$$

Entonces, la presión que se requiere en la caja es

$$p_r = \frac{F}{a_f A_p} = \frac{4000 \text{ lb}}{0.55(19.6 \text{ pulg}^2)} = 370 \text{ lb/pulg}^2$$

También

$$R = D/2 = 5.00 \text{ pulg}/2 = 2.50 \text{ pulg}$$

$$R_r = 0.50R = 0.50(2.50 \text{ pulg}) = 1.25 \text{ pulg}$$

Paso 2. Especifique el valor de diseño para el espesor de la película h. Se recomienda que h sea entre 0.001 y 0.010 pulg. Use $h = 0.005$ pulgada.

Paso 3. Especifique el lubricante y la temperatura de trabajo. Seleccione aceite SAE 30 y suponga que la temperatura máxima en la capa de aceite será de 120°F (50°C). Se puede consultar un método para estimar la temperatura real de la película durante el funcionamiento. (Vea la referencia 6.) De acuerdo con las curvas de viscosidad-temperatura de la figura 16-6, la viscosidad aproximada es de 8.3×10^{-6} reyn (lb·s/pulg^2).

Paso 4. Calcule el flujo de aceite en el cojinete, con la ecuación (16-7). El valor $q_f = 1.4$ se puede encontrar en la figura 16-12:

$$Q = q_f \frac{F}{A_p} \frac{h^3}{\mu} = (1.4) \frac{4000 \text{ lb}}{19.6 \text{ pulg}^2} \frac{(0.005 \text{ pulg})^3}{8.3 \times 10^{-6} \text{ lb·s/pulg}^2}$$

$$Q = 4.30 \text{ pulg}^3/\text{s}$$

Paso 5. Calcule la potencia de bombeo requerida, con la ecuación (16-8). El valor de $H_f = 2.6$ se puede encontrar en la figura 16-12:

$$P = p_r Q = H_f \left(\frac{F}{A_p} \right)^2 \frac{h^3}{\mu} = 2.6 \left(\frac{4000}{19.6} \right)^2 \frac{(0.005 \text{ pulg})^3}{8.3 \times 10^{-6}} = 1631 \text{ lb} \cdot \text{pulg/s}$$

Por conveniencia, se convierte a caballos de fuerza:

$$P = \frac{1631 \text{ lb} \cdot \text{pulg}}{\text{s}} \frac{1.0 \text{ pies}}{12 \text{ pulg}} \frac{1.0 \text{ hp}}{550 \text{ lb·pies/s}} = 0.247 \text{ HP}$$

16-10 TRIBOLOGÍA: FRICCIÓN, LUBRICACIÓN Y DESGASTE

El estudio de la fricción, la lubricación y el desgaste se llama *tribología*, y abarca muchas disciplinas, como la mecánica de sólidos, la mecánica de fluidos, la ciencia de materiales y la química. Es adecuado involucrar a varios especialistas en los equipos de diseño, cuando se elaboren diseños críticos de cojinetes, o de lubricación general. Para estudios que van más allá de los objetivos de este libro, consulte las referencias 1, 2, 8 a 10, 11, 13 a 15 y 17).

Esta sección presenta algunos principios generales de lubricación, que se pueden aplicar en una diversidad de situaciones de diseño, cuando haya movimiento relativo entre elementos acoplados de máquina. El objetivo es ayudarle a reconocer los muchos parámetros que deben considerarse al diseñar maquinaria y analizar fallas de funcionamiento no satisfactorio de máquinas ya existentes. Gran parte de la descripción se relaciona con el hecho de minimizar o controlar la *fricción*, lo que en general se define como la resistencia al movimiento paralelo de las superficies acopladas. Se usa la *lubricación* para minimizar la fricción, al introducir una capa de material que en forma inherente reduzca la fuerza necesaria para mover un componente, en relación con su componente acoplado. Algunos materiales tienen, por naturaleza, coeficientes de fricción bajos, y pueden trabajar en forma satisfactoria sin lubricación externa. Cuando el movimiento relativo causa contacto físico entre las superficies de los componentes acoplados, se puede desprender algo del material de ellas, lo que redunda en un *desgaste*.

Fricción

No toda la fricción es perjudicial. Considere la necesidad de que las ruedas motrices usen la fricción para desarrollar fuerzas de propulsión contra pisos, rieles o carreteras. Los embragues y los frenos emplean la fricción para arrancar la máquina, acelerarla, desacelerarla, pararla o mantenerla en una posición. Vea el capítulo 22. Las mordazas y los mandriles usan la fricción para sujetar piezas o herramientas durante operaciones de manufactura. En esas aplicaciones conviene que las fuerzas de fricción sean grandes y consistentes.

La mayor parte de otras aplicaciones, donde existe contacto deslizante entre los componentes acoplados, requieren que la fricción se minimice para minimizar las fuerzas, pares torsionales y potencia requerida para impulsar el sistema. A nosotros nos ocupan más esas aplicaciones, al menos en esta sección.

Los fenómenos principales que intervienen para crear fricción son la adhesión, los efectos elásticos, como la resistencia a la rodadura, los efectos viscoelásticos y la resistencia hidrodinámica. La *adhesión* es el pegado entre materiales distintos. La resistencia de la adhesión depende de la estructura y las propiedades químicas de los materiales en contacto. También contribuyen las características de las superficies, como la altura de los picos y valles máximos de rugosidad, llamados *asperezas*. Algunas asperezas de las partes en contacto se deforman o fracturan durante el movimiento relativo, mientras que en otras condiciones, el movimiento es resistido cuando las asperezas se enciman entre sí. La *resistencia a la rodadura* se debe a la deformación elástica del cuerpo en movimiento, o de la superficie sobre la que se mueve. La geometría de los elementos en contacto de rodadura, la magnitud de las fuerzas aplicadas y la elasticidad de los materiales en contacto, juegan su parte en la determinación de la cantidad de resistencia. Los *efec-*

tos viscoelásticos se relacionan con las fuerzas causadas por la deformación de materiales flexibles, como los elastómeros durante el contacto. La *resistencia hidrodinámica,* llamada también *efecto viscoso,* se debe al movimiento relativo de las moléculas de los lubricantes fluidos, entre los componentes acoplados en movimiento. Ésta es la principal forma de resistencia en los cojinetes lubricados hidrodinámicamente con capa completa. Todas, o muchas de esas formas de fricción, existen al mismo tiempo en la mayor parte de las máquinas reales.

Lubricantes

Algunas de las funciones importantes de los lubricantes consisten en reducir la fricción, retirar el calor de los cojinetes y demás elementos de máquina donde exista fricción, y apartar los contaminantes. Varias propiedades contribuyen a que el funcionamiento de un lubricante sea satisfactorio:

- Buena lubricidad u oleosidad que produzca baja fricción
- Viscosidad adecuada para la aplicación
- Baja volatilidad bajo las condiciones de funcionamiento
- Características satisfactorias de flujo a las temperaturas que se encuentran durante el uso
- Conductividad y calor específico adecuados para realizar la transferencia de calor
- Buena estabilidad química y térmica, y la capacidad de mantener características adecuadas de flujo durante un periodo razonable de uso
- Compatibilidad con otros materiales en el sistema, como los cojinetes, los sellos y las partes de máquinas, en especial desde el punto de vista de la protección contra corrosión y degradación
- Compatibilidad con el ambiente

Aquí se describe la naturaleza básica de los aceites, grasas y lubricantes sólidos.

Aceites. Los proveedores de aceites lubricantes ofrecen una gigantesca variedad de grados. Una clasificación general concentra dos categorías: los aceites de petróleo natural refinado, y los lubricantes sintéticos. En forma típica, los aceites naturales tienen menor costo y dan un servicio satisfactorio en lubricación de propósito general. Con frecuencia se incorporan aditivos al aceite natural para aumentar la viscosidad, mejorar el índice de viscosidad (disminuir la variación de la viscosidad con la temperatura), reducir el potencial de corrosión, retardar la oxidación y otras formas de descomposición química, o aumentar la capacidad para resistir alta presión localizada. Los lubricantes sintéticos son formulaciones químicas de diseño especial, y se pueden adaptar a aplicaciones específicas. Si bien su desempeño es mejor que el de los aceites naturales, su costo es mayor, en el caso típico.

Los lubricantes se ofrecen en categorías, como aceites para motor, para engranes, compresores, turbinas, de propósito general, cadenas, cojinetes, maquinaria para alimentos, fluidos para transmisión automática, hidráulicos y para trabajo de metales. En los sitios de Internet 11 a 13 y 16, se ven buenos ejemplos de los tipos de lubricantes disponibles. Las propiedades que pueden afectar su selección son los grados de viscosidad, el índice de viscosidad y la protección contra la corrosión.

Los grados de viscosidad suelen ser reportados con el sistema de evaluación de ISO. El número de grado es la viscosidad cinemática del aceite, en centistokes a 40°C (104°F). Los grados ISO comunes para lubricantes son 32, 46, 68, 100, 150, 220, 320, 460, 680 y 1000. Los aceites para engranes suelen tener los grados 150 a 680, dependiendo de la temperatura ambiente y de la intensidad de carga. Con frecuencia también se cita la viscosidad a 100°C (212°F) como índice de la variación de la viscosidad con la temperatura. Eso no es parte de la clasificación de ISO, y depende principalmente de la propiedad del índice de viscosidad, descrita más adelante en esta sección.

La American Gear Manufacturers Association (AGMA) define los números de lubricante del 0 al 15, donde los números 3 a 8 son los que se usan con más frecuencia en la transmisión de potencia. Las viscosidades básicas de los grados AGMA 0 a 8 se correlacionan con los grados de viscosidad ISO como sigue.

AGMA	*ISO*	*AGMA*	*ISO*	*AGMA*	*ISO*
0	32	3	100	6	320
1	46	4	150	7	460
2	68	5	220	8	680

A las designaciones de grado AGMA se agregan sufijos: EP por presión extrema y S por aceite sintético. (Vea las referencias 8 y 26 del capítulo 9.)

Los grados de viscosidad SAE también se usan para indicar la viscosidad de un aceite. Se parecen a los grados que se usan en los motores de automóviles; estos aceites SAE también son buenos para lubricación en general y para transmisiones con engranes. Los grados comunes son SAE 20, 30, 40, 50, 60, 85, 90, 140 y 250. Estos grados se deben apegar a límites de viscosidad cinemática en centistokes, medidos a 100°C (212°F). Los grados W de los aceites SAE, como el SAE 20W, deben tener viscosidades menores que los límites especificados a bajas temperaturas, los cuales van de −5°C a −55°C (23°F a −67°F). Vea la referencia 12. Esto garantiza que el lubricante puede llegar a las superficies críticas en ambientes fríos, en especial durante el arranque del equipo. Los aceites para engranes suelen ser SAE grados 80 a 250.

El *índice de viscosidad* (*IV*) es una medida del cambio de la viscosidad de un fluido con la temperatura. El IV se determina al medir la viscosidad de una muestra de fluido a 40°C (104°F) y a 100°C (212°F), y comparar esos valores con los de ciertos fluidos de referencia a los que asignaron valores de IV de 0 a 100.

Un fluido con un IV grande tiene poco cambio de viscosidad, en función de la temperatura.

Un fluido con un IV pequeño tiene mucho cambio de viscosidad, en función de la temperatura.

Para la mayoría de los lubricantes, conviene tener IV grande porque entonces su protección sería más confiable y tendrían un funcionamiento más uniforme cuando varíe la temperatura. Los lubricantes disponibles en el comercio citan valores de IV desde aproximadamente 90 hasta 250. Los lubricantes para engranes tienen un IV aproximado de 150. Para mejorar la viscosidad y ajustar el índice de viscosidad se usan aditivos, los cuales muchas veces son polímeros orgánicos.

La protección contra la corrosión de los metales se puede adaptar a aplicaciones específicas, al incorporar varios aditivos al aceite base. Son comunes los inhibidores de oxidación para materiales ferrosos, o la protección del cobre y el bronce contra la corrosión. Los inhibidores de oxidación se usan para prolongar la vida de los aceites. Los aditivos para presión extrema ayudan a evitar el desgaste abrasivo en aplicaciones con mucha carga. Los aditivos de control de espuma evitan la formación de espuma, cuando los engranes u otros elementos de máquina se bañan en aceite.

Grasas. La grasa es un lubricante en dos fases, compuesta por un espesador dispersado en un fluido base, que en forma típica es un aceite. Cuando se aplica a la interfase entre componentes en movimiento, la grasa tiende a quedarse en su lugar y adherirse a las superficies. El aceite suministra lubricación en forma parecida a la descrita. Siempre que exista cantidad suficiente de grasa en la interfase, se tiene una lubricación continua. Se dice que algunos mecanismos están lubricados de por vida. Sin embargo, el diseñador debe tener mucho cuidado para asegurarse de que la grasa no sea desplazada de zonas críticas donde se necesite, o para diseñar el sistema que pueda aplicar grasa en forma periódica. Algunos componentes, como los rodamientos, tienen conexiones engrasadas para completar el suministro y para descargar la grasa contaminada u oxidada.

Se usan varios tipos de espesadores en combinación con los aceites naturales o sintéticos. Vea ejemplos en los sitios de Internet 14 y 15. Los espesadores son jabones que se forman por reacción de grasas animales o vegetales con sustancias alcalinas, como a base de litio, calcio, un complejo de aluminio, arcilla, poliurea y otros. El que se usa con más frecuencia es el 12-hidroxiestearato de litio. Los jabones tienen una consistencia uniforme como la mantequilla, y retienen al aceite en suspensión hasta que entra a la zona que se va a lubricar. Los aditivos dan la capacidad de resistir presiones extremas (EP), protección contra moho, estabilidad frente a la oxidación y mejor facilidad de bombeo de la grasa.

El National Lubricating Grease Institute (NLGI) define nueve intervalos de consistencia, a los que se representa con 000 hasta 6, desde bloque semifluido hasta suave, medio, duro, duro y rígido. El grado #2 es bueno para aplicaciones industriales en general.

Lubricantes sólidos. En algunas aplicaciones no se pueden usar aceites o grasas, por la contaminación de otras partes del sistema, exposición a alimentos, temperaturas excesivamente altas o bajas, trabajo al vacío u otras consideraciones ambientales. En esos casos, el diseñador puede especificar materiales sólidos que posean propiedades lubricantes buenas, o agregar lubricantes sólidos sobre superficies críticas. En la sección sobre la lubricación límite se describieron varias formulaciones de PTFE (politetrafluoroetileno) como ejemplos de materiales con buena lubricidad.

Un lubricante sólido es una capa delgada sólida que reduce la fricción y el desgaste. Algunos se aplican como sólidos, con brocha, aspersión o inmersión, y entonces se adhieren a las superficies en contacto. Con frecuencia, se mezclan aglomerantes con el material base, para facilitar la aplicación y promover la adhesión. Se requiere el curado en aire o por horneado.

El disulfuro de molibdeno (MoS_2) y el grafito son dos lubricantes sólidos que se usan con frecuencia. Se usan también el yoduro de plomo (PbI_2), el sulfato de plata ($AgSO_4$), el disulfuro de tungsteno y el ácido esteárico. Un ejemplo de su eficacia es la reducción del coeficiente de fricción dinámica del acero sobre acero, desde aproximadamente 0.50 con superficies secas y limpias, hasta el intervalo de 0.03 a 0.06.

Desgaste

El desgaste es la eliminación gradual de material de una superficie deslizante. Es un proceso complicado que tiene numerosas variables. Sólo con pruebas bajo condiciones de servicio reales se puede predecir el desgaste real en determinado sistema. Puede haber varios tipos de desgaste:

- Picadura, aspereza, rayadura o escoriación, que en el caso típico se deben a grandes esfuerzos de contacto y a la fatiga del material superficial durante el contacto con rodadura o con deslizamiento.
- Desgaste abrasivo, rascado mecánico, corte o rayadura, como por contaminantes duros en la interfase de las partes en contacto.
- Fisuramiento, que es el deslizamiento cíclico de amplitud muy pequeña, que desplaza material de la superficie. La acumulación siguiente de basura tiende a acelerar el proceso. La operación continuada produce una superficie de apariencia similar a la de la corrosión, y puede generar pequeñas grietas donde puede originarse la falla última por fatiga. Con frecuencia se presenta cuando partes de ajuste estrecho se someten a cargas oscilantes o a vibración.
- Desgaste por choque o impacto, causado por la erosión del material debido a que materiales duros en movimiento pegan contra la superficie, quizá impulsados por aire o fluidos. Los fluidos con gran velocidad, como la descarga de lavadores a chorro de alta presión, pueden causarles ese desgaste.

Si bien, no es posible recetar métodos específicos para reducir el desgaste, un diseñador puede intentar lo siguiente, aunque, como se ha visto, la prueba es la única forma de asegurar que la operación sea satisfactoria.

1. Mantenga baja la fuerza de contacto entre las superficies deslizantes.
2. Mantenga baja temperatura en las superficies en contacto.

3. Use superficies de contacto duras.
4. Produzca superficies lisas en contacto.
5. Mantenga una lubricación continua para reducir la fricción.
6. Mantenga baja la velocidad entre las superficies en contacto.
7. Especifique materiales que tengan buenas propiedades contra desgaste.

Muchos proveedores de materiales informan las propiedades de sus productos respecto al desgaste, cuando trabajan contra un material igual o distinto. Esos datos se adquieren con pruebas bajo condiciones controladas con cuidado en laboratorios. El caso típico es el de una parte de un par de materiales que se mueve a una velocidad conocida, por ejemplo, en rotación. El material acoplado se mantiene estacionario, bajo una carga conocida. Se hacen mediciones cuidadosas del peso y dimensiones originales de los especímenes de los materiales en contacto. Después de un tiempo apreciable de operación, los especímenes se vuelven a pesar y medir, para determinar el material que ha desaparecido. Los resultados se presentan como desgaste, calculado con una ecuación como la siguiente:

$$K = W/FVT \qquad \textbf{(16-9)}$$

donde K = factor de desgaste para los materiales
W = desgaste medido en pérdida de peso o volumen
F = carga aplicada
V = velocidad lineal entre las partes que se deslizan
T = tiempo de operación.

Al comparar los factores K de una diversidad de materiales, el diseñador puede ayudarse a seleccionar sus materiales.

REFERENCIAS

1. Avraham, Hanroy. *Bearing Design in Machinery* (Diseño de cojinetes en maquinaria). Nueva York: Marcel Dekker, 2002.
2. Bloch, Heint P. *Practical Lubrication for Industrial Facilities* (Lubricación práctica para instalaciones industriales). Nueva York: Marcel Dekker, 2000.
3. Boyd, John y Albert A. Raimondi. "A Solution for the Finite Journal Bearing and Its Application to Analysis and Design" (Una solución para el cojinete plano y su aplicación al análisis y al diseño). Partes I, II y III. *Transactions of the American Society of Lubrication Engineers*. Vol. 1 No. 1, págs. 159-209, 1958.
4. Boyd, John y Albert A. Raimondi. "Applying Bearing Theory to the Analysis and Design of Journal Bearings" (Aplicación de la teoría de cojinetes al análisis y diseño de cojinetes rectos). Partes I y II. *Journal of Applied Mechanics* 73 (1951): 298-316.
5. Cast Bronze Institute. *Cast Bronze Bearing Design Manual* (Manual de diseño de cojinetes colados de bronce). Nueva York: Copper Development Association, 1979.
6. Cast Bronze Institute. *Cast Bronze Hydrostatic Bearing Design Manual* (Manual de diseño de cojinetes hidrostáticos de cobre colado). Nueva York: Copper Development Association, 1975.
7. Juvinall, R. C. y Kurt M. Marshek. *Fundamentals of Machine Component Design* (Fundamentos de diseño de componentes de máquinas). 3ª edición. Nueva York: John Wiley & Sons, 2000.
8. Khonsan, Michael y E. R. Booser. *Applied Tribology: Bearing Design and Lubrication* (Tribología aplicada: diseño y lubricación de cojinetes). Nueva York: John Wiley & Sons, 2001.
9. Ludema, Kenneth C. *Friction, Wear, Lubrication: A Textbook in Tribology* (Fricción, desgaste, lubricación: un texto de tribología). Nueva York: CRC Press, 1996.
10. Mang, Theo y Wilfried Dresel. *Lubricants and Lubrications* (Lubricantes y lubricaciones). Nueva York: Wiley-VCH, 2001.
11. Miuoshi, Kazuhisa. *Solid Lubrication Fundamentals and Applications* (Fundamentos y aplicaciones de lubricación sólida). Nueva York: Marcel Dekker, 2001.
12. Mott, R. L. *Applied Fluid Mechanics* (Mecánica de fluidos aplicada). 5ª edición. Upper Saddle River, New Jersey: Prentice Hall, 2000.
13. Neale, John J. *Lubrication and Reliability Handbook* (Manual de lubricación y confiabilidad), Londres: Butterworth-Heinemann, 2000.
14. Neale, Michael J. *Bearings: A Tribology Handbook* (Cojinetes: un manual de tribología). West Conshohocken, PA: Society of Automotive Engineers, 1993.
15. Pirro, D.M., A. A. Wessol y J. G. Willis. *Lubrication Fundamentals* (Fundamentos de lubricación). 2ª edición. Nueva York: Marcel Dekker, 2001.
16. Someya, Tsuneo, editor. *Journal Bearing Data Book* (Libro de datos sobre cojinetes planos). Nueva York: Springer-Verlag, 1989.

17. Stolarski, T. A. *Tribology in Machine Design* (Tribología en diseño de máquinas). Londres. Butterworth-Heinemann, 2000.

18. Welsh, R. J. *Plain Bearing Design Handbook* (Manual de diseño de cojinetes planos). Londres: Butterworth-Heinemann, 1983.

19. Wolverton, M. P. *et al*. "How Plastic Composites Wear at High Temperatures" (Cómo se desgastan los materiales compuestos con plástico a temperaturas altas). *Machine Design Magazine* (10 de febrero de 1983).

SITIOS DE INTERNET RELACIONADOS CON COJINETES DE SUPERFICIE Y LUBRICACIÓN

1. **Copper Development Association (CDA).** *www.copper.org* Asociación industrial de empresas que intervienen en la producción y usos del cobre, e incluyen cojinetes colados de bronce poroso y bujes de bronce poroso. El sitio ofrece algo de información técnica sobre el diseño de cojinetes planos de bronce. También publica el útil *Cast Bronze Bearing Design Manual* (Manual de diseño de cojinetes colados de bronce).
2. **Thomson Industries, Inc.** *www.thomsonindustries.com* Fabricante de cojinetes rectos marcas Nyliner® y Nyliner Plus®.
3. **Saint-Gobain Performance Plastics.** *www.saint-gobain.com* Fabricante de cojinetes planos de plástico marca Rulon®, disponibles en 15 formulaciones.
4. **Glacier Garlock Bearings.** *www.garlockbearings.com* Fabricante de varios cojinetes planos fabricados con un material compuesto de plástico PTFE, bronce poroso y acero o fibra de vidrio, marcas DU®, DX®, Gar-Fil® y Gar-Max®.
5. **Graphite Metallizing Corporation.** *www.graphalloy.com* Fabricante de cojinetes planos marca Graphalloy®. Es una aleación de grafito y metal, formada con metal fundido y grafito para formar un material uniforme, sólido y autolubricante de bujes, disponible en más de 100 grados.
6. **Beemer Precision, Inc.** *www.beemerprecision.com* Fabricante de cojinetes planos de bronce colado y bronce poroso sinterizado impregnado con aceite, marca Oilite®.
7. **Bunting Bearings Corporation.** *www.buntingbearings.com* Fabricante de cojinetes planos de bronce colado, bronce sinterizado poroso impregnado con aceite, y plásticos Nylon, Rulon® y Vespel®. También fabrica el cojinete KU, formado con una cinta de respaldo de acero, una matriz de bronce poroso impregnado y recubierto con PTFE/plomo, para tener bajo coeficiente de fricción.
8. **Zincaloy, Inc.** *www.teamtube.com* Fabricante de coladas continuas con aleación ZA-12, de zinc y aluminio (Zincaloy^{TM}), usado en cojinetes para industrias mineras, de construcción, forestales y vehículos fuera de carretera. Team Tube Ltd es un distribuidor autorizado de Zincaloy para cojinetes.
9. **Rockwell Automation/Dodge.** *www.dodge-pt.com* Fabricante de cojinetes planos montados, de camisa autolubricante marca Solidlube®, usado en industrias en general, de manejo de materiales y materiales a granel. También disponibles los cojinetes Bronzoil® con bronce poroso impregnado de aceite, cojinetes de buje de bronce, y babbitt y cojinetes Hydrodynamic Serie M, diseñados especialmente para grandes motores y generadores.
10. **Waukesha Bearings Corporation.** *www.waukbearing.com* Fabricante de cojinetes de película hidrodinámica, de soporte inclinable para empuje y rectos, así como de cajas para los cojinetes. Estos cojinetes se usan en turbinas, compresores, generadores, cajas de engranes y demás tipos de equipo rotatorio.
11. **Exxon-Mobol, Inc.** *www.mobil.com* Productor de una gran variedad de lubricantes para la industria en general, y aplicaciones en la industria automotriz, de turbinas, de compresores y de motores de combustión. Los datos aparecen en la página *Products and Applications* (Productos y aplicaciones).
12. **BP-Amoco, Inc.** *www.bplubricants.co.uk* Productor de una gran variedad de lubricantes para la industria en general, automotriz, de turbinas, de compresores y de motores de combustión. Las hojas de datos están en la página *Products and Services* (Productos y servicios).
13. **Shell Oil Company.** *www.shell-lubricants.com* Productor de una gran variedad de lubricantes para las industrias general, automotriz, de turbinas, de compresores y de motores de combustión interna. Las hojas de datos están en la página *Industrial Lubricants* (Lubricantes industriales), la cual se puede buscar con la función "Browse by application" (buscar por aplicación).
14. **National Lubricating Grease Institute.** *www.nlgi.com* Una asociación de empresas y organizaciones de investigación que desarrollan, fabrican, distribuyen y usan grasas. Establece normas y produce publicaciones y artículos técnicos sobre las grasas.
15. **Lubrizol Corporation.** *www.lubrizol.com* Fabricante de una gran variedad de grasas y aditivos para la industria de la lubricación. La sección *Knowledge* (conocimientos) del sitio proporciona amplia información sobre la ciencia y tecnología de la lubricación, una lista de numerosas formulaciones del producto, una guía para seleccionar aditivos y recomendaciones para usos.
16. **LubeLink.com** *www.lubelink.com* "El portal de información sobre el mercado mundial de lubricantes." Tiene vínculos activos con empresas que suministran productos y servicios de lubricación, laboratorios de pruebas, fabricantes de equipo original que usan continuamente los lubricantes para aplicaciones en vehículos e industrias, y asociaciones industriales relacionadas con el campo de la lubricación.

PROBLEMAS

Para los problemas 1 a 8 y los datos de la tabla 16-2, diseñe un cojinete de superficie plana, mediante el método de lubricación límite de la sección 16-5. Maneje una relación L/D para el cojinete en el intervalo de 0.50 a 1.50. Calcule el factor pV y especifique un material de la tabla 16-1.

TABLA 16-2

Problema número	Carga radial (lb)	Diámetro de eje (pulg)	Velocidad de eje (rpm)
1.	225	3.00	1750
2.	100	1.50	1150
3.	200	1.25	850
4.	75	0.50	600
5.	850	4.50	625
6.	500	3.75	450
7.	800	3.00	350
8.	60	0.75	750

Para los problemas 9 a 18 y los datos de la tabla 16-3, diseñe un cojinete con lubricación hidrodinámica, mediante el método descrito en la sección 16-7. Especifique el diámetro nominal del muñon, la longitud del cojinete, la holgura diametral, el espesor mínimo de película del lubricante durante su funcionamiento, el acabado superficial del muñón y el cojinete, el lubricante y su temperatura máxima de funcionamiento. En su diseño, calcule el coeficiente de fricción, el par torsional de fricción y la potencia disipada como resultado de la fricción.

Para los problemas 19 a 28 y los datos de la tabla 16-4, diseñe un cojinete hidrostático circular. Especifique el diámetro del soporte, el diámetro de la caja, la presión en la caja, el espesor de la película, el lubricante y su temperatura, la tasa de flujo de aceite y la potencia de bombeo. La carga especificada es para un solo cojinete. Puede optar por usar varios (la presión de suministro es la máxima disponible en la bomba).

TABLA 16-3

Problema número	Carga radial	Diámetro mínimo de eje	Velocidad de eje (rpm)	Aplicación
9.	1250 lb	2.60 pulg	1750	Motor eléctrico
10.	2250 lb	3.50 pulg	850	Transportador
11.	1875 lb	2.25 pulg	1150	Compresora de aire
12.	1250 lb	1.75 pulg	600	Husillo de precisión
13.	500 lb	1.15 pulg	2500	Husillo de precisión
14.	850 lb	1.45 pulg	1200	Polea loca
15.	4200 lb	4.30 pulg	450	Eje para transmisión de engranes
16.	18.7 kN	100 mm	500	Transportador
17.	2.25 kN	25 mm	2200	Máquina herramienta
18.	5.75 kN	65 mm	1750	Impresora

TABLA 16-4

Problema número	Carga	Presión de suministro
19.	1250 lb	300 psi
20.	5000 lb	300 psi
21.	3500 lb	500 psi
22.	750 lb	500 psi
23.	250 lb	150 psi
24.	500 lb	150 psi
25.	22.5 kN	2.0 MPa
26.	1.20 kN	750 kPa
27.	8.25 kN	1.5 MPa
28.	12.5 kN	1.5 MPa

17

Elementos con movimiento lineal

Panorama

Elementos con movimiento lineal

Mapa de aprendizaje

- Muchos tipos de aparatos mecánicos producen movimiento lineal en máquinas; por ejemplo, los equipos de automatización, los sistemas de empaque y las máquinas herramienta.
- Los *tornillos de potencia, los gatos* y los tornillos de bolas están diseñados para convertir movimiento de rotación en movimiento lineal, y ejercer la fuerza necesaria para mover un elemento de máquina a lo largo de determinada trayectoria. Usan el principio de una rosca de tornillo y su tuerca correspondiente.

Descubrimiento

Visite un taller de maquinaria y vea si puede identificar tornillo de potencia, tornillos de bolas u otros dispositivos de movimiento lineal. Busque en particular en tornos y en máquinas fresadoras. Es probable que las máquinas manuales utilicen tornillos de potencia. Las que se usan con control numérico por computadora deben tener tornillos de bolas. Describa la forma de las roscas. ¿Cómo se impulsan los tornillos de potencia? ¿Cómo se fijan a otras piezas de las máquinas?

¿Puede encontrar otros equipos que usen aparatos de movimiento lineal? Busque en laboratorios, donde se prueban materiales o donde deben generarse grandes fuerzas.

Este capítulo lo ayudará a aprender y analizar las transmisiones de tornillo de potencia y de bolas, para especificar tamaños adecuados para determinada aplicación.

Una necesidad común en el diseño mecánico es la de mover componentes en línea recta. Los elevadores suben o bajan verticalmente. Las máquinas herramientas mueven las herramientas de corte, o las piezas que se van a maquinar, en línea recta, sea en sentido horizontal o vertical, para dar al metal las formas que se desean. Un dispositivo de precisión para medición mueve un sensor en línea recta, para determinar electrónicamente las dimensiones de una parte. Las máquinas ensambladoras requieren muchos movimientos en línea recta, para insertar componentes y fijarlos entre sí. Una máquina empacadora mueve los productos en cajas, cierra las tapas y las sella.

Vea algunos ejemplos de componentes y sistemas que facilitan el movimiento lineal:

Tornillos de potencia	Tornillos de bolas	Gatos	Cilindros hidráulicos
Actuadores lineales	Correderas lineales	Bujes de bola	Conjuntos de piñón y cremallera
Solenoides lineales	Plataformas de posicionamiento	Mesas de coordenadas	Mesas de pórtico

La figura 17-1(*a*) muestra un corte de un gato que usa un tornillo de potencia para producir movimiento lineal. La potencia se entrega al eje de entrada por un motor eléctrico. El gusano, maquinado integral en el eje de entrada, impulsa a la corona y produce una reducción en la velocidad de giro. El interior de la corona tiene roscas maquinadas que se acoplan a las roscas externas del tornillo de potencia, y lo impulsan en sentido vertical. La figura 17-1(*b*) muestra el gato de tornillo en conjunto con un reductor de engrane externo y su motor, para formar un sistema completo de movimiento lineal. Se pueden usar interruptores límite, sensores de posición y controladores lógicos programables para controlar el ciclo de movimiento. Ésos y otros tipos de actuadores lineales se pueden ver en los sitios de Internet 1 a 10.

Los conjuntos de piñón y cremallera son descritos en el capítulo 8. Los actuadores hidráulicos emplean presión hidráulica o neumática para extender o retraer un vástago de pistón en un cilindro, como se describe en los textos de potencia hidráulica. Las mesas para posicionar, de coordenadas X-Y-Z y las de pórtico están impulsadas, en forma típica, por motores de pasos de precisión, o servomecanismos que permiten la ubicación precisa de componentes en cualquier lugar en el interior de su volumen de control. Los solenoides lineales son aparatos que hacen que un

a) **Corte de un gato de tornillo** *b)* **Actuador motorizado ComDRIVE® autocontenido**

FIGURA 17-1 Ejemplos de elementos de máquinas con movimiento lineal (Joyce/Dayton Corporation, Dayton, OH)

núcleo cilíndrico salga o entre cuando se aplica la corriente a una bobina eléctrica, lo cual produce un movimiento rápido a distancias pequeñas. Las aplicaciones están en equipos de oficinas, aparatos de automatización y sistemas de empaque. Vea el sitio de Internet 11.

Las correderas lineales y los bujes de bolas sirven para guiar componentes mecánicos a lo largo de una pista lineal precisa. Para producir movimiento uniforme con poca potencia se usan materiales de poca fricción o elementos de contacto de rodadura. Vea los sitios de Internet 1, 3, 5 y 7 a 9.

Los tornillos de potencia y de bolas se diseñan para convertir movimiento rotatorio en movimiento lineal, y para ejercer la fuerza necesaria para mover un elemento de máquina a lo largo de una trayectoria deseada. Los tornillos de potencia trabajan con el principio clásico del tornillo con rosca y su tuerca correspondiente. Si el tornillo se soporta con cojinetes y gira, mientras que la tuerca se mantiene sin girar, la tuerca se trasladará a lo largo del tornillo. Si la tuerca es parte integral de una máquina, por ejemplo el portaherramientas de un torno, la rosca impulsará al portaherramienta a lo largo de la bancada de la máquina para hacer un corte. Por el contrario, si la tuerca se soporta mientras gira, se puede hacer que el tornillo se traslade. Este método se emplea en el gato de tornillo.

Un tornillo de bolas tiene funciones parecidas a las de un tornillo de potencia, pero la configuración es distinta. La tuerca contiene muchas bolas pequeñas y esféricas que tienen contacto de rodadura con las roscas del tornillo, lo cual proporciona poca fricción y grandes eficiencias, en comparación con los tornillos de potencia. Las máquinas herramientas modernas, los equipos de automatización, los sistemas de dirección en vehículos y los actuadores en aviones usan tornillos de bolas para tener gran precisión, respuesta rápida y funcionamiento uniforme.

Visite un taller mecánico donde haya máquinas herramienta para metales. Busque ejemplos de tornillos de potencia que conviertan el movimiento rotatorio en movimiento lineal. Es probable que estén en tornos manuales, para mover el portaherramienta. O bien, vea el impulsor de una fresadora. Revise la forma de las roscas del tornillo de potencia. ¿Se parecen a la rosca de un tornillo, con lados inclinados? O bien ¿son rectos los lados de las roscas? Compare las roscas de un tornillo con las roscas de la figura 17-2, con las formas cuadrada, Acme y trapezoidal.

Estando en el taller ¿observa algún equipo de prueba de materiales, o un aparato llamado *prensa de árbol*, el cual ejerce grandes fuerzas axiales? Con frecuencia, esas máquinas utilizan

FIGURA 17-2 Formas de roscas para tornillo de potencia [*b*), Norma ANSI B1.5-1973; *c*) Norma ANSI B1.9-1973]

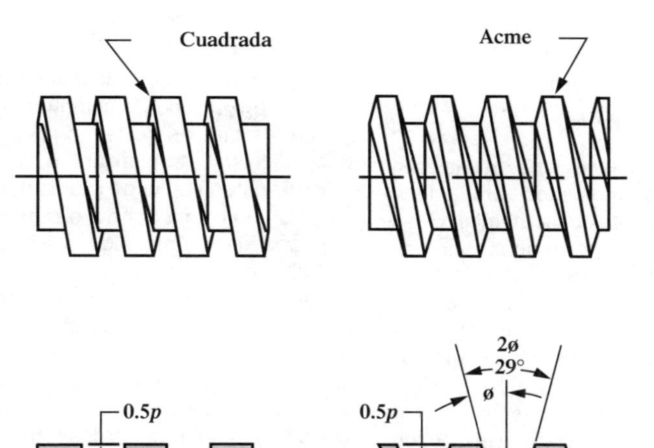

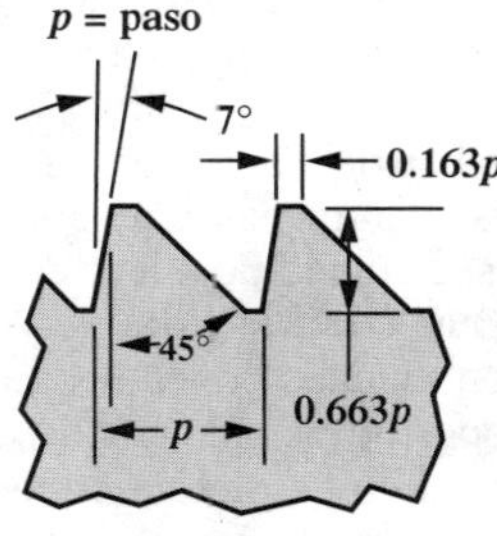

a) Rosca cuadrada

b) Rosca Acme (Ref.: ANSI B1.5-1973)

c) Rosca trapezoidal (Ref.: ANSI B1.9-1973)

FIGURA 17-3 Tornillo de bolas (Thomson Industries, Inc., Port Washington, NY)

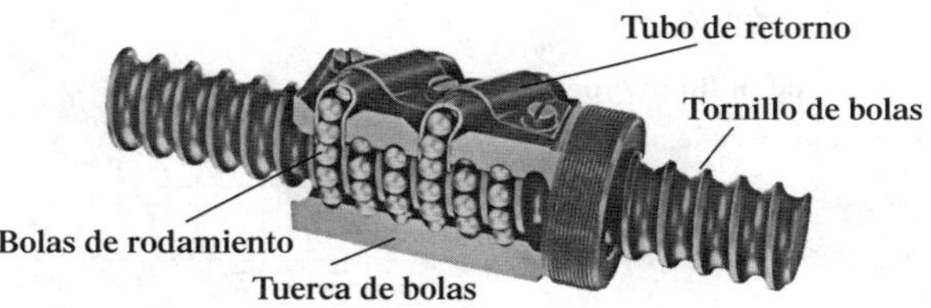

tornillos de potencia con rosca cuadrada, para producir la fuerza y movimiento axiales a partir de un movimiento rotatorio, sea por una manivela manual o por un motor eléctrico. Si no están en el taller, búsquelas en el laboratorio de metalurgia, u otro lugar donde se haga prueba de materiales.

Ahora busque en el taller. ¿Existen máquinas que empleen indicaciones digitales de la posición de la mesa o de la herramienta? ¿Existen máquinas herramientas computarizadas con control numérico? Cualquiera de esos tipos de máquinas debe tener tornillos de bolas, y no los tornillos de potencia tradicionales, porque los tornillos de bolas requieren significativamente menos potencia y par torsional para impulsarlas contra una determinada carga. También pueden moverse con más rapidez, y posicionarse con más exactitud que con los tornillos de potencia. Puede que vea las bolas circulantes en la tuerca del tornillo, como se aprecia en la figura 17-3. Pero debe poder ver las roscas con forma distinta, como ranuras con fondo circular, donde ruedan las bolas esféricas.

¿Ha visto tornillos de potencia o de bolas fuera de un taller? Algunos abrepuertas de cochera emplean un accionamiento de tornillo, pero otros lo emplean con cadenas. Quizá en su hogar haya un gato de tornillo, o gato de tijera para subir el automóvil y cambiarle la rueda. Los dos utilizan tornillos de potencia. ¿Alguna vez se ha sentado en el asiento de un avión, donde puede ver los mecanismos que accionan los alerones de la orilla trasera de las alas? Realice la prueba alguna vez, y observe los actuadores durante el despegue o el aterrizaje. Es probable que verá un tornillo de bolas en acción.

Este capítulo lo ayudará a aprender los métodos para analizar el funcionamiento de los tornillos de potencia y los tornillos de bolas, y a especificar el tamaño adecuado para determinada aplicación.

Usted es el diseñador

El lector forma parte de un equipo de ingeniería en una gran planta de procesamiento de acero. Uno de los hornos de la planta, donde se calienta el acero antes del tratamiento térmico final, está instalado bajo el piso, y los grandes lingotes bajan y entran verticalmente en él. Mientras los lingotes están en el horno, una compuerta grande y pesada se coloca sobre la abertura, para minimizar el escape de calor y para permitir que la temperatura sea más uniforme. La compuerta pesa 25 000 lb.

Se le pide diseñar un sistema que permita subir la compuerta cuando menos 15 pulgadas (38 cm) sobre el piso, en 12.0 s, y bajarla de nuevo en 12.0 s.

¿Qué concepto de diseño propondría? Naturalmente existen muchos conceptos factibles, pero suponga que le proponen un sistema como el que se ve en la figura 17.4. Se sugiere una estructura superior de soporte sobre la cual se monte una transmisión de tornillo sinfín y corona. Un eje estaría impulsado en forma directa por la transmisión, mientras que un segundo eje sería impulsado en forma simultánea con una transmisión de cadena. Los ejes son tornillos de potencia, soportados en cojinetes arriba y abajo. Se conecta un yugo con la compuerta, y se monta en los tornillos, con las tuercas de los tornillos integrales en el yugo. Por consiguiente, al girar el tornillo, las tuercas suben y bajan verticalmente el yugo y la compuerta.

Como diseñador del sistema de levantamiento de compuerta, debe tomar algunas decisiones. ¿Qué tamaño se requiere en el husillo, para que pueda subir con seguridad la compuerta de 25 000 lb? Observe que los tornillos funcionan a tensión, porque están sostenidos por los collarines en el sistema de soporte superior. ¿Qué diámetro, tipo y tamaño de rosca se deben usar? El esquema parece indicar que la rosca es de forma Acme. ¿Qué otros estilos hay? ¿A qué velocidad deben girar los tornillos para subir la compuerta en 12.0 s o menos? ¿Cuánta potencia se necesita para impulsar los tornillos? ¿Qué aspectos de seguridad existen mientras el sistema maneja esta pesada carga? ¿Qué ventaja habría si se usara un tornillo de bolas en vez de un tornillo de potencia?

El material de este capítulo lo ayudará a tomar esas decisiones, y a conocer los métodos de cálculo de esfuerzos, pares torsionales y eficiencias.

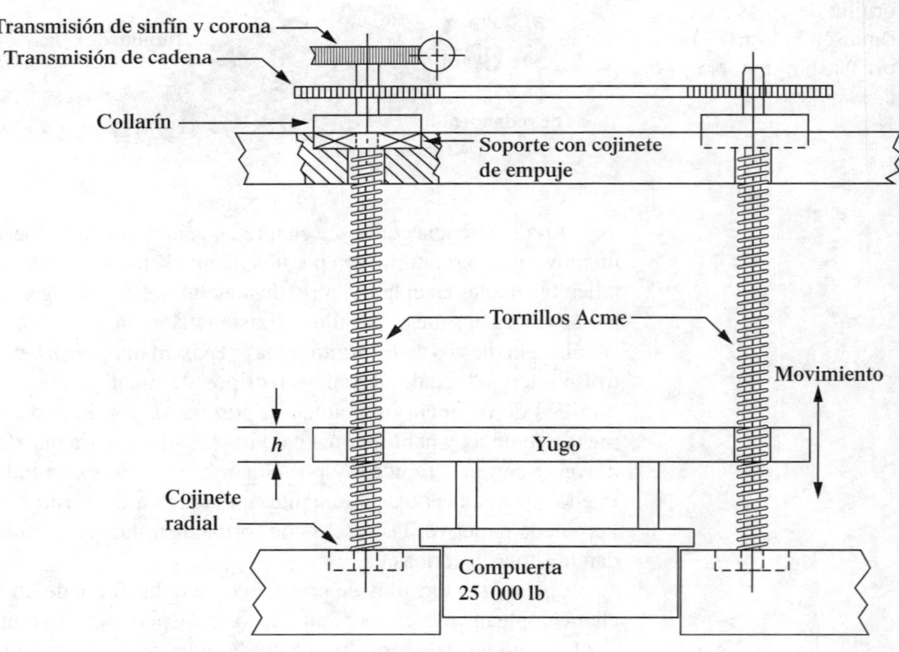

FIGURA 17-4 Sistema impulsado por tornillo Acme, para subir y bajar una compuerta

17-1 OBJETIVOS DE ESTE CAPÍTULO

Al terminar este capítulo, podrá:

1. Describir el funcionamiento de un tornillo de potencia, y la forma general de las *roscas cuadradas, roscas Acme* y *roscas trapezoidales*, aplicadas a los tornillos de potencia.
2. Calcular el par torsional que debe aplicarse a un tornillo de potencia para subir o bajar una carga.
3. Calcular la eficiencia de los tornillos de potencia.

4. Calcular la potencia necesaria para impulsar un tornillo de potencia.
5. Describir el diseño de un tornillo de bolas y su tuerca acoplada.
6. Especificar los tornillos de bolas adecuados para determinado conjuntos de requisitos de carga, velocidad y duración.
7. Calcular el par torsional necesario para impulsar un tornillo de bolas, y calcular su eficiencia.

17-2 TORNILLOS DE POTENCIA

La figura 17-2 muestra tres tipos de roscas para tornillos de potencia: la cuadrada, la Acme y la trapezoidal. De ellas, la cuadrada y la trapezoidal son las más eficientes. Esto es, requieren el menor par torsional para mover determinada carga a lo largo del tornillo. Sin embargo, la rosca Acme no es mucho menos eficiente y es más fácil de maquinar. Es preferible la rosca trapezoidal cuando sólo se va a transmitir fuerza en una dirección.

La tabla 17-1 contiene las combinaciones preferidas del diámetro básico mayor, D, y número de roscas por pulgada, n, para roscas Acme. El paso, p, es la distancia de un punto en una rosca, al punto correspondiente en la rosca adyacente, y $p = 1/n$.

Otras dimensiones pertinentes de la tabla 17-1 incluyen el diámetro menor mínimo, y el diámetro de paso mínimo de un tornillo con rosca externa. Cuando se efectúan los análisis de esfuerzos sobre el tornillo, el método más seguro es calcular el área que corresponde al diámetro menor, para esfuerzos de tensión o de compresión. Sin embargo, un cálculo de esfuerzos más exacto consiste en emplear el *área al esfuerzo de tensión* (que aparece en la tabla 17-1) con

Área al esfuerzo de tensión para roscas de tornillos

$$A_t = \frac{\pi}{4}\left[\frac{D_r + D_p}{2}\right]^2 \tag{17-1}$$

TABLA 17-1 Diámetros preferidos para roscas Acme

Diámetro mayor nominal, D (pulg)	Roscas por pulg, n	Paso, $p = 1/n$ (pulg)	Diámetro menor mínimo, D_r (pulg)	Diámetro mínimo de paso, D_p (pulg)	Área al esfuerzo de tensión, A_t (pulg^2)	Área al esfuerzo cortante, A_s (pulg^2)[a]
1/4	16	0.0625	0.1618	0.2043	0.026 32	0.3355
5/16	14	0.0714	0.2140	0.2614	0.044 38	0.4344
3/8	12	0.0833	0.2632	0.3161	0.065 89	0.5276
7/16	12	0.0833	0.3253	0.3783	0.097 20	0.6396
1/2	10	0.1000	0.3594	0.4306	0.1225	0.7278
5/8	8	0.1250	0.4570	0.5408	0.1955	0.9180
3/4	6	0.1667	0.5371	0.6424	0.2732	1.084
7/8	6	0.1667	0.6615	0.7663	0.4003	1.313
1	5	0.2000	0.7509	0.8726	0.5175	1.493
$1\frac{1}{8}$	5	0.2000	0.8753	0.9967	0.6881	1.722
$1\frac{1}{4}$	5	0.2000	0.9998	1.1210	0.8831	1.952
$1\frac{3}{8}$	4	0.2500	1.0719	1.2188	1.030	2.110
$1\frac{1}{2}$	4	0.2500	1.1965	1.3429	1.266	2.341
$1\frac{3}{4}$	4	0.2500	1.4456	1.5916	1.811	2.803
2	4	0.2500	1.6948	1.8402	2.454	3.262
$2\frac{1}{4}$	3	0.3333	1.8572	2.0450	2.982	3.610
$2\frac{1}{2}$	3	0.3333	2.1065	2.2939	3.802	4.075
$2\frac{3}{4}$	3	0.3333	2.3558	2.5427	4.711	4.538
3	2	0.5000	2.4326	2.7044	5.181	4.757
$3\frac{1}{2}$	2	0.5000	2.9314	3.2026	7.388	5.700
4	2	0.5000	3.4302	3.7008	9.985	6.640
$4\frac{1}{2}$	2	0.5000	3.9291	4.1991	12.972	7.577
5	2	0.5000	4.4281	4.6973	16.351	8.511

[a]Por pulgada de longitud de acoplamiento.

FIGURA 17-5
Análisis de fuerzas en un tornillo

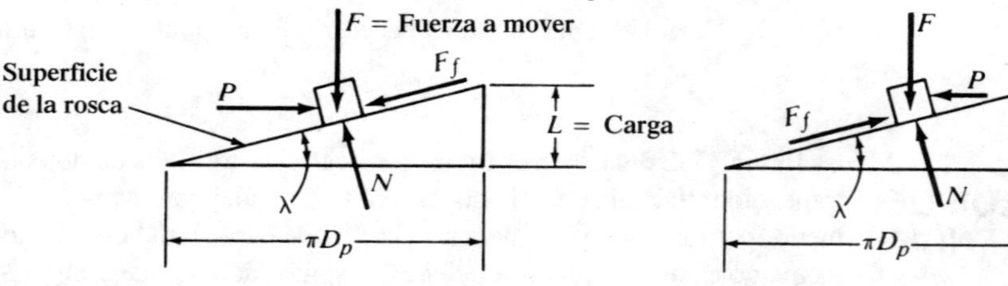

a) Fuerza ejercida hacia arriba del plano *b*) Fuerza ejercida hacia abajo del plano

Es el área que corresponde al promedio del diámetro menor (o de raíz) D_r y el diámetro de paso, D_p. Los datos reflejan los valores mínimos de los tornillos comerciales, de acuerdo con las tolerancias recomendadas.

Otro modo de falla de un tornillo de potencia es el cortante de las roscas en dirección axial, el cual las desprende del eje principal cerca del diámetro de paso. El esfuerzo cortante se calcula con la fórmula directa del esfuerzo:

$$\tau = F/A_s$$

El área A_s al esfuerzo cortante, que aparece en la tabla 17-1, también se encuentra en datos publicados y representa el área sometida al corte, aproximadamente en la línea de paso de las roscas, cuando la longitud de acoplamiento es de 1.0 pulgada. Otras longitudes necesitarían que se modificara el área de acuerdo con la relación de longitud principal a 1.0 pulgada.

Par torsional necesario para mover una carga

Cuando se utiliza un tornillo de potencia para ejercer una fuerza, como cuando un gato sube una carga, se necesita conocer cuánto par torsional se debe aplicar a la tuerca del tornillo, para mover la carga. Los parámetros que intervienen son la fuerza a mover F, el tamaño de la rosca, representado por su diámetro de paso D_p, el avance del tornillo L y el coeficiente de fricción f. Observe que al *avance* se le define como la distancia axial que mueve el tornillo en una revolución completa. Para el caso normal de un tornillo de filete sencillo, el avance es igual al paso, lo cual se puede ver en la tabla 17-1 o calcular con $L = p = 1/n$.

Para deducir la ecuación (17-2) del par torsional necesario para girar el tornillo, se emplea la figura 17-5(*a*), la cual representa una carga que es empujada por un plano inclinado cuesta arriba, contra la fuerza de fricción. Esta es una representación razonable para una rosca cuadrada, si se imagina que la rosca se desenrolla del tornillo y se extiende en un plano. El par torsional para una rosca Acme es un poco distinto al anterior, debido al ángulo de la rosca. Más adelante se mostrará la ecuación modificada para la rosca Acme.

Al par torsional calculado con la ecuación (17-2) se le representa por T_u, lo cual implica que se emplea la fuerza para hacer subir una carga por un plano; esto es, para subir la carga. Esta observación es totalmente adecuada si la carga sube en dirección vertical, como con un gato. Sin embargo, si la carga es horizontal, o con cierta inclinación, la ecuación (17-2) todavía es válida si la carga se va a avanzar "rosca arriba" por el tornillo. La ecuación (17-4) muestra el par torsional requerido T_d, para bajar una carga, o moverla "rosca abajo".

Par torsional requerido para mover una carga rosca arriba de un tornillo con rosca cuadrada

El par torsional para subir una carga por la rosca es

$$T_u = \frac{FD_p}{2}\left[\frac{L + \pi f D_p}{\pi D_p - fL}\right] \qquad \textbf{(17-2)}$$

Esta ecuación considera la fuerza necesaria para superar la fricción entre la rosca y la tuerca, además de la fuerza que se requiere sólo para mover la carga. Si el tornillo o la tuerca se recargan contra una superficie estacionaria mientras giran, habrá un par torsional de fricción adicional, que se desarrolla en esa superficie. Por esta razón, a muchos gatos y aparatos similares se les incorporan cojinetes antifricción en esos puntos.

El coeficiente de fricción que se emplea en la ecuación (17-2) depende de los materiales y de la manera de lubricar el tornillo. Para tornillos de acero bien lubricados que trabajan en tuercas de acero, $f = 0.15$ es un valor conservador.

Un factor importante en el análisis del par torsional es el ángulo de inclinación del plano. En una rosca de tornillo, al ángulo de inclinación se le llama *ángulo de avance* λ. Es el ángulo que forma la tangente a la hélice de la rosca y el plano transversal al eje del tornillo. Se puede ver en la figura 17-5, que

$$\tan \lambda = L/(\pi D_p) \qquad \textbf{(17-3)}$$

donde πD_p = circunferencia de la línea de paso del tornillo.

Entonces, si la rotación del tornillo tiende a subir la carga (subirla por el plano inclinado), la fuerza de fricción se opone al movimiento, y actúa cuesta abajo por el plano.

Por el contrario, si la rotación del tornillo tiende a bajar la carga, la fuerza de fricción actuará cuesta arriba del plano, como se ve en la figura 17-5(*b*). Cambia el análisis del par torsional, y se obtiene la ecuación (17-4):

Par torsional necesario para bajar una carga con un tornillo de potencia de rosca cuadrada

$$T_d = \frac{FD_p}{2}\left[\frac{\pi f D_p - L}{\pi D_p + fL}\right] \qquad \textbf{(17-4)}$$

Si la rosca es inclinada, es decir, si tiene un gran ángulo de avance, puede ser que la fuerza de fricción no supere la tendencia de la carga a deslizarse hacia abajo por el plano, y la carga bajará debido a la gravedad. Sin embargo, en la mayor parte de los casos de tornillos con filete sencillo, el ángulo de avance es bastante pequeño, y la fuerza de fricción es suficientemente grande para oponerse a la carga y evitar que se resbale por el plano. A esa rosca se le llama *autoasegurante*, y es una característica favorable en los gatos y aparatos parecidos. En forma cuantitativa, la condición que debe cumplirse para ser autoasegurante es

$$f > \tan \lambda \qquad \textbf{(17-5)}$$

El coeficiente de fricción debe ser mayor que la tangente del ángulo de avance. Para $f = 0.15$, el valor correspondiente del ángulo de avance es de 8.5°. Para $f = 0.1$, con superficies muy lisas y bien lubricadas, el ángulo de avance para el autoaseguramiento es de 5.7°. Los ángulos de avance de las roscas que contiene la tabla 17-1 van de 1.94° a 5.57°. Así, se espera que todas sean autoasegurantes. Sin embargo, se debe evitar que trabajen con vibración, porque puede causar movimientos del tornillo.

Eficiencia de un tornillo de potencia

La *eficiencia* de la transmisión de una fuerza por un tornillo de potencia se puede expresar como la relación del par torsional necesario para mover la carga sin fricción entre la correspondiente con fricción. La ecuación (17-2) calcula el par torsional requerido con fricción, T_u. Si $f = 0$, el par torsional requerido sin fricción, T', es

$$T' = \frac{FD_p}{2}\frac{L}{\pi D_p} = \frac{FL}{2\pi} \qquad \textbf{(17-6)}$$

Entonces, la eficiencia e es

Eficiencia de un tornillo de potencia

$$e = \frac{T'}{T_u} = \frac{FL}{2\pi T_u} \qquad \textbf{(17-7)}$$

Formas alternativas de las ecuaciones de par torsional

Las ecuaciones (17-2) y (17-4) se pueden expresar en función del ángulo de avance, no del avance y el diámetro de paso, si se considera la ecuación (17-3). Con esta sustitución, el par torsional necesario para mover la carga sería

Par torsional para subir una carga con rosca cuadrada

$$T_u = \frac{FD_p}{2}\left[\frac{(\tan \lambda + f)}{(1 - f\tan \lambda)}\right] \tag{17-8}$$

y el par torsional necesario para bajar la carga es

Par torsional para bajar una carga con rosca cuadrada

$$T_d = \frac{FD_p}{2}\left[\frac{(f - \tan \lambda)}{(1 + f\tan \lambda)}\right] \tag{17-9}$$

Ajustes para roscas Acme

La diferencia entre las roscas Acme y las cuadradas es la presencia del ángulo de rosca, ϕ. De acuerdo con la figura 17-1, $2\phi = 29°$, y en consecuencia $\phi = 14.5°$. Esto cambia la dirección de acción de las fuerzas sobre la rosca, respecto de la representada en la figura 17-5. La figura 17-6 muestra que habría que sustituir a F por $F/\cos \phi$. Al efectuarlo, el análisis del par torsional llegaría a las siguientes formas modificadas de las ecuaciones (17-8) y (17-9). El par torsional para mover la carga rosca arriba es

Par torsional para subir una carga con una rosca Acme

$$T_u = \frac{FD_p}{2}\left[\frac{(\cos \phi \tan \lambda + f)}{(\cos \phi - f\tan \lambda)}\right] \tag{17-10}$$

y el par torsional para moverla rosca abajo es

Par torsional para bajar una carga con una rosca Acme

$$T_d = \frac{FD_p}{2}\left[\frac{(f - \cos \phi \tan \lambda)}{(\cos \phi + f\tan \lambda)}\right] \tag{17-11}$$

Potencia requerida para impulsar un tornillo de potencia

Si el par torsional requerido para hacer girar el tornillo se aplica a una velocidad de giro constante n, entonces, la potencia necesaria para impulsar el tornillo, en caballos, es

$$P = \frac{Tn}{63\,000}$$

En las referencias 1 y 2 se incluyen detalles acerca de las fórmulas que caracterizan el funcionamiento de los tornillos de potencia.

FIGURA 17-6 Fuerza sobre una rosca Acme

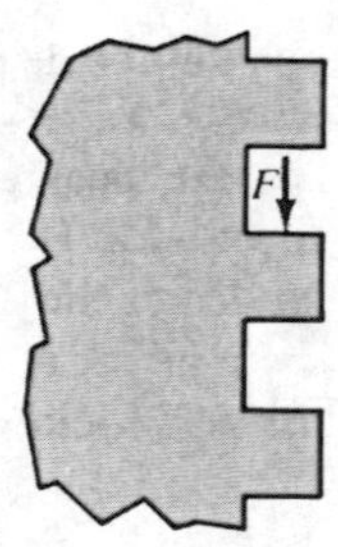

a) Fuerza normal a una rosca cuadrada

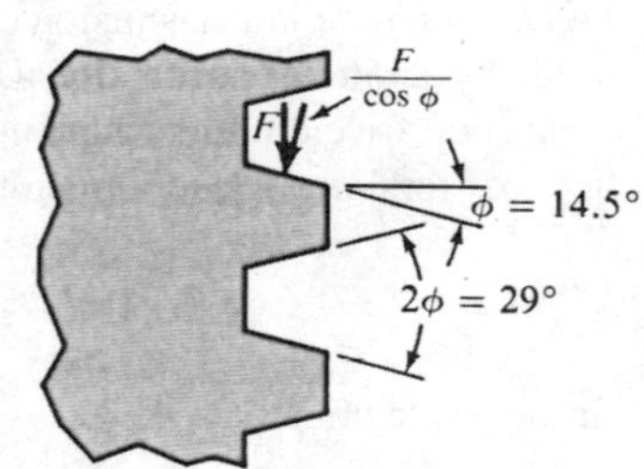

b) Fuerza normal a una rosca Acme

Problema modelo 17-1

Se van a usar dos tornillos de potencia para subir una pesada compuerta de acceso, como se ve en la figura 17-4. El peso total de la compuerta es de 25 000 lb, y se divide por igual entre los dos tornillos. Seleccione un tornillo adecuado, de la tabla 17-1, basándose en la resistencia a la tensión, limitándola hasta 10 000 psi. Entonces, calcule el espesor necesario del yugo que funciona como tuerca sobre el tornillo, para limitar el esfuerzo cortante en las roscas hasta 5000 psi. Para el tornillo diseñado así, calcule el ángulo de avance, el par torsional necesario para subir la carga, la eficiencia del tornillo y el par torsional necesario para bajar la carga. Maneje un coeficiente de fricción igual a 0.15.

Solución

La carga a subir pone cada tornillo en tensión directa. Por consiguiente, el área requerida para esfuerzo de tensión es

$$A_t = \frac{F}{\sigma_d} = \frac{12\,500 \text{ lb}}{10\,000 \text{ lb/pulg}^2} = 1.25 \text{ pulg}^2$$

De acuerdo con la tabla 17-1, un tornillo de rosca Acme de $1\frac{1}{2}$ pulgadas de diámetro, con cuatro roscas por pulgada, tendría un área al esfuerzo de tensión de 1.266 pulg^2.

Para esta rosca, cada pulgada de longitud de una tuerca suministraría 2.341 pulg^2 de área al esfuerzo cortante en sus roscas. Entonces, el área requerida al cortante es

$$A_s = \frac{F}{\tau_d} = \frac{12\,500 \text{ lb}}{5000 \text{ lb/pulg}^2} = 2.50 \text{ pulg}^2$$

Entonces, la longitud necesaria del yugo sería

$$h = 2.5 \text{ pulg}^2 \left[\frac{1.0 \text{ pulg}}{2.341 \text{ pulg}^2}\right] = 1.07 \text{ pulg}$$

Por conveniencia, especifique $h = 1.25$ pulgadas.

El ángulo de avance (recuerde que $L = p = 1/n = 1/4 = 0.250$ pulg) es

$$\lambda = \tan^{-1}\frac{L}{\pi D_p} = \tan^{-1}\frac{0.250}{\pi(1.3429)} = 3.39°$$

El par torsional necesario para subir la carga se puede calcular con la ecuación (17-10):

$$T_u = \frac{FD_p}{2}\left[\frac{(\cos\phi\tan\lambda + f)}{(\cos\phi - f\tan\lambda)}\right] \tag{17-10}$$

Al manejar $\cos\phi = \cos(14.5°) = 0.968$, y $\tan\lambda = \tan(3.39°) = 0.0592$, se obtiene

$$T_u = \frac{(12\,500 \text{ lb})(1.3429 \text{ pulg})}{2}\frac{[(0.968)(0.0592) + 0.15]}{[0.968 - (0.15)(0.0592)]} = 1809 \text{ lb}\cdot\text{pulg}$$

La eficiencia se puede calcular con la ecuación (17-7):

$$e = \frac{FL}{2\pi T_u} = \frac{(12\,500 \text{ lb})(0.250 \text{ pulg})}{2(\pi)(1809 \text{ lb}\cdot\text{pulg})} = 0.275 \text{ o } 27.5\%$$

El par torsional requerido para bajar la carga se puede calcular con la ecuación (17-11):

$$T_d = \frac{FD_p}{2}\left[\frac{(f - \cos\phi\tan\lambda)}{(\cos\phi + f\tan\lambda)}\right] \tag{17-11}$$

$$T_d = \frac{(12\,500 \text{ lb})(1.3429 \text{ pulg})}{2}\frac{[0.15 - (0.968)(0.0592)]}{[0.968 + (0.15)(0.0592)]} = 796 \text{ lb}\cdot\text{pulg}$$

Problema modelo 17-2 Se desea subir la compuerta de la figura 17-5 un total de 15.0 pulgadas en 12.0 s como máximo. Calcule la velocidad de giro de los tornillos y la potencia requerida.

Solución El tornillo seleccionado al resolver el problema modelo 17-1 tenía rosca Acme de $1\frac{1}{2}$ pulgadas, con cuatro roscas por pulgada. Entonces, la carga se movería 1/4 de pulgada en cada revolución. La velocidad lineal necesaria es

$$V = \frac{15.0 \text{ pulg}}{12.0 \text{ s}} = 1.25 \text{ pulg/s}$$

La velocidad de giro necesaria sería

$$n = \frac{1.25 \text{ pulg}}{\text{s}} \; \frac{1 \text{ rev}}{0.25 \text{ pulg}} \; \frac{60 \text{ s}}{\text{min}} = 300 \text{ rpm}$$

Entonces, la potencia necesaria para impulsar cada tornillo sería

$$P = \frac{Tn}{63\,000} = \frac{(1809 \text{ lb}\cdot\text{pulg})(300 \text{ rpm})}{63\,000} = 8.61 \text{ HP}$$

Perfiles alternativos de roscas para husillos

Si bien es probable que la rosca Acme estándar sea la que se use con más frecuencia, existen otras disponibles. La rosca *Acme corta* tiene una forma parecida, con ángulo de 29° entre los lados; la profundidad de la rosca es menor y la rosca es más resistente y más rígida. Los tornillos de potencia métricos se fabrican de acuerdo con el perfil trapezoidal ISO, cuyo ángulo incluido es de 30°.

La eficiencia relativamente baja de los tornillos normales de rosca Acme sencilla (30% o menos) puede ser una gran desventaja. Se pueden alcanzar mayores eficiencias, en el intervalo de 30 a 70%, con mayores avances y filetes múltiples. Se debe comprender que se pierde algo de ventaja mecánica, por lo que se requieren mayores pares torsionales para mover determinada carga, en comparación con los tornillos de rosca sencilla. Vea el sitio de Internet 10.

17-3 TORNILLOS DE BOLAS

Se describe en la sección 17-2 (tornillos de potencia) la acción básica cuando se usan tornillos para producir movimiento lineal a partir de la rotación. Una adaptación especial de esta acción, que minimiza la fricción entre las roscas de tornillo y la tuerca acoplada, es el *tornillo de bolas*.

La figura 17-3 muestra un corte de un tornillo de bolas. Reemplaza la fricción de deslizamiento del tornillo de potencia convencional por la fricción de rodadura de las bolas de rodamiento. Las bolas de rodamiento circulan en pistas de acero endurecido, formadas por ranuras cóncavas helicoidales en el tornillo y la tuerca. Todas las cargas reactivas entre el tornillo y la tuerca son resistidas por las bolas de rodamiento, que son las únicas que tienen contacto físico entre esos miembros. A medida que el tornillo y la tuerca giran entre sí, las bolas de rodamiento son desviadas en un extremo y regresadas por los tubos de guía para retorno de bolas, al extremo opuesto de la tuerca de bolas. Esta recirculación permite que el recorrido de la tuerca no tenga restricción, en relación con el eje. (Vea el sitio de Internet 3.)

Las aplicaciones de tornillos de bolas se ven en los sistemas de dirección de automóviles, mesas de máquinas herramienta, actuadores lineales, mecanismos de gato y de posicionamiento, controles de aviones, como actuadores de alerones, o en equipos de empaque e instrumentos. La figura 17-7 muestra una máquina con un tornillo de bolas instalado en ella, para mover un componente a lo largo de las guías de la bancada.

FIGURA 17-7
Aplicación de un tornillo de bolas (Thomson Industries, Inc., Port Washington, NY)

Los parámetros de aplicación que intervienen en la selección de un tornillo de bolas incluyen los siguientes:

La carga axial que ejerce el tornillo durante la rotación
La velocidad de giro del tornillo
La carga estática máxima sobre el tornillo
La dirección de la carga
La manera de soportar los extremos del tornillo
La longitud del tornillo
La duración esperada
Las condiciones del ambiente

Relación entre carga y duración

Cuando transmite una carga, un tornillo de bolas se somete a esfuerzos parecidos a los que existe en un rodamiento de bolas, descritos en el capítulo 14. La carga se transfiere del tornillo a las bolas, de las bolas a la tuerca y de la tuerca al dispositivo impulsado. El esfuerzo de contacto entre las bolas y las pistas donde ruedan causa, en último término, falla por fatiga, indicado por la picadura de las bolas o de las pistas.

Entonces, a la capacidad de los tornillos de bolas se le define como la capacidad de carga del tornillo para determinada duración, después de la cual el 90% de los tornillos con determinado diseño todavía trabajan. Esto se parece a la duración L_{10} de los rodamientos de bolas. Como en el caso típico los tornillos de bolas se usan como actuadores lineales, el parámetro más adecuado de la duración es la distancia recorrida por la tuerca en relación con el tornillo.

En general, los fabricantes muestran la carga nominal que puede ejercerse sobre determinado tornillo en un millón de pulgadas (25.4 km) de recorrido acumulado. La relación entre la carga, P, y la duración, L, también es similar a la de un rodamiento de bolas:

Relación entre carga de cojinete y duración

$$\frac{L_2}{L_1} = \left(\frac{P_1}{P_2}\right)^3 \tag{17-12}$$

Así, si la carga sobre un tornillo de bolas se duplica, la duración se reduce hasta la octava parte de la duración original. Si la carga baja a la mitad, la duración aumenta ocho veces. La figura 17-8 muestra el funcionamiento nominal de los tornillos de bolas de una pequeña variedad de tamaños. Se pueden conseguir muchos tamaños y estilos.

Par torsional y eficiencia

La eficiencia de un tornillo de bolas es de 90%, por lo común. Excede por mucho la eficiencia de los tornillo de potencia sin contacto de rodadura, que es del orden del 20 al 30%, típicamente. Así, se requiere que una carga ejerza mucho menos par torsional con determinado tamaño de tornillo. La potencia se reduce, en consecuencia. El cálculo del par torsional para efectuar el giro se adapta de la ecuación (17-7), para relacionar la eficiencia con el par torsional.

Eficiencia de un tornillo de bolas

$$e = \frac{FL}{2\pi T_u} \tag{17-7}$$

Entonces, si se maneja $e = 0.90$,

Par torsional para accionar un tornillo de bolas

$$T_u = \frac{FL}{2\pi e} = 0.177FL \tag{17-13}$$

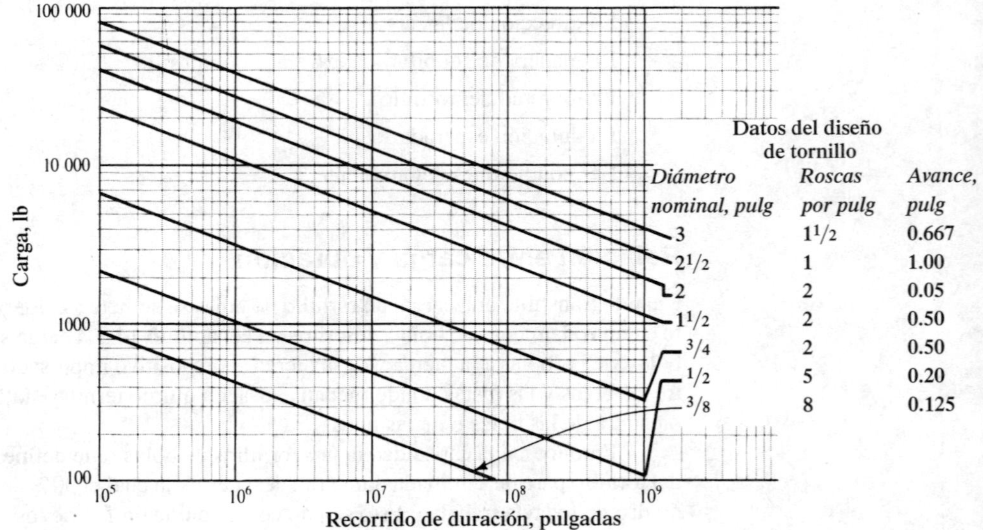

FIGURA 17-8
Funcionamiento de los tornillos de bolas

A causa de la baja fricción, casi nunca los tornillos de bolas son autoaseguranes. De hecho, los diseñadores aprovechan también esta propiedad para usar a propósito la carga aplicada sobre la tuerca, y hacer girar el tornillo. A eso se le llama *impulsión negativa*; el par torsional de impulsión negativa se puede calcular con

Par torsional de impulsión negativa para un tornillo de bolas

$$T_b = \frac{FLe}{2\pi} = 0.143FL \quad \textbf{(17-14)}$$

Problema modelo 17-3

Seleccione tornillos de bolas adecuados para la aplicación descrita en el problema modelo 17-1 e ilustrado en la figura 17-4. Para abrirla, la compuerta se debe subir 15.0 pulg, ocho veces al día, y después se debe cerrar. La duración de diseño es de 10 años. La subida o bajada debe completarse en no más de 12.0 s.

Para el tornillo seleccionado, calcule el par torsional para girar el tornillo, la potencia requerida y la duración real esperada.

Solución

Los datos necesarios para seleccionar un tornillo en la figura 17-8 son la carga y el recorrido de la tuerca sobre el tornillo, en la duración esperada. La carga es de 12 500 lb en cada tornillo:

$$\text{Recorrido} = \frac{15.0 \text{ pulg}}{\text{carrera}}\,\frac{2 \text{ carreras}}{\text{ciclo}}\,\frac{8 \text{ ciclos}}{\text{día}}\,\frac{365 \text{ días}}{\text{año}}\,\frac{10 \text{ años}}{} = 8.76 \times 10^5 \text{ pulg}$$

De acuerdo con la figura 17-8, el tornillo de dos pulgadas con dos roscas por pulgada y 0.50 pulgada de avance es satisfactorio.

El par torsional requerido para girar el tornillo es

$$T_u = 0.177FL = 0.177(12\,500)(0.50) = 1106 \text{ lb·pulg}$$

La velocidad de giro requerida es

$$n = \frac{1 \text{ rev}}{0.50 \text{ pulg}}\,\frac{15.0 \text{ pulg}}{12.0 \text{ s}}\,\frac{60 \text{ s}}{\text{min}} = 150 \text{ rpm}$$

La potencia requerida por cada tornillo es

$$P = \frac{Tn}{63\,000} = \frac{(1106)(150)}{63\,000} = 2.63 \text{ HP}$$

Compárela con los 8.61 HP necesarios para la rosca Acme, del problema modelo 17-1.

La duración real de recorrido esperada para este tornillo, con una carga de 12 500 lb, es de 3.2×10^6 pulgadas, aproximadamente, de acuerdo con la figura 17-8. Es 3.65 veces mayor que la requerida.

17-4 CONSIDERACIONES DE APLICACIÓN PARA TORNILLOS DE POTENCIA Y TORNILLOS DE BOLAS

En esta sección, se presentarán otras consideraciones sobre la aplicación de tornillos de potencia y de tornillos de bolas. Los detalles varían de acuerdo con la geometría y el proceso de manufactura específicos. Deben consultarse los datos del fabricante.

Velocidad crítica

La aplicación correcta de los tornillos de bolas debe considerar sus tendencias a la vibración, en particular cuando funcionan a velocidades relativamente grandes. Los tornillos largos y delgados pueden exhibir el fenómeno de la *velocidad crítica*, a la cual el tornillo tiende a vibrar o a agitarse sobre su eje, y posiblemente alcance amplitudes peligrosas. En consecuencia, se recomienda que la velocidad de funcionamiento del tornillo sea menor que 0.80 veces la velocidad crítica. Un estimado de la velocidad crítica, sugerido por Roton Products, Inc. (sitio de Internet 10) es:

$$n_c = \frac{4.76 \times 10^6 \, dK_s}{(SF)L^2} \tag{17-15}$$

donde

d = Diámetro menor del tornillo (pulgadas)
K_s = Factor de empotramiento de extremos
L = Longitud entre los soportes (pulgadas)
SF = Factor de seguridad

El factor de empotramiento de extremos, K_s, depende de la forma de soportar los extremos del tornillo; las posibilidades son:

1. Simplemente apoyado en cada extremo, con un cojinete: $K_s = 1.00$
2. Empotrado en cada extremo, con dos cojinetes que evitan rotación en el apoyo: $K_s = 2.24$
3. Empotrado en un extremo y simplemente apoyado en el otro: $K_s = 1.55$
4. Empotrado en un extremo y libre en el otro: $K_s = 0.32$

El valor del factor de seguridad es una decisión de diseño, que se suele tomar en el intervalo de 1.25 a 3.0. Observe que en el denominador aparece la longitud del tornillo elevada al cuadrado, lo cual indica que un tornillo relativamente largo tendría una velocidad crítica baja. En los mejores diseños se usa una longitud corta, soportes rígidos empotrados y diámetro grande.

Pandeo de columna

A los tornillos de bolas que soportan cargas axiales de compresión se les debe revisar para ver si tienen pandeo de columna. Los parámetros, similares a los descritos en el capítulo 6, son el material con el que se fabrica el tornillo, el empotramiento de extremos, el diámetro y la longitud. Los tornillos largos deben ser analizados mediante la fórmula de Euler, ecuación (6-5) o (6-6), mientras que con los tornillos más cortos se emplea la fórmula de J. B. Johnson, ecuación (6-7). El empotramiento de los extremos depende de la rigidez de los soportes, en forma parecida a la que se describió arriba para la velocidad crítica. Sin embargo, para la carga de columnas, los factores son diferentes.

1. Simplemente apoyado en cada extremo, con un cojinete: $K_s = 1.00$
2. Empotrado en cada extremo con dos cojinetes que evitan rotación en apoyo: $K_s = 4.00$
3. Empotrado en un extremo y simplemente apoyado en el otro: $K_s = 2.00$
4. Empotrado en un extremo y libre en el otro: $K_s = 0.25$

Los proveedores de tornillos de bolas comerciales presentan en sus catálogos datos sobre cargas de compresión admisibles. Vea los sitios de Internet 3, 5 y 10.

Materiales de los tornillos

Por lo común, los tornillos de bolas son fabricados con aceros al carbón o de aleación, y con tecnología de laminado de rosca. Después de haber moldeado las roscas, un calentamiento de inducción mejora la dureza y la resistencia de las superficies sobre las cuales ruedan las bolas, y con ello se logra una mayor resistencia al desgaste y una larga duración. Las tuercas para tornillos de bolas están hechas con acero aleado y cementado.

Los tornillos de potencia se fabrican, en forma típica, con aceros al carbón o aleados, como los AISI 1018, 1045, 1060, 4130, 4140, 4340, 4620, 6150, 8620 y otros. Para ambientes corrosivos, o cuando existen altas temperaturas, se usan aceros inoxidables, como AISI 304, 305, 316, 384, 430, 431, o 440. Algunos se fabrican con aleaciones de aluminio 1100, 2014 o 3003.

Las tuercas de tornillos de potencia se fabrican con aceros para cargas moderadas, cuando trabajan a velocidades relativamente bajas. Se recomienda lubricarlos con grasa. Para mayores velocidades y cargas se usan tuercas de bronce, lubricadas, ya que tienen mejor desempeño contra el desgaste. En aplicaciones que requieren cargas ligeras, se pueden usar tuercas de plástico, las cuales tienen buena lubricidad propia, y por lo tanto no necesitan lubricación externa. Los ejemplos de esas aplicaciones se ven en equipos de procesamiento de alimentos, aparatos médicos y operaciones limpias de manufactura.

REFERENCIAS

1. Faires, V. M. *Design of Machine Elements* (Diseño de elementos de máquinas). 5ª edición. Nueva York: Macmillan, 1965.
2. Shigley, J. E. y C. R. Mischke. *Mechanical Engineering Design* (Diseño en ingeniería mecánica) . 6ª edición. Nueva York: McGraw-Hill, 2001.

SITIOS DE INTERNET PARA ELEMENTOS CON MOVIMIENTO LINEAL

1. **Power Transmission.com** *www.powertransmission.com* Lista en línea de numerosos fabricantes y proveedores de dispositivos de movimiento lineal; incluye tornillos de bola, tornillos (potencia) de avance, actuadores lineales, gatos de tornillo y correderas lineales.
2. **Ball-screws.net.** *www.ball-screws.net* En el sitio se muestran numerosos fabricantes de tornillos de bolas, algunos de los cuales tienen catálogos en línea.
3. **Thomson Industries, Inc.** *www.thomsonindustries.com* Fabricante de tornillos de bola, bujes de bola, guías para movimiento lineal y varios otros elementos con movimiento lineal. El sitio contiene información de catálogo y datos de diseño para carga, duración y razón de desplazamiento. Thomson es parte de la Linear Motion Systems Division, de Danaher Motion Group.
4. **Danaher Motion Group.** *www.danahermcg.com* Filial de Danaher Corporation. Fabrica y vende componentes de control de movimiento marcas Thomson, BS&A (*Ball Screws and Actuators*), Deltran, Warner y otras.
5. **THK Linear Motion Systems.** *www.thk.com* Fabricantes de tornillos de bolas, ranuras de bolas, guías para movimiento lineal, bujes lineales, actuadores lineales y otros productos de control de movimiento.
6. **Joyce/Dayton Company.** *www.joycejacks.com* Fabricante de una gran variedad de gatos para aplicaciones industriales; incluye los tipos de tornillo de potencia y tornillo de bolas con transmisiones engranadas integrales y sistemas completos de actuadores motorizados.
7. **SKF Linear Motion.** *www.linearmotion.skf.com* Fabricante de tornillos de gran eficiencia, sistemas de guiado lineal y actuadores.
8. **Specialty Motions, Inc. (SMI).** *www.smi4motion.com* Fabricante y proveedor de sistemas de movimiento lineal y componentes, desde tamaños miniatura hasta grandes; incluye tornillos de bolas, mesas de posicionamiento, cojinetes lineales y bujes, correderas de bolas y otros.
9. **Techno, Inc.** *www.techno-isel.com* Fabricante de una gran variedad de productos para movimiento lineal; incluye correderas, mesas X-Y y X-Y-Z, mesas pórtico y accesorios.
10. **Roton Products, Inc.** *www.roton.com* Fabricante de una gran variedad de tornillos de potencia, tornillos de bolas y sinfines.
11. **Ledex**. *www.ledex.com* Fabricante de actuadores pequeños, lineales y rotatorios de solenoide, y productos relacionados, marcas Lerdex y Dormeyer. Es filial de Saia-Burgess Company.

PROBLEMAS

1. Describa tres tipos de roscas para tornillos de potencia.
2. Trace un dibujo a escala de una rosca Acme con diámetro mayor de $1\frac{1}{2}$ pulgadas y cuatro roscas por pulgada. Trace una sección de 2.0 pulgadas de longitud.
3. Repita el problema 2 con una rosca trapezoidal.
4. Repita el problema 2 para una rosca cuadrada.
5. Si se carga un husillo con rosca ACME a tensión, con una fuerza de 30 000 lb ¿qué tamaño de rosca, de acuerdo con la tabla 17-1, se debe usar para mantener el esfuerzo de tensión menor que 10 000 psi?

6. Para el tornillo que escogió en el problema 5, ¿cuál sería la longitud axial requerida en la tuerca para que transfiera la carga al marco de la máquina, si el esfuerzo cortante en las roscas debe ser menor que 6000 psi?
7. Calcule el par torsional requerido para elevar la carga de 30 000 lb con la rosca Acme seleccionada en el problema 5. Maneje un coeficiente de fricción de 0.15.
8. Calcule el par torsional necesario para bajar la carga con el tornillo del problema 5.
9. Si un tornillo de rosca cuadrada, con diámetro mayor de 3/4 de pulgada y seis roscas por pulgada, se usa para subir una carga de 4 000 lb, calcule el par torsional requerido para girar el tornillo. Maneje un coeficiente de fricción de 0.15.
10. Para el tornillo del problema 9, calcule el par torsional necesario para girar el tornillo y bajar la carga.
11. Calcule el ángulo de avance para el tornillo del problema 9. ¿Es autoasegurante?
12. Calcule la eficiencia del tornillo del problema 9.
13. Si el tornillo descrito en el problema 9 sube una carga de 4 000 lb a una velocidad de 0.5 pulg/s, calcule la velocidad de giro del tornillo y la potencia necesaria para moverlo.
14. Se va a seleccionar un tornillo de bolas para la mesa de una máquina. La fuerza axial que va a transmitir es de 600 lb. La mesa se mueve 24 pulgadas por ciclo, y se espera que tenga 10 ciclos por hora, con una duración de diseño de 10 años. Seleccione el tornillo adecuado.
15. Para el tornillo seleccionado en el problema 14, calcule el par torsional necesario para impulsarlo.
16. Para el tornillo seleccionado en el problema 14, la velocidad de movimiento normal de la mesa es de 10.0 pulgadas/min. Calcule la potencia requerida para impulsar el tornillo.
17. Si el tiempo del ciclo para la máquina del problema 14 se redujera a 20 ciclos/h en lugar de 10 ¿cuál sería la duración esperada, en años, del tornillo que había seleccionado?

18

Sujetadores

Panorama

Sujetadores

Mapa de aprendizaje

- Los *sujetadores* conectan o unen dos o más componentes. Los tipos comunes son los *pernos* y los *tornillos*, como los que se ilustran en las figuras 18-1 a 18-4.

Descubrimiento

Busque ejemplos de pernos y tornillos. Haga una lista de todos los tipos que haya encontrado. ¿Para qué funciones se usaron? ¿A qué tipos de fuerzas están sometidos los sujetadores? ¿Qué materiales se usaron para fabricarlos?

En este capítulo aprenderá a analizar el funcionamiento de los sujetadores, y a seleccionar los tipos y tamaños adecuados.

Un *sujetador* es cualquier objeto que se use para conectar o juntar dos o más componentes. En forma literal, se dispone de cientos de tipos de sujetadores y sus variaciones. Los más comunes son los roscados, a los cuales se les conoce con muchos nombres, entre ellos pernos, tornillos, tuercas, espárragos, pijas y prisioneros.

Un *perno* es un sujetador con rosca, diseñado para pasar por orificios en los miembros unidos, y asegurarse al apretar una tuerca desde el extremo opuesto a la cabeza del perno. Vea la figura 18-1(*a*), donde se ve un *perno hexagonal*. En la figura 18-2 se muestran varios tipos de pernos.

Un *tornillo* es un sujetador con rosca, diseñado para introducirse en un orificio de uno de los elementos que se van a unir, y también en un orificio con rosca en el elemento acoplado. Vea la figura 18-1(*b*). El orificio roscado puede haber estado ya hecho, por ejemplo con un machuelo, o puede formarse con la rosca misma, al forzarla en el material. Los *tornillos de máquina*, a los cuales también se les conoce como *tornillos de cabeza*, son sujetadores de precisión con cuerpos rectos con rosca que giran en orificios machuelados (vea la figura 18-3). Un tipo frecuente de tornillo de máquina es llamado Allen, el cual tiene cabeza con una caja hexagonal para introducir una llave especial. La configuración común, vista en la figura 18-3(*f*), tiene una cabeza cilíndrica con un hueco hexagonal. También se consiguen con facilidad los estilos de cabeza plana para avellanar y producir una superficie al ras, o de cabeza de botón, para tener un perfil bajo, así como tornillos de escalón, que dan una superficie de carga de precisión, para localización o pivoteo. Vea los sitios de internet 9 y 11. Los *tornillos de lámina,* las *pijas,* los *tornillos autorroscantes y* los *tornillos de madera* suelen formar sus propias roscas. La figura 18-4 muestra algunos estilos.

Busque ejemplos donde se usen los tipos de sujetadores que se ilustran en las figuras 18-1 a 18-4. ¿Cuántas encontró? Haga una lista, con los nombres que tienen en las figuras. Describa su aplicación. ¿Qué función desempeña el sujetador? ¿Qué tipos de fuerzas se ejercen en cada sujetador durante su servicio? ¿De qué tamaño es el sujetador? Mida todas las dimensiones que pueda. ¿De qué material está hecho cada sujetador?

Vea en su automóvil, en especial bajo el cofre, en el compartimiento del motor. También, si puede, vea bajo el chasís, donde se usan los sujetadores para fijar distintos componentes en el chasís o en algún otro elemento estructural.

FIGURA 18-1 Comparación entre un perno y un tornillo (R. P. Hoelscher *et al.*, *Graphics for Engineers*. Nueva York: John Wiley & Sons, 1968)

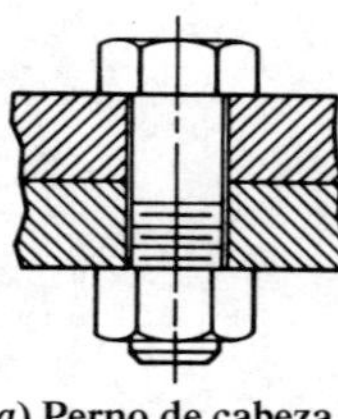

***a*) Perno de cabeza hexagonal**

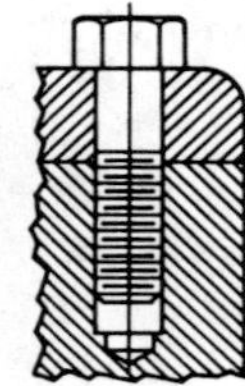

***b*) Tornillo de cabeza de presión hexagonal**

FIGURA 18-2 Estilos de pernos. Vea también el perno de cabeza hexagonal en la figura 18-1. (R. P. Hoelscher *et al.*, *Graphics for Engineers*, Nueva York: John Wiley & Sons, 1968)

a) Perno de coche *b*) Perno de elevador *c*) Perno de cabeza avellanada *d*) Perno de arado *e*) Perno de ferrocarril *f*) Birlo *g*) Perno de estufa *h*) Perno de estufa

FIGURA 18-3 Tornillos de cabeza o de máquina. Vea también el tornillo de presión de cabeza hexagonal de la figura 18-1. (R. P. Hoelscher *et al.*, *Graphics for Engineers*, Nueva York: John Wiley & Sons, 1968)

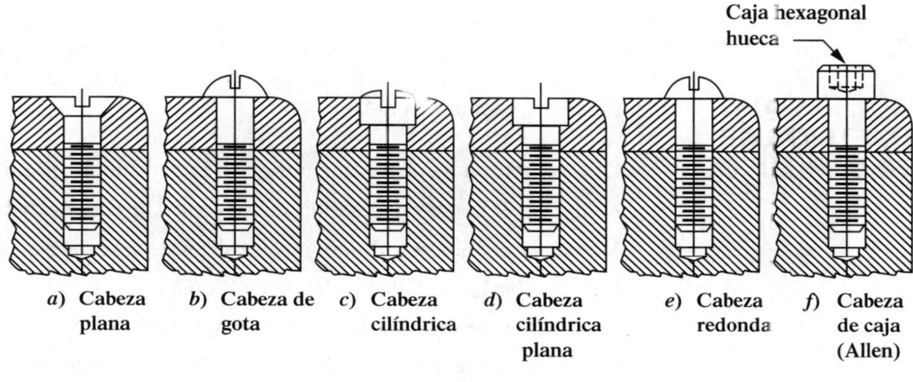

a) Cabeza plana *b*) Cabeza de gota *c*) Cabeza cilíndrica *d*) Cabeza cilíndrica plana *e*) Cabeza redonda *f*) Cabeza de caja (Allen)

FIGURA 18-4 Tornillos para lámina y pijas (R. P. Hoelscher *et al.*, *Graphics for Engineers*, Nueva York: John Wiley & Sons, 1968)

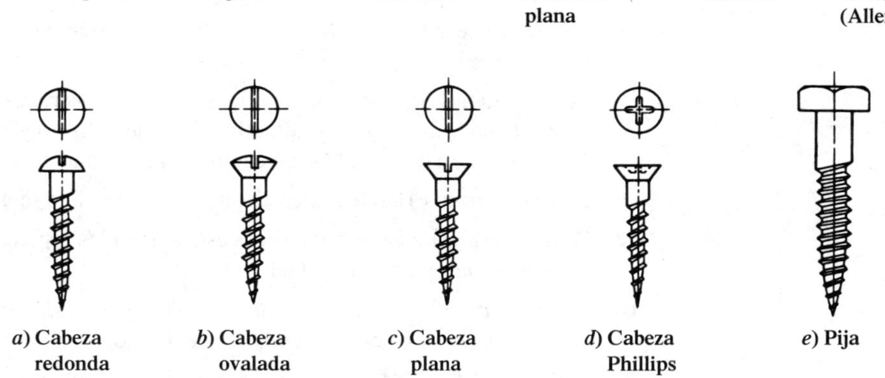

a) Cabeza redonda *b*) Cabeza ovalada *c*) Cabeza plana *d*) Cabeza Phillips *e*) Pija

Busque también en bicicletas, equipos de jardinería, carritos de provisiones, mostradores de una tienda, herramientas de mano, electrodomésticos, juguetes, equipos para ejercicios y muebles. Si tiene acceso a una fábrica, podrá identificar cientos de miles de ejemplos. Trate de comprender dónde se usan ciertos tipos de sujetadores, y para qué finalidad.

En este capítulo, aprenderá acerca de muchos tipos de sujetadores que encontrará, y también cómo analizar su funcionamiento.

Usted es el diseñador

Vea la figura 15-6, la cual muestra el ensamble de la transmisión engranada que fue diseñada en ese capítulo. Se usan los sujetadores en varios lugares de la caja de la transmisión, pero no se les especificó en ese capítulo. A los cuatro *retenes de rodamiento* se les debe atornillar a la caja y a la tapa. La tapa misma debe estar fijada a la tapa con sujetadores. Por último, en la base de montaje hay manera de usar tornillos para sujetar toda la transmisión a una estructura de soporte.

Usted es el diseñador. ¿Qué tipos de tornillos indicaría para esas aplicaciones? ¿Qué material debe usarse para fabricarlos? ¿De qué resistencia deben ser? Si se usan sujetadores roscados, ¿de qué tamaño y longitud deben ser sus roscas? ¿Qué estilo de cabeza especificaría? ¿Cuánto par torsional debe aplicarse a ellos para asegurarse de que haya una fuerza de sujeción suficiente entre los elementos a unir? ¿Cómo afecta el diseño de la empaquetadura, entre la tapa y la caja, a la selección de los sujetadores y a la especificación del par torsional de apriete para ellos? ¿Qué opciones hay frente al uso de sujetadores roscados, para mantener unidos los componentes y todavía permitir su desarmado?

Este capítulo presenta información que podrá usar para tomar esas decisiones de diseño. Las referencias al final del capítulo contienen otras valiosas fuentes de información, entre el gran cuerpo de conocimientos acerca de los sujetadores.

18-1 OBJETIVOS DE ESTE CAPÍTULO

Al terminar este capítulo, podrá:

1. Describir un perno y compararlo con un tornillo de máquina.
2. Indicar el nombre y describir nueve estilos de cabezas para pernos.
3. Indicar el nombre y describir seis estilos de cabezas para tornillo de máquina.
4. Describir los tornillos de lámina y las pijas.
5. Describir seis estilos de prisioneros y su aplicación.
6. Describir nueve tipos de dispositivos de inmovilización, que impidan aflojar una tuerca en un perno.
7. Emplear tablas de datos para diversos grados de acero, usados para pernos, tal como los publican la Society of Automotive Engineers (SAE) y la American Society for Testing and Materials (ASTM), así como para grados métricos estándar.
8. Indicar al menos 10 materiales distintos del acero que se usen en los sujetadores.
9. Emplear tablas de datos para roscas estándar en los sistemas americano y métrico, para dimensionar y analizar esfuerzos.
10. Definir *carga de prueba, carga de sujeción* y *par torsional de apriete*, aplicados a tornillos y pernos, y calcular los valores de diseño.
11. Calcular el efecto de agregar una fuerza externa aplicada a una unión atornillada, incluyendo la fuerza final sobre los pernos y en los elementos sujetos.
12. Mencionar y describir 16 técnicas distintas de recubrimiento y acabado que se emplean para los sujetadores metálicos.
13. Describir los remaches, sujetadores instantáneos, soldadura, soldadura fuerte y adhesivos, e indicar su diferencia con los tornillos y pernos, en aplicaciones de sujeción.

18-2 MATERIALES PARA PERNOS Y SUS RESISTENCIAS

En las máquinas, la mayoría de los tornillos son de acero, por su alta resistencia, gran rigidez, buena ductilidad y buena facilidad de maquinado y formado. Pero se pueden usar diversas composiciones y condiciones del acero. La resistencia de los aceros para tornillos y pernos se usa para determinar su *grado*, de acuerdo con una de varias normas. Con frecuencia, se dispone de tres capacidades de resistencia: las conocidas resistencia a la tensión y resistencia de fluencia, y la resistencia de prueba. La *resistencia de prueba* se parece al límite elástico, y se le define como el esfuerzo al cual el perno o tornillo sufriría una deformación permanente. En el caso normal va de 0.9 a 0.95 veces la resistencia de fluencia.

La SAE usa números de grado, que van del 1 al 8, donde los números mayores indican mayor resistencia. La tabla 18-1 muestra algunos aspectos de este sistema de grados, tomados de la norma SAE J429 (referencia 12). Las marcas que se indican se estampan en la cabeza del perno.

La ASTM publica cinco normas relacionadas con la resistencia del acero para pernos, como se ve en la tabla 18-2 (referencia 2). Con frecuencia, se aplican en trabajos de construcción.

Los tornillos métricos usan un sistema de clave numérica, que va de 4.6 a 12.9; los números mayores indican resistencias mayores. Los números antes del punto decimal son, aproximadamente, 0.01 veces la resistencia del material a la tensión, en MPa. El último dígito, después del punto decimal, es la relación aproximada de resistencia de fluencia entre la resistencia a la tensión del material. La tabla 18-3 muestra los datos correspondientes de la norma SAE J1199 (referencia 7).

Equivalencias aproximadas entre los grados SAE, ASTM y métricos, de aceros para tornillos. La siguiente lista muestra los equivalentes aproximados que pueden ser útiles al comparar diseños para los cuales las especificaciones incluyan combinaciones de grados SAE, ASTM y métricos, de aceros para pernos. Para conocer datos específicos de resistencia, deben consultarse las normas individuales.

Grado SAE	*Grado ASTM*	*Grado métrico*
J429 Grado 1	A307 Grado A	Grado 4.6
J429 Grado 2	————	Grado 5.8
J429 Grado 5	A449	Grado 8.8
J429 Grado 8	A354 Grado BD	Grado 10.9

A los tornillos con cabeza de presión, de la serie 1960, se les fabrica con un acero aleado y tratado térmicamente, el cual tiene las siguientes resistencias:

Intervalo de tamaños	*Resistencia a la tensión (ksi)*	*Resistencia de fluencia (ksi)*
0-5/8	190	170
3/4-3	180	155

TABLA 18-1 Grados SAE de aceros para sujetadores

Grado número	Tamaños de perno (pulg)	Resistencia a la tensión (ksi)	Resistencia de fluencia (ksi)	Resistencia de prueba (ksi)	Marcas en la cabeza
1	1/4-$1\frac{1}{2}$	60	36	33	Ninguna
2	1/4-3/4	74	57	55	Ninguna
	>3/4-$1\frac{1}{2}$	60	36	33	
4	1/4-$1\frac{1}{2}$	115	100	65	Ninguna
5	1/4-1	120	92	85	
	>1-$1\frac{1}{2}$	105	81	74	
7	1/4-$1\frac{1}{2}$	133	115	105	
8	1/4-$1\frac{1}{2}$	150	130	120	

TABLA 18-2 Normas ASTM para aceros de pernos

Grado ASTM	Tamaño de pernos (pulg)	Resistencia a la tensión (ksi)	Resistencia de fluencia (ksi)	Resistencia de prueba (ksi)	Marcas en la cabeza
A307	1/4-4	60	(No se informa)		Ninguna
A325	1/2-1	120	92	85	A 325
	>1-$1\frac{1}{2}$	105	81	74	
A354-BC	1/4-$2\frac{1}{2}$	125	109	105	BC
A354-BD	1/4-$2\frac{1}{2}$	150	130	120	
A449	1/4-1	120	92	85	
	>1-$1\frac{1}{2}$	105	81	74	
	$>1\frac{1}{2}$-3	90	58	55	
A574	0.060-1/2	180		140	(Tornillos de cabeza de presión)
	5/8-4	170		135	

TABLA 18-3 Grados métricos de aceros para pernos

Grado	Tamaño del perno	Resistencia a la tensión (MPa)	Resistencia de fluencia (MPa)	Resistencia de prueba (MPa)
4.6	M5-M36	400	240	225
4.8	M1.6-M16	420	340[a]	310
5.8	M5-M24	520	415[a]	380
8.8	M17-M36	830	660	600
9.8	M1.6-M16	900	720[a]	650
10.9	M6-M36	1040	940	830
12.9	M1.6-M36	1220	1100	970

[a]Las resistencias de fluencia son aproximadas, y no se incluyen en la norma.

Se obtiene un funcionamiento casi equivalente con los tornillos métricos de cabeza de presión fabricados con el grado métrico 12.9 de resistencia. La misma geometría está disponible en acero inoxidable, casi siempre 18-8, resistente a la corrosión, a valores de resistencia algo menores. Debe consultar a los fabricantes.

El *aluminio* se usa cuando debe haber resistencia a la corrosión, poco peso y valor regular de resistencia. Puede ser una ventaja su buena conductividad térmica y eléctrica. Las aleaciones que más se usan son la 2024-T4, 2011-T3 y 6061-T6. Se presentan las propiedades de esos materiales en el apéndice 9.

También se usa el *latón,* el *cobre* y el *bronce,* por su resistencia a la corrosión. Además, estos materiales tienen la ventaja de su facilidad de maquinado y apariencia atractiva. En particular, algunas aleaciones son buenas para la resistencia a la corrosión en aplicaciones marinas.

El *níquel* y sus aleaciones, como el *Monel* e *Inconel* (de International Nickel Company) proporcionan buen funcionamiento a temperaturas elevadas, y también tienen buena resistencia a la corrosión, tenacidad a bajas temperaturas y apariencia atractiva.

Los *aceros inoxidables* se usan principalmente por su resistencia a la corrosión. Las aleaciones que se usan para tornillos comprenden la 18-8, 410, 416, 430 y 431. Además, los aceros inoxidables de la serie 300 no son magnéticos. Vea las propiedades en el apéndice 6.

La principal ventaja de las aleaciones de *titanio*, que se usan para sujetadores en aplicaciones aeroespaciales, es su gran relación de resistencia al peso. El apéndice 11 contiene una lista de las propiedades de varias aleaciones.

Los *plásticos* se usan mucho por su poco peso, resistencia a la corrosión, capacidad aislante y facilidad de manufactura. El nylon 6/6 es el que se usa con más frecuencia, pero entre otros están ABS, acetal, fluorocarbonos TFE, policarbonato, polietileno, polipropileno y cloruro de polivinilo. El apéndice 13 menciona varios plásticos y sus propiedades. Además de usarse en tornillos y pernos, los plásticos se usan mucho donde se requieren diseños especiales para aplicaciones particulares.

Los *recubrimientos* y *acabados* se aplican a sujetadores metálicos para mejorar su apariencia o su resistencia a la corrosión. Algunos también disminuyen el coeficiente de fricción, para tener resultados más consistentes de par torsional de apriete y fuerza de sujeción. A los sujetadores de acero se les puede acabar con óxido negro, azulado, níquel brillante, fosfato y zinc en caliente. Se puede aplicar galvanoplastia para depositar cadmio, cobre, cromo, níquel, plata, estaño y zinc. También se usan varias pinturas, lacas y acabados de cromato. En general, el aluminio se anodiza. Se deben revisar los riesgos ambientales para los recubrimientos y acabados.

18-3 DESIGNACIONES DE ROSCAS Y ÁREA DE ESFUERZO

La tabla 18-4 muestra las dimensiones de las roscas de los estilos estándar americano, y la tabla 18-5 contiene los estilos métricos SI. Para considerar la resistencia y el tamaño, el diseñador debe conocer el diámetro mayor básico, el paso de las roscas y el área disponible para resistir las cargas de tensión. Observe que el paso es igual a $1/n$, donde n es el número de roscas por pulga-

TABLA 18-4 Dimensiones de roscas estándar americanas

A. Tamaños numerados

		Roscas gruesas: UNC		Roscas finas: UNF	
Tamaño	Diámetro mayor básico (pulg)	Roscas por pulg	Área de esfuerzo de tensión (pulg^2)	Roscas por pulg	Área de esfuerzo de tensión (pulg^2)
0	0.0600			80	0.001 80
1	0.0730	64	0.00263	72	0.002 78
2	0.0860	56	0.00370	64	0.003 94
3	0.0990	48	0.00487	56	0.005 23
4	0.1120	40	0.00604	48	0.006 61
5	0.1250	40	0.00796	44	0.008 30
6	0.1380	32	0.00909	40	0.010 15
8	0.1640	32	0.0140	36	0.014 74
10	0.1900	24	0.0175	32	0.0200
12	0.2160	24	0.0242	28	0.0258
B. Tamaños fraccionarios					
1/4	0.2500	20	0.0318	28	0.0364
5/16	0.3125	18	0.0524	24	0.0580
3/8	0.3750	16	0.0775	24	0.0878
7/16	0.4375	14	0.1063	20	0.1187
1/2	0.5000	13	0.1419	20	0.1599
9/16	0.5625	12	0.182	18	0.203
5/8	0.6250	11	0.226	18	0.256
3/4	0.7500	10	0.334	16	0.373
7/8	0.8750	9	0.462	14	0.509
1	1.000	8	0.606	12	0.663
$1\frac{1}{8}$	1.125	7	0.763	12	0.856
$1\frac{1}{4}$	1.250	7	0.969	12	1.073
$1\frac{3}{8}$	1.375	6	1.155	12	1.315
$1\frac{1}{2}$	1.500	6	1.405	12	1.581
$1\frac{3}{4}$	1.750	5	1.90		
2	2.000	$4\frac{1}{2}$	2.50		

TABLA 18-5 Dimensiones de roscas métricas

	Roscas gruesas		Roscas finas	
Diámetro mayor básico (mm)	Paso (mm)	Área de esfuerzo de tensión (mm^2)	Paso (mm)	Área de esfuerzo de tensión (mm^2)
1	0.25	0.460		
1.6	0.35	1.27	0.20	1.57
2	0.4	2.07	0.25	2.45
2.5	0.45	3.39	0.35	3.70
3	0.5	5.03	0.35	5.61
4	0.7	8.78	0.5	9.79
5	0.8	14.2	0.5	16.1
6	1	20.1	0.75	22.0
8	1.25	36.6	1	39.2
10	1.5	58.0	1.25	61.2
12	1.75	84.3	1.25	92.1
16	2	157	1.5	167
20	2.5	245	1.5	272
24	3	353	2	384
30	3.5	561	2	621
36	4	817	3	865
42	4.5	1121		
48	5	1473		

da en el sistema estándar americano. En el SI, el paso se indica directamente en milímetros. El área de resistencia a la tensión que contienen las tablas 18-4 y 18-5 ya considera el área real cortada por un plano transversal. Debido a la trayectoria helicoidal de la rosca sobre el tornillo, ese plano pasará cerca de la raíz en un lado, pero pasará cerca del diámetro mayor en el otro. La ecuación para el área de esfuerzo de tensión en las roscas estándar americanas es

Área de esfuerzo de tensión para roscas UNC o UNF

$$A_t = (0.7854)[D - (0.9743)p]^2 \tag{18-1}$$

donde D = diámetro mayor
p = paso de la rosca

Para roscas métricas, el área de esfuerzo de tensión es

Área de esfuerzo de tensión para roscas métricas

$$A_t = (0.7854)[D - (0.9382)p]^2 \tag{18-2}$$

Para la mayoría de los tamaños estándar de rosca, se consiguen al menos dos pasos: la serie de *rosca gruesa* y la serie de *rosca fina*. Las dos aparecen en las tablas 18-4 y 18-5.

Las roscas estándar americanas menores usan una designación numérica de 0 a 12. El diámetro mayor correspondiente está en la tabla 18-4(A). Los tamaños mayores usan designaciones de fracciones de pulgadas. En la tabla 18-4(B) se muestra el equivalente decimal del diámetro mayor. Las roscas métricas mencionan el diámetro mayor y el paso en milímetros, como se ve en la tabla 18-5. A continuación se muestran ejemplos de designaciones estándar de roscas:

Estándar americana: Tamaño básico seguido del número de roscas por pulgada y la designación de serie de la rosca.

10-24 UNC 10-32 UNF
1/2-13 UNC 1/2-20 UNF
$1\frac{1}{2}$–6 UNC $1\frac{1}{2}$–12 UNF

Métrica: M (de "métrica"), seguida por el diámetro mayor básico y después el paso, en milímetros.

$$M3 \times 0.5 \qquad M3 \times 0.35 \qquad M10 \times 1.5$$

18-4 CARGA DE SUJECIÓN Y APRIETE DE LAS UNIONES ATORNILLADAS

MDESIGN

Carga de apriete

Cuando un tornillo o un perno se usan para sujetar dos partes, la fuerza entre las piezas es la *carga de sujeción*. El diseñador es responsable de especificar la carga de sujeción, y de asegurar que el sujetador sea capaz de resistir la carga. La carga máxima de sujeción se suele tomar como 0.75 por la carga de prueba, donde la carga de prueba es el producto del esfuerzo de prueba por el área de esfuerzo de tensión del tornillo o perno.

Par torsional de apriete

La carga de sujeción se crea en el perno o tornillo al ejercer un par torsional de apriete sobre la tuerca o sobre la cabeza del tornillo. Una relación aproximada entre el par torsional y la fuerza de tensión axial del tornillo o perno (la fuerza de sujeción) es

Par torsional de apriete

$$T = KDP \tag{18-3}$$

donde T = torque, lb·pulg
D = diámetro exterior nominal de las roscas, pulgadas
P = carga de sujeción, lb
K = constante que depende de la lubricación presente

Para las condiciones comerciales promedio, se maneja $K = 0.15$, si existe alguna lubricación. Aun los fluidos de corte, u otros depósitos residuales en las roscas, producirán las condiciones consistentes con $K = 0.15$. Si las roscas están bien limpias y secas, $K = 0.20$ es mejor. Naturalmente, esos valores son aproximados, y cabe esperar que exista variaciones entre conjuntos aparentemente idénticos. Se recomienda aplicar pruebas y análisis estadísticos de los resultados.

Problema modelo 18-1 Para obtener una fuerza de sujeción de 12 000 lb entre dos partes de una máquina, se dispone de un conjunto de tres pernos. La carga se comparte por igual entre los tres pernos. Especifique los pernos adecuados, e incluya el grado del material, si cada uno se somete a esfuerzos del 75% de su resistencia de prueba. A continuación, calcule el par torsional de apriete requerido.

Solución La carga en cada tornillo debe ser de 4 000 lb. Especifique un perno de acero SAE grado 5, con resistencia de prueba de 85 000 psi. Entonces, el esfuerzo admisible es

$$\sigma_a = 0.75(85\,000\text{ psi}) = 63\,750\text{ psi}$$

El área necesaria al esfuerzo de tensión, para el perno, es entonces

$$A_t = \frac{\text{carga}}{\sigma_a} = \frac{4000\text{ lb}}{63\,750\text{ lb/pulg}^2} = 0.0627\text{ pulg}^2$$

En la tabla 18-4(B) se observa que la rosca UNC 3/8-16 tiene el área necesaria de esfuerzo a la tensión. El par torsional de apriete necesario será

$$T = KDP = 0.15(0.375\text{ pulg})(4000\text{ lb}) = 225\text{ lb}\cdot\text{pulg}$$

La ecuación (18-3) es adecuada para el diseño mecánico general. Un análisis más completo del par torsional para crear determinada fuerza de sujeción requiere más información acerca del diseño de la junta. Existen tres factores que influyen sobre el par torsional. Uno, al que se denominará T_1, es el par torsional requerido para desarrollar la carga de tensión P_t en el tornillo, mediante la naturaleza de plano inclinado de la rosca.

$$T_1 = \frac{P_t\, l}{2\pi} = \frac{P_t}{2\pi n} \tag{18-4}$$

donde l es el avance de la rosca del perno; $l = p = 1/n$.

El segundo componente del par torsional, T_2, es el que se requiere para vencer la fricción entre las roscas acopladas, y se calcula con

$$T_2 = \frac{d_p\, \mu_1\, P_t}{2 \cos \alpha} \tag{18-5}$$

donde

d_p = diámetro de paso de la rosca
μ_1 = coeficiente de fricción entre las superficies de las roscas
α = 1/2 del ángulo de la rosca, que en el caso típico es 30°.

El tercer componente del par torsional, T_3, es la fricción entre la cara inferior de la cabeza o tuerca y la superficie que se sujeta. Se supone que esta fuerza de fricción actúa a la mitad de la superficie de fricción, y se calcula con

$$T_3 = \frac{(d + b)\, \mu_2\, P_t}{4} \tag{18-6}$$

donde

d = diámetro mayor del perno
b = diámetro exterior de la superficie, sometida a la fricción, de la cara inferior sobre la cabeza del perno.
μ_2 = coeficiente de fricción entre la cabeza del perno y la superficie sujetada.

Entonces, el par torsional total es

$$T_{tot} = T_1 + T_2 + T_3 \tag{18-7}$$

Vea más descripciones del par torsional para pernos en las referencias 3, 4, 9 y 10. Es importante notar que en la relación entre el par torsional aplicado y la precarga de tensión dada al perno, intervienen muchas variables. Es difícil calcular con exactitud los coeficientes de fricción. La exactitud con que se aplica el par torsional especificado está afectada por la precisión del aparato de medición que se usa, como una llave de par torsional, una llave neumática para tuercas o una llave de tuercas hidráulica, pero también depende de la destreza del operador. La referencia 3 ofrece una descripción de la gran variedad de llaves de par torsional disponibles.

Análisis de pernos asistido por computadora. Debido a las muchas variables y los numerosos cálculos que se requieren para analizar una unión atornillada, se dispone de paquetes de programas informáticos para efectuar el análisis necesario. Vea un ejemplo en el sitio de Internet 12.

Otros métodos para apretar pernos

Es conveniente medir el par torsional aplicado al perno, tornillo o tuerca durante la instalación. Sin embargo, debido a las muchas variables que intervienen, la fuerza de sujeción real creada puede variar en forma apreciable. Con frecuencia, al sujetar conexiones críticas se emplean los métodos de apriete que se relacionan más directamente con la fuerza de sujeción. Los casos en que se pueden emplear esos métodos son en las conexiones de acero estructural, las bridas para sistemas de alta presión, componentes de centrales nucleares, espárragos para cabezas de cilindros y bielas para motores de combustión, estructuras aeroespaciales, componentes de motores de turbina, sistemas de propulsión y equipos militares.

Método de vueltas de la tuerca. Primero, se aprieta el tornillo hasta un ajuste sin holgura para que todas las partes del perno queden en contacto íntimo. A continuación, se le da a la tuerca una vuelta más, con una llave, en etapas entre un tercio y una vuelta completa, dependiendo del tamaño del tornillo. Una vuelta completa produciría un estiramiento en el perno igual a su avance l, donde $l = p = 1/n$. El comportamiento elástico del perno determina la cantidad de fuerza de sujeción que resulta. Las referencias 1 y 3 contienen más detalles.

Pernos para controlar la tensión. Existen disponibles pernos especiales que tienen un cuello, con dimensiones cuidadosamente establecidas en un extremo, unido a una sección estriada. La estría se mantiene fija cuando se gira la tuerca. Cuando se aplica un par torsional predeterminado a la tuerca, la sección del cuello se rompe y se detiene el apriete. Se obtienen resultados consistentes.

Otra forma de perno para controlar la tensión usa una herramienta que ejerce tensión axial directa sobre él, recalca un collarín dentro de ranuras anulares o en las roscas del sujetador, y después rompe una parte del perno, de diámetro pequeño, con una fuerza predeterminada. El resultado es una magnitud calculable de la fuerza de apriete en la junta.

Perno con brida ondulada. A la cara inferior de la cabeza de este perno se le da una superficie ondulada durante su fabricación. Cuando se aplica par torsional a la junta, se deforma la superficie ondulada y se aplana contra la superficie sujetada, cuando el cuerpo del perno llega a la cantidad correcta de tensión.

Arandelas de indicación directa de tensión (DTI). La arandela DTI (de *direct tension indicator*) tiene varias zonas elevadas en su superficie superior. Sobre ella se coloca una arandela regular, y se aprieta con una tuerca, hasta que las áreas elevadas se aplanan cierto valor especificado, lo cual causa una tensión predecible en el perno.

Medición y control ultrasónico de la tensión. Los desarrollos recientes han dado como resultado la disponibilidad de equipos que someten los pernos a ondas acústicas ultrasónicas cuando se aprietan, y la sincronización de las ondas reflejadas se correlaciona con la cantidad de estiramiento y de tensión en el perno. Vea la referencia 3.

Método de apriete hasta la fluencia. La mayoría de los sujetadores se suministran con resistencia de fluencia garantizada; en consecuencia, se necesita una magnitud calculable de fuerza de tensión para causar cedencia en el tornillo. Algunos sistemas automáticos usan este principio, al detectar la relación entre el par torsional aplicado y la rotación de la tuerca, y detienen el proceso cuando el tornillo comienza a ceder. Durante la parte elástica de la curva de esfuerzo-deformación unitaria para el perno, sucede un cambio lineal de par torsional en función de rotación. En la fluencia, existe un aumento muy grande de rotación, con poco o ningún aumento de par torsional, y eso indica la fluencia. Una variación de este método, llamado *método de tasa logarítmica* (LRM, de *logarithmic rate method*), determina el máximo de la curva del logaritmo de la tasa de par torsional respecto del giro, y aplica una cantidad preestablecida de giro adicional a la tuerca. Vea el sitio de Internet 9.

18-5 FUERZA APLICADA EXTERNAMENTE SOBRE UNA UNIÓN ATORNILLADA

El análisis del problema modelo 18-1 considera el esfuerzo en el perno sólo bajo condiciones estáticas, y sólo para la carga de sujeción. Se recomendó que la tensión del perno fuera muy grande, aproximadamente 75% de la carga de prueba para el perno. Con esa carga se utilizará con eficiencia la resistencia disponible del perno, y se evitará la separación de los elementos conectados.

Cuando una carga se aplica a una unión atornillada, y es mayor que la carga de sujeción, se debe examinar en forma especial el comportamiento de la junta. Al principio, la fuerza sobre el perno (en tensión) es igual a la fuerza sobre los elementos sujetos (en compresión). A continuación, con algo de la carga adicional, el perno se estirará respecto de su longitud supuesta después de aplicar la carga de sujeción. Otro incremento causará una *disminución* de la fuerza de compresión en el elemento sujetado. Así, sólo una parte de la fuerza aplicada es transmitida por el perno. La cantidad depende de las rigideces relativas del tornillo y de los elementos sujetados.

Si un tornillo rígido sujeta a un elemento flexible, como una empaquetadura elástica, la mayor parte de la fuerza adicional será tomada por el perno, porque se necesita poca fuerza para cambiar la compresión en la empaquetadura. En este caso, el diseño del perno no sólo debe considerar la fuerza inicial de sujeción, sino también la fuerza agregada.

Por el contrario, si el perno es relativamente flexible en comparación con los elementos sujetados, casi toda la carga aplicada externamente se ejercerá al principio para disminuir la fuerza de sujeción, hasta que los elementos se separen en realidad; esa condición se suele interpretar como falla de la junta. A partir de entonces, el perno soportará toda la carga externa.

En el diseño práctico de juntas, ocurre una situación entre los extremos que se acaban de describir, en el caso típico. En las juntas "duras" típicas (sin empaquetadura suave), la rigidez de los elementos sujetados es aproximadamente tres veces mayor que la del perno. Entonces, la carga aplicada externamente se comparte entre el perno y los elementos sujetados, de acuerdo con sus rigideces relativas, como sigue:

$$F_b = P + \frac{k_b}{k_b + k_c} F_e \tag{18-8}$$

$$F_c = P - \frac{k_c}{k_b + k_c} F_e \tag{18-9}$$

donde F_e = carga aplicada externamente
P = carga inicial de sujeción [como se manejó en la ecuación (18-3)]
F_b = fuerza inicial en el perno
F_c = fuerza final sobre los elementos sujetados
k_b = rigidez del perno
k_c = rigidez de los elementos sujetados

Problema modelo 18-2 Suponga que la junta del problema 18-1 se sujeta a una carga externa adicional de 3000 lb, después de haber aplicado la carga inicial de sujeción de 4000 lb. También suponga que la rigidez de los elementos sujetados es tres veces la del perno. Calcule la fuerza en el perno, la fuerza en los elementos sujetados y el esfuerzo final en el perno, después de aplicar la carga externa.

Solución Primero se aplicarán las ecuaciones (18-8) y (18-9), con $P = 4000$ lb, $F_e = 3000$ lb y $k_c = 3k_b$:

$$F_b = P + \frac{k_b}{k_b + k_c} F_e = P + \frac{k_b}{k_b + 3k_b} F_e = P + \frac{k_b}{4k_b} F_e$$

$$F_b = P + F_e/4 = 4000 + 3000/4 = 4750 \text{ lb}$$

$$F_c = P - \frac{k_c}{k_b + k_c} F_e = P - \frac{3k_b}{k_b + 3k_b} F_e = P - \frac{3k_b}{4k_b} F_e$$

$$F_c = P - 3F_e/4 = 4000 - 3(3000)/4 = 1750 \text{ lb}$$

Ya que F_c todavía es mayor que cero, la junta se mantiene hermética. Ahora, se puede calcular el esfuerzo en el perno. Para el perno de 3/8-16, el área al esfuerzo de tensión es de 0.0775 pulg^2. Así,

$$\sigma = \frac{P}{A_t} = \frac{4750 \text{ lb}}{0.0775 \text{ pulg}^2} = 61\ 300 \text{ psi}$$

La resistencia de prueba del material grado 5 es de 85 000 psi, y este esfuerzo es aproximadamente 72% de la resistencia de prueba. Por consiguiente, el perno seleccionado es aún seguro. Pero considere lo que sucedería con una junta relativamente "suave", la cual será descrita en el problema modelo 18-3.

Problema modelo 18-3 Resuelva otra vez el problema 18-2, pero suponga que la junta tiene un empaque elastomérico flexible que separa a los elementos sujetados, por lo que la rigidez del tornillo es, entonces, 10 veces la de la junta.

Solución El procedimiento será igual al empleado antes, pero ahora $k_b = 10k_c$. Así,

$$F_b = P + \frac{k_b}{k_b + k_c}F_e = P + \frac{10k_c}{10k_c + k_c}F_e = P + \frac{10k_c}{11k_c}F_e$$

$$F_b = P + 10F_e/11 = 4000 + 10(3000)/11 = 6727 \text{ lb}$$

$$F_c = P - \frac{k_c}{k_b + k_c}F_e = P - \frac{k_c}{10k_c + k_c}F_e = P - \frac{k_c}{11k_c}F_e$$

$$F_c = P - F_e/11 = 4000 - 3000/11 = 3727 \text{ lb}$$

El esfuerzo en el perno sería

$$\sigma = \frac{6727 \text{ lb}}{0.0775 \text{ pulg}^2} = 86\ 800 \text{ psi}$$

Es mayor que la resistencia de prueba para el material de grado 5, y es peligrosamente cercana a la resistencia de fluencia.

18-6 RESISTENCIA AL ARRANQUE DE ROSCA

Además de dimensionar un perno con base en el esfuerzo de tensión axial, se deben revisar las roscas para asegurar que no sean arrancadas por la fuerza cortante. Las variables que intervienen en la resistencia de las roscas al cortante son los materiales del perno, de la tuerca, o de las roscas internas de un orificio machuelado, la longitud de atornillado L_e y el tamaño de las roscas. Los detalles del análisis dependen de la resistencia relativa de los materiales.

Material de la rosca interna, más resistente que el del perno. Para este caso, la resistencia de las roscas del perno controlará el diseño. Se presenta aquí una ecuación para calcular la longitud necesaria de atornillado, L_e, de las roscas del tornillo, que tendrá cuando menos la misma resistencia en cortante que el tornillo mismo a la tensión.

$$L_e = \frac{2\ A_{tB}}{\pi\ (ID_{Nmáx})\ [0.5 + 0.57735\ n(PD_{Bmín} - ID_{Nmáx})} \qquad \textbf{(18-10)}$$

donde

A_{tB} = área del perno para esfuerzo de tensión
$ID_{Nmáx}$ = diámetro interior (de raíz) máximo de las roscas de la tuerca
n = número de roscas por pulgada
$PD_{Bmín}$ = diámetro de paso mínimo de las roscas del perno

Los subíndices B y N representan al perno y tuerca, respectivamente. Los subíndices *mín* y *máx* indican los valores mínimo y máximo, considerando las tolerancias en las dimensiones de las roscas. En la referencia 9 se encuentran datos para tolerancias, en función de la clase de rosca especificada.

Para determinada longitud de atornillado, el área de las roscas del perno al esfuerzo cortante es

$$A_{sB} = \pi L_e ID_{Nmáx} [0.5 + 0.57735\, n(PD_{Bmín} - ID_{Nmáx})] \quad \textbf{(18-11)}$$

Material de la tuerca más débil que el material del perno. Esto se aplica en especial cuando el perno se introduce en un orificio roscado en hierro colado, aluminio o algún otro material con resistencia relativamente baja. La longitud necesaria de atornillado, para desarrollar cuando menos la resistencia total del perno, es

$$L_e = \frac{S_{utB}\,(2\,A_{tB})}{S_{utN}\,\pi\, OD_{Bmín}\,[0.5 + 0.57735\, n\,(OD_{Bmín} - PD_{Nmáx})]} \quad \textbf{(18-12)}$$

donde

S_{utB} = resistencia última de tensión, del material del perno
S_{utN} = resistencia última de tensión, del material de la tuerca
$OD_{Bmín}$ = diámetro exterior mínimo de las roscas del perno
$PD_{Nmáx}$ = diámetro de paso máximo de las roscas de la tuerca

El área de la raíz de las roscas de la tuerca, sometida al cortante, es

$$A_{sN} = \pi L_e OD_{Bmín} [0.5 + 0.57735\, n\,(OD_{Bmín} - PD_{Nmáx})] \quad \textbf{(18-13)}$$

Resistencia igual de los materiales de perno y tuerca. Para este caso, la falla sucede por cortante de cualquiera de las partes en el diámetro de paso nominal, PD_{nom}. La longitud necesaria de atornillado, para desarrollar al menos toda la resistencia del perno, es

$$L_e = \frac{4\,A_{tB}}{\pi\, PD_{nom}} \quad \textbf{(18-14)}$$

El área de esfuerzo cortante, para las roscas de la tuerca o del perno, es

$$A_s = \pi\, PD_{nom}\, L_e/2 \quad \textbf{(18-15)}$$

18-7 OTROS TIPOS DE SUJETADORES Y ACCESORIOS

La mayoría de los pernos y tornillos tienen cabezas alargadas que recargan sobre la parte que se va a sujetar, y con ello ejercen la fuerza de sujeción. Los *prisioneros* no tienen cabeza, se insertan en orificios roscados y están diseñados para recargarse en forma directa sobre la parte acoplada, sujetándola en su lugar. La figura 18-5 muestra varios estilos de puntas y métodos para instalar prisioneros. Se debe tener cuidado con los prisioneros, al igual que con cualquier sujetador, para que la vibración no los afloje.

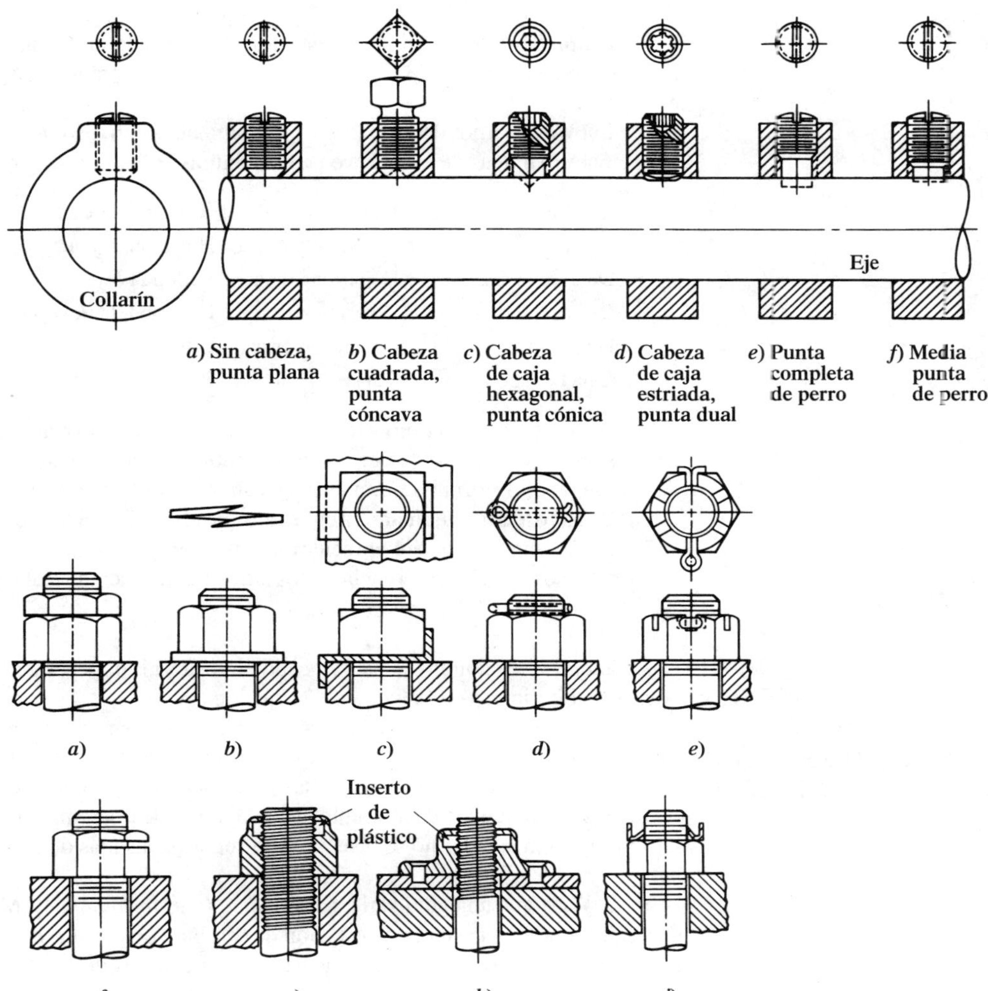

FIGURA 18-5
Prisioneros con distintos estilos de cabeza y punta, aplicados para sujetar un collarín sobre un eje (R. P. Hoelscher *et al.*, *Graphics for Engineers*, Nueva York: John Wiley & Sons, 1968)

FIGURA 18-6
Dispositivos de aseguramiento (R. P. Hoelscher *et al.*, *Graphics for Engineers*, Nueva York: John Wiley & Sons, 1968)

Una *arandela* se puede usar bajo la cabeza del perno y la tuerca, para distribuir la carga de sujeción en un área grande, y para dar una superficie de carga para la rotación relativa de la tuerca. El tipo básico de arandela es la arandela de cara plana, el cual consiste en un disco plano con un orificio en el centro, por donde pasa el tornillo o el perno. Existen otros estilos, denominados *de seguridad*, los cuales tienen deformación axial, o proyecciones que producen fuerzas axiales sobre el sujetador cuando se comprimen. Esas fuerzas mantienen las roscas de las partes acopladas en contacto estrecho, y disminuyen la probabilidad de que el sujetador se afloje cuando esté en servicio.

La figura 18-6 muestra varios métodos de usar las arandelas y demás tipos de dispositivos de aseguramiento. En el inciso (*a*) se ve una contratuerca, apretada contra la tuerca normal. El inciso (*b*) es una arandela de seguro estándar. El inciso (*c*) es una lengüeta de seguro que evita que la tuerca gire. El inciso (*d*) es una chaveta insertada por un orificio perforado a través del tornillo. El inciso (*e*) usa también una chaveta, pero también atraviesa por ranuras en la tuerca. El inciso (*f*) es una de las diversas técnicas de deformación de rosca que se emplean. El inciso (*g*) es una *tuerca con tope elástico*, con un inserto plástico que mantiene las roscas de la tuerca en estrecho contacto con el perno. Se puede usar en tornillos de máquina también. En el inciso (*h*), la tuerca de tope elástico está remachada a una placa delgada que permite atornillar por el lado opuesto una parte acoplada. El dispositivo metálico delgado en (*i*) recarga contra la parte superior de la tuerca y sujeta las roscas, lo cual evita el movimiento axial de la tuerca.

Un *birlo* es como un perno estacionario sujetado en forma permanente a un miembro a unir. El elemento acoplado se coloca sobre el birlo y, para unir las partes, se atornilla una tuerca en el birlo.

Entre estos tipos de sujetadores, y combinados con distintos estilos de cabeza, existen más variaciones. Algunas de ellas se ven en las figuras ya descritas. Otras más son las siguientes.

Cuadrada	Hexagonal	Hexagonal pesada	Hexagonal de interferencia
Hexagonal almenada	Hexagonal plana	Hexagonal ranurada	De 12 puntas
De corona alta	De corona baja	Redonda	Cabeza T
De cárter	De armadura	De arandela hexagonal	Plana
De arado	De caja en cruz	Cilíndrica	Ovalada plana
Caja hexagonal	Caja estriada	Redonda	De fijación

Se obtienen más combinaciones al considerar las Normas Nacionales Estadounidenses o Británicas (métricas), grados de material, acabados, tamaños de roscas, longitudes, clases (grado de tolerancia), forma de moldear las cabezas (maquinado, forjado, en frío) y la manera de moldear las roscas (maquinado, troquelado, machuelado, laminado y moldeado plástico).

Por lo anterior, puede apreciar que una explicación detallada de los sujetadores implica datos extensos. Vea las referencias y los sitios de Internet al final del capítulo.

18-8 OTROS MÉTODOS DE SUJECIÓN Y UNIÓN

Hasta ahora, este capítulo se ha enfocado en los tornillos y pernos, por sus vastas aplicaciones. Ahora se describirán otros medios de sujeción.

Los *remaches* son sujetadores sin rosca, que en general se manufacturan de acero o de aluminio. Se fabrican con una cabeza, y el extremo opuesto se moldea después de que el remache se introduce a través de orificios, en las partes a unir. Los remaches de acero se moldean en caliente, mientras que los de aluminio se pueden moldear a temperatura ambiente. Naturalmente, las uniones remachadas no se diseñan para ser armadas más de una vez. (Vea los sitios de Internet 3, 4 y 11.)

Se consigue una gran variedad de *sujetadores instantáneos*. Muchos son del tipo de cuarto de vuelta, y sólo necesitan una rotación de 90° para conectar o desconectar el sujetador. Las tapas de acceso, escotillas, tapas y ménsulas para equipos desmontables se fijan con esos sujetadores. De modo similar, muchas formas de *cerrojos* se pueden conseguir para tener una acción rápida, quizá con mayor poder de sujeción. (Vea los sitios de Internet 3 y 4.)

La *soldadura* implica una adhesión metalúrgica de metales, en general por aplicación de calor con un arco eléctrico, soplete o calentamiento por resistencia eléctrica bajo gran presión. La soldadura se describirá en el capítulo 20.

En la *soldadura fuerte* y el *estañado* se usa calor para fundir un agente de pegado, que entra en el espacio entre las partes que se unirán y se adhiere a las dos, para después solidificarse cuando se enfría. En la soldadura fuerte se aplican temperaturas relativamente altas, mayores que 840°F (450°C), y aleaciones de cobre, plata, aluminio, silicio o zinc. Naturalmente, los metales por unir deben tener una temperatura de fusión bastante mayor. Entre los metales que se unen bien así están los aceros al carbón simples y aleados, aceros inoxidables, aleaciones de níquel, cobre, aluminio y magnesio. El *estañado* se parece a la soldadura fuerte, pero se elabora a temperaturas menores que 840°F (450°C). Algunas aleaciones de estañado son una mezcla de plomo-estaño, estaño-zinc, estaño-plata, plomo-plata, zinc-cadmio, zinc-aluminio y otras más. En general, las uniones con soldaura fuerte son más fuertes que las soldadas, debido a la resistencia propia mayor de las aleaciones de soldadura fuerte. La mayoría de las juntas estañadas son fabricadas con traslapes trabados, para aumentar la resistencia mecánica, y entonces la soldadura se usa para mantener unido el conjunto, y quizá para sellar. Las juntas en tubos se estañan con frecuencia.

Los *adhesivos* están adquiriendo mayores usos. Su versatilidad y facilidad de aplicación son grandes ventajas que se aprovechan en una serie de productos que va de juguetes y electrodomésticos, hasta estructuras automotrices y aeroespaciales. (Vea el sitio de Internet 3.) Algunos tipos son los siguientes:

Acrílicos: Se usan en muchos metales y plásticos.

Cianoacrilatos: De curado muy rápido; fluyen con facilidad entre superficies bien ajustadas.

Epóxicos: Buena resistencia estructural; la junta es normalmente rígida; algunos requieren formulaciones en dos componentes. Se dispone de una gran variedad de formulaciones y propiedades.

Anaeróbicos: Para asegurar tuercas, tornillos y otras uniones con pequeñas holguras; curan en ausencia de oxígeno.

Siliconas: Adhesivos flexibles con buen funcionamiento en alta temperatura (400°F, 200°C).

Lacres de poliéster: Buenos adhesivos estructurales, fáciles de aplicar con equipo especial.

Poliuretano: Buena adhesión; forman una junta flexible.

REFERENCIAS

1. American Institute of Steel Construction. *Allowable Stress Design Specification for Structural Joints Using ASTM A325 or A490 Bolts* (Especificación del esfuerzo de diseño admisible para juntas estructurales con tornillos ASTM 325 o A490). Chicago: American Institute of Steel Construction, 2001.
2. American Society for Testing and Materials. *Fasteners, Volume 8* (Sujetadores, volumen 8). Filadelfia: American Society for Testing and Materials, 2001.
3. Bickford, John H. *An Introduction to the Design and Behavior of Bolted Joints* (Introducción al diseño y comportamiento de juntas atornilladas). 3ª edición. Nueva York: Marcel Dekker, 1995.
4. Bickford, John H. (editor) y Sayed Nassar (editor). *Handbook of Bolts and Bolted Joints* (Manual de pernos y juntas atornilladas). Nueva York: Marcel Dekker, 1998.
5. Bickford, John H. (editor) *Gaskets and Gasketed Joints* (Empaquetaduras y juntas con empaquetadura). Nueva York: Marcel Dekker, 1997.
6. Industrial Fasteners Institute. *Fastener Standards* (Normas para sujetadores). 6ª edición. Cleveland: Industrial Fasteners Institute, 1988.
7. Industrial Fasteners Institute. *Metric Fastener Standards* (Normas para sujetadores métricos). 3ª edición. Cleveland: Industrial Fasteners Institute, 1999.
8. Kulak, G. L., J. W. Fisher y J. H. A. Struik. *Guide to Design Criteria for Bolted and Riveted Joints* (Guía de criterios para diseñar juntas atornilladas y remachadas). 2ª edición. Nueva York: John Wiley & Sons, 1987.
9. Oberg, E., F. D. Jones y H. L. Horton. *Machinery's Handbook* (Manual de maquinaria). 26ª edición. Nueva York: Industrial Press, 2000.
10. Parmley, Robert O. *Standard Handbook of Fastening and Joining* (Manual estándar de fijación y unión). 3ª edición. Nueva York: McGraw-Hill, 1997.
11. Society of Automotive Engineers. *SAE Fastener Standards Manual* (Manual de normas SAE para sujetadores). Warrendale, PA: Society of Automotive Engineers, 1999.
12. Society of Automotive Engineers. *SAE Standard J429: Mechanical and Material Requirements for Externally Threaded Fasteners, SAE Handbook* (Norma SAE J429: Requisitos mecánicos y de materiales para sujetadores con rosca externa. Manual SAE). Warrendale, PA: Society of Automotive Engineers, 2001.
13. Hoelscher, R. P. *et al. Graphics for Engineers* (Gráficos para ingenieros). Nueva York: John Wiley & Sons, 1968.

SITIOS DE INTERNET RELACIONADOS CON TORNILLOS

1. **Industrial Fasteners Institute (IFI).** *www.industrial-fasteners.org* Una asociación de fabricantes y proveedores de tornillos, tuercas, pernos, remaches y partes moldeadas especiales, y los materiales y equipos para fabricarlos. El IFI desarrolla normas, organiza investigación y realiza programas de educación relacionados con la industria de los sujetadores.
2. **Research Council on Structural Connections (RCSC)** *www.boltcouncil.org* Una organización que estimula y respalda investigaciones sobre conexiones industriales, prepara y publica normas y lleva a cabo programas educativos.
3. **Accurate Fasteners, Inc.** *www.acfast.com* Un proveedor de pernos, tornillos de cabeza, tuercas, remaches y otros numerosos tipos de sujetadores para usos industriales en general.
4. **The Fastener Group** *www.fastenergroup.com* Un proveedor de pernos, tornillos de cabeza, remaches y otros numerosos tipos de sujetadores para usos industriales en general.

5. **Haydon Bolts, Inc.** *www.haydonbolts.com* Fabricante de tornillos, tuercas y otros numerosos tipos de sujetadores para la industria de la construcción.
6. **Nucor Fastener Division.** *www.nucor-fastener.com* Fabricante de tornillos de cabeza hexagonal en grados SAE, ASTM y métricos, tuercas hexagonales, y pernos, tuercas y arandelas estructurales.
7. **Nylok Fastener Corporation** *www.nylok.com* Fabricante de los tornillos autoasegurantes Nylok® para productos automotrices, aeroespaciales, al consumidor, agrícolas, industriales, de mueblería y para muchas otras aplicaciones.
8. **Phillips Screw Company.** *www.phillips-screw.com* Desarrollador del destornillador Phillips®. Fabricante de los tornillos correspondientes para las industrias aeroespacial, automotriz, de construcción y la industria en general.
9. **SPS Technologies, Inc.** *www.spstech.com/unbrako* Fabricante de sujetadores diseñados marcas Unbrako,® Flexloc® y Durlok.® Incluye tornillos de cabeza de caja, contratuercas, y tuercas y tornillos resistentes a la vibración, para maquinaria industrial y aplicaciones automotrices y aeroespaciales. El sitio contiene catálogos y datos técnicos.
10. **St Louis Screw & Bolt Company.** *www.stlouisscrewbolt.com* Fabricante de tornillos tuercas y arandelas con normas ASTM para la industria de la construcción.
11. **Textron Fastening Systems.** *www.textronfasteningsystems.com* Fabricante de una gran variedad de sujetadores roscados para las industrias automotriz, aeroespacial, comercio, electrónica y de la construcción, marcas Camcar,® Elco,® Fabco,® Avdel® y Cherry.® El sitio incluye descripciones de productos, catálogos y datos técnicos.
12. **Sensor Products, Inc.** *www.sensorprod.com* Desarrollador del programa BoltFAST,® para análisis de fallas de juntas atornilladas y pruebas de resistencia. Incluye programas de análisis de juntas, análisis de roscas y análisis de par torsional de apriete. Esta empresa también ofrece consultoría sobre el análisis y diseño de uniones atornilladas.

PROBLEMAS

1. Describa la diferencia entre un tornillo y un perno.
2. Defina el término *resistencia de prueba.*
3. Defina el término *carga de sujeción.*
4. Especifique tornillos de máquina adecuados para instalarse en un conjunto de cuatro a distancias iguales en torno a una brida, si la fuerza de sujeción entre la brida y su superficie opuesta debe ser de 6000 lb. A continuación, recomiende un par torsional adecuado para apretar cada tornillo.
5. ¿Cuál sería la fuerza de tensión en un tornillo de máquina con rosca 8-32, si se fabrica con acero SAE grado 5, esforzado hasta su resistencia de prueba?
6. ¿Cuál sería la fuerza de tensión de prueba, en newtons (N) en un tornillo de máquina con diámetro mayor de 4 mm, y rosca fina estándar, si es de acero con grado métrico de resistencia de 8.6?
7. ¿Cuál sería el tamaño de rosca métrica estándar más cercano a la rosca estándar americana 7/8-14? ¿En cuánto difieren sus diámetros mayores?
8. Un tornillo de máquina no tiene información respecto a su tamaño. Se encontraron los datos siguientes, mediante un calibrador micrométrico estándar. El diámetro mayor es de 0.196 pulgadas y la longitud axial de 20 roscas completas es de 0.630 pulgadas. Identifique la rosca.
9. Un sujetador roscado es fabricado con nylon 6/6, y su rosca es de M10 × 1.5. Calcule la fuerza máxima de tensión que se puede permitir en él, si se va a esforzar hasta el 75% de la resistencia de tensión para el nylon 6/6 seco. Vea el apéndice 13.
10. Compare la fuerza de tensión que puede soportar un tornillo de 1/4-20, esforzado al 50% de su resistencia de tensión, si se fabrica con cada uno de los materiales siguientes:
    a) Acero, SAE grado 2
    b) Acero, SAE grado 5
    c) Acero, SAE grado 8
    d) Acero, ASTM grado A307
    e) Acero, ASTM grado A574
    f) Acero, grado métrico 8.8
    g) Aluminio 2024-T4
    h) AISI 430 recocido
    i) Ti-6A1-4V recocido
    j) Nylon 66 seco
    k) Policarbonato
    l) ABS de alto impacto
11. Describa las diferencias entre soldadura, soldadura fuerte y estañado.
12. ¿Qué clases de metales se suelen latonar?
13. ¿Cuáles son algunas de las aleaciones frecuentes para latonar?
14. ¿Qué materiales forman las soldaduras que se usan para estañar?
15. Indique cinco adhesivos comunes con las propiedades típicas de cada uno.
16. La etiqueta de un adhesivo doméstico común dice que es de *cianoacrilato.* ¿Qué propiedades espera que tenga?
17. Localice tres adhesivos comerciales en su hogar, en un laboratorio, en un taller mecánico o en su lugar de trabajo. Trate de identificar la naturaleza genérica del adhesivo, y compárelo con la lista presentada en este capítulo.

19

Resortes

Panorama

Resortes

Mapa de aprendizaje

- Un *resorte* es un elemento flexible que se usa para ejercer una fuerza o un par torsional y, al mismo tiempo, almacenar energía.

Descubrimiento

Vea a su alrededor y trate de encontrar uno o más resortes. Descríbalos, incluyendo su geometría básica, el tipo de fuerza o par torsional que producen, la forma en que se usan y otras propiedades.

Comparta sus observaciones sobre los resortes con sus colegas, y aproveche las observaciones de ellos.

Escriba un informe breve acerca de al menos dos clases distintas de resortes. Incluya esquemas que muestren su tamaño básico, su geometría y su apariencia. Describa sus funciones, incluyendo la forma en que trabajan y cómo afectan el funcionamiento del dispositivo del que forman parte.

Este capítulo lo ayudará a adquirir conocimientos para diseñar y analizar resortes tipo helicoidal de compresión, helicoidal de tensión y de torsión.

Un *resorte* es un elemento flexible que ejerce una fuerza o un par torsional y, al mismo tiempo, almacena energía. La fuerza puede ser lineal, de empuje o de tracción, o puede ser radial, de acción parecida a la de una liga de hule alrededor de un rollo de dibujos. El par torsional se puede usar para que cause una rotación; por ejemplo, para cerrar una puerta o una caja, o para formar una fuerza de contrapeso para un elemento de máquina que gire alrededor de una bisagra.

En forma inherente, los resortes almacenan energía cuando se flexionan, y regresan la energía cuando se quita la fuerza que causó la deflexión. Imagine un juguete de los llamados *cajas de sorpresa*. Cuando oprime la sorpresa para guardarla en la caja, ejerce una fuerza sobre un resorte, y le está entregando energía. Después, cuando cierra la tapa de la caja, el resorte queda inmóvil y permanece en estado comprimido. ¿Qué pasa cuando suelta la traba de la caja? ¡La sorpresa salta fuera! Con más exactitud, la fuerza del resorte causa que la sorpresa oprima la tapa y la abra, y entonces la energía almacenada en el resorte se libera, provocando que el resorte regrese a su longitud inicial, sin carga. Algunos mecanismos contienen *motores de resorte* a los que se les da cuerda para entonces liberar la energía con una rapidez determinada, para producir una acción duradera. Como ejemplos se tienen a los juguetes de cuerda, los coches de carrera de juguete, algunos relojes de pulso, los temporizadores y los relojes de pared.

Vea a su alrededor y trate de encontrar uno o más resortes. O bien, recuerde dónde habrá encontrado en fecha reciente un aparato que use resortes. Busque en diversos electrodomésticos, un automóvil, un camión, una bicicleta, una máquina de oficina, el cerrojo de una puerta, un juguete, una máquina en una operación de producción, o algún otro aparato que tenga partes móviles.

Describa los resortes. ¿Ejercían un empuje o una tracción? O bien ¿ejercían un par torsional y tendían a causar rotación? ¿De qué estaban hechos los resortes? ¿Qué tamaño tenían? ¿La fuerza o el par torsional sobre el resorte era muy grande. O era tan pequeña que se podía accionar el resorte con facilidad? ¿Cómo estaban montados los resortes en el aparato del cual eran una parte? ¿Había siempre una carga sobre el resorte? O bien ¿el resorte se distendía por completo en algún punto de su ciclo total de operaciones posibles? ¿Estaba el resorte diseñado para ser accionado con frecuencia, para que tuviera una cantidad muy grande de ciclos de carga (y de esfuerzo) durante su vida esperada? ¿Cuál era el ambiente en el que funcionaba el resorte? ¿Caliente o frío? ¿Húmedo o seco? ¿Expuesto a corrosivos? ¿Cómo afectó el ambiente el tipo de material que se usaba en el resorte, o el tipo de recubrimiento que tenía?

Comparta sus observaciones con otras personas de su grupo, y con su profesor. Escuche las observaciones de otros y compárelas con sus propios ejemplos. Tome al menos dos resortes que sean muy distintos entre sí, y elabore un informe breve acerca de ellos, que incluya esquemas donde se vea el tamaño básico, la geometría y la apariencia. Describa sus funciones, la forma en que trabajan y la forma en que afectan el funcionamiento del aparato del que forman parte. Vea el párrafo anterior, con algunos de los factores que podría describir. También incluya una lista con una descripción breve de cada tipo distinto de resorte que usted o sus colegas hayan encontrado.

Este capítulo presentará información básica sobre varios tipos de resortes. Se desarrollarán procedimientos de diseño para resortes helicoidales de compresión, helicoidales de tensión y de torsión. Se considerarán las cargas y los esfuerzos, las características de deflexión, la selección de materiales, las expectativas de duración, fijación e instalación.

Usted es el diseñador

En la figura 19-1 se muestra un diseño de tren de válvula automotriz. Al girar la leva, hace que la varilla de empuje suba. El balancín gira y oprime hacia abajo el vástago de la válvula, y la válvula se abre. Al mismo tiempo, el resorte que rodea al vástago de la válvula se comprime y almacena energía. Al continuar girando la leva, permite el movimiento del tren, de regreso a su posición original. En su movimiento de subida y cierre de la cámara del motor, la válvula es ayudada por el resorte, el cual ejerce una fuerza que cierra la válvula al finalizar el ciclo.

Usted es el diseñador del resorte para el tren de válvula. ¿Qué clase de resorte especificará? ¿Cuáles deben ser sus dimensiones, como la longitud, el diámetro externo, el diámetro interno y el diámetro del alambre para las espiras? ¿Cuántas espiras deben usarse? ¿Cómo se deben ver los extremos del resorte? ¿Cuánta fuerza ejerce sobre la válvula, y cómo cambia esa fuerza cuando el tren de la válvula efectúa un ciclo completo? ¿De qué material debe ser? ¿Qué valores de esfuerzo se desarrollan en el alambre del resorte y cómo debe diseñarse para ser seguro bajo la carga, duración y condiciones del ambiente en donde debe funcionar? Debe especificar o calcular todos estos factores, para asegurar que el diseño del resorte sea bueno.

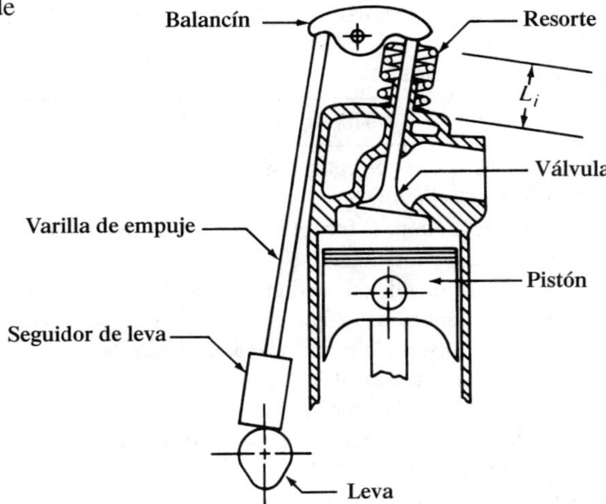

a) Válvula cerrada: longitud del resorte, L_i

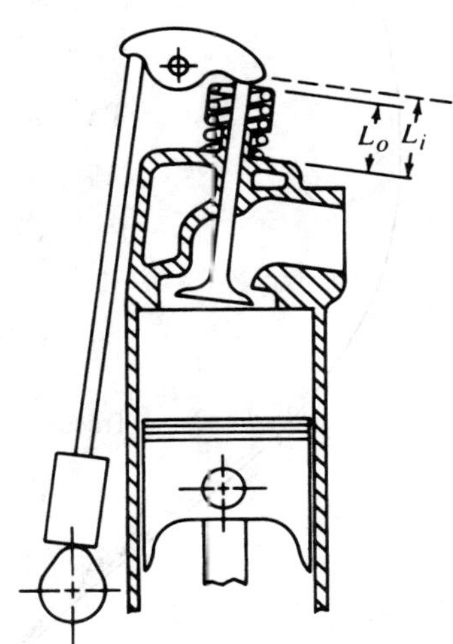

b) Válvula abierta: longitud del resorte L_o

FIGURA 19-1 Tren de válvula de motor, mostrando el uso de un resorte helicoidal de compresión

19-1 OBJETIVOS DE ESTE CAPÍTULO

Después de terminar este capítulo, podrá:

1. Identificar y describir varios tipos de resortes, incluyendo los helicoidales de compresión, helicoidales de extensión, de torsión, de Belleville, plano, de barra de tracción, toroidal, de fuerza constante y de potencia.
2. Diseñar y analizar resortes helicoidales de compresión, que satisfagan requisitos de diseño, por ejemplo las características de fuerza y deflexión, duración, tamaño físico y condiciones del ambiente.
3. Calcular las dimensiones de diversas características geométricas de los resortes helicoidales de compresión.
4. Especificar materiales adecuados para resortes, con base en parámetros de resistencia, duración y deflexión.
5. Diseñar y analizar resortes helicoidales de extensión.
6. Diseñar y analizar resortes de torsión.
7. Emplear programas de cómputo que le ayuden a diseñar y analizar resortes.

19-2 TIPOS DE RESORTES

Los resortes pueden ser clasificados según la dirección y la naturaleza de la fuerza que ejercen cuando se deflexionan. La tabla 19-1 contiene varias clases de resortes, clasificados como *de empuje, de tracción, radial* y *de torsión*. La figura 19-2 muestra varios diseños típicos.

Los *resortes helicoidales de compresión* se fabrican en general con alambre redondo, enrollado sobre una forma recta y cilíndrica, con un paso constante entre las espiras adyacentes. También se puede usar alambre cuadrado o rectangular. En la figura 19-3 se muestran cuatro configuraciones prácticas de los extremos. Sin una carga aplicada, la longitud del resorte es la *longitud libre*. Cuando se les aplica una fuerza de compresión, las espiras se comprimen más entre sí, hasta que todas están en contacto, y en ese momento la longitud es la mínima posible, por lo que se le llama *longitud comprimida*. Se requiere una fuerza de magnitud linealmente creciente para comprimir el resorte, a medida que aumenta su deflexión. Los resortes rectos, cilíndricos y helicoidales de compresión son los más usados. En la figura 19-2 se muestran los resortes tipos cónico, de barril, globoidal y de paso variable.

Los *resortes helicoidales de extensión* se parecen a los de compresión, porque tienen una serie de espiras envueltas sobre un cilindro. Sin embargo, en los resortes de extensión las espiras se tocan, o están muy cercanas en el estado sin carga. Entonces, cuando se aplica una carga externa de tensión, las espiras se separan. La figura 19-4 muestra varias configuraciones de los extremos de estos resortes de extensión.

TABLA 19-1 Tipos de resortes

Usos	Tipos de resorte
Empuje	Resorte helicoidal de compresión
	Resorte de Belleville
	Resorte de torsión: la fuerza actúa en el extremo del brazo de par torsional
	Plano, como muelle en cantilever o muelle de hojas
Tracción	Resorte helicoidal de extensión
	Resorte de torsión: la fuerza actúa en el extremo del brazo de par torsional
	Plano, como muelle en cantilever o muelle de hojas
	Resorte de barra de tracción (caso especial del resorte de compresión)
	Resorte de fuerza constante
Radial	Resorte toroidal, banda de elastómero, pinzas de resorte
Torque	Resorte de torsión, resorte de potencia

FIGURA 19-2 Diversos tipos de resortes

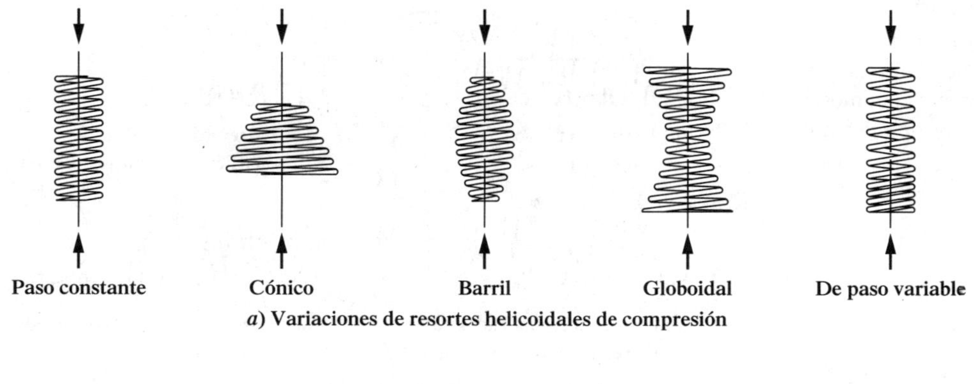

a) Variaciones de resortes helicoidales de compresión

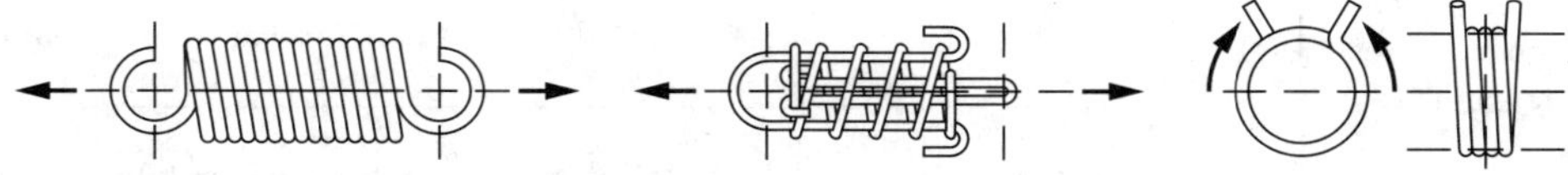

b) Resorte helicoidal de extensión *c*) Resorte de barra de tracción *d*) Resorte helicoidal de torsión

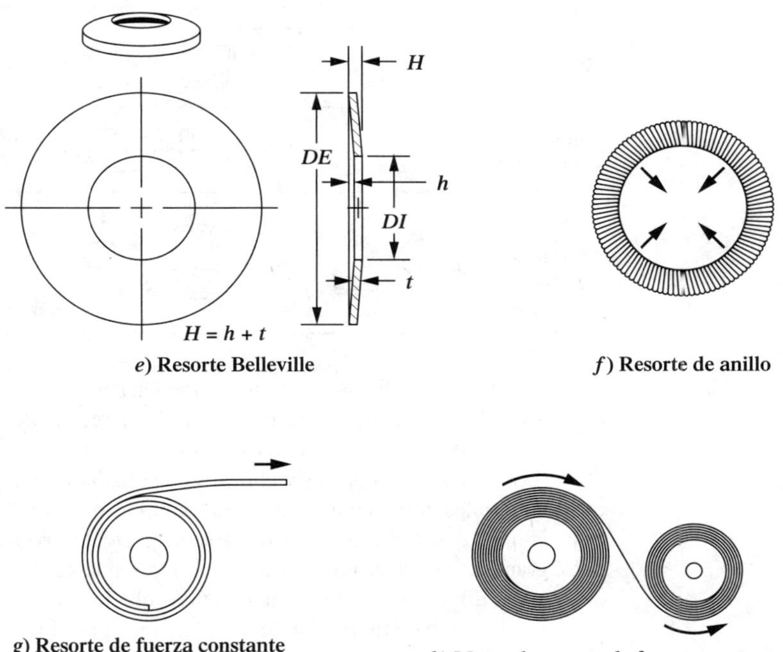

e) Resorte Belleville *f*) Resorte de anillo

g) Resorte de fuerza constante *h*) Motor de resorte de fuerza constante

El *resorte de barra de tracción* contiene un resorte helicoidal de compresión normal con dos alambres conformados que se insertan en el interior. Con ese diseño puede ejercerse una fuerza de tensión, al tirar de las espiras y al mismo tiempo poner el resorte en compresión. También proporciona un tope definido, cuando el resorte de compresión se comprime hasta su longitud comprimida.

Un *resorte de torsión*, como indica su nombre, se usa para ejercer un par torsional a medida que se flexiona, girando alrededor de su eje. El broche común de la ropa usa un resorte de torsión para producir la acción de sujeción. También se usan los resortes de torsión para hacer girar puertas a sus posiciones abierta o cerrada, o para sostener tapas de recipientes. Algunos tempori-

FIGURA 19-3
Aspecto de resortes helicoidales de compresión, mostrando estilos de extremos

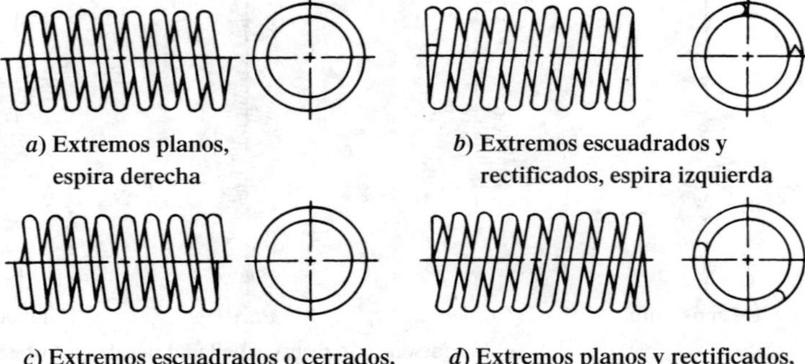

a) **Extremos planos, espira derecha**

b) **Extremos escuadrados y rectificados, espira izquierda**

c) **Extremos escuadrados o cerrados, no rectificados, espira derecha**

d) **Extremos planos y rectificados, espira izquierda**

FIGURA 19-4
Configuraciones de extremos para resortes de extensión

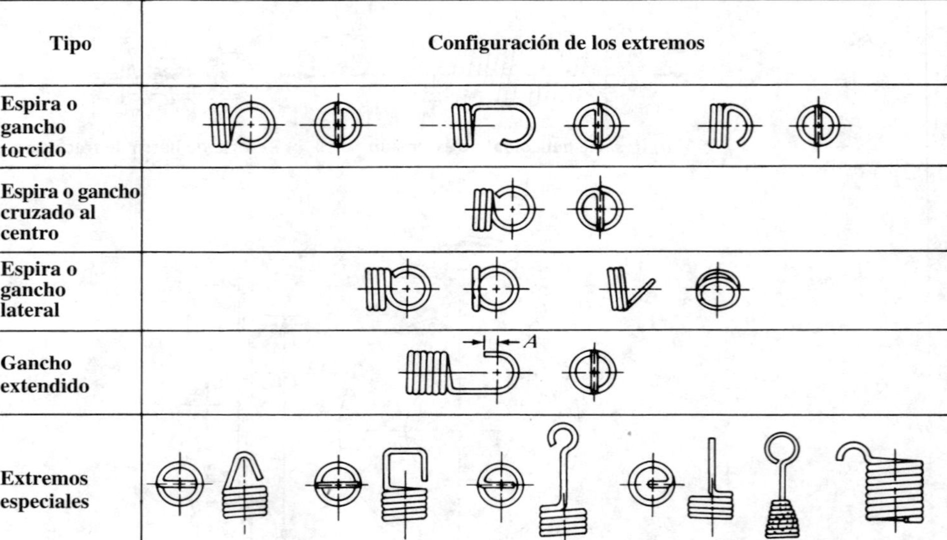

zadores y otros controles usan resortes de torsión para accionar contactos de interruptor, o para producir acciones parecidas. Los resortes de torsión pueden ejercer fuerzas de empuje o de tracción mediante resortes de torsión, si un extremo del resorte se fija en el elemento que se va a accionar.

Los *muelles de hojas* están hechos con una o más bandas planas de latón, bronce, acero u otros materiales, y se cargan como vigas simples o en voladizo. Pueden proporcionar una fuerza de empuje o de tracción, al flexionarse respecto de su condición libre. Con ellos, pueden ejercerse grandes fuerzas en un espacio pequeño. Al adaptar la geometría de las hojas, y anidar hojas de distintas dimensiones, el diseñador puede obtener características especiales de esfuerzo y deflexión. El diseño de muelles de hojas aplica los principios del análisis de esfuerzo y deflexión que se presentan en los cursos de resistencia de materiales, y que se repasaron en el capítulo 3.

Un *resorte de Belleville* tiene la forma de un disco cónico estrecho, con un orificio central. Se le conoce también como *arandela de Belleville*, porque su aspecto es parecido al de una arandela plana. Se puede desarrollar una fuerza de resorte muy alta, en un espacio axial pequeño, con esos resortes. Si se varía la altura del cono en relación con el espesor del disco, el diseñador puede obtener una diversidad de características carga-deflexión. También, al anidar varios resortes cara a cara, o espalda con espalda, se pueden obtener numerosas características elásticas.

Los *resortes* toroidales son de alambre enrollado y con forma de un anillo continuo, por lo que ejercen una fuerza radial alrededor de la periferia del objeto al que se aplican. Con distintos diseños, se pueden producir fuerzas hacia el interior o hacia el exterior. La acción de un resorte toroidal con una fuerza hacia el interior es parecida a la de una liga de hule, y la acción elástica es parecida a la de un resorte de extensión.

Los *resortes de fuerza constante* tienen la forma de una cinta enrollada. La fuerza que se requiere para apartar la cinta de la espiral es casi constante, dentro de una gran longitud de tracción. La magnitud de la fuerza depende del ancho, espesor y radio de curvatura de la espiral, y del módulo de elasticidad del material del resorte. En forma básica, la fuerza se relaciona con la deformación de la cinta, desde su forma original curva, hasta su forma final recta.

Los *resortes de potencia*, denominados también *motores de cuerda* o *cuerdas de reloj*, están fabricados con acero plano para resortes, enrollado en espiral. El resorte ejerce un par torsional al tender a desenrollar la espiral. La figura 19-2 muestra un resorte de motor hecho con un resorte de fuerza constante.

Una *barra de torsión*, como su nombre indica, es una barra cargada en torsión. Cuando se usa una barra redonda, los análisis de esfuerzo y deflexión por torsión se parecen a los presentados para los ejes redondos, en los capítulos 3 y 12. Se pueden usar otras formas transversales, y se debe tener cuidado especial en los puntos de fijación.

19-3 RESORTES HELICOIDALES DE COMPRESIÓN

En la forma más común del resorte helicoidal de compresión, un alambre redondo se enrolla y forma un cilindro con paso constante entre las espiras adyacentes. Esta forma básica se complementa con diversos estilos de extremos, como los de la figura 19-3.

Para los resortes de tamaño mediano a grande que se usan en maquinaria, el estilo con extremos escuadrados y rectificados proporciona una superficie plana sobre la cual asentar el resorte. La espira final se aplasta contra la adyacente (cuadrada), y la superficie se rectifica hasta que al menos 270° de la espira extrema están en contacto con la superficie del cojinete. Los resortes hechos con alambre más pequeño (menor que 0.020 pulg o 0.50 mm, aproximadamente) sólo son cuadrados, sin rectificarlos. En casos excepcionales, los extremos pueden ser rectificados sin escuadrarlos, o solamente se les puede cortar a cierta longitud después de enrollarlos.

Es probable que esté familiarizado con muchos usos de los resortes helicoidales de compresión. El bolígrafo retráctil depende de un resorte helicoidal de compresión que se le instala alrededor del depósito de tinta. Los sistemas de suspensión de automóviles, camiones y motocicletas contienen, con frecuencia, esos resortes. Otras aplicaciones automotrices incluyen los resortes de válvulas en motores de combustión, mecanismos de contrapeso en cofres de carrocerías y los resortes de la placa de presión del embrague. En la manufactura, estos resortes se usan en matrices que accionan placas separadoras, en válvulas hidráulicas de control, como resortes de retorno de cilindros neumáticos y en el montaje de equipos pesados, para amortiguar choques. Muchos aparatos pequeños, como los interruptores eléctricos y las válvulas de bola de retención, poseen resortes helicoidales de compresión. Los sillones de escritorio tienen potentes resortes para regresar el asiento a su posición derecha. ¡Y no olvide el venerable pogo saltador!

En los siguientes párrafos, se definen las muchas variables usadas para describir y analizar el funcionamiento de los resortes helicoidales de compresión.

Diámetros

La figura 19-5 muestra la notación para referirse a los diámetros característicos de los resortes helicoidales de compresión. El diámetro externo (*DE*), el diámetro interno (*DI*) y el diámetro del alambre (D_w) son obvios, y se pueden medir con instrumentos estándar de medición. Para calcular el esfuerzo y la deflexión de un resorte, se usará el diámetro medio, D_m. Observe que

Diámetros de los resortes

$$DE = D_m + D_w$$
$$DI = D_m - D_w$$

Diámetros estándar de alambre. La especificación del diámetro necesario del alambre es uno de los resultados más importantes del diseño de resortes. En forma típica, se usan varias clases de materiales en los alambres para resorte, y el alambre se fabrica en piezas de diámetro estándar que abarcan un rango muy amplio. La tabla 19-2 muestra los alambres de calibre más común. Observe que, excepto el alambre de instrumentos musicales, los tamaños de alambre disminuyen a medida que el número de calibre es mayor. También, vea las notas de la tabla.

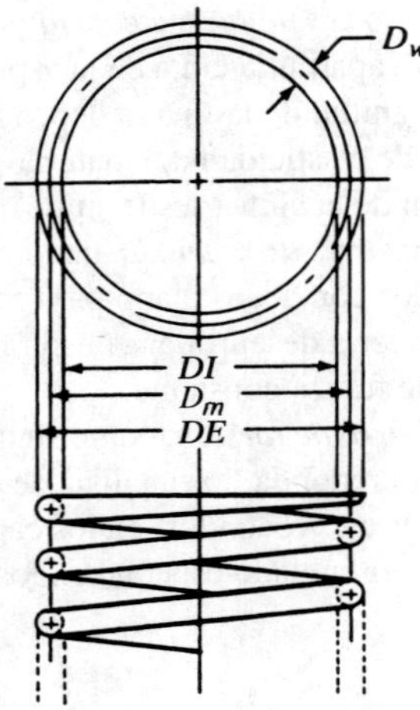

FIGURA 19-5 Notación de los diámetros

TABLA 19-2 Calibres y diámetros de alambres para resortes

Calibre núm.	Calibre U.S.para alambre de acero (*pulg*)[a]	Calibre para alambre de instrumentos musicales (*pulg*)[b]	Calibre Brown & Sharpe (*pulg*)[c]	Diámetros métricos preferidos (*mm*)[d]
7/0	0.4900			13.0
6/0	0.4615	0.004	0.5800	12.0
5/0	0.4305	0.005	0.5165	11.0
4/0	0.3938	0.006	0.4600	10.0
3/0	0.3625	0.007	0.4096	9.0
2/0	0.3310	0.008	0.3648	8.5
0	0.3065	0.009	0.3249	8.0
1	0.2830	0.010	0.2893	7.0
2	0.2625	0.011	0.2576	6.5
3	0.2437	0.012	0.2294	6.0
4	0.2253	0.013	0.2043	5.5
5	0.2070	0.014	0.1819	5.0
6	0.1920	0.016	0.1620	4.8
7	0.1770	0.018	0.1443	4.5
8	0.1620	0.020	0.1285	4.0
9	0.1483	0.022	0.1144	3.8
10	0.1350	0.024	0.1019	3.5
11	0.1205	0.026	0.0907	3.0
12	0.1055	0.029	0.0808	2.8
13	0.0915	0.031	0.0720	2.5
14	0.0800	0.033	0.0641	2.0
15	0.0720	0.035	0.0571	1.8
16	0.0625	0.037	0.0508	1.6
17	0.0540	0.039	0.0453	1.4
18	0.0475	0.041	0.0403	1.2
19	0.0410	0.043	0.0359	1.0
20	0.0348	0.045	0.0320	0.90
21	0.0317	0.047	0.0285	0.80
22	0.0286	0.049	0.0253	0.70

TABLA 19-2 (*continuación*)

Calibre núm.	Calibre U.S.para alambre de acero (*pulg*)[a]	Calibre para alambre de instrumentos musicales (*pulg*)[b]	Calibre Brown & Sharpe (*pulg*)[c]	Diámetros métricos preferidos (*mm*)[d]
23	0.0258	0.051	0.0226	0.65
24	0.0230	0.055	0.0201	0.60 o 0.55
25	0.0204	0.059	0.0179	0.50 o 0.55
26	0.0181	0.063	0.0159	0.45
27	0.0173	0.067	0.0142	0.45
28	0.0162	0.071	0.0126	0.40
29	0.0150	0.075	0.0113	0.40
30	0.0140	0.080	0.0100	0.35
31	0.0132	0.085	0.00893	0.35
32	0.0128	0.090	0.00795	0.30 o 0.35
33	0.0118	0.095	0.00708	0.30
34	0.0104	0.100	0.00630	0.28
35	0.0095	0.106	0.00501	0.25
36	0.0090	0.112	0.00500	0.22
37	0.0085	0.118	0.00445	0.22
38	0.0080	0.124	0.00396	0.20
39	0.0075	0.130	0.00353	0.20
40	0.0070	0.138	0.00314	0.18

Fuente: Associated Spring, Barnes Group, Inc. *Engineering Guide to Spring Design* (Guía técnica para diseño de resortes). Bristol, CT, 1987. Carlson, Harold. *Spring Designer's Handbook* (Manual del diseñador de resorte). Nueva York: Marcel Dekker, 1978. Oberg, E. *et al. Machinery's Handbook* (Manual de maquinaria) 26ª edición. Nueva York: Industrial Press, 2000.

[a]Se usa el calibre U.S. para alambre de acero, excepto el alambre de instrumentos musicales. También se le conoce como *Calibre Washburn and Moen (W&M), Calibre American Steel Wire Co* y *Roebling Wire Gage.*

[b]Se usa el calibrador sólo para alambre de instrumentos musicales (ASTM A228).

[c]Se usa el calibre Brown & Sharpe para alambres no ferrosos, como los de latón y de bronce fosforado.

[d]Los tamaños métricos preferidos son de Associated Spring, Barnes Group, Inc. y se incluyen como el tamaño métrico preferido más cercano al calibre U.S. Steel Wire. Los números de calibre no se aplican.

Longitudes

Es importante comprender la relación entre la longitud del resorte y la fuerza que ejerce (vea la figura 19-6). La *longitud libre,* L_f, es la longitud que tiene el resorte cuando no ejerce fuerza, como si estuviera sólo descansando sobre una mesa. La *longitud comprimida,* L_s, es la que tiene el resorte cuando se comprime hasta el punto en que todas sus espiras se tocan. Es obvio que representa la longitud mínima posible que puede tener el resorte. En general, el resorte no se comprime hasta su longitud comprimida durante su funcionamiento.

La longitud más corta del resorte durante su funcionamiento normal es la *longitud de operación,* L_o. A veces se diseña un resorte para que trabaje entre dos límites de deflexión. Considere el resorte de válvula de un motor de combustión, por ejemplo, como el de la figura 19-1. Cuando la válvula se abre, el resorte asume su longitud más corta, L_o. Después, cuando la válvula se cierra, el resorte se alarga, pero aún ejerce una fuerza para mantener la válvula firme en su asiento. En este estado, se le denomina *longitud instalada,* L_i. Entonces, la longitud de este resorte de válvula cambia de L_o a L_i durante su funcionamiento normal, cuando la válvula misma realiza un movimiento recíproco.

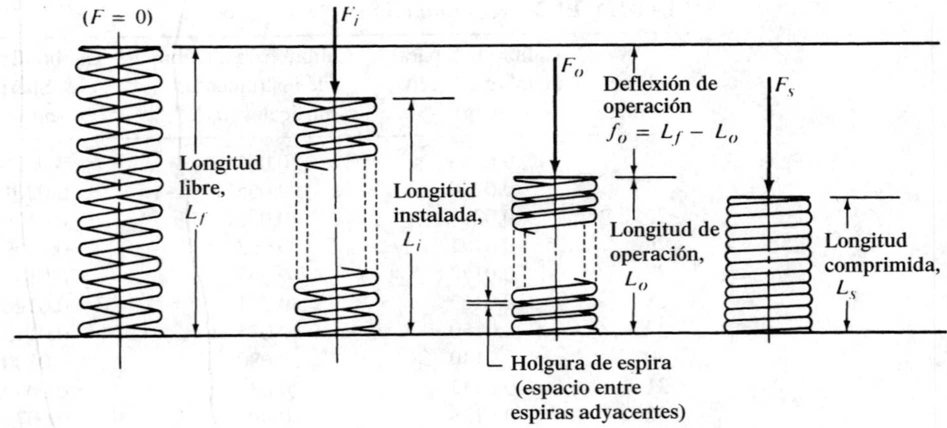

FIGURA 19-6
Notación de longitudes y fuerzas

Fuerzas

Se usará el símbolo F para representar las fuerzas que ejerce un resorte, con diversos subíndices para especificar cuál es la fuerza a considerar. Los subíndices son iguales a los que indican las longitudes. Entonces,

F_s = fuerza en longitud comprimida; la fuerza máxima a la que se puede someter al resorte

F_o = fuerza en la longitud de operación, L_o; es la fuerza máxima que siente el resorte en su *operación normal*.

F_i = fuerza a la longitud instalada, L_i; para un resorte alternativo, la fuerza varía entre F_o y F_i.

F_f = fuerza en la longitud libre, L_f, esta fuerza es igual a cero.

Constante del resorte

La relación entre la fuerza que ejerce un resorte y su deformación es su *constante de resorte* o *constante de elasticidad, k*. Cualquier cambio en la fuerza, dividido entre el cambio correspondiente en la deflexión, se puede usar para calcular la constante de resorte:

Constante de resorte

$$k = \Delta F / \Delta L \tag{19-1}$$

Por ejemplo,

$$k = \frac{F_o - F_i}{L_i - L_o} \tag{19-1a}$$

o bien

$$k = \frac{F_o}{L_f - L_o} \tag{19-1b}$$

o bien

$$k = \frac{F_i}{L_f - L_i} \tag{19-1c}$$

Además, si se conoce la constante del resorte, se puede calcular la fuerza con cualquier deflexión. Por ejemplo, si un resorte tuviera una constante de 42.0 lb/pulg, la fuerza ejercida a una deflexión de 2.25 pulgadas, respecto a su longitud libre, sería

$$F = k(L_f - L) = (42.0 \text{ lb/pulg})(2.25 \text{ pulg}) = 94.5 \text{ lb}$$

Índice del resorte

La relación del diámetro medio del resorte, entre el diámetro del alambre, se llama *índice del resorte, C*:

Índice del resorte

$$C = D_m/D_w$$

Se recomienda que C sea mayor que 5.0, y los resortes comunes en maquinaria tienen valores de C que van de 5 a 12. Para C menor que 5, es muy difícil dar forma al resorte, y la gran deformación necesaria puede causar grietas en el alambre. Los esfuerzos y las deflexiones de los resortes dependen de C, y una C mayor ayudará a eliminar la tendencia de un resorte a pandearse.

Número de espiras

N representará el número total de espiras de un resorte. Pero en cálculos de esfuerzos y deflexiones de un resorte, algunas de las espiras son inactivas, por lo que no se consideran. Por ejemplo, en un resorte con extremos escuadrados y rectificados, cada extremo de espira es inactiva, y el número de *espiras activas*, N_a, es $N - 2$. Para extremos planos, todas las espiras son activas: $N_a = N$. Para extremos planos y rectificados, $N_a = N - 1$.

Paso

El *paso, p*, indica la distancia axial de un punto en una espira al punto correspondiente en la siguiente espira. Las relaciones entre paso, longitud libre, diámetro de alambre y número de espiras activas son las siguientes:

Extremos escuadrados y rectificados:	$L_f = pN_a + 2D_w$
Extremos solamente escuadrados:	$L_f = pN_a + 3D_w$
Extremos planos y rectificados:	$L_f = p(N_a + 1)$
Extremos planos:	$L_f = pN_a + D_w$

Ángulo de paso

La figura 19-7 muestra la definición de ángulo de paso, λ; observe que mientras mayor es el ángulo de paso, las espiras parecen estar más inclinadas. La mayor parte de los diseños prácticos de resorte tienen un ángulo de paso menor que 12°. Si el ángulo es mayor que 12°, se desarrollan en el alambre esfuerzos de compresión indeseables, y las fórmulas presentadas más adelante serían imprecisas. El ángulo de paso se calcula con la fórmula

$$\lambda = \tan^{-1}\left[\frac{p}{\pi D_m}\right] \quad (19\text{-}2)$$

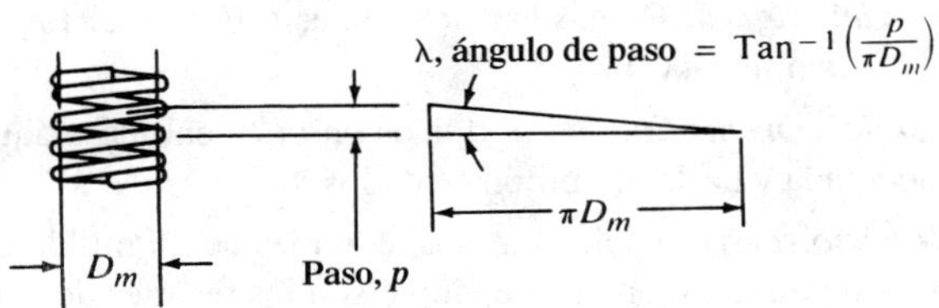

FIGURA 19-7 Ángulo de paso

Se podrá captar la deducción de esta fórmula, si se toma una espira del resorte y la desenrolla sobre una superficie plana, como se muestra en la figura 19-7. La línea horizontal es la circunferencia media del resorte, y la línea vertical es el paso p.

Consideraciones de instalación

Con frecuencia, un resorte se instala en un orificio cilíndrico, o bien alrededor de un vástago. Cuando eso sucede, deben proporcionarse holguras adecuadas. Cuando se comprime un resorte de compresión, su diámetro aumenta. Así, el diámetro interior de un orificio alrededor del resorte debe ser mayor que el diámetro exterior del resorte, para eliminar el frotamiento. Se recomienda dar una holgura diametral inicial de una décima del diámetro del alambre, para resortes de 0.50 pulgadas (12 mm) de diámetro o mayor. Si se requiere un cálculo más preciso del diámetro exterior del resorte, se puede emplear la fórmula siguiente, del *DE* en el estado de longitud comprimida:

$$DE_s = \sqrt{D_m^2 + \frac{p^2 - D_w^2}{\pi^2}} + D_w \tag{19-3}$$

Aun cuando el *DI* del resorte se agranda, también se recomienda que la holgura en el *DI* sea igual a $0.1D_w$, aproximadamente.

A los resortes con extremos escuadrados, o escuadrados y rectificados, se les monta con frecuencia en un asiento tipo botón, o en uno de cavidad, con profundidad igual a la altura de sólo algunas espiras, para definir su ubicación.

Holgura de espira El término *holgura de espira* se refiere al espacio que existe entre espiras adyacentes, cuando el resorte se comprime hasta su longitud de operación, L_o. La holgura real de espira, cc, puede ser estimada con

 **Holgura de espira**

$$cc = (L_o - L_s)/N_a$$

Un lineamiento determina que la holgura de espira sea mayor que $D_w/10$, en especial en resortes con carga cilíndrica. Otra recomendación se relaciona con la deflexión total del resorte:

$$(L_o - L_s) > 0.15(L_f - L_s)$$

Materiales para los resortes

En un resorte se puede usar virtualmente cualquier material elástico. Sin embargo, en la mayor parte de aplicaciones mecánicas se usa alambre metálico: de acero al alto carbón (lo más común), acero aleado, acero inoxidable, latón, bronce, cobre al berilio o aleaciones a base de níquel. La mayor parte de los materiales para resortes se obtienen con las especificaciones de la ASTM. La tabla 19-3 contiene algunos materiales comunes. Vea los sitios de Internet de 8 a 11.

Tipos de carga y esfuerzos admisibles

El esfuerzo admisible que se utiliza en un resorte depende del tipo de carga, el material y el tamaño del alambre. Según una clasificación frecuente, hay tres tipos de carga:

- ***Servicio ligero:*** Cargas estáticas o hasta 10 000 ciclos de carga, con baja rapidez de carga (sin impacto).
- ***Servicio promedio:*** Casos típicos en el diseño de máquinas: aplicación con rapidez moderada y hasta un millón de ciclos.
- ***Servicio severo:*** Ciclos rápidos, con más de un millón de ciclos; posibilidad de choques o impactos: un buen ejemplo son los resortes de válvulas de motor.

TABLA 19-3 Materiales para resortes

Tipo de material	Núm. ASTM	Costo relativo	Límites de temperatura, °F
A. *Aceros al alto carbón*			
Estirado en frío	A227	1.0	0-250
Acero de uso general, con 0.60 a 0.70% de carbón; bajo costo			
Alambre para instrumentos musicales	A228	2.6	0-250
Acero de alta calidad, con 0.80 a 0.95% de carbón; muy alta resistencia; excelente acabado superficial; estirado en frío; buen funcionamiento con fatiga; se usa principalmente en tamaños pequeños, hasta de 0.125 pulg			
Templado en aceite	A229	1.3	0-350
Acero de propósito general, con 0.60 a 0.70% de carbón; se usa principalmente en tamaños mayores que 0.125 pulg; no es bueno para choque o impacto			
B. *Aceros aleados*			
Cromo-vanadio	A231	3.1	0-425
Buena resistencia, resistencia a la fatiga, resistencia al impacto, funcionamiento en alta temperatura; calidad de resorte de válvula			
Cromo-silicio	A401	4.0	0-475
Resistencia muy alta y buena resistencia a la fatiga y al choque			
C. *Aceros inoxidables*			
Tipo 302	A313(302)	7.6	<0-550
Muy buena resistencia a la corrosión y para funcionamiento a alta temperatura; casi no magnético; estirado en frío; los tipos 304 y 316 también están en esta clase ASTM y tienen mejor facilidad de conformación, pero su resistencia es menor			
Tipo 17-7 PH	A313(631)	11.0	0-600
Buen funcionamiento a alta temperatura			
D. *Aleaciones de cobre:* Todas tienen buena resistencia a la corrosión y buena conductividad eléctrica			
Latón de resortes	B134	Alta	0-150
Bronce fosforado	B159	8.0	<0-212
Cobre al berilio	B197	27.0	0-300
E. *Aleaciones a base de níquel:* Todas son resistentes a la corrosión, tienen buenas propiedades a bajas y altas temperaturas, y son no magnéticas o casi no magnéticas (marcas registradas por la International Nickel Company).			
Monel™			−100-425
K-Monel™			−100-450
Inconel™			Hasta 700
Inconel-X™		44.0	Hasta 850

Fuente: Associated Spring, Barnes Group, Inc. *Engineering Guide to Spring Design.* Bristol, CT, 1987. Carlson, Harold. *Spring Designer's Handbook.* Nueva York: Marcel Dekker, 1978. Oberg, E., *et al. Machinery's Handbook.* 26th ed. Nueva York: Industrial Press, 2000.

La resistencia de determinado material es mayor para los tamaños menores. Las figuras 19-8 a 19-13 muestran los esfuerzos de diseño para seis materiales distintos. Observe que se pueden utilizar algunas curvas con más de un material mediante la aplicación de un factor. Como método conservador de diseño, usaremos la curva de servicio promedio en la mayor parte de los ejemplos de diseño, a menos que existan condiciones de ciclos realmente numerosos. Utilizaremos la curva de servicio ligero como límite superior de esfuerzo, cuando el resorte se comprima hasta su longitud comprimida. Si el esfuerzo es mayor que el valor de servicio en una cantidad pequeña, el resorte sufrirá una deformación permanente, debido a la fluencia.

FIGURA 19-8
Esfuerzos cortantes de diseño para alambre de acero ASTM A227, estirado en frío (Reimpreso de Harold Carlson, *Spring Designer's Handbook*, pág. 144, por cortesía de Marcel Dekker, Inc.)

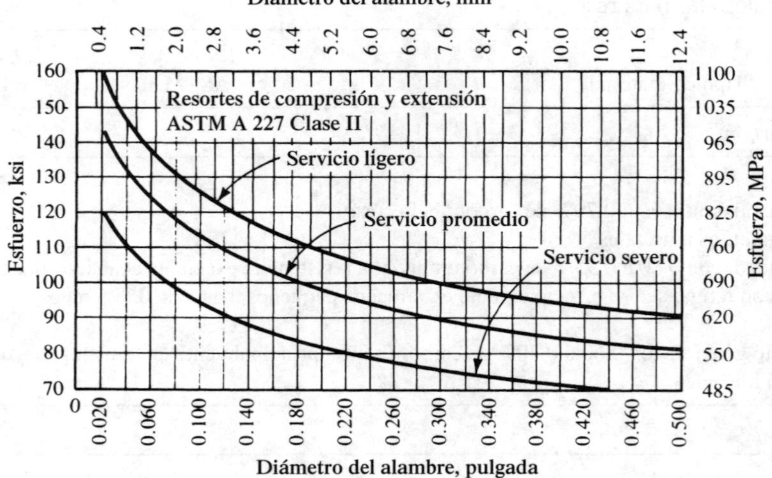

FIGURA 19-9
Esfuerzos cortantes de diseño para alambre de acero ASTM A228 (alambre para instrumentos musicales) (Reimpreso de Harold Carlson, *Spring Designer's Handbook*, pág. 143, por cortesía de Marcel Dekker, Inc.)

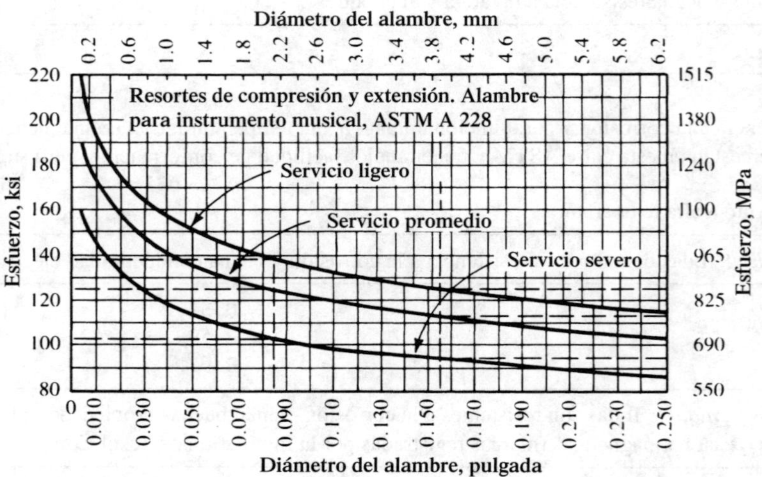

FIGURA 19-10
Esfuerzos cortantes de diseño para alambre de acero ASTM A229, templado en aceite (Reimpreso de Harold Carlson, *Spring Designer's Handbook*, pág. 146, por cortesía de Marcel Dekker, Inc.)

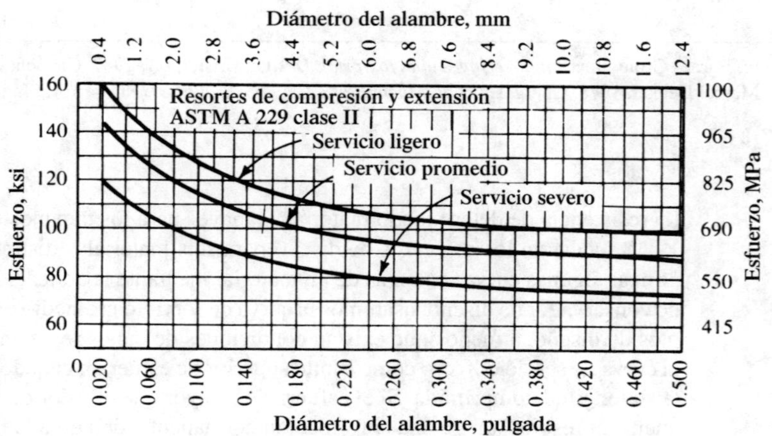

FIGURA 19-11
Esfuerzos cortantes de diseño para alambre de acero ASTM A231, aleación con cromo y vanadio, calidad de resorte de válvulas (Reimpreso de Harold Carlson, *Spring Designer's Handbook*, pág. 147, por cortesía de Marcel Dekker, Inc.)

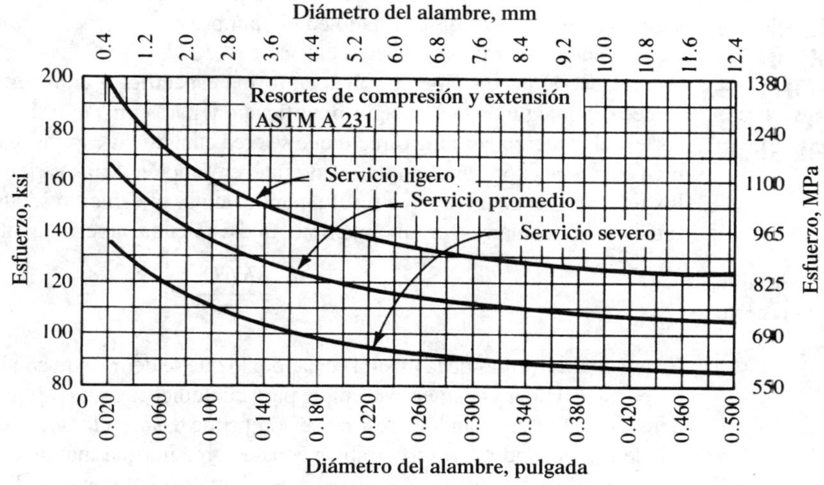

FIGURA 19-12
Esfuerzos cortantes de diseño para alambre de acero ASTM A401, aleación con cromo y silicio, templado en aceite (Reimpreso de Harold Carlson, *Spring Designer's Handbook*, pág. 148, por cortesía de Marcel Dekker, Inc.)

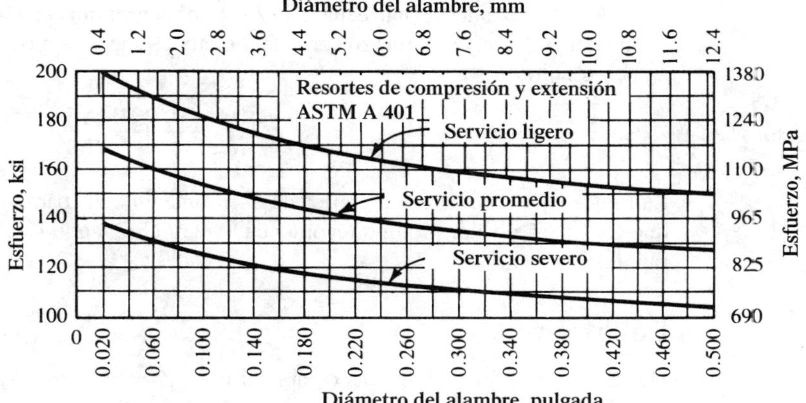

FIGURA 19-13
Esfuerzos cortantes de diseño para alambre de acero inoxidable ASTM A313, resistente a la corrosión (Reimpreso de Harold Carlson, *Spring Designer's Handbook*, pág. 150, por cortesía de Marcel Dekker, Inc.)

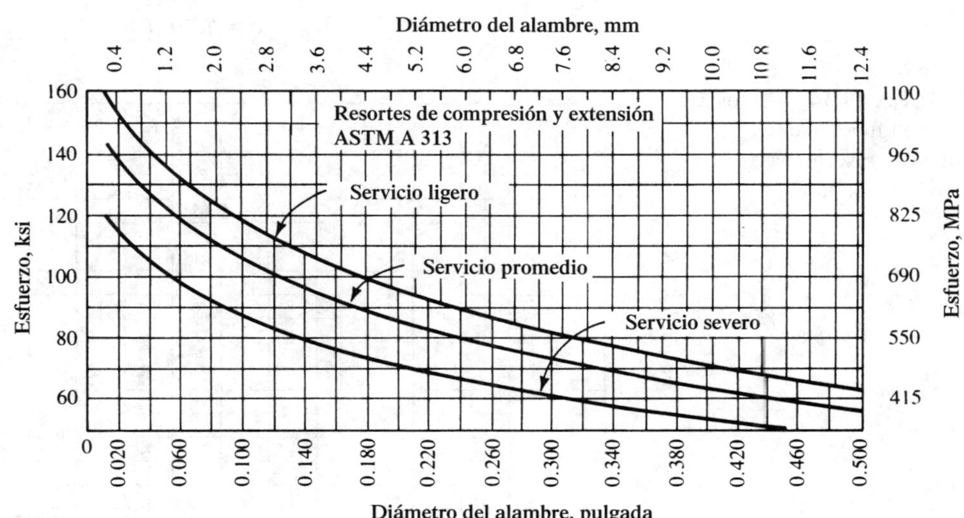

Alambre de acero inoxidable tipo 302
Para tipo 304, multiplicar por 0.95
Para tipo 316, multiplicar por 0.85

19-4 ESFUERZOS Y DEFLEXIONES EN RESORTES HELICOIDALES DE COMPRESIÓN

Al comprimir un resorte de compresión mediante una carga axial, el alambre se tuerce. Por consiguiente, el esfuerzo desarrollado en el alambre es un *esfuerzo cortante por torsión*, y se puede calcular a partir de la ecuación clásica $\tau = Tc/J$.

Cuando la ecuación se aplica en forma específica a un resorte helicoidal de compresión, se necesitan algunos factores por modificación, para considerar la curvatura del alambre del resorte y el esfuerzo cortante directo que se crea cuando las espiras resisten la carga vertical. También conviene expresar el esfuerzo cortante, en función de las variables de diseño manejadas con los resortes. La ecuación que resulta para calcular el esfuerzo se atribuye a Wahl. (Vea la referencia 9.) El esfuerzo cortante máximo, que está en la superficie interior del alambre, es

Esfuerzo cortante en un resorte

$$\tau = \frac{8KFD_m}{\pi D_w^3} = \frac{8KFC}{\pi D_w^2} \tag{19-4}$$

Éstas son dos formas de la misma ecuación, lo que se demuestra con la definición de $C = D_m/D_w$. Se puede calcular el esfuerzo cortante para cualquier fuerza F aplicada. Por lo común, se considerará el esfuerzo cuando el resorte se comprime hasta su longitud comprimida, bajo la influencia de F_s, y cuando el resorte trabaje con su carga normal máxima, F_o. Observe que el esfuerzo es inversamente proporcional al *cubo* del diámetro del alambre. Eso ilustra el gran efecto que tiene la variación del tamaño del alambre sobre el funcionamiento del resorte.

El factor Wahl, K, en la ecuación (19-4), es el término con el cual se tiene en cuenta la curvatura del alambre y el esfuerzo cortante directo. Desde el punto de vista analítico, K se relaciona con C como sigue:

Factor Wahl

$$K = \frac{4C - 1}{4C - 4} + \frac{0.615}{C} \tag{19-5}$$

La figura 19-14 muestra una gráfica de K en función de C para un alambre redondo. Recuerde que $C = 5$ es el valor mínimo recomendado para C. Cuando $C < 5$, el valor de K aumenta con rapidez.

Deflexión

Debido a que la forma principal de aplicar la carga al alambre de un resorte helicoidal de compresión es por torsión, la deflexión es calculada a partir de la fórmula del ángulo de torsión:

$$\theta = TL/GJ$$

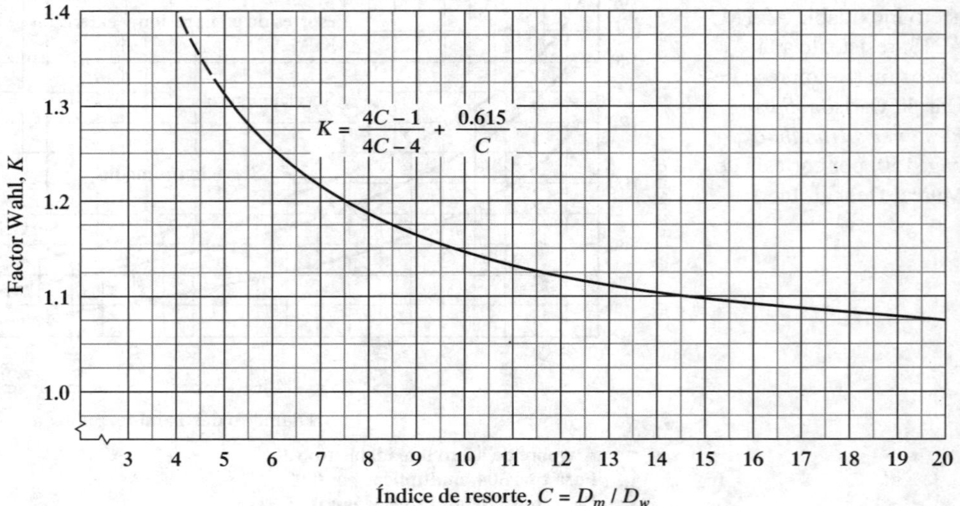

FIGURA 19-14 Factor Wahl en función del índice de resorte, para alambre redondo

donde θ = ángulo de torsión en radianes
T = par torsional aplicado
L = longitud del alambre
G = módulo de elasticidad del material en cortante
J = momento polar de inercia del alambre.

Otra vez, por conveniencia, se usará una forma distinta de la ecuación, para calcular la deflexión lineal del resorte, f, a partir de las variables típicas de diseño del resorte. La ecuación que resulta es

Deflexión de un resorte

$$f = \frac{8FD_m^3N_a}{GD_w^4} = \frac{8FC^3N_a}{GD_w} \tag{19-6}$$

Recuerde que N_a es el número de espiras *activas*, como se indicó en la sección 19-3. La tabla 19-4 contiene los valores de G para materiales típicos de los resortes. Observe nuevamente, en la ecuación (19-6), que el diámetro del alambre tiene un gran efecto sobre el funcionamiento del resorte.

Pandeo

La tendencia de un resorte a pandearse aumenta a medida que el cilindro se vuelve más alto y esbelto, casi como para una columna. La figura 19-15 muestra gráficas de la relación crítica de deflexión a la longitud libre, en función de la relación de longitud libre a diámetro medio del resorte. En la figura se describen tres condiciones diferentes. Como ejemplo de uso de esta figura, considere un resorte que tiene extremos escuadrados y rectificados, 6.0 pulgadas de longitud libre y 0.75 pulgada de diámetro medio. Se desea saber qué deflexión provocaría que el resorte se pandeara. Primero, se calcula

$$\frac{L_f}{D_m} = \frac{6.0}{0.75} = 8.0$$

TABLA 19-4 Módulo de elasticidad en cortante (G) y en tensión (E) de alambres de resorte

Material ASTM núm.	Módulo en cortante, G (psi)	Módulo en cortante, G (GPa)	Módulo en tensión, E (psi)	Módulo en tensión, E (GPa)
Acero estirado en frío: A227	11.5×10^6	79.3	28.6×10^6	197
Alambre para instrumentos musicales: A228	11.85×10^6	81.7	29.0×10^6	200
Templado en aceite: A229	11.2×10^6	77.2	28.5×10^6	196
Al cromo-vanadio: A-231	11.2×10^6	77.2	28.5×10^6	196
Al cromo-silicio: A401	11.2×10^6	77.2	29.5×10^6	203
Aceros inoxidables: A313				
Tipos 302, 304, 316	10.0×10^6	69.0	28.0×10^6	193
Tipo 17-7 PH	10.5×10^6	72.4	29.5×10^6	203
Latón de resortes: B134	5.0×10^6	34.5	15.0×10^6	103
Bronce fosforado: B159	6.0×10^6	41.4	15.0×10^6	103
Cobre al berilio: B197	7.0×10^6	48.3	17.0×10^6	117
Monel y K-Monel	9.5×10^6	65.5	26.0×10^6	179
Inconel e Inconel-X	10.5×10^6	72.4	31.0×10^6	214

Nota: Los datos son valores promedio. Puede haber pequeñas variaciones por el tamaño del alambre y su tratamiento.

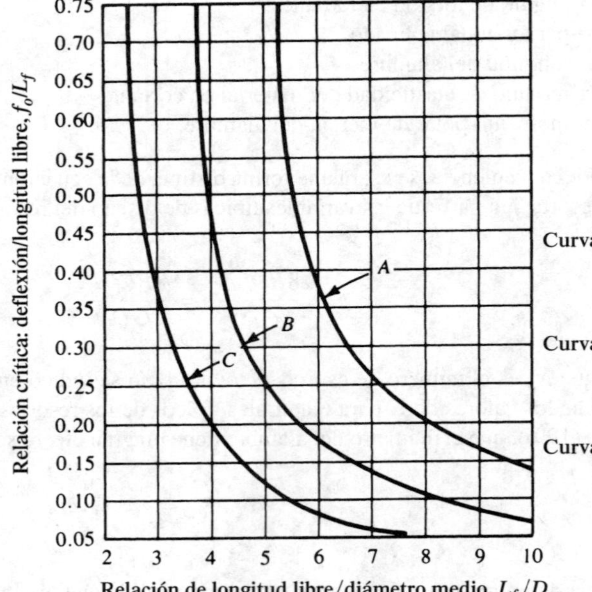

FIGURA 19-15 Criterios de pandeo de resortes. Si la relación real de f_o/L_f es mayor que la relación crítica, el resorte se pandea a la deflexión de operación.

Entonces, de acuerdo con la figura 19-15, la relación crítica de deflexión es 0.20. A partir de ella, se puede calcular la deflexión crítica:

$$\frac{f_o}{L_f} = 0.20 \quad \text{or} \quad f_o = 0.20(L_f) = 0.20(6.0\ \text{pulg}) = 1.20\ \text{pulg}$$

Esto es, si el resorte de deforma más de 1.20 pulgadas, se pandeará.

En las referencias 4 y 6, encontrará más material y descripción de fórmulas para esfuerzos y deflexión de resortes helicoidales de compresión. La referencia 3 contiene información valiosa sobre el análisis de fallas en los resortes.

19-5 ANÁLISIS DE LAS CARACTERÍSTICAS DE LOS RESORTES

En esta sección se demuestra el uso de los conceptos presentados en las secciones anteriores, para analizar las características geométricas y de funcionamiento de los resortes. Suponga que encontró un resorte, pero que no dispone de datos sobre su funcionamiento. Si efectúa algunas mediciones y cálculos, podrá determinar esas características. Es de gran utilidad conocer el material del que está hecho el resorte, para poder evaluar la aceptación de los valores calculados de esfuerzo.

El método de análisis aparece en el problema modelo 19-1.

Problema modelo 19-1

Se sabe que un resorte está hecho con alambre para instrumentos musicales, de acero ASTM A228, pero no se conocen más datos. Usted pudo medir las siguientes propiedades, con instrumentos de medición sencillos:

Longitud libre = L_f = 1.75 pulg

Diámetro exterior = DE = 0.561 pulg

Diámetro del alambre = D_w = 0.055 pulg

Los extremos están escuadrados y rectificados.

El número *total* de espiras es 10.0.

Este resorte se usará en una aplicación donde la carga normal de operación debe ser 14.0 lb. Se espera tener alrededor de 300 000 ciclos de carga.

Para este resorte, calcule o realice lo siguiente:

1. El número de calibre del alambre para instrumentos musicales, el diámetro medio, el diámetro interior, el índice del resorte y el factor Wahl.
2. El esfuerzo esperado a la carga de operación de 14.0 lb.
3. La deflexión del resorte bajo la carga de 14.0 lb.
4. La longitud de operación, la longitud comprimida y la constante del resorte.
5. La fuerza sobre el resorte, cuando está en su longitud comprimida, y el esfuerzo correspondiente a la longitud comprimida.
6. El esfuerzo de diseño para el material; a continuación, compárelo con el esfuerzo real de operación.
7. El esfuerzo máximo permisible; a continuación, compárelo con el esfuerzo para la longitud comprimida.
8. Compruebe el resorte por pandeo y por holgura de espiras.
9. Especifique un diámetro adecuado para un orificio donde se instale el resorte.

Solución Se presenta la solución en el mismo orden que las cantidades que se acaban de pedir. Las fórmulas empleadas están en las secciones anteriores a este capítulo.

Paso 1. El alambre es de instrumentos musicales, calibre 24 (tabla 19-2). Entonces

$$D_m = DE - D_w = 0.561 - 0.055 = 0.506 \text{ pulg}$$

$$DI = D_m - D_w = 0.506 - 0.055 = 0.451 \text{ pulg}$$

$$\text{Índice del resorte} = C = D_m/D_w = 0.506/0.055 = 9.20$$

$$\text{Factor Wahl} = K = (4C - 1)/(4C - 4) + 0.615/C$$

$$K = [4(9.20) - 1]/[4(9.20) - 4] + 0.615/9.20$$

$$K = 1.158$$

Paso 2. El esfuerzo en el resorte cuando $F = F_o = 14.0$ lb [ecuación (19-4)]:

$$\tau_o = \frac{8KF_oC}{\pi D_w^2} = \frac{8(1.158)(14.0)(9.20)}{\pi(0.055)^2} = 125\,560 \text{ psi}$$

Paso 3. Deflexión con la fuerza de operación [ecuación (19-6)]:

$$f_o = \frac{8F_oC^3N_a}{GD_w} = \frac{8(14.0)(9.20)^3(8.0)}{(11.85 \times 10^6)(0.055)} = 1.071 \text{ pulg}$$

Observe que el número de espiras activas para un resorte con extremos escuadrados y rectificados es $N_a = N - 2 = 10.0 - 2 = 8.0$. También, el módulo del alambre en cortante, G, se obtuvo de la tabla 19-4. El valor de f_o es la deflexión *desde la longitud libre* hasta la longitud de operación.

Paso 4. Longitud de operación. Se calculará como sigue:

$$L_o = L_f - f_o = 1.75 - 1.071 = 0.679 \text{ pulg}$$

$$\text{Longitud comprimida} = L_s = D_w(N) = 0.055(10.0) = 0.550 \text{ pulg}$$

Constante del resorte: Use la ecuación (19-1):

$$k = \frac{\Delta F}{\Delta L} = \frac{F_o}{L_f - L_o} = \frac{F_o}{f_o} = \frac{14.0 \text{ lb}}{1.071 \text{ pulg}} = 13.07 \text{ lb/pulg}$$

Paso 5. Se puede calcular la fuerza para longitud comprimida al multiplicar la constante de resorte por la deflexión, desde la longitud libre hasta la longitud comprimida. Entonces

$$F_s = k(L_f - L_s) = (13.07 \text{ lb/pulg})(1.75 \text{ pulg} - 0.550 \text{ pulg}) = 15.69 \text{ lb}$$

El esfuerzo τ_s en la longitud comprimida se podría calcular con la ecuación (19-4), mediante $F = F_s$. Sin embargo, un método más fácil es recordar que el esfuerzo es directamente proporcional a la fuerza en el resorte, y que todos los demás datos de la fórmula son iguales a los que se emplearon para calcular el esfuerzo debido a la fuerza de operación F_o. Entonces, se podrá emplear la proporción sencilla

$$\tau_s = \tau_o\,(F_s/F_o) = (125\,560 \text{ psi})(15.69/14.0) = 140\,700 \text{ psi}$$

Paso 6. Esfuerzo de diseño, τ_d: de la figura 19-9, en la gráfica de esfuerzo de diseño en función del diámetro del alambre, para acero ASTM A228, se puede utilizar la curva de *servicio promedio*, basada en el número de ciclos esperado de carga. Se ve que $\tau_d = 135\,000$ psi para el alambre de 0.055 pulgadas. Como el esfuerzo real de operación τ_o es menor que este valor, es satisfactorio.

Paso 7. Esfuerzo máximo permisible, $\tau_{\text{máx}}$: Se recomienda utilizar la curva de *servicio ligero* para determinar este valor. Para $D_w = 0.055$, $\tau_{\text{máx}} = 150\,000$ psi. El esfuerzo máximo esperado que existe en la longitud comprimida ($\tau_s = 140\,700$ psi) es menor que este valor, y en consecuencia el diseño es satisfactorio respecto de los esfuerzos.

Paso 8. Pandeo: Para evaluar el pandeo, se debe calcular

$$L_f/D_m = (1.75 \text{ pulg})/(0.506 \text{ pulg}) = 3.46$$

En cuanto a la figura 19-15 y mediante la curva para extremos aplanados y rectificados, se observa que la relación crítica de deflexión es muy alta, y que no debe haber pandeo. De hecho, para cualquier valor de $L_f/D_m < 5.2$ no debe haber pandeo.

Holgura de espiras, *cc*: Se evalúa *cc* como sigue:

$$cc = (L_o - L_s)/N_a = (0.679 - 0.550)/(8.0) = 0.016 \text{ pulg}$$

Compare este valor con la holgura mínima recomendada, que es

$$D_w/10 = (0.055 \text{ pulg})/10 = 0.0055 \text{ pulg}$$

Se puede decir que esta holgura es aceptable.

Paso 9. Diámetro del orificio: Se recomienda que el orificio donde se va a introducir el resorte sea mayor que el *DE* del resorte, en una cantidad de $D_w/10$. Entonces

$$D_{\text{agujero}} > OD + D_w/10 = 0.561 \text{ pulg} + (0.055 \text{ pulg})/10 = 0.567 \text{ pulg}$$

Un diámetro estándar satisfactorio sería de 5/8 pulg (0.625 pulg).

Con esto se concluye el problema.

19-6 DISEÑO DE RESORTES HELICOIDALES DE COMPRESIÓN

El objetivo del diseño de resortes helicoidales de compresión es especificar las dimensiones de un resorte que trabaje con los límites especificados de carga y deflexión, posiblemente también con limitaciones de espacio. Se especificará el material y el tipo de servicio, considerando el ambiente y la aplicación.

A continuación se muestra un enunciado típico del problema. Después, se mostrarán dos procedimientos de solución, y cada uno se implementa con ayuda de una hoja de cálculo.

Problema modelo 19-2

Un resorte helicoidal de compresión debe ejercer una fuerza de 8.0 lb cuando se comprime hasta una longitud de 1.75 pulgadas. Si la longitud es de 1.25 pulgadas, la fuerza debe ser de 12.0 lb. El resorte será instalado en una máquina que funciona con ciclos de lentitud, en un orificio de 0.75 pulgada de diámetro, y se espera que tenga un total de 200 000 ciclos. La temperatura no será mayor que 200°F.

Para esta aplicación, especifique un material, el diámetro de alambre, el diámetro medio, *DE*, *DI*, longitud libre, longitud comprimida, número de espiras y tipo de condiciones en los extremos adecuados. Comprobar el esfuerzo en la carga máxima de operación, y en la condición de longitud comprimida.

El primero de los dos procedimientos de solución ya es conocido. Se pueden seguir los pasos numerados como guía para problemas futuros, y como una especie de algoritmo para el método de hoja de cálculo que se presentará después de la solución manual.

Método de solución 1

El procedimiento de trabajo guía en forma directa hacia las dimensiones generales del resorte, al especificar el diámetro promedio que permiten las limitaciones de espacio. El proceso requiere que el diseñador cuente con tablas de datos de los diámetros del alambre (como la tabla 19-2) y gráficas de esfuerzos de diseño para el material con el que se va a fabricar el resorte (como las figuras 19-8 a 19-13). Se debe realizar una estimación inicial del esfuerzo de diseño para el material, al consultar las tablas de esfuerzo de diseño en función del diámetro del alambre, para hacer una elección razonable. En general, se debe emprender más de una tentativa, pero los resultados de los primeros tanteos ayudan a decidir sobre los valores que se manejarán en los intentos posteriores.

Paso 1. Especifique un material y su módulo de elasticidad G en cortante.

Para este problema se pueden usar varios materiales estándar de resorte. Se seleccionará alambre de acero al cromo-vanadio ASTM A-231, el cual tiene un valor de $G = 11\,200\,000$ psi (vea la tabla 19-4).

Paso 2. De acuerdo con el enunciado del problema, identifique la fuerza de operación F_o, la longitud de operación L_o a la que debe ejercerse esa fuerza, la fuerza en alguna otra longitud, llamada *fuerza instalada*, F_i, y la longitud instalada, L_i.

Recuerde que F_o es la fuerza máxima a que está sometido el resorte bajo condiciones normales de operación. Muchas veces no se especifica el segundo valor de la fuerza. En esos casos, $F_i = 0$, y se especifica un valor de diseño con la longitud libre, L_f, en lugar de L_i.

Para este problema, $F_o = 12.0$ lb, $L_o = 1.25$ pulg, $F_i = 8.0$ lb y $L_i = 1.75$ pulg.

Paso 3. Calcule la constante de resorte k, con la ecuación (19-1a):

$$k = \frac{F_o - F_i}{L_i - L_o} = \frac{12.0 - 8.0}{1.75 - 1.25} = 8.00 \text{ lb/pulg}$$

Paso 4. Calcular la longitud libre, L_f:

$$L_f = L_i + F_i/k = 1.75 \text{ pulg} + [(8.00 \text{ lb})/(8.00 \text{ lb/pulg})] = 2.75 \text{ pulg}$$

El segundo término de la ecuación anterior es la cantidad de deflexión desde la longitud libre hasta la longitud instalada, para desarrollar la fuerza instalada F_i. Naturalmente, este paso se vuelve innecesario si se especifica la longitud libre en los datos originales.

Paso 5. Indique una estimación inicial del diámetro medio, D_m.

Considere que el diámetro medio será menor que el *DE* y mayor que el *DI*. Es necesario dar una idea para comenzar. Para este problema especifique $D_m = 0.60$ pulg. Esto debe permitir instalarlo en el orificio de 0.75 pulgada de diámetro.

Paso 6. Especifique un esfuerzo inicial de diseño.

Se pueden consultar las tablas de esfuerzos de diseño para el material seleccionado, también considerando el servicio. En este problema se debería usar servicio promedio. Entonces, para el acero ASTM A231, como se ve en la figura 19-11, un esfuerzo nominal de diseño sería de 130 000 psi. En sentido estricto, esto sólo es una estimación, basada en la resistencia del material. El proceso incluye una comprobación posterior.

Paso 7. Calcule el diámetro tentativo del alambre, al despejar D_w de la ecuación (19-4). Observe que se conoce todo lo demás en la ecuación, excepto el factor Wahl, *K*, porque depende del diámetro mismo del alambre. Pero *K* varía poco dentro del intervalo normal de índices de resorte *C*. De acuerdo con la figura 19-14, se observa que $K = 1.2$ es un valor nominal. Esto también se comprobará después. Con el valor supuesto de *K*, se puede simplificar algo:

$$D_w = \left[\frac{8KF_oD_m}{\pi\tau_d}\right]^{1/3} = \left[\frac{(8)(1.2)(F_o)(D_m)}{(\pi)(\tau_d)}\right]^{1/3}$$

Al combinar las constantes, se tiene

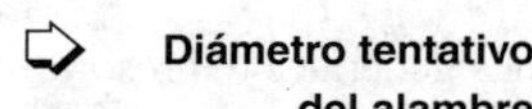
Diámetro tentativo del alambre

$$D_w = \left[\frac{8KF_oD_m}{\pi\tau_d}\right]^{1/3} = \left[\frac{(3.06)(F_o)(D_m)}{(\tau_d)}\right]^{1/3} \quad \textbf{(19-7)}$$

Para este problema,

$$D_w = \left[\frac{(3.06)(F_o)(D_m)}{\tau_d}\right]^{1/3} = \left[\frac{(3.06)(12)(0.6)}{130\,000}\right]^{0.333}$$

$$D_w = 0.0553 \text{ pulg}$$

Paso 8. Seleccione un diámetro estándar de alambre en las tablas y, a continuación, determine el esfuerzo de diseño y el esfuerzo máximo admisible para el material, con ese diámetro. Por lo común, el esfuerzo de diseño será para servicio promedio, a menos que haya altas frecuencias de ciclo o algún choque, para usar el servicio intenso. Se debe utilizar la curva de servicio ligero con cuidado, porque está muy cerca de la resistencia de fluencia. De hecho, se utilizará la curva de servicio ligero como estimación del esfuerzo máximo permisible.

En este problema, el tamaño inmediato mayor estándar de alambre es de 0.0625 pulgadas, el calibre 16 US para alambre de acero. Para este tamaño, las curvas de la figura 19-11, con alambre de acero ASTM A231, indican que el esfuerzo de diseño aproximado es de 145 000 psi, en el servicio promedio, y que el esfuerzo máximo permisible es de 170 000 psi para la curva de servicio ligero.

Paso 9. Calcule los valores reales de *C* y *K*, el índice del resorte y el factor Wahl.

$$C = \frac{D_m}{D_w} = \frac{0.60}{0.0625} = 9.60$$

$$K = \frac{4C - 1}{4C - 4} + \frac{0.615}{C} = \frac{4(9.60) - 1}{4(9.60) - 4} + \frac{0.615}{9.60} = 1.15$$

Paso 10. Calcule el esfuerzo real esperado debido a la fuerza de operación F_o, con la ecuación (19-4):

$$\tau_o = \frac{8KF_oD_m}{\pi D_w^3} = \frac{(8)(1.15)(12.0)(0.60)}{(\pi)\,(0.0625)^3} = 86\,450 \text{ psi}$$

Al comparar esto con el esfuerzo de diseño de 145 000 psi, se observa que es seguro.

Paso 11. Calcule el número de espiras activas necesarias para obtener las características correctas de deflexión del resorte. Use la ecuación (19-6), y despeje N_o de ella. Así,

$$f = \frac{8FC^3N_a}{GD_w}$$

Número de espiras activas

$$N_a = \frac{fGD_w}{8FC^3} = \frac{GD_w}{8kC^3} \quad (\textit{Nota}: F/f = k, \text{ la constante del resorte.}) \qquad \textbf{(19-8)}$$

Entonces, para este problema,

$$N_a = \frac{GD_w}{8kC^3} = \frac{(11\,200\,000)(0.0625)}{(8)(8.0)(9.60)^3} = 12.36 \text{ espiras}$$

Observe que $k = 8.0$ lb/pulg es la constante del resorte. No se debe confundir con K, el factor Wahl.

Paso 12. Calcule la longitud comprimida, L_s: la fuerza en el resorte, en la longitud comprimida, es F_s, y el esfuerzo en el resorte en la longitud llena es τ_s. Este cálculo dará como resultado el esfuerzo máximo que recibirá el resorte.

La longitud comprimida sucede cuando todas las espiras se tocan entre sì, pero recuerde que existen dos espiras inactivas cuando los resortes están escuadrados y rectificados en sus extremos. Entonces

$$L_s = D_w(N_a + 2) = 0.0625(14.36) = 0.898 \text{ pulg}$$

La fuerza para longitud comprimida es el producto de la constante del resorte por la deflexión hasta llegar a longitud comprimida ($L_f - L_s$):

$$F_s = k(L_f - L_s) = (8.0 \text{ lb/pulg})(2.75 - 0.898) \text{ pulg} = 14.8 \text{ lb}$$

Como el esfuerzo en el resorte es directamente proporcional a la fuerza, un método sencillo para calcular el esfuerzo en longitud comprimida es

$$\tau_s = (\tau_o)(F_s/F_o) = (86\,450 \text{ psi})(14.8/12.0) = 106\,750 \text{ psi}$$

Cuando se compara este valor con el esfuerzo máximo admisible de 170 000 psi, se observa que es seguro, y que el resorte no tendrá fluencia al comprimirlo hasta su longitud comprimida.

Paso 13. Termine los cálculos de las dimensiones geométricas, y compárelos con las limitaciones de espacio y de operación.

$$DE = D_m + D_w = 0.60 + 0.0625 = 0.663 \text{ pulg}$$

$$DI = D_m - D_w = 0.60 - 0.0625 = 0.538 \text{ pulg}$$

Estas dimensiones son satisfactorias para instalar el resorte en un orificio de 0.75 pulg de diámetro.

Paso 14. Se comprueba la tendencia al pandeo, junto con la holgura de la espira.

Este procedimiento completa el diseño de un resorte satisfactorio para esta aplicación. Podría ser preferible plantear otras propuestas para tratar de definir un resorte más cercano al óptimo.

Hoja de cálculo para el método 1 de diseño de resortes

Los 14 pasos necesarios para completar un diseño tentativo con el método 1, el cual se demostró en el problema modelo 19-2, son bastante complicados, tediosos y tardados. Además, es muy probable que se requieran varias iteraciones para producir una solución óptima que cumpla con las consideraciones de aplicación del tamaño físico del resorte, valores aceptables de esfuerzo con todas las cargas, costo y otros factores. Se podría querer investigar el uso de distintos materiales para llegar a las mismas metas básicas del diseño, a partir de las mismas fuerzas, longitudes y constante del resorte.

Por ésta y muchas otras razones, se recomienda desarrollar métodos de diseño asistido por computadora para efectuar la mayor parte de los cálculos, y para guiarlo por el proceso de solución. Esto se podría realizar con un programa de cómputo, una hoja de cálculo, programas de análisis matemático o con una calculadora programable. Una vez escrito, se puede emplear el programa o la hoja de cálculo para que usted, u otras personas, planteen cualquier problema de diseño parecido en lo futuro.

La figura 19-16 muestra un método que emplea una hoja de cálculo, con los datos del problema modelo 19-2 como ejemplo. Este método es atractivo, porque toda la solución se presenta en una página, y se guía al usuario por el procedimiento de solución. Resuma el empleo de esta hoja de cálculo. Al leer lo siguiente, debe comparar los elementos de la hoja de cálculo con los detalles de la solución del problema modelo 19-2. Las diversas fórmulas que allí se emplean se programan en las celdas correspondientes de la hoja de cálculo.

1. El proceso comienza, como con cualquier procedimiento de diseño de resortes, con la especificación de la relación entre la fuerza y la longitud para dos condiciones separadas, conocidas como *fuerza-longitud de operación* y *fuerza-longitud instalada*. De hecho, a partir de esos datos se especifica también la constante del resorte. A veces se conoce la longitud libre, que en esos casos es igual a la longitud instalada, y la fuerza instalada es igual a cero. También, el diseñador conoce aproximadamente el espacio donde se va a instalar el resorte.
2. El encabezado de la hoja de cálculo muestra una perspectiva breve del procedimiento de diseño incorporado en el método 1. El diseñador especifica un diámetro medio deseado para que el resorte se adapte a determinada aplicación. Se especifica el material del resorte y se emplea la gráfica de la resistencia de ese material como guía para estimar el esfuerzo de diseño. Esto requiere que el usuario haga una breve estimación también del diámetro del alambre, pero todavía no se escoge un tamaño específico. El servicio (ligero, promedio o severo) también debe especificarse en ese momento.
3. Entonces, la hoja de cálculo calcula la constante de resorte que resulta, la longitud libre y un diámetro tentativo de alambre, para producir un esfuerzo aceptable. Se emplea la ecuación (19-7) para calcular el tamaño del alambre.
4. El diseñador entonces ingresa el valor de un tamaño estándar de alambre, en el caso típico mayor que el valor calculado. La tabla 19-2 contiene una lista de tamaños estándar de alambre. En este momento también el diseñador debe ver, en la gráfica del esfuerzo de diseño, el material escogido, y debe determinar un valor corregido del esfuerzo de diseño que corresponda al nuevo diámetro de alambre. También se ingresa el esfuerzo máximo permisible, el cual se ve en la curva del material para servicio ligero, en el tamaño especificado del alambre.
5. Con los datos capturados, la hoja de cálculo termina todo el conjunto de los cálculos faltantes. El resorte debe ser fabricado exactamente con los diámetros específicos, y el número de espiras activas. También se debe especificar la condición de los extremos del resorte, entre las posibilidades que muestra la figura 19-3.
6. La tarea del diseñador consiste en evaluar la adecuación de los resultados a las dimensiones básicas, los esfuerzos, el potencial de pandeo, la holgura de espiras y la instalación del resorte en un orificio. La columna **Comentarios,** a la derecha, contiene varias

DISEÑO DE RESORTE HELICOIDAL DE COMPRESIÓN – MÉTODO 1
Especifique diámetro medio y esfuerzos de diseño. Se calcula el diámetro del alambre y el número de espiras.

1. **Ingrese los valores de fuerzas y longitudes.**
2. **Especifique el material, módulo de cortante G y una estimación del esfuerzo de diseño.**
3. **Ingrese un diámetro medio tentativo del resorte, considerando el espacio disponible.**
4. **Compruebe los valores calculados de constante de resorte, longitud libre y nuevo diámetro tentativo de alambre.**
5. **Ingrese la elección de un diámetro estándar de alambre.**
6. **Ingrese el esfuerzo de diseño y el esfuerzo máximo permisible, de las figuras 19-8 a 19-13, para el nuevo D_w.**

Para cada problema, se deben insertar los valores numéricos en cursivas, en los cuadros sombreados.	Ident. problema:	Problema modelo 19-2

		Comentarios
Datos iniciales:		
Fuerza máxima de operación =	F_o = *12.0 lb*	
Longitud de operación =	L_o = *1.25 pulgadas*	
Fuerza instalada =	F_i = *8.0 lb*	*Nota:* $F_i = 0$ *si*
Longitud instalada =	L_i = *1.75 pulgadas*	L_i = longitud libre
Diámetro medio tentativo =	D_m = *0.60 pulgada*	
Material del alambre =	Acero ASTM A231	Vea las figuras 19-8 a 19-13.
Módulo de elasticidad del alambre del resorte, en cortante =	G = *1.12E + 07 psi*	De la tabla 19-4
Estimado inicial del esfuerzo de diseño =	τ_{di} = *130 000 psi*	De la gráfica de esfuerzo de diseño
Valores calculados:		
Constante de resorte calculada =	k = 8.00 lb/pulgadas	
Longitud libre calculada =	L_f = 2.75 pulgadas	
Diámetro tentativo de alambre calculado =	D_{wt} = 0.055 pulgada	
Datos secundarios:		
Diámetro estándar del alambre =	D_w = *0.0625 pulgada*	De la tabla 19-2
Esfuerzo de diseño =	τ_d = *145 000 psi*	De la gráfica de esfuerzo de diseño
Esfuerzo máximo permisible =	$\tau_{máx}$ = *170 000 psi*	Utilice curva de servicio ligero
Valores calculados:		
Diámetro exterior =	D_o = 0.663 pulgada	
Diámetro interior =	D_i = 0.538 pulgada	
Número de espiras activas =	N_a = 12.36	
Índice del resorte =	C = 9.60	**No debe ser <5.0**
Factor Wahl =	K = 1.15	
Esfuerzo a la fuerza de operación =	τ_o = 86 459 psi	**No puede ser >145 000**
Longitud comprimida =	L_s = 0.898 pulgada	**No puede ser > 1.25**
Fuerza para longitud comprimida =	F_s = 14.82 lb	
Esfuerzo en longitud comprimida =	τ_s = 106 768 psi	**No puede ser > 170 000**
Comprobación por pandeo, holgura de espiras y tamaño de orificio:		
Pandeo: relación = L_f/D_m =	4.58	Vea figura 19-15 si > 5.2
Holgura de espira =	cc = 0.029 pulgada	Debe ser > 0.00625
Si se instala en orificio, diámetro mínimo del orificio =	$D_{orificio}$ > 0.669 pulgada	Para holgura lateral

FIGURA 19-16 Hoja de cálculo para el método 1 de diseño de resortes, con datos del problema modelo 19-2

indicaciones. Pero es responsabilidad del diseñador formarse juicios y tomar decisiones de diseño.

Note la ventaja de usar una hoja de cálculo: El diseñador se encarga de pensar, y la hoja realiza los cálculos. Para las iteraciones siguientes en el diseño, sólo deben ingresarse los valores que cambian. Por ejemplo, si el diseñador desea probar con un diámetro de alambre diferente, con el mismo material del alambre, sólo se deben cambiar los tres valores de datos de la sección **Datos secundarios de entrada**, y se produce de inmediato un nuevo resultado. Muchas iteraciones se pueden realizar para el diseño, en corto tiempo, con este método.

Se le recomienda idear formas para aumentar la utilidad de la hoja de cálculo.

Hoja de cálculo para el método 2 de diseño

Un método alternativo para diseñar resortes aparece en la figura 19-17. Este método permite que el diseñador tenga más libertad para manipular los parámetros. Los datos que se manejan son básicamente iguales a los del problema modelo 19-2, pero no se requiere instalar el resorte en determinado tamaño de orificio. Se referirá el problema modelo 19-3 al enunciado modificado de este problema.

Problema modelo 19-3

El proceso es similar al del método 1, por lo cual se describen las diferencias principales líneas abajo. Siga la solución con la hoja de cálculo de la figura 19-17, a medida que se describa el método 2, tentativas 1 y 2.

Método de solución 2, tentativa 1

1. Se describe el procedimiento general en la parte superior de la hoja de cálculo. El diseñador selecciona un material, estima el diámetro de alambre como tentativa inicial e ingresa un estimado correspondiente del esfuerzo de diseño.
2. Entonces, la hoja de cálculo determina un nuevo diámetro tentativo del alambre, con una fórmula deducida de la ecuación fundamental del esfuerzo cortante en un resorte helicoidal de compresión, la ecuación (19-4). Aquí se describe el desarrollo.

$$\tau = \frac{8KFC}{\pi D_w^2} \quad \textbf{(19-4)}$$

Sean $F = F_o$ y $\tau = \tau_d$ (el esfuerzo de diseño). Se despeja el diámetro del alambre:

$$D_w = \sqrt{\frac{8KF_oC}{\pi\tau_d}} \quad \textbf{(19-9)}$$

Todavía no se conocen los valores de K y C, pero se puede calcular una buena estimación del diámetro del alambre si se supone que el índice de resorte es 7.0, aproximadamente, el cual es un valor razonable. El valor correspondiente del factor Wahl $K = 1.2$, de la ecuación (19-5). Al combinar estos valores supuestos con las demás constantes de la ecuación anterior se obtiene

$$D_w = \sqrt{21.4(F_o)/(\tau_d)} \quad \textbf{(19-10)}$$

Esta fórmula se programa en la hoja de cálculo, en la celda a la derecha de la llamada D_{wt}, diámetro calculado tentativo del alambre.

3. A continuación, el diseñador ingresa un tamaño estándar de alambre, y determina valores modificados del esfuerzo de diseño, con las gráficas de propiedades del material, figuras 19-8 a 19-13.

DISEÑO DE RESORTE HELICOIDAL DE COMPRESIÓN – MÉTODO 2
Especifique diámetro medio, esfuerzos de diseño y número de espiras. Se calcula el diámetro medio.

1. Ingrese los valores de fuerzas y longitudes.
2. Especifique el material, módulo de cortante G y una estimación del esfuerzo de diseño.
3. Ingrese un diámetro tentativo de alambre.
4. Compruebe los valores calculados de constante de resorte, longitud libre y nuevo diámetro tentativo de alambre.
5. Ingrese la elección de un diámetro estándar de alambre.
6. Ingrese el esfuerzo de diseño y el esfuerzo máximo permisible, de las figuras 19-8 a 19-13, para el nuevo D_w.
7. Compruebe el número máximo calculado de espiras. Ingrese el número de espiras real seleccionado

Para cada problema, se deben insertar los valores numéricos en cursivas, en los cuadros sombreados.	Ident. problema:	Problema modelo 19-3, tentativa 1:

Datos iniciales:		**Comentarios**
Fuerza máxima de operación =	F_o = *12.0 lb*	
Longitud de operación =	L_o = *1.25 pulgadas*	
Fuerza instalada =	F_i = *8.0 lb*	*Nota: F_i = 0 si*
Longitud instalada =	L_i = *1.75 pulgadas*	*L_i = longitud libre*
Material del alambre =	Acero ASTM A231	*Vea las figuras 19-8 a 19-13.*
Módulo de elasticidad del alambre del resorte, en cortante =	G = *1.12E + 07 psi*	*De la tabla 19-4*
Estimado inicial del esfuerzo de diseño =	τ_{di} = *144 000 psi*	*De la gráfica de esfuerzo de diseño*
Diámetro tentativo inicial del alambre =	D_w = *0.06 pulgada*	
Valores calculados:		
Constante de resorte calculada =	k = 8.00 lb/pulgadas	
Longitud libre calculada =	L_f = 2.75 pulgadas	
Diámetro tentativo de alambre calculado =	D_{wt} = 0.055 pulgada	
Datos secundarios:		
Diámetro estándar del alambre =	D_w = 0.0475 pulgada	De la tabla 19-2
Esfuerzo de diseño =	τ_d = 149 000 psi	De la gráfica de esfuerzo de diseño
Esfuerzo máximo permisible =	$\tau_{máx}$ = 174 000 psi	Utilice curva de servicio ligero
Calculado: Número máximo de espiras =	$N_{máx}$ = *24.32*	
Dato: Número de espiras activas =	N_a = *22*	Sugiera un número entero
Valores calculados:		
Índice del resorte =	C = 7.23	**No debe ser <5.0**
Factor Wahl =	K = 1.21	
Diámetro medio =	D_m = 0.343 pulgada	
Diámetro exterior =	D_o = 0.391 pulgada	
Diámetro interior =	D_i = 0.296 pulgada	
Longitud comprimida =	L_s = 1.140 pulgadas	**No puede ser > 1.25**
Esfuerzo con la fuerza de operación =	τ_o = 118 030 psi	**No puede ser > 149 000**
Fuerza para longitud comprimida =	F_s = 12.88 lb	
Resistencia con longitud comprimida =	τ_s = 126 685 psi	**No puede ser >174 000**
Comprobación por pandeo, holgura de espiras y tamaño de orificio:		
Pandeo: relación = L_f/D_m =	8.01	Vea figura 19-15 si > 5.2
Holgura de espira =	cc = 0.005 0 pulgada	Debe ser > 0.00475
Si se instala en orificio, diámetro mínimo del orificio = $D_{orificio}$>	0.396 pulgada	Para holgura lateral

FIGURA 19-17 Hoja de cálculo para el método 2 de diseño de resortes, con datos del problema modelo 19-3, tentativa 1

4. Entonces, la hoja calcula el número máximo permisible de espiras activas del resorte. Aquí el criterio estriba en que *la longitud comprimida debe ser menor que la longitud de operación*. La longitud comprimida es el producto del diámetro del alambre por el número total de espiras. Para extremos escuadrados y rectificados, eso es

$$L_s = D_w(N_a + 2)$$

Note que se usan distintas ecuaciones para determinar el número total de espiras para resortes bajo otras condiciones de extremos. Vea la descripción "Número de espiras" en la sección 19-3. Ahora, si $L_s = L_o$ como límite, y al despejar el número de espiras, se obtiene

$$(N_a)_{\text{máx}} = (L_o - 2D_w)/D_w \tag{19-11}$$

Esta es la fórmula que se programa en la celda de la hoja de cálculo, a la derecha de la llamada $N_{\text{máx}}$.

5. Ahora, el diseñador tiene la libertad de escoger cualquier número de espiras activas, menor que el valor máximo calculado. Observe los efectos de esa decisión. Si se escoge un número pequeño de espiras habrá más holgura entre las espiras adyacentes y se usará menos alambre en cada resorte. Sin embargo, los esfuerzos que produzca determinada carga serán mayores, de modo que hay un límite práctico. Una propuesta es probar con números cada vez menores, hasta que el esfuerzo se aproxime al esfuerzo de diseño. Si bien se puede tener cualquier número de espiras, hasta números fraccionarios, se sugiere experimentar con valores enteros, para comodidad del fabricante.
6. Después de ingresar el número seleccionado de espiras, la hoja de cálculo puede completar las operaciones que faltan. En esta hoja se introduce una nueva fórmula, para calcular el valor del índice del resorte, C. Se deduce a partir de la segunda forma de la ecuación (19-6), que relaciona la deflexión, f, del resorte con una fuerza aplicada, F, correspondiente con el valor de C y con otros parámetros que ya se conocen. Primero se despeja C^3:

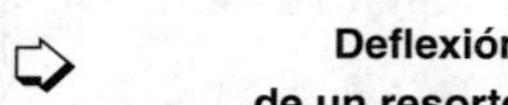

$$f = \frac{8FD_m^3N_a}{GD_w^4} = \frac{8FC^3N_a}{GD_w}$$

$$C^3 = \frac{fGD_w}{8FN_a}$$

Ahora, observe que la fuerza F está en el denominador, y la deflexión correspondiente f está en el numerador. Pero la constante del resorte k se define como la relación F/f. Entonces, se puede sustituir k en el denominador y despejar C:

$$C = \left[\frac{GD_w}{8kN_a}\right]^{1/3} \tag{19-12}$$

Esta fórmula se programa en la celda de la hoja de cálculo a la derecha de la llamada $C =$.

7. Recuerde que a D se le define como la relación D_m/D_w. Ahora se puede despejar el diámetro medio:

$$D_m = CD_w$$

Ésta se usa para calcular el diámetro medio en la celda a la derecha de $D_m =$.

8. En los cálculos que faltan se emplean las ecuaciones antes deducidas. De nuevo, el diseñador es el responsable de evaluar lo adecuado de los resultados, y de realizar todas las iteraciones adicionales para encontrar un resultado óptimo.

Método de solución 2, tentativa 2

Ahora, observe que la solución obtenida en la tentativa 1, vista en la figura 19-17, está lejos de la óptima. Su longitud libre de 2.75 pulg es demasiada, en comparación con el diámetro medio de 0.343 pulg. La relación de pandeo $L_f/D_m = 8.01$ indica que el resorte es largo y esbelto. De acuerdo con la figura 19-15, se puede ver que es de esperarse que haya pandeo.

Una forma de avanzar hacia unas dimensiones más adecuadas es aumentar el diámetro del alambre y reducir el número de espiras. El resultado neto será un diámetro medio mayor, y mejor relación de pandeo.

La figura 19-18 muestra el resultado de varias iteraciones, y al final se maneja D_w = 0.0625 pulg (mayor que el valor anterior de 0.0475 pulg) y 16 espiras activas (bajaron de 22 en la primera tentativa). La relación de pandeo bajó a 4.99, lo cual indica que es improbable que haya pandeo. El esfuerzo con la fuerza de operación es cómodamente menor que el esfuerzo de diseño. Parece que las demás propiedades geométricas también son satisfactorias.

Este ejemplo debiera demostrarle la conveniencia de emplear hojas de cálculo, u otras ayudas de cálculo basadas en computadora. También, debe tener mayor percepción de los tipos de decisiones de diseño con que se avanza hacia un diseño más óptimo. Vea los programas comerciales de diseño de resortes en los sitios de Internet 1 y 2.

19-7 RESORTES DE EXTENSIÓN

Los resortes de extensión son diseñados para ejercer una fuerza de tracción y para almacenar energía. Se les fabrica con espiras helicoidales muy próximas, de apariencia similar a los resortes helicoidales de compresión. La mayoría de los resortes de extensión están fabricados con las espiras adyacentes en contacto, de tal manera que se debe aplicar una fuerza inicial para separarlas. Una vez separadas, la fuerza es linealmente proporcional a la deflexión, igual que para los resortes helicoidales de compresión. La figura 19-19 muestra un resorte de extensión típico, y la figura 19-20 muestra el tipo característico de curva carga-deformación. Por convención, la fuerza inicial se determina al prolongar la parte recta de la curva hasta la deflexión cero.

Los esfuerzos y deflexiones en un resorte de extensión se pueden calcular mediante las fórmulas para resortes de compresión. Se emplea la ecuación (19-4) para calcular el esfuerzo cortante por torsión. La ecuación (19-5) para el factor Wahl considera la curvatura del alambre y el esfuerzo cortante directo, y la ecuación (19-6), las características de deflexión. Todas las espiras de un resorte de extensión son activas. Además, como las espiras o ganchos extremos se flexionan, su deflexión puede afectar la constante real del resorte.

La tensión inicial en un resorte de extensión es del 10 al 25% de la fuerza máxima de diseño, en el caso típico. La figura 19-21 muestra la recomendación de un fabricante, acerca del esfuerzo de torsión preferido, debido a la tensión inicial, en función del índice del resorte.

Configuraciones de extremos en resortes de extensión

Se puede conseguir una gran variedad de configuraciones de extremos, para fijar los resortes a los elementos de máquina que les corresponden. Algunas de las configuraciones se muestran en la figura 19-4. El costo del resorte puede verse muy influido por el tipo de sus extremos, por lo que se recomienda consultar a los fabricantes antes de especificar los extremos.

DISEÑO DE RESORTE HELICOIDAL DE COMPRESIÓN – MÉTODO 2

Especifique diámetro medio, esfuerzos de diseño y número de espiras. Se calcula el diámetro medio.

1. Ingrese los valores de fuerzas y longitudes.
2. Especifique el material, módulo de cortante G y una estimación del esfuerzo de diseño.
3. Ingrese un diámetro tentativo de alambre.
4. Compruebe los valores calculados de constante de resorte, longitud libre y nuevo diámetro tentativo de alambre.
5. Ingrese la elección de un diámetro estándar de alambre.
6. Ingrese el esfuerzo de diseño y el esfuerzo máximo permisible, de las figuras 19-8 a 19-13, para el nuevo D_w.
7. Compruebe el número máximo calculado de espiras. Ingrese el número de espiras real seleccionado

Para cada problema, se deben insertar los valores numéricos en cursivas, en los cuadros sombreados.	Ident. problema:	Problema modelo 19-3, tentativa 2: $D_w = 0.0625$

Datos iniciales:		**Comentarios**
Fuerza máxima de operación =	$F_o =$ *12.0 lb*	
Longitud de operación =	$L_o =$ *1.25 pulgadas*	
Fuerza instalada =	$F_i =$ *8.0 lb*	*Nota:* $F_i = 0$ si
Longitud instalada =	$L_i =$ *1.75 pulgadas*	$L_i =$ longitud libre
Material del alambre =	Acero ASTM A231	Vea las figuras 19-8-19-13.
Módulo de elasticidad del alambre del resorte, en cortante =	$G =$ *1.12E + 07 psi*	De la tabla 19-4
Estimado inicial del esfuerzo de diseño =	$\tau_{di} =$ *144 000 psi*	De la gráfica de esfuerzo de diseño
Diámetro tentativo inicial del alambre =	$D_w =$ *0.06 pulgada*	
Valores calculados:		
Constante de resorte calculada =	$k =$ 8.00 lb/pulgadas	
Longitud libre calculada =	$L_f =$ 2.75 pulgadas	
Diámetro tentativo de alambre calculado =	$D_{wt} =$ 0.042 pulgada	
Datos secundarios:		
Diámetro estándar del alambre =	$D_w =$ *0.0625 pulgada*	De la tabla 19-2
Esfuerzo de diseño =	$\tau_d =$ *142 600 psi*	De la gráfica de esfuerzo de diseño
Esfuerzo máximo permisible =	$\tau_{máx} =$ *167 400 psi*	Utilice curva de servicio ligero
Calculado: Número máximo de espiras =	$N_{máx} =$ 18.00	
Dato: Número de espiras activas =	$N_a =$ *16*	Sugiera un número entero
Valores calculados:		
Índice del resorte =	$C =$ 8.81	**No debe ser <5.0**
Factor Wahl =	$K =$ 1.17	
Diámetro medio =	$D_m =$ 0.551 pulgada	
Diámetro exterior =	$D_o =$ 0.613 pulgada	
Diámetro interior =	$D_i =$ 0.488 pulgada	
Longitud comprimida =	$L_s =$ 1.125 pulgadas	**No puede ser > 1.25**
Esfuerzo con la fuerza de operación =	$\tau_o =$ 80 341 psi	**No puede ser > 142 600**
Fuerza para longitud comprimida =	$F_s =$ 13.00 lb	
Resistencia con longitud comprimida =	$\tau_s =$ 87 036 psi	**No puede ser > 167 400**
Comprobación por pandeo, holgura de espiras y tamaño de orificio:		
Pandeo: relación = $L_f/D_m =$	4.99	Vea figura 19-15 si > 5.2
Holgura de espira =	$cc =$ 0.0078 pulgada	Debe ser > 0.00625
Si se instala en orificio, diámetro mínimo del orificio =	$D_{orificio} >$ 0.619 pulgada	Para holgura lateral

FIGURA 19-18 Hoja de cálculo para el método 2 de diseño de resortes, con datos del problema modelo 19-3, tentativa 2

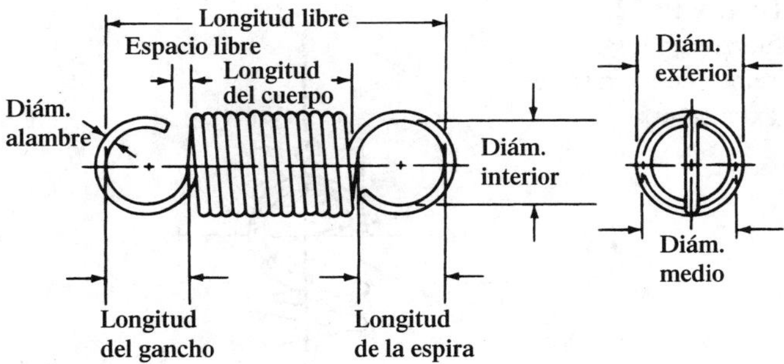

FIGURA 19-19
Resorte de extensión

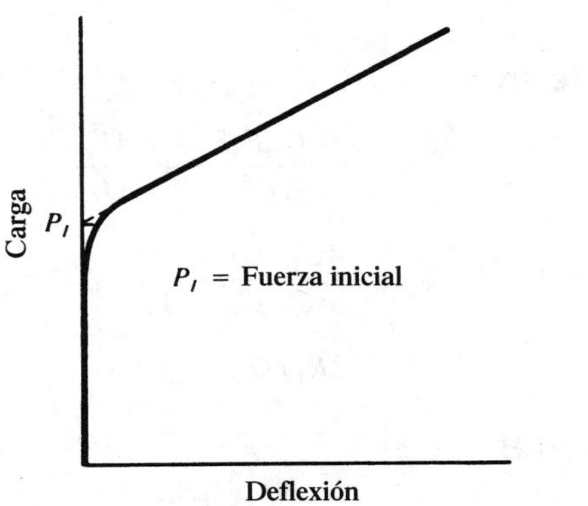

FIGURA 19-20 Curva carga-deflexión, para un resorte de extensión

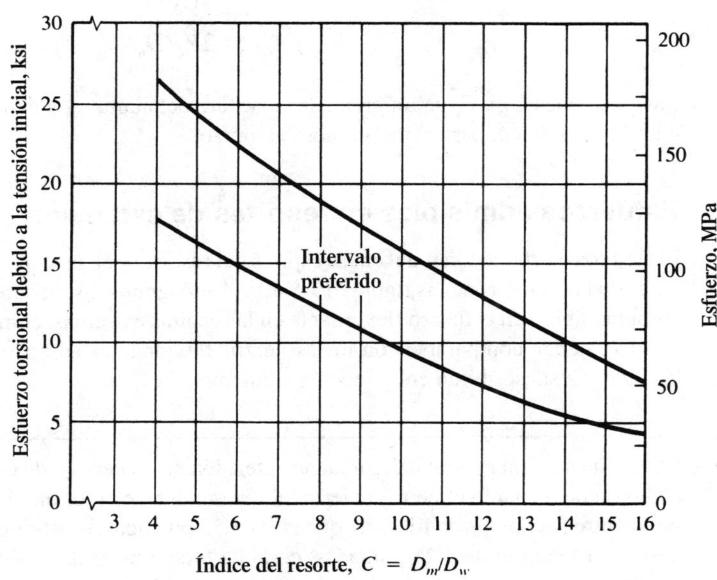

FIGURA 19-21
Esfuerzo cortante torsional recomendado para un resorte de extensión, causado por la tensión inicial (Datos de Associated Spring, Barnes Group, Inc.)

Con frecuencia, las partes más débiles de un resorte de extensión son sus extremos, en especial en casos de carga de fatiga. Por ejemplo, el extremo con espira de la figura 19-22 tiene un gran esfuerzo flexionante en el punto A, y un esfuerzo cortante por torsión en el punto B. A continuación, se calculan aproximaciones a los esfuerzos en esos puntos:

FIGURA 19-22
Esfuerzos en los extremos de los resortes de extensión

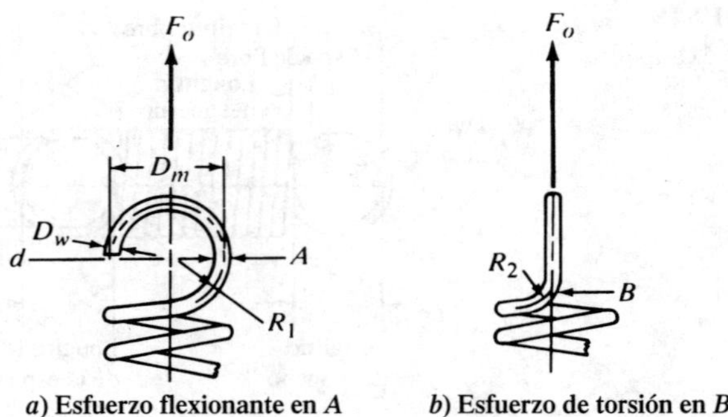

a) Esfuerzo flexionante en *A* *b*) Esfuerzo de torsión en *B*

Esfuerzo flexionante en *A*

$$\sigma_A = \frac{16D_mF_oK_1}{\pi D_w^3} + \frac{4F_o}{\pi D_w^2} \tag{19-13}$$

$$K_1 = \frac{4C_1^2 - C_1 - 1}{4C_1(C_1 - 1)} \tag{19-14}$$

$$C_1 = 2R_1/D_w$$

Esfuerzo torsional en *B*

$$\tau_B = \frac{8D_mF_oK_2}{\pi D_w^3} \tag{19-15}$$

$$K_2 = \frac{4C_2 - 1}{4C_2 - 4} \tag{19-16}$$

$$C_2 = 2R_2/D_w$$

Las relaciones C_1 y C_2 se refieren a la curvatura del alambre, y deben ser grandes, mayores que 4 en el caso típico, para evitar grandes esfuerzos.

Esfuerzos admisibles en resortes de extensión

El esfuerzo cortante torsional en las espiras del resorte, y en las espiras extremas, se pueden comparar con las curvas de las figuras 19-8 a 19-13. Algunos diseñadores reducen 10% esos esfuerzos admisibles. El esfuerzo flexionante en las espiras extremas, como el obtenido en la ecuación (19-13), deben compararse con los esfuerzos flexionantes admisibles para resortes de torsión, los cuales se describirán en la sección siguiente.

Problema modelo 19-4 Se va a instalar un resorte helicoidal de extensión en un cerrojo de una máquina lavadora comercial, grande. Cuando el cerrojo cierra, el resorte debe ejercer una fuerza de 16.25 lb, en la longitud entre los puntos de fijación, que es de 3.50 pulgadas. Al abrir el cerrojo, el resorte se estira hasta una longitud de 4.25 pulgadas, con una fuerza máxima de 26.75 lb. Se desea que el diámetro exterior sea de 5/8 de pulgada (0.625 pulg). El cerrojo funcionará sólo unas 10 veces al día, por lo que el esfuerzo de diseño se basará en un servicio promedio. Use alambre de acero ASTM A227. Diseñe el resorte.

Solución Como antes, se presentará el procedimiento sugerido para el diseño en forma de pasos numerados, seguidos de los cálculos para este conjunto de datos.

Paso 1. Suponga un diámetro medio tentativo y un esfuerzo de diseño tentativo para el resorte.

Sea el diámetro medio de 0.500 pulg. Para el alambre ASTM A227 en servicio promedio, es razonable un esfuerzo de diseño de 110 000 psi (de la figura 19-8).

Paso 2. Calcule un diámetro tentativo de alambre con la ecuación (19-4), para la fuerza máxima de operación, el diámetro medio y el esfuerzo de diseño supuestos, y con un valor de K supuesto de 1.20, aproximadamente.

$$D_w = \left[\frac{8KF_oD_m}{\pi\tau_d}\right]^{1/3} = \left[\frac{(8)(1.20)(26.75)(0.50)}{(\pi)(110\,000)}\right]^{1/3} = 0.072 \text{ pulg}$$

Para este tamaño, existe disponible un tamaño estándar de alambre en el sistema U.S. Steel Wire Gage. Usar el calibre 15.

Paso 3. Determine el esfuerzo real de diseño para el tamaño seleccionado de alambre.

Según la figura 19-8, con un tamaño de alambre de 0.072 pulgada, el esfuerzo de diseño es de 120 000 psi.

Paso 4. Calcule los valores reales del diámetro exterior, diámetro medio, diámetro interior, índice de resorte y factor Wahl K. Esos factores son los mismos que ya se definieron para los resortes helicoidales de compresión.

Sea el diámetro exterior el especificado, 0.625 pulg. Entonces

$$D_m = DE - D_w = 0.625 - 0.072 = 0.553 \text{ pulg}$$

$$DI = DE - 2D_w = 0.625 - 2(0.072) = 0.481 \text{ pulg}$$

$$C = D_m/D_w = 0.553/0.072 = 7.68$$

$$K = \frac{4C - 1}{4C - 4} + \frac{0.615}{C} = \frac{4(7.68) - 1}{4(7.68) - 4} + \frac{0.615}{7.68} = 1.19$$

Paso 5. Calcule el esfuerzo real esperado en el alambre del resorte, bajo la carga de operación, con la ecuación (19-4):

$$\tau_o = \frac{8KF_oD_m}{\pi D_w^3} = \frac{8(1.19)(26.75)(0.553)}{\pi(0.072)^3} = 120\,000 \text{ psi} \qquad \text{(aceptable)}$$

Paso 6. Calcule el número de espiras necesario para producir la deflexión deseada. Despeje el número de espiras de la ecuación (19-6) y sustituya k = fuerza/deflexión = F/f.

$$k = \frac{26.75 - 16.25}{4.25 - 3.50} = 14.0 \text{ lb/pulg}$$

$$N_a = \frac{GD_w}{8C^3k} = \frac{(11.5 \times 10^6)(0.072)}{8(7.68)^3(14.0)} = 16.3 \text{ espiras}$$

Paso 7. Calcule la longitud del cuerpo para el resorte y proponga un diseño tentativo para los extremos.

$$\text{Longitud del cuerpo} = D_w(N_a + 1) = (0.072)(16.3 + 1) = 1.25 \text{ pulg}$$

Proponga usar una espira completa en cada extremo del resorte, la cual añade una longitud igual al *DI* del resorte en cada extremo. Entonces, la longitud libre total es

$$L_f = \text{longitud del cuerpo} + 2(ID) = 1.25 + 2(0.481) = 2.21 \text{ pulg}$$

Paso 8. Calcule la deflexión, desde la longitud libre hasta la longitud de operación:

$$f_o = L_o - L_f = 4.25 - 2.21 = 2.04 \text{ pulg}$$

Paso 9. Calcule la fuerza inicial en el resorte, por la cual las espiras apenas comienzan a separarse. Esto se hace al restar el valor de la fuerza debido a la deflexión, f_o:

$$F_I = F_o - kf_o = 26.75 - (14.0)(2.04) = -1.81 \text{ lb}$$

La fuerza negativa que se obtiene se debe a que la longitud libre es demasiado pequeña para las condiciones especificadas, y claro que es imposible.

Pruebe con $L_f = 2.50$ pulg, para lo que se necesita rediseñar las espiras extremas. Entonces

$$f_o = 4.25 - 2.50 = 1.75 \text{ pulg}$$
$$F_I = 26.75 - (14.0)(1.75) = 2.25 \text{ lb} \quad \text{(razonable)}$$

Paso 10. Calcule el esfuerzo en el resorte, bajo tensión inicial, y compárelo con los valores recomendados en la figura 19-21.

Ya que el esfuerzo es proporcional a la carga,

$$\tau_I = \tau_o(F_I/F_o) = (120\,000)(2.25/26.75) = 10\,100 \text{ psi}$$

Para $C = 7.68$, este esfuerzo está dentro del intervalo preferido, según la figura 19-21.

En este momento, la parte helicoidal del resorte es satisfactoria. Se debe completar los extremos y analizar por esfuerzos.

19-8 RESORTES HELICOIDALES DE TORSIÓN

Muchos elementos de máquinas requieren un resorte que ejecute un movimiento de rotación, o ejerza un par torsional, y no una fuerza de empuje o de tracción. El resorte helicoidal de torsión es diseñado para satisfacer estos requisitos. Tiene la misma apariencia general que el resorte helicoidal de compresión o de extensión, con alambre redondo enrollado en forma cilíndrica. Por lo general, las espiras están juntas, pero con una holgura pequeña, y no se permite una tensión inicial en el resorte como en el caso de los resortes de extensión. La figura 19-23 muestra algunos ejemplos de resortes de torsión con diversos acabados en los extremos.

Las conocidas pinzas para ropa usan un resorte de torsión para proveer la fuerza de sujeción. Muchas puertas de cabina se diseñan para cerrarse en forma automática por la acción de un resorte de torsión. Algunos temporizadores e interruptores usan resortes de torsión para accionar mecanismos o cerrar contactos. Con frecuencia, los resortes de torsión producen la fuerza de contrapeso para elementos de máquina montados sobre una placa embisagrada.

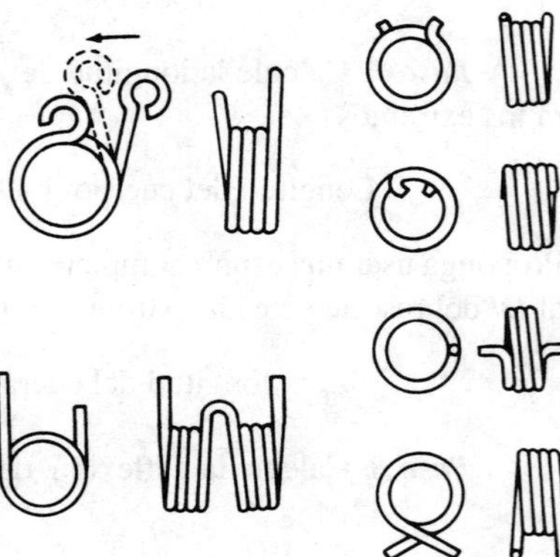

FIGURA 19-23 Resortes de torsión con diversos acabados en los extremos

Vea algunas de las funciones y guías para diseño especiales de los resortes de torsión:

1. El momento aplicado a un resorte de torsión siempre debe actuar en una dirección que cause que las espiras se enrollen más, y no que se abra el resorte. Con eso, se aprovechan los esfuerzos residuales favorables en el alambre, después de darle la forma.
2. En la condición libre (sin carga), la definición de diámetro medio, diámetro exterior, diámetro interior, diámetro de alambre e índice del resorte son iguales a las que se emplearon para los resortes de compresión.
3. A medida que aumenta la carga sobre un resorte de torsión, disminuye su diámetro medio, D_m, y aumenta su longitud, L, de acuerdo con las siguientes relaciones:

$$D_m = D_{mI} N_a/(N_a + \theta) \qquad \textbf{(19-17)}$$

donde D_{mI} = diámetro medio inicial, en la condición libre
N_a = número de espiras activas en el resorte (se definirá después)
θ = deflexión angular del resorte, respecto de la condición libre, expresada en revoluciones, o fracciones de revolución

$$L = D_w (N_a + 1 + \theta) \qquad \textbf{(19-18)}$$

En esta ecuación se supone que todas las espiras se tocan. Si se provee alguna holgura, que con frecuencia es preferible para reducir la fricción, se debe sumar una longitud igual a N_a por la holgura.

4. Los resortes de torsión deben soportarse en tres puntos o más. En general, se les instala alrededor de una varilla, que proporciona la localización y transfiere las fuerzas de reacción a la estructura. El diámetro de la varilla debe ser, aproximadamente, 90% del *DI* del resorte con la carga máxima.

Cálculos de esfuerzo

El esfuerzo en las espiras de un resorte helicoidal de torsión es *esfuerzo flexionante*, porque el momento aplicado tiende a doblar cada espira para que su diámetro sea menor. Así, el esfuerzo se calcula a partir de la fórmula de flexión, $\sigma = Mc/I$, modificada para incluir la curvatura del alambre. También, ya que la mayoría de los resortes de torsión se fabrican con alambre redondo, su módulo de sección I/c es $S = \pi D_w^3/32$. Así,

$$\sigma = \frac{McK_b}{I} = \frac{MK_b}{S} = \frac{MK_b}{\pi D_w^3/32} = \frac{32MK_b}{\pi D_w^3} \qquad \textbf{(19-19)}$$

K_b es el factor de corrección por curvatura, y según Wahl (vea la referencia 9) es

$$K_b = \frac{4C^2 - C - 1}{4C(C - 1)} \qquad \textbf{(19-20)}$$

donde C = índice del resorte.

Deflexión, constante del resorte y número de espiras

La ecuación básica que define la deflexión es

$$\theta' = ML_w/EI$$

donde θ' = deformación angular del resorte en radianes (rad)
M = momento o par torsional aplicado
L_w = longitud del alambre en el resorte
E = módulo de elasticidad en tensión
I = momento de inercia del alambre del resorte

Se pueden sustituir las ecuaciones de L_w e I y convertir θ' (radianes) a θ (revoluciones), hasta llegar a una forma más cómoda para aplicar a resortes de torsión:

$$\theta = \frac{ML_w}{EI} = \frac{M(\pi D_m N_a)}{E(\pi D_w^4/64)}\,\frac{1\text{ rev}}{2\pi\text{ rad}} = \frac{10.2MD_mN_a}{ED_w^4} \tag{19-21}$$

Para calcular la constante del resorte, k_θ (momento por revolución), despeje M/θ:

$$k_\theta = \frac{M}{\theta} = \frac{ED_w^4}{10.2D_mN_a} \tag{19-22}$$

La fricción entre las espiras, y entre el DI del resorte y la varilla de guía, pueden disminuir un poco este valor.

El número de espiras, N_a, está formado por una combinación del número de espiras en el cuerpo del resorte, llamado N_b, y la contribución de los extremos, porque también están sujetos a flexión. Si N_e es la contribución de los extremos, cuyas longitudes son L_1 y L_2, entonces

$$N_e = (L_1 + L_2)/(3\pi D_m) \tag{19-23}$$

A continuación calcule $N_a = N_b + N_e$.

Esfuerzos de diseño

Como el esfuerzo en un resorte de torsión es flexionante, y no existe cortante torsional, los esfuerzos de diseño son distintos de los que se usaron para los resortes de compresión y extensión. En las figuras 19-24 a 19-29 se muestran seis gráficas del esfuerzo de diseño en función del diámetro de alambre, para las mismas aleaciones que se usaron antes en los resortes de compresión.

Procedimiento de diseño para resortes de torsión

Se presenta un procedimiento general para diseñar resortes de torsión, ilustrado con el problema modelo 19-5.

Problema modelo 19-5

Un temporizador tiene un mecanismo para cerrar un interruptor, cuando el temporizador da una revolución completa. Los contactos del interruptor son accionados por un resorte de torsión que será diseñado. Una leva en el eje del temporizador mueve con lentitud una palanca fija a un extremo del resorte, hasta un punto en donde el par torsional máximo en el resorte es de 3.00 lb·pulg. Al final de una revolución, la leva permite que gire la palanca 60° en forma instantánea, con el movimiento que produce la energía almacenada en el resorte. En esta nueva posición, el par torsional sobre el resorte es de 1.60 lb·pulg. Debido a limitaciones de espacio, el DE del resorte no debe ser mayor que 0.50 pulgada, y la longitud no debe ser mayor que 0.75 pulgada. Use alambre de acero para instrumentos musicales, ASTM A228. El número de ciclos del resorte será moderado, tal que se pueden utilizar los esfuerzos de diseño para servicio promedio.

FIGURA 19-24 Esfuerzos flexionantes de diseño para resortes de torsión, de alambre de acero ASTM A227, estirado en frío (Reimpreso de Harold Carlson, *Spring Designer's Handbook*, pág. 144. por cortesía de Marcel Dekker, Inc.)

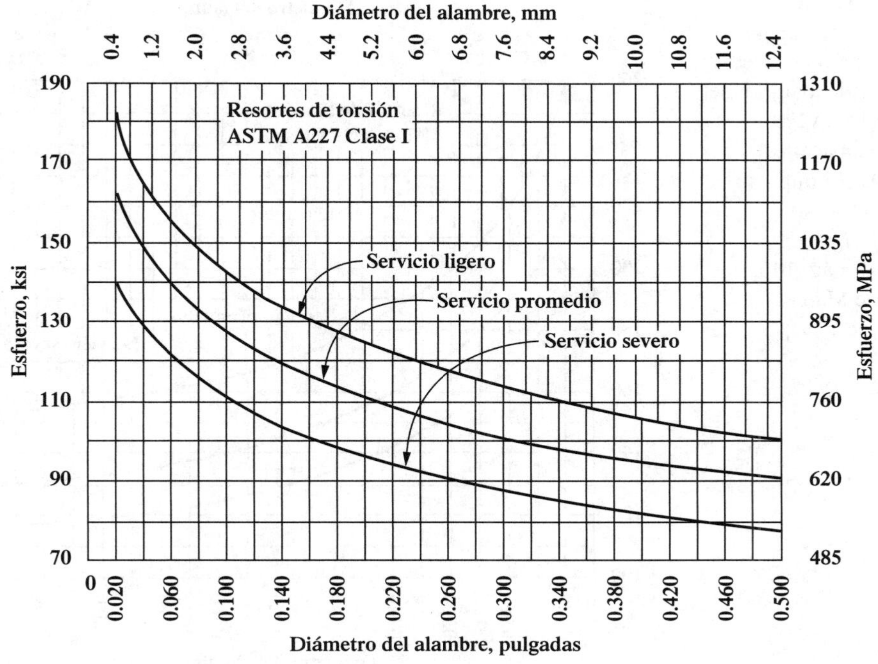

FIGURA 19-25 Esfuerzos flexionantes de diseño para resortes de torsión, de alambre de acero ASTM A228, para instrumentos musicales (Reimpreso de Harold Carlson, *Spring Designer's Handbook*, pág. 143. por cortesía de Marcel Dekker, Inc.)

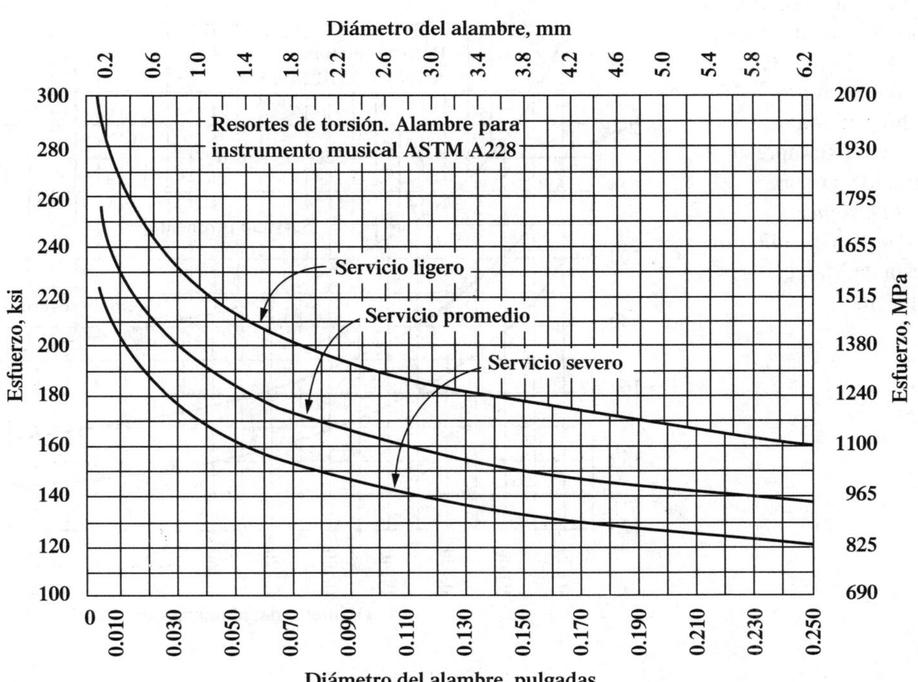

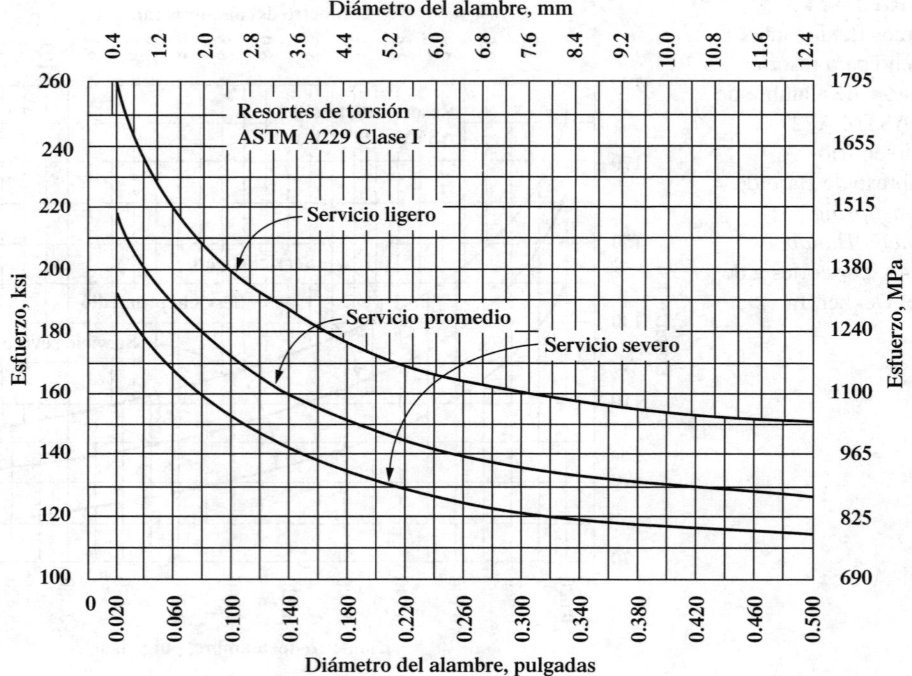

FIGURA 19-26 Esfuerzos flexionantes de diseño para resortes de torsión, de alambre de acero ASTM A229, templado en aceite, grado MB (Reimpreso de Harold Carlson, *Spring Designer's Handbook*, pág. 146. por cortesía de Marcel Dekker, Inc.)

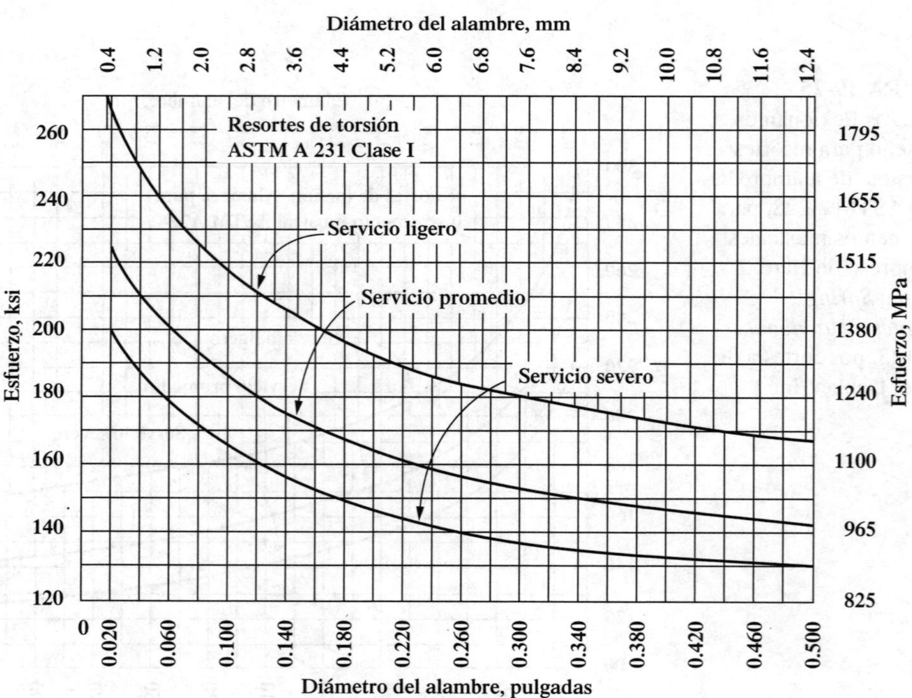

FIGURA 19-27 Esfuerzos flexionantes de diseño para resortes de torsión, de alambre de acero ASTM A231, aleación de cromo-vanadio, calidad resorte de válvula (Reimpreso de Harold Carlson, *Spring Designer's Handbook*, pág. 147. por cortesía de Marcel Dekker, Inc.)

FIGURA 19-28
Esfuerzos flexionantes de diseño para resortes de torsión, de alambre de acero ASTM A401, aleación cromo-silicio, templada en aceite (Reimpreso de Harold Carlson, *Spring Designer's Handbook*, pág. 148. por cortesía de Marcel Dekker, Inc.)

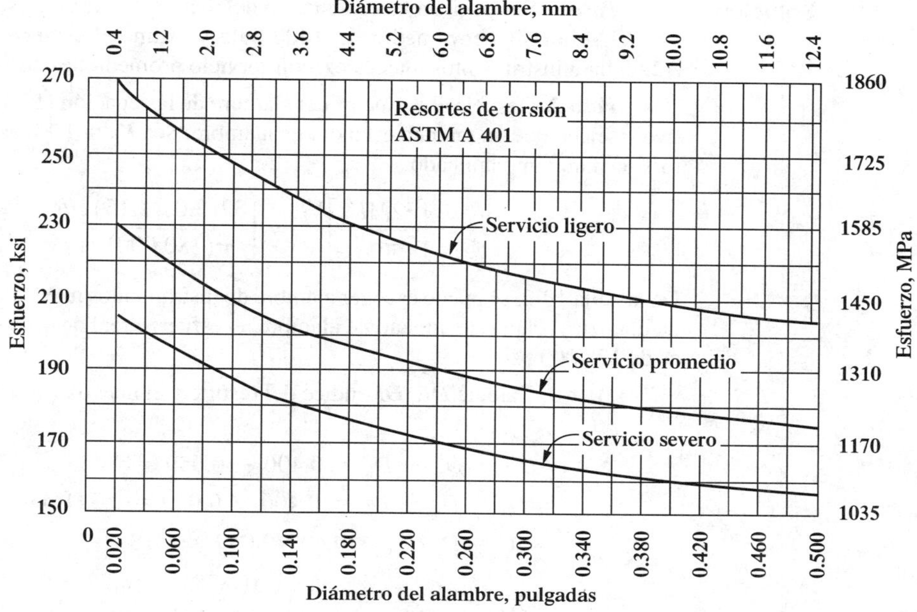

FIGURA 19-29
Esfuerzos flexionantes de diseño para resortes de torsión, de alambre de acero ASTM A313, acero inoxidable tipos 302 y 304, resistente a la corrosión (Reimpreso de Harold Carlson, *Spring Designer's Handbook*, pág. 150. por cortesía de Marcel Dekker, Inc.)

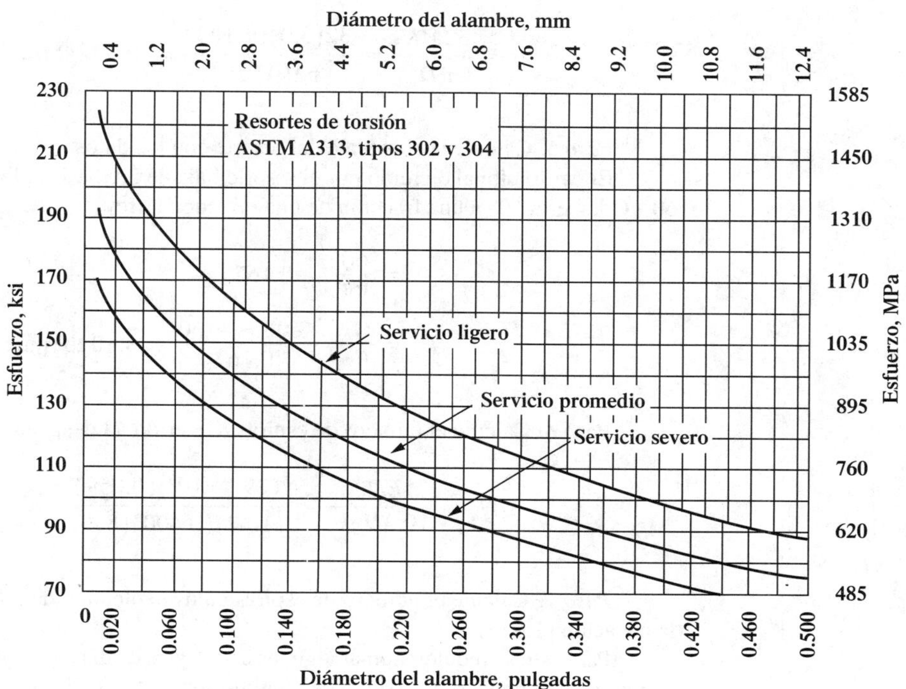

Solución ***Paso 1.*** Suponga un valor tentativo del diámetro medio, y estime el esfuerzo de diseño.

Use un diámetro medio de 0.400 pulg y estime el esfuerzo de diseño para el alambre A228, para instrumentos musicales, con servicio promedio; es de 180 000 psi (figura 19-25).

Paso 2. Despeje el diámetro del alambre de la ecuación (19-19), calcule un tamaño tentativo y seleccione un tamaño estándar de alambre. Sea $K_b = 1.15$, estimado. También, use el par torsional máximo aplicado:

$$D_w = \left[\frac{32MK_b}{\pi\sigma_d}\right]^{1/3} = \left[\frac{32(3.0)(1.15)}{\pi(180\,000)}\right]^{1/3} = 0.058 \text{ pulg}$$

De la tabla 19-2, se puede escoger alambre de instrumentos musicales calibre 25, con 0.059 pulg de diámetro. Para este tamaño de alambre, el esfuerzo real de diseño para un servicio promedio es de 178 000 psi.

Paso 3. Calcule *DE*, *DI*, índice del resorte y el nuevo K_b:

$$DE = D_m + D_w = 0.400 + 0.059 = 0.459 \text{ pulg} \quad \text{(aceptable)}$$
$$DI = D_m - D_w = 0.400 - 0.059 = 0.341 \text{ pulg}$$
$$C = D_m/D_w = 0.400/0.059 = 6.78$$
$$K_b = \frac{4C^2 - C - 1}{4C(C-1)} = \frac{4(6.78)^2 - 6.78 - 1}{4(6.78)(6.78-1)} = 1.123$$

Paso 4. Calcule el esfuerzo real esperado, con la ecuación (19-19):

$$\sigma = \frac{32MK_b}{\pi D_w^3} = \frac{32(3.0)(1.123)}{(\pi)(0.059)^3} = 167\,000 \text{ psi} \quad \text{(aceptable)}$$

Paso 5. Calcule la constante del resorte con los datos.

El par torsional ejercido por el resorte baja de 3.00 a 1.60 lb·pulg, cuando el resorte gira 60°. Convierta 60° a una fracción de una revolución (rev):

$$\theta = \frac{60}{360} = 0.167 \text{ rev}$$
$$k_\theta = \frac{M}{\theta} = \frac{3.00 - 1.60}{0.167} = 8.40 \text{ lb}\cdot\text{pulg/rev}$$

Paso 6. Calcule el número de espiras requerido, al despejar N_a de la ecuación (19-22):

$$N_a = \frac{ED_w^4}{10.2D_m k_\theta} = \frac{(29 \times 10^6)(0.059)^4}{(10.2)(0.400)(8.40)} = 10.3 \text{ espiras}$$

Paso 7. Calcule el número de espiras equivalente, debido a los extremos del resorte, con la ecuación (19-23).

Para esto se requiere tomar algunas decisiones de diseño. Use extremos rectos de 2.0 pulg de longitud en un lado, y 1.0 pulg de longitud sobre el otro. Estos extremos se fijarán a la estructura del temporizador, durante su funcionamiento. Entonces

$$N_e = (L_1 + L_2)/(3\pi\, D_m) = (2.0 + 1.0)/[3\pi\,(0.400)] = 0.80 \text{ espiras}$$

Paso 8. Calcule el número de espiras requerida en el cuerpo del resorte:

$$N_b = N_a - N_e = 10.3 - 0.8 = 9.5 \text{ espiras}$$

Paso 9. Termine el diseño geométrico del resorte, incluyendo el tamaño de la varilla sobre la cual se va a montar.

Primero se necesita conocer la deflexión angular total del resorte, desde la condición libre hasta la carga máxima. En este caso, se sabe que el resorte gira 60° durante la operación. A eso se le debe sumar la rotación desde la condición libre hasta el par torsional inicial, 1.60 lb-·pulg. Así,

$$\theta_I = M_I/k_\theta = 1.60 \text{ lb·pulg}/(8.4 \text{ lb·pulg/rev}) = 0.19 \text{ rev}$$

Entonces, la rotación total es

$$\theta_t = \theta_I + \theta_o = 0.19 + 0.167 = 0.357 \text{ rev}$$

De acuerdo con la ecuación (19-15), el diámetro medio en el par torsional máximo de operación es

$$D_m = D_{ml}\, N_a/(N_a + \theta_t) = [(0.400)(10.3)]/[(10.3 + 0.357)] = 0.387 \text{ pulg}$$

El diámetro mínimo interior es

$$DI_{\text{mín}} = 0.387 - D_w = 0.387 \_ 0.059 = 0.328 \text{ pulg}$$

El diámetro de la varilla sobre la que se monta el resorte debe ser aproximadamente 0.90 veces este valor. Entonces

$$D_r = 0.9(0.328) = 0.295 \text{ pulg} \qquad \text{(es decir, 0.30 pulg)}$$

La longitud del resorte, si se supone que al principio se tocan todas las espiras, se calcula con la ecuación (19-18):

$$L_{\text{máx}} = D_w\,(N_a + 1 + \theta_t) = (0.059)(10.3 + 1 + 0.356) = 0.688 \text{ pulg} \qquad \text{(aceptable)}$$

Este valor de la longitud es el espacio máximo que se requiere en la dirección del eje de la espira, cuando el resorte acciona totalmente. Las especificaciones permiten que la longitud axial sea de 0.75 pulgadas, así que este diseño es aceptable.

19-9 PERFECCIONAMIENTO DE LOS RESORTES MEDIANTE REMACHADO POR MUNICIÓN

Los datos presentados en este capítulo, acerca de materiales en los alambres para resortes, son para alambres comerciales con buen acabado superficial. Se debe tener cuidado para evitar que se formen muescas y rayaduras sobre el alambre del resorte y que puedan funcionar como sitios de inicio de grietas por fatiga. Al dar forma a los extremos de los resortes de extensión, o al dar alguna otra forma especial, los radios de curvatura deben ser lo más grande que sea posible, para evitar regiones con altos esfuerzos residuales, después del proceso de flexión.

En las aplicaciones críticas se puede indicar el uso de *remachado por munición* para mejorar el funcionamiento de los resortes y otros elementos de máquinas frente a la fatiga. Como ejemplos están los resortes de válvula para motores de combustión, resortes de actuación rápida en equipos automáticos, resortes de embrague, aplicaciones aeroespaciales, equipos médicos, engranes, impulsores de bombas y sistemas militares. El remachado por munición es un proceso donde píldoras duras, llamadas municiones, se lanzan con gran velocidad hacia la superficie que se va a tratar. El remachado por munición causa deformación plástica local pequeña, cerca de la superficie. El material abajo de la zona deformada se somete después a la compresión, cuando trata de regresar la superficie a su forma original. Se producen grandes esfuerzos residuales de compresión en la superficie, lo cual es favorable. Las grietas por fatiga aparecen comúnmente en puntos de alto esfuerzo de tensión. Por consiguiente, el esfuerzo residual de compresión tiende a evitar que aparezcan esas grietas, y aumenta en forma apreciable la resistencia del material a la fatiga. Vea el sitio de Internet 12.

19-10 FABRICACIÓN DE RESORTES

Las máquinas para fabricar resortes son fascinantes ejemplos de dispositivos de alta velocidad, flexibles, programables, multiejes y multifuncionales. El sitio de Internet 6 muestra imágenes de varias clases, incluidos los sistemas de alimentación de alambre, las ruedas de devanado y cabezas múltiples de formación. Los sistemas emplean CNC (control numérico por computadora) para permitir la preparación y ajuste rápidos, y producir automáticamente las diversas geometrías del cuerpo y los extremos de resortes, como los mostrados en las figuras 19-2 y 19-4. También, se pueden fabricar otras formas complejas para usarse en broches especiales, pinzas y soportes.

Además de las máquinas para fabricar resortes, existen:

- Sistemas para manejar los grandes rollos del alambre en bruto, y desenrollarlos conforme se necesite
- Enderezadores que eliminan la forma curva del alambre enrollado, antes de dar forma al resorte
- Rectificadoras para formar los extremos escuadrados y rectificados de los resortes de compresión
- Hornos de tratamiento térmico donde se hace un alivio de esfuerzos en los resortes, inmediatamente después de darles forma, para que mantengan la geometría especificada.
- Equipo de remachado por munición, como se describió en la sección anterior.

REFERENCIAS

1. Associated Spring, Barnes Group, Inc. *Engineering Guide to Spring Design* (Guía técnica para diseño de resortes). Bristol, CT: Associated Spring, 1987.
2. Carlson, Harold. *Spring Designer's Handbook* (Manual del diseñador de resortes). Nueva York: Marcel Dekker, 1978.
3. Carlson, Harold. *Springs-Troubleshooting and Failure Analysis* (Resortes: localización de fallas y análisis de fallas). Nueva York: Marcel Dekker, 1980.
4. Faires, V. M. *Design of Machine Elements* (Diseño de elementos de máquinas). 4ª edición. Nueva York: Macmillan, 1965.
5. Oberg, E. *et al. Machinery's Handbook* (Manual de maquinaria). 26ª edición. Nueva York: Industrial Press, 2000.
6. Shigley, J. E. y C. R. Mischke. *Mechanical Engineering Design* (Diseño en ingeniería mecánica), 6ª edición. Nueva York: McGraw-Hill, 2001.
7. Society of Automotive Engineers. *Spring Design Manual* (Manual de diseño de resortes). 2ª edición. Warrendale, PA: Society of Automotive Engineers, 1995.
8. Spring Manufacturers Institute. *Handbook of Spring Design* (Manual de diseño de resortes). Oak Brook, IL: Spring Manufacturers Institute, 2002.
9. Wahl, A. M. *Mechanical Springs* (Resortes mecánicos) Nueva York: McGraw-Hill, 1963.

SITIOS DE INTERNET RELEVANTES PARA EL DISEÑO DE RESORTES

1. **Spring Manufacturers Institute.** *www.smihq.org* Asociación industrial que da servicio a fabricantes y suministra publicaciones técnicas, programas de cómputo para diseño de resortes, educación y diversos servicios. El programa *Advance Spring Design* (Diseño avanzado de resortes) facilita el diseño de numerosas clases de resortes, e incluye resortes de compresión, extensión, torsión y muchos otros.
2. **Institute of Spring Technology.** *www.ist.org.uk* Suministra una gran variedad de investigaciones, desarrollos, soluciones de problemas, análisis de falla, adiestramientos, programas de CAD, y pruebas mecánicas y de materiales para la industria de los resortes.
3. **Associated Spring-Barnes Group, Inc.** *www.asbg.com* Un gran fabricante de resortes de precisión para industrias del transporte, telecomunicaciones, electrónica, electrodomésticos y equipo agrícola.
4. **Associated Spring Raymond**. *www.asraymond.com* Productor de una gran variedad de resortes y componentes relacionados. Catálogo en línea de resortes de la línea SPEC de compresión, extensión y torsión, arandelas elásticas, resortes para gas, resortes de fuerza constante y resortes de uretano.
5. **Century Spring Corporation**. *www.centuryspring.com* Productor de una gran variedad de resortes. Catálogo en línea de resortes de compresión, extensión, torsión, resortes de troquel, resortes de uretano y resortes de barra de tiro.
6. **Unidex Machinery Company.** *www.unidexmachinery.com* Fabricante de maquinaria CNC para formación de resortes, máquinas bobinadoras y equipos relacionados.
7. **Oriimec Corporation of America.** *www.oriimec.com* Fabricante de maquinaria CNC multieje de formación de resortes, bobinadoras CNC y máquinas para resortes de tensión.

8. **American Spring Wire Corporation.** *www.americanspringwire.com* Fabricante de alambre de resortes de calidad para válvulas y comercial, en aceros al carbón y aleados. También produce alambre de siete hilos para aplicaciones con grandes cargas de tensión, como estructuras de concreto pretensadas o post-tensadas.
9. **Mapes Piano String Company.** *www.mapeswire.com* Fabricante de alambre para resortes, alambre de piano y alambre especial para cuerdas de guitarra. Los alambres para resorte incluyen alambre para instrumentos musicales (simple y recubierto), alambre de alta tensión para misiles, de acero inoxidable y otros más.
10. **Little Falls Alloys, Inc.** *www.littlefallsalloys.com* Fabricante de alambre no ferroso, como el de cobre al berilio, latón, bronce fosforado, níquel y cuproníquel. Entre las listas de productos, se incluyen datos de propiedades físicas y mecánicas.
11. **Alloy Wire International.** *www.alloywire.com* Fabricante de alambre redondo y de otras formas, en superaleaciones como Inconel,® Incolcy,® Monel® (marcas registrados de Special Metals Group of Companies), hastelloy y titanio.
12. **Metal Improvement Company.** *www.metalimprovement.com* Proveedor de servicios de remachado por munición a las industrias aeroespacial, automotriz, química, marina, agricultura, minera y médica. Con el remachado por munición se mejora el funcionamiento con fatiga de resortes, engranes y muchos otros productos. El sitio Web contiene descripciones de los aspectos técnicos del remachado por munición.

PROBLEMAS

Resortes de compresión

1. Un resorte tiene 2.75 pulgadas de longitud total sin carga, y de 1.85 pulgadas cuando sostiene una carga de 12.0 lb. Calcule su constante de resorte.
2. Un resorte se carga inicialmente con 4.65 lb, y tiene 1.25 pulgadas de longitud. El dato de la constante del resorte es de 18.8 lb/pulgada. ¿Cuál es la longitud libre se ese resorte?
3. La constante de un resorte es de 76.7 lb/pulgada. Con una carga de 32.2 lb, su longitud es 0.830 pulgada. Su longitud comprimida es 0.626 pulgada. Calcule la fuerza necesaria para comprimirlo hasta su longitud comprimida. También calcule su longitud libre.
4. La longitud total de un resorte es de 63.5 mm cuando no tiene carga, y de 37.1 mm cuando sostiene una carga de 99.2 N. Calcule su constante de resorte.
5. Un resorte tiene una carga inicial de 54.05 N, y entonces su longitud es de 39.47 mm. El dato de la constante del resorte es de 1.47 N/mm. ¿Cuál es la longitud libre del resorte?
6. La constante de un resorte es de 8.95 N/mm. Con una carga de 134 N, su longitud es de 29.4 mm. Su longitud comprimida es de 21.4 mm. Calcule la fuerza necesaria para comprimirlo hasta su longitud comprimida. También calcule su longitud libre.
7. Un resorte helicoidal de compresión, con extremos escuadrados y rectificados, tiene 1.100 pulgadas de diámetro externo, diámetro de alambre 0.085 pulg y longitud comprimida 0.563 pulgada. Calcule el *DI*, diámetro medio, índice del resorte y el número de espiras aproximado.
8. Se conocen los siguientes datos de un resorte:

   Número total de espiras = 19

   Extremos escuadrados y rectificados

   Diámetro exterior = 0.560 pulgada

   Diámetro del alambre = 0.059 pulgada (alambre de música, calibre 25)

   Longitud libre = 4.22 pulgadas

   Para este resorte, calcule el índice de resorte, el paso, el ángulo de paso y la longitud comprimida.
9. Para el resorte del problema 8, calcule la fuerza requerida para reducir su longitud a 3.00 pulgadas. Calcule el esfuerzo que produce esa fuerza en el resorte. ¿Sería satisfactorio el esfuerzo para un servicio promedio?
10. El resorte de los problemas 8 y 9 ¿tendería a pandearse al comprimirlo hasta 3.00 pulgadas?
11. Para el resorte del problema 8, calcule el diámetro exterior estimado cuando se comprime hasta su longitud comprimida.
12. El resorte del problema 8 debe ser comprimido hasta su longitud comprimida, para instalarlo. ¿Qué fuerza se requiere para hacerlo? Calcule el esfuerzo a la longitud comprimida. ¿Es satisfactorio ese esfuerzo?
13. Una barra de soporte para el componente de una máquina será colgada, para amortiguar las cargas que se aplicarán. Al funcionar, la carga sobre cada resorte varía de 180 a 220 lb. La posición de la barra no debe moverse más de 0.500 pulgada cuando varía la carga. Diseñe un resorte de compresión para esta aplicación. Se espera que haya varios millones de ciclos. Use alambre de acero ASTM A229.
14. Diseñe un resorte helicoidal de compresión, que ejerza una fuerza de 22.0 lb cuando se comprima hasta una longitud de 1.75 pulgadas. Cuando su longitud sea de 3.00 pulgadas, debe ejercer 5.0 lb de fuerza. El resorte se extenderá y contraerá rápidamente, y se requiere que su servicio sea severo. Use alambre de acero ASTM A401.
15. Diseñe un resorte helicoidal de compresión para una válvula de alivio de presión. Cuando la válvula esté cerrada, la longitud del resorte es de 2.0 pulgadas, y la fuerza del mismo debe ser de 1.50 lb. Al aumentar la presión sobre la válvula, una fuerza de 14.0 lb causa que se abra la válvula y comprima el resorte hasta que su longitud sea de 1.25 pulgada. Use alambre de acero inoxidable ASTM A313 tipo 302, y diseñe para un servicio promedio.

16. Diseñe un resorte helicoidal de compresión que se use para regresar un cilindro neumático a su posición original, después de haber accionado. A una longitud de 10.50 pulgadas, el resorte debe ejercer una fuerza de 60 lb. A una longitud de 4.00 pulgadas, la fuerza debe ser 250 lb. Se espera que tenga servicio severo. Use alambre de acero ASTM A231.
17. Diseñe un resorte helicoidal de compresión con alambre para instrumentos musicales, y ejerza una fuerza de 14.0 lb cuando su longitud sea de 0.68 pulgada. La longitud libre debe ser 1.75 pulgadas. Use servicio promedio.
18. Diseñe un resorte helicoidal de compresión, con alambre de acero inoxidable ASTM A313 tipo 316, para servicio promedio, que ejerza una fuerza de 8.00 lb después de comprimirse 1.75 pulgadas, desde una longitud libre de 2.75 pulgadas.
19. Repita el problema 18, con el requisito adicional que el resorte debe trabajar rodeando un vástago con 0.625 pulgada de diámetro.
20. Repita el problema 17, con el requisito adicional que se debe instalar en un orificio de 0.750 pulgada de diámetro.
21. Diseñe un resorte helicoidal de compresión, con alambre de acero ASTM A231, para servicio severo. El resorte ejercerá una fuerza de 45.0 lb cuando su longitud sea 3.05 pulgadas, y de 22.0 lb cuando sea de 3.50 pulgadas.
22. Diseñe un resorte helicoidal de compresión, con alambre redondo de acero ASTM A227. El resorte debe accionar un embrague y debe resistir varios millones de ciclos de trabajo. Cuando los discos del embrague estén en contacto, el resorte tendrá 2.50 pulgadas de longitud, y deberá ejercer una fuerza de 20 lb. Cuando el embrague esté suelto, el resorte tendrá 2.10 pulgadas de longitud y debe ejercer una fuerza de 35 lb. El resorte será instalado rodeando un eje redondo de 1.50 pulgadas de diámetro.
23. Diseñe un resorte helicoidal de compresión de alambre redondo de acero ASTM A227. El resorte accionará un embrague y debe resistir varios millones de ciclos de trabajo. Cuando estén en contacto los discos del embrague, el resorte debe tener 60 mm de longitud, y debe ejercer una fuerza de 90 N. Cuando el embrague esté suelto, el resorte debe tener 50 mm de longitud, y debe ejercer 155 N de fuerza. Éste se instalará rodeando un eje redondo de 38 mm de diámetro.
24. Evalúe el funcionamiento de un resorte helicoidal de compresión, de alambre de acero ASTM A229, calibre 17, cuyo diámetro exterior es de 0.531 pulgada. Su longitud libre es de 1.25 pulgadas, tiene extremos escuadrados y rectificados, y un total de 7.0 espiras. Calcule la constante del resorte, y su deflexión y esfuerzo cuando soporte 10.0 lb. Con este nivel de esfuerzo ¿para qué servicio (ligero, promedio o severo) es adecuado ese resorte?

Resortes de extensión

En los problemas 25 a 31, asegúrese de que el esfuerzo en el resorte, bajo la tensión inicial, esté dentro del intervalo sugerido en la figura 19-21.

25. Diseñe un resorte helicoidal de extensión, con alambre de instrumentos musicales, para ejercer 7.75 lb de fuerza cuando la longitud entre los puntos de fijación sea de 2.75 pulgadas, y de 5.25 lb cuando sea de 2.25 pulgadas. El diámetro exterior debe ser menor que 0.300 pulgada. Considere que el servicio será severo.
26. Diseñe un resorte helicoidal de extensión para servicio promedio, con alambre para instrumentos musicales, que ejerza 15.0 lb de fuerza cuando la longitud entre puntos de fijación sea de 5.00 pulgadas, y de 5.20 lb cuando sea de 3.75 pulgadas. El diámetro exterior debe ser menor que 0.75 pulgada.
27. Diseñe un resorte helicoidal de extensión, para servicio severo, con alambre para instrumentos musicales. Debe ejercer una fuerza máxima de 10.0 lb cuando la longitud sea de 3.00 pulgadas. La constante del resorte debe ser de 6.80 lb/pulgada. El diámetro exterior debe ser menor que 0.75 pulgada.
28. Diseñe un resorte helicoidal de extensión para servicio severo, con alambre para instrumentos musicales. Debe ejercer una fuerza máxima de 10.0 lb cuando la longitud sea de 6.00 pulgadas. La constante del resorte debe ser de 2.60 lb/pulgada y el diámetro exterior debe ser menor que 0.75 pulgada.
29. Diseñe un resorte helicoidal de extensión, para servicio promedio, con alambre para instrumentos musicales. Debe ejercer una fuerza máxima de 10.0 lb cuando la longitud sea de 9.61 pulgadas. La constante del resorte debe ser de 1.50 lb/pulgada. El diámetro exterior debe ser menor que 0.75 pulgada.
30. Diseñe un resorte helicoidal de extensión para servicio promedio, con alambre de acero inoxidable ASTM A313 tipo 302, para ejercer una fuerza máxima de 162 lb cuando la longitud sea de 10.80 pulgadas. La constante del resorte debe ser de 38.0 lb/pulgada, y el diámetro exterior debe ser de 1.75 pulgadas, aproximadamente.
31. Un resorte de extensión tiene un extremo semejante al de la figura 19-22. Los datos correspondientes son los siguientes: calibre U.S. Wire Gage No. 19, diámetro medio = 0.28 pulgada, R_1 = 0.25 pulgada, R_2 = 0.094 pulgada. Calcule los esfuerzos esperados en los puntos A y B de la figura, cuando la fuerza sea de 5.0 lb. ¿Serán satisfactorios esos esfuerzos para alambre de acero ASTM A227, con servicio promedio?

Resortes de torsión

32. Diseñe un resorte helicoidal de torsión que sea de acero inoxidable ASTM A313 tipo 302, para ejercer un par torsional de 1.00 lb·pulgada cuando la deflexión sea de 180° desde su condición libre. El diámetro exterior del resorte debe ser no mayor que 0.500 pulgada. Especifique el diámetro de un vástago alrededor del cual montará el resorte.
33. Diseñe un resorte helicoidal de torsión para servicio severo, con alambre de acero inoxidable ASTM A313 tipo 302, que ejerza un par torsional de 12.0 lb·pulgada cuando la deflexión sea de 270° desde la condición libre. El diámetro exterior del resorte no debe ser mayor que 1.250 pulgadas. Especifique el diámetro de un vástago sobre el cual montará el resorte.
34. Diseñe un resorte helicoidal de torsión, para servicio severo, con alambre para instrumentos musicales. Debe ejercer un par torsional máximo de 2.50 lb·pulgada cuando la deflexión sea de 360° desde la condición libre. El diámetro exterior del resorte no debe ser mayor que 0.750 pulgada. Especifique el diámetro de un vástago sobre el cual montará el resorte.
35. Un resorte helicoidal de torsión tiene un diámetro de alambre de 0.038 pulgada, diámetro exterior de 0.368 pulgada, 9.5 espiras en el cuerpo, un extremo de 0.50 pulgada de longitud, y el otro de 1.125 pulgadas de longitud; su material es acero ASTM A401. ¿Qué par torsional causaría que el resorte girara 180°? ¿Cuál sería entonces el esfuerzo? ¿Sería seguro?

20

Bastidores de máquina, conexiones atornilladas y uniones soldadas

Panorama

Bastidores de máquina, conexiones atornilladas y uniones soldadas

Mapa de aprendizaje

- Junto con el desarrollo del diseño de los elementos de máquina (como lo ha hecho en este libro), también debe diseñar la caja, el bastidor o la estructura que los sostenga y proteja de los elementos.

Descubrimiento

Seleccione varios productos, máquinas, vehículos y hasta juguetes. Observe cómo están construidos. ¿Cuál es la forma básica de la estructura que mantiene todo junto? ¿Por qué el diseñador escogió esa forma? ¿Qué funciones realiza el bastidor?

¿Qué tipos de fuerzas, momentos flexionantes y de torsión (pares torsionales) se producen cuando el producto funciona? ¿Cómo se manejan y controlan? ¿Cuál es la trayectoria de la carga que llega hasta la estructura general?

Este capítulo le ayudará a identificar algunos métodos eficientes para diseñar estructuras y marcos, y a analizar el funcionamiento de los tornillos y las uniones soldadas, con cargas de muy distintas formas.

En este libro el lector ha estudiado elementos de máquina individuales, considerando, al mismo tiempo, la forma en que esos elementos deben trabajar en conjunto, en una máquina más elaborada. Al avanzar el diseño, llega un momento en que *debe juntar todo*. Pero entonces encara las preguntas: "¿Qué pongo adentro? ¿Cómo junto todos los componentes funcionales de una manera segura, permitiendo que se puedan ensamblar y darles servicio, y al mismo tiempo suministrando una estructura segura y rígida?"

No es práctico generar un método completamente general para diseñar una estructura o un bastidor para una máquina, un vehículo, un producto de consumo o hasta un juguete. Cada uno es distinto de acuerdo con sus funciones; el número, tamaño y tipo de componentes en el producto, el uso que se pretende y la demanda esperada de un diseño estético. Por ejemplo, con frecuencia los juguetes muestran métodos ingeniosos de diseño, porque el fabricante desea obtener un juguete seguro y funcional, y al mismo tiempo reducir al mínimo el material usado y la cantidad de tiempo de personal necesario para producir el juguete.

En este capítulo explorará algunos conceptos básicos para crear un diseño satisfactorio de bastidor, considerando la forma de los componentes estructurales, las propiedades de sus materiales, el uso de sujetadores como tornillos, y la fabricación de conjuntos soldados. Aprenderá algunas de las técnicas para analizar y diseñar conjuntos atornillados, para considerar las cargas en varias direcciones sobre los tornillos. También se describe el diseño de uniones soldadas, para que sean seguras y rígidas, con las descripciones que se presentaron.

En el capítulo 18, sobre los tornillos cargados en tensión pura, vimos parte de esta historia, por ejemplo, en una función de sujeción. El presente capítulo amplía aquél, para considerar juntas con cargas excéntricas: las que deben resistir una combinación de cortante directo y un momento flexionante sobre un conjunto de tornillos.

Se describe la capacidad de una unión soldada para soportar diversas cargas, con objeto de diseñar la soldadura. Aquí se describen uniones uniformemente cargadas y uniones excéntricamente cargadas.

Para apreciar el valor de este estudio, seleccione una variedad de productos, máquinas y vehículos, y observe cómo están construidos. ¿Cuál es la forma básica de la estructura que mantiene todo unido? ¿Dónde se generan las fuerzas, momentos flexionantes y momentos torsionales (pares torsionales)? ¿Qué tipos de esfuerzos causan? Considere cuál es la *trayectoria de la carga*, si sigue una fuerza desde el lugar donde se genera, y continúa a través de todos los medios por los cuales esa fuerza o sus efectos se transfieren a una serie de elementos y llegan al punto donde es resistida por un armazón básico de la máquina, o al punto por donde sale del sistema de interés. Al considerar *las trayectorias de carga* para todas las fuerzas que existan en un aparato mecánico, debería comprender las características adecuadas de la estructura, lo cual debiera ayudarle a conocer la forma de llegar a un diseño que optimice el manejo de las fuerzas que se ejercen en el bastidor.

Desarme diversos aparatos mecánicos para observar su estructura de soporte. ¿Cómo contribuyó la forma a la rigidez y seguridad del aparato? ¿Es muy rígida? ¿Es más flexible? ¿Hay nervios o secciones engrosados para aumentar la rigidez o la resistencia en ciertas partes?

Este capítulo le ayudará a identificar algunos métodos eficientes para el diseño de estructuras y bastidores, y a analizar el funcionamiento de tornillos y de uniones soldadas, con cargas de muy diversas clases.

El tema de los bastidores y estructuras de las máquinas es bastante complejo. Se describirá desde el punto de vista de los principios y los lineamientos generales, más que desde el punto de vista de técnicas específicas de diseño. Los bastidores críticos son diseñados, por lo general, con análisis computarizado por elemento finito. También se emplean con frecuencia técnicas experimentales de análisis de esfuerzos, para comprobar los diseños.

Usted es el diseñador

En el capítulo 16 usted fue el diseñador de cojinetes para sistemas de transporte en un gran centro de distribución de productos. En este caso, ¿cómo diseña el bastidor y la estructura del sistema de transportadores? ¿Qué forma general es conveniente? ¿Qué materiales y formas deben usarse en los elementos de la estructura? ¿Los elementos están cargados en tensión, compresión, flexión, cortante, torsión o alguna combinación de esas clases de esfuerzos? ¿Cómo afectan estas decisiones la forma de aplicar cargas y la naturaleza de los esfuerzos en la estructura? ¿Debe fabricarse al bastidor con perfiles estructurales normales, para atornillarlos, o con placa de acero soldada? ¿Y si se usa aluminio? ¿O deberían ser de hierro colado, o de acero colado? ¿Se puede moldear en plástico? ¿Se pueden usar materiales compuestos? ¿Cómo se afectaría el peso de la estructura? ¿Qué tanta rigidez es conveniente para esta clase de estructura? ¿Qué formas de elementos de carga contribuyen a formar una estructura rígida, y que a la vez sea segura para resistir los esfuerzos aplicados?

Si la estructura incluye tornillos o soldaduras ¿cómo deben ser diseñadas las juntas? ¿Qué fuerzas, tanto en magnitud como en dirección, deben soportar los tornillos o las soldaduras?

El material en este capítulo lo ayudará a tomar algunas de estas decisiones de diseño. Gran parte de la información es de naturaleza general, más que presentar procedimientos específicos de diseño. Debe ejercitar su juicio y creatividad, no sólo en el diseño del bastidor del transportador, sino también en el análisis de sus componentes. Como el diseño del bastidor podría avanzar hacia una forma demasiado compleja que dificulta su análisis con técnicas tradicionales del análisis de esfuerzos, podría usted tener que emplear un modelado de elementos finitos, para determinar si el diseño es adecuado o tal vez demasiado robusto. Quizá se deban construir uno o más prototipos para hacer pruebas.

20-1 OBJETIVOS DE ESTE CAPÍTULO

Al terminar este capítulo, podrá:

1. Aplicar los principios del análisis de esfuerzo y deformación para proponer una forma razonable y eficiente de una estructura o bastidor, y de sus partes.
2. Especificar los materiales adecuados para las necesidades de determinado diseño, dadas ciertas condiciones de carga, ambiente, requisitos de fabricación, seguridad y estética.
3. Analizar juntas atornilladas con cargas excéntricas.
4. Diseñar uniones soldadas que soportes muchas clases de cargas.

20-2 BASTIDORES Y ESTRUCTURAS DE MÁQUINAS

El diseño de bastidores y estructuras de máquinas es un arte, en gran medida, porque deben acomodarse las partes de la máquina. Con frecuencia, el diseñador se encuentra con restricciones de espacio para colocar los soportes, y que no interfieran con el funcionamiento de la máquina, o para que permitan el acceso para el ensamble o el mantenimiento.

Pero, naturalmente, se deben cumplir requisitos técnicos y de la estructura misma. Algunos de los parámetros más importantes son los siguientes:

Resistencia	Rigidez
Aspecto	Costo de fabricación
Resistencia a la corrosión	Peso
Tamaño	Reducción de ruido
Limitación de vibración	Duración

Debido a las posibilidades virtualmente infinitas de detalles de diseño en los bastidores y estructuras, en esta sección se concentrarán en lineamientos generales. La implementación de ellos dependerá de la aplicación específica. A continuación, se resumen los factores que deben ser considerados al comenzar un proyecto de diseño de un bastidor:

- Fuerzas ejercidas por los componentes de la máquina, a través de los puntos de montaje como cojinetes, pivotes, ménsulas y patas de otros elementos de máquinas
- Forma de soportar el bastidor mismo
- Precisión del sistema: deflexión admisible de los componentes
- Ambiente donde trabajará la unidad
- Cantidad de producción e instalaciones disponibles
- Disponibilidad de métodos analíticos, como el análisis computarizado de esfuerzos, la experiencia con productos similares y el análisis experimental de esfuerzos
- Relación con otras máquinas y muros, entre otros

De nuevo, muchos de estos factores requieren el criterio del diseñador. Los parámetros sobre los que el diseñador tiene más control son la selección del material, la geometría de las partes de carga del bastidor y los procesos de manufactura. A continuación repasaremos algunas posibilidades.

Materiales

Como en el caso de los elementos de máquinas descritos en este libro, las propiedades de resistencia y rigidez del material son de primera importancia. En el capítulo 2 se presentó una extensa cantidad de información sobre materiales, y los apéndices contienen mucha información útil. En general, el acero tiene buena resistencia, en comparación con los materiales opcionales para bastidores. Pero con frecuencia es mejor considerar algo más que la resistencia de fluencia, la resistencia última de tensión o la resistencia de fatiga solamente. El diseño completo se puede ejecutar con varios materiales probables, para evaluar el funcionamiento en general. Si se considera la *relación de resistencia a densidad*, llamada también *relación de resistencia a peso*, o *resistencia específica*, se puede llegar a seleccionar un material distinto. En realidad esta es una razón para usar aluminio, titanio y materiales compuestos, en aviones, vehículos aeroespaciales y equipos de transporte.

La rigidez de una estructura o un bastidor es, con frecuencia, el factor determinante en el diseño, más que la resistencia. En esos casos, la resistencia del material, representada por su módulo de elasticidad, es el factor más importante. En este caso también se deberá evaluar la *relación de rigidez a densidad*, llamada *rigidez específica*. Vea los datos en la tabla 2-10 y en las figuras 2-21 y 2-22.

Límites de deflexión recomendados

En realidad, sólo con un conocimiento profundo de la aplicación de un elemento de máquina se puede indicar un valor de deflexión aceptable. Pero se dispone de algunos lineamientos para que tenga un punto de partida (vea la referencia 3).

Deflexión debido a la flexión

Partes de máquina en general: 0.0005 a 0.003 pulg/pulg de longitud de viga

Precisión moderada: 0.00001 a 0.0005 pulg/pulg

Alta precisión: 0.000 001 a 0.000 01 pulg/pulg

Deflexión (rotación) debido a la torsión

Partes de máquina en general: 0.001° a 0.01°/pulg de longitud

Precisión moderada: 0.000 02° a 0.0004°/pulg

Alta precisión: 0.000 001° a 0.000 02°/pulg

Sugerencias de diseño para resistir la flexión

Al revisar una tabla de fórmulas de deflexión de vigas en flexión, como las del apéndice 14, se obtiene la siguiente forma de la deflexión:

$$\Delta = \frac{PL^3}{KEI} \quad \textbf{(20-1)}$$

donde P = carga
L = longitud entre apoyos
E = módulo de elasticidad del material en la viga
I = momento de inercia de la sección transversal de la viga
K = factor que depende de la forma de cargar y la forma de los apoyos

Una conclusión obvia respecto de la ecuación (20-1) es que la carga y la longitud deben mantenerse pequeñas, y los valores de E e I deben ser grandes. Observe la función cúbica de la longitud. Eso quiere decir, por ejemplo, que si se reduce la longitud en un factor de 2.0, se reduciría la deflexión en un factor de 8.0, lo cual es deseable, claro está.

La figura 20-1 muestra las comparaciones de cuatro tipos de vigas para sostener una carga, P, a una distancia, a, de un soporte rígido. Una viga simplemente apoyada en cada extremo se toma como "caso básico". Mediante las fórmulas estándar para vigas, se calculan el valor del momento flexionante y de la deflexión, en función de P y a, y los valores obtenidos se normalizaron arbitrariamente a 1.0. Entonces se calcularon los valores para los otros tres casos, y se determinaron las relaciones con el caso básico. Los datos indican que una viga con extremos empotrados produce tanto el momento flexionante mínimo como la deflexión mínima, mientras que el voladizo produce los valores máximos de ambos.

En resumen, se indican las siguientes sugerencias de diseño para resistir flexión:

1. Mantenga lo más corta posible la longitud de la viga y coloque las cargas cerca de los apoyos.
2. Maximice el momento de inercia de la sección transversal en dirección de la flexión. En general, eso se puede hacer al colocar tanto material como se pueda lo más alejado del eje neutro para flexión, y en una viga de patín ancho o en una sección rectangular hueca.

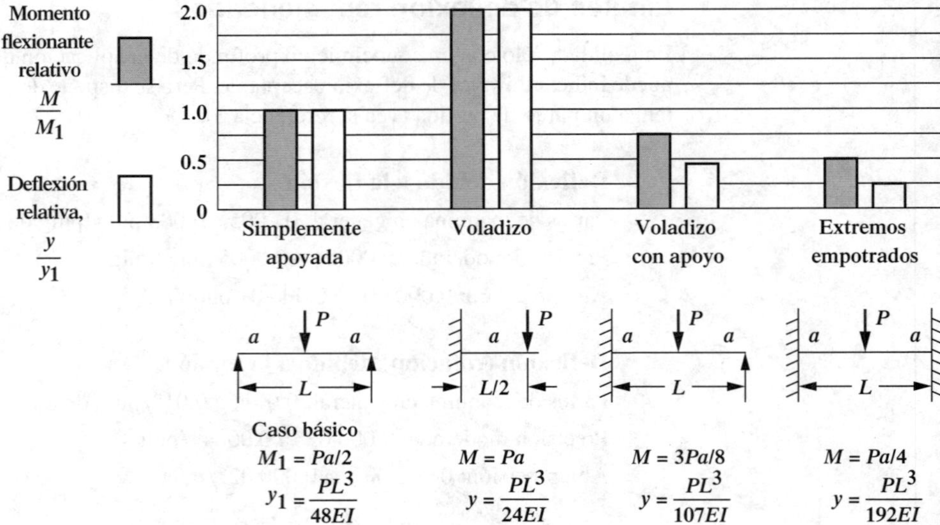

FIGURA 20-1 Comparación de los métodos para soportar una carga en una viga (Robert L. Mott, *Applied Strength of Materials*, 4ª edición. Upper Saddle River, NJ: Prentice-Hall, 2001)

3. Use un material con módulo de elasticidad grande.
4. Use extremos empotrados en la viga, cuando sea posible.
5. Considere la deflexión lateral, además de la deflexión en la dirección de la carga primaria. Esas cargas se pueden encontrar durante la fabricación, manejo, transporte, uso descuidado o choques casuales.
6. Asegúrese de evaluar el diseño final con respecto tanto a la resistencia como a la rigidez. Algunos métodos para mejorar la rigidez (al aumentar I) en realidad pueden aumentar el esfuerzo en la viga, porque el módulo de sección disminuye.
7. Proporcione tornapuntas rígidos en los bastidores abiertos.
8. Cubra un perfil abierto de bastidor con lámina, para resistir la distorsión. A este proceso se le llama a veces *rigidización de tablero*.
9. Considere una construcción del tipo de armadura, para obtener rigidez estructural con elementos ligeros.
10. Al diseñar un bastidor abierto en el espacio, use amarra diagonal, para descomponer las zonas en partes triangulares, con formas rígidas inherentes.
11. Tenga en cuenta la rigidez en tableros grandes, para reducir la vibración y el ruido.
12. Agregue sujeciones y cartelas en áreas donde se apliquen las cargas, o en los soportes, para ayudar a transferir las fuerzas a los elementos vecinos.
13. Prevéngase de miembros portantes con patines delgados y extendidos, que se puedan someter a la compresión. Podría presentarse pandeo local, llamado a veces *arrugamiento*.
14. Coloque las conexiones en puntos de poco esfuerzo, si es posible.

Vea también las referencias 7, 8 y 10, las cuales contienen más técnicas de diseño y análisis.

Sugerencias para diseñar elementos que resistan la torsión

Se puede crear la torsión en un elemento de bastidor de máquina de diversas maneras: Una superficie de soporte puede estar dispareja, una máquina o un motor pueden transmitir par torsional de reacción al bastidor, una carga que actúe hacia el lado del eje de la viga (o hacia cualquier lugar fuera del centro de flexión de la viga) produce torsión.

FIGURA 20-2 Comparación de deformación por torsión de acuerdo con la forma

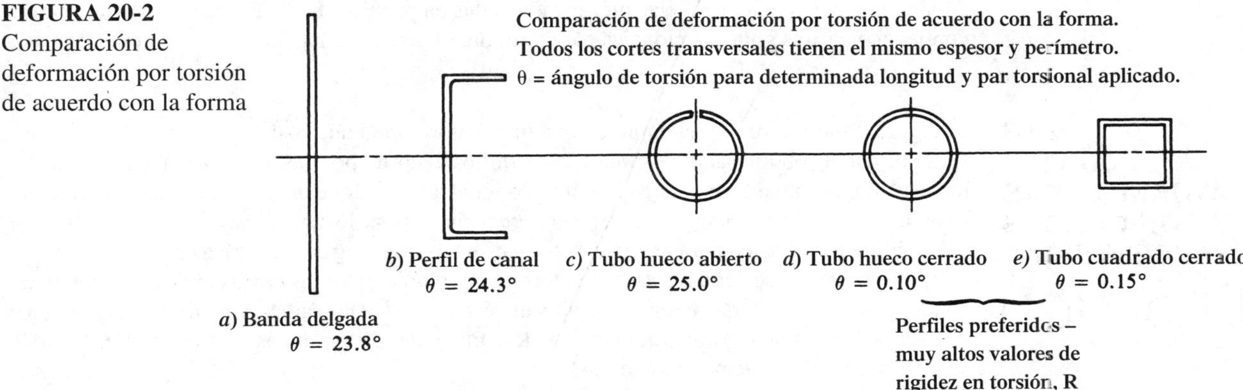

FIGURA 20-3 Comparación del ángulo de torsión θ para marcos de caja. Cada uno tiene las mismas dimensiones básicas y el mismo par torsional aplicado.

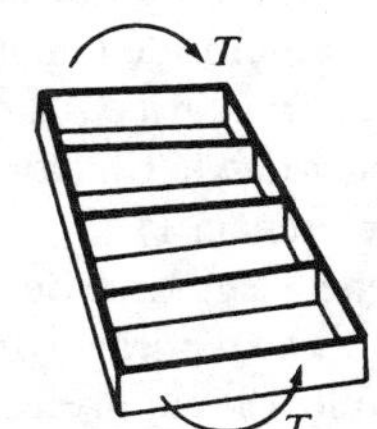

a) Amarra convencional transversal
θ = 10.8°

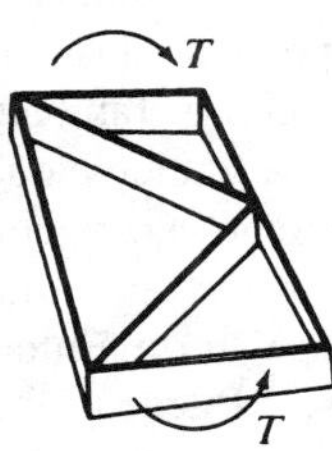

b) Amarra diagonal simple
θ = 0.30°

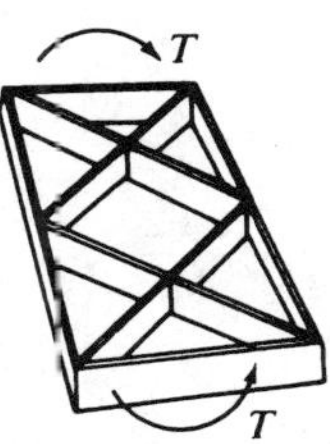

c) Amarra diagonal doble
θ = 0.10°

En general, la deflexión de un miembro por torsión se calcula con

$$\theta = \frac{TL}{GR} \tag{20-2}$$

donde T = par torsional o momento de torsión aplicado
L = longitud sobre la que actúa el par torsional
G = módulo de elasticidad en cortante del material
R = constante de rigidez a la torsión

El diseñador debe escoger con cuidado la forma del miembro en torsión, para obtener una estructura rígida. Se recomienda lo siguiente:

1. Use perfiles cerrados, cuando sea posible. Como ejemplos están las barras macizas con grandes secciones transversales, tubos huecos, tubos rectangulares o cuadrados cerrados y formas especiales cerradas, que se aproximen a la forma de un tubo.
2. Por el contrario, evite perfiles abiertos hechos con materiales delgados. La figura 20-2 muestra un ejemplo notable.
3. Para bastidores, soportes, mesas y bases, amplios, entre otros, use amarras diagonales colocadas a 45° respecto de los lados del bastidor (vea la figura 20-3).
4. Use conexiones rígidas, como las que se obtienen al soldar sus partes.

La mayor parte de las sugerencias presentes en esta sección pueden ser implementadas independientemente del tipo específico de bastidor que se diseñe: las piezas coladas en hierro, acero, aluminio, zinc o magnesio, las soldaduras en placa de acero o aluminio, las cajas moldeadas en lámina o placa metálica, o las piezas moldeadas en plástico. Las referencias en este capítulo contienen valiosas guías adicionales para terminar el diseño de bastidores, estructuras y cajas.

20-3 JUNTAS ATORNILLADAS Y CON CARGAS EXCÉNTRICAS

La figura 20-4 muestra un ejemplo de una unión atornillada que sostiene una carga excéntrica. El motor en el soporte saliente somete los tornillos al corte, porque su peso actúa directamente hacia abajo. Pero también existe un momento igual a $P \times a$, que debe ser resistido. El momento tiende a hacer girar el soporte, y en consecuencia a cortar los tornillos.

El método básico para analizar y diseñar juntas con cargas excéntricas consiste en determinar las fuerzas que actúan sobre cada tornillo, debido a todas las cargas aplicadas. Entonces, con un proceso de superposición, se combinan vectorialmente las cargas, para determinar el perno que soporte la carga máxima. Entonces, se determinan las dimensiones de ese perno. El método se ilustrará en el problema modelo 20-1.

El American Institute of Steel Construction (AISC) publica los esfuerzos admisibles para pernos fabricados con aceros de grado ASTM, como los que aparecen en la tabla 20-1. Esos datos corresponden a los pernos que se usan en orificios de tamaño normalizado, 1/16 de pulg mayor que el perno. También, una *conexión del tipo de fricción*, donde la fuerza de sujeción es suficientemente grande para que se pueda suponer que la fricción entre las partes unidas ayude a sostener algo de la carga de cortante (vea la referencia 1).

En el diseño de uniones atornilladas, debe asegurarse de que no haya roscas en el plano donde está el corte. Entonces, el cuerpo del perno tendrá un diámetro igual al diámetro mayor de la rosca. Puede usar las tablas del capítulo 18, para seleccionar el tamaño estándar de un perno.

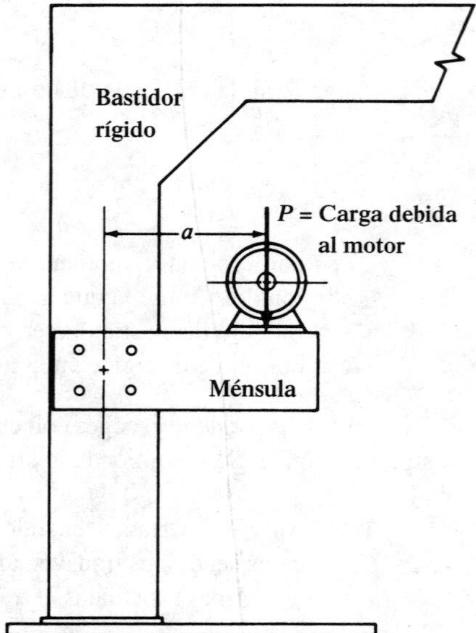

FIGURA 20-4 Junta atornillada y con carga excéntrica

TABLA 20-1 Esfuerzos admisibles para tornillos

Grado ASTM	Esfuerzo cortante admisible	Esfuerzo de tensión admisible
A307	10 ksi (69 MPa)	20 ksi (138 MPa)
A325 y A449	17.5 ksi (121 MPa)	44 ksi (303 MPa)
A490	22 ksi (152 MPa)	54 ksi (372 MPa)

Problema modelo 20-1 Para la ménsula de la figura 20-4, suponga que la fuerza total P es de 3500 lb, y que la distancia a es de 12 pulgadas. Diseñar una junta atornillada que muestre la ubicación y el número de tornillos, su material y su diámetro.

Solución La solución indicada es una descripción del procedimiento que se puede emplear para analizar juntas similares. El procedimiento se ilustra con los datos de este problema.

Paso 1. Proponga el número y la colocación de los pernos. Esta es una decisión de diseño, basada en el criterio y en la geometría de las partes conectadas. En este problema, intente con un conjunto de cuatro pernos, colocados como se ve en la figura 20-5.

Paso 2. Determine la fuerza cortante directa sobre el conjunto de pernos, y sobre cada uno de ellos, si supone que todos comparten la carga por igual:

$$\text{Carga de corte} = P = 3500 \text{ lb}$$
$$\text{Carga por perno} = F_s = P/4 = 3500 \text{ lb}/4 = 875 \text{ lb/perno}$$

La fuerza cortante actúa directamente hacia abajo sobre cada perno.

Paso 3. Calcule el **momento** que debe resistir el conjunto de pernos: es el producto de la carga en voladizo por la distancia al **centroide** del conjunto de pernos. En este problema, $M = P \times a = (3500 \text{ lb})(12 \text{ pulg}) = 42\,000 \text{ lb·pulg}$.

FIGURA 20-5 Dimensiones de la junta atornillada y fuerzas sobre el tornillo 1.

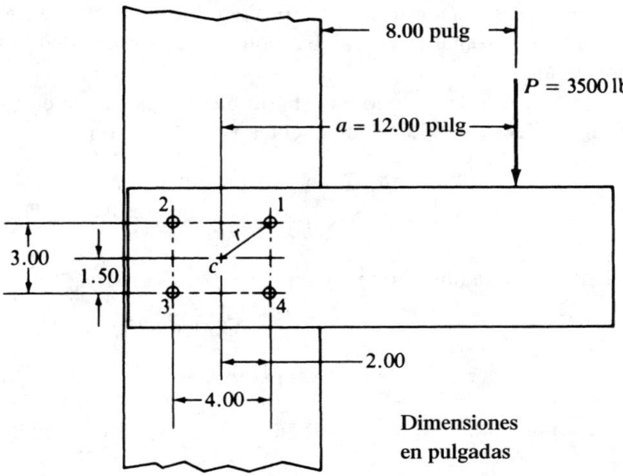

a) Distribución de pernos propuesta

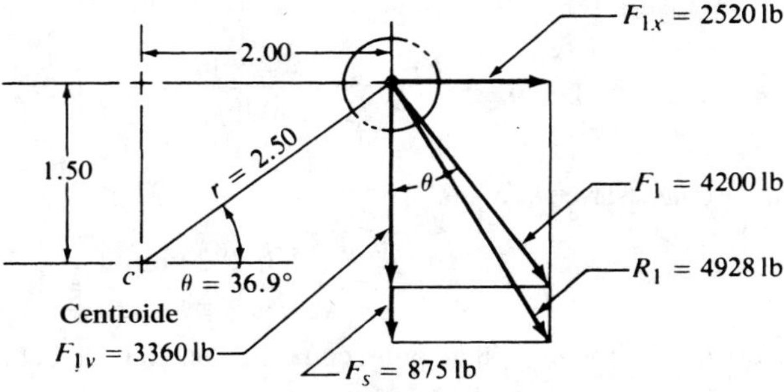

b) Fuerzas sobre el perno 1.

Paso 4. Calcule la distancia radial del centroide desde el conjunto de pernos hasta el centro de cada uno de ellos. En este problema, cada perno tiene una distancia radial de

$$r = \sqrt{(1.50 \text{ pulg})^2 + (2.00 \text{ pulg})^2} = 2.50 \text{ pulg}$$

Paso 5. Calcule la suma de los *cuadrados* de todas las distancias radiales a todos los pernos. En este problema, los cuatro pernos tienen la misma r. Entonces

$$\Sigma r^2 = 4(2.50 \text{ pulg})^2 = 25.0 \text{ pulg}^2$$

Paso 6. Calcule la fuerza sobre cada tornillo, necesaria para resistir el momento de flexión, con la ecuación

$$F_i = \frac{Mr_i}{\Sigma r^2} \tag{20-3}$$

donde r_i = distancia radial desde el centroide del conjunto de pernos hasta el i-ésimo perno
F_i = fuerza sobre el i-ésimo perno debida al momento. La fuerza actúa perpendicular al radio.

En este problema todas esas fuerzas son iguales. Por ejemplo, para el perno 1,

$$F_1 = \frac{Mr_1}{\Sigma r_2} = \frac{(42\,000 \text{ lb}\cdot\text{pulg})(2.50 \text{ pulg})}{25.0 \text{ pulg}^2} = 4200 \text{ lb}$$

Paso 7. Determine la resultante de todas las fuerzas que actúan sobre cada perno. Se puede hacer una suma vectorial, sea analítica o gráfica, o se puede descomponer cada fuerza en sus componentes horizontal y vertical. Las componentes se pueden sumar y después se puede calcular la resultante.

Use este último método en este problema. La fuerza cortante actúa directamente hacia abajo, en la dirección y. Las componentes x y y de F_1 son

$$F_{1x} = F_1 \text{ sen } \theta = (4200 \text{ lb})\text{sen}(36.9°) = 2520 \text{ lb}$$
$$F_{1y} = F_1 \cos \theta = (4200)\cos(36.9°) = 3360 \text{ lb}$$

La fuerza total en la dirección y es, entonces,

$$F_{1y} + F_s = 3360 + 875 = 4235 \text{ lb}$$

Entonces, la fuerza resultante sobre el perno 1 es

$$R_1 = \sqrt{(2520)^2 + (4235)^2} = 4928 \text{ lb}$$

Paso 8. Especifique el material del perno; calcule su área necesaria y seleccione un tamaño adecuado. Para este problema, especifique acero ASTM A325, para pernos, con un esfuerzo cortante admisible de 17 500 psi, de la tabla 20-1. Entonces, el área que requiere el perno es

$$A_s = \frac{R_1}{\tau_a} = \frac{4928 \text{ lb}}{17\,500 \text{ lb/pulg}^2} = 0.282 \text{ pulg}^2$$

El diámetro necesario sería

$$D = \sqrt{\frac{4A_s}{\pi}} = \sqrt{\frac{4(0.282 \text{ pulg}^2)}{\pi}} = 0.599 \text{ pulg}$$

Especifique un perno de 5/8 de pulg, con 0.625 pulgada de diámetro.

20-4 UNIONES SOLDADAS

En el diseño de uniones soldadas es necesario considerar la forma de aplicar la carga sobre la junta, los materiales en la soldadura y en los elementos que se van a unir, y la geometría de la junta misma. La carga puede estar uniformemente distribuida sobre la soldadura, de tal modo que todas sus partes tengan el mismo esfuerzo, o bien se puede aplicar excéntricamente. Se describen ambas formas en esta sección.

Los materiales del cordón y de los elementos originales determinan los esfuerzos admisibles. La tabla 20-2 contiene varios ejemplos para acero y aluminio. Los esfuerzos admisibles mencionados son para cortante sobre soldaduras de chaflán. Para acero soldado con el método del arco eléctrico, el tipo de electrodo contiene una indicación de la resistencia a la tensión del metal de aporte. Por ejemplo, el electrodo E70 tiene una resistencia mínima de tensión de 70 ksi (483 MPa). Se encuentran más datos en publicaciones de la American Welding Society (AWS), el American Institute for Steel Construction (AISC) y la Aluminum Association (AA). Vea la referencia 1 y los sitios de Internet 3 y 7.

Tipos de juntas

El término *tipo de junta* se refiere a la relación entre las partes unidas, como se ilustra en la figura 20-6. La soldadura a tope permite que una unión tenga el mismo espesor nominal que las partes unidas, y en general se carga en tensión. Si la unión se hace correctamente y con el metal de aporte adecuado, será más resistente que el metal original. Así, no se necesita un análisis especial de la unión, si se ha determinado que los elementos mismos que se unen son seguros. Sin embargo, se aconseja tener cuidado cuando los materiales que se van a unir se afecten por el calor del proceso de soldadura. Como ejemplos, se tienen los aceros con tratamiento térmico, y muchas aleaciones de aluminio. Se supone que los demás tipos de uniones de la figura 20-6 someten a la soldadura en cortante.

TABLA 20-2 Esfuerzos cortantes admisibles sobre soldaduras de chaflán

A. Acero

Tipo de electrodo	Metales típicos que se unen (grado ASTM)	Esfuerzo cortante admisible
E60	A36, A500	18 ksi (124 MPa)
E70	A242, A441	21 ksi (145 MPa)
E80	A572, Grado 65	24 ksi (165 MPa)
E90		27 ksi (186 MPa)
E100		30 ksi (207 MPa)
E110		33 ksi (228 MPa)

B. Aluminio

	Aleación de aporte							
	1100		4043		5356		5556	
	Esfuerzo cortante admisible							
Metal unido	ksi	MPa	ksi	MPa	ksi	MPa	ksi	MPa
1100	3.2	22	4.8	33				
3003	3.2	22	5.0	34				
6061			5.0	34	7.0	48	8.5	59
6063			5.0	34	6.5	45	6.5	45

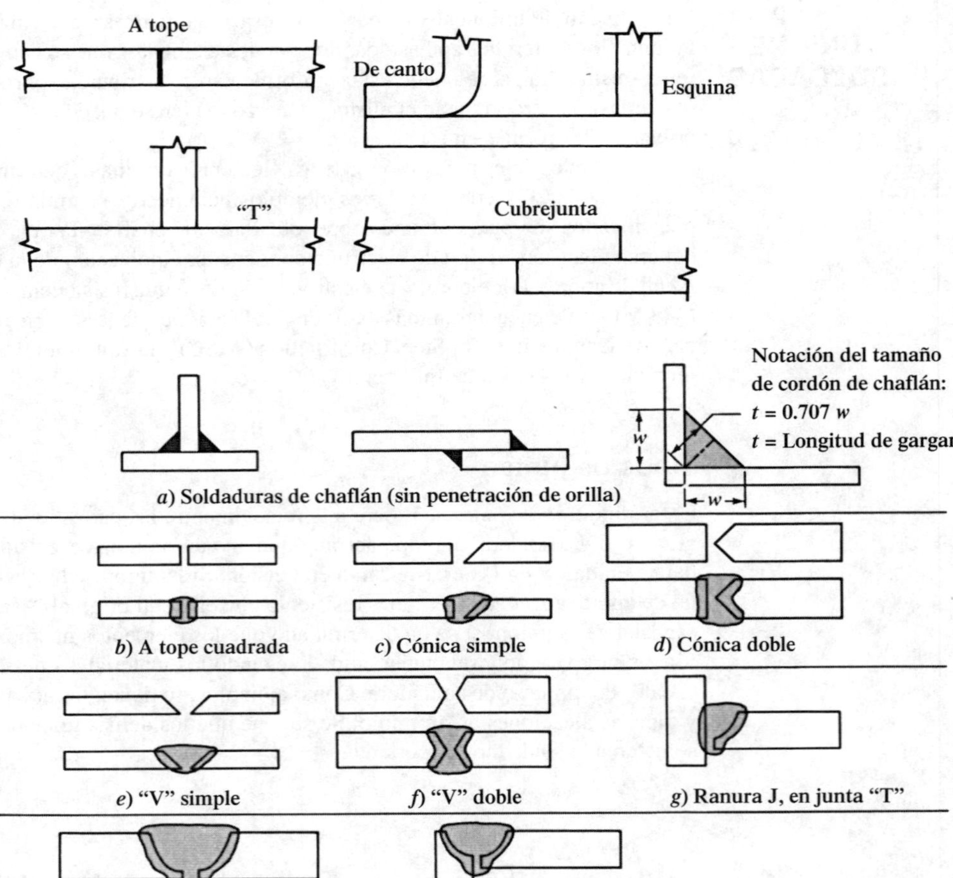

FIGURA 20-6 Tipos de uniones soldadas

FIGURA 20-7 Algunos tipos de soldadura, con su preparación de orillas

Tipos de soldaduras

La figura 20-7 muestra varios tipos de soldaduras, cuyos nombres provienen de la geometría de las orillas de las partes que se van a unir. Observe la preparación especial que requieren las orillas, en especial cuando las placas son gruesas, para permitir que la varilla de soldadura entre a la junta y forme un cordón continuo de soldadura.

Tamaño de la soldadura

Los cinco tipos de soldadura de ranura, en la figura 20-7, se hacen con cordones de penetración completa. Entonces, como se indicó antes, para las soldaduras a tope, la soldadura es más resistente que los metales originales y no se necesitan más análisis.

Las soldaduras de chaflán son hechas en forma de triángulos rectángulos de catetos iguales, en el caso típico, y el tamaño de la soldadura es la longitud del cateto. Una soldadura de chaflán con carga de cortante tendería a fallar a lo largo de la dimensión menor del cordón, que es la línea que va de la raíz del cordón hasta la cara teórica del mismo, en dirección perpendicular a esa cara. La longitud de esa línea (la *garganta*) se calcula con trigonometría sencilla, y es igual a $0.707w$, donde w la dimensión del cateto o del *lado*.

TABLA 20-3 Esfuerzos cortantes y fuerzas sobre soldaduras

Grado ASTM del metal base	Electrodo	Esfuerzo cortante admisible	Fuerza admisible por pulgada de lado
Estructuras de edificios:			
A36, A441	E60	13 600 psi	9600 lb/pulg
A36, A441	E70	15 800 psi	11 200 lb/pulg
Estructuras de puentes			
A36	E60	12 400 psi	8800 lb/pulg
A441, A242	E70	14 700 psi	10 400 lb/pulg

Los objetivos del diseño de una unión con chaflán son especificar la longitud de los lados del chaflán, la distribución y la longitud de la soldadura. Aquí se presentará el método que considera a la soldadura como una línea que no tiene espesor. El método implica determinar la *fuerza máxima por pulgada* de longitud de lado de cordón. Al comparar la fuerza real con una fuerza admisible, se puede calcular la longitud de lado que se requiere.

La tabla 20-3 contiene datos sobre el esfuerzo cortante admisible y la fuerza admisible por pulgada, para algunas combinaciones de metal base y electrodo de soldadura. En general, las cantidades admisibles para las estructuras de edificios son para cargas continuas. Los valores para cargas de puentes consideran los efectos cíclicos. Para el caso real de carga repetida del tipo de fatiga, consulte las publicaciones. Vea las referencias 2, 3, 4 y 6.

Método para considerar la soldadura como una línea

Aquí se examinarán cuatro formas de aplicar la carga: 1) tensión o compresión directa, 2) corte vertical directo, 3) flexión y 4) torsión. El método permite que el diseñador realice los cálculos en una forma muy parecida a la que se empleó para diseñar los elementos portantes mismos. En general, se analiza la soldadura por separado, para cada tipo de carga, y se determina la fuerza por pulgada de lado de soldadura, debido a cada carga. Entonces, se combinan las cargas vectorialmente para calcular la fuerza máxima. Compare esta fuerza con la admisible en la tabla 20-3, para determinar el tamaño necesario de soldadura. Vea la referencia 2.

A continuación, se resumen las relaciones empleadas:

Tipo de carga	*Fórmula (y número de ecuación) para fuerza/pulgada de soldadura*	
Tensión o compresión directa	$f = P/A_w$	**(20-4)**
Cortante vertical directo	$f = V/A_w$	**(20-5)**
Flexión	$f = M/S_w$	**(20-6)**
Torsión	$f = Tc/J_w$	**(20-7)**

En estas fórmulas, se maneja la geometría del cordón para evaluar los términos A_w, S_w y J_w, con las relaciones de la figura 20-8. Observe la semejanza entre estas fórmulas y las que se emplearon para hacer el análisis de esfuerzos. También, observe la similitud entre los factores geométricos de los cordones y las propiedades de las áreas que se emplean en el análisis de esfuerzos. Ya que se considera la soldadura como una línea sin espesor, las unidades de los factores geométricos son distintas que las de las áreas, como se indica en la figura 20-8.

El empleo de este método para analizar soldaduras se demuestra en los problemas modelo. En general, en dicho método se requieren los siguientes pasos:

FIGURA 20-8
Factores geométricos para el análisis de soldaduras

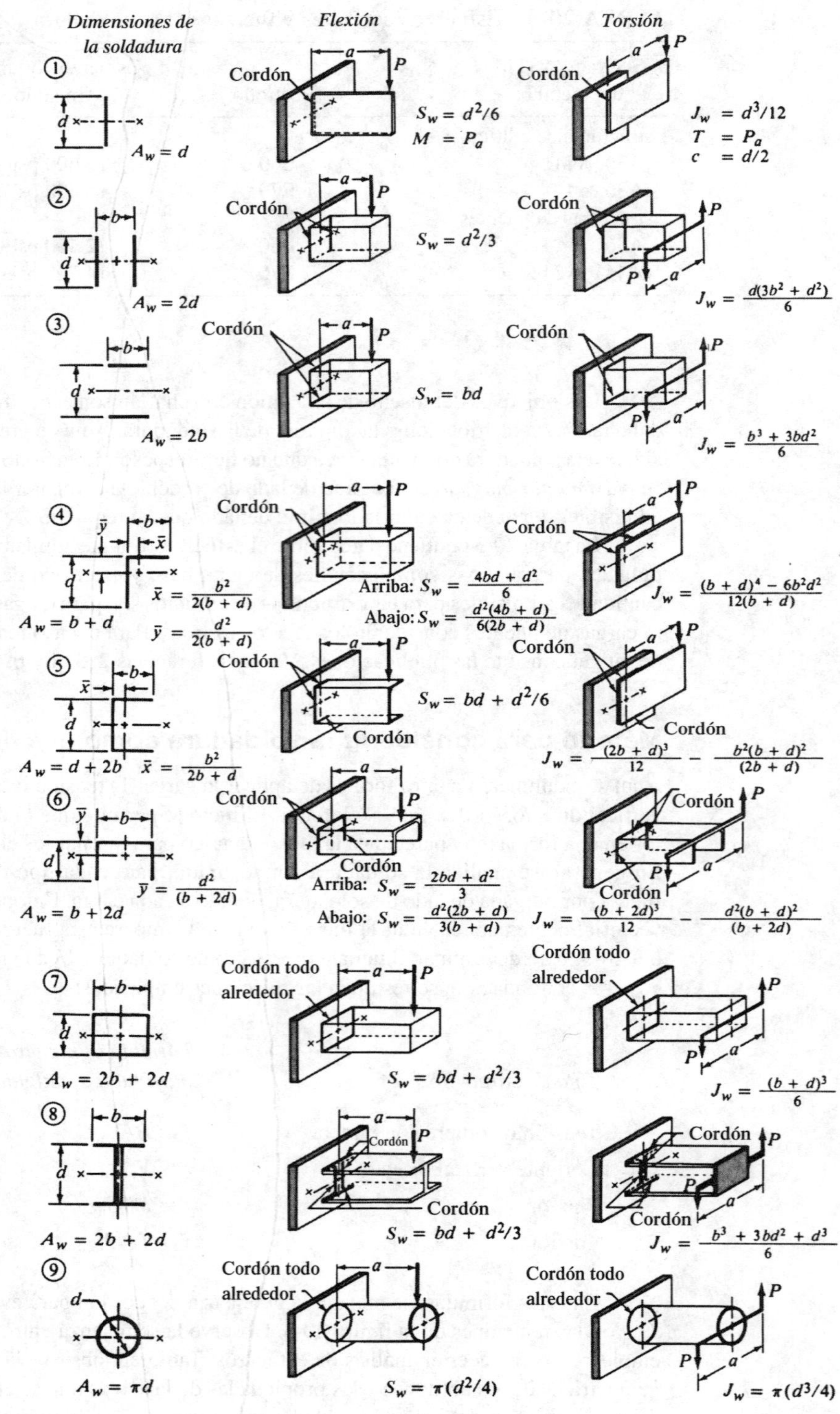

Procedimiento general para diseñar uniones soldadas

1. Proponga la geometría de la unión y el diseño de los elementos que se van a unir.
2. Identifique los esfuerzos que se desarrollan en la unión (flexión, torsión, cortante vertical, tensión o compresión directa).
3. Analice la junta para determinar la magnitud y la dirección de la fuerza sobre la soldadura, debido a cada tipo de carga.
4. Combine vectorialmente las fuerzas en la unión, o en los puntos del cordón donde las fuerzas parezcan máximas.
5. Divida la fuerza máxima sobre la soldadura entre la fuerza admisible, de la tabla 20-3, para calcular el lado requerido para el cordón. Observe que cuando se sueldan placas gruesas, los tamaños mínimos aceptables de los cordones son los que muestra la tabla 20-4.

TABLA 20-4 Tamaños mínimos de cordón para placas gruesas

Espesor de la placa (pulg)	Tamaño máximo del lado, para soldaduras de chaflán (pulg)
≤1/2	3/16
>1/2-3/4	1/4
>3/4-1½	5/16
>1½-2¼	3/8
>2¼-6	1/2
>6	5/8

Problema modelo 20-2

Diseñe una ménsula parecida a la de la figura 20-4, pero fije la ménsula a la columna con soldadura. La ménsula tiene 6.00 pulg de altura y es de acero ASTM A36, de 1/2 pulg de espesor. También, la columna es de acero A36, y tiene 8.00 pulg de ancho.

Solución

Paso 1. La geometría propuesta es una decisión de diseño, y podrá estar sujeta a posteriores iteraciones para llegar a un diseño óptimo. Como primera tentativa, use el cordón en forma de C, mostrado en la figura 20-9.

Paso 2. La soldadura será sometida a cortante vertical directo y a la torsión causada por la carga de 3500 lb sobre la ménsula.

Paso 3. Para calcular las fuerzas sobre la soldadura, se deben conocer los factores geométricos A_w y J_w. También se debe calcular el lugar del centroide del cordón [vea la figura 20-9(*b*)]. Emplee el caso 5 de la figura 20-8.

$$A_w = 2b + d = 2(4) + 6 = 14 \text{ pulg}$$

$$J_w = \frac{(2b + d)^3}{12} - \frac{b^2(b + d)^2}{(2b + d)} = \frac{(14)^3}{12} - \frac{16(10)^2}{14} = 114.4 \text{ pulg}^3$$

$$\bar{x} = \frac{b^2}{2b + d} = \frac{16}{14} = 1.14 \text{ pulg}$$

FIGURA 20-9
Cordón de soldadura con forma de C en la ménsula

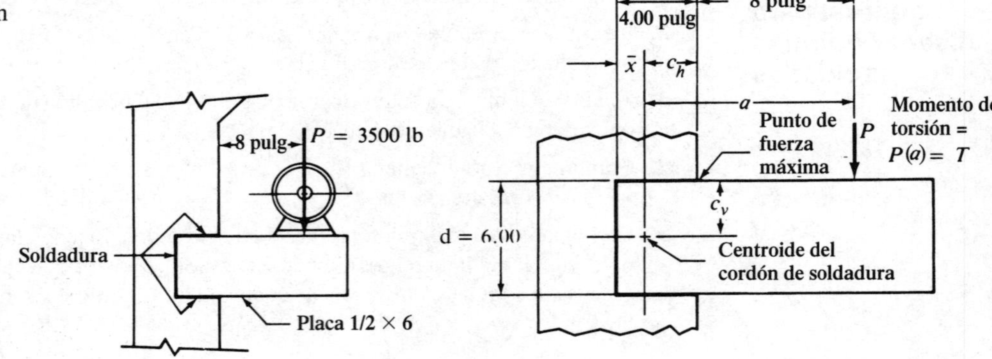

a) Diseño básico de la ménsula

b) Dimensiones de la ménsula

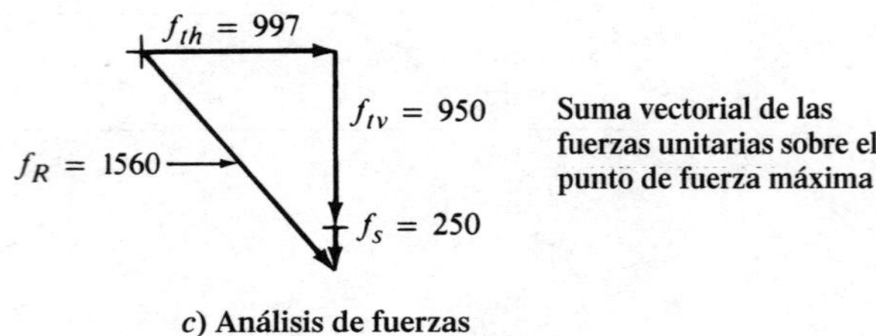

c) Análisis de fuerzas

Fuerza debido al cortante vertical

$$V = P = 3500 \text{ lb}$$
$$f_s = P/A_w = (3500 \text{ lb})/14 \text{ pulg} = 250 \text{ lb/pulg}$$

Esta fuerza actúa verticalmente hacia abajo en todas las partes de la soldadura.

Fuerza debido al momento de torsión

$$T = P[8.00 + (b - \bar{x})] = 3500[8.00 + (4.00 - 1.14)]$$
$$T = 3500(10.86) = 38\,010 \text{ lb}\cdot\text{pulg}$$

El momento de torsión causa una fuerza sobre la soldadura, que es perpendicular a una línea radial desde el centroide de la figura del cordón hasta el punto de interés. En este caso, el extremo del cordón superior a la derecha sostiene la máxima fuerza. Lo más conveniente es descomponer la fuerza en componentes horizontal y vertical, para después volver a combinar todos esos componentes y calcular la fuerza resultante:

$$f_{th} = \frac{Tc_v}{J_w} = \frac{(38\,010)(3.00)}{114.4} = 997 \text{ lb/pulg}$$
$$f_{tv} = \frac{Tc_h}{J_w} = \frac{(38\,010)(2.86)}{114.4} = 950 \text{ lb/pulg}$$

Paso 4. La combinación vectorial de las fuerzas sobre la soldadura se muestra en la figura 20-9(*c*). Entonces, la fuerza máxima es de 1560 lb/pulg.

Paso 5. Al seleccionar electrodos E60 para soldar, observe que la fuerza admisible por pulgada de lado es de 9600 lb/pulg (tabla 20-3). Entonces, la longitud necesaria del lado es

$$w = \frac{1560 \text{ lb/pulg}}{9600 \text{ lb/pulg por pulg de lado}} = 0.163 \text{ pulg}$$

En la tabla 20-4 se indica que el tamaño del cordón mínimo, para una placa de 1/2 pulgada es de 3/16 (0.188) de pulgada. Debe especificarse este tamaño.

Problema modelo 20-3 Se soldará una tira de acero de 1/4 de pulg de espesor a un marco rígido, para soportar una carga fija de 12 500 lb, como se ve en la figura 20-10. Diseñe la tira y su soldadura.

Solución Los objetivos básicos del diseño son especificar un material adecuado para la tira, el electrodo de soldar, el tamaño de la soldadura y las dimensiones W y h, indicadas en la figura 20-10.

Especifique que la tira sea fabricada de acero estructural ASTM A441, y que se suelde con un electrodo E70, y un cordón de 3/16 pulg, que es el tamaño mínimo. En el apéndice 7 se indica que la resistencia de fluencia del acero A441 es de 42 000 psi. Mediante un factor de diseño de 2, se puede calcular que el esfuerzo admisible es

$$\sigma_a = 42\,000/2 = 21\,000 \text{ psi}$$

Entonces, el área necesaria en la tira es

$$A = \frac{P}{\sigma_a} = \frac{12\,500 \text{ lb}}{21\,000 \text{ lb/pulg}^2} = 0.595 \text{ pulg}^2$$

Pero esa área es $W \times t$, donde $t = 0.25$ pulg. Entonces, el ancho W requerido es

$$W = A/t = 0.595/0.25 = 2.38 \text{ pulg}$$

Especifique que $W = 2.50$ pulgadas.

Para calcular la longitud requerida del cordón, h, se necesita la fuerza admisible para el cordón de 3/16 de pulg. La tabla 20-3 indica que la fuerza admisible en acero A441 soldado con electrodo E70 es de 11 200 lb/pulgada por pulgada de lado. Entonces

$$f_a = \frac{11\,200 \text{ lb/pulg}}{1.0 \text{ pulg de lado}} \times 0.188 \text{ pulg de lado} = 2100 \text{ lb/pulg}$$

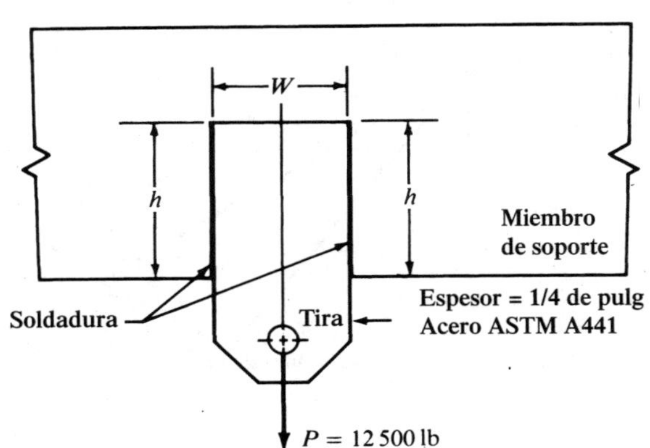

FIGURA 20-10 Tira de acero

La fuerza real sobre la soldadura es

$$f_a = P/A_w = P/2h$$

Entonces, se despeja h, y es

$$h = \frac{P}{2(f_a)} = \frac{12\ 500 \text{ lb}}{2(2100 \text{ lb/pulg})} = 2.98 \text{ pulg}$$

Especifique $h = 3.00$ pulgadas.

Problema modelo 20-4 Evalúe el diseño de la figura 20-11, con respecto a esfuerzos en las soldaduras. Todas las partes del conjunto son de acero estructural ASTM A36, soldadas con electrodos E60. La carga de 2500 lb es carga fija.

Solución El punto crítico sería la soldadura en la parte superior del tubo, donde se une a la superficie vertical. En ese punto, hay un sistema de fuerzas en tres dimensiones, que actúan sobre el cordón, como se indica en la figura 20-12. La ubicación descentrada de la carga causa un torcimiento sobre el cordón, el cual produce una fuerza f_t sobre sí mismo, hacia la izquierda y en dirección y. La flexión produce una fuerza f_b que actúa hacia afuera, a lo largo del eje x. La fuerza cortante vertical f_s actúa hacia abajo, a lo largo del eje z.

FIGURA 20-11
Ensamble de la ménsula

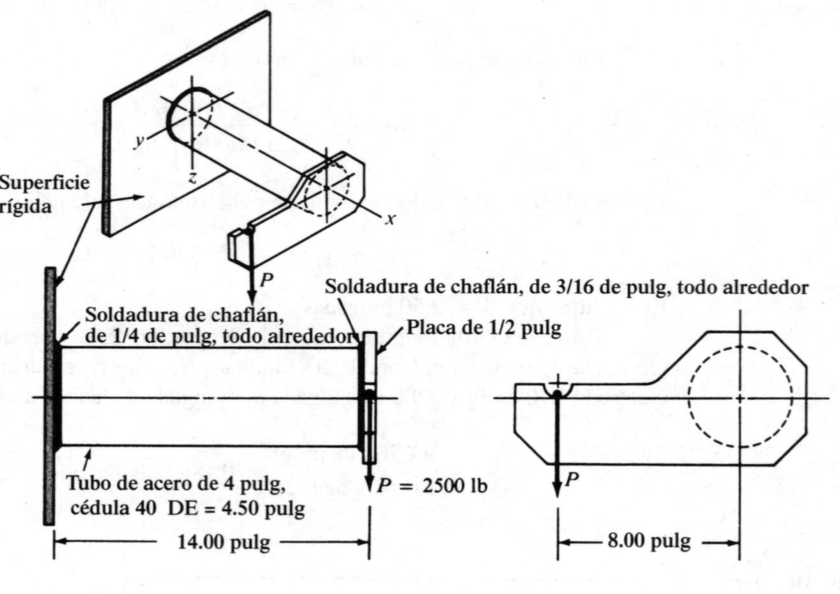

FIGURA 20-12
Vectores de fuerzas

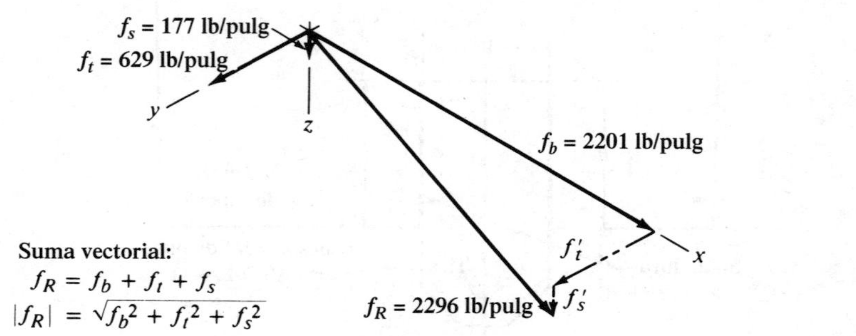

De acuerdo con la estática, la resultante de los tres componentes de fuerza sería

$$f_R = \sqrt{f_t^2 + f_b^2 + f_s^2}$$

Ahora, se calculará cada componente de fuerza.

Fuerza de torsión, f_t

$$f_t = \frac{Tc}{J_w}$$

$$T = (2500 \text{ lb})(8.00 \text{ pulg}) = 20\,000 \text{ lb}\cdot\text{pulg}$$

$$c = OD/2 = 4.500/2 = 2.25 \text{ pulg}$$

$$J_w = (\pi)(OD)^3/4 = (\pi)(4.500)^3/4 = 71.57 \text{ pulg}^3$$

Entonces

$$f_t = \frac{Tc}{J_w} = \frac{(20\,000)(2.25)}{71.57} = 629 \text{ lb/pulg}$$

Fuerza de flexión, f_b

$$f_b = \frac{M}{S_w}$$

$$M = (2500 \text{ lb})(14.00 \text{ pulg}) = 35\,000 \text{ lb}\cdot\text{pulg}$$

$$S_w = (\pi)(OD)^2/4 = (\pi)(4.500)^2/4 = 15.90 \text{ pulg}^2$$

Entonces

$$f_b = \frac{M}{S_w} = \frac{35\,000}{15.90} = 2201 \text{ lb/pulg}$$

Fuerza cortante vertical, f_s

$$f_s = \frac{P}{A_w}$$

$$A_w = (\pi)(OD) = (\pi)(4.500 \text{ pulg}) = 14.14 \text{ pulg}$$

$$f_s = \frac{P}{A_w} = \frac{2500}{14.14} = 177 \text{ lb/pulg}$$

Ahora se puede calcular la resultante:

$$f_R = \sqrt{f_1^2 + f_b^2 + f_s^2}$$

$$f_R = \sqrt{629^2 + 2201^2 + 177^2} = 2296 \text{ lb/pulg}$$

Al comparar esto con la fuerza admisible para 1.0 pulg de cordón, se obtiene

$$w = \frac{2296 \text{ lb/pulg}}{9600 \text{ lb/pulg por pulgada de cateto}} = 0.239 \text{ pulg}$$

El chaflán de 1/4 de pulgada especificado en la figura 20-11 es satisfactorio.

REFERENCIAS

1. American Institute of Steel Construction. *Manual of Steel Construction* (Manual de construcción en acero). 9ª edición. Nueva York: American Institute of Steel Construction, 1989.
2. Blodgett, Omer W. *Design of Welded Structures* (Diseño de estructuras soldadas). Cleveland, OH: James F. Lincoln Arc Welding Foundation, 1966.
3. Blodgett, Omer W. *Design of Weldments* (Diseño de conjuntos soldados). Cleveland, OH: James F. Lincoln Arc Welding Foundation, 1963.
4. Brandon, D. G. y W. D. Kaplan. *Joining Processes* (Procesos de unión). Nueva York: John Wiley & Sons, 1997.
5. Fry, Gary T. *Weldments in Steel Frame Structures* (Estructuras de bastidores de acero soldados). Reston, VA: American Society of Civil Engineers, 2002.
6. Hicks, John. *Welded Joint Design* (Diseño de uniones soldadas). 3ª edición. Nueva York: Industrial Press, 1999.
7. Marshek, Kurt M. *Design of Machine and Structural parts* (Diseño de partes de máquinas y de estructuras). Nueva York: John Wiley & Sons, 1987.
8. Mott, Robert L. *Applied Strength of Materials* (Resistencia de materiales aplicada). 4ª edición. Upper Saddle River, NJ: Prentice Hall, 2001.
9. North American Die Casting Association. *Product Design for Die Casting* (Diseño de productos para colado a presión). Rosemont, IL: North American Die Casting Association, 1998.
10. Slocum, Alexander H. *Precision Machine Design* (Diseño de máquinas de precisión). Dearborn, MI: Society of Manufacturing Engineers, 1998.
11. Society of Automotive Engineers. *Spot Welding and Weld Joint Failure processes* (Soldadura de puntos y procesos de falla en uniones). Warrendale, PA: Society of Automotive Engineers, 2001.
12. Weiser, Peter F., editor. *Steel Casting Handbook* (Manual de fundición de acero). 6ª edición. Rocky River, OH: Steel Founder's Society of America, 1980.

SITIOS DE INTERNET PARA BASTIDORES DE MÁQUINAS, CONEXIONES ATORNILLADAS Y UNIONES SOLDADAS

Vea también los sitios de Internet del capítulo 19 (Sujetadores), los cuales contienen abundante material relacionado con conexiones atornilladas.

1. **Steel Founders' Society of America.** *www.sfsa.org* Una asociación de empresas que suministran servicios de fundición.
2. **American Foundry Society.** *www.afsinc.org* Una sociedad de profesionistas que impulsa investigaciones y tecnología para la industria de la fundición.
3. **American Welding Society**. *www.aws.org* Una sociedad de profesionistas que establece normas para la industria de la soldadura; incluyen AWS D1.1, Código de soldadura estructural-acero (2002); AWS D1.2, Código de soldadura estructural-aluminio (1997) y muchas otras.
4. **James F. Lincoln Foundation.** *www.jflf.org* Una organización que impulsa la educación y el adiestramiento en tecnologías de soldadura. El sitio incluye trabajos técnicos e información general acerca de procesos de soldadura, diseño de uniones y guías para construcción soldada en acero.
5. **Miller Electric Company.** *www.millerwelds.com* Un fabricante de gran variedad de equipos y accesorios de soldadura, para la comunidad profesional, y para soldadores ocasionales. El sitio incluye una sección de adiestramiento y educación, que contiene información sobre numerosos procesos de soldadura.
6. **Lincoln Electric Company.** *www.lincolnelectric.com* Fabricante de una gran variedad de equipos y accesorios de soldadura para la industria. El sitio contiene una sección de Conocimientos, que proporciona artículos técnicos sobre tecnología de la soldadura.
7. **Hobart Brothers Company.** *www.hobartbrothers.com* Fabricante de numerosas clases de metales de aporte, electrodos y alambre de acero para la industria de la soldadura.
8. **Hobart Institute of Welding Technology.** *www.welding.org* Una organización educativa que suministra enseñanza en la ejecución de técnicas de soldadura. El sitio contiene consejos de soldadura para una diversidad de procesos, y un glosario de términos de soldadura.

PROBLEMAS

Para los problemas 1 a 6, diseñe una junta atornillada que una los dos elementos de la figura correspondiente. Especifique el número de pernos, su distribución, y el grado y tamaño del perno.

1. Figura P20-1

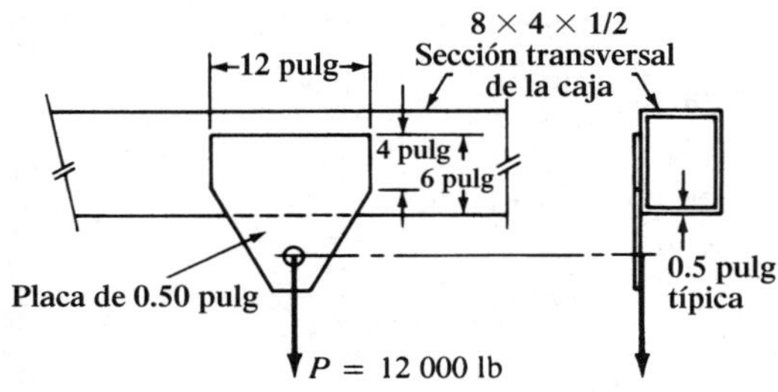

FIGURA P20-1 (Problemas 1, 7 y 13)

2. Figura P20-1.

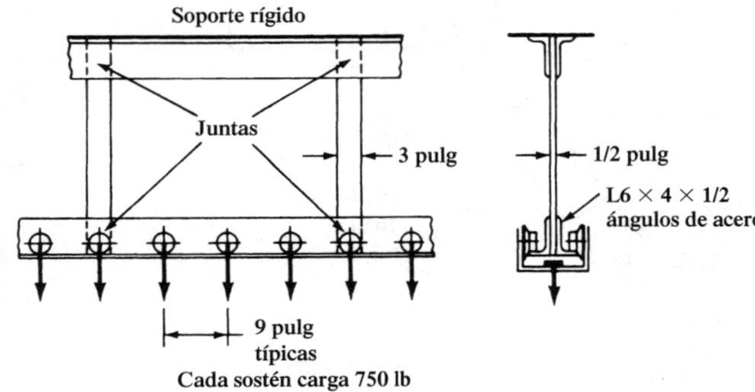

FIGURA P20-2

3. Figura P20-3

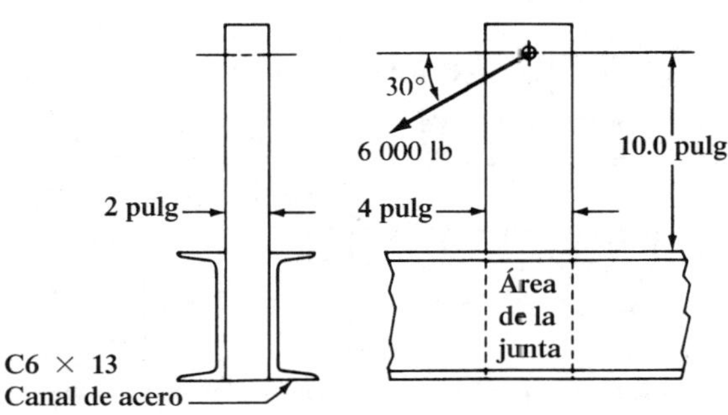

FIGURA P20-3

4. Figura P20-4

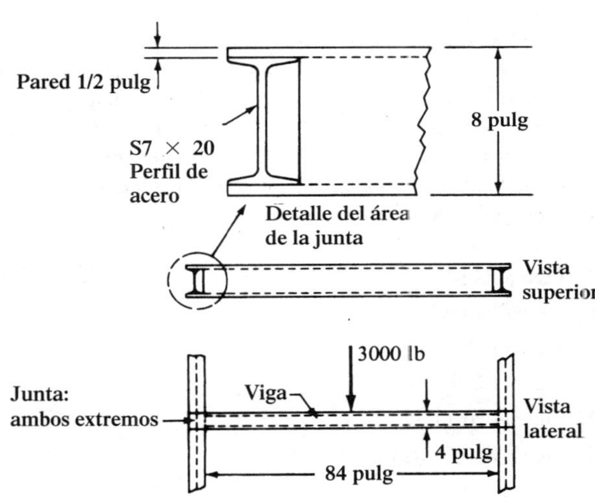

FIGURA P20-4 (Problemas 4 y 8)

5. Figura P20-5

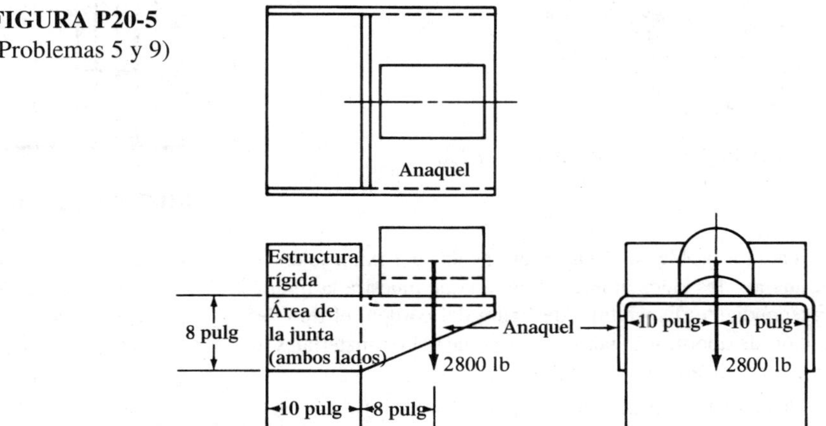

FIGURA P20-5
(Problemas 5 y 9)

6. Figura P20-6

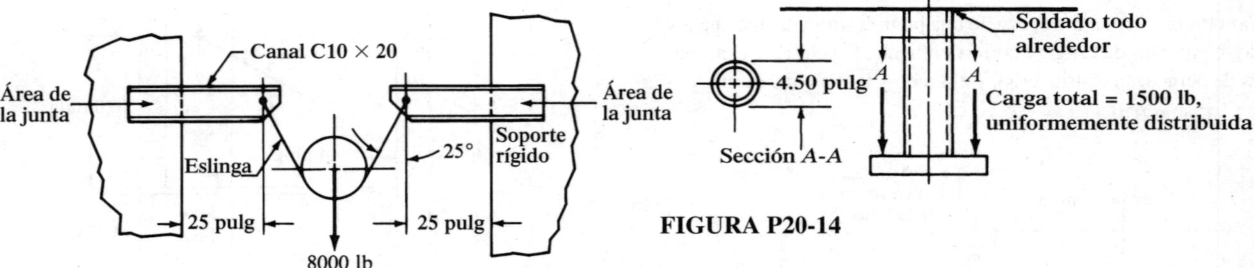

La carga se reparte por igual a cuatro ménsulas (sólo se muestran dos)

FIGURA P20-6 (Problemas 6 y 10)

Para los problemas 7 a 12, diseñe una conexión soldada para unir los dos elementos que muestra la figura correspondiente. Especifique el contorno de la soldadura, el tipo de electrodo a usar y el tamaño de la soldadura. En los problemas 7 a 9, los elementos son de acero ASTM A36. En los problemas 10 a 12, son de acero ASTM A441. Emplee el método que considera que la unión es una línea, y emplee las fuerzas admisibles por pulgada de lado, para estructuras del tipo de construcción, en la tabla 20-3.

7. Figura P20-1
8. Figura P20-4
9. Figura P20-5
10. Figura P20-6
11. Figura P20-11
12. Figura P20-11 (pero con $P_2 = 0$).

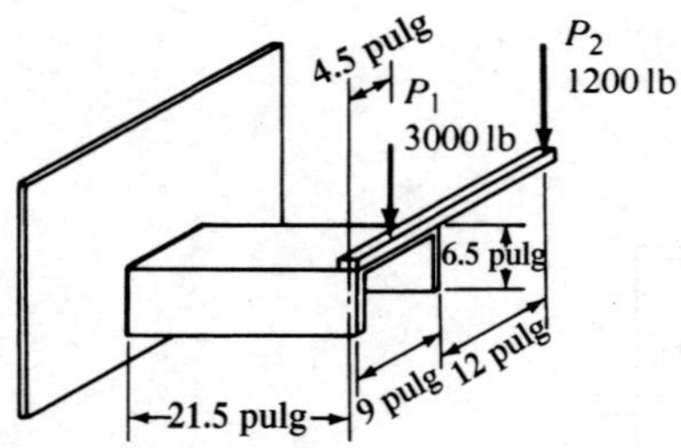

FIGURA P20-11 (Problemas 11 y 12)

Para los problemas 13 a 16, diseñe una conexión soldada que una los dos elementos de aluminio que muestra la figura correspondiente. Especifique la figura del cordón, el tipo de aleación de aporte y el tamaño del cordón. Los materiales a unir están indicados en los problemas.

13. Figura P20-1: aleación 6061 (pero P = 4000 lb).

14. Figura P20-14: aleación 6061.

Soldado todo alrededor
4.50 pulg
Carga total = 1500 lb, uniformemente distribuida
Sección A-A

FIGURA P20-14

15. Figura P20-15: aleación 6063.

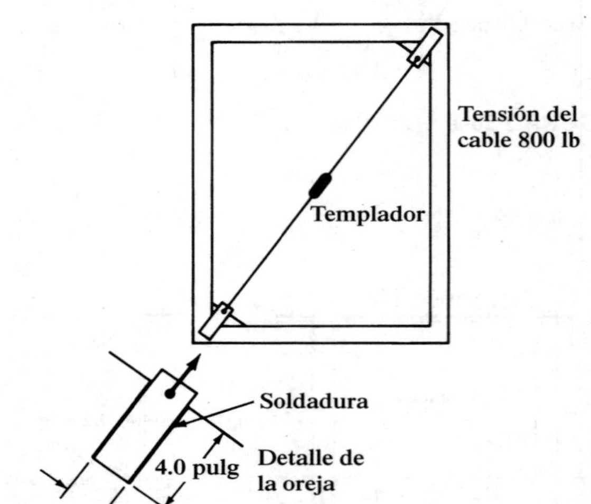

FIGURA P20-15

16. Figura P20-16: aleación 3003.

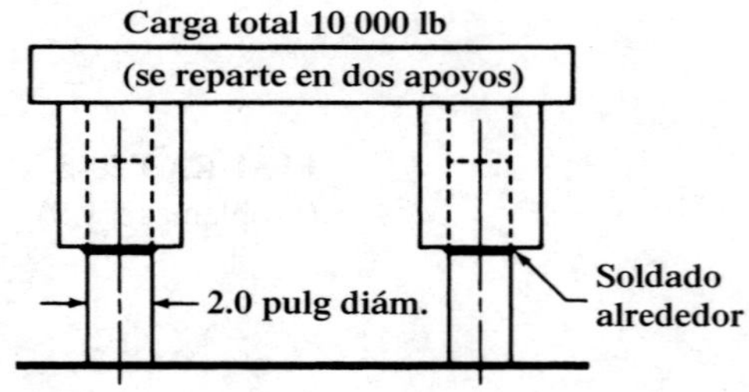

FIGURA P20-16

17. Compare el peso de una varilla a tensión que sostiene una carga fija de 4800 lb, si es de *a*) acero AISI 1020 HR, *b*) acero AISI 5160 OQT 1300, *c*) aluminio 2014-T6, *d*) aluminio 7075-T6, *e*) titanio 6Al-4V recocido y *f*) titanio 3Al-13V-11Cr precipitado. Maneje $N = 2$, basado en resistencia de fluencia.

21

Motores eléctricos y controles

Panorama

Motores eléctricos y controles

Mapa de aprendizaje

- Los motores eléctricos suministran el movimiento a un enorme conjunto de productos en hogares, fábricas, escuelas, comercios, equipos de transporte y muchos aparatos portátiles.
- Los motores se clasifican en dos grupos principales: de *corriente alterna* (*CA*) y de *corriente directa* (*CD*). Algunos pueden trabajar con ambas clases de potencia.

Descubrimiento

Busque varias máquinas y productos que sean impulsados por motores eléctricos. Escoja aparatos grandes y pequeños; algunos portátiles y algunos que se conecten en tomas de corriente normales. Busque en su hogar, en su trabajo y en una fábrica.

Trate de encontrar la placa de cada motor, y copie toda la información que pueda. ¿Cómo se relacionan los datos de la placa y las características de funcionamiento del motor? ¿Es un motor de CA o de CD? ¿Con qué velocidad trabaja? ¿Cuál es su capacidad eléctrica, en términos de voltaje y corriente?

Algunos motores que trabajan bien en Estados unidos, trabajan en forma distinta, o no trabajan, en otros países. ¿Por qué? ¿Cuáles son las normas de voltaje y frecuencia eléctricos en diversas partes del mundo?

Este capítulo le ayudará a identificar varios tipos de motores, a comprender las características generales de funcionamiento de cada una, y a aplicarlas en forma correcta.

El motor eléctrico se usa mucho para proporcionar el accionamiento primario a maquinaria industrial, productos de consumo y equipo de oficinas. En este capítulo se describirán los diversos tipos de motores y sus características de funcionamiento. El objetivo es proporcionarle los antecedentes necesarios para especificar los motores y para comunicarse con los proveedores cuando desee adquirir el motor adecuado para una aplicación dada.

Los tipos de motores descritos en este capítulo son de corriente directa (CD), de corriente alterna (CA, tanto monofásica como trifásica), motores universales, motores de pasos y motores de CA de velocidad variable. También describimos los controles de los motores.

Busque diversas máquinas y productos que sean movidos por motores eléctricos. Escoja aparatos grandes y pequeños; algunos portátiles y otros que se conecten en tomacorrientes estándar. Busque en su hogar, en su trabajo y de ser posible en una fábrica.

Trate de encontrar la placa de cada motor y copie tanta información como pueda. ¿Qué significa cada información? ¿Se incluyen algunos diagramas eléctricos? ¿Cómo se relacionan los datos de la placa con las características de funcionamiento del motor? ¿Es un motor de CA o uno de CD? ¿Con qué velocidad trabaja? ¿Cuál es su capacidad eléctrica, en términos de voltaje y corriente? Para los motores de los aparatos portátiles: ¿qué clase de fuente de energía usan? ¿Qué clases de baterías requieren? ¿Cuántas? ¿Cómo se conectan? ¿En serie? ¿En paralelo? ¿Cómo se relacionan esos factores con el voltaje nominal del motor? ¿Cuál es la relación entre la clase de trabajo que hace el motor y el tiempo entre las sesiones de carga?

Compare algunos de los motores mayores con las fotografías de la sección 21-8 de este capítulo. ¿Puede identificar el tipo de armazón? ¿Qué empresa fabricó el motor?

Vea si puede encontrar más información sobre los motores o sus fabricantes, en Internet. Busque algunos de los nombres de empresas en este capítulo, para saber más sobre las líneas de motores que ofrecen. Realice una búsqueda más amplia, para encontrar todos los tipos distintos que pueda.

¿Cuál es la potencia nominal de cada motor? ¿Qué unidades se usan para expresarla? Convierta todas las potencias a watts. (Vea el apéndice 18.) Después, convierta todas esas potencias a caballos de fuerza, para tener una idea del tamaño físico de varios motores, y para visualizar la comparación entre las unidades de watts, en el SI, y la unidad de caballo de potencia, más antigua, en el sistema inglés.

Separe los motores que encontró en dos grupos: los de CA y los de CD. ¿Ve diferencias importantes entre las dos clases de motores? ¿Qué variaciones observa dentro de cada clase? ¿Algunas de las placas describen el tipo de motor, como *síncrono, universal, fase partida, NEMA diseño C*, u otra designación?

¿Qué clases de controles se conectan a los motores? ¿Interruptores? ¿Arrancadores? ¿Controles de velocidad? ¿Protectores?

Este capítulo le ayudará a identificar muchas clases de motores, a comprender las características generales de funcionamiento en cada una, y a aplicarlas en forma adecuada.

Usted es el diseñador

Considere un sistema del transportador que usted debe diseñar. Una posibilidad para impulsar el sistema del transportador es usar un motor eléctrico. ¿Qué clase debería usar? ¿A qué velocidad operará? ¿De qué tipo de energía eléctrica se dispone para hacer funcionar el motor? ¿Qué potencia se requiere? ¿Qué tipo de caja y estilo de montaje se debería especificar? ¿Cuáles son las dimensiones del motor? ¿Cómo se conecta el motor a la polea impulsora del sistema del transportador? La información de este capítulo le ayudará a responder ésas y otras preguntas.

21-1 OBJETIVOS DE ESTE CAPÍTULO

Al terminar este capítulo, podrá:

1. Describir los factores que se deben especificar para seleccionar un motor adecuado.
2. Describir los principios del funcionamiento de los motores de CA.
3. Identificar las clasificaciones típicas de los motores eléctricos de CA, de acuerdo con la potencia nominal.
4. Identificar los voltajes y frecuencias comunes de la corriente alterna, y la velocidad de funcionamiento de los motores de CA que funcionen con esos sistemas.
5. Describir la corriente alterna monofásica y trifásica.
6. Describir los diseños típicos de armazones, tamaños y estilos de cajas de los motores de CA.
7. Describir la forma general de una curva de funcionamiento de motor.
8. Describir el funcionamiento comparativo de los motores monofásicos de *polo sombreado, capacitor dividido permanente, fase partida* y *arranque con capacitor*, motores CA monofásicos.
9. Describir los motores trifásicos de CA, de jaula de ardilla.
10. Describir el funcionamiento comparativo de los motores trifásicos de CA *NEMA diseño B, NEMA diseño C, NEMA diseño D*, y *de rotor devanado.*
11. Describir los *motores síncronos.*
12. Describir los *motores universales.*
13. Describir tres métodos de producir corriente directa, y los voltajes comunes que se producen.
14. Describir las ventajas y desventajas de los motores de CD, en comparación con los motores de CA.
15. Describir cuatro diseños básicos de motores de CD —*devanado en arrollamiento, devanado en serie, devanado compound*— y de *imán permanente*, y describa sus curvas de funcionamiento.

16. Describir los motores de pares torsionales, servomotores, motores de pasos, motores de CD sin escobillas y motores de circuito impreso.
17. Describir los sistemas de control de motores, para protección del sistema, control de velocidad, arranque, paros y protección contra sobrecarga.
18. Describir el control de velocidad de los motores de CA.
19. Describir el control de velocidad de los motores de CD.

21-2 FACTORES DE SELECCIÓN DE MOTORES

Como mínimo, deben mencionarse los siguientes puntos para especificar motores:

- Tipo de motor: CD, CA, monofásico y trifásico, entre otros.
- Potencia y velocidad nominales
- Voltaje y frecuencia de operación
- Tipo de caja
- Tamaño de armazón
- Detalles de montaje

Además, puede haber requisitos especiales, que deben comunicarse al proveedor. Entre los factores principales para seleccionar un motor están los siguientes:

- Par torsional de operación, velocidad de operación y potencia nominal. Observe que los tres están relacionados por la ecuación

$$\text{Potencia} = \text{Par torsional} \times \text{velocidad}$$

- Par torsional de arranque
- Variaciones de carga que se esperen, y variaciones correspondientes de velocidad que se puedan tolerar
- Limitaciones de corriente durante las fases de marcha y arranque
- Ciclo de trabajo: con qué frecuencia arranca y para el motor.
- Factores del ambiente: temperatura, presencia de atmósferas corrosivas o explosivas, exposición a la intemperie o a líquidos y disponibilidad de aire de enfriamiento, entre otros.
- Variaciones de voltaje que se esperen: la mayoría de los motores puede tolerar una variación hasta de $\pm 10\%$ respecto del voltaje nominal. Para variaciones mayores se requieren diseños especiales.
- Carga en el eje, en especial cargas laterales y cargas de empuje que puedan afectar la duración de los cojinetes del eje.

Tamaño del motor

Se maneja una clasificación tosca de los motores por su tamaño, para agrupar los de diseño similar. En la actualidad se maneja con más frecuencia el caballaje (HP), y a veces las unidades métricas de watts y kilowatts. La conversión es

$$1.0 \text{ HP} = 0.746 \text{ kW} = 746 \text{ W}$$

Las clasificaciones son las siguientes:

- ***Potencia subfraccionaria:*** de 1 a 40 milicaballos de potencia (mHP); 1 mHP = 0.001 HP. Así, en este intervalo se incluyen de 0.001 hasta 0.040 HP (0.75 a 30 W, aproximadamente).
- ***Potencia fraccionaria:*** de 1/20 a 1.0 HP (37 a 746 W, aproximadamente).
- ***Caballaje integral:*** de 1.0 HP (0.75 kW) y mayores.

En las referencias 1 a 4 se encuentra información adicional sobre la selección y aplicación de los motores eléctricos. Vea también los sitios de Internet 1 a 4.

21-3 ENERGÍA DE CORRIENTE ALTERNA E INFORMACIÓN GENERAL SOBRE MOTORES DE CA

La corriente alterna (CA) es producida por la utilidad eléctrica, y entregada al consumidor industrial, comercial o residencial en varias formas. En Estados Unidos, la corriente alterna tiene 60 hertz (Hz), o 60 ciclos/s, de frecuencia. En muchos otros países, se usan 50 Hz. Algunos aviones usan corriente de 400 Hz de un generador a bordo.

A la corriente alterna también se le clasifica en monofásica y trifásica. La mayoría de las unidades residenciales y las instalaciones comerciales de menores sólo utilizan potencia monofásica, llevada por dos conductores a (más) tierra. La forma de onda de la corriente se vería como la de la figura 21-2, una onda senoidal continua a la frecuencia del sistema, cuya amplitud es el voltaje nominal de la corriente. La corriente trifásica circula en un sistema de tres conductores, y está formada por tres ondas distintas de la misma amplitud y frecuencia, y cada fase está desplazada 120° de la siguiente, como se aprecia en la figura 21-2. Las instalaciones industriales, y las de grandes comercios, usan corriente trifásica para las cargas eléctricas mayores, porque es factible tener motores menores (con la misma potencia) y la operación es más económica.

FIGURA 21-1
Corriente alterna monofásica

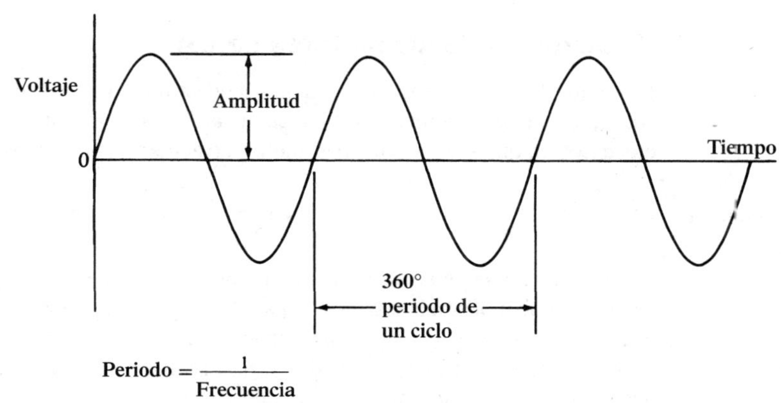

FIGURA 21-2
Corriente alterna trifásica

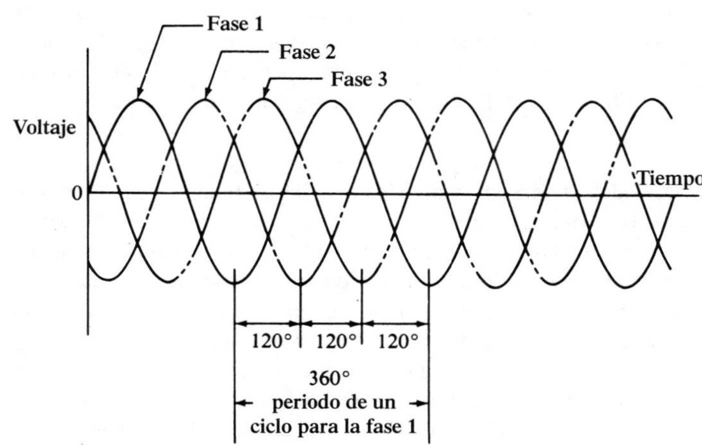

TABLA 21-1 Voltajes de motores de CA

	Voltajes nominales de motor	
Voltaje del sistema	Monofásico	Trifásico
120	115	115
120/208	115	200
240	230	230
480		460
600		575

TABLA 21-2 Velocidades de motor de CA para corriente de 60 Hz

Número de polos	Velocidad síncrona (rpm)	Velocidad a plena carga[a] (rpm)
2	3600	3450
4	1800	1725
6	1200	1140
8	900	850
10	720	690
12	600	575

[a]Aproximadamente 95% de la velocidad síncrona (deslizamiento normal)

Voltajes de CA

Algunos de los voltajes más frecuentes de la corriente alterna se muestran en la tabla 21-1. Aparecen el voltaje nominal del sistema y el voltaje nominal típico del motor para ese sistema, tanto para monofásico como para trifásico. En la mayoría de los casos, se debe usar el máximo voltaje disponible, porque el flujo de corriente para determinada potencia es menor. Esto permite usar conductores más pequeños.

Velocidades de los motores de CA

Un motor de CA sin carga (o *en vacío*) tiende a funcionar con o cerca de su *velocidad sincrónica*, n_s, la cual se relaciona con la frecuencia, f, de la corriente alterna y con el número de polos eléctricos, p, que se devanan en el motor, de acuerdo con la ecuación

Velocidad síncrona

$$n_s = \frac{120f}{p} \text{ rev/min} \qquad \textbf{(21-1)}$$

Los motores tienen un número par de polos, en general de 2 a 12, y se obtienen las velocidades síncronas que muestra la tabla 21-2, para la corriente de 60 Hz. Pero el motor de inducción, que es el tipo que más se usa, funciona a una velocidad cada vez menor respecto de su velocidad síncrona, a medida que la demanda de carga (par torsional) aumenta. Cuando el motor produce su par torsional nominal, trabajará cerca de su velocidad nominal, o velocidad a plena carga, que también se muestra en la tabla 21-1. Observe que la velocidad a plena carga no es una cantidad precisa, y que las que se mencionan corresponden a motores con un deslizamiento normal, aproximadamente de 5%. Algunos motores, como los que se describen después, son de "alto deslizamiento" y tienen menores velocidades a plena carga. Algunos motores de cuatro polos son para 1750 rpm a plena carga, lo que representa un 3% de deslizamiento. Los *motores sincrónicos* trabajan exactamente a la velocidad síncrona, sin deslizamiento.

21-4 PRINCIPIOS DE OPERACIÓN DE LOS MOTORES DE INDUCCIÓN PARA CA

Más adelante describiremos los detalles particulares de distintos tipos de motores de CA; pero el más común entre ellos es el *motor de inducción*. Las dos partes activas de un motor de inducción son el *estator*, o elemento estacionario; y el *rotor*, o elemento giratorio. La figura 21-3 muestra una sección transversal longitudinal de un motor de inducción, donde se aprecia el estator en forma de un cilindro hueco, fijo a la caja. El rotor está colocado dentro del estator, y está soportado por el eje. A su vez, el eje está soportado por cojinetes en la caja.

El estator es fabricado con muchos discos delgados y planos de acero, llamados *laminaciones*, apilados y aislados entre sí. La figura 21-4 muestra la forma de las laminaciones, las cuales tienen una serie de ranuras en el interior. Esas ranuras se alinean cuando se apilan las laminaciones, y forman entonces canales longitudinales al estator. Se hacen pasar varias capas

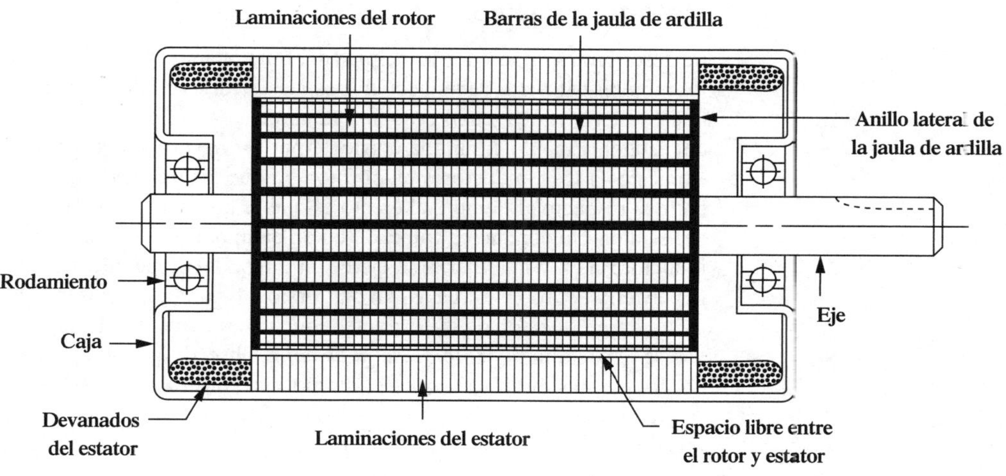

FIGURA 21-3 Sección longitudinal a través de un motor de inducción

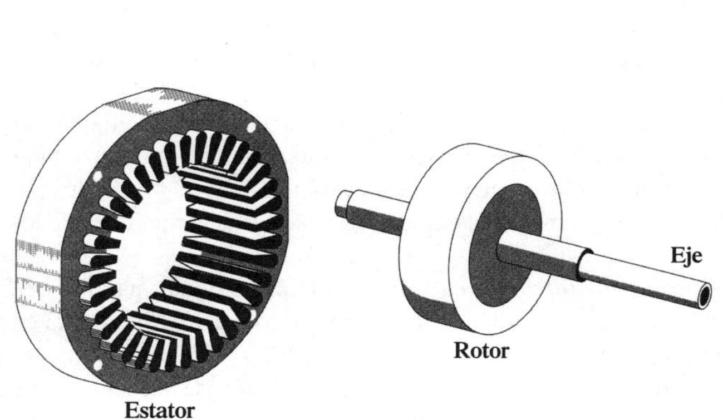

FIGURA 21-4 Laminaciones de un motor de inducción

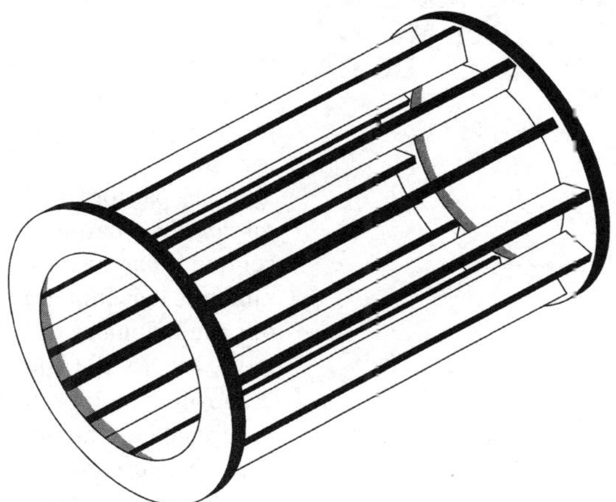

FIGURA 21-5 Jaula de ardilla

de alambre de cobre por los canales, y se devanan para formar un conjunto de bobinas continuas, llamadas *devanados*. La pauta de las bobinas en el estator determina el número de polos del motor, que en general son 2, 4, 6, 8, 10 o 12. La tabla 21-2 muestra que la velocidad de giro del motor depende del número de polos.

El rotor también tiene una pila de laminaciones con canales longitudinales. Los canales son llenados con barras sólidas de un buen conductor eléctrico, como el cobre o el aluminio, y los extremos de todas las barras se conectan a anillos continuos en cada extremo. En algunos motores más pequeños, el juego completo de barras y anillos laterales se cuela en aluminio, como una unidad. Como se aprecia en la figura 21-5, si esta pieza colada se viera sin las laminaciones, parecería una jaula de ardilla. Por esta razón a los motores de inducción también se les conoce como de *jaula de ardilla*. La combinación de la jaula de ardilla y las laminaciones está fija sobre el eje del motor, con buena precisión, para asegurar un alineamiento concéntrico con el estator, y un buen balanceo dinámico al girar. Cuando el rotor es instalado en los cojinetes de soporte, y se inserta dentro del estator, queda un pequeño espacio libre de 0.020 pulg (0.50 mm), aproximadamente, entre la superficie externa del rotor y la superficie interna del estator.

Motores trifásicos

Se describirán primero los principios del funcionamiento de los motores de CA empezando con los motores trifásicos de inducción. Después, se describirán los motores monofásicos. La corriente eléctrica trifásica, cuyo esquema se aprecia en la figura 21-2, se conecta con los devanados del estator. Cuando circula la corriente por los devanados, se crean campos electromagnéticos expuestos a los conductores en el rotor. Ya que las tres fases de la corriente están desplazadas entre sí respecto al tiempo, el efecto es que se crea un conjunto de campos que giran alrededor del estator. Un conductor colocado en un campo magnético en movimiento tiene una corriente inducida en él, y una fuerza se ejerce en dirección perpendicular a él. La fuerza actúa cerca de la periferia del rotor y crea así un par torsional, para girar el rotor.

La producción de la corriente inducida en el rotor es la causa por la que a esos dispositivos se les denomine *motores de inducción*. Observe que no hay conexión directa con el rotor, por lo que se simplifica mucho el diseño y la construcción del motor, y a ello se debe en parte su gran fiabilidad.

21-5 FUNCIONAMIENTO DEL MOTOR DE CA

El funcionamiento de los motores eléctricos se suele mostrar con una gráfica de velocidad en función del par torsional, como el de la figura 21-6. El eje vertical es la velocidad de giro del motor, como un porcentaje de la velocidad síncrona. El *eje horizontal* es el par torsional que desarrolla el motor, como un porcentaje de la carga máxima, o par torsional nominal. Cuando ejerce su par torsional de carga máxima, el motor trabaja en su velocidad de plena carga, y entrega la potencia nominal. En la tabla 21-2 puede ver una lista de las velocidades síncronas y de las velocidades a plena carga.

El par torsional en la parte inferior de la curva, cuando la velocidad es cero, se llama *par torsional de arranque* o *par torsional a rotor bloqueado*. Es el par torsional disponible para hacer que la carga se mueva en un principio, y que comience su aceleración. Éste es uno de los parámetros más importantes de selección de los motores, como se verá en las descripciones de los tipos individuales de motor.

La "rodilla" de la curva, llamada *par torsional máximo*, es el par torsional máximo que desarrolla el motor durante la aceleración. La pendiente de la curva velocidad/par torsional en la cercanía del punto de operación a plena carga es una indicación de la *regulación de velocidad*. Una curva plana (con poca pendiente) representa una buena regulación de velocidad, con poca variación de la velocidad cuando varía la carga. Por el contrario, una curva inclinada (una pendiente grande) indica mala regulación de velocidad, y el motor tendrá grandes variaciones de velocidad, cuando varíe la carga. Esos motores producen una aceleración "suave" de la carga, lo que puede ser conveniente en algunas aplicaciones. Pero cuando se desea tener una velocidad muy constante, se debe seleccionar un motor con buena regulación de velocidad.

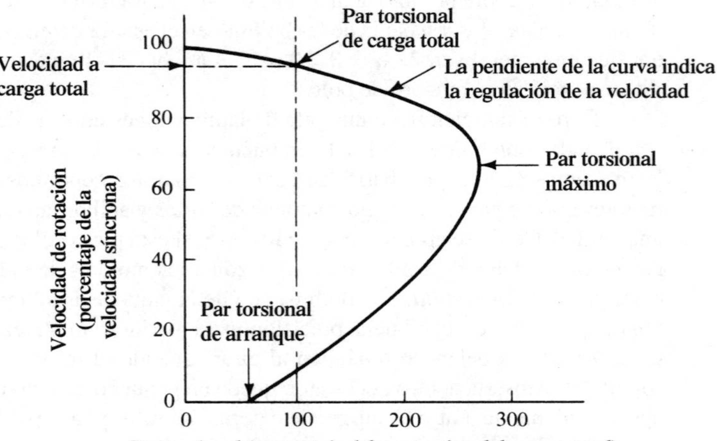

FIGURA 21-6 Forma general de la curva de operación de un motor

21-6 MOTORES TRIFÁSICOS DE INDUCCIÓN, DE JAULA DE ARDILLA

Tres de los motores trifásicos de CA que se usan con más frecuencia son conocidos simplemente como diseños B, C y D, de acuerdo con la National Electrical Manufacturers Association (NEMA). Su diferencia principal es el valor del par torsional de arranque y de la regulación de velocidad cerca de la carga total. La figura 21-7 muestra las curvas de funcionamiento para esos tres diseños, como comparación. Cada uno de esos diseños emplea el rotor sólido de tipo jaula de ardilla, por lo que no tienen conexión eléctrica con el rotor.

El diseño de 4 polos, con velocidad síncrona de 1800 rpm es el más común, y se consigue en casi todas las potencias, desde 1/4 HP hasta 500 HP. Algunos tamaños se consiguen en 2 polos (3600 rpm), 6 polos (1200 rpm) 8 polos (900 rpm), 10 polos (720 rpm) y 12 polos (600 rpm).

Diseño NEMA B

El funcionamiento del motor trifásico de diseño B se parece al del motor monofásico de fase partida, descrito más adelante. Tiene un par torsional de arranque moderado (150% del par torsional con carga total) y buena regulación de velocidad. El par torsional máximo es alto, en general 200% del par torsional con carga total, o más. La corriente de arranque es bastante alta, unas seis veces mayor que la corriente de carga total. Se debe seleccionar un circuito de arranque que pueda manejar esa corriente, durante el corto tiempo necesario para que el motor llegue a su velocidad.

Los usos típicos de los motores de diseño B corresponden a las bombas centrífugas, ventiladores, sopladores y máquinas herramientas, tales como rectificadoras y tornos.

Diseño NEMA C

El alto par torsional de arranque es la ventaja principal del motor de diseño C. Se puede usar con cargas que requieren de 200 a 300% del par torsional de arranque para arrancar. La corriente de arranque suele ser menor que para el motor de diseño B, para el mismo par torsional de arranque. La regulación de velocidad es buena, y es más o menos igual que para el motor de diseño B. En forma típica, son utilizados en los compresores alternativos, sistemas de refrigeración, transportadores con carga muy considerable y en molinos de bolas y de rodillos.

Diseño NEMA D

El motor de diseño D tiene un alto par torsional de arranque, alrededor de 300% del par torsional con carga total. Pero también tiene mala regulación de velocidad, y arroja grandes cambios de velocidad con cargas variables. A veces se le denomina *motor de alto deslizamiento*, y trabaja con 5 a 13% de deslizamiento a carga total, mientras que los diseños B y C trabajan con 3 a 5% de deslizamiento. Por consiguiente, la velocidad con carga total es menor que para el motor de diseño D.

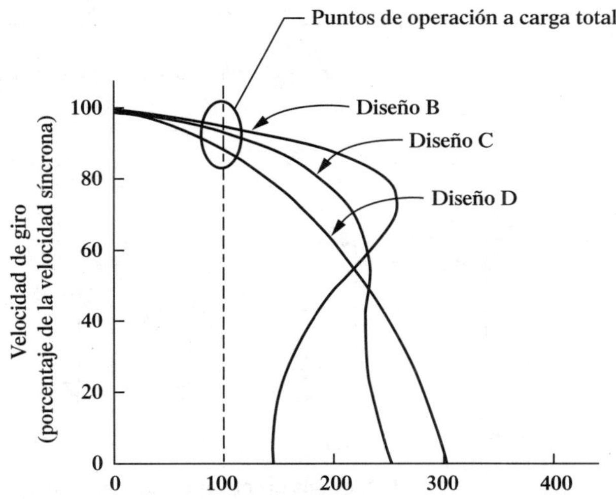

FIGURA 21-7
Curvas de operación de motores trifásicos: diseños B, C y D

Se considera que la mala regulación de velocidad es una ventaja en algunas aplicaciones, y es la principal razón para seleccionar el motor de diseño D para usos como prensas de troquelado, cizallas, prensas de freno para lámina, grúas, elevadores y bombas de pozo petrolero. Si se permite que el motor desacelere bastante, cuando aumentan las cargas, el sistema tendrá una respuesta "suave" y reducirá los choques y tirones a que se somete el sistema de accionamiento y la máquina conducida. Considere un elevador: cuando comienza a moverse una jaula con mucha carga, la aceleración debe ser uniforme y suave, y la velocidad de crucero se alcanzaría sin demasiados tirones. Este comentario también se aplica a las grúas. Si cuando se carga el gancho de la grúa se produjera un gran tirón, la aceleración máxima será alta. La gran fuerza de inercia que se produce podría romper el cable.

Motores de rotor devanado

Como su nombre indica, el rotor del *motor de rotor devanado* tiene devanados eléctricos conectados a través de anillos deslizantes al circuito exterior de corriente. La inserción selectiva de resistencia en el circuito del rotor permite adaptar el funcionamiento del motor a las necesidades del sistema, y permite cambiar con facilidad relativa para responder a cambios del sistema, o para variar en realidad la velocidad del motor.

La figura 21-8 muestra los resultados obtenidos al cambiar la resistencia en el circuito del rotor. Observe que las cuatro curvas corresponden al mismo motor, y la curva 0 representa el funcionamiento con resistencia eléctrica igual a cero. Esto se parece al diseño B. Las curvas 1, 2 y 3 muestran el funcionamiento con valores cada vez mayores de resistencia en el circuito del rotor. De esta manera, el par torsional de arranque y la regulación de la velocidad (suavidad) pueden adaptarse a la carga. Puede obtenerse un ajuste de la velocidad bajo determinada carga hasta en 50% de la velocidad con carga total.

FIGURA 21-8
(*a*) Curvas de funcionamiento de un motor trifásico de rotor devanado, con resistencia externa variable en el circuito del rotor. (*b*) Esquema del motor con rotor devanado, con el control por resistencias externas

Velocidad de rotación (porcentaje de la velocidad síncrona)
100
80
60
40
20
0
Resistencia externa cero
0
Resistencia externa creciente
1
2
3
0 100 200 300 400
Par torsional (porcentaje del par torsional de carga total)
a)

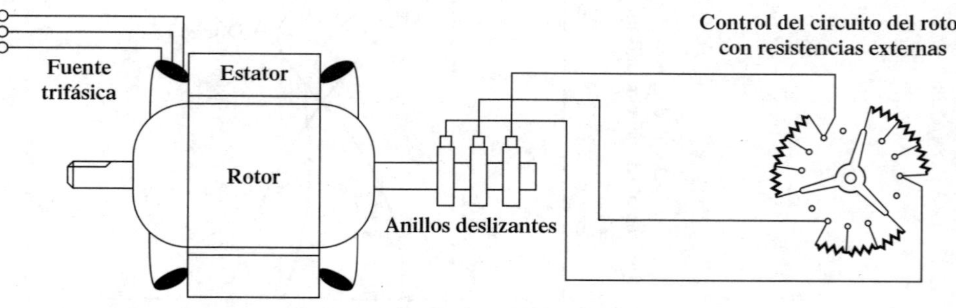

b) Esquema del motor de rotor devanado con control por resistencias externas

El diseño de rotor devanado se utiliza en aplicaciones como prensas de imprenta, equipo para triturar, transportadores y malacates.

Motores síncronos

El *motor síncrono* es totalmente distinto del motor de inducción con jaula de ardilla, o del motor de rotor devanado; trabaja exactamente a la velocidad síncrona, sin deslizamiento. Esos motores se consiguen de tamaños entre subfraccionarios para relojes e instrumentos, hasta varios cientos de caballos de potencia, para impulsar grandes compresores, bombas o sopladores.

El motor síncrono debe arrancarse y acelerarse con un medio distinto a sus mismos componentes, porque producen un par torsional muy pequeño cuando su velocidad es cero. En forma típica, habrá un devanado aparte del tipo de jaula de ardilla, dentro del rotor normal, que acelera al principio el eje del motor. Cuando la velocidad del rotor está a pocos puntos porcentuales de la velocidad síncrona, se pueden excitar los polos del campo del motor, y el rotor entra en sincronismo. En ese momento, la jaula de ardilla se vuelve ineficiente y el motor continúa trabajando a su velocidad normal, sin importar las variaciones en la carga, hasta un límite llamado *par torsional de desenganche*. Una carga mayor que el par torsional de desenganche saca al motor de sincronía y lo hace parar.

Motores universales

Los *motores universales funcionan con CA o con CD.* Su construcción se parece a la de un motor de CD devanado en serie, descrito más adelante. El rotor tiene bobinas eléctricas conectadas con el circuito externo a través de un conmutador en el eje, que es un tipo de ensamble de anillos deslizantes formado por varios segmentos de cobre, sobre los que cabalgan escobillas de carbón estacionarias. El contacto se mantiene con una ligera presión de resortes.

Los motores universales suelen girar a grandes velocidades, de 3 500 a 20 000 rpm. Eso representa una alta relación de potencia a peso y de potencia a tamaño, lo cual hace que este tipo de motor sea preferido para accionar herramientas manuales, como taladros, sierras y licuadoras. Las aspiradoras y las máquinas de coser usan también con frecuencia motores universales. La figura 21-9 muestra un conjunto típico de curvas velocidad/par torsional para una versión de motor universal a alta velocidad; se ve el funcionamiento para corriente alterna de 60 Hz y 25 Hz, y para CD. Observe que la operación cerca de la carga nominal es parecida, independientemente

FIGURA 21-9 Curvas de operación de un motor universal

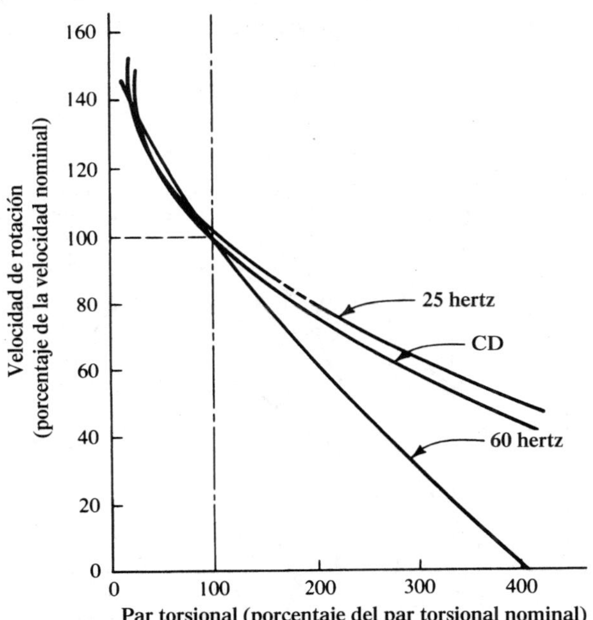

de la naturaleza de la corriente. Vea también que esos motores tienen mala regulación de velocidad, es decir, la velocidad varía mucho con la carga.

21-7 MOTORES MONOFÁSICOS

Los cuatro tipos de motores monofásicos más comunes son los de *fase partida*, de *arranque con capacitor*, o de *capacitor y fase partida permanente*, y de *polo sombreado*. Cada uno tiene una construcción física propia, así como la forma en que se conectan los componentes eléctricos para efectuar el arranque y la marcha del motor. Aquí el interés se concentra en el funcionamiento de los motores, más que en el diseño de los mismos, para poder seleccionar un motor adecuado.

La figura 21-10 muestra las características de funcionamiento de estos cuatro tipos de motores, para poder compararlos. Más adelante se describirán las propiedades especiales de las curvas de funcionamiento para estos motores.

En general, la construcción de los motores monofásicos se parece a la de los trifásicos; ambos poseen un estator fijo, un rotor macizo y un eje sostenido en cojinetes. Las diferencias estriban en que la corriente monofásica no gira en forma inherente alrededor del estator, para formar un campo en movimiento. Cada uno de los tipos usa un esquema distinto para el arranque. Vea la figura 21-11.

Los motores monofásicos suelen ser de valores subfraccionarios o fraccionarios de caballos de potencia, de 1/50 HP (15 W) a 1.0 HP (750 W), aunque algunos se consiguen hasta de 10 HP (7.5 kW).

Motores de fase partida

El estator del motor de fase partida [Figura 21-11(*b*)] tiene dos devanados: el *devanado principal*, conectado en forma continua con la corriente; y el *devanado de arranque*, conectado sólo durante el arranque del motor. El devanado de arranque crea un pequeño desplazamiento de fase, el cual a su vez causa el par torsional inicial para arrancar y acelerar el rotor. Después de que el rotor llega a 75% de su velocidad sincrónica, un interruptor centrífugo desconecta el devanado de arranque, y el rotor continúa trabajando con el devanado principal.

La curva de operación del motor de fase partida se aprecia en la figura 21-10. Tiene un par torsional de arranque moderado, de aproximadamente 150% del par torsional de carga total. Tiene buena eficiencia y está diseñado para funcionamiento continuo. La regulación de velocidad es buena. Una de las desventajas consiste en que requiere un interruptor centrífugo para desconectar el devanado de arranque. El escalón de la curva de velocidad/par torsional indica esta desconexión.

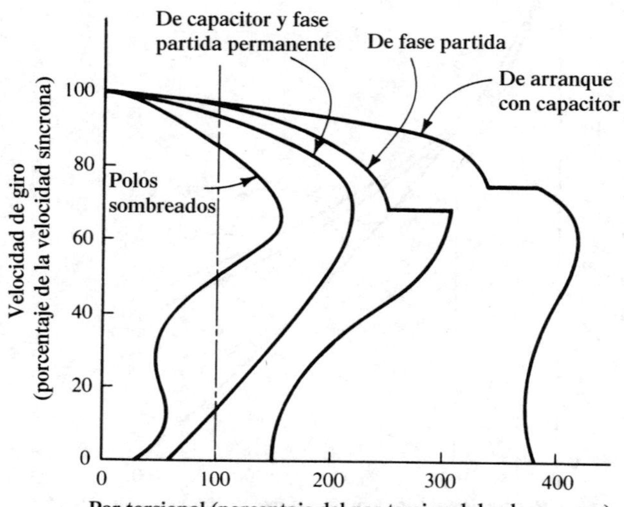

FIGURA 21-10
Curvas de operación de cuatro tipos de motores eléctricos monofásicos

FIGURA 21-11
Esquemas de motores monofásicos

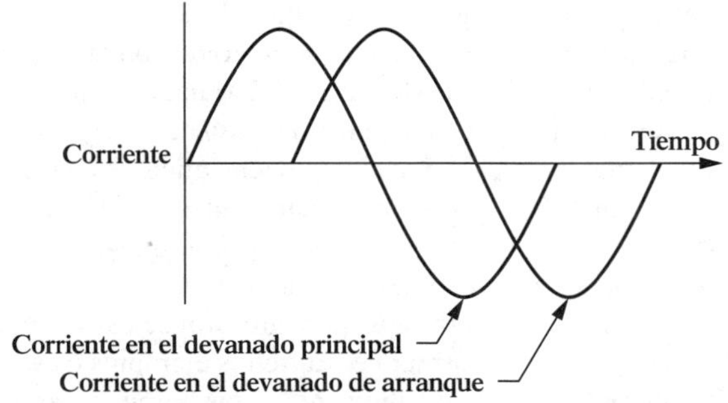

a) Desplazamiento de fases entre la corriente en el devanado principal y la corriente en el devanado de arranque

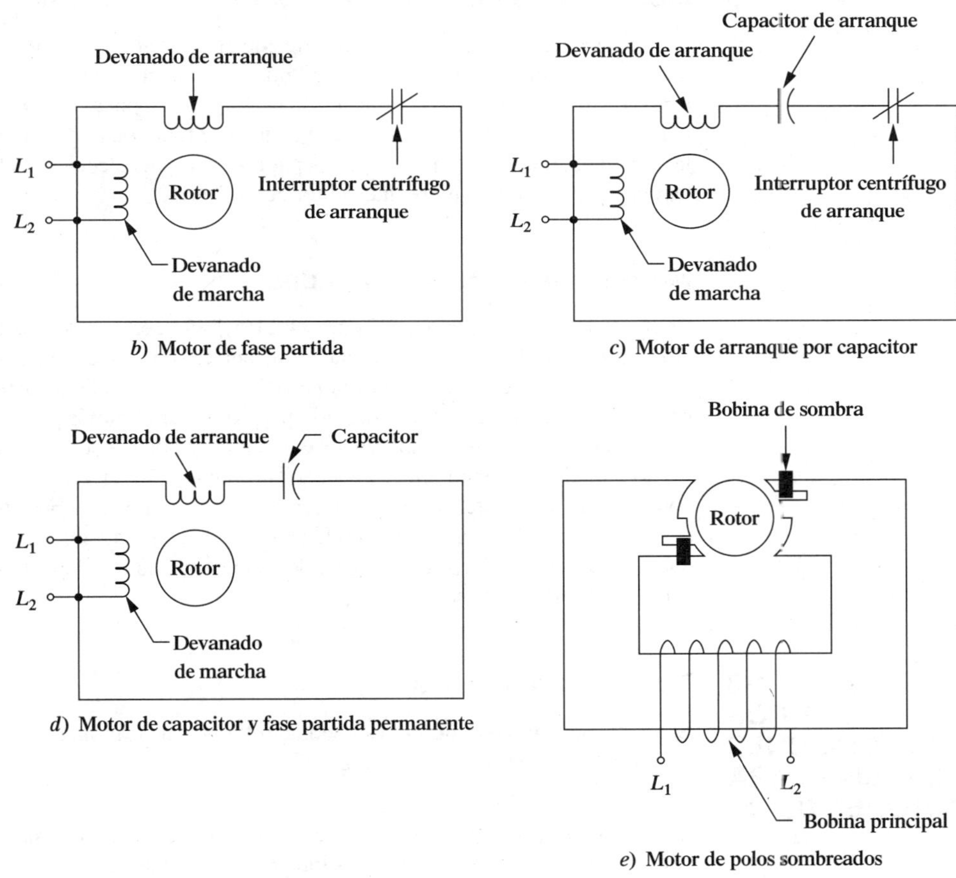

b) Motor de fase partida

c) Motor de arranque por capacitor

d) Motor de capacitor y fase partida permanente

e) Motor de polos sombreados

Estas características hacen que el motor de fase partida sea uno de los más usados en máquinas de negocios, máquinas herramientas, bombas centrífugas, podadoras eléctricas de césped y en aplicaciones parecidas.

Motores de arranque por capacitor

Al igual que el motor de fase partida, el motor de arranque por capacitor [figura 21-11(*c*)] tiene también dos devanados: un *devanado principal*, o *de marcha*, y un *devanado de arranque*. Pero en él, un capacitor está conectado en serie con el devanado de arranque y produce un par torsional de arranque mucho mayor que el motor de fase partida. Es común que el par torsional de arranque sea de 250%, o más, comparado con el de carga total. Aquí también se usa un interruptor centrífugo para desconectar el devanado de arranque con su capacitor. Las características de marcha del motor son, a partir de entonces, muy parecidas a las del motor de fase partida: buena regulación de la velocidad y buena eficiencia en funcionamiento continuo.

Entre las desventajas están el interruptor y el capacitor, que es relativamente voluminoso (vea la figura 21-17). También se puede integrar en un paquete que contiene el interruptor de arranque, un relevador u otros elementos de control.

El motor de arranque por capacitor se usa en muchas clases de máquinas que necesitan alto par torsional de arranque. Entre los ejemplos están los transportadores de carga muy pesada, los compresores de refrigeración, y las bombas y agitadores para líquidos densos.

Motores de capacitor y fase partida permanente

Se conecta siempre un capacitor en serie con el devanado de arranque. El par torsional de arranque de un motor de capacitor y fase partida permanente suele ser bastante bajo, de 40% del par torsional de carga total. Así, sólo se usa en cargas con poca inercia, como en ventiladores y sopladores. Una ventaja es que se puede adaptar el funcionamiento de marcha, y la regulación de la velocidad, para que sean adecuados para la carga, al seleccionar el valor adecuado de capacitancia. Además, no requiere interruptor centrífugo.

Motores de polos sombreados

El motor de polos sombreados [figura 21-11(*e*)] sólo tiene un devanado, que es el *devanado principal*, o *de marcha*. La reacción para el arranque se produce por la presencia de una banda de cobre alrededor de un lado de cada polo. La banda, con baja resistencia, "sombrea" el polo y produce un campo magnético rotatorio para arrancar el motor.

El motor de polos sombreados es sencillo y poco costoso, pero tiene baja eficiencia y un par torsional de arranque muy pequeño. La regulación de velocidad es mala, y debe enfriarse con ventilador durante su funcionamiento normal. Así, se usa principalmente en ventiladores y sopladores montados en el eje, donde el aire se hace pasar sobre el motor. Algunas bombas pequeñas, juguetes y electrodomésticos de uso intermitente utilizan también los motores de polos sombreados, debido a su bajo costo.

21-8 TIPOS DE ARMAZONES Y CAJAS PARA MOTORES DE CA

Tipos de armazones

El diseño del equipo donde se va a montar el motor determina el tipo de armazón que se requiere. A continuación se describen algunos de esos tipos.

Montado de pie. Es el que se usa con más frecuencia en la maquinaria industrial; el armazón de montado de pie tiene apoyos integrales, con una figura estándar de orificios, para atornillar el motor a la máquina. (Vea la figura 21-12.)

Base amortiguada. Es un montaje de pie con aislamiento elástico entre el motor y el bastidor de la máquina, para reducir la vibración y el ruido (vea la figura 21-13.)

Montaje de cara C. En el extremo del motor, donde sale el eje, se maquina la cara, la cual tiene una distribución estándar de orificios machuelados. Entonces, los equipos impulsados se atornillan en forma directa al motor. El diseño de la cara está normalizado por la National Electrical Manufacturers Association (NEMA). Vea las figuras 21-14 y 21-15.

FIGURA 21-12
Motores montados de pie, con diversos tipos de caja

a) **Motor abierto a prueba de goteo**

b) **Totalmente cerrado, sin ventilación, a prueba de pelusa**

c) **Totalmente cerrado, con ventilación**

d) **A prueba de explosión, a prueba de ignición de polvo**

FIGURA 21-13 Motor cerrado, con base amortiguada y eje en dos lados (A. O. Smith Electrical Products, Tipp City, OH)

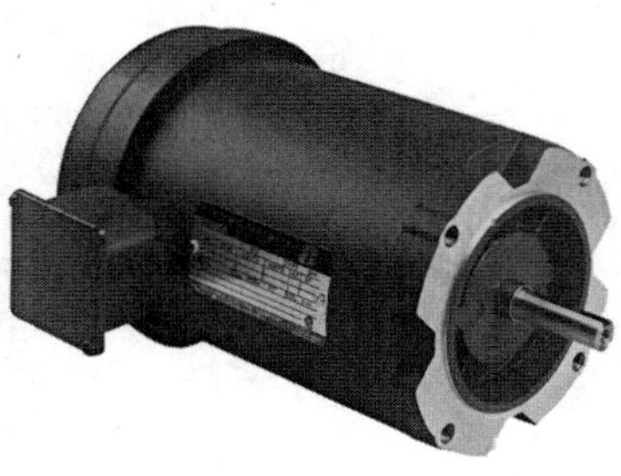

FIGURA 21-14 Motor de cara C. Vea un ejemplo de un reductor diseñado para que se le monte un motor de cara C en la figura 8-25. (Rockwell Automation/Reliance Electric, Greenville, SC)

FIGURA 21-15 Motor NEMA cara C de base rígida y a prueba de goteo, para una bomba de acoplamiento estrecho (A. O. Smith Electrical Products, Tipp City, OH)

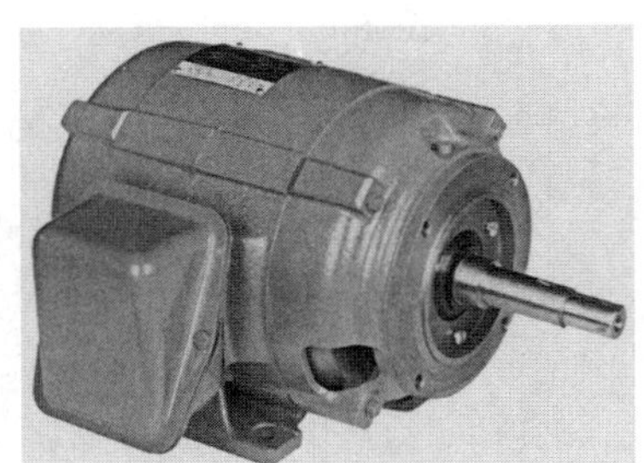

Montura D en brida. Se suministra una brida maquinada en el lado del eje, con una distribución estándar de orificios con holgura para pernos, para fijar el motor al equipo que impulsa. NEMA controla el diseño de la brida.

De montaje vertical. El montaje vertical tiene diseño especial, por los efectos de la orientación vertical sobre los cojinetes del motor. La fijación con el equipo impulsado se hace con orificios de cara C o D, como los descritos antes (vea la figura 21-16).

Sin montaje. Algunos fabricantes de equipos compran sólo el rotor y el estator al fabricante del motor, y lo incorporan en sus máquinas. Los compresores para equipos de refrigeración suelen ser construidos de esa forma.

Monturas de propósito especial. Existen muchos diseños especiales para la fabricación de ventiladores, bombas y quemadores de petróleo, entre otros.

Cajas

Las cajas alrededor del motor, las cuales soportan las partes activas y las protegen, varían según el grado de protección requerido. En las figuras 21-12 a 21-17 se muestran algunos de los tipos de cajas, descritas a continuación.

Abierto. En forma típica se proporciona una caja de lámina de metal de calibre delgado, alrededor del motor, con placas en los extremos para soportar los cojinetes del eje. La caja contiene varios orificios o ranuras que permiten que entre aire de enfriamiento al motor. Esos motores deben protegerse con la caja de la misma máquina (vea la figura 21-17).

Protegidos. Denominados también *a prueba de goteo*, y sólo tienen aberturas para ventilación en la parte inferior de la caja, para que los líquidos que gotean sobre el motor, desde arriba, no puedan entrar a él. Probablemente es el tipo que se usa con más frecuencia [vea la figura 21-12(*a*)].

Totalmente cerrados sin ventilación (TENV). No tienen aberturas en la caja y no tienen medios especiales para enfriar el motor, excepto aletas que se funden en el armazón, para aumentar el enfriamiento por convexión. El diseño protege al motor contra atmósferas peligrosas [vea la figura 21-12(*b*)].

Totalmente cerrados enfriado con ventilación (TEFC). El diseño totalmente cerrado enfriado con ventilación se parece al diseño TENV, pero en un extremo del eje está montado un ventilador con aletas que hace pasar aire sobre la caja [vea la figura 21-12(*c*)].

FIGURA 21-16 Motor de cara C totalmente cerrado sin ventilación, con una tapa de goteo para funcionamiento vertical (A. O. Smith Electrical Products, Tipp City, OH)

FIGURA 21-17 Motor de armazón abierta con base amortiguada. La montura también se puede hacer con tornillos, con banda o con anillo amortiguador (A. O. Smith Electrical Products, Tipp City, OH)

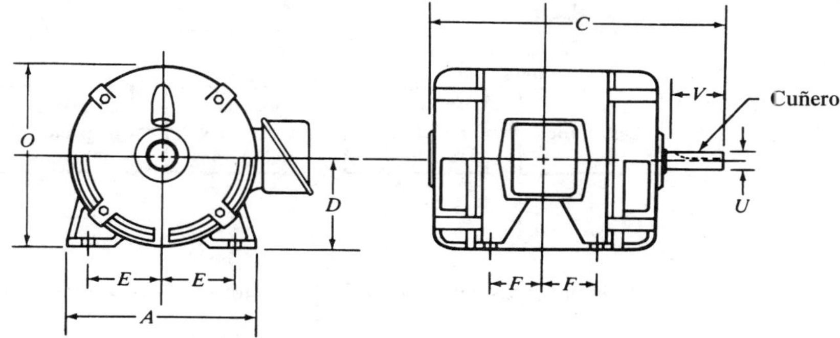

FIGURA 21-18 Clave de las dimensiones NEMA que aparecen en la tabla 21-3

TABLA 21-3 Tamaños de armazones de motor

		Dimensiones (pulgadas)								
HP	Tamaño de armazón	*A*	*C*	*D*	*E*	*F*	*O*	*U*	*V*	Cuñero
1/4	48	5.63	9.44	3.00	2.13	1.38	5.88	0.500	1.50	0.05 plano
1/2	56	6.50	10.07	3.50	2.44	1.50	6.75	0.625	1.88	3/16 × 3/32
1	143T	7.00	10.69	3.50	2.75	2.00	7.00	0.875	2.00	3/16 × 3/32
2	145T	7.00	11.69	3.50	2.75	2.50	7.00	0.875	2.00	3/16 × 3/32
5	184T	9.00	13.69	4.50	3.75	2.50	9.00	1.125	2.50	1/4 × 1/8
10	215T	10.50	17.25	5.25	4.25	3.50	10.56	1.375	3.13	5/16 × 5/32
15	254T	12.50	22.25	6.25	5.00	4.13	12.50	1.625	3.75	3/8 × 3/16
20	256T	12.50	22.25	6.25	5.00	5.00	12.50	1.625	3.75	3/8 × 3/16
25	284T	14.00	23.38	7.00	5.50	4.75	14.00	1.875	4.38	1/2 × 1/4
30	286T	14.00	24.88	7.00	5.50	5.50	14.00	1.875	4.38	1/2 × 1/4
40	324T	16.00	26.00	8.00	6.25	5.25	16.00	2.125	5.00	1/2 × 1/4
50	326T	16.00	27.50	8.00	6.25	6.00	16.00	2.125	5.00	1/2 × 1/4

Nota: Todos los motores son trifásicos para 60 Hz, de cuatro polos de inducción CA. Vea la descripción de las dimensiones en la figura 21-18.

TEFC-XP. El diseño TEFC-XP (a prueba de explosión) se parece al de la caja TEFC, pero se suministra protección especial de las conexiones eléctricas, para evitar incendios o explosiones en ambientes peligrosos. [Vea la figura 21-12(*d*)].

Tamaños de armazón

Los lineamientos de la NEMA establecen las dimensiones críticas de los armazones de motores. Incluyen la longitud y el ancho, generales; la altura desde la base hasta la línea central del eje, el diámetro y longitud del eje, y el tamaño del cuñero, así como las dimensiones de la distribución de orificios de montaje. En la tabla 21-3 se anotan algunos tamaños de armazón para motores trifásicos de inducción de 1725 rpm, montados de pie y a prueba de goteo. Vea la figura 21-18, con la descripción de las dimensiones.

21-9 CONTROLES PARA MOTORES DE CA

Los controles de motor deben realizar varias funciones, las cuales se describen en la figura 21-19. La complejidad del control depende de su tamaño y su tipo. A veces, los motores fraccionarios o subfraccionarios pueden arrancar con un interruptor sencillo, que los conecta en forma directa con el total voltaje de línea. Los motores mayores, y algunos de menor tamaño en equipos críticos, requieren más protección.

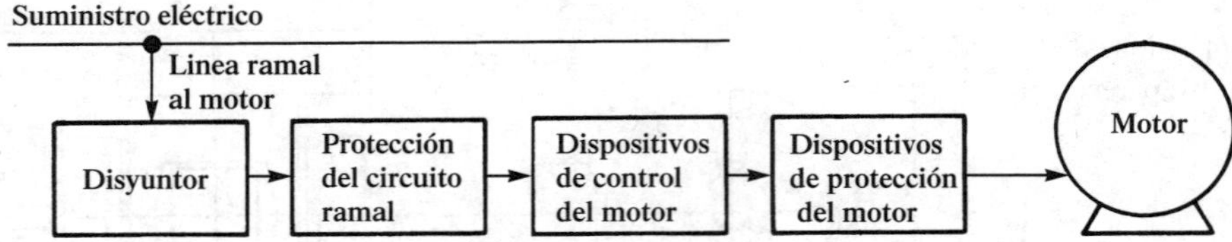

FIGURA 21-19
Diagrama de bloques de un control de motor

Las funciones de los controles de motor son las siguientes:

1. Arrancar y parar el motor
2. Proteger el motor contra sobrecargas que pudieran introducir valores peligrosamente altos de corriente por el motor
3. Proteger el motor contra el sobrecalentamiento
4. Proteger al personal para que no toque partes peligrosas del sistema eléctrico
5. Proteger los controles contra el medio ambiente
6. Prohibir que los controles causen un incendio o una explosión
7. Proporcionar al motor un par torsional, aceleración, velocidad o desaceleración controlados
8. Proporcionar el arranque secuencial de una serie de motores u otros aparatos
9. Proporcionar el funcionamiento coordinado de distintas piezas de un sistema, que posiblemente contenga varios motores
10. Proteger los conductores del circuito ramal donde está conectado el motor.

Para hacer una selección adecuada de un sistema de control de motor, se requiere conocer cuando menos los siguientes factores:

1. El tipo de servicio eléctrico: voltaje y frecuencia, una o tres fases, limitaciones de la corriente
2. El tipo y tamaño del motor: su potencia y velocidad nominales, corriente nominal a plena carga, corriente nominal a rotor bloqueado
3. Funcionamiento que se desea: ciclo de trabajo (continuo, arranque y paro o intermitente); una sola velocidad, o varias, todas ellas discretas, o funcionamiento con velocidad variable; en una dirección o reversible
4. Ambiente: temperatura, agua (lluvia, nieve, aguanieve, salpicaduras de agua), polvo y tierra, gases o líquidos corrosivos, vapores o polvos explosivos, aceites o lubricantes
5. Limitaciones de espacio
6. Accesibilidad de los controles
7. Factores de ruido o de apariencia

Arrancadores

Existen varias clasificaciones para los arrancadores de motores: manuales o magnéticos, unidireccionales o reversibles, control con dos o tres alambres, arranque a total voltaje o voltaje reducido, una o varias velocidades, paro normal, con freno o regenerativo. Todos ellos suelen incluir alguna forma de protección contra la sobrecarga, descrita más adelante.

Arranque manual y magnético, a voltaje pleno y unidireccional

La figura 21-20 muestra el diagrama esquemático de conexiones para los arrancadores manuales de motores monofásicos y trifásicos. El símbolo *M* indica un contactor (interruptor) normalmente abierto, que se acciona manualmente, por ejemplo, con una palanca. La capacidad de los contactores se conoce por la potencia del motor que pueden manejar con seguridad. La potencia nominal se relaciona, en forma indirecta, con la corriente que toma el motor, y el diseño del contactor debe: 1) hacer contacto seguro durante el arranque del motor, considerando la gran corriente de arranque; 2) conducir el intervalo esperado de corrientes de trabajo sin sobrecalentarse, y 3) romper el contacto sin que se forme demasiado arco que pudiera quemar los contactos. La NEMA establece las capacidades. Las tablas 21-4 y 21-5 muestran las capacidades de algunos tamaños NEMA seleccionados de arrancador.

Observe, en la figura 21-20, que se requiere protección contra la sobrecarga en las tres líneas para motores trifásicos, pero sólo en una línea de los motores monofásicos.

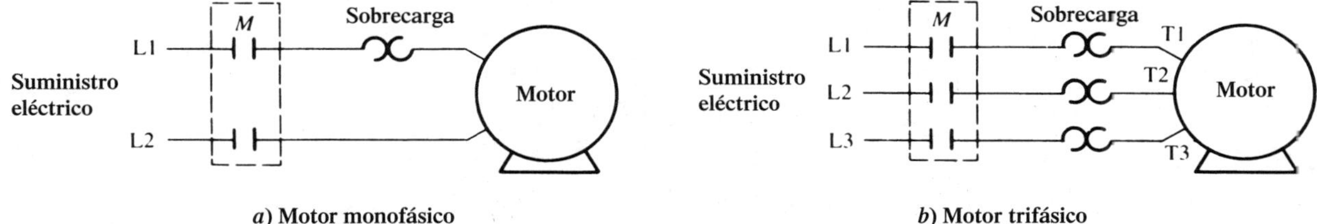

a) Motor monofásico   *b*) Motor trifásico

FIGURA 21-20 Arrancadores manuales. *M* = contactores normalmente abiertos. Todos funcionan al mismo tiempo

TABLA 21-4 Capacidades de arrancadores a voltaje total, de corriente monofásica

Número de tamaño NEMA	Corriente nominal (amperes)	Potencia nominal a los voltajes indicados					
		110 V		220 V		440 y 550 V	
		(HP)	(kW)	(HP)	(kW)	(HP)	(kW)
00		1/2	0.37	3/4	0.56		
0	15	1	0.75	$1\frac{1}{2}$	1.12	$1\frac{1}{2}$	1.12
1	25	$1\frac{1}{2}$	1.12	3	2.24	5	3.73
2[a]	50	3	2.24	$7\frac{1}{2}$	5.60	10	7.46
3[a]	100	$7\frac{1}{2}$	5.60	15	11.19	25	18.65

[a]Sólo se aplica a los arrancadores magnéticos

TABLA 21-5 Capacidades de arrancadores a voltaje total, de corriente trifásica

Número de tamaño NEMA	Corriente nominal (amperes)	Potencia nominal a los voltajes indicados					
		110 V		220 V		440 y 550 V	
		(HP)	(kW)	(HP)	(kW)	(HP)	(kW)
00		3/4	0.56	1	0.75	1	0.75
0	15	$1\frac{1}{2}$	1.12	2	1.49	2	1.49
1	25	3	2.24	5	3.73	$7\frac{1}{2}$	5.60
2	50	$7\frac{1}{2}$	5.60	15	11.19	25	18.65
3	100	15	11.19	30	22.38	50	37.30

FIGURA 21-21
Arrancadores magnéticos para motores trifásicos

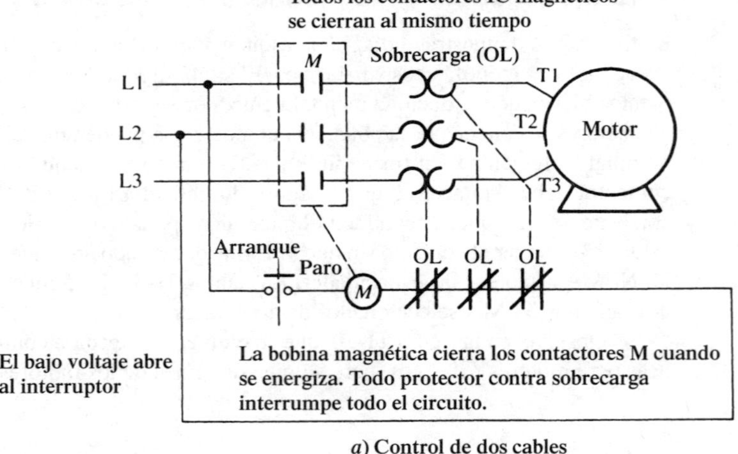

a) Control de dos cables

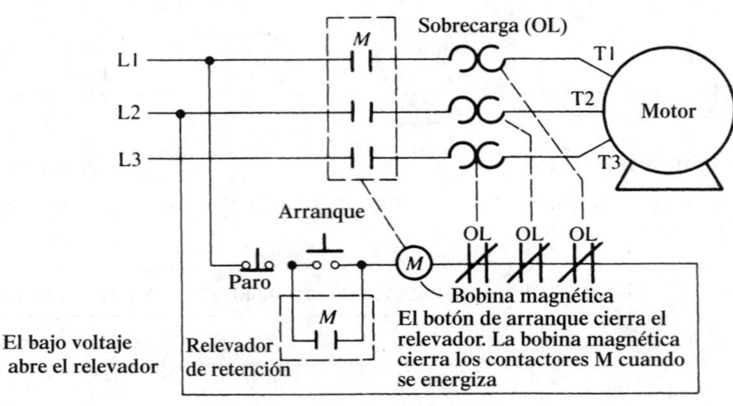

b) Control de tres cables

La figura 21-21 muestra los diagramas de conexiones para arrancadores magnéticos con controles con dos y tres cables. El botón de "arranque" en el control de tres cables es del tipo de contacto momentáneo. Al accionarlo en forma manual, se energiza la bobina en paralelo con el interruptor y cierra magnéticamente los contactores de línea identificados con *M*. Esos contactos permanecen cerrados hasta que se oprime el botón de paro o hasta que el voltaje de línea disminuye hasta un valor bajo establecido. (Recuerde que un bajo voltaje de línea causa que el motor tome demasiada corriente). Cualquiera de esos casos hace que los contactores magnéticos abran y paren el motor. El botón de arranque debe oprimirse manualmente, otra vez, para volver a arrancar el motor.

El control de dos cables tiene un botón de arranque de operación manual, que permanece oprimido después de haber arrancado el motor. Como función de seguridad, el interruptor abre cuando se presenta una condición de bajo voltaje. Pero cuando el voltaje sube de nuevo hasta un valor aceptable, los contactos cierran y vuelven a arrancar el motor. Se debe asegurar que este sea un modo seguro de operación.

Arrancadores reversibles

La figura 21-22 muestra la conexión de un arrancador reversible de motor trifásico. Puede invertir la rotación de esos motores trifásicos al intercambiar dos conductores cualquiera de las

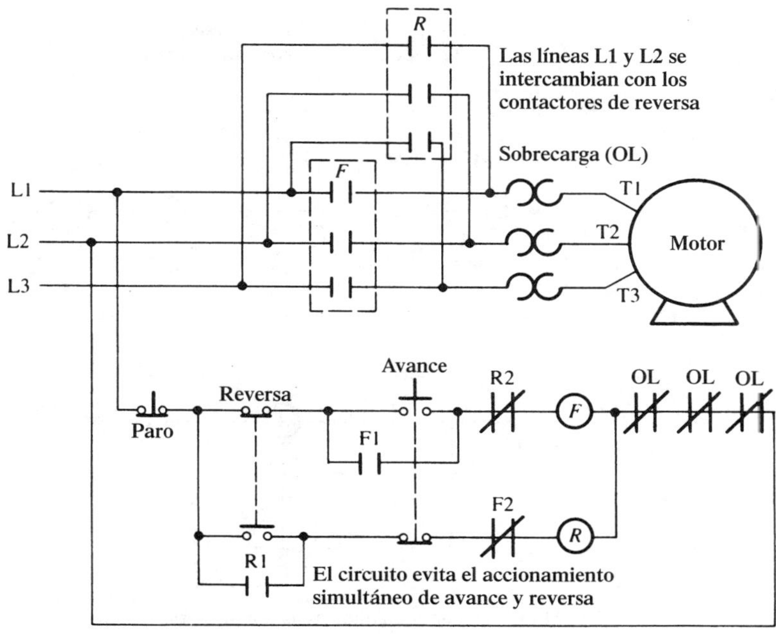

FIGURA 21-22
Control reversible para un motor trifásico

tres líneas de potencia. Los contactores *F* se usan para la dirección de avance. Los contactores *R* intercambiarían L1 y L3 para invertir la dirección. Los botones *Avance* y *Reversa* sólo accionan uno de los conjuntos de contactores.

Arranque con voltaje reducido

Los motores descritos en las secciones anteriores, y los circuitos de las figuras 21-20 a 21-22, emplean arranque a voltaje total. Esto es, cuando se conecta el sistema, se aplica todo el voltaje de línea a las terminales del motor. Con esto, se obtiene el máximo esfuerzo en el arranque, pero eso a veces no es deseable. Para limitar los tirones, controlar la aceleración de una carga y para limitar la corriente de arranque, a veces se usa el arranque con voltaje reducido. Este arranque suave se usa en algunos transportadores, malacates, bombas y cargas de ese tipo.

La figura 21-23 muestra un método para proporcionar un voltaje reducido al motor en el arranque. La primera acción es el cierre de los contactores indicados con *A*. De este modo, la corriente pasa al motor por un conjunto de resistores que reducen el voltaje en cada terminal del motor. Una reducción típica sería hasta 65% del voltaje normal de línea. La corriente máxima de línea se reduciría a 65% de la corriente normal del rotor bloqueado, y el par torsional de arranque sería el 42% del par torsional normal del rotor bloqueado. (Vea la referencia 4.) Después de acelerar el motor, se cierran los contactores principales *M,* y al motor se le aplica el voltaje total de línea. En el caso típico, se usa un *temporizador* para controlar la secuencia de los contactores *A* y *M*.

Arranque de motores con velocidad dual

Un motor con velocidad dual, con dos devanados separados que producen dos velocidades distintas, puede arrancar con el circuito de la figura 21-24. El operador cierra en forma selectiva los contactos *F* (rápido) o bien los *S* (lento), para obtener la velocidad que desea. Las demás funciones de los circuitos de arranque, ya descritas, también se pueden aplicar a este circuito.

FIGURA 21-23
Arranque con voltaje reducido, con el método de resistor primario

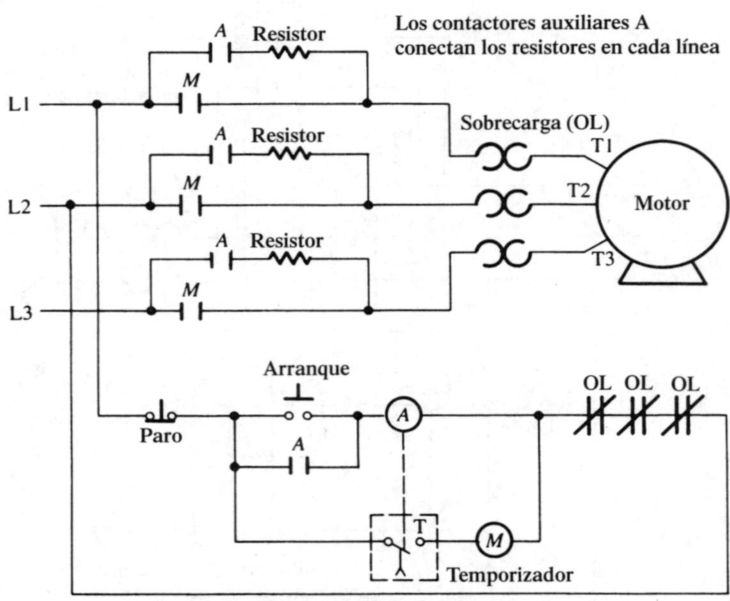

FIGURA 21-24
Control de velocidad para un motor trifásico de devanado dual

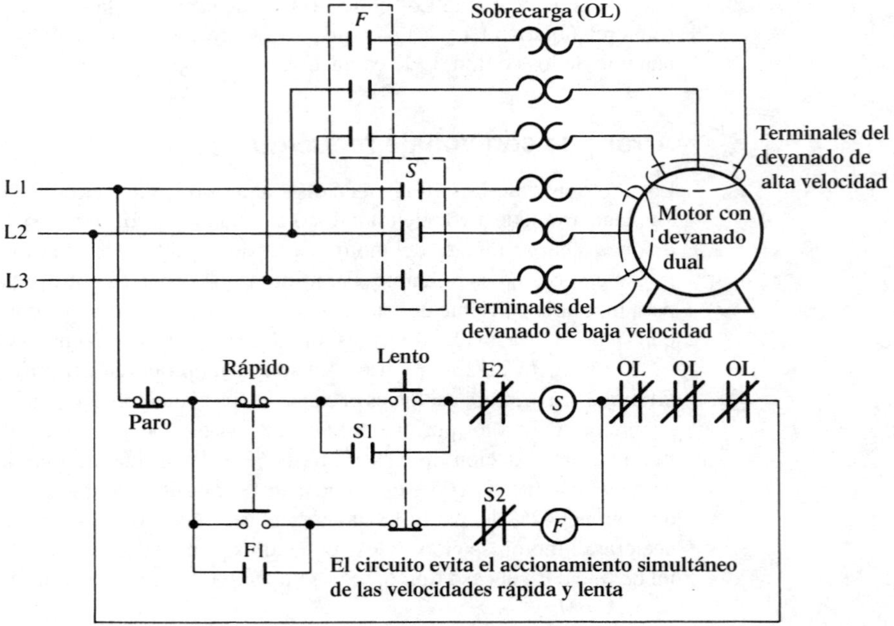

Paro del motor

Cuando no existen condiciones especiales de paro para el sistema, se puede permitir que el motor gire hasta pararse, después de interrumpir la corriente. El tiempo necesario para pararse dependerá de la inercia y de la fricción en el sistema. Si se requiere un paro controlado y rápido, se pueden usar frenos externos. Se consiguen los *motores de freno*, que tienen un freno incorporado. En el caso típico, el diseño es de naturaleza "a prueba de fallas", donde se quita el freno mediante una bobina electromagnética cuando el motor está energizado. Cuando el motor se desenergiza, sea a propósito o por interrupción de la corriente, el freno es accionado por la fuerza mecánica de resortes.

En circuitos con arrancadores reversibles, se puede usar *paro de frenado con reversa*. Cuando se desea parar el motor que trabaja en la dirección de avance, el control se puede cambiar de inmediato a reversa. Entonces, se produciría un par torsional de desaceleración aplicado al rotor, parándolo con rapidez. Se debe tener cuidado para desconectar el circuito de reversa cuando el motor está parado, para evitar que comience a moverse en reversa.

Protección contra sobrecarga

La causa principal de fallas en los motores eléctricos es el sobrecalentamiento de los devanados, debido al exceso de corriente. La corriente depende de la carga en el motor. Naturalmente, un cortocircuito causaría una gran corriente, virtualmente instantánea, de valor perjudicial.

Se puede dar protección contra un cortocircuito mediante un *fusible*, pero es esencial la cuidadosa aplicación de ellos. Un fusible contiene un elemento que literalmente se funde cuando pasa por él determinado valor de corriente. Al fundirse, el circuito se abre. Para reactivar el circuito se requiere cambiar el fusible. En los circuitos de motor se requieren fusibles con retardo, o de fusión lenta, para evitar que se quemen los fusibles al arrancar el motor, cuando toma la corriente relativamente alta, que en ese caso es normal y no es dañina. Después de haber arrancado el motor, el fusible se quemará con un valor predeterminado de sobrecorriente.

Los fusibles son inadecuados para los motores más grandes o más críticos, porque dan protección sólo con un valor de sobrecorriente. Cada diseño de motor tiene una *curva de sobrecalentamiento* característica, como la de la figura 21-25. Indica que el motor podría resistir distintos valores de sobrecorriente durante distintos tiempos. Por ejemplo, para la curva de calentamiento del motor en la figura 21-25, podría pasar una corriente doble (200%) respecto de la corriente de carga total hasta durante 9 minutos, antes de que se produzca una temperatura dañina en los devanados. Pero una sobrecorriente de 400% causaría daños en menos de 2 minutos. Un protector ideal contra sobrecargas seguiría en paralelo la curva de sobrecalentamiento para el motor correspondiente, siempre desconectándolo con un valor seguro de la corriente, como se ve en la figura 21-25. Existen protectores comerciales que cumplen esa función. Algunos usan aleaciones fusibles especiales, bandas bimetálicas parecidas a las de los termostatos, o bobinas magnéticas sensibles a la corriente que pasa por ellas. La mayor parte de los grandes arrancadores de motor tienen protección contra sobrecarga incorporada en ellos.

Otro tipo de protección contra sobrecarga usa un dispositivo sensible a la temperatura insertado en los devanados del motor, en el momento de su fabricación. Entonces, abre el circuito del motor cuando los devanados llegan a una temperatura peligrosa, independientemente de la razón.

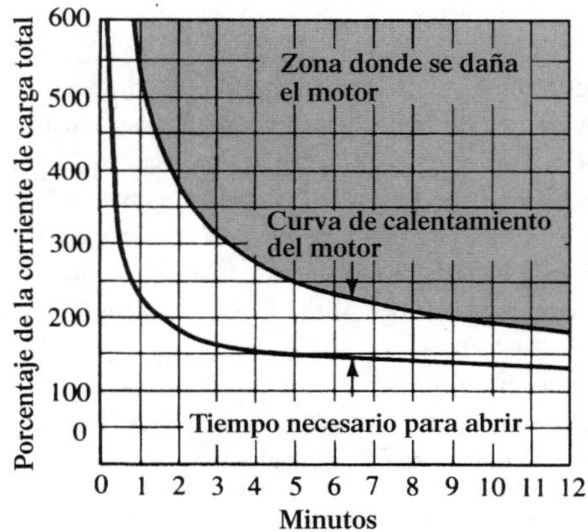

FIGURA 21-25 Curva de calentamiento del motor, y curva de respuesta para un protector típico contra sobrecarga (Square D Company, Palatine, IL)

Relevador de estado sólido para sobrecargas

Las dificultades con los protectores de sobrecarga con elementos térmicos o bimetálicos se pueden remediar mediante un relevador de estado sólido para sobrecargas. Los dispositivos térmicos que usan un elemento fusible requieren el cambio del elemento después de haber disparado, lo que causa un costo adicional por concepto de artículos y personal de mantenimiento. Tanto los protectores de elementos térmicos como bimetálicos para sobrecarga son afectados por la temperatura ambiente variable, que pueden cambiar el valor real de protección por flujo de corriente. Existen disponibles compensadores de temperatura, pero requieren ajustes cuidadosos y conocimiento de las condiciones esperadas. Los relevadores de estado sólido resuelven esas dificultades, porque sólo emplean el valor detectado del flujo de la corriente para producir la acción de disparo. En forma inherente, son insensibles a oscilaciones de la temperatura ambiente. Además, pueden detectar el flujo de la corriente en cada uno de los tres devanados de los motores trifásicos, y dar protección si cualquiera de las fases tiene una falla, o existe determinado aumento de la corriente. Eso da protección no sólo al motor, sino también al equipo correspondiente que pueda dañarse si el motor falla de repente. Vea información adicional en el sitio de Internet 5.

Cajas para controles de motor

Como se dijo antes, una de las funciones de un sistema de control de motor es proteger al personal contra el contacto con piezas peligrosas del sistema eléctrico. También debe dar protección al sistema contra el ambiente. Ésas son las funciones que cumple la caja.

La NEMA ha establecido normas para cajas, de acuerdo con la diversidad de ambientes que pueden encontrar los controles de motor. En la tabla 21-6, se describieron los tipos más frecuentes.

Propulsores de velocidad variable para CA

Los motores estándar de CA trabajan con una velocidad fija, para determinada carga, si funcionan con corriente alterna de frecuencia fija, por ejemplo de 60 Hz. Se puede obtener el funcionamiento de velocidad variable con un sistema de control que produzca corriente de frecuencia variable. Dos de esos controles son los que se usan con más frecuencia: el *método de seis escalones* y el *método de modulación por ancho de pulso* (PWM). Cualquiera de ellos toma voltaje de línea de 60 Hz, y primero lo rectifica para obtener un voltaje de CD. Entonces, en el método de seis escalones se emplea un inversor para producir una serie de ondas cuadradas que suministra voltaje al devanado del motor, el cual varía tanto en voltaje como en frecuencia, en seis pasos por ciclo. En el sistema PWM, el voltaje de CD se alimenta a un inversor que produce una serie

TABLA 21-6 Cajas para control de motor

Número de diseño NEMA	Descripción
1	Uso general: interiores, no a prueba de polvo
3	A prueba de polvo, a prueba de lluvia: resistente a intemperie
3R	A prueba de polvo, a prueba de lluvia, a prueba de aguanieve
4	A prueba de agua: puede resistir un chorro de agua directo de una manguera; se usa en barcos y en plantas procesadoras de alimentos, donde hay lavados
4X	A prueba de agua, resistente a la corrosión
7	Lugares peligrosos, clase I: puede trabajar en áreas donde haya gases o vapores inflamables
9	Lugares peligrosos, clase II: zonas con polvos combustibles
12	Uso industrial: resistentes al polvo, pelusa, aceite y líquidos enfriadores
13	Hermético al aceite, hermético al polvo

FIGURA 21-26 Método de control de motor de CA, velocidad variable, con seis pasos (Rockwell Automation/ Allen-Bradley, Milwaukee, WI)

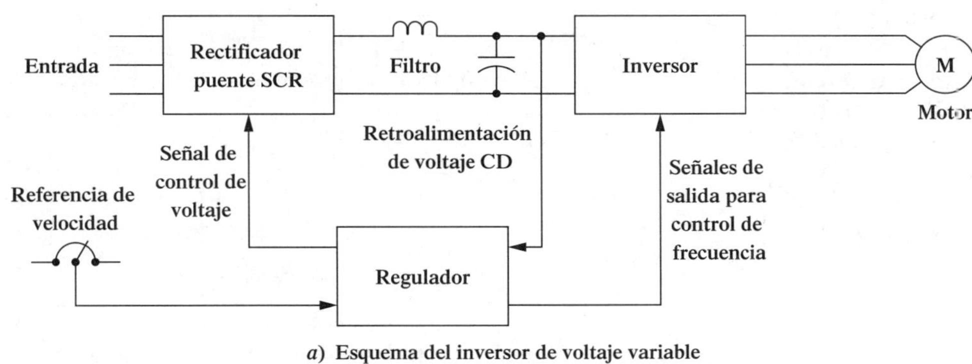

a) Esquema del inversor de voltaje variable

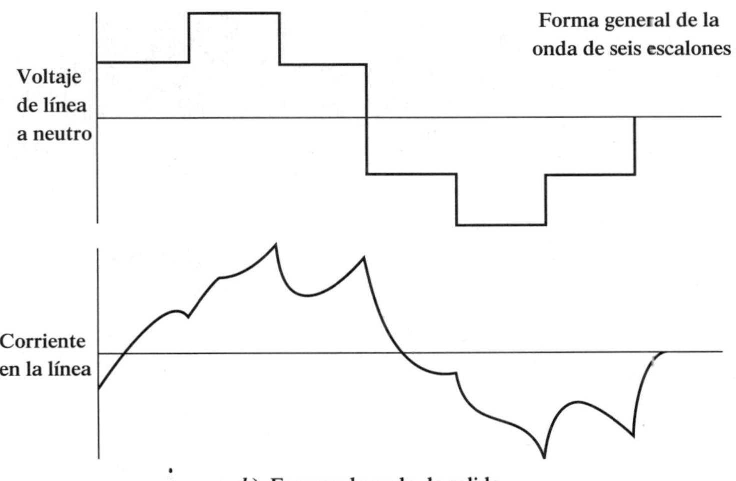

b) Formas de onda de salida

de pulsos de ancho variable. La frecuencia de inversiones de polaridad determina la frecuencia que se aplica al motor. Vea las figuras 21-26 y 21-27.

Razones para usar propulsores de velocidad variable

Con frecuencia, se desea variar la velocidad de los sistemas mecánicos para obtener características de operación óptimas para la aplicación. Por ejemplo:

1. La velocidad de un transportador se puede variar para adaptarse a la demanda de producción.
2. La entrega de materiales a granel a un proceso se puede variar de forma continua.
3. El control automático puede dar la sincronización de dos o más componentes del sistema.
4. El control dinámico del funcionamiento del sistema puede usarse para arrancar y parar secuencias, para controlar pares torsionales o para el control de aceleraciones y desaceleraciones en el proceso, que con frecuencia son necesarias cuando se procesan tiras continuas, como de papel o de plástico.
5. Pueden variarse las velocidades de husillo en las máquinas herramienta para producir un corte óptimo en determinados materiales, o profundidad de corte, avances o herramientas de corte.
6. Las velocidades de los ventiladores, compresores y bombas para líquidos pueden variarse como respuesta a las necesidades de enfriamiento, o para suministro de producto.

FIGURA 21-27 Método de control de motor de CA, velocidad variable, de modulación por ancho de pulso (Rockwell Automation/Allen-Bradley, Milwaukee, WI)

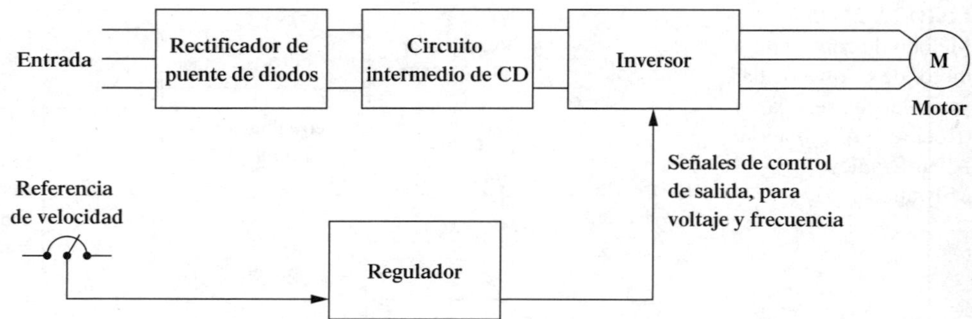

a) Esquema del controlador de modulación por ancho de pulso (PWM)

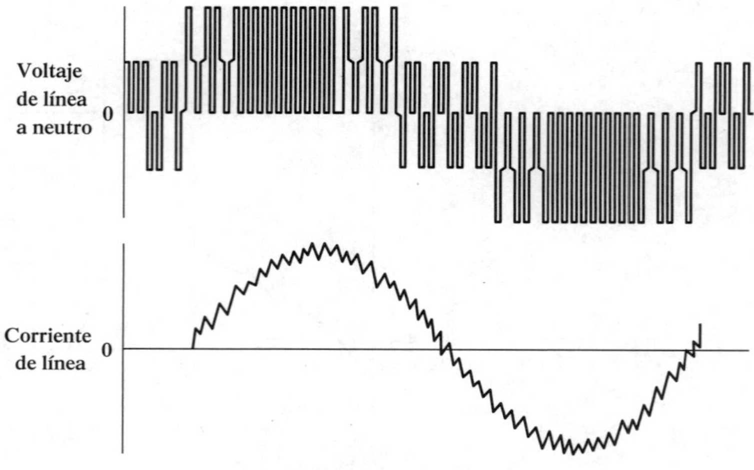

b) Formas de onda de salida

En todos esos casos se piden controles de proceso más flexibles y mejores. También se alcanzan ahorros en costos, en especial en el punto 6. La diferencia en la potencia necesaria para operar una bomba en dos velocidades es proporcional al cubo de la relación de esas velocidades. Por ejemplo, si la velocidad del motor se reduce a la mitad de su velocidad original, la potencia necesaria para operar la bomba se reduce a 1/8 de la potencia original. Se pueden acumular ahorros importantes al adaptar la velocidad de la bomba al manejo requerido del líquido. Ahorros similares se obtienen en los ventiladores y compresores.

21-10 CORRIENTE DIRECTA

Los motores de CD tienen varias ventajas inherentes sobre los motores de CA, como se verá en la siguiente sección. Una desventaja de los motores de CD es que deben contar con una fuente de corriente directa. La mayor parte de los lugares residenciales, comerciales e industriales sólo cuentan con corriente alterna que les entrega la empresa eléctrica de la localidad. Para proporcionar corriente directa se usan tres elementos:

1. ***Baterías:*** En el caso típico, se consiguen baterías en voltajes de 1.5, 6.0, 12.0 y 24.0 volts (V). Se usan para dispositivos portátiles, o para aplicaciones móviles. La corriente es directa pura, pero el voltaje varía al paso del tiempo, a medida que se descarga la batería. Lo voluminoso, pesado y la duración finita de las baterías son sus desventajas.
2. ***Generadores:*** Accionados por motores eléctricos de CA, motores de combustión interna, turbinas, motores eólicos y turbinas de agua, entre otros; los generadores de CD producen CD pura. Los voltajes normales son de 115 y 230 V. Algunas industrias ocupan esos generadores para suministrar corriente directa en sus instalaciones.

TABLA 21-7 Voltajes nominales para motores de CD

Voltaje de CA de entrada	Voltaje nominal de CD para el motor	Código NEMA
115 V CA, monofásico	90 V CD	K
230 V CA, monofásico	180 V CD	K
230 V CA, trifásico	240 V CD	C o D
460 V CA, trifásico	500 V CD o 550 V CD	C o D
460 V CA, trifásico	240 V CD	E

3. ***Rectificadores:*** La *rectificación* es el proceso de convertir la corriente alterna, con su variación senoidal de voltaje respecto del tiempo, en corriente directa, que en el caso ideal no varía. Un aparato de fácil acceso es el *rectificador controlado de silicio* (SCR, de *silicon-controlled rectifier*). Una dificultad que tiene la rectificación de la CA para producir CD es que siempre queda algo de "ondulación residual", que es una pequeña variación del voltaje en función del tiempo. Si existe demasiada ondulación residual, se puede sobrecalentar el motor de CD. La mayor parte de los rectificadores SCR producen corriente directa con ondulación residual aceptablemente baja. La tabla 21-7 muestra los voltajes directos nominales que suelen emplearse en motores energizados con corriente alterna rectificada, definidos por la NEMA.

21-11 MOTORES DE CORRIENTE DIRECTA

A continuación, se resumen las ventajas de los motores de corriente directa:

- La velocidad es ajustable mediante un sencillo reóstato, que ajusta el voltaje aplicado al motor.
- La dirección de rotación es reversible, lo cual cambia la polaridad del voltaje aplicado al motor.
- Es sencillo proporcionar un control automático de la velocidad, para igualar las velocidades de dos o más motores, o para programar una variación de velocidad en función del tiempo.
- Se pueden controlar la aceleración y desaceleración, para obtener el tiempo deseado de respuesta, o para disminuir los tirones.
- Se puede controlar el par torsional al variar la corriente aplicada al motor. Esto es deseable en aplicaciones con control de tensión, como el bobinado de una tira, o película sobre un carrete o rollo.
- Se puede obtener frenado dinámico al invertir la polaridad de la corriente mientras gira el motor. El par torsional efectivo invertido desacelera el motor, sin la necesidad de un frenado mecánico.
- Los motores de CD suelen tener respuesta rápida, acelerando con rapidez cuando cambia el voltaje, porque el diámetro de su rotor es pequeño, y les permite tener una alta relación de par torsional a inercia.

Los motores de CD tienen devanados eléctricos en el rotor, y cada devanado tiene dos conexiones con el conmutador en el eje. El conmutador es una serie de segmentos de cobre a través de los cuales se transfiere la corriente eléctrica al rotor. La trayectoria de la corriente, desde la parte estacionaria del motor hasta el conmutador, se da a través de un par de escobillas, normalmente de carbón, que se oprimen contra el conmutador mediante resortes helicoidales o muelles de presión suave. El mantenimiento de las escobillas es una de las desventajas de los motores de CD.

Tipos de motores de CD

Cuatro son los tipos de motor de CD que más se usan: el *devanado en paralelo*, el *devanado en serie* (o *excitado en serie*), el *devanado compuesto* (o *compound*) y el *de imán permanente* (o *magneto*). Son descritos en términos de sus curvas de velocidad/par torsional, en forma parecida a la que se emplea para los motores de CA. En este caso, una diferencia es que el eje de velocidad se expresa en porcentaje de la *velocidad nominal a carga total*, y no como porcentaje de la velocidad síncrona, porque ese término no se aplica a los motores de CD.

Motor de CD devanado en paralelo. El campo electromagnético se conecta en paralelo con la armadura giratoria, como se aprecia en la figura 21-28. La curva velocidad/par torsional muestra una regulación de velocidad relativamente buena hasta aproximadamente el doble del par torsional de carga total, y la velocidad disminuye con rapidez después de ese punto. La velocidad en vacío sólo es un poco mayor que la velocidad a carga total. Compare esto con el motor devanado en serie, descrito a continuación. Los motores devanados en paralelo se usan principalmente en ventiladores y sopladores pequeños.

Motor de CD devanado en serie. El campo electromagnético se conecta en serie con la armadura giratoria, como se aprecia en la figura 21-29. La curva velocidad/par torsional es una pendiente, dando al motor un funcionamiento suave, adecuado para grúas, malacates y dispositivos de tracción para vehículos. El par torsional de arranque es muy alto, hasta de 800% del par torsional nominal de carga total. Sin embargo, una gran desventaja de los motores devanados en serie es que teóricamente su velocidad sin carga es ilimitada. El motor podría llegar a una velocidad peligrosa, si se desconectara la carga por accidente. Se deben usar dispositivos de seguridad, como detectores de sobrevelocidad, que desconecten la corriente.

Motores de CD devanados compuestos. El motor de CD devanado compuesto emplea un campo en serie y un campo en paralelo, como se puede apreciar en la figura 21-30. Tiene un funcionamiento algo intermedio entre los motores devanados en serie y los devanados en paralelo. Posee un par torsional de arranque bastante alto, y una característica suave de rapidez, pero tiene una velocidad en vacío controlada en forma inherente. Lo anterior es adecuado para grúas, que pueden perder de repente sus cargas. El motor trabaja con lentitud cuando la carga es grande, para mayor seguridad y control; y más rápido cuando la carga es ligera, para aumentar la productividad.

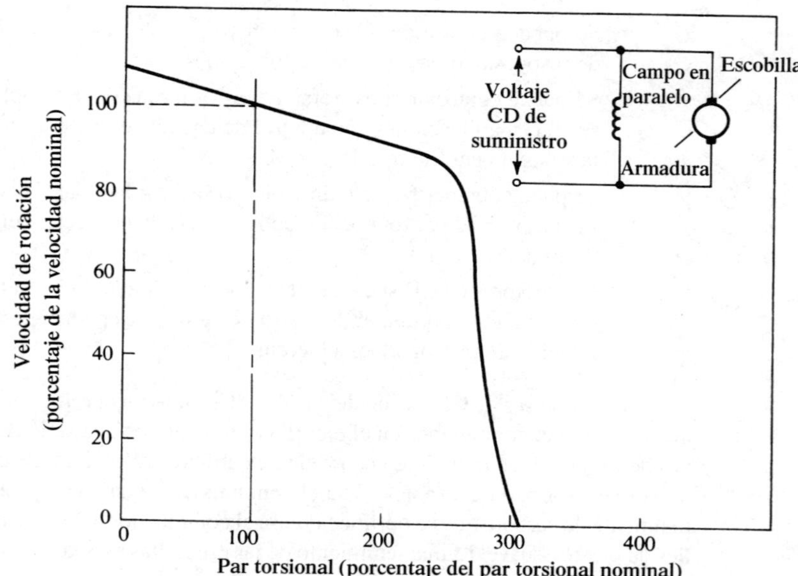

FIGURA 21-28 Curva de funcionamiento del motor CD devanado en paralelo

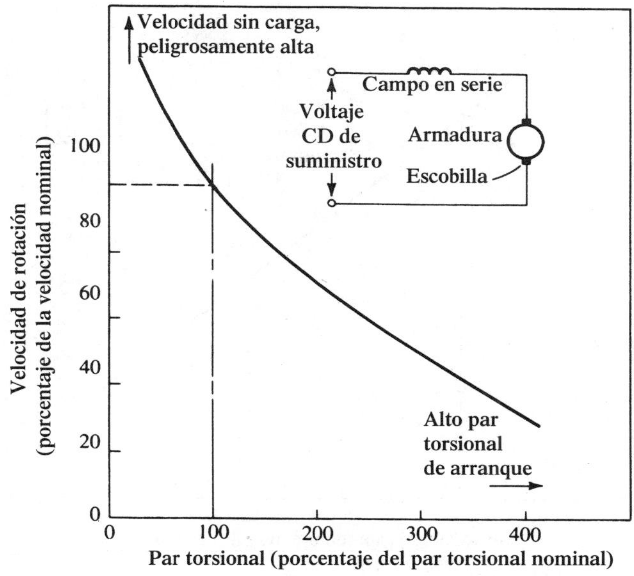

FIGURA 21-29 Curva de funcionamiento de motores CD devanados en serie

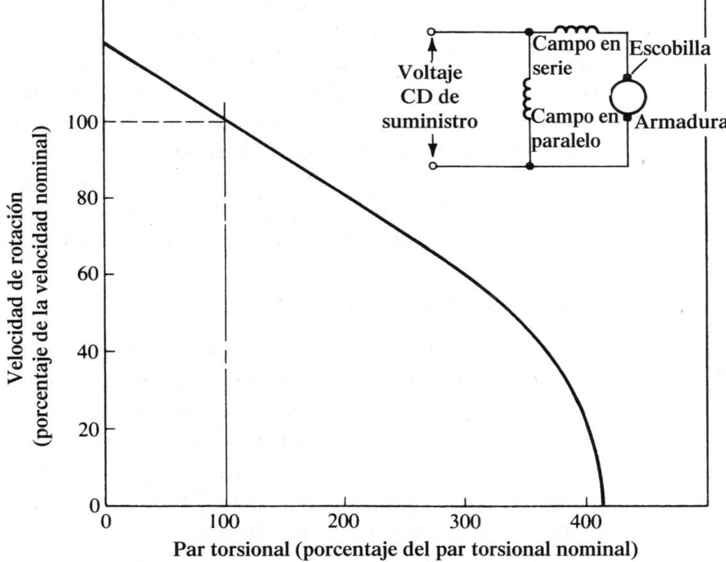

FIGURA 21-30 Curva de funcionamiento de motores CD de devanado compuesto

Motores de CD de imán permanente. En lugar de usar electroimanes, el motor de CD de imán permanente usa esos imanes para producir el campo para la armadura. La corriente directa pasa por la armadura, como se ve en la figura 21-31. El campo es casi constante siempre, y da como resultado una curva lineal de velocidad/par torsional. También la corriente tomada varía linealmente con el par torsional. Se aplican en ventiladores y sopladores para enfriar paquetes de circuitos electrónicos en aviones, actuadores pequeños de control en aviones, respaldo de potencia en automóviles, para ventanas y asientos, y ventiladores en automóviles, para calefacción y acondicionamiento de aire. Con frecuencia, esos motores tienen reductores de velocidad integrales, para producir una salida de baja velocidad y alto par torsional.

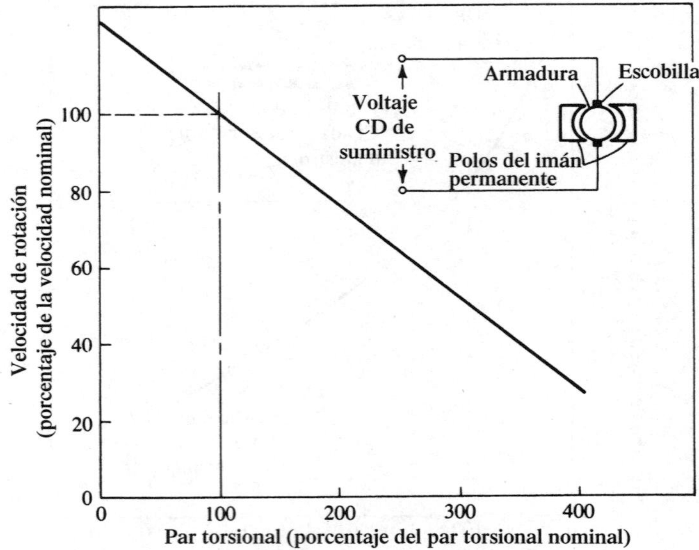

FIGURA 21-31 Curva de funcionamiento de un motor de CD, con imán permanente

21-12 CONTROL DE MOTORES DE CORRIENTE DIRECTA

El arranque de los motores de CD presenta en esencia los mismos problemas descritos para los motores de CA, respecto a limitar la corriente de arranque y el suministro de dispositivos de conmutación y relevadores de sujeción, de capacidad suficiente para manejar las cargas en operación. Sin embargo, la situación es algo más severa, por la presencia de los conmutadores en el circuito del rotor, los cuales son más sensibles a la sobrecorriente.

El control de velocidad se obtiene al variar la resistencia en los conductores conectados con la armadura o con el campo del motor. Los detalles dependen del tipo de motor: si es de serie, paralelo o compuesto. El dispositivo de resistencia variable, llamado a veces *reóstato*, puede suministrar variación de resistencia, ya sea por incrementos o por variación continua. La figura 21-32 muestra los esquemas de diversos tipos de controles de velocidad para motores de CD.

21-13 OTROS TIPOS DE MOTORES

Motores de par torsional

Como indica su nombre, los *motores de par torsional* son seleccionados por su capacidad para ejercer cierto par torsional, más que por su potencia nominal. Con frecuencia, este tipo de motor trabaja en condición de rotor bloqueado, para mantener determinada tensión en una carga. El funcionamiento continuo a una velocidad baja o igual a cero causa que la generación de calor sea un problema potencial. En casos extremos, se pueden necesitar ventiladores externos de enfriamiento.

Mediante un diseño especial, varios de los motores de CA y CD descritos en este capítulo se pueden usar como motores de par torsional.

Servomotores

Se consiguen *servomotores* de CA o CD para obtener el control automático de la posición o la velocidad de un mecanismo, como respuesta a una señal de control. Esos motores se usan en actuadores de aviones, instrumentos, impresoras de cómputo y máquinas herramienta. La mayor parte de ellos tienen características de respuesta rápida, debido a la baja inercia de las partes giratorias, y el par torsional extremadamente grande que ejerce el motor. Vea los sitios de Internet 3, 7 a 10 y 12.

La figura 21-33 muestra un esquema de un sistema controlador con servomotor. Se ven tres lazos de control: 1) el lazo de posición, 2) el lazo de velocidad y 3) el lazo de corriente. El control de velocidad se ejerce al detectar la velocidad del motor con un tacómetro, y retroalimentar la señal al controlador, por el lazo de velocidad. La posición se detecta con un codificador óptico, o aparato equivalente, colocado en la carga impulsada; la señal se retroalimenta por el

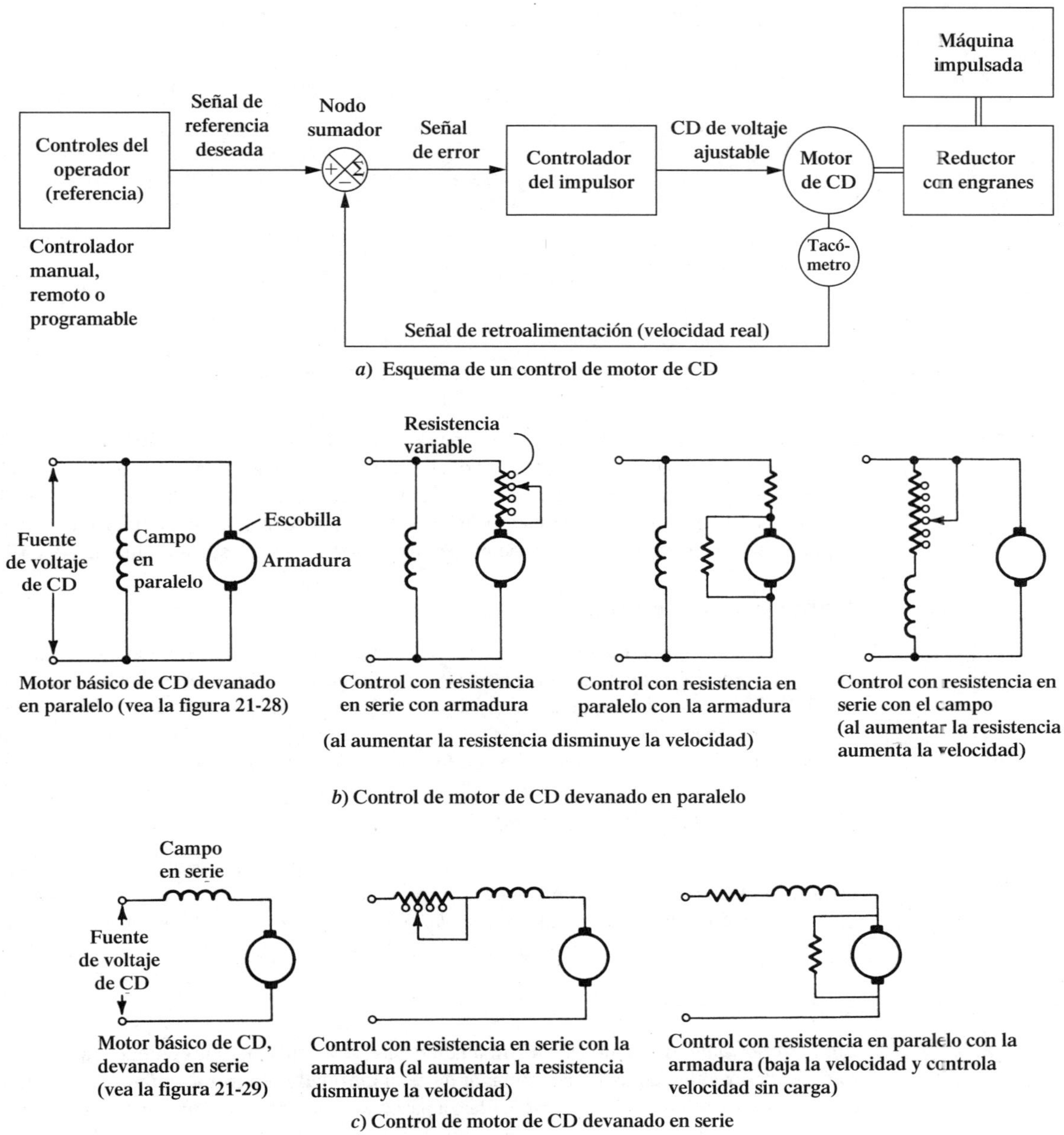

Máquina impulsada

Controles del operador (referencia)

Señal de referencia deseada

Nodo sumador

Señal de error

Controlador del impulsor

CD de voltaje ajustable

Motor de CD

Reductor con engranes

Tacómetro

Controlador manual, remoto o programable

Señal de retroalimentación (velocidad real)

a) Esquema de un control de motor de CD

Fuente de voltaje de CD

Campo en paralelo

Escobilla

Armadura

Resistencia variable

Motor básico de CD devanado en paralelo (vea la figura 21-28)

Control con resistencia en serie con armadura

Control con resistencia en paralelo con la armadura

(al aumentar la resistencia disminuye la velocidad)

Control con resistencia en serie con el campo (al aumentar la resistencia aumenta la velocidad)

b) Control de motor de CD devanado en paralelo

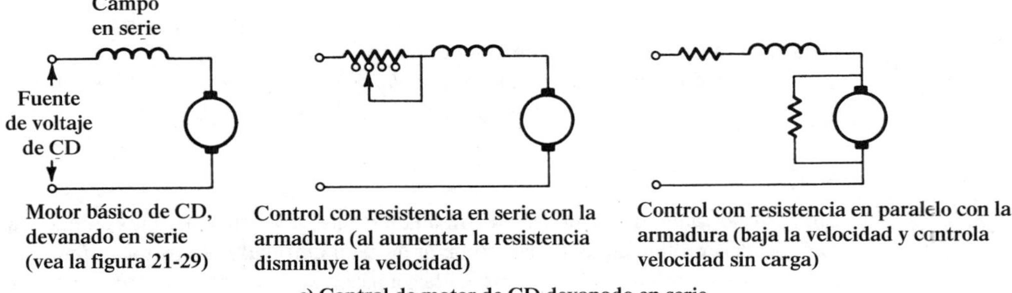

c) Control de motor de CD devanado en serie

FIGURA 21-32 Controles para motor de CD [Fuente de (*a*), Rockwell Automation/Allen-Bradley, Milwaukee, WI]

lazo de la posición hasta el controlador. El controlador suma las entradas, las compara con el valor deseado que establece el programa de control, y genera una señal para controlar el motor. De esta forma, el sistema es un servo-control con lazo cerrado. Este dispositivo se usa, por lo común, en las máquinas herramienta con control numérico, máquinas de ensamble para propósito especial y controles de accionamiento de superficies para aviones.

Motores de pasos

Una corriente de pulsos electrónicos se conduce a un *motor a pasos*, que entonces responde con una rotación fija (*paso*) por cada pulso. Así, se puede obtener una posición angular muy precisa, contando y controlando la cantidad de *pulsos* que llegan al motor. En los motores comercia-

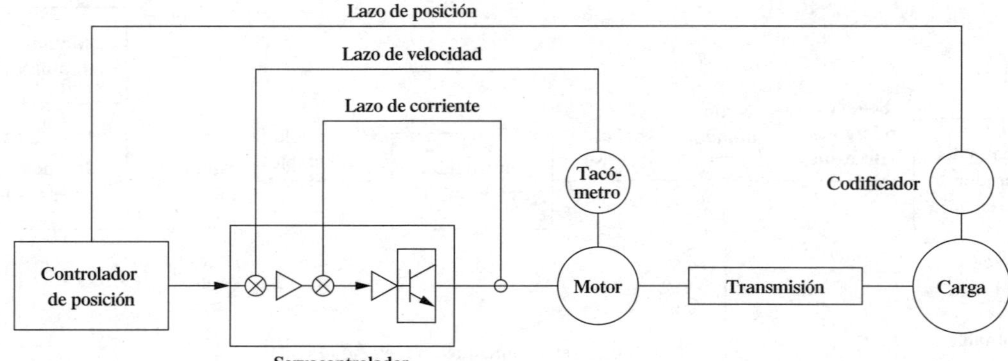

FIGURA 21-33 Sistema de controlador para servomotor (Rockwell Automation/Allen-Bradley, Milwaukee, WI)

les, se consiguen varios ángulos de paso, por ejemplo, 1.8°, 3.6°, 7.5°, 15°, 30°, 45° y 90°. Cuando se detienen los pulsos, el motor se para en forma automática y conserva su posición. Como muchos de esos motores están conectados con la carga a través de un reductor de velocidad con engranes, es posible tener posicionamientos muy precisos, de una pequeña fracción de un paso. También el reductor produce un aumento de par torsional. Vea los sitios de Internet 8 y 10.

Motores sin escobillas

El motor de CD típico requiere escobillas para hacer contacto con el conmutador giratorio, en el eje del motor. Este conmutador representa una gran causa de falla de esos motores. En el *motor de CD sin escobillas*, la conmutación en el rotor se logra con dispositivos electrónicos de estado sólido, lo que redunda en una larga duración. De igual modo, se reduce la emisión de interferencia electromagnética, en comparación con los motores de CD con escobillas.

Motores de circuito impreso

El rotor del *motor de circuito impreso* es un disco plano, que trabaja entre dos imanes permanentes. El diseño que resulta tiene un diámetro relativamente grande, y una longitud axial pequeña. También se le conoce como *motor plano* o *servomotor plano*. Su rotor tiene una inercia muy baja, por lo cual puede tener grandes aceleraciones.

Motores lineales

Los *motores lineales* se parecen eléctricamente a los giratorios, pero los componentes, estator y rotor, se desenrollan en un plano, en lugar de estar enrollados en forma cilíndrica. Los motores de CD con escobillas, de CD sin escobillas, a pasos y el motor monofásico de CA, corresponden a esta categoría. La capacidad se mide en función de la fuerza que puede ejercer el motor, la cual típicamente va desde unas pocas libras hasta 2500 lb. Las velocidades van desde unas 40 a 100 pulgadas/s. Vea los sitios de Internet 3, 11 y 12.

REFERENCIAS

1. Avallone, Eugene P. y Theodore Baumeister III. *Marks' Handbook for Mechanical Engineers* (Manual de Marks para ingenieros mecánicos). 10ª edición. Nueva York: McGraw-Hill, 1996.
2. Hubert, Charles I. I. *Electric Machines: Theory, Operating Applications, and Controls* (Máquinas eléctricas: teoría, aplicaciones de funcionamiento y controles). 2ª edición. Upper Saddle River, NJ: Prentice Hall Professional Technical Reference, 2002.
3. Skvarenina, Timothy L. y William E. DeWitt. *Electrical Power and Controls* (Corriente eléctrica y controles). Upper Saddle River, NJ: Prentice Hall Professional Technical Reference, 2001.
4. Wildi, Theodore. *Electrical Machines, Drives and Power Systems* (Máquinas eléctricas, impulsores y sistemas de potencia). 5ª edición. Upper Saddle River, NJ: Prentice Hall Professional Technical Reference, 2002.

SITIOS DE INTERNET PARA MOTORES Y CONTROLES ELÉCTRICOS

1. **Reliance Electric/Rockwell Automation.** *www.reliance.com* Fabricante de motores de CA y de CD, y sus controles asociados. El sitio contiene una fuente de referencias técnicas para motores, información sobre construcción de motores y un catálogo en línea.
2. **A. O. Smith Electrical Products Company.** *www.aosmithmotors.com* Fabricante de motores eléctricos, desde subfraccionarios (1/800 HP) hasta grandes, de potencia integral (800 HP), marcas A. O. Smith, Universal y Century.
3. **Baldor Electric Company.** *www.baldor.com* Fabricante de motores de CA y CD, motorreductores, servomotores, motores lineales, generadores, productos de movimiento lineal y controles, para una amplia gama de aplicaciones industriales y comerciales. Se incluye un catálogo en línea, dibujos CAD y gráficas de operación. Un folleto extenso en línea, de 124 páginas, contiene amplia información sobre tecnología y tamaños de armazón para motores.
4. **U. S. Electric Motors Company.** *www.usmotors.com* Fabricante de una gran variedad de motores eléctricos, desde ¼ hasta 4000 HP, para aplicaciones en general y específicas. Incluye un catálogo en línea. Son parte de la Emerson Electric Company; fabrican motores marcas U.S. Motors, Doerr, Emerson y Hurst. Cosulte también *www.emersonmotors.com*
5. **Square D.** *www.squared.com* Fabricante de controles para motores eléctricos, y de productos para distribución eléctrica y automatización industrial, así como servicios, con las marcas Square D, Modicon, Merlingerin y Telemecanique. Incluyen impulsores para motores de CA de frecuencia ajustable, contactores y arrancadores para motor, y centros de control para motores. El sitio contiene datos técnicos, dibujos CAD y un catálogo en línea.
6. **Eaton/Cutler Hammer Company.** *www.ch.cutler-hammer.com* Fabricante de una gran variedad de productos para control eléctrico y distribución de potencia, para aplicaciones industriales, comerciales y residenciales. Existe disponible descripción en línea de productos para centros de control de motores, disyuntores, equipo de acondicionamiento de potencia, subestaciones, frenos y muchos otros productos.
7. **Allen-Bradley/Rockwell Automation.** *www.ab.com* Fabricante de una gran variedad de controles para automatización. Incluyen contactores para motores, impulsores de motores de CA, centros de control de motores, servomotores, controladores de lógica programable, sensores, relevadores, dispositivos de protección de circuitos, comunicaciones en red y sistemas de control.
8. **GE Fanuc.** *www.gefanuc.com* Parte de GE Industrial Systems. GE Fanuc es una empresa conjunta de General Electric Company y FANUC LTD de Japón. Fabricante de servomotores, motores de pasos, controladores lógicos programables (PLC), y otros controles de movimiento para automatización.
9. **Parker Automation/Compumotor Division.** *www.compumotor.com* Fabricante de servomotores sin escobillas y controladores para una gran variedad de aplicaciones de automatización industrial y productos comerciales.
10. **Oriental Motor U.S.A. Corporation.** *www.orientalmotor.com* Fabricante de motores a pasos con corriente CA o CD en la entrada, y de motores síncronos de baja velocidad para diversas aplicaciones de automatización industrial y productos comerciales.
11. **Trilogy Systems Company.** *www.trilogysystems.com* Fabricante de motores eléctricos lineales y posicionadores lineales, para diversas aplicaciones industriales y productos comerciales.
12. **Beckhoff Drive Technology.** *www.beckhoff.com* Fabricante de servomotores síncronos sin escobillas y de motores lineales síncronos para diversas aplicaciones de automatización industrial y productos comerciales.

PROBLEMAS

1. Mencione seis características que deben especificarse en los motores eléctricos.
2. Mencione ocho factores que se deben considerar para seleccionar un motor eléctrico.
3. Defina el *ciclo de trabajo*.
4. ¿Cuánta variación de voltaje tolera la mayor parte de los motores de CA?
5. Indique cuál es la relación entre par torsional, potencia y velocidad.
6. ¿Qué significa la abreviatura CA?
7. Describa y elabore un esquema de la forma de la corriente alterna monofásica.
8. Describa y elabore un esquema de la forma de la corriente alterna trifásica.
9. ¿Cuál es la frecuencia oficial de la corriente alterna en Estados Unidos?
10. ¿Cuál es la frecuencia oficial de la corriente alterna en Europa?
11. ¿Qué tipo de corriente eléctrica existe en una residencia típica en Estados Unidos?
12. ¿Cuántos conductores se requieren para conducir la corriente monofásica? ¿Cuántos para la corriente trifásica?
13. Suponga que está seleccionando un motor eléctrico para una máquina de una planta industrial. Dispone de los siguientes tipos de corriente alterna: 120 V, monofásica; 240 V, monofásica; 240 V, trifásica y 480 V, trifásica. En general ¿para cuál tipo de corriente especificaría su motor?
14. Defina qué es la *velocidad síncrona* de un motor de CA.

15. Defina qué es la *velocidad de carga total* de un motor de CA.
16. ¿Cuál es la velocidad síncrona de un motor de CA con cuatro polos, cuando trabaja en Estados Unidos? ¿Cuando trabaja en Francia?
17. En la placa de un motor se indica que la velocidad de plena carga es de 3450 rpm. ¿Cuántos polos tiene? ¿Cuál sería su velocidad aproximada con carga cero?
18. Si un motor de 4 polos trabaja con corriente alterna de 400 Hz ¿cuál será su velocidad síncrona?
19. Si se dice que un motor de CA es de deslizamiento normal, cuatro/seis polos ¿cuáles serán sus velocidades aproximadas a carga total?
20. ¿Qué tipo de control usaría para hacer que un motor de CA funcionara con velocidad variable?
21. Describa un motor de cara C.
22. Describa un motor de brida D.
23. ¿Qué representa la abreviatura NEMA?
24. Describa un motor protegido.
25. Describa un motor TEFC.
26. Describa un motor TENV.
27. ¿Qué tipo de caja de motor especificaría para usar en una planta que fabrica harina para repostería?
28. ¿Qué tipo de motor especificaría para un molino de carne, si el motor va a estar expuesto?
29. La figura P21-29 muestra una máquina que debe ser impulsada por un motor de 5 HP, protegido, montado de pie, de CA, con armazón 184T. El motor debe alinearse con el eje de la máquina impulsada. Haga un dibujo completo de dimensiones, que muestre las vistas normales lateral y superior de la máquina y del motor. Diseñe una base de montaje adecuada para el motor, indicando los orificios de montaje para el motor.
30. Defina qué es *par torsional de rotor bloqueado*. ¿Qué otro término se emplea para este parámetro?
31. ¿Qué quiere decir que un motor tenga menos regulación de velocidad que otro?
32. Defina el *par torsional máximo.*
33. Indique cuáles son los cuatro tipos más comunes de motores monofásicos de CA.
34. Vea la curva de operación del motor de CA en la figura P21-34.
    a) ¿Qué tipo de motor representa la curva, probablemente?
    b) Si el motor es de seis polos, con 0.75 HP nominales ¿cuánto par torsional puede ejercer a la carga nominal?
    c) ¿Cuánto par torsional puede desarrollar para comenzar a mover una carga?
    d) ¿Cuál es el par torsional máximo para el motor?
35. Repita los incisos b), c) y d) del problema 34, si el motor es de dos polos, con potencia de 1.50 kW.
36. Un ventilador de enfriamiento para una computadora debe trabajar a 1725 rpm, impulsado en forma directa por un motor eléctrico. La curva velocidad/par torsional del ventilador se muestra en la figura P21-36. Especifique un motor adecuado, indicando su tipo, potencia y número de polos.

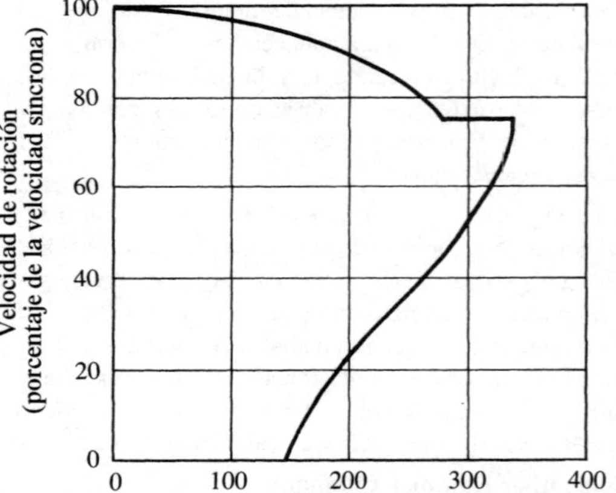

FIGURA P21-34 (Problemas 34 y 35)

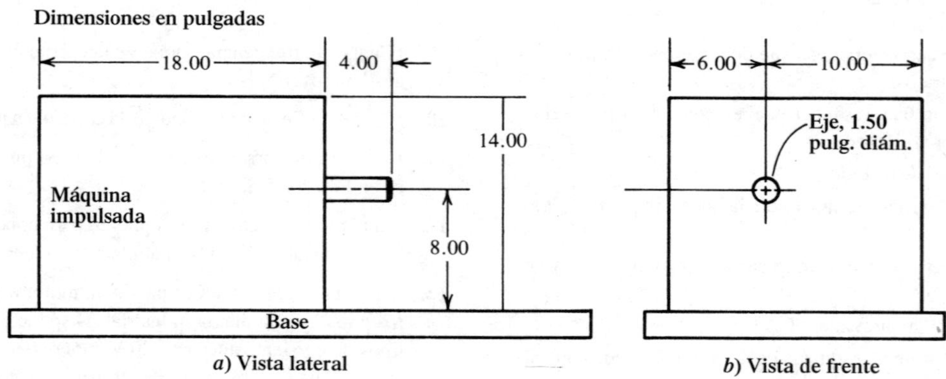

FIGURA P21-29

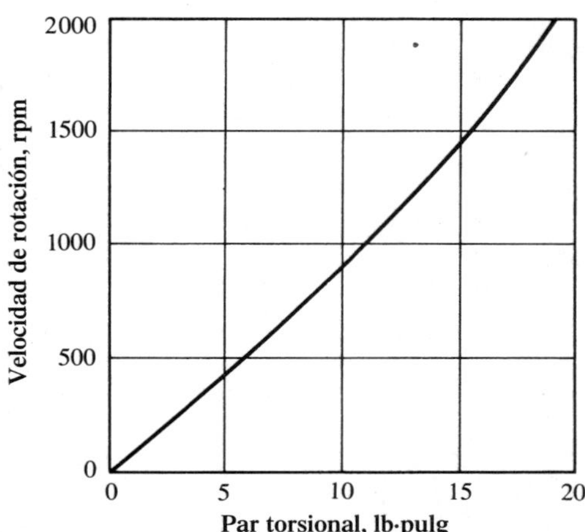

FIGURA P21-36

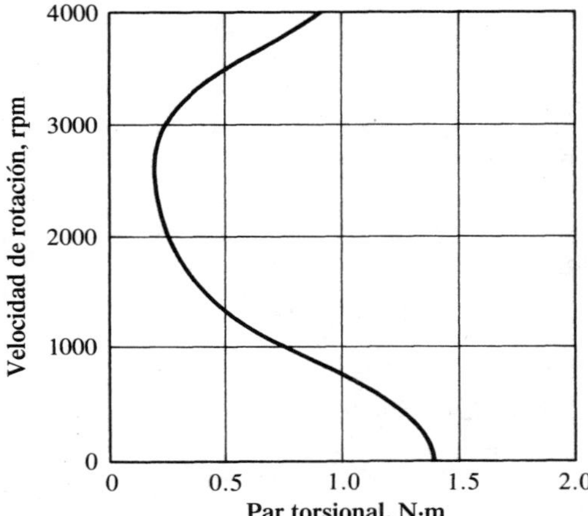

FIGURA P21-37

37. La figura P21-37 muestra la curva velocidad/par torsional de un compresor para refrigerador doméstico, diseñado para trabajar a 3450 rpm. Especifique un motor adecuado, indicando su tipo, potencia en watts y número de polos.

38. ¿Cómo se ajusta la velocidad de un motor de rotor devanado?

39. ¿Cuál es la velocidad de plena carga de un motor síncrono de 10 polos?

40. ¿Qué quiere decir *par torsional de desenganche* aplicado a un motor síncrono?

41. Describa las razones por las cuales los motores universales se usan con frecuencia en herramientas manuales y en electrodomésticos pequeños.

42. ¿Por qué se emplea el adjetivo *universal* para describir los motores universales?

43. Indique tres formas de producir corriente directa.

44. Mencione 12 voltajes comunes de CD.

45. ¿Qué es un control SCR? ¿Para qué se usa?

46. Si se dice que un propulsor de motores de CD produce *bajas ondulaciones residuales* ¿qué significa eso?

47. Si quiere usar un motor de CD en su hogar, y allí sólo hay 115 V de CA normales, monofásicos ¿qué necesitará? ¿Qué tipo de motor debe conseguir?

48. Escriba siete ventajas de los motores de CD sobre los motores de CA.

49. Describa dos desventajas de los motores de CD.

50. Mencione cuatro tipos de motores de CD.

51. ¿Qué sucede a un motor devanado en serie si su carga disminuye casi hasta cero?

52. Suponga que un motor de CD, de imán permanente, puede ejercer un par torsional de 15.0 N·m al trabajar a 3000 rpm. ¿Qué par torsional podría ejercer a 2200 rpm?

53. Haga una lista de 10 funciones de un control de motores.

54. ¿Qué tamaño de arrancador se requiere para un motor trifásico de 10 HP que trabaja a 220 V?

55. La placa de un motor monofásico de 110 V de CA indica que la potencia es de 1.00 kW. ¿Qué tamaño de arrancador requiere dicho motor?

56. ¿Qué significa el término *parada con reversa* y cómo se realiza?

57. ¿Por qué un fusible no es adecuado para proteger un motor industrial?

58. ¿Qué tipo de caja para control del motor especificaría para usarse en un lavado de coches?

59. ¿Qué podría usted hacer al circuito de control para un motor de CD estándar en serie, para darle una velocidad controlada sin carga?

60. ¿Qué sucede si conecta una resistencia en serie con la armadura de un motor de CD conectado en paralelo?

61. ¿Qué sucede si conecta una resistencia en serie con el campo en paralelo, de un motor de CD conectado en paralelo?

22

Embragues y frenos

Panorama

Embragues y frenos

Mapa de aprendizaje

- Un *freno* es un dispositivo usado para llevar al reposo un sistema en movimiento, para aminorar su velocidad o para controlarla hasta cierto valor, bajo condiciones variables.
- Un *embrague* es un dispositivo usado para conectar o desconectar un componente impulsado de la fuente de movimiento del sistema.

Descubrimiento

¿Donde usa los frenos?

Recuerde los frenos de un automóvil o una bicicleta. Describa sus componentes y el ciclo de accionamiento con todo el detalle que pueda. Intercambie ideas con sus colegas. ¿Qué tipos de equipo, además de los vehículos, usan embragues o frenos? Describa algunos escenarios.

Describa los fenómenos físicos en el funcionamiento de un embrague y un freno, considerando los efectos de energía y de inercia.

Este capítulo le ayudará a investigar todos esos temas, además de presentarle el desarrollo de varias ecuaciones adecuadas para el diseño y el análisis. Se describen, también, muchos tipos de embragues y frenos comerciales. Repase ahora el capítulo.

Los sistemas de máquinas requieren controles cuando hay un cambio de velocidad o en la dirección del movimiento de uno o más componentes. Cuando al principio arranca un aparato, debe acelerarse hasta su velocidad de funcionamiento. Cuando termina su función, con frecuencia el sistema debe detenerse. En sistemas de funcionamiento continuo, con frecuencia es necesario cambiar velocidades para ajustarse a distintas condiciones de operación. A veces, la seguridad requiere el control de movimiento, como cuando una carga se baja con una grúa o un elevador.

En este capítulo nos ocuparemos principalmente del control del movimiento giratorio en sistemas impulsados por motores eléctricos, de combustión, turbinas y similares, y lo relacionaremos con el movimiento lineal, a través de eslabonamientos, transportadores u otros mecanismos.

El embrague y el freno son los elementos de máquina utilizados con más frecuencia para controlar el movimiento; estos elementos se definen a continuación:

- Un *embrague* es un dispositivo para conectar o desconectar un componente impulsado con el impulsor del sistema. Por ejemplo, en una máquina que deba parar y arrancar con frecuencia, el motor de impulsión se deja trabar en forma continua y se intercala un embrague entre él y la máquina impulsada. Entonces, el embrague entra y sale para conectar y desconectar la carga. Eso permite que el motor funcione a una velocidad eficiente, y también permite que el ciclo se mueva y se pare con rapidez, porque no hay necesidad de acelerar el pesado rotor del motor en cada ciclo.
- Un *freno* es un dispositivo para detener un sistema en movimiento, o para disminuir su velocidad o controlarla en cierto valor, bajo condiciones variables.

¿Dónde se usan los frenos? Es obvio que en un automóvil o una bicicleta, donde la seguridad del funcionamiento requiere frenar rápida y uniformemente cuando se presentan condiciones de emergencia, o simplemente cuando se necesita parar en un alto de un crucero. Y no siempre se necesita parar por completo el automóvil o la bicicleta. Para desacelerar y apegarse al flujo del tránsito del momento, o para tomar una curva, se necesita bajar la velocidad.

¿Qué sucede en realidad cuando se aplican los frenos de una bicicleta? ¿Puede describir los elementos esenciales del sistema de frenado? Con los frenos manuales, al accionar la palanca se tira de un cable que, a su vez, tira de una varilla en el conjunto del freno, montada arriba de la rueda. La varilla hace que la balata se oprima contra la rueda. Cuando tira más de la palanca, se desarrolla mayor fuerza entre la balata y la rueda. Es lo que se llama *fuerza normal*. Recuerde, de la física y la estática, que se crea una fuerza de fricción entre las superficies en movimiento relativo, cuando una fuerza normal las comprime entre sí. La fuerza de fricción actúa en dirección opuesta al movimiento relativo, y con ello tiende a desacelerar el movimiento. Con una fuerza de fricción suficientemente grande, aplicada durante un tiempo suficiente, la rueda se detiene. También, observe que la fuerza de fricción actúa a un radio bastante grande del centro de la rueda. Así, la fuerza causa el desarrollo de un *par torsional* de fricción, y lo que sucede en realidad es la desaceleración de la velocidad angular de la rueda. Pero como es directamente proporcional a la velocidad de la bicicleta, lo que se percibe como acción de paro es una desaceleración lineal.

¡Pero eso no es todo! ¿Alguna vez ha tocado la balata del freno después de una frenada brusca? El hecho que se calienta es una indicación que el freno absorbe energía durante la acción de paro. ¿De dónde viene la energía? ¿Puede calcular la cantidad de energía que debe absorberse? ¿Cuáles son los parámetros que intervienen en este cálculo? Compare la cantidad de energía que se debe absorber para frenar una bicicleta, con la que interviene en el frenado de un gran avión que aterriza a 190 km/h con un cargamento completo de personas y equipajes, además del gigantesco peso del avión mismo. ¡Imagine cómo se verán esos frenos, en comparación con los de una bicicleta!

¿Qué otros equipos, además de los vehículos de transporte, requieren frenos? Imagine los elevadores, escaleras mecánicas, grúas y malacates, que deben parar y mantener en el aire una carga, después de subirla. Las máquinas herramienta, los transportadores y otros equipos de manufactura, con frecuencia deben detenerse en forma rápida y segura.

Pero también se debe *acelerar* ese equipo, para iniciar un nuevo ciclo de funcionamiento. ¿Cómo hacerlo? Una forma es arrancar y parar el motor, eléctrico o de combustión, que impulse al equipo. Sin embargo, eso es incómodo y tardado, y puede causar una falla temprana del sistema.

¿Qué pasaría si tuviera que parar el motor de su automóvil ante la luz roja de cada semáforo, para poco después volver a arrancar? ¿Cómo permiten los sistemas en el automóvil, parar y avanzar, sin apagar el motor? ¿Ha manejado alguna vez un automóvil con transmisión manual? ¿Ha accionado una "palanca de velocidades"? Para conectar y desconectar el tren de impulsión y el motor se usa un *embrague* o *clutch*. Los automóviles con transmisiones automáticas también incorporan los embragues en la transmisión.

¿Qué otras clases de equipo usan embragues? Describa algunos ejemplos tomados de su experiencia personal, o imagine un escenario donde sería conveniente emplear un embrague.

Ahora, considere cuál es la tarea de un embrague. Algunas partes de una máquina trabajan en forma continua, mientras que otras están detenidas, temporalmente. Ahí es donde acopla el embrague. ¿Qué sucede? Considere los fenómenos físicos en este caso. Las partes estacionarias deben acelerarse, de la velocidad cero a la velocidad deseada, de acuerdo con el diseño del sistema de impulsión. Se debe superar la inercia, que a veces es rotacional, a veces lineal y otras de ambas clases en la misma máquina. ¿Durante cuánto tiempo desea que se acelere la carga hasta su velocidad de funcionamiento? Debe darse cuenta que un tiempo menor requiere un valor mayor de par torsional de aceleración, que desarrolla el embrague, y aumenta las demandas técnicas sobre el sistema, en términos de la resistencia de sus componentes, la lisura y la duración de los materiales de fricción, que son los que realmente efectúan el embrague, frente al desgaste.

Este capítulo le ayudará a explorar todos estos temas, además de presentarle varias ecuaciones apropiadas para el diseño y el análisis. También, se describirán los estilos distintos de frenos y embragues, y se mostrarán fotografías o dibujos detallados de varios diseños comerciales. Repase ahora el capítulo para tener una idea del campo de acción. Se aconseja que conserve este libro, el cual podría serle útil como material de consulta para proyectos futuros, y para repasar los detalles de distintos diseños de embragues y frenos.

Usted es el diseñador

Su empresa fabrica sistemas de transportadores para almacenes y terminales de carga. Los transportadores mandan cajas a cualquiera de los diversos andenes donde se deben cargar los camiones. Para ahorrar energía y para disminuir el desgaste en las partes funcionales del sistema de transportadores, se decide que sólo trabajen las partes del sistema que tengan demanda para entregar cajas. El sistema debe trabajar en forma automática a través de una serie de sensores, interruptores, controladores programables y control computarizado de supervisión general. Le encargan que recomiende el tipo y el tamaño de unidades de embrague y de freno para arrancar y parar los diversos transportadores.

Para tomar algunas decisiones de diseño, deberá plantearse y responder las siguientes preguntas:

1. ¿Cuánto tiempo debe pasar para que los transportadores lleguen a su velocidad, después de haberse dado la orden de arranque?
2. ¿Con qué rapidez deben detenerse los transportadores?
3. ¿Cuántos ciclos por hora se esperan?
4. ¿De cuánto espacio se dispone para instalar las unidades de embrague y de freno?
5. ¿Qué métodos están disponibles para accionar las unidades de embrague y freno energía eléctrica, aire comprimido, presión hidráulica o algún otro?
6. ¿Qué clase general de embrague y de freno deben usarse?
7. ¿De qué tamaño y modelo deben especificarse las unidades?

Junto con estas decisiones, necesitará información sobre el sistema de transportadores mismo, como la siguiente:

1. ¿Cuánta carga estará sobre los transportadores cuando se pongan en movimiento y se paren?
2. ¿Cuál es el diseño mismo del sistema de transportadores, y cuáles son los pesos, formas y dimensiones de sus componentes?
3. ¿Cómo se impulsa el transportador: con motor eléctrico, hidráulico, o con otro medio?
4. ¿Se mueven todos los productos en un nivel, o hay cambios de elevación en el sistema?

La información del presente capítulo le ayudará a diseñar este sistema.

22-1 OBJETIVOS DE ESTE CAPÍTULO

Al terminar este capítulo, podrá:

1. Definir los términos *embrague* y *freno*.
2. Mencionar la diferencia entre un embrague y un *acoplamiento de embrague*.
3. Describir un freno a prueba de fallas (llamado también de autoprotección, de doble seguridad o de seguridad total).
4. Describir un módulo de embrague y freno.
5. Especificar la capacidad requerida de un embrague o freno, para manejar un sistema dado de modo confiable.
6. Calcular el tiempo necesario para acelerar un sistema, o para pararlo, con la aplicación de determinado par torsional.
7. Definir la inercia de un sistema en términos de su valor Wk^2.
8. Calcular los requisitos de disipación de energía, para un embrague o un freno.
9. Determinar el tiempo de respuesta para un sistema de embrague y freno.
10. Describir al menos cinco tipos de embragues y frenos.
11. Indicar seis medios de accionamiento para embragues y frenos.
12. Realizar el análisis y diseño de frenos y embragues de placas, de disco calibrador, de cono, de tambor y zapata, y de banda.
13. Describir otros nueve tipos de embragues y frenos.

22-2 DESCRIPCIONES DE LOS EMBRAGUES Y LOS FRENOS

En la figura 22-1 se aprecian varios arreglos de embragues y frenos. Por convención, el término *embrague* se reserva a la aplicación donde se hace la conexión con un eje paralelo al eje motriz, como se ve en la figura 22-1(a). Si la conexión es con un eje en línea con el motor, entonces se emplea el término *acoplamiento de embrague*, como se ve en la figura 22-1(b).

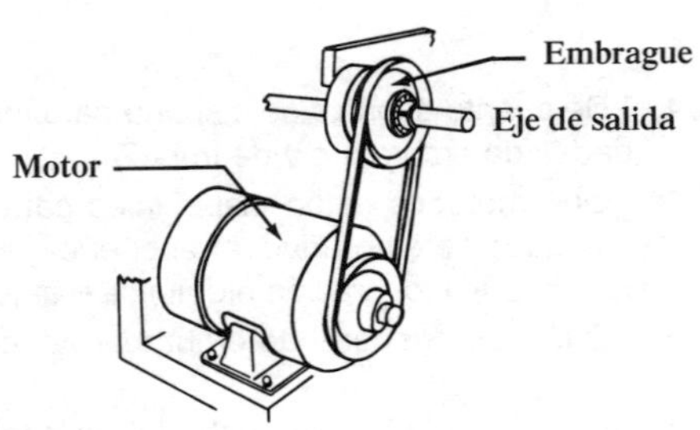

a) Embrague: Transmite movimiento giratorio a un eje paralelo, sólo cuando está energizada la bobina, mediante poleas, catarinas, engranes o poleas de tiempo.

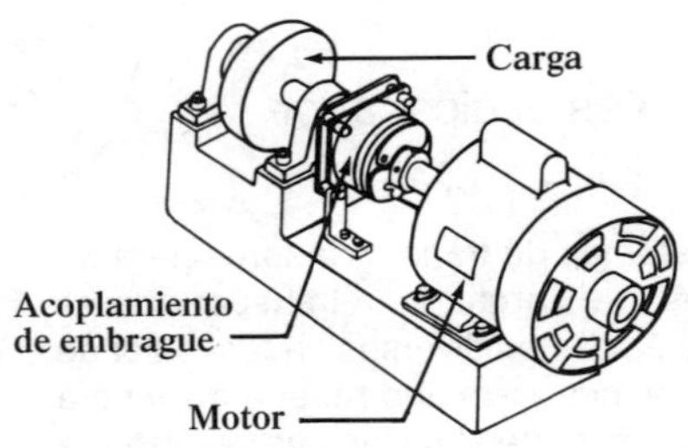

b) Acoplamiento de embrague: Transmite movimiento rotatorio a un eje en línea, sólo cuando está energizada la bobina. Aplicaciones en ejes separados.

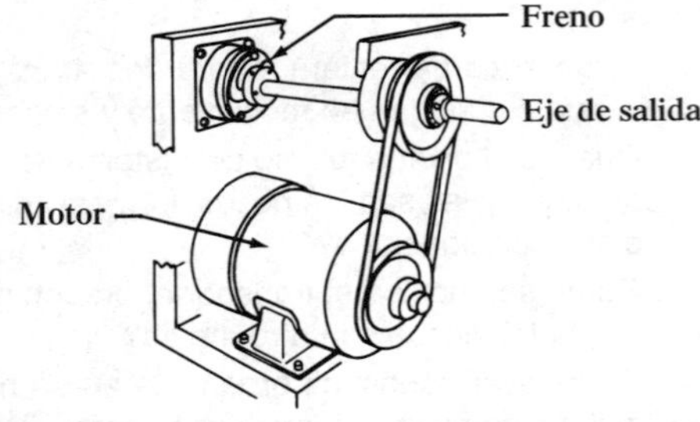

c) Freno: Detiene (frena) la carga cuando se energiza la bobina. Aquí se muestra el embrague impartiendo movimiento giratorio al eje de salida (carga), mientras se desenergiza el freno. Por el contrario, al desenergizar el embrague y energizar la bobina del freno, hace que se detenga la carga.

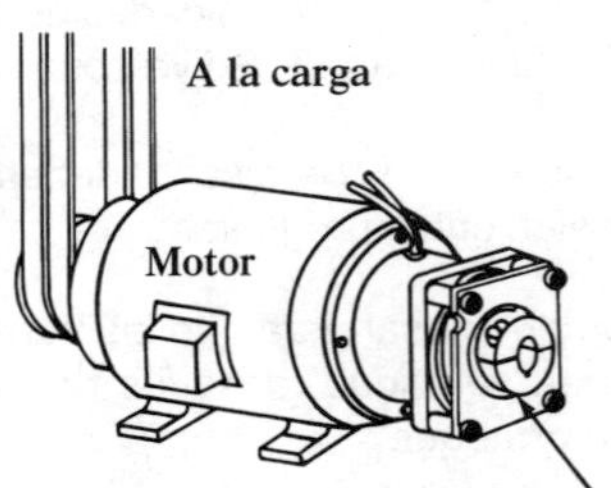

d) Freno a prueba de fallas: Para la carga por desenergización de la bobina; energía desconectada, freno puesto.

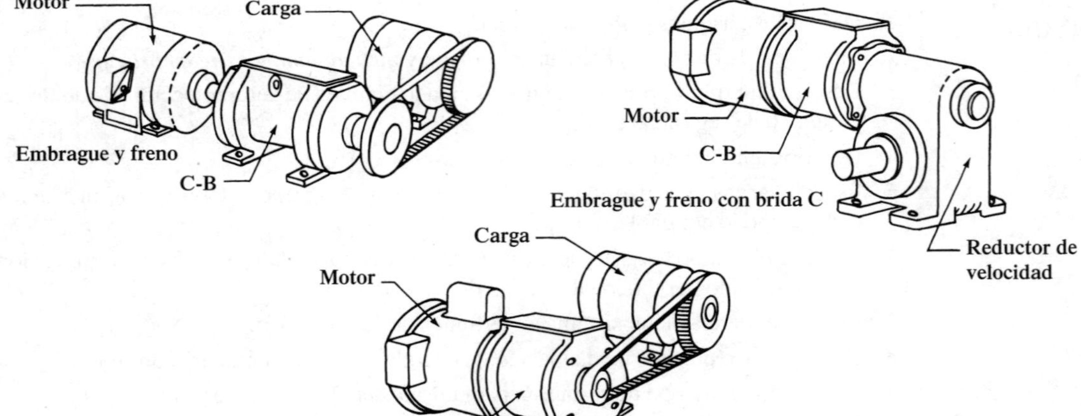

e) Tres tipos de monturas para módulos de embrague-freno: El *embrague y freno* combina las funciones de embrague y freno en un paquete completo ya armado, con ejes de entrada y de salida. El *embrague y freno de brida C* cumple la misma función, pero es para usar entre un motor de brida NEMA "C" y un reductor de velocidad. El *motor, embrague y freno* es un módulo armado para montarse en un motor con brida NEMA "C" y presenta un eje de salida para conectarlo a la carga.

FIGURA 22-1 Aplicaciones típicas de embragues y frenos (Electroid Company, Springfield, NJ)

También, por convención, un freno [figura 22-1(*c*)] se acciona por alguna acción manifiesta: la aplicación de presión de un fluido, la conmutación de una corriente eléctrica o el movimiento manual de una palanca. Se denomina *freno a prueba de fallas* a aquel que es accionado con resortes, automáticamente y en ausencia de una acción manifiesta [Figura 22-1(*d*)]; cuando la electricidad falla, el freno entra.

Cuando en un sistema se requieren las funciones de un embrague y un freno, con frecuencia se arreglan en la misma unidad: el *módulo de embrague y freno*. Cuando se activa el embrague, el freno se desactiva y viceversa [vea la figura 22-1(*e*)].

Un *embrague deslizante*, por diseño, sólo transmite un par torsional limitado; si el par torsional es mayor, se desliza. Se usa para dar una aceleración controlada a una carga uniforme y que requiera menor potencia de motor. También se usa como dispositivo de seguridad, protegiendo piezas costosas o sensibles cuando el sistema se atore.

La mayor parte de las descripciones de este capítulo versará sobre los embragues y frenos que transmiten movimiento por fricción en la interfase de dos piezas giratorias que se mueven a velocidades distintas. En la última sección se describirán en forma breve otros tipos.

En las referencias 1 a 7, y en los sitios de Internet 1 a 8, se encuentra más información sobre diseño, selección y aplicación de sistemas de control de movimiento, embragues y frenos.

22-3 TIPOS DE EMBRAGUES Y FRENOS DE FRICCIÓN

Los embragues y frenos que usan superficies de fricción, como medio de transmitir el par torsional para arrancar o parar un mecanismo, se pueden clasificar según la geometría general de las superficies de fricción, y según el método empleado para accionarlas. En algunos casos, se puede usar la misma geometría, como embrague o como freno, fijando de manera selectiva los elementos de fricción a la máquina impulsora, la máquina impulsada, o el bastidor estacionario de la máquina.

Las siguientes clases de embragues y frenos se muestran en la figura 22-2:

1. ***Embrague o freno de placa:*** Cada superficie de fricción tiene la forma de un anillo sobre un plato plano. Una o más placas de fricción se mueven en dirección axial para tocar una placa correspondiente, lisa, fabricada comúnmente en acero, a la que se transmite el par torsional de fricción.
2. ***Freno de disco calibrador:*** Se fija un rotor en forma de discos a la máquina que se va a controlar. Las balatas de fricción, que sólo cubren una pequeña porción del disco, están contenidas en un conjunto fijo llamado *calibrador*, y son oprimidas contra el disco mediante presión neumática o hidráulica.
3. ***Embrague o freno de cono:*** Un embrague o freno de cono se parece a uno de placa, pero las superficies acopladas están en una parte de un cono, en lugar de estar sobre una placa plana.
4. ***Freno de banda:*** Sólo se usa como freno; el material de fricción está sobre una banda flexible, que casi rodea a un tambor cilíndrico fijo a la máquina que se va a controlar. Cuando se desea frenar, la banda se aprieta sobre el tambor y ejerce una fuerza tangencial que detiene la carga.
5. ***Freno de bloque o de zapata:*** Las balatas curvas y rígidas del material de fricción son oprimidas contra la superficie de un tambor, desde su exterior o su interior, y ejercen una fuerza tangencial que detiene la carga.

Actuación

Para accionar los embragues o frenos se emplean los métodos siguientes. Cada uno se puede aplicar a varios de los tipos ya descritos. Las figuras 22-3 a 22-9 muestran diversos diseños comerciales.

Manual. El operador suministra la fuerza, en general mediante un arreglo de palancas para obtener multiplicación de fuerza.

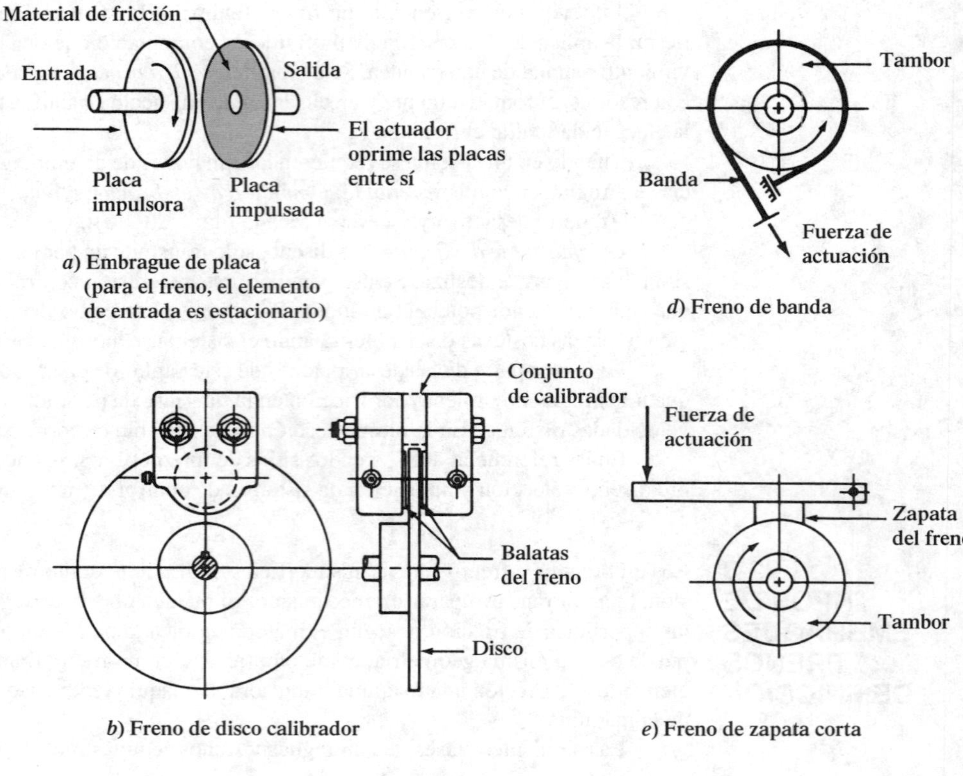

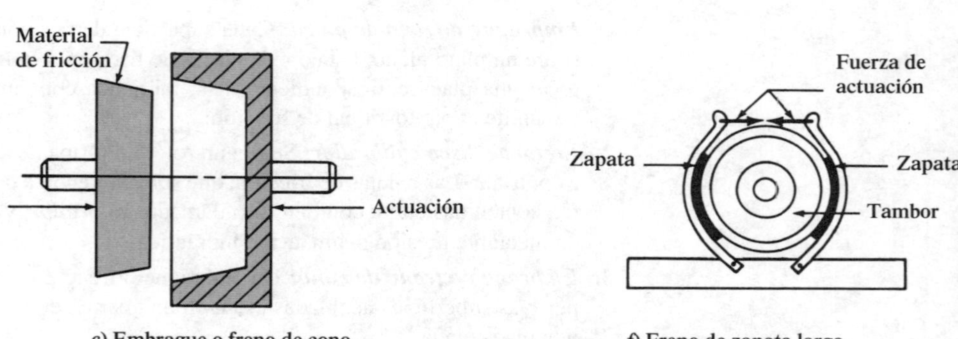

FIGURA 22-2 Tipos de embragues y frenos de fricción [(*b*) Tol-O-Matic, Hamel, MN]

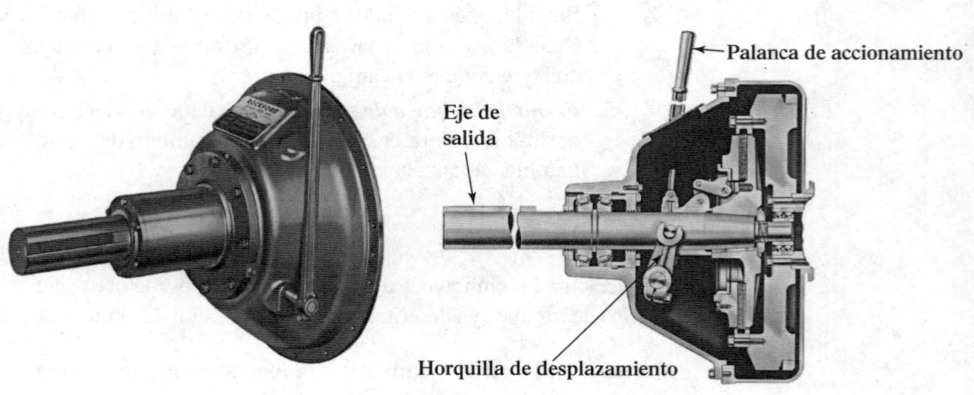

FIGURA 22-3 Embrague de accionamiento manual (Rockford Division, Borg-Warner Corp., Rockford, IL)

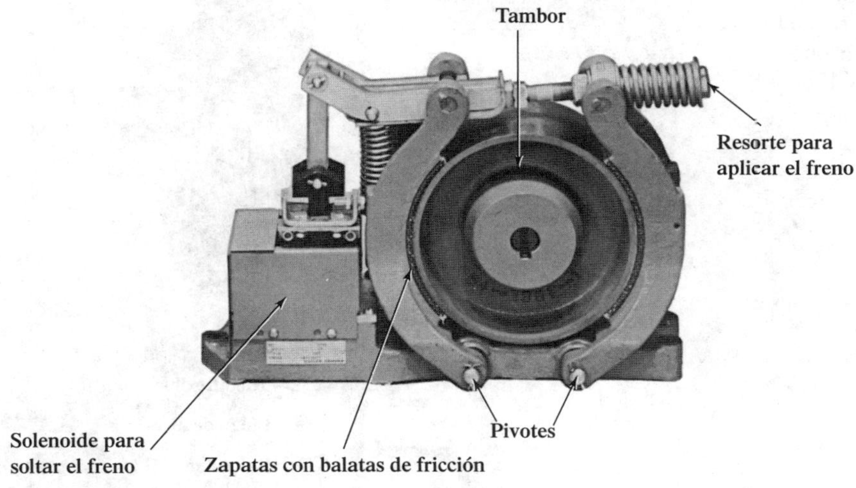

FIGURA 22-4 Freno aplicado con resorte y quitado eléctricamente, de zapata larga (Eaton Corp., Cutler-Hammer Products, Milwaukee, WI)

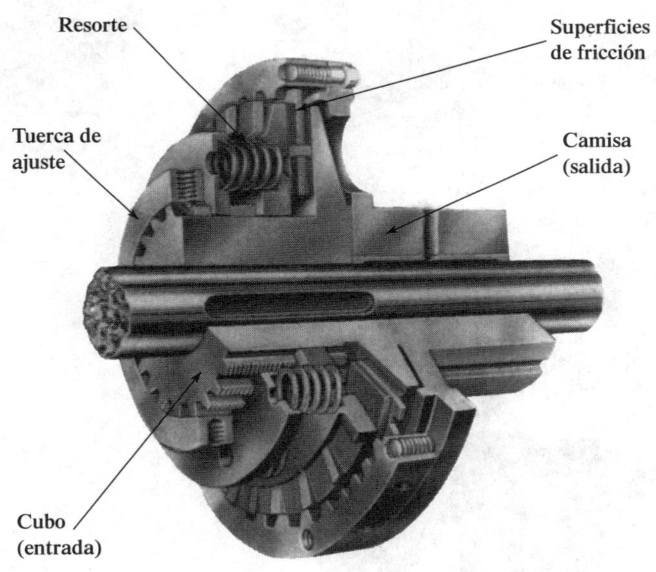

FIGURA 22-5 Embrague deslizante. Los resortes aplican presión normal a las placas de fricción. La fuerza del resorte es ajustable, para variar el valor del par torsional con el que se desliza el embrague (The Hilliard Corp., Elmira, NY)

Aplicada con resorte. También se le conoce como diseño *a prueba de fallas* cuando se aplica a un freno; los resortes aplican el freno automáticamente, a menos que se presente una fuerza opuesta. Así, si falla la electricidad, o si se pierde la presión neumática o hidráulica, o si el operador no puede hacer sus funciones, los resortes aplican el freno y detienen la carga. El concepto también se puede aplicar para poner o soltar un embrague.

Centrífugo. Se emplea con frecuencia un embrague centrífugo para permitir que el sistema impulsor acelere sin que tenga carga conectada. Después; cuando tiene una velocidad preseleccionada, la fuerza centrífuga mueve los elementos del embrague, los cuales tocan y conectan la carga. Al desacelerar el sistema, la carga se desconectará en forma automática.

FIGURA 22-6 Embrague o freno de accionamiento neumático (Eaton Corp., Airflex Division, Cleveland, OH)

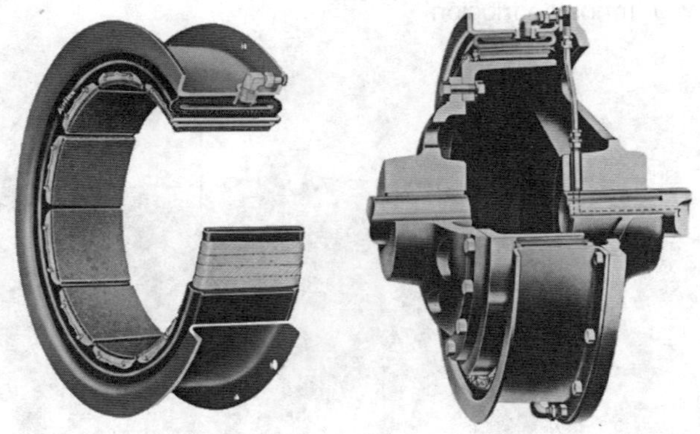

a) Detalles del diseño del embrague

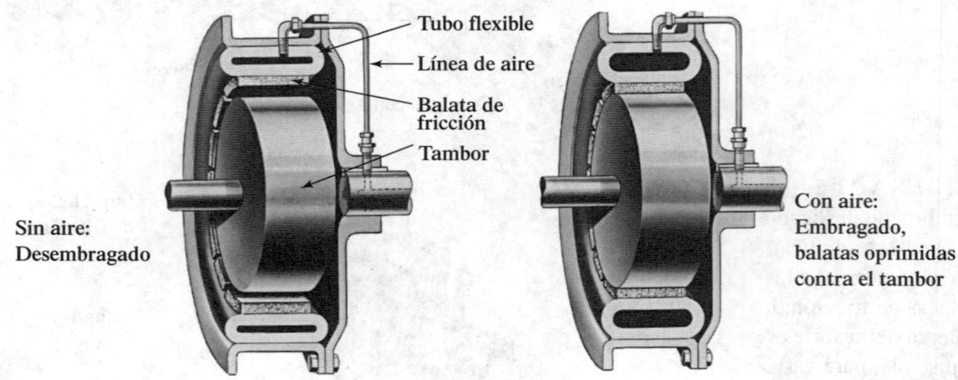

b) Ciclo de activación del embrague

FIGURA 22-7 Freno de disco con accionamiento hidráulico (Tol-O-Matic, Hamel, MN)

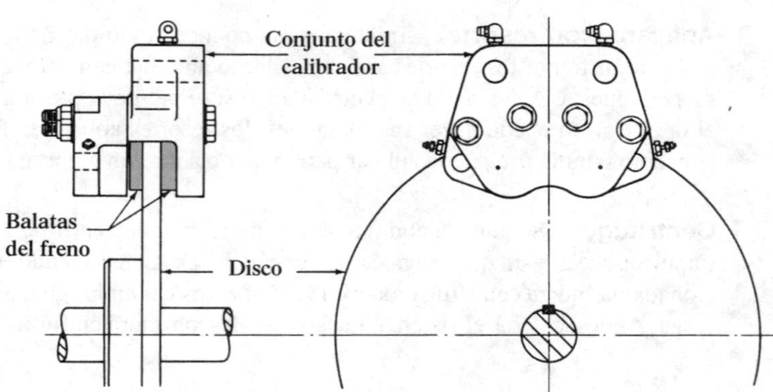

FIGURA 22-8
Embrague o freno de placa, con accionamiento eléctrico (Warner Electric, Inc., South Beloit, IL)

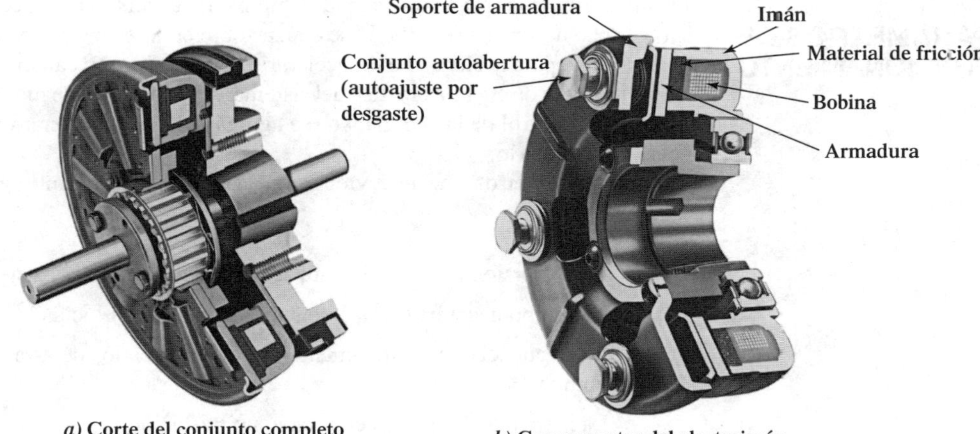

a) Corte del conjunto completo

b) Componentes del electroimán

FIGURA 22-9
Módulo de embrague y freno con accionamiento eléctrico (Electroid Company, Springfield, NJ)

a) Aspecto externo

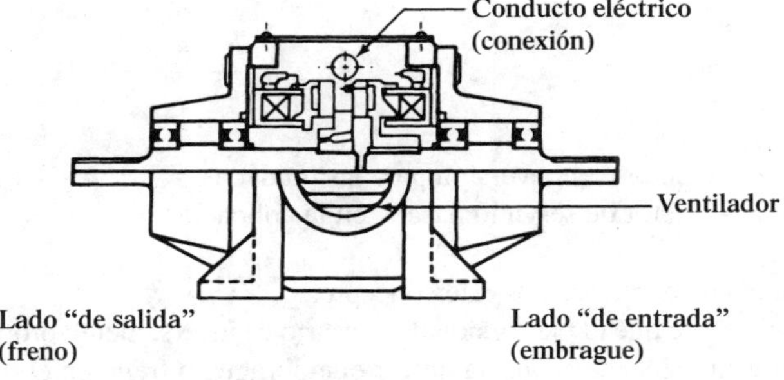

b) Corte que muestra los componentes internos

Neumático. Se introduce aire comprimido en un cilindro o alguna otra cámara. La fuerza que produce la presión, sobre un pistón o diafragma, junta las superficies de fricción con los miembros conectados a la carga.

Hidráulico. Los frenos hidráulicos se parecen a los del tipo neumático, excepto que estos usan fluidos o aceites hidráulicos, en lugar de aire. El actuador hidráulico suele aplicarse cuando se requieren grandes fuerzas de actuación.

Electromagnético. Se aplica una corriente eléctrica a una bobina, formando un flujo electromagnético. La fuerza magnética atrae entonces una armadura fija a la máquina que se debe controlar. La armadura es, en general, del tipo de placa.

22-4 PARÁMETROS DE FUNCIONAMIENTO

Los principios de la física indican que siempre que se cambia la dirección del movimiento de un cuerpo, debe haber una fuerza que se ejerza sobre él. Si éste gira, se debe aplicar un par torsional al sistema, para acelerarlo o desacelerarlo. Cuando hay un cambio de velocidad, se acompaña de un cambio de energía cinética del sistema. Así, el control de movimiento implica, en forma inherente, el control de la energía, ya sea agregándola para acelerar un sistema, o absorbiéndola para desacelerarlo.

Los parámetros que intervienen en la capacidad de embragues y frenos son los siguientes:

1. El par torsional necesario para acelerar o desacelerar el sistema
2. El tiempo necesario para efectuar el cambio de velocidad
3. La frecuencia de accionamiento: número de ciclos de arranque y paro por unidad de tiempo
4. La inercia de las piezas en rotación o traslación
5. El ambiente del sistema: temperatura y efectos de enfriamiento, entre otros
6. La capacidad de disipación de energía del embrague o el freno
7. El tamaño y la configuración físicos
8. El medio de accionamiento
9. La duración y la confiabilidad del sistema
10. El costo y la disponibilidad

Para determinar la capacidad de par torsional que requiere un embrague o un freno, se emplean dos métodos básicos. En uno se relaciona la capacidad con la potencia del motor que impulsa al sistema. Recuerde que, en general, potencia = par torsional × velocidad de giro ($P = Tn$). La capacidad de par torsional requerida se expresa, entonces, en la forma

Capacidad de par torsional requerida en un embrague o freno

$$T = \frac{CPK}{n} \qquad \textbf{(22–1)}$$

donde C = factor de conversión para las unidades
K = factor de servicio basado en la aplicación

Más adelante explicaremos este concepto.

Observe que el par torsional necesario es inversamente proporcional a la velocidad de giro. Por esta razón, se aconseja ubicar el embrague o freno en el eje de velocidad máxima en el sistema, para que el par torsional necesario sea el mínimo. El tamaño, costo y tiempo de respuesta suelen ser menores, cuando el par torsional es menor. Una desventaja es que el eje acelerado o desacelerado debe sufrir un cambio de velocidad, y la cantidad de deslizamiento puede ser mayor. Este efecto puede generar más calor de fricción y causar problemas térmicos. Sin embargo, se compensa con el mayor efecto de enfriamiento, debido al movimiento más rápido de las piezas del embrague o freno.

El valor del factor K en la ecuación de par torsional es, en gran medida, una decisión de diseño. A continuación, se presentan algunos lineamientos.

1. Para frenos bajo condiciones promedio, use $K = 1.0$.
2. Para embragues en servicio ligero, donde el eje de salida toma su carga normal sólo después de que está en su velocidad, use $K = 1.5$.
3. Para embragues en servicio pesado, donde se deben acelerar grandes cargas conectadas, use $K = 3.0$.

4. Para embragues en sistemas que tienen cargas variables, use un factor K al menos igual al factor por el cual el par torsional máximo del motor es mayor que el par torsional de carga total. Se describió esto en el capítulo 21, pero para un motor industrial típico (diseño B); use $K = 2.75$. Para un motor con alto par torsional de arranque (diseño C o motor con arranque por capacitor), se podría necesitar un valor de $K = 4.0$. Con eso se asegura que el embrague pueda transmitir cuando menos tanto par torsional como el motor, y que no se deslice después de llegar a la velocidad.
5. Para embragues en sistemas impulsados por motores de gasolina, diesel u otras máquinas impulsoras, considere la capacidad máxima de par torsional del impulsor; se podría requerir un valor de $K = 5.0$.

La siguiente lista relaciona el valor de C con las unidades que se emplean en forma típica para el par torsional, la potencia y la velocidad de giro. Por ejemplo, si la potencia está en caballos y la velocidad en rpm, entonces, para calcular el par torsional en lb·pie, use $T = 5252(P/n)$

Par torsional	*Potencia*	*Velocidad*	*C*
lb·pies	HP	rpm	5252
lb·pies	HP	rpm	63 025
N·m	W	rad/s	1
N·m	W	rpm	9.549
N·m	kW	rpm	9549

Aunque el método para calcular el par torsional con la ecuación (22-1) llegará a un funcionamiento en general satisfactorio en aplicaciones típicas, no es un método para estimar el tiempo real requerido para acelerar la carga con un embrague, o desacelerar la carga con un freno. El método que se describirá a continuación debe emplearse en sistemas con grandes inercias, como transportadores o prensas que tengan volantes.

22-5 TIEMPO NECESARIO PARA ACELERAR UNA CARGA

El principio básico que interviene se extrae de la dinámica:

$$T = I\alpha$$

donde I = momento de inercia de la masa de los componentes que se van a acelerar
α (alfa) = aceleración angular, esto es, la tasa de cambio de la velocidad angular, respecto del tiempo

El objetivo usual de ese análisis es determinar el par torsional necesario para producir un cambio en la velocidad de giro, Δn, de un sistema, en determinada cantidad de tiempo, t. Pero $\Delta n/t = \alpha$. También es más cómodo expresar el momento de inercia de la masa en función del *radio de giro, k*. Por definición,

$$k = \sqrt{I/m} \quad \text{o} \quad k^2 = I/m$$

donde m = masa
$m = W/g$

Entonces

$$I = mk^2 = Wk^2/g$$

Así, la ecuación del par torsional se convierte en

Par torsional necesario para acelerar una carga de inercia

$$T = I\alpha = \frac{Wk^2}{g}\frac{(\Delta n)}{t} \tag{22–2}$$

Con frecuencia, el término Wk^2 recibe simplemente el nombre de *inercia* de la carga, aunque ese nombre no sea correcto, en sentido estricto. Una gran proporción de los componentes de una máquina que se va a acelerar, tienen la forma de cilindros o discos. La figura 22-10 muestra las relaciones entre el radio de giro y Wk^2 para los discos huecos. Los discos sólidos sólo son un caso especial, con radio interior igual a cero. Se pueden analizar objetos más complejos, considerándolos formados por un conjunto de discos más simples. En el problema 22-1 se ilustra el proceso.

Ahora se puede calcular el par torsional necesario para acelerar la polea. Se puede acomodar la ecuación (22-2) en forma más conveniente, al observar que T es expresada por lo común en lb·pie, Wk^2 en lb·pie^2, n en rpm y t en s. Mediante $g = 32.2$ pies/s^2, y al convertir las unidades, se obtiene

$$T = \frac{Wk^2(\Delta n)}{308t} \text{ lb} \cdot \text{pie} \tag{22–3}$$

FIGURA 22-10
Propiedades de inercia de un disco hueco

Radio de giro:

$$k^2 = \frac{1}{2}(R_1^2 + R_2^2)$$

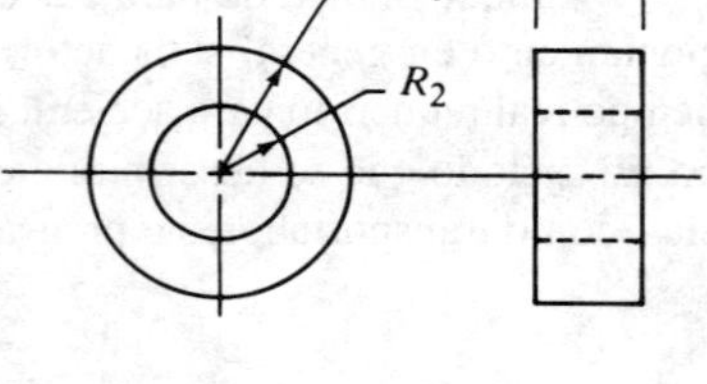

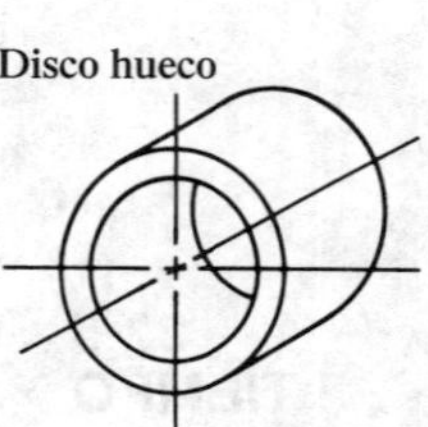

Volumen:

$$V = \pi(R_1^2 - R_2^2)L$$

Peso:

$$W = \delta_W V$$

δ_W = **Peso específico (peso/volumen)**

Inercia (Wk^2)

$$Wk^2 = \delta_W V k^2 = \delta_W \pi(R_1^2 - R_2^2)L(R_1^2 + R_2^2)/2$$

$$Wk^2 = \frac{\pi\delta_W L}{2}(R_1^4 - R_2^4)$$

Unidades típicas: L, R_1 y R_2 en pulgadas

δ_w **en lb/pulg^3**

Wk^2 **pulg lb·pie^2**

$$Wk^2 = \frac{\pi}{2} \times \delta_w \frac{\text{lb}}{\text{pulg}^3} \times L(\text{pulg}) \times (R_1^4 - R_2^4)\text{ pulg}^4 \times \frac{1\text{ pie}^2}{144\text{ pulg}^2}$$

$$Wk^2 = \frac{\delta_w L(R_1^4 - R_2^4)}{91.67}\text{ lb.pie}^2$$

Caso especial para el acero: $\delta_w = 0.283$ lb/pulg^3

$$Wk^2 = \frac{L(R_1^4 - R_2^4)}{323.9}\text{ lb.pie}^2$$

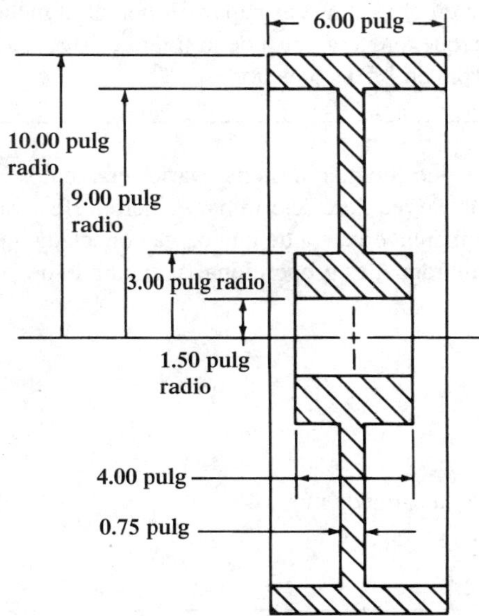

FIGURA 22-11 Polea plana de acero

Problema modelo 22-1 Calcule el valor de Wk^2 para la polea plana de acero de la figura 22-11.

Solución Se puede considerar que la polea está formada por tres componentes, cada una de las cuales es un disco hueco. La inercia Wk^2 de toda la polea es la suma de las de cada componente.

Parte 1

Mediante la fórmula de la figura 22-10 para un disco de acero, se tiene:

$$Wk^2 = \frac{(R_1^4 - R_2^4)(L)}{323.9}\ \text{lb} \cdot \text{pies}^2 = \frac{[(10.0)^4 - (9.0)^4](6.0)}{323.9}$$

$$Wk^2 = 63.70\ \text{lb} \cdot \text{pies}^2$$

Parte 2

$$Wk^2 = \frac{[(9.0)^4 - (3.0)^4](0.75)}{323.9} = 15.00\ \text{lb} \cdot \text{pies}^2$$

Parte 3

$$Wk^2 = \frac{[(3.0)^4 - (1.5)^4]\,(4.0)}{323.9} = 0.94\ \text{lb} \cdot \text{pies}^2$$

$$\text{Total } Wk^2 = 63.70 + 15.00 + 0.94 = 79.64\ \text{lb} \cdot \text{pies}^2$$

Problema modelo 22-2 Calcule el par torsional que debe transmitir un embrague para acelerar la polea de la figura 22-11, desde el reposo hasta 550 rpm en 2.50 s. De acuerdo con el problema modelo 22-1, $Wk^2 = 79.64$ lb·pies^2

Solución Use la ecuación (22-3):

$$T = \frac{(79.64)(550)}{308(2.5)} = 56.9\ \text{lb} \cdot \text{pies}$$

En resumen, si un embrague que es capaz de ejercer al menos 56.9 lb·pies de par torsional se acopla con un eje que tenga la polea de la figura 22-11, esa polea se puede acelerar desde el reposo hasta 550 rpm en 2.50 s o menos.

22-6 INERCIA DE UN SISTEMA EN FUNCIÓN DE LA VELOCIDAD DEL EJE DEL EMBRAGUE

En muchos sistemas prácticos de máquinas hay varios elementos en sendos ejes que funcionan con velocidades distintas. Se requiere determinar la inercia efectiva de todo el sistema, *tal como afecta al embrague*. La inercia efectiva de una carga conectada que trabaja a una velocidad de giro distinta de la del embrague, es proporcional al cuadrado de la relación de las velocidades. Esto es,

Inercia efectiva

$$Wk_e^2 = Wk^2\left(\frac{n}{n_c}\right)^2 \qquad \textbf{(22-4)}$$

donde n = velocidad de la carga de interés
n_c = velocidad del embrague

Problema modelo 22-3

Calcule la inercia total efectiva del sistema de la figura 22-12, para el embrague. A continuación, calcule el tiempo necesario para acelerar el sistema, desde el reposo hasta la velocidad de 550 rpm del motor, si el embrague ejerce un par torsional de 24.0 lb·pie. La Wk^2 de la armadura del embrague, a la cual debe también acelerar, es de 0.22 lb·pie^2, incluyendo el eje de 1.25 pulg.

Solución El embrague y el engrane A girarán a 550 rpm, pero debido a la gran reducción, el engrane B, su eje y la polea girarán a

$$n_2 = 550\text{ rpm}(24/66) = 200\text{ rpm}$$

Ahora, calcule la inercia para cada elemento, referida a la velocidad del embrague. Suponga que los engranes son discos con diámetros externos iguales a sus diámetros de paso, y que los diámetros internos son iguales al diámetro del eje. Use la ecuación de la figura 22-10, para un disco de acero, para calcular Wk^2.

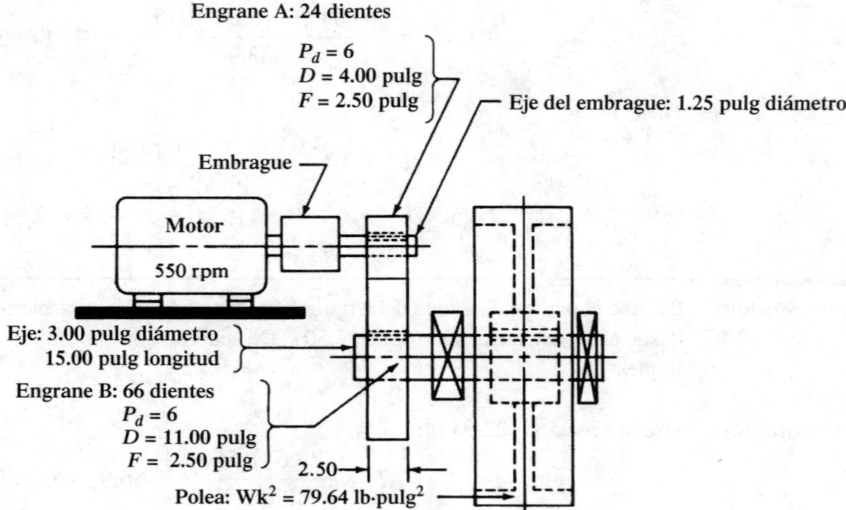

FIGURA 22-12 Sistema para el problema

Engrane *A*

$$Wk^2 = [(2.00)^4 - (0.625)^4](2.50)/323.9 = 0.122 \text{ lb·pie}^2$$

Engrane *B*

$$Wk^2 = [(5.50)^4 - (1.50)^4](2.50)/323.9 = 7.02 \text{ lb·pie}^2$$

Pero, debido a la diferencia de velocidades, la inercia efectiva es

$$Wk_e^2 = 7.02(200/550)^2 = 0.93 \text{ lb} \cdot \text{pie}^2$$

Polea

De acuerdo con el problema modelo 22-1, $Wk^2 = 79.64$ lb·pie^2. La inercia efectiva es

$$Wk_e^2 = 79.64(200/550)^2 = 10.53 \text{ lb} \cdot \text{pie}^2$$

Eje

$$Wk^2 = (1.50)^4(15.0)/323.9 = 0.234 \text{ lb·pie}^2$$

La inercia efectiva es

$$Wk_e^2 = 0.234(200/550)^2 = 0.03 \text{ lb} \cdot \text{pie}^2$$

La inercia efectiva total, vista por el embrague, es

$$Wk_e^2 = 0.22 + 0.12 + 0.93 + 10.53 + 0.03 = 11.83 \text{ lb} \cdot \text{pie}^2$$

Al despejar el tiempo de la ecuación (22-3), se obtiene

$$t = \frac{Wk_e^2(\Delta n)}{308T} = \frac{(11.83)(550)}{308(24.0)} = 0.88 \text{ s}$$

22-7 INERCIA EFECTIVA DE CUERPOS EN MOVIMIENTO LINEAL

Hasta ahora sólo se han manejado componentes que giran. En muchos sistemas se incluyen aparatos lineales, como transportadores, cables de grúa con sus cargas o cremalleras alternativas impulsadas por piñones, que también tienen inercia y se deben acelerar. Sería conveniente representar esos aparatos con una inercia efectiva definida por Wk^2, como para los cuerpos giratorios. Se puede hacerlo si se relacionan las ecuaciones de energía cinética para movimiento lineal y rotatorio. La energía cinética real de un cuerpo en traslación es

$$KE = \frac{1}{2}mv^2 = \frac{1}{2}\frac{W}{g}v^2 = \frac{Wv^2}{2g}$$

donde v = velocidad lineal del cuerpo.

Como unidades de velocidad, se usan pies/min. Para un cuerpo giratorio,

$$KE = \frac{1}{2}I\omega^2 = \frac{1}{2}\frac{Wk^2}{g}\omega^2 = \frac{Wk^2\omega^2}{2g}$$

Sea Wk^2 la inercia efectiva; al igualar las dos fórmulas, se obtiene

$$Wk_e^2 = W\left(\frac{v}{\omega}\right)^2$$

donde ω debe estar en rad/min, para tener consistencia.

Si se usa n en rpm, y no ω en rad/min, se debe sustituir $\omega = 2\pi n$. Entonces,

Inercia efectiva para una carga con movimiento lineal

$$Wk_e^2 = W\left(\frac{v}{2\pi n}\right)^2 \tag{22-5}$$

Problema modelo 22-4 El transportador de la figura 22-13 se mueve a 80 pies/min. El peso combinado de la banda y las piezas que transporta es 140 lb. Calcular la inercia equivalente, Wk^2, del transportador, referida al eje que impulsa la banda.

Solución La velocidad de giro del eje es

$$\omega = \frac{v}{R} = \frac{80 \text{ pies}}{\text{min}} \; \frac{1}{5.0 \text{ pulg}} \; \frac{12 \text{ pulg}}{\text{pie}} = 192 \text{ rad/min}$$

Entonces, la Wk^2 equivalente es

$$Wk_e^2 = W\left(\frac{v}{\omega}\right)^2 = (140 \text{ lb})\left(\frac{80 \text{ pies/min}}{192 \text{ rad/min}}\right)^2 = 24.3 \text{ lb}\cdot\text{pie}^2$$

22-8 ABSORCIÓN DE ENERGÍA: NECESIDADES DE DISIPACIÓN DE CALOR

Cuando usa un freno para detener un objeto giratorio, o usa un embrague para acelerarlo, el embrague o el freno deben transmitir energía a través de sus superficies de fricción, cuando se deslizan entre sí. En esas superficies se genera calor, el cual tiende a aumentar la temperatura de la unidad. Naturalmente, el calor se disipa de la unidad, y para determinado conjunto de condiciones de operación se alcanza una temperatura de equilibrio. Esa temperatura debe ser lo suficientemente baja como para asegurar que sea larga la vida de los elementos de fricción y otras piezas de la unidad, como las bobinas eléctricas, los resortes y los cojinetes.

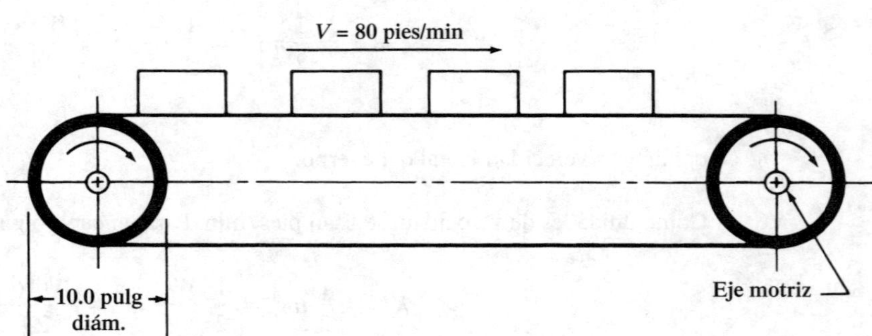

FIGURA 22-13 Transportador moviéndose a 80 pies/min

La energía por absorber o disipar en la unidad, por ciclo, es igual al cambio de energía cinética de los componentes que se aceleran o se detienen; esto es,

Absorción de energía por un freno

$$E = \Delta KE = \frac{1}{2} I\omega^2 = \frac{1}{2} mk^2\omega^2 = \frac{Wk^2\omega^2}{2g}$$

Para unidades inglesas típicas ($\omega = n$, rpm, Wk^2 en lb·pie y $g = 32.2$ pies/s^2), la ecuación es

$$E = \frac{Wk^2\,(\text{lb}\cdot\text{pie}^2)}{2(32.2\ \text{pie/s}^2)}\ \frac{n^2\,\text{rev}^2}{\text{min}^2}\ \frac{(2\pi)^2\,\text{rad}}{\text{rev}^2}\ \frac{1\ \text{min}^2}{60^2\ \text{s}^2}$$

Absorción de energía en unidades inglesas

$$E = 1.7 \times 10^{-4} Wk^2 n^2\ \text{lb}\cdot\text{pie} \qquad \textbf{(22-6)}$$

En las unidades SI, con la masa en kilogramos (kg), el radio de giro en metros (m) y la velocidad angular en radianes por segundo (rad/s). Entonces

$$E = \frac{1}{2} I\omega^2 = \frac{1}{2} mk^2\omega^2 (\text{kg}\cdot\text{m}^2/\text{s}^2)$$

Pero el newton es igual a kg·m/s^2. Entonces

Absorción de energía en unidades SI

$$E = \frac{1}{2} mk^2\omega^2\ \text{N}\cdot\text{m} \qquad \textbf{(22-7)}$$

No se necesitan más factores de conversión.

Si hay ciclos repetitivos de operación, se debe multiplicar la energía obtenida con las ecuaciones (22-6) o (22-7) por la frecuencia de ciclos, que en general es ciclos/min en el sistema inglés, y ciclos/s en el sistema SI. El resultado sería la generación de energía por unidad de tiempo, la cual debe ser comparada con la capacidad de disipación de calor del embrague o freno que se examine para la aplicación.

Cuando el embrague o freno arranca y para, parte de su operación es a la velocidad total de operación del sistema, y parte es en reposo. La capacidad combinada de disipación de calor es el promedio de la capacidad a cada velocidad, ponderado por la proporción del ciclo en cada velocidad (vea el problema modelo 22-5).

22-9 TIEMPO DE RESPUESTA

El término *tiempo de respuesta* indica el tiempo que requiere la unidad (embrague o freno) para cumplir su tarea después de iniciada la acción por aplicación de una corriente eléctrica, presión de aire, fuerza de resorte o fuerza manual. La figura 22-14 muestra un ciclo completo, que usa un módulo de embrague y freno. La línea recta es ideal, mientras que la línea curva muestra la forma general del movimiento del sistema. El tiempo real de respuesta cambia, aun para determinada unidad, por variaciones en la carga, el ambiente u otras condiciones de operación.

Los embragues y frenos comerciales, para aplicaciones típicas en máquinas, tienen tiempos de respuesta desde unos pocos milisegundos (1/1000 s) para un aparato pequeño, como puede ser un transportador de papel en una máquina de oficina, hasta 1.0 s, aproximadamente, para máquinas mayores, como puede ser un transportador de ensamblado. Se deben consultar las publicaciones de los fabricantes. Para dar una idea de las posibilidades de los embragues y frenos comerciales, la tabla 22-1 muestra datos de ejemplo para unidades energizadas con electricidad.

Problema modelo 22-5

Para el sistema de la figura 22-12, y con los datos del problema modelo 22-3, estime el tiempo de ciclo total si el sistema está controlado por la unidad G de la tabla 22-1, y debe estar funcionando (a velocidad constante) durante 1.50 s, y parado (en reposo) durante 0.75 s. También, estime el tiempo de respuesta para el embrague-freno, y los tiempos de aceleración y desaceleración.

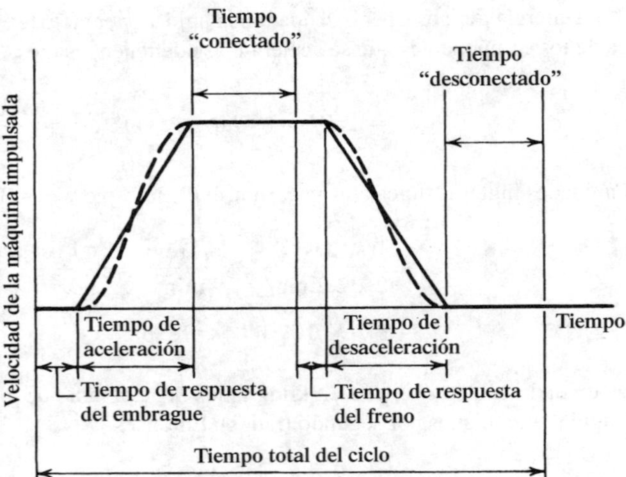

FIGURA 22-14 Ciclo típico para embrague y frenado

TABLA 22–1 Datos de ejemplo del comportamiento de sistemas de embrague-freno

Tamaño de la unidad	Capacidad de par torsional (lb·pie)	Inercia, Wk^2 (lb·pie^2)	Disipación de calor (pie·lb/min)		Tiempo de respuesta (s)	
			En reposo	1800 rpm	Embrague	Freno
A	0.42	0.000 17	750	800	0.022	0.019
B	1.25	0.0014	800	1200	0.032	0.024
C	6.25	0.021	1050	2250	0.042	0.040
D	20.0	0.108	2000	6000	0.090	0.089
E	50.0	0.420	3000	13 000	0.110	0.105
F	150.0	1.17	9000	62 000	0.250	0.243
G	240.0	2.29	18 000	52 000	0.235	0.235
H	465.0	5.54	20 000	90 000	0.350	0.350
I	700.0	13.82	26 000	190 000	0.512	0.512

Nota: Los pares torsionales nominales son estáticos. La capacidad de par torsional disminuye al aumentar la diferencia de velocidad entre las piezas que se embragan. Se puede emplear interpolación en los datos de disipación de calor.

Si el sistema arranca y para en forma continua, calcule la tasa de disipación de calor y compárela con la capacidad de la unidad.

Solución La figura 22-15 muestra que el tiempo total estimado para el ciclo es 2.896 s. De acuerdo con la tabla 22-1, se observa que el embrague-freno ejerce 240 lb·pie de par torsional, y que su tiempo de respuesta es 0.235 s, tanto para el embrague como para el freno.

Tiempo de aceleración y desaceleración [ecuación (22-3)]

$$t = \frac{Wk_e^2(\Delta n)}{308T} = \frac{(11.83)(550)}{308(240)} = 0.088 \text{ s}$$

Frecuencia de ciclo y disipación de calor [ecuación (22-6)]

Para el tiempo total del ciclo de 2.896 s, el número de ciclos por minuto podría ser

$$C = \frac{1.0 \text{ ciclo}}{2.896 \text{ s}} \frac{60 \text{ s}}{\text{min}} = 20.7 \text{ ciclos/min}$$

FIGURA 22-15
Tiempo total estimado del ciclo

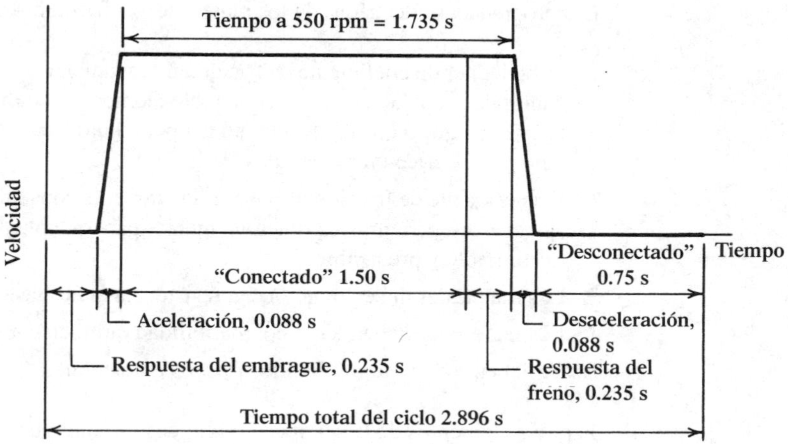

La energía generada en cada actuación, sea del embrague o del freno, es

$$E = 1.7 \times 10^{-4} Wk^2n^2 = 1.7 \times 10^{-4}(11.83)(550)^2 = 608 \text{ lb·pie}$$

La generación de energía por minuto es

$$E_t = 2EC = (2)(608 \text{ lb·pie/ciclo})(20.7 \text{ ciclos/min}) = 25\,200 \text{ lb·pie/min}$$

Es mayor que la capacidad de disipación de calor de la unidad G en reposo (18 000 lb·pie/min). Entonces, se calculará una capacidad media ponderada para este ciclo. Primero, de acuerdo con la figura 22-15, aproximadamente 1.735 s está "a su velocidad" de 550 rpm. El resto del ciclo, 1.161 s, está en reposo. De acuerdo con la tabla 22-1, al interpolar entre velocidad cero y 1800 rpm, la tasa de disipación de calor a 550 rpm es 28 400 lb·pie/min, aproximadamente. La capacidad media ponderada para la unidad G es

$$E_{\text{prom}} = \frac{t_0}{t_t} E_0 + \frac{t_{550}}{t_t} E_{550}$$

donde t_t = tiempo total del ciclo
t_0 = tiempo en reposo (0 rpm)
t_{550} = tiempo a 550 rpm
E_0 = capacidad de disipación de calor en reposo
E_{550} = capacidad de disipación de calor a 550 rpm.

Entonces

$$E_{\text{prom}} = \frac{1.161}{2.896}(18\,000) + \frac{1.735}{2.896}(28\,400) = 24\,230 \text{ lb·pie/min}$$

Es un poco menor que la necesaria, y el diseño sería marginal. Se deben especificar menos ciclos por minuto.

22-10 MATERIALES DE FRICCIÓN Y COEFICIENTES DE FRICCIÓN

Muchos de los tipos de embragues y frenos descritos en este capítulo usan superficies opuestas impulsadas entre sí, mediante materiales de fricción. La función de esos materiales es desarrollar una fuerza de fricción apreciable cuando se aplique una fuerza normal con los medios de accionamiento del freno. La fuerza de fricción produce una fuerza o un par torsional que retarda el movimiento existente, si se aplica como freno, o que acelera al elemento en reposo, o en movimiento a baja velocidad, si se aplica como embrague.

Las propiedades adecuadas de los materiales de fricción son las siguientes:

1. Deben tener un coeficiente de fricción relativamente alto, cuando funcionan contra los materiales acoplados en el sistema. No siempre el coeficiente de fricción es la mejor opción porque, con frecuencia, un acoplamiento suave se ayuda con una fuerza o par torsional de fricción moderados.
2. El coeficiente de fricción debe ser relativamente constante dentro del intervalo de presiones y temperaturas de funcionamiento, para que pueda esperarse un funcionamiento confiable y predecible.
3. Los materiales deben tener buena resistencia al desgaste.
4. Los materiales deben tener compatibilidad química con sus componentes acoplados.
5. Se deben reducir al mínimo los riesgos ambientales.

Para los elementos de fricción en embragues y frenos se usan varios materiales distintos, y muchos de ellos son patentados por determinado fabricante. En el pasado eran comunes varios compuestos a base de asbesto, con coeficientes de fricción del orden de 0.35 a 0.50. Se ha demostrado que el asbesto es un riesgo para la salud, y ahora se reemplaza por compuestos moldeados de polímeros y hule. Cuando se requiere flexibilidad, como en los frenos de banda, el material base se teje en forma de una tela, y a veces se refuerza con alambre metálico, se satura con una resina y se cura. También se usan el corcho y la madera. Los materiales a base de papel se usan en algunos embragues llenos de aceite. En ambientes rigurosos, se emplean hierro colado, hierro u otros metales sinterizados, o materiales con grafito. La tabla 22-2 muestra los intervalos aproximados de coeficientes de fricción, y la presión que pueden resistir los materiales.

Para aplicaciones automotrices, la Society of Automotive Engineers (SAE) establece las normas. En la norma SAE J866 (referencia 7) se define un conjunto de códigos para clasificar los materiales de fricción de acuerdo con el coeficiente de fricción, independientemente del material usado. La tabla 22-3 muestra esos códigos.

En los problemas planteados en este libro, donde se requiera un coeficiente de fricción, se usará el valor 0.25, a menos que se indique otra cosa. De acuerdo con los valores que se muestran aquí, es un valor relativamente bajo, con el que se deben obtener diseños conservadores.

Materiales para discos y tambores

En la fabricación de discos y tambores para embragues y frenos, se usan diversos metales. El material debe tener resistencia, ductilidad y rigidez suficientes como para resistir las fuerzas

TABLA 22-2 Coeficientes de fricción

Material de fricción	Coeficiente de fricción dinámica		Intervalo de presiones	
	Seco	En aceite	(psi)	(kPa)
Compuestos moldeados	0.25-0.45	0.06-0.10	150-300	1035-2070
Materiales tejidos	0.25-0.45	0.08-0.10	50-100	345-690
Metal sinterizado	0.15-0.45	0.05-0.08	150-300	1035-2070
Corcho	0.30-0.50	0.15-0.25	8-15	55-100
Madera	0.20-0.45	0.12-0.16	50-90	345-620
Hierro colado	0.15-0.25	0.03-0.06	100-250	690-1725
A base de papel		0.10-0.15		
Grafito/resina		0.10-0.14		

TABLA 22-3 Clasificación de coeficientes de fricción según códigos de la Society of Automotive Engineers

Letra de código	Coeficiente de fricción
C	No mayor que 0.15
D	Mayor de 0.15, pero no mayor que 0.25
E	Mayor de 0.25, pero no mayor que 0.35
F	Mayor de 0.35, pero no mayor que 0.45
G	Mayor de 0.45, pero no mayor que 0.55
H	Mayor de 0.55
Z	No clasificado

aplicadas, y al mismo tiempo mantener dimensiones precisas. También, debe absorber calor de la superficie de fricción, y disiparlo al ambiente.

Algunas de las opciones preferidas son el hierro colado gris, el hierro dúctil, el acero al carbón y las aleaciones de cobre. Muchos discos y tambores son colados, por razones de costo, para obtener la forma casi neta de las partes que requiera poco maquinado después de colar. El hierro colado tiene bajo costo y gran conductividad térmica, en comparación con el hierro dúctil. Sin embargo, el hierro dúctil puede resistir mejor las cargas de choque o impacto. Las aleaciones de cobre tienen conductividad térmica mucho mayor que otros materiales, pero resisten menos el desgaste.

22-11 EMBRAGUE O FRENO DE PLACA

La figura 22-2(*a*) muestra un esquema sencillo de un embrague de tipo placa, y en la figura 22-8 se ve un corte de un embrague o freno comercial, de accionamiento eléctrico. En la figura 22-8, un electroimán ejerce una fuerza axial que junta las superficies de fricción. Cuando dos cuerpos se ponen en contacto con una fuerza normal entre ellos, se produce una fuerza de fricción que tiende a resistir el movimiento relativo. Es el principio en el cual se basan el embrague o el freno de placa.

Par torsional de fricción

Como la placa de fricción gira en relación con su placa acoplada, con una fuerza axial presionándolos uno contra otro, la fuerza de fricción actúa en dirección tangencial y produce el par torsional de freno o de embrague. En cualquier punto, la presión local multiplicada por el área diferencial en el punto es la *fuerza normal*. La fuerza normal multiplicada por el coeficiente de fricción es la *fuerza de fricción*. La fuerza de fricción multiplicada por el radio del punto es el *par torsional* que se produce en ese punto. El *par torsional total* es la suma de todos los pares torsionales sobre toda el área de la placa. La suma se calcula al integrar sobre el área.

En general, hay algo de variación de la presión sobre la superficie de la placa de fricción, y se debe plantear alguna hipótesis sobre la naturaleza de la variación, antes de poder calcular el par torsional total. Una hipótesis conservadora, que permite llegar a un resultado útil, es que la superficie de fricción se desgasta uniformemente, en toda su área, cuando funciona el embrague o el freno. Esta hipótesis implica que el producto de la presión local, *p,* por la velocidad lineal relativa, *v*, entre los platos, es constante. Se ha visto que el desgaste es, aproximadamente, proporcional al producto de *p* por *v*.

Si todos esos factores se consideran, y se termina el análisis, se llega al siguiente resultado para el par torsional de fricción:

$$T_f = fN(R_o + R_i)/2$$

Pero la última parte de esta ecuación es el radio promedio, R_m, de la placa anular. Entonces

Par torsional de fricción sobre una placa anular

$$T_f = fNR_m \tag{22-8}$$

Como se dijo antes, éste es un resultado conservador, lo cual quiere decir que el par torsional real que se produce sería un poco mayor que el calculado.

Tasa de desgaste

Observe que el par torsional es proporcional al radio promedio, pero que en la ecuación (22-8) no interviene alguna área. En consecuencia, para terminar el diseño de las dimensiones finales, se requiere algún otro parámetro. El factor ausente en la ecuación (22-8) es la tasa de desgaste que se espera con el material de fricción. Debería ser obvio que, aun con el mismo radio medio, un freno con mayor área se gastaría menos que uno con menor área.

Los fabricantes de los materiales de fricción pueden ayudar en la determinación final de la relación entre desgaste y área de la superficie de fricción. Sin embargo, los siguientes lineamientos permiten estimar el tamaño físico de los frenos, y se emplearán para resolver problemas contenidos en este libro.

La tasa de desgaste, *WR*, se basará en la potencia de fricción P_f que absorba el freno por unidad de área *A*, donde

Potencia de fricción

$$P_f = T_f\omega \tag{22-9}$$

y ω es la velocidad angular del disco. En unidades SI, con el par torsional en N·m y ω en rad/s, la potencia de fricción está en N·m/s, o watts. En el sistema inglés, con el par torsional en lb·pulg y la velocidad angular expresada como *n* rpm, la potencia de fricción en HP se calcula con

$$P_f = \frac{T_f n}{63\,000}\ \text{hp} \tag{22-10}$$

Para aplicaciones industriales, se usará

Tasa de desgaste

$$WR = P_f/A \tag{22-11}$$

donde $WR = 0.04$ HP/pulg^2, para aplicaciones frecuentes; una tasa conservadora
$WR = 0.10$ HP/pulg^2, para servicio promedio
$WR = 0.40$ HP/pulg^2, para frenos que no se usen con frecuencia y puedan enfriarse algo entre aplicaciones.

Problema modelo 22-6

Calcule las dimensiones de un freno de placa anular, que produzca un par torsional de frenado de 300 lb·pulg. Los resortes ejercerán una fuerza normal de 320 lb entre las superficies de fricción. El coeficiente de fricción es 0.25. El freno se usará en servicio industrial promedio, y van a parar una carga desde 750 rpm.

Solución

Paso 1. Calcule el radio medio requerido. De acuerdo con la ecuación (22-8),

$$R_m = \frac{T_f}{fN} = \frac{300\ \text{lb}\cdot\text{pulg}}{(0.25)(320\ \text{lb})} = 3.75\ \text{pulg}$$

Paso 2. Especifique una relación R_o/R_i deseada, y despeje las dimensiones. Un valor razonable de la relación es 1.50, aproximadamente. El intervalo puede ir desde 1.2 hasta 2.5, más o menos, a elección del diseñador. Si se maneja 1.50, $R_o = 1.50R_i$, y

$$R_m = (R_o + R_i)/2 = (1.5R_i + R_i)/2 = 1.25\ R_i$$

Entonces

$$R_i = R_m/1.25 = (3.75\ \text{pulg})/1.25 = 3.00\ \text{pulg}$$
$$R_o = 1.50R_i = 1.50(3.00) = 4.50\ \text{pulg}$$

Paso 3. Calcule el área de la superficie de fricción:

$$A = \pi(R_o^2 - R_i^2) = \pi[(4.50)^2 - (3.00)^2] = 35.3 \text{ pulg}^2$$

Paso 4. Calcule la potencia por fricción absorbida:

$$P_f = \frac{T_f n}{63\,000} = \frac{(300)(750)}{63\,000} = 3.57 \text{ HP}$$

Paso 5. Calcule la relación de desgaste:

$$WR = \frac{P_f}{A} = \frac{3.57 \text{ HP}}{35.3 \text{ pulg}^2} = 0.101 \text{ HP/pulg}^2$$

Paso 6. Aprecie lo adecuado de *WR*. Si *WR* es muy grande, regrese al paso 2 y aumente la relación. Si *WR* es muy pequeño, disminuya la relación. En este ejemplo, *WR* es aceptable.

Se puede diseñar una unidad más compacta si se usa más de una placa de fricción. Se multiplica el par torsional de fricción de una placa por el número de placas, para determinar el par torsional de fricción total. Una desventaja de este método es que la disipación de calor es relativamente menos buena que para la placa única.

Mejoramiento de las características de desgaste de los frenos

El desgaste real en determinada aplicación depende de una combinación de muchas variables. Los materiales de fricción son relativamente más suaves y débiles que los materiales metálicos usados en los discos y tambores. Con frecuencia, se caracteriza al desgaste como adhesión. Como la superficie del material de fricción frota sobre los puntos altos del metal, se da una deformación plástica en la superficie, y las partículas se desprenden por corte, lo cual rompe el enlace entre partículas, o desprende los materiales de carga de los agentes enlazados de polímero. Este proceso se acelera cuando las temperaturas en la superficie aumentan, y a medida que el freno absorbe la energía necesaria para detener el sistema giratorio. El comportamiento térmico del sistema es crítico para que la duración sea buena. Si las temperaturas suben alrededor de 400°F (200°C), la tasa de desgaste aumenta en forma apreciable, y el coeficiente de fricción baja lo que causa el mal funcionamiento de los frenos, llamado *fundido*.

Es difícil predecir en forma analítica la duración de determinado sistema de frenado, por lo cual se recomienda probar los nuevos diseños bajo condiciones reales de funcionamiento. La siguiente lista describe los principios generales para mejorar las características de desgaste.

- Especifique materiales de fricción que tengan relativamente poca adhesión, cuando estén en contacto con el material del tambor o el disco.
- Especifique materiales de fricción que tengan alta resistencia de cohesión entre las partículas que los forman.
- Proporcione alta dureza a la superficie del disco o tambor, mediante tratamiento térmico.
- Mantenga, lo más baja que sea práctico, la presión entre el material de fricción y el material del disco o tambor.
- Mantenga la temperatura superficial, en la interfase entre el material de fricción y el del disco o el tambor, tan baja como sea práctico, al impulsar la transferencia de calor fuera del sistema por conducción, convección y radiación. Con frecuencia, en situaciones críticas, se aplica flujo forzado de aire o enfriamiento con agua.
- Proporcione un acabado superficial liso sobre los discos y tambores.

- Suministre lubricantes, como aceite o grafito, a la superficie de fricción.
- Impida que contaminantes abrasivos lleguen a la interfase de fricción.
- Minimice el deslizamiento entre los elementos del embrague o del freno, para promover la fijación entre los elementos que se unen.

22-12 FRENOS DE DISCO CALIBRADOR

Las balatas del freno de disco se ponen en contacto con el disco giratorio, mediante presión de fluido que actúa sobre un pistón en el calibrador. Las balatas son redondas, o en forma de riñón, para cubrir más superficie del disco [vea la figura 22-2(*b*) y la figura 22-7]. Sin embargo, una ventaja del freno de disco estriba en que el disco queda expuesto a la atmósfera e intensifica la disipación del calor. Además, como el disco gira con la máquina que se va a controlar, la disipación de calor aumenta. El efecto de enfriamiento mejora la resistencia a la fusión de este tipo de freno, en comparación con el freno de zapata.

Los diseños por par torsional de fricción y por tasa de desgaste se parecen a los que se explicaron para los frenos de placa.

22-13 EMBRAGUE O FRENO DE CONO

El ángulo de inclinación de la superficie cónica, en el embrague o el freno de cono, es 12°, en el caso típico. Con cuidado, se podría usar un ángulo menor, pero se presenta la tendencia de las superficies de fricción a *amarrarse* de repente, causando un tirón. Al aumentar el ángulo, la cantidad de fuerza axial necesaria para producir determinado par torsional de fricción aumenta. Es así que 12° es un compromiso razonable.

Al examinar la figura 22-16, se observa que cuando se aplica una fuerza axial F_a con un resorte, manualmente o con presión de fluido, se produce una fuerza normal N entre las superficies de fricción acopladas, en todo el contorno de la periferia del cono. La fuerza de fricción F_f que se desea, se produce en dirección tangencial, donde $F_f = fN$. Se supone que la fuerza de fricción actúa en el radio medio del cono, por lo que el par torsional de fricción es

$$T_f = F_f R_m = fNR_m \tag{22-8}$$

Además de la fuerza de fricción, con dirección tangencial, se desarrolla una fuerza de fricción sobre la superficie del cono, la cual se opone a la tendencia del elemento de la superficie interna del cono, a alejarse axialmente del cono externo. A esta fuerza se llamará F'_f, y también se calcula con

$$F'_f = fN$$

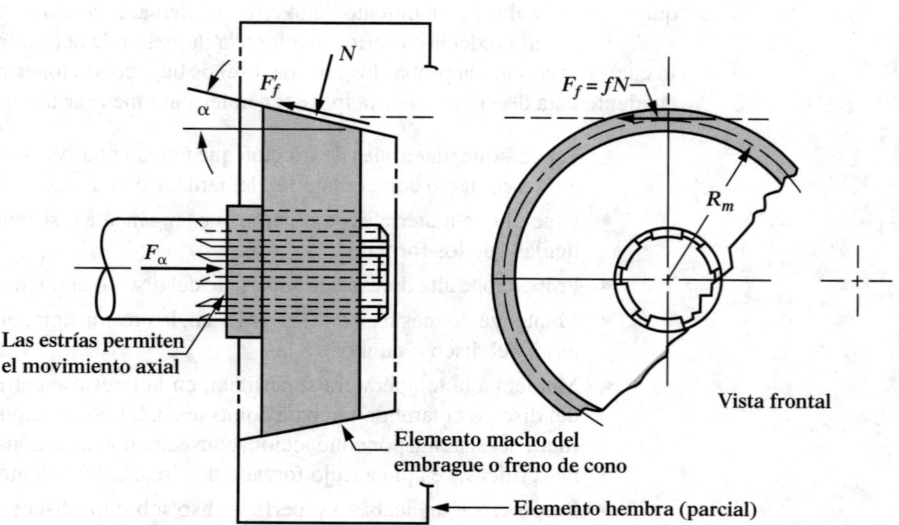

FIGURA 22-16
Embrague o freno de cono

Para la condición de equilibrio del cono externo, la suma de las fuerzas horizontales debe ser cero. Entonces

$$F_a = N \text{ sen } \alpha + F_f' \cos \alpha = N \text{ sen } \alpha + fN \cos \alpha = N(\text{sen } \alpha + f \cos \alpha)$$

o sea

$$N = \frac{F_a}{\text{sen } \alpha + f \cos \alpha} \tag{22-12}$$

Esto se sustituye en la ecuación (22-8), y se llega a

Par torsional de fricción de un embrague o freno de cono

$$T_f = \frac{fR_m F_a}{\text{sen } \alpha + f \cos \alpha} \tag{22-13}$$

Problema modelo 22-7 Calcule la fuerza axial necesaria para que un freno de cono ejerza un par torsional de frenado de 50 lb·pie. El radio medio del cono es de 5.0 pulg. Maneje $f = 0.25$. Pruebe con ángulos de cono de 10°, 12° y 15°.

Solución De la ecuación (22-13), se puede despejar la fuerza axial F_a:

$$F_a = \frac{T_f(\text{sen } \alpha + f \cos \alpha)}{fR_m} = \frac{(50 \text{ lb} \cdot \text{pie})(\text{sen } \alpha + 0.25 \cos \alpha)}{(0.25)(5.0/12) \text{ pie}}$$

$$F_a = 480(\text{sen } \alpha + 0.25 \cos \alpha) \text{ lb}$$

Entonces, los valores de F_a en función del ángulo del cono, son los siguientes:

Para $\alpha = 10°$
$F_a = 202$ lb

Para $\alpha = 12°$
$F_a = 217$ lb

Para $\alpha = 15°$
$F_a = 240$ lb

22-14 FRENOS DE TAMBOR

Frenos de tambor con zapata corta

La figura 22-17 muestra un esquema de un freno de tambor donde la fuerza de accionamiento W actúa sobre la palanca, que a su vez gira sobre el perno A. Eso causa una fuerza normal entre la zapata y el tambor rotatorio. Se supone que la fuerza de fricción resultante actúa en dirección tangencial al tambor, si la zapata es corta. La fuerza de fricción por el radio del tambor da el par torsional de fricción, que desacelera al tambor.

Los objetivos del análisis son determinar la relación entre la carga aplicada y la fuerza de fricción, y poder evaluar el efecto de las decisiones de diseño, como el tamaño del tambor, las dimensiones de la palanca y la ubicación del pivote A. Los diagramas de cuerpo libre, en la

FIGURA 22-17 Freno de tambor de zapata corta

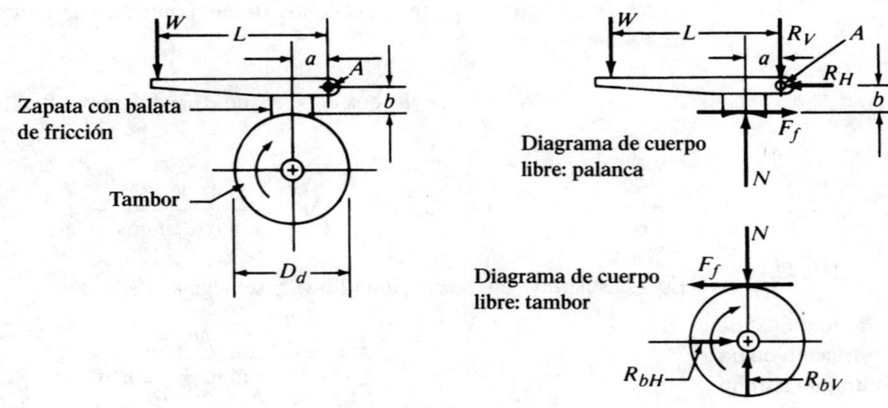

a) Diseño 1 de palanca

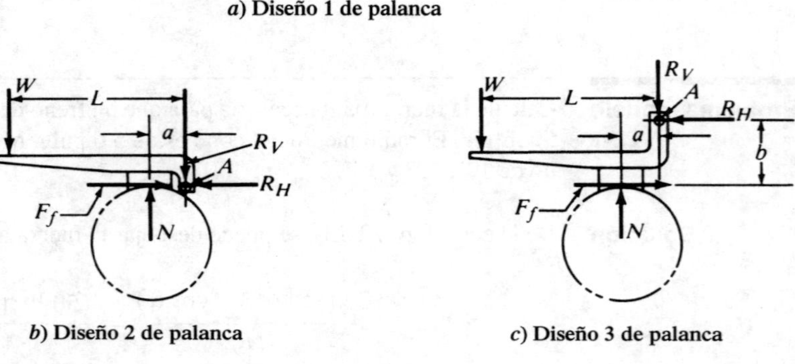

b) Diseño 2 de palanca

c) Diseño 3 de palanca

figura 22-17(*a*), son una referencia para este análisis. Para la palanca, se pueden sumar momentos respecto del pivote *A*:

$$\Sigma M_a = 0 = WL - Na + F_f b \tag{22-14}$$

Pero, observe que $F_f = fN$, o $N = F_f/f$. Entonces,

$$0 = WL - F_f a/f + F_f b = WL - F_f(a/f - b)$$

Si se despeja *W*:

$$W = \frac{F_f(a/f - b)}{L} \tag{22-15}$$

Y si se despeja F_f se obtiene:

Fuerza de fricción sobre el freno de tambor

$$F_f = \frac{WL}{(a/f - b)} \tag{22-16}$$

Se pueden emplear estas ecuaciones para calcular la fuerza de fricción, al considerar que

Par torsional de fricción

$$T_f = F_f D_d/2 \tag{22-17}$$

donde D_d = diámetro del tambor.

Observe las posiciones alternativas del pivote en las partes (*b*) y (*c*) de la figura 22-17. En (*b*), la dimensión $b = 0$.

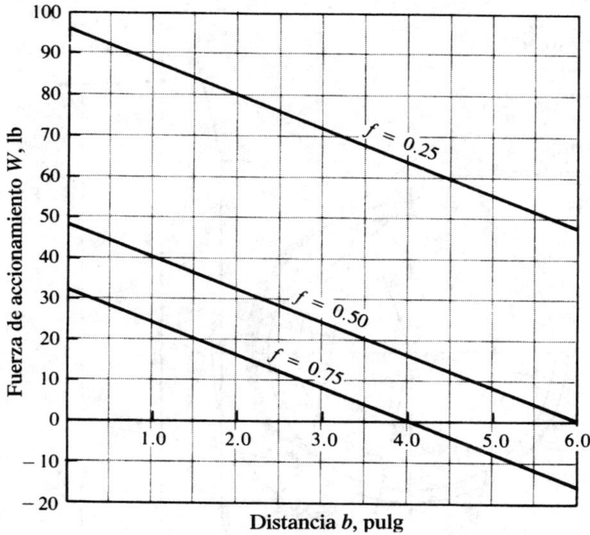

FIGURA 22-18
Resultados: Fuerza de accionamiento en función de la distancia b

Problema modelo 22-8 Calcule la fuerza necesaria para accionar el freno de tambor con zapata corta, de la figura 22-17, para producir un par torsional de fricción de 50 lb·pie. Maneje 10.0 pulg como diámetro de tambor, $a = 3.0$ pulg y $L = 15.0$ pulg. Maneje los valores f de 0.25, 0.50 y 0.75, con distintos puntos de ubicación del pivote A, de tal modo que b vaya de 0 a 6.0 pulg.

Solución La fuerza de fricción requerida se puede calcular con la ecuación (22-17):

$$F_f = 2T_f/D_d = (2)(50 \text{ lb·pie})/(10/12 \text{ pie}) = 120 \text{ lb}$$

En la ecuación (22-15) se puede sustituir a, L y F_f:

$$W = \frac{F_f(a/f - b)}{L} = \frac{120 \text{ lb}[(3.0 \text{ pulg})/f - b]}{15.0 \text{ pulg}} = 8(3/f - b) \text{ lb}$$

Aquí se pueden sustituir los diversos valores de f y b, para calcular los datos y trazar las curvas de la figura 22-18, que muestra la fuerza de accionamiento en función de la distancia b, para distintos valores de f. Observe que, para algunas combinaciones, el valor de W es *negativo*. Esto significa que el freno es de *acción automática*, y que se necesitaría una fuerza hacia arriba, sobre la palanca, para soltarlo.

Frenos de tambor con zapata larga

La hipótesis que se planteó respecto de los frenos de zapata corta fue que la fuerza de fricción resultante actúa en el punto medio de la zapata, y no puede emplearse en el caso de zapatas que abarquen más de 45° del tambor. En esos casos, la presión entre la balata y el tambor es muy dispareja, al igual que el momento de la fuerza de fricción y la fuerza normal con respecto al pivote de la zapata.

Las siguientes ecuaciones gobiernan el funcionamiento del freno de zapata larga, mediante la terminología de la figura 22-19 (vea la referencia 4).

1. ***Par torsional de fricción sobre el tambor:***

$$T_f = r^2 f w p_{máx}(\cos \theta_1 - \cos \theta_2) \quad \textbf{(22-18)}$$

FIGURA 22-19
Terminología para frenos de tambor y zapata larga

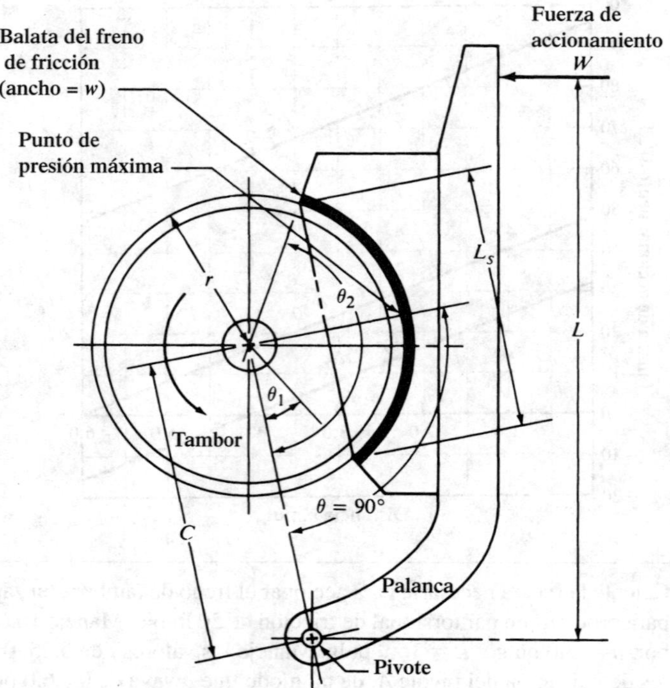

2. ***Fuerza de accionamiento:***

$$W = (M_N + M_f)/L \tag{22-19}$$

donde M_N = momento de la fuerza normal, con respecto al pivote

$$M_N = 0.25p_{\text{máx}}wrC[2(\theta_2 - \theta_1) - \text{sen } 2\theta_2 + \text{sen } 2\theta_1] \tag{22-20}$$

M_f = momento de la fuerza de fricción con respecto al pivote

$$M_f = fp_{\text{máx}}wr[r(\cos\theta_1 - \cos\theta_2) + 0.25C(\cos 2\theta_2 - \cos 2\theta_1)] \tag{22-21}$$

El signo de M_f es negativo (−) si la superficie del tambor se aleja del pivote, y positivo (+) si se mueve hacia el pivote.

3. ***Potencia de fricción:***

$$P_f = T_f n/63\,000 \text{ HP} \tag{22-22}$$

donde n = velocidad de giro, en rpm.

4. ***Área de la zapata del freno*** (*Nota:* se usa el área proyectada):

$$A = L_s w = 2wr \text{ sen}[(\theta_2 - \theta_1)/2] \tag{22-23}$$

5. ***Tasa de desgaste:***

$$WR = P_f/A \tag{22-24}$$

El empleo de estas ecuaciones en el diseño de un freno de zapata larga se demuestra en el problema modelo 22-9.

Problema modelo 22-9 Diseñe un freno de zapata larga que produzca un par torsional de fricción de 750 lb, para detener un tambor que gira a 120 rpm.

Solución ***Paso 1.*** Seleccione un material de fricción del freno, y especifique la presión máxima y el valor de diseño del coeficiente de fricción. En la tabla 22-2 se encuentran algunas propiedades generales para los materiales de fricción. Se deben manejar, siempre que sea posible, valores de pruebas reales, o datos específicos del fabricante. El valor de diseño de $p_{máx}$ debe ser mucho menor que la presión admisible que menciona la tabla 22-2, para mejorar la duración frente al desgaste.

Para este problema, seleccionaremos un compuesto de polímero moldeado, y diseñaremos para una fuerza máxima aproximada de 75 psi. Observe, como se ve en la figura 22-19, que la presión máxima está en la sección a 90° del pivote. Si la zapata no se prolonga cuando menos 90°, las ecuaciones que empleamos aquí no son válidas (vea la referencia 4). También, manejaremos en el diseño $f = 0.25$.

Paso 2. Proponga valores tentativos de las dimensiones del tambor y la balata del freno. Se deben tomar varias decisiones de diseño. Se puede emplear el arreglo general de la figura 22-19 como guía. Pero la aplicación específica, y la creatividad del diseñador, pueden conducir a modificaciones en el arreglo.

Los valores tentativos son: $r = 4.0$ pulg, $C = 8.0$ pulg, $L = 15$ pulg, $\theta_1 = 30°$ y $\theta_2 = 150°$.

Paso 3. Despeje el ancho necesario de la zapata, de la ecuación (22-18):

$$w = \frac{T_f}{r^2 f p_{máx}(\cos\theta_1 - \cos\theta_2)}$$

Para este problema:

$$w = \frac{750 \text{ lb}\cdot\text{pulg}}{(4.0 \text{ pulg})^2(0.25)(75 \text{ lb/pulg}^2)(\cos 30° - \cos 150°)} = 1.44 \text{ pulg}$$

Por conveniencia, sea $w = 1.50$ pulg. Ya que la presión máxima es inversamente proporcional al ancho, la presión máxima real será

$$p_{máx} = 75 \text{ psi}(1.44/1.50) = 72 \text{ psi}$$

Paso 4. Calcule M_N con la ecuación (22-20). El valor de $\theta_2 - \theta_1$ debe estar en radianes, con π radianes = 180°. Entonces

$$\theta_2 - \theta_1 = 120°(\pi \text{ rad}/180°) = 2.09 \text{ rad}$$

El momento de la fuerza normal sobre la zapata es

$$M_N = 0.25(72 \text{ lb/pulg}^2)(1.50 \text{ pulg})(4.0 \text{ pulg})(8.0 \text{ pulg})$$
$$[2(2.09) - \text{sen}(300°) + \text{sen}(60°)]$$
$$M_N = 5108 \text{ lb}\cdot\text{pulg}$$

Paso 5. Calcule el momento de la fuerza de fricción sobre la zapata, M_f, con la ecuación (22-21):

$$M_f = 0.25(72 \text{ lb/pulg}^2)(1.50 \text{ pulg})(4.0 \text{ pulg})$$
$$[(4.0 \text{ pulg})(\cos 30° - \cos 150°)$$
$$+ 0.25(8.0 \text{ pulg})(\cos 300° - \cos 60°)]$$
$$M_f = 748 \text{ lb}\cdot\text{pulg}$$

Paso 6. Calcule la fuerza necesaria de actuación, *W,* con la ecuación (22-19):

$$W = (M_N - M_f)/L = (5108 - 748)/(15) = 291 \text{ lb}$$

Observe el signo menos, debido a que la superficie del tambor se aleja del pivote.

Paso 7. Calcule la potencia de fricción con la ecuación (22-22):

$$P_f = T_f n/(63\,000) = (750)(120)/(63\,000) = 1.43 \text{ HP}$$

Paso 8. Calcule el área proyectada de la zapata con la ecuación (22-23).

$$A = L_s w = 2wr\,\text{sen}[(\theta_2 - \theta_1)/2]$$
$$A = 2(1.50 \text{ pulg})(4.0 \text{ pulg})\text{sen}(120°/2) = 10.4 \text{ pulg}^2$$

Paso 9. Calcule la tasa de desgaste, *WR*:

$$WR = P_f/A = 1.43 \text{ HP}/10.4 \text{ pulg}^2 = 0.14 \text{ HP/pulg}^2$$

Paso 10. Evalúe lo adecuado de los resultados. En este problema necesitaríamos más información sobre la aplicación, para evaluar los resultados. Sin embargo, parece que la tasa de desgaste es razonable para un servicio promedio (vea la sección 22-11), y las dimensiones geométricas también parecen aceptables.

22-15 FRENOS DE BANDA

La figura 22-10 muestra la configuración típica de un *freno de banda*. La banda flexible, en general de acero, tiene en la cara un material de fricción que se puede adaptar a la curvatura del tambor. La aplicación de una fuerza a la palanca pone la banda en tensión, y fuerza al material de fricción contra el tambor. La fuerza normal que se crea así produce la fuerza de fricción tangencial a la superficie del tambor y lo retarda.

La tensión en la banda disminuye desde el valor P_1 en el lado del pivote de la banda, hasta P_2 en el extremo de la palanca. El par torsional neto sobre el tambor es, entonces

$$T_f = (P_1 - P_2)r \tag{22-25}$$

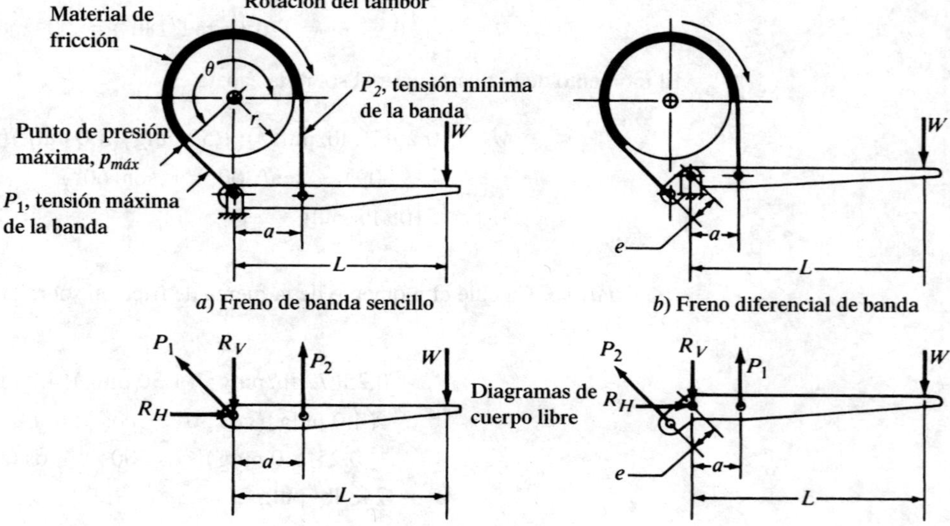

FIGURA 22-20
Diseño de un freno de banda

donde r = radio del tambor.

Se puede demostrar (vea la referencia 4) que la relación entre P_1 y P_2 es una función logarítmica

$$P_2 = P_1/e^{f\theta} \tag{22-26}$$

donde θ = ángulo total abarcado por la banda, en radianes.

El punto de máxima presión sobre el material de fricción está en el extremo más cercano a la máxima tensión, P_1, donde

$$P_1 = p_{máx} r w \tag{22-27}$$

y w es el ancho de la banda.

Para los dos tipos de frenos de banda que muestra la figura 22-20, se pueden emplear los diagramas de cuerpo libre de las palancas para demostrar las siguientes relaciones entre la fuerza de actuación, W, en función de las tensiones en la banda. Para el freno de banda sencillo de la figura 22-20(a),

$$W = P_2 a/L \tag{22-28}$$

El estilo que muestra la figura 22-20(b) se llama *freno de banda diferencial*, y la fuerza de accionamiento en él es

$$W = (P_2 a - P_1 e)/L \tag{22-29}$$

Se presentará el procedimiento de diseño con el problema modelo 22-10.

Problema modelo 22-10 Diseñe un freno de banda que ejerza un par torsional de frenado de 720 lb·pulg, para frenar desde 120 rpm.

Solución ***Paso 1.*** Seleccione un material y especifique un valor de diseño para la presión máxima. Es preferible un material de tela, para facilitar la adaptación a la forma cilíndrica del tambor. Use $p_{máx}$ = 25 psi, y un valor de diseño f = 0.25. Vea la sección 22-10.

Paso 2. Especifique dimensiones tentativas geométricas de r, θ y w. Para este problema, pruebe con r = 6.0 pulg, θ = 225° y w = 2.0 pulg. Observe que 225° = 3.93 rad.

Paso 3. Calcule la tensión máxima de la banda, P_1, con la ecuación (22-27):

$$P_1 = p_{máx} r w = (25\ \text{lb/pulg}^2)(6.0\ \text{pulg})(2.0\ \text{pulg}) = 300\ \text{lb}$$

Paso 4. Calcule la tensión P_2, con la ecuación (22-26):

$$P_2 = \frac{P_1}{e^{f\theta}} = \frac{300\ \text{lb}}{e^{(0.25)(3.93)}} = 112\ \text{lb}$$

Paso 5. Calcule el par torsional de fricción, T_f:

$$T_f = (P_1 - P_2)r = (300 - 112)(6.0) = 1128\ \text{lb·pulg}$$

Nota: Se deben repetir los pasos 2 a 5, hasta llegar a dimensiones y par torsional de fricción satisfactorios. Pruebe con un diseño más pequeño, por ejemplo con $r = 5.0$ pulg:

$$P_1 = (25)(5.0)(2.0) = 250 \text{ lb}$$

$$P_2 = \frac{250 \text{ lb}}{e^{(0.25)(3.93)}} = 93.7 \text{ lb}$$

$$T_f = (250 - 93.7)(5.0) = 782 \text{ lb}\cdot\text{pulg} \quad \text{(aceptable)}$$

Paso 6. Especifique las dimensiones de la palanca y calcule la fuerza requerida para el accionamiento. Use $a = 5.0$ pulg y $L = 15.0$ pulg. Entonces

$$W = P_2(a/L) = 93.7 \text{ lb}(5.0/15.0) = 31.2 \text{ lb}$$

Paso 7. Calcule la tasa promedio de desgaste, con $WR = P_f/A$:

$$A = 2\pi rw(\theta/360) = 2(\pi)(5.0 \text{ pulg})(2.0 \text{ pulg})(225/360) = 39.3 \text{ pulg}^2$$

$$P_f = T_f n/63\,000 = (782)(120)/(63\,000) = 1.50 \text{ HP}$$

$$WR = P_f/A = (1.50 \text{ hp})/(39.3 \text{ pulg}^2) = 0.038 \text{ HP/pulg}^2$$

Éste debe ser un resultado conservador para un servicio promedio.

22-16 OTROS TIPOS DE EMBRAGUES Y FRENOS

Hasta ahora, en este capítulo se ha enfocado a los embragues y frenos que usan materiales de fricción para transmitir el par torisonal entre los elementos giratorios; pero hay muchos otros tipos disponibles. A continuación se presentarán descripciones breves, sin dar información específica del diseño. La mayor parte de ellas están patentadas por su fabricante, y los datos sobre su aplicación se encuentran en catálogos.

Embrague de garras

Los dientes de conjuntos correspondientes de garras entran en acoplamiento, deslizando una o ambas partes en dirección axial. Los dientes pueden ser de lados rectos o triangulares, o pueden tener una curva uniforme para facilitar el acoplamiento. Una vez acopladas las garras, hay una transmisión positiva de par torsional. En el caso normal, el embrague de garras entra mientras se detiene el sistema, o trabaja muy despacio.

Trinquete

Aunque en sentido estricto no es un embrague, el conocido trinquete y uña permite un acoplamiento y desacoplamiento alternados de miembros en movimiento, por lo que se puede usar en aplicaciones similares. En el caso típico, el trinquete sólo se mueve una pequeña fracción de revolución por ciclo.

Embragues de horquilla, rodillo y leva

Existen diferencias en la geometría específica de los embragues de horquilla, rodillo y leva, pero todos cumplen funciones parecidas. Cuando el eje de entrada trabaja en la dirección de impulsión, los elementos internos (horquillas, rodillos o levas) se acuñan entre los elementos conductor y conducido, y así transmiten el par torsional. Pero cuando el elemento de entrada gira en dirección contraria, los elementos internos salen del acoplamiento y no transmiten par torsional. Entonces, se pueden usar en aplicaciones parecidas a las que ejercen los trinquetes, pero con funcionamiento mucho más uniforme y con una cantidad virtualmente infinita de movimiento en incrementos. Otra aplicación es el *freno de contravuelta,* donde el embrague trabaja libre cuando la máquina está impulsada en la dirección correcta. Pero si se desconecta el motor, y la carga comienza a moverse en dirección contraria, el embrague se atora y evita el movimiento. Este tipo de embrague también se usa contra el *desbocamiento*: una impulsión positiva, mientras la carga no gire más rápido que el impulsor. Si la carga tiende a girar más rápido (a desbocarse) que el impulsor, los elementos del embrague se desacoplan. Eso protege a equipos que pudieran dañarse por sobrevelocidad. Vea el sitio de Internet 6.

Embrague de fibra

Un embrague de fibra trabaja en forma parecida a los embragues de sobrevelocidad que se acaban de describir. Pero en lugar de funcionar con elementos macizos, el par torsional se transmite por fibras rígidas que tienen una orientación preferida. Cuando se gira en la dirección contraria a la preferida, las fibras descansan y no transmiten par torsional.

Embrague de resorte periférico

También se usa en casos parecidos a los de embragues de sobrevelocidad; el *embrague de resorte periférico* se fabrica con alambre rectangular, y por lo común tiene un diámetro un poco mayor que el del eje sobre el cual se instala. Entonces, no transmite par torsional. Pero cuando se sujeta un extremo del resorte, éste envuelve firmemente la superficie del eje, y se transmite par torsional en forma positiva a través del resorte. Vea el sitio de Internet 4.

Embragues de una revolución

Con frecuencia, se desea que una máquina gire una revolución completa y después pare. El *embrague de una revolución* cumple esta función. Después de que se quita, impulsa al eje de salida hasta llegar a un paro positivo al final de una revolución. Algunos tipos pueden accionarse para tener más de una revolución, pero regresan hasta una posición fija; por ejemplo, en la parte superior de la carrera de una prensa. Vea el sitio de Internet 6.

Embrague hidráulico

El *embrague hidráulico* está formado por dos partes sin conexión mecánica entre sí. Un fluido llena una cavidad entre las partes, y cuando gira un elemento, tiende a arrastrar el fluido y provoca que se transmita par torsional al elemento acoplado. La impulsión que resulta es uniforme y suave, porque los picos de carga sólo hacen que un elemento se mueva en relación con el otro. En este caso, se parece al embrague de deslizamiento descrito antes.

Accionamiento por corrientes de remolino

Cuando un disco motriz se mueve a través de un campo magnético, se inducen *corrientes de remolino* en el disco, y causan una fuerza que actúa sobre el disco en dirección contraria a la rotación. La fuerza se puede usar para frenar el disco, o para transmitir par torsional a una pieza acoplada, que puede ser un embrague. Una ventaja de estas unidades es que no hay conexión mecánica entre los elementos. El par torsional se puede controlar al variar la corriente a los electroimanes.

Embragues de sobrecarga

La impulsión es positiva, siempre que el par torsional sea menor que cierto valor establecido. A mayores pares torsionales, se desacopla automáticamente algún elemento. En una variante se usa una serie de bolas esféricas colocadas en topes, sujetas con fuerza de resorte. Cuando se llega al valor del par torsional de desenganche, las bolas son forzadas a salir de los topes y desacoplan el impulsor. Vea el sitio 6 de Internet.

Templadores

La producción de artículos continuos, como los alambres, el papel o película de plástico, requiere el control cuidadoso del sistema motriz, para mantener una tensión ligera sin romper el producto. Se debe tener un control parecido cuando se enrollan rollos de papel, hojas o láminas metálicas en el momento de producirlas, o cuando se desenrollan para alimentar procesos de impresión o moldeado en prensa, por ejemplo. Los impulsores para grúas y malacates deben producir un frenado controlado mientras bajan las cargas. En esos casos, se requiere que los frenos ejerzan cierta acción de frenado, pero que permitan un movimiento uniforme. Muchos de los diseños de frenos explicados en este capítulo pueden cumplir esta función, al moderar la fuerza aplicada entre los elementos de fricción. Un ejemplo es el freno neumático de la figura 22-6. El par torsional de frenado depende de la presión de aire aplicada, y se puede controlar con un operador o en forma automática. Vea también el sitio de Internet 5.

REFERENCIAS

1. Avallone, Eugene A. y Theodore Baumeister III, editores. *Marks' Standard Handbook por Mechanical Engineers* (Manual Marks para ingenieros mecánicos). 10ª edición. Nueva York: McGraw-Hill, 1996.
2. Juvinall, Robert C. y Kurt M. Marsheck. *Fundamentals of Machine Component Design* (Fundamentos de diseño de componentes de máquinas). 3ª edición. Nueva York: John Wiley & Sons, 2000.
3. Orthwein, William C. *Clutches and Brakes: Design and Selection* (Embragues y frenos: diseño y selección). Nueva York: Marcel Dekker, 1986.
4. Shigley, J. E. y C. R. Mischke. *Mechanical Engineering Design* (Diseño de ingeniería mecánica). 6ª edición. Nueva York: McGraw-Hill, 2001.
5. Society of Automotive Engineers. *Standard J286 Clutch Friction Test Machine Guidelines* (Norma J286: Lineamientos para máquina de pruebas de embragues de fricción). Warrendale, PA: Society of Automotive Engineers, 1996.
6. Society of Automotive Engineers. *Standard J661 Brake Lining Quality Control Test Procedure* (Norma J661: Procedimiento de prueba de control para balatas). Warrendale, PA: Society of Automotive Engineers, 1997.
7. Society of Automotive Engineers. *Standard J966 Friction Coefficient Identification System for Brake Linings* (Norma J866: Sistema de identificación de coeficiente de fricción para balatas). Warrendale, PA: Society of Automotive Engineers, 2002.

SITIOS DE INTERNET PARA EMBRAGUES Y FRENOS

1. **Rockford Powertrain, Inc.** *www.rockfordpowertrain.com* Fabricante de embragues y otros componentes del tren de potencia para los mercados automotriz, de camiones y equipos fuera de carretera.
2. **Eaton/Cutler Hammer.** *www.ch.cutler-hammer.com* Fabricante de zapatas para frenos mecánicos para aplicaciones industriales y comerciales, como transportadoras, máquinas herramienta, prensas de impresión, grúas y juegos mecánicos para ferias. También proporciona controles para sistemas eléctricos.
3. **BWD Automotive.** *www.bwdautomotive.com* Fabricante de embragues automotrices y otros componentes, marca Borg Warner.
4. **Warner Electric, Inc.** *www.warnernet.com* Fabricante de sistemas de embrague y frenado para aplicaciones industriales, de césped y jardín, y en vehículos. Contiene una amplia variedad de embragues y frenos de disco, resorte periférico y de partículas magnéticas, para arrancar, parar, detener y controlar tensión. Se puede *bajar* la información de catálogos en la sección *Literature* (material escrito).
5. **Eaton/Airflex.** *www.airflex.com* Fabricante de embragues y frenos industriales del tipo expansivo, accionados por presión neumática o hidráulica. Estos dispositivos se aplican en motores de combustión, maquinaria para fabricación de papel, prensas mecánicas, frenos, cizallas, impulsores marinos, y equipo de perforación y templadores, enrolladores y desenrolladores. El catálogo en línea contiene datos y descripciones de los productos, guía de aplicación del producto e información técnica.

6. **Hilliard Corporation.** *www.hilliardcorp.com* Fabricante de una gran variedad de embragues y frenos para aplicaciones industriales y en equipos comerciales. Contiene embragues centrífugos, de una revolución, de sobremarcha, de sobrecarga con topes de bolas, limitadores de par torsional en embragues de deslizamiento, accionamientos intermitentes, frenos de disco calibrador, y otros más.

7. **Tol-O-Matic, Inc.** *www.tolomatic.com* Fabricante de frenos de disco calibrador, con accionamiento neumático e hidráulico, y otros productos para automatización y control de movimiento.

8. **Electroid Company.** *www.electroid.com* Fabricante de una gran variedad de embragues, frenos y templadores para aplicaciones industriales, comerciales y aerospaciales.

PROBLEMAS

1. Especifique el par torsional necesario para un embrague fijo en el eje de un motor que gira a 1750 rpm. El motor tiene 5.0 HP nominales, y es del tipo diseño B.
2. Especifique la capacidad necesaria de par torsional para un embrague que se fijará en el eje de un motor diesel que trabaja a 2500 rpm. La potencia nominal del motor es de 75.0 HP.
3. Especifique la capacidad de par torsional necesaria para un embrague fijo en el eje de un motor eléctrico que trabaja a 1150 rpm. La potencia nominal del motor es de 0.50 HP, e impulsa un ventilador ligero.
4. Se examina un diseño alternativo al sistema descrito en el problema. En lugar de colocar el embrague en el eje del motor, se desea instalarlo en el eje de un reductor de velocidad que gira a 180 rpm. La potencia transmitida todavía es de 5.0 HP, aproximadamente. Especifique la capacidad nominal de par torsional para ese embrague.
5. Especifique la capacidad nominal de par torsional de frenado para cada una de las condiciones en los problemas 1 a 4, bajo condiciones industriales promedio.
6. Especifique la capacidad nominal de par torsional, en N·m, para un embrague que se fija en el eje de un motor eléctrico de diseño B, de 20.0 kW de potencia nominal, y que gira a 3450 rpm.
7. Se va a conectar un módulo de embrague y freno entre un motor eléctrico de diseño C y un reductor de velocidad. La potencia nominal del motor es de 50.0 kW a 900 rpm. Especifique las capacidades nominales de par torsional necesarias para las partes de embrague y de freno en el módulo, para un servicio industrial promedio. El impulsor moverá un transportador grande.
8. Calcule el par torsional necesario para acelerar un disco de acero macizo, del reposo a 550 rpm, en 2.0 s. El disco tiene 24 pulg de diámetro y 2.5 pulg de espesor.
9. El conjunto que muestra la figura P22-9 debe detenerse con un freno, de 775 rpm hasta cero, en 0.50 s o menos. Calcule el par torsional de frenado requerido.
10. Calcule el par torsional necesario para que el embrague acelere el sistema de la figura P22-10, desde el reposo hasta la velocidad del motor, 1750 rpm, en 1.50 s. Ignore la inercia del embrague.
11. Un malacate cuyo esquema se muestra en la figura P22-11, baja una carga a 50 pies/min. Calcule la capacidad necesaria de par torsional para el freno, en el eje del malacate, que detenga el sistema en 0.25 s.

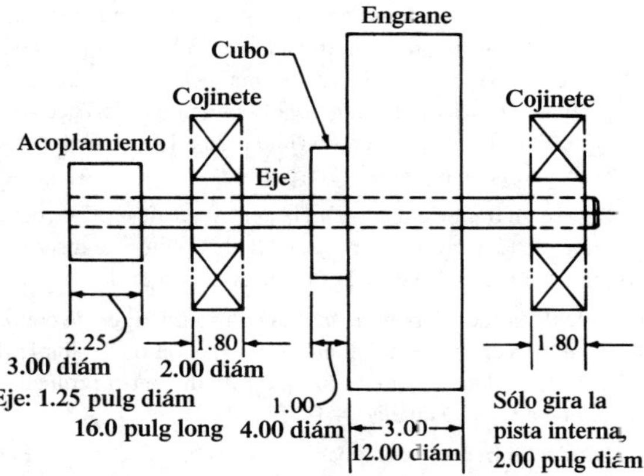

FIGURA P22-9 (Problemas 9, 14 y 16)

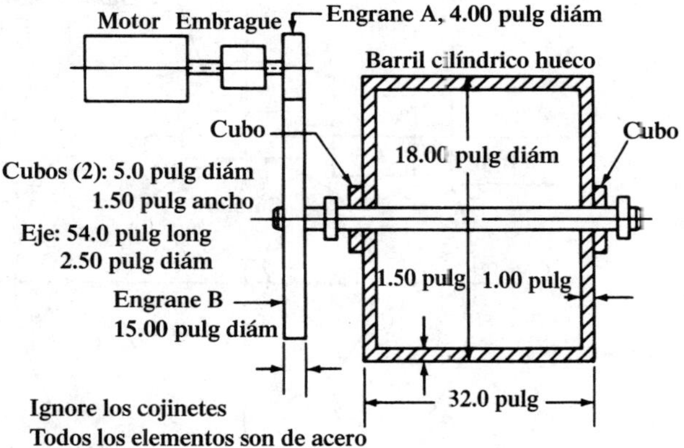

FIGURA P22-10

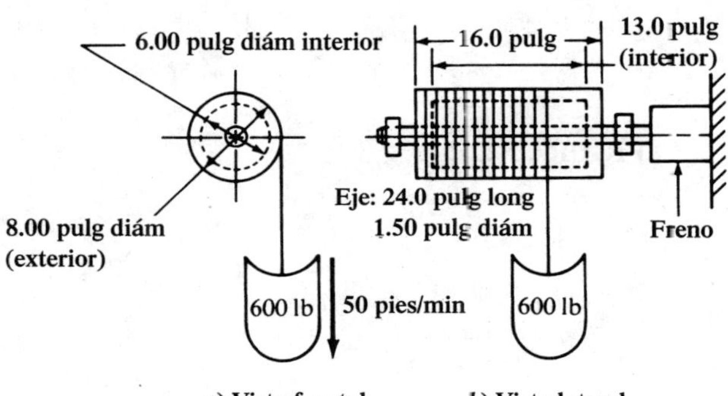

FIGURA P22-11

12. La figura P22-12 muestra un tambor giratorio impulsado por un reductor de sinfín y corona. Evalúe la capacidad de par torsional necesaria para que un embrague acelere el barril, desde el reposo hasta 38.0 rpm, en 2.0 s, *a*) si se instala el embrague en el eje del motor, y *b*) si se instala en la salida del reductor. Ignore la inercia de los ejes del reductor, las pistas de rodamiento y el embrague. Considere que el sinfín y la corona son discos macizos.

13. Calcule las dimensiones de un freno de plato anular que produzca un par torsional de frenado de 75 lb·pulg. La presión del aire producirá una fuerza normal de 150 lb entre las superficies de fricción. Maneje un coeficiente de fricción de 0.25. El freno se usará en servicio industrial promedio, y para una carga que gira a 1150 rpm.

14. Diseñe un freno de placa para la aplicación descrita en el problema 9. Especifique el coeficiente de fricción de diseño, las dimensiones del plato y la fuerza axial requerida.

15. Calcule la fuerza axial requerida en un embrague de cono, si debe ejercer un par torsional de impulsión de 15 lb·pie. La superficie del cono tiene 6.0 pulg de diámetro promedio y 12° de ángulo. Maneje $f = 0.25$.

16. Diseñe un freno de cono para la aplicación descrita en el problema 9. Especifique el coeficiente de fricción de diseño, el diámetro medio de la superficie cónica y la fuerza axial requerida.

17. Calcule la fuerza de accionamiento que requiere el freno de tambor y zapata corta de la figura 22-17, para producir un par torsional de fricción de 150 lb·pie. Maneje un diámetro de tambor de 12.0 pulg, $a = 4.0$ pulg y $L = 24.0$ pulg. Maneje $f = 0.25$, y $b = 5.0$ pulg.

18. Calcule la dimensión b necesaria para que el freno del problema 17 sea automático; todos los demás datos son los mismos.

19. Diseñe un freno de tambor y zapata corta, para producir un par torsional de 100 lb·pie. Especifique el diámetro del tambor, la configuración de la palanca de actuación y la fuerza de actuación.

20. Diseñe un freno de tambor y zapata larga para producir un par torsional de fricción de 100 lb·pie, para parar una carga que se mueve a 480 rpm. Especifique el material de fricción, el tamaño del tambor y la configuración de la zapata, los lugares de pivote y la fuerza de activación.

21. Diseñe un freno de banda que ejerza un par torsional de frenado de 75 lb·pie, al desacelerar un tambor desde 350 rpm hasta el reposo. Especifique un material, el diámetro del tambor, el ancho de la banda, el ángulo que abarca el material de fricción, la configuración de la palanca de accionamiento y la fuerza de accionamiento.

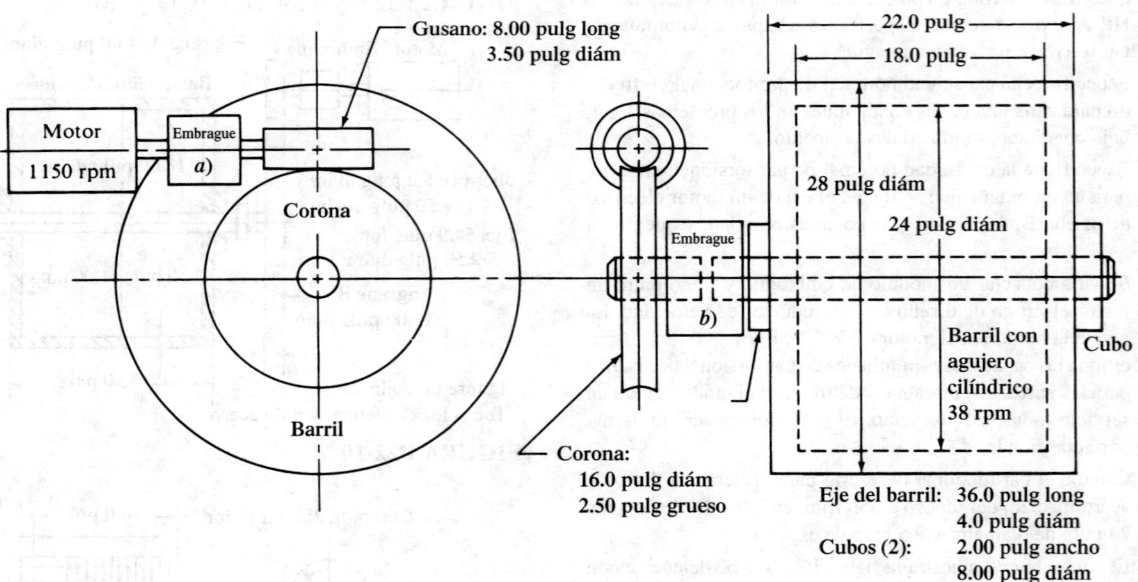

FIGURA P22-12

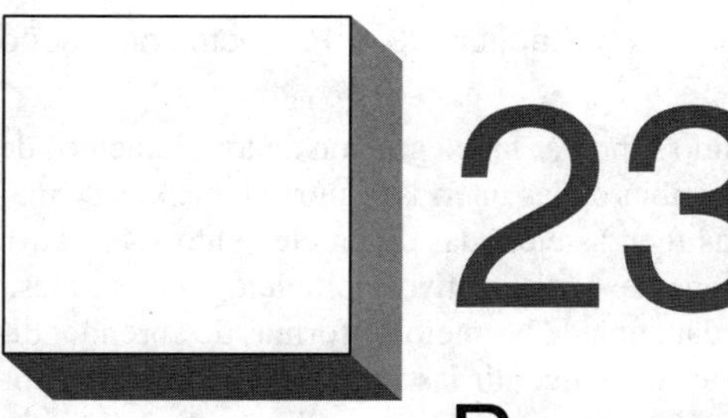

23

Proyectos de diseño

23–1 OBJETIVOS DE ESTE CAPÍTULO

Uno de los enfoques principales de este libro ha sido subrayar la integración de los elementos de máquinas en diseños mecánicos completos. Se describieron las interfases entre elementos de máquina para muchos ejemplos. Se han calculado las fuerzas ejercidas de un elemento sobre otro. Se han mostrado en todo el libro figuras de componentes y dispositivos completos comerciales.

Aunque esas descripciones y ejemplos ayudan, una de las mejores formas de aprender diseño mecánico es ***hacer*** diseño mecánico. El lector debe decidir las funciones detalladas y los requisitos para el diseño. Debe conceptuar varios métodos para elaborar un diseño. Debe decidir qué método terminar. Debe terminar el diseño de cada elemento, con detalle. Debe trazar dibujos de conjunto y de detalles, para comunicar su diseño a otros que lo puedan consultar, o sean responsables de su fabricación. Debe especificar completamente los componentes que se adquieran y que son parte del diseño.

A continuación se presentan varios proyectos donde se requiere que ejecute las operaciones anteriores. Usted, o su profesor, pueden modificar o ampliar los proyectos, para adaptarse a las necesidades individuales, al tiempo o a la información, disponibles; los catálogos de fabricantes, por ejemplo. Como en la mayor parte de los proyectos de diseño, son posibles muchas soluciones. Se podrían comparar distintas soluciones presentadas por varios alumnos de una clase, y analizarlas para ampliar el aprendizaje. Podrá ser útil revisar, ahora, las secciones 1-4 y 1-5, sobre las funciones y los requisitos de diseño, y una filosofía de diseño. También, los problemas al final del capítulo 1 le pidieron escribir un conjunto de funciones y requisitos de diseño para varios aparatos iguales. Si ya lo ha hecho, se pueden emplear como parte de estos ejercicios.

23–2 PROYECTOS DE DISEÑO

Cierre de un cofre de automóvil

Diseñe el cierre de un cofre de automóvil. Debe poder sujetar con seguridad el cofre cerrado mientras funciona el vehículo. Pero debe abrirse con facilidad para dar servicio a los componentes que están en el compartimiento del motor. Una meta importante del diseño es que sea a prueba de ladrones. Debe definirse la fijación del cierre al bastidor del automóvil y al cofre. Uno de los requisitos es que se pueda producir en masa.

Rampa hidráulica

Diseñe una rampa hidráulica que se use en talleres automotrices. Obtenga las dimensiones pertinentes con los automóviles representativos, para la altura inicial, la altura subida y el diseño de los carriles que toquen el automóvil, entre otros. La rampa debe subir todo el vehículo.

Gato para coches

Diseñe un gato de piso para levantar todo el frente o toda la parte trasera de un automóvil. El gato podrá ser operado a mano, con actuación mecánica o hidráulica. También podrá ser accionado con presión neumática o con electricidad.

Grúa portátil

Diseñe una grúa portátil que se use en hogares, pequeñas industrias, bodegas y cocheras. Debe tener una capacidad mínima de 1000 lb (4.45 kN). Entre los usos típicos estaría sacar el motor de un automóvil, levantar componentes de máquinas o cargar camiones.

Prensa de latas

Diseñe una máquina para aplastar latas de refrescos o cerveza. Debe usarse en hogares o restaurantes, para cooperar al reciclaje. Podría ser accionada a mano o con electricidad. Debe aplastar las latas hasta llegar aproximadamente a un 20% de su volumen original.

Aparato de transferencia

Diseñe un aparato automático de transferencia, para una línea de producción. Las partes que se manejarán son piezas coladas de acero con las siguientes características:

Peso: 40.0 lb (187 N)

Tamaño: Cilíndricas, de 6.75 pulg de diámetro y 10.0 pulg de altura. La superficie externa, sin proyecciones ni orificios, tiene un acabado salido del colado razonablemente liso.

Frecuencia de transferencia: Flujo continuo, 2.00 s entre partes.

Las partes entran a un transportador de rodillos, cuya elevación es de 24.0 pulgadas. Deben elevarse hasta 48.0 pulgadas en un espacio horizontal de 60.0 pulgadas. Se depositan en un transportador aparte.

Descargador de tambores

Diseñe un descargador de tambores. La máquina debe subir un tambor de 55 galones, de material a granel, desde el nivel del piso hasta una altura de 60.0 pulg, y vaciar el contenido en una tolva.

Alimentador de papel

Diseñe un alimentador de papel para una copiadora. El papel debe alimentarse con una frecuencia de 120 hojas por minuto.

Transportador de grava

Diseñe un transportador que suba grava a un camión. El borde de la caja del camión está a 8.0 pies (2.44 m) del piso, y la caja tiene 6.5 pies de ancho, 12.0 pies de longitud y 4.0 pies de profundidad (1.98 m $\times$ 3.66 m $\times$ 1.22 m). Se desea llenar el camión en 5.0 min o menos.

Elevador de construcción

Diseñe un elevador que suba materiales de construcción desde el nivel del piso hasta cualquier altura, máxima de 40.0 pies (12.2 m). Estará en la parte superior de un andamio rígido que no forma parte del proyecto de diseño. Subirá una carga de hasta 500 lb (2.22 kN) con una velocidad de 1.0 pie/s (0.30 m/s). La carga estará sobre una tarima de 3.0 por 4.0 pies (0.91 $\times$ 1.22 m). Debe contarse en la parte superior del elevador con medios para llevar la carga sobre una plataforma que soporte al elevador.

Máquina empacadora

Diseñe una máquina empacadora que tome tubos de pasta dental desde una banda continua y los introduzca en sus cajas. Debe tomar cualquier tamaño estándar de tubo. El aparato puede contar con los medios para cerrar las cajas de cartón después de introducir el tubo.

Empacadora de cajas

Diseñe una máquina que introduzca 24 cajas de pasta dental en una caja de transporte.

Sujetador de robot

Diseñe un sujetador para que un robot tome un conjunto de rueda de refacción, de una canastilla, y la inserte en la cajuela de un automóvil, en una línea de ensamble. Consiga las dimensiones para un determinado automóvil.

Posicionador de soldadura

Diseñe un posicionador de soldadura. Se va a construir un bastidor pesado de placa de acero soldada, con la forma que muestra la figura 23-1. La soldadora será guiada por un robot, pero es esencial que la línea de soldadura sea horizontal, cuando se está soldando. Diseñe el aparato que sujete con seguridad el bastidor, y lo mueva para presentar la parte al robot. El espesor de la placa es de 3/8 pulg (9.53 mm).

Abrepuertas para cochera

Diseñe un abrepuertas para cochera.

Reductor de velocidad de engranes rectos, una reducción

Diseñe un reductor de velocidad completo, de una reducción y de engranes rectos. Especifique los dos engranes, dos ejes, cuatro cojinetes y una caja. Maneje cualquiera de los datos del capítulo 9, problemas 60 a 70.

Reductor de velocidad de engranes rectos, doble reducción

Diseñe un reductor de velocidad completo, de doble reducción y de engranes rectos. Especifique los cuatro engranes, tres ejes, seis cojinetes y la caja. Maneje cualquiera de los datos del capítulo 9, problemas 74 a 76.

Reductor de velocidad de engrane helicoidal, una reducción

Diseñe un reductor de velocidad completo, de una reducción y de engrane helicoidal. Maneje cualquiera de los datos del capítulo 10, problemas 5 a 11.

Reductor de velocidad de engranes cónicos, una reducción

Diseñe un reductor de velocidad completo, de una reducción y engrane cónico. Maneje cualquiera de los datos del capítulo 10, problemas 14 a 17.

Reductor de sinfín y corona, una reducción

Diseñe un reductor de velocidad completo, de sinfín y corona, de una reducción. Maneje cualquiera de los datos del capítulo 10, problemas 18 a 24.

FIGURA 23–1
Bastidor que debe manejar un posicionador de soldadura

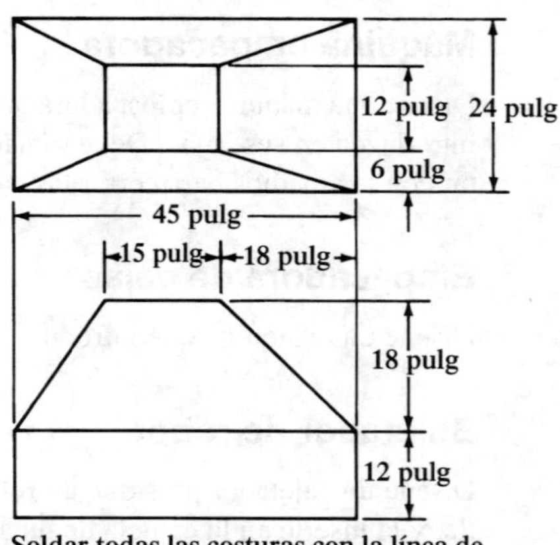

Soldar todas las costuras con la línea de soldadura en posición horizontal

Gato con roscas Acme

Diseñe un mecanismo parecido al representado en la figura 17-3. Un motor eléctrico impulsa el gusano, a una velocidad de 1750 rpm. Las dos roscas Acme giran y suben el yugo, el cual a su vez sube la compuerta. Vea los detalles adicionales en el problema modelo 17-1. Diseñe toda la unidad, incluyendo el conjunto de sinfín y corona, el accionamiento de cadena, los tornillos Acme, los cojinetes y sus monturas. La compuerta tiene 60 pulgadas (1 524 mm) de diámetro, en su superficie superior. Los tornillos deben tener 30 pulgadas (762 mm) de longitud nominal. El movimiento total del yugo será de 24 pulgadas, y se realizará en 15.0 s o menos.

Elevador mediante tornillos de bolas

Repita el diseño del gato, mediante tornillos de bolas, en lugar de tornillos Acme.

Freno para un eje motriz

Diseñe un freno para detener una carga rotatoria (como la descrita en la figura 22-21) desde 775 rpm hasta 0 rpm, en 0.50 s o menos. Use cualquier tipo de freno de los descritos en el capítulo 22, y termine los detalles de diseño, incluyendo el medio de accionamiento: resortes, presión de aire y palanca manual, entre otros. Muestre el freno fijo al eje de la figura 22-21.

Freno para un montacargas

Diseñe un freno completo para la aplicación que muestra la figura 22-23, descrita en el problema 11 del capítulo 22.

Accionamiento de pasos

Diseñe un accionamiento de pasos (un *avanzador*) para un sistema de ensamble automático. Los artículos que se van a mover están montados sobre una placa cuadrada de soporte de acero de 6.0 pulg (152 mm) por lado, y 0.50 pulg (12.7 mm) de espesor. El peso total de cada conjunto es de 10.0 lb (44.5 N). El centro de cada soporte (intersección de sus diagonales) debe moverse 12.0 pulg (305 mm) con cada avance. El avance debe hacerse en 1.0 s o menos, y el soporte debe estar detenido en cada posición durante un mínimo de 2.0 s. Se requieren cuatro estaciones de ensamblado. El arreglo puede ser lineal, giratorio (*divisor*) o cualquier otro, siempre que los soportes se muevan en un plano horizontal.

Rueda de la fortuna para niños

Diseñe una rueda de la fortuna para niños. Debe soportar el peso de uno a cuatro niños, hasta de 80 lb (356 N) cada uno. La velocidad de rotación debe ser de 1 rev/6.0 s. Debe estar impulsada por un motor eléctrico.

Carrusel

Diseñe un carrusel para niños pequeños, de seis años o menos, de modo que puedan moverse con seguridad y disfrutar el movimiento. Cuando menos dos niños pueden estar en la máquina al mismo tiempo. La máquina se venderá a centros comerciales y tiendas de departamentos, para divertir a los niños de los clientes.

Látigo doméstico

Diseñe un látigo para patio, en el que pequeños remolques sean arrastrados en una trayectoria circular. El aparato debe estar movido por un motor eléctrico. Cada carro tiene 1.0 m de longitud (39.4 pulg) y 0.50 m de ancho (19.7 pulg). Las cuatro ruedas son de 150 mm (6 pulg) de diámetro. El remolque debe ser fijado a la varilla de conducción, en el punto donde estaría normalmente la manija. La distancia radial al punto de fijación debe ser de 2.0 m (6.6 pies). Los vagones deben dar una vuelta en 8.0 s. Incluye un medio para arrancar y detener el aparato.

Dispositivo de transferencia

Diseñe un dispositivo para mover ejes de levas automotrices entre estaciones de procesamiento. Cada movimiento debe tener 9.0 pulg (229 mm). El árbol de levas se debe soportar sobre dos superficies de cojinete sin terminar, con 3.80 pulg (96.5 mm) de diámetro, y longitud axial de 0.75 pulg (19.0 mm). La distancia entre las superficies de soporte es de 15.75 pulg (400.0 mm). Cada árbol de levas pesa 16.3 lb (72.5 N). Se debe completar un ciclo de movimiento cada 2.50 s. Diseñe el mecanismo completo, incluyendo el accionamiento con un motor eléctrico.

Transportador de cadena

Diseñe un transportador de cadena motorizado, recto, que mueva ocho tarimas a lo largo de una línea de ensamble. Las tarimas tienen 18 pulgadas de longitud por 12 pulgadas de ancho. El peso máximo de cada tarima cargada es de 125 lb. En el extremo del transportador se aplica una fuerza externa hacia abajo, de 500 lb, al producto, el cual debe pasar por la tarima hasta la estructura del transportador. El lector puede diseñar la configuración de los lados y el fondo de la tarima.

Proyectos "Usted es el diseñador"

Al principio de cada capítulo de este libro, apareció una sección llamada **Usted es el diseñador**, donde se pidió que imaginara que era el diseñador de algún aparato o sistema. Escoja cualquiera de esos proyectos.

Apéndices

APÉNDICE 1 PROPIEDADES DE LAS ÁREAS

a) Círculo

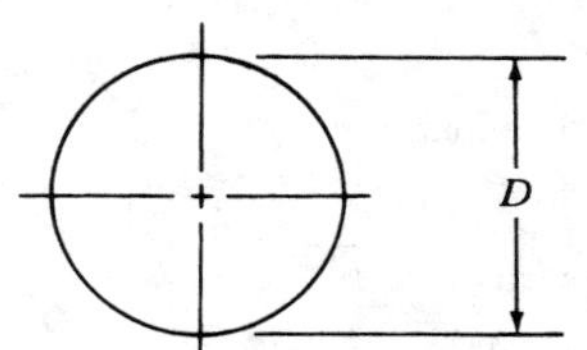

$A = \pi D^2/4 \qquad r = D/4$

$I = \pi D^4/64 \qquad J = \pi D^4/32$

$S = \pi D^3/32 \qquad Z_p = \pi D^3/16$

b) Círculo hueco (tubo)

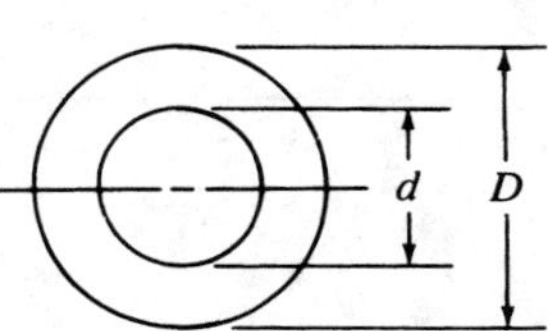

$A = \pi(D^2 - d^2)/4 \qquad r = \sqrt{D^2 + d^2}/4$

$I = \pi(D^4 - d^4)/64 \qquad J = \pi(D^4 - d^4)/32$

$S = \pi(D^4 - d^4)/32D \qquad Z_p = \pi(D^4 - d^4)/16D$

c) Cuadrado

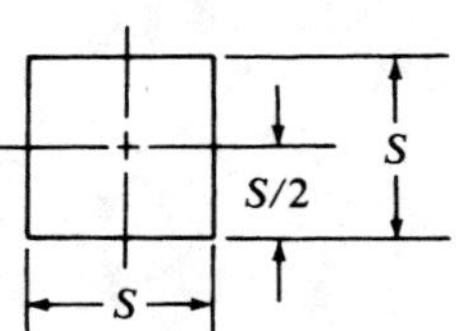

$A = S^2 \qquad r = S/\sqrt{12}$

$I = S^4/12$

$S = S^3/6$

d) Rectángulo

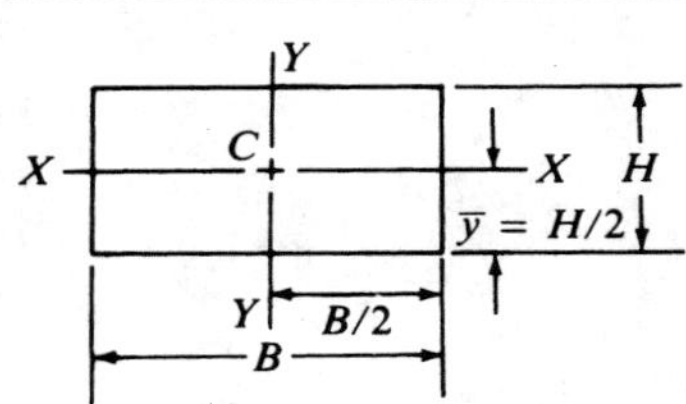

$A = BH \qquad r_x = H/\sqrt{12}$

$I_x = BH^3/12 \qquad r_y = B/\sqrt{12}$

$S_x = BH^2/6$

e) Triángulo

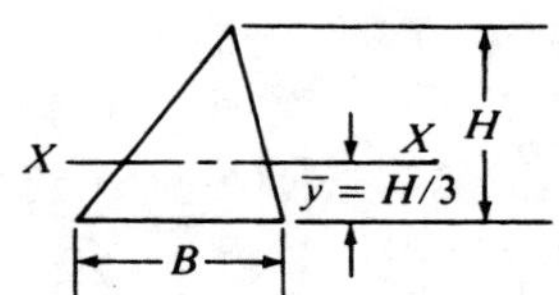

$A = BH/2 \qquad r = H/\sqrt{18}$

$I = BH^3/36$

$S = BH^2/24$

f) Semicírculo

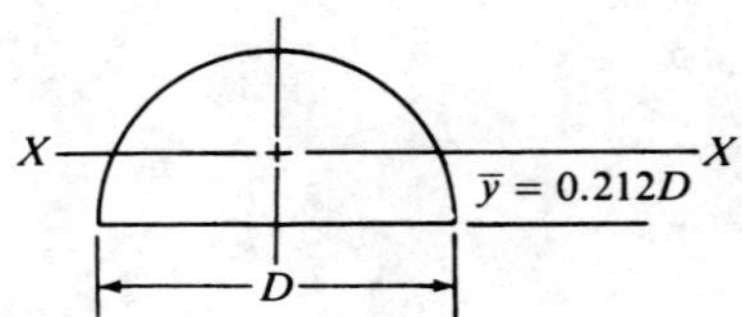

$A = \pi D^2/8$ $\quad r = 0.132D$

$I = 0.007D^4$

$S = 0.024D^3$

g) Hexágono regular

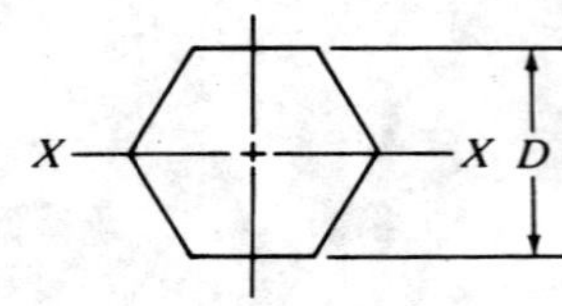

$A = 0.866D^2$ $\quad r = 0.264D$

$I = 0.06D^4$

$S = 0.12D^3$

A = área

I = momento de inercia

S = módulo de sección

r = radio de giro = $\sqrt{I/A}$

J = momento polar de inercia

Z_p = módulo polar de sección

APÉNDICE 2 TAMAÑOS Y ROSCAS BÁSICOS PREFERIDOS DE TORNILLOS

TABLA A2-1 Tamaños básicos preferidos

Fracciones (pulg)				Decimales (pulg)			Métrico (mm)					
							Primero	Segundo	Primero	Segundo	Primero	Segundo
1/64	0.015 625	5	5.000	0.010	2.00	8.50	1		10		100	
1/32	0.031 25	5¼	5.250	0.012	2.20	9.00		1.1		11		110
1/16	0.0625	5½	5.500	0.016	2.40	9.50	1.2		12		120	
3/32	0.093 75	5¾	5.750	0.020	2.60	10.00		1.4		14		140
1/8	0.1250	6	6.000	0.025	2.80	10.50	1.6		16		160	
5/32	0.156 25	6½	6.500	0.032	3.00	11.00		1.8		18		180
3/16	0.1875	7	7.000	0.040	3.20	11.50	2		20		200	
1/4	0.2500	7½	7.500	0.05	3.40	12.00		2.2		22		220
5/16	0.3125	8	8.000	0.06	3.60	12.50	2.5		25		250	
3/8	0.3750	8½	8.500	0.08	3.80	13.00		2.8		28		280
7/16	0.4375	9	9.000	0.10	4.00	13.50	3		30		300	
1/2	0.5000	9½	9.500	0.12	4.20	14.00		3.5		35		350
9/16	0.5625	10	10.000	0.16	4.40	14.50	4		40		400	
5/8	0.6250	10½	10.500	0.20	4.60	15.00		4.5		45		450
11/16	0.6875	11	11.000	0.24	4.80	15.50	5		50		500	
3/4	0.7500	11½	11.500	0.30	5.00	16.00		5.5		55		550
7/8	0.8750	12	12.000	0.40	5.20	16.50	6		60		600	
1	1.000	12½	12.500	0.50	5.40	17.00		7		70		700
1¼	1.250	13	13.000	0.60	5.60	17.50	8		80		800	
1½	1.500	13½	13.500	0.80	5.80	18.00		9		90		900
1¾	1.750	14	14.000	1.00	6.00	18.50					1000	
2	2.000	14½	14.500	1.20	6.50	19.00						
2¼	2.250	15	15.000	1.40	7.00	19.50						
2½	2.500	15½	15.500	1.60	7.50	20.00						
2¾	2.750	16	16.000	1.80	8.00							
3	3.000	16½	16.500									
3¼	3.250	17	17.000									
3½	3.500	17½	17.500									
3¾	3.750	18	18.000									
4	4.000	18½	18.500									
4¼	4.250	19	19.000									
4½	4.500	19½	19.500									
4¾	4.750	20	20.000									

TABLA A2-2 Roscas de tornillos estándar estadounidenses

A. Dimensiones de roscas estándar estadounidenses, tamaños numerados

		Roscas gruesas: UNC		Roscas finas: UNF	
Tamaño	Diámetro mayor básico, D (pulg)	Roscas por pulgada, n	Área en esfuerzo de tensión (pulg^2)	Roscas por pulgada, n	Área en esfuerzo de tensión (pulg^2)
0	0.0600			80	0.001 80
1	0.0730	64	0.002 63	72	0.002 78
2	0.0860	56	0.003 70	64	0.003 94
3	0.0990	48	0.004 87	56	0.005 23
4	0.1120	40	0.006 04	48	0.006 61
5	0.1250	40	0.007 96	44	0.008 30
6	0.1380	32	0.009 09	40	0.010 15
8	0.1640	32	0.0140	36	0.014 74
10	0.1900	24	0.0175	32	0.0200
12	0.2160	24	0.0242	28	0.0258

B. Dimensiones de roscas de tornillos estándar estadounidenses, tamaños fraccionarios

		Roscas gruesas: UNC		Roscas finas: UNF	
Tamaño	Diámetro mayor básico, D (pulg)	Roscas por pulgada, n	Área en esfuerzo de tensión (pulg^2)	Roscas por pulgada, n	Área en esfuerzo de tensión (pulg^2)
1/4	0.2500	20	0.0318	28	0.0364
5/16	0.3125	18	0.0524	24	0.0580
3/8	0.3750	16	0.0775	24	0.0878
7/16	0.4375	14	0.1063	20	0.1187
1/2	0.5000	13	0.1419	20	0.1599
9/16	0.5625	12	0.182	18	0.203
5/8	0.6250	11	0.226	18	0.256
3/4	0.7500	10	0.334	16	0.373
7/8	0.8750	9	0.462	14	0.509
1	1.000	8	0.606	12	0.663
$1\frac{1}{8}$	1.125	7	0.763	12	0.856
$1\frac{1}{4}$	1.250	7	0.969	12	1.073
$1\frac{3}{8}$	1.375	6	1.155	12	1.315
$1\frac{1}{2}$	1.500	6	1.405	12	1.581
$1\frac{3}{4}$	1.750	5	1.90		
2	2.000	$4\frac{1}{2}$	2.50		

TABLA A2-3 Dimensiones de roscas de tornillos métricas

	Roscas gruesas		Roscas finas	
Diámetro mayor básico, D (mm)	Paso (mm)	Área en esfuerzo de tensión (mm^2)	Paso (mm)	Área en esfuerzo de tensión (mm^2)
1	0.25	0.460		
1.6	0.35	1.27	0.20	1.57
2	0.4	2.07	0.25	2.45
2.5	0.45	3.39	0.35	3.70
3	0.5	5.03	0.35	5.61
4	0.7	8.78	0.5	9.79
5	0.8	14.2	0.5	16.1
6	1	20.1	0.75	22.0
8	1.25	36.6	1	39.2
10	1.5	58.0	1.25	61.2
12	1.75	84.3	1.25	92.1
16	2	157	1.5	167
20	2.5	245	1.5	272
24	3	353	2	384
30	3.5	561	2	621
36	4	817	3	865
42	4.5	1121		
48	5	1473		

APÉNDICE 3 PROPIEDADES DE DISEÑO PARA LOS ACEROS AL CARBÓN Y ALEADOS

Designación del material (Número AISI)	Condición	Resistencia a la tensión (ksi)	Resistencia a la tensión (MPa)	Resistencia de fluencia (ksi)	Resistencia de fluencia (MPa)	Ductilidad (porcentaje de elongación en 2 pulgadas)	Dureza Brinell (HB)
1020	Laminado en caliente	55	379	30	207	25	111
1020	Estirado en frío	61	420	51	352	15	122
1020	Recocido	60	414	43	296	38	121
1040	Laminado en caliente	72	496	42	290	18	144
1040	Estirado en frío	80	552	71	490	12	160
1040	OQT 1300	88	607	61	421	33	183
1040	OQT 400	113	779	87	600	19	262
1050	Laminado en caliente	90	620	49	338	15	180
1050	Estirado en frío	100	690	84	579	10	200
1050	OQT 1300	96	662	61	421	30	192
1050	OQT 400	143	986	110	758	10	321
1117	Laminado en caliente	62	427	34	234	33	124
1117	Estirado en frío	69	476	51	352	20	138
1117	WQT 350	89	614	50	345	22	178
1137	Laminado en caliente	88	607	48	331	15	176
1137	Estirado en frío	98	676	82	565	10	196
1137	OQT 1300	87	600	60	414	28	174
1137	OQT 400	157	1083	136	938	5	352
1144	Laminado en caliente	94	648	51	352	15	188
1144	Estirado en frío	100	690	90	621	10	200
1144	OQT 1300	96	662	68	469	25	200
1144	OQT 400	127	876	91	627	16	277
1213	Laminado en caliente	55	379	33	228	25	110
1213	Estirado en frío	75	517	58	340	10	150
12L13	Laminado en caliente	57	393	34	234	22	114
12L13	Estirado en frío	70	483	60	414	10	140
1340	Recocido	102	703	63	434	26	207
1340	OQT 1300	100	690	75	517	25	235
1340	OQT 1000	144	993	132	910	17	363
1340	OQT 700	221	1520	197	1360	10	444
1340	OQT 400	285	1960	234	1610	8	578
3140	Recocido	95	655	67	462	25	187
3140	OQT 1300	115	792	94	648	23	233
3140	OQT 1000	152	1050	133	920	17	311
3140	OQT 700	220	1520	200	1380	13	461
3140	OQT 400	280	1930	248	1710	11	555
4130	Recocido	81	558	52	359	28	156
4130	WQT 1300	98	676	89	614	28	202
4130	WQT 1000	143	986	132	910	16	302
4130	WQT 700	208	1430	180	1240	13	415
4130	WQT 400	234	1610	197	1360	12	461
4140	Recocido	95	655	60	414	26	197
4140	OQT 1300	117	807	100	690	23	235
4140	OQT 1000	168	1160	152	1050	17	341
4140	OQT 700	231	1590	212	1460	13	461
4140	OQT 400	290	2000	251	1730	11	578

Designación del material (Número AISI)	Condición	Resistencia a la tensión		Resistencia de fluencia		Ductilidad (porcentaje de elongación en 2 pulgadas)	Dureza Brinell (HB)
		(ksi)	(MPa)	(ksi)	(MPa)		
4150	Recocido	106	731	55	379	20	197
4150	OQT 1300	127	880	116	800	20	262
4150	OQT 1000	197	1360	181	1250	11	401
4150	OQT 700	247	1700	229	1580	10	495
4150	OQT 400	300	2070	248	1710	10	573
4340	Recocido	108	745	68	469	22	217
4340	OQT 1300	140	965	120	827	23	280
4340	OQT 1000	171	1180	158	1090	16	363
4340	OQT 700	230	1590	206	1420	12	461
4340	OQT 400	283	1950	228	1570	11	555
5140	Recocido	83	572	42	290	29	167
5140	OQT 1300	104	717	83	572	27	207
5140	OQT 1000	145	1000	130	896	18	302
5140	OQT 700	220	1520	200	1380	11	429
5140	OQT 400	276	1900	226	1560	7	534
5150	Recocido	98	676	52	359	22	197
5150	OQT 1300	116	800	102	700	22	241
5150	OQT 1000	160	1100	149	1030	15	321
5150	OQT 700	240	1650	220	1520	10	461
5150	OQT 400	312	2150	250	1720	8	601
5160	Recocido	105	724	40	276	17	197
5160	OQT 1300	115	793	100	690	23	229
5160	OQT 1000	170	1170	151	1040	14	341
5160	OQT 700	263	1810	237	1630	9	514
5160	OQT 400	322	2220	260	1790	4	627
6150	Recocido	96	662	59	407	23	197
6150	OQT 1300	118	814	107	738	21	241
6150	OQT 1000	183	1260	173	1190	12	375
6150	OQT 700	247	1700	223	1540	10	495
6150	OQT 400	315	2170	270	1860	7	601
8650	Recocido	104	717	56	386	22	212
8650	OQT 1300	122	841	113	779	21	255
8650	OQT 1000	176	1210	155	1070	14	363
8650	OQT 700	240	1650	222	1530	12	495
8650	OQT 400	282	1940	250	1720	11	555
8740	Recocido	100	690	60	414	22	201
8740	OQT 1300	119	820	100	690	25	241
8740	OQT 1000	175	1210	167	1150	15	363
8740	OQT 700	228	1570	212	1460	12	461
8740	OQT 400	290	2000	240	1650	10	578
9255	Recocido	113	780	71	490	22	229
9255	Q&T 1300	130	896	102	703	21	262
9255	Q&T 1000	181	1250	160	1100	14	352
9255	Q&T 700	260	1790	240	1650	5	534
9255	Q&T 400	310	2140	287	1980	2	601

Nota: Propiedades comunes a todos los aceros al carbón y aleados:
Relación de Poisson: 0.27
Módulo de cortante: 11.5×10^6 psi; 80 GPa
Coeficiente de dilatación térmica: 6.5×10^{-6} °F^{-1}
Densidad: 0.283 lb/pulg^3; 7680 kg/m^3
Módulo de elasticidad: 30×10^6 psi; 207 GPa

APÉNDICE 4 PROPIEDADES DE LOS ACEROS CON TRATAMIENTO TÉRMICO

FIGURA A4-1
Propiedades del acero AISI 1040 con tratamiento térmico: templado en agua y revenido (*Modern Steels and Their Properties*, Bethlehem Steel Co., Bethlehem, PA)

Tratamiento: Normalizado a 1650 °F, recalentado a 1550 °F, templado en agua.
Tratado: redondo 1 pulg; Ensayado 0.505 pulg HB 534, tal como se templó

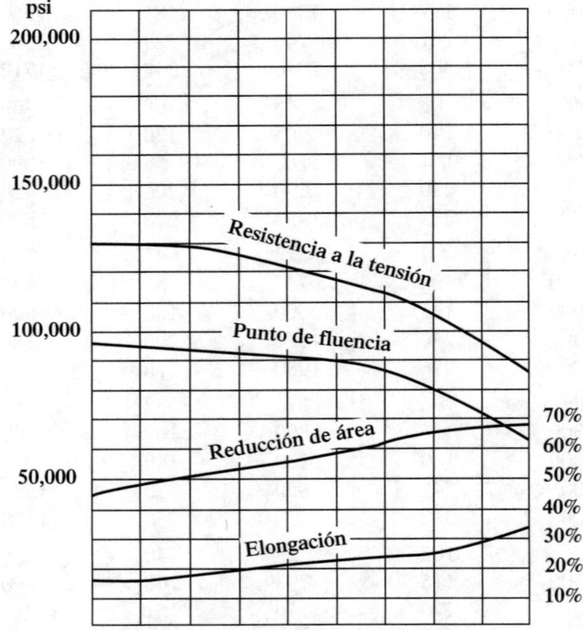

Temperatura, F	400	500	600	700	800	900	1000	1100	1200	1300
Dureza, HB	514	495	444	401	352	293	269	235	201	187

FIGURA A4-2
Propiedades del acero AISI 1144 con tratamiento térmico: templado en aceite y revenido (*Modern Steels and Their Properties*, Bethlehem Steel Co., Bethlehem, PA)

Tratamiento: Normalizado a 1650 °F, recalentado a 1550 °F, templado en aceite
Tratado: redondo de 1 pulg; ensayado: redondo de 0.505 pulg HB 285, tal como se templó

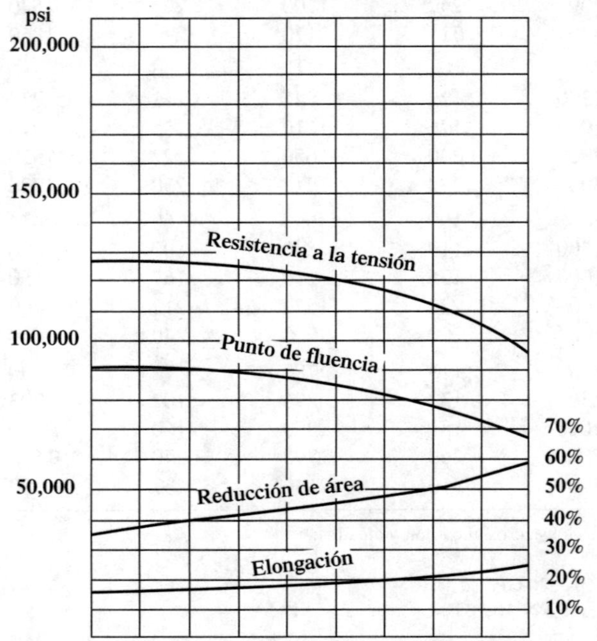

Temperatura, F	400	500	600	700	800	900	1000	1100	1200	1300
Dureza, HB	277	269	262	255	248	241	235	229	217	201

FIGURA A4-3
Propiedades del acero AISI 1340 con tratamiento térmico: templado en aceite y revenido (*Modern Steels and Their Properties*, Bethlehem Steel Co., Bethlehem, PA)

Tratamiento: Normalizado a 1600 °F, recalentado a 1525 °F, templado en aceite con agitación.
Tratado: redondo, 0.565 pulg; ensayado: redondo, 0.505 pulg HB 601, tal como se templó

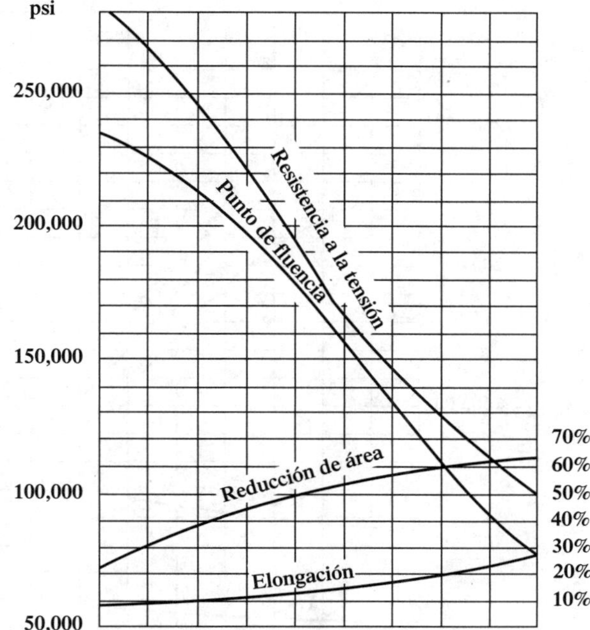

Temperatura, F	400	500	600	700	800	900	1000	1100	1200	1300
Dureza, HB	578	534	495	444	415	388	363	331	293	235

FIGURA A4-4
Propiedades del acero AISI 4140 con tratamiento térmico: templado en aceite y revenido (*Modern Steels and Their Properties*, Bethlehem Steel Co., Bethlehem, PA)

Tratamiento: Normalizado a 1600 °F, recalentado a 1550 °F, templado en aceite agitado.
Tratado: redondo de 0.530 pulg; ensayado: redondo, 0.505 pulg HB 601, tal como se templó

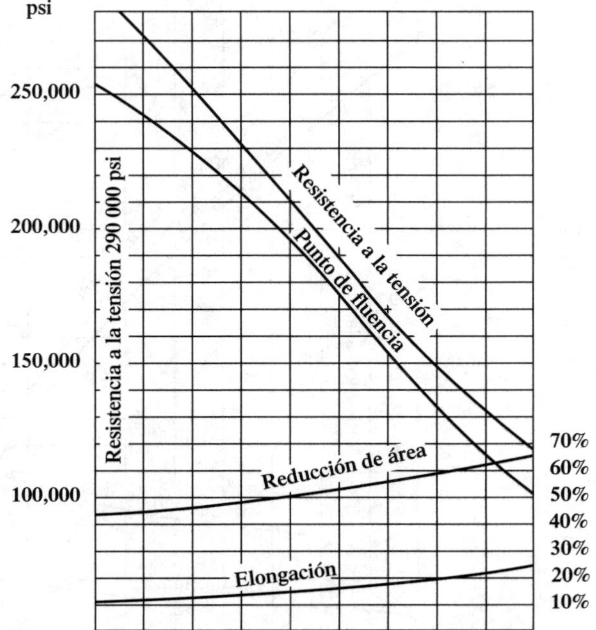

Temperatura, F	400	500	600	700	800	900	1000	1100	1200	1300
Dureza, HB	578	534	495	461	429	388	341	311	277	235

FIGURA A4-5 Propiedades del acero AISI 4340 con tratamiento térmico: templado en aceite y revenido (*Modern Steels and Their Properties*, Bethlehem Steel Co., Bethlehem, PA)

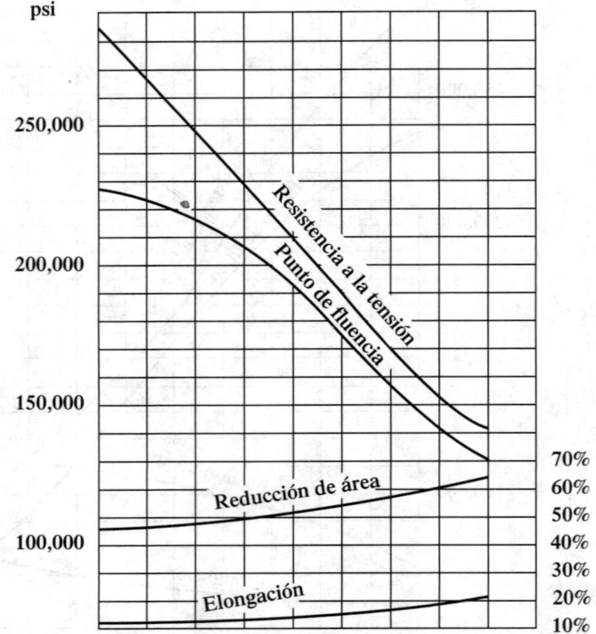

FIGURA A4-6 Propiedades del acero AISI 6150 con tratamiento térmico, templado en aceite y revenido (*Modern Steels and Their Properties*, Bethlehem Steel Co., Bethlehem, PA)

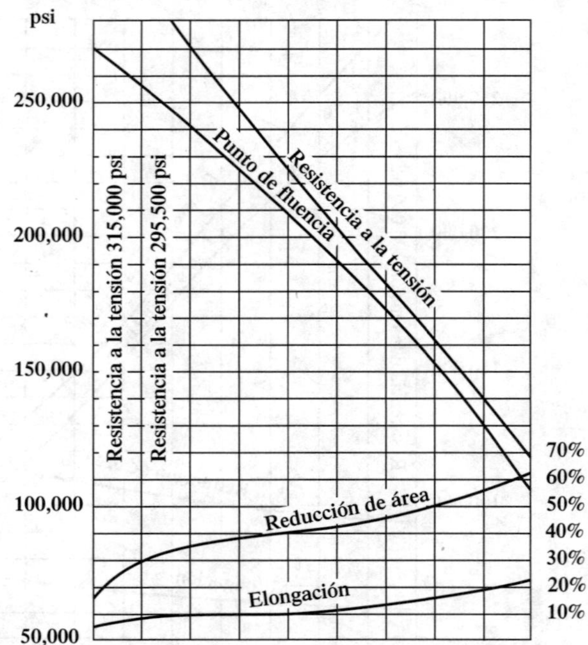

APÉNDICE 5 PROPIEDADES DE LOS ACEROS CEMENTADOS

Designación del material (Número AISI)	Condición	Propiedades del interior: Resistencia de tensión (ksi)	Resistencia de tensión (MPa)	Resistencia de fluencia (ksi)	Resistencia de fluencia (MPa)	Ductilidad (porcentaje de elongación en 2 pulgadas)	Dureza Brinell (HB)	Dureza superficial (HRC)
1015	SWQT 350	106	731	60	414	15	217	62
1020	SWQT 350	129	889	72	496	11	255	62
1022	SWQT 350	135	931	75	517	14	262	62
1117	SWQT 350	125	862	66	455	10	235	65
1118	SWQT 350	144	993	90	621	13	285	61
4118	SOQT 300	143	986	93	641	17	293	62
4118	DOQT 300	126	869	63	434	21	241	62
4118	SOQT 450	138	952	89	614	17	277	56
4118	DOQT 450	120	827	63	434	22	229	56
4320	SOQT 300	218	1500	178	1230	13	429	62
4320	DOQT 300	151	1040	97	669	19	302	62
4320	SOQT 450	211	1450	173	1190	12	415	59
4320	DOQT 450	145	1000	94	648	21	293	59
4620	SOQT 300	119	820	83	572	19	277	62
4620	DOQT 300	122	841	77	531	22	248	62
4620	SOQT 450	115	793	80	552	20	248	59
4620	DOQT 450	115	793	77	531	22	235	59
4820	SOQT 300	207	1430	167	1150	13	415	61
4820	DOQT 300	204	1405	165	1140	13	415	60
4820	SOQT 450	205	1410	184	1270	13	415	57
4820	DOQT 450	196	1350	171	1180	13	401	56
8620	SOQT 300	188	1300	149	1030	11	388	64
8620	DOQT 300	133	917	83	572	20	269	64
8620	SOQT 450	167	1150	120	827	14	341	61
8620	DOQT 450	130	896	77	531	22	262	61
E9310	SOQT 300	173	1190	135	931	15	363	62
E9310	DOQT 300	174	1200	139	958	15	363	60
E9310	SOQT 450	168	1160	137	945	15	341	59
E9310	DOQT 450	169	1170	138	952	15	352	58

Notas: Se muestran las propiedades para un solo conjunto de pruebas a barras redondas de 1/2 pulgada

SWQT: Templado una vez en agua y revenido

SOQT: Templado una vez en aceite y revenido

DOQT: Templado doble en aceite y revenido

Temperaturas de revenido: 300 y 450ºF. Acero cementado durante 8 h. La profundidad de cementación varió de 0.045 a 0.075 pulg.

APÉNDICE 6 PROPIEDADES DE LOS ACEROS INOXIDABLES

Designación del material			Resistencia a la tensión		Resistencia de fluencia		Ductilidad (porcentaje de elongación en pulgadas)
Número AISI	UNS	Condición	(ksi)	(MPa)	(ksi)	(MPa)	
Aceros austeníticos							
201	S20100	Recocido	115	793	55	379	55
		1/4 duro	125	862	75	517	20
		1/2 duro	150	1030	110	758	10
		3/4 duro	175	1210	135	931	5
		Duro total	185	1280	140	966	4
301	S30100	Recocido	110	758	40	276	60
		1/4 duro	125	862	75	517	25
		1/2 duro	150	1030	110	758	15
		3/4 duro	175	1210	135	931	12
		Duro total	185	1280	140	966	8
304	S30400	Recocido	85	586	35	241	60
310	S31000	Recocido	95	655	45	310	45
316	S31600	Recocido	80	552	30	207	60
Aceros ferríticos							
405	S40500	Recocido	70	483	40	276	30
430	S43000	Recocido	75	517	40	276	30
446	S44600	Recocido	80	552	50	345	25
Aceros martensíticos							
410	S41000	Recocido	75	517	40	276	30
416	S41600	Q&T 600	180	1240	140	966	15
		Q&T 1000	145	1000	115	793	20
		Q&T 1400	90	621	60	414	30
431	S43100	Q&T 600	195	1344	150	1034	15
440A	S44002	Q&T 600	280	1930	270	1860	3
Aceros endurecidos por precipitación							
17-4PH	S17400	H 900	200	1380	185	1280	14
		H 1150	145	1000	125	862	19
17-7PH	S17700	RH 950	200	1380	175	1210	10
		TH 1050	175	1210	155	1070	12

APÉNDICE 7 PROPIEDADES DE LOS ACEROS ESTRUCTURALES

Designación del material (número ASTM)	Grado, producto o espesor	Resistencia a la tensión		Resistencia de fluencia		Ductilidad (porcentaje de elongación en 2 pulgadas)
		(ksi)	(MPa)	(ksi)	(MPa)	
A36	$t \leq 8$ pulg	58	400	36	250	21
A242	$t \leq 3/4$ pulg	70	480	50	345	21
A242	$t \leq 1\frac{1}{2}$ pulg	67	460	46	315	21
A242	$t \leq 4$ pulg	63	435	42	290	21
A500	Tubo estructural formado en frío, redondo o de otras formas					
	Redondo, grado A	45	310	33	228	25
	Redondo, grado B	58	400	42	290	23
	Redondo, grado C	62	427	46	317	21
	Otra forma, grado A	45	310	39	269	25
	Otra forma, grado B	58	400	46	317	23
	Otra forma, grado C	62	427	50	345	21
A501	Tubo estructural formado en caliente, redondo o de otras formas	58	400	36	250	23
A514	Templado y revenido, $t \leq 2\frac{1}{2}$ pulg	110-130	760-895	100	690	18%
A572	42, $t \leq 6$ pulg	60	415	42	290	24
A572	50, $t \leq 4$ pulg	65	450	50	345	21
A572	60, $t \leq 1\frac{1}{4}$ pulg	75	520	60	415	18
A572	65, $t \leq 1\frac{1}{4}$ pulg	80	550	65	450	17
A588	$t \leq 4$ pulg	70	485	50	345	21
A992	Perfiles W	65	450	50	345	21

Nota: ASTM A572 es uno de los aceros de alta resistencia y baja aleación (HSLA), y sus propiedades son similares a las del acero SAE J410b, especificadas por la SAE.

APÉNDICE 8 PROPIEDADES DE DISEÑO PARA EL HIERRO COLADO

Designación del material (número ASTM)	Grado	Resistencia a la tensión (ksi)	Resistencia a la tensión (MPa)	Resistencia de fluencia (ksi)	Resistencia de fluencia (MPa)	Ductilidad (porcentaje de elongación en 2 pulgadas)	Módulo de elasticidad (10^6 psi)	Módulo de elasticidad (GPa)
Hierro gris								
A48-94a	20	20	138			<1	12	83
	25	25	172			<1	13	90
	30	30	207			<1	15	103
	40	40	276			<1	17	117
	50	50	345			<1	19	131
	60	60	414			<1	20	138
Hierro maleable								
A47-99	32510	50	345	32	221	10	25	172
	35018	53	365	35	241	18	25	172
A220-99	40010	60	414	40	276	10	26	179
	45006	65	448	45	310	6	26	179
	50005	70	483	50	345	5	26	179
	70003	85	586	70	483	3	26	179
	90001	105	724	90	621	1	26	179
Hierro dúctil								
A536-84	60-40-18	60	414	40	276	18	22	152
	80-55-06	80	552	55	379	6	22	152
	100-70-03	100	689	70	483	3	22	152
	120-90-02	120	827	90	621	2	22	152
Hierro dúctil templado desde austemplado								
ASTM 897-90	1	125	850	80	550	10	22	152
	2	150	1050	100	700	7	22	152
	3	175	1200	125	850	4	22	152
	4	200	1400	155	1100	1	22	152
	5	230	1600	185	1300	<1	22	152

Nota: Los valores de resistencia son típicos. Las variables del colado y el tamaño de la sección afectan los valores finales. También puede variar el módulo de elasticidad. La densidad de los hierros colados va de 0.25 a 0.27 lb/pulg^3 (6920 a 7480 kg/m^3). La resistencia de compresión es de 3 a 5 veces mayor que la resistencia a la tensión.

APÉNDICE 9 PROPIEDADES TÍPICAS DEL ALUMINIO

Aleación y tratamiento	Resistencia a la tensión		Resistencia de fluencia		Ductilidad (porcentaje de elongación en 2 pulgadas)	Resistencia al corte		Resistencia a la fatiga	
	(ksi)	(MPa)	(ksi)	(MPa)		(ksi)	(MPa)	(ksi)	(MPa)
1060-O	10	69	4	28	43	7	48	3	21
1060-H14	14	97	11	76	12	9	62	5	34
1060-H18	19	131	18	124	6	11	121	6	41
1350-O	12	83	4	28	28	8	55		
1350-H14	16	110	14	97		10	69		
1350-H19	27	186	24	165		15	103	7	48
2014-O	27	186	14	97	18	18	124	13	90
2014-T4	62	427	42	290	20	38	262	20	138
2014-T6	70	483	60	414	13	42	290	18	124
2024-O	27	186	11	76	22	18	124	13	90
2024-T4	68	469	47	324	19	41	283	20	138
2024-T361	72	496	57	393	12	42	290	18	124
2219-O	25	172	11	76	18				
2219-T62	60	414	42	290	10			15	103
2219-T87	69	476	57	393	10			15	103
3003-O	16	110	6	41	40	11	121	7	48
3003-H14	22	152	21	145	16	14	97	9	62
3003-H18	29	200	27	186	10	16	110	10	69
5052-O	28	193	13	90	30	18	124	16	110
5052-H34	38	262	31	214	14	21	145	18	124
5052-H38	42	290	37	255	8	24	165	20	138
6061-O	18	124	8	55	30	12	83	9	62
6061-T4	35	241	21	145	25	24	165	14	97
6061-T6	45	310	40	276	17	30	207	14	97
6063-O	13	90	7	48		10	69	8	55
6063-T4	25	172	13	90	22				
6063-T6	35	241	31	214	12	22	152	10	69
7001-O	37	255	22	152	14				
7001-T6	98	676	91	627	9			22	152
7075-O	33	228	15	103	16	22	152		
7075-T6	83	572	73	503	11	48	331	23	159

Nota: Propiedades comunes:

Densidad: 0.095 a 0.102 lb/pulg^3 (2635 a 2829 kg/m^3)

Módulo de elasticidad: 10 a 10.6 $\times$ 10^6 psi (69 a 73 GPa)

Resistencia a la fatiga a 5 $\times$ 10^8 ciclos

APÉNDICE 10 PROPIEDADES TÍPICAS DE LAS ALEACIONES DE ZINC COLADO

	Aleación				
	Zamak 3	Zamak 5	ZA-8	ZA-12	ZA-27
Composición (% en peso)					
Aluminio	4	4	8.4	11	27
Magnesio	0.035	0.055	0.023	0.023	0.015
Cobre		1.0	1.0	0.88	2.25
Propiedades (colado a presión)					
Resistencia a la tensión [ksi(MPa)]	41 (283)	48 (331)	54 (374)	59 (404)	62 (426)
Resistencia de fluencia [ksi (MPa)]	32 (221)	33 (228)	42 (290)	46 (320)	54 (371)
% elongación en 2 pulgadas	10	7	8	5	2.5
Módulo de elasticidad [10^6 psi (GPa)]	12.4 (85)	12.4 (85)	12.4 (85)	12.0 (83)	11.3 (78)

APÉNDICE 11 PROPIEDADES DE LAS ALEACIONES DE TITANIO

Designación del material	Condición	Resistencia a la tensión (ksi)	Resistencia a la tensión (MPa)	Resistencia de fluencia (ksi)	Resistencia de fluencia (MPa)	Ductilidad (porcentaje de elongación en 2 pulgadas)	Módulo de elasticidad (10^6 psi)	Módulo de elasticidad (GPa)
Titanio alfa comercialmente puro (densidad = 0.163 lb/pulg^3; 4515 kg/m^3								
Ti-35A	Batido	35	241	25	172	24	15.0	103
Ti-50A	Batido	50	345	40	276	20	15.0	103
Ti-65A	Batido	65	448	55	379	18	15.0	103
Aleación alfa (densidad = 0.163 lb/pulg^3; 4515 kg/m^3)								
Ti-0.2Pd	Batido	50	345	40	276	20	14.9	103
Aleación beta (densidad = 0.176 lb/pulg^3; 4875 kg/m^3)								
Ti-3Al-13V-11Cr	Enfriado en aire desde 1400 °F	135	931	130	896	16	14.7	101
Ti-3Al-13V-11Cr	Enfriado en aire desde 1400 °F y envejecido	185	1280	175	1210	6	16.0	110
Aleación alfa-beta (densidad = 0.160 lb/pulg^3; 4432 kg/m^3)								
Ti-6Al-4V	Recocido	130	896	120	827	10	16.5	114
Ti-6Al-4V	Templado y envejecido a 1000 °F	160	1100	150	1030	7	16.5	114

APÉNDICE 12 PROPIEDADES DE LOS BRONCES

Material	Designación, número UNS	Resistencia a la tensión (ksi)	Resistencia a la tensión (MPa)	Resistencia de fluencia (ksi)	Resistencia de fluencia (MPa)	Ductilidad (porcentaje de elongación en 2 pulgadas)	Módulo de elasticidad (10^6 psi)	Módulo de elasticidad (GPa)
Bronce fosforado con plomo	C54400	68	469	57	393	20	15	103
Bronce al silicio	C65500	58	400	22	152	60	15	103
Bronce al manganeso	C67500	65	448	30	207	33	15	103
	C86200	95	655	48	331	20	15	103
Bronce para cojinetes	C93200	35	241	18	124	20	14.5	100
Bronce de aluminio	C95400	85	586	35	241	18	15.5	107
Aleación cobre-níquel	C96200	45	310	25	172	20	18	124
Aleación cobre-níquel-zinc (llamada también plata níquel)	C97300	35	241	17	117	20	16	110

APÉNDICE 13 PROPIEDADES TÍPICAS DE ALGUNOS PLÁSTICOS SELECCIONADOS

Material	Tipo	Resistencia a la tensión (ksi)	Resistencia a la tensión (MPa)	Módulo de tensión (ksi)	Módulo de tensión (MPa)	Resistencia a la flexión (ksi)	Resistencia a la flexión (MPa)	Módulo de flexión (ksi)	Módulo de flexión (MPa)	Resistencia IZOD al impacto (en pie·lb/pulg de muesca)
Nylon	66 Seco	12.0	83	420	2900			410	2830	1.0
	66 50% R.H.	11.2	77					175	1210	2.1
ABS	Medio impacto	6.0	41	360	2480	11.5	79	310	2140	4.0
	Alto impacto	5.0	34	250	1720	8.0	55	260	1790	7.0
Policarbonato	Uso general	9.0	62	340	2340	11.0	76	300	2070	12.0
Acrílico	Estándar	10.5	72	430	2960	16.0	110	460	3170	0.4
	Alto impacto	5.4	37	220	1520	7.0	48	230	1590	1.2
PVC	Rígido	6.0	41	350	2410			300	2070	0.4-20.0 (varía mucho)
Poliimida	25% carga: polvo de grafito	5.7	39			12.8	88	900	6210	0.25
	Refuerzo de fibra de vidrio	27.0	186			50.0	345	3250	22 400	17.0
	Laminado	50.0	345			70.0	483	4000	27 580	13.0
Acetal	Copolímero	8.0	55	410	2830	13.0	90	375	2590	1.3
Poliuretano	Elastómero	5.0	34	100	690	0.6	4			No se rompe
Fenólico	General	6.5	45	1100	7580	9.0	62	1100	7580	0.3
Poliéster con refuerzo de fibra de vidrio (Aprox. 30% vidrio en peso)										
	Tendido, molde de contacto	9.0	62			16.0	110	800	5520	
	Moldeado en prensa fría	12.0	83			22.0	152	1300	8960	
	Moldeado por compresión	25.0	172			10.0	69	1300	8960	

APÉNDICE 14 FÓRMULAS PARA DEFLEXIÓN DE VIGAS

TABLA A14-1 Fórmulas para deflexión de vigas simplemente apoyadas

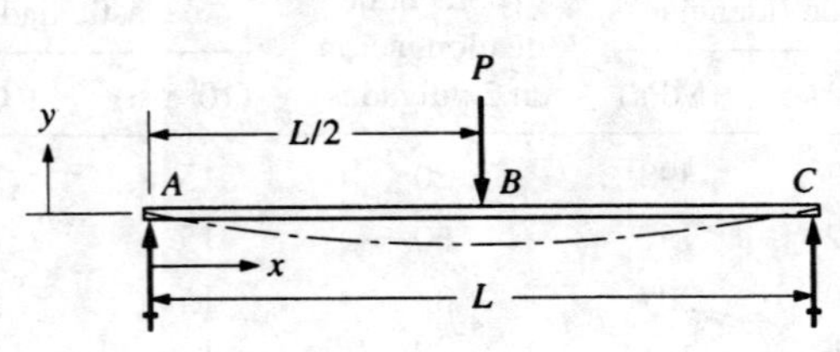

a)

$$y_B = y_{\text{máx}} = \frac{-PL^3}{48EI} \quad \text{en el centro}$$

Entre A y B:

$$y = \frac{-Px}{48EI}(3L^2 - 4x^2)$$

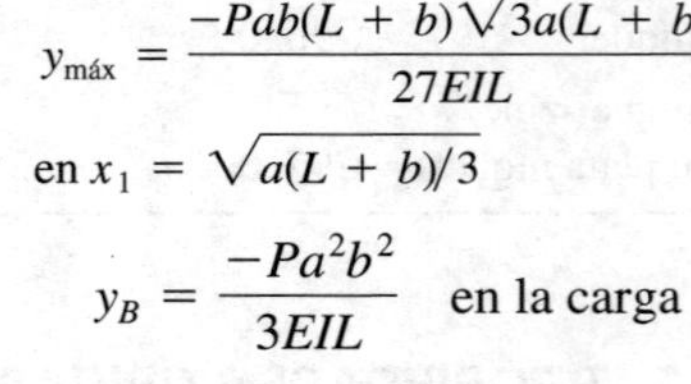

$$y_{\text{máx}} = \frac{-Pab(L+b)\sqrt{3a(L+b)}}{27EIL}$$

$$\text{en } x_1 = \sqrt{a(L+b)/3}$$

$$y_B = \frac{-Pa^2b^2}{3EIL} \quad \text{en la carga}$$

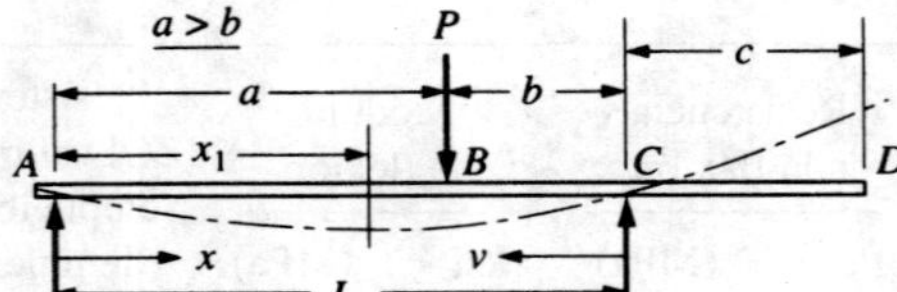

Entre A y B (el tramo más largo):

$$y = \frac{-Pbx}{6EIL}(L^2 - b^2 - x^2)$$

Entre B y C (el tramo más corto):

$$y = \frac{-Pav}{6EIL}(L^2 - v^2 - a^2)$$

Al extremo del voladizo en D:

$$y_D = \frac{Pabc}{6EIL}(L + a)$$

b)

$$y_E = y_{\text{máx}} = \frac{-Pa}{24EI}(3L^2 - 4a^2) \quad \text{en el centro}$$

$$y_B = y_C = \frac{-Pa^2}{6EI}(3L - 4a) \quad \text{en las cargas}$$

Entre A y B:

$$y = \frac{-Px}{6EI}(3aL - 3a^2 - x^2)$$

Entre B y C:

$$y = \frac{-Pa}{6EI}(3Lx - 3x^2 - a^2)$$

c)

TABLA A14-1 *(continuación)*

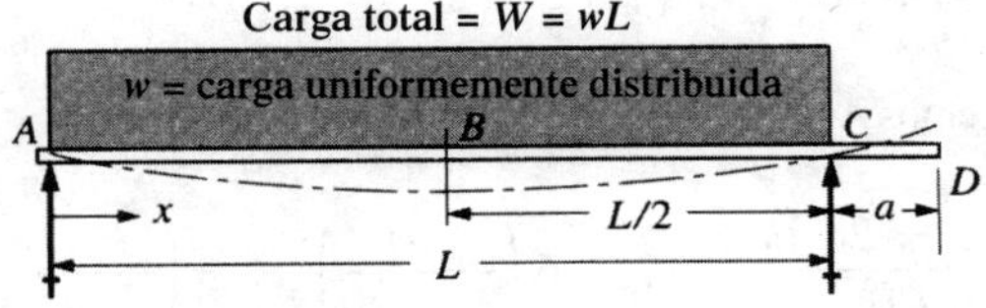

d)

$$y_B = y_{\text{máx}} = \frac{-5wL^4}{384EI} = \frac{-5WL^3}{384EI} \quad \text{en el centro}$$

Entre *A* y *B*:

$$y = \frac{-wx}{24EI}(L^3 - 2Lx^2 + x^3)$$

En el extremo *D*:

$$y_D = \frac{wL^3a}{24EI}$$

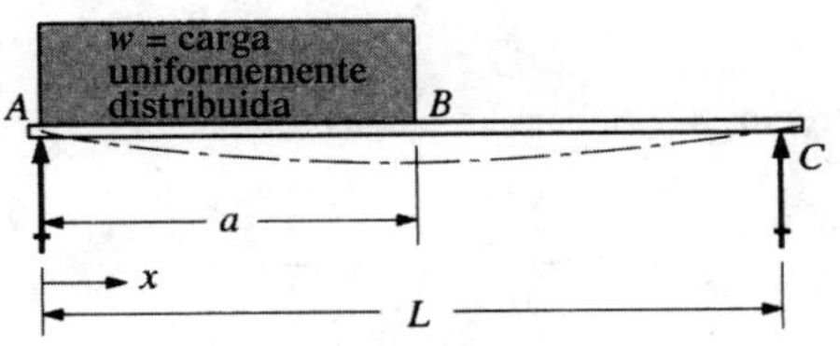

e)

Entre *A* y *B*:

$$y = \frac{-wx}{24EIL}[a^2(2L - a)^2 - 2ax^2(2L - a) + Lx^3]$$

Entre *B* y *C*:

$$y = \frac{-wa^2(L - x)}{24EIL}(4Lx - 2x^2 - a^2)$$

y
x
M_B
A
B
C
a
b
L

f)

M_B = momento concentrado en *B*

Entre *A* y *B*:

$$y = \frac{-M_B}{6EI}\left[\left(6a - \frac{3a^2}{L} - 2L\right)x - \frac{x^3}{L}\right]$$

Entre *B* y *C*:

$$y = \frac{M_B}{6EI}\left[3a^2 + 3x^2 - \frac{x^3}{L} - \left(2L + \frac{3a^2}{L}\right)x\right]$$

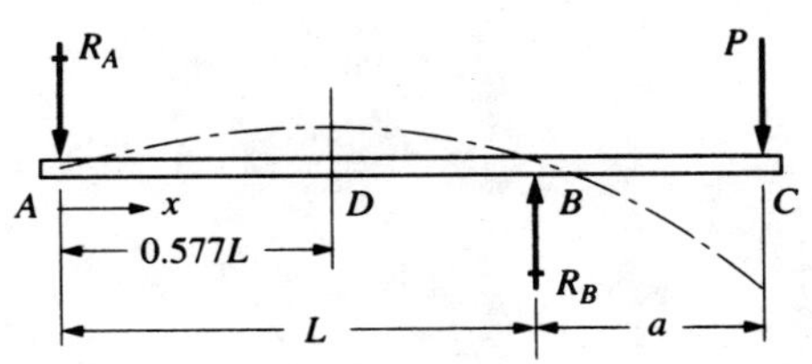

g)

En *C* el extremo del voladizo:

$$y_C = \frac{-Pa^2}{3EI}(L + a)$$

En *D*, deflexión máxima hacia arriba:

$$y_D = 0.06415\,\frac{PaL^2}{EI}$$

TABLA A14-1 *(continuación)*

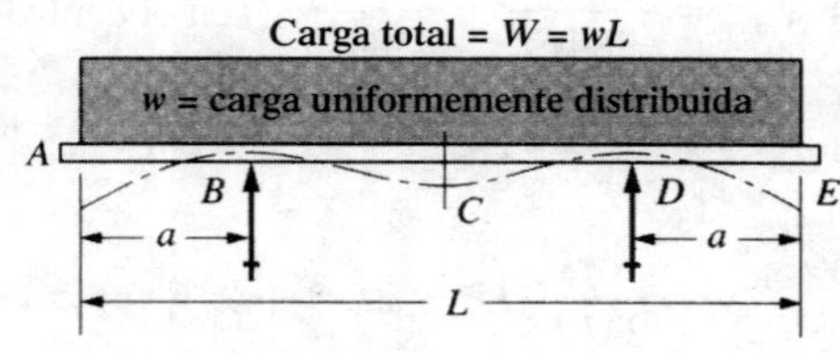

h)

En el centro C:

$$y = \frac{-W(L - 2a)^3}{384EI}\left[\frac{5}{L}(L - 2a) - \frac{24}{L}\left(\frac{a^2}{L - 2a}\right)\right]$$

En los extremos A y E:

$$y = \frac{-W(L - 2a)^3 a}{24EIL}\left[-1 + 6\left(\frac{a}{L - 2a}\right)^2 + 3\left(\frac{a}{L - 2a}\right)^3\right]$$

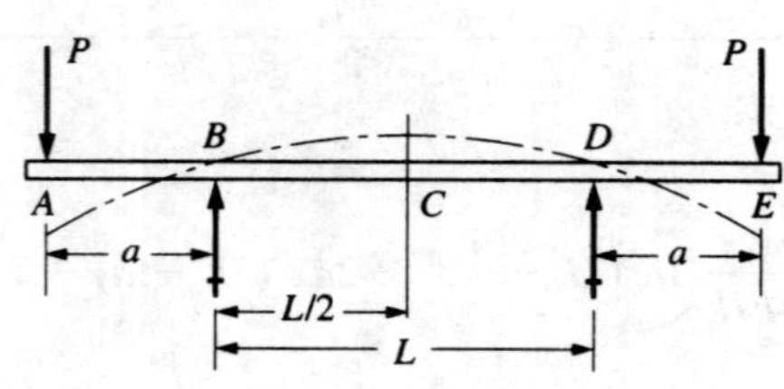

i)

En el centro C:

$$y = \frac{PL^2a}{8EI}$$

En los extremos A y E, bajo las cargas:

$$y = \frac{-Pa^2}{3EI}\left(a + \frac{3}{2}L\right)$$

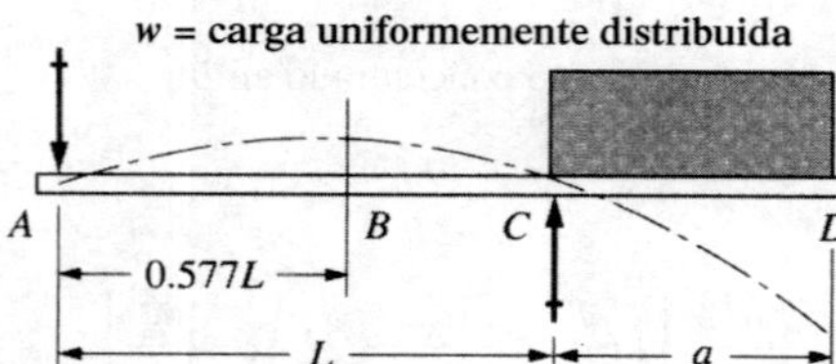

j)

En B:

$$y = 0.03208\,\frac{wa^2L^2}{EI}$$

En el extremo D:

$$y = \frac{-wa^3}{24EI}(4L + 3a)$$

Fuente: *Engineering Data for Aluminum Structures* (Washington, DC: The Aluminum Association, 1986), pp. 63 a 77.

TABLA A14-2 Fórmulas de deflexión para vigas en voladizo

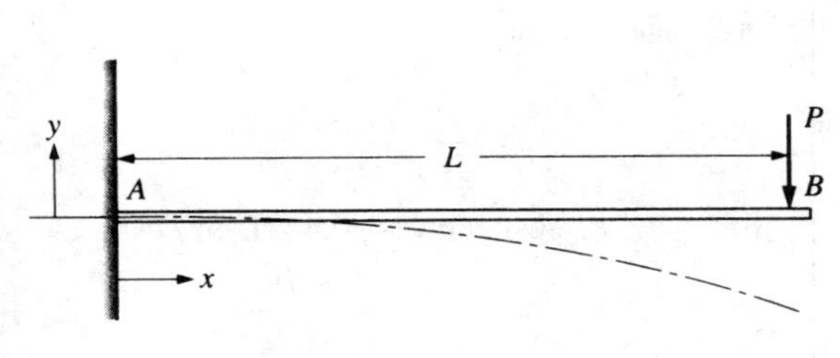

a)

En el extremo *B*:

$$y_B = y_{\text{máx}} = \frac{-PL^3}{3EI}$$

Entre *A* y *B*:

$$y = \frac{-Px^2}{6EI}(3L - x)$$

b)

En *B*, bajo la carga:

$$y_B = \frac{-Pa^3}{3EI}$$

En el extremo *C*:

$$y_C = y_{\text{máx}} = \frac{-Pa^2}{6EI}(3L - a)$$

Entre *A* y *B*:

$$y = \frac{-Px^2}{6EI}(3a - x)$$

Entre *B* y *C*:

$$y = \frac{-Pa^2}{6EI}(3x - a)$$

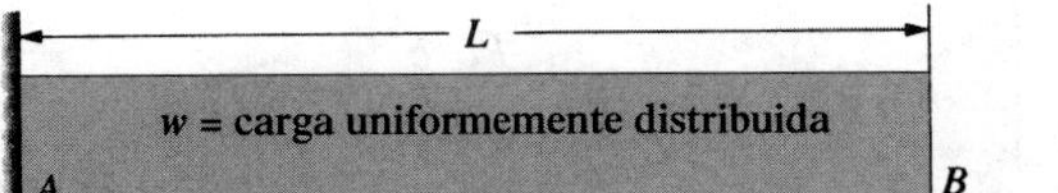

c)

W = carga total = wL

En el extremo *B*:

$$y_B = y_{\text{máx}} = \frac{-WL^3}{8EI}$$

Entre *A* y *B*:

$$y = \frac{-Wx^2}{24EIL}[2L^2 + (2L - x)^2]$$

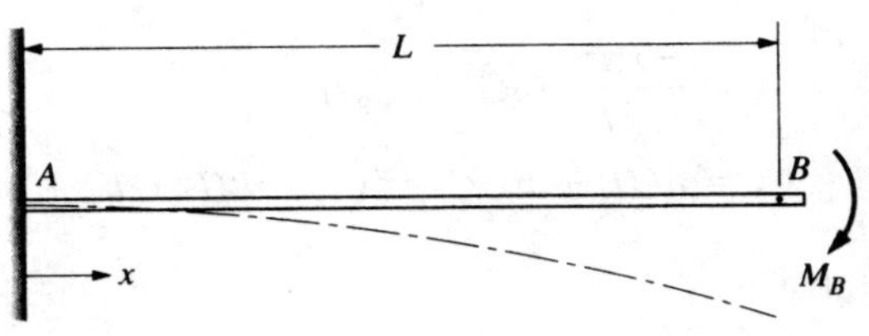

d)

M_B = momento concentrado en el extremo

En el extremo *B*:

$$y_B = y_{\text{máx}} = \frac{-M_BL^2}{2EI}$$

Entre *A* y *B*:

$$y = \frac{-M_Bx^2}{2EI}$$

Fuente: Engineering Data for Aluminum Structures (Washington, DC: The Aluminum Association, 1986), pp. 63 a 77.

TABLA A14-3 Diagramas y fórmulas de deflexión para vigas estáticamente indeterminadas

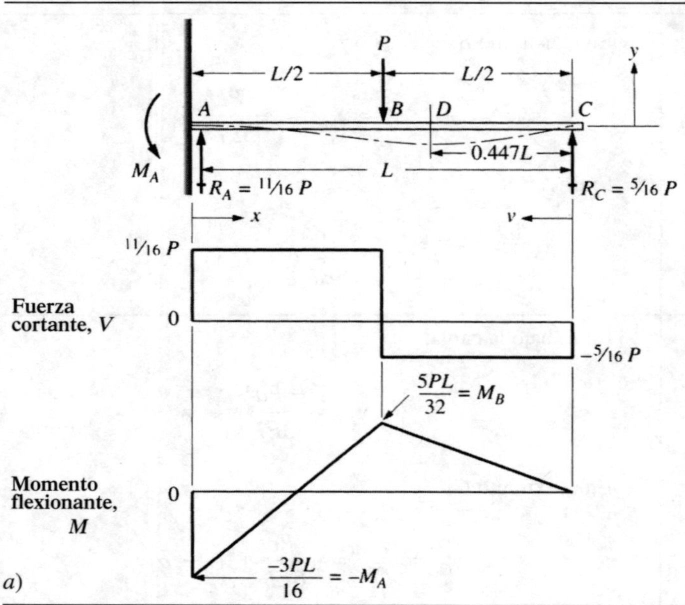

a)

Deflexiones

En B, bajo la carga:

$$y_B = \frac{-7}{768}\frac{PL^3}{EI}$$

$y_{máx}$ está en $v = 0.447L$ en D:

$$y_D = y_{máx} = \frac{-PL^3}{107EI}$$

Entre A y B:

$$y = \frac{-Px^2}{96EI}(9L - 11x)$$

Entre B y C:

$$y = \frac{-Pv}{96EI}(3L^2 - 5v^2)$$

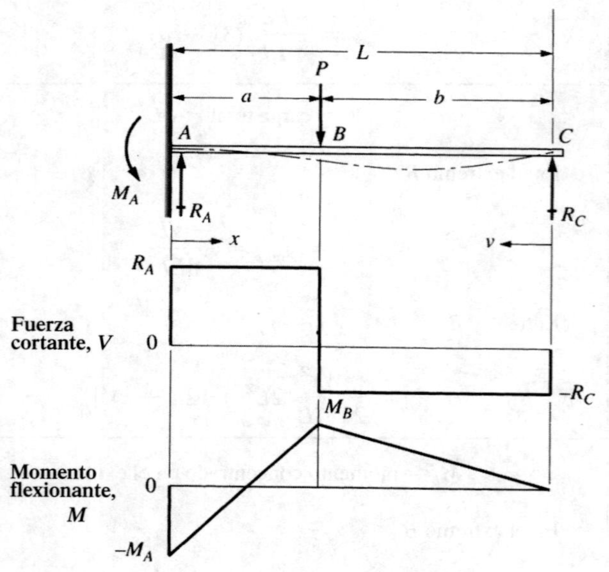

b)

Reacciones

$$R_A = \frac{Pb}{2L^3}(3L^2 - b^2)$$

$$R_C = \frac{Pa^2}{2L^3}(b + 2L)$$

Momentos

$$M_A = \frac{-Pab}{2L^2}(b + L)$$

$$M_B = \frac{Pa^2b}{2L^3}(b + 2L)$$

Deflexiones

En B, bajo la carga:

$$y_B = \frac{-Pa^3b^2}{12EIL^3}(3L + b)$$

Entre A y B:

$$y = \frac{-Px^2b}{12EIL^3}(3C_1 - C_2x)$$

$$C_1 = aL(L + b);\ C_2 = (L + a)(L + b) + aL$$

Entre B y C:

$$y = \frac{-Pa^2v}{12EIL^3}[3L^2b - v^2(3L - a)]$$

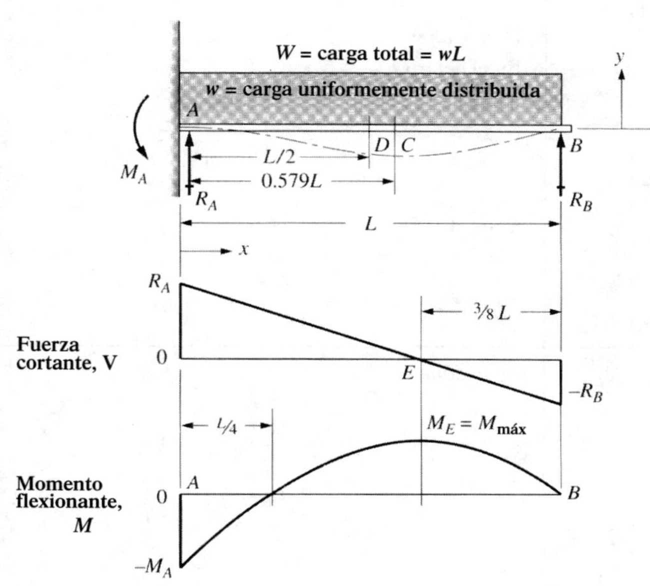

c)

Reacciones

$$R_A = \frac{5}{8}W$$

$$R_B = \frac{3}{8}W$$

Momentos

$$M_A = -0.125WL$$
$$M_E = 0.0703WL$$

Deflexiones

En C, en $x = 0.579L$:

$$y_C = y_{\text{máx}} = \frac{-WL^3}{185EI}$$

En el centro D:

$$y_D = \frac{-WL^3}{192EI}$$

Entre A y B:

$$y = \frac{-Wx^2(L-x)}{48EIL}(3L-2x)$$

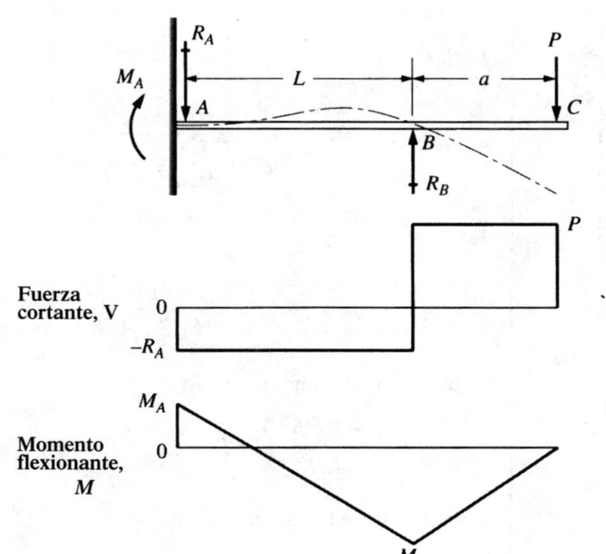

d)

Reacciones

$$R_A = \frac{-3Pa}{2L}$$

$$R_B = P\left(1 + \frac{3a}{2L}\right)$$

Momentos

$$M_A = \frac{Pa}{2}$$

$$M_B = -Pa$$

Deflexión

En el extremo C:

$$y_C = \frac{-PL^3}{EI}\left(\frac{a^2}{4L^2} + \frac{a^3}{3L^3}\right)$$

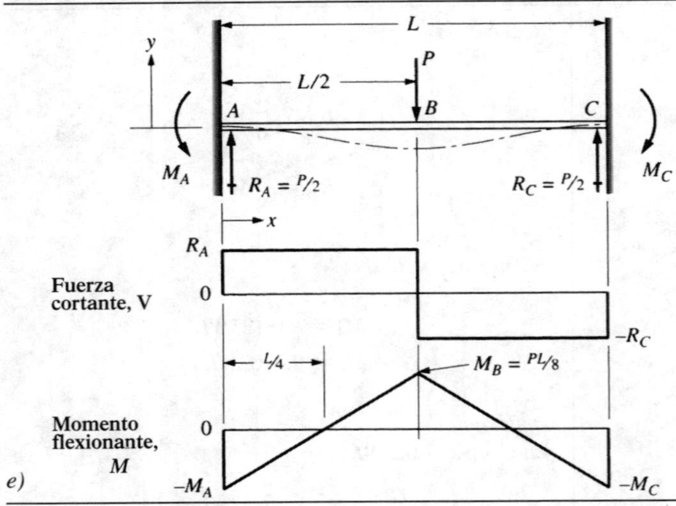

e)

Momentos

$$M_A = M_B = M_C = \frac{PL}{8}$$

Deflexiones
En el centro B:

$$y_B = y_{\text{máx}} = \frac{-PL^3}{192EI}$$

Entre A y B:

$$y = \frac{-Px^2}{48EI}(3L - 4x)$$

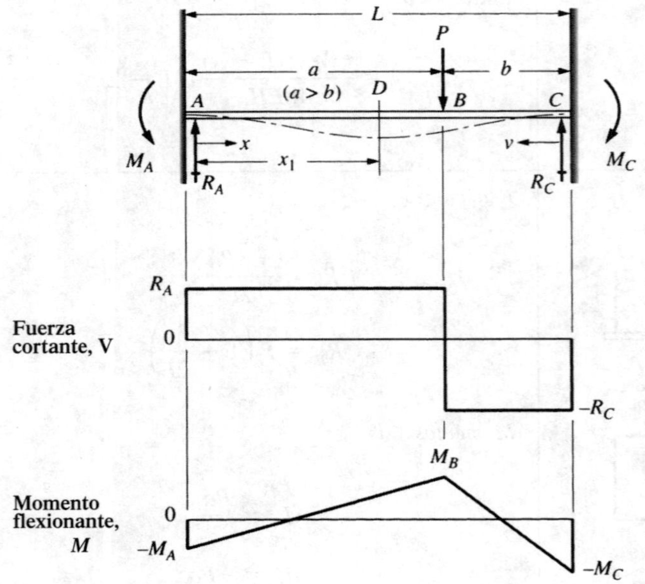

f)

Reacciones

$$R_A = \frac{Pb^2}{L^3}(3a + b)$$

$$R_C = \frac{Pa^2}{L^3}(3b + a)$$

Momentos

$$M_A = \frac{-Pab^2}{L^2}$$

$$M_B = \frac{2Pa^2b^2}{L^3}$$

$$M_C = \frac{-Pa^2b}{L^2}$$

Deflexiones
En B, bajo la carga:

$$y_B = \frac{-Pa^3b^3}{3EIL^3}$$

En D, en $x_1 = \dfrac{2aL}{3a + b}$

$$y_D = y_{\text{máx}} = \frac{-2Pa^3b^2}{3EI(3a + b)^2}$$

Entre A y B (el tramo más largo):

$$y = \frac{-Px^2b^2}{6EIL^3}[2a(L - x) + L(a - x)]$$

Entre B y C (el tramo más corto)

$$y = \frac{-Pv^2a^2}{6EIL^3}[2b(L - v) + L(b - v)]$$

TABLA A14-3 (*continuación*)

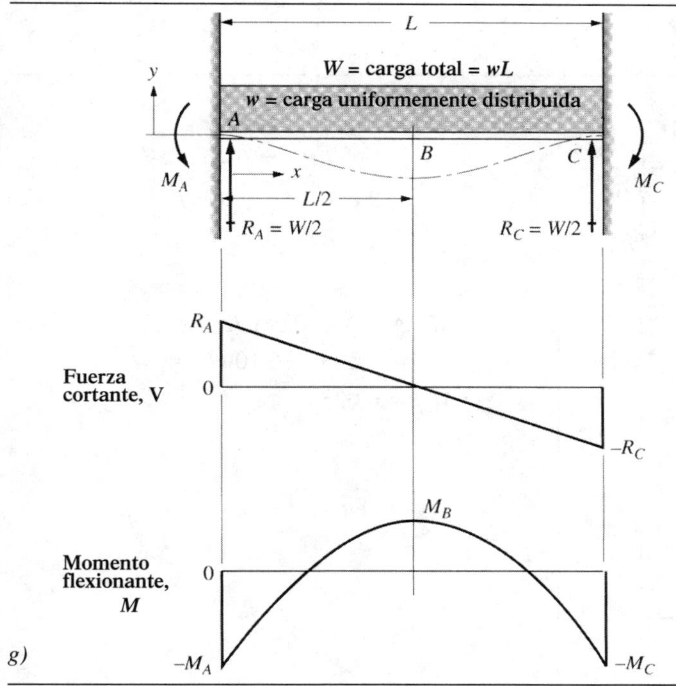

g)

Momentos

$$M_A = M_C = \frac{-WL}{12}$$

$$M_B = \frac{WL}{24}$$

Deflexiones

En el centro B:

$$y_B = y_{máx} = \frac{-WL^3}{384EI}$$

Entre A y C:

$$y = \frac{-wx^2}{24EI}(L - x)^2$$

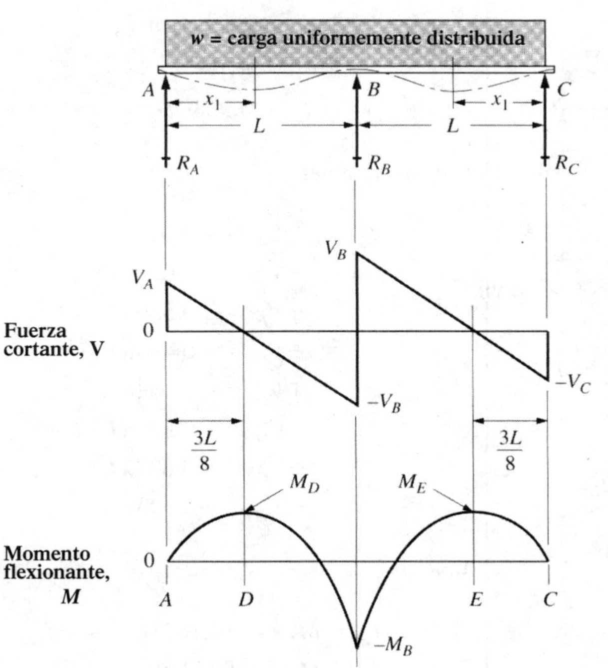

h)

Reacciones

$$R_A = R_C = \frac{3wL}{8}$$

$$R_B = 1.25wL$$

Fuerzas cortantes

$$V_A = V_C = R_A = R_C = \frac{3wL}{8}$$

$$V_B = \frac{5wL}{8}$$

Momentos

$$M_D = M_E = 0.0703wL^2$$

$$M_B = -0.125wL^2$$

Deflexiones

En $x_1 = 0.4215L$ desde A o desde C:

$$y_{máx} = \frac{-wL^4}{185EI}$$

Entre A y B:

$$y = \frac{-w}{48EI}(L^3x - 3Lx^3 + 2x^4)$$

TABLA A14-3 *(continuación)*

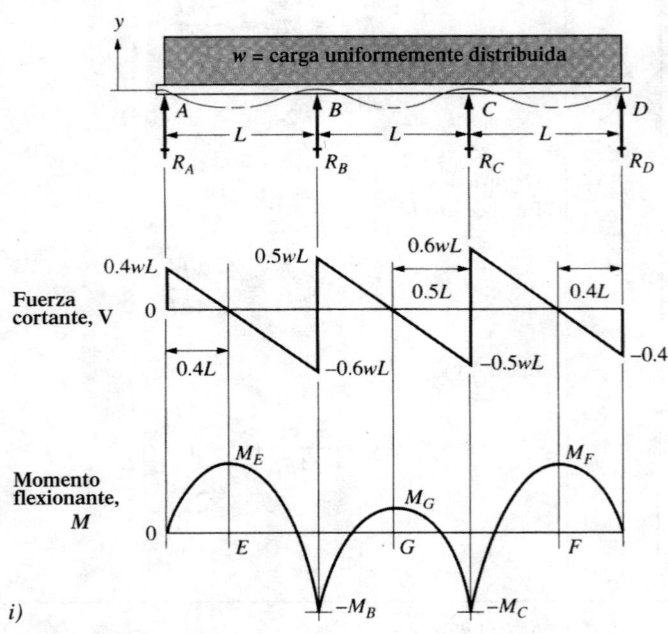

Reacciones

$$R_A = R_D = 0.4wL$$
$$R_B = R_C = 1.10wL$$

Momentos

$$M_E = M_F = 0.08wL^2$$
$$M_B = M_C = -0.10wL^2 = M_{\text{máx}}$$
$$M_G = 0.025wL^2$$

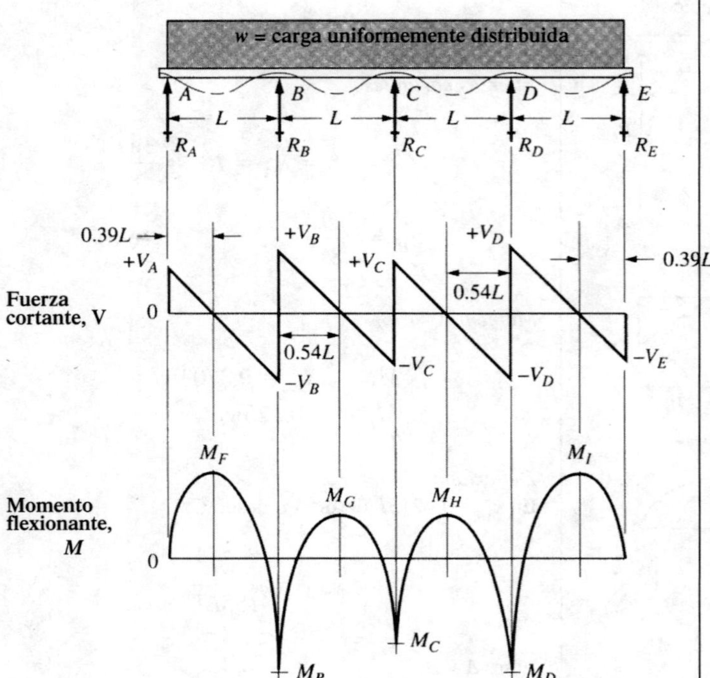

Reacciones

$$R_A = R_E = 0.393wL$$
$$R_B = R_D = 1.143wL$$
$$R_C = 0.928wL$$

Fuerzas cortantes

$$V_A = +0.393wL$$
$$-V_B = -0.607wL$$
$$+V_B = +0.536wL$$
$$-V_C = -0.464wL$$
$$+V_C = +0.464wL$$
$$-V_D = -0.536wL$$
$$+V_D = +0.607wL$$
$$-V_E = -0.393wL$$

Momentos

$$M_B = M_D = -0.1071wL^2 = M_{\text{máx}}$$
$$M_F = M_I = 0.0772wL^2$$
$$M_C = -0.0714wL^2$$
$$M_G = M_H = 0.0364wL^2$$

Fuente: Engineering Data for Aluminumm Structures (Washington, DC: The Aluminum Association, 1986), pp. 63 a 77.

APÉNDICE 15 FACTORES DE CONCENTRACIÓN DE ESFUERZOS

FIGURA A15-1 Eje redondo escalonado

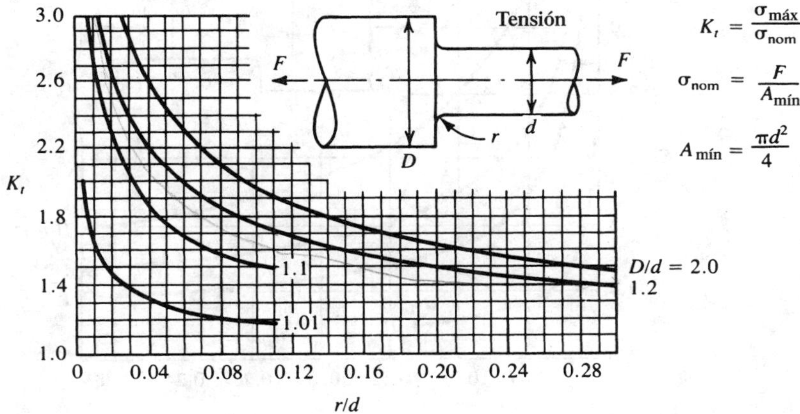

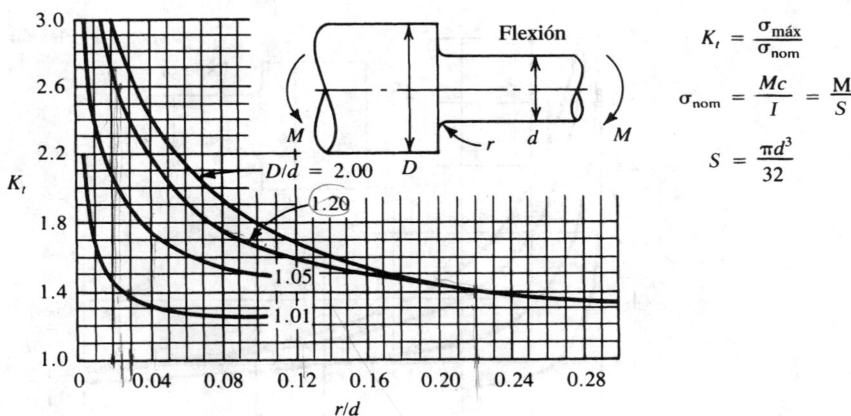

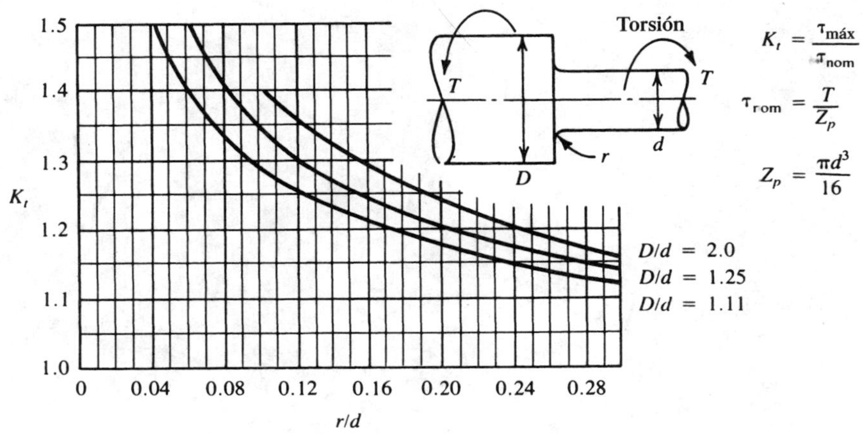

FIGURA A15-2 Placa plana escalonada con chaflanes

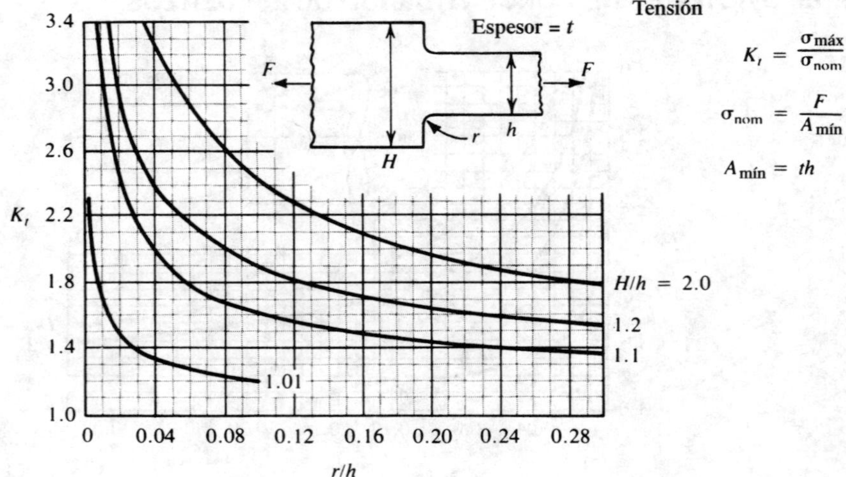

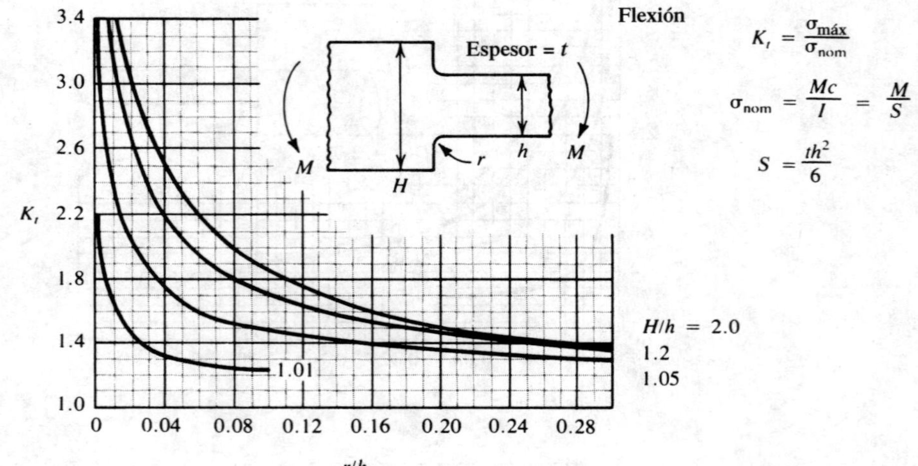

FIGURA A15-3
Placa plana con un orificio central

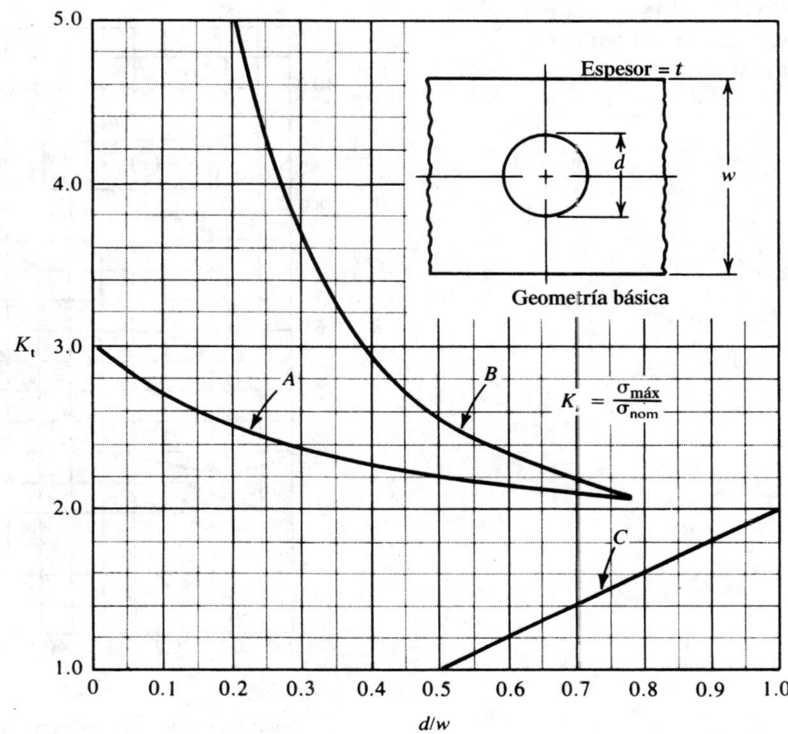

Curva A
Tensión directa en la placa

$$\sigma_{nom} = \frac{F}{A_{neto}} = \frac{F}{(w-d)t}$$

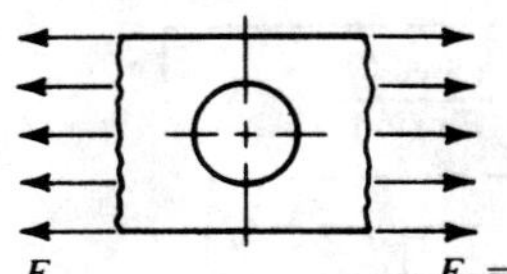

F F = carga total

Curva B
Carga de tensión aplicada a través de un pasador en el orificio

$$\sigma_{nom} = \frac{F}{A_{neta}} = \frac{F}{(w-d)t}$$

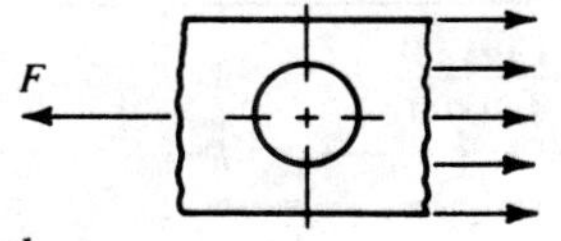

Curva C
Flexión en el plano de la placa

$$\sigma_{nom} = \frac{Mc}{I_{neto}} \quad \frac{M}{I_{neto}} = \frac{6Mw}{(w^3-d^3)t}$$

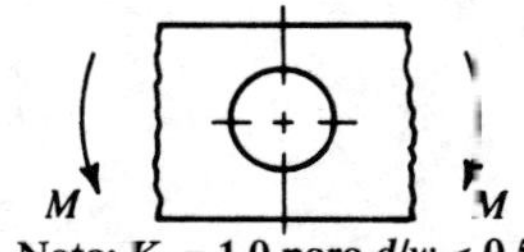

Nota: $K_t = 1.0$ para $d/w < 0.5$

FIGURA A15-4 Barra redonda con un orificio transversal

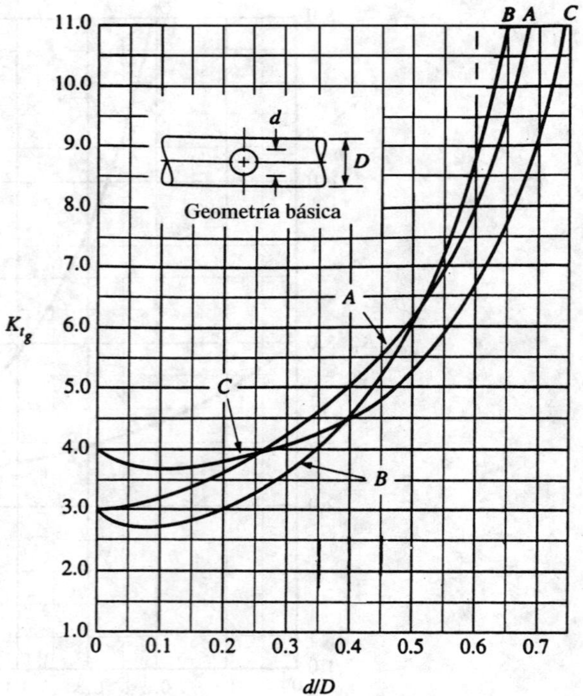

Nota: K_{t_g} se basa en el esfuerzo nominal en una barra redonda sin orificio (sección bruta)

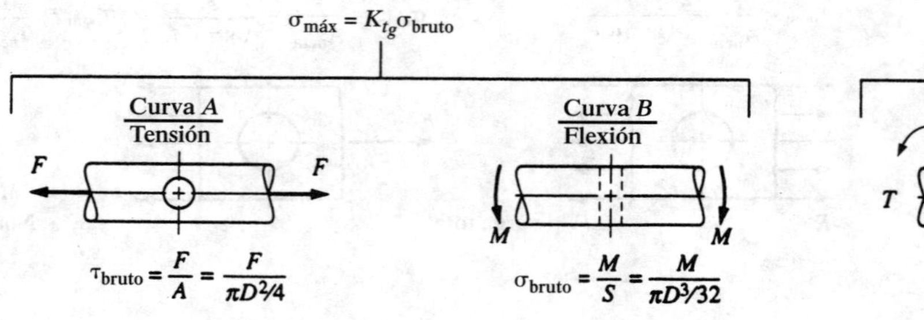

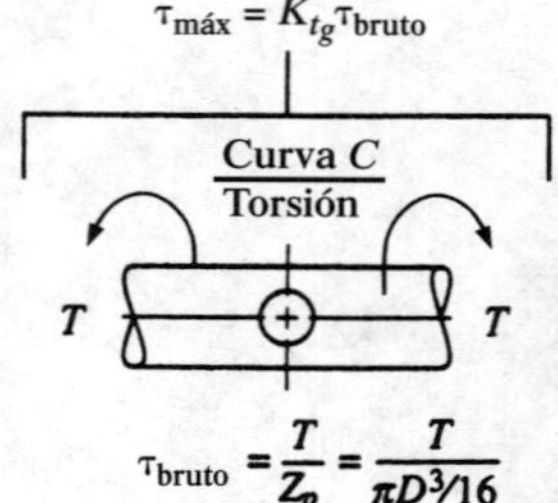

APÉNDICE 16 PERFILES ESTRUCTURALES DE ACERO

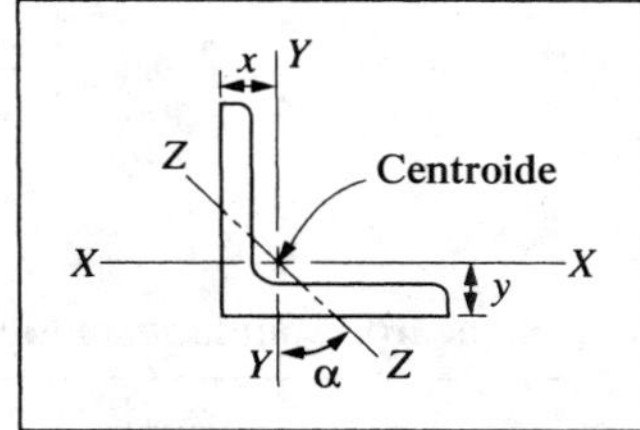

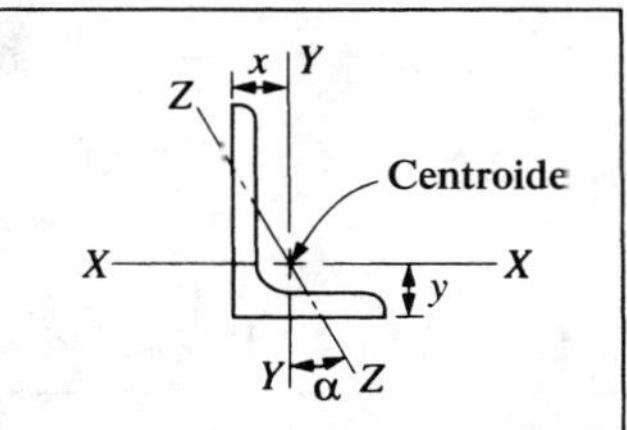

TABLA A16-1 Propiedades de los ángulos de acero de lados iguales y lados desiguales*

		Peso por	Eje *X-X*			Eje *Y-Y*			Eje *Z-Z*	
Designación	Área (pulg²)	pie (lb)	*I* (pulg⁴)	*S* (pulg³)	*y* (pulg)	*I* (pulg⁴)	*S* (pulg³)	*x* (pulg)	*r* (pulg)	α (deg)
L8 × 8 × 1	15.0	51.0	89.0	15.8	2.37	89.0	15.8	2.37	1.56	45.0
L8 × 8 × 1/2	7.75	26.4	48.6	8.36	2.19	48.6	8.36	2.19	1.59	45.0
L8 × 4 × 1	11.0	37.4	69.6	14.1	3.05	11.6	3.94	1.05	0.846	13.9
L8 × 4 × 1/2	5.75	19.6	38.5	7.49	2.86	6.74	2.15	0.859	0.865	14.9
L6 × 6 × 3/4	8.44	28.7	28.2	6.66	1.78	28.2	6.66	1.78	1.17	45.0
L6 × 6 × 3/8	4.36	14.9	15.4	3.53	1.64	15.4	3.53	1.64	1.19	45.0
L6 × 4 × 3/4	6.94	23.6	24.5	6.25	2.08	8.68	2.97	1.08	0.860	23.2
L6 × 4 × 3/8	3.61	12.3	13.5	3.32	1.94	4.90	1.60	0.941	0.877	24.0
L4 × 4 × 1/2	3.75	12.8	5.56	1.97	1.18	5.56	1.97	1.18	0.782	45.0
L4 × 4 × 1/4	1.94	6.6	3.04	1.05	1.09	3.04	1.05	1.09	0.795	45.0
L4 × 3 × 1/2	3.25	11.1	5.05	1.89	1.33	2.42	1.12	0.827	0.639	28.5
L4 × 3 × 1/4	1.69	5.8	2.77	1.00	1.24	1.36	0.599	0.896	0.651	29.2
L3 × 3 × 1/2	2.75	9.4	2.22	1.07	0.932	2.22	1.07	0.932	0.584	45.0
L3 × 3 × 1/4	1.44	4.9	1.24	0.577	0.842	1.24	0.577	0.842	0.592	45.0
L2 × 2 × 3/8	1.36	4.7	0.479	0.351	0.636	0.479	0.351	0.636	0.389	45.0
L2 × 2 × 1/4	0.938	3.19	0.348	0.247	0.592	0.348	0.247	0.592	0.391	45.0
L2 × 2 × 1/8	0.484	1.65	0.190	0.131	0.546	0.190	0.131	0.546	0.398	45.0

*Los datos se tomaron de varias fuentes. Los tamaños mencionados representan una muestra pequeña de los tamaños disponibles.

Notas: Designación de ejemplo: L4 × 3 × 1/2.

4 = longitud del lado mayor (pulg); 3 = longitud del lado menor (pulg); 1/2 = espesor de los lados (pulg).

El eje *Z-Z* es el eje de momento de inercia (*I*) y radio de giro (*r*) mínimos.

I = momento de inercia; *S* = módulo de sección; *r* = radio de giro.

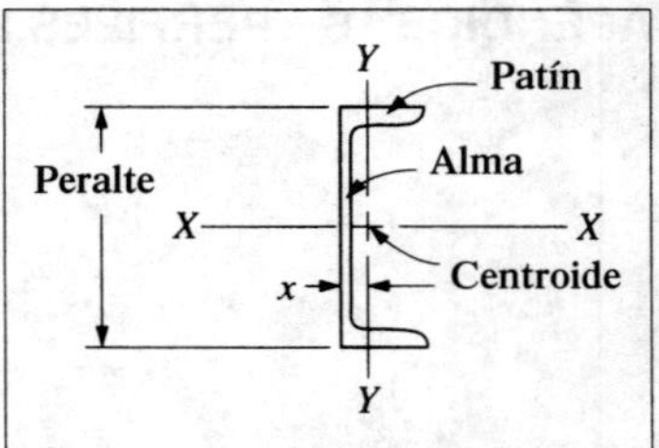

TABLA A16-2 Propiedades de canales de acero estándar estadounidenses, perfiles-C*

				Patín		Eje X-X		Eje Y-Y		
Designación	Área (pulg^2)	Peralte (pulg)	Espesor del alma (pulg)	Ancho (pulg)	Espesor promedio (pulg)	I (pulg^4)	S (pulg^3)	I (pulg^4)	S (pulg^3)	x (pulg)
C15 × 50	14.7	15.00	0.716	3.716	0.650	404	53.8	11.0	3.78	0.798
C15 × 40	11.8	15.00	0.520	3.520	0.650	349	46.5	9.23	3.37	0.777
C12 × 30	8.82	12.00	0.510	3.170	0.501	162	27.0	5.14	2.06	0.674
C12 × 25	7.35	12.00	0.387	3.047	0.501	144	24.1	4.47	1.88	0.674
C10 × 30	8.82	10.00	0.673	3.033	0.436	103	20.7	3.94	1.65	0.649
C10 × 20	5.88	10.00	0.379	2.739	0.436	78.9	15.8	2.81	1.32	0.606
C9 × 20	5.88	9.00	0.448	2.648	0.413	60.9	13.5	2.42	1.17	0.583
C9 × 15	4.41	9.00	0.285	2.485	0.413	51.0	11.3	1.93	1.01	0.586
C8 × 18.75	5.51	8.00	0.487	2.527	0.390	44.0	11.0	1.98	1.01	0.565
C8 × 11.5	3.38	8.00	0.220	2.260	0.390	32.6	8.14	1.32	0.781	0.571
C6 × 13	3.83	6.00	0.437	2.157	0.343	17.4	5.80	1.05	0.642	0.514
C6 × 8.2	2.40	6.00	0.200	1.920	0.343	13.1	4.38	0.693	0.492	0.511
C5 × 9	2.64	5.00	0.325	1.885	0.320	8.90	3.56	0.632	0.450	0.478
C5 × 6.7	1.97	5.00	0.190	1.750	0.320	7.49	3.00	0.479	0.378	0.484
C4 × 7.25	2.13	4.00	0.321	1.721	0.296	4.59	2.29	0.433	0.343	0.459
C4 × 5.4	1.59	4.00	0.184	1.584	0.296	3.85	1.93	0.319	0.283	0.457
C3 × 6	1.76	3.00	0.356	1.596	0.273	2.07	1.38	0.305	0.268	0.455
C3 × 4.1	1.21	3.00	0.170	1.410	0.273	1.66	1.10	0.197	0.202	0.436

*Los datos se tomaron de diversas fuentes. Los tamaños mencionados representan una muestra pequeña de los tamaños disponibles.

Notas: Designación de ejemplo: C15 × 50

15 = peralte (pulg); 50 = peso por unidad de longitud (lb/pie)

I = momento de inercia; S = módulo de sección.

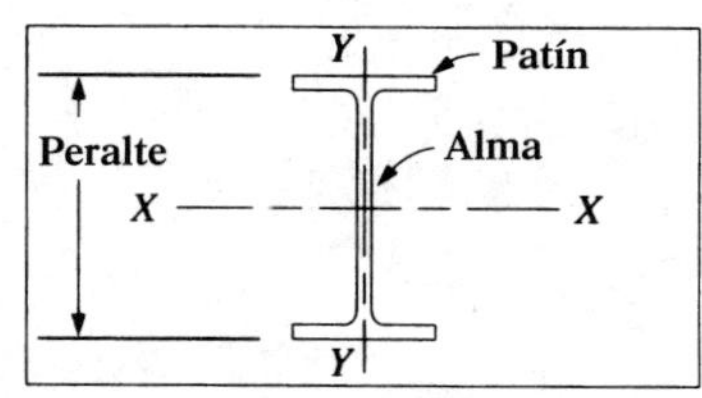

TABLA A16-3 Propiedades de las vigas de acero de patín ancho, perfiles-W*

				Patín		Eje *X*-*X*		Eje *Y*-*Y*	
Designación	Área (pulg²)	Peralte (pulg)	Espesor del alma (pulg)	Ancho (pulg)	Espesor promedio (pulg)	*I* (pulg⁴)	*S* (pulg³)	*I* (pulg⁴)	*S* (pulg³)
W24 × 76	22.4	23.92	0.440	8.990	0.680	2100	176	82.5	18.4
W24 × 68	20.1	23.73	0.415	8.965	0.585	1830	154	70.4	15.7
W21 × 73	21.5	21.24	0.455	8.295	0.740	1600	151	70.6	17.0
W21 × 57	16.7	21.06	0.405	6.555	0.650	1170	111	30.6	9.35
W18 × 55	16.2	18.11	0.390	7.530	0.630	890	98.3	44.9	11.9
W18 × 40	11.8	17.90	0.315	6.015	0.525	612	68.4	19.1	6.35
W14 × 43	12.6	13.66	0.305	7.995	0.530	428	62.7	45.2	11.3
W14 × 26	7.69	13.91	0.255	5.025	0.420	245	35.3	8.91	3.54
W12 × 30	8.79	12.34	0.260	6.520	0.440	238	38.6	20.3	6.24
W12 × 16	4.71	11.99	0.220	3.990	0.265	103	17.1	2.82	1.41
W10 × 15	4.41	9.99	0.230	4.000	0.270	69.8	13.8	2.89	1.45
W10 × 12	3.54	9.87	0.190	3.960	0.210	53.8	10.9	2.18	1.10
W8 × 15	4.44	8.11	0.245	4.015	0.315	48.0	11.8	3.41	1.70
W8 × 10	2.96	7.89	0.170	3.940	0.205	30.8	7.81	2.09	1.06
W6 × 15	4.43	5.99	0.230	5.990	0.260	29.1	9.72	9.32	3.11
W6 × 12	3.55	6.03	0.230	4.000	0.280	22.1	7.31	2.99	1.50
W5 × 19	5.54	5.15	0.270	5.030	0.430	26.2	10.2	9.13	3.63
W5 × 16	4.68	5.01	0.240	5.000	0.360	21.3	8.51	7.51	3.00
W4 × 13	3.83	4.16	0.280	4.060	0.345	11.3	5.46	3.86	1.90

*Los datos se tomaron de una variedad de fuentes. Los tamaños mencionados representan una muestra pequeña de los tamaños disponibles.

Notas: Ejemplo de designación: W14 × 43.
14 = peralte nominal (pulg); 43 = peso por unidad de longitud (lb/pie).
I = momento de inercia; *S* = módulo de sección.

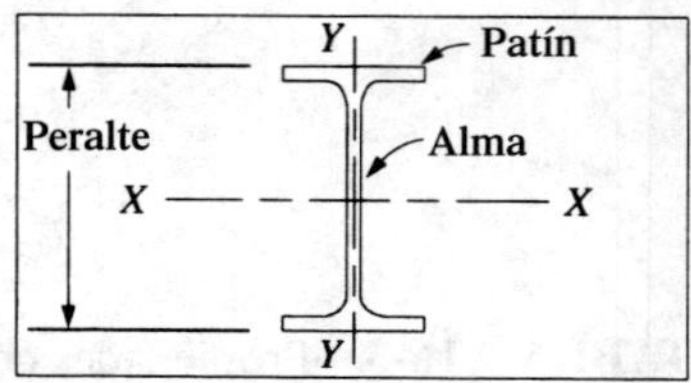

TABLA A16-4 Propiedades de las vigas de acero estándar estadounidense, perfiles-S*

				Patín		Eje X-X		Eje Y-Y	
Designación	Área (pulg^2)	Peralte (pulg)	Espesor del alma (pulg)	Ancho (pulg)	Espesor promedio (pulg)	I (pulg^4)	S (pulg^3)	I (pulg^4)	S (pulg^3)
S24 × 90	26.5	24.00	0.625	7.125	0.870	2250	187	44.9	12.6
S20 × 96	28.2	20.30	0.800	7.200	0.920	1670	165	50.2	13.9
S20 × 75	22.0	20.00	0.635	6.385	0.795	1280	128	29.8	9.32
S20 × 66	19.4	20.00	0.505	6.255	0.795	1190	119	27.7	8.85
S18 × 70	20.6	18.00	0.711	6.251	0.691	926	103	24.1	7.72
S15 × 50	14.7	15.00	0.550	5.640	0.622	486	64.8	15.7	5.57
S12 × 50	14.7	12.00	0.687	5.477	0.659	305	50.8	15.7	5.74
S12 × 35	10.3	12.00	0.428	5.078	0.544	229	38.2	9.87	3.89
S10 × 35	10.3	10.00	0.594	4.944	0.491	147	29.4	8.36	3.38
S10 × 25.4	7.46	10.00	0.311	4.661	0.491	124	24.7	6.79	2.91
S8 × 23	6.77	8.00	0.441	4.171	0.426	64.9	16.2	4.31	2.07
S8 × 18.4	5.41	8.00	0.271	4.001	0.426	57.6	14.4	3.73	1.86
S7 × 20	5.88	7.00	0.450	3.860	0.392	42.4	12.1	3.17	1.64
S6 × 12.5	3.67	6.00	0.232	3.332	0.359	22.1	7.37	1.82	1.09
S5 × 10	2.94	5.00	0.214	3.004	0.326	12.3	4.92	1.22	0.809
S4 × 7.7	2.26	4.00	0.193	2.663	0.293	6.08	3.04	0.764	0.574
S3 × 5.7	1.67	3.00	0.170	2.330	0.260	2.52	1.68	0.455	0.390

*Los datos se tomaron de una variedad de fuentes. Los tamaños mencionados representan una muestra pequeña de los tamaños disponibles.

Notas: Ejemplo de designación: S10 × 35.

10 = peralte nominal (pulg); 35 = peso por unidad de longitud (lb/pie).

I = momento de inercia; S = módulo de sección.

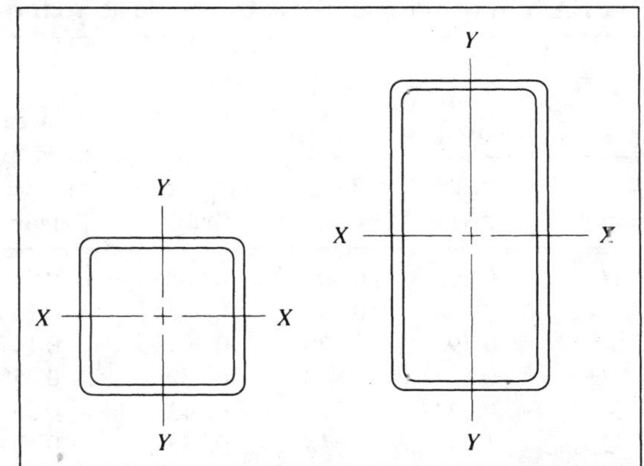

TABLA A16-5 Propiedades del tubo estructural de acero, cuadrado y rectangular*

Tamaño	Área (pulg²)	Peso por pie (lb)	Eje X-X: I (pulg⁴)	Eje X-X: S (pulg³)	Eje X-X: r (pulg)	Eje Y-Y: I (pulg⁴)	Eje Y-Y: S (pulg³)	Eje Y-Y: r (pulg)
8 × 8 × 1/2	14.4	48.9	131	32.9	3.03	131	32.9	3.03
8 × 8 × 1/4	7.59	25.8	75.1	18.8	3.15	75.1	18.8	3.15
8 × 4 × 1/2	10.4	35.2	75.1	18.8	2.69	24.6	12.3	1.54
8 × 4 × 1/4	5.59	19.0	45.1	11.3	2.84	15.3	7.63	1.65
8 × 2 × 1/4	4.59	15.6	30.1	7.52	2.56	3.08	3.08	0.819
6 × 6 × 1/2	10.4	35.2	50.5	16.8	2.21	50.5	16.8	2.21
6 × 6 × 1/4	5.59	19.0	30.3	10.1	2.33	30.3	10.1	2.33
6 × 4 × 1/4	4.59	15.6	22.1	7.36	2.19	11.7	5.87	1.60
6 × 2 × 1/4	3.59	12.2	13.8	4.60	1.96	2.31	2.31	0.802
4 × 4 × 1/2	6.36	21.6	12.3	6.13	1.39	12.3	6.13	1.39
4 × 4 × 1/4	3.59	12.2	8.22	4.11	1.51	8.22	4.11	1.51
4 × 2 × 1/4	2.59	8.81	4.69	2.35	1.35	1.54	1.54	0.770
3 × 3 × 1/4	2.59	8.81	3.16	2.10	1.10	3.16	2.10	1.10
3 × 2 × 1/4	2.09	7.11	2.21	1.47	1.03	1.15	1.15	0.742
2 × 2 × 1/4	1.59	5.41	0.766	0.766	0.694	0.766	0.766	0.694

*Los datos se tomaron de una variedad de fuentes. Los tamaños mencionados representan una muestra pequeña de los tamaños disponibles.

Notas: Ejemplo de tamaño: 6 × 4 × 1/4.

6 = peralte vertical (pulg); 4 = ancho (pulg); 1/4 = espesor de pared (pulg).

I = momento de inercia; *S* = módulo de sección; *r* = radio de giro.

TABLA A16-6 Propiedades del tubo de acero forjado cédula 40, soldado y sin costura, estándar estadounidense

Diámetro (pulg)					Propiedades de la sección transversal			
Nominal	Real, interior	Real, exterior	Espesor de pared (pulg)	Área transversal del metal (pulg^2)	Momento de inercia, I (pulg^4)	Radio de giro (pulg)	Módulo de sección, S (pulg^3)	Módulo polar de sección, Z_p (pulg^3)
1/8	0.269	0.405	0.068	0.072	0.001 06	0.122	0.005 25	0.010 50
1/4	0.364	0.540	0.088	0.125	0.003 31	0.163	0.012 27	0.024 54
3/8	0.493	0.675	0.091	0.167	0.007 29	0.209	0.021 60	0.043 20
1/2	0.622	0.840	0.109	0.250	0.017 09	0.261	0.040 70	0.081 40
3/4	0.824	1.050	0.113	0.333	0.037 04	0.334	0.070 55	0.1411
1	1.049	1.315	0.133	0.494	0.087 34	0.421	0.1328	0.2656
$1\frac{1}{4}$	1.380	1.660	0.140	0.669	0.1947	0.539	0.2346	0.4692
$1\frac{1}{2}$	1.610	1.900	0.145	0.799	0.3099	0.623	0.3262	0.6524
2	2.067	2.375	0.154	1.075	0.6658	0.787	0.5607	1.121
$2\frac{1}{2}$	2.469	2.875	0.203	1.704	1.530	0.947	1.064	2.128
3	3.068	3.500	0.216	2.228	3.017	1.163	1.724	3.448
$3\frac{1}{2}$	3.548	4.000	0.226	2.680	4.788	1.337	2.394	4.788
4	4.026	4.500	0.237	3.174	7.233	1.510	3.215	6.430
5	5.047	5.563	0.258	4.300	15.16	1.878	5.451	10.90
6	6.065	6.625	0.280	5.581	28.14	2.245	8.496	16.99
8	7.981	8.625	0.322	8.399	72.49	2.938	16.81	33.62
10	10.020	10.750	0.365	11.91	160.7	3.674	29.91	59.82
12	11.938	12.750	0.406	15.74	300.2	4.364	47.09	94.18
16	15.000	16.000	0.500	24.35	732.0	5.484	91.50	183.0
18	16.876	18.000	0.562	30.79	1172	6.168	130.2	260.4

APÉNDICE 17 PERFILES ESTRUCTURALES DE ALUMINIO

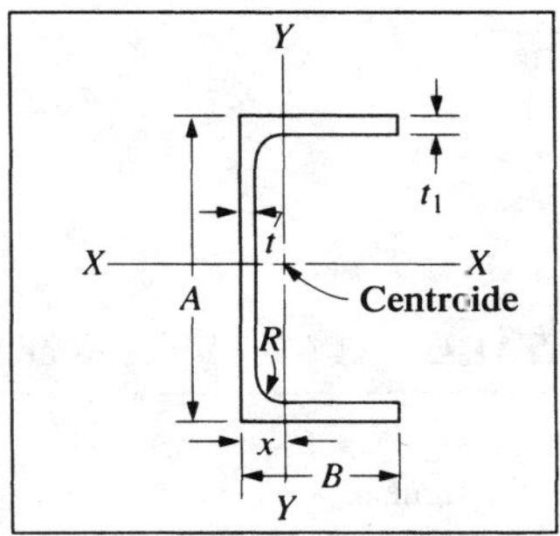

TABLA A17-1 Canales estándar de la Aluminum Association: dimensiones, áreas, pesos y propiedades de las secciones

Tamaño							Propiedades de la sección transversal‡						
							Eje X-X			Eje Y-Y			
Peralte A (pulg)	Ancho B (pulg)	Área* (pulg²)	Peso† (lb/pie)	Espesor de patín, t_1 (pulg)	Espesor del alma t (pulg)	Radio del chaflán, R (pulg)	I (pulg⁴)	S (pulg³)	r (pulg)	I (pulg⁴)	S (pulg³)	r (pulg)	x (pulg)
2.00	1.00	0.491	0.577	0.13	0.13	0.10	0.288	0.288	0.766	0.045	0.064	0.303	0.298
2.00	1.25	0.911	1.071	0.26	0.17	0.15	0.546	0.546	0.774	0.139	0.178	0.391	0.471
3.00	1.50	0.965	1.135	0.20	0.13	0.25	1.41	0.94	1.21	0.22	0.22	0.47	0.49
3.00	1.75	1.358	1.597	0.26	0.17	0.25	1.97	1.31	1.20	0.42	0.37	0.55	0.62
4.00	2.00	1.478	1.738	0.23	0.15	0.25	3.91	1.95	1.63	0.60	0.45	0.64	0.65
4.00	2.25	1.982	2.331	0.29	0.19	0.25	5.21	2.60	1.62	1.02	0.69	0.72	0.78
5.00	2.25	1.881	2.212	0.26	0.15	0.30	7.88	3.15	2.05	0.98	0.64	0.72	0.73
5.00	2.75	2.627	3.089	0.32	0.19	0.30	11.14	4.45	2.06	2.05	1.14	0.88	0.95
6.00	2.50	2.410	2.834	0.29	0.17	0.30	14.35	4.78	2.44	1.53	0.90	0.80	0.79
6.00	3.25	3.427	4.030	0.35	0.21	0.30	21.04	7.01	2.48	3.76	1.76	1.05	1.12
7.00	2.75	2.725	3.205	0.29	0.17	0.30	22.09	6.31	2.85	2.10	1.10	0.88	0.84
7.00	3.50	4.009	4.715	0.38	0.21	0.30	33.79	9.65	2.90	5.13	2.23	1.13	1.20
8.00	3.00	3.526	4.147	0.35	0.19	0.30	37.40	9.35	3.26	3.25	1.57	0.96	0.93
8.00	3.75	4.923	5.789	0.41	0.25	0.35	52.69	13.17	3.27	7.13	2.82	1.20	1.22
9.00	3.25	4.237	4.983	0.35	0.23	0.35	54.41	12.09	3.58	4.40	1.89	1.02	0.93
9.00	4.00	5.927	6.970	0.44	0.29	0.35	78.31	17.40	3.63	9.61	3.49	1.27	1.25
10.00	3.50	5.218	6.136	0.41	0.25	0.35	83.22	16.64	3.99	6.33	2.56	1.10	1.02
10.00	4.25	7.109	8.360	0.50	0.31	0.40	116.15	23.23	4.04	13.02	4.47	1.35	1.34
12.00	4.00	7.036	8.274	0.47	0.29	0.40	159.76	26.63	4.77	11.03	3.86	1.25	1.14
12.00	5.00	10.053	11.822	0.62	0.35	0.45	239.69	39.95	4.88	25.74	7.60	1.60	1.61

Fuente: Aluminum Association, *Aluminum Standards and Data*, 11ª edición, Washington, DC, © 1993, p. 187.

*Las áreas se basan en las dimensiones nominales.

†Los pesos por pie se basan en las dimensiones nominales, y en una densidad de 0.098 lb/pie³, que es la densidad de la aleación 6061.

‡I = momento de inercia; S = módulo de sección; r = radio de giro.

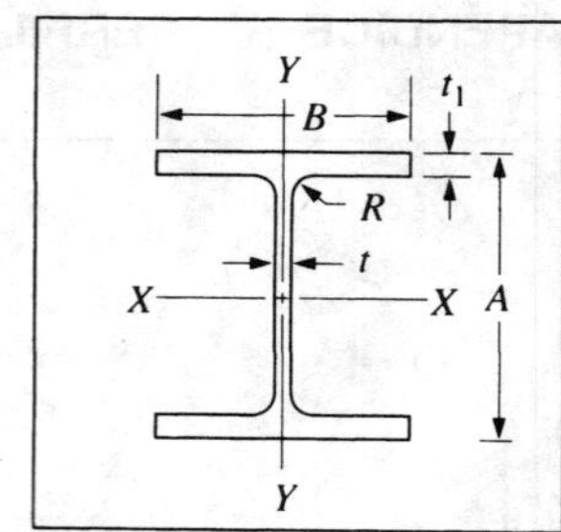

TABLA A17-2 Vigas estándar de la Aluminum Association: dimensiones, áreas, pesos y propiedades de las secciones

Tamaño							Propiedades de la sección transversal‡					
							Eje *X-X*			Eje *Y-Y*		
Peralte A (pulg)	Ancho B (pulg)	Área* (pulg^2)	Peso† (lb/pie)	Espesor de patín, t_1 (pulg)	Espesor del alma t (pulg)	Radio del chaflán, R (pulg)	I (pulg^4)	S (pulg^3)	r (pulg)	I (pulg^4)	S (pulg^3)	r (pulg)
3.00	2.50	1.392	1.637	0.20	0.13	0.25	2.24	1.49	1.27	0.52	0.42	0.61
3.00	2.50	1.726	2.030	0.26	0.15	0.25	2.71	1.81	1.25	0.68	0.54	0.63
4.00	3.00	1.965	2.311	0.23	0.15	0.25	5.62	2.81	1.69	1.04	0.69	0.73
4.00	3.00	2.375	2.793	0.29	0.17	0.25	6.71	3.36	1.68	1.31	0.87	0.74
5.00	3.50	3.146	3.700	0.32	0.19	0.30	13.94	5.58	2.11	2.29	1.31	0.85
6.00	4.00	3.427	4.030	0.29	0.19	0.30	21.99	7.33	2.53	3.10	1.55	0.95
6.00	4.00	3.990	4.692	0.35	0.21	0.30	25.50	8.50	2.53	3.74	1.87	0.97
7.00	4.50	4.932	5.800	0.38	0.23	0.30	42.89	12.25	2.95	5.78	2.57	1.08
8.00	5.00	5.256	6.181	0.35	0.23	0.30	59.69	14.92	3.37	7.30	2.92	1.18
8.00	5.00	5.972	7.023	0.41	0.25	0.30	67.78	16.94	3.37	8.55	3.42	1.20
9.00	5.50	7.110	8.361	0.44	0.27	0.30	102.02	22.67	3.79	12.22	4.44	1.31
10.00	6.00	7.352	8.646	0.41	0.25	0.40	132.09	26.42	4.24	14.78	4.93	1.42
10.00	6.00	8.747	10.286	0.50	0.29	0.40	155.79	31.16	4.22	18.03	6.01	1.44
12.00	7.00	9.925	11.672	0.47	0.29	0.40	255.57	42.60	5.07	26.90	7.69	1.65
12.00	7.00	12.153	14.292	0.62	0.31	0.40	317.33	52.89	5.11	35.48	10.14	1.71

Fuente: Aluminum Association, *Aluminum Standards and Data*, 11ª edición, Washington, DC, © 1993, p. 187.

*Las áreas se basan en las dimensiones nominales.

†Los pesos por pie se basan en las dimensiones nominales, y en una densidad de 0.098 lb/pie^3, que es la densidad de la aleación 6061.

‡I = momento de inercia; S = módulo de sección; r = radio de giro.

APÉNDICE 18 FACTORES DE CONVERSIÓN

TABLA A18-1 Conversión de unidades inglesas a unidades SI: cantidades básicas

Cantidad	Sistema Inglés		Sistema SI		Símbolo	Unidades equivalentes
Longitud	1 pie	=	0.3048	metro	m	
Masa	1 slug	=	14.49	kilogramo	kg	
Tiempo	1 segundo	=	1.0	segundo	s	
Fuerza	1 libra (lb)	=	4.448	newton	N	$kg \cdot m/s^2$
Presión	1 $lb/pulg^2$	=	6895	pascal	Pa	N/m^2 o $kg/m \cdot s^2$
Energía	1 pie-lb	=	1.356	joule	J	$N \cdot m$ o $kg \cdot m^2/s^2$
Potencia	1 pie-lb/s	=	1.356	watt	W	J/s

TABLA A18-2 Otros factores de conversión

Cantidad				
Longitud				
	1 pie	=	0.3048	m
	1 pulg	=	25.4	mm
	1 mi	=	5280	pie
	1 mi	=	1.609	km
	1 km	=	1000	m
	1 cm	=	10	mm
	1 m	=	1000	mm
Área				
	1 pie^2	=	0.0929	m^2
	1 $pulg^2$	=	645.2	mm^2
	1 m^2	=	10.76	pie^2
	1 m^2	=	10^6	mm^2
Volumen				
	1 pie^3	=	7.48	gal
	1 pie^3	=	1728	$pulg^3$
	1 pie^3	=	0.0283	m^3
	1 gal	=	0.00379	m^3
	1 gal	=	3.785	L
	1 m^3	=	1000	L
Tasa de flujo volumétrico				
	1 pie^3/s	=	449	gal/min
	1 pie^3/s	=	0.0283	m^3/s
	1 gal/min	=	6.309×10^{-5}	m^3/s
	1 gal/min	=	3.785	L/min
	1 L/min	=	16.67×10^{-6}	m^3/s
Esfuerzo, presión o carga unitaria				
	1 $lb/pulg^2$	=	6.895	kPa
	1 lb/pie^2	=	0.0479	kPa
	1 $kip/pulg^2$	=	6.895	MPa
Módulo de sección				
	1 $pulg^3$	=	1.639×10^4	mm^3
Momento de inercia				
	1 $pulg^4$	=	4.162×10^5	mm^4
Densidad				
	1 $slug/pie^3$	=	515.4	kg/m^3
Peso específico				
	1 lb/pie^3	=	157.1	N/m^3
Energía				
	1 pie·lb	=	1.356	J
	1 Btu	=	1.055	kJ
	1 W·h	=	3.600	kJ
Par torsional o momento				
	1 lb·pulg	=	0.1130	N·m
Potencia				
	1 hp	=	550	pie·lb/s
	1 hp	=	745.7	W
	1 pie·lb/s	=	1.356	W
	1 Btu/h	=	0.293	W
Temperatura				
	$T(°C)$	=	$[T(°F) - 32]5/9$	
	$T(°F)$	=	$\frac{9}{5}[T(°C)] + 32$	

APÉNDICE 19 TABLA DE CONVERSIÓN DE DUREZAS

Brinell		Rockwell		Acero: resistencia a la tensión (1000 psi aprox.)	Brinell		Rockwell		Acero: resistencia a la tensión (1000 psi aprox.)
Diám. de muesca (mm)	Núm.*	B	C		Diám. de muesca (mm)	Núm.*	B	C	
2.25	745		65.3		3.75	262	(103.0)	26.6	127
2.30	712				3.80	255	(102.0)	25.4	123
2.35	682		61.7		3.85	248	(101.0)	24.2	120
2.40	653		60.0		3.90	241	100.0	22.8	116
2.45	627		58.7		3.95	235	99.0	21.7	114
2.50	601		57.3		4.00	229	98.2	20.5	111
2.55	578		56.0		4.05	223	97.3	(18.8)	
2.60	555		54.7	298	4.10	217	96.4	(17.5)	105
2.65	534		53.5	288	4.15	212	95.5	(16.0)	102
2.70	514		52.1	274	4.20	207	94.6	(15.2)	100
2.75	495		51.6	269	4.25	201	93.8	(13.8)	98
2.80	477		50.3	258	4.30	197	92.8	(12.7)	95
2.85	461		48.8	244	4.35	192	91.9	(11.5)	93
2.90	444		47.2	231	4.40	187	90.7	(10.0)	90
2.95	429		45.7	219	4.45	183	90.0	(9.0)	89
3.00	415		44.5	212	4.50	179	89.0	(8.0)	87
3.05	401		43.1	202	4.55	174	87.8	(6.4)	85
3.10	388		41.8	193	4.60	170	86.8	(5.4)	83
3.15	375		40.4	184	4.65	167	86.0	(4.4)	81
3.20	363		39.1	177	4.70	163	85.0	(3.3)	79
3.25	352	(110.0)	37.9	171	4.80	156	82.9	(0.9)	76
3.30	341	(109.0)	36.6	164	4.90	149	80.8		73
3.35	331	(108.5)	35.5	159	5.00	143	78.7		71
3.40	321	(108.0)	34.3	154	5.10	137	76.4		67
3.45	311	(107.5)	33.1	149	5.20	131	74.0		65
3.50	302	(107.0)	32.1	146	5.30	126	72.0		63
3.55	293	(106.0)	30.9	141	5.40	121	69.8		60
3.60	285	(105.5)	29.9	138	5.50	116	67.6		58
3.65	277	(104.5)	28.8	134	5.60	111	65.7		56
3.70	269	(104.0)	27.6	130					

Fuente: Modern Steels and Their Properties, Bethlehem Steel Co., Bethlehem, PA.

Nota: Es una condensación de la tabla 2, *Report J417b, SAE 1971 Handbook.* Los valores entre paréntesis salen del intervalo normal, y sólo se presentan como información.

*Los valores mayores de 500 son para bola de carburo de tungsteno; menores de 500, para bola estándar.

APÉNDICE 20 FACTOR DE GEOMETRÍA I PARA PICADURA EN ENGRANES RECTO

En la sección 9-10 se presentó el factor de geometría I para la resistencia a la picadura (al *esfuerzo de contacto*) para engranes rectos, como factor que relaciona la geometría de los dientes de engrane con el radio de curvatura de los mismos. El valor de I se debe determinar en el *punto más bajo de contacto individual* (LPSTC, de *lowest point of single tooth contact*). La AGMA define I como

$$I = C_c C_x$$

donde

C_c es el factor de curvatura en la línea de paso

C_x es el factor para ajustar la altura específica del LPSTC.

Las variables que intervienen deben ser el ángulo de presión ϕ, el número de dientes N_P del piñón y la relación de engrane, $m_G = N_G/N_P$. Observe que m_G siempre es mayor o igual que 1.0, independientemente de cuál sea el engrane motriz. El valor de C_c se calcula con facilidad y en forma directa con

$$C_c = \frac{\cos\phi \text{ sen } \phi}{2} \frac{m_G}{m_G + 1}$$

El cálculo del valor de C_x requiere la evaluación de algunos otros términos.

$$C_x = \frac{R_1 R_2}{R_P R_G}$$

donde cada término se deduce de las ecuaciones siguientes, en función de ϕ, N_P y m_G, junto con P_d. Se demostrará que el paso diametral aparece en el denominador de cada término, y entonces se puede simplificar. También se expresa cada término en la forma C/P_d, por conveniencia.

R_P = Radio de curvatura del piñón en el punto de paso

$$R_P = \frac{D_P \text{ sen } \phi}{2} = \frac{N_P \text{ sen } \phi}{2\,P_d} = \frac{C_1}{P_d}$$

R_G = Radio de curvatura del engrane en el punto de paso

$$R_G = \frac{D_G \text{ sen } \phi}{2} = \frac{D_P\, m_G \text{ sen } \phi}{2} = \frac{N_P\, m_G \text{ sen } \phi}{2\,P_d} = \frac{C_2}{P_d} = \frac{m_G\, C_1}{P_d}$$

R_1 = Radio de curvatura del piñón en el LPSTC $= R_P - Z_c$

R_2 = Radio de curvatura del engrane en el LPSTC $= R_G + Z_c$

$$Z_c = p_b - Z_a$$

$$p_b = \text{Paso base} = \frac{\pi \cos\phi}{P_d} = \frac{C_3}{P_d}$$

$$Z_a = 0.5\left[\sqrt{D_{oP}^2 - D_{bP}^2} - \sqrt{D_P^2 - D_{bP}^2}\right]$$

Ahora, se expresarán todos los diámetros de esta ecuación en función de ϕ, N_P, m_G y P_d.

D_{oP} = Diámetro exterior del piñón $= (N_P + 2)/P_d$

D_P = Diámetro del piñón $= N_P/P_d$

D_{bP} = Diámetro de base para el piñón $= D_P \cos\phi = (N_P \cos\phi)/P_d$

Observe que cada término tiene el paso diametral P_d en el denominador. Entonces, se puede extraer como factor común, fuera del signo radical. La ecuación que resulta para Z_a es

$$Z_a = \frac{0.5}{P_d}\left[\sqrt{(N_P + 2)^2 - (N_P \cos\phi)^2} - \sqrt{N_P^2 - (N_P \cos\phi)^2}\right] = \frac{C_4}{P_d}$$

Ya se puede definir Z_c.

$$Z_c = p_b - Z_a = \frac{C_3}{P_d} - \frac{C_4}{P_d} = \frac{C_3 - C_4}{P_d}$$

Ahora, se completan las ecuaciones para R_1 y R_2.

$$R_1 = R_P - Z_c = \frac{C_1}{P_d} - \frac{C_3 - C_4}{P_d} = \frac{C_1 - C_3 + C_4}{P_d}$$

$$R_2 = R_G + Z_c = \frac{C_2}{P_d} + \frac{C_3 - C_4}{P_d} = \frac{C_2 + C_3 - C_4}{P_d}$$

Por último, todos estos términos se pueden sustituir en la ecuación de C_x.

$$C_x = \frac{R_1R_2}{R_PR_G} = \frac{[(C_1 - C_3 + C_4)/P_d]\,[(C_2 + C_3 - C_4)/P_d]}{(C_1/P_d)(C_2/P_d)}$$

Ahora puede ver que el paso diametral P_d se simplifica y se llega a la forma final,

$$C_x = \frac{R_1R_2}{R_PR_G} = \frac{(C_1 - C_3 + C_4)(C_2 + C_3 - C_4)}{(C_1)(C_2)}$$

Se puede ahora presentar el algoritmo para calcular I. Primero, se calcula cada uno de los términos C:

$$C_1 = (N_P \operatorname{sen} \phi)/2$$

$$C_2 = (N_P\, m_G \operatorname{sen}\phi)/2 = (C_1)(m_G)$$

$$C_3 = \pi \cos \phi$$

$$C_4 = 0.5\left[\sqrt{(N_p + 2)^2 - (N_P \cos\phi)^2} - \sqrt{N_P^2 - (N_P \cos\phi)^2}\right]$$

$$C_x = \frac{R_1R_2}{R_PR_G} = \frac{(C_1 - C_3 + C_4)(C_2 + C_3 - C_4)}{(C_1)(C_2)}$$

$$C_c = \frac{\cos\phi \operatorname{sen}\phi}{2}\,\frac{m_G}{m_G + 1}$$

Por último, $I = C_cC_x$

Problema modelo A20-1 Calcule el valor del factor de geometría I para picadura, con los datos siguientes: Dos engranes rectos acoplados con un ángulo de presión de 20°; $N_P = 30$, $N_G = 150$.

Solución Primero se calcula: $m_G = N_G/N_P = 150/30 = 5.0$

Entonces
$$C_1 = (N_P \operatorname{sen} \phi)/2 = (30)(\operatorname{sen} 20°)/2 = 5.1303$$

$$C_2 = (N_P m_G \operatorname{sen} \phi)/2 = (C_1)(m_G) = 25.652$$

$$C_3 = \pi \cos \phi = \pi \cos(20°) = 2.9521$$

$$C_4 = 0.5\left[\sqrt{(N_P + 2)^2 - (N_P \cos \phi)^2} - \sqrt{N_P^2 - (N_P \cos \phi)^2}\right]$$

$$C_4 = 0.5\left[\sqrt{(30 + 2)^2 - (30 \cos(20°))^2} - \sqrt{30^2 - (30 \cos(20°))^2}\right] = 2.4407$$

$$C_x = \frac{R_1 R_2}{R_P R_G} = \frac{(C_1 - C_3 + C_4)(C_2 + C_3 - C_4)}{(C_1)(C_2)}$$

$$C_x = \frac{(5.1303 - 2.9521 + 2.4407)(25.652 + 2.9521 - 2.4407)}{(5.1303)(25.652)} = 0.91826$$

$$C_c = \frac{\cos \phi \operatorname{sen} \phi}{2} \frac{m_G}{m_G + 1} = \frac{\cos (20°) \operatorname{sen} (20°)(5)}{2(5 + 1)} = 0.13391$$

Finalmente,
$$I = C_c C_x = (0.13391)(0.91826) = 0.12297 \approx 0.123$$

Este proceso se presta bien para programarlo en una hoja de cálculo, MATLAB, BASIC o cualquier otro auxiliar adecuado de cálculo.

Respuestas a problemas seleccionados

Presentamos aquí las respuestas de los problemas para los cuales hay soluciones únicas. Muchos de los problemas en este libro son problemas reales de diseño, por lo que requieren decisiones individuales para llegar a las soluciones. Otros son de repaso y las respuestas están en el texto del capítulo correspondiente. También cabe aclarar que algunos de los problemas requieren la selección de factores de diseño y el empleo de datos de gráficas y tablas. Debido al juicio y a la interpolación que intervienen, algunas de las respuestas que obtenga pueden variar de las soluciones que aquí se presentan.

CAPÍTULO 1 La naturaleza del diseño mecánico

15. $D = 44.5$ mm
16. $L = 14.0$ m
17. $T = 1418$ N·m
18. $A = 2658$ mm^2
19. $S = 2.43 \times 10^5$ mm^3
20. $I = 3.66 \times 10^7$ mm^4
21. L 2 × 2 × 3/8
22. $P = 5.59$ kW
23. $s_u = 876$ MPa
24. Peso = 48.9 N
25. $T = 20.3$ N·m
    $\theta = 0.611$ rad
    Escala = 5.14 lb·pulg/grado
    Escala = 33.3 N·m/rad
26. Energía = 1.03×10^{11} lb·pie/año
    Energía = 3.88×10^7 W·h/año
27. $\mu = 540$ lb·s/pie^2
    $\mu = 25.9 \times 10^3$ N·s/m^2
28. 4.60×10^9 rev

CAPÍTULO 2 Materiales en el diseño mecánico

9. No. El porcentaje de alargamiento debe ser mayor que 5.0, para ser dúctil.
11. $G = 42.9$ GPa
12. Dureza = 52.8 HRC
13. Esfuerzo de tensión = 235 ksi (aproximadamente).

En las preguntas 14 a 17 se pide indicar lo incorrecto con los enunciados.

14. Los aceros recocidos suelen tener valores de dureza de 120 a 200 HB. Una dureza de 750 HB es demasiado alta, y es característica de aceros de alta aleación, recién templados.
15. La escala HRB se limita normalmente a HRB 100.
16. La dureza HRC normalmente no es menor que HRC 20.
17. La relación indicada entre dureza y resistencia a la tensión sólo es válida para los aceros.
18. Charpy e Izod.
19. Hierro y carbono. Con frecuencia están presentes el manganeso y otros elementos.
20. Hierro, carbono, manganeso, níquel, cromo, molibdeno.
21. 0.40%, aproximadamente.
22. Bajo carbón: menos de 0.30 por ciento
    Medio carbón: 0.30 a 0.50 por ciento
    Alto carbón: 0.50 a 0.95 por ciento
23. Nominalmente 1.0 por ciento.
24. El acero AISI 12L13 tiene adición de plomo para mejorar la facilidad de maquinado.
25. AISI 1045, 4140, 4640, 5150, 6150, 8650.
26. AISI 1045, 4140, 4340, 4640, 5150, 6150, 8650.
27. Resistencia al desgaste, resistencia, ductilidad. AISI 1080.
28. AISI 5160 OQT 1000 es un acero al cromo con 0.8% nominal de plomo y 0.60% de carbono; es un acero al carbón de alta aleación. Tiene una resistencia bastante alta y buena ductilidad. Fue endurecido en el interior, templado en aceite y revenido a 1000 °F.
29. Sí, especificando con cuidado el medio de temple. Una dureza de HRC 40 equivale a HB 375. En el apéndice 3 se ve que el temple en aceite no produciría una dureza adecuada. Sin embargo, en el apéndice 4-1 se muestra que se puede alcanzar una dureza de HB 400 templando en aceite y con revenido a 700 °F, y todavía conserva buena ductilidad, con 20% de alargamiento.
33. AISI, series 200 y 300.
34. Cromo.
35. Acero estructural ASTM A992.
37. Hierro gris, hierro dúctil, hierro maleable.
41. Matrices de estampado, troqueles, calibradores.
43. Endurecido por deformación.
46. Aleación 6061.
50. Engranajes y cojinetes.
60. Carrocerías de automóviles y camiones; cajas grandes.

CAPÍTULO 3 Análisis de esfuerzos

1. $\sigma = 31.8$ MPa; $\delta = 0.12$ mm
2. $\sigma = 44.6$ MPa
3. $\sigma = 66.7$ MPa
4. $\sigma = 5375$ psi
5. $\sigma = 17\,200$ psi
6. Para todos los materiales, $\sigma = 34.7$ MPa
   Deflexión:
   a. $\delta = 0.277$ mm *b.* $\delta = 0.277$ mm
   c. $\delta = 0.377$ mm *d.* $\delta = 0.83\,0$ mm
   e. $\delta = 0.503$ mm *f.* $\delta = 23.8$ mm
   g. $\delta = 7.56$ mm.

Nota: El esfuerzo es cercano a la resistencia última en *f*) y *g*).

7. Fuerza = 2556 lb; $\sigma = 2506$ psi.
8. $\sigma = 595$ psi
9. Fuerza = 1061 lb
10. $D = 0.274$ pulg
13. $\sigma_{AD} = \sigma_{DE} = 6198$ psi
    $\sigma_{EF} = 7748$ psi
    $\sigma_{BD} = 0$ psi
    $\sigma_{BE} = 5165$ psi
    $\sigma_{AB} = \sigma_{CE} = -4132$ psi
    $\sigma_{BC} = -3099$ psi
    $\sigma_{CF} = -5165$ psi
15. $\sigma = 144$ MPa
16. En los pasadores A y C: $\tau_A = \tau_C = 7958$ psi
    En el pasador B: $\tau_B = 10\ 190$ psi
19. $\tau = 98.8$ MPa
21. $\tau = 547$ MPa
22. $\tau = 32.6$ MPa
23. $\theta = 0.79°$
25. $\tau = 32\ 270$ psi
28. $\tau = 70.8$ MPa; $\theta = 1.94°$
30. $T = 9624$ lb · pulg; $\theta = 1.83°$
31. Módulo de sección necesario = 2.40 pulg.^{3} Tamaños nominales estándar para cada perfil:
    a. Cada lado = 2.50 pulg
    c. Ancho = 5.00 pulg; altura = 1.75 pulg
    e. S4 × 7.7
    g. Tubo de 4 pulgadas cédula 40
32. Pesos:
    a. 212 lb   *c*. 297 lb
    e. 77.0 lb   *g*. 107.9 lb
33. Deflexión máxima — Deflexión en las cargas
    a. 0.701 pulg — 0.572 pulg
    c. 1.021 pulg — 0.836 pulg
    e. 0.375 pulg — 0.307 pulg
    g. 0.315 pulg — 0.258 pulg
34. $M_A = 330$ N · m; $M_B = 294$ N · m; $M_C = -40$ N · m
36. *a*. $y_A = 0.238$ pulg; $y_B = 0.688$ pulg
    b. $y_A = 0.047$ pulg; $y_B = 0.042$ pulg
38. $\sigma = 3480$ psi; $\tau = 172$ psi

Para los problemas 39 a 49, las soluciones completas necesitan dibujos. A continuación se mencionan sólo los momentos máximos de flexión.

39. 480 lb · pulg
41. 120 lb · pulg
43. 93 750 N · mm
45. 8640 lb · pulg
47. −11 250 N · mm
49. −1.49 kN · m
51. $\sigma = 62.07$ MPa
53. *a*. $\sigma = 20.94$ MPa tensión en la parte superior de la palanca
    b. En la sección B, $h = 35.1$ mm; en C, $h = 18$ mm
55. $\sigma = 84.6$ MPa tensión
57. Lados = 0.50 pulg
59. $\sigma_{máx} = -1.42$ MPa, de compresión en la superficie superior entre A y C.
61. $\sigma = 86.2$ MPa
63. Izquierda: $\sigma = 39\ 750$ psi
    Central: $\sigma = 29\ 760$ psi
    Derecha: $\sigma = 31\ 700$ psi
65. $\sigma = 96.4$ MPa
67. $\sigma = 32\ 850$ psi
69. Tensión en el elemento *A-B*: $\sigma = 50.0$ MPa
    Cortante en el pasador: $\tau = 199$ MPa
    Flexión en *A-C*, en *B*: $\sigma = 14\ 063$ MPa (muy alta; rediseñar).
71. $\sigma = 186$ MPa
73. $\sigma_{máx} = 118.3$ MPa en el primer paso, 40 mm de los soportes.
75. $\sigma = 108.8$ MPa
77. Con el pivote en el agujero superior: $\sigma_{máx} = 10\ 400$ psi en el pivote.
    Con el pivote en el agujero inferior: $\sigma_{máx} = 5600$ psi en el pivote.

CAPÍTULO 4 Esfuerzos combinados y el círculo de Mohr

Respuestas a los problemas 1 a 35:

	Esfuerzo principal máximo	*Esfuerzo principal mínimo*	*Esfuerzo cortante máximo*
1.	24.14 ksi	−4.14 ksi	14.14 ksi
3.	50.0 ksi	−50.0 ksi	50.0 ksi
5.	124.7 ksi	0.0 ksi	62.4 ksi
7.	20.0 ksi	−40.0 ksi	30.0 ksi
9.	144.3 MPa	−44.3 MPa	94.3 MPa
11.	61.3 MPa	−91.3 MPa	76.3 MPa
13.	168.2 MPa	0.0 MPa	84.1 MPa
15.	250.0 MPa	−80.0 MPa	165.0 MPa
17.	453 MPa	−353 MPa	403 MPa
19.	42.2 MPa	−52.2 MPa	47.2 MPa
21.	40.0 ksi	0 ksi	20.0 ksi

	Esfuerzo principal máximo	*Esfuerzo principal mínimo*	*Esfuerzo cortante máximo*
23.	42.8 ksi	−29.8 ksi	36.3 ksi
25.	23.9 ksi	−1.9 ksi	12.9 ksi
27.	328 MPa	0 MPa	164 MPa
29.	0 kPa	−868 kPa	434 kPa
31.	26.24 ksi	−5.70 ksi	15.97 ksi
33.	7730 psi	−4.0 psi	3867 psi
35.	398 psi	−6366 psi	3382 psi

CAPÍTULO 5 Diseño para distintos tipos de cargas

Relación de esfuerzos

1. $\sigma_{máx} = 44.6$ MPa
   $\sigma_{mín} = 6.37$ MPa
   $\sigma_m = 25.5$ MPa
   $\sigma_a = 19.1$ MPa
   R = 0.143
3. $\sigma_{máx} = 5375$ psi
   $\sigma_{mín} = -750$ psi
   $\sigma_m = 2313$ psi
   $\sigma_a = 3063$ psi
   R = −0.140
5. $\sigma_{máx} = 110.3$ MPa
   $\sigma_{mín} = 50.9$ MPa
   $\sigma_m = 80.6$ MPa
   $\sigma_a = 29.7$ MPa
   R = 0.462
7. $\sigma_{máx} = 9868$ psi
   $\sigma_{mín} = 1645$ psi
   $\sigma_m = 5757$ psi
   $\sigma_a = 4112$ psi
   R = 0.167
9. $\sigma_{máx} = 475$ MPa
   $\sigma_{mín} = 297$ MPa
   $\sigma_m = 386$ MPa
   $\sigma_a = 89$ MPa
   R = 0.625

Resistencia de fatiga

11. $s_n' = 219$ MPa
13. $s_n' = 29.0$ ksi

Diseño y análisis

19. $N = 1.57$ (bajo)
23. $N = 2.82$ en la carga derecha. Pasa
25. $N = 11.6$
27. $N = 9.60$
29. $D = 40$ mm; $a = 10.6$ mm
31. Tubo de $2\frac{1}{2}$ pulgadas
33. $b = 1.80$ pulg
35. $N = 9.11$
36. $\sigma = 34.7$ MPa
    a. $N = 5.96$ *c*. $N = 8.93$
    e. $N = 23.8$ *g*. $N = 1.30$ (bajo)
37. $N = 3.37$
39. Fuerza = 1061 lb; $D = 5/16$ pulg
41. $N = 1.64$ (bajo)
43. $N = 5.17$
45. $D = 1.75$ pulg
49. $N = 8.18$
51. $N = 3.16$
57. $N = 2.05$
61. Diseño *a*
64. $N = 0.25$ en los agujeros del pasador (falla).
67. $N = 1.64$ en B (bajo)
69. $N = 1.74$ (bajo)
73. $N = 1.31$ (bajo)
75. $r_{mín} = 0.20$ pulg

CAPÍTULO 6 Columnas

1. $P_{cr} = 4473$ lb
2. $P_{cr} = 14\,373$ lb
5. $P_{cr} = 4473$ lb
6. $P_{cr} = 32.8$ lb
8. *a*. Extremos articulados: $P_{cr} = 7498$ lb
   b. Extremos empotrados: $P_{cr} = 12\,000$ lb
   c. Extremos empotrado-articulados: $P_{cr} = 10\,300$ lb
   d. Extremos fijo-libres: $P_{cr} = 1700$ lb.
10. $D = 1.45$ pulg necesario. Manejar $D = 1.50$ pulg.
14. $S = 1.423$ pulg necesario. Manejar $S = 1.500$ pulg.
16. Use $D = 1.50$ pulg.
23. $P = 1189$ lb
25. $P = 1877$ lb
27. $\sigma = 212$ MPa; $y = 25.7$ mm
28. $\sigma = 6685$ psi; $y = 0.045$ pulg
30. $P = 37\,500$ psi
31. $P_a = 22\,600$ lb
33. $4 \times 4 \times 1/2$ es la dimensión exterior mínima. $I = 12.3$ pulg^4. Peso = 21.6 lb/pie.
    $6 \times 4 \times 1/4$ es la mayor de las que se mencionan.
    $I_{mín} = I_y = 11.7$ pulg^4. Peso = 15.6 lb/pie.
35. $P_a = 11\,750$ lb
37. $P_a = 18\,300$ lb
39. El vástago es seguro.

CAPÍTULO 7 Bandas y cadenas

Bandas V

1. Banda 3V, 75 pulgadas de longitud
2. $C = 22.00$ pulg
3. $\theta_1 = 157°$; $\theta_2 = 203°$
10. $v_b = 2405$ pie/min
13. $P = 6.05$ HP

Cadena de rodillos

25. Cadena No. 80.
28. Potencia nominal de diseño = 18.08 HP; lubricación tipo B (baño).
29. Potencia nominal de diseño = 45.2 HP.
34. $L = 96$ pulg, 128 eslabones.
35. $C = 35.57$ pulg

CAPÍTULO 8 Cinemática de los engranajes

Engranajes rectos

1. $N = 44$; $P_d = 12$
   a. $D = 3.667$ pulg | *b.* $p = 0.2618$ pulg
   c. $m = 2.117$ mm | *d.* $m = 2.00$ mm
   e. $a = 0.0833$ pulg | *f.* $b = 0.1042$ pulg
   g. $c = 0.0208$ pulg | *h.* $h_t = 0.1875$ pulg
   i. $h_k = 0.1667$ pulg | *j.* $t = 0.131$ pulg
   k. $D_o = 3.833$ pulg
3. $N = 45$; $P_d = 2$
   a. $D = 22.500$ pulg | *b.* $p = 1.571$ pulg
   c. $m = 12.70$ mm | *d.* $m = 12.0$ mm
   e. $a = 0.5000$ pulg | *f.* $b = 0.6250$ pulg
   g. $c = 0.1250$ pulg | *h.* $h_t = 1.1250$ pulg
   i. $h_k = 1.0000$ pulg | *j.* $t = 0.7854$ pulg
   k. $D_o = 23.500$ pulg
5. $N = 22$; $P_d = 1.75$
   a. $D = 12.571$ pulg | *b.* $p = 1.795$ pulg
   c. $m = 14.514$ mm | *d.* $m = 16.0$ mm
   e. $a = 0.5714$ pulg | *f.* $b = 0.7143$ pulg
   g. $c = 0.1429$ pulg | *h.* $h_t = 1.2857$ pulg
   i. $h_k = 1.1429$ pulg | *j.* $t = 0.8976$ pulg
   k. $D_o = 13.714$ pulg
7. $N = 180$; $P_d = 80$
   a. $D = 2.2500$ pulg | *b.* $p = 0.0393$ pulg
   c. $m = 0.318$ mm | *d.* $m = 0.30$ mm
   e. $a = 0.0125$ pulg | *f.* $b = 0.0170$ pulg
   g. $c = 0.0045$ pulg | *h.* $h_t = 0.0295$ pulg
   i. $h_k = 0.0250$ pulg | *j.* $t = 0.0196$ pulg
   k. $D_o = 2.2750$ pulg
9. $N = 28$; $P_d = 20$
   a. $D = 1.4000$ pulg | *b.* $p = 0.1571$ pulg
   c. $m = 1.270$ mm | *d.* $m = 1.25$ mm
   e. $a = 0.0500$ pulg | *f.* $b = 0.0620$ pulg
   g. $c = 0.0120$ pulg | *h.* $h_t = 0.1120$ pulg
   i. $h_k = 0.1000$ pulg | *j.* $t = 0.0785$ pulg
   k. $D_o = 1.5000$ pulg
11. $N = 45$; $m = 1.25$
   a. $D = 56.250$ mm | *b.* $p = 3.927$ mm
   c. $P_d = 20.3$ | *d.* $P_d = 20$
   e. $a = 1.25$ mm | *f.* $b = 1.563$ mm
   g. $c = 0.313$ mm | *h.* $h_t = 2.813$ mm
   i. $h_k = 2.500$ mm | *j.* $t = 1.963$ mm
   k. $D_o = 58.750$ mm
13. $N = 22$; $m = 20$
   a. $D = 440.00$ mm | *b.* $p = 62.83$ mm
   c. $P_d = 1.270$ | *d.* $P_d = 1.25$
   e. $a = 20.0$ mm | *f.* $b = 25.00$ mm
   g. $c = 5.000$ mm | *h.* $h_t = 45.00$ mm
   i. $h_k = 40.00$ mm | *j.* $t = 31.42$ mm
   k. $D_o = 480.00$ mm
15. $N = 180$; $m = 0.4$
   a. $D = 72.00$ mm | *b.* $p = 1.26$ mm
   c. $P_d = 63.5$ | *d.* $P_d = 64$
   e. $a = 0.40$ mm | *f.* $b = 0.500$ mm
   g. $c = 0.100$ mm | *h.* $h_t = 0.90$ mm
   i. $h_k = 0.80$ mm | *j.* $t = 0.628$ mm
   k. $D_o = 72.80$ mm
17. $N = 28$; $m = 0.8$
   a. $D = 22.40$ mm | *b.* $p = 2.51$ mm
   c. $P_d = 31.75$ | *d.* $P_d = 32$
   e. $a = 0.80$ mm | *f.* $b = 1.000$ mm
   g. $c = 0.200$ mm | *h.* $h_t = 1.800$ mm
   i. $h_k = 1.60$ mm | *j.* $t = 1.257$ mm
   k. $D_o = 24.00$ mm
19. Problema 1: $P_d = 12$; juego = 0.005 a 0.009 pulg.
   Problema 12: $m = 12$; juego = 0.52 a 0.82 mm.
21. *a.* $C = 14.000$ pulg | *b.* $VR = 4.500$
   c. $n_G = 48.9$ rpm | *d.* $v_t = 294.5$ pie/min
23. *a.* $C = 2.266$ pulg | *b.* $VR = 6.25$
   c. $n_G = 552$ rpm | *d.* $v_t = 565$ pie/min

25. *a.* $C = 90.00$ mm *b.* $VR = 3.091$
    c. $n_G = 566$ rpm *d.* $v_t = 4.03$ m/s
27. *a.* $C = 162.0$ mm *b.* $VR = 1.250$
    c. $n_G = 120$ rpm *d.* $v_t = 1.13$ m/s

Para los problemas 29 a 32, los errores en las afirmaciones son los siguientes:

29. El piñón y el engranaje mayor no pueden tener pasos distintos.
30. La distancia real entre centros debe ser de 8.333 pulg.
31. El piñón tiene muy pocos dientes; cabe esperar que haya interferencia.
32. La distancia real entre centros debe ser de 2.156 pulg. Aparentemente, se usaron los diámetros exteriores, y no los diámetros de paso, para calcular *C*.
33. $Y = 8.45$ pulg; $X = 10.70$ pulg
35. $Y = 44.00$ mm; $X = 58.40$ mm
37. Velocidad de salida = 111 rpm en contrasentido a las manecillas del reloj.
39. Velocidad de salida = 144 rpm en el sentido de las manecillas del reloj.

Engranajes helicoidales

41. $p = 0.3927$ pulg $p_n = 0.3401$ pulg
    $P_{nd} = 9.238$ $P_x = 0.680$ pulg
    $D = 5.625$ pulg $\phi_n = 12.62°$
    $F/P_x = 2.94$ pasos axiales en el ancho de cara.
42. $P_d = 8.485$ $p = 0.370$ pulg
    $p_c = 0.2618$ pulg $P_x = 0.370$ pulg
    $\phi_t = 27.2°$ $D = 5.657$ pulg
    $F/P_x = 4.05$ pasos axiales en el ancho de cara.

Engranajes cónicos

45. Resultados seleccionados: Se especifica $F = 1.25$ pulg
    $d = 2.500$ pulg $D = 7.500$ pulg
    $\gamma = 18.435°$ $\Gamma = 71.565°$
    $A_o = 3.953$ pulg $F_{nom} = 1.186$ pulg
    $A_m = A_{mG} = 3.328$ pulg $h = 0.281$ pulg
    $c = 0.035$ pulg $h_m = 0.316$ pulg
    $a_P = 0.213$ pulg $a_G = 0.068$ pulg
    $d_o = 2.992$ pulg $D_o = 7.555$ pulg
49. Resultados seleccionados: Se especifica $F = 0.800$ pulg.
    $d = 1.500$ pulg $D = 6.000$ pulg
    $\gamma = 14.03°$ $\Gamma = 75.97°$
    $A_o = 3.092$ pulg $F_{nom} = 0.928$ pulg
    $A_m = A_{mG} = 2.692$ pulg $h = 0.145$ pulg
    $c = 0.018$ pulg $h_m = 0.163$ pulg
    $a_P = 0.112$ pulg $a_G = 0.033$ pulg
    $d_o = 1.755$ pulg $D_o = 6.020$ pulg

Sinfín y corona:

52. $L = 0.3142$ pulg $\lambda = 4.57°$
    $a = 0.100$ pulg $b = 0.1157$ pulg
    $D_{oW} = 1.450$ pulg $D_{RW} = 1.0186$ pulg
    $D_G = 4.000$ pulg $C = 2.625$ pulg
    $VR = 40$
59. 0.4067 rpm
61. 0.5074 rpm
63. $N_P = 22, N_G = 38$
65. $N_P = 19, N_G = 141$
68. Una solución posible: triple reducción; distribución general como en la figura 8-31.
    $N_A = N_C = N_E = 17, N_B = 136, N_D = 119, N_F = 85$
    $TV = 280$ exactamente; $n_{sal} = 12$ rpm exactamente. Se empleó el método de factorización.
69. Una solución posible: Triple reducción con un engranaje loco
    $N_{P1} = 18, N_{G1} = 126, N_{P2} = 18, N_{G2} = 108, N_{P3} = 18,$
    $N_{G3} = 135, N_{idler} = 18$
    $n_{out} = 13.33$ rpm
72. Una solución posible: Doble reducción; distribución general como en la figura 8-30.
    $N_A = N_C = 18, N_B = 75, N_D = 51$
    $n_{out} = 148.2$ rpm

CAPÍTULO 9 Diseño de engranajes rectos

1. a. $n_G = 486.1$ rpm
   b. $VR = m_G = 3.600$
   c. $D_P = 1.667$ pulg; $D_G = 6.000$ pulg
   d. $C = 3.833$ pulg
   e. $v_t = 764$ pie/min
   f. $T_P = 270$ lb·pulg; $T_G = 972$ lb·pulg
   g. $W_t = 324$ lb
   h. $W_r = 118$ lb
   i. $W_N = 345$ lb
3. a. $n_G = 752.7$ rpm
   b. $VR = m_G = 4.583$
   c. $D_P = 1.000$ pulg; $D_G = 4.583$ pulg
   d. $C = 2.792$ pulg
   e. $v_t = 903$ pie/min
   f. $T_P = 13.7$ lb·pulg; $T_G = 62.8$ lb·pulg
   g. $W_t = 27.4$ lb
   h. $W_r = 10.0$ lb
   i. $W_N = 29.2$ lb

5. *a.* $n_G = 304.4$ rpm
   b. $VR = m_G = 3.778$
   c. $D_P = 3.600$ pulg; $D_G = 13.600$ pulg
   d. $C = 8.600$ pulg
   e. $v_t = 1084$ pie/min
   f. $T_P = 2739$ lb·pulg; $T_G = 10\,348$ lb·pulg
   g. $W_t = 1522$ lb
   h. $W_r = 710$ lb
   i. $W_N = 1680$ lb
8. $Q = 5$
   Tol. piñón = 0.0130 pulg; Tol. engrane = 0.0150 pulg.
9. $Q = 10$
   Tol. piñón = 0.0015 pulg; Tol. engrane = 0.0017 pulg.
11. $Q = 14$
   Tol. piñón = 0.00031 pulg; Tol. engrane = 0.00035 pulg.
15. $Q = 10$ (Se usa interpolación para las tolerancias)
   Tol. piñón = 0.0037 pulg; Tol. engrane mayor = 0.0039 pulg.
26. *a.* $s_{at} = 28\,200$ psi; $s_{ac} = 93\,500$ psi
   c. $s_{at} = 43\,700$ psi; $s_{ac} = 157\,900$ psi
   e. $s_{at} = 36\,800$ psi; $s_{ac} = 104\,100$ psi
   g. $s_{at} = 57\,200$ psi; $s_{ac} = 173\,900$ psi
27. $HB = 300$ para grado 1; $HB = 192$ para grado 2.
33. *a.* $s_{at} = 45\,000$ psi; $s_{ac} = 170\,000$ psi
   c. $s_{at} = 55\,000$ psi; $s_{ac} = 180\,000$ psi
   e. $s_{at} = 55\,000$ psi; $s_{ac} = 180\,000$ psi
   g. $s_{at} = 51\,200$ psi; $s_{ac} = 168\,000$ psi
   i. $s_{at} = 5000$ psi; $s_{ac} = 50\,000$ psi
   k. $s_{at} = 27\,000$ psi; $s_{ac} = 92\,000$ psi
   m. $s_{at} = 23\,600$ psi; $s_{ac} = 65\,000$ psi
   o. $s_{at} = 9000$ psi; s_{ac} no se menciona.
34. $h_e = 0.027$ pulg
35. $h_e = 0.90$ mm

Los siguientes tres conjuntos de respuestas se presentan en grupos de cuatro problemas, relacionados todos con el mismo conjunto de datos de diseño.

37. $s_{tP} = 32\,740$ psi; $s_{tG} = 26\,940$ psi
43. $s_{atP} = 34\,460$ psi; $s_{atG} = 28\,100$ psi
49. $s_{cP} = 172\,100$ psi; $s_{cG} = 172\,100$ psi
55. $s_{acP} = 189\,200$ psi; $s_{acG} = 185\,100$ psi
39. $s_{tP} = 2300$ psi; $s_{tG} = 2000$ psi
45. $s_{atP} = 3700$ psi; $s_{atG} = 3100$ psi
51. $s_{cP} = 37\,800$ psi; $s_{cG} = 37\,800$ psi
57. $s_{acP} = 63\,600$ psi; $s_{acG} = 62\,200$ psi
41. $s_{tP} = 9458$ psi; $s_{tG} = 8134$ psi
47. $s_{atP} = 10\,254$ psi; $s_{atG} = 8642$ psi
53. $s_{cP} = 78\,263$ psi; $s_{cG} = 78\,263$ psi
59. $s_{acP} = 87\,531$ psi; $s_{acG} = 85\,727$ psi

Los problemas 60 a 70 son de diseño, para los cuales no hay soluciones únicas.

71. Potencia = 12.9 HP basada en el esfuerzo de contacto en engranajes, con duración de 15 000 h.

Los problemas 73 a 83 son de diseño, para cada uno de los cuales no hay solución única.

CAPÍTULO 10 Engranajes helicoidales, cónicos y de sinfín y corona

1. $W_t = 89.6$ lb; $W_x = 51.7$ lb; $W_r = 23.2$ lb
   $Q = 6$; $s_t = 2778$ psi; $s_c = 36\,228$ psi
   Hierro colado, clase 20
3. $W_t = 143$ lb; $W_x = 143$ lb; $W_r = 37.0$ lb
   $Q = 8$; $s_t = 9720$ psi; $s_c = 73\,300$ psi
   Hierro dúctil 60-40-18, o hierro colado clase 40.
14. $W_{tP} = W_{tG} = 599$ lb; $W_{xP} = W_{rG} = 69$ lb;
   $W_{rP} = W_{xG} = 207$ lb
   Q = 8; $s_{tP} = 34\,100$ psi; $s_{tG} = 48\,900$ psi; $s_c = 118\,000$ psi
   Piñón: AISI 6150 OQT 1200, HB 293
   Engranaje mayor: AISI 6150 OQT 1000, HB 375
18. $D_G = 4.000$ pulg; $C = 2.625$ pulg; $VR = 40$
   $W_{xW} = W_{tG} = 462$ lb; $W_{xG} = W_{tW} = 53$ lb;
   $W_{rG} = W_{rW} = 120$ lb
   Eficiencia = 70.3%; velocidad del sinfín = 1200 rpm;
   $P_i = 0.626$ hp
   $\sigma_G = 24\,223$ psi [Un poco alta para bronce fosforado]
   Carga nominal de desgaste = $W_{tr} = 659$ lb (aceptable > W_{tG})

CAPÍTULO 11 Cuñas y acoplamientos

1. Usar cuña cuadrada de 1/2 pulg; acero AISI 1040 estirado en frío; longitud = 3.75 pulg.
3. Usar cuña cuadrada de 3/8 de pulgada; acero AISI 1020 estirado en frío; longitud requerida = 1.02 pulg; manejar $L = 1.50$ pulg para que sea sólo un poco más corta que la longitud del cubo, la cual es de 1.75 pulg.
5. T = torque; D = diámetro del eje; L = longitud del cubo. De la tabla 11-5, $K = T/(D^2L)$.
   a. Datos del problema 1: K necesaria = 1313; demasiado grande para cualquier estría de la tabla 11-5.
   c. Datos del problema 3: K necesaria = 208; usar 6 estrías.
7. Catarina: cuña cuadrada de 1/2 pulg; AISI 1020 CD;
   $L = 1.00$ pulg
   Corona: cuña cuadrada de 3/8 pulg; AISI 1020 CD;
   $L = 1.75$ pulg.
13. $T = 2725$ lb·pulg
15. $T = 26\,416$ lb·pulg
19. Datos del problema 16: $T = 313$ lb·pulg por pulgada de longitud de cubo.

Datos del problema 18: $T = 4300$ lb·pulg por pulgada de longitud de cubo.

CAPÍTULO 12 Diseño de ejes

1. $T_B = 3436$ lb · pulg
   $F_{Bx} = W_{tB} = 430$ lb
   $F_{By} = W_{rB} = 156$ lb
3. $T_B = 656$ lb · pulg
   $F_{Bx} = W_{tB} = 437$ lb
   $F_{By} = W_{rB} = 159$ lb
5. $T_D = 3938$ lb · pulg
   $W_{tD} = 985$ lb hacia arriba, a 30° a la izquierda de la vertical
   $W_{rD} = 358$ lb a la derecha, a 30° sobre la horizontal
   $F_{Dx} = 182$ lb
   $F_{Dy} = 1032$ lb
7. $T_C = 6563$ lb · pulg
   $F_{Cx} = W_{tC} = 1313$ lb
   $F_{Cy} = W_{rC} = 478$ lb
9. $T_C = 1432$ lb · pulg
   $F_{Cx} = W_{tC} = 477$ lb
   $F_{Cy} = W_{rC} = 174$ lb
11. $T_F = 1432$ lb · pulg
    $W_{tF} = 477$ lb hacia abajo, a 45° de la vertical
    $W_{rF} = 174$ lb a la derecha, a 45° abajo de la horizontal
    $F_{Fx} = 214$ lb
    $F_{Fy} = 460$ lb
13. $T_A = 3150$ lb · pulg
    $F_{Ax} = 0$
    $F_{Ay} = F_A = 630$ lb
15. $T_C = 1444$ lb · pulg
    $F_C = 289$ lb hacia abajo, a 15° a la izquierda de la vertical
    $F_{Cx} = 75$ lb
    $F_{Cy} = 279$ lb
17. $T_C = 2056$ lb · pulg
    $F_{Cx} = F_C = 617$ lb
    $F_{Cy} = 0$
19. $T_C = 10\ 500$ lb · pulg
    $F_{Cx} = F_C = F_{Dx} = F_D = 1500$ lb
    $F_{Cy} = F_{Dy} = 0$
21. $T_E = 1313$ lb · pulg
    $F_E = 438$ lb hacia arriba, a 30° sobre la horizontal
    $F_{Ex} = 379$ lb
    $F_{Ey} = 219$ lb
22. $T_B = 727$ lb · pulg
    $F_{Bx} = W_{tB} = 351$ lb
    $F_{By} = W_{rB} = 132$ lb
    $W_{xB} = 94$ lb; ejerce un momento concentrado de 194.6 lb · pulg ***Q*** sobre el eje en *B*.

    W_{tB} también somete al eje a la compresión, de *A* a *B*, si el cojinete *A* resiste la carga de empuje.
23. $T_A = 270$ lb · pulg
    $F_{Ax} = 0$
    $F_{Ay} = F_A = 162$ lb
    $F_{Cx} = W_{tW} = 265$ lb
    $F_{Cy} = W_{rW} = 352$ lb
    $W_{xW} = 962$ lb, ejerce un momento concentrado de 962 lb·pulg ***P*** sobre el eje en el sinfín.
    W_{xB} también pone el eje a compresión, del cojinete *B* hasta el sinfín, si el cojinete *B* resiste la carga de empuje.

CAPÍTULO 13 Tolerancias y ajustes

1. RC8: Agujero – 3.5050/3.5000; eje – 3.4930/3.4895; holgura – 0.0070 a 0.0155 pulg
3. RC8: Agujero – 0.6313/0.6285; eje – 0.6250/0.6234; holgura – 0.0035 a 0.0079 pul.
5. RC8: Agujero – 1.2450/1.2500; pasador – 1.2450/1.2425; holgura – 0.0050 a 0.0115 pulg
7. RC5: Agujero – 0.7512/0.7500; pasador – 0.7484/0.7476; holgura – 0.0016 a 0.0036 pulg (se podría usar un ajuste más estrecho).
10. FN5: Agujero – 3.2522/3.2500; eje – 3.2584/3.2570; interferencia – 0.0048 a 0.0084 pulg; presión = 26 350 psi; esfuerzo = 128 726 psi
12. FN5: Interferencia – 0.0042 a 0.0072 pulg; presión = 17 789 psi; esfuerzo = 37 800 psi en la superficie interior del cilindro de aluminio; esfuerzo = −17 789 psi en la superficie exterior del vástago de acero; el esfuerzo en el aluminio es muy alto.
13. Interferencia máxima = 0.000 89 pulg.
14. Temperatura = 567 °F.
15. Contracción = 0.003 8 pulg; $t = 284$ °F.
16. *DI* final = 3.4942 pulg.

CAPÍTULO 14 Cojinetes con contacto de rodadura

1. Duración = 2.76×10^6 rev
2. $C = 12\ 745$ lb

Para los problemas donde se requiere seleccionar cojinetes adecuados para las aplicaciones indicadas, hay varias soluciones posibles. Lo siguiente es una muestra de soluciones aceptables, en las que se emplean los datos de este capítulo. Otras soluciones podrían ser mejores, en especial si se cuenta con más datos de los fabricantes.

5. En B: *C* necesaria = 47 637 lb. Usar el rodamiento # 6332.
   En C: *C* necesaria = 21 320 lb. Usar el rodamiento # 6318.
7. En A: *C* necesaria = 2519 lb. Usar el rodamiento # 6206 (sólo soporta carga radial)
   En C: *C* necesaria = 8592 lb. Usar el rodamiento # 6213 (Soporta cargas radial y de empuje).
9. *C* necesaria = 5066 lb. Usar el rodamiento # 6307 (sólo soporta carga radial)
11. *C* necesaria = 6412 lb. Usar el rodamiento # 6308 (soporta cargas radial y de empuje).
13. *C* necesaria = 33 998 lb. Usar el rodamiento # 6322 (soporta cargas radial y de empuje).
14. *C* necesaria = 12 462 lb. Usar el rodamiento # 6313 (sólo soporta carga radial).

19. Duración = 48 900 horas
21. Duración = 25 300 horas
23. Duración = 47 300 horas
25. C = 17 229 lb
27. C = 4580 lb

CAPÍTULO 15 No contiene problemas

CAPÍTULO 16 Cojinetes rectos

Todos los problemas de este capítulo son de diseño, para los cuales no existen soluciones únicas.

CAPÍTULO 17 Elementos con movimiento lineal

5. Rosca Acme 2 1/2-3.
6. $L > 1.23$ pulg
7. T = 6974 lb · pulg
8. T = 3712 lb · pulg
11. Ángulo de avance = 4.72°; autoasegurante.
12. Eficiencia = 35%.
13. n = 180 rpm; P = 0.866 HP
17. 24.7 años.

CAPÍTULO 18 Tornillos

4. Tornillos grado 2: 5/16-18; T = 70.3 lb · pulg
5. F = 1190 lb
6. F = 4.23 kN
7. La rosca métrica más parecida es M24 × 2. La rosca métrica es 1.8 mm mayor (8% mayor).
8. La rosca estándar más parecida es M5 × 0.8. (La #10-32 también se acerca).
9. 3.61 kN
10. *a*. 1177 lb *c*. 2385 lb
    e. 2862 lb *g*. 1081 lb
    i. 2067 lb *k*. 143 lb

CAPÍTULO 19 Resortes

1. k = 13.3 lb/pulg
2. L_f = 1.497 pulg
3. F_s = 47.8 lb; L_f = 1.25 pulg
7. ID = 0.93 pulg; D_m = 1.015 pulg; C = 11.94; N = 6.6 espiras
8. C = 8.49; p = 0.241 pulg; ángulo de paso = 8.70°; L_s = 1.12 pulg
9. F_o = 10.25 lb; esfuerzo = 74 500 psi
11. OD = 0.583 pulg cuando la longitud es comprimida.
12. F_s = 26.05 lb; esfuerzo = 189 300 psi (alto)
31. Esfuerzo de flexión = 114 000 psi; esfuerzo de torsión = 62 600 psi. Los esfuerzos son seguros.
35. Torque = 0.91 lb·pulg para girar 180° el resorte.
    Esfuerzo = 184 800 psi (aceptable, para servicio rudo).

CAPÍTULO 20 Bastidores de máquinas, conexiones atornilladas y juntas soldadas

Los problemas 1 a 16 son de diseño, para los cuales no hay soluciones únicas.

17.

Material	*Diámetro (pulg)*	*Peso (lb por pulg de longitud)*
a. Acero 1020 HR	0.638	0.0905
c. Aluminio 2014-T6	0.451	0.0160
e. Ti-6Al-4V (recocido)	0.319	0.0128

CAPÍTULO 21 Motores y controles eléctricos

13. Trifásico de 480 V, porque la corriente y el tamaño del motor serían menores.
16. n_s = 1800 rpm en Estados Unidos.
    n_s = 1500 rpm en Francia.
17. Motor de dos polos; n = 3600 rpm en vacío (aproximadamente).
18. n_s = 12 000 rpm
19. 1725 rpm y 1140 rpm
20. Control por frecuencia variable.
34. *a*. Motor de CA monofásico, de fase partida
    b. T = 41.4 lb · pulg *c*. T = 62.2 lb · pulg
    d. T = 145 lb · pulg
35. *b*. T = 4.15 N · m *c*. T = 6.23 N · m
    d. T = 14.5 N · m
39. Velocidad de plena carga = velocidad síncrona = 720 rpm.
47. Usar un control SCR NEMA Tipo K para convertir 115 VCA a 90 V CD; usar un motor para 90 V CD.
51. Teóricamente, la velocidad aumenta hasta el infinito.
52. T = 20.5 N · m
54. Arrancador NEMA 2.
55. Arrancador NEMA 1.

CAPÍTULO 22 Control de movimiento: Embragues y frenos

1. T = 495 lb · pulg
3. T = 41 lb · pulg
5. Datos del problema 1: T = 180 lb · pulg
   Datos del problema 3: T = 27.4 lb · pulg
7. Embrague: T = 2122 N · m
   Freno: T = 531 N · m
8. T = 143 lb · pie
9. T = 60.9 lb · pie
11. T = 223.6 lb · pie
15. F_a = 109 lb
17. W = 138 lb
18. $b > 16.0$ pulg

Índice

ABR

LITOGRÁFICA INGRAMEX, S.A.
CENTENO No. 162-1
COL. GRANJAS ESMERALDA
09810 MÉXICO, D.F.

2007